《南漳药用植物志》

编 委 会

主　　编	刘继斌	刘国玲	答国政		
副 主 编	李　常	郑德珍	尹德忠	张　俊	秦国军
	余德海	胡　军	付学文	窦　武	杨　勇
	宋启明	杨永强			
编　　委	陈泽璇	周小华	赵　鹏	邓　林	闫庆华
	邓贵兵	宋风雷	杨汉鹏	刘　磊	陈　龙
	王洪军	蒋苏漳	杨　辉	王延青	
摄　　影	赵　鹏	刘　磊			
特邀评审	甘啟良				

南漳药用植物志

刘继斌　刘国玲　答国政　主编

華中科技大學出版社
http://www.hustp.com
中国·武汉

内容简介

本书是南漳县第一部资料齐全、内容翔实、系统分类的地方性专著和中药工具书。本书以通用的植物学分类系统为纲目，共收载南漳县现有药用植物 1185 种，隶属于 174 科 692 属，分别介绍其形态特征、生境分布、药用部位、采收加工、性味归经、功能主治、用法用量等内容，并配有植物图片。

本书图文并茂，具有系统性、科学性和科普性等特点。本书可供中药植物研究、教育、资源开发利用及科普等领域人员参考使用。

图书在版编目 (CIP) 数据

南漳药用植物志 / 刘继斌，刘国玲，答国政主编 . —武汉：华中科技大学出版社，2021.1

ISBN 978-7-5680-6795-9

Ⅰ . ①南…　Ⅱ . ①刘…　②刘…　③答…　Ⅲ . ①药用植物－植物志－南漳县　Ⅳ . ① Q949.95

中国版本图书馆CIP数据核字(2021)第017306号

南漳药用植物志　　刘继斌　刘国玲　答国政　主编

Nanzhang Yaoyong Zhiwuzhi

策划编辑：荣　静

责任编辑：毛晶晶　马梦雪　郭逸贤

封面设计：原色设计

责任校对：张会军

责任监印：周治超

出版发行：华中科技大学出版社（中国·武汉）　电话：(027)81321913

武汉市东湖新技术开发区华工科技园　邮编：430223

录　　排：华中科技大学惠友文印中心

印　　刷：湖北新华印务有限公司

开　　本：889mm×1194mm　1/16

印　　张：55.5　　插页：2

字　　数：1670 千字

版　　次：2021 年 1 月第 1 版第 1 次印刷

定　　价：498.00 元

华中出版

\ 作者简介 \

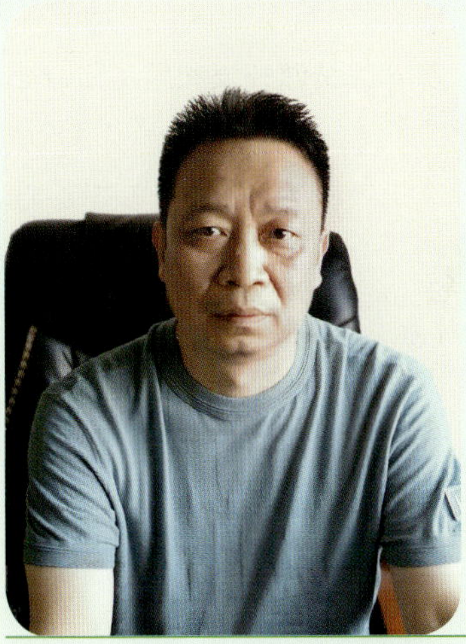

刘继斌，男，中共党员，襄阳市人大代表，副主任医师，湖北省中医药学会理事，南漳县第四次中药资源普查工作领导小组办公室副主任，南漳县中药资源普查队队长，负责组织领导南漳县中药资源普查工作。2005 年 11 月至 2013 年 2 月，担任南漳县妇幼保健院党总支书记、院长；2013 年 3 月起担任南漳县中医医院院长。

刘国玲，女，中共党员，副主任中药师，全国中药特色技术传承人，湖北省中医药学会会员，襄阳市药学会理事，襄阳市天然药物与制剂专业委员会副主任委员。现任湖北省南漳县中医医院药剂科主任，先后发表学术论文 9 篇。全国第四次中药资源普查南漳县普查队副队长，全程参与县域内植物品种调查、标本采集、品种鉴定等工作，对县域内药用植物资源状况有较为详尽的了解。

答国政，男，硕士研究生，襄阳市药学会理事，2017 年毕业于湖北中医药大学，研究方向为中药的品种、质量及资源开发，毕业论文《大叶蛇葡萄不同器官黄酮类化合物代谢路径差异表达基因研究》被评为湖北中医药大学优秀硕士学位论文。现为南漳县中医医院中药师，先后参与了湖北省宜城市、南漳县两地的中药资源普查工作，已发表学术论文 10 篇。

序一

"中国医药学是一个伟大的宝库，应当努力发掘，加以提高"这是一代伟人对传统中医药的精辟肯定，也是对后来者的谆谆教诲和殷切期望。我国的中医药事业，在几千年的人类生存繁衍中发挥了举世瞩目的重大作用，为国家的医疗卫生健康事业服务社会进步发展、走向世界奠定了坚实的理论和实践基础。

南漳人杰地灵，山水宜人，物产丰富，四季分明，素有"金南漳"的美誉。全国第四次中医药资源普查工作开展后，南漳县中医医院作为全国第四次中药资源普查成员单位，以强烈的使命感和责任感，精选人员，精配装备，组建专班，制订方案，按照"点位明确，分工明确，采挖准确，制作精确"的工作要求，做到不漏掉一种药材，不错过一草一木，认真详细记录了所有数据，采集了大量的标本，拍摄了大量珍贵的野生植物照片。在四年多时间里，普查队队员克服重重困难，攀悬崖、下天坑、上高山、趟河流，喝山泉水，啃冷馒头，夜宿帐篷，完成了全县 10 个乡镇 43 个村共约 3000 km^2 的植物资源调查。

"功夫不负有心人"，经过四年多的努力，南漳县普查队取得了丰厚的成果，此次中药资源普查共完成了 46 个样地、230 个样方套、1380 个样方的调查工作，采集药用植物品种 1185 种，涉及 174 科 692 属。其中，包含《中国药典》《湖北省中药材质量标准》收载品种的基源植物共计 342 种，这些品种都具有较高的药用价值。同时，普查队走访调查了县域内部分药材种植基地、中药材流通点以及中药材生产企业，收集、整理了部分民间传统验方和医学古籍等珍贵资料。最终在南漳县中医医院的组织下，通过对普查数据资料的整理和编撰，南漳县第一部有关中药资源方面的植物志正式出版。

《南漳药用植物志》详细介绍了各种植物的形态特征、拍摄地点、生境分布、药用部位、功能主治等，每一种植物配有原植物生境照片，是南漳县第一部系统全面介绍本地药用植物资源的志书，将为今后南漳县中药资源研究及中药产业发展提供珍贵的基础资料，是南漳中药产业发展的基石，必将为南漳卫生健康建设和中医药发展做出积极贡献。

湖北中医药大学副校长、湖北省第四次中药资源普查专家组组长
国家中医药领军人才支持计划——岐黄学者

序二

绿水青山就是金山银山。中药资源是中医药行业发展的物质基础，是研究开发、巩固道地药材的前提条件之一。湖北省南漳县地处荆山山脉东麓，是鄂西北山区县，属于秦巴山脉向长江中下游平原过渡地带，具有丰富的药用植物。本书的作者基于中药资源普查过程中积累的大量数据资料，编撰了《南漳药用植物志》，这是南漳县第一部全面记载县域内药用植物的书籍，也是湖北地区，乃至我国的中药资源、中药植物鉴别的重要资料，相信该书的出版必将积极促进南漳药用植物的研究开发，不断提高中医药事业发展水平，造福百姓，造福中药人。

中药在中医药历史长河中，一直在延续、演变、整理和巩固中发展着。中药是中医不可缺少的宝库，药用植物资源又是中药的源泉，因此要利用好、保护好和研究好药用植物，普查与整理就显得格外重要了。本书作者经历了几年的辛苦整理，最终编撰完成了南漳县第一部药用植物志。该药用植物志记述了一些我国珍稀濒危植物如水杉、红豆杉、扇脉杓兰、铁皮石斛、杜鹃兰等，还有《中国药典》收载的数百种常用中药品种如杜仲、白及、芍药、虎杖、厚朴、升麻、黄连、山茱萸等。对这些品种的资源调查，培训了人才，锻炼了队伍，意义重大，也为保护我国珍稀植物品种以及发展中药材产业提供了重要数据资料。

本人在全国中药特色技术传承人才培训项目中认识了本书作者刘国玲同志，她热爱中医药事业，对待专业执著认真，为人谦逊朴实，是一个做事认真的中药人。今有幸为此书提序，十分高兴，并想借此机会向中药各位同行推荐本著作，愿中医中药传承事业发扬光大。

中国食品药品检定研究院中药标本馆原馆长

\ 前言 \

中药资源是保障和促进中医药事业发展的重要物质基础，是我国重要的战略资源。目前，我国已实施并完成了三次大规模的中药资源普查活动。2008 年 12 月，国家中医药管理局正式启动了第四次全国中药资源普查的筹备工作。2011 年，新疆、安徽、云南、四川、湖北、湖南共六个省区确立为首批第四次全国中药资源普查试点区域。2011 年 12 月 18 日，湖北省中药资源普查试点工作启动仪式暨培训会顺利举行，标志着湖北省中药资源普查试点工作全面进入实施阶段。南漳县作为湖北省第二批中药资源普查试点县，于 2011 年年底由南漳县中医医院组建了中药资源普查队，同时全县中药资源普查工作正式启动。

南漳县位于湖北省西北部，汉水以南，荆山山脉以东；东临荆州、武汉，西连神农架，南接宜昌三峡，北依襄阳；地处江汉平原的北缘，南阳盆地的南缘，秦巴山系的东缘。县界实际周长 373 km，东西横距 66 km，南北纵距 81 km，总面积 3859 km^2，有“八山半水分半田”之说，又有“八百里金南漳”之称。南漳县地形西高东低，大致形成了三级阶梯。县西为一级阶梯，中山地带，海拔 800 ~ 1200 m，约占南漳县总面积的 17.6%；县中部为二级阶梯，低山、丘陵地带，海拔 300 ~ 800 m，约占南漳县总面积的 52.9%；石门、三道河、云台山水库以东为三级阶梯，渠网密布、土壤肥沃，是南漳粮、棉、油的集中产区，海拔 65 ~ 300 m，约占南漳县总面积的 29.5%。县境最高处三尖山（与保康县交界）海拔 1570 m，最低处界碑头（与宜城交界）海拔 65 m，县城平均海拔 101 m。南漳县境内气候有明显的地区差异和垂直差异。东部春季 70 天、夏季 90 天、秋季 70 天、冬季 135 天，西部山区和东部比较，春秋日数差别不大，但夏日较少，冬日较多。东部年平均气温 15.4 ~ 15.6 ℃。自东向西气温逐渐降低，与保康邻近的高海拔地区年平均气温 10.4 ~ 11 ℃。河畈、岗地年降雨量为 830 ~ 950 mm，丘陵、低山地区年降雨量为 960 ~ 1000 mm，海拔 800 m 以上的山区年降雨量为 1000 ~ 1200 mm。南漳县具有复杂多变的地理环境及气候条件，为该区域内生物多样性的发展奠定了基础。

1983 年南漳县开展了本地区的第三次中药资源普查工作，查明县域内共有药用植物 1000 余种，为湖北省内植物分布种类较多的县市之一。因南漳县第三次中药资源普查距今已有近 40 年之久，一方面由于生态环境的变化，另一方面由于当时普查技术手段单一、数据资料保存及传播技术方法有限，加上历时久远，许多珍贵资料已遗失或损坏，所以第三次中药资源普查数据已无法真实反映区域内中药资源现状。现存的《南漳县志》中关于第三次中药资源普查资料显示，当时南漳县主产的中药材品种有菊花、红花、款冬、黄姜、山茱萸、杜仲、牡丹皮、木瓜、牛膝、天麻、半夏、桔梗、玄参、川芎、黄连、山楂、苍术、玉竹、天冬、柴胡、黄柏、大黄、茵陈、肉桂、金银花、牛蒡子、蒲公英、天花粉、桑寄生、丹参等。

2018 年南漳县第四次中药资源普查工作顺利结束，本次普查完成了全县共 10 个乡镇 43 个村共约 3000 km^2 范围内的中药资源调查工作。药用植物品种调查历时近 5 年时间。通过与第三次中药资源普查数据比较，本次资源普查结果显示，南漳县现有药用植物品种 1185 种，过去的主产药材红花、桑寄生等品种未在此次普查中发现，除山茱萸、杜仲、玄参、苍术、蒲公英外，其他过去主产品种已不再是现有主产品种；本次普查中新增的主产药材有白蔹、夏枯草、百部、虎杖、鱼腥草、艾叶、益母草、淫羊藿等。相比之下，南漳县前后两次中药资源普查结果显示：本区域内重点药用植物在数量以及产量上均发生了明显变化。结合本次资源普查队队员在野外样地考察的结果，初步推断南漳县部分主产药材数量的丢失和减少与现今部分林地被占用、环境污染以及大量山区人口迁出有关。所以本次资源普查也提示我们要积极做好退耕还林、保护环境、中药种植产业扶持等工作，为区域内中药资源的可持续发展提供必要保障。

南漳县近两次中药资源普查表明，本区域内药用植物品种数量持续保持在 1000 种以上，依然具有丰富的物种资源，其中为 2020 版《中国药典》所收载中药材的基源植物有 240 种，2018 版《湖北省中药材质量标准》收载品种有 119 种，该部分中药材药用价值明确可靠。部分常用的药用植物在县域内分布较为广泛，据普查数据初步估算，蕴藏量较高的中药材有天麻、杜仲、山茱萸、白果、百部、白蔹、川射干、柴胡、续断、玄参、苍术、虎杖、半夏、葛根、何首乌、前胡、商陆、天冬、连翘、金樱子、天葵子、南五味子、千里光、山银花、侧柏叶、艾叶、鱼腥草、蒲公英、薄荷、夏枯草、益母草、淫羊藿等。同时，也有部分品种在此次普查中发现较少，现有分布总量较低，急需得到重视和保护，比如瓦松、柽柳、黄檗、白薇、芍药、黄连、吴茱萸、川牛膝、杜鹃兰等。

南漳县地产物种丰富，种质资源是本地的一大优势。本次资源普查中，一些珍稀濒危的野生品种和国家重点保护品种在南漳县内均有一定的分布，其中《中国珍稀濒危保护植物名录》收载品种有 41 种，包括银杏、水杉、红豆杉、无柱兰、扇脉杓兰、细叶石斛、铁皮石斛、蛇足石杉、七叶一枝花等。然而，在实地调查中，笔者发现部分原始山林遭到了不同程度的破坏，主要为耕地和建筑用地占用所致。比如，最初通过普查系统确定的 47 个样地中的 46 号样地因被建筑物和耕地占用，而无法进行中药资源调查。近年来，山林面积的减少和破坏影响了部分珍稀物种的分布，例如本地民间习用的珍贵药材竹节三七、红毛七在本次普查中共发现不足 5 株。一些已经明显减少或可能减少的物种，现有分布总量令人忧心，需得到必要的重视和保护。珍稀品种和重点保护品种是非常重要的物种资源，是体现一个地区生物多样性不可缺少的组成部分。做好中药资源普查工作，是将中医药“继承好，发展好，利用好”的重要举措。

第四次全国中药资源普查为南漳中药资源的研究奠定了良好的基础。南漳县在第四次全国中药资源普查工作小组的指导下，经过近五年的普查研究，已基本摸清南漳县中药资源现状。本书以通用的植物学分类系统为纲目，共介绍了南漳县现有药用植物 1185 种，隶属于 174 科 692 属，并附有原植物彩色照片，含藻类、菌类、蕨类 29 科 41 属 53 种，裸子植物 8 科 11 属 13 种，被子植物 137 科 640 属 1119 种。书中对《中国药典》《湖北省中药材质量标准》中收载品种的药用植物形态特征、生境分布、药用部位、采收加工、性味归经、功能主治及用法用量进行了较为详细的记述，部分品种在“附注”中增加了化学成分、药理作用等相关内容。其中带“*”的药材为 2020 版《中国药典》收载品种，带“★”的药材为 2018 版《湖北省中药材质量标准》收载品种。

为保证植物形态描述的科学性和准确性，本书所记述的植物形态特征除少数品种根据实际观察有修正外，其余均参照《中国植物志》及《湖北植物志》中的相关内容。本书收录药用植物的功效主治，仅供医药专业人士研究之用，未经医师指导切勿乱用。

南漳县中药资源普查工作及本书的编撰得到了南漳县人民政府、南漳县卫生健康局及南漳县林业局的关心和支持，得到了湖北中医药大学王平、吴和珍、詹亚华、刘合刚等教授的热情帮助与指导。同时，竹溪县甘啟良老师、长阳土家族自治县熊兴军老师等湖北省其他县市的普查队队员在物种鉴定及本书出版上给予了大力帮助，在此一并表示衷心的感谢！

由于编者水平有限，书中难免存在一些错误及疏漏之处，敬请各位专家及读者批评指正。

《南漳药用植物志》是南漳县第一部较为全面的药用植物学著作。这将为今后南漳县植物资源研究及未来新一轮的中药资源普查工作提供必要的基础资料。愿本书的出版能为南漳县中药资源的保护、开发与利用，中医药事业的发展，人民健康水平的提高略尽绵薄之力。

《南漳药用植物志》编委会

\ 目录 \

裸子植物门

被子植物门

蓝藻门 CYANOPHYTA

1. 念珠藻科 Nostocaceae

念珠藻属 Nostoc

地耳 地木耳 地捡皮（图 0001）

Nostoc commune Vauch.

【形态特征】藻体自由生长，最初为小球形，其后扩展成片状，大者可达 10 cm，状如胶质皮膜，周边部分较牢固，折叠或波状，颜色为暗橄榄色或茶褐色，极少为鲜蓝绿色，干后呈黑褐色或黑色。藻丝卷曲，仅在群体周缘的藻丝有明显的胶鞘，黄褐色，厚而有层理，并在横隔处收缢。细胞为短腰鼓形或近球形，宽 4.5 ～ 6 μm，长略大于宽，橄榄绿色。异形细胞球形，长和宽约 7 μm。孢子少见，比营养细胞大，卵球形，宽 6.5 μm，长 7 ～ 9 μm，胞壁平滑无色。

【拍摄地点】九集镇吴家集村，海拔 188 m。

【生境分布】生于荒坡、岩石或河堤上。分布于南漳各乡镇。

【药用部位】藻体。

【功能主治】清热明目，益气固脱。用于目赤红肿，久痢，脱肛。

图 0001 地耳 *Nostoc commune*

真菌门 EUMYCETES

2. 木耳科 Auriculariaceae

木耳属 Auricularia

木耳 黑木耳（图 0002）

Auricularia auricula (L. ex Hook.) Underw.

【形态特征】子实体形状如耳，直径 5 ～ 10 cm。内面呈暗褐色，平滑；外面呈淡褐色，无毛或密生柔软的短毛。湿润时胶质，干燥时革质。不同大小的子实体常簇生一丛，上表面子实层中的担子埋入胶质中，担子分隔，通常由4个细胞组成，每个细胞有1孢子梗伸出，孢子梗顶端各生1担孢子。

【拍摄地点】薛坪镇普陀庵村，海拔 533 m。

【生境分布】生于阴湿、腐朽的树干上，多为栽培。分布于南漳各乡镇。

【药用部位】子实体。

【功能主治】补气养血，润肺，止血，降压，抗癌。用于气虚血亏，四肢抽搐，肺虚久咳，咯血，吐血，衄血，血痢，痔疮出血，妇女崩漏，高血压，便秘，眼底出血，子宫颈癌，阴道癌，跌打损伤。

图 0002 木耳 *Auricularia auricula*

3. 齿菌科 Hydnaceae

猴头菇属 Hericium

猴头菇 猴头菌（图 0003）

Hericium erinaceus (Bull. ex Fr.) Pers.

【形态特征】子实体头状、不分枝，白色，干猴头菇的子实体色泽白中带黄，大小为 5 ～ 20 cm，肉质内实，无柄。基部着生处狭窄，人工栽培猴头菇基部常因长于瓶口或塑料袋口内而呈柄状。除基部外，周体外被覆菌刺，刺下垂，状似猴子头。菌刺长 1 ～ 5 cm，针形，粗 1 ～ 2 mm。孢子生于菌刺表面，球形，内含油滴，孢子堆白色。

【拍摄地点】长坪镇青林村，海拔 1060 m。

【生境分布】生于阔叶林中腐朽树木上。偶见于南漳长坪镇。

【药用部位】子实体。

【功能主治】消食，补虚。用于消化不良，神经虚弱，身体虚弱等。

图 0003 猴头菇 *Hericium erinaceus*

【附注】猴头菌每 100 g 干品含蛋白质 26.3 g，脂肪 4.2 g，磷 856 mg，还含有碳水化合物、钙、铁、胡萝卜素、维生素 B_1、维生素 B_2 等。蛋白质中含有多种氨基酸，其中人体 8 种必需氨基酸齐全。猴头菌含有多肽、多糖和脂肪族酰胺等抗癌物质，具有很好的增强人体免疫功能的作用，对消化道肿瘤疗效较好，并有利于手术后伤口愈合。

4. 多孔菌科 Polyporaceae

灵芝属 Ganoderma

赤芝　灵芝草（图 0004）

Ganoderma lucidum (Leyss. ex Fr.) Karst.

【中药名】灵芝 *。

【形态特征】菌盖木质，直径 7 ～ 25 cm 或更大，半圆形至肾形，少有圆形，上面紫红色，有环形棱纹和辐射状皱纹，有光泽，边缘有三至数层环纹及不规则裂缺；背面黄紫色，平展有细密小管眼，菌干质硬。菌肉及菌管均为黄锈色。孢子红褐色，卵形，内壁有显著小疣。菌柄高 2.5 ～ 20 cm，紫黑色，有光泽，呈斜盾状着生。

【拍摄地点】巡检镇甘河村，海拔 329 m。

【生境分布】生于山坡林下朽木树桩旁。分布于南漳巡检、长坪、肖堰等乡镇。

【采收加工】全年采收，除去杂质，剪除附有朽木、泥沙或培养基质的下端菌柄，阴干或在 40 ～ 50 ℃烘干。

【药用部位】子实体。

【性味归经】甘、平。归心、肺、肝、肾经。

【功能主治】补气安神，止咳平喘。用于心神不宁，失眠心悸，肺虚咳喘，虚劳短气，不思饮食。

【用法用量】6 ～ 12 g。

图 0004　赤芝 *Ganoderma lucidum*

云芝属 Trametes

云芝　千层蘑　灰芝（图 0005）

Trametes versicolor (L. ex Fr.) Quel

【形态特征】本品菌盖单个呈扇形、半圆形或贝壳形，常数个叠生成覆瓦状或莲座状；直径 1 ～ 10 cm，厚 1 ～ 4 mm。表面密生灰、褐、蓝、紫黑等颜色的茸毛，构成多色的狭窄同心性环带，边缘薄；腹面灰褐色、黄棕色或淡黄色，无菌管处呈白色，菌管密集，管口近圆形至多角形，部分管口开裂成齿。革质，不易折断，断面菌肉类白色，厚约 1 mm；菌管单层，长 0.5 ～ 2 mm，多为浅棕色，管口近圆形至多角形，每毫米有 3 ～ 5 个。

【拍摄地点】东巩镇口泉村，海拔 189 m。

【生境分布】生于阔叶林中朽木上。分布于南漳东巩、薛坪等乡镇。

【药用部位】子实体。

【功能主治】清热解毒。用于慢性支气管炎及肿瘤。

图 0005　云芝 *Trametes versicolor*

图 0006　香菇 *Lentinus edodes*

5. 口蘑科 Tricholomataceae

香菇属 Lentinus

香菇　香菌　香蕈（图 0006）

Lentinus edodes (Berk.) Sing

【形态特征】菌盖直径可达 10 cm，有香气，表面黑褐色或黄褐色，常有白色不规则裂纹；下面有很多分叉的菌褶。菌柄弯生或直立，白色。盖膜为绵毛状，盖开展后，仅在柄的上部留存毛状痕迹。

【拍摄地点】长坪镇青林村，海拔 973 m。

【生境分布】栽培，寄生于栗、柯、槲等树干上。分布于南漳各乡镇。

【药用部位】子实体。

【功能主治】扶正补虚，健脾开胃。用于正气衰弱，神倦乏力，纳呆，消化不良等。

6. 羊肚菌科 Morchellaceae

羊肚菌属 Morchella

羊肚菌　羊肚菜　羊肚蘑（图 0007）

Morchella esculenta (L.) Pers.

【形态特征】菌盖近球形、卵形至椭圆形，高 4～10 cm，宽 3～6 cm，顶端钝圆，表面有似羊肚状的凹坑。凹坑不定形至近圆形，宽 4～12 mm，蛋壳色至淡黄褐色，棱纹色较浅，不规则地交叉。柄近圆柱形，近白色，中空，上部平滑，基部膨大并有不规则的浅凹槽，长 5～7 cm，粗约为菌盖的 2/3。子囊圆筒形，孢子长椭圆形，无色，每个子囊内含 8 个，呈单行排列。

图 0007　羊肚菌 *Morchella esculenta*

【拍摄地点】武安镇云台山水库，海拔 148 m。

【生境分布】生于林下、林缘或草丛中。分布于南漳武安、肖堰、长坪等乡镇。

【药用部位】子实体。

【功能主治】健胃消食，化痰理气。用于消化不良，痰多气短。

【附注】羊肚菌含粗蛋白 20%、粗脂肪 26%、碳水化合物 38.1%，还含有 18 种人体所需的氨基酸，包括 8 种必需氨基酸。其中谷氨酸含量高达 1.76%，有“素中之荤”的美称。

7. 鬼笔科 Phallaceae

鬼笔属 Phallus

红鬼笔　鬼笔（图 0008）

Phallus rubicundus (Bosc.) Fr.

【形态特征】子实体初时生土下，呈卵球形，表面白色膜状，内乳胶状。生出地面子实体高 10 ～ 20 cm。菌盖短笔头状，具网纹格，上面有灰黑色恶臭的黏液，浅红色至橘红色，被黏液覆盖，顶端平，红色，并有孔口，盖高 1.5 ～ 3 cm，宽 1 ～ 1.5 cm。菌柄海绵状，长 9 ～ 19 cm，粗 1 ～ 1.5 cm，圆柱形，中空，下部渐粗，色淡至白色，而上部色深，靠近顶部橘红色至深红色。菌托有弹性，白色，长 2.5 ～ 3 cm，粗 1.5 ～ 2 cm。

【拍摄地点】九集镇沙河村，海拔 156 m。

【生境分布】生于荒野、草地、林缘或竹林中。分布于南漳九集、长坪、城关等乡镇。

【药用部位】子实体。

【功能主治】解毒，消肿，生肌。有毒。外用治疗疮疽。

图 0008　红鬼笔 *Phallus rubicundus*

图 0009　紫色马勃 *Calvatia lilacina*

8. 灰包科 Lycoperdaceae

马勃属 Calvatia

紫色马勃　有柄马勃　灰包（图 0009）

Calvatia lilacina (Mont. et Berk.) Lloyd.

【中药名】马勃 *。

【形态特征】幼时菌体为球形或近球形，白色；成熟后子实体呈陀螺形，直径和高均为 5 ～ 12 cm，外皮灰白色，不孕基部发达；包皮薄，两层，上部常裂成小块，逐渐脱落，内部紫色，当孢子及孢丝散失后遗留的不孕基部呈杯状；孢子粉状，球形，直径 4 ～ 5 μm，上有小刺，脚一踩常有孢子从上端裂口处喷出；孢丝很长，分枝，有横隔，互相交织，色淡，粗 2 ～ 5 μm。

【拍摄地点】长坪镇陡山村，海拔 837 m。

【生境分布】生于草地、林下或灌丛中。分布于南漳长坪、李庙、薛坪等乡镇。

【采收加工】夏、秋二季子实体成熟时及时采收，除去泥沙，干燥。

【药用部位】子实体。

【性味归经】辛，平。归肺经。

【功能主治】清肺利咽，止血。用于风热郁肺，音哑，咳嗽；外治鼻衄，创伤出血。

【用法用量】2 ～ 6 g。外用适量，敷患处。

苔藓植物门　BRYOPHYTA

9. 地钱科 Marchantiaceae

地钱属 Marchantia

地钱　巴骨龙　脓痂草　米海苔（图 0010）

Marchantia polymorpha L.

【形态特征】叶状体贴伏地面生长，扁平，阔带状，多回二歧分叉，淡绿色或深绿色，长 5 ～ 10 cm，宽 2 cm，边缘呈波曲状。背面具六角形、整齐排列的气室分隔，每室中央具 1 个气孔，孔边细胞 4 列，呈十字形排列；气室内具多数直立的营养丝。下部的基本组织由 12 ～ 20 层细胞构成。腹面具紫色鳞片，以及平滑和带有花纹的两种假根。雌雄异株。雄托圆盘状，波状浅裂成 7 ～ 8 瓣；精子器生于托的背面，托柄长约 2 cm。雌托扁平，深裂成 9 ～ 11 个指状瓣。孢蒴着生于托的腹面。托柄长约 6 cm。叶状体背面前端往往具杯状的无性孢芽杯。

【拍摄地点】薛坪镇火石观村，海拔 679 m。

【生境分布】生于沟边、林缘、房屋前后潮湿处。分布于南漳薛坪、长坪等乡镇。

【药用部位】叶状体。

【功能主治】清热解毒。用于烫伤，刀伤，疮痈肿毒，毒蛇咬伤。

图 0010 地钱 *Marchantia polymorpha*

图 0011 金发藓 *Polytrichum commune*

10. 金发藓科 Polytrichaceae

金发藓属 Polytrichum

金发藓 **土马鬃 小松柏（图 0011）**

Polytrichum commune

【形态特征】外形粗壮而犹如松杉类幼苗，植物体高数厘米至数十厘米。茎有中轴的分化，基部有较多的红棕色假根。叶较硬挺，具多层细胞，腹面着生多数绿色单层细胞的栉片；叶边具粗齿；中肋宽阔，几乎占整个叶面。蒴柄红棕色，长数厘米。孢蒴为具四棱的椭圆形，台部明显。蒴齿 64 个。蒴盖扁圆锥形，蒴帽被多数金黄色纤毛。在酸性而湿润的针叶林林地，该种多成大片生长，并常与灰藓属或白发藓属植物混生。

【拍摄地点】板桥镇龙垱村，海拔 1265 m。

【生境分布】生于岩石面薄土上。分布于南漳板桥、长坪等乡镇。

【药用部位】全草。

【功能主治】清热解毒，收敛止血。用于疮疖肿毒。

蕨类植物门 PTERIDOPHYTA

11. 石杉科 Huperziaceae

石杉属 Huperzia

蛇足石杉 **千层塔（图 0012）**

Huperzia serrata (Thunb.) Trevis.

【形态特征】多年生土生植物。茎直立或斜生，高 10 ～ 30 cm，中部直径 1.5 ～ 3.5 mm，枝连叶宽

1.5 ～ 4 cm，二至四回二叉分枝，枝上部常有芽孢。叶螺旋状排列，疏生，平伸，狭椭圆形，向基部明显变狭，通直，长 1 ～ 3 cm，宽 1 ～ 8 mm，基部楔形，下延有柄，先端急尖或渐尖，边缘平直不皱曲，有粗大或略小而不整齐的尖齿，两面光滑，有光泽，中脉突出明显，薄革质。孢子叶与不育叶同形；孢子囊生于孢子叶的叶腋，两端露出，肾形，黄色。

【拍摄地点】薛坪镇八里川村，海拔 1099 m。

【生境分布】生于林下或沟谷岩石上。分布于南漳薛坪、长坪、李庙等乡镇。

【药用部位】全草。

【功能主治】退热除湿，散瘀止血。用于风湿骨痛，跌打损伤，肿痛，蛇咬伤，蜂蜇伤。

图 0012 蛇足石杉 *Huperzia serrata*

12. 卷柏科 Selaginellaceae

卷柏属 Selaginella

江南卷柏 岩柏草 石柏（图 0013）

Selaginella moellendorffii Hieron.

【中药名】江南卷柏*。

【形态特征】土生或石生，直立，高 20 ～ 55 cm，具一横走的地下根状茎和游走茎，其上生鳞片状淡绿色的叶。根托只生于茎的基部，根多分叉，密被毛。主茎中上部羽状分枝，不呈“之”字形，无关节，禾秆色或红色，不分枝的主茎圆柱状，不具纵沟，光滑无毛，内具维管束 1 条；侧枝 5 ～ 8 对，二至三回羽状分枝。叶交互排列，二型，草纸或纸质，表面光滑，边缘不为全缘，具白边。孢子叶穗紧密，四棱柱形，单生于小枝末端；孢子叶一型，卵状三角形，边缘有细齿，具白边，先端渐尖，龙骨状；大孢子叶分布于孢子叶穗中部的下侧。大孢子浅黄色，小孢子橘黄色。

【拍摄地点】长坪镇黄潭村，海拔 283 m。

【生境分布】生于林下或溪边的岩石缝中。分布于南漳各乡镇。

【采收加工】夏、秋二季采收，除去杂质，晒干。

【药用部位】全草。

图 0013 江南卷柏 *Selaginella moellendorffii*

【性味归经】微甘、辛，平。归肝、胆、肾经。

【功能主治】清热利湿，活血消肿，止血。用于急性黄疸胁痛，胸胁腰部挫伤，全身浮肿，肌衄。

【用法用量】6 ～ 15 g。

13. 木贼科 Equisetaceae

木贼属 Equisetum

问荆　笔头菜　节节草（图 0014）

Equisetum arvense L.

【形态特征】根茎斜升，直立和横走，黑棕色，节和根密生黄棕色长毛或光滑无毛。地上枝当年枯萎。枝二型。能育枝春季先萌发，高 5 ～ 35 cm，中部直径 3 ～ 5 mm，节间长 2 ～ 6 cm，黄棕色，无轮茎分枝，脊不明显，具密纵沟；鞘筒栗棕色或淡黄色，鞘齿栗棕色，狭三角形，鞘背仅上部有一浅纵沟，孢子散后能育枝枯萎。不育枝后萌发，高达 40 cm，主枝中部直径 1.5 ～ 3 mm，节间长 2 ～ 3 cm，绿色，轮生分枝多，主枝中部以下有分枝。脊的背部弧形，无棱，有横纹，无小瘤；鞘筒狭长，绿色，鞘齿三角形，中间黑棕色，边缘膜质，淡棕色，宿存。侧枝柔软纤细，扁平状，有 3 ～ 4 条狭而高的脊，脊的背部有横纹；鞘齿披针形，绿色，边缘膜质，宿存。孢子囊穗圆柱形，顶端钝，成熟时柄伸长。

图 0014　问荆 *Equisetum arvense*

【拍摄地点】城关镇文笔峰村，海拔 154 m。

【生境分布】生于田边和沟旁。分布于南漳各乡镇。

【药用部位】全草。

【功能主治】利尿，祛湿，止血，止痛。用于吐血，衄血，便血，小便不利等。

节节草　土木贼　笔杆草（图 0015）

Equisetum ramosissimum Desf.

【形态特征】中小型植物。根茎直立，横走或斜升，黑棕色，节和根疏生黄棕色长毛或光滑无毛。地上枝多年生。枝一型，高 20 ～ 60 cm，中部直径 1 ～ 3 mm，节间长 2 ～ 6 cm，绿色，主枝多在下部分枝，常呈簇生状；幼枝的轮生分枝明显或不明显；主枝有脊 5 ～ 14 条，脊的背部弧形，有一行小瘤或有浅色小横纹；鞘筒狭长达 1 cm，下部灰绿色，上部灰棕色；鞘齿 5 ～ 12 枚，三角形，灰白色，黑棕色或淡棕色，边缘为膜质，基部扁平或弧形，早落或宿存，齿上气孔带明显或不明显。侧枝较硬，圆柱状，有脊 5 ～ 8 条，脊上平滑或有一行小瘤或有浅色小横纹；鞘齿5～8枚，披针形，革质但边缘膜质，上部棕色，宿存。孢子囊穗短棒状或椭圆形，顶端有小尖突，无柄。

【拍摄地点】城关镇便河村，海拔174 m。

【生境分布】生于山坡草地、田边和沟旁。分布于南漳城关、长坪、李庙等乡镇。

【药用部位】全草。

【功能主治】疏散风热，明目退翳，利尿。用于目赤肿痛，慢性肝炎，慢性支气管炎。

图 0015 节节草 *Equisetum ramosissimum*

图 0016 笔管草 *Equisetum ramosissimum* subsp. *debile*

笔管草 土木贼（图 0016）

Equisetum ramosissimum subsp. *debile* (Roxb. ex Vauch.) Hauke

【形态特征】大中型植物。根茎直立和横走，黑棕色，节和根密生黄棕色长毛或光滑无毛。地上枝多年生。枝一型，高可达60 cm或更多，中部直径3～7 mm，节间长3～10 cm，绿色，成熟主枝有分枝，但分枝常不多。主枝有脊10～20条，脊的背部弧形，有一行小瘤或浅色小横纹；鞘筒短，下部绿色，顶部略为黑棕色；鞘齿10～22枚，狭三角形，上部淡棕色，膜质，早落或有时宿存，下部黑棕色，革质，扁平，两侧有明显的棱角，齿上气孔带明显或不明显。侧枝较硬，圆柱状，有脊8～12条，脊上有小瘤或横纹；鞘齿6～10枚，披针形，较短，膜质，淡棕色，早落或宿存。孢子囊穗短棒状或椭圆形，顶端有小尖突，无柄。

【拍摄地点】城关镇文笔峰村，海拔154 m。

【生境分布】生于田边和沟旁。分布于南漳各乡镇。

【药用部位】全草。

【功能主治】利尿，祛湿，止血，止痛。用于吐血，衄血，便血，小便不利等。

14. 阴地蕨科 Botrychiaceae

阴地蕨属 Botrychium

阴地蕨　一朵云（图 0017）

Botrychium ternatum (Thunb.) Sw.

【形态特征】根状茎短而直立，有一簇粗健肉质的根。总叶柄短，长 2 ～ 4 cm，细瘦，淡白色，干后扁平，宽约 2 mm。营养叶片的柄细，长达 3 ～ 8 cm，有时更长，宽 2 ～ 3 mm，光滑无毛；叶片为阔三角形，长 8 ～ 10 cm，宽 10 ～ 12 cm，短尖头，三回羽状分裂；侧生羽片 3 ～ 4 对，几对生或近互生，有柄，下部两对相距不及 2 cm，略张开，基部一对最大，几与中部等大，柄长达 2 cm，羽片长、宽各约 5 cm，阔三角形，短尖头，二回羽状；一回小羽片 3 ～ 4 对，有柄，几对生，基部下方一片较大，稍下先出，柄长约 1 cm，一回羽状；末回小羽片为长卵形至卵形，基部下方一片较大，略浅裂，有短柄，其余较小，边缘有不整齐的细而尖的锯齿密生。第二对羽片渐小，长圆状卵形，下先出，短尖头。叶干后为绿色，厚草质，遍体无毛，表面皱凸不平。叶脉不见。孢子叶有长柄，少有更长者，远远超出营养叶之上，孢子囊穗为圆锥状，二至三回羽状，小穗疏松，略张开，无毛。

图 0017　阴地蕨 *Botrychium ternatum*

【拍摄地点】东巩镇口泉村，海拔 153 m。

【生境分布】生于林荫、山沟、山谷等阴湿处。分布于南漳长坪、东巩、李庙等乡镇。

【药用部位】全草。

【功能主治】清热解毒，平肝息风，止咳止血，明目退翳。用于小儿高热惊搐，肺热咳嗽，咯血，百日咳，癫狂，痫疾，疮疡肿毒，瘰疬，毒蛇咬伤，目赤翳障。

15. 紫萁科 Osmundaceae

紫萁属 Osmunda

紫萁　紫萁贯众　高脚贯众（图 0018）

Osmunda japonica Thunb.

【中药名】紫萁贯众*。

【形态特征】植株高 50 ～ 80 cm 或更高。根状茎短粗，或呈短树干状而稍弯。叶簇生，直立，柄长 20 ～ 30 cm，禾秆色，幼时被密茸毛，不久脱落；叶片为三角状广卵形，顶部一回羽状，其下为二回羽状；羽片 3 ～ 5 对，对生，长圆形，长 15 ～ 25 cm，基部宽 8 ～ 11 cm，基部一对稍大，有柄，斜向上，奇数羽状；小羽片 5 ～ 9 对，对生或近对生，无柄，分离，长圆形或长圆状披针形，先端稍钝或急尖，向基部稍宽，圆形，或近截形，向上部稍小，顶生的同形，有柄，基部往往有 1 ～ 2 片的合生圆裂片或阔披形的短裂片，边缘有均匀的细锯齿。叶脉两面明显，自中肋斜向上，二回分歧，小脉平行，达于锯齿。叶为纸质，成长后光滑无毛，干后为棕绿色。孢子叶同营养叶等高，或稍高，羽片和小羽片均短缩，小羽片变成线形，沿中肋两侧背面密生孢子囊。

【拍摄地点】板桥镇龙埫村，海拔 1242 m。

【生境分布】生于林下或溪边酸性土壤。分布于南漳板桥、李庙、长坪等乡镇。

【采收加工】春、秋二季采挖，洗净，除去须根，晒干。

【药用部位】根茎和叶柄残基。

【性味归经】苦、微寒；有小毒。归肺、胃、肝经。

【功能主治】清热解毒，止血，杀虫。用于疫毒感冒，热毒泻痢，痈疮肿毒，吐血，衄血，便血，崩漏，虫积腹痛。

【用法用量】5 ～ 9 g，水煎服。

图 0018　紫萁 *Osmunda japonica*

16. 海金沙科 Lygodiaceae

海金沙属 Lygodium

海金沙　金沙藤　左转藤（图 0019）

Lygodium japonicum (Thunb.) Sw.

【中药名】海金沙*、洗肝草*。

【形态特征】植株高攀达 1 ～ 4 m。叶轴上面有二条狭边，羽片多数，对生于叶轴上的短距两侧，平展，距长达 3 mm。不育羽片尖三角形，长、宽几相等，10 ～ 12 cm 或较狭，柄长 1.5 ～ 1.8 cm，同羽轴一样多少被短灰毛，两侧并有狭边，二回羽状；一回羽片 2 ～ 4 对，互生，柄长 4 ～ 8 mm，和小羽轴都有狭翅及短毛，基部一对卵圆形，一回羽状；二回小羽片 2 ～ 3 对，卵状三角形，具短柄或无柄，互生，掌状三裂；末回裂片短阔，基部楔形或心形，先端钝，顶端的二回羽片波状浅裂；向上的一回小羽片近掌状分裂或不分裂，较短，叶缘有不规则的浅圆锯齿。主脉明显，侧脉纤细，从主脉斜上，一至二回二叉分歧，直达锯齿。叶纸质，干后褐色。两面沿中肋及脉上略有短毛。能育羽片卵状三角形，长、宽几相等，或长稍过于宽，二回羽状；一回小羽片 4～5 对，互生，长圆状披针形，二回小羽片 3～4 对，卵状三角形，羽状深裂。孢子囊穗长 2～4 mm，排列稀疏，

图 0019　海金沙 *Lygodium japonicum*

暗褐色，无毛。

【拍摄地点】城关镇便河村，海拔 194 m。

【生境分布】生于路边或山坡灌木丛中。分布于南漳各乡镇。

【采收加工】海金沙：秋季孢子未脱落时采割藤叶，晒干，搓揉或打下孢子，除去藤叶。洗肝草：夏、秋二季采割，除去杂质，晒干。

【药用部位】海金沙：成熟孢子。洗肝草：地上部分。

【性味归经】海金沙：甘、咸，寒；归膀胱、小肠经。洗肝草：甘，寒；归膀胱、小肠、肝经。

【功能主治】海金沙：清利湿热，通淋止痛；用于热淋，石淋，血淋，膏淋，尿道涩痛。洗肝草：清热解毒，利水通淋，活血通络；用于热淋，石淋，血淋，小便不利，水肿，白浊，带下，黄疸胁痛，泄泻，痢疾，咽喉肿痛，口疮，目赤肿痛，水火烫伤，皮肤瘙痒，跌打伤肿，风湿痹痛，外伤出血。

【用法用量】海金沙：6～15 g，包煎。洗肝草：9～30 g，鲜品 30～90 g；外用适量，煎水洗或鲜品捣敷；孕妇慎用。

17. 姬蕨科 Dennstaedtiaceae

碗蕨属 Dennstaedtia

细毛碗蕨（图 0020）

Dennstaedtia hirsuta (Swartz) Mettenius ex Miquel

【形态特征】根状茎横走或斜升，密被灰棕色长毛。叶近生或几为簇生，幼时密被灰色节状长毛，老时留下粗糙的痕，禾秆色。叶片长 10～20 cm，宽 4.5～7.5 cm，长圆状披针形，先端渐尖，二回羽状，羽片 10～14 对，对生或互生，具有狭翅的短柄或几无柄，斜向上或略弯弓，羽状分裂或深裂；一回小羽片 6～8 对，长圆形或阔披针形，上先出，基部上侧一片较长，与叶轴并行，两侧浅裂，顶端有 2～3 个尖锯齿，基部楔形，下延和羽轴相连，小裂片先端具 1～3 个小尖齿。叶脉羽状分叉，不到达齿端，每个小尖齿有小脉一条，水囊不显。叶草质，干后绿色或黄绿色，两面密被灰色节状长毛；叶轴与叶柄同色，和羽轴均密被灰色节状毛。孢子囊群圆形，生于小裂片腋中；囊群盖浅碗形，绿色，有毛。

图 0020　细毛碗蕨 *Dennstaedtia hirsuta*

【拍摄地点】长坪镇赵岭村，海拔 1291 m。

【生境分布】生于山地阴处石缝中。分布于南漳长坪、薛坪等乡镇。

【药用部位】全草。

【功能主治】祛风除湿，通经活血。用于风湿性关节炎，劳伤疼痛。

18. 凤尾蕨科 Pteridaceae

凤尾蕨属 Pteris

井栏边草　五指草　凤尾草（图 0021）

Pteris multifida Poir.

【形态特征】植株高 30 ～ 45 cm。根状茎短而直立，粗 1 ～ 1.5 cm，先端被黑褐色鳞片。叶多数，密而簇生，明显二型；不育叶柄长 15 ～ 25 cm，粗 1.5 ～ 2 mm，禾秆色或暗褐色而有禾秆色的边，稍有光泽，光滑；叶片卵状长圆形，长 20 ～ 40 cm，宽 15 ～ 20 cm，一回羽状，羽片通常 3 对，对生，斜向上，无柄，线状披针形，先端渐尖，叶缘有不整齐的尖锯齿并有软骨质的边，下部 1 ～ 2 对通常分叉，有时近羽状，顶生三叉羽片及上部羽片的基部显著下延，在叶轴两侧形成宽 3 ～ 5 mm 的狭翅；能育叶有较长的柄，羽片 4 ～ 6 对，狭线形，仅不育部分具锯齿，余均全缘，基部一对有时近羽状，有长约 1 cm 的柄，余均无柄，下部 2 ～ 3 对通常 2 ～ 3 叉，上部几对的基部常下延，在叶轴两侧形成宽 3 ～ 4 mm 的翅。主脉两面均隆起，禾秆色，侧脉明显，稀疏，单一或分叉，有时在侧脉间具有或多或少的与侧脉平行的细条纹。叶干后草质，暗绿色，遍体无毛；叶轴禾秆色，稍有光泽。

图 0021　井栏边草 *Pteris multifida*

【拍摄地点】城关镇大山村，海拔 137 m。

【生境分布】生于石灰岩缝或林中。分布于南漳各乡镇。

【药用部位】全草。

【功能主治】清热利湿，凉血止痢，强筋活络。用于黄疸性肝炎，肠炎，痢疾，淋浊，带下等。

蜈蚣凤尾蕨　蜈蚣草（图 0022）

Pteris vittata L.

图 0022　蜈蚣凤尾蕨 *Pteris vittata*

【形态特征】植株高 30 ～ 100 cm。根状茎直立，短而粗健，粗 2 ～ 2.5 cm，木质，密被蓬松的黄褐色鳞片。叶簇生；柄坚硬，长 10 ～ 30 cm 或更长，基部粗 3 ～ 4 mm，深禾秆色至浅褐色，幼时密被与根状茎上同样的鳞片，以后渐变稀疏；叶片倒披针状长圆形，一回羽状；顶生羽片与侧生羽片同形，侧生羽片多数，互生或有时近对生；下部羽片较疏离，相距 3 ～ 4 cm，斜展，无柄，不与叶轴合生，向下羽片逐渐缩短；基部羽片仅为耳形，中部羽片最长，狭线形，先端渐尖，基部扩大并为浅心形，其两侧稍呈耳形，上侧耳片较大并常覆盖叶轴，各羽片间的间隔宽 1 ～ 1.5 cm，不育的叶缘有微细而均匀的密锯齿，不为软骨质。主脉下面隆起并为浅禾秆色，侧脉纤细，密接，斜展，单一或分叉。叶干后薄革质，暗绿色，无光泽，无毛；叶轴禾秆色，疏被鳞片。在成熟的植株上除下部缩短的羽片不育外，几乎全部羽片均能育。

【拍摄地点】城关镇南背村，海拔 141 m。

【生境分布】生于钙质土或石灰岩上、石隙或墙壁上。分布于南漳各乡镇。

【药用部位】全草。

【功能主治】解毒疗疮。用于虫蛇咬伤，疥疮。

19. 中国蕨科 Sinopteridaceae

粉背蕨属 Aleuritopteris

银粉背蕨　通经草　金丝草（图 0023）

Aleuritopteris argentea（Gmel.）Fee

【中药名】分经草*。

【形态特征】植株高 15 ～ 30 cm。根状茎直立或斜升，先端被披针形、棕色、有光泽的鳞片。叶簇生；叶柄长 10 ～ 20 cm，粗约 7 mm，红棕色，有光泽，上部光滑，基部疏被棕色披针形鳞片；叶片五角形，长、宽几相等为 5 ～ 7 cm，先端渐尖，羽片 3 ～ 5 对，基部三回羽裂，中部二回羽裂，上部一回羽裂；基部一对羽片直角三角形，水平开展或斜向上，基部上侧与叶轴合生，下侧不下延，小羽片 3 ～ 4 对，以圆缺刻分开，基部以狭翅相连，基部下侧一片最大，长圆状披针形，先端长渐尖，有裂片 3 ～ 4 对；裂片三角形或镰刀形，基部一对较短，羽轴上侧小羽片较短，不分裂，长仅 1 cm 左右；第二对羽片为不整齐的一回羽裂，披针形，基部下延成楔形，往往与基部一对羽片汇合，先端长渐尖，有不整齐的裂片 3 ～ 4 对；裂片三角形或镰刀形，以圆缺刻分开；自第二对羽片向上渐次缩短。叶干后草质或薄革质，上面褐色、光滑，叶脉不明显，下面被乳白色或淡黄色粉末，裂片边缘有明显而均匀的细齿。孢子囊群较多；囊群盖连续，膜质，黄绿色，全缘，孢子极面观为钝三角形，周壁表面具颗粒状纹饰。

图 0023　银粉背蕨 *Aleuritopteris argentea*

【拍摄地点】长坪镇赵岭村，海拔 1301 m。

【生境分布】生于石灰岩石缝或墙缝中。分布于南漳长坪、李庙、板桥等乡镇。

【采收加工】夏、秋二季采收，除去杂质，晒干。

【药用部位】全草。

【性味归经】淡、微苦，平。归肺、脾、肝经。

【功能主治】活血调经，止血，止带，止咳。用于月经不调，经闭腹痛，赤白带下，咳嗽，咯血等。

【用法用量】9 ~ 15 g。

陕西粉背蕨 多羽裸叶粉背蕨（图 0024）

Aleuritopteris argentea var. *obscura*（Christ）Ching

【形态特征】植株高 15 ~ 35 cm。根状茎短而直立，密被鳞片，鳞片中间亮褐色，边缘有棕色狭边的披针形。叶簇生，叶柄长 8 ~ 25 cm，粗 0.1 ~ 0.2 cm，栗红色，有光泽，光滑，基部疏生鳞片；叶片五角形，尾状长渐尖，长、宽几相等为 6 ~ 12 cm，基部三回羽裂，中部二回羽裂，顶部一回羽裂，分裂度细；侧生羽片 4 ~ 6 对，对生或近对生；基部一对羽片最大，近三角形，先端尾状长渐尖，基部与叶轴合生，无柄，基部下侧 1 ~ 2 片小羽片宽披针形，一回羽裂，有裂片 4 ~ 5 对，彼此以阔间隔分开；第三片小羽片分裂或不分裂，较基部 1 对小羽片短而狭；第二对羽片宽披针形，先端长尾尖，基部与叶轴合生，以阔翅沿叶轴下延，有不整齐的裂片 4 ~ 5 对，裂片镰刀形，先端钝尖；第二对以上羽片偶为不整齐的羽裂，裂片大都为镰刀形，向顶部逐渐缩短。叶干后纸质或薄革质，叶脉不显，上面光滑，下面无粉末；羽轴、小羽轴与叶轴同色，末回裂片边全缘或具微齿。孢子囊群线形或圆形，周壁疏具颗粒状纹饰。

图 0024 陕西粉背蕨

Aleuritopteris argentea var. *obscura*

【拍摄地点】李庙镇赵店村，海拔 762 m。

【生境分布】生于石缝或墙缝中。分布于南漳李庙、长坪等乡镇。

【药用部位】全草。

【功能主治】清热解毒，活血调经，利尿，止咳，通乳。用于经闭腹痛，月经不调，赤白带下。

金粉蕨属 Onychium

野雉尾金粉蕨 野鸡尾（图 0025）

Onychium japonicum（Thunb.）Kunze

【中药名】鸡尾蕨*。

【形态特征】植株高 60 cm 左右。根状茎长而横走，粗 3 mm 左右，疏被鳞片，鳞片棕色或红棕色，披针形，筛孔明显。叶散生；柄长 2 ~ 30 cm，基部褐棕色，略有鳞片，向上禾秆色，光滑；叶片几和叶柄等长，卵状三角形或卵状披针形，渐尖头，四回羽状细裂；羽片 12 ~ 15 对，互生，基部一对最大，长圆状披针形或三角状披针形，先端渐尖，并具羽裂尾头，三回羽裂；各回小羽片彼此接近，均为上先出，照例基部一对最大；末回能育小羽片或裂片线状披针形，有不育的急尖头；末回不育裂片短而狭，线形或短披针形，短尖头；叶轴和各回育轴上面有浅沟，下面凸起，不育裂片仅有中脉一条，能育裂片斜上侧脉和叶缘的边脉汇合。叶干后坚草质或纸质，灰绿色或绿色，遍体无毛。孢子囊群长 3 ～ 6 mm；囊群盖线形或短长圆形，膜质，灰白色，全缘。

【拍摄地点】李庙镇刘坪村，海拔 230 m。

【生境分布】生于林下或灌木丛阴湿处。分布于南漳长坪、李庙、肖堰等乡镇。

【采收加工】夏、秋二季采收，除去泥沙及杂质，晒干。

【药用部位】全草。

【性味归经】苦，寒。归肺、大肠、肝经。

【功能主治】清热利湿，解毒，止血。用于外感风热，湿热泻痢，小便淋痛，黄疸，痈肿疮毒，吐血，咯血，便血，尿血。

【用法用量】15 ～ 30 g，鲜品加倍。外用适量，研末调敷或鲜品捣敷。

图 0025 野雉尾金粉蕨 *Onychium japonicum*

20. 铁线蕨科 Adiantaceae

铁线蕨属 Adiantum

铁线蕨 银杏蕨（图 0026）

Adiantum capillus-veneris L.

【形态特征】植株高 15 ～ 40 cm。根状茎细长横走，密被棕色披针形鳞片。叶远生或近生，柄长 5 ～ 20 cm，粗约 1 mm，纤细，栗黑色，有光泽；基部被与根状茎上同样的鳞片，向上光滑，叶片卵状三角形，长 10 ～ 25 cm，宽 8 ～ 16 cm，尖头，基部楔形，中部以下多为二回羽状，中部以上为一回奇数羽状；羽片 3 ～ 5 对，互生，斜向上，有柄，基部一对较大，长圆状卵形，圆钝头，一回奇数羽状，侧生末回小羽片 2 ～ 4 对，互生，斜向上，大小相等或基部一对略大，对称或不对称的斜扇形或近斜方形，上缘圆形，具 2 ～ 4 浅裂或深裂成条状的裂片，不育裂片先端钝圆形，具阔三角形的小锯齿或具啮蚀状的小齿，能育裂片先端截形、直或略下陷，全缘或两侧具有啮蚀状的小齿，两侧全缘，基部渐狭成偏斜的阔楔形，具纤细栗黑色的短柄，顶生小羽片扇形，

图 0026 铁线蕨 *Adiantum capillus-veneris*

基部为狭楔形，往往大于其下的侧生小羽片；第二对羽片距基部一对 2.5 ～ 5 cm，向上各对均与基部一对羽片同形而渐变小。叶脉多回二歧分叉，直达边缘，两面均明显。叶干后薄草质，草绿色或褐绿色，两面均无毛；叶轴、各回羽轴和小羽柄均与叶柄同色，往往略向左右曲折。孢子囊群每羽片 3 ～ 10 枚，横生于能育的末回小羽片的上缘；囊群盖长形、长肾形或圆肾形，上缘平直，淡黄绿色，老时棕色，膜质，全缘，宿存。

【拍摄地点】城关镇南背村，海拔 98 m。

【生境分布】生于潮湿岩石缝中。分布于南漳城关、薛坪、长坪等乡镇。

【药用部位】全草。

【功能主治】清热解毒，祛风除湿，利尿通淋。用于湿热，湿疹疥癣，小便不利。

掌叶铁线蕨　铁丝七（图 0027）

Adiantum pedatum L.

【形态特征】根状茎直立或横卧，被褐棕色阔披针形鳞片。叶簇生或近生；柄长 20 ～ 40 cm，栗色或棕色，基部粗可达 3.5 mm，被和根茎相同的鳞片，向上光滑，有光泽；叶片阔扇形，长可达 30 cm，宽可达 40 cm，从叶柄的顶部二叉成左右两个弯弓形的分枝，再从每个分枝的上侧生出 4 ～ 6 片一回羽状的线状披针形羽片，侧生羽片向外略缩短，奇数一回羽状；小羽片 20 ～ 30 对，互生，斜展，具短柄，中部对开式的小羽片较大，长三角形，先端圆钝，基部为不对称的楔形；裂片方形，彼此密接，全缘而中央凹陷或具波状圆齿；基部小羽片略小，扇形或半圆形，有较长的柄；顶部小羽片与中部小羽片同形而渐变小；顶生小羽片扇形，中部深裂，两侧浅裂，与其下的侧生羽片同大或稍大；各侧生羽片上的小羽片与中央羽片上的同形。叶脉多回二歧分叉，直达边缘，两面均明显。叶干后草质，草绿色，下面带灰白色，两面均无毛；叶轴、各回羽轴和小羽片均为栗红色，有光泽，光滑。孢子囊群每小羽片 4 ～ 6 枚，横生于裂片先端的浅缺刻内；囊群盖长圆形或肾形，淡灰绿色或褐色，膜质，全缘，宿存。

图 0027　掌叶铁线蕨 *Adiantum pedatum*

【拍摄地点】李庙镇主山寨村，海拔 1051 m。

【生境分布】生于山地林中。分布于南漳李庙、板桥等乡镇。

【药用部位】全草。

【功能主治】除湿利水，调经止痛，利尿通淋，解毒。用于小便不利，水肿，月经不调，淋证，痈肿，毒蛇咬伤。

21. 裸子蕨科 Hemionitidaceae

凤丫蕨属 Coniogramme

疏网凤丫蕨　散血莲（图 0028）

Coniogramme wilsonii Hieron.

【形态特征】植株高 70 cm。叶柄长约 40 cm，粗 3 ～ 5 mm，禾秆色或枯禾秆色；叶片长 28 ～ 50 cm，宽 20 ～ 25 cm，卵状三角形或卵状长圆形，二回羽状；侧生羽片 3 ～ 5 片，基部一对最大，三角状卵形，柄长 1.5 cm，一回羽状；侧生小羽片 1 ～ 3 对，披针形，先端尾状渐尖，基部不对称，略为心形或圆楔形，有短柄或与羽轴合生，顶生小羽片远较大，和中部羽片同形；中部羽片单一，披针形，尾状渐尖头，基部不对称，略为心形或圆楔形，有柄或向上的与叶轴合生，顶羽片较其下的为大；羽片和小羽片边缘有不明显的疏浅锯齿。叶脉仅靠羽轴两侧有少数不连续的网眼，其余分离，水囊略加厚，线形，不到锯齿基部。叶干后草质，上面褐绿色，下面灰绿色，两面无毛，叶轴和叶柄同色。孢子囊群伸达离叶边不远处。

图 0028　疏网凤丫蕨 *Coniogramme wilsonii*

【拍摄地点】李庙镇胡家坪村，海拔 634 m。

【生境分布】生于山沟密林下。分布于南漳李庙、板桥、巡检等乡镇。

【药用部位】全草。

【功能主治】祛风除湿，清热止血。用于风湿疼痛，跌打损伤，带下等。

22. 肿足蕨科 Hypodematiaceae

肿足蕨属 Hypodematium

肿足蕨　活血草（图 0029）

Hypodematium crenatum（Forssk.）Kuhn

【形态特征】植株高 12 ～ 60 cm。根状茎粗壮，横走，连同叶柄基部密被鳞片；鳞片狭披针形，先端渐狭成线形，全缘，膜质，亮红棕色。叶近生，叶柄禾秆色，基部有时疏被较小的狭披针形鳞片，向上仅被灰白色柔毛；叶片卵状五角形，先端渐尖并羽裂，基部圆心形，三回羽状；羽片 8 ～ 12 对，稍斜上，下部 1 ～ 2 对近对生，向上互生；基部一对最大，三角状长圆形，短渐尖头，基部心形，二回羽状；一回小羽片 6 ～ 10 对，上先出，互生，稍斜上，彼此接近，羽轴下侧的较上侧的为大，尤以基部一片最大，卵状三角形，短渐尖头，基部近截形，下延成具狭翅的短柄，一回羽状；末回小羽片长 1.5 ～ 2.5 cm，基部宽 0.5 ～ 1 cm，长圆形，先端钝尖，基部多少与小羽轴合生，羽状深裂；裂片长圆形，先端圆钝，边缘全缘或略呈波状；基部一对羽片的上侧小羽片长 1 ～ 4 cm，基部宽 0.5 ～ 2 cm，卵状三角形至长圆形，先端急尖，基部近平截，以狭翅下延，一回羽状深裂；第二对以上各对羽片向上渐次缩短，披针形或长圆状披针形，先端短钝尖，基部圆截形或为浅心形，具短柄，二回羽裂；羽轴两侧的小羽片近等大。叶脉两面明显，侧脉羽状，单一，每末回裂片 2 ～ 3 对，斜上，伸达叶边；叶草质，干后黄绿色，两面连同叶轴和各回羽轴密被灰白色柔毛；羽轴下面偶有红棕色的线状披针形的狭鳞片。孢子囊群圆形，背生于侧脉中部，每裂片 1 ～ 3 枚；囊群盖大，肾形，浅灰色，膜质，背面密被柔毛，宿存。孢子圆肾形，周壁具较密的褶皱，形成明显的弯曲条纹，表面光滑。

【拍摄地点】李庙镇老君店村，海拔 770 m。

【生境分布】生于干旱石灰岩缝中。分布于南漳李庙、长坪等乡镇。

【药用部位】全草。

【功能主治】祛风利湿，止血，解毒。用于风湿性关节痛；外用治疮毒，外伤出血。

图 0029 肿足蕨 *Hypodematium crenatum*

23. 金星蕨科 Thelypteridaceae

毛蕨属 Cyclosorus

渐尖毛蕨　尖羽毛蕨　毛蕨（图 0030）

Cyclosorus acuminatus（Houtt.）Nakai

【形态特征】植株高 70 ～ 80 cm。根状茎长而横走，粗 2 ～ 4 mm，深棕色，老则变褐棕色，先端密被棕色披针形鳞片。叶二列远生，相距 4 ～ 8 cm；叶柄长 30 ～ 42 cm，基部粗 1.5 ～ 2 mm，褐色，无鳞片，向上渐变为深禾秆色，略有一二柔毛；叶片长 40 ～ 45 cm，中部宽 14 ～ 17 cm，长圆状披针形，先端尾状渐尖并羽裂，基部不变狭，二回羽裂；羽片 13 ～ 18 对，有极短柄，斜展或斜上，有等宽的间隔分开，互生，或基部的对生，中部以下的羽片长 7 ～ 11 cm，中部宽 8 ～ 12 mm，基部较宽，披针形，渐尖头，基部不等，上侧凸出，平截，下侧圆楔形或近圆形，羽裂达 1/2 ～ 2/3；裂片 18 ～ 24 对，斜上，略弯弓，彼此密接，基部上侧一片最长，披针形，第二对以上的裂片近镰状披针形，尖头或骤尖头，全缘。叶脉下面隆起，清晰，侧脉斜上，每裂片 7 ～ 9 对，基部一对出自主脉基部，其先端交接成钝三角形网眼，并自交接点向缺刻下的透明膜质连线伸出一条短的外行

图 0030 渐尖毛蕨 *Cyclosorus acuminatus*

小脉，第二对和第三对的上侧一脉伸达透明膜质连线。叶坚纸质，干后灰绿色，除羽轴下面疏被针状毛外，羽片上面被极短的糙毛。孢子囊群圆形，生于侧脉中部以上，每裂片 5 ～ 8 对；囊群盖大，深棕色或棕色，密生短柔毛，宿存。

【拍摄地点】长坪镇长岭村，海拔 241 m。

【生境分布】生于田边、路旁或山谷中。分布于南漳长坪、板桥等乡镇。

【药用部位】根茎。

【功能主治】祛风除湿，舒筋活血。用于风湿筋骨痛，肢体麻木，狂犬咬伤。

24. 铁角蕨科 Aspleniaceae

铁角蕨属 Asplenium

三翅铁角蕨（图 0031）

Asplenium tripteropus Nakai

【形态特征】植株高 15 ～ 30 cm。根状茎短而直立，粗约 2 mm，先端密被鳞片；鳞片线状披针形，长约 2 mm，厚膜质，褐棕色或深褐色而有棕色狭边，全缘。叶簇生。叶柄长 3 ～ 5 cm，粗 1 ～ 1.3 mm，乌木色，有光泽，基部密被与根状茎上同样的鳞片，向上光滑，三角形，在上面两侧和下面的棱脊上各有 1 条棕色的膜质全缘阔翅，质脆，通常叶片脱落而柄宿存；叶片长线形，两端渐狭，一回羽状；羽片 23 ～ 35 对，对生或上部的互生，平展，无柄，中部羽片同大，椭圆形，浑圆头，基部不对称，上侧近平截并略呈耳状，与叶轴平行覆盖叶轴，下侧楔形，边缘除基部为全缘外，其余均有细钝锯齿；中部各对羽片相距 3 ～ 6 mm，彼此疏离，下部数对羽片向下逐渐远离并缩小，渐变为圆形、卵形或扇形。叶脉羽状，两面均不可见，小脉纤细，二叉，斜向上。叶纸质，干后草绿色或褐绿色；叶轴乌木色，有光泽，光滑，三角形，在上面两侧及下面的棱脊上各有 1 条棕色的膜质全缘阔翅，叶轴向顶部常有 1 ～ 3 个被鳞片的腋生芽孢，能在母株上萌发。孢子囊群椭圆形，锈棕色，斜向上，生于上侧小脉，位于主脉与叶边之间，每羽片有 3 ～ 11 枚；囊群盖椭圆形，膜质，灰绿色，全缘，开向主脉。

图 0031　三翅铁角蕨 *Asplenium tripteropus*

【拍摄地点】板桥镇龙埫村，海拔 1247 m。

【生境分布】生于林下阴湿处或岩石上。分布于南漳板桥镇。

【药用部位】全草。

【功能主治】舒筋活络。用于腰痛。

25. 乌毛蕨科 Blechnaceae

荚囊蕨属 Struthiopteris

荚囊蕨 篦子草 天鹅抱蛋（图 0032）

Struthiopteris eburnea（Christ）Ching

【形态特征】植株高 18 ～ 60 cm。根状茎直立，粗短，或长而斜生，密被鳞片；鳞片披针形，长约 6 mm，先端纤维状，边缘全缘或偶有少数小齿牙，棕色或中部为深褐色，有光泽，厚膜质。叶簇生，二型；柄长 3 ～ 24 cm，粗 1 ～ 2 mm，禾秆色，基部密被与根状茎上同样的鳞片，向上渐变光滑；叶片线状披针形，两端渐狭，长 14 ～ 45 cm，中部以上宽 2 ～ 6 cm，一回羽状；羽片多数，篦齿状排列，下部羽片向基部逐渐缩小，基部一对呈小耳形，向上的羽片为镰状披针形，尖头，基部与叶轴合生，边缘全缘，干后略内卷，平展，彼此接近或略疏离。叶脉不明显，在羽片上为羽状，小脉斜向上，二叉，不达叶边。叶坚革质，干后暗绿色或带棕色，无毛，上面有时呈皱褶状；叶轴禾秆色，光滑，上面有浅纵沟。能育叶与不育叶同形而较狭；孢子囊群线形，着生于主脉与叶缘之间，沿主脉两侧各 1 行，几与羽片等长，但不达羽片基部及先端；囊群盖纸质，拱形，与孢子囊群同形并紧包孢子囊群，开向主脉，宿存。

图 0032　荚囊蕨 *Struthiopteris eburnea*

【拍摄地点】东巩镇石峡坪村，海拔 540 m。

【生境分布】生于干旱的石灰岩壁上。分布于南漳东巩镇。

【药用部位】根茎及叶柄残基。

【功能主治】清热利湿，散瘀消肿。用于风湿性关节疼痛，跌打损伤，尿路感染。

狗脊属 Woodwardia

顶芽狗脊 单芽狗脊蕨（图 0033）

Woodwardia unigemmata（Makino）Nakai

【中药名】狗脊贯众*。

【形态特征】植株高达 2 m。根状茎横卧，粗达 3 cm，黑褐色，密被鳞片；鳞片披针形，长达 2.7 cm，先端纤维状，全缘，棕色，薄膜质。叶近生；柄长 30 ～ 100 cm，中部粗 5 ～ 8 mm，基部褐色并密被与根状茎上相同的鳞片，向上为棕禾秆色，略被少数较小的鳞片，鳞片脱落后留下弯线形的鳞痕，有时并有小刺状突起，表面颇感粗糙；叶片长卵形或椭圆形，长 40 ～ 100 cm，下部宽 20 ～ 80 cm，先端渐尖，基部圆楔形，二回深羽裂；羽片 7 ～ 18 对，互生或下部的近对生，略斜向上或弯拱斜向上，有时斜展，疏离或接近，近无柄或有短柄，阔披针形，有时为椭圆状披针形，先端尾尖，基部圆截形，上侧常覆盖叶轴，羽状深裂达羽轴两侧的宽翅；裂片 14 ～ 22 对，互生，斜展，彼此接近，下部几对略缩短，不变形，披针形，有时呈镰刀状，先端渐尖，有时为尾状渐尖，边缘具细密的尖锯齿，干后内卷，在大型植株下部羽片的下部裂片边缘有时浅裂成波状，亦具尖锯齿。叶脉明显，羽轴两面及主脉上面隆起，与叶轴同为棕禾秆色，在羽轴及主脉两侧各有 1 行狭长网眼，狭长网眼外尚有 1 ～ 2 行不整齐的多角形网眼，其外的小脉分离，小脉单一或二叉，先端有纺锤形水囊，直达叶边。叶革质，干后棕色或褐棕色，无毛，叶轴及羽轴下面疏被棕色纤维状小鳞片，尤以羽片着生处较密，叶轴近先端具 1 枚被棕色鳞片的腋生大芽孢。孢子囊群粗短线形，挺直或略弯，着生于主脉两侧的狭长网眼上，彼此接近或略疏离，下陷于叶肉；囊群盖同形，厚膜质，棕色或棕褐色，成熟时开向主脉。

图 0033　顶芽狗脊 *Woodwardia unigemmata*

【拍摄地点】东巩镇石峡坪村，海拔 554 m。

【生境分布】生于林中或灌木丛中。分布于南漳东巩、李庙、薛坪等乡镇。

【采收加工】秋季采挖，削去须根及叶柄，除去泥沙及杂质，晒干。

【药用部位】根茎及叶柄残基。

【性味归经】苦、涩，寒。归肝、胃、肾、大肠经。

【功能主治】清热解毒，杀虫，止血。用于疮痈肿毒，虫积腹痛，吐血，衄血，便血，血痢，血崩，湿热带下。

【用法用量】6 ～ 15 g。外用适量，捣敷或研末涂患处。

26. 鳞毛蕨科 Dryopteridaceae

复叶耳蕨属 Arachniodes

斜方复叶耳蕨（图 0034）

Arachniodes amabilis（Blume）Tindale

图 0034　斜方复叶耳蕨 *Arachniodes amabilis*

【形态特征】植株高 40 ～ 80 cm。叶柄长 20 ～ 38 cm，粗 3 ～ 6 mm，禾秆色，基部密被棕色、阔披针形鳞片，向上光滑或偶有 1 ～ 2 同样鳞片。叶片长卵形，长 25 ～ 45 cm，宽 16 ～ 32 cm，顶生羽状羽片长尾状，二回羽状；往往基部三回羽状；侧生羽片 3 ～ 6 对，互生，有柄，斜展，基部一对最大，三角状披针形，长 15 ～ 22 cm，基部宽 5 ～ 7 cm，渐尖头，基部圆楔形，羽状或二回羽状；小羽片 16 ～ 22 对，互生，有短柄，基部下侧一片不伸长或伸长，若伸长，则为披针形，尖头，基部圆楔形，羽状；末回小羽片 7 ～ 12 对，菱状椭圆形，急尖头，基部不对称，上侧近截形，下侧斜切，上侧边缘具有芒刺的尖锯齿；第二对羽片线状披针形，渐尖头，基部圆楔形，羽状；小羽片 14～20 对，互生，有短柄，斜方形或菱状长圆形，急尖头，基部不对称，上侧截形并为耳状突起，下侧斜切，上侧边缘具有芒刺的尖锯齿；从第三对羽片起向上的逐渐缩小，同形。叶干后薄纸质，褐绿色，光滑。孢子囊群生小脉顶端，近叶边，通常上侧边 1 行，下侧边上部半行，耳片有时 3～6 枚；囊群盖棕色，膜质，边缘有毛，脱落。

【拍摄地点】肖堰镇井泉坪村，海拔 415 m。

【生境分布】生于林下或溪边。分布于南漳肖堰、东巩等乡镇。

【药用部位】根茎及叶柄残基。

【功能主治】祛风散寒，杀虫，止血。用于风寒感冒，虫积，外伤出血。

长尾复叶耳蕨　**异羽复叶耳蕨（图 0035）**

Arachniodes simplicior（Makino）Ohwi

【形态特征】植株高 75 cm。叶柄长 40 cm，粗约 3 mm，禾秆色，基部被褐棕色披针形鳞片，向上偶有 1～2 同形鳞片。叶片卵状五角形，长 35 cm，宽约 20 cm，顶部有一片具柄的顶生羽状羽片，与其下侧生羽片同形，基部近平截，三回羽状；侧生羽片 4 对，基部一对对生，向上的互生，有柄，斜展，分开，基部一对最大，斜三角形，渐尖头，基部不对称，斜楔形，基部二回羽状；小羽片 22 对，互生，有短柄，基部下侧一片特别伸长，披针形，渐尖头，基部近圆形，羽状；末回小羽片约 16 对，互生，几无柄，长圆状，钝尖头，基部不对称，上侧截形，下侧斜切，边缘具有芒刺的尖锯齿；第二至第四对羽片披针形，羽状，基部上侧的小羽片较下侧的为大。叶干后纸质，灰绿色，光滑，叶轴和各回羽毛轴下面偶被褐棕色钻形小鳞片。孢子囊群每小羽片 4～6 对，略近叶边生；囊群盖深棕色，膜质，脱落。

图 0035　长尾复叶耳蕨 *Arachniodes simplicior*

【拍摄地点】肖堰镇花庄村，海拔 210 m。

【生境分布】生于林下阴湿处。分布于南漳肖堰、李庙、东巩等乡镇。

【药用部位】根茎及叶柄残基。

【功能主治】清热解毒，止血止痢，生肌。用于内热腹痛。

肋毛蕨属 Ctenitis

亮鳞肋毛蕨　**虹鳞肋毛蕨（图 0036）**

Ctenitis subglandulosa（Hance）Ching

【形态特征】植株高约 1 m。根茎粗短，直立，顶部及叶柄基部密被先端纤维状卷曲锈棕色线状鳞片。

叶簇生；叶柄长 40 ～ 50 cm，暗棕色，向上禾秆色，上面有 2 纵沟，基部以上被宽披针形鳞片；羽片卵状三角形，长 45 ～ 60 cm，基部宽 30 ～ 40 cm，渐尖头，基部心形，四回羽裂，羽片 12 ～ 14 对，基部 1 对斜三角形，不对称，有柄；第二对羽片宽披针形，二回羽状，基部羽片的一回小羽片 10 ～ 12 对，互生，下部几对有柄，基部下侧 1 片披针形，二回小羽片 10 ～ 12 对，互生，椭圆状披针形，第三对以上的基部与小羽轴合生，深羽裂几达小羽轴，裂片 4 ～ 6 对，椭圆形或斜三角形，全缘，叶脉羽状，小脉 3 ～ 4 对，单一或二叉，两面隆起，上面疏被淡棕色毛；主脉上面疏被淡棕色毛，下面隆起并疏被贴生细毛；叶干后淡棕色，纸质；叶轴、羽轴及小羽轴禾秆色，上面密被淡棕色毛，下面密被鳞片。孢子囊群圆形，每裂片 2 ～ 4 对，着生小脉中部以下，近主脉；囊群盖心形，全缘，膜质，宿存。

【拍摄地点】长坪镇黄潭村，海拔 419 m。

【生境分布】生于路边、山谷阴湿的岩石上。分布于南漳各乡镇。

【药用部位】根茎。

【功能主治】祛风活络。用于风湿骨痛。

图 0036　亮鳞肋毛蕨 *Ctenitis subglandulosa*

贯众属 Cyrtomium

刺齿贯众　粗齿贯众　尖耳贯众（图 0037）

Cyrtomium caryotideum（Wall. ex Hook. et Grev.）Presl

【形态特征】植株高 30 ～ 60 cm。根茎直立，密被披针形黑棕色鳞片。叶簇生，叶柄长 16 ～ 32 cm，基部直径 2 ～ 3 cm，禾秆色，腹面有浅纵沟，下部密生卵形及披针形黑棕色或棕色中间为黑棕色的鳞片，鳞片边缘有毛状齿，向上部渐秃净；叶片矩圆形或矩圆状披针形，长 25 ～ 48 cm，宽 12 ～ 18 cm，先端钝，基部不变狭或略变狭，奇数一回羽状；侧生羽片 3 ～ 7 对，互生，斜向上，柄极短，卵状披针形，常向上弯成镰状，先端渐尖常呈尾状，基部宽楔形或圆楔形上侧有长而尖的三角形耳状突起，边缘有开展的小尖齿；具羽状脉，小脉联结成多行网眼，腹面不明显，背面微凸；顶生羽片卵形或菱状卵形，二叉或三叉状。叶为坚纸质，腹面光滑，背面疏生披针形棕色小鳞片；叶轴腹面有浅纵沟，疏生线形棕色鳞片。孢子囊群遍布羽片背面；囊群盖圆

图 0037　刺齿贯众 *Cyrtomium caryotideum*

形，盾状，边缘有齿。

【拍摄地点】长坪镇黄潭村，海拔 281 m。

【生境分布】生于林下。分布于南漳长坪、李庙等乡镇。

【药用部位】根茎及叶柄残基。

【功能主治】清热解毒，凉血止血，驱虫。用于崩漏，带下，跌打损伤，蛔虫病。

秦岭贯众　贯众（图 0038）

Cyrtomium tsinglingense Ching et Shing ex Shing

【形态特征】植株高 40 ～ 80 cm。根茎直立，密被披针形棕色鳞片。叶簇生，叶柄长 18 ～ 36 cm，基部直径 3 ～ 4 mm，禾秆色，腹面有浅纵沟，下部密生卵形及披针形深棕色鳞片，鳞片边缘有齿，常扭曲，向上部渐秃净；叶片矩圆形或矩圆状披针形，长 30 ～ 60 cm，宽 15 ～ 26 cm，先端钝，基部不变狭或略宽，奇数一回羽状；侧生羽片 5 ～ 7 对，互生，斜向上，有短柄，基部 1 或 2 对卵形常较大，其他为矩圆状披针形，先端渐尖或急尖成尾状，基部宽楔形或圆楔形，上侧微有耳状凸，边缘有开张的小尖齿；具羽状脉，小脉联结成多行网眼，两面微凸；顶生羽片宽倒卵形，二叉或三叉状。叶为坚纸质，腹面光滑，背面有披针形棕色小鳞片；叶轴腹面有浅纵沟，有披针形及线形棕色鳞片。孢子囊群遍布羽片背面；囊群盖圆形，盾状，全缘。

【拍摄地点】九集镇吴家集村，海拔 158 m。

【生境分布】生于阔叶林下。分布于南漳九集镇。

【药用部位】根茎及叶柄残基。

图 0038　秦岭贯众 *Cyrtomium tsinglingense*

【功能主治】清热解毒。用于风热感冒，温热斑疹，吐血，衄血，便血，带下，蛔虫等。

耳蕨属 Polystichum

华北耳蕨　鞭叶耳蕨（图 0039）

Polystichum craspedosorum（Maxim.）Diels

【形态特征】植株高 10 ～ 20 cm。根茎直立，密生披针形棕色鳞片。叶簇生，叶柄长 2 ～ 6 cm，基部直径 1 ～ 2 mm，禾秆色，腹面有纵沟，密生披针形棕色鳞片，鳞片边缘有齿，下部边缘为卷曲的纤毛状；叶片线状披针形或狭倒披针形，长 10 ～ 20 cm，宽 2 ～ 4 cm，先端渐狭，基部略狭，一回羽状；羽片 14 ～ 26 对，下部的对生，向上为互生，平展或略斜向下，柄极短，矩圆形或狭矩圆形，先端钝或圆形。基部偏斜，上侧截形，耳状凸明显或不明显，下侧楔形，边缘有内弯的尖齿牙；具羽状脉，侧脉单一，腹面不明显，背面微凸。叶纸质，背面脉上有或疏或密的线形及毛状黄棕色鳞片，鳞片下部边缘为卷曲的纤毛状；叶轴腹面有纵沟，背面密生狭披针形，基部边缘纤毛状的鳞片，先端延伸成鞭状，顶端有芽孢能萌发新植株。孢子囊群通常位于羽片上侧边缘成一行，有时下侧也有；囊群盖大，圆形，全缘，盾状。

【拍摄地点】薛坪镇普陀庵村，海拔600 m。

【生境分布】生于阴面干燥的石灰岩上。分布于南漳薛坪、长坪、李庙等乡镇。

【药用部位】全草。

【功能主治】清热解毒，燥湿。用于皮肤红肿瘙痒，赤白痢疾。

图 0039 华北耳蕨 *Polystichum craspedosorum*

对马耳蕨 小羽对马耳蕨（图 0040）

Polystichum tsus-simense（Hook.）J. Smith

【形态特征】植株高 30 ～ 60 cm。根茎直立，密被狭卵形深棕色鳞片。叶簇生，叶柄长 16 ～ 30 cm，基部直径 2 ～ 4 mm，禾秆色，腹面有纵沟，下部密生披针形及线形黑棕色鳞片，向上部渐成为线形鳞片，鳞片边缘毛状；叶片宽披针形或狭卵形，长 20 ～ 42 cm，宽 6 ～ 14 cm，先端长渐尖或成尾状，基部圆楔形或截形，二回羽状；羽片 20 ～ 26 对，互生，平展或略斜向上，柄极短，线状披针形，先端渐尖至尾状，基部偏斜，上侧截形，下侧宽楔形，羽状；小羽片 7 ～ 13 对，互生，略斜向上，密接，柄极短，斜矩圆形，先端急尖或钝，有小刺头，基部斜的宽楔形，上侧有三角形耳状凸，边缘有或长或短的小尖齿；基部上侧第 1 片增大，卵形或三角状卵形，有时羽状分裂；小羽片具羽状脉，侧脉常为二叉状，腹面隐没，背面微凹下或微凸起。叶为薄革质，背面疏生纤毛状、基部扩大的黄棕色鳞片；叶轴腹面有纵沟，背面密生鳞片，鳞片线形，基部扩大，边缘毛状，黑棕色或棕色。孢子囊群位于小羽片主脉两侧，每个小羽片 3 ～ 9 个；囊群盖圆形，盾状，全缘。

图 0040 对马耳蕨 *Polystichum tsus-simense*

【拍摄地点】长坪镇黄潭村，海拔 231 m。

【生境分布】生于阴湿山谷、潮湿林下、溪边及竹林中。分布于南漳长坪、李庙等乡镇。

【药用部位】根茎及叶柄残基。

【功能主治】清热解毒。用于各种肿毒，乳痈。

27. 水龙骨科 Polypodiaceae

线蕨属 Colysis

矩圆线蕨 大石韦 篦梳剑（图 0041）

Colysis henryi（Baker）Ching

图 0041 矩圆线蕨 *Colysis henryi*

【形态特征】植株高 20 ～ 70 cm。根状茎横走，密生鳞片；鳞片褐色，卵状披针形，长 1.7 ～ 5 mm，宽 0.2 ～ 2.1 mm，顶端渐尖，边缘有疏锯齿。叶一型，远生，草质或薄草质，光滑无毛；叶柄长 5 ～ 35 cm，禾秆色；叶片椭圆形或卵状披针形，长 15 ～ 50 cm，宽 3 ～ 11 cm，顶端渐尖或钝圆，向基部急变狭，下延成狭翅，全缘或略呈微波状；侧脉斜展，略可见，小脉网状，在每对侧脉间有 2 行网眼，内藏小脉通常单一或 1 ～ 2 次分叉。孢子囊群线形，着生于网脉上，在每对侧脉间排列成一行，从中脉斜出，多数伸达叶边，无囊群盖。孢子极面观为椭圆形，赤道面观为肾形。单裂缝，裂缝长度为孢子全长的 1/4 ～ 1/3。周壁表面具球形颗粒和明显的缺刻状刺，刺表面密生粗糙的颗粒状物。

【拍摄地点】长坪镇黄潭村，海拔 277 m。

【生境分布】生于峡谷或林下阴湿处。分布于南漳长坪镇。

【药用部位】全草。

【功能主治】清热解毒，利尿通淋。用于肺热咯血，小便不利，疮痈肿毒，毒蛇咬伤。

骨牌蕨属 Lepidogrammitis

抱石莲（图 0042）

Lepidogrammitis drymoglossoides（Baker）Ching

图 0042 抱石莲 *Lepidogrammitis drymoglossoides*

【中药名】抱石莲*。

【形态特征】根状茎细长横走，被钻状、有齿、棕色、披针形鳞片。叶远生，相距 1.5 ～ 5 cm，二型；不育叶长圆形至卵形，长 1 ～ 2 cm 或稍长，圆头或钝圆头，基部楔形，几无柄，全缘；能育叶舌状或倒披针形，长 3 ～ 6 cm，宽不及 1 cm，基部狭缩，几无柄或具短柄，有时与不育叶同形，肉质，干后革质，上面光滑，下面疏被鳞片。孢子囊群圆形，沿主脉两侧各成一行，位于主脉与叶边之间。

【拍摄地点】长坪镇黄潭村，海拔 277 m。

【生境分布】生于阴湿树干或岩石上。分布于南漳李庙、长坪、东巩等乡镇。

【采收加工】秋季采收，除去泥沙，干燥。

【药用部位】全草。

【性味归经】苦，凉。归肺、肝、膀胱经。

【功能主治】清热解毒，利湿去浊，凉血止血。用于咽喉肿痛，肺热咳喘，瘰疬结核，泄泻，咯血，尿血等。

【用法用量】9 ～ 15 g。

鳞果星蕨属 Lepidomicrosorium

阔基鳞果星蕨（图 0043）

Lepidomicrosorium latibasis Ching & K. H. Shing

【形态特征】植株高 16 ～ 28 cm。根状茎长而攀援，粗 1 ～ 2 mm，密被棕色披针形鳞片。叶疏生；叶柄长 5 ～ 15 cm，粗 1 ～ 1.2 cm，禾秆色。叶片卵状披针形或长圆状披针形，长 10 ～ 18 cm，中部以下宽 2.7 ～ 4.5 cm，短渐尖头，基部阔楔形或圆楔形，以狭翅下延，全缘，干后纸质，灰绿色。主脉两面隆起，小脉明显。孢子囊群小，星散分布于叶片下面。

【拍摄地点】长坪镇黄潭村，海拔 277 m。

【生境分布】生于山谷、林下阴湿处。分布于南漳长坪镇。

【药用部位】全草。

【功能主治】清热解毒。用于咽喉肿痛。

图 0043 阔基鳞果星蕨 *Lepidomicrosorium latibasis*

图 0044 黄瓦韦 *Lepisorus asterolepis*

瓦韦属 Lepisorus

黄瓦韦 金鸡尾 七星剑（图 0044）

Lepisorus asterolepis（Baker）Ching

【形态特征】植株高 12 ～ 28 cm。根状茎长而横走，褐色，密被披针形鳞片；鳞片基部卵状，网眼细密，透明，棕色，老时易从根状茎脱落。叶远生或近生；叶柄长 3 ～ 7 cm，禾秆色；叶片阔披针形，长 10 ～ 25 cm，短圆钝头，下部 1/3 处最宽，为 1.2 ～ 3 cm，向基部突然狭缩成楔形并下延，干后两面通常呈黄色或淡黄色，光滑，或下面偶有稀疏贴生鳞片，边缘通常平直，或略呈波状，革质。主脉上下均隆起，小脉隐约可见。孢子囊群圆形或椭圆形，聚生在叶片的上半部，位于主脉与叶边之间，在叶片下面隆起，在叶片背面成穴状凹陷，相距较近，孢子囊群成熟后扩展而彼此密接或接触，幼时被圆形、棕色、透明的隔丝覆盖。

【拍摄地点】板桥镇龙埫村，海拔 1254 m。

【生境分布】附生于林下树干或岩石上。分布于南漳板桥镇。

【药用部位】全草。

【功能主治】清热利尿，止血。用于发热咳嗽，淋证，水肿，外伤出血。

有边瓦韦（图 0045）

Lepisorus marginatus Ching

【形态特征】植株高 18 ～ 25 cm。根状茎横走，粗约 2.4 mm，褐色，密被棕色软毛和鳞片；鳞片近卵形，网眼细密透明，棕褐色，基部通常有软毛粘连，老时软毛易脱落。叶近生或远生；叶柄长 2 ～ 10 cm，禾秆色，光滑；叶片披针形，长 15 ～ 25 cm，中部最宽，通常 2 ～ 3 cm，渐尖头，向基部渐变狭并长下延，叶边有软骨质的狭边，干后呈波状，多少反折，软革质，两面均为淡黄绿色，上面光滑，下面有卵形棕色小鳞片贴生。主脉上下均隆起，小脉不见。孢子囊群圆形或椭圆形，着生于主脉与叶边之间，彼此相距 1.5 ～ 2 个孢子囊群体积，在叶片下面高高隆起，在上面成穴状凹陷，幼时被棕色、圆形的隔丝覆盖。

图 0045 有边瓦韦 *Lepisorus marginatus*

【拍摄地点】薛坪镇火石观村，海拔 645 m。

【生境分布】生于林下树干或岩石上。分布于南漳薛坪、长坪等乡镇。

【药用部位】全草。

【功能主治】清热除烦，祛湿利尿，凉血止血，解毒消肿。用于淋病，痢疾，咳嗽吐血，牙疳，痈肿，瘰疬，外伤肿胀或出血。

假瘤蕨属 Phymatopteris

金鸡脚假瘤蕨 金鸡脚（图 0046）

Phymatopteris hastata（Thunb.）Pic. Serm.

【中药名】金鸡脚*。

【形态特征】根状茎长而横走，粗约 3 mm，密被鳞片；鳞片披针形，长约 5 mm，棕色，顶端长渐尖，边缘全缘或偶有疏齿。叶远生；叶柄的长短和粗细均变化较大，长 2 ~ 20 cm，禾秆色，光滑无毛。叶片为单叶，形态变化极大，单叶不分裂，或戟状二至三分裂；单叶不分裂叶的形态变化亦极大，从卵圆形至长条形，长 2 ~ 20 cm，宽 1 ~ 2 cm，顶端短渐尖或钝圆，基部楔形至圆形；分裂的叶片其形态也极其多样，常见的是戟状二至三分裂，裂片或长或短，或较宽，或较狭，但通常都是中间裂片较长和较宽。叶片的边缘具缺刻和加厚的软骨质边，通直或呈波状。中脉和侧脉两面明显，侧脉不达叶边；小脉不明显。叶纸质或草质，背面通常灰白色，两面光滑无毛。孢子囊群大，圆形，在叶片中脉或裂片中脉两侧各一行，着生于中脉与叶缘之间；孢子表面具刺状突起。

图 0046 金鸡脚假瘤蕨 *Phymatopteris hastata*

【拍摄地点】东巩镇汪家畈村，海拔 182 m。

【生境分布】生于潮湿或林缘土坎上。分布于南漳东巩、巡检等乡镇。

【采收加工】夏、秋二季采收，除去杂质，晒干。

【药用部位】全草。

【性味归经】苦、微辛，凉。归肺、肝、膀胱经。

【功能主治】清热解毒，祛风镇惊，利水通淋。用于外感热病，肺热咳嗽，咽喉肿痛，痈肿疮毒，蛇虫咬伤，水火烫伤，小儿惊风，痢疾，泄泻，小便淋浊。

【用法用量】15 ~ 30 g，鲜品加倍。外用适量，研末撒敷或鲜品捣敷。

水龙骨属 Polypodiodes

中华水龙骨 假水龙骨 鸡爪七（图 0047）

Polypodiodes chinensis（H. Christ）S. G. Lu

【形态特征】附生植物、根状茎长而横走，粗 2 ~ 3 mm，密被鳞片；鳞片乌黑色，卵状披针形，顶端渐尖，边缘有疏齿或近全缘。叶远生或近生；叶柄长 10 ~ 20 cm，禾秆色，光滑无毛；叶片卵状披针形或阔披针形，长 15 ~ 25 cm，宽 7 ~ 10 cm，羽状深裂或基部几全裂，基部心形，顶端羽裂渐尖或尾尖；裂片 15 ~ 25 对，线状披针形，长 3 ~ 5 cm，宽 5 ~ 7 mm，顶端渐尖，边缘有锯齿，基部 1 对略缩短并略反折。叶脉网状，裂片的中脉明显，禾秆色，侧脉和小脉纤细，不明显。叶草质，两面近无毛，表面光滑，背面疏被小鳞片。孢子囊群圆形，较小，生于内藏小脉顶端，靠近或较靠近裂片中脉着生，无盖。

【拍摄地点】长坪镇赵岭村，海拔 1141 m。

【生境分布】附生于石上或树干上。分布于南漳长坪镇。

【药用部位】根状茎。

【功能主治】活血止痛。用于跌打损伤，腰腿痛。

图 0047 中华水龙骨 *Polypodiodes chinensis*

图 0048 日本水龙骨 *Polypodiodes niponica*

日本水龙骨（图 0048）

Polypodiodes niponica（Mett.）Ching

【形态特征】附生植物。根状茎长而横走，直径约 5 mm，肉质，灰绿色，疏被鳞片；鳞片狭披针形，暗棕色，基部较阔，盾状着生，顶端渐尖，边缘有浅细齿。叶远生；叶柄长 5 ～ 15 cm，禾秆色，疏被柔毛或毛脱落后近光滑；叶片卵状披针形至长椭圆状披针形，长可达 40 cm，宽可达 12 cm，羽状深裂，基部心形，顶端羽裂渐尖；裂片 15 ～ 25 对，长 3 ～ 5 cm，宽 5 ～ 10 mm，顶端钝圆或渐尖，边缘全缘，基部 1 ～ 3 对裂片向后反折。叶脉网状，裂片的侧脉和小脉不明显。叶草质，干后灰绿色，两面密被白色短柔毛或背面的毛被更密。孢子囊群圆形，在裂片中脉两侧各 1 行，着生于内藏小脉顶端，靠近裂片中脉着生。

【拍摄地点】长坪镇孔家畈村，海拔 263 m。

【生境分布】附生于树干上或石上。分布于南漳长坪镇。

【药用部位】根状茎。

【功能主治】清热，化湿，祛风通络。用于风湿痹痛，淋证，疮肿。

石韦属 Pyrrosia

石蕨　拟石韦　石豇豆（图 0049）

Pyrrosia angustissima（Giesenh. ex Diels）C. M. Kuo

【形态特征】石附生小型蕨类，高 10 ～ 12 cm。根状茎细长横走，密被鳞片；鳞片卵状披针形，长渐尖头，边缘具细齿，红棕色至淡棕色，盾状着生。叶远生，相距 1 ～ 2 cm，几无柄，基部以关节着生；叶片线形，长 3 ～ 9 cm，宽 2 ～ 3.5 cm，钝尖头，基部渐狭缩，干后革质，边缘向下强烈反卷，幼时上面疏生星状毛，下面密被黄色星状毛，宿存。主脉明显，上面凹陷，下面隆起，小脉网状，沿主脉两侧各构成一行长网眼，无内藏小脉，近叶边的细脉分离，先端有一膨大的水囊。孢子囊群线形，沿主脉两侧各成一行，位于主脉与叶缘之间，幼时全被反卷的叶边覆盖，成熟时张开，孢子囊外露；孢子椭圆形，单裂缝，周壁上面具有分散的小瘤，外壁光滑。

【拍摄地点】板桥镇龙塆村，海拔 1234 m。

【生境分布】生于山地石壁或树干上。分布于南漳长坪、板桥、李庙等乡镇。

【药用部位】全草。

【功能主治】清热解毒，活血调经。用于跌打损伤，月经不调，创伤溃烂。

图 0049　石蕨 *Pyrrosia angustissima*

有柄石韦　石韦　小石韦（图 0050）

Pyrrosia petiolosa（Christ）Ching

【中药名】石韦*。

【形态特征】植株高 5 ～ 15 cm。根状茎细长横走，幼时密被披针形棕色鳞片；鳞片长尾状渐尖头，边缘具毛。叶远生，一型；具长柄，通常等于叶片长度的 1/2 ～ 2 倍长，基部被鳞片，向上被星状毛，棕色或灰棕色；叶片椭圆形，急尖短钝头，基部楔形，下延，干后厚革质，全缘，上面灰淡棕色，有洼点，疏被星状毛，下面被厚层星状毛，初为淡棕色，后为砖红色。主脉下面稍隆起，上面凹陷，侧脉和小脉均不明显。孢子囊群布满叶片下面，成熟时扩散并汇合。

【拍摄地点】李庙镇沙坪村，海拔 953 m。

【生境分布】生于裸露干旱岩石上。分布于南漳各乡镇。

图 0050　有柄石韦 *Pyrrosia petiolosa*

【采收加工】全年均可采收，除去根茎和根，晒干或阴干。

【药用部位】叶。

【性味归经】甘、苦，微寒。归肺、膀胱经。

【功能主治】利尿通淋，清肺止咳，凉血止血。用于热淋，血淋，石淋，小便不通，淋沥涩痛，肺热喘咳，吐血，衄血，尿血，崩漏。

【用法用量】6 ～ 12 g，水煎服。

庐山石韦　大石韦　光板石韦（图 0051）

Pyrrosia sheareri（Baker）Ching

【中药名】石韦*。

【形态特征】植株通常高 20 ～ 50 cm。根状茎粗壮，横卧，密被线状棕色鳞片；鳞片长渐尖头，边缘具毛，着生处近褐色。叶近生，一型；叶柄粗壮，基部密被鳞片，向上疏被星状毛，禾秆色至灰禾秆色；叶片椭圆状披针形，近基部处为最宽，向上渐狭，渐尖头，顶端钝圆，基部近圆截形或心形，长 10 ～ 30 cm 或更长，宽 2.5 ～ 6 cm，全缘，干后软厚革质，上面淡灰绿色或淡棕色，几光滑无毛，但布满洼点，下面棕色，被厚层星状毛。主脉粗壮，两面均隆起，侧脉可见，小脉不显。孢子囊群呈不规则的点状排列于侧脉间，布满基部以上的叶片下面，无盖，幼时被星状毛覆盖，成熟时孢子囊开裂而呈砖红色。

【拍摄地点】长坪镇赵岭村，海拔 1356 m。

【生境分布】生于石上或树干上。分布于南漳长坪镇。

图 0051　庐山石韦 *Pyrrosia sheareri*

【采收加工】全年均可采收，除去根茎和根，晒干或阴干。

【药用部位】叶。

【性味归经】甘、苦，微寒。归肺、膀胱经。

【功能主治】利尿通淋，清肺止咳，凉血止血。用于热淋，血淋，石淋，小便不通，淋沥涩痛，肺热喘咳，吐血，衄血，尿血，崩漏。

【用法用量】6 ～ 12 g，水煎服。

28. 苹科 Marsileaceae

苹属 Marsilea

苹　田字草（图 0052）

Marsilea quadrifolia L.

【中药名】苹*。

【形态特征】植株高 5 ～ 20 cm。根状茎细长横走，分枝，顶端被有淡棕色毛，茎节远离，向上发出一至数枚叶子。叶柄长 5 ～ 20 cm；叶片由 4 片倒三角形的小叶组成，呈“十”字形，长、宽各 1 ～ 2.5 cm，外缘半圆形，基部楔形，全缘，幼时被毛，草质。叶脉从小叶基部向上呈放射状分叉，组成狭长网眼，伸向叶边，无内藏小脉。孢子果双生或单生于短柄上，而柄着生于叶柄基部，长椭圆形，幼时被毛，褐色，木质，坚硬。每个孢子果内含多数孢子囊，大小孢子囊同生于孢子囊托上，一个大孢子囊内只有一个大孢子，而小孢子囊内有多数小孢子。

图 0052 苹 *Marsilea quadrifolia*

【拍摄地点】肖堰镇曲阳坪村，海拔 325 m。

【生境分布】生于水田或沟塘中。分布于南漳肖堰、九集、城关等乡镇。

【采收加工】夏、秋二季采收，除去泥沙，洗净，晒干。

【药用部位】全草。

【性味归经】甘、寒。归肝、肾经。

【功能主治】清热解毒，利水消肿，止血。用于风热目赤，水肿，黄疸，疟疾，消渴，吐血，尿血，热淋，痈疮。

【用法用量】9 ～ 30 g，鲜品 50 ～ 100 g。外用适量，捣敷。

29. 满江红科 Azollaceae

满江红属 Azolla

满江红　红浮萍　紫藻（图 0053）

Azolla pinnata subsp. *asiatica* R. M. K. Saunders & K. Fowler

【形态特征】小型漂浮植物。植物体呈卵形或三角状，根状茎细长横走，侧枝腋生，假二歧分枝，向下生须根。叶小如芝麻，互生，无柄，覆瓦状排列成两行，叶片深裂分为背裂片和腹裂片两部分，背裂片长圆形或卵形，肉质，绿色，但在秋后常变为紫红色，边缘无色透明，上表面密被乳状瘤突，下表面中部略凹陷，基部肥厚形成共生腔；腹裂片贝壳状，无色透明，多少饰有淡紫红色，斜沉水中。孢子果双生于分枝处，大孢子果体积小，长卵形，顶部喙状，内藏 1 个大孢子囊，大孢子囊只产 1 个大孢子，大孢子囊有 9 个

图 0053 满江红 *Azolla pinnata* subsp. *asiatica*

浮膘，分上下两排附生在孢子囊体上，上部 3 个较大，下部 6 个较小；小孢子果体积远较大，圆球形或桃形，顶端有短喙，果壁薄而透明，内含多数具长柄的小孢子囊，每个小孢子囊内有 64 个小孢子，分别埋藏在 5 ～ 8 块无色海绵状的泡胶块上，泡胶块上有丝状毛。

【拍摄地点】城关镇文笔峰村，海拔 150 m。

【生境分布】生于水田和沟塘中。分布于南漳各乡镇。

【药用部位】全草。

【功能主治】发汗利尿，祛风除湿。用于顽癣。

裸子植物门 Gymnospermae

30. 苏铁科 Cycadaceae

苏铁属 Cycas

苏铁 铁树（图 0054）

Cycas revoluta Thunb.

【中药名】铁树叶*。

【形态特征】树干高约 2 m，稀达 8 m 或更高，圆柱形如有明显螺旋状排列的菱形叶柄残痕。羽状叶从茎的顶部生出，下层的向下弯，上层的斜上伸展，整个羽状叶的轮廓呈倒卵状狭披针形，长 75 ～ 200 cm，叶轴横切面四方状圆形，柄略呈四角形，两侧有齿状刺，水平或略斜上伸展，刺长 2 ～ 3 mm；羽状裂片达 100 对以上，条形，厚革质，坚硬，长 9 ～ 18 cm，宽 4 ～ 6 mm，向上斜展微成“V”字形，边缘显著地向下反卷，上部微渐窄，先端有刺状尖头，基部窄，两侧不对称，下侧下延生长，上面深绿色有光泽，中央微凹，凹槽内有稍隆起的中脉，下面浅绿色，中脉显著隆起，两侧有疏柔毛或无毛。雄球花圆柱形，有短梗，小孢子叶窄楔形，顶端宽平，其两角近圆形，有急尖头，直立，下部渐窄，上面近于龙骨状，下面中肋及顶端密生黄褐色或灰黄色长茸毛，花药通常 3 个聚生；大孢子叶密生淡黄色或淡灰黄色茸毛，上部的顶片卵形至长卵形，边缘羽状分裂，裂片 12 ～ 18 对，条状钻形，先端有刺状尖头，胚珠 2 ～ 6 枚，生于大孢子叶柄的两侧，有茸毛。种子红褐色或橘红色，倒卵圆形或卵圆形，稍扁，密生灰黄色短茸毛，后渐脱落，中种皮木质，两侧有两条棱脊，上端无棱脊或棱脊不显著，顶端有尖头。花期 6—7 月，种子 10 月成熟。

图 0054 苏铁 *Cycas revoluta*

【拍摄地点】肖堰镇花庄村，海拔 306 m。

【生境分布】多栽植于庭园或人行道花坛中。南漳各乡镇有零星栽培。

【采收加工】全年均可采收，除去杂质，晒干。

【药用部位】叶。

【性味归经】苦、涩，平。归肝、胃经。

【功能主治】理气，活血。用于肝胃气痛，经闭痛经，跌打损伤。

【用法用量】3 ～ 9 g。

31. 银杏科 Ginkgoaceae

银杏属 Ginkgo

银杏　公孙树　白果树（图 0055）

Ginkgo biloba L.

【中药名】银杏叶 *、白果 *。

图 0055　银杏 *Ginkgo biloba*

【形态特征】乔木，高达 40 m，胸径可达 4 m；幼树树皮浅纵裂，大树之皮呈灰褐色，深纵裂，粗糙；幼年及壮年树冠圆锥形，老则广卵形；枝近轮生，斜上伸展；一年生的长枝淡褐黄色，二年生以上变为灰色，并有细纵裂纹；短枝密被叶痕，黑灰色，短枝上亦可长出长枝；冬芽黄褐色，常为卵圆形，先端钝尖。叶扇形，有长柄，淡绿色，无毛，有多数叉状并列细脉，顶端宽 5 ～ 8 cm，在短枝上常具波状缺刻，在长枝上常 2 裂，基部宽楔形，柄长 3 ～ 10 cm，幼树及萌生枝上的叶常较大而深裂，有时裂片再分裂，叶在一年生长枝上螺旋状散生，在短枝上 3 ～ 8 叶呈簇生状，秋季落叶前变为黄色。球花雌雄异株，单性，生于短枝顶端的鳞片状叶的腋内，呈簇生状；雄球花柔荑花序状，下垂，雄蕊排列疏松，具短梗，花药常 2 个，长椭圆形，药室纵裂，药隔不发；雌球花具长梗，梗端常分两叉，稀 3 ～ 5 叉或不分叉，每叉顶生一盘状珠座，胚珠着生其上，通常仅一个叉端的胚珠发育成种子，风媒传粉。种子具长梗，下垂，常为椭圆形、长倒卵形、卵圆形或近圆球形，外种皮肉质，熟时黄色或橙黄色，外被白粉，有臭味；中种皮白色，骨质，具 2 ～ 3 条纵脊；内种皮膜质，淡红褐色；胚乳肉质，味甘略苦；子叶 2 枚，稀 3 枚。花期 3—4 月，种子 9—10 月成熟。

【拍摄地点】城关镇凉泉村，海拔 627 m。

【生境分布】生于山坡或房前屋后，多为栽培。分布于南漳各乡镇。

【采收加工】银杏叶：秋季叶尚绿时采收，及时干燥。白果：秋季种子成熟时采收，除去肉质外种皮，洗净，稍蒸或略煮后，烘干。

【药用部位】银杏叶：叶。白果：种子。

【性味归经】银杏叶：甘、苦、涩，平；归心、肺经。白果：甘、苦、涩，平；有毒；归肺、肾经。

【功能主治】银杏叶：活血化瘀，通络止痛，敛肺平喘，化浊降脂；用于瘀血阻络，胸痹心痛，中风偏瘫，肺虚咳喘，高脂血症。白果：敛肺定喘，止带缩尿；用于痰多喘咳，带下白浊，遗尿，尿频。

【用法用量】银杏叶：9～12 g。白果：5～10 g。

【附注】种子的肉质外种皮含白果酸、白果醇及白果酚，有毒。

32. 松科 Pinaceae

松属 Pinus

白皮松　三针松　白骨松（图 0056）

Pinus bungeana Zucc. et Endi

【形态特征】乔木，高达 30 m，胸径可达 3 m；有明显的主干，或从树干近基部分成数干；枝较细长，斜展，形成宽塔形至伞形树冠；幼树树皮光滑，灰绿色，长大后树皮成不规则的薄块片脱落，露出淡黄绿色的新皮，老则树皮呈淡褐灰色或灰白色，裂成不规则的鳞状块片脱落，脱落后近光滑，露出粉白色的内皮，白褐相间成斑鳞状；一年生枝灰绿色，无毛；冬芽红褐色，卵圆形，无树脂。针叶 3 针一束，粗硬，长 5～10 cm，直径 1.5～2 mm，叶背及腹面两侧均有气孔线，先端尖，边缘有细锯齿；横切面扇状三角形或宽纺锤形，单层皮下层细胞，在背面偶尔出现 1～2 个断续分布的第二层细胞，树脂道 6～7 个，边生，稀背面角处有 1～2 个中生；叶鞘脱落。雄球花卵圆形或椭圆形，长约 1 cm，多数聚生于新枝基部成穗状，长 5～10 cm。球果通常单生，初直立，后下垂，成熟前淡绿色，熟时淡黄褐色，卵圆形或圆锥状卵圆形，长 5～7 cm，直径 4～6 cm，有短梗或无梗；种鳞矩圆状宽楔形，先端厚，鳞盾近菱形，有横脊，鳞脐生于鳞盾的中央，明显，三角状，顶端有刺，刺之尖头向下反曲，稀尖头不明显；种子灰褐色，近倒卵圆形，种翅短，赤褐色。花期 4—5 月，球果第二年 10—11 月成熟。

图 0056　白皮松 *Pinus bungeana*

【拍摄地点】薛坪镇普陀庵村，海拔 598 m。

【生境分布】生于山坡或栽培。分布于南漳薛坪、李庙等乡镇。

【药用部位】果实。

【功能主治】止咳化痰平喘。用于咳嗽痰多。

马尾松　松树（图 0057）

Pinus massoniana Lamb.

【中药名】松花粉*、油松节*、松针★。

图 0057 马尾松 *Pinus massoniana*

【形态特征】乔木，高达 45 m，胸径 1.5 m；树皮红褐色，下部灰褐色，裂成不规则的鳞状块片；枝平展或斜展，树冠宽塔形或伞形，枝条每年生长一轮，淡黄褐色，无白粉，稀有白粉，无毛；冬芽卵状圆柱形或圆柱形，褐色，顶端尖，芽鳞边缘丝状，先端尖或成渐尖的长尖头，微反曲。针叶 2 针一束，稀 3 针一束，长 12 ～ 20 cm，细柔，微扭曲，两面有气孔线，边缘有细锯齿；横切面皮下层细胞单型，第一层连续排列，第二层由个别细胞断续排列而成，树脂道 4 ～ 8 个，在背面边生，或腹面也有 2 个边生；叶鞘初呈褐色，后渐变成灰黑色，宿存。雄球花淡红褐色，圆柱形，弯垂，长 1 ～ 1.5 cm，聚生于新枝下部苞腋，穗状，长 6 ～ 15 cm；雌球花单生或 2 ～ 4 个聚生于新枝近顶端，淡紫红色，一年生小球果圆球形或卵圆形，直径约 2 cm，褐色或紫褐色，上部珠鳞的鳞脐具向上直立的短刺，下部珠鳞的鳞脐平钝无刺。球果卵圆形或圆锥状卵圆形，长 4 ～ 7 cm，直径 2.5 ～ 4 cm，有短梗，下垂，成熟前绿色，熟时栗褐色，陆续脱落；中部种鳞近矩圆状倒卵形，或近长方形，长约 3 cm；鳞盾菱形，微隆起或平，横脊微明显，鳞脐微凹，无刺，生于干燥环境者常具极短的刺；种子长卵圆形。花期 4—5 月，球果第二年 10—12 月成熟。

【拍摄地点】九集镇吴家集村，海拔 158 m。

【生境分布】生于山坡或栽培。广泛分布于南漳各乡镇。

【采收加工】松花粉：春季花刚开时，采摘花穗，晒干，收集花粉，除去杂质。油松节：全年均可采收，锯取后阴干。松针：全年均可采收，以腊月最佳，采摘后除去杂质，鲜用或晒干。

【药用部位】松花粉：花粉。油松节：松节。松针：针叶。

【性味归经】松花粉：甘，温；归肝、脾经。油松节：苦、辛，温；归肝、肾经。松针：苦，温；归心、脾经。

【功能主治】松花粉：收敛止血，燥湿敛疮；用于外伤出血，湿疹，黄水疮，皮肤糜烂，脓水淋漓。油松节：祛风除湿，通络止痛；用于风寒湿痹，历节风痛，跌打伤痛。松针：祛风除湿，活血安神；用于风湿痹痛，跌打损伤，失眠等。

【用法用量】松花粉：外用适量，撒敷患处。油松节：9 ～ 15 g。松针：9 ～ 15 g；鲜品，30 ～ 60 g；外用适量，煎水洗患处。

33. 杉科 Taxodiaceae

柳杉属 Cryptomeria

柳杉（图 0058）

Cryptomeria japonica var. *sinensis* Miquel

【形态特征】乔木，高达 40 m，胸径可达 2 m 多。树皮红棕色，纤维状，裂成长条片脱落；大枝近轮生，平展或斜展；小枝细长，常下垂，绿色，枝条中部的叶较长，常向两端逐渐变短。叶钻形略向内弯曲，先端内曲，四边有气孔线，长 1 ～ 1.5 cm，果枝的叶通常较短，有时长不及 1 cm，幼树及萌芽枝的叶长达 2.4 cm。雄球花单生叶腋，长椭圆形，长约 7 mm，集生于小枝上部，呈短穗状花序状；雌球花顶生于短枝上。球果圆球形或扁球形，种鳞 20 左右，上部有 4 ～ 5 短三角形裂齿，齿长 2 ～ 4 mm，基部宽 1 ～ 2 mm，鳞背中部或中下部有一个三角状分离的苞鳞尖头，尖头长 3 ～ 5 mm，基部宽 3 ～ 14 mm，能育的种鳞有 2 粒种子；种子褐色，近椭圆形，扁平，边缘有窄翅。花期 4 月，球果 10 月成熟。

图 0058 柳杉 *Cryptomeria japonica* var. *sinensis*

【拍摄地点】三道河水库管理处，海拔 150 m。

【生境分布】生于山坡或栽培。分布于南漳各乡镇。

【药用部位】叶。

【功能主治】清热解毒。用于痈疽疮毒。

杉木属 Cunninghamia

杉木 杉树（图 0059）

Cunninghamia lanceolata（Lamb.）Hook.

【形态特征】乔木，高达 30 m，胸径可达 2.5 ～ 3 m；幼树树冠尖塔形，大树树冠圆锥形，树皮灰褐色，裂成长条片脱落，内皮淡红色；大枝平展，小枝近对生或轮生，常呈二列状，幼枝绿色，光滑无毛；冬芽近圆形，有小型叶状的芽鳞；花芽圆球形，较大。叶在主枝上辐射伸展，侧枝之叶基部扭转成二列状，披针形或条状披针形，通常微弯，呈镰状，革质，坚硬，长 2 ～ 6 cm，宽 3 ～ 5 mm，边缘有细缺齿，先端渐尖，稀微钝，上面深绿色，有光泽，除先端及基部外两侧有窄气孔带，微具白粉或白粉不明显，下面淡绿色，沿中脉两侧各有 1 条白粉气孔带；老树之叶通常较窄短，上面无气孔线。雄球花圆锥状，长 0.5 ～ 1.5 cm，有短梗，通常 40 余个簇生枝顶；雌球花单生或 2 ～ 3 个集生，绿色，苞鳞横

图 0059 杉木 *Cunninghamia lanceolata*

椭圆形，先端急尖，上部边缘膜质，有不规则的细齿，长、宽几相等，为 3.5 ～ 4 mm。球果卵圆形，长 2.5 ～ 5 cm，直径 3 ～ 4 cm；熟时苞鳞革质，棕黄色，三角状卵形，长约 1.7 cm，宽 1.5 cm，先端有坚硬的刺状尖头，边缘有不规则的锯齿，向外反卷或不反卷，背面的中肋两侧有 2 条稀疏气孔带；种鳞很小，先端三裂，侧裂较大，裂片分离，先端有不规则细锯齿，腹面着生 3 粒种子；种子扁平，遮盖着种鳞，长卵形或矩圆形，暗褐色，有光泽，两侧边缘有窄翅。花期 4 月，球果 10 月下旬成熟。

【拍摄地点】板桥镇茅山坪村，海拔 845 m。

【生境分布】生于山坡、山谷湿地或栽培。分布于南漳各乡镇。

【药用部位】心材。

【功能主治】辟秽，止痛，散湿毒，下逆气。用于漆疮，风湿毒疮，脚气，奔豚，心腹胀痛。

水杉属 Metasequoia

水杉（图 0060）

Metasequoia glyptostroboides Hu et Cheng

【形态特征】乔木，高达 35 m，胸径达 2.5 m；树干基部常膨大；树皮灰色、灰褐色或暗灰色，幼树裂成薄片脱落，大树裂成长条状脱落，内皮淡紫褐色；枝斜展，小枝下垂，幼树树冠尖塔形，老树树冠广圆形，枝叶稀疏；一年生枝光滑无毛，幼时绿色，后渐变成淡褐色，二、三年生枝淡褐灰色或褐灰色；侧生小枝排成羽状，长 4 ～ 15 cm，冬季凋落；主枝上的冬芽卵圆形或椭圆形，顶端钝，长约 4 mm，直径 3 mm，芽鳞宽卵形，先端圆或钝，长、宽几相等，边缘薄而色浅，背面有纵脊。叶条形，长 0.8 ～ 3.5 cm，宽 1 ～ 2.5 mm，上面淡绿色，下面色较淡，沿中脉有两条较边带稍宽的淡黄色气孔带，每带有 4 ～ 8 条气孔线，叶在侧生小枝上列成二列，羽状，冬季与枝一同脱落。球果下垂，近四棱状球形或矩圆状球形，成熟前绿色，熟时深褐色，长 1.8 ～ 2.5 cm，直径 1.6 ～ 2.5 cm，梗长 2 ～ 4 cm，其上有交互对生的条形叶；种鳞木质，盾形，通常 11 ～ 12 对，交叉对生，鳞顶扁菱形，中央有一条横槽，基部楔形，高 7 ～ 9 mm，能育种鳞有 5 ～ 9 粒种子；种子扁平，倒卵形，间或圆形或矩圆形，周围有翅，先端有凹缺。花期 2 月下旬，球果 11 月成熟。

图 0060 水杉 *Metasequoia glyptostroboides*

【拍摄地点】三道河水库管理处，海拔 117 m。

【生境分布】生于堤边、水边，多为栽培。分布于南漳城关镇。

【药用部位】叶。

【功能主治】清热解毒，止痛。外用治疗疮痈肿毒。

34. 柏科 Cupressaceae

刺柏属 Juniperus

圆柏 鸡冠柏（图 0061）

Juniperus chinensis L.

【形态特征】乔木，高达 20 m，胸径达 3.5 m；树皮深灰色，纵裂，成条片开裂；幼树的枝条通常斜上伸展，形成尖塔形树冠，老则下部大枝平展，形成广圆形的树冠；树皮灰褐色，纵裂，裂成不规则的薄片脱落；小枝通常直或稍成弧状弯曲，生鳞叶的小枝近圆柱形或近四棱形，直径 1 ～ 1.2 mm。叶二型，即刺叶及鳞叶；刺叶生于幼树之上，老龄树则全为鳞叶，壮龄树兼有刺叶与鳞叶；生于一年生小枝的一回分枝的鳞叶三叶轮生，直伸而紧密，近披针形，先端微渐尖，长 2.5 ～ 5 mm，背面近中部有椭圆形微凹的腺体；刺叶三叶交互轮生，斜展，疏松，披针形，先端渐尖，长 6 ～ 12 mm，上面微凹，有两条白粉带。雌雄异株，稀同株，雄球花黄色，椭圆形，长 2.5 ～ 3.5 mm，雄蕊 5 ～ 7 对，常有 3 ～ 4 花药。球果近圆球形，直径 6 ～ 8 mm，两年成熟，熟时暗褐色，被白粉或白粉脱落，有 1 ～ 4 粒种子；种子卵圆形，顶端钝，有棱脊及少数树脂槽。

图 0061 圆柏 *Juniperus chinensis*

【拍摄地点】李庙镇刘坪村，海拔 181 m。

【生境分布】生于山坡林中。分布于南漳各乡镇。

【药用部位】枝叶。

【功能主治】祛风散寒，活血消肿，解毒利尿。用于风寒感冒，肺结核，尿路感染。

刺柏 山刺柏 刺柏树（图 0062）

Juniperus formosana Hayata

【形态特征】乔木，高达 12 m；树皮褐色，纵裂成长条薄片脱落；枝条斜展或直展，树冠塔形或圆柱形；小枝下垂，三棱形。叶三叶轮生，条状披针形或条状刺形，长 1.2 ～ 2 cm，很少长达 3.2 cm，宽 1.2 ～ 2 mm，先端渐尖具锐尖头，上面稍凹，中脉微隆起，绿色，两侧各有 1 条白色、很少紫色或淡绿色的气孔带，气孔带较绿色边带稍宽，在叶的先端汇合为 1 条，下面绿色，有光泽，具纵钝脊，横切面新月形。雄球花圆球形或椭圆形，长 4 ～ 6 mm，药隔先端渐尖，背有纵脊。球果近球形或宽卵圆形，长 6 ～ 10 mm，直径 6 ～ 9 mm，熟时淡红褐色，被白粉或白粉脱落，间或顶部微张开；种子半月圆形，具 3 ～ 4 棱脊，顶端尖，近基部有 3 ～ 4 个树脂槽。

【拍摄地点】城关镇榆树岭村，海拔 137 m。

【生境分布】生于山坡林中。分布于南漳各乡镇。

【药用部位】根。

【功能主治】清热解毒，燥湿止痒。用于麻疹高热，湿疹，癣疮。

图 0062 刺柏 *Juniperus formosana*

图 0063 侧柏 *Platycladus orientalis*

侧柏属 Platycladus

侧柏 柏树（图 0063）

Platycladus orientalis（L.）Franco

【中药名】侧柏叶 *、柏子仁 *。

【形态特征】乔木，高达 20 m，胸径 1 m；树皮薄，浅灰褐色，纵裂成条片；枝条向上伸展或斜展，幼树树冠卵状尖塔形，老树树冠则为广圆形；生鳞叶的小枝细，向上直展或斜展，扁平，排成一平面。叶鳞形，长 1 ～ 3 mm，先端微钝，小枝中央的叶的露出部分呈倒卵状菱形或斜方形，背面中间有条状腺槽，两侧的叶船形，先端微内曲，背部有钝脊，尖头的下方有腺点。雄球花黄色，卵圆形，长约 2 mm；雌球花近球形，直径约 2 mm，蓝绿色，被白粉。球果近卵圆形，长 1.5 ～ 2 cm，成熟前近肉质，蓝绿色，被白粉，成熟后木质，开裂，红褐色；中间两对种鳞倒卵形或椭圆形，鳞背顶端的下方有一向外弯曲的尖头，上部 1 对种鳞窄长，近柱状，顶端有向上的尖头，下部 1 对种鳞极小，长达 13 mm，稀退化而不显著；种子卵圆形或近椭圆形，顶端微尖，灰褐色或紫褐色，长 6 ～ 8 mm，稍有棱脊，无翅或有极窄之翅。花期 3—4 月，球果 10 月成熟。

【拍摄地点】三道河水库管理处，海拔 156 m。

【生境分布】生于山坡林中，多为栽培。分布于南漳各乡镇。

【采收加工】侧柏叶：多在夏、秋二季采收，阴干。柏子仁：秋、冬二季采收成熟种子，晒干，除去种皮，收集种仁。

【药用部位】侧柏叶：叶。柏子仁：种子。

【性味归经】侧柏叶：苦、涩，寒；归肺、肝、脾经。柏子仁：甘，平；归心、肾、大肠经。

【功能主治】侧柏叶：凉血止血，化痰止咳，生发乌发；用于吐血，衄血，咯血，便血，崩漏下血，肺热咳嗽，血热脱发，须发早白。柏子仁：养心安神，润肠通便，止汗；用于阴血不足，虚烦失眠，心悸怔忡，肠燥便秘，阴虚盗汗。

【用法用量】侧柏叶：6～12 g，外用适量。柏子仁：3～10 g。

35. 罗汉松科 Podocarpaceae

罗汉松属 Podocarpus

罗汉松 土杉 罗汉杉（图 0064）

Podocarpus macrophyllus（Thunb.）Sweet

【形态特征】乔木，高达 20 m，胸径达 60 cm；树皮灰色或灰褐色，浅纵裂，成薄片状脱落；枝开展或斜展，较密。叶螺旋状着生，条状披针形，微弯，长 7～12 cm，宽 7～10 mm，先端尖，基部楔形，上面深绿色，有光泽，中脉显著隆起，下面带白色、灰绿色或淡绿色，中脉微隆起。雄球花穗状，腋生，常 3～5 个簇生于极短的总梗上，长 3～5 cm，基部有数枚三角状苞片；雌球花单生叶腋，有梗，基部有少数苞片。种子卵圆形，直径约 1 cm，先端圆，熟时肉质假种皮紫黑色，有白粉，种托肉质圆柱形，红色或紫红色，柄长 1～1.5 cm。花期 4—5 月，种子 8—9 月成熟。

图 0064 罗汉松 *Podocarpus macrophyllus*

【拍摄地点】城关镇水镜庄风景区，海拔 127 m。

【生境分布】栽培于山坡。分布于南漳城关镇。

【药用部位】果实。

【功能主治】益气补中。用于心胃气痛，血虚面色萎黄。

36. 三尖杉科 Cephalotaxaceae

三尖杉属 Cephalotaxus

三尖杉 榧子（图 0065）

Cephalotaxus fortunei Hooker

【形态特征】乔木，高达 20 m，胸径达 40 cm；树皮褐色或红褐色，裂成片状脱落；枝条较细长，稍下垂；树冠广圆形。叶排成两列，披针状条形，通常微弯，长 4～13 cm，宽 3.5～4.5 mm，上部渐窄，先端有渐尖的长尖头，基部楔形或宽楔形，上面深绿色，中脉隆起，下面气孔带白色，较绿色边带宽 3～5 倍，绿色中脉带明显或微明显。雄球花 8～10 聚生成头状，直径约 1 cm，总花梗粗，通常长 6～8 mm，基部及总花梗上部有 18 ～ 24 枚苞片，每一雄球花有 6 ～ 16 枚雄蕊，花药 3，花丝短；雌球花的胚珠 3 ～ 8 枚发育成种子，总梗长 1.5 ～ 2 cm。种子椭圆状卵形或近圆球形，长约 2.5 cm，假种皮成熟时紫色或红紫色，顶端有小尖头。花期 4 月，种子 8—10 月成熟。

【拍摄地点】板桥镇茅山坪村，海拔 813 m。

【生境分布】生于山坡阔叶、针叶混交林中。分布于南漳各乡镇。

【药用部位】枝叶，种子。

【功能主治】枝叶：抗癌；用于恶性肿瘤。种子：驱虫，消积；用于虫积，食积。

图 0065 三尖杉 *Cephalotaxus fortunei*

【附注】枝叶主要成分为三尖杉碱、粗榧碱、异粗榧碱。三尖杉总生物碱对淋巴肉瘤、肺癌、嗜酸性粒细胞增生性淋巴肉芽肿等有较好的疗效。

37. 红豆杉科 Taxaceae

红豆杉属 Taxus

红豆杉 红豆树（图 0066）

Taxus wallichiana var. *chinensis*（Pilger）Florin

【形态特征】乔木，高达 30 m，胸径达 60 ～ 100 cm。树皮灰褐色、红褐色或暗褐色，裂成条片脱落；大枝开展，一年生枝绿色或淡黄绿色，秋季变成绿黄色或淡红褐色，二、三年生枝黄褐色、淡红褐色或灰褐色；冬芽黄褐色、淡褐色或红褐色，有光泽，芽鳞三角状卵形，背部无脊或有纵脊，脱落或少数宿存于小枝的基部。叶排列成两列，条形，微弯或较直，长 1 ～ 3 cm，宽 2 ～ 4 mm，上部微渐窄，先端常微急尖，稀急尖或渐尖，上面深绿色，有光泽，下面淡黄绿色，有两条气孔带，中脉带上有密生均匀而微小的圆形角质乳头状突起点，常与气孔带同色，稀色较浅。雄球花淡黄色，雄蕊 8 ～ 14 枚，花药 4 ～ 8。种子生于杯状红色肉质的假种皮中，间或生于近膜质盘状的种托之上，常呈卵圆形，上部渐窄，稀倒卵状，长 5 ～ 7 mm，直径 3.5 ～ 5 mm，微扁或圆，上部常具 2 条钝棱脊，稀上部三角状具 3 条钝脊，

图 0066 红豆杉 *Taxus wallichiana* var. *chinensis*

先端有突起的短钝尖头，种脐近圆形或宽椭圆形，稀三角状圆形。

【拍摄地点】巡检镇金镶坪村，海拔 294 m。

【生境分布】生于山坡林内。分布于南漳巡检、板桥等乡镇。

【药用部位】种子，树皮。

【功能主治】种子：消积，驱虫；用于食积，蛔虫病。树皮：抗癌，用于各种肿瘤。

【附注】树皮中可提取出天然抗癌物质紫杉醇。

被子植物门 Angiospermae

38. 胡桃科 Juglandaceae

胡桃属 Juglans

胡桃楸 野核桃 核桃楸（图 0067）

Juglans mandshurica Maxim.

图 0067 胡桃楸 *Juglans mandshurica*

【形态特征】乔木，高达 20 m 或更高；枝条扩展，树冠扁圆形；树皮灰色，具浅纵裂；幼枝被短茸毛。奇数羽状复叶生于萌发条上者长可达 80 cm，叶柄长 9 ~ 14 cm，小叶 15 ~ 23 枚，长 6 ~ 17 cm，宽 2 ~ 7 cm；生于孕性枝上者集生于枝端，长达 40 ~ 50 cm，叶柄长 5 ~ 9 cm，基部膨大，叶柄及叶轴被短柔毛或星芒状毛；小叶 9 ~ 17 枚，椭圆形至长椭圆形或卵状椭圆形至长椭圆状披针形，边缘具细锯齿，上面初被稀疏短柔毛，后来除中脉外其余无毛，深绿色，下面色淡，被贴伏的短柔毛及星芒状毛；侧生小叶对生，无柄，先端渐尖，基部歪斜，截形至近于心形；顶生小叶基部楔形。雄性柔荑花序长 9 ~ 20 cm，花序轴被短柔毛。雄花具短花柄；苞片顶端钝，小苞片 2 枚位于苞片基部，花被片 1 枚位于顶端而与苞片重叠，2 枚位于花的基部两侧；雄蕊 12 枚，稀 13 枚或 14 枚，花药长约 1 mm，黄色，药隔急尖或微凹，被灰黑色细柔毛。雌性穗状花序具 4 ~ 10 雌花，花序轴被茸毛。雌花长 5 ~ 6 mm，被茸毛，下端被腺质柔毛，花被片披针形或线状披针形，被柔毛，柱头鲜红色，背面被贴伏的柔毛。果序长 10 ~ 15 cm，俯垂，通常具 5 ~ 7 果实，序轴被短柔毛。果实球状、卵状或椭圆状，顶端尖，密被腺质短柔毛，长 3.5 ~ 7.5 cm，直径 3 ~ 5 cm；果核长 2.5 ~ 5 cm，表面具 8 条纵棱，其中 2 条较显著，各棱间具不规则皱曲及凹穴，顶端具尖头；内果皮壁内具多数不规则空隙，隔膜内亦具 2 空隙。花期 5 月，果期 8—9 月。

【拍摄地点】长坪镇赵岭村，海拔 1076 m。

【生境分布】生于山地沟边或杂木林内。分布于南漳各乡镇。

【药用部位】种仁。

【功能主治】养气补血，润燥止咳。用于肺虚咳嗽。

胡桃　核桃（图 0068）

Juglans regia L.

【中药名】核桃仁 *。

【形态特征】乔木，高达 20 ～ 25 m；树干较别的种类矮，树冠广阔；树皮幼时灰绿色，老时则灰白色而纵向浅裂；小枝无毛，具光泽，被盾状着生的腺体，灰绿色，后来带褐色。奇数羽状复叶长 25 ～ 30 cm，叶柄及叶轴幼时被极短腺毛及腺体；小叶通常 5 ～ 9 枚，稀 3 枚，椭圆状卵形至长椭圆形，长 6 ～ 15 cm，宽 3 ～ 6 cm，顶端钝圆或急尖、短渐尖，基部歪斜，近于圆形，边缘全缘或在幼树上者具稀疏细锯齿，上面深绿色，无毛，下面淡绿色，侧脉 11 ～ 15 对，腋内具簇短柔毛，侧生小叶具极短的小叶柄或近无柄，生于下端者较小，顶生小叶常具长 3 ～ 6 cm 的小叶柄。雄性柔荑花序下垂，长 5 ～ 15 cm。雄花的苞片、小苞片及花被片均被腺毛；雄蕊 6 ～ 30 枚，花药黄色，无毛。雌性穗状花序通常具 1 ～ 3 雌花。雌花的总苞被极短腺毛，柱头浅绿色。果序短，俯垂，具 1 ～ 3 果实；果实近于球状，直径 4 ～ 6 cm，无毛；果核稍具皱曲，有 2 条纵棱，顶端具短尖头；隔膜较薄，内里无空隙；内果皮壁内具不规则的空隙或无空隙而仅具皱曲。花期 5 月，果期 10 月。

图 0068　胡桃 *Juglans regia*

【拍摄地点】薛坪镇大水泉村，海拔 772 m。

【生境分布】生于山坡、宅旁，多为栽培。分布于南漳各乡镇。

【采收加工】秋季果实成熟时采收，除去肉质果皮，晒干，再除去核壳和木质隔膜。

【药用部位】种子。

【性味归经】甘，温。归肾、肺、大肠经。

【功能主治】补肾，温肺，润肠。用于肾阳不足，腰膝酸软，阳痿遗精，虚寒喘嗽，肠燥便秘。

【用法用量】6 ～ 9 g。

化香树属 Platycarya

化香树　山麻柳　还香树（图 0069）

Platycarya strobilacea Sieb. et Zucc.

【形态特征】落叶小乔木，高 2 ～ 6 m；树皮灰色，老时则不规则纵裂。二年生枝条暗褐色，具细小皮

图 0069 化香树 *Platycarya strobilacea*

孔；芽卵形或近球形，芽鳞阔，边缘具细短毛；嫩枝被褐色柔毛，不久即脱落而无毛。叶长 15 ～ 30 cm，叶总柄显著短于叶轴，叶总柄及叶轴初时被稀疏的褐色短柔毛，后来脱落而近无毛，具 7 ～ 23 枚小叶；小叶纸质，侧生小叶无叶柄，对生或生于下端者偶尔有互生，卵状披针形至长椭圆状披针形，长 4 ～ 11 cm，宽 1.5 ～ 3.5 cm，不等边，上方一侧较下方一侧为阔，基部歪斜，顶端长渐尖，边缘有锯齿，顶生小叶具长 2 ～ 3 cm 的小叶柄，基部对称，圆形或阔楔形，小叶上面绿色，近无毛或脉上有褐色短柔毛，下面浅绿色，初时脉上有褐色柔毛，后来脱落，或在侧脉腋内、在基部两侧毛不脱落，毛的疏密依不同个体及生境而变异较大。两性花序和雄花序在小枝顶端排列成伞房状花序束，直立；两性花序通常 1 条，着生于中央顶端，长 5 ～ 10 cm，雌花序位于下部，雄花序部分位于上部，有时无雄花序而仅有雌花序；雄花序通常 3 ～ 8 条，位于两性花序下方四周，长 4 ～ 10 cm。雄花：苞片阔卵形，顶端渐尖而向外弯曲，外面的下部、内面的上部及边缘生短柔毛；雄蕊 6 ～ 8 枚，花丝短，稍生细短柔毛，花药阔卵形，黄色。雌花：苞片卵状披针形，顶端长渐尖，硬而不外曲；花被 2，位于子房两侧并贴于子房，顶端与子房分离，背部具翅状的纵向隆起，与子房一同增大。果序球果状，卵状椭圆形至长椭圆状圆柱形；宿存苞片木质，略具弹性；果实小坚果状，背腹压扁状，两侧具狭翅。种子卵形，种皮黄褐色，膜质。花期 5—6 月，果期 7—8 月。

【拍摄地点】巡检镇仁家庄村，海拔 647 m。

【生境分布】生于山地疏林、林缘或路边。分布于南漳各乡镇。

【药用部位】果实。

【功能主治】祛风理气，消肿止痛，燥湿杀虫。用于胸闷，腹痛，痈肿，湿疮，疥癣。

枫杨属 Pterocarya

枫杨　**麻柳树（图 0070）**

Pterocarya stenoptera C. DC.

【形态特征】大乔木，高达 30 m，胸径达 1 m；幼树树皮平滑，浅灰色，老时则深纵裂；小枝灰色至暗褐色，具灰黄色皮孔；芽具柄，密被锈褐色盾状着生的腺体。叶多为偶数或稀奇数羽状复叶，长 8 ～ 16 cm，叶柄长 2 ～ 5 cm，叶轴具翅，与叶柄一样被疏或密的短毛；小叶 10 ～ 16 枚，无小叶柄，对生或稀近对生，长椭圆形至长椭圆状披针形，长 8 ～ 12 cm，宽 2 ～ 3 cm，顶端常钝圆或稀急尖，基部歪斜，上方 1 侧楔形至阔楔形，下方 1 侧圆形，边缘有向内弯的细锯齿，上面被细小的浅色疣状突起，沿中脉及侧脉被极短的星芒状毛，下面幼时被散生的短柔毛，成长后脱落而仅留有极稀疏的腺体及侧脉腋内留有 1 丛星芒状毛。雄性柔荑花序长 6 ～ 10 cm，单独生于去年生枝条上叶痕腋内，花序轴常有稀疏的星芒状毛。雄花常具 1 枚发育的花被片，雄蕊 5 ～ 12 枚。雌性柔荑花序顶生，长 10 ～ 15 cm，花序轴密被星芒状毛及单毛，下端不生花的部分长达 3 cm，具 2 枚长达 5 mm 的不孕性苞片。雌花几乎无梗，苞片及小苞片基部常有细小的星芒状毛，并密被腺体。果序长 20 ～ 45 cm，果序轴常被宿存的毛。果实长椭圆形，基部常有宿存的星芒状毛；果翅狭，条形或阔条形，具近于平行的脉。花期 4—5 月，果熟期 8—9 月。

【拍摄地点】巡检镇小漳河村，海拔 319 m。

【生境分布】生于溪涧河滩、阴湿山坡地的林中，或栽培。分布于南漳各乡镇。

【药用部位】根皮，叶。

【功能主治】根皮：杀虫，解毒；用于龋齿痛，烫伤。叶：燥湿止痒；用于疥癣，湿疹。

图 0070 枫杨 *Pterocarya stenoptera*

39. 杨柳科 Salicaceae

杨属 Populus

响叶杨 白杨树（图 0071）

Populus adenopoda Maxim.

【形态特征】乔木，高 15 ～ 30 m。树皮灰白色，光滑，老时深灰色，纵裂；树冠卵形。小枝较细，暗赤褐色，被柔毛；老枝灰褐色，无毛。芽圆锥形，有黏质，无毛。叶卵状圆形或卵形，长 5 ～ 15 cm，宽 4 ～ 7 cm，先端长渐尖，基部截形或心形，稀近圆形或楔形，边缘有内曲圆锯齿，齿端有腺点，上面无毛或沿脉有柔毛，深绿色，光亮，下面灰绿色，幼时被密柔毛；叶柄侧扁，被茸毛或柔毛，长 2 ～ 8 cm，顶端有 2 显著腺点。雄花序长 6 ～ 10 cm，苞片条裂，有长缘毛，花盘齿裂。果序长 12 ～ 20 cm，花序轴有毛；蒴果卵状长椭圆形，长 4 ～ 6 mm，稀 2 ～ 3 mm，先端锐尖，无毛，有短柄，2 瓣裂。种子倒卵状椭圆形，长 2.5 mm，暗褐色。花期 3—4 月，果期 4—5 月。

图 0071 响叶杨 *Populus adenopoda*

【拍摄地点】城关镇木瓜园村，海拔 207 m。

【生境分布】生于阳坡灌丛、杂木林中或河岸边。分布于南漳城关、长坪等乡镇。

【药用部位】树皮。

【功能主治】祛风通络。用于风痹，四肢麻木不遂。

加杨 加拿大白杨（图 0072）

Populus×canadensis Moench

图 0072 加杨 *Populus×canadensis*

【形态特征】大乔木，高 30 m。干直，树皮粗厚，深沟裂，下部暗灰色，上部褐灰色，大枝微向上斜伸，树冠卵形；萌枝及苗茎棱角明显，小枝圆柱形，稍有棱角，无毛，稀微被短柔毛。芽大，先端反曲，初为绿色，后变为褐绿色，富黏质。叶三角形或三角状卵形，长 7～10 cm，长枝和萌枝叶较大，长 10～20 cm，一般长大于宽，先端渐尖，基部截形或宽楔形，无或有 1～2 腺体，边缘半透明，有圆锯齿，近基部较疏，具短缘毛，上面暗绿色，下面淡绿色；叶柄侧扁而长，带红色。雄花序长 7～15 cm，花序轴光滑，每花有雄蕊 15～25 枚；苞片淡绿褐色，不整齐，丝状深裂，花盘淡黄绿色，全缘，花丝细长，白色，超出花盘；雌花序有花 45～50 朵，柱头 4 裂。果序长达 27 cm；蒴果卵圆形，长约 8 mm，先端锐尖，2～3 瓣裂。雄株多，雌株少。花期 4 月，果期 5—6 月。

【拍摄地点】城关镇榆树岭村，海拔 134 m。

【生境分布】多为栽培。分布于南漳各乡镇。

【药用部位】花序。

【功能主治】化湿止痢。用于细菌性痢疾，急性肠炎。

柳属 Salix

川鄂柳 巫山柳（图 0073）

Salix fargesii Burk.

图 0073 川鄂柳 *Salix fargesii*

【形态特征】乔木或灌木。当年生小枝通常仅基部有丝状毛，芽顶端有疏毛。叶椭圆形或狭卵形，长达 11 cm，宽达 6 cm，先端急尖至圆形，基部圆形至楔形，边缘有细腺锯齿，上面暗绿色，无毛或多少有柔毛，下面淡绿色，特别是脉上被白色长柔毛，侧脉 16～20 对；叶柄长达 1.5 cm，初有丝状毛，后变为无毛，通常有数枚腺体。花序长 6～8 cm，花序梗长 1～3 cm，有正常叶，轴有疏丝状毛；苞片窄倒卵形，顶端圆，长约 1 mm，密被长柔毛，缘毛较苞片为长；

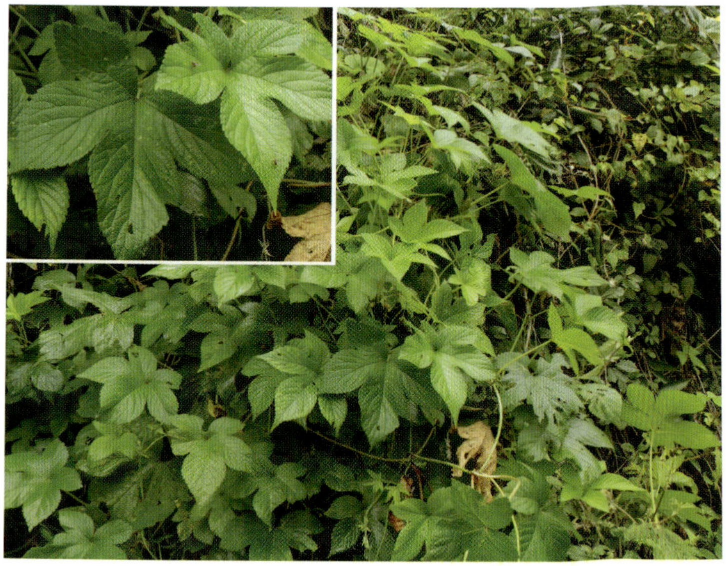雄蕊 2，无毛；腹腺长方形，长约 0.5 mm，背腺甚小，宽卵形；子房有长毛，有短柄，花柱长约 1 mm，上部 2 裂，柱头 2 裂；仅 1 腹腺，宽卵形，长约 0.5 mm。果序长 12 cm；蒴果长圆状卵形，有毛，有短柄。

【拍摄地点】长坪镇赵岭村，海拔 1052 m。

【生境分布】生于山坡。分布于南漳长坪镇。

【药用部位】根，叶。

【功能主治】祛风湿，解毒。用于风湿痹痛。

旱柳　龙爪柳（图 0074）

Salix matsudana Koidz.

【形态特征】乔木，高达 18 m，胸径达 80 cm。大枝斜上，树冠广圆形；树皮暗灰黑色，有裂沟；枝细长，直立或斜展，浅褐黄色或带绿色，后变褐色，无毛，幼枝有毛。芽微有短柔毛。叶披针形，长 5 ～ 10 cm，宽 1 ～ 1.5 cm，先端长渐尖，基部窄圆形或楔形，上面绿色，无毛，有光泽，下面苍白色或带白色，有细腺锯齿缘，幼叶有丝状柔毛；叶柄短，长 5 ～ 8 mm，在上面有长柔毛；托叶披针形或缺，边缘有细腺锯齿。花序与叶同时开放；雄花序圆柱形，长 1.5 ～ 2.5 cm，粗 6 ～ 8 mm，有花序梗，轴有长毛；雄蕊 2，花丝基部有长毛，花药卵形，黄色；苞片卵形，黄绿色，先端钝，基部有短柔毛；腺体 2；雌花序较雄花序短，长达 2 cm，粗 4 mm，有 3 ～ 5 小叶生于短花序梗上，轴有长毛；子房长椭圆形，近无柄，无毛，无花柱或很短，柱头卵形，近圆裂；苞片同雄花；腺体 2，背生和腹生。果序长达 2 cm。花期 4 月，果期 4—5 月。

图 0074　旱柳 *Salix matsudana*

【拍摄地点】国营七里山林场，海拔 144 m。

【生境分布】多生长于水塘或河边、路边。分布于南漳各乡镇。

【药用部位】枝。

【功能主治】清热利湿，利胆退黄。用于湿热黄疸。

皂柳　毛狗条　山杨柳（图 0075）

Salix wallichiana Anderss.

【形态特征】灌木或乔木。小枝红褐色、黑褐色或绿褐色，初有毛后无毛。芽卵形，有棱，先端尖，常外弯，红褐色或栗色，无毛。叶披针形、长圆状披针形、卵状长圆形或狭椭圆形，长 4 ～ 8 cm，宽 1 ～ 2.5 cm，先端急尖至渐尖，基部楔形至圆形，上面初有丝毛，后无毛，平滑，下面有平伏的绢质短柔毛或无毛，浅绿色，有白霜，网脉不明显，幼叶发红色；全缘，萌枝叶常有细锯齿；上年落叶灰褐色；

叶柄长约 1 cm；托叶小，比叶柄短，半心形，边缘有齿。花序先叶开放或近同时开放，无花序梗；雄蕊 2，花药大，椭圆形，黄色，花丝纤细，离生，无毛或基部有疏柔毛；苞片赭褐色或黑褐色，长圆形或倒卵形，先端急尖，两面有白色长毛或外面毛少；雌花序圆柱形，或向上部渐狭；子房狭圆锥形，长 3 ～ 4 mm，密被短柔毛，子房柄短或授粉后逐渐伸长，有的果柄可与苞片近等长，花柱短至明显，柱头直立，2 ～ 4 裂；苞片长圆形，先端急尖，赭褐色或黑褐色，有长毛；腺体同雄花。蒴果长有毛或近无毛，开裂后，果瓣向外反卷。花期 4—5 月，果期 5 月。

【拍摄地点】李庙镇沙坪村，海拔 946 m。

【生境分布】生于山谷溪流旁，林缘或山坡。分布于南漳李庙镇。

【药用部位】根。

【功能主治】祛风湿。用于风湿性关节炎。

图 0075　皂柳 *Salix wallichiana*

40. 桦木科 Betulaceae

桦木属 Betula

亮叶桦　光皮桦（图 0076）

Betula luminifera H. Winkl.

【形态特征】乔木，高可达 20 m，胸径可达 80 cm；树皮红褐色或暗黄灰色，平滑；枝条红褐色，无毛，有蜡质白粉；小枝黄褐色，密被淡黄色短柔毛，疏生树脂腺体；芽鳞无毛，边缘被短纤毛。叶矩圆形、宽矩圆形、矩圆状披针形，有时为椭圆形或卵形，长 4.5 ～ 10 cm，宽 2.5 ～ 6 cm，顶端骤尖或呈细尾状，基部圆形，有时近心形或宽楔形，边缘具不规则的刺毛状重锯齿，叶上面仅幼时密被短柔毛，下面密生树脂腺点，沿脉疏生长柔毛，脉腋间有时具髯毛，侧脉 12 ～ 14 对；叶柄长 1 ～ 2 cm，密被短柔毛及腺点，极少无毛。雄花序 2 ～ 5 枚簇生于小枝顶端或单生于小枝上部叶腋；花序梗密生树脂腺体；苞鳞背面无毛，边缘具短纤毛。果序大部单生，间或在一个短枝上出现 2 枚单生于叶腋的果序，长圆柱形，长 3 ～ 9 cm，直径 6 ～ 10 mm；序梗长 1 ～ 2 cm，下垂，密被短柔毛及树脂

图 0076　亮叶桦 *Betula luminifera*

腺体；果苞长 2 ～ 3 mm，背面疏被短柔毛，边缘具短纤毛，中裂片矩圆形、披针形或倒披针形，顶端圆或渐尖，侧裂，片小，卵形，有时不甚发育而呈耳状或齿状，长仅为中裂片的 1/4 ～ 1/3。小坚果倒卵形，长约 2 mm，背面疏被短柔毛，膜质翅宽为果的 1 ～ 2 倍。

【拍摄地点】李庙镇沙坪村，海拔 936 m。

【生境分布】生于阳坡杂木林内。分布于南漳李庙、长坪等乡镇。

【药用部位】根。

【功能主治】清热利尿。用于小便不利，水肿。

鹅耳枥属 Carpinus

多脉鹅耳枥（图 0077）

Carpinus polyneura Franch.

【形态特征】乔木，高 7 ～ 15 m，树皮灰色；小枝细瘦，暗紫色，光滑或疏被白色短柔毛。叶厚纸质，长椭圆形、披针形、卵状披针形至狭披针形或狭矩圆形，较少为椭圆形或矩圆形，长 4 ～ 8 cm，宽 1.5 ～ 2.5 cm，顶端长渐尖至尾状，基部圆楔形，较少为近圆形或楔形，边缘具刺毛状重锯齿，上面初时疏被长柔毛，沿脉密被短柔毛，后变无毛，下面除沿脉疏被长柔毛或短柔毛外，余则无毛，脉腋间具簇生的髯毛，侧脉 16 ～ 20 对；叶柄长 5 ～ 10 mm。果序梗、序轴疏被短柔毛；果苞半卵形或半卵状披针形，两面沿脉疏被长柔毛，背面较密，外侧基部无裂片，内侧基部的边缘微内折，中裂片的外侧边缘仅具 1 ～ 2 疏锯齿或具不明显的疏细齿，有时近全缘，内侧边缘直，全缘。小坚果卵圆形，被或疏或密的短柔毛，顶端被长柔毛，具数肋。

图 0077　多脉鹅耳枥 *Carpinus polyneura*

【拍摄地点】巡检镇仁家庄村，海拔 1337 m。

【生境分布】生于山坡或山谷林中。分布于南漳东巩、板桥、巡检等乡镇。

【药用部位】树皮。

【功能主治】活血散瘀。用于跌打损伤。

榛属 Corylus

榛　榛子（图 0078）

Corylus heterophylla Fisch. ex Trautv.

【形态特征】灌木或小乔木，高 1 ～ 7 m；树皮灰色；枝条暗灰色，无毛，小枝黄褐色，密被短柔毛兼被疏生的长柔毛，无或多少具刺状腺体。叶的轮廓为矩圆形或宽倒卵形，长 4 ～ 13 cm，宽 2.5 ～ 10 cm，顶端凹缺或截形，中央具三角状突尖，基部心形，有时两侧不相等，边缘具不规则的重锯齿，中部以上具浅裂，上面无毛，下面于幼时疏被短柔毛，以后仅沿脉疏被短柔毛，其余无毛，侧脉 3 ～ 5 对；叶柄纤细，长 1 ～ 2 cm，疏被短毛或近无毛。雄花序单生，长约 4 cm。果单生或 2 ～ 6 枚簇生成头状；果苞钟状，外面具细条棱，密被短柔毛兼有疏生的长柔毛，密生刺状腺体，很少无腺体，较果长但不超过 1 倍，很少较果短，上部浅裂，裂片三角形，边缘全缘，很少具疏锯齿；序梗长约 1.5 cm，密被短柔毛。坚果近球形，无毛或仅顶端疏被长柔毛。

图 0078　榛 *Corylus heterophylla*

【拍摄地点】李庙镇主山寨村，海拔 1052 m。

【生境分布】生于山谷林中。分布于南漳李庙镇。

【药用部位】种仁。

【功能主治】调中，开胃，明目。用于食欲不振，食少疲乏等。

41. 壳斗科 Fagaceae

栗属 Castanea

栗　板栗（图 0079）

Castanea mollissima Bl.

【形态特征】乔木，高达 20 m，胸径 80 cm，冬芽长约 5 mm，小枝灰褐色，托叶长圆形，长 10 ～ 15 mm，被疏长毛及鳞腺。叶椭圆形至长圆形，长 11 ～ 17 cm，宽达 7 cm，顶部短至渐尖，基部近截平或圆，或两侧稍向内弯而呈耳垂状，常一侧偏斜而不对称，新生叶的基部常狭楔尖且两侧对称，叶背被星芒状伏贴茸毛或因毛脱落变为无毛；叶柄长 1 ～ 2 cm。雄花序长 10 ～ 20 cm，花序轴被毛；花 3 ～ 5 朵聚生成簇，雌花 1 ～ 5 朵发育结实，花柱下部被毛。成熟壳斗的锐刺有长有短，有疏有密，密时全遮蔽壳

图 0079　栗 *Castanea mollissima*

斗外壁，疏时则外壁可见，壳斗连刺直径 4.5 ～ 6.5 cm；坚果高 1.5 ～ 3 cm，宽 1.8 ～ 3.5 cm。花期 4—6 月，果期 8—10 月。

【拍摄地点】巡检镇凤翔坪村，海拔 859 m。

【生境分布】生于山地林中。分布于南漳各乡镇，野生或栽培。

【药用部位】种仁。

【功能主治】健脾养胃，补肾强筋。用于体虚，纳差。

【附注】种子富含淀粉，还含单糖、双糖、胡萝卜素、硫胺素、核黄素、烟酸、抗坏血酸、蛋白质、脂肪、无机盐类等物质。

柯属 Lithocarpus

柯　石头树（图 0080）

Lithocarpus glaber（Thunb.）Nakai

【形态特征】乔木，高 15 m，胸径 40 cm，一年生枝、嫩叶叶柄、叶背及花序轴均密被灰黄色短茸毛，二年生枝的毛较疏且短，常变为污黑色。叶革质或厚纸质，倒卵形、倒卵状椭圆形或长椭圆形，长 6 ～ 14 cm，宽 2.5 ～ 5.5 cm，顶部突急尖，短尾状，或长渐尖，基部楔形，上部叶缘有 2 ～ 4 个浅裂齿或全缘，中脉在叶面微凸起，侧脉每边很少多于 10 条，支脉通常不明显，成长叶背面无毛或几无毛，有较厚的蜡鳞层；叶柄长 1 ～ 2 cm，雄穗状花序多排成圆锥花序或单穗腋生，长达 15 cm；雌花序常着生少数雄花，雌花每 3 朵（很少 5 朵）一簇，花柱 1 ～ 1.5 mm。果序轴通常被短柔毛；壳斗碟状或浅碗状，通常呈上宽下窄的倒三角形，顶端边缘甚薄，向下增厚，硬木质，小苞片三角形，细小，紧贴，覆瓦状排列或连生成圆环，密被灰色微柔毛；坚果椭圆形，高 12 ～ 25 mm，宽 8 ～ 15 mm，顶端尖，或长卵形，有淡薄的白色粉霜，暗栗褐色。花期 7—11 月，果次年同期成熟。

图 0080　柯 *Lithocarpus glaber*

【拍摄地点】巡检镇南峪沟村，海拔 452 m。

【生境分布】生于山坡林中。分布于南漳各乡镇。

【药用部位】树皮。

【功能主治】利水消肿。用于水肿，小便不利。

栎属 Quercus

槲栎　细皮青冈（图 0081）

Quercus aliena Bl.

图 0081　槲栎 *Quercus aliena*

【形态特征】落叶乔木，高达 30 m；树皮暗灰色，深纵裂。小枝灰褐色，近无毛，具圆形淡褐色皮孔；芽卵形，芽鳞具缘毛。叶片长椭圆状倒卵形至倒卵形，长 10 ～ 20 cm，宽 5 ～ 14 cm，顶端微钝或短渐尖，基部楔形或圆形，叶缘具波状钝齿，叶背被灰棕色细茸毛，侧脉每边 10 ～ 15 条，叶面中脉侧脉不凹陷；叶柄长 1 ～ 1.3 cm，无毛。雄花序长 4 ～ 8 cm，雄花单生或数朵簇生于花序轴，微有毛，花被 6 裂，雄蕊通常 10 枚；雌花序生于新枝叶腋，单生或 2 ～ 3 朵簇生。壳斗杯形，包着坚果约 1/2，直径 1.2 ～ 2 cm，高 1 ～ 1.5 cm；小苞片卵状披针形，长约 2 mm，排列紧密，被灰白色短柔毛。坚果椭圆形至卵形，直径 1.3 ～ 1.8 cm，高 1.7 ～ 2.5 cm，果脐微突起。花期 4—5 月，果期 9—10 月。

【拍摄地点】城关镇朱家湾村，海拔 320 m。

【生境分布】生于向阳山坡，常与其他树种组成混交林或成小片纯林。分布于南漳各乡镇。

【药用部位】叶。

【功能主治】清热解毒。用于无名肿毒。

白栎　青冈树（图 0082）

Quercus fabri Hance

图 0082　白栎 *Quercus fabri*

【形态特征】落叶乔木或灌木状，高达 20 m，树皮灰褐色，深纵裂。小枝密生灰色至灰褐色茸毛；冬芽卵状圆锥形，芽长 4 ～ 6 mm，芽鳞多数，被疏毛。叶片倒卵形、椭圆状倒卵形，长 7 ～ 15 cm，宽 3 ～ 8 cm，顶端钝或短渐尖，基部楔形或窄圆形，叶缘具波状锯齿或粗钝锯齿，幼时两面被灰黄色星状毛，侧脉每边 8 ～ 12 条，叶背支脉明显；叶柄长 3 ～ 5 mm，被棕黄色茸毛。雄花序长 6 ～ 9 cm，花序轴被茸毛，雌花序长 1 ～ 4 cm，生 2 ～ 4 朵花，壳斗杯形，包着坚果约 1/3，直径 0.8 ～ 1.1 cm，高 4 ～ 8 mm；小苞片卵状披针形，排列紧密，在口缘处稍伸出。坚果长椭圆形或卵状长椭圆形，直径 0.7 ～ 1.2 cm，高 1.7 ～ 2 cm，无毛，果脐突起。花期 4 月，果期 10 月。

【拍摄地点】长坪镇赵岭村，海拔 1337 m。

【生境分布】生于丘陵、山地杂木林中。分布于南漳各乡镇。

【药用部位】带有虫瘿的总苞。

【功能主治】健脾消积，理气，清肝明目。用于食积，目赤肿痛。

高山栎（图 0083）

Quercus semecarpifolia Smith

图 0083 高山栎 *Quercus semecarpifolia*

【形态特征】常绿乔木，高达 30 m。小枝幼时被星状毛，后渐脱落，具长圆形皮孔。叶片椭圆形或长椭圆形，长 5 ～ 12 cm，宽 3 ～ 6.5 cm，顶端圆钝，基部浅心形，全缘或具刺状锯齿，叶面无毛或有稀疏星状毛，叶背被棕色星状毛及糠秕状粉末，侧脉每边 8 ～ 14 条；叶柄长 2 ～ 6 mm，无毛或有微毛。雄花序生于新枝基部，长 3 ～ 5 cm，除花序轴被灰褐色长毛外均无毛。果序长 2 ～ 7 cm，果序轴无毛，着生坚果 1 ～ 2 个。壳斗浅碗形或碟形，通常近于平展，包着坚果基部，直径 1.5 ～ 2.5 cm，高 5 ～ 8 mm；小苞片披针形，长 2 ～ 3 mm，被灰白色短茸毛，顶端褐色。坚果近球形，直径 2 ～ 3 cm，无毛或近顶部微有毛，有时带紫褐色；果脐平坦或微突起，直径约 6 mm。

【拍摄地点】巡检镇通城河村，海拔 340 m。

【生境分布】生于山坡、山谷栎林或松栎林中。分布于南漳板桥、巡检等乡镇。

【药用部位】叶。

【功能主治】清热解毒。用于寒热夹杂之泻痢，肠炎及哮喘。

枹栎 短柄枹栎（图 0084）

Quercus serrata Thunb.

【形态特征】落叶乔木，高达 25 m，树皮灰褐色，深纵裂。幼枝被柔毛，不久即脱落；冬芽长卵形，长 5 ～ 7 mm，芽鳞多数，棕色，无毛或有极少毛。叶片薄革质，倒卵形或倒卵状椭圆形，长 7 ～ 17 cm，宽 3 ～ 9 cm，顶端渐尖或急尖，基部楔形或近圆形，叶缘有腺状锯齿，幼时被伏贴单毛，老时及叶背被平伏单毛或无毛，侧脉每边 7 ～ 12 条；叶柄长 1 ～ 3 cm，无毛。雄花序长 8 ～ 12 cm，花序轴密被白毛，雄蕊 8；雌花序长 1.5 ～ 3 cm。壳斗杯状，包着坚果 1/4 ～ 1/3；小苞片长三角形，贴生，边缘具柔毛。坚果卵形至卵圆形，直径 0.8 ～ 1.2 cm，高 1.7 ～ 2 cm，果脐平坦。花期 3—4 月，果期 9—10 月。

【拍摄地点】城关镇木瓜园村，海拔 205 m。

【生境分布】生于山地或沟谷林中。分布于南漳各乡镇。

【药用部位】带虫瘿的果实。

【功能主治】健脾胃，利尿，解毒。用于胃痛，小便淋涩。

图 0084 枹栎 *Quercus serrata*

图 0085 刺叶高山栎 *Quercus spinosa*

刺叶高山栎 铁橡树（图 0085）

Quercus spinosa David

【形态特征】常绿乔木或灌木，高达 15 m。小枝幼时被黄色星状毛，后渐脱落。叶面皱褶不平，叶片倒卵形、椭圆形，长 2.5 ～ 7 cm，宽 1.5 ～ 4 cm，顶端圆钝，基部圆形或心形，叶缘有刺状锯齿或全缘，幼叶两面被腺状单毛和束毛，老叶仅叶背中脉下段被灰黄色星状毛，其余无毛，中脉、侧脉在叶面均凹陷，中脉呈“之”字形曲折，侧脉每边 4 ～ 8 条；叶柄长 2 ～ 3 mm。雄花序长 4 ～ 6 cm，花序轴被疏毛；雌花序长 1 ～ 3 cm。壳斗杯形，包着坚果 1/4 ～ 1/3；小苞片三角形，长 1 ～ 1.5 mm，排列紧密。坚果卵形至椭圆形，直径 1 ～ 1.3 cm，高 1.6 ～ 2 cm。花期 5—6 月，果期翌年 9—10 月。

【拍摄地点】板桥镇龙端村，海拔 1266 m。

【生境分布】生于山坡、山谷森林中，常生于岩石裸露的峭壁上。分布于南漳板桥、东巩等乡镇。

【药用部位】叶。

【功能主治】清肝火，涩肠止泻。用于慢性肝炎，肠胃炎。

栓皮栎 青杠碗（图 0086）

Quercus variabilis Bl.

【形态特征】落叶乔木，高达 30 m，胸径达 1 m 以上，树皮黑褐色，深纵裂，木栓层发达。小枝灰棕色，无毛；芽圆锥形，芽鳞褐色，具缘毛。叶片卵状披针形或长椭圆形，长 8 ～ 15 cm，宽 2 ～ 6 cm，顶端渐尖，基部圆形或宽楔形，叶缘具刺芒状锯齿，叶背密被灰白色星状茸毛，侧脉每边 13 ～ 18 条，直达齿端；叶柄长 1 ～ 3 cm，无毛。雄花序长达 14 cm，花序轴密被褐色茸毛，花被 4 ～ 6 裂，雄蕊 10

图 0086 栓皮栎 *Quercus variabilis*

枚或较多；雌花序生于新枝上端叶腋，花柱3，壳斗杯形，包着坚果2/3，连小苞片直径2.5～4 cm，高约1.5 cm；小苞片钻形，反曲，被短毛。坚果近球形或宽卵形，顶端圆，果脐突起。花期3—4月，果期翌年9—10月。

【拍摄地点】城关镇三道河水库管理处，海拔170 m。

【生境分布】生于山坡上。分布于南漳各乡镇。

【药用部位】果壳。

【功能主治】止咳，涩肠。用于咳嗽，久泻久痢。

42. 榆科 Ulmaceae

朴属 Celtis

朴树　小叶牛筋树（图0087）

Celtis sinensis Pers.

【形态特征】乔木，高达30 m，树皮灰白色；当年生小枝幼时密被黄褐色短柔毛，老后毛常脱落，去年生小枝褐色至深褐色，有时还可残留柔毛；冬芽棕色，鳞片无毛。叶多为卵形或卵状椭圆形，但不带菱形，基部几乎不偏斜或仅稍偏斜，先端尖至渐尖，但不为尾状渐尖。果梗常2～3枚生于叶腋，其中1枚果梗常有2果，其他的具1果，无毛或被短柔毛，长7～17 mm；果成熟时黄色至橙黄色，近球形，一般直径5～7 mm，很少有达8 mm的；核近球形，直径约5 mm，具4条肋，表面有网孔状凹陷。花期3—4月，果期9—10月。

【拍摄地点】板桥镇夹马河，海拔664 m。

【生境分布】生于路旁、山坡、林缘。分布于南漳武安、板桥、东巩等乡镇。

【药用部位】树皮。

【功能主治】祛风止痒，清热解毒。用于荨麻疹，带状疱疹。

图0087　朴树 *Celtis sinensis*

青檀属 Pteroceltis

青檀　檀树（图0088）

Pteroceltis tatarinowii Maxim.

【形态特征】乔木，高达20 m或20 m以上，胸径达70 cm或1 m以上。树皮灰色或深灰色，不规则的长片状剥落；小枝黄绿色，干时变栗褐色，疏被短柔毛，后渐脱落，皮孔明显，椭圆形或近圆形；冬芽卵形。叶纸质，宽卵形至长卵形，长3～10 cm，宽2～5 cm，先端渐尖至尾状渐尖，基部不对称，楔形、圆形或截形，边缘有不整齐的锯齿，基部三出脉，侧出的一对近直伸达叶的上部，侧脉4～6对，叶面绿，幼时被短硬毛，后脱落常残留有圆点，光滑或稍粗糙，叶背淡绿，在脉上有稀疏的或较密的短柔毛，脉腋有簇毛，其余近光滑无毛；叶柄长5～15 mm，被短柔毛。翅果状坚果近圆形或近四方形，直径10～17 mm，黄绿色或黄褐色，翅宽，稍带木质，有放射线条纹，下端截形或浅心形，顶端有凹缺，果实外面无毛或多少被曲柔毛，常有不规则的皱纹，有时具耳状附属物，具宿存的花柱和花被，果梗纤细，长1～2 cm，被短柔毛。花期3—5月，果期8—10月。

【拍摄地点】李庙镇老君店村，海拔776 m。

【生境分布】生于山谷溪边石灰岩山地疏林中。分布于南漳板桥、李庙、长坪等乡镇。

图0088 青檀 *Pteroceltis tatarinowii*

【药用部位】叶。

【功能主治】祛风，除湿，消肿。用于诸风麻痹，痰湿流注，脚膝瘙痒，胃痛及发痧气痛。

榆属 Ulmus

裂叶榆 大叶榆（图0089）

Ulmus laciniata（Trautv.）Mayr

【形态特征】落叶乔木，高达27 m，胸径达50 cm；树皮淡灰褐色或灰色，浅纵裂，裂片较短，常翘起，表面常呈薄片状剥落；一年生枝幼时被毛，后变无毛或近无毛，二年生枝淡褐灰色、淡灰褐色或淡红褐色，小枝无木栓翅；冬芽卵圆形或椭圆形，内部芽鳞毛较明显。叶倒卵形、倒三角状椭圆形或倒卵状长圆形，长7～18 cm，宽4～14 cm，先端通常3～7裂，裂片三角形，渐尖或尾状，不裂之叶先端具或长或短的尾状尖头，基部明显地偏斜，楔形、微圆形、半心形或耳状，较长的一边常覆盖叶柄，与柄近等长，其下端常接触枝条，边缘具较深的重锯齿，叶面密生硬毛，粗糙，叶背被柔毛，沿叶脉较密，脉腋常有簇生毛，侧脉每边10～17条，叶柄极短，长2～5 mm，密被短毛或下面的毛较少。花在去年生枝上排成簇状聚伞花序。翅果椭圆形或长圆状椭圆形，长1.5～2 cm，宽1～1.4 cm，除顶端凹缺柱头面被毛外，余处无毛，果核部分位于翅果的中部或稍向下，宿存花被无毛，钟状，常5浅裂，裂片边缘有毛，果梗常较花被为短，无毛。花果期4—5月。

图0089 裂叶榆 *Ulmus laciniata*

【拍摄地点】长坪镇赵岭村，海拔 1294 m。

【生境分布】生于山坡、谷地、溪边之林中。分布于南漳长坪镇。

【药用部位】果实。

【功能主治】杀虫。用于虫积。

榔榆 小叶榆（图 0090）

Ulmus parvifolia Jacq.

图 0090 榔榆 *Ulmus parvifolia*

【形态特征】落叶乔木。冬季叶变为黄色或红色宿存至第二年新叶开放后脱落，高达 25 m，胸径可达 1 m；树冠广圆形，树干基部有时成板状根，树皮灰色或灰褐色，裂成不规则鳞状薄片剥落，露出红褐色内皮，近平滑，微凹凸不平；当年生枝密被短柔毛，深褐色；冬芽卵圆形，红褐色，无毛。叶质地厚，披针状卵形或窄椭圆形，稀卵形或倒卵形，中脉两侧长、宽不等，长 1.7 ～ 8 cm，宽 0.8 ～ 3 cm，先端尖或钝，基部偏斜，楔形或一边圆，叶面深绿色，有光泽，除中脉凹陷处有疏柔毛外，余处无毛，侧脉不凹陷，叶背色较浅，幼时被短柔毛，后变无毛或沿脉有疏毛，或脉腋有簇生毛，边缘从基部至先端有钝而整齐的单锯齿，稀重锯齿，侧脉每边 10 ～ 15 条，细脉在两面均明显，叶柄长 2 ～ 6 mm，仅上面有毛。花秋季开放，3 ～ 6 朵在叶腋簇生或排成簇状聚伞花序，花被上部杯状，下部管状，花被片 4，深裂至杯状花被的基部或近基部，花梗极短，被疏毛。翅果椭圆形或卵状椭圆形，除顶端缺口柱头面被毛外，余处无毛，果翅稍厚，基部的柄长约 2 mm，两侧的翅较果核部分为窄，果核部分位于翅果的中上部，上端接近缺口，花被片脱落或残存，果梗较管状花被为短，有疏生短毛。花果期 8—10 月。

【拍摄地点】李庙镇石桩河村，海拔 214 m。

【生境分布】生于低山沟林中或栽培。分布于南漳各乡镇。

【药用部位】根皮。

【功能主治】利水，通淋，消肿。用于乳痈。

榆树 春榆 榆钱（图 0091）

Ulmus pumila L.

【形态特征】落叶乔木，高达 25 m，胸径达 1 m，在干瘠之地长成灌木状；幼树树皮平滑，灰褐色或浅灰色，大树之皮暗灰色，不规则深纵裂，粗糙；小枝无毛或有毛，淡黄灰色、淡褐灰色或灰色，稀淡褐黄色或黄色，有散生皮孔，无膨大的木栓层及凸起的木栓翅；冬芽近球形或卵圆形，芽鳞背面无毛，内层芽鳞的边缘具白色长柔毛。叶椭圆状卵形、长卵形、椭圆状披针形或卵状披针形，长 2 ～ 8 cm，宽 1.2 ～ 3.5 cm，先端渐尖或长渐尖，基部偏斜或近对称，一侧楔形至圆形，另一侧圆形至半心形，叶面平滑无毛，叶背幼时有短柔毛，后变无毛或部分脉腋有簇生毛，边缘具重锯齿或单锯齿，侧脉每边 9 ～ 16 条，叶柄长 4 ～ 10 mm，通常仅上面有短柔毛。花先叶开放，在去年生枝的叶腋呈簇生状。翅果近圆形，稀倒卵状圆形，除顶端缺口柱头面被毛外，余处无毛，果核部分位于翅果的中部，上端不接近或接近缺口，成熟前后其色与果翅相同，初淡绿色，后白黄色，宿存花被无毛，4 浅裂，裂片边缘有毛，果梗较花被为短，被短柔毛。花果期 3—6 月。

【拍摄地点】城关镇洞坪村，海拔 98 m。

【生境分布】生于山坡或栽培。分布于南漳各乡镇。

【药用部位】根皮。

【功能主治】利水消肿。用于小便不利，淋浊，水肿，痈疽发背。

图 0091　榆树 *Ulmus pumila*

43. 杜仲科 Eucommiaceae

杜仲属 Eucommia

杜仲　丝棉木　连丝树（图 0092）

Eucommia ulmoides Oliv.

【中药名】杜仲*、杜仲叶*。

【形态特征】落叶乔木，高达 20 m，胸径约 50 cm；树皮灰褐色，粗糙，内含橡胶，折断拉开有多数细丝。嫩枝有黄褐色毛，不久变秃净，老枝有明显的皮孔。芽体卵圆形，外面发亮，红褐色，有鳞片 6 ～ 8 片，边缘有微毛。叶椭圆形、卵形或矩圆形，薄革质，长 6 ～ 15 cm，宽 3.5 ～ 6.5 cm；基部圆形或阔楔形，先端渐尖；上面暗绿色，初时有褐色柔毛，不久变秃净，老叶略有皱纹，下面淡绿色，初时有褐毛，以后仅在脉上有毛；侧脉 6 ～ 9 对，与网脉在上面下陷，在下面稍突起；边缘有锯齿；叶柄长 1 ～ 2 cm，上面有槽，被散生长毛。

图 0092　杜仲 *Eucommia ulmoides*

花生于当年枝基部，雄花无花被；花梗长约 3 mm，无毛；苞片倒卵状匙形，顶端圆形，边缘有毛，早落；雄蕊长约 1 cm，无毛，花丝长约 1 mm，药隔突出，花粉囊细长，无退化雌蕊。雌花单生，苞片倒卵形，子房无毛，1 室，扁而长，先端 2 裂，子房柄极短。翅果扁平，长椭圆形，先端 2 裂，基部楔形，周围具薄翅；坚果位于中央，稍突起，子房柄长 2 ～ 3 mm，与果梗相接处有关节。种子扁平，线形，两端圆形。早春开花，秋后果实成熟。

【拍摄地点】李庙镇付家坪村，海拔 603 m。

【生境分布】生于谷地、低坡疏林，或栽培。分布于南漳李庙、长坪、巡检等乡镇。

【采收加工】杜仲：4—6 月剥取，刮去粗皮，堆置“发汗”至内皮呈紫褐色，晒干。杜仲叶：夏、秋二季枝叶茂盛时采收，晒干或低温烘干。

【药用部位】杜仲：树皮。杜仲叶：叶。

【性味归经】杜仲：甘，温；归肝、肾经。杜仲叶：微辛，温；归肝、肾经。

【功能主治】杜仲：补肝肾，强筋骨，安胎；用于肝肾不足，腰膝酸痛，筋骨无力，头晕目眩，妊娠漏血，胎动不安。杜仲叶：补肝肾，强筋骨；用于肝肾不足，头晕目眩，腰膝酸痛，筋骨痿软。

【用法用量】杜仲：6 ～ 10 g。杜仲叶：10 ～ 15 g。

44. 桑科 Moraceae

构属 Broussonetia

藤构 蔓构（图 0093）

Broussonetia kaempferi var. *australis* Suzuki

【形态特征】蔓生藤状灌木，树皮黑褐色；小枝显著伸长，幼时被浅褐色柔毛，成长后脱落。叶互生，螺旋状排列，近对称的卵状椭圆形，长 3.5 ～ 8 cm，宽 2 ～ 3 cm，先端渐尖至尾尖，基部心形或截形，边缘锯齿细，齿尖具腺体，不裂，稀为 2 ～ 3 裂，表面无毛，稍粗糙；叶柄长 8 ～ 10 mm，被毛。花雌雄异株，雄花序短穗状，长 1.5 ～ 2.5 cm，花序轴约 1 cm；雄花花被片 3 ～ 4，裂片外面被毛，雄蕊 3 ～ 4，花药黄色，椭圆球形，退化雌蕊小；雌花集生为球形头状花序。聚花果直径 1 cm，花柱线形，延长。花期 4—6 月，果期 5—7 月。

图 0093 藤构 *Broussonetia kaempferi* var. *australis*

【拍摄地点】城关镇凉泉村，海拔 627 m。

【生境分布】生于山谷灌丛中或沟边山坡路旁。分布于南漳各乡镇。

【药用部位】根。

【功能主治】清热解毒。用于无名肿毒。

构树　楮树　沙纸树（图 0094）

Broussonetia papyrifera（L.）L′Hér. ex Vent.

【中药名】楮实子*。

【形态特征】乔木，高 10 ～ 20 m；树皮暗灰色，小枝密生柔毛。叶螺旋状排列，广卵形至长椭圆状卵形，长 6 ～ 18 cm，宽 5 ～ 9 cm，先端渐尖，基部心形，两侧常不相等，边缘具粗锯齿，不分裂或 3 ～ 5 裂，小树之叶常有明显分裂，表面粗糙，疏生糙毛，背面密被茸毛，基生叶脉三出，侧脉 6 ～ 7 对；叶柄长 2.5 ～ 8 cm，密被糙毛；托叶大，卵形，狭渐尖，长 1.5 ～ 2 cm，宽 0.8 ～ 1 cm。花雌雄异株；雄花序为柔荑花序，粗壮，长 3 ～ 8 cm，苞片披针形，被毛，花被 4 裂，裂片三角状卵形，被毛，雄蕊 4，花药近球形，退化雌蕊小；雌花序球形头状，苞片棍棒状，顶端被毛，花被管状，顶端与花柱紧贴，子房卵圆形，柱头线形，被毛。聚花果直径 1.5 ～ 3 cm，成熟时橙红色，肉质；瘦果表面有小瘤，龙骨双层，外果皮壳质。花期 4—5 月，果期 6—7 月。

图 0094　构树 *Broussonetia papyrifera*

【拍摄地点】城关镇榆树岭村，海拔 127 m。

【生境分布】生于山坡、路旁、沟边或林中。分布于南漳各乡镇。

【采收加工】秋季果实成熟时采收，洗净，晒干，除去灰白色膜状宿萼和杂质。

【药用部位】果实。

【性味归经】甘，寒。归肝、肾经。

【功能主治】补肾清肝，明目，利尿。用于肝肾不足，腰膝酸软，虚劳骨蒸，头晕目昏，眼生翳膜，水肿胀满。

【用法用量】6 ～ 12 g。

水蛇麻属 Fatoua

水蛇麻　地桑（图 0095）

Fatoua villosa（Thunb.）Nakai

【形态特征】一年生草本，高 30 ～ 80 cm，枝直立，纤细，少分枝或不分枝，幼时绿色后变黑色，微被长柔毛。叶膜质，卵圆形至宽卵圆形，长 5 ～ 10 cm，宽 3 ～ 5 cm，先端急尖，基部心形至楔形，边缘锯齿三角形，微钝，两面被粗糙贴伏柔毛，侧脉每边 3 ～ 4 条；叶片在基部稍下延成叶柄；叶柄被柔毛。花单性，聚伞花序腋生，直径约 5 mm；雄花钟形；花被裂片长约 1 mm，雄蕊伸出花被片外，与花被片对生；雌花花被片宽舟状，稍长于雄花被片；子房近扁球形，花柱侧生，丝状，长 1 ～ 1.5 mm，约长于子房 2 倍。瘦果略扁，具 3 棱，表面散生细小瘤体；种子 1 颗。花期 5—8 月。

【拍摄地点】巡检镇巡检司村，海拔 337 m。

【生境分布】生于山坡路旁草丛中和园圃地边。分布于南漳各乡镇。

【药用部位】叶。

【功能主治】清热解毒。用于咳嗽，咽喉炎。

图 0095 水蛇麻 *Fatoua villosa*

图 0096 无花果 *Ficus carica*

榕属 Ficus

无花果 奶浆果（图 0096）

Ficus carica L.

【形态特征】落叶灌木，高 3 ~ 10 m，多分枝；树皮灰褐色，皮孔明显；小枝直立，粗壮。叶互生，厚纸质，广卵圆形，长、宽近相等，为 10 ~ 20 cm，通常 3 ~ 5 裂，小裂片卵形，边缘具不规则钝齿，表面粗糙，背面密生细小钟乳体及灰色短柔毛，基部浅心形，基生侧脉 3 ~ 5 条，侧脉 5 ~ 7 对；叶柄长 2 ~ 5 cm，粗壮；托叶卵状披针形，长约 1 cm，红色。雌雄异株，雄花和瘿花同生于一榕果内壁，雄花生内壁口部，花被片 4 ~ 5，雄蕊 3，有时 1 或 5，瘿花花柱侧生，短；雌花花被与雄花同，子房卵圆形，光滑，花柱侧生，柱头 2 裂，线形。榕果单生叶腋，大而梨形，直径 3 ~ 5 cm，顶部下陷，成熟时紫红色或黄色，基生苞片 3，卵形；瘦果透镜状。花果期 5—7 月。

【拍摄地点】城关镇胡营街道，海拔 72 m。

【生境分布】生于山坡林中或栽培。南漳各乡镇有零星栽培。

【药用部位】果实。

【功能主治】健胃清肠，消肿解毒。用于肠炎，痢疾，癣疮。

异叶榕 奶浆树 山枇杷（图 0097）

Ficus heteromorpha Hemsl.

【形态特征】落叶灌木或小乔木，高 2 ~ 5 m；树皮灰褐色；小枝红褐色，节短。叶琴形、椭圆形或椭圆状披针形，长 10 ~ 18 cm，宽 2 ~ 7 cm，先端渐尖或为尾状，基部圆形或浅心形，表面略粗糙，背面有细小钟乳体，全缘或微波状，基生侧脉较短，侧脉 6 ～ 15 对，红色；叶柄长 1.5 ～ 6 cm，红色；托叶披针形，长约 1 cm。榕果成对生短枝叶腋，稀单生，无总梗，球形或圆锥状球形，光滑，直径 6 ～ 10 mm，成熟时紫黑色，顶生苞片脐状，基生苞片 3 枚，卵圆形，雄花和瘿花同生于一榕果中；雄花散生内壁，花被片 4 ～ 5，匙形，雄蕊 2 ～ 3；瘿花花被片 5 ～ 6，子房光滑，花柱短；雌花花被片 4 ～ 5，包围子房，花柱侧生，柱头画笔状，被柔毛。瘦果光滑。花期 4—5 月，果期 5—7 月。

图 0097 异叶榕 *Ficus heteromorpha*

【拍摄地点】薛坪镇普陀庵村，海拔 543 m。

【生境分布】生于山坡林下、路旁、灌木丛或山谷沟边。分布于南漳各乡镇。

【药用部位】叶。

【功能主治】清热解毒。捣烂外敷，用于无名肿毒。

薜荔 凉粉果 岩风藤（图 0098）

Ficus pumila L.

【中药名】奶母果*。

【形态特征】攀援或匍匐灌木，叶两型，不结果枝节上生不定根，叶卵状心形，长约 2.5 cm，薄革质，基部稍不对称，尖端渐尖，叶柄很短；结果枝上无不定根，革质，卵状椭圆形，长 5 ～ 10 cm，宽 2 ～ 3.5 cm，先端急尖至钝形，基部圆形至浅心形，全缘，上面无毛，背面被黄褐色柔毛，基生叶脉延长，网脉 3 ～ 4 对，在表面下陷，背面凸起，网脉甚明显，呈蜂窝状；叶柄长 5 ～ 10 mm；托叶 2，披针形，被黄褐色丝状毛。榕果单生叶腋，瘿花果梨形，雌花果近球形，长 4 ～ 8 cm，直径 3 ～ 5 cm，顶部截平，略具短钝头或为脐状突起，基部收窄成一短柄，基生苞片宿存，三角状卵形，密被长柔毛，榕果幼时被黄色短柔毛，成熟时黄绿色或微红色；总梗粗短；雄花，生榕果内壁口部，多数，排为数行，有柄，花被片 2 ～ 3，线形，雄蕊 2 枚，花丝短；瘿花具柄，花被片 3 ～ 4，线形，花柱短，侧生；雌花生另一植株榕果内壁，花柄长，花被片 4 ～ 5。瘦果近球形，有黏液。花果期 5—8 月。

图 0098 薜荔 *Ficus pumila*

【拍摄地点】东巩镇口泉村，海拔 189 m。

【生境分布】生于山地，常攀援树上、岩石上或墙垣上。分布于南漳各乡镇。

【药用部位】成熟雄性隐花果。

【性味归经】甘、涩，平。归肾、胃、大肠经。

【功能主治】补肾固精，清热利湿，通络催乳，解毒消肿。用于肾虚遗精，小便淋浊，阳痿，肠风下血，久痢脱肛，经闭，乳汁不下，痈肿，疥癣等。

【用法用量】6 ～ 15 g。外用适量，煎水洗。

珍珠莲　岩枇杷（图 0099）

Ficus sarmentosa var. *henryi*（King ex Oliv.）Corner

图 0099　珍珠莲 *Ficus sarmentosa* var. *henryi*

【形态特征】木质攀援匍匐藤状灌木，幼枝密被褐色长柔毛，叶革质，卵状椭圆形，长 8 ～ 10 cm，宽 3 ～ 4 cm，先端渐尖，基部圆形至楔形，表面无毛，背面密被褐色柔毛或长柔毛，基生侧脉延长，侧脉 5 ～ 7 对，小脉网结成蜂窝状；叶柄长 5 ～ 10 mm，被毛。榕果成对腋生，圆锥形，直径 1 ～ 1.5 cm，表面密被褐色长柔毛，成长后脱落，顶生苞片直立，长约 3 mm，基生苞片卵状披针形，长 3 ～ 6 mm。榕果无总梗或具短梗。

【拍摄地点】薛坪镇火石观村，海拔 665 m。

【生境分布】生于山沟石上及灌木丛中。分布于南漳薛坪、李庙、长坪等乡镇。

【药用部位】花序托。

【功能主治】祛风除湿，消肿止痛。用于风湿痹痛。

地果　地瓜　地枇杷（图 0100）

Ficus tikoua Bur.

【中药名】地枇杷*。

【形态特征】匍匐木质藤本，茎上生细长不定根，节膨大；幼枝偶有直立的，高达 30 ～ 40 cm，叶坚纸质，倒卵状椭圆形，长 2 ～ 8 cm，宽 1.5 ～ 4 cm，先端急尖，基部圆形至浅心形，边缘具波状疏浅圆锯齿，基生侧脉较短，侧脉 3 ～ 4 对，表面被短刺毛，背面沿脉有细毛；叶柄长 1 ～ 2 cm，直立幼枝的叶柄长达 6 cm；托叶披针形，长约 5 mm，被柔毛。榕果成对或簇生于匍匐茎上，常埋于土中，球形至卵球形，直径 1 ～ 2 cm，基部收缩成狭柄，成熟时深红色，表面多圆形瘤点，基生苞片 3，细小；雄花生榕果内壁孔口部，无柄，花被片 2 ～ 6，雄蕊 1 ～ 3；雌花生另一植株榕果内壁，有短柄。无花被，有黏膜包被子房。瘦果卵球形，表面有瘤体，花柱侧生，长，柱头 2 裂。花期 5—6 月，果期 7 月。

【拍摄地点】肖堰镇曲阳坪村，海拔397 m。

【生境分布】生于山坡灌木丛阴处、岩缝及沟边。分布于南漳各乡镇。

【采收加工】全年均可采收，除去杂质，晒干。

【药用部位】地上部分。

【性味归经】苦、微甘，平。归肺、脾、大肠经。

【功能主治】清热解毒，清肺止咳，燥湿止泻。用于肺热咳嗽，咽喉肿痛，湿热泻痢。

【用法用量】30 ~ 50 g，鲜品加倍。外用适量，鲜品捣敷。

图 0100　地果 *Ficus tikoua*

葎草属 Humulus

葎草　拉拉藤（图 0101）

Humulus scandens（Lour.）Merr.

【中药名】葎草*。

【形态特征】缠绕草本，茎、枝、叶柄均具倒钩刺。叶纸质，肾状五角形，掌状5～7深裂，稀为3裂，长、宽均7～10 cm，基部心形，表面粗糙，疏生糙伏毛，背面有柔毛和黄色腺体，裂片卵状三角形，边缘具锯齿；叶柄长 5 ～ 10 cm。雄花小，黄绿色，圆锥花序，长 15 ～ 25 cm；雌花序球果状，直径约 5 mm，苞片纸质，三角形，顶端渐尖，具白色茸毛；子房为苞片包围，柱头 2，伸出苞片外。瘦果成熟时露出苞片外。花期春夏，果期秋季。

【拍摄地点】城关镇洞坪村，海拔107 m。

图 0101　葎草 *Humulus scandens*

【生境分布】生于海拔较低的山坡路旁及沟边草丛中。分布于南漳各乡镇。

【采收加工】夏、秋二季茎叶茂盛时采收，除去杂质，晒干或切断晒干。

【药用部位】地上部分。

【性味归经】甘、苦，寒。归肺、肾经。

【功能主治】清热解毒，利尿消肿。用于肠胃炎，痢疾，小便不利；外用治疗痈疖肿毒，湿疹，虫蛇咬伤。

【用法用量】15 ～ 30 g，鲜品加倍。外用适量，捣敷患处。

橙桑属 Maclura

柘　柘树　榨古丁（图 0102）

Maclura tricuspidata Carr.

【形态特征】落叶灌木或小乔木，高 1 ～ 7 m；树皮灰褐色，小枝无毛，略具棱，有棘刺，刺长 5 ～ 20 mm；冬芽赤褐色。叶卵形或菱状卵形，偶为三裂，长 5 ～ 14 cm，宽 3 ～ 6 cm，先端渐尖，基部楔形至圆形，表面深绿色，背面绿白色，无毛或被柔毛，侧脉 4 ～ 6 对；叶柄长 1 ～ 2 cm，被微柔毛。雌雄异株，雌雄花序均为球形头状花序，单生或成对腋生，具短总花梗；雄花序直径 0.5 cm，雄花有苞片 2 枚，附着于花被片上，花被片 4，肉质，先端肥厚，内卷，内面有黄色腺体 2 个，雄蕊 4，与花被片对生，花丝在花芽时直立，退化雌蕊锥形；雌花序直径 1 ～ 1.5 cm，花被片与雄花同数，花被片先端盾形，内卷，内面下部有 2 个黄色腺体，子房埋于花被片下部。聚花果近球形，直径约 2.5 cm，肉质，成熟时橘红色。花期 5—6 月，果期 6—7 月。

图 0102　柘 *Maclura tricuspidata*

【拍摄地点】肖堰镇云盘村，海拔 476 m。

【生境分布】生于山坡灌木丛中或路旁、沟边、宅旁等。分布于南漳各乡镇。

【药用部位】根。

【功能主治】散瘀消肿，止痛。用于肺结核，烫伤疼痛，跌打损伤。

桑属 Morus

桑　桑树　蚕桑（图 0103）

Morus alba L.

【中药名】桑叶 *、桑白皮 *、桑枝 *、桑椹 *。

【形态特征】乔木或为灌木，高 3 ～ 10 m 或更高，胸径可达 50 cm，树皮厚，灰色，具不规则浅纵裂；冬芽红褐色，卵形，芽鳞覆瓦状排列，灰褐色，有细毛；小枝有细毛。叶卵形或广卵形，长 5 ～ 15 cm，宽 5 ～ 12 cm，先端急尖、渐尖或圆钝，基部圆形至浅心形，边缘锯齿粗钝，有时叶为各种分裂，表面鲜绿色，无毛，背面沿脉有疏毛，脉腋有簇毛；叶柄长 1.5 ～ 5.5 cm，具柔毛；托叶披针形，早落，外面密被细硬毛。花单性，腋生或生于芽鳞腋内，与叶同时生出；雄花序下垂，长 2 ～ 3.5 cm，密被白色柔毛，花被片宽椭圆形，淡绿色。花丝在芽时内折，花药 2 室，球形至肾形，纵裂；雌花序长 1 ～ 2 cm，被毛，总花梗长 5 ～ 10 mm，被柔毛，雌花无梗，花被片倒卵形，顶端圆钝，外面和边缘被毛，两侧紧抱子房，无花柱，柱头 2 裂，内面有乳头状突起。聚花果卵状椭圆形，长 1 ～ 2.5 cm，成熟时红色或暗紫色。花期 4—5 月，果期 5—8 月。

【拍摄地点】九集镇吴家集村，海拔 151 m。

【生境分布】生于山坡、宅旁，或栽培。分布于南漳各乡镇。

【采收加工】桑叶：初霜后采收，除去杂质，晒干。桑白皮：秋末叶落时至次春发芽前采挖根部，刮去黄棕色粗皮，纵向剖开，剥取根皮，晒干。桑枝：春末夏初采收，去叶，晒干，或趁鲜切片，晒干。桑椹：4—6 月果实变红时采收，晒干，或略蒸后晒干。

图 0103 桑 *Morus alba*

【药用部位】桑叶：叶。桑白皮：根皮。桑枝：嫩枝。桑椹：果穗。

【性味归经】桑叶：甘、苦，寒；归肺、肝经。桑白皮：甘，寒；归肺经。桑枝：微苦，平；归肝经。桑椹：甘、酸，寒；归心、肝、肾经。

【功能主治】桑叶：疏散风热，清肺润燥，清肝明目；用于风热感冒，肺热燥咳，头晕头痛，目赤昏花。桑白皮：泻肺平喘，利水消肿；用于肺热喘咳，水肿胀满尿少，面目肌肤浮肿。桑枝：祛风湿，利关节；用于风湿痹病，肩臂、关节酸痛麻木。桑椹：滋阴补血，生津润燥；用于肝肾阴虚，眩晕耳鸣，心悸失眠，须发早白，津伤口渴，内热消渴，肠燥便秘。

【用法用量】桑叶：5 ～ 10 g。桑白皮：6 ～ 12 g。桑枝：9 ～ 15 g。桑椹：9 ～ 15 g。

花叶鸡桑　鸡桑（图 0104）

Morus australis var. *inusitata*（Levl.）C. Y. Wu

【形态特征】落叶灌木或小乔木。树皮灰褐色，冬芽大，圆锥状卵圆形。叶宽卵形，长 5 ～ 14 cm，宽 3.5 ～ 12 cm，先端急尖或尾状，基部楔形或心形，叶缘具多个不规则缺刻状深裂；上面粗糙，下面脉上疏生短柔毛，无腋毛；叶柄长 1.5 ～ 4 cm；托叶早落。花单性，雌雄异株，腋生的穗状花序；雄花序长 1.5 ～ 3 cm，雌花序较短；雄花被片和雄蕊均为 4，不育雌蕊陀螺形；雌花柱头 2 裂与花柱等长，宿存。聚花果长 1 ～ 1.5 cm，成熟时变暗紫色。花期 3—4 月，果期 4—5 月。

图 0104 花叶鸡桑 *Morus australis* var. *inusitata*

【拍摄地点】城关镇凉泉村，海拔 567 m。

【生境分布】生于山坡荒地林缘。分布于南漳城关、东巩、李庙等乡镇。

【药用部位】叶。

【功能主治】疏散风热，清肺润燥，清肝明目。用于风热感冒，肺热燥咳，头晕头痛，目赤昏花。

蒙桑 岩桑（图 0105）

Morus mongolica（Bur.）Schneid.

【形态特征】小乔木或灌木，树皮灰褐色，纵裂；小枝暗红色，老枝灰黑色；冬芽卵圆形，灰褐色。叶长椭圆状卵形，长 8 ～ 15 cm，宽 5 ～ 8 cm，先端尾尖，基部心形，边缘具三角形单锯齿，稀为重锯齿，齿尖有长刺芒，两面无毛；叶柄长 2.5 ～ 3.5 cm。雄花序长 3 cm，雄花花被暗黄色，外面及边缘被长柔毛，花药 2 室，纵裂；雌花序短圆柱状，长 1 ～ 1.5 cm，总花梗纤细，长 1 ～ 1.5 cm。雌花花被片外面上部疏被柔毛，或近无毛；花柱长，柱头 2 裂，内面密生乳头状突起。聚花果长 1.5 cm，成熟时红色至紫黑色。花期 3—4 月，果期 4—5 月。

图 0105　蒙桑 *Morus mongolica*

【拍摄地点】城关镇玉溪山，海拔 221 m。

【生境分布】生于山地或林中。分布于南漳城关、薛坪、李庙等乡镇。

【药用部位】根皮。

【功能主治】清热解毒，利尿。用于热淋涩痛。

45. 荨麻科 Urticaceae

苎麻属 Boehmeria

苎麻 白麻 圆麻（图 0106）

Boehmeria nivea（L.）Gaudich.

【中药名】苎麻叶*。

【形态特征】亚灌木或灌木，高 0.5 ～ 1.5 m；茎上部与叶柄均密被开展的长硬毛和近开展和贴伏的短糙毛。叶互生；叶片草质，通常圆卵形或宽卵形，少数卵形，长 6 ～ 15 cm，宽 4 ～ 11 cm，顶端骤尖，基部近截形或宽楔形，边缘在基部之上有齿，上面稍粗糙，疏被短伏毛，下面密被雪白色毡毛，侧脉约 3 对；叶柄长 2.5 ～ 9.5 cm；托叶分生，钻状披针形，长 7 ～ 11 mm，背面被毛。圆锥花序腋生，或植株上部的为雌性，其下的为雄性，或同一植株的全为雌性，长 2 ～ 9 cm；雄团伞花序直径 1 ～ 3 mm，有少数雄花；雌团伞花序直径 0.5 ～ 2 mm，有多数密集的雌花。雄花：花被片 4，狭椭圆形，长约 1.5 mm，合生至中部，顶端急尖，外面有疏柔毛；雄蕊 4，长约 2 mm，花药长约 0.6 mm；退化雌蕊狭倒卵球形，长约 0.7 mm，顶端有短柱头。雌花：花被椭圆形，长 0.6 ～ 1 mm，顶端有 2 ～ 3 小齿，外面有短柔毛，果期菱状倒披针形，长 0.8 ～ 1.2 mm；柱头丝形，长 0.5 ～ 0.6 mm。瘦果近球形，长约 0.6 mm，光滑，基部突缩成细柄。花期 8—10 月。

【拍摄地点】城关镇朱家湾村，海拔 140 m。

【生境分布】生于山谷林边、草坡或栽培。分布于南漳各乡镇。

【采收加工】夏、秋二季采收，干燥。

【药用部位】叶。

【性味归经】甘、微苦，寒。归肝、心经。

【功能主治】凉血止血，散瘀止痛，解毒。用于咯血，吐血，血淋，尿血，月经过多，外伤出血，跌打损伤，疮痈肿毒，虫蛇咬伤。

【用法用量】10 ～ 30 g。外用适量，鲜品捣敷。

图 0106 苎麻 *Boehmeria nivea*

疏毛水苎麻（图 0107）

Boehmeria pilosiuscula（Bl.）Hassk.

【形态特征】亚灌木或多年生草本，高 45 ～ 60 cm，下部近无毛，上部密被近贴伏或开展的短柔毛。叶对生，同一对叶不等大；叶片纸质，斜椭圆形或椭圆状卵形，长 2.9 ～ 9 cm，宽 1.5 ～ 4.5 cm，顶端渐尖或短渐尖，基部斜圆形，边缘有多数小齿，上面稍粗糙，疏被短伏毛，下面沿脉网有短柔毛，侧脉约 3 对；叶柄长 0.3 ～ 3.5 cm。穗状花序单生叶腋，雌性或通常两性，上部生雄花，其下生雌花，由于团伞花序彼此密集，因此整个穗状花序呈圆柱形或棒形，长 0.8 ～ 2 cm。雄花：无梗或有短梗，花被片 4，椭圆形，长约 1 mm，下部合生，外面有疏柔毛；雄蕊 4，长约 1.5 mm，花药长约 0.5 mm；退化雌蕊椭圆形，长约 0.6 mm。雌花：花被纺锤形或狭倒卵形，长 0.8 ～ 1.1 mm，顶端有 2 小齿，外面上部有短毛，果期呈倒三角形或倒卵形；柱头与花被近等长。瘦果倒卵球形，长约 0.8 mm，光滑。花期 9—10 月。

图 0107 疏毛水苎麻 *Boehmeria pilosiuscula*

【拍摄地点】长坪镇长岭村，海拔 241 m。

【生境分布】生于山谷溪边、林边或石上。分布于南漳长坪、李庙等乡镇。

【药用部位】根。

【功能主治】清热解毒，止痛。用于跌打损伤。

小赤麻　小红活麻（图 0108）

Boehmeria spicata（Thunb.）Thunb.

图 0108　小赤麻 *Boehmeria spicata*

【形态特征】多年生草本或亚灌木；茎高 40 ～ 100 cm，常分枝，疏被短伏毛或近无毛。叶对生；叶片薄草质，卵状菱形或卵状宽菱形，长 2.4 ～ 7.5 cm，宽 1.5 ～ 5 cm，顶端长骤尖，基部宽楔形，边缘每侧在基部之上有 4 ～ 7 个大齿，两面疏被短伏毛或近无毛，侧脉 1 ～ 2 对；叶柄长 1 ～ 6.5 cm。穗状花序单生叶腋，雌雄异株，或雌雄同株，此时，茎上部的为雌性，其下的为雄性，雄的长约 2.5 cm，雌的长 4 ～ 10 cm。雄花：无梗，花被片 4，椭圆形，长约 1 mm，下部合生，外面有稀疏短毛；雄蕊 4，花药近圆形；退化雌蕊椭圆形，长约 0.5 mm。雌花：花被近狭椭圆形，长约 0.6 mm，齿不明显，外面有短柔毛，果期呈菱状倒卵形或宽菱形，长约 1 mm；柱头长 1 ～ 1.2 mm。花期 6—8 月。

【拍摄地点】长坪镇赵岭村，海拔 1071 m。

【生境分布】生于丘陵或低山草坡、石上、沟边。分布于南漳长坪镇。

【药用部位】根。

【功能主治】清热解毒，祛风通络。用于跌打损伤，风湿麻木，无名肿毒。

悬铃叶苎麻　野苎麻（图 0109）

Boehmeria tricuspis（Hance）Makino

图 0109　悬铃叶苎麻 *Boehmeria tricuspis*

【形态特征】亚灌木或多年生草本，茎高 50 ～ 150 cm，中部以上与叶柄和花序轴密被短毛。叶对生，稀互生；叶片纸质，扁五角形或扁圆卵形，茎上部叶常为卵形，长 8 ～ 12 cm，宽 7 ～ 14 cm，顶部三骤尖或三浅裂，基部截形、浅心形或宽楔形，边缘有粗齿，上面粗糙，有糙伏毛，下面密被短柔毛，侧脉 2 对；叶柄长 1.5 ～ 6 cm。穗状花序单生叶腋，或同一植株的全为雌性，或茎上部的雌性，其下的为雄性，雌的长 5.5 ～ 24 cm，分枝呈圆锥状或不分枝，雄的长 8 ～ 17 cm，分枝呈圆锥状；团伞花序直径 1 ～ 2.5 mm。雄花：花被片 4，椭圆形，长约 1 mm，下部合生，外面上部疏被短毛；雄蕊 4，长约 1.6 mm，花药长约 0.6 mm；退化雌蕊椭圆形，长约 0.6 mm。雌花：花被椭圆形，长 0.5 ～ 0.6 mm，齿不明显，外面有密柔毛，果期呈楔形至倒卵状菱形，长约 1.2 mm；柱头长 1 ~ 1.6 mm。花期 7—8 月。

【拍摄地点】薛坪镇陶沟村，海拔 659 m。

【生境分布】生于低山山谷疏林下、沟边或田边。分布于南漳薛坪、板桥等乡镇。

【药用部位】全草。

【功能主治】祛风止痒，活血止血。用于外伤出血，跌打肿痛，风疹，荨麻疹等。

楼梯草属 Elatostema

庐山楼梯草 **接骨草 白龙骨（图 0110）**

Elatostema stewardii Merr.

【形态特征】多年生草本。茎高 24 ~ 40 cm，不分枝，无毛或近无毛，常具球形或卵球形珠芽。叶具短柄；叶片草质或薄纸质，斜椭圆状倒卵形、斜椭圆形或斜长圆形，长 7 ~ 12.5 cm，宽 2.8 ~ 4.5 cm，顶端骤尖，基部在狭侧楔形或钝，在宽侧耳形或圆形，边缘下部全缘，其上有齿，无毛或上面散生短硬毛，钟乳体明显，密，长 0.1 ~ 0.4 mm，叶脉羽状，侧脉在狭侧 4 ~ 6 条，在宽侧 5 ~ 7 条；叶柄长 1 ~ 4 mm，无毛；托叶狭三角形或钻形，长约 4 mm，无毛。花序雌雄异株，单生叶腋。雄花序具短梗，直径 7 ~ 10 mm；花序梗长 1.5 ~ 3 mm；花序托小；苞片 6，外方 2 枚较大，宽卵形，长 2 mm，宽 3 mm，顶端有长角状突起，其他苞片较小，顶端有短突起；小苞片膜质，宽条形至狭条形，长 2 ~ 3 mm，有疏毛。雄花花被片 5，椭圆形，长约 1.8 mm，下部合生，外面顶端之下有短角状突起，有短毛；雄蕊 5；退化雌蕊极小。雌花序无梗；花序托近长方形，长约 3 mm；苞片多数，三角形，长约 0.5 mm，密被短柔毛，较大的具角状突起；小苞片密集，匙形或狭倒披针形，长 0.5 ~ 0.8 mm，边缘上部密被短柔毛。瘦果卵球形，长约 0.6 mm，纵肋不明显。花期 7—9 月。

图 0110 庐山楼梯草 *Elatostema stewardii*

【拍摄地点】李庙镇主山寨村，海拔 1059 m。

【生境分布】生于山谷沟边或林下。分布于南漳李庙、长坪等乡镇。

【药用部位】全草。

【功能主治】活血散瘀，消肿止痛，止咳。用于跌打损伤，流行性肋腺炎，经闭，肺结核发热，咳嗽。

蝎子草属 Girardinia

大蝎子草 **大荨麻 蝎子草（图 0111）**

Girardinia diversifolia（Link）Friis

【形态特征】多年生高大草本，茎下部常木质化；茎高达 2 m，具 5 棱，生刺毛和细糙毛或伸展的柔毛，多分枝。叶片轮廓宽卵形、扁圆形或五角形，茎干的叶较大，分枝上的叶较小，长、宽均 8 ～ 25 cm，基部宽心形或近截形，具 5 ～ 7 深裂片，稀、不裂，边缘有不规则的齿，上面疏生刺毛和糙伏毛，下面生糙伏毛或短硬毛和在脉上疏生刺毛，基生脉 3 条；叶柄长 3 ～ 15 cm，毛被同茎上的；托叶大，长圆状卵形，长 10 ～ 30 mm，外面疏生细糙伏毛。花雌雄异株或同株，雌花序生上部叶腋，雄花序生下部叶腋，多次二叉状分枝排成总状或近圆锥状，长 5 ～ 11 cm；雌花序总状或近圆锥状，稀长穗状，在果时长 10 ～ 25 cm，序轴上具糙伏毛和伸展的粗毛，小团伞花枝上密生刺毛和细粗毛。雄花：近无梗，在芽时直径约 1 mm，花被片 4，卵形，内凹，外面疏生细糙毛；退化雌蕊杯状。雌花：长约 0.5 mm，花被片大的一枚舟形，长约 0.4 mm，先端有 3 齿，背面疏生细糙毛，小的一枚条形，较短；子房狭长圆状卵形。瘦果近心形，稍扁，长 2.5 ～ 3 mm，熟时变棕黑色，表面有粗疣点。花期 9—10 月，果期 10—11 月。

图 0111 大蝎子草 *Girardinia diversifolia*

【拍摄地点】城关镇朱家湾村，海拔 141 m。

【生境分布】生于山坡林荫下。分布于南漳城关镇。

【药用部位】全草。

【功能主治】祛风解表，利水除痰，清热解毒。用于伤风咳嗽，胸闷痰多，肤痒，疮毒，小儿惊风，中风不语，风湿性关节痛，水肿，跌打损伤。

糯米团属 Gonostegia

糯米团 **糯米草 糯米条（图 0112）**

Gonostegia hirta（Bl.）Miq.

【形态特征】多年生草本，有时茎基部变木质；茎蔓生、铺地或渐升，长 50 ～ 100 cm，基部粗 1 ～ 2.5 mm，不分枝或分枝，上部带四棱形，有短柔毛。叶对生；叶片草质或纸质，宽披针形至狭披针形、狭卵形、稀卵形或椭圆形，长 3 ～ 10 cm，宽 1.2 ～ 2.8 cm，顶端长渐尖至短渐尖，基部浅心形或圆形，边缘全缘，上面稍粗糙，有稀疏短伏毛或近无毛，下面沿脉有疏毛或近无毛，基出脉 3 ～ 5 条；叶柄长 1 ～ 4 mm；托叶钻形，长约 2.5 mm。团伞花序腋生，通常两性，有时单性，雌雄异株，直径 2 ～ 9 mm；苞片三角形，长约 2 mm。雄花：花梗长 1 ～ 4 mm；花蕾直径约 2 mm，在内折线上有稀疏长

图 0112 糯米团 *Gonostegia hirta*

柔毛；花被片 5，分生，倒披针形，长 2 ～ 2.5 mm，顶端短骤尖；雄蕊 5，花丝条形，长 2 ～ 2.5 mm，花药长约 1 mm；退化雌蕊极小，圆锥状。雌花：花被菱状狭卵形，长约 1 mm，顶端有 2 小齿，有疏毛，果期呈卵形，长约 1.6 mm，有 10 条纵肋；柱头长约 3 mm，有密毛。瘦果卵球形，长约 1.5 mm，白色或黑色，有光泽。花期 5—9 月。

【拍摄地点】李庙镇胡家坪村，海拔 243 m。

【生境分布】生于山坡路旁或沟边，常成片繁生。分布于南漳李庙、城关、九集等乡镇。

【药用部位】全草。

【功能主治】清热利湿，解毒消肿，健脾止血。用于消化不良，食积胃痛等症；外用治疗血管神经性水肿，疮疖肿毒，乳腺炎，外伤出血等症。

艾麻属 Laportea

珠芽艾麻　野绿麻　螫麻子（图 0113）

Laportea bulbifera（Sieb. et Zucc.）Wedd.

【中药名】红活麻*。

【形态特征】多年生草本。根数条，丛生，纺锤状，红褐色。茎下部多少木质化，高 50 ～ 150 cm，不分枝或少分枝，在上部常呈“之”字形弯曲，具 5 条纵棱，有短柔毛和稀疏的刺毛，以后渐脱落；珠芽 1 ～ 3 个，常生于不生长花序的叶腋，木质化，球形，直径 3 ～ 6 mm，多数植株无珠芽。叶卵形至披针形，有时宽卵形，长 8 ～ 16 cm，宽 3.5 ～ 8 cm，先端渐尖，基部宽楔形或圆形，稀浅心形，边缘自基部以上有齿，上面生糙伏毛和稀疏的刺毛，下面脉上生短柔毛和稀疏的刺毛，尤其主脉上的刺毛较长，钟乳体细点状，上面明显，基出脉 3，其侧出的一对稍弧曲，伸达中部边缘，侧脉 4 ～ 6 对，伸向齿尖；叶柄长 1.5 ～ 10 cm，毛被同茎上部；托叶长圆状披针形，长 5 ～ 10 mm，先端 2 浅裂，背面肋上生糙毛。花序雌雄同株，稀异株，圆锥状，序轴上生短柔毛和稀疏的刺毛；雄花序生茎顶部以下的叶腋，具短梗，长 3 ～ 10 cm，分枝多，开展；雌花序生茎顶部或近顶部叶腋，长 10 ～ 25 cm，花序梗长 5 ～ 12 cm，分枝较短，常着生于序轴的一侧。雄花具短梗或无梗，在芽时扁圆球形，直径约 1 mm；花被片 5，长圆状卵形，内凹，外面近先端无角状突起物，外面有微毛；雄蕊 5；退化雌蕊倒梨形，长约 0.4 mm；小苞片三角状卵形，长约 0.7 mm。雌花具梗，花被片 4，不等大，分生，侧生的二枚较大，紧包被着子房，长圆状卵形或狭倒卵形；子房具雌蕊柄，直立，后弯曲；柱头丝形，长 2 ～ 4 mm，周围密生短毛。瘦果圆状倒卵形或近半圆形，偏斜，扁平，长 2 ～ 3 mm，光滑，有紫褐色细斑点。花期 6—8 月，果期 8—12 月。

图 0113　珠芽艾麻 *Laportea bulbifera*

【拍摄地点】长坪镇标湖村，海拔 1053 m。

【生境分布】生于山坡林下及山谷、路旁、沟边的潮湿地方。分布于南漳长坪镇。

【采收加工】夏、秋二季采挖，除去地上茎基、须根及杂质，洗净，晒干。

【药用部位】根及根茎。

【性味归经】辛，温；有小毒。归肝、脾、胃、肾经。

【功能主治】祛风除湿，利水消肿，活血止痛。用于风湿痹痛，肢体麻木，跌打损伤，浮肿，呃逆。

【用法用量】9 ～ 15 g。

花点草属 Nanocnide

毛花点草　透骨消（图 0114）

Nanocnide lobata Wedd.

图 0114　毛花点草 *Nanocnide lobata*

【形态特征】一年生或多年生草本。茎柔软，铺散丛生，自基部分枝，长 17 ～ 40 cm，常半透明，有时下部带紫色，被向下弯曲的微硬毛。叶膜质，宽卵形至三角状卵形，长 1.5 ～ 2 cm，宽 1.3 ～ 1.8 cm，先端钝或锐尖，基部近截形至宽楔形，边缘每边具 4 ～ 5 枚不等大的粗圆齿或近裂片状粗齿，齿三角状卵形，顶端锐尖或钝，长 2 ～ 5 mm，先端的一枚常较大，稀全绿，茎下部的叶较小，扇形，先端钝或圆形，基部近截形或浅心形，上面深绿色，疏生小刺毛和短柔毛，下面浅绿色，略带光泽，在脉上密生紧贴的短柔毛，基出脉 3 ～ 5 条，两面散生短杆状钟乳体；叶柄在茎下部的长过叶片，茎上部的短于叶片，被向下弯曲的短柔毛；托叶膜质，卵形，长约 1 mm，具缘毛。雄花序常生于枝的上部叶腋，稀数朵雄花散生于雌花序的下部，具短梗，长 5 ～ 12 mm；雌花序由多数花组成聚伞花序，生于枝的顶部叶腋或茎下部裸茎的叶腋内，直径 3 ～ 7 mm，具短梗或无梗。雄花淡绿色，直径 2 ～ 3 mm；花被 4 ～ 5 深裂，裂片卵形，长约 1.5 mm，背面上部有鸡冠状突起，其边缘疏生白色小刺毛；雄蕊 4 ～ 5，长 2 ～ 2.5 mm；退化雌蕊宽倒卵形，长约 0.5 mm，透明。雌花长 1 ～ 1.5 mm；花被片绿色，不等 4 深裂，外面一对较大，近舟形，长过子房，在背部龙骨上和边缘密生小刺毛，内面一对裂片较小，狭卵形，与子房近等长。瘦果卵形，压扁，褐色，长约 1 mm，有疣点状突起，外面围以稍大的宿存花被片。花期 4—6 月，果期 6—8 月。

【拍摄地点】李庙镇胡家坪村，海拔 243 m。

【生境分布】生于山谷溪旁和石缝、路旁阴湿地和草丛中。分布于南漳李庙、城关等乡镇。

【药用部位】全草。

【功能主治】清热解毒。用于烧烫伤，疮痈肿毒，肺热咳嗽，痰中带血等。

冷水花属 Pilea

波缘冷水花 石油菜（图 0115）

Pilea cavaleriei Lévl.

【形态特征】草本，无毛。根状茎匍匐，地上茎直立，多分枝，高 5 ～ 30 cm，粗 1.5 ～ 2.5 mm，下部裸露，节间较长，上部节间密集，干时变蓝绿色，密布杆状钟乳体。叶集生于枝顶部，同对的常不等大，多汁，宽卵形、菱状卵形或近圆形，长 8 ～ 20 mm，宽 6 ～ 18 mm，先端钝，近圆形或锐尖，基部宽楔形、近圆形或近截形，在近叶柄处常有不对称的小耳突，边缘全缘，稀波状，上面绿色，下面灰绿色，呈蜂巢状，钟乳体仅分布于叶上面，条形，纤细，长约 0.3 mm，在边缘常整齐纵行排列一圈，基出脉 3 条，不明显，有时在下面稍隆起，其侧出的一对达中部边缘，侧脉 2 ～ 4 对，斜伸出，常不明显，细脉末端在下面常膨大呈腺点状；叶柄纤细，长 5 ～ 20 mm；托叶小，三角形，长约 1 mm，宿存。雌雄同株；聚伞花序常密集成近头状，有时具少数分枝，雄花序梗纤细，长 1 ～ 2 cm，雌花序梗长 0.2 ～ 1 cm，稀近无梗；苞片三角状卵形，长约 0.4 mm。雄花具短梗或无梗，淡黄色，在芽时长约 1.8 mm；花被片 4，倒卵状长圆形，内弯，外面近先端几乎无短角状突起；雄蕊 4，花丝下部贴生于花被；退化雌蕊小，长圆锥形。雌花近无梗或具短梗，长约 0.5 mm；花被片 3，不等大，果时中间一枚长圆状船形，边缘薄，干时带紫褐色，中央增厚，淡绿色，长及果的一半，侧生二枚较薄，卵形，比长的一枚短约一倍；退化雄蕊不明显。瘦果卵形，稍扁，顶端稍歪斜，边缘变薄，长约 0.7 mm，光滑。花期 5—8 月，果期 8—10 月。

图 0115 波缘冷水花 *Pilea cavaleriei*

【拍摄地点】板桥镇夹马河，海拔 605 m。

【生境分布】生于山谷林下阴湿地。分布于南漳板桥、长坪等乡镇。

【药用部位】全草。

【功能主治】清热解毒，化痰止咳，活血。用于痰热咳嗽。

小叶冷水花 透明草（图 0116）

Pilea microphylla（L.）Liebm.

【形态特征】纤细小草本，无毛，铺散或直立。茎肉质，多分枝，高 3 ～ 17 cm，粗 1 ～ 1.5 mm，干时常变蓝绿色，密布条形钟乳体。叶很小，同对的不等大，倒卵形至匙形，长 3 ～ 7 mm，宽 1.5 ～ 3 mm，先端钝，基部楔形或渐狭，边缘全缘，稍反曲，上面绿色，下面浅绿色，干时呈细蜂巢状，钟乳体条形，上面明显，长 0.3 ～ 0.4 mm，横向排列，整齐，叶脉羽状，中脉稍明显，在近先端消失，侧脉数对，不明显；叶柄纤细，长 1 ～ 4 mm；托叶不明显，三角形，长约 0.5 mm。雌雄同株，有时同序，聚伞花序密集成近头状，具梗，稀近无梗，长 1.5 ～ 6 mm。雄花具梗，在芽时长约 0.7 mm；花被片 4，卵形，外面近先端有短角状突起；雄蕊 4；退化雌蕊不明显。雌花更小；花被片 3，稍不等长，果时中间的一枚长圆形，稍增厚，与果近等长，侧生二枚卵形，先端锐尖，薄膜质，较长的一枚短约 1/4；退化雄蕊不明显。瘦果卵形，长约 0.4 mm，熟时变褐色，光滑。花期夏秋季，果期秋季。

【拍摄地点】城关镇榆树岭村，海拔 110 m。

【生境分布】生于路边石缝和墙上阴湿处。分布于南漳城关镇。

【药用部位】全草。

【功能主治】清热解毒。鲜品捣烂外敷治疗痈疮肿痛，无名肿毒。

图 0116　小叶冷水花 *Pilea microphylla*

冷水花　水麻叶（图 0117）

Pilea notata C. H. Wright

【形态特征】多年生草本，具匍匐茎。茎肉质，纤细，中部稍膨大，高 25 ～ 70 cm，粗 2 ～ 4 mm，无毛，稀上部有短柔毛，密布条形钟乳体。叶纸质，同对的近等大，狭卵形、卵状披针形或卵形，长 4 ～ 11 cm，宽 1.5 ～ 4.5 cm，先端尾状渐尖或渐尖，基部圆形，稀宽楔形，边缘自下部至先端有浅锯齿，稀有重锯齿，上面深绿色，有光泽，下面浅绿色，钟乳体条形，长 0.5 ～ 0.6 mm，两面密布，明显，基出脉 3 条，其侧出的 2 条弧曲，伸达上部与侧脉环结，侧脉 8 ～ 13 对，稍斜展呈网脉；叶柄纤细，长 1 ～ 7 cm，常无毛，稀有短柔毛；托叶大，带绿色，长圆形，长 8 ～ 12 mm，脱落。花雌雄异株；雄花序聚伞总状，长 2 ～ 5 cm，有少数分枝，团伞花簇疏生于花枝上；雌聚伞花序较短而密集。雄花具梗或近无梗，在芽时长约 1 mm；花被片绿黄色，4 深裂，卵状长圆形，先端锐尖，外面近先端处有短角状突起；雄蕊 4，花药白色或带粉红色，花丝与药隔红色；退化雌蕊小，圆锥状。瘦果小，圆卵形，顶端歪斜，长近 0.8 mm，熟时绿褐色，有明显刺状小疣点突起；宿存花被片 3 深裂，等大，卵状长圆形，先端钝，长约为果的 1/3。花期 6—9 月，果期 9—11 月。

图 0117　冷水花 *Pilea notata*

【拍摄地点】李庙镇赵店村，海拔 753 m。

【生境分布】生于林间石缝中或阴湿沟边。分布于南漳李庙、长坪、九集等乡镇。

【药用部位】全草。

【功能主治】清热利湿，活血消肿。用于湿热黄疸，肺痨，赤白带下，淋浊，尿血。

雾水葛属 Pouzolzia

雾水葛　粘榔根（图 0118）

Pouzolzia zeylanica（L.）Benn.

【形态特征】多年生草本，茎直立或渐升，高 12 ～ 40 cm，不分枝，通常在基部或下部有 1 ～ 3 对对生的长分枝，枝条不分枝或有少数极短的分枝，有短伏毛，或混有开展的疏柔毛。叶全部对生，或茎顶部的对生；叶片草质，卵形或宽卵形，长 1.2 ～ 3.8 cm，宽 0.8 ～ 2.6 cm，短分枝的叶很小，长约 6 mm，顶端短渐尖或微钝，基部圆形，边缘全缘，两面有疏伏毛，或有时下面的毛较密，侧脉 1 对；叶柄长 0.3 ～ 1.6 cm。团伞花序通常两性，直径 1 ～ 2.5 mm；苞片三角形，长 2 ～ 3 mm，顶端骤尖，背面有毛。雄花：有短梗，花被片 4，狭长圆形或长圆状倒披针形，长约 1.5 mm，基部稍合生，外面有疏毛；雄蕊 4，长约 1.8 mm，花药长约 0.5 mm；退化雌蕊狭倒卵形，长约 0.4 mm。雌花：花被椭圆形或近菱形，长约 0.8 mm，顶端有 2 小齿，外面密被柔毛，果期呈菱状卵形，长约 1.5 mm；柱头长 1.2 ～ 2 mm。瘦果卵球形，长约 1.2 mm，淡黄白色，上部褐色或全部黑色，有光泽。花期秋季。

图 0118　雾水葛 *Pouzolzia zeylanica*

【拍摄地点】九集镇沙河村，海拔 129 m。

【生境分布】生于平地的草地上、沟边或田边。分布于南漳各乡镇。

【药用部位】全草。

【功能主治】清热利湿，解毒排脓。用于肠炎，痢疾，尿路感染；外用治疖肿，乳腺炎。

荨麻属 Urtica

荨麻　裂叶荨麻（图 0119）

Urtica fissa E. Pritz.

【形态特征】多年生草本，有横走的根状茎。茎自基部多出，高 40 ～ 100 cm，四棱形，密生刺毛和微柔毛，分枝少。叶近膜质，宽卵形、椭圆形、五角形或近圆形，长 5 ～ 15 cm，宽 3 ～ 14 cm，先端渐尖或锐尖，基部截形或心形，边缘有 5 ～ 7 对浅裂片或掌状 3 深裂，裂片自下向上逐渐增大，三角形或长圆形，长 1 ～ 5 cm，先端锐尖或尾状，边缘有数枚不整齐的牙齿状锯齿，上面绿色或深绿色，疏生刺毛和糙伏毛，下面浅绿色，被稍密的短柔毛，在脉上生较密的短柔毛和刺毛，钟乳体杆状，稀近点状，基出脉5条，上面一对伸达中上部裂齿尖，侧脉3～6对；叶柄长2～8 cm，密生刺毛和微柔毛；托叶草质，绿色，2枚在叶柄间合生，宽矩圆状卵形至矩圆形，长10～20 mm，先端钝圆，被微柔毛或钟乳体，有纵肋10～12条。雌雄同株，雌花序生上部叶腋，雄的生下部叶腋，稀雌雄异株；花序圆锥状，具少数分枝，有时近穗状，长达10 cm，序轴被微柔毛或疏生刺毛。雄花具短梗，在芽时直径约1.4 mm，开放后直径约2.5 mm；花被片4，在中下部合生，裂片常矩圆状卵形，外面疏生微柔毛；退化雌蕊碗状，无柄，常白色透明；雌花小，几乎无梗；瘦果近圆形，稍双凸透镜状，长约1 mm，表面有带褐红色的细疣点；宿存花被片4，内面2枚近圆形，与果近等大，外面2枚近圆形，较内面的短约80%，边缘薄，外面被细硬毛。花期8—10月，果期9—11月。

图0119　荨麻 *Urtica fissa*

【拍摄地点】李庙镇胡家坪村，海拔243 m。

【生境分布】生于山坡路旁草丛中或沟边。分布于南漳各乡镇。

【药用部位】全草。

【功能主治】祛风除湿，止咳。用于风湿疼痛，湿疹，咳嗽。

宽叶荨麻　**齿叶荨麻　螫麻（图0120）**

Urtica laetevirens Maxim.

【形态特征】多年生草本，高达1 m。茎纤细，有稀疏刺毛和糙毛。叶近膜质，卵形或披针形，长4～10 cm，先端短渐尖，基部圆形或宽楔形，具齿，两面疏生刺毛和糙毛，基出脉3对，侧出的1对伸达叶上部齿尖，侧脉2～3对；叶柄长1.5～7 cm，托叶每节4片，离生或有时上部稍合生，披针形或长圆形，长3～8 mm。雌雄同株，稀异株，雄花序近穗状，生上部叶腋，长达8 cm；雌花序近穗状，生下部叶腋，稀簇生状，小团伞花簇稀疏着生于序轴。雄花花被片在近中部合生。瘦果卵圆形，长达1 mm，顶端稍钝，灰褐色，稍有疣点；宿存花被片在基部合生，疏生微糙毛，内面2枚椭圆状卵形，

图0120　宽叶荨麻 *Urtica laetevirens*

与果近等大，外面 2 枚窄卵形或倒卵形，伸达内面花被片的中下部。花期 6—8 月，果期 8—9 月。

【拍摄地点】长坪镇赵岭村，海拔 1140 m。

【生境分布】生于山坡林下溪谷阴湿处。分布于南漳长坪镇。

【药用部位】全草。

【功能主治】祛风除湿，利水消肿；有小毒。用于风湿性关节炎，跌打损伤，水肿等。

46. 檀香科 Santalaceae

百蕊草属 Thesium

百蕊草　刷子草（图 0121）

Thesium chinense Turcz.

【形态特征】多年生柔弱草本，高 15 ～ 40 cm，全株被白粉，无毛；茎细长，簇生，基部以上疏分枝，斜升，有纵沟。叶线形，长 1.5 ～ 3.5 cm，宽 0.5 ～ 1.5 mm，顶端急尖或渐尖，具单脉。花单一，5 朵，腋生；花梗短或很短，长 3 ～ 3.5 mm；苞片 1 枚，线状披针形；小苞片 2 枚，线形，长 2 ～ 6 mm，边缘粗糙；花被绿白色，长 2.5 ～ 3 mm，花被管呈管状，花被裂片，顶端锐尖，内弯，内面的微毛不明显；雄蕊不外伸；子房无柄，花柱很短。坚果椭圆状或近球形，长、宽均为 2 ～ 2.5 mm，淡绿色，表面有明显、隆起的网脉，顶端的宿存花被近球形，长约 2 mm；果柄长 3.5 mm。花期 4—5 月，果期 6—7 月。

图 0121　百蕊草 *Thesium chinense*

【拍摄地点】巡检镇刘家坡村，海拔 962 m。

【生境分布】生于山地的坡地、溪边、阴湿处或路旁草丛的沙地中。分布于南漳巡检、九集等乡镇。

【药用部位】全草。

【功能主治】解毒凉血，益肾补虚，安神，解暑。用于扁桃体炎，上呼吸道感染，肾虚腰痛，耳鸣，遗精，失眠，中暑等。

47. 桑寄生科 Loranthaceae

槲寄生属 Viscum

扁枝槲寄生　枫香寄生（图 0122）

Viscum articulatum Burm. F.

【形态特征】亚灌木，高 0.3 ～ 0.5 m，直立或披散，茎基部近圆柱状，枝和小枝均扁平；枝交叉对生或二叉分枝，节间长 1.5 ～ 2.5 cm，宽 2 ～ 3 mm，稀长 3 ～ 4 cm，宽 3.5 mm，干后边缘薄，具纵肋 3 条，中肋明显。叶退化呈鳞片状。聚伞花序，1 ～ 3 个腋生，总花梗几无，总苞舟形，长约 1.5 mm，具花 1 ～ 3 朵，中央 1 朵为雌花，侧生的为雄花，通常仅具 1 朵雌花或 1 朵雄花。雄花：花蕾时球形，长 0.5 ～ 1 mm，萼片 4 枚；花药圆形，贴生于萼片下半部。雌花：花蕾时椭圆状，长 1 ～ 1.5 mm，基部具环状苞片；花托卵球形；萼片 4 枚，三角形，长约 0.5 mm；柱头垫状。果球形，直径 3 ～ 4 mm，白色或青白色，果皮平滑。

【拍摄地点】东巩镇石峡坪村，海拔 472 m。

【生境分布】生于山地阔叶林中，常寄生于桑寄生科植物的茎上，也寄生于壳斗科、大戟科、樟科、檀香科植物上。分布于南漳肖堰、东巩等乡镇。

【药用部位】带叶茎枝。

【功能主治】祛风湿，补肝肾。用于风湿痹痛，腰膝酸软，筋骨无力。

图 0122　扁枝槲寄生 *Viscum articulatum*

槲寄生　北寄生（图 0123）

Viscum coloratum（Kom.）Nakai

【中药名】槲寄生 *。

【形态特征】灌木，高 0.3 ～ 0.8 m；茎、枝均圆柱状，二歧或三歧、稀多歧地分枝，节稍膨大，小枝的节间长 5 ～ 10 cm，粗 3 ～ 5 mm，干后具不规则皱纹。叶对生，稀 3 枚轮生，厚革质或革质，长椭圆形至椭圆状披针形，长 3 ～ 7 cm，宽 0.7 ～ 1.5 cm，顶端圆形或圆钝，基部渐狭；基出脉 3 ～ 5 条；叶柄短。雌雄异株；花序顶生或腋生于茎叉状分枝处；雄花序聚伞状，总花梗几无或长达 5 mm，总苞舟形，长 5 ～ 7 mm，通常具花 3 朵，中央的花具 2 枚苞片或无。雄花：花蕾时卵球形，长 3 ～ 4 mm，萼片 4 枚，卵形；花药椭圆形，长 2.5 ～ 3 mm。雌花序聚伞式穗状，总花梗长 2 ～ 3 mm 或几无，具花 3 ～ 5 朵，顶生的花具 2 枚苞片或无，交叉对生的花各具 1 枚苞片；苞片阔三角形，长约 1.5 mm，初具细缘毛，稍后变全缘。雌花：花蕾时长卵球形，长约 2 mm；花托卵球形，萼片 4 枚，三角形，长约 1 mm；柱头乳头状。果球形，直径 6 ～ 8 mm，具宿存花柱，成熟时淡黄色或橙红色，

图 0123　槲寄生 *Viscum coloratum*

果皮平滑。花期 4—5 月，果期 9—11 月。

【拍摄地点】东巩镇上泉坪村，海拔 173 m。

【生境分布】多寄生于山林中的杨柳科、榆科或蔷薇科等植物体上。分布于南漳各乡镇。

【采收加工】冬季至次年春季采割，除去粗茎，切段，干燥，或蒸后干燥。

【药用部位】带叶茎枝。

【性味归经】苦，平。归肝、肾经。

【功能主治】祛风湿，补肝肾，强筋骨，安胎元。用于风湿痹痛，腰膝酸软，筋骨无力，崩漏经多，妊娠漏血，胎动不安，头晕目眩。

【用法用量】9 ～ 15 g。

48. 蛇菰科 Balanophoraceae

蛇菰属 Balanophora

红冬蛇菰　宜昌蛇菰（图 0124）

Balanophora harlandii Hook. f.

图 0124　红冬蛇菰 *Balanophora harlandii*

【形态特征】草本，高 3 ～ 8 cm；根茎灰褐色，呈不规则的球形或扁球形，干时脆壳质，直径 2.5 ～ 5 cm，通常分枝，表面粗糙，密被小斑点，呈近脑状皱缩，常散生着星芒状小皮孔；花茎长 1 ～ 6 cm，红色或红黄色；鳞苞片约 7 枚，红色，卵形至长圆状椭圆形，长 1.5 ～ 2.5 cm，宽 0.8 ～ 1 cm，旋生于花茎上。花雌雄异株；花序同型，阔卵形或卵圆形，直径约 2 cm；雄花直径约 4 mm；花被裂片 3，近圆形或阔三角形，长约 2 mm，宽约 3 mm；聚药雄蕊有花药 3 枚；花梗初时不明显或很短，后渐伸长，长达 3 mm；雌花的子房卵圆形，有柄或无柄，大部着生于附属体的周围，连花柱长约 1 mm；附属体深褐色，倒卵状长圆形，很少线状长圆形，顶端近截形，有短柄，长约 1.3 mm，宽 0.7 mm。花期 9—12 月。

【拍摄地点】薛坪镇八里川村，海拔 1005 m。

【生境分布】生于山谷林下。分布于南漳薛坪、长坪、东巩等乡镇。

【药用部位】全草。

【功能主治】活血祛瘀，止痛，醒酒。用于头痛，胃痛，腹痛，心绞痛，肾虚腰痛，虚劳出血，痔疮等。

49. 蓼科 Polygonaceae

金线草属 Antenoron

金线草　九龙盘　蓼子七（图 0125）

Antenoron filiforme（Thunb.）Rob. et Vaut.

【形态特征】多年生草本，根状茎粗壮。茎直立，高 50 ~ 80 cm，具糙伏毛，有纵沟，节部膨大。叶椭圆形或长椭圆形，长 6 ~ 15 cm，宽 4 ~ 8 cm，顶端短渐尖或急尖，基部楔形，全缘，两面均具糙伏毛；叶柄长 1 ~ 1.5 cm，具糙伏毛；托叶鞘筒状，膜质，褐色，长 5 ~ 10 mm，具短缘毛。总状花序呈穗状，通常数个，顶生或腋生，花序轴延伸，花排列稀疏；花梗长 3 ~ 4 mm；苞片漏斗状，绿色，边缘膜质，具缘毛；花被 4 深裂，红色，花被片卵形，果时稍增大；雄蕊 5；花柱 2，果时伸长，硬化，长 3.5 ~ 4 mm，顶端呈钩状，宿存，伸出花被之外。瘦果卵形，双凸镜状，褐色，有光泽，长约 3 mm，包于宿存花被内。花期 7—8 月，果期 9—10 月。

图 0125　金线草 *Antenoron filiforme*

【拍摄地点】李庙镇茅坪村，海拔 700 m。

【生境分布】生于山坡草丛中、林荫下或沟溪边。分布于南漳李庙、薛坪、长坪等乡镇。

【药用部位】全草。

【功能主治】祛风除湿，理气止痛，止血，散瘀。用于风湿性关节痛。

荞麦属 Fagopyrum

金荞麦　野荞麦　苦荞头（图 0126）

Fagopyrum dibotrys（D. Don）Hara

【中药名】金荞麦*。

【形态特征】多年生草本，根状茎木质化，黑褐色。茎直立，高 50 ~ 100 cm，分枝，具纵棱，无毛。有时一侧沿棱被柔毛。叶三角形，长 4 ~ 12 cm，宽 3 ~ 11 cm，顶端渐尖，基部近戟形，边缘全缘，两面具乳头状突起或被柔毛；叶柄长可达 10 cm；托叶鞘筒状，膜质，褐色，长 5 ~ 10 mm，偏斜，顶端截形，无缘毛。花序伞房状，顶生或腋生；苞片卵状披针形，顶端尖，边缘膜质，长约 3 mm，每苞内具 2 ~ 4 花；花梗中部具关节，与苞片近等长；花被 5 深裂，白色，花被片长椭圆形，长约 2.5 mm，雄蕊 8，比花被短，花柱 3，柱头头状。瘦果宽卵形，具 3 锐棱，长 6 ~ 8 mm，黑褐色，无光泽，超出宿存花被 2 ~ 3 倍。花期 7—9 月，果期 8—10 月。

【拍摄地点】薛坪镇火石观村，海拔515 m。

【生境分布】生于低山丘地区沟溪边或路旁。分布于南漳各乡镇。

【采收加工】冬季采挖，除去茎和须根，洗净，晒干。

【药用部位】根茎。

【性味归经】微辛、涩，凉。归肺经。

【功能主治】清热解毒，排脓祛瘀。用于肺痈吐脓，肺热喘咳，乳蛾肿痛。

【用法用量】15 ~ 45 g，用水或黄酒隔水密闭炖服。

图 0126 金荞麦 *Fagopyrum dibotrys*

蓼属 Polygonum

萹蓄 竹节草（图 0127）

Polygonum aviculare L.

【中药名】萹蓄*。

【形态特征】一年生草本。茎平卧、上升或直立，高 10 ~ 40 cm，自基部多分枝，具纵棱。叶椭圆形、狭椭圆形或披针形，长 1 ~ 4 cm，宽 3 ~ 12 mm，顶端钝圆或急尖，基部楔形，边缘全缘，两面无毛，下面侧脉明显；叶柄短或近无柄，基部具关节；托叶鞘膜质，下部褐色，上部白色，撕裂脉明显。花单生或数朵簇生于叶腋，遍布于植株；苞片薄膜质；花梗细，顶部具关节；花被 5 深裂，花被片椭圆形，长 2 ~ 2.5 mm，绿色，边缘白色或淡红色；雄蕊 8，花丝基部扩展；花柱 3，柱头头状。瘦果卵形，具 3 棱，长 2.5 ~ 3 mm，黑褐色，密被由小点组成的细条纹，无光泽，与宿存花被近等长或稍超过。花期 5—7 月，果期 6—8 月。

图 0127 萹蓄 *Polygonum aviculare*

【拍摄地点】肖堰镇云盘村，海拔 517 m。

【生境分布】生于山坡、路旁及田圃。分布于南漳各乡镇。

【采收加工】夏季叶茂盛时采收，除去根和杂质，晒干。

【药用部位】地上部分。

【性味归经】苦，微寒。归膀胱经。

【功能主治】利尿通淋，杀虫，止痒。用于热淋涩痛，小便短赤，虫积腹痛，皮肤湿疹，阴痒带下。

【用法用量】9～15 g。外用适量，煎洗患处。

尼泊尔蓼　猫儿眼睛　小猫眼（图 0128）

Polygonum nepalense Meisn.

图 0128　尼泊尔蓼 *Polygonum nepalense*

【形态特征】一年生草本。茎外倾或斜上，自基部多分枝，无毛或在节部疏生腺毛，高 20～40 cm。茎下部叶卵形或三角状卵形，长 3～5 cm，宽 2～4 cm，顶端急尖，基部宽楔形，沿叶柄下延成翅，两面无毛或疏被刺毛，疏生黄色透明腺点，茎上部较小；叶柄长 1～3 cm，或近无柄，抱茎；托叶鞘筒状，长 5～10 mm，膜质，淡褐色，顶端斜截形，无缘毛，基部具刺毛。花序头状，顶生或腋生，基部常具 1 叶状总苞片，花序梗细长，上部具腺毛；苞片卵状椭圆形，通常无毛，边缘膜质，每苞内具 1 花；花梗比苞片短；花被通常 4 裂，淡紫红色或白色，花被片长圆形，长 2～3 mm，顶端圆钝；雄蕊 5～6，与花被近等长，花药暗紫色；花柱 2，下部合生，柱头头状。瘦果宽卵形，双凸镜状，长 2～2.5 mm，黑色，密生洼点；无光泽，包于宿存花被内。花期 5—8 月，果期 7—10 月。

【拍摄地点】李庙镇主山寨村，海拔 1246 m。

【生境分布】生于山坡草地、山谷路旁。分布于南漳李庙、薛坪等乡镇。

【药用部位】全草。

【功能主治】收敛涩肠。用于痢疾，大便失禁。

稀花蓼　白回归　连牙刺（图 0129）

Polygonum dissitiflorum Hemsl.

【形态特征】一年生草本。茎直立或下部平卧，分枝，具稀疏的倒生短皮刺，通常疏生星状毛，高 70～100 cm。叶卵状椭圆形，长 4～14 cm，宽 3～7 cm，顶端渐尖，基部戟形或心形，边缘具短缘毛，上面绿色，疏生星状毛及刺毛，下面淡绿色，疏生星状毛，沿中脉具倒生皮刺；叶柄长 2～5 cm，通常具星状毛及倒生皮刺；托叶鞘膜质，长 0.6～1.5 cm，偏斜，具短缘毛。花序圆锥状，顶生或腋生，花稀疏，间断，花序梗细，紫红色，密被紫红色腺毛；苞片漏斗状，包围花序轴，长 2.5～3 mm，绿色，具缘毛，每苞内具 1～2 花；花梗无毛，与苞片近等长；花被 5 深裂，淡红色，花被片椭圆形，长约 3 mm；雄蕊 7～8，比花被短；花柱 3，中下部合生。瘦果近球形，顶端微具 3 棱，暗褐色，长 3～3.5 mm，包于宿存花被内。花期 6—8 月，果期 7—9 月。

【拍摄地点】板桥镇龙埫村，海拔 1054 m。

【生境分布】生于山坡林下草丛中和沟溪边潮湿地方。分布于南漳板桥镇。

【药用部位】嫩茎叶。

【功能主治】清热解毒，利湿，止痢。用于湿热痢疾。

图 0129　稀花蓼 *Polygonum dissitiflorum*

图 0130　水蓼 *Polygonum hydropiper*

水蓼　辣蓼（图 0130）

Polygonum hydropiper L.

【形态特征】一年生草本，高 40 ～ 70 cm。茎直立，多分枝，无毛，节部膨大。叶披针形或椭圆状披针形，长 4 ～ 8 cm，宽 0.5 ～ 2.5 cm，顶端渐尖，基部楔形，边缘全缘，具缘毛，两面无毛，被褐色小点，有时沿中脉具短硬伏毛，具辛辣味，叶腋具闭花受精花；叶柄长 4 ～ 8 mm；托叶鞘筒状，膜质，褐色，长 1 ～ 1.5 cm，疏生短硬伏毛，顶端截形，具短缘毛，通常托叶鞘内藏有花簇。总状花序呈穗状，顶生或腋生，长 3 ～ 8 cm，通常下垂，花稀疏，下部间断；苞片漏斗状，长 2 ～ 3 mm，绿色，边缘膜质，疏生短缘毛，每苞内具 3 ～ 5 花；花梗比苞片长；花被 5 深裂，稀 4 裂，绿色，上部白色或淡红色，被黄褐色透明腺点，花被片椭圆形，长 3 ～ 3.5 mm；雄蕊 6，稀 8，比花被短；花柱 2 ～ 3，柱头头状。瘦果卵形，长 2 ～ 3 mm，双凸镜状或具 3 棱，密被小点，黑褐色，无光泽，包于宿存花被内。花期 5—9 月，果期 6—10 月。

【拍摄地点】巡检镇巡检司村，海拔 337 m。

【生境分布】生于山坡路旁草丛中。分布于南漳各乡镇。

【药用部位】全草。

【功能主治】消肿解毒，利尿，止痢。用于泄泻，痢疾，跌打损伤。

何首乌　夜交藤（图 0131）

Polygonum multiflorum Thunb.

【中药名】何首乌*、首乌藤*。

【形态特征】多年生草本。块根肥厚，长椭圆形，黑褐色。茎缠绕，长 2 ～ 4 m，多分枝，具纵棱，无毛，微粗糙，下部木质化。叶卵形或长卵形，长 3 ～ 7 cm，宽 2 ～ 5 cm，顶端渐尖，基部心形或近心形，两面粗糙，边缘全缘；叶柄长 1.5 ～ 3 cm；托叶鞘膜质，偏斜，无毛，长 3 ～ 5 mm。花序圆锥状，顶生或腋生，长 10 ～ 20 cm，分枝开展，具细纵棱，沿棱密被小突起；苞片三角状卵形，具小突起，顶端尖，每苞内具 2 ～ 4 花；花梗细弱，长 2 ～ 3 mm，下部具关节，果时延长；花被 5 深裂，白色或淡绿色，花被片椭圆形，大小不相等，外面 3 片较大，背部具翅，果时增大，花被果时外形近圆形，直径 6 ～ 7 mm；雄蕊 8，花丝下部较宽；花柱 3，极短，柱头头状。瘦果卵形，具 3 棱，长 2.5 ～ 3 mm，黑褐色，有光泽，包于宿存花被内。花期 8—9 月，果期 9—10 月。

图 0131 何首乌 *Polygonum multiflorum*

【拍摄地点】城关镇朱家湾村，海拔 140 m。

【生境分布】生于山坡路旁，沟边或山谷灌木丛中。分布于南漳各乡镇。

【采收加工】何首乌：秋、冬二季叶枯萎时采挖，削去两端，洗净，个大的切成块，干燥。首乌藤：秋、冬二季采割，除去残叶，捆成把或趁鲜切段，干燥。

【药用部位】何首乌：块根。首乌藤：藤茎。

【性味归经】何首乌：苦、甘、涩，微温；归肝、心、肾经。首乌藤：甘，平；归心、肝经。

【功能主治】何首乌：解毒，消痈，截疟，润肠通便；用于疮痈，瘰疬，风疹瘙痒，久疟体虚，肠燥便秘。首乌藤：养血安神，祛风通络；用于失眠多梦，血虚身痛，风湿痹痛，皮肤瘙痒。

【用法用量】何首乌：3 ～ 6 g；首乌藤：9 ～ 15 g。外用适量，煎水洗患处。

红蓼　荭草　水红花子（图 0132）

Polygonum orientale L.

【中药名】水红花子 *。

【形态特征】一年生草本。茎直立，粗壮，高 1 ～ 2 m，上部多分枝，密被开展的长柔毛。叶宽卵形、宽椭圆形或卵状披针形，长 10 ～ 20 cm，宽 5 ～ 12 cm，顶端渐尖，基部圆形或近心形，微下延，边缘全缘，密生缘毛，两面密生短柔毛，叶脉上密生长柔毛；叶柄长 2 ～ 10 cm，具开展的长柔毛；托叶鞘筒状，膜质，长 1 ～ 2 cm，被长柔毛，通常沿顶端具草质、绿色的翅。总状花序呈穗状，顶生或腋生，长 3 ～ 7 cm，花紧密，微下垂，通常数个再组成圆锥状；苞片宽漏

图 0132 红蓼 *Polygonum orientale*

斗状，长 3 ～ 5 mm，草质，绿色，被短柔毛，边缘具长缘毛，每苞内具 3 ～ 5 花；花梗比苞片长；花被 5 深裂，淡红色或白色；花被片椭圆形，长 3 ～ 4 mm；雄蕊 7，比花被长；花盘明显；花柱 2，中下部合生，比花被长，柱头头状。瘦果近圆形，双凹，直径 3 ～ 3.5 mm，黑褐色，有光泽，包于宿存花被内。花期 6—9 月，果期 8—10 月。

【拍摄地点】李庙镇茅坪村，海拔 614 m。

【生境分布】生于山坡、沟边、路旁、草地、湿地，常成片繁生。分布于南漳各乡镇。

【采收加工】秋季果实成熟时割取果穗，晒干，打下果实，除去杂质。

【药用部位】果实。

【性味归经】咸，微寒。归肝、胃经。

【功能主治】散血消癥，消积止痛，利水消肿。用于癥瘕痞块，瘿瘤，食积不消，胃脘胀痛，水肿腹水。

【用法用量】15 ～ 30 g。外用适量，熬膏敷患处。

杠板归　**蛇倒退　刺犁头（图 0133）**

Polygonum perfoliatum L.

【中药名】杠板归 *。

【形态特征】一年生草本。茎攀援，多分枝，长 1 ～ 2 m，具纵棱，沿棱具稀疏的倒生皮刺。叶三角形，长 3 ～ 7 cm，宽 2 ～ 5 cm，顶端钝或微尖，基部截形或微心形，薄纸质，上面无毛，下面沿叶脉疏生皮刺；叶柄与叶片近等长，具倒生皮刺，盾状着生于叶片的近基部；托叶鞘叶状，草质，绿色，圆形或近圆形，穿叶，直径 1.5 ～ 3 cm。总状花序呈短穗状，不分枝顶生或腋生，长 1 ～ 3 cm；苞片卵圆形，每苞片内具花 2 ～ 4 朵；花被 5 深裂，白色或淡红色，花被片椭圆形，长约 3 mm，果时增大，呈肉质，深蓝色；雄蕊 8，略短于花被；花柱 3，中上部合生；柱头头状。瘦果球形，直径 3 ～ 4 mm，黑色，有光泽，包于宿存花被内。花期 6—8 月，果期 7—10 月。

图 0133　杠板归 *Polygonum perfoliatum*

【拍摄地点】薛坪镇火石观村，海拔 836 m。

【生境分布】生于田边、路旁、山谷湿地。分布于南漳各乡镇。

【采收加工】夏季开花时采割，晒干。

【药用部位】地上部分。

【性味归经】酸，微寒。归肺、膀胱经。

【功能主治】清热解毒，利水消肿，止咳。用于咽喉肿痛，肺热咳嗽，小儿顿咳，水肿尿少，湿热泻痢，湿疹，疖肿，蛇虫咬伤。

【用法用量】15 ～ 30 g。外用适量，煎汤熏洗。

习见蓼 铁马齿苋 小扁蓄（图 0134）

Polygonum plebeium R. Br.

【形态特征】一年生草本。茎平卧，自基部分枝，长 10 ～ 40 cm，具纵棱，沿棱具小突起，通常小枝的节间比叶片短。叶狭椭圆形或倒披针形，长 0.5 ～ 1.5 cm，宽 2 ～ 4 mm，顶端钝或急尖，基部狭楔形，两面无毛，侧脉不明显；叶柄极短或近无柄；托叶鞘膜质，白色，透明，长 2.5 ～ 3 mm，顶端撕裂，花 3 ～ 6 朵，簇生于叶腋，遍布于植株；苞片膜质；花梗中部具关节，比苞片短；花被 5 深裂；花被片长椭圆形，绿色，背部稍隆起，边缘白色或淡红色，长 1 ～ 1.5 mm；雄蕊 5，花丝基部稍扩展，比花被短；花柱 3，稀 2，极短，柱头头状。瘦果宽卵形，具 3 锐棱或双凸镜状，长 1.5 ～ 2 mm，黑褐色，平滑，有光泽，包于宿存花被内。花期 5—8 月，果期 6—9 月。

图 0134 习见蓼 *Polygonum plebeium*

【拍摄地点】巡检镇峡口村，海拔 204 m。

【生境分布】生于田边、路旁、水边湿地。分布于南漳巡检镇。

【药用部位】全草。

【功能主治】利水通淋，化浊杀虫。用于恶疮疥癣，淋浊，蛔虫病。

支柱蓼 红三七（图 0135）

Polygonum suffultum Maxim.

【中药名】支柱蓼*。

【形态特征】多年生草本。根状茎粗壮，通常呈念珠状，黑褐色，茎直立或斜上，细弱，上部分枝或不分枝，通常数条自根状茎发出，高 10 ～ 40 cm。基生叶卵形或长卵形，长 5 ～ 12 cm，宽 3 ～ 6 cm，顶端渐尖或急尖，基部心形，全缘，疏生短缘毛，两面无毛或疏生短柔毛，叶柄长 4 ～ 15 cm；茎生叶卵形，较少具短柄，最上部的叶无柄，抱茎；托叶鞘膜质，筒状，褐色，长 2 ～ 4 cm，顶端偏斜，开裂，无缘毛。总状花序呈穗状，紧密，顶生或腋生，长 1 ～ 2 cm；苞片膜质，长卵形，顶端渐尖，长约 3 mm，每苞内具 2 ～ 4 花；

图 0135 支柱蓼 *Polygonum suffultum*

花梗细弱，长 2 ～ 2.5 mm，比苞片短；花被 5 深裂，白色或淡红色，花被片倒卵形或椭圆形，长 3 ～ 3.5 mm；雄蕊 8，比花被长；花柱 3，基部合生，柱头头状。瘦果宽椭圆形，具 3 锐棱，长 3.5 ～ 4 mm，黄褐色，有光泽，稍长于宿存花被。花期 6—7 月，果期 7—10 月。

【拍摄地点】李庙镇主山寨村，海拔 1061 m。

【生境分布】生于山坡路旁、林下湿地及沟边。分布于南漳李庙、长坪、板桥等乡镇。

【采收加工】秋季采挖，除去须根及泥沙，晒干。

【药用部位】根茎。

【性味归经】微苦、涩，平。归肝、胃、大肠经。

【功能主治】散瘀止血，理气止痛。用于跌打损伤，腰痛，胃痛，崩漏，外伤出血。

【用法用量】9 ～ 15 g。外用适量，研末涂敷或鲜品捣烂敷患处。

戟叶蓼　水麻（图 0136）

Polygonum thunbergii Sieb. et Zucc.

【形态特征】一年生草本。茎直立或上升，具纵棱，沿棱具倒生皮刺，基部外倾，节部生根，高 30 ～ 90 cm。叶戟形，长 4 ～ 8 cm，宽 2 ～ 4 cm，顶端渐尖，基部截形或近心形，两面疏生刺毛，极少具稀疏的星状毛，边缘具短缘毛，中部裂片卵形或宽卵形，侧生裂片较小，卵形，叶柄长 2 ～ 5 cm，具倒生皮刺，通常具狭翅；托叶鞘膜质，边缘具叶状翅，翅近全缘，具粗缘毛。花序头状，顶生或腋生，分枝，花序梗具腺毛及短柔毛；苞片披针形，顶端渐尖，边缘具缘毛，每苞内具 2 ～ 3 花；花梗无毛，比苞片短，花被 5 深裂，淡红色或白色，花被片椭圆形，长 3 ～ 4 mm；雄蕊 8，成 2 轮，比花被短；花柱 3，中下部合生，柱头头状。瘦果宽卵形，具 3 棱，黄褐色，无光泽，长 3 ～ 3.5 mm，包于宿存花被内。花期 7—9 月，果期 8—10 月。

图 0136　戟叶蓼 *Polygonum thunbergii*

【拍摄地点】李庙镇沙坪村，海拔 970 m。

【生境分布】生于山谷湿地、山坡草丛。分布于南漳李庙、长坪、城关等乡镇。

【药用部位】全草。

【功能主治】止泻，镇痛，除湿热。用于湿热泻痢。

虎杖属 Reynoutria

虎杖　酸筒杆　大叶蛇总管（图 0137）

Reynoutria japonica Houtt.

【中药名】虎杖*。

图 0137 虎杖 *Reynoutria japonica*

【形态特征】多年生草本。根状茎粗壮，横走。茎直立，高 1 ～ 2 m，粗壮，空心，具明显的纵棱，具小突起，无毛，散生红色或紫红色斑点。叶宽卵形或卵状椭圆形，长 5 ～ 12 cm，宽 4 ～ 9 cm，近革质，顶端渐尖，基部宽楔形、截形或近圆形，边缘全缘，疏生小突起，两面无毛，沿叶脉具小突起；叶柄长 1 ～ 2 cm，具小突起；托叶鞘膜质，偏斜，长 3 ～ 5 mm，褐色，具纵脉，无毛，顶端截形，无缘毛，常破裂，早落。花单性，雌雄异株，花序圆锥状，长 3 ～ 8 cm，腋生；苞片漏斗状，长 1.5 ～ 2 mm，顶端渐尖，无缘毛，每苞内具 2 ～ 4 花；花梗长 2 ～ 4 mm，中下部具关节；花被 5 深裂，淡绿色，雄花花被片具绿色中脉，无翅，雄蕊 8，比花被长；雌花花被片外面 3 片背部具翅，果时增大，翅扩展下延，花柱 3，柱头流苏状。瘦果卵形，具 3 棱，长 4 ～ 5 mm，黑褐色，有光泽，包于宿存花被内。花期 8—9 月，果期 9—10 月。

【拍摄地点】李庙镇刘坪村，海拔 186 m。

【生境分布】生于山坡草地、林下沟边和路旁。分布于南漳各乡镇。

【采收加工】春、秋二季采挖，除去须根，洗净，趁鲜切短段或厚片，晒干。

【药用部位】根茎和根。

【性味归经】微苦，微寒。归肝、胆、肺经。

【功能主治】利湿退黄，清热解毒，散瘀止痛，止咳化痰。用于湿热黄疸，淋浊，带下，风湿痹痛，痈肿疮毒，水火烫伤，经闭，癥瘕，跌打损伤，肺热咳嗽。

【用法用量】9 ～ 15 g。外用适量，制成煎液或油膏涂敷。

大黄属 Rheum

掌叶大黄　葵叶大黄（图 0138）

Rheum palmatum L.

【中药名】大黄 *。

【形态特征】高大粗壮草本，高 1.5 ～ 2 m，根及根状茎粗壮木质。茎直立中空，叶片长、宽近相等，长达 40 ～ 60 cm，有时长稍大于宽，顶端窄渐尖或窄急尖，基部近心形，通常成掌状半 5 裂，每一大裂片又分为近羽状的窄三角形小裂片，基出脉多为 5 条，叶上面粗糙，具乳突状毛，下面及边缘密被短毛；叶柄粗壮，圆柱状，与叶片近等长，密被锈乳突状毛；茎生叶向上渐小，柄亦渐短；托叶鞘大，长达 15 cm，内面光滑，外表粗糙。大型圆锥花序，分枝较聚拢，密被粗糙短毛；花小，通常为紫红色，有时黄白色；花梗长 2 ～ 2.5 mm，关节位于中部以下；花被片 6，外轮 3 片较窄小，内轮 3 片较大，宽椭圆形至近圆形，长 1 ～ 1.5 mm；雄蕊 9，不外露；花盘薄，与花丝基部粘连；子房菱状宽卵形，花柱略反曲，柱头头状。果实矩圆状椭圆形至矩圆形，长 8 ～ 9 mm，宽 7 ～ 7.5 mm，两端均下凹，翅宽约 2.5 mm，纵脉靠近翅的边缘。种子宽卵形，棕黑色。花期 6 月，果期 8 月。果期果序的分枝直而聚拢。

【拍摄地点】李庙镇主山寨村，海拔 1051 m。

【生境分布】生于山坡或山谷湿地。零星分布于南漳李庙、板桥、薛坪等乡镇。

【采收加工】秋末茎叶枯萎或次年春季发芽前采挖，除去细根，刮去外皮，切瓣或段，绳穿成串干燥或直接干燥。

【药用部位】根和根茎。

【性味归经】苦，寒。归脾、胃、大肠、肝、心包经。

图 0138　掌叶大黄 *Rheum palmatum*

【功能主治】泻下攻积，清热泻火，凉血解毒，逐瘀通经，利湿退黄。用于实热积滞便秘，血热吐衄，目赤咽肿，痈肿疔疮，肠痈腹痛，瘀血经闭，产后瘀阻，跌打损伤，湿热痢疾，黄疸尿赤，淋证，水肿；外治烧烫伤。

【用法用量】3 ～ 15 g，用于泻下不宜久煎。外用适量，研末敷于患处。

酸模属 Rumex

羊蹄　土大黄　牛舌头（图 0139）

Rumex japonicus Houtt.

【形态特征】多年生草本。茎直立，高 50 ～ 100 cm，上部分枝，具沟槽。基生叶长圆形或披针状长圆形，长 8 ～ 25 cm，宽 3 ～ 10 cm，顶端急尖，基部圆形或心形，边缘微波状，下面沿叶脉具小突起；茎上部叶狭长圆形；叶柄长 2 ～ 12 cm；托叶鞘膜质，易破裂。花序圆锥状，花两性，多花轮生；花梗细长，中下部具关节；花被片 6，淡绿色，外花被片椭圆形，长 1.5 ～ 2 mm，内花被片果时增大，宽心形，长 4 ～ 5 mm，顶端渐尖，基部心形，网脉明显，边缘具不整齐的小齿，齿长 0.3 ～ 0.5 mm，全部具小瘤，小瘤长卵形，长 2 ～ 2.5 mm。瘦果宽卵形，具 3 锐棱，长约 2.5 mm，两端尖，暗褐色，有光泽。花期 5—6 月，果期 6—7 月。

【拍摄地点】城关镇文笔峰村，海拔 152 m。

【生境分布】生于田边路旁、河滩、沟边湿地。分布于南漳各乡镇。

图 0139　羊蹄 *Rumex japonicus*

【药用部位】根。

【功能主治】清热凉血。用于血热吐衄。

巴天酸模 土大黄 酸模（图 0140）

Rumex patientia L.

【形态特征】多年生草本。根肥厚，直径可达 3 cm；茎直立，粗壮，高 90 ～ 150 cm，上部分枝，具深沟槽。基生叶长圆形或长圆状披针形，长 15 ～ 30 cm，宽 5 ～ 10 cm，顶端急尖，基部圆形或近心形，边缘波状；叶柄粗壮，长 5 ～ 15 cm；茎上部叶披针形，较小，具短叶柄或近无柄；托叶鞘筒状，膜质，长 2 ～ 4 cm，易破裂。花序圆锥状，大型；花两性；花梗细弱，中下部具关节；关节果时稍膨大，外花被片长圆形，长约 1.5 mm，内花被片果时增大，宽心形，长 6 ～ 7 mm，顶端圆钝，基部深心形，边缘近全缘，具网脉，全部或一部具小瘤；小瘤长卵形，通常不能全部发育。瘦果卵形，具 3 锐棱，顶端渐尖，褐色，有光泽，长 2.5 ～ 3 mm。花期 5—6 月，果期 6—7 月。

图 0140 巴天酸模 *Rumex patientia*

【拍摄地点】城关镇南背村，海拔 151 m。

【生境分布】生于沟边湿地、山坡路旁。分布于南漳各乡镇。

【药用部位】根。

【功能主治】清热解毒，活血止血。用于疮痈肿毒，各种出血症。

50. 商陆科 Phytolaccaceae

商陆属 Phytolacca

商陆 章柳 山萝卜（图 0141）

Phytolacca acinosa Roxb.

【中药名】商陆*。

【形态特征】多年生草本，高 0.5 ～ 1.5 m，全株无毛。根肥大，肉质，倒圆锥形，外皮淡黄色或灰褐色，内面黄白色。茎直立，圆柱形，有纵沟，肉质，绿色或红紫色，多分枝。叶片薄纸质，椭圆形、长椭圆形或披针状椭圆形，长 10 ～ 30 cm，宽 4.5 ～ 15 cm，顶端急尖或渐尖，基部楔形，渐狭，两面散生细小白色斑点，背面中脉凸起；叶柄长 1.5 ～ 3 cm，粗壮，上面有槽，下面半圆形，基部稍扁宽。总状花序顶生或与叶对生，圆柱状，直立，通常比叶短，密生多花；花序梗长 1 ～ 4 cm；花梗基部的苞片线形，长约 1.5 mm，上部 2 枚小苞片线状披针形，膜质；花梗细，长 6 ～ 10 mm，基部变粗；花两性，直径约 8 mm；花被片 5，白色、黄绿色，椭圆形、卵形或长圆形，顶端圆钝，长 3 ～ 4 mm，宽约 2 mm，大小相等，花后常反折；雄蕊 8 ～ 10，与花被片近等长，花丝白色，钻形，基部呈片状，宿存，花药椭圆形，粉红色；心皮通常为 8，有时少至 5 或多至 10，分离；花柱短，直立，顶端下弯，柱头不明显。果序直立；浆果扁球形，直径约 7 mm，熟时黑色；种子肾形，黑色，长约 3 mm，具 3 棱。花期 5—8 月，果期 6—10 月。

图 0141　商陆 *Phytolacca acinosa*

【拍摄地点】长坪镇赵岭村，海拔 1294 m。

【生境分布】生于沟谷、山坡林下、林缘路旁。分布于南漳李庙、长坪等乡镇。

【采收加工】秋季至次年春季采挖，除去须根和泥沙，切成块或片，晒干或阴干。

【药用部位】根。

【性味归经】苦，寒；有毒。归肺、脾、肾、大肠经。

【功能主治】逐水消肿，通利二便；外用解毒散结。用于水肿胀满，二便不通；外治痈肿疮毒。

【用法用量】3 ～ 9 g。外用适量，煎汤熏洗。

垂序商陆　洋商陆　美洲商陆（图 0142）

Phytolacca americana L.

【中药名】商陆*。

【形态特征】多年生草本，高 1 ～ 2 m。根粗壮，肥大，倒圆锥形。茎直立，圆柱形，有时带紫红色。叶片椭圆状卵形或卵状披针形，长 9 ～ 18 cm，宽 5 ～ 10 cm，顶端急尖，基部楔形；叶柄长 1 ～ 4 cm。总状花序顶生或侧生，长 5 ～ 20 cm；花梗长 6 ～ 8 mm；花白色，微带红晕，直径约 6 mm；花被片 5，雄蕊、心皮及花柱通常均为 10，心皮合生。果序下垂；浆果扁球形，熟时紫黑色；种子肾圆形，直径约 3 mm。花期 6—8 月，果期 8—10 月。

图 0142　垂序商陆 *Phytolacca americana*

【拍摄地点】城关镇张家营村，海拔 153 m。

【生境分布】栽培或逸生。分布于南漳各乡镇。

【采收加工】秋季至次年春季采挖，除去须根和泥沙，切成块或片，晒干或阴干。

【药用部位】根。
【性味归经】苦，寒；有毒。归肺、脾、肾、大肠经。
【功能主治】逐水消肿，通利二便；外用解毒散结。用于水肿胀满，二便不通；外治痈肿疮毒。
【用法用量】3 ～ 9 g。外用适量，煎汤熏洗。

51. 紫茉莉科 Nyctaginaceae

紫茉莉属 Mirabilis

紫茉莉　胭脂花　夜晚花（图 0143）

Mirabilis jalapa L.

图 0143　紫茉莉 *Mirabilis jalapa*

【形态特征】一年生草本，高可达 1 m。根肥粗，倒圆锥形，黑色或黑褐色。茎直立，圆柱形，多分枝，无毛或疏生细柔毛，节稍膨大。叶片卵形或卵状三角形，长 3 ～ 15 cm，宽 2 ～ 9 cm，顶端渐尖，基部截形或心形，全缘，两面均无毛，脉隆起；叶柄长 1 ～ 4 cm，上部叶几无柄。花常数朵簇生枝端，花梗长 1 ～ 2 mm；总苞钟形，长约 1 cm，5 裂，裂片三角状卵形，顶端渐尖，无毛，具脉纹，果时宿存；花被紫红色、黄色、白色或杂色，高脚碟状，筒部长 2 ～ 6 cm，檐部直径 2.5 ～ 3 cm，5 浅裂；花午后开放，有香气，次日午前凋萎；雄蕊 5，花丝细长，常伸出花外，花药球形；花柱单生，线形，伸出花外，柱头头状。瘦果球形，直径 5 ～ 8 mm，革质，黑色，表面具皱纹；种子胚乳白粉质。花期 6—10 月，果期 8—11 月。
【拍摄地点】武安镇石牛坪村，海拔 164 m。
【生境分布】栽培或逸生。分布于南漳武安、肖堰、李庙等乡镇。
【药用部位】根。
【功能主治】清热利尿，活血散瘀。用于热淋，白浊，水肿，赤白带下，关节肿痛，痈疮肿毒，乳痈，跌打损伤。

52. 番杏科 Aizoaceae

粟米草属 Mollugo

粟米草　地麻黄（图 0144）

Mollugo stricta L.

【形态特征】铺散一年生草本，高 10 ～ 30 cm。茎纤细，多分枝，有棱角，无毛，老茎通常淡红褐色。

叶 3 ～ 5 片假轮生或对生，叶片披针形或线状披针形，长 1.5 ～ 4 cm，宽 2 ～ 7 mm，顶端急尖或长渐尖，基部渐狭，全缘，中脉明显；叶柄短或近无柄。花极小，组成疏松聚伞花序，花序梗细长，顶生或与叶对生；花梗长 1.5 ～ 6 mm；花被片 5，淡绿色，椭圆形或近圆形，长 1.5 ～ 2 mm，脉达花被片 2/3，边缘膜质；雄蕊通常 3，花丝基部稍宽；子房宽椭圆形或近圆形，3 室，花柱 3，短，线形。蒴果近球形，与宿存花被等长，3 瓣裂；种子多数，肾形，栗色，具多数颗粒状突起。花期 6—8 月，果期 8—10 月。

【拍摄地点】李庙镇齐家岗村，海拔 214 m。

【生境分布】生于空旷荒地、农田和海岸沙地。分布于南漳李庙、九集、城关等乡镇。

【药用部位】全草。

【功能主治】清热解毒。用于腹痛泄泻，皮肤热疹，火眼及蛇伤。

图 0144　粟米草 *Mollugo stricta*

53. 马齿苋科 Portulacaceae

马齿苋属 Portulaca

大花马齿苋　午时花　太阳花（图 0145）

Portulaca grandiflora Hook.

【形态特征】一年生草本，高 10 ～ 30 cm。茎平卧或斜升，紫红色，多分枝，节上丛生毛。叶密集枝端，较下的叶分开，不规则互生，叶片细圆柱形，有时微弯，长 1 ～ 2.5 cm，直径 2 ～ 3 mm，顶端圆钝，无毛；叶柄极短或近无柄，叶腋常生一撮白色长柔毛。花单生或数朵簇生枝端，直径 2.5 ～ 4 cm，日开夜闭；总苞 8 ～ 9 片，叶状，轮生，具白色长柔毛；萼片 2，淡黄绿色，卵状三角形，长 5 ～ 7 mm，顶端急尖，多少具龙骨状突起，两面均无毛；花瓣 5 或重瓣，倒卵形，顶端微凹，长 12 ～ 30 mm，红色、紫色或黄白色；雄蕊多数，长 5 ～ 8 mm，花丝紫色，基部合生；花柱与雄蕊近等长，柱头 5 ～ 9 裂，线形。蒴果近椭圆形，盖裂；种子细小，多数，圆肾形，直径不及 1 mm，铅灰色、灰褐色或灰黑色，有珍珠光泽，表面有小瘤状突起。花期 6—9 月，果期 8—11 月。

图 0145　大花马齿苋 *Portulaca grandiflora*

【拍摄地点】肖堰镇街道，海拔 402 m。

【生境分布】栽培。分布于南漳各乡镇。

【药用部位】全草。

【功能主治】散瘀止痛，清热解毒，消肿。用于咽喉肿痛，烫伤，跌打损伤，疮疖肿毒。

马齿苋　马齿菜　长命菜（图 0146）

Portulaca oleracea L.

【中药名】马齿苋*。

【形态特征】一年生草本，全株无毛。茎平卧或斜倚，伏地铺散，多分枝，圆柱形，长 10 ～ 15 cm，淡绿色或带暗红色。叶互生，有时近对生，叶片扁平，肥厚，倒卵形，似马齿状，长 1 ～ 3 cm，宽 0.6 ～ 1.5 cm，顶端圆钝或平截，有时微凹，基部楔形，全缘，上面暗绿色，下面淡绿色或带暗红色，中脉微隆起；叶柄粗短。花无梗，直径 4 ～ 5 mm，常 3 ～ 5 朵簇生枝端，午时盛开；苞片 2 ～ 6，叶状，膜质，近轮生；萼片 2，对生，绿色，盔形，左右压扁，长约 4 mm，顶端急尖，背部具龙骨状突起，基部合生；花瓣 5，稀 4，黄色，倒卵形，长 3 ～ 5 mm，顶端微凹，基部合生；雄蕊通常 8，或更多，长约 12 mm，花药黄色；子房无毛，花柱比雄蕊稍长，柱头 4 ～ 6 裂，线形。蒴果卵球形，长约 5 mm，盖裂；种子细小，多数，偏斜球形，黑褐色，有光泽，直径不及 1 mm，具小疣状突起。花期 5—8 月，果期 6—9 月。

图 0146　马齿苋 *Portulaca oleracea*

【拍摄地点】李庙镇北沟村，海拔 730 m。

【生境分布】生于菜园、农田、路旁，为田间常见杂草。分布于南漳各乡镇。

【采收加工】夏、秋二季采收，除去残根和杂质，洗净，略蒸或烫后晒干。

【药用部位】地上部分。

【性味归经】酸，寒。归肝、大肠经。

【功能主治】清热解毒，凉血止血，止痢。用于热毒血痢，痈肿疔疮，湿疹，丹毒，蛇虫咬伤，便血，痔血，崩漏下血。

【用法用量】9 ～ 15 g。外用适量，捣敷患处。

土人参属 Talinum

土人参　栌兰　飞来参　瓦参（图 0147）

Talinum paniculatum（Jacq.）Gaertn.

【形态特征】一年生或多年生草本，全株无毛，高 30 ～ 100 cm。主根粗壮，圆锥形，有少数分枝，皮

图 0147 土人参 *Talinum paniculatum*

黑褐色，断面乳白色。茎直立，肉质，基部近木质，多少分枝，圆柱形，有时具槽。叶互生或近对生，具短柄或近无柄，叶片稍肉质，倒卵形或倒卵状长椭圆形，长 5 ～ 10 cm，宽 2.5 ～ 5 cm，顶端急尖，有时微凹，具短尖头，基部狭楔形，全缘。圆锥花序顶生或腋生，较大，常二叉状分枝，具长花序梗；花小，直径约 6 mm；总苞片绿色或近红色，圆形，顶端圆钝，长 3 ～ 4 mm；苞片 2，膜质，披针形，顶端急尖，长约 1 mm；花梗长 5 ～ 10 mm；萼片卵形，紫红色，早落；花瓣粉红色或淡紫红色，长椭圆形、倒卵形或椭圆形，长 6 ～ 12 mm，顶端圆钝，稀微凹；雄蕊 15 ～ 20，比花瓣短；花柱线形，长约 2 mm，基部具关节；柱头 3 裂，稍开展；子房卵球形，长约 2 mm。蒴果近球形，直径约 4 mm，3 瓣裂，坚纸质；种子多数，扁圆形，直径约 1 mm，黑褐色或黑色，有光泽。花期 6—8 月，果期 9—11 月。

【拍摄地点】国营凤凰山林场，海拔 165 m。

【生境分布】栽培。分布于南漳城关镇。

【药用部位】根。

【功能主治】补中益气，润肺生津。用于体虚倦怠乏力，自汗，盗汗。

54. 石竹科 Caryophyllaceae

无心菜属 Arenaria

无心菜 蚤缀（图 0148）

Arenaria serpyllifolia L.

图 0148 无心菜 *Arenaria serpyllifolia*

【形态特征】一年生或二年生草本，高 10 ～ 30 cm。主根细长，支根较多而纤细。茎丛生，直立或铺散，密生白色短柔毛，节间长 0.5 ～ 2.5 cm。叶片卵形，长 4 ～ 12 mm，宽 3 ～ 7 mm，基部狭，无柄，边缘具缘毛，顶端急尖，两面近无毛或疏生柔毛，下面具 3 脉，茎下部的叶较大，茎上部的叶较小。聚伞花序，具多花；苞片草质，卵形，长 3 ～ 7 mm，通常密生柔毛；花梗长约 1 cm，纤细，密生柔毛或腺毛；萼片 5，披针形，长 3 ～ 4 mm，边缘膜质，顶端尖，外面被柔毛，具显著的 3 脉；花瓣 5，白色，倒卵形，长为萼片的 1/3 ～ 1/2，顶端钝圆；雄蕊 10，短于萼片；子房卵圆形，无毛，花柱 3，线形。蒴果卵圆形，与宿存萼等长，顶端 6 裂；种子小，肾形，表面粗糙，淡褐色。花期 6—8 月，果期 8—9 月。

【拍摄地点】城关镇殷庄村，海拔 369 m。

【生境分布】生于沙质或石质荒地、田野、园圃、山坡草地。分布于南漳各乡镇。

【药用部位】全草。

【功能主治】清热解毒。用于麦粒肿，咽喉肿痛等。

卷耳属 Cerastium

球序卷耳　婆婆指甲菜（图 0149）

Cerastium glomeratum Thuill.

【形态特征】一年生草本，高 10 ～ 20 cm。茎单生或丛生，密被长柔毛，上部混生腺毛。茎下部叶叶片匙形，顶端钝，基部渐狭成柄状；上部茎生叶叶片倒卵状椭圆形，长 1.5 ～ 2.5 cm，宽 5 ～ 10 mm，顶端急尖，基部渐狭成短柄状，两面皆被长柔毛，边缘具缘毛，中脉明显。聚伞花序呈簇生状或头状；花序轴密被腺柔毛；苞片草质，卵状椭圆形，密被柔毛；花梗细，长 1 ～ 3 mm，密被柔毛；萼片 5，披针形，长约 4 mm，顶端尖，外面密被长腺毛，边缘狭膜质；花瓣 5，白色，线状长圆形，与萼片近等长或微长，顶端 2 浅裂，基部被疏柔毛；雄蕊明显短于萼；花柱 5。蒴果长圆柱形，长于宿存萼 0.5 ～ 1 倍，顶端 10 齿裂；种子褐色，扁三角形，具疣状突起。花期 3—4 月，果期 5—6 月。

图 0149　球序卷耳 *Cerastium glomeratum*

【拍摄地点】城关镇木瓜园村，海拔 165 m。

【生境分布】生于山坡草地。分布于南漳城关、李庙等乡镇。

【药用部位】全草。

【功能主治】清热解毒。用于温病发热，疔疮。

石竹属 Dianthus

石竹　洛阳花（图 0150）

Dianthus chinensis L.

【中药名】瞿麦 *。

【形态特征】多年生草本，高 30 ～ 50 cm，全株无毛，带粉绿色。茎由根颈生出，疏丛生，直立，上部分枝。叶片线状披针形，长 3 ～ 5 cm，宽 2 ～ 4 mm，顶端渐尖，基部稍狭，全缘或有细小齿，中脉明显。花单生枝端或数花集成聚伞花序；花梗长 1 ～ 3 cm；苞片 4，卵形，顶端长渐尖，长达花萼 1/2 以上，边缘膜质，有缘毛；花萼圆筒形，长 15 ～ 25 mm，直径 4 ～ 5 mm，有纵条纹，萼齿披针形，长约 5 mm，直伸，顶端尖，有缘毛；花瓣长 16 ～ 18 mm，瓣片倒卵状三角形，长 13 ～ 15 mm，紫红色、粉红色、鲜红色或白色，顶缘不整齐齿裂，喉部有斑纹，疏生髯毛；雄蕊露出喉部外，花药蓝色；子房长圆形，花柱线形。蒴果圆筒形，包于宿存萼内，顶端 4 裂；种子黑色，扁圆形。花期 5—6 月，果期 7—9 月。

【拍摄地点】长坪镇标湖村，海拔 280 m。

【生境分布】生于山坡草地。南漳长坪镇、城关镇有零星栽培。

【采收加工】夏、秋二季花果期采割，除去杂质，干燥。

【药用部位】地上部分。

【性味归经】苦，寒。归心、小肠经。

【功能主治】利尿通淋，活血通经。用于热淋，血淋，石淋，小便不通，淋沥涩痛，经闭瘀阻。

【用法用量】9 ～ 15 g。

图 0150　石竹 *Dianthus chinensis*

瞿麦　剪刀花　十样景（图 0151）

Dianthus superbus L.

【中药名】瞿麦*。

【形态特征】多年生草本，高 50 ～ 60 cm，有时更高。茎丛生，直立，绿色，无毛，上部分枝。叶片线状披针形，长 5 ～ 10 cm，宽 3 ～ 5 mm，顶端锐尖，中脉明显，基部合生成鞘状，绿色，有时带粉绿色。花 1 或 2 朵生枝端，有时顶下腋生；苞片 2 ～ 3 对，倒卵形，长 6 ～ 10 mm，约为花萼 1/4，宽 4 ～ 5 mm，顶端长尖；花萼圆筒形，长 2.5 ～ 3 cm，直径 3 ～ 6 mm，常染紫红色晕，萼齿披针形，长 4 ～ 5 mm；花瓣长 4 ～ 5 cm，爪长 1.5 ～ 3 cm，包于萼筒内，瓣片宽倒卵形，边缘繸裂至中部或中部以上，通常淡红色或带紫色，稀白色，喉部具丝毛状鳞片；雄蕊和花柱微外露。蒴果圆筒形，与宿存萼等长或微长，顶端 4 裂；种子扁卵圆形，长约 2 mm，黑色，有光泽。花期 6—9 月，果期 8—10 月。

【拍摄地点】九集镇沙河村，海拔 152 m。

【生境分布】生于山地疏林下、林缘、草甸、沟谷溪边。分布于南漳板桥、东巩、九集等乡镇。

图 0151　瞿麦 *Dianthus superbus*

【采收加工】夏、秋二季花果期采割，除去杂质，干燥。

【药用部位】地上部分。

【性味归经】苦，寒。归心、小肠经。

【功能主治】利尿通淋，活血通经。用于热淋，血淋，石淋，小便不通，淋沥涩痛，经闭瘀阻。

【用法用量】9 ～ 15 g。

剪秋罗属 Lychnis

剪红纱花　剪秋罗（图 0152）

Lychnis senno Sieb. et Zucc.

【形态特征】多年生草本，高 50 ～ 100 cm，全株被粗毛。根簇生，细圆柱形，黄白色，稍肉质。茎单生，直立，不分枝或上部分枝。叶片椭圆状披针形，长 8 ～ 12 cm，宽 2 ～ 3 cm，基部楔形，顶端渐尖，两面被柔毛，边缘具缘毛。二歧聚伞花序具多数花；花直径 3.5 ～ 5 cm，花梗长 5 ～ 15 mm，比花萼短；苞片卵状披针形或披针形，被柔毛；花萼筒状，长 25 ～ 30 mm，直径 2.5 ～ 3.5 mm，后期上部微膨大，沿脉被稀疏长柔毛，萼齿三角形，长 2 ～ 4 mm，顶端急尖或渐尖，边缘具短缘毛；雌雄蕊柄无毛，长 10 ～ 15 mm；花瓣深红色，爪不露或微露出花萼，狭楔形，无毛，瓣片轮廓三角状倒卵形，不规则深多裂，裂片具缺刻状钝齿；雄蕊与花萼近等长，花丝无毛，花药暗紫色。蒴果椭圆状卵形，长 10 ～ 15 mm，微长于宿存萼；种子肾形，长约 1 mm，红褐色，具小瘤。花期 7—8 月，果期 8—9 月。

图 0152　剪红纱花 *Lychnis senno*

【拍摄地点】板桥镇宋家坪村，海拔 1061 m。

【生境分布】生于疏林下或灌丛草地。分布于南漳板桥、李庙、薛坪等乡镇。

【药用部位】全草。

【功能主治】散血，止泻，润肺，止咳。用于跌打损伤，热淋，小便不利，感冒，风湿性关节炎，腹泻等。

孩儿参属 Pseudostellaria

孩儿参　太子参　童参（图 0153）

Pseudostellaria heterophylla（Miq.）Pax

【中药名】太子参*。

【形态特征】多年生草本，高 15 ～ 20 cm。块根长纺锤形，白色，稍带灰黄色。茎直立，单生，被 2 列短毛。茎下部叶常 1 ～ 2 对，叶片倒披针形，顶端钝尖，基部渐狭呈长柄状，上部叶 2 ～ 3 对，叶片宽卵形或菱状卵形，长 3～6 cm，宽 2～17 mm，顶端渐尖，基部渐狭，上面无毛，下面沿脉疏生柔毛。开花受精花 1～3 朵，腋生或呈聚伞花序；花梗长 1～2 cm，有时长达 4 cm，被短柔毛；萼片 5，狭披针形，长约 5 mm，顶端渐尖，外面及边缘疏生柔毛；花瓣 5，白色，长圆形或倒卵形，长 7～8 mm，顶端 2 浅裂；雄蕊 10，短于花瓣；子房卵形，花柱 3，微长于雄蕊；柱头头状。闭花受精花具短梗，萼片疏生多细胞毛。蒴果宽卵形，含少数种子，顶端不裂或 3 瓣裂；种子褐色，扁圆形，长约 1.5 mm，具疣状突起。花期 4—7 月，果期 7—8 月。

图 0153　孩儿参 *Pseudostellaria heterophylla*

【拍摄地点】九集镇龙门集村，海拔 144 m。

【生境分布】生于山谷林下阴湿处，或栽培。偶见于南漳九集镇。

【采收加工】夏季茎叶大部分枯萎时采挖，洗净，除去须根，置沸水中略烫后晒干或直接晒干。

【药用部位】块根。

【性味归经】甘、微苦，平。归脾、肺经。

【功能主治】益气健脾，生津润肺。用于脾虚体倦，食欲不振，病后虚弱，气阴不足，自汗口渴，肺燥干咳。

【用法用量】9～30 g。

漆姑草属 Sagina

漆姑草　瓜槌草　羊儿草（图 0154）

Sagina japonica（Sw.）Ohwi

【形态特征】一年生小草本，高 5～20 cm，上部被稀疏腺柔毛。茎丛生，稍铺散。叶片线形，长 5～20 mm，宽 0.8～1.5 mm，顶端急尖，无毛。花小型，单生枝端；花梗细，长 1～2 cm，被稀疏短柔毛；萼片 5，卵状椭圆形，长约 2 mm，顶端尖或钝，外面疏生短腺柔毛，边缘膜质；花瓣 5，狭卵形，稍短于萼片，白色，顶端圆钝，全缘；雄蕊 5，短于花瓣；子房卵圆形，花柱 5，线形。蒴果卵圆形，微长于宿存萼，5 瓣裂；种子细，圆肾形，微扁，褐色，表面具尖瘤状突起。花期 3—5 月，果期 5—6 月。

图 0154　漆姑草 *Sagina japonica*

【拍摄地点】长坪镇龙沟村，海拔 380 m。

【生境分布】生于荒地或路旁草地。分布于南漳长坪、李庙、城关等乡镇。

【药用部位】全草。

【功能主治】退热解毒。用于漆疮，痈肿，瘰疬。

蝇子草属 Silene

女娄菜　对叶草　罐罐花（图 0155）

Silene aprica Turcz. ex Fisch. et Mey.

图 0155　女娄菜 *Silene aprica*

【形态特征】一年生或二年生草本，高 30 ～ 70 cm，全株密被灰色短柔毛。主根较粗壮，稍木质。茎单生或数个，直立，分枝或不分枝。基生叶叶片倒披针形或狭匙形，长 4 ～ 7 cm，宽 4 ～ 8 mm，基部渐狭成长柄状，顶端急尖，中脉明显；茎生叶叶片倒披针形、披针形或线状披针形，比基生叶稍小。圆锥花序较大型；花梗长 5 ～ 20 mm，直立；苞片披针形，草质，渐尖，具缘毛；花萼卵状钟形，长 6 ～ 8 mm，近草质，密被短柔毛，果期长达 12 mm，纵脉绿色，脉端多少联结，萼齿三角状披针形，边缘膜质，具缘毛；雌雄蕊柄极短或近无，被短柔毛；花瓣白色或淡红色，倒披针形，长 7 ～ 9 mm，微露出花萼或与花萼近等长，爪具缘毛，瓣片倒卵形，2 裂；副花冠片舌状；雄蕊不外露，花丝基部具缘毛；花柱不外露，基部具短毛。蒴果卵形，长 8 ～ 9 mm，与宿存萼近等长或微长；种子圆肾形，灰褐色，长 0.6 ～ 0.7 mm，肥厚，具小瘤。花期 5—7 月，果期 6—8 月。

【拍摄地点】九集镇龙门集村，海拔 138 m。

【生境分布】生于平原、丘陵或山地。分布于南漳九集、李庙等乡镇。

【药用部位】全草。

【功能主治】活血调经，健脾行水。用于月经不调，乳汁少，体虚浮肿。

狗筋蔓　小被单草　大鹅肠菜（图 0156）

Silene baccifera（L.）Roth

【形态特征】多年生草本，全株被逆向短绵毛。根簇生，长纺锤形，白色，断面黄色，稍肉质；根颈粗壮，多头。茎铺散，俯仰，长 50 ～ 150 cm，多分枝。叶片卵形、卵状披针形或长椭圆形，长 1.5 ～ 5 cm，宽 0.8 ～ 2 cm，基部渐狭成柄状，顶端急尖，边缘具短缘毛，两面沿脉被毛。圆锥花序疏松；花梗细，具 1 对叶状苞片；花萼宽钟形，长 9 ～ 11 mm，草质，后期膨大，呈半圆球形，沿纵脉多少被短毛，萼齿卵状三角形，与萼筒近等长，边缘膜质，果期反折；雌雄蕊柄长约 1.5 mm，无毛；花瓣白色，轮廓倒披针形，长约 15 mm，宽约 2.5 mm，爪狭长，瓣片叉状浅 2 裂；副花冠片不明显，微呈乳头状；雄蕊不外露，花丝无毛；花柱细长，不外露。蒴果圆球形，呈浆果状，直径 6 ~ 8 mm，成熟时薄壳质，黑色，具光泽，不规则开裂；种子圆肾形，肥厚，长约 1.5 mm，黑色，平滑，有光泽。花期 6—8 月，果期 7—9 月。

【拍摄地点】薛坪镇火石观村，海拔 679 m。

【生境分布】生于林缘、灌丛或草地。分布于南漳薛坪、长坪、李庙等乡镇。

【药用部位】全草。

【功能主治】接骨生肌，散瘀止痛。用于跌打损伤。

图 0156 狗筋蔓 *Silene baccifera*

鹤草 蝇子草（图 0157）

Silene fortunei Vis.

【形态特征】多年生草本，高 50 ~ 80 cm。根粗壮，木质化。茎丛生，直立，多分枝，被短柔毛或近无毛，分泌黏液。基生叶叶片倒披针形或披针形，长 3 ~ 8 cm，宽 7 ~ 12 mm，基部渐狭，下延成柄状，顶端急尖，两面无毛或早期被微柔毛，边缘具缘毛，中脉明显。聚伞状圆锥花序，小聚伞花序对生，具 1 ~ 3 花，有黏质，花梗细，长 3 ~ 12 mm；苞片线形，长 5 ~ 10 mm，被微柔毛；花萼长筒状，长 22 ~ 30 mm，直径约 3 mm，无毛，基部截形，果期上部微膨大呈筒状棒形，长 25 ~ 30 mm，纵脉紫色，萼齿三角状卵形，长 1.5 ~ 2 mm，顶端圆钝，边缘膜质，具短缘毛；花瓣淡红色，爪微露出花萼，倒披针形，长 10 ~ 15 mm，无毛，瓣片平展，轮廓楔状倒卵形，2 裂，达瓣片的 1/2 或更深；雄蕊微外露，花丝无毛；花柱微外露。蒴果长圆形，长 12 ~ 15 mm，直径约 4 mm，比宿存萼短或近等长；种子圆肾形，微侧扁，深褐色，长约 1 mm。花期 6—8 月，果期 7—9 月。

图 0157 鹤草 *Silene fortunei*

【拍摄地点】李庙镇老君店村，海拔 770 m。

【生境分布】生于低山或灌丛草地。分布于南漳李庙、长坪等乡镇。

【药用部位】全草。

【功能主治】清热利湿，补虚活血。用于痢疾，肠炎，虫蛇咬伤，挫伤，扭伤。

石生蝇子草 山女娄菜（图 0158）

Silene tatarinowii Regel

图 0158 石生蝇子草 *Silene tatarinowii*

【形态特征】多年生草本，全株被短柔毛。根圆柱形或纺锤形，黄白色。茎上升或俯仰，长 30 ～ 80 cm，分枝稀疏，有时基部节上生不定根。叶片披针形或卵状披针形，稀卵形，长 2 ～ 5 cm，宽 5 ～ 15 mm，基部宽楔形或渐狭成柄状，顶端长渐尖，两面被稀疏短柔毛，边缘具短缘毛，具 1 条或 3 条基出脉。二歧聚伞花序疏松，大型；花梗细，长 8 ～ 30 mm，被短柔毛；苞片披针形，草质；花萼筒状棒形，长 12 ～ 15 mm，直径 3 ～ 5 mm，纵脉绿色，稀紫色，无毛或沿脉被稀疏短柔毛，萼齿三角形，顶端急尖或渐尖，稀钝头，边缘膜质，具短缘毛；雌雄蕊柄无毛，长约 4 mm；花瓣白色，轮廓倒披针形，爪不露或微露出花萼，无毛，无耳，瓣片倒卵形，长约 7 mm，浅 2 裂达瓣片的 1/4，两侧中部具 1 线形小裂片或细齿；副花冠片椭圆状，全缘；雄蕊明显外露，花丝无毛；花柱明显外露。蒴果卵形或狭卵形，长 6 ～ 8 mm，比宿存萼短；种子肾形，长约 1 mm，红褐色至灰褐色，脊圆钝。花期 7—8 月，果期 8—10 月。

【拍摄地点】长坪镇赵岭村，海拔 1141 m。

【生境分布】生于灌丛或疏林下多石质的山坡或岩石缝中。分布于南漳长坪镇。

【药用部位】根。

【功能主治】清热凉血，补虚安神。用于虚烦不眠，心神不安等。

繁缕属 Stellaria

箐姑草 接筋草（图 0159）

Stellaria vestita Kurz

图 0159 箐姑草 *Stellaria vestita*

【形态特征】多年生草本，高 30 ～ 60 cm，全株被星状毛。茎疏丛生，铺散或俯仰，下部分枝，上部密被星状毛。叶片卵形或椭圆形，长 1 ～ 3.5 cm，宽 8 ～ 20 mm，顶端急尖，稀渐尖，基部圆形，稀急狭成短柄状，全缘，两面均被星状毛，下面中脉明显。聚伞花序疏散，具长花序梗，密被星状毛；苞片草质，卵状披针形，边缘膜质；花梗细，长短不等，长 10 ～ 30 mm，密被星状毛；萼片 5，披针形，长 4 ～ 6 mm，顶端急尖，边缘膜质，外面被星状柔毛，显灰绿色，具3 脉；花瓣 5，2 深裂近基部，短于萼片或近等长；裂片线形；雄蕊 10，比花瓣短或近等长；花柱 3，稀为 4。蒴果卵圆形，长 4～5 mm，6 齿裂；种子多数，肾脏形，细扁，长约 1.5 mm，脊具疣状突起。花期 4—6 月，果期 6—8 月。

【拍摄地点】李庙镇沙坪村，海拔 953 m。

【生境分布】生于石隙中、草坡或林下。分布于南漳长坪、李庙等乡镇。

【药用部位】全草。

【功能主治】舒筋活血。用于跌打损伤。

麦蓝菜属 Vaccaria

麦蓝菜　麦蓝子（图 0160）

Vaccaria segetalis（Neck.）Garcke

【中药名】王不留行*。

【形态特征】一年生或二年生草本，高 30～70 cm，全株无毛，微被白粉，呈灰绿色。根为主根系。茎单生，直立，上部分枝。叶片卵状披针形或披针形，长 3～9 cm，宽 1.5～4 cm，基部圆形或近心形，微抱茎，顶端急尖，具 3 基出脉。伞房花序稀疏；花梗细，长 1～4 cm；苞片披针形，着生花梗中上部；花萼卵状圆锥形，长 10～15 mm，宽 5～9 mm，后期微膨大呈球形，棱绿色，棱间绿白色，近膜质，萼齿小，三角形，顶端急尖，边缘膜质；雌雄蕊柄极短；花瓣淡红色，长 14～17 mm，宽 2～3 mm，爪狭楔形，淡绿色，瓣片狭倒卵形，斜展或平展，微凹缺，有时具不明显的缺刻；雄蕊内藏；花柱线形，微外露。蒴果宽卵形或近圆球形，长 8～10 mm；种子近圆球形，直径约 2 mm，红褐色至黑色。花期 5—7 月，果期 6—8 月。

图 0160　麦蓝菜 *Vaccaria segetalis*

【拍摄地点】九集镇沙河村，海拔 137 m。

【生境分布】生于草坡、撂荒地或麦田中。零星分布于南漳城关、九集等乡镇。

【采收加工】夏季果实成熟、果皮尚未开裂时采割植株，晒干，打下种子，除去杂质，再晒干。

【药用部位】成熟种子。

【性味归经】苦，平。归肝、胃经。

【功能主治】活血通经，下乳消肿，利尿通淋。用于经闭，痛经，乳汁不下，乳痈肿痛，淋证涩痛。

【用法用量】5～10 g。

55. 藜科 Chenopodiaceae

藜属 Chenopodium

藜 灰菜（图 0161）

Chenopodium album L.

【形态特征】一年生草本，高 30 ～ 150 cm。茎直立，粗壮，具条棱及绿色或紫红色色条，多分枝；枝条斜升或开展。叶片菱状卵形至宽披针形，长 3 ～ 6 cm，宽 2.5 ～ 5 cm，先端急尖或微钝，基部楔形至宽楔形，上面通常无粉，有时嫩叶的上面有紫红色粉，下面多少有粉，边缘具不整齐锯齿；叶柄与叶片近等长，或为叶片长度的 1/2。花两性，花簇于枝上部排列成或大或小的穗状圆锥花序或圆锥状花序；花被裂片 5，宽卵形至椭圆形，背面具纵隆脊，有粉，先端微凹，边缘膜质；雄蕊 5，花药伸出花被，柱头 2。果皮与种子贴生。种子横生，双凸镜状，直径 1.2 ～ 1.5 mm，边缘钝，黑色，有光泽，表面具浅沟纹；胚环形。花果期 5—10 月。

【拍摄地点】城关镇车家店村，海拔 69 m。

【生境分布】生于路旁、荒地及田间。分布于南漳各乡镇。

【药用部位】全草。

【功能主治】止泻止痢，止痒。用于痢疾腹泻。

图 0161 藜 *Chenopodium album*

杖藜 红盐菜（图 0162）

Chenopodium giganteum D. Don

【形态特征】一年生大型草本，高可达 3 m。茎直立，粗壮，基部直径达 5 cm，具条棱及绿色或紫红色色条；上部多分枝，幼嫩时顶端的嫩叶有彩色密粉而呈紫红色。叶片菱形至卵形，长可达 20 cm，宽可达 16 cm，先端通常钝，基部宽楔形，上面深绿色，无粉；下面浅绿色，有粉或老后变为无粉，边缘具不整齐的浅波状钝锯齿；上部分枝上的叶片渐小，卵形至卵状披针形，有齿或全缘；叶柄长为叶片长度的 1/2 ～ 2/3。花序为顶生大型圆锥状花序，多粉，开展或稍收缩，果时通常下垂；花两性，在花序中

图 0162 杖藜 *Chenopodium giganteum*

数个团集或单生；花被裂片 5，卵形，绿色或暗紫红色，边缘膜质；雄蕊 5。胞果双凸镜形，果皮膜质。种子横生，直径约 1.5 mm，黑色或红黑色，边缘钝，表面具浅网纹。花期 8 月，果期 9—10 月。

【拍摄地点】城关镇便河村，海拔 181 m。

【生境分布】生于路旁、荒地及田间。分布于南漳各乡镇。

【药用部位】全草。

【功能主治】止泻止痢，止痒。用于痢疾腹泻。

土荆芥　臭草　杀虫芥（图 0163）

Chenopodium ambrosioides L.

【形态特征】一年生或多年生草本，高 50 ～ 80 cm，有强烈香味。茎直立，多分枝，有色条及钝条棱；枝通常细瘦，有短柔毛并兼有具节的长柔毛，有时近于无毛。叶片矩圆状披针形至披针形，先端急尖或渐尖，边缘具稀疏不整齐的大锯齿，基部渐狭具短柄，上面平滑无毛，下面有散生油点并沿叶脉稍有毛，下部的叶长达 15 cm，宽达 5 cm，上部叶逐渐狭小而近全缘。花两性及雌性，通常 3 ～ 5 个团集，生于上部叶腋；花被裂片 5，较少为 3，绿色，果时通常闭合；雄蕊 5，花药长 0.5 mm；花柱不明显，柱头通常 3，较少为 4，丝形，伸出花被外。胞果扁球形，完全包于花被内。种子横生或斜生，黑色或暗红色，平滑，有光泽，边缘钝，直径约 0.7 mm。花期和果期的时间都很长。

图 0163　土荆芥 *Chenopodium ambrosioides*

【拍摄地点】李庙镇闫坪街道，海拔 319 m。

【生境分布】生于村旁、路边、河岸等处。分布于南漳各乡镇。

【药用部位】全草。

【功能主治】杀虫。用于蛔虫病，钩虫病，蛲虫病；外用治疗皮肤湿疹，并能杀蛆虫。

【附注】果实中含有驱蛔素，是驱虫的有效成分。

地肤属 Kochia

地肤　铁扫把（图 0164）

Kochia scoparia（L.）Schrad.

【中药名】地肤子*。

【形态特征】一年生草本，高 50 ～ 100 cm。根略呈纺锤形。茎直立，圆柱状，淡绿色或带紫红色，有多数条棱，稍有短柔毛或下部几无毛；分枝稀疏，斜上。叶为平面叶，披针形或条状披针形，长 2 ～ 5 cm，宽 3 ～ 7 mm，无毛或稍有毛，先端短渐尖，基部渐狭入短柄，通常有 3 条明显的主脉，边缘有疏生的锈色绢状缘毛；茎上部叶较小，无柄，1 脉。花两性或雌性，通常 1 ～ 3 个生于上部叶腋，构成疏穗状花序，花下有时有锈色长柔毛；花被近球形，淡绿色，花被裂片近三角形，无毛或先端稍有毛；翅端附属物三角形至倒卵形，有时近扇形，膜质，脉不很明显，边缘微波状或具缺刻；花丝丝状，花药淡黄色；柱头 2，丝状，紫褐色，花柱极短。胞果扁球形，果皮膜质，与种子离生。种子卵形，黑褐色，长 1.5 ～ 2 mm，稍有光泽；胚环形，胚乳块状。花期 6—9 月，果期 7—10 月。

【拍摄地点】九集镇吴家集村，海拔 144 m。

【生境分布】生于田边、路旁、荒地等处。分布于南漳各乡镇。

【采收加工】秋季果实成熟时采收植株，晒干，打下果实，除去杂质。

图 0164 地肤 *Kochia scoparia*

【药用部位】成熟果实。

【性味归经】辛、苦，寒。归肾、膀胱经。

【功能主治】清热利湿，祛风止痒。用于小便涩痛，阴痒带下，风疹，湿疹，皮肤瘙痒。

【用法用量】9 ～ 15 g。外用适量，煎汤熏洗。

菠菜属 Spinacia

菠菜 红根菜（图 0165）

Spinacia oleracea L.

【形态特征】植物高可达 1 m，无粉。根圆锥状，带红色，较少为白色。茎直立，中空，脆弱多汁，不分枝或有少数分枝。叶戟形至卵形，鲜绿色，柔嫩多汁，稍有光泽，全缘或有少数齿状裂片。雄花集成球形团伞花序，再于枝和茎的上部排列成有间断的穗状圆锥花序；花被片通常 4，花丝丝形，扁平，花药不具附属物；雌花团集于叶腋；小苞片两侧稍扁，顶端残留 2 小齿，背面通常各具 1 棘状附属物；子房球形，柱头 4 或 5，外伸。胞果卵形或近圆形，直径约 2.5 mm，两侧扁；果皮褐色。

【拍摄地点】巡检镇峡口村，海拔 204 m。

【生境分布】栽培。分布于南漳各乡镇。

【药用部位】种子。

【功能主治】清肝明目，止咳平喘。用于目赤肿痛，咳喘。

图 0165 菠菜 *Spinacia oleracea*

56. 苋科 Amaranthaceae

牛膝属 Achyranthes

土牛膝　倒钩草　粗毛牛膝（图 0166）

Achyranthes aspera L.

【中药名】土牛膝*。

【形态特征】多年生草本，高 20～120 cm；根细长，直径 3～5 mm，土黄色；茎四棱形，有柔毛，节部稍膨大，分枝对生。叶片纸质，宽卵状倒卵形或椭圆状矩圆形，长 1.5～7 cm，宽 0.4～4 cm，顶端圆钝，具突尖，基部楔形或圆形，全缘或波状缘，两面密生柔毛或近无毛；叶柄长 5～15 mm，密生柔毛或近无毛。穗状花序顶生，直立，长 10～30 cm，花期后反折；总花梗具棱角，粗壮，坚硬，密生白色伏贴或开展柔毛；花长 3～4 mm，疏生；苞片披针形，长 3～4 mm，顶端长渐尖，小苞片刺状，长 2.5～4.5 mm，坚硬，光亮，常带紫色，基部两侧各有 1 个薄膜质翅，长 1.5～2 mm，全缘，全部贴生在刺部，但易于分离；花被片披针形，长 3.5～5 mm，长渐尖，花后变硬且锐尖，具 1 脉；雄蕊长 2.5～3.5 mm；退化雄蕊顶端截状或细圆齿状，具分枝流苏状长缘毛。胞果卵形，长 2.5～3 mm。种子卵形，不扁压，长约 2 mm，棕色。花期 6—8 月，果期 10 月。

图 0166　土牛膝 *Achyranthes aspera*

【拍摄地点】武安镇石牛坪村，海拔 164 m。

【生境分布】生于山坡疏林或路边空旷地。分布于南漳各乡镇。

【采收加工】冬、春季或秋季采挖，除去茎叶及须根，洗净，晒干。

【药用部位】根及根茎。

【性味归经】甘、微苦、微酸，寒。归肝、肾经。

【功能主治】活血祛瘀，清热解毒，利湿通淋。用于跌打损伤，血瘀经闭，风湿痹痛，咽喉肿痛，疮痈肿毒，淋证，水肿，痢疾。

【用法用量】9～15 g，鲜品 30～60 g。外用适量，捣敷。

红叶牛膝（图 0167）

Achyranthes bidentata f. *rubra* Ho

【形态特征】多年生草本，高 70～120 cm；根圆柱形，直径 5～10 mm，淡红色至红色；茎有棱角，呈四方形，绿色或带紫色，有白色贴生或开展柔毛，或近无毛，分枝对生。叶片椭圆形或椭圆状披针形，少数倒披针形，下面紫红色至深紫红色，长 4.5～12 cm，宽 2～7.5 cm，顶端尾尖，尖长 5～10 mm，基部楔形或宽楔形，两面有贴生或开展的柔毛；叶柄长 5 ～ 30 mm，有柔毛。穗状花序顶生及腋生，花序紫红色，长 3 ～ 5 cm，花期后反折；总花梗长 1 ～ 2 cm，有白色柔毛；花多数，密生，长 5 mm；苞片宽卵形，长 2 ～ 3 mm，顶端长渐尖；小苞片刺状，长 2.5 ～ 3 mm，顶端弯曲，基部两侧各有 1 卵形膜质小裂片，长约 1 mm；花被片披针形，长 3 ～ 5 mm，光亮，顶端急尖，有 1 中脉；雄蕊长 2 ～ 2.5 mm；退化雄蕊顶端平圆，稍有缺刻状细锯齿。胞果矩圆形，长 2 ～ 2.5 mm，黄褐色，光滑。种子矩圆形，长 1 mm，黄褐色。花期 7—9 月，果期 9—10 月。

图 0167 红叶牛膝 *Achyranthes bidentata* f. *rubra*

【拍摄地点】李庙镇赵店村，海拔 778 m。

【生境分布】生于山坡林下草地。分布于南漳李庙、长坪等乡镇。

【药用部位】根。

【功能主治】活血通经，补肝肾，强腰膝。用于产后腹痛，月经不调，经闭，腰膝酸痛，肝肾亏虚，跌打瘀痛等。

莲子草属 Alternanthera

喜旱莲子草　空心莲子草　水花生（图 0168）

Alternanthera philoxeroides（Mart.）Griseb.

【中药名】空心莲子草*。

【形态特征】多年生草本。茎基部匍匐，上部上升，管状，不明显 4 棱，长 55 ～ 120 cm，具分枝，幼茎及叶腋有白色或锈色柔毛，茎老时无毛，仅在两侧纵沟内保留。叶片矩圆形、矩圆状倒卵形或倒卵状披针形，长 2.5 ～ 5 cm，宽 7 ～ 20 mm，顶端急尖或圆钝，具短尖，基部渐狭，全缘，两面无毛或上面有贴生毛及缘毛，下面有颗粒状突起；叶柄长 3 ～ 10 mm，无毛或微有柔毛。花密生，成具总花梗的头状花序，单生在叶腋，球形，直径 8 ～ 15 mm；苞片及小苞片白色，顶端渐尖，具 1 脉；苞片卵形，长 2 ～ 2.5 mm，小苞片披针形，长 2 mm；

图 0168 喜旱莲子草 *Alternanthera philoxeroides*

花被片矩圆形，长 5 ～ 6 mm，白色，光亮，无毛，顶端急尖，背部侧扁；雄蕊花丝长 2.5 ～ 3 mm，基部连合成杯状；退化雄蕊矩圆状条形，和雄蕊约等长，顶端裂成窄条；子房倒卵形，具短柄，背面侧扁，顶端圆形。果实未见，花期 5—10 月。

【拍摄地点】九集镇吴家集村，海拔 123 m。

【生境分布】生于池沼或水沟内。分布于南漳各乡镇。

【采收加工】10—11 月采收，除去杂质，洗净，晒干。

【药用部位】全草。

【性味归经】苦，寒。归肺、心、膀胱经。

【功能主治】清热解毒，凉血利尿。用于温病发热，斑疹，吐衄，小便不利，麻疹；外用治疗疮疱疹，毒蛇咬伤。

【用法用量】15 ～ 30 g。外用适量，捣敷患处。

苋属 Amaranthus

老鸦谷　繁穗苋（图 0169）

Amaranthus cruentus L.

【形态特征】一年生草本，高达 15 m；茎直立，粗壮，具钝棱角，单一或稍分枝，绿色，或常带粉红色，幼时有短柔毛，后渐脱落。叶片菱状卵形或菱状披针形，长 4 ～ 15 cm，宽 2 ～ 8 cm，顶端短渐尖或圆钝，具凸尖，基部宽楔形，稍不对称，全缘或波状缘，绿色或红色，除在叶脉上稍有柔毛外，两面无毛；叶柄长 1 ～ 15 cm，绿色或粉红色，疏生柔毛。圆锥花序直立或以后下垂，花穗顶端尖，花密集成雌花和雄花混生的花簇；苞片及花被片顶端芒刺明显；花被片和胞果等长。种子近球形，直径 1 mm，淡棕黄色，有厚的环。花期 7—8 月，果期 9—10 月。

【拍摄地点】长坪镇标湖村，海拔 359 m。

【生境分布】栽培或逸生。分布于南漳长坪镇。

【药用部位】根。

【功能主治】滋补强壮。用于虚损，头昏，四肢无力。

图 0169　老鸦谷 *Amaranthus cruentus*

绿穗苋（图 0170）

Amaranthus hybridus L.

【形态特征】一年生草本，高 30 ～ 50 cm；茎直立，分枝，上部近弯曲，有开展柔毛。叶片卵形或菱状卵形，长 3 ～ 4.5 cm，宽 1.5 ～ 2.5 cm，顶端急尖或微凹，具凸尖，基部楔形，边缘波状或有不明显锯齿，微粗糙，上面近无毛，下面疏生柔毛；叶柄长 1 ～ 2.5 cm，有柔毛。圆锥花序顶生，细长，上升稍弯曲，有分枝，由穗状花序而成，中间花穗最长；苞片及小苞片钻状披针形，长 3.5 ～ 4 mm，中脉坚硬，绿色，向前伸出成尖芒；花被片矩圆状披针形，长约 2 mm，顶端锐尖，具凸尖，中脉绿色；雄蕊略和花被片等长或稍长；柱头 3。胞果卵形，长 2 mm，环状横裂，超出宿存花被片。种子近球形，直径约 1 mm，黑色。花期 7—8 月，果期 9—10 月。

【拍摄地点】城关镇榆树岭村，海拔 122 m。

【生境分布】生于田野、旷地或山坡。分布于南漳九集、城关、李庙等乡镇。

【药用部位】全草。

【功能主治】清热，止痢。用于痢疾，肠炎。

图 0170　绿穗苋 *Amaranthus hybridus*

刺苋　野苋菜（图 0171）

Amaranthus spinosus L.

【形态特征】一年生草本，高 30～100 cm；茎直立，圆柱形或钝棱形，多分枝，有纵条纹，绿色或带紫色，无毛或稍有柔毛。叶片菱状卵形或卵状披针形，长 3～12 cm，宽 1～5.5 cm，顶端圆钝，具微凸头，基部楔形，全缘，无毛或幼时沿叶脉稍有柔毛；叶柄长 1～8 cm，无毛，在其旁有 2 刺，刺长 5～10 mm。圆锥花序腋生及顶生，长 3～25 cm，下部顶生花穗常全部为雄花；苞片在腋生花簇及顶生花穗的基部者变成尖锐直刺，长 5～15 mm，在顶生花穗的上部者狭披针形，长 1.5 mm，顶端急尖，具凸尖，中脉绿色；小苞片狭披针形，长约 1.5 mm；花被片绿色，顶端急尖，具凸尖，边缘透明，中脉绿色或带紫色，在雄花者矩圆形，长 2～2.5 mm，在雌花者矩圆状匙形，长 1.5 mm；雄蕊花丝略和花被片等长或较短；柱头 3，有时 2。胞果矩圆形，长 1～1.2 mm，在中部以下不规则横裂，包裹在宿存花被片内。种子近球形，直径约 1 mm，黑色或带棕黑色。花果期 7—11 月。

图 0171　刺苋 *Amaranthus spinosus*

【拍摄地点】城关镇文笔峰村，海拔 100 m。

【生境分布】生于路边、园圃或村旁荒地。分布于南漳各乡镇。

【药用部位】全草。

【功能主治】清热解毒，利湿消肿。用于痈肿疮毒，湿热黄疸。

苋　苋菜　雁来红（图 0172）

Amaranthus tricolor L.

【形态特征】一年生草本，高 80 ～ 150 cm；茎粗壮，绿色或红色，常分枝，幼时有毛或无毛。叶片卵形、菱状卵形或披针形，长 4 ～ 10 cm，宽 2 ～ 7 cm，绿色或常成红色、紫色或黄色，或部分绿色夹杂其他颜色，顶端圆钝，具凸尖，基部楔形，全缘或波状缘，无毛；叶柄长 2 ～ 6 cm，绿色或红色。花簇腋生，直到下部叶，或同时具顶生花簇，成下垂的穗状花序；花簇球形，直径 5 ～ 15 mm，雄花和雌花混生；苞片及小苞片卵状披针形，长 2.5 ～ 3 mm，透明，顶端有 1 长芒尖，背面具 1 绿色或红色隆起中脉；花被片矩圆形，长 3 ～ 4 mm，绿色或黄绿色，顶端有 1 长芒尖，背面具 1 绿色或紫色隆起中脉；雄蕊比花被片长或短。胞果卵状矩圆形，长 2 ～ 2.5 mm，环状横裂，包裹在宿存花被片内。种子近圆形或倒卵形，直径约 1 mm，黑色或黑棕色，边缘钝。花期 5—8 月，果期 7—9 月。

图 0172　苋 *Amaranthus tricolor*

【拍摄地点】城关镇大山村，海拔 109 m。

【生境分布】栽培或逸生。分布于南漳各乡镇。

【药用部位】全草。

【功能主治】清肝明目，通利二便。用于青盲翳障，视物昏暗，二便不利，白浊，血尿。

青葙属 Celosia

青葙　野鸡冠花（图 0173）

Celosia argentea L.

【中药名】青葙子*。

【形态特征】一年生草本，高 0.3 ～ 1 m，全体无毛；茎直立，有分枝，绿色或红色，具显明条纹。叶片矩圆状披针形、披针形或披针状条形，少数卵状矩圆形，长 5 ～ 8 cm，宽 1 ～ 3 cm，绿色常带红色，顶端急尖或渐尖，具小芒尖，基部渐狭；叶柄长 2 ～ 15 mm，或无叶柄。花多数，密生，在茎端或枝端成单一、无分枝的塔状或圆柱状穗状花序，长 3 ～ 10 cm；苞片及小苞片披针形，长 3 ～ 4 mm，白色，光亮，顶端渐尖，延长成细芒，具 1 中脉，在背部隆起；花被片矩圆状披针形，长 6 ～ 10 mm，初为白色顶端带红色，或全部粉红色，后成白色，顶端渐尖，具 1 中脉，在背面凸起；花丝长

图 0173　青葙 *Celosia argentea*

5～6 mm，分离部分长 2.5～3 mm，花药紫色；子房有短柄，花柱紫色，长 3～5 mm。胞果卵形，长 3～3.5 mm，包裹在宿存花被片内。种子凸透镜状肾形，直径约 1.5 mm。花期 5—8 月，果期 6—10 月。

【拍摄地点】武安镇石牛坪村，海拔 150 m。

【生境分布】生于田边或山坡荒地。分布于南漳各乡镇。

【采收加工】秋季果实成熟时采割植株或摘取果穗，晒干，收集种子，除去杂质。

【药用部位】成熟种子。

【性味归经】苦，微寒。归肝经。

【功能主治】清肝泻火，明目退翳。用于肝热目赤，目生翳膜，视物昏花，肝火眩晕。

【用法用量】9～15 g。

鸡冠花 鸡公花（图 0174）

Celosia cristata L.

【中药名】鸡冠花*。

【形态特征】本种和青葙（*Celosia argentea* L.）极相近，但叶片卵形、卵状披针形或披针形，宽 2～6 cm；花多数，极密生，成扁平肉质鸡冠状、卷冠状或羽毛状的穗状花序，一个大花序下面有数个较小的分枝，圆锥状矩圆形，表面羽毛状；花被片红色、紫色、黄色、橙色或红色黄色相间。花果期 7—9 月。

【拍摄地点】长坪镇标湖村，海拔 277 m。

【生境分布】栽培。分布于南漳各乡镇。

【采收加工】秋季花盛开时采收，晒干。

【药用部位】花序。

【性味归经】甘、涩，凉。归肝、大肠经。

【功能主治】收敛止血，止带，止痢。用于吐血，崩漏，便血，痔血，赤白带下，久痢不止。

【用法用量】6～12 g。

图 0174 鸡冠花 *Celosia cristata*

杯苋属 Cyathula

川牛膝 甜牛膝（图 0175）

Cyathula officinalis Kuan

【中药名】川牛膝*。

【形态特征】多年生草本，高 50～100 cm；根圆柱形，鲜时表面近白色，干后灰褐色或棕黄色，根条圆柱状，扭曲，味甘而黏，后味略苦；茎直立，稍四棱形，多分枝，疏生长糙毛。叶片椭圆形或窄椭圆形，少数倒卵形，长 3～12 cm，宽 1.5～5.5 cm，顶端渐尖或尾尖，基部楔形或宽楔形，全缘，上面有贴生长糙毛，下面毛较密；叶柄长 5～15 mm，密生长糙毛。花丛为 3～6 次二歧聚伞花序，密集成花球团，花球团直径 1～1.5 cm，淡绿色，干时近白色，多数在花序轴上交互对生，在枝顶端成穗状排列，密集或相距 2 ～ 3 cm；在花球团内，两性花在中央，不育花在两侧；苞片长 4 ～ 5 mm，光亮，顶端刺芒状或钩状；不育花的花被片常为 4，变成具钩的坚硬芒刺；两性花长 3 ～ 5 mm，花被片披针形，顶端刺尖头，内侧 3 片较窄；雄蕊花丝基部密生节状束毛；退化雄蕊长方形，长 0.3 ～ 0.4 mm，顶端齿状浅裂；子房圆筒形或倒卵形，长 1.3 ～ 1.8 mm，花柱长约 1.5 mm。胞果椭圆形或倒卵形，长 2 ～ 3 mm，宽 1 ～ 2 mm，淡黄色。种子椭圆形，透镜状，长 1.5 ～ 2 mm，带红色，光亮。花期 6—7 月，果期 8—9 月。

图 0175　川牛膝 *Cyathula officinalis*

【拍摄地点】李庙镇磨坪寺村，海拔 846 m。

【生境分布】野生或栽培。零星分布于南漳李庙镇。

【采收加工】秋、冬二季采挖，除去芦头、须根及泥沙，烘或晒至半干，堆放回润，再烘干或晒干。

【药用部位】根。

【性味归经】甘、微苦，平。归肝、肾经。

【功能主治】逐瘀通经，通利关节，利尿通淋。用于经闭癥瘕，胞衣不下，跌扑损伤，风湿痹痛，足痿筋挛，尿血血淋。

【用法用量】5 ～ 10 g。

57. 仙人掌科 Cactaceae

仙人掌属 Opuntia

匍地仙人掌（图 0176）

Opuntia humifusa（Raf.）Raf.

图 0176　匍地仙人掌 *Opuntia humifusa*

【形态特征】丛生肉质灌木，高 1.5 ～ 3 m。茎多为扁球形或椭圆状扁球形，常匍地生长，有时下垂，多纵沟棱，叶退化为针刺状。花常为喇叭状，花柄长且多茸毛。茎上无刺或有极短的刺。浆果倒卵球形，顶端凹陷，基部多少狭缩成柄状。种子多数，扁圆形，长 4 ～ 6 mm，宽 4 ～ 4.5 mm，厚约 2 mm，边缘稍不规则，无毛，淡黄褐色。花期 6—10 月。

【拍摄地点】城关镇马家嘴村，海拔 152 m。

【生境分布】栽培。分布于南漳各乡镇。

【药用部位】茎。

【功能主治】凉血活血，清热解毒。用于痈疽肿毒，腮腺炎。

58. 木兰科 Magnoliaceae

木兰属 Magnolia

玉兰　白玉兰　迎春花（图 0177）

Magnolia denudata Desr.

【中药名】辛夷*。

【形态特征】落叶乔木，高达 25 m，胸径 1 m，枝广展形成宽阔的树冠；树皮深灰色，粗糙开裂；小枝稍粗壮，灰褐色；冬芽及花梗密被淡灰黄色长绢毛。叶纸质，倒卵形、宽倒卵形或倒卵状椭圆形，基部徒长枝叶椭圆形，长 10 ～ 15 cm，宽 6 ～ 10 cm，先端宽圆、平截或稍凹，具短突尖，中部以下渐狭成楔形，叶上深绿色，嫩时被柔毛，后仅中脉及侧脉留有柔毛，下面淡绿色，沿脉上被柔毛，侧脉每边 8 ～ 10 条，网脉明显；叶柄长 1 ～ 2.5 cm，被柔毛，上面具狭纵沟；托叶痕为叶柄长的 1/4 ～ 1/3。花蕾卵圆形，花先叶开放，直立，芳香，直径 10 ～ 16 cm；花梗显著膨大，密被淡黄色长绢毛；花被片 9 片，白色，基部常带粉红色，近相似，长圆状倒卵形，长 6 ～ 8 cm，宽 2.5 ～ 4.5 cm；雄蕊长 7 ～ 12 mm，花药长 6 ～ 7 mm，侧向开裂；药隔宽约 5 mm，顶端伸出成短尖头；雌蕊群淡绿色，无毛，圆柱形，长 2 ～ 2.5 cm；雌蕊狭卵形，长 3 ～ 4 mm，具长 4 mm 的锥尖花柱。聚合果圆柱形，长 12 ～ 15 cm，直径 3.5 ～ 5 cm；蓇葖厚木质，褐色，具白色皮孔；种子心形，侧扁，高约 9 mm，宽约 10 mm，外种皮红色，内种皮黑色。花期 2—3 月，果期 8—9 月。

图 0177　玉兰 *Magnolia denudata*

【拍摄地点】城关镇马家嘴村，海拔 150 m。

【生境分布】生于山地林中，或栽培。南漳各乡镇均有栽培。

【采收加工】冬末春初花未开放时采收，除去枝梗，阴干。

【药用部位】花蕾。

【性味归经】辛，温。归肺、胃经。

【功能主治】散风寒，通鼻窍。用于风寒头痛，鼻塞流涕，鼻鼽，鼻渊。

【用法用量】3 ～ 10 g，包煎。外用适量。

荷花玉兰　洋玉兰　广玉兰（图 0178）

Magnolia grandiflora L.

【形态特征】常绿乔木，在原产地高达 30 m；树皮淡褐色或灰色，薄鳞片状开裂；小枝粗壮，具横隔的髓心；小枝、芽、叶下面、叶柄均密被褐色或灰褐色短茸毛。叶厚革质，椭圆形、长圆状椭圆形或倒卵状椭圆形，长 10 ～ 20 cm，宽 4 ～ 7 cm，先端钝或短钝尖，基部楔形，叶面深绿色，有光泽；侧脉每边 8 ～ 10 条；叶柄长 1.5 ～ 4 cm，无托叶痕，具深沟。花白色，有芳香，直径 15 ～ 20 cm；花被片 9 ～ 12，厚肉质，倒卵形，长 6 ～ 10 cm，宽 5 ～ 7 cm；雄蕊长约 2 cm，花丝扁平，紫色，花药内向，药隔伸出成短尖；雌蕊群椭圆体形，密被长茸毛；心皮卵形，长 1 ～ 1.5 cm，花柱呈卷曲状。聚合果圆柱状长圆形或卵圆形，长 7 ～ 10 cm，直径 4 ～ 5 cm，密被褐色或淡灰黄色茸毛；蓇葖背裂，背面圆，顶端外侧具长喙；种子近卵圆形或卵形，长约 14 mm，直径约 6 mm，外种皮红色，除去外种皮的种子，顶端延长成短颈。花期 5—6 月，果期 9—10 月。

图 0178　荷花玉兰 *Magnolia grandiflora*

【拍摄地点】板桥镇街道，海拔 856 m。

【生境分布】栽培。分布于南漳各乡镇。

【药用部位】花。

【功能主治】祛风散寒，行气止痛。用于外感风寒，头痛鼻塞，脘腹胀痛，呕吐腹泻，高血压，偏头痛。

厚朴　川朴（图 0179）

Magnolia officinalis Rehd. et Wils.

【中药名】厚朴 *、厚朴花 *。

【形态特征】落叶乔木，高达 20 m；树皮厚，褐色，不开裂；小枝粗壮，淡黄色或灰黄色，幼时有绢毛；顶芽大，狭卵状圆锥形，无毛。叶大，近革质，7 ～ 9 片聚生于枝端，长圆状倒卵形，长 22 ～ 45 cm，宽 10 ～ 24 cm，先端具短急尖或圆钝，基部楔形，全缘而微波状，上面绿色，无毛，下面灰绿色，被灰色柔毛，有白粉；叶柄粗壮，长 2.5 ～ 4 cm，托叶痕长为叶柄的 2/3。花白色，直径 10 ～ 15 cm，芳香；花梗粗短，被长柔毛，离花被片下 1 cm 处具苞片脱落痕，花被片 9 ～ 12，厚肉质，外轮 3 片淡绿色，长圆状倒卵形，长 8 ～ 10 cm，宽 4 ～ 5 cm，盛开时常向外反卷，内两轮白色，倒卵状匙形，长 8 ～ 8.5 cm，宽 3 ～ 4.5 cm，基部具爪，最内轮 7 ～ 8.5 cm，

图 0179　厚朴 *Magnolia officinalis*

花盛开时中内轮直立；雄蕊约 72 枚，长 2 ～ 3 cm，花药长 1.2 ～ 1.5 cm，内向开裂，花丝长 4 ～ 12 mm，红色；雌蕊群椭圆状卵圆形，长 2.5 ～ 3 cm。聚合果长圆状卵圆形，长 9 ～ 15 cm；蓇葖具长 3 ～ 4 mm 的喙；种子三角状倒卵形，长约 1 cm。花期 5—6 月，果期 8—10 月。

【拍摄地点】李庙镇磨坪寺村，海拔 895 m。

【生境分布】生于山地林间或栽培。分布于南漳李庙镇。

【采收加工】厚朴：4—6 月剥取，根皮和枝皮直接阴干；干皮置沸水中微煮后，堆置阴湿处，“发汗”至内表面变紫褐色或棕褐色时，蒸软，取出，卷成筒状，干燥。厚朴花：春季花未开放时采摘，稍蒸后，晒干或低温干燥。

【药用部位】厚朴：树皮。厚朴花：花。

【性味归经】厚朴：苦、辛，温；归脾、胃、肺、大肠经。厚朴花：苦，微温；归脾、胃经。

【功能主治】厚朴：燥湿消痰，下气除满；用于湿滞伤中，脘痞吐泻，食积气滞，腹胀便秘，痰饮喘咳。厚朴花：芳香化湿，理气宽中；用于脾胃湿阻气滞，胸脘痞闷胀满，纳谷不香。

【用法用量】厚朴：3 ～ 10 g。厚朴花：3 ～ 9 g。

武当玉兰 迎春花（图 0180）

Magnolia sprengeri Pamp.

【中药名】辛夷*。

【形态特征】落叶乔木，高可达 21 m，树皮淡灰褐色或黑褐色，老干皮具纵裂沟成小块片状脱落。小枝淡黄褐色，后变灰色，无毛。叶倒卵形，长 10 ～ 18 cm，宽 4.5 ～ 10 cm，先端急尖或急短渐尖，基部楔形，上面仅沿中脉及侧脉疏被平伏柔毛，下面初被平伏细柔毛，叶柄长 1 ～ 3 cm；托叶痕细小。花蕾直立，被淡灰黄色绢毛，花先叶开放，杯状，有芳香，花被片 12，近相似，外面玫瑰红色，有深紫色纵纹，倒卵状匙形或匙形，长 5 ～ 13 cm，宽 2.5 ～ 3.5 cm，雄蕊长 10 ～ 15 mm，花药长约 5 mm，稍分离，药隔伸出成尖头，花丝紫红色，宽扁；雌蕊群圆柱形，长 2 ～ 3 cm，淡绿色，花柱玫瑰红色。聚合果圆柱形，长 6 ～ 18 cm；蓇葖扁圆，成熟时褐色。花期 3—4 月，果期 8—9 月。

图 0180 武当玉兰 *Magnolia sprengeri*

【拍摄地点】长坪镇赵岭村，海拔 1290 m。

【生境分布】生于林间或灌丛中。分布于南漳长坪、李庙等乡镇。

【采收加工】冬末春初花未开放时采收，除去枝梗，阴干。

【药用部位】花蕾。

【性味归经】辛，温。归肺、胃经。

【功能主治】散风寒，通鼻窍。用于风寒头痛，鼻塞流涕，鼻鼽，鼻渊。

【用法用量】3 ～ 10 g，包煎。外用适量。

含笑属 Michelia

含笑花　含笑（图 0181）

Michelia figo（Lour.）Spreng.

【形态特征】常绿灌木，高 2 ～ 3 m，树皮灰褐色，分枝繁密；芽、嫩枝、叶柄、花梗均密被黄褐色茸毛。叶革质，狭椭圆形或倒卵状椭圆形，长 4 ～ 10 cm，宽 1.8 ～ 4.5 cm，先端钝短尖，基部楔形或阔楔形，上面有光泽，无毛，下面中脉上留有褐色平伏毛，余脱落无毛，叶柄长 2 ～ 4 mm，托叶痕长达叶柄顶端。花直立，长 12 ～ 20 mm，宽 6 ～ 11 mm，淡黄色而边缘有时红色或紫色，具甜浓的芳香，花被片 6，肉质，较肥厚，长椭圆形，长 12 ～ 20 mm，宽 6 ～ 11 mm；雄蕊长 7 ～ 8 mm，药隔伸出成急尖头，雌蕊群无毛，长约 7 mm，超出于雄蕊群；雌蕊群柄长约 6 mm，被淡黄色茸毛。聚合果长 2 ～ 3.5 cm；蓇葖卵圆形或球形，顶端有短尖的喙。花期 3—5 月，果期 7—8 月。

图 0181　含笑花 *Michelia figo*

【拍摄地点】城关镇文笔峰社区，海拔 158 m。

【生境分布】生于杂木林中，或栽培。分布于南漳城关镇。

【药用部位】花。

【功能主治】祛瘀生新。用于月经不调。

五味子属 Schisandra

铁箍散　小血藤（图 0182）

Schisandra propinqua subsp. *sinensis*（Oliver）R. M. K. Saunders

【形态特征】藤长 1 ～ 3 m，外皮粗糙，小枝棕褐色。叶互生，革质或厚纸质，狭披针形、卵状矩圆形或矩圆形，长 4 ～ 12 cm，宽 1 ～ 3 cm，顶端长渐尖或尾尖，基部圆形至宽楔形，边缘有疏锯齿，侧脉不明显，上面深绿色，有光泽，无毛；叶柄长约 8 mm。花单性，雌雄异株或同株，腋生，花小，黄绿色。雌花螺旋状密生在短花托上，受粉后花托逐渐延长呈穗状，形同五味子。浆果近球形，直径 5 ～ 7 mm，鲜红色。

【拍摄地点】城关镇凉泉村，海拔 418 m。

【生境分布】生于沟谷、岩石山坡林中。分布于南漳各乡镇。

【药用部位】藤茎。

【功能主治】行气止痛，活血散瘀。用于月经不调，跌打损伤。

图 0182 铁箍散 *Schisandra propinqua* subsp. *sinensis*

图 0183 华中五味子 *Schisandra sphenanthera*

华中五味子 药葡萄（图 0183）

Schisandra sphenanthera Rehd. et Wils.

【中药名】南五味子*。

【形态特征】落叶木质藤本，全株无毛，很少在叶背脉上有稀疏细柔毛。冬芽、芽鳞具长缘毛，先端无硬尖，小枝红褐色，距状短枝或伸长，具颇密而凸起的皮孔。叶纸质，倒卵形、宽倒卵形或倒卵状长椭圆形，有时圆形，很少椭圆形，长 5 ～ 11 cm，宽 3 ～ 7 cm，先端短急尖或渐尖，基部楔形或阔楔形，干膜质边缘至叶柄成狭翅，上面深绿色，下面淡灰绿色，有白色点，1/2 以上边缘具疏离、胼胝质齿尖的波状齿，上面中脉稍凹入，侧脉每边 4 ～ 5 条，网脉密致，干时两面不明显凸起；叶柄红色，长 1 ～ 3 cm。花生于近基部叶腋，花梗纤细，长 2 ～ 4.5 cm，基部具长 3 ～ 4 mm 的膜质苞片，花被片 5 ～ 9，橙黄色，近相似，椭圆形或长圆状倒卵形，中轮的长 6 ～ 12 mm，宽 4 ～ 8 mm，具缘毛，背面有腺点。雄花：雄蕊群倒卵圆形，直径 4 ～ 6 mm；花托圆柱形，顶端伸长，无盾状附属物；雄蕊 11 ～ 19 枚，基部的长 1.6 ～ 2.5 mm，药室内侧向开裂，药隔倒卵形，两药室向外倾斜，顶端分开，基部近邻接，花丝长约 1 mm，上部 1 ～ 4 雄蕊与花托顶贴生，无花丝。雌花：雌蕊群卵球形，直径 5 ～ 5.5 mm，雌蕊 30 ～ 60 枚，子房近镰刀状椭圆形，长 2 ～ 2.5 mm，柱头冠狭窄，仅花柱长 0.1 ～ 0.2 mm，下延成不规则的附属体。聚合果果托长 6 ～ 17 cm，直径约 4 mm，聚合果梗长 3 ～ 10 cm，成熟小桨红色，长 8 ～ 12 mm，宽 6 ～ 9 mm，具短柄；种子长圆形或肾形，长约 4 mm，宽 3 ～ 3.8 mm，高 2.5 ～ 3 mm，种脐呈斜“V”字形，长约为种子宽的 1/3；种皮褐色，光滑，或仅背面微皱。花期 4—7 月，果期 7—9 月。

【拍摄地点】城关镇凉泉村，海拔 608 m。

【生境分布】生于山坡林边或灌丛中。分布于南漳各乡镇。

【采收加工】秋季果实成熟时采摘，晒干，除去果梗和杂质。

【药用部位】成熟果实。

【性味归经】酸、甘，温。归肺、心、肾经。

【功能主治】收敛固涩，益气生津，补肾宁心。用于久咳虚喘，梦遗滑精，遗尿尿频，久泻不止，自汗盗汗，津伤口渴，内热消渴，心悸失眠。

【用法用量】2 ～ 6 g。

八角属 Illicium

红茴香　莽草　红毒茴（图 0184）

Illicium henryi Diels.

【形态特征】灌木或乔木，高 3 ～ 8 m，有时可达 12 m；树皮灰褐色至灰白色。芽近卵形。叶互生或 2 ～ 5 片簇生，革质，倒披针形、长披针形或倒卵状椭圆形，长 6 ～ 18 cm，宽 1.2 ～ 5 cm，先端长渐尖，基部楔形；中脉在叶上面下凹，在下面突起，侧脉不明显；叶柄长 7 ～ 20 mm，直径 1 ～ 2 mm，上部有不明显的狭翅。花粉红色至深红色，腋生或近顶生，单生或 2 ～ 3 朵簇生；花梗细长，长 15 ～ 50 mm；花被片 10 ～ 15，最大的花被片长圆状椭圆形或宽椭圆形，长 7 ～ 10 mm，宽 4 ～ 8.5 mm；雄蕊 11 ～ 14 枚，药室明显凸起；心皮通常 7 ～ 9 枚，有时可达 12 枚，长 3 ～ 5 mm，花柱钻形，长 2 ～ 3.3 mm。果梗长 15 ～ 55 mm；蓇葖 7 ～ 9，先端明显钻形，细尖，尖头长 3 ～ 5 mm。花期 4—6 月，果期 8—10 月。

图 0184　红茴香 *Illicium henryi*

【拍摄地点】板桥镇断河坪村，海拔 924 m。

【生境分布】生于混交林或疏林中。分布于南漳板桥、长坪、李庙等乡镇。

【药用部位】根或根皮。

【功能主治】祛风通络，散瘀止痛。用于风湿痹痛，跌打损伤，痈疽肿毒。

【附注】本种果实有毒，不可作八角茴香使用。

59. 蜡梅科 Calycanthaceae

蜡梅属 Chimonanthus

蜡梅（图 0185）

Chimonanthus praecox（L.）Link

【中药名】蜡梅花*。

【形态特征】落叶灌木，高达 4 m；幼枝四方形，老枝近圆柱形，灰褐色，无毛或被疏微毛，有皮孔；鳞芽通常着生于第二年生的枝条叶腋内，芽鳞片近圆形，覆瓦状排列，外面被短柔毛。叶纸质至近革质，卵圆形、椭圆形、宽椭圆形至卵状椭圆形，有时长圆状披针形，长 5 ～ 25 cm，宽 2 ～ 8 cm，顶端急尖至渐尖，有时具尾尖，基部急尖至圆形，除叶背脉上被疏微毛外无毛。花着生于第二年生枝条叶腋内，先花后叶，芳香，直径 2 ～ 4 cm；花被片圆形、长圆形、倒卵形、椭圆形或匙形，长 5 ～ 20 mm，宽 5 ～ 15 mm，无毛，内部花被片比外部花被片短，基部有爪；雄蕊长 4 mm，花丝比花药长或等长，花药向内弯，无毛，药隔顶端短尖，退化雄蕊长 3 mm；心皮基部被疏硬毛，花柱长达子房 3 倍，基部被毛。果托近木质化，坛状或倒卵状椭圆形，长 2 ～ 5 cm，直径 1 ～ 2.5 cm，口部收缩，并具有钻状披针形的被毛附生物。花期 11 月至翌年 3 月，果期 4—11 月。

【拍摄地点】城关镇玉溪山，海拔 90 m。

【生境分布】生于山地林中。分布于南漳城关镇。

【采收加工】冬季采摘，晒干或低温烘干。

【药用部位】花。

【性味归经】辛、甘、微苦，凉；有小毒。归肺、胃经。

图 0185　蜡梅 *Chimonanthus praecox*

【功能主治】解暑清热，理气开郁。用于暑热烦渴，头晕，胸脘痞闷，梅核气，咽喉肿痛，百日咳，小儿麻疹，烫火伤。

【用法用量】3 ～ 9 g。外用适量，浸油涂或滴耳。

【附注】花可提取蜡梅浸膏 0.5% ～ 0.6%，化学成分有苯甲醇、乙酸苄酯、芳樟醇、金合欢醇、松油醇、吲哚等。种子含蜡梅碱。

60. 樟科 Lauraceae

樟属 Cinnamomum

猴樟　香树　楠木（图 0186）

Cinnamomum bodinieri Lévl.

【形态特征】乔木，高达 16 m，胸径 30 ～ 80 cm；树皮灰褐色。枝条圆柱形，紫褐色，无毛，嫩时多少具棱角。芽小，卵圆形，芽鳞疏被绢毛。叶互生，卵圆形或椭圆状卵圆形，长 8 ～ 17 cm，宽 3 ～ 10 cm，先端短渐尖，基部锐尖、宽楔形至圆形，坚纸质，上面光亮，幼时被极细的微柔毛，老时变无毛，下面苍白，被绢状微柔毛，中脉在上面平坦，下面凸起，侧脉每边 4 ～ 6 条，最基部的一对近对生，其余的均为互生，斜升，两面近明显，侧脉脉腋在下面有明显的

图 0186　猴樟 *Cinnamomum bodinieri*

腺窝，上面相应处明显呈泡状隆起，横脉及细脉网状，两面不明显，叶柄长 2 ～ 3 cm，腹凹背凸，略被微柔毛。圆锥花序在幼枝上腋生或侧生，同时亦有近侧生，有时基部具苞叶，长 10 ～ 15 cm，多分枝，分枝两歧状，具棱角，总梗圆柱形，长 4 ～ 6 cm，与各级序轴均无毛。花绿白色，长约 2.5 mm，花梗丝状，长 2 ～ 4 mm，被绢状微柔毛。花被筒倒锥形，外面近无毛，花被裂片 6，卵圆形，长约 1.2 mm，外面近无毛，内面被白色绢毛，反折，很快脱落。能育雄蕊 9，第一、二轮雄蕊长约 1 mm，花药近圆形，花丝无腺体，第三轮雄蕊稍长，花丝近基部有一对肾形大腺体。退化雄蕊 3，位于最内轮，心形，近无柄，长约 0.5 mm。子房卵珠形，长约 1.2 mm，无毛，花柱长 1 mm，柱头头状。果球形，直径 7 ～ 8 mm，绿色，无毛；果托浅杯状，顶端宽 6 mm。花期 5—6 月，果期 7—8 月。

【拍摄地点】薛坪镇陶沟村，海拔 610 m。

【生境分布】生于路旁、沟边、疏林或灌丛中。分布于南漳薛坪、巡检、板桥等乡镇。

【药用部位】果实。

【功能主治】温中，行气止痛。用于寒凝气滞。

樟 香樟（图 0187）

Cinnamomum camphora（L.）Presl

【中药名】天然冰片 *。

【形态特征】乔木，高达 16 m，胸径 30 ～ 80 cm；树皮灰褐色。枝条圆柱形，紫褐色，无毛，嫩时多少具棱角。芽小，卵圆形，芽鳞疏被绢毛。叶互生，卵圆形或椭圆状卵圆形，长 8 ～ 17 cm，宽 3 ～ 10 cm，先端短渐尖，基部锐尖、宽楔形至圆形，坚纸质，上面光亮，幼时被极细的微柔毛，老时变无毛，下面苍白色，被极密的绢状微柔毛，中脉在上面平坦下面凸起，侧脉每边 4 ～ 6 条，最基部的一对近对生，其余的均为互生，斜升，两面近明显，侧脉脉腋在下面有明显的腺窝，上面相应处明显呈泡状隆起，横脉及细脉网状，两面不明显，叶柄长 2 ～ 3 cm，腹凹背凸，略被微柔毛。圆锥花序在幼枝上腋生或侧生，同时亦有近侧生，有时基部具苞叶，长 10 ～ 15 cm，多分枝，分枝两歧状，具棱角，总梗圆柱形，长 4 ～ 6 cm，与各级序轴均无毛。花绿白色，长约 2.5 mm，花梗丝状，长 2 ～ 4 mm，被绢状微柔毛。花被筒倒锥形，外面近无毛，花被裂片 6，卵圆形，长约 1.2 mm，外面近无毛，内面被白色绢毛，反折，很快脱落。能育雄蕊 9，第一、二轮雄蕊长约 1 mm，花药近圆形，花丝无腺体，第三轮雄蕊稍长，花丝近基部有一对肾形大腺体。退化雄蕊 3，位于最内轮，心形，近无柄，长约 0.5 mm。子房卵珠形，长约 1.2 mm，无毛，花柱长 1 mm，柱头头状。果球形，直径 7 ～ 8 mm，绿色，无毛；果托浅杯状，顶端宽 6 mm。花期 5—6 月，果期 7—8 月。

图 0187 樟 *Cinnamomum camphora*

【拍摄地点】三道河水库管理处，海拔 167 m。

【生境分布】生于路旁、疏林或灌丛中。分布于南漳各乡镇。

【采收加工】新鲜枝、叶经提取加工制成。

【药用部位】枝叶提取物。

【性味归经】辛、苦，凉。归心、脾、肺经。

【功能主治】开窍醒神，清热止痛。用于热病神昏，惊厥，中风痰厥，气郁暴厥，中恶昏迷，胸痹心痛，目赤，口疮，咽喉肿痛，耳道流脓。

【用法用量】0.3 ～ 0.9 g，入丸散服。外用适量，研粉点敷患处。

川桂　**桂树（图 0188）**

Cinnamomum wilsonii Gamble

图 0188　川桂 *Cinnamomum wilsonii*

【形态特征】乔木，高 25 m，胸径 30 cm。枝条圆柱形，干时深褐色或紫褐色。叶互生或近对生，卵圆形或卵圆状长圆形，长 8.5 ～ 18 cm，宽 3.2 ～ 5.3 cm，先端渐尖，尖头钝，基部渐狭下延至叶柄，但有时为近圆形，革质，边缘软骨质而内卷，上面绿色，光亮，无毛，下面灰绿色，晦暗，幼时明显被白色丝毛但最后变无毛，离基三出脉，中脉与侧脉两面凸起，干时均呈淡黄色，侧脉自离叶基 5 ～ 15 mm 处生出，向上弧曲至叶端渐消失，外侧有时具 3 ～ 10 条支脉但常不明显，支脉弧曲且与叶缘的肋连接，横脉弧曲状，多数，纤细，下面多少明显；叶柄长 10 ～ 15 mm，腹面略具槽，无毛。圆锥花序腋生，长 3 ～ 9 cm，单一或多数密集，少花，近总状或为 2 ～ 5 花的聚伞状，具梗，总梗纤细，长 1.5 ～ 6 cm，与序轴均无毛或疏被短柔毛。花白色，长约 6.5 mm；花梗丝状，长 6 ～ 20 mm，被细微柔毛。花被内外两面被丝状微柔毛，花被筒倒锥形，长约 1.5 mm，花被裂片卵圆形，先端锐尖，近等大，长 4 ～ 5 mm，宽约 1 mm。能育雄蕊 9，花丝被柔毛，第一、二轮雄蕊长 3 mm，花丝稍长于花药，花药卵圆状长圆形，先端钝，药室 4，内向，第三轮雄蕊长约 3.5 mm，花丝长约为花药的 1.5 倍，中部有一对肾形无柄的腺体，花药长圆形，药室 4，外向。退化雄蕊 3，位于最内轮，卵圆状心形，先端锐尖，长 2.8 mm，具柄。子房卵球形，长近 1 mm，花柱增粗，长 3 mm，柱头宽大，头状。成熟果未见；果托顶端截平，边缘具极短裂片。花期 4—5 月，果期 6 月以后。

【拍摄地点】板桥镇断河坪村，海拔 924 m。

【生境分布】生于山坡林地或沟边。分布于南漳长坪、板桥、巡检等乡镇。

【药用部位】树皮。

【功能主治】祛风散寒，补肾。用于风湿痹痛，跌打损伤。

山胡椒属 Lindera

香叶子　香叶树（图 0189）

Lindera fragrans Oliv.

【形态特征】常绿小乔木，高可达 5 m；树皮黄褐色，有纵裂及皮孔。幼枝青绿色或棕黄色，纤细，光滑，有纵纹，无毛或被白色柔毛。叶互生，披针形至长狭卵形，先端渐尖，基部楔形或宽楔形；上面绿色，无毛；下面绿色带苍白色，无毛或被白色微柔毛；三出脉，第一对侧脉紧沿叶缘上伸，纤细而不明显，但有时与叶缘并行而近似羽状脉；叶柄长 5 ～ 8 mm。伞形花序腋生；总苞片 4，内有花 2 ～ 4 朵。雄花黄色，有香味；花被片 6，近等长，外面密被黄褐色短柔毛；雄蕊 9，花丝无毛，第三轮的基部有 2 个宽肾形几无柄的腺体；退化子房长椭圆形，柱头盘状。雌花未见。果长卵形，长 1 cm，宽 0.7 cm，幼时青绿色，成熟时紫黑色，果梗长 0.5 ～ 0.7 cm，有疏柔毛，果托膨大。

图 0189　香叶子 *Lindera fragrans*

【拍摄地点】长坪镇赵岭村，海拔 1090 m。

【生境分布】生于沟边、山坡灌丛中。分布于南漳长坪镇。

【药用部位】根皮或枝叶。

【功能主治】祛风散寒，行气温中。用于风寒感冒，胃脘疼痛，消化不良，风湿痹痛。

山胡椒　牛筋树（图 0190）

Lindera glauca（Sieb. et Zucc.）Bl.

【形态特征】落叶灌木或小乔木，高可达 8 m；树皮平滑，灰色或灰白色。冬芽长角锥形，长约 1.5 cm，直径 4 mm，芽鳞裸露部分红色，幼枝条白黄色，初有褐色毛，后脱落成无毛。叶互生，宽椭圆形、椭圆形、倒卵形至狭倒卵形，长 4 ～ 9 cm，宽 2 ～ 4 cm，上面深绿色，下面淡绿色，被白色柔毛，纸质，羽状脉，侧脉每侧 5 ～ 6 条；叶枯后不落，翌年新叶发出时落下。伞形花序腋生，总梗短或不明显，长一般不超过 3 mm，生于混合芽中的总苞片绿色膜质，每总苞有 3 ～ 8 朵花。雄花花被片黄色，椭圆形，长约 2.2 mm，内、外轮几相等，外

图 0190　山胡椒 *Lindera glauca*

面在背脊部被柔毛；雄蕊 9，近等长，花丝无毛，第三轮的基部着生 2 具角突宽肾形腺体，柄基部与花丝基部合生，有时第二轮雄蕊花丝也着生一较小腺体；退化雌蕊细小，椭圆形，长约 1 mm，上有一小突尖；花梗长约 1.2 cm，密被白色柔毛。雌花花被片黄色，椭圆形或倒卵形，内、外轮几相等，长约 2 mm，外面在背脊部被稀疏柔毛或仅基部有少数柔毛；退化雄蕊长约 1 mm，条形，第三轮的基部着生 2 个长约 0.5 mm 具柄不规则肾形腺体，腺体柄与退化雄蕊中部以下合生；子房椭圆形，长约 1.5 mm，花柱长约 0.3 mm，柱头盘状；花梗长 3 ～ 6 mm，熟时黑褐色；果梗长 1 ～ 1.5 cm。花期 3—4 月，果期 7—8 月。

【拍摄地点】九集镇吴家集村，海拔 245 m。

【生境分布】生于山坡、林缘或路旁。分布于南漳各乡镇。

【药用部位】果实。

【功能主治】温中散寒，止痛。用于心腹冷痛。

黑壳楠　楠树　岩柴（图 0191）

Lindera megaphylla Hemsl.

【形态特征】常绿乔木，高 3 ～ 15 m，胸径达 35 cm 以上，树皮灰黑色。枝条圆柱形，粗壮，紫黑色，无毛，散布有木栓质凸起的近圆形纵裂皮孔。顶芽大，卵形，长 1.5 cm，芽鳞外面被白色微柔毛。叶互生，倒披针形至倒卵状长圆形，有时长卵形，长 10 ～ 23 cm，先端急尖或渐尖，基部渐狭，革质，上面深绿色，有光泽，下面淡绿色或苍白色，两面无毛；羽状脉，侧脉每边 15 ～ 21 条；叶柄长 1.5 ～ 3 cm，无毛。伞形花序多花，雄花多达 16 朵，雌花 12 朵，通常着生于叶腋长3.5 mm具顶芽的短枝上，两侧各1，具总梗；雄花序总梗长 1 ～ 1.5 cm，雌花序总梗长 6 mm，两者均密被黄褐色或有时近锈色微柔毛，内面无毛。雄花黄绿色，具梗；花梗长约 6 mm，密被黄褐色柔毛；花被片 6，椭圆形，外轮长 4.5 mm，宽 2.8 mm，外面仅下部或背部略被黄褐色小柔毛，内轮略短；花丝被疏柔毛，第三轮的基部有 2 个长达 2 mm 具柄的三角漏斗形腺体；退化雌蕊长约 2.5 mm，无毛；子房卵形，花柱纤细，柱头不明显。雌花黄绿色，花梗长 1.5 ～ 3 mm，密被黄褐色柔毛；花被片 6，线状匙形，长 2.5 mm，宽仅 1 mm，外面仅下部或略沿脊部被黄褐色柔毛，内面无毛；退化雄蕊 9，线形或棍棒形，基部具髯毛，第三轮的中部有 2 个具柄三角漏斗形腺体；子房卵形，长 1.5 mm，无毛，花柱极纤细，长 4.5 mm，柱头盾形，具乳突。果椭圆形至卵形，长约 1.8 cm，宽约 1.3 cm，成熟时紫黑色，无毛，果梗长 1.5 cm，向上渐粗壮，粗糙，散布有明显栓皮质皮孔；宿存果托杯状，长约 8 mm，直径达 1.5 cm，全缘，略成微波状。花期 2—4 月，果期 9—12 月。

图 0191　黑壳楠 *Lindera megaphylla*

【拍摄地点】城关镇黄桠村，海拔 409 m。

【生境分布】生于山坡、谷地阔叶林或灌丛中。分布于南漳各乡镇。

【药用部位】叶。

【功能主治】祛风除湿，消肿止痛。用于咽喉肿痛，风湿麻木。

三桠乌药　三钻七（图 0192）

Lindera obtusiloba Bl.

【形态特征】落叶乔木或灌木，高 3～10 m；树皮黑棕色。小枝黄绿色，当年枝条较平滑，有纵纹，老枝渐多木栓质皮孔、褐斑及纵裂；芽卵形，先端渐尖；外鳞片 3，革质，黄褐色，无毛，椭圆形，先端尖，长 0.6～0.9 cm，宽 0.6～0.7 cm；内鳞片 3，有淡棕黄色厚绢毛；有时为混合芽，内有叶芽及花芽。叶互生，近圆形至扁圆形，长 5.5～10 cm，宽 4.8～10.8 cm，先端急尖，全缘或 3 裂，常明显 3 裂，基部近圆形或心形，有时宽楔形，上面深绿色，下面绿苍白色，有时带红色，被棕黄色柔毛或近无毛；三出脉，偶有五出脉，网脉明显；叶柄长 1.5～2.8 cm，被黄白色柔毛。花序在腋生混合芽，混合芽椭圆形，先端亦急尖；外面的 2 片芽鳞革质，棕黄色，有皱纹，无毛，内面鳞片近革质，被贴服微柔毛；花芽内有无总梗花序 5～6，混合芽内有花芽 1～2；总苞片 4，长椭圆形，膜质，外面被长柔毛，内面无毛，内有花 5 朵。雄花花被片 6，长椭圆形，外被长柔毛，内面无毛；能育雄蕊 9，花丝无毛，第三轮的基部着生 2 个具长柄宽肾形具角突的腺体，第二轮的基部有时也有 1 个腺体；退化雌蕊长椭圆形，无毛，花柱、柱头不分，成一小凸尖。雌花花被片 6，长椭圆形，长 2.5 mm，宽 1 mm，内轮略短，外面背脊部被长柔毛，内面无毛，退化雄蕊条片形，第一、二轮长 1.7 mm，第三轮长 1.5 mm，基部有 2 个具长柄腺体，其柄基部与退化雄蕊基部合生；子房椭圆形，长 2.2 mm，直径 1 mm，无毛，花柱短，长不及 1 mm，花未开放时沿子房向下弯曲。果广椭圆形，长 0.8 cm，直径 0.5～0.6 cm，成熟时红色，后变紫黑色，干时黑褐色。花期 3—4 月，果期 8—9 月。

图 0192　三桠乌药 *Lindera obtusiloba*

【拍摄地点】李庙镇主山寨村，海拔 1061 m。

【生境分布】生于山谷、密林灌丛中。分布于南漳李庙、长坪、薛坪等乡镇。

【药用部位】根皮。

【功能主治】活血舒筋，散瘀消肿。用于跌打损伤。

木姜子属 Litsea

钝叶木姜子　木香子（图 0193）

Litsea veitchiana Gamble

【形态特征】落叶灌木或小乔木，高达 4 m；树皮灰褐色或黑褐色。幼枝被黄白色长绢毛，以后毛脱落变无毛。顶芽圆锥形，鳞片无毛或上部被微短柔毛。叶互生，倒卵形或倒卵状长圆形，长 4 ～ 12 cm，宽 2.5 ～ 5.5 cm，先端急尖或钝，基部楔形或宽楔形，纸质，幼时两面密被黄白色或锈黄色长绢毛，老时毛渐脱落，上面无毛或仅中脉有毛，下面有稀疏长绢毛，羽状脉，侧脉每边 6 ～ 9 条，中脉、侧脉在上面微突，在下面突起，联结侧脉之间的小脉微突；叶柄长 1 ～ 1.2 cm，幼时密被黄白色或锈黄色长绢毛，后毛渐脱落变无毛。伞形花序生于去年枝顶，单生，先叶开放或与叶同时开放；花序总梗长 6 ～ 7 mm，有柔毛；每一花序有花 10 ～ 13 朵，淡黄色；花梗长 5 ～ 7 mm，密被柔毛，花被裂片 6，椭圆形或近圆形，有脉 3 条，具腺点；能育雄蕊 9，花丝基部有柔毛，第三轮基部腺体大；退化子房卵形；雌花中退化雄蕊基部具柔毛；子房卵圆形，花柱短，柱头头状。果球形，直径约 5 mm，成熟时黑色；果梗长 1.5 ～ 2 cm，有稀疏长毛。花期 4—5 月，果期 8—9 月。

图 0193　钝叶木姜子 *Litsea veitchiana*

【拍摄地点】巡检镇通城河村，海拔 332 m。

【生境分布】生于山坡路旁或灌木丛中。分布于南漳巡检、板桥、东巩等乡镇。

【药用部位】根皮。

【功能主治】温脾，健胃消食，行气消胀。用于食积腹胀，腹痛。

新木姜子属 Neolitsea

簇叶新木姜子　丛叶楠（图 0194）

Neolitsea confertifolia（Hemsl.）Merr.

【形态特征】小乔木，高 3 ～ 7 m；树皮灰色，平滑。小枝常轮生，黄褐色，嫩时有灰褐色短柔毛，老时脱落无毛。顶芽常数个聚生，圆锥形，鳞片外被锈色丝状柔毛。叶密集呈轮生状，长圆形、披针形至狭披针形，长 5 ～ 12 cm，宽 1.2 ～ 3.5 cm，先端渐尖或短渐尖，基部楔形，薄革质，边缘微呈波状，上面深绿色，有光泽，无毛，下面带绿苍白色，幼时有短柔毛，羽状脉，或有时近似远离基三出脉，侧脉每边 4 ～ 6 条或更多，中脉、侧脉两面皆突起；叶柄长 5 ～ 7 mm，幼时被灰褐色短柔毛。伞形

图 0194　簇叶新木姜子 *Neolitsea confertifolia*

花序常 3 ～ 5 个簇生于叶腋或节间，几无总梗；苞片 4，外面被丝状柔毛；每一花序有花 4 朵；花梗长约 2 mm，被丝状长柔毛；花被裂片黄色，宽卵形，外面中肋有丝状柔毛，内面无毛。雄花：能育雄蕊 6，花丝基部有髯毛，第三轧基部的腺体大，具柄；退化雌蕊柱头膨大，头状。雌花：子房卵形，无毛，花柱长，柱头膨大，2 裂。果卵形或椭圆形，长 8 ～ 12 mm，直径 5 ～ 6 mm，成熟时灰蓝黑色；果托扁平盘状，直径约 2 mm；果梗长 4 ～ 8 mm，顶端略增粗，无毛或初时有柔毛。花期 4—5 月，果期 9—10 月。

【拍摄地点】肖堰镇青龙湾村，海拔 819 m。

【生境分布】生于山地、灌丛及山谷密林中。分布于南漳肖堰镇。

【药用部位】枝叶。

【功能主治】祛风除湿，消肿止痛。用于风湿性关节痛。

檫木属 Sassafras

檫木　檫树　独脚樟　天鹅枫（图 0195）

Sassafras tzumu（Hemsl.）Hemsl.

【形态特征】落叶乔木，高可达 35 m，胸径达 2.5 m；树皮幼时黄绿色，平滑，老时变灰褐色，呈不规则纵裂。顶芽大，椭圆形，长达 1.3 cm，直径 0.9 cm，芽鳞近圆形，外面密被黄色绢毛。枝条粗壮，近圆柱形，多少具棱角，无毛，初时带红色，干后变黑色。叶互生，聚集于枝顶，卵形或倒卵形，长 9 ～ 18 cm，宽 6 ～ 10 cm，先端渐尖，基部楔形，全缘或 2 ～ 3 浅裂，裂片先端略钝，坚纸质，上面绿色，晦暗或略光亮，下面灰绿色，两面无毛或下面尤其是沿脉网疏被短硬毛，羽状脉或离基三出脉，中脉、侧脉及支脉两面稍明显，最下方一对侧脉对生，十分发达，向叶缘一方生出多数支脉，支脉向叶缘弧状网结；叶柄纤细，长 2 ～ 7 cm，鲜时常带红色，腹平背凸，无毛或略被短硬毛。花序顶生，先叶开放，长 4 ～ 5 cm，多花，具梗，梗长不及 1 cm，与序轴密被棕褐色柔毛，基部承有迟落互生的总苞片；苞片线形至丝状，长 1 ～ 8 mm，位于花序最下部者最长。花黄色，长约 4 mm，雌雄异株；花梗纤细，长 4.5 ～ 6 mm，密被棕褐色柔毛。雄花：花被筒极短，花被裂片 6，披针形，近相等，长约 3.5 mm，先端稍钝，外面疏被柔毛，内面近于无毛；能育雄蕊 9，成三轮排列，近相等，长约 3 mm，花丝扁平，被柔毛，第一、二轮雄蕊花丝无腺体，第三轮雄蕊花丝近基部有一对具短柄的腺体，花药均为卵圆状长圆形，4 室，上方 2 室较小，药室均内向，退化雄蕊 3，长 1.5 mm，三角状钻形，具柄；退化雌蕊明显。雌花：退化雄蕊 12，排成四轮，体态上类似雄花的能育雄蕊及退化雄蕊；子房卵珠形，长约 1 mm，无毛，花柱长约 1.2 mm，等粗，柱头盘状。果近球形，直径达 8 mm，成熟时蓝黑色而带有白蜡粉，着生于浅杯状的果托上，果梗长 1.5 ～ 2 cm，上端渐增粗，无毛，与果托呈红色。花期 3—4 月，果期 5—9 月。

图 0195　檫木 *Sassafras tzumu*

【拍摄地点】巡检镇仁家庄村，海拔 506 m。
【生境分布】生于疏林或密林中。分布于南漳巡检镇。
【药用部位】树皮。
【功能主治】活血散瘀，祛风去湿。用于腰肌劳损，跌打损伤。

61. 领春木科 Eupteleaceae

领春木属 Euptelea

领春木　正心木（图 0196）

Euptelea pleiosperma Hook. f. et Thomson

图 0196　领春木 *Euptelea pleiosperma*

【形态特征】落叶灌木或小乔木，高 2～15 m；树皮紫黑色或棕灰色；小枝无毛，紫黑色或灰色；芽卵形，鳞片深褐色，光亮。叶纸质，卵形或近圆形，少数椭圆状卵形或椭圆状披针形，长 5～14 cm，宽 3～9 cm，先端渐尖，有 1 突生尾尖，长 1～1.5 cm，基部楔形或宽楔形，边缘疏生顶端加厚的锯齿，下部或近基部全缘，上面无毛或散生柔毛后脱落，仅在脉上残存，下面无毛或脉上有伏毛，脉腋具丛毛，侧脉 6～11 对；叶柄长 2～5 cm，有柔毛后脱落。花丛生，花梗长 3～5 mm；苞片椭圆形，早落；雄蕊 6～14，长 8～15 mm，花药红色，比花丝长，药隔附属物长 0.7～2 mm；心皮 6～12，子房歪形，长 2～4 mm，柱头面在腹面或远轴，斧形，具微小黏质突起，有 1～3 胚珠。翅果长 5～10 mm，宽 3～5 mm，棕色，子房柄长 7～10 mm，果梗长 8～10 mm；种子 1～3 个，卵形，长 1.5～2.5 mm，黑色。花期 4—5 月，果期 7—8 月。
【拍摄地点】长坪镇赵岭村，海拔 1156 m。
【生境分布】生于溪边杂木林中。分布于南漳长坪、巡检等乡镇。
【药用部位】树皮。
【功能主治】清热泻火，消痈。用于疮痈肿毒。

62. 毛茛科 Ranunculaceae

乌头属 Aconitum

乌头　川乌（图 0197）

Aconitum carmichaelii Debx.

【中药名】川乌 *、附子 *。

【形态特征】块根倒圆锥形，长 2 ～ 4 cm，粗 1 ～ 1.6 cm。茎高 60 ～ 150 cm，中部之上疏被反曲的短柔毛，等距离生叶，分枝。茎下部叶在开花时枯萎。茎中部叶有长柄；叶片薄革质或纸质，五角形，长 6 ～ 11 cm，宽 9 ～ 15 cm，基部浅心形三裂达或近基部，中央全裂片宽菱形，有时倒卵状菱形或菱形，急尖，有时短渐尖近羽状分裂，二回裂片约 2 对，斜三角形，生 1 ～ 3 枚齿，间或全缘，侧全裂片不等二深裂，表面疏被短伏毛，背面通常只沿脉疏被短柔毛；叶柄长 1 ～ 2.5 cm，疏被短柔毛。顶生总状花序长 6 ～ 10 cm；轴及花梗多少密被反曲而紧贴的短柔毛；下部苞片三裂，其他的狭卵形至披针形；花梗长 1.5 ～ 3 cm；小苞片生花梗中部或下部，长 3 ～ 5 mm，宽 0.5 ～ 0.8 mm；萼片蓝紫色，外面被短柔毛，上萼片高盔形，高 2 ～ 2.6 cm，自基部至喙长 1.7 ～ 2.2 cm，下缘稍凹，喙不明显，侧萼片长 1.5 ～ 2 cm；花瓣无毛，瓣片长约 1.1 cm，唇长约 6 mm，微凹，距长 2 ～ 2.5 mm，通常拳卷；雄蕊无毛或疏被短毛，花丝有 2 小齿或全缘；心皮 3 ～ 5，子房疏或密被短柔毛，稀无毛。蓇葖长 1.5 ～ 1.8 cm；种子长 3 ～ 3.2 mm，三棱形，只在二面密生横膜翅。9—10 月开花。

图 0197 乌头 *Aconitum carmichaelii*

【拍摄地点】板桥镇河口村，海拔 962 m。

【生境分布】生于山地草坡或灌丛中。分布于南漳板桥镇。

【采收加工】川乌：6 月下旬至 8 月上旬采挖，除去子根、须根及泥沙，晒干。附子：6 月下旬至 8 月上旬采挖，除去母根、须根及泥沙，习称“泥附子”，加工成“盐附子”“黑顺片”或“白附片”。

【药用部位】川乌：母根。附子：子根。

【性味归经】川乌：辛、苦，热；有大毒；归心、肝、肾、脾经。附子：辛、甘，大热；有毒；归心、肾、脾经。

【功能主治】川乌：祛风除湿，温经止痛；用于风寒湿痹，关节疼痛，心腹冷痛，寒疝作痛及麻醉止痛。附子：回阳救逆，补火助阳，散寒止痛；用于亡阳虚脱，肢冷脉微，心阳不足，胸痹心痛，虚寒吐泻，脘腹冷痛，肾阳虚衰，阳痿宫冷，阴寒水肿，阳虚外感，寒湿痹痛。

【用法用量】川乌：一般炮制后用。附子：3 ～ 15 g，先煎，久煎。

【附注】不宜与半夏、瓜蒌子、瓜蒌皮、天花粉、川贝母、浙贝母、平贝母、伊贝母、湖北贝母、白蔹、白及同用。

瓜叶乌头 羊角七 藤乌（图 0198）

Aconitum hemsleyanum E. Pritz.

【形态特征】块根圆锥形，长 1.6 ～ 3 cm，粗达 1.6 cm。茎缠绕，无毛，常带紫色，分枝。茎中部叶的叶片五角形或卵状五角形，长 6.5 ～ 12 cm，宽 8 ～ 13 cm，基部心形，三深裂至距基部 0.9 ～ 3.2 cm 处，中央深裂片梯状菱形或卵状菱形，短渐尖，不明显三浅裂，浅裂片具少数小裂片或卵形粗齿，侧深裂片斜扇形，不等二浅裂；叶柄比叶片稍短，疏被短柔毛或几无毛。总状花序生茎或分枝顶端，有 2 ～ 6 朵花；轴和花梗无毛或被贴伏的短柔毛；下部苞片叶状，或不分裂而为宽椭圆形，上部苞片小，线形；花梗常下垂，弧状弯曲，长 2.2 ～ 6 cm；小苞片生花梗下部或上部，线形，长 3 ～ 5 mm，宽约 0.5 mm，无毛；萼片深蓝色，外面无毛或变无毛，上萼片高盔形或圆筒状盔形，几无爪，高 2 ～ 2.4 cm，下缘长 1.7 ～ 1.8 cm，直或稍凹，喙不明显，侧萼片近圆形，长 1.5 ～ 1.6 cm；花瓣无毛，瓣片长约 10 mm，宽约 4 mm，唇长 5 mm，距长约 2 mm，向后弯；雄蕊无毛，花丝有 2 小齿或全缘；心皮 5，无毛或偶尔子房有柔毛。蓇葖直，长 1.2 ～ 1.5 cm，喙长约 2.5 mm；种子三棱形，长约 3 mm，沿棱有狭翅并有横膜翅。8—10 月开花。

图 0198　瓜叶乌头 *Aconitum hemsleyanum*

【拍摄地点】薛坪镇八里川村，海拔 993 m。

【生境分布】生于山地林中或灌丛中。分布于南漳薛坪、李庙、板桥等乡镇。

【药用部位】块根。

【功能主治】祛风除湿，散寒止痛，祛痰，消肿；有毒。用于风湿痹痛。

川鄂乌头（图 0199）

Aconitum henryi Pritz.

【形态特征】块根胡萝卜形或倒圆锥形，长 1.5 ～ 3.8 cm。茎缠绕，无毛，分枝。茎中部叶有短或稍长柄；叶片坚纸质，卵状五角形，长 4 ～ 10 cm，宽 6.5 ～ 12 cm，三全裂，中央全裂片披针形或菱状披针形，渐尖，边缘疏生或稍密生钝齿，两面无毛，或表面疏被紧贴的短柔毛；叶柄长为叶片的 1/3 ～ 2/3，无毛。花序有 3 ～ 6 花，轴和花梗无毛或有极稀疏的反曲短柔毛；苞片线形；花梗长 1.8 ～ 3.5 cm；小苞片生花梗中部，线状钻形，长 3.5 ～ 6.5 mm；萼片蓝色，外面疏被短柔毛或几无毛，上萼片高盔形，高 2 ～ 2.5 cm，中部粗 6 ～ 9 mm，下缘长 1.4 ～ 1.9 cm，稍凹，外缘垂直，在中部或中部之下稍缢缩，继向外下方斜展与下缘形成尖喙，侧萼片长 1.3 ～ 1.8 cm；花瓣无毛，唇长约 8 mm，微凹，距长 4 ～ 5 mm，向内弯曲；雄蕊无毛，花丝全缘；心皮 3，无毛或子房疏被短柔毛。9—10 月开花。

图 0199　川鄂乌头 *Aconitum henryi*

【拍摄地点】长坪镇赵岭村，海拔 1071 m。

【生境分布】生于山地丛林中。分布于南漳长坪、李庙、板桥等乡镇。

【药用部位】块根。

【功能主治】温经散寒，祛风止痛；有毒。用于风湿性关节痛。

花葶乌头　一口血（图 0200）

Aconitum scaposum Franch.

【形态特征】根近圆柱形，长约 10 cm，粗约 0.8 cm。茎高 35 ～ 67 cm，稍密被反曲的淡黄色短毛，不分枝或分枝。基生叶 3 ～ 4，具长柄；叶片肾状五角形，长 5.5 ～ 11 cm，宽 8.5 ～ 22 cm，基部心形，三裂稍超过中部，中裂片倒梯状菱形，急尖，稀渐尖，不明显三浅裂，边缘有粗齿，侧裂片斜扇形，不等二浅裂，两面有短伏毛；叶柄长 13 ～ 40 cm，基部有鞘。茎生叶小，2 ～ 4，有时不存在，集中在近茎基部处，长达 7 cm，叶片长达 2 cm，或完全退化，叶柄鞘状。总状花序长 25 ～ 40 cm，有 15 ～ 40 花；苞片披针形或长圆形；花梗长 1.4 ～ 3.4 cm，被开展的淡黄色长毛；小苞片生花梗基部，似苞片，但较短；萼片蓝紫色，外面疏被开展的微糙毛，上萼片圆筒形，高 1.3 ～ 1.8 cm，外缘近直，与向下斜展的下缘形成尖喙；花瓣的距疏被短毛或无毛，比瓣片长 2 ～ 3 倍，拳卷；雄蕊无毛，花丝全缘；心皮 3，子房疏被长毛。蓇葖不等大，长 0.75 ～ 1.3 cm；种子倒卵形，长约 1.5 mm，白色，密生横狭翅。8—9 月开花。

图 0200　花葶乌头 *Aconitum scaposum*

【拍摄地点】薛坪镇八里川村，海拔 993 m。

【生境分布】生于山地谷中或林中阴湿处。分布于南漳薛坪、李庙、长坪等乡镇。

【药用部位】块根。

【功能主治】温肺止咳平喘，化瘀疗伤。用于咳喘，化痰，劳伤，月经不调，跌打损伤；外用治疗无名肿毒。

类叶升麻属 Actaea

类叶升麻　绿豆升麻（图 0201）

Actaea asiatica Hara

【形态特征】根状茎横走，质坚实，外皮黑褐色，生多数细长的根。茎高 30 ～ 80 cm，圆柱形，粗 4 ～ 9 mm，微具纵棱，下部无毛，中部以上被白色短柔毛，不分枝。叶 2 ～ 3 枚，茎下部的叶为三回三出近羽状复叶，具长柄；叶片三角形，宽达 27 cm；顶生小叶卵形至宽卵状菱形，长 4 ～ 8.5 cm，宽 3 ～ 8 cm，三裂边缘有锐锯齿，侧生小叶卵形至斜卵形，表面近无毛，背面变无毛；叶柄长 10 ～ 17 cm。茎上部叶的形状似茎下部叶，但较小，具短柄。总状花序长 2.5 ～ 4 cm；轴和花梗密被白色或灰色短柔毛；苞片线状披针形，长约 2 mm；花梗长 5 ～ 8 mm；萼片倒卵形，长约 2.5 mm，花瓣匙形，长 2 ～ 2.5 mm，下部渐狭成爪；花药长约 0.7 mm，花丝长 3 ～ 5 mm；心皮与花瓣近等长。果序长 5 ～ 17 cm，与茎上部叶等长或超出上部叶；果梗粗约 1 mm；果实紫黑色，直径约 6 mm；种子约 6 粒，卵形，有 3 纵棱，长约 3 mm，宽约 2 mm，深褐色。5—6 月开花，7—9 月结果。

图 0201　类叶升麻 *Actaea asiatica*

【拍摄地点】长坪镇赵岭村，海拔 1090 m。

【生境分布】生于山地林下或河沟边阴湿处。分布于南漳长坪镇。

【药用部位】根茎。

【功能主治】祛风解表，清热解毒，止咳。用于风热感冒，咳嗽。

银莲花属 Anemone

野棉花　打破碗花花　野牡丹（图 0202）

Anemone vitifolia Buch.-Ham.

【形态特征】植株高 60 ～ 100 cm。根状茎斜，木质，粗 0.8 ～ 1.5 cm。基生叶 2 ～ 5，有长柄；叶片心状卵形或心状宽卵形，长 11 ～ 22 cm，宽 12 ～ 26 cm，顶端急尖 3 ～ 5 浅裂，边缘有小齿，表面疏被短糙毛，背面密被白色短茸毛；叶柄长 25 ～ 60 cm，有柔毛。花葶粗壮，有密或疏的柔毛；聚伞花序长 20 ～ 60 cm，二至四回分枝；苞片 3，形状似基生叶，但较小，有柄；花梗长 3.5 ～ 5.5 cm，密被短茸毛；萼片 5，白色或带粉红色，倒卵形，长 1.4 ～ 1.8 cm，宽 8 ～ 13 mm，外面有白色茸毛；雄蕊长约为萼片长度的 1/4，花丝丝形；心皮约 400，子房密被绵毛。聚合果球形，直径约 1.5 cm；瘦果有细柄，长约 3.5 mm，密被绵毛。7—

图 0202　野棉花 *Anemone vitifolia*

10 月开花。

【拍摄地点】板桥镇河口村，海拔 853 m。

【生境分布】生于山坡草地、沟边或疏林中。分布于南漳各乡镇。

【药用部位】根状茎。

【功能主治】散瘀消肿，杀虫。用于跌打损伤，风湿性关节痛，肠炎，痢疾，蛔虫病等。

升麻属 Cimicifuga

升麻　绿升麻（图 0203）

Cimicifuga foetida L.

【中药名】升麻*。

【形态特征】根状茎粗壮，坚实，表面黑色，有许多内陷的圆洞状老茎残迹。茎高 1 ～ 2 m，基部粗达 1.4 cm，微具槽，分枝，被短柔毛。叶为二至三回三出状羽状复叶；茎下部叶的叶片三角形，宽达 30 cm；顶生小叶具长柄，菱形，长 7 ～ 10 cm，宽 4 ～ 7 cm，常浅裂，边缘有锯齿，侧生小叶具短柄或无柄，斜卵形，比顶生小叶略小，表面无毛，背面沿脉疏被白色柔毛；叶柄长达 15 cm。上部的茎生叶较小，具短柄或无柄。花序具分枝 3 ～ 20 条，长达 45 cm，下部的分枝长达 15 cm；轴密被灰色或锈色的腺毛及短毛；苞片钻形，比花梗短；花两性；萼片倒卵状圆形，白色或绿白色，长 3 ～ 4 mm；退化雄蕊宽椭圆形，长约 3 mm，顶端微凹或二浅裂，几膜质；雄蕊长 4 ～ 7 mm，花药黄色或黄白色；心皮 2 ～ 5，密被灰色毛，无柄或有极短的柄。蓇葖长圆形，长 8 ～ 14 mm，宽 2.5 ～ 5 mm，有伏毛，基部渐狭成长 2 ～ 3 mm 的柄，顶端有短喙；种子椭圆形，褐色，长 2.5 ～ 3 mm，有横向的膜质鳞翅，四周有鳞翅。7—9 月开花，8—10 月结果。

图 0203　升麻 *Cimicifuga foetida*

【拍摄地点】长坪镇赵岭村，海拔 1323 m。

【生境分布】生于沟边草丛中。分布于南漳长坪镇。

【采收加工】秋季采挖，除去泥沙，晒至须根干时，燎去或除去须根，晒干。

【药用部位】根茎。

【性味归经】辛、微甘，微寒。归肺、脾、胃、大肠经。

【功能主治】发表透疹，清热解毒，升举阳气。用于风热头痛，齿痛，口疮，咽喉肿痛，麻疹不透，阳毒发斑，脱肛，子宫脱垂。

【用法用量】3 ～ 10 g。

小升麻　金龟草（图 0204）

Cimicifuga japonica（Thunberg）Sprengel

【形态特征】根状茎横走，近黑色，生多数细根。茎直立，高 25 ～ 110 cm，下部近无毛或疏被伸展的长柔毛，上部密被灰色的柔毛。叶 1 或 2 枚，近基生，为三出复叶；叶片宽达 35 cm，小叶有长 4 ～ 12 cm 的柄；顶生小叶卵状心形，长 5 ～ 20 cm，宽 4 ～ 18 cm，7 ～ 9 掌状浅裂，浅裂片三角形或斜梯形，边缘有锯齿，侧生小叶比顶生小叶略小并稍斜，表面只在近叶缘处被短糙伏毛，其他部分无毛或偶尔有毛，背面沿脉被白色柔毛；叶柄长达 32 cm，疏被长柔毛或近无毛。花序顶生，单一或有 1 ～ 3 分枝，长 10 ～ 25 cm；轴密被灰色短柔毛；花小，直径约 4 mm，近无梗；萼片白色，椭圆形至倒卵状椭圆形，长 3 ～ 5 mm；退化雄蕊圆卵形，长约 4.5 mm，基部具蜜腺；花药椭圆形，长 1 ～ 1.5 mm，花丝狭线形，长 4 ～ 7 mm；心皮 1 或 2，无毛。蓇葖长约 10 mm，宽约 3 mm，宿存花柱向外方伸展；种子 8 ～ 12 粒，椭圆状卵球形，长约 2.5 mm，浅褐色，表面有多数横向的短鳞翅，四周无翅。8—9 月开花，10 月结果。

图 0204　小升麻 *Cimicifuga japonica*

【拍摄地点】板桥镇宋家坪村，海拔 1198 m。

【生境分布】生于山地林下或林缘。分布于南漳板桥、李庙、长坪等乡镇。

【药用部位】根茎。

【功能主治】清热解毒，活血消肿。用于咽喉肿痛，跌打损伤。

铁线莲属 Clematis

女萎　花木通（图 0205）

Clematis apiifolia DC.

【形态特征】藤本。小枝和花序梗、花梗密生贴伏短柔毛。三出复叶，连叶柄长 5 ～ 17 cm，叶柄长 3 ～ 7 cm；小叶片卵形或宽卵形，长 2.5 ～ 8 cm，宽 1.5 ～ 7 cm，常有不明显 3 浅裂，边缘有锯齿，上面疏生贴伏短柔毛或无毛，下面通常疏生短柔毛或仅沿叶脉较密。圆锥状聚伞花序多花；花直径约 1.5 cm；萼片 4，开展，白色，狭倒卵形，长约 8 mm，两面有短柔毛，外面较密；雄蕊无毛，花丝比花药长 5 倍。瘦果纺锤形

图 0205　女萎 *Clematis apiifolia*

或狭卵形，长 3 ～ 5 mm，顶端渐尖，不扁，有柔毛，宿存花柱长约 1.5 cm。花期 7—9 月，果期 9—10 月。

【拍摄地点】李庙镇主山寨村，海拔 1256 m。

【生境分布】生于山野林边。分布于南漳各乡镇。

【药用部位】藤茎。

【功能主治】利尿消肿，通乳。用于尿路感染，乳汁不下。

钝齿铁线莲　山木通（图 0206）

Clematis apiifolia var. *obtusidentata* Rehder & E. H. Wilson

【形态特征】本种为女萎（*Clematis apiifolia*）的一个变种。本变种与女萎的主要区别为小叶片较大，长 5 ～ 13 cm，宽 3 ～ 9 cm，通常下面密生短柔毛，边缘有少数钝齿。

【拍摄地点】李庙镇胡家坪村，海拔 634 m。

【生境分布】生于山坡林中或沟边。分布于南漳各乡镇。

【药用部位】藤茎。

【功能主治】利尿通淋，通乳。用于尿路感染，小便不利，肾炎水肿，乳汁不下。

图 0206　钝齿铁线莲 *Clematis apiifolia* var. *obtusidentata*

大花威灵仙　小脚威灵仙（图 0207）

Clematis courtoisii Hand.-Mazz.

【形态特征】木质攀援藤本，长 2 ～ 4 m。须根黄褐色，新鲜时微带辣味。茎圆柱形，表面棕红色或深棕色，幼时被稀疏开展的柔毛，以后脱落至近于无毛。叶为三出复叶至二回三出复叶；叶片薄纸质或亚革质，长圆形或卵状披针形，长 5 ～ 7 cm，宽 2 ～ 3.5 cm，顶端渐尖或长尖，基部阔楔形稀圆形，边缘全缘稀有时 2 ～ 3 分裂，上面仅沿主脉微被浅柔毛，其余部分无毛，下面被极稀疏的柔毛，叶脉在两面显著隆起；项端 3 小叶具短小叶柄或无柄，侧生小叶柄长可达 1 ～ 2 cm，被稀疏紧贴的柔毛；叶柄长 6 ～ 10 cm，基部微膨大。花单生于叶

图 0207　大花威灵仙 *Clematis courtoisii*

腋；花梗长 12 ～ 18 cm，被紧贴的浅柔毛，在花梗的中部着生一对叶状苞片；苞片卵圆形或宽卵形，常较叶片为宽，长 4.5 ～ 7 cm，宽 2.5 ～ 4.5 cm，边缘有时 2 ～ 3 分裂，基具长 2 ～ 4 mm 的短柄；花大，直径 5 ～ 8 cm；萼片常 6 枚，白色，倒卵状披针形或宽披针形，长 3.5 ～ 4.5 cm，宽达 1.5 ～ 2.5 cm，顶端锐尖，内面无毛，褐色脉纹能见，外面沿三条直的中脉形成一青紫色的带，被稀疏柔毛，外侧被密的浅茸毛；雄蕊暗紫色，长达 1.5 cm，常外轮较长，内轮较短，花药线形，长 5 mm，花丝无毛，长为花药的 2 倍；心皮长 4 ～ 5 mm，子房及花柱基部被紧贴的长柔毛，花柱上部被浅柔毛，柱头膨大，无毛。瘦果倒卵圆形，长 5 mm，宽 4 mm，棕红色，被稀疏柔毛，宿存花柱长 1.5 ～ 3 cm，被黄色柔毛，膨大的柱头宿存，无毛。花期 5—6 月，果期 6—7 月。

【拍摄地点】长坪镇龙凤村，海拔 270 m。

【生境分布】生于山坡及路旁的杂木林或灌丛中，攀援于树上。分布于南漳长坪镇。

【药用部位】根及根茎。

【功能主治】祛风湿，通经络，祛痰涎，散癖积。用于风湿痹痛。

单叶铁线莲 地里根 雪里开（图 0208）

Clematis henryi Oliv.

图 0208 单叶铁线莲 *Clematis henryi*

【形态特征】木质藤本。主根下部膨大成瘤状或地瓜状，粗 1.5 ～ 2 cm，表面淡褐色，内部白色。单叶；叶片卵状披针形，长 10 ～ 15 cm，宽 3 ～ 7.5 cm，顶端渐尖，基部浅心形，边缘具刺头状的浅齿，两面无毛或背面仅叶脉上幼时被紧贴的茸毛，基出弧形中脉 3 ～ 5 条，在表面平坦，在背面微隆起，侧脉网状在两面均能见；叶柄长 2 ～ 6 cm，幼时被毛，后脱落。聚伞花序腋生，常只有 1 花，稀有 2 ～ 5 花，花序梗细瘦，与叶柄近于等长，无毛，下部有 2 ～ 4 对线状苞片，交叉对生；花钟状，直径 2 ～ 2.5 cm；萼片 4 枚，较肥厚，白色或淡黄色，卵圆形或长方卵圆形，长 1.5 ～ 2.2 cm，宽 7 ～ 12 mm，顶端钝尖，外面疏生紧贴的茸毛，边缘具白色茸毛，内面无毛，但直的平行脉纹显著；雄蕊长 1 ～ 1.2 cm，花药长椭圆形，花丝线形，具 1 脉，两边有长柔毛，长过花药；心皮被短柔毛，花柱被绢状毛。瘦果狭卵形，长 3 mm，粗 1 mm，被短柔毛，宿存花柱长达 4.5 cm。花期 11—12 月，果期翌年 3—4 月。

【拍摄地点】板桥镇夹马河，海拔 720 m。

【生境分布】生于溪边、山谷、阴湿的坡地、林下及灌丛中，缠绕于树上。分布于南漳板桥、东巩等乡镇。

【药用部位】根。

【功能主治】活血散瘀，理气止痛。用于胃痛，腹痛，跌打损伤，跌扑晕厥，支气管炎；外用治疗腮腺炎。

大叶铁线莲　草牡丹　牡丹藤（图 0209）

Clematis heracleifolia DC.

【形态特征】直立草本或半灌木。高 0.3 ～ 1 m，有粗大的主根，木质化，表面棕黄色。茎粗壮，有明显的纵条纹，密生白色糙茸毛。三出复叶；小叶片亚革质或厚纸质，卵圆形、宽卵圆形至近于圆形，长 6 ～ 10 cm，宽 3 ～ 9 cm，顶端短尖基部圆形或楔形，有时偏斜，边缘有不整齐的粗锯齿，齿尖有短尖头，上面暗绿色，近于无毛，下面有曲柔毛，尤以叶脉上为多，主脉及侧脉在上面平坦，在下面显著隆起；叶柄粗壮，长达 15 cm，被毛；顶生小叶柄长，侧生者短。聚伞花序顶生或腋生，花梗粗壮，有淡白色的糙茸毛，每花下有一枚线状披针形的苞片；花杂性，雄花与两性花异株；花直径 2 ～ 3 cm，花萼下半部呈管状，顶端常反卷；萼片 4 枚，蓝紫色，长椭圆形至宽线形，常在反卷部分增宽，长 1.5 ～ 2 cm，宽 5 mm，内面无毛，外面有白色厚绢状短柔毛，边缘密生白色茸毛；雄蕊长约 1 cm，花丝线形，无毛，花药线形与花丝等长，药隔疏生长柔毛；心皮被白色绢状毛。瘦果卵圆形，两面凸起，长约 4 mm，红棕色，被短柔毛，宿存花柱丝状，长达 3 cm，有白色长柔毛。花期 8—9 月，果期 10 月。

图 0209　大叶铁线莲 *Clematis heracleifolia*

【拍摄地点】长坪镇黄潭村，海拔 331 m。

【生境分布】生于山坡沟谷、林边及路旁的灌丛中。分布于南漳长坪、板桥、薛坪等乡镇。

【药用部位】根及根茎。

【功能主治】祛风利湿，活血解毒。用于风湿性关节痛。

绣球藤　柴木通（图 0210）

Clematis montana Buch.-Ham. ex DC.

【中药名】川木通[*]。

【形态特征】木质藤本。茎圆柱形，有纵条纹；小枝有短柔毛，后变无毛；老时外皮剥落。三出复叶，数叶与花簇生，或对生；小叶片卵形、宽卵形至椭圆形，长 2 ～ 7 cm，宽 1 ～ 5 cm，边缘缺刻状锯齿由多而锐至粗而钝，顶端 3 裂或不明显，两面疏生短柔毛，有时下面较密。花 1 ～ 6 朵与叶簇生，直径 3 ～ 5 cm；萼片 4，开展，白色或外面带淡红色，长圆状倒卵形至倒卵形，长

图 0210　绣球藤 *Clematis montana*

1.5～2.5 cm，宽 0.8～1.5 cm，外面疏生短柔毛，内面无毛；雄蕊无毛。瘦果扁，卵形或卵圆形，长 4～5 mm，宽 3～4 mm，无毛。花期 4—6 月，果期 7—9 月。

【拍摄地点】李庙镇沙坪村，海拔 979 m。

【生境分布】生于山坡林边或沟谷灌丛中。分布于南漳各乡镇。

【采收加工】春、秋二季采收，除去粗皮，晒干，或趁鲜切薄片，晒干。

【药用部位】藤茎。

【性味归经】苦，寒。归心、小肠、膀胱经。

【功能主治】利尿通淋，清心除烦，通经下乳。用于淋证，水肿，心烦尿赤，口舌生疮，经闭乳少，湿热痹痛。

【用法用量】3～6 g。

圆锥铁线莲　铜脚威灵仙（图 0211）

Clematis terniflora DC.

【形态特征】木质藤本。茎、小枝有短柔毛，后近无毛。一回羽状复叶，通常 5 小叶，有时 7 或 3，偶尔基部一对 2～3 裂至 2～3 小叶，茎基部为单叶或三出复叶；小叶片狭卵形至宽卵形，有时卵状披针形，长 2.5～8 cm，宽 1～5 cm，顶端钝或锐尖，有时微凹或短渐尖，基部圆形、浅心形或为楔形，全缘，两面或沿叶脉疏生短柔毛或近无毛，上面网脉不明显或明显，下面网脉突出。圆锥状聚伞花序腋生或顶生，多花，长 5～15 cm，较开展；花序梗、花梗有短柔毛；萼片通常 4，开展，白色，狭倒卵形或长圆形，顶端锐尖或钝，长 0.8～1.5 cm，宽在 4 mm 内，外面有短柔毛，边缘密生茸毛；雄蕊无毛。瘦果橙黄色，常 5～7 个，倒卵形至宽椭圆形，扁，长 5～9 mm，宽 3～6 mm，边缘凸出，有贴伏柔毛，宿存花柱长达 4 cm。花期 6—8 月，果期 8—11 月。

图 0211　圆锥铁线莲 *Clematis terniflora*

【拍摄地点】城关镇便河村，海拔 163 m。

【生境分布】生于山地、丘陵的林边或路旁草丛中。分布于南漳各乡镇。

【药用部位】根及根茎。

【功能主治】祛风湿，通经络，消痰涎，散癖积。用于风湿痹痛。

柱果铁线莲　铁脚威灵仙　黑木通（图 0212）

Clematis uncinata Champ. ex Benth.

【形态特征】藤本，干时常带黑色，除花柱有羽状毛及萼片外面边缘有短柔毛外，其余光滑。茎圆柱形，有纵条纹。一至二回羽状复叶，有 5 ~ 15 小叶，基部 2 对常有 2 ~ 3 小叶，茎基部为单叶或三出叶；小叶片纸质或薄革质，宽卵形、卵形、长圆状卵形至卵状披针形，长 3 ~ 13 cm，宽 1.5 ~ 7 cm，顶端渐尖至锐尖，偶有微凹，基部圆形或宽楔形，有时浅心形或截形，全缘，上面亮绿色，下面灰绿色，两面网脉突出。圆锥状聚伞花序腋生或顶生，多花；萼片 4，开展，白色，干时变褐色至黑色，线状披针形至倒披针形，长 1 ~ 1.5 cm；雄蕊无毛。瘦果圆柱状钻形，干后变黑，长 5 ~ 8 mm，宿存花柱长 1 ~ 2 cm。花期 6—7 月，果期 7—9 月。

图 0212 柱果铁线莲 *Clematis uncinata*

【拍摄地点】李庙镇老君店村，海拔 711 m。

【生境分布】生于灌丛或林边。分布于南漳各乡镇。

【药用部位】根及根茎。

【功能主治】祛风除湿，舒筋活络，镇痛。用于风湿性关节痛，牙痛，骨鲠喉。

黄连属 Coptis

黄连 鸡爪连（图 0213）

Coptis chinensis Franch.

【中药名】黄连*。

【形态特征】根状茎黄色，常分枝，密生多数须根。叶有长柄；叶片稍带革质，卵状三角形，宽达 10 cm，三全裂，中央全裂片卵状菱形，长 3 ~ 8 cm，宽 2 ~ 4 cm，顶端急尖，具长 0.8 ~ 1.8 cm 的细柄，3 或 5 对羽状深裂，在下面分裂最深，深裂片彼此相距 2 ~ 6 mm，边缘生具细刺尖的锐锯齿，侧全裂片具长 1.5 ~ 5 mm 的柄，斜卵形，比中央全裂片短，不等二深裂，两面的叶脉隆起，除表面沿脉被短柔毛外，其余无毛；叶柄长 5 ~ 12 cm，无毛。花葶 1 ~ 2 条，高 12 ~ 25 cm；二歧或多歧聚伞花序有 3 ~ 8 朵花；苞片披针形，三或五羽状深裂；萼片黄绿色，长椭圆状卵形，长 9 ~ 12.5 mm，宽 2 ~ 3 mm；花瓣线形或线状披针形，长 5 ~ 6.5 mm，

图 0213 黄连 *Coptis chinensis*

顶端渐尖，中央有蜜槽；雄蕊约 20，花药长约 1 mm，花丝长 2 ～ 5 mm；心皮 8 ～ 12，花柱微外弯。蓇葖长 6 ～ 8 mm，柄约与之等长；种子 7 ～ 8 粒，长椭圆形，长约 2 mm，宽约 0.8 mm，褐色。2—3 月开花，4—6 月结果。

【拍摄地点】板桥镇龙塆村，海拔 1120 m。

【生境分布】生于山地林中或山谷阴处，野生或栽培。零星分布于南漳板桥镇。

【采收加工】秋季采挖，除去须根和泥沙，干燥，撞去残留须根。

【药用部位】根茎。

【性味归经】苦，寒。归心、脾、胃、肝、胆、大肠经。

【功能主治】清热燥湿，泻火解毒。用于湿热痞满，呕吐吞酸，泻痢，黄疸，高热神昏，心火亢盛，心烦不寐，心悸不宁，血热吐衄，目赤，牙痛，消渴，痈肿疔疮；外治湿疹，湿疮，耳道流脓。

【用法用量】2 ～ 5 g。外用适量。

翠雀属 Delphinium

还亮草　飞燕草（图 0214）

Delphinium anthriscifolium Hance

图 0214　还亮草 *Delphinium anthriscifolium*

【形态特征】茎高 30 ～ 78 cm，无毛或上部疏被反曲的短柔毛，等距地生叶，分枝。叶为二至三回近羽状复叶，间或为三出复叶，有较长柄或短柄，近基部叶在开花时常枯萎；叶片菱状卵形或三角状卵形，长 5 ～ 11 cm，宽 4.5 ～ 8 cm，羽片 2 ～ 4 对，对生，稀互生，下部羽片有细柄，狭卵形，长渐尖，通常分裂近中脉，末回裂片狭卵形或披针形，通常宽 2 ～ 4 mm，表面疏被短柔毛，背面无毛或近无毛；叶柄长 2.5 ～ 6 cm，无毛或近无毛。总状花序有 2 ～ 15 花；轴和花梗被反曲的短柔毛；基部苞片叶状，其他苞片小，披针形至披针状钻形，长 2.5 ～ 4.5 mm；花梗长 0.4 ～ 1.2 cm；小苞片生花梗中部，披针状线形，长 2.5 ～ 4 mm；花长 1 ～ 1.8 cm；萼片堇色或紫色，椭圆形至长圆形，长 6 ～ 9 mm，外面疏被短柔毛，距钻形或圆锥状钻形，长 5 ～ 9 mm，稍向上弯曲或近直；花瓣紫色，无毛，上部变宽；退化雄蕊与萼片同色，无毛，瓣片斧形，二深裂近基部；雄蕊无毛；心皮 3，子房疏被短柔毛或近无毛。蓇葖长 1.1 ～ 1.6 cm；种子扁球形，直径 2 ～ 2.5 mm，上部有螺旋状生长的横膜翅，下部约有 5 条同心的横膜翅。3—5 月开花。

【拍摄地点】城关镇水镜庄风景区，海拔 111 m。

【生境分布】生于低山的山坡草丛或溪边草地。分布于南漳城关、长坪、李庙等乡镇。

【药用部位】全草。

【功能主治】祛风湿，止痛。用于风湿骨痛，四肢麻木，半身不遂，痢疾。

大花还亮草　土黄连（图 0215）

Delphinium anthriscifolium var. *majus* Pamp.

【形态特征】本种为还亮草（*Delphinium anthriscifolium*）的一个变种。本种与还亮草的主要区别为花较大，长 2.3 ～ 3.4 cm，萼距长 1.7 ～ 2.4 cm；退化雄蕊的瓣片卵形，二裂至本身长度的 1/4 ～ 1/3 处，偶尔达中部。

【拍摄地点】李庙镇赵店村，海拔 329 m。

【生境分布】生于丘陵、低山的山坡草丛或溪边草地。分布于南漳李庙、长坪等乡镇。

【药用部位】全草。

【功能主治】祛风湿，止痛。用于风湿骨痛，四肢麻木，半身不遂，痢疾。

图 0215　大花还亮草 *Delphinium anthriscifolium* var. *majus*

人字果属 Dichocarpum

人字果（图 0216）

Dichocarpum sutchuenense（Franch.）W. T. Wang et Hsiao

【形态特征】草本全体无毛。根状茎横走，较粗壮，直径达 6 mm，暗褐色，密生多数细根。茎单一，高 7.5 ～ 30 cm。基生叶少数，在花、果期时常枯萎，为鸟趾状复叶；叶片草质，长 1.5 ～ 4 cm，宽 1.9 ～ 4.5 cm；中央指片圆形或宽倒卵圆形，长 5 ～ 23 mm，宽 6 ～ 25 mm，基部宽楔形，中部以上三至五浅裂，浅裂片顶端微凹，侧生指片有小叶 2、4 或 6 枚，小叶不等大，斜卵圆形、菱状卵形或倒卵形，具短柄或近无柄；叶柄长 3 ～ 7.5 cm。茎生叶通常 1 枚，或不存在，似基生叶，宽 3 ～ 6 cm，具长达 5 cm 的叶柄。复单歧聚伞花序长达 10 cm，有 3 ～ 8 花；下部和中部的苞片似茎生叶，但较小，最上部的苞片三全裂，无柄；花梗长达 7 cm；萼片白色，倒卵状椭圆形，长 6 ～ 11 mm，宽 3 ～ 6 mm，顶端钝；花瓣金黄色，长 3 mm，瓣片近圆形，长约 0.7 mm，顶端通常微凹，有时全缘；雄蕊 20 ～ 45 枚，长约 7 mm，花药宽椭圆形，长约 0.8 mm；心皮约与雄蕊等长，子房倒披针形，花柱长约 2 mm。蓇葖狭倒卵状披针形，连同 2 mm 长的细喙共长 1.2 ～ 1.5 cm；种子 8 ～ 10 粒，圆球形，黄褐色，直径约 1 mm，光滑。

图 0216　人字果 *Dichocarpum sutchuenense*

4—5 月开花，5—6 月结果。

【拍摄地点】长坪镇赵岭村，海拔 1113 m。

【生境分布】生于山地林下湿润处或溪边的岩石旁。分布于南漳长坪镇。

【药用部位】全草。

【功能主治】清热解毒。用于疔疮，无名肿毒。

獐耳细辛属 Hepatica

川鄂獐耳细辛 水黄连（图 0217）

Hepatica henryi（Oliv.）Steward

【形态特征】植株在开花时高 4 ～ 6 cm，以后高达 12 cm。根状茎长约 2.5 cm，粗约 3 mm，密生须根。基生叶约 6，有长柄；叶片宽卵形或圆肾形，长 1.5 ～ 5.5 cm，宽 2 ～ 8.5 cm，基部心形，不明显三浅裂或三裂近中部，裂片顶端急尖，边缘有 1 ～ 2 个齿，两面有长柔毛，变无毛；叶柄长 4 ～ 12 cm，稍密被柔毛。花葶 1 ～ 2 条，近直立，有柔毛；苞片 3，卵形，长 5 ～ 11 mm，宽 3 ～ 6 mm，顶端急尖，全缘或有 3 小齿，有疏柔毛；萼片 6，倒卵状长圆形或狭椭圆形，长 8 ～ 12 mm，宽 3 ～ 5.5 mm，外面有疏柔毛；雄蕊长 2 ～ 3.5 mm，花药椭圆形，长约 0.5 mm，花丝近丝形；心皮约 10，子房有长柔毛，花柱短，稍向外弯。4—5 月开花。

图 0217 川鄂獐耳细辛 *Hepatica henryi*

【拍摄地点】李庙镇主山寨村，海拔 1061 m。

【生境分布】生于山地林下或阴湿草坡。分布于南漳李庙镇。

【药用部位】全草。

【功能主治】清热，解毒，泻火。用于目赤肿痛。

白头翁属 Pulsatilla

白头翁 毛姑朵花 老婆子花 老公花（图 0218）

Pulsatilla chinensis（Bunge）Regel

【中药名】白头翁*。

【形态特征】植株高 15 ～ 35 cm。根状茎粗 0.8 ～ 1.5 cm。基生叶 4 ～ 5，通常在开花时刚刚生出，有长柄；叶片宽卵形，长 4.5 ～ 14 cm，宽 6.5 ～ 16 cm，三全裂，中全裂片有柄或近无柄，宽卵形，三深裂，中深裂片楔状倒卵形，少有狭楔形或倒梯形，全缘或有齿，侧深裂片不等二浅裂，侧全裂片无柄或近无柄，不等三深裂，表面变无毛，背面有长柔毛；叶柄长 7 ～ 15 cm，有密长柔毛。花葶 1，有柔毛；苞片 3，基部合生成长 3 ～ 10 mm 的筒，三深裂，深裂片线形，不分裂或上部三浅裂，背面密被长柔毛；花梗长 2.5 ～ 5.5 cm，结果时长达 23 cm；花直立；萼片蓝紫色，长圆状卵形，长 2.8 ～ 4.4 cm，宽 0.9 ～ 2 cm，背面有密柔毛；雄蕊长约为萼片之半。聚合果直径 9 ～ 12 cm；瘦果纺锤形，扁，长 3.5 ～ 4 mm，有长柔毛，宿存花柱长 3.5 ～ 6.5 cm，有向上斜展的长柔毛。4—5 月开花。

【拍摄地点】李庙镇刘坪村，海拔 354 m。

【生境分布】生于低山山坡草丛中、林边或干旱多石的坡地。分布于南漳各乡镇。

【采收加工】春、秋二季采挖，除去泥沙，干燥。

【药用部位】根。

【性味归经】苦，寒。归胃、大肠经。

【功能主治】清热解毒，凉血止痢。用于热毒血痢，阴痒带下。

【用法用量】9 ～ 15 g。

图 0218 白头翁 *Pulsatilla chinensis*

毛茛属 Ranunculus

毛茛 老虎脚爪草 起泡菜（图 0219）

Ranunculus japonicus Thunb.

【形态特征】多年生草本，须根多数簇生。茎直立，高 30 ～ 70 cm，中空，有槽，具分枝，生开展或贴伏的柔毛。基生叶多数；叶片圆心形或五角形，长、宽为 3 ～ 10 cm，基部心形或截形，通常 3 深裂不达基部，中裂片倒卵状楔形或宽卵圆形或菱形，3 浅裂，边缘有粗齿或缺刻，侧裂片不等地 2 裂，两面贴生柔毛，下面或幼时的毛较密；叶柄长达 15 cm，生开展柔毛。下部叶与基生叶相似，渐向上叶柄变短，叶片较小，3 深裂，裂片披针形，有尖齿或再分裂；最上部叶线形，全缘，无柄。聚伞花序有多数花，疏散；花直径 1.5 ～ 2.2 cm；花梗长达 8 cm，贴生柔毛；萼片椭圆形，长 4 ～ 6 mm，生白柔毛；花瓣 5，倒卵状圆形，长 6 ～ 11 mm，宽 4 ～ 8 mm，基部有长约 0.5 mm 的爪，蜜槽鳞片长 1 ～ 2 mm；花药长约 1.5 mm；花托短小，无毛。聚合果近球形，直径 6 ～ 8 mm；瘦果扁平，长 2 ～ 2.5 mm，

图 0219 毛茛 *Ranunculus japonicus*

上部最宽处与长近相等，约为厚的 5 倍以上，边缘有宽约 0.2 mm 的棱，无毛，喙短直或外弯，长约 0.5 mm。花果期 4—9 月。

【拍摄地点】李庙镇沙坪村，海拔 970 m。

【生境分布】生于田沟旁和林缘路边的湿草地上。分布于南漳各乡镇。

【药用部位】全草。

【功能主治】截疟，消肿。外用捣敷治疗疮癣。

【附注】全草含原白头翁素，有毒。

扬子毛茛 鸭脚板草 辣子草（图 0220）

Ranunculus sieboldii Miq.

图 0220 扬子毛茛 *Ranunculus sieboldii*

【形态特征】多年生草本，须根伸长簇生。茎铺散，斜升，高 20 ~ 50 cm，下部节偃地生根，多分枝，密生开展的白色或淡黄色柔毛。基生叶与茎生叶相似，为三出复叶；叶片圆肾形至宽卵形，长 2 ~ 5 cm，宽 3 ~ 6 cm，基部心形，中央小叶宽卵形或菱状卵形，3 浅裂至较深裂，边缘有锯齿，小叶柄长 1 ~ 5 mm，生开展柔毛；侧生小叶不等地 2 裂，背面或两面疏生柔毛；叶柄长 2 ~ 5 cm，密生开展的柔毛，基部扩大成褐色膜质的宽鞘，抱茎上部叶较小，叶柄也较短。花与叶对生，直径 1.2 ~ 1.8 cm；花梗长 3 ~ 8 cm，密生柔毛；萼片狭卵形，长 4 ~ 6 mm，为宽的 2 倍，外面生柔毛，花期向下反折，迟落；花瓣 5，黄色或上面变白色，狭倒卵形至椭圆形，长 6 ~ 10 mm，宽 3 ~ 5 mm，有 5 ~ 9 条或深色脉纹，下部渐窄成长爪，蜜槽小鳞片位于爪的基部；雄蕊 20 余枚，花药长约 2 mm；花托粗短，密生白柔毛。聚合果圆球形，直径约 1 cm；瘦果扁平，长 3 ~ 4 mm，宽 3 ~ 3.5 mm，为厚的 5 倍以上，无毛，边缘有宽约 0.4 mm 的宽棱，喙长约 1 mm，成锥状外弯。花果期 5—10 月。

【拍摄地点】城关镇文笔峰村，海拔 102 m。

【生境分布】生于山坡林边或湿地。分布于南漳各乡镇。

【药用部位】全草。

【功能主治】利湿，消肿，止痛，退翳。用于疮毒，腹水浮肿；捣碎外敷，发泡截疟。

天葵属 Semiaquilegia

天葵 千年老鼠屎（图 0221）

Semiaquilegia adoxoides（DC.）Makino

【中药名】天葵子*。

【形态特征】块根长 1 ～ 2 cm，粗 3 ～ 6 mm，外皮棕黑色。茎 1 ～ 5 条，高 10 ～ 32 cm，直径 1 ～ 2 mm，被稀疏的白色柔毛，分歧。基生叶多数，为掌状三出复叶；叶片轮廓卵圆形至肾形，长 1.2 ～ 3 cm；小叶扇状菱形或倒卵状菱形，长 0.6 ～ 2.5 cm，宽 1 ～ 2.8 cm，三深裂，深裂片又有 2 ～ 3 个小裂片，两面均无毛；叶柄长 3 ～ 12 cm，基部扩大呈鞘状。茎生叶与基生叶相似，较小。花小，直径 4 ～ 6 mm；苞片小，倒披针形至倒卵圆形，不裂或三深裂；花梗纤细，长 1 ～ 2.5 cm，被伸展的白色短柔毛；萼片白色，常带淡紫色，狭椭圆形，长 4 ～ 6 mm，宽 1.2 ～ 2.5 mm，顶端急尖；花瓣匙形，长 2.5 ～ 3.5 mm，顶端近截形，基部凸起呈囊状；退化雄蕊约 2 枚，线状披针形，白膜质，与花丝近等长；心皮无毛。蓇葖卵状长椭圆形，长 6 ～ 7 mm，宽约 2 mm，表面具凸起的横向脉纹，种子卵状椭圆形，褐色至黑褐色，长约 1 mm，表面有许多小瘤状突起。3—4 月开花，4—5 月结果。

图 0221　天葵 *Semiaquilegia adoxoides*

【拍摄地点】城关镇凉泉村，海拔 605 m。

【生境分布】生于山谷阴湿处或疏林下。广泛分布于南漳各乡镇。

【采收加工】夏初采挖，洗净，干燥，除去须根。

【药用部位】块根。

【性味归经】甘、苦，寒。归肝、胃经。

【功能主治】清热解毒，消肿散结。用于痈肿疔疮，乳痈，瘰疬，蛇虫咬伤。

【用法用量】9 ～ 15 g。

唐松草属 Thalictrum

唐松草　草黄连　土黄连（图 0222）

Thalictrum aquilegifolium var. *sibiricum* Regel & Tiling

【形态特征】植株全部无毛。茎粗壮，高 60 ～ 150 cm，粗达 1 cm，分枝。基生叶在开花时枯萎。茎生叶为三至四回三出复叶；叶片长 10 ～ 30 cm；小叶草质，顶生小叶倒卵形或扁圆形，长 1.5 ～ 2.5 cm，宽 1.2 ～ 3 cm，顶端圆或微钝，基部圆楔形或不明显心形，三浅裂，裂片全缘或有 1 ～ 2 齿，两面脉平或在背面脉稍隆起；叶柄长 4.5 ～ 8 cm，有鞘，托叶膜质，不裂。圆锥花序伞房状，有多数密集的花；花梗长 4 ～ 17 mm；萼片白色或外面带紫色，宽椭圆形，长 3 ～ 3.5 mm，早落；雄蕊多数，长 6 ～ 9 mm，花药长圆形，长约 1.2 mm，顶端钝，上部倒披针形，比花药宽或稍窄，下部丝形；心皮 6 ～ 8，有长心皮柄，花柱短，柱头侧生。瘦果倒卵形，长 4 ～ 7 mm，有 3 条宽纵翅，基部突变狭，心皮柄长 3 ～ 5 mm，宿存柱头长 0.3 ～ 0.5 mm。7 月开花。

【拍摄地点】板桥镇茅山坪村，海拔 841 m。

【生境分布】生于山地林边草坡或路旁。分布于南漳板桥、城关、李庙等乡镇。

【药用部位】根。

【功能主治】清热解毒。用于痈肿疮疖。

图 0222 唐松草 *Thalictrum aquilegifolium* var. *sibiricum*

图 0223 盾叶唐松草 *Thalictrum ichangense*

盾叶唐松草 岩扫把（图 0223）

Thalictrum ichangense Lecoy. ex Oliv.

【形态特征】植株全部无毛。根状茎斜，密生须根；须根有纺锤形小块根。茎高 14 ～ 32 cm，不分枝或上部分枝。基生叶长 8 ～ 25 cm，有长柄，为一至三回三出复叶；叶片长 4 ～ 14 cm；小叶草质，顶生小叶卵形、宽卵形、宽椭圆形或近圆形，长 2 ～ 4 cm，宽 1.5 ～ 4 cm，顶端微钝至圆形，基部圆形或近截形，三浅裂，边缘有疏齿，两面脉平，小叶柄盾状着生，长 1.5 ～ 2.5 cm；叶柄长 5 ～ 12 cm。茎生叶 1 ～ 3 个，渐变小。复单歧聚伞花序有稀疏分枝；花梗丝形，长 0.3 ～ 2 cm；萼片白色，卵形，长约 3 mm，早落；雄蕊长 4 ～ 6 mm，花药椭圆形，长约 0.6 mm，花丝上部倒披针形，比花药宽，下部丝形；心皮 5 ～ 12，有细子房柄，柱头近球形，无柄。瘦果近镰刀形，长约 4.5 mm，有约 8 条细纵肋，柄长约 1.5 mm。

【拍摄地点】板桥镇龙墙村，海拔 1234 m。

【生境分布】生于山地沟边、灌丛中或林中。分布于南漳板桥、薛坪、肖堰等乡镇。

【药用部位】全草。

【功能主治】清热解毒。用于痈肿疮疖。

长喙唐松草 雨点子草（图 0224）

Thalictrum macrorhynchum Franch.

【形态特征】植株全部无毛。根状茎粗壮，下部密生粗须根。茎高 45 ～ 65 cm，分枝。基生叶和茎下部叶有较长柄，上部叶有短柄，为二至三回三出复叶；叶片长 9.5 ～ 13 cm，宽达 15 cm；小叶草质，顶生小叶圆菱形或宽倒卵形，偶尔椭圆形，长 2 ～ 4 cm，宽 2.5 ～ 4 cm，顶端圆形，基部圆形或浅心形，三浅裂，有圆齿，表面脉平，背面脉平或中脉稍隆起，脉网不明显，小叶柄细，长 0.9 ～ 1.6 cm；叶柄长达 8 cm，基部稍增宽成鞘，托叶薄膜质，全缘。圆锥状花序有稀疏分枝；花梗长 1.2 ～ 3.2 cm；萼片白色，椭圆形，长约 3.5 mm，早落；雄蕊长约 4 mm，花药长椭圆形，长 0.8 ～ 1 mm，花丝比花药稍宽或等宽，上部狭倒披针形；心皮 10 ～ 20，有短柄，花柱与子房近等长，拳卷。瘦果狭卵球形，长 7 ～ 9 mm，基部突变成短柄，有 8 条纵肋，宿存花柱长约 2.2 mm，拳卷。6 月开花。

图 0224 长喙唐松草 *Thalictrum macrorhynchum*

【拍摄地点】城关镇凉泉村，海拔 608 m。

【生境分布】生于山地林中或山谷灌丛中。分布于南漳城关镇。

【药用部位】全草。

【功能主治】清热泻火，化痰止咳，散风寒。用于伤风感冒。

西南唐松草（图 0225）

Thalictrum fargesii Franch. ex Finet et Gagnep.

【形态特征】植株通常全部无毛，偶尔在茎上有少数短毛。茎高达 50 cm，纤细，分枝。基生叶在开花时枯萎。茎中部叶有稍长柄，为三至四回三出复叶；叶片长 8 ～ 14 cm；小叶草质或纸质，顶生小叶菱状倒卵形、宽倒卵形或近圆形，长 1 ～ 3 cm，宽 1 ～ 2.5 cm，顶端钝，基部宽楔形、圆形，有时浅心形，在上部三浅裂，裂片全缘或有 1 ～ 3 个圆齿，脉在背面隆起，脉网明显，小叶柄长 0.3 ～ 2 cm；叶柄长 3.5 ～ 5 cm；托叶小，膜质。简单的单歧聚伞花序生分枝顶端；花梗细，长 1 ～ 3.5 cm；萼片 4，白色或带淡紫色，脱落，椭圆形，长 3 ～ 6 mm；雄蕊多数，花药狭长圆形，长约 1 mm，花丝上部倒披针形，比花药稍宽，下部丝形；心皮 2 ～ 5，花柱直，柱头狭椭圆形或近线形。瘦果纺锤形，长 4 ～ 5 mm，基部有极短的心皮柄，宿存花柱长 0.8 ～ 2 mm。5—6 月开花。

图 0225 西南唐松草 *Thalictrum fargesii*

【拍摄地点】李庙镇主山寨村，海拔 1051 m。

【生境分布】生于山地林中、草地、陡崖旁或沟边。分布于南漳李庙镇。

【药用部位】根状茎。

【功能主治】清热泻火，利湿。用于目赤肿痛，咽喉痛，疮毒，痢疾，黄疸等。

粗壮唐松草 老虎香（图 0226）

Thalictrum robustum Maxim.

图 0226 粗壮唐松草 *Thalictrum robustum*

【形态特征】茎高 80 ～ 150 cm，有稀疏短柔毛或无毛，上部分枝。基生叶和茎下部叶在开花时枯萎。茎中部叶为二至三回三出复叶；叶片长达 25 cm；小叶纸质或草质，顶生小叶卵形，长 6 ～ 8.5 cm，宽 3 ～ 5 cm，顶端短渐尖，或急尖，基部浅心形或圆形，三浅裂，边缘有不等的粗齿，背面稍密被短柔毛，脉在背面隆起，脉网明显，小叶柄长 0.6 ～ 2 cm；叶柄长 3 ～ 7 cm；托叶膜质，上部不规则分裂。花序圆锥状，有多数花；花梗长 1.5 ～ 3 mm，有短柔毛；萼片 4，早落，椭圆形，长约 3 mm；雄蕊多数，花药狭长圆形，长约 1 mm，顶端微钝，花丝比花药稍窄，线状倒披针形，下部丝形；心皮 6 ～ 16，无毛或近无毛，花柱拳卷。瘦果无柄，长圆形，长 1.5 ～ 3 mm，有 7 ～ 8 条纵肋，宿存花柱长 0.6 ～ 0.8 mm。6—7 月开花。

【拍摄地点】长坪镇朝阳村，海拔 1154 m。

【生境分布】生于山地林中、沟边或较阴湿的草丛中。分布于南漳长坪镇。

【药用部位】根。

【功能主治】清热解毒。用于痈肿疮疖。

芍药属 Paeonia

芍药（图 0227）

Paeonia lactiflora Pall.

图 0227 芍药 *Paeonia lactiflora*

【中药名】白芍*、赤芍*。

【形态特征】多年生草本。根粗壮，分枝黑褐色。茎高 40 ～ 70 cm，无毛。下部茎生叶为二回三出复叶，上部茎生叶为三出复叶；小叶狭卵形、椭圆形或披针形，顶端渐尖，基部楔形或偏斜，边缘具白色骨质细齿，两面无毛，背面沿叶脉疏生短柔毛。花数朵，生茎顶和叶腋，有时仅顶端一朵开放，而近顶端叶腋处有发育不好的花芽，直径 8 ～ 11.5 cm；苞片 4 ～ 5，披针形，大小不等；萼片 4，宽卵形或近圆形，长 1 ～ 1.5 cm，宽 1 ～ 1.7 cm；花瓣 9 ～ 13，倒卵形，长 3.5 ～ 6 cm，宽 1.5 ～ 4.5 cm，白色，有时基部具深紫色斑块；花丝长 0.7 ～ 1.2 cm，黄色；花盘浅杯状，包裹心皮基部，顶端裂片钝圆；心皮 4 ～ 5，无毛。蓇葖长 2.5 ～ 3 cm，直径 1.2 ～ 1.5 cm，顶端具喙。花期 5—6 月，果期 8 月。

【拍摄地点】城关镇凉泉村，海拔 617 m。

【生境分布】生于山坡草地，多为栽培。分布于南漳各乡镇。

【采收加工】白芍：夏、秋二季采挖，洗净，除去头尾和细根，置沸水中煮后除去外皮或去皮后再煮，晒干。赤芍：春、秋二季采挖，除去根茎、须根及泥沙，晒干。

【药用部位】根。

【性味归经】白芍：苦、酸，微寒；归肝、脾经。赤芍：苦，微寒；归肝经。

【功能主治】白芍：养血调经，敛阴止汗，柔肝止痛，平抑肝阳；用于血虚萎黄，月经不调，自汗，盗汗，胁痛，腹痛，四肢挛痛，头痛眩晕。赤芍：清热凉血，散瘀止痛；用于热入营血，温毒发斑，吐血衄血，目赤肿痛，肝郁胁痛，经闭痛经，癥瘕腹痛，跌扑损伤，痈肿疮疡。

【用法用量】白芍：6 ～ 15 g。赤芍：6 ～ 12 g。

草芍药　山芍药（图 0228）

Paeonia obovata Maxim.

【形态特征】多年生草本。根粗壮，长圆柱形。茎高 30 ～ 70 cm，无毛，基部生数枚鞘状鳞片。茎下部叶为二回三出复叶；叶片长 14 ～ 28 cm；顶生小叶倒卵形或宽椭圆形，长 9.5 ～ 14 cm，宽 4 ～ 10 cm，顶端短尖，基部楔形，全缘，表面深绿色，背面淡绿色，无毛或沿叶脉疏生柔毛，小叶柄长 1 ～ 2 cm；侧生小叶比顶生小叶小，同形，长 5 ～ 10 cm，宽 4.5 ～ 7 cm，具短柄或近无柄；茎上部叶为三出复叶或单叶；叶柄长 5 ～ 12 cm。单花顶生，直径 7 ～ 10 cm；萼片 3 ～ 5，宽卵形，长 1.2 ～ 1.5 cm，淡绿色，花瓣 6，白色、红色、紫红色，倒卵形，长 3 ～ 5.5 cm，宽 1.8 ～ 2.8 cm；雄蕊长 1 ～ 1.2 cm，花丝淡红色，花药长圆形；花盘浅杯状，包住心皮基部；心皮 2 ～ 3，无毛。蓇葖卵圆形，长 2 ～ 3 cm，成熟时果皮反卷呈红色。花期 5 月至 6 月中旬，果期 9 月。

图 0228　草芍药 *Paeonia obovata*

【拍摄地点】长坪镇赵岭村，海拔 1413 m。

【生境分布】生于山坡草地及林缘。分布于南漳长坪镇。

【药用部位】根。

【功能主治】凉血止血，散瘀消肿，通经止痛。用于吐血衄血，经闭痛经，癥瘕腹痛，跌扑损伤，痈肿疮疡。

牡丹 洛阳花 富贵花（图 0229）

Paeonia suffruticosa Andr.

【中药名】牡丹皮*。

【形态特征】落叶灌木。茎高达 2 m，分枝短而粗。叶通常为二回三出复叶，偶尔近枝顶的叶为 3 小叶；顶生小叶宽卵形，长 7 ～ 8 cm，宽 5.5 ～ 7 cm，3 裂至中部，裂片不裂或 2 ～ 3 浅裂，表面绿色，无毛，背面淡绿色，有时具白粉，沿叶脉疏生短柔毛或近无毛，小叶柄长 1.2 ～ 3 cm；侧生小叶狭卵形或长圆状卵形，长 4.5 ～ 6.5 cm，宽 2.5 ～ 4 cm，不等 2 裂至 3 浅裂或不裂，近无柄；叶柄长 5 ～ 11 cm，和叶轴均无毛。花单生枝顶，直径 10 ～ 17 cm；花梗长 4 ～ 6 cm；苞片 5，长椭圆形，大小不等；萼片 5，绿色，宽卵形，大小不等；花瓣 5，或为重瓣，玫瑰色、红紫色、粉红色至白色，通常变异很大，倒卵形，长 5 ～ 8 cm，宽 4.2 ～ 6 cm，顶端呈不规则的波状；雄蕊长 1 ～ 1.7 cm，花丝紫红色、粉红色，上部白色，长约 1.3 cm，花药长圆形，长 4 mm；花盘革质，杯状，紫红色，顶端有数个锐齿或裂片，完全包住心皮，在心皮成熟时开裂；心皮 5，稀更多，密生柔毛。蓇葖长圆形，密生黄褐色硬毛。花期 5 月，果期 6 月。

图 0229 牡丹 *Paeonia suffruticosa*

【拍摄地点】肖堰镇峰山村，海拔 880 m。

【生境分布】栽培。分布于南漳肖堰、城关等乡镇。

【采收加工】秋季采挖根部，除去细根和泥沙，剥取根皮，晒干或刮去粗皮，除去木心，晒干。前者习称连丹皮，后者习称刮丹皮。

【药用部位】根皮。

【性味归经】苦、辛，微寒。归心、肝、肾经。

【功能主治】清热凉血，活血化瘀。用于热入营血，温毒发斑，吐血衄血，夜热早凉，无汗骨蒸，经闭痛经，跌扑伤痛，痈肿疮毒。

【用法用量】6 ～ 12 g。孕妇慎用。

紫斑牡丹（图 0230）

Paeonia rockii（S. G. Haw & Lauener）T. Hong & J. J. Li

【形态特征】本种与牡丹（*Paeonia suffruticosa*）的形态特征较为相似，其主要区别为本种花瓣内面基部具深紫色斑块。叶为二至三回羽状复叶，小叶不分裂，稀不等 2 ～ 4 浅裂。花大，花瓣白色。

【拍摄地点】薛坪镇火石观村，海拔 777 m。

【生境分布】栽培。分布于南漳肖堰、薛坪、李庙等乡镇。

【药用部位】根皮。

【功能主治】凉血，活血，消肿止痛。用于经闭痛经，跌打损伤，痈肿疮毒。

图 0230 紫斑牡丹 *Paeonia rockii*

图 0231 短柄小檗 *Berberis brachypoda*

63. 小檗科 Berberidaceae

小檗属 Berberis

短柄小檗 小黄包树（图 0231）

Berberis brachypoda Maxim.

【形态特征】落叶灌木，高 1 ～ 3 m。老枝黄灰色，无毛或疏被柔毛，幼枝具条棱，淡褐色，无毛或被柔毛，具稀疏黑疣点；茎刺三分叉，稀单生，与枝同色，长 1 ～ 3 cm，腹面具槽。叶厚纸质，椭圆形、倒卵形或长圆状椭圆形，长 3 ～ 8 cm，宽 1.5 ～ 3.5 cm，先端急尖或钝，基部楔形，上面暗绿色，有褶皱，疏被短柔毛，背面黄绿色，脉上密被长柔毛，叶缘平展，每边具 20 ～ 40 刺齿；叶柄长 3 ～ 10 mm，被柔毛。穗状总状花序直立或斜上，长 5 ～ 12 cm，通常密生 20 ～ 50 朵花，具花序梗，长 1.5 ～ 4 cm，无毛；花梗长约 2 mm，疏被短柔毛或无毛；花淡黄色；小苞片披针形，常红色，2 轮 4 枚。萼片 3 轮，边缘具短毛，外萼片卵形，长约 2 mm，宽约 1.5 mm，先端急尖，常带红色；中萼片长圆状倒卵形，长约 3 mm，宽约 2.5 mm；内萼片倒卵状椭圆形，长约 4.5 mm，宽约 3 mm，先端钝。花瓣椭圆形，长约 5 mm，宽约 3 mm，先端缺裂或全缘，裂片先端急尖，基部缢缩呈爪状，具 2 枚分离腺体；雄蕊长约 2 mm，药隔不延伸，先端平截；胚珠 1 ～ 2 枚。浆果长圆形，长 6 ～ 9 mm，直径约 5 mm，鲜红色，顶端具明显宿存花柱，不被白粉。花期 5—6 月，果期 7—9 月。

【拍摄地点】长坪镇赵岭村，海拔 1256 m。

【生境分布】生于山坡灌丛或山谷林下。分布于南漳长坪镇。

【药用部位】根。

【功能主治】清热，利湿，散瘀。用于湿热黄疸。

豪猪刺　三颗针（图 0232）

Berberis julianae Schneid.

【形态特征】常绿灌木，高 1 ～ 3 m。老枝黄褐色或灰褐色，幼枝淡黄色，具条棱和稀疏黑色疣点；茎刺粗壮，三分叉，腹面具槽，与枝同色，长 1 ～ 4 cm。叶革质，椭圆形、披针形或倒披针形，长 3 ～ 10 cm，宽 1 ～ 3 cm，先端渐尖，基部楔形，上面深绿色，中脉凹陷，侧脉微显，背面淡绿色，中脉隆起，侧脉微隆起或不显，两面网脉不显，不被白粉，叶缘平展，每边具 10 ～ 20 刺齿；叶柄长 1 ～ 4 mm。花 10 ～ 25 朵簇生，花梗长 8 ～ 15 mm；花黄色；小苞片卵形，长约 2.5 mm，宽约 1.5 mm，先端急尖；萼片 2 轮，外萼片卵形，长约 5 mm，宽约 3 mm，先端急尖；内萼片长圆状椭圆形，长约 7 mm，宽约 4 mm，先端圆钝；花瓣长圆状椭圆形，长约 6 mm，宽约 3 mm，先端缺裂，基部缢缩呈爪状，具 2 枚长圆形腺体；胚珠单生。浆果长圆形，蓝黑色，长 7 ～ 8 mm，直径 3.5 ～ 4 mm，顶端具明显宿存花柱，被白粉。花期 3 月，果期 5—11 月。

图 0232　豪猪刺 *Berberis julianae*

【拍摄地点】李庙镇主山寨村，海拔 1156 m。

【生境分布】生于山坡林中或灌丛中。分布于南漳李庙、长坪、薛坪等乡镇。

【药用部位】根。

【功能主治】清热解毒，利湿。用于湿热黄疸，血痢。

红毛七属 Caulophyllum

红毛七　类叶牡丹（图 0233）

Caulophyllum robustum Maxim.

【中药名】红毛七*。

【形态特征】多年生草本，植株高达 80 cm。根状茎粗短。茎生 2 叶，互生，二至三回三出复叶，下部叶具长柄；小叶卵形、长圆形或阔披针形，长 4 ～ 8 cm，宽 1.5 ～ 5 cm，先端渐尖，基部宽楔形，全缘，有时 2 ～ 3 裂，上面绿色，背面淡绿色或带灰白色，两面无毛；顶生小叶具柄，侧生小叶近无柄。圆锥花序顶生；花淡黄色，直径 7 ～ 8 mm；苞片 3 ～ 6；萼片 6，倒卵形，

图 0233　红毛七 *Caulophyllum robustum*

花瓣状，长 5 ~ 6 mm，宽 2.5 ~ 3 mm，先端圆形；花瓣 6，较萼片小，蜜腺状，扇形，基部缢缩呈爪状；雄蕊 6，长约 2 mm，花丝稍长于花药；雌蕊单一，子房 1 室，具 2 枚基生胚珠，花后子房开裂，露出 2 枚球形种子。果熟时柄增粗，长 7 ~ 8 mm。种子浆果状，直径 6 ~ 8 mm，微被白粉，熟后蓝黑色，外被肉质假种皮。花期 5—6 月，果期 7—9 月。

【拍摄地点】李庙镇主山寨村，海拔 1060 m。

【生境分布】生于林下、山沟阴湿处。偶见分布于南漳李庙镇。

【采收加工】秋季采挖，洗净，晒干。

【药用部位】根及根茎。

【性味归经】苦、辛，温；有小毒。归肝、胃经。

【功能主治】通络止痛，祛风除湿，活血调经。用于跌打损伤，风湿骨痛，胃痛等。

【用法用量】3 ~ 10 g，煎服或研末吞服。

鬼臼属 Dysosma

八角莲　鬼臼　江边一碗水（图 0234）

Dysosma versipellis（Hance）M. Cheng ex Ying

【中药名】八角莲*。

【形态特征】多年生草本，植株高 40 ~ 150 cm。根状茎粗壮，横生，多须根；茎直立，不分枝，无毛，淡绿色。茎生叶 2 枚，薄纸质，互生，盾状，近圆形，直径达 30 cm，4 ~ 9 掌状浅裂；裂片阔三角形、卵形或卵状长圆形，长 2.5 ~ 4 cm，基部宽 5 ~ 7 cm，先端锐尖，不分裂，上面无毛，背面被柔毛，叶脉明显隆起，边缘具细齿；下部叶的柄长 12 ~ 25 cm，上部叶柄长 1 ~ 3 cm。花梗纤细，下弯，被柔毛；花深红色，5 ~ 8 朵簇生于离叶基部不远处，下垂；萼片 6，长圆状椭圆形，长 0.6 ~ 1.8 cm，宽 6 ~ 8 mm，先端急尖，外面被短柔毛，内面无毛；花瓣 6，勺状倒卵形，长约 2.5 cm，宽约 8 mm，无毛；雄蕊 6，长约 1.8 cm，花丝短于花药，药隔先端急尖，无毛；子房椭圆形，无毛，花柱短，柱头盾状。浆果椭圆形，长约 4 cm，直径约 3.5 cm。种子多数。花期 3—6 月，果期 5—9 月。

图 0234　八角莲 *Dysosma versipellis*

【拍摄地点】李庙镇主山寨村，海拔 1236 m。

【生境分布】生于山坡林下、灌丛中或溪旁阴湿处。分布于南漳李庙、长坪、巡检等乡镇。

【采收加工】全年均可采挖，秋末为佳，除去茎叶、须根，洗净泥沙，晒干或烘干。

【药用部位】根茎。

【性味归经】苦、辛，凉；有毒。归肺、肝经。

【功能主治】清热解毒，化痰散结，祛瘀止痛。用于咳嗽，咽喉肿痛，瘰疬，跌打损伤，毒蛇咬伤，痈肿，痹症。

【用法用量】3 ～ 12 g。外用适量，捣烂敷或研末调敷。孕妇禁服。

淫羊藿属 Epimedium

淫羊藿 仙灵脾（图 0235）

Epimedium brevicornu Maxim.

【中药名】淫羊藿*。

【形态特征】多年生草本，植株高 20 ～ 60 cm。根状茎粗短，木质化，暗棕褐色。二回三出复叶基生和茎生，具 9 枚小叶；基生叶 1 ～ 3 枚丛生，具长柄，茎生叶 2 枚，对生；小叶纸质或厚纸质，卵形或阔卵形，长 3 ～ 7 cm，宽 2.5 ～ 6 cm，先端急尖或短渐尖，基部深心形，顶生小叶基部裂片圆形，近等大，侧生小叶基部裂片稍偏斜，急尖或圆形，上面常有光泽，网脉显著，背面苍白色，光滑或疏生少数柔毛，基出 7 脉，叶缘具刺齿；花茎具 2 枚对生叶，圆锥花序长 10 ～ 35 cm，具 20 ～ 50 朵花，序轴及花梗被腺毛；花梗长 5 ～ 20 mm；花白色或淡黄色；萼片 2 轮，外萼片卵状三角形，暗绿色，长 1 ～ 3 mm，内萼片披针形，白色或淡黄色，长约 10 mm，宽约 4 mm；花瓣远较内萼片短，距呈圆锥状，长仅 2 ～ 3 mm，瓣片很小；雄蕊长 3 ～ 4 mm，伸出，花药长约 2 mm，瓣裂。蒴果长约 1 cm，宿存花柱喙状，长 2 ～ 3 mm。花期 5—6 月，果期 6—8 月。

图 0235 淫羊藿 *Epimedium brevicornu*

【拍摄地点】城关镇凉泉村，海拔 608 m。

【生境分布】生于林下、沟边灌丛中或山坡阴湿处。分布于南漳各乡镇。

【采收加工】夏、秋二季茎叶茂盛时采收，晒干或阴干。

【药用部位】叶。

【性味归经】辛、甘，温。归肝、肾经。

【功能主治】补肾阳，强筋骨，祛风湿。用于肾阳虚衰，阳痿遗精，筋骨痿软，风湿痹痛，麻木拘挛。

【用法用量】6 ～ 10 g。

十大功劳属 Mahonia

阔叶十大功劳 八角刺（图 0236）

Mahonia bealei（Fort.）Carr.

【中药名】功劳木*。

图 0236 阔叶十大功劳 *Mahonia bealei*

【形态特征】灌木或小乔木，高 0.5 ～ 4 m。叶狭倒卵形至长圆形，长 27 ～ 51 cm，宽 10 ～ 20 cm，具 4 ～ 10 对小叶；最下一对小叶距叶柄基部 0.5 ～ 2.5 cm，上面暗灰绿色，背面被白霜，有时淡黄绿色或苍白色，两面叶脉不显，叶轴粗 2 ～ 4 mm，节间长 3 ～ 10 cm；小叶厚革质，硬直，自叶下部往上小叶渐次变长而狭，最下一对小叶卵形，长 1.2 ～ 3.5 cm，宽 1 ～ 2 cm，具 1 ～ 2 粗锯齿；往上小叶近圆形至卵形或长圆形，长 2 ～ 10.5 cm，宽 2 ～ 6 cm，基部阔楔形或圆形，偏斜，有时心形，边缘每边具 2 ～ 6 粗锯齿，先端具硬尖；顶生小叶较大，长 7 ～ 13 cm，宽 3.5 ～ 10 cm，具柄，长 1 ～ 6 cm。总状花序直立，通常 3 ～ 9 个簇生；芽鳞卵形至卵状披针形，长 1.5 ～ 4 cm，宽 0.7 ～ 1.2 cm；花梗长 4 ～ 6 cm；苞片阔卵形或卵状披针形，先端钝，长 3 ～ 5 mm，宽 2 ～ 3 mm；花黄色；外萼片卵形，长 2.3 ～ 2.5 mm，宽 1.5 ～ 2.5 mm；中萼片椭圆形，长 5 ～ 6 mm，宽 3.5 ～ 4 mm；内萼片长圆状椭圆形，长 6.5 ～ 7 mm，宽 4 ～ 4.5 mm；花瓣倒卵状椭圆形，长 6 ～ 7 mm，宽 3 ～ 4 mm，基部腺体明显，先端微缺；雄蕊长 3.2 ～ 4.5 mm，药隔不延伸，顶端圆形至截形；子房长圆状卵形，长约 3.2 mm，花柱短，胚珠 3 ～ 4 枚。浆果卵形，长约 1.5 cm，直径 1 ～ 1.2 cm，深蓝色，被白粉。花期 9 月至翌年 1 月，果期 3—5 月。

【拍摄地点】巡检镇刘家坡村，海拔 953 m。

【生境分布】生于阔叶林及混交林下、林缘，路旁或灌丛中。分布于南漳各乡镇。

【采收加工】全年均可采收，切块片，干燥。

【药用部位】茎。

【性味归经】苦，寒。归肝、胃、大肠经。

【功能主治】清热燥湿，泻火解毒。用于湿热泻痢，黄疸尿赤，目赤肿痛，胃火牙痛，疮疖痈肿。

【用法用量】9 ～ 15 g。外用适量。

十大功劳 细叶十大功劳（图 0237）

Mahonia fortunei（Lindl.）Fedde

【中药名】功劳木*。

【形态特征】灌木，高 0.5 ～ 2 m。叶倒卵形至倒卵状披针形，长 10 ～ 28 cm，宽 8 ～ 18 cm，具 2 ～ 5 对小叶，最下一对小叶外形与往上小叶相似，距叶柄基部 2 ～ 9 cm，上面暗绿至深绿色，叶脉不显，背面淡黄色，偶稍苍白色，叶脉隆起，叶轴粗 1 ～ 2 mm，节间 1.5 ～ 4 cm，往上渐短；小叶无柄或近无柄，狭披针形至狭椭圆形，长 4.5 ～ 14 cm，宽 0.9 ～ 2.5 cm，基部楔形，边缘每边具 5 ～ 10 刺齿，先端急尖或渐尖。总状花序 4 ～ 10 个簇生，长 3 ～ 7 cm；芽鳞披针形至三角状卵形，长 5 ～ 10 mm，宽 3 ～ 5 mm；花梗长 2 ～ 2.5 mm；苞片卵形，急尖，长 1.5 ～ 2.5 mm，宽 1 ～ 1.2 mm；花黄色；外萼片卵形或三角状卵形，长 1.5 ～ 3 mm，宽约 1.5 mm，中萼片长圆状椭圆形，长 3.8 ～ 5 mm，宽 2 ～ 3 mm，内萼片长圆状椭圆形，长 4 ～ 5.5 mm，宽 2.1 ～ 2.5 mm；花瓣长圆形，长 3.5 ～ 4 mm，宽 1.5 ～ 2 mm，基部腺体明显，先端微缺裂，裂片急尖；雄蕊长 2 ～ 2.5 mm，药隔不延伸，顶端平截；子房长 1.1 ～ 2 mm，无花柱，胚珠 2 枚。浆果球形，直径 4 ～ 6 mm，紫黑色，被白粉。花期 7—9 月，果期 9—11 月。

【拍摄地点】城关镇城区，海拔 141 m。

【生境分布】生于山坡沟谷林中、灌丛中、路边或栽培。分布于南漳城关镇。

【采收加工】全年均可采收，切块片，干燥。

【药用部位】茎。

图 0237　十大功劳 *Mahonia fortunei*

【性味归经】苦，寒。归肝、胃、大肠经。

【功能主治】清热燥湿，泻火解毒。用于湿热泻痢，黄疸尿赤，目赤肿痛，胃火牙痛，疮疖痈肿。

【用法用量】9 ～ 15 g。外用适量。

南天竹属 Nandina

南天竹　天竹子（图 0238）

Nandina domestica Thunb.

【中药名】天竺子*、南天竹茎*。

【形态特征】常绿小灌木。茎常丛生而少分枝，高 1 ～ 3 m，光滑无毛，幼枝常为红色，老后呈灰色。叶互生，集生于茎的上部，三回羽状复叶，长 30 ～ 50 cm；二至三回羽片对生；小叶薄革质，椭圆形或椭圆状披针形，长 2 ～ 10 cm，宽 0.5 ～ 2 cm，顶端渐尖，基部楔形，全缘，上面深绿色，冬季变红色，背面叶脉隆起，两面无毛；近无柄。圆锥花序直立，长 20 ～ 35 cm；花小，白色，具芳香，直径 6 ～ 7 mm；萼片多轮，外轮萼片卵状三角形，长 1 ～ 2 mm，向内各轮渐大，最内轮萼片卵状长圆形，长 2 ～ 4 mm；花瓣长圆形，长约 4.2 mm，宽约 2.5 mm，先端圆钝；雄蕊 6，长约 3.5 mm，花丝短，花药纵裂，药隔延伸；子房 1 室，具 1 ～ 3 枚胚珠。果柄长 4 ～ 8 mm；浆果球形，直径 5 ～ 8 mm，熟时鲜红色，稀橙红色。种子扁圆形。花期 3—6 月，果期 5—11 月。

图 0238　南天竹 *Nandina domestica*

【拍摄地点】武安镇安集街道，海拔 93 m。

【生境分布】生于山地林下沟旁、路边或灌丛中。分布于南漳武安、城关等乡镇。

【采收加工】天竺子：秋季果实成熟时采收，除去果梗等杂质，干燥。南天竹茎：全年均可采收，除去杂质及叶，切段，晒干。

【药用部位】天竺子：成熟果实。南天竹茎：茎枝。

【性味归经】天竺子：苦、涩、微甘，平；有小毒；归肺经。南天竹茎：苦，寒；归肺、肝经。

【功能主治】天竺子：止咳化痰；用于咳嗽痰多，久咳气喘，百日咳。南天竹茎：清热除湿，降逆止咳；用于湿热黄疸，泻痢，热淋，目赤肿痛，肺热咳嗽。

【用法用量】天竺子：3 ～ 9 g。南天竹茎：10 ～ 15 g。

64. 木通科 Lardizabalaceae

木通属 Akebia

三叶木通　八月札（图 0239）

Akebia trifoliata（Thunb.）Koidz.

【中药名】预知子*、木通*。

【形态特征】落叶木质藤本。茎皮灰褐色，有稀疏的皮孔及小疣点。掌状复叶互生或在短枝上的簇生；叶柄直，长 7 ～ 11 cm；小叶 3 片，纸质或薄革质，卵形至阔卵形，长 4 ～ 7.5 cm，宽 2 ～ 6 cm，先端通常钝或略凹入，具小凸尖，基部截平或圆形，边缘具波状齿或浅裂，上面深绿色，下面浅绿色；侧脉每边 5 ～ 6 条，与网脉同在两面略凸起；中央小叶柄长 2 ～ 4 cm，侧生小叶柄长 6 ～ 12 mm。总状花序自短枝上簇生叶中抽出，下部有 1 ～ 2 朵雌花，以上有 15 ～ 30 朵雄花，长 6 ～ 16 cm；总花梗纤细，长约 5 cm。雄花：花梗丝状，长 2 ～ 5 mm；萼片 3，淡紫色，阔椭圆形或椭圆形，长 2.5 ～ 3 mm；雄蕊 6，离生，排列为杯状，花丝极短，药室在开花时内弯；退化心皮 3，长圆状锥形。雌花：花梗稍较雄花的粗，长 1.5 ～ 3 cm；萼片 3，紫褐色，近圆形，长 10 ～ 12 mm，宽约 10 mm，先端圆而略凹入，开花时广展反折；退化雄蕊 6 枚或更多，小，长圆形，无花丝；心皮 3 ～ 9 枚，离生，圆柱形，直，长 4 ～ 6 mm，柱头头状，具乳突，橙黄色。果长圆形，长 6 ～ 8 cm，直径 2 ～ 4 cm，直或稍弯，成熟时灰白色或略带淡紫色；种子极多数，扁卵形，长 5 ～ 7 mm，宽 4 ～ 5 mm，种皮红褐色或黑褐色，稍有光泽。花期 4—5 月，果期 7—8 月。

图 0239　三叶木通 *Akebia trifoliata*

【拍摄地点】国营七里山林场，海拔 161 m。

【生境分布】生于山地沟谷边疏林或灌丛中。分布于南漳各乡镇。

【采收加工】预知子：夏、秋二季果实呈黄绿色时采收，晒干，或置沸水中略烫后晒干。木通：秋季采收，截取茎部，除去细枝，阴干。

【药用部位】预知子：近成熟果实。木通：藤茎。

【性味归经】预知子：苦，寒；归肝、胆、胃、膀胱经。木通：苦，寒；归心、小肠、膀胱经。

【功能主治】预知子：疏肝理气，活血止痛，散结，利尿；用于脘胁胀痛，痛经经闭，痰核痞块，小便不利。木通：利尿通淋，清心除烦，通经下乳；用于淋证，水肿，心烦尿赤，口舌生疮，经闭乳少，湿热痹痛。

【用法用量】预知子：3 ～ 9 g。木通：3 ～ 6 g。

猫儿屎属 Decaisnea

猫儿屎　猫儿子（图 0240）

Decaisnea insignis（Griff.）Hook. f. & Thoms.

图 0240　猫儿屎 *Decaisnea insignis*

【形态特征】直立灌木，高 5 m。茎有圆形或椭圆形的皮孔；枝粗而脆，易断，渐变黄色，有粗大的髓部；冬芽卵形，顶端尖，鳞片外面密布小疣突。羽状复叶长 50 ～ 80 cm，有小叶 13 ～ 25 片；叶柄长 10 ～ 20 cm；小叶膜质，卵形至卵状长圆形，长 6 ～ 14 cm，宽 3 ～ 7 cm，先端渐尖或尾状渐尖，基部圆形或阔楔形，上面无毛，下面青白色，初时被粉末状短柔毛，渐变无毛。总状花序腋生，或数个再复合为疏松、下垂顶生的圆锥花序，长 2.5 ～ 3 cm；花梗长 1 ～ 2 cm；小苞片狭线形，长约 6 mm；萼片卵状披针形至狭披针形，先端长渐尖，具脉纹，中脉部分略被皱波状毛或无毛。雄花：外轮萼片长约 3 cm，内轮的长约 2.5 cm；雄蕊长 8 ～ 10 mm，花丝合生呈细长管状，长 3 ～ 4.5 mm，花药离生，长约 3.5 mm，药隔伸出于花药之上成阔而扁平，长 2 ～ 2.5 mm 的角状附属体，退化心皮小，通常长约为花丝管之半或稍超过，极少与花丝管等长。雌花：退化雄蕊花丝短，合生呈盘状，长约 1.5 mm，花药离生，药室长 1.8 ～ 2 mm，顶具长 1 ～ 1.8 mm 的角状附属状；心皮 3，圆锥形，长 5 ～ 7 mm，柱头稍大，马蹄形，偏斜。果下垂，圆柱形，蓝色，长 5 ～ 10 cm，直径约 2 cm，顶端截平但腹缝先端延伸为圆锥形凸头，具小疣突，果皮表面有环状缢纹或无；种子倒卵形，黑色，扁平，长约 1 cm。花期 4—6 月，果期 7—8 月。

【拍摄地点】长坪镇赵岭村，海拔 1382 m。

【生境分布】生于山坡灌丛或沟谷杂木林下阴湿处。分布于南漳李庙、长坪、巡检等乡镇。

【药用部位】根。

【功能主治】清肺止咳，祛风除湿。用于肺热咳嗽。

八月瓜属 Holboellia

五月瓜藤　野人瓜　预知子（图 0241）

Holboellia angustifolia Wallich

【形态特征】常绿木质藤本。茎与枝圆柱形，灰褐色，具线纹。掌状复叶有小叶 5 ～ 7 片；叶柄长 2 ～ 5 cm；小叶近革质或革质，线状长圆形、长圆状披针形至倒披针形，长 5 ～ 9 cm，宽 1.2 ～ 2 cm，先端渐尖、急尖、钝或圆，有时凹入，基部钝，阔楔形或近圆形，边缘略背卷，上面绿色，有光泽，下面苍白色密布极微小的乳突；中脉在上面凹陷，在下面凸起，侧脉每边 6 ～ 10 条，与基出 2 脉均至近叶缘处弯拱网结；网脉和侧脉在两面均明显凸起或在上面不显著在下面微凸起；小叶柄长 5 ～ 25 mm。花雌雄同株，红色、紫红色、暗紫色、绿白色或淡黄色，数朵组成伞房式的短总状花序；总花梗短，长 8 ～ 20 mm，多个簇生于叶腋，基部为阔卵形的芽鳞片所包。雄花：花梗长 10 ～ 15 mm，外轮萼片线状长圆形，长 10 ～ 15 mm，宽 3 ～ 4 mm，顶端钝，内轮的较小；花瓣极小，近圆形，直径不及 1 mm；雄蕊直，长约 10 mm，花丝圆柱状，药隔延伸为长约 0.7 mm 的凸头，药室线形，退化心皮小，锥尖。雌花：紫红色；花梗长 3.5 ～ 5 cm，外轮萼片倒卵状圆形或广卵形，长 14 ～ 16 mm，宽 7 ～ 9 mm，内轮的较小；花瓣小，卵状三角形，宽 0.4 mm；退化雄蕊无花丝，长约 0.7 mm；心皮棍棒状，柱头头状，具罅隙。果紫色，长圆形，长 5 ～ 9 cm，顶端圆而具凸头；种子椭圆形，长 5 ～ 8 mm，厚 4 ～ 5 mm，种皮褐黑色，有光泽。花期 4—5 月，果期 7—8 月。

图 0241　五月瓜藤 *Holboellia angustifolia*

【拍摄地点】长坪镇陡山村，海拔 882 m。

【生境分布】生于山坡杂木林及沟谷林中。分布于南漳长坪、李庙等乡镇。

【药用部位】藤茎。

【功能主治】理气止痛。用于疝气，月经不调。

鹰爪枫　破骨风（图 0242）

Holboellia coriacea Diels

【形态特征】常绿木质藤本，茎皮褐色。掌状复叶有小叶 3 片，叶柄长 3.5 ～ 10 cm；小叶厚革质，椭圆形或卵状椭圆形，较少为披针形或长圆形，顶小叶有时倒卵形，长 6 ～ 10 cm，宽 4 ～ 5 cm，先端渐尖或微凹而有小尖头，基部圆形或楔形，边缘略背卷，上面深绿色，有光泽，下面粉绿色；中脉在上面凹入，下面凸起，基部三出脉，侧脉每边 4 条，与网脉在嫩叶时两面凸起，叶成长时脉在上面稍下陷或两面不明显；小叶柄长 5 ～ 30 mm。花雌雄同株，白绿色或紫色，组成短的伞房式总状花序；总花梗短或近于无梗，数至多个簇生于叶腋。雄花：花梗长约 2 cm；萼片长圆形，长约 1 cm，宽约 4 mm；顶端钝，内轮的较狭；

花瓣极小，近圆形，直径不及 1 mm；雄蕊长 6 ～ 7.5 mm，药隔突出于药室之上成极短的凸头，退化心皮锥尖，长约 1.5 mm。雌花：花梗稍粗，长 3.5 ～ 5 cm；萼片紫色，与雄花的近似但稍大，外轮的长约 12 mm，宽 7 ～ 8 mm；退化雄蕊极小，无花丝；心皮卵状棒形，长约 9 mm。果长圆状柱形，长 5 ～ 6 cm；直径约 3 cm，熟时紫色，干后黑色，外面密布小疣点；种子椭圆形，略扁平，长约 8 mm，宽 5 ～ 6 mm，种皮黑色，有光泽。花期 4—5 月，果期 6—8 月。

图 0242　鹰爪枫 *Holboellia coriacea*

【拍摄地点】薛坪镇陶沟村，海拔 628 m。

【生境分布】生于山地杂木林或路旁灌丛中。分布于南漳薛坪、肖堰等乡镇。

【药用部位】藤茎。

【功能主治】祛风胜湿，止痛。用于风湿性关节痛。

野木瓜属 Stauntonia

钝药野木瓜　五叶木通（图 0243）

Stauntonia leucantha Diels ex Y. C. Wu

图 0243　钝药野木瓜 *Stauntonia leucantha*

【形态特征】木质藤本，全体无毛。小枝干时灰褐色，有线纹，直径 3 ～ 4 mm。掌状复叶有小叶 5 ～ 7 片，叶柄长 4 ～ 6 cm；小叶近革质，嫩时膜质，长圆状倒卵形、近椭圆形或长圆形，长 5 ～ 7 cm，宽 2 ～ 3 cm；顶端急尖或有时渐尖，基部近圆或钝，上面深绿色，干时灰榄绿色，下面粉绿色，干时黄绿色，基部叶脉近三出，侧脉每边 5 ～ 7 条，与中脉及纤细的网脉均在上面凹陷，下面微凸起；小叶柄长 7 ～ 20 mm，中间一枚最长。花雌雄同株，白色，数朵组成总状花序；花序长 3.5 ～ 7 cm，2 至多个簇生，与叶同自芽鳞片中抽出；总花梗纤细；小苞片线状披针形，长约 4 mm。雄花：萼片近肉质，外轮 3 片狭披针形或卵状披针形，长 10 ～ 12 mm，宽 2.5 ～ 4 mm；内轮 3 片狭线形，长 8.5 ～ 9 mm，宽 0.8 ～ 1 mm；雄蕊长 5.5 ～ 6 mm，花药不等长，分离，直，顶端完全无凸头，花丝长 3.5 ～ 4 mm，上部稍分离，下部合生为细圆筒状；退化心皮丝状。雌花：萼与雄花的相似；心皮 3，卵状圆柱形，长约

4 mm，柱头近头状；退化雄蕊鳞片状，直径约 0.2 mm。果长圆形，长可达 7 cm，宽 4 cm，厚 3 cm，两端略狭，果皮熟时黄色，干后变黑色，平滑或有不明显的小疣点。花期 4—5 月，果期 8—10 月。

【拍摄地点】城关镇文笔峰村，海拔 105 m。

【生境分布】生于山地疏林或山谷溪边。分布于南漳城关、李庙、东巩等乡镇。

【药用部位】藤茎、叶、果实。

【功能主治】舒筋活络，解毒，利尿，调经止痛。用于风湿性关节痛，跌打损伤，小便淋痛，月经不调等。

大血藤属 Sargentodoxa

大血藤　血藤　大活血（图 0244）

Sargentodoxa cuneata（Oliv.）Rehd. et Wils.

【中药名】大血藤*。

【形态特征】落叶木质藤本，长达到 10 余米。藤径粗达 9 cm，全株无毛；当年枝条暗红色，老树皮有时纵裂。三出复叶，或兼具单叶，稀全部为单叶；叶柄长 3 ～ 12 cm；小叶革质，顶生小叶近棱状倒卵圆形，长 4 ～ 12.5 cm，宽 3 ～ 9 cm，先端急尖，基部渐狭成 6 ～ 15 mm 的短柄，全缘，侧生小叶斜卵形，先端急尖，基部内面楔形，外面截形或圆形，上面绿色，下面淡绿色，干时常变为红褐色，比顶生小叶略大，无小叶柄。总状花序长 6 ～ 12 cm，雄花与雌花同序或异序，同序时，雄花生于基部；花梗细，长 2 ～ 5 cm；苞片 1 枚，长卵形，膜质，长约 3 mm，先端渐尖；萼片 6，花瓣状，长圆形，长 0.5 ～ 1 cm，宽 0.2 ～ 0.4 cm，顶端钝；花瓣 6，小，圆形，长约 1 mm，蜜腺性；雄蕊长 3 ～ 4 mm，花丝长仅为花药一半或更短，药隔先端略突出；退化雄蕊长约 2 mm，先端较突出，不开裂；雌蕊多数，螺旋状生于卵状突起的花托上，子房瓶形，长约 2 mm，花柱线形，柱头斜；退化雌蕊线形，长 1 mm。每一浆果近球形，直径约 1 cm，成熟时黑蓝色，小果柄长 0.6 ～ 1.2 cm。种子卵球形，长约 5 mm，基部截形；种皮黑色，光亮，平滑；种脐显著。花期 4—5 月，果期 6—9 月。

图 0244　大血藤 *Sargentodoxa cuneata*

【拍摄地点】长坪镇标湖村，海拔 390 m。

【生境分布】生于山坡灌丛、疏林和林缘等。分布于南漳长坪、李庙、板桥等乡镇。

【采收加工】秋、冬二季采收，除去侧枝，截段，干燥。

【药用部位】藤茎。

【性味归经】苦，平。归大肠、肝经。

【功能主治】清热解毒，活血，祛风止痛。用于肠痈腹痛，热毒疮疡，经闭，痛经，跌扑肿痛，风湿痹痛。

【用法用量】9 ～ 15 g。

【附注】茎皮含纤维，可制绳索。枝条可为藤条代用品。

65. 防己科 Menispermaceae

木防己属 Cocculus

木防己　土木香　小青藤（图 0245）

Cocculus orbiculatus（L.）DC.

图 0245　木防己 *Cocculus orbiculatus*

【形态特征】木质藤本，小枝被茸毛至疏柔毛，或有时近无毛，有条纹。叶片纸质至近革质，形状变异极大，自线状披针形至阔卵状近圆形、狭椭圆形至近圆形、倒披针形至倒心形，有时卵状心形，顶端短尖或钝而有小凸尖，有时微缺或 2 裂，边全缘或 3 裂，有时掌状 5 裂，长通常 3 ～ 8 cm，很少超过 10 cm，宽不等，两面被密柔毛至疏柔毛，有时除下面中脉外两面近无毛；掌状脉 3 条，很少 5 条，在下面微凸起；叶柄长 1 ～ 3 cm，很少超过 5 cm，被稍密的白色柔毛。聚伞花序少花，腋生，或排成多花，狭窄聚伞圆锥花序，顶生或腋生，长可达 10 cm 或更长，被柔毛。雄花：小苞片 2 或 1，长约 0.5 mm，紧贴花萼，被柔毛；萼片 6，外轮卵形或椭圆状卵形，长 1 ～ 1.8 mm，内轮阔椭圆形至近圆形，有时阔倒卵形，长达 2.5 mm 或稍过之；花瓣 6，长 1 ～ 2 mm，下部边缘内折，抱着花丝，顶端 2 裂，裂片叉开，渐尖或短尖；雄蕊 6，比花瓣短。雌花：萼片和花瓣与雄花相同；退化雄蕊 6，微小；心皮 6，无毛。核果近球形，红色至紫红色，直径通常 7 ～ 8 mm；果核骨质，直径 5 ～ 6 mm，背部有小横肋状雕纹。

【拍摄地点】李庙镇茅山村，海拔 614 m。

【生境分布】生于灌丛、村边、林缘等。分布于南漳薛坪、长坪、李庙等乡镇。

【药用部位】根。

【功能主治】祛风利湿，解毒消肿，止痛，降血压。用于风湿性关节痛，肋间神经痛，急性肾炎，尿路感染，高血压，风湿性心脏病，水肿；外用治毒蛇咬伤。

秤钩风属 Diploclisia

秤钩风　追骨风　过山龙（图 0246）

Diploclisia affinis（Oliv.）Diels

【形态特征】木质藤本，长可达 7 ～ 8 m；当年生枝草黄色，有条纹，老枝红褐色或黑褐色，有许多纵裂的皮孔，均无毛；腋芽 2 个，叠生。叶革质，三角状扁圆形或菱状扁圆形，有时近菱形或阔卵形，长 3.5 ～ 9 cm 或稍过之，宽度通常稍大于长度，顶端短尖或钝而具小凸尖，基部近截平至浅心形，有时近圆形或骤短尖，边缘具明显或不明显的波状圆齿；掌状脉常 5 条，最外侧的一对几不分枝，连同网脉两面均凸起；叶柄与叶片近等长或较长，在叶片的基部或紧靠基部着生。聚伞花序腋生，有花 3 至多朵，总梗直，长 2 ～ 4 cm；雄花萼片椭圆形至阔卵圆形，长 2.5 ～ 3 mm，外轮宽约 1.5 mm，内轮宽 2 ～ 2.5 mm；花瓣卵状菱形，长 1.5 ～ 2 mm，基部两侧反折呈耳状，抱着花丝；雄蕊长 2 ～ 2.5 mm；雌花未见。核果红色，倒卵圆形，长 8 ～ 10 mm，宽约 7 mm。花期 4—5 月，果期 7—9 月。

【拍摄地点】东巩镇口泉村，海拔 203 m。

图 0246 秤钩风 *Diploclisia affinis*

【生境分布】生于林缘或疏林中。分布于南漳东巩镇。

【药用部位】藤茎。

【功能主治】祛风除湿，活血止痛，利尿解毒。用于风湿痹痛，跌扑损伤，小便淋涩，毒蛇咬伤。

蝙蝠葛属 Menispermum

蝙蝠葛 蝙蝠藤（图 0247）

Menispermum dauricum DC.

【中药名】北豆根*。

【形态特征】草质，落叶藤本，根状茎褐色，垂直生，茎自位于近顶部的侧芽生出，一年生茎纤细，有条纹，无毛。叶纸质或近膜质，轮廓通常为心状扁圆形，长和宽均 3 ～ 12 cm，边缘有 3 ～ 9 角或 3 ～ 9 裂，很少近全缘，基部心形至近截平，两面无毛，下面有白粉；掌状脉 9 ～ 12 条，其中向基部伸展的 3 ～ 5 条很纤细，均在背面凸起；叶柄长 3 ～ 10 cm 或稍长，有条纹。圆锥花序单生或有时双生，有细长的总梗，有花数朵至 20 余朵，花密集成稍疏散，花梗纤细，长 5 ～ 10 mm。雄花：萼片 4 ～ 8，膜质，黄绿色，倒披针形至倒卵状椭圆形，长 1.4 ～ 3.5 mm，自外至内渐大；花瓣 6 ～ 8 片或多至 9 ～ 12 片，肉质，凹成兜状，有短爪，长 1.5 ～ 2.5 mm；雄蕊通常 12，有时稍多或较少，长 1.5 ～ 3 mm。

图 0247 蝙蝠葛 *Menispermum dauricum*

雌花：退化雄蕊 6 ～ 12，长约 1 mm，雌蕊群具长 0.5 ～ 1 mm 的柄。核果紫黑色；果核宽约 10 mm，高约 8 mm，基部弯缺深约 3 mm。花期 6—7 月，果期 8—9 月。

【拍摄地点】板桥镇茅山坪村，海拔 837 m。

【生境分布】生于路边灌丛或疏林中。分布于南漳巡检、板桥、东巩等乡镇。

【采收加工】春、秋二季采挖，除去须根和泥沙，干燥。

【药用部位】根茎。

【性味归经】苦，寒；有小毒。归肺、胃、大肠经。

【功能主治】清热解毒，祛风止痛。用于咽喉肿痛，热毒泻痢，风湿痹痛。

【用法用量】3 ～ 9 g。

风龙属 Sinomenium

风龙　青藤（图 0248）

Sinomenium acutum（Thunb.）Rehd. & E. H. Wils.

【中药名】青风藤*。

【形态特征】木质大藤本，长可达 20 余米；老茎灰色，树皮有不规则纵裂纹，枝圆柱状，有规则的条纹，被柔毛至近无毛。叶革质至纸质，心状圆形至阔卵形，长 6 ～ 15 cm 或稍过之，顶端渐尖或短尖，基部常心形，有时近截平或近圆，边全缘，有角至 5 ～ 9 裂，裂片尖或钝圆，嫩叶被茸毛，老叶常两面无毛，或仅上面无毛，下面被柔毛；掌状脉 5 条，很少 7 条，连同网状小脉均在下面明显凸起；叶柄长 5 ～ 15 cm，有条纹，无毛或被柔毛。圆锥花序长可达 30 cm，通常不超过 20 cm，花序轴和开展、有时平叉开的分枝均纤细，被柔毛或茸毛，苞片线状披针形。雄花：小苞片 2，紧贴花萼；萼片背面被柔毛，外轮长圆形至狭长圆形，长 2 ～ 2.5 mm，内轮近卵形，与外轮近等长；花瓣稍肉质，长 0.7 ～ 1 mm；雄蕊长 1.6 ～ 2 mm。雌花：退化雄蕊丝状，心皮无毛。核果红色至暗紫色，直径 5 ～ 6 mm 或稍过之。花期夏季，果期秋末。

图 0248　风龙 *Sinomenium acutum*

【拍摄地点】李庙镇胡家坪村，海拔 634 m。

【生境分布】生于山林中。分布于南漳李庙、薛坪、长坪等乡镇。

【采收加工】秋末冬初采割，扎把或切长段，晒干。

【药用部位】藤茎。

【性味归经】苦、辛，平。归肝、脾经。

【功能主治】祛风湿，通经络，利小便。用于风湿痹痛，关节肿胀，麻痹瘙痒。

【用法用量】6 ～ 12 g。

【附注】枝条细长，是制藤椅等藤器的原料。

千金藤属 Stephania

金线吊乌龟　乌龟七　白药（图 0249）

Stephania cephalantha Hayata

图 0249　金线吊乌龟 *Stephania cephalantha*

【形态特征】草质、落叶、无毛藤本，高通常 1 ～ 2 m 或过之；块根团块状或近圆锥状，有时不规则，褐色，生有许多突起的皮孔；小枝紫红色，纤细。叶纸质，三角状扁圆形至近圆形，长通常 2 ～ 6 cm，宽 2.5 ～ 6.5 cm，顶端具小凸尖，基部圆或近截平，边全缘或多少浅波状；掌状脉 7 ～ 9 条，向下的很纤细；叶柄长 1.5 ～ 7 cm，纤细。雌雄花序同形，均为头状花序，具盘状花托，雄花序总梗丝状，常于腋生、具小型叶的小枝上作总状花序式排列，雌花序总梗粗壮，单个腋生。雄花：萼片 6，较少 8，匙形或近楔形，长 1 ～ 1.5 mm；花瓣 3 或 4，近圆形或阔倒卵形，长约 0.5 mm；聚药雄蕊很短。雌花：萼片 1，偶有 2 ～ 3，长约 0.8 mm 或过之；花瓣 2 ～ 4，肉质，比萼片小。核果阔倒卵圆形，长约 6.5 mm，成熟时红色；果核背部两侧各有 10 ～ 12 条小横肋状雕纹，胎座迹通常不穿孔。花期 4—5 月，果期 6—7 月。

【拍摄地点】李庙镇胡家坪村，海拔 367 m。

【生境分布】生于村边、旷野或林缘等。分布于南漳李庙、薛坪等乡镇。

【药用部位】块根。

【功能主治】清热消痰，凉血解毒，止痛。用于咽痛喉痹，咳嗽，吐血，衄血，金创出血，热毒痈肿，瘰疬。

千金藤　小青藤（图 0250）

Stephania japonica（Thunb.）Miers

【形态特征】稍木质藤本，全株无毛；根条状，褐黄色；小枝纤细，有直线纹。叶纸质或坚纸质，通常三角状近圆形或三角状阔卵形，长 6 ～ 15 cm，通常不超过 10 cm，长度与宽度近相等或略小，顶端有小凸尖，基部通常微圆，下面粉白；掌状脉 10 ～ 11 条，下面凸起；叶柄长 3 ～ 12 cm，明显盾状着生。复伞形聚伞花序腋生，通常有伞梗 4 ～ 8 条，小聚伞花序近无柄，密集呈头状，花近无梗。雄花：萼片 6 或 8，膜质，倒卵状椭圆形至匙形，长 1.2 ～ 1.5 mm，无毛；花瓣 3 或 4，黄色，稍肉质，阔倒卵形，长 0.8 ～ 1 mm；聚药雄蕊长 0.5 ～ 1 mm，伸出或不伸出。雌花：萼片和花瓣各 3 ～ 4 片，形状和大小与雄花的近似或较小；心皮卵状。果倒卵形至近圆形，长约8 mm，成熟时红色；果核背部有2行小横肋状雕纹，每行8～10条，小横肋常断裂，胎座迹不穿孔或偶有一小孔。

【拍摄地点】巡检镇甘河村，海拔371 m。

【生境分布】生于村边或旷野灌丛中。分布于南漳各乡镇。

【药用部位】根。

【功能主治】清热解毒，利尿消肿，祛风止痛。用于咽喉肿痛，牙痛，胃痛，水肿，脚气，尿急尿痛，小便不利，外阴湿疹，风湿性关节痛；外用治跌打损伤，毒蛇咬伤，痈肿疮疖。

图 0250 千金藤 *Stephania japonica*

青牛胆属 Tinospora

青牛胆 金果榄 九莲子（图 0251）

Tinospora sagittata（Oliv.）Gagnep.

【中药名】金果榄*。

【形态特征】草质藤本，具连珠状块根，膨大部分常为不规则球形，黄色；枝纤细，有条纹，常被柔毛。叶纸质至薄革质，披针状箭形或有时披针状戟形，很少卵状或椭圆状箭形，长7～15 cm，有时达20 cm，宽2.4～5 cm，先端渐尖，有时尾状，基部弯缺常很深，后裂片圆、钝或短尖，常向后伸，有时向内弯以至二裂片重叠，很少向外伸展，通常仅在脉上被短硬毛，有时上面或两面近无毛；掌状脉5条，连同网脉均在下面凸起；叶柄长2.5～5 cm或稍长，有条纹，被柔毛或近无毛。花序腋生，常数个或多个簇生，聚伞花序或分枝成疏花的圆锥状花序，长2～10 cm，有时可至15 cm或更长，总梗、分枝和花梗均丝状；小苞片2，紧贴花萼；萼片6，或有时较多，常大小不等，最外面的小，常卵形或披针形，长仅1～2 mm；较内面的明显较大，阔卵形至倒卵形，或阔椭圆形至椭圆形，长达3.5 mm；花瓣6，肉质，常有爪，瓣片近圆形或阔倒卵形，很少近菱形，基部边缘常反折，长1.4～2 mm；雄蕊6，与花瓣近等长或稍长。雌花：萼片与雄花相似；花瓣楔形，长0.4 mm左右；退化雄蕊6，常棒状或其中3个稍阔而扁，长约0.4 mm；心皮3，近无毛。核果红色，近球形；果核近半球形，宽6～8 mm。花期4月，

图 0251 青牛胆 *Tinospora sagittata*

果期秋季。

【拍摄地点】板桥镇夹马河，海拔 605 m。

【生境分布】生于林下、林缘、竹林或草地上。分布于南漳板桥、长坪等乡镇。

【采收加工】秋、冬二季采挖，除去须根，洗净，晒干。

【药用部位】块根。

【性味归经】苦，寒。归肺、大肠经。

【功能主治】清热解毒，利咽，止痛。用于咽喉肿痛，痈疽疔毒，泄泻，痢疾，脘腹疼痛。

【用法用量】3 ～ 9 g。外用适量，研末吹喉或醋磨涂敷患处。

66. 睡莲科 Nymphaeaceae

芡属 Euryale

芡实　鸡头莲（图 0252）

Euryale ferox Salisb. ex Konig & Sims

【中药名】芡实*。

【形态特征】一年生大型水生草本。沉水叶箭形或椭圆肾形，长 4 ～ 10 cm，两面无刺；叶柄无刺；浮水叶革质，椭圆肾形至圆形，直径 10 ～ 130 cm，盾状，有或无弯缺，全缘，下面带紫色，有短柔毛，两面在叶脉分枝处有锐刺；叶柄及花梗粗壮，长可达 25 cm，皆有硬刺。花长约 5 cm；萼片披针形，长 1 ～ 1.5 cm，内面紫色，外面密生稍弯硬刺；花瓣矩圆状披针形或披针形，长 1.5 ～ 2 cm，紫红色，成数轮排列，向内渐变成雄蕊；无花柱，柱头红色，成凹入的柱头盘。浆果球形，直径 3 ～ 5 cm，污紫红色，外面密生硬刺；种子球形，直径约 10 mm，黑色。花期 7—8 月，果期 8—9 月。

图 0252　芡实 *Euryale ferox*

【拍摄地点】城关镇大山村，海拔 103 m。

【生境分布】生于池塘或水田中。分布于南漳城关、九集、武安等乡镇。

【采收加工】秋末冬初采收成熟果实，除去果皮，取出种子，洗净，再除去硬壳（外种皮），晒干。

【药用部位】成熟种仁。

【性味归经】甘、涩，平。归脾、肾经。

【功能主治】益肾固精，补脾止泻，除湿止带。用于遗精滑精，遗尿尿频，脾虚久泻，白浊，带下。

【用法用量】9 ～ 15 g。

莲属 Nelumbo

莲　芙蓉（图 0253）

Nelumbo nucifera Gaertn.

【中药名】莲子*、莲子心*、莲房*、莲须*、荷叶*、藕节*、荷花★。

【形态特征】多年生水生草本。根状茎横生，肥厚，节间膨大，内有多数纵行通气孔道，节部缢缩，上生黑色鳞叶，下生须状不定根。叶圆形，盾状，直径 25 ～ 90 cm，全缘稍呈波状，上面光滑，具白粉，下面叶脉从中央射出，有 1 ～ 2 次叉状分枝；叶柄粗壮，圆柱形，长 1 ～ 2 m，中空，外面散生小刺。花梗和叶柄等长或稍长，也散生小刺；花直径 10 ～ 20 cm，美丽，芳香；花瓣红色、粉红色或白色，矩圆状椭圆形至倒卵形，长 5 ～ 10 cm，宽 3 ～ 5 cm，由外向内渐小，有时变成雄蕊，先端圆钝或微尖；花药条形，花丝细长，着生在花托之下；花柱极短，柱头顶生；花托直径 5 ～ 10 cm。坚果椭圆形或卵形，长 1.8 ～ 2.5 cm，果皮革质，坚硬，熟时黑褐色；种子卵形或椭圆形，长 1.2 ～ 1.7 cm，种皮红色或白色。花期 6—8 月，果期 8—10 月。

图 0253　莲 *Nelumbo nucifera*

【拍摄地点】肖堰镇井泉坪村，海拔 410 m。

【生境分布】自生或栽培在池塘或水田内。分布于南漳各乡镇。

【采收加工】莲子：秋季果实成熟时采割莲房，取出果实，除去果皮，干燥。莲子心：取出，晒干。莲房：秋季果实成熟时采收，除去果实，晒干。莲须：夏季花开时选晴天采收，盖纸晒干或阴干。荷叶：夏、秋二季采收，晒至七八成干时，除去叶柄，折成半圆形或折扇形，干燥。藕节：秋、冬二季采挖根茎，切取节部，洗净，晒干，除去须根。荷花：6—7 月间采收含苞未放的大花蕾或初开放的花，阴干。

【药用部位】莲子：成熟种子。莲子心：成熟种子中的干燥幼叶及胚根。莲房：花托。莲须：雄蕊。荷叶：叶。藕节：根茎节部。荷花：花蕾。

【性味归经】莲子：甘、涩，平；归脾、肾、心经。莲子心：苦，寒；归心、肾经。莲房：苦、涩，温；归肝经。莲须：甘、涩，平；归心、肾经。荷叶：苦，平；归肝、脾、胃经。藕节：甘、涩，平；归肝、肺、胃经。荷花：苦、甘，温；归心、肝经。

【功能主治】莲子：补脾止泻，止带，益肾涩精，养心安神；用于脾虚泄泻，带下，遗精，心悸失眠。莲子心：清心安神，交通心肾，涩精止血；用于热入心包，神昏谵语，心肾不交，失眠遗精，血热吐血。莲房：化瘀止血；用于崩漏，尿血，痔疮出血，产后瘀阻，恶露不尽。莲须：固肾涩精；用于遗精滑精，带下，尿频。荷叶：清暑化湿，升发清阳，凉血止血；用于暑热烦渴，暑湿泄泻，脾虚泄泻，血热吐衄，便血崩漏。藕节：收敛止血，化瘀；用于吐血，咯血，衄血，尿血，崩漏。荷花：散瘀止血，祛湿；用于跌打损伤，疼痛吐血，天疱湿疮。

【用法用量】莲子：6 ～ 15 g。莲子心：2 ～ 5 g。莲房：5 ～ 10 g。莲须：3 ～ 5 g。荷叶：3 ～ 10 g。

藕节：9 ～ 15 g。荷花：5 ～ 10 g，研末或煎汤；外用适量，敷贴患处。

萍蓬草属 Nuphar

萍蓬草　萍蓬莲（图 0254）

Nuphar pumila（Timm）DC.

图 0254　萍蓬草 *Nuphar pumila*

【形态特征】多年水生草本，根状茎直径 2 ～ 3 cm。叶纸质，宽卵形或卵形，少数椭圆形，长 6 ～ 17 cm，宽 6 ～ 12 cm，先端圆钝，基部具弯缺，心形，裂片远离，圆钝，上面光亮，无毛，下面密生柔毛，侧脉羽状，几次二歧分枝；叶柄长 20 ～ 50 cm，有柔毛。花直径 3 ～ 4 cm；花梗长 40 ～ 50 cm，有柔毛；萼片黄色，外面中央绿色，矩圆形或椭圆形，长 1 ～ 2 cm；花瓣窄楔形，长 5 ～ 7 mm，先端微凹；柱头盘常 10 浅裂，淡黄色或带红色。浆果卵形，长约 3 cm；种子矩圆形，长 5 mm，褐色。花期 5—7 月，果期 7—9 月。

【拍摄地点】九集镇吴家集村，海拔 141 m。

【生境分布】生于池塘中。分布于南漳城关、九集等乡镇。

【药用部位】根茎。

【功能主治】利胆退黄。用于黄疸。

睡莲　睡莲菜　子午莲（图 0255）

Nymphaea tetragona Georgi

图 0255　睡莲 *Nymphaea tetragona*

【形态特征】多年水生草本，根状茎短粗。叶纸质，心状卵形或卵状椭圆形，长 5 ～ 12 cm，宽 3.5 ～ 9 cm，基部具深弯缺，约占叶片全长的 1/3，裂片急尖，稍开展或几重合，全缘，上面光亮，下面带红色或紫色，两面皆无毛，具小点；叶柄长达 60 cm。花直径 3 ～ 5 cm，花梗细长；花萼基部四棱形，萼片革质，宽披针形或窄卵形，长 2 ～ 3.5 cm，宿存；花瓣白色，宽披针形、长圆形或倒卵形，长 2 ～ 2.5 cm，内轮不变成雄蕊；雄蕊比花瓣短，花药条形，长 3 ～ 5 mm；柱头具 5 ～ 8 辐射线。浆果球形，直径 2 ～ 2.5 cm，为宿存萼片包裹；种子椭圆形，长 2 ～ 3 mm，黑色。花期 6—8 月，果期 8—10 月。

【拍摄地点】李庙镇街道，海拔 221 m。

【生境分布】生于池塘中。分布于南漳李庙镇。

【药用部位】根状茎，花。

【功能主治】消暑，解酒，定惊。用于中暑，醉酒烦渴，小儿惊风等。

67. 三白草科 Saururaceae

蕺菜属 Houttuynia

蕺菜　鱼腥草（图 0256）

Houttuynia cordata Thunb.

【中药名】鱼腥草*。

【形态特征】腥臭草本，高 30 ～ 60 cm；茎下部伏地，节上轮生小根，上部直立，无毛或节上被毛，有时带紫红色。叶薄纸质，有腺点，背面尤甚，卵形或阔卵形，长 4 ～ 10 cm，宽 2.5 ～ 6 cm，顶端短渐尖，基部心形，两面有时除叶脉被毛外余均无毛，背面常呈紫红色；叶脉 5 ～ 7 条，全部基出或最内 1 对离基约 5 mm 从中脉发出，如为 7 脉时，则最外 1 对很纤细或不明显；叶柄长 1 ～ 3.5 cm，无毛；托叶膜质，长 1 ～ 2.5 cm，顶端钝，下部与叶柄合生而成长 8 ～ 20 mm 的鞘，且常有缘毛，基部扩大，略抱茎。花序长约 2 cm，宽 5 ～ 6 mm；总花梗长 1.5 ～ 3 cm，无毛；总苞片长圆形或倒卵形，长 10 ～ 15 mm，宽 5 ～ 7 mm，顶端钝圆；雄蕊长于子房，花丝长为花药的 3 倍。蒴果长 2 ～ 3 mm，顶端有宿存的花柱。花期 4—7 月。

图 0256　蕺菜 *Houttuynia cordata*

【拍摄地点】巡检镇小漳河村，海拔 408 m。

【生境分布】生于沟边、溪边或林下湿地上。广泛分布于南漳各乡镇。

【采收加工】夏季茎叶茂盛花穗多时采割，除去杂质，晒干。

【药用部位】干燥地上部分。

【性味归经】辛，微寒。归肺经。

【功能主治】清热解毒，消痈排脓，利尿通淋。用于肺痈吐脓，痰热喘咳，热痢，热淋，痈肿疮毒。

【用法用量】15 ～ 25 g，不宜久煎；鲜品用量加倍，水煎或捣汁服。外用适量，捣敷或煎汤熏洗患处。

三白草属 Saururus

三白草　塘边藕（图 0257）

Saururus chinensis（Lour.）Baill.

【中药名】三白草 *。

【形态特征】湿生草本，高约 1 m；茎粗壮，有纵长粗棱和沟槽，下部伏地，常带白色，上部直立，绿色。叶纸质，密生腺点，阔卵形至卵状披针形，长 10 ～ 20 cm，宽 5 ～ 10 cm，顶端短尖或渐尖，基部心形或斜心形，两面均无毛，上部的叶较小，茎顶端的 2 ～ 3 片于花期常为白色，呈花瓣状；叶脉 5 ～ 7 条，均自基部发出，如为 7 脉时，则最外 1 对纤细，斜升 2 ～ 2.5 cm 即弯拱网结，网状脉明显；叶柄长 1 ～ 3 cm，无毛，基部与托叶合生成鞘状，略抱茎。花序白色，长 12 ～ 20 cm；总花梗长 3 ～ 4.5 cm，无毛，但花序轴密被短柔毛；苞片近匙形，上部圆，无毛或有疏缘毛，下部线形，被柔毛，且贴生于花梗上；雄蕊 6 枚，花药长圆形，纵裂，花丝比花药略长。果近球形，直径约 3 mm，表面多疣状突起。花期 4—6 月。

图 0257　三白草 *Saururus chinensis*

【拍摄地点】九集镇双泉村，海拔 123 m。

【生境分布】生于低湿沟边、塘边或溪旁。分布于南漳九集、李庙等乡镇。

【采收加工】全年均可采收，洗净，晒干。

【药用部位】地上部分。

【性味归经】甘、辛，寒。归肺、膀胱经。

【功能主治】利尿消肿，清热解毒。用于水肿，小便不利，淋沥涩痛，带下；外治疮疡肿毒，湿疹。

【用法用量】15 ～ 30 g。

68. 胡椒科 Piperaceae

胡椒属 Piper

山蒟　山蒌（图 0258）

Piper hancei Maxim.

【形态特征】攀援藤本，长可达 10 m，除花序轴和苞片柄外，余均无毛；茎、枝具细纵纹，节上生根。叶纸质或近革质，卵状披针形或椭圆形，少有披针形，长 6 ～ 12 cm，宽 2.5 ～ 4.5 cm，顶端短尖或渐尖，基部渐狭或楔形，有时钝，通常相等或有时略不等；叶脉 5 ～ 7 条，最上 1 对互生，离基 1 ～ 3 cm 从中脉发出，弯拱上升几达叶片顶部，如为 7 脉时，则最外 1 对细弱，网状脉通常明显；叶柄长 5 ～ 12 mm；叶鞘长约为叶柄之半。花单性，雌雄异株，聚集成与叶对生的穗状花序。雄花序长 6 ～ 10 cm，直径约 2 mm；总花梗与叶柄等长或略长，花序轴被毛；苞片近圆形，直径约 0.8 mm，近无柄或具短柄，盾状，向轴面和柄上被柔毛；雄蕊 2 枚，花丝短。雌花序长约 3 cm，于果期延长；苞片与雄花序的相同，但柄略长；子房近球形，离生，柱头 4，稀 3。浆果球形，黄色，直径 2.5 ～ 3 mm。花期 3—8 月。

图 0258　山蒟 *Piper hancei*

【拍摄地点】长坪镇长岭村，海拔 392 m。

【生境分布】生于山地溪涧边、密林或疏林中，攀援于树上或石上。分布于南漳各乡镇。

【药用部位】茎、叶。

【功能主治】行气止痛，祛风消肿。用于风湿性关节炎，腰膝无力，咳嗽气喘等。

69. 金粟兰科 Chloranthaceae

金粟兰属 Chloranthus

丝穗金粟兰　水晶花　四块瓦（图 0259）

Chloranthus fortunei（A. Gray）Solms-Laub

图 0259　丝穗金粟兰 *Chloranthus fortunei*

【形态特征】多年生草本，高 15～40 cm，全部无毛；根状茎粗短，密生多数细长须根；茎直立，单生或数个丛生，下部节上对生 2 片鳞状叶。叶对生，通常 4 片生于茎上部，纸质，宽椭圆形、长椭圆形或倒卵形，长 5 ～ 11 cm，宽 3 ～ 7 cm，顶端短尖，基部宽楔形，边缘有圆锯齿或粗锯齿，齿尖有一腺体，近基部全缘，嫩叶背面密生细小腺点，但老叶不明显；侧脉 4 ～ 6 对，网脉明显；叶柄长 1 ～ 1.5 cm；鳞状叶三角形；托叶条裂成钻形。穗状花序单一，由茎顶抽出，连总花梗长 4 ～ 6 cm；苞片倒卵形，通常 2 ～ 3 齿裂；花白色，有香气；雄蕊 3 枚，药隔基部合生，着生于子房上部外侧，中央药隔具 1 个 2 室的花药，两侧药隔各具 1 个 1 室的花药，药隔伸长成丝状，直立或斜上，长 1 ～ 1.9 cm，药室在药隔的基部；子房倒卵形，无花柱。核果球形，淡黄绿色，有纵条纹，长约 3 mm，近无柄。花期 4—

5 月，果期 5—6 月。

【拍摄地点】东巩镇碑垭村，海拔 278 m。

【生境分布】生于山坡或低山林下阴湿处和山沟草丛中。分布于南漳东巩镇。

【药用部位】全草。

【功能主治】消肿解毒，活血散瘀。用于跌打损伤，疥疮。有毒，内服宜慎。

银线草　四叶七　四块瓦（图 0260）

Chloranthus japonicus Sieb.

【形态特征】多年生草本，高 20 ～ 49 cm；根状茎多节，横走，分枝，生多数细长须根，有香气；茎直立，单生或数个丛生，不分枝，下部节上对生 2 片鳞状叶。叶对生，通常 4 片生于茎顶，成假轮生，纸质，宽椭圆形或倒卵形，长 8 ～ 14 cm，宽 5 ～ 8 cm，顶端急尖，基部宽楔形，边缘有齿牙状锐锯齿，齿尖有一腺体，近基部或 1/4 以下全缘，腹面有光泽，两面无毛，侧脉 6 ～ 8 对，网脉明显；叶柄长 8 ～ 18 mm；鳞状叶膜质，三角形或宽卵形，长 4 ～ 5 mm。穗状花序单一，顶生，连总花梗长 3 ～ 5 cm；苞片三角形或近半圆形；花白色；雄蕊 3 枚，药隔基部连合，着生于子房上部外侧；中央药隔无花药，两侧药隔各有 1 个 1 室的花药；药隔延伸成线形，长约 5 mm，水平伸展或向上弯，药室在药隔的基部；子房卵形，无花柱，柱头截平。核果近球形或倒卵形，长 2.5 ～ 3 mm，具长 1 ～ 1.5 mm 的柄，绿色。花期 4—5 月，果期 5—7 月。

图 0260　银线草 *Chloranthus japonicus*

【拍摄地点】肖堰镇伏龙川村，海拔 435 m。

【生境分布】生于山坡或山谷杂木林下阴湿草丛中。分布于南漳肖堰、板桥等乡镇。

【药用部位】全草。

【功能主治】祛湿散寒，活血止痛，散瘀解毒；有毒。用于风寒咳嗽，风湿痛，经闭。

及己　四块瓦（图 0261）

Chloranthus serratus（Thunb.）Roem. et Schult.

【形态特征】多年生草本，高 15 ～ 50 cm；根状茎横生，粗短，直径约 3 mm，生多数土黄色须根；茎直立，单生或数个丛生，具明显的节，无毛，下部节上对生 2 片鳞状叶。叶对生，4 ～ 6 片生于茎上部，纸质，椭圆形、倒卵形或卵状披针形，偶有卵状椭圆形或长圆形，长 7 ～ 15 cm，宽 3 ～ 6 cm，顶端渐窄成长尖，基部楔形，边缘具锐而密的锯齿，齿尖有一腺体，两面无毛；侧脉 6 ～ 8 对；叶柄长 8 ～ 25 mm；鳞状叶膜质，三角形；托叶小。穗状花序顶生，偶有腋生，单一或 2 ～ 3 分枝；总花梗长 1 ～ 3.5 cm；苞片三角形或近半圆形，通常顶端数齿裂；花白色；雄蕊 3 枚，药隔下部合生，着生于子房上部外侧，中央药隔有 1 个 2 室的花药，两侧药隔各有 1 个 1 室的花药；药隔长圆形，3 药隔相抱，中央药隔向内弯，长 2 ～ 3 mm，与侧药隔等长或略长，药室在药隔中部或中部以上；子房卵形，无花柱，柱头粗短。核果近球形或梨形，绿色。花期 4—5 月，果期 6—8 月。

【拍摄地点】城关镇凉泉村，海拔 474 m。

【生境分布】生于山地林下湿润处和山谷溪边草丛中。分布于南漳城关、长坪、薛坪等乡镇。

【药用部位】根及根茎。

【功能主治】活血散瘀，解毒消肿；有毒。用于跌打损伤，骨折肿痛，腰扭伤，风湿痛，疔疮肿毒，毒蛇咬伤。

图 0261　及己 *Chloranthus serratus*

70. 马兜铃科 Aristolochiaceae

马兜铃属 Aristolochia

马兜铃　天仙藤　青木香（图 0262）

Aristolochia debilis Sieb. et Zucc.

【形态特征】草质藤本。根圆柱形，直径 3 ～ 15 mm，外皮黄褐色；茎柔弱，无毛，暗紫色或绿色，有腐肉味。叶纸质，卵状三角形、长圆状卵形或戟形，长 3 ～ 6 cm，基部宽 1.5 ～ 3.5 cm，上部宽 1.5 ～ 2.5 cm，顶端钝圆或短渐尖，基部心形，两侧裂片圆形，下垂或稍扩展，长 1 ～ 1.5 cm，两面无毛；基出脉 5 ～ 7 条，邻近中脉的两侧脉平行向上，略开叉，其余向侧边延伸，各级叶脉在两面均明显；叶柄长 1 ～ 2 cm，柔弱。花单生或 2 朵聚生于叶腋；花梗长 1 ～ 1.5 cm，开花后期近顶端常稍弯，基部具小苞片；小苞片三角形，长 2 ～ 3 mm，易脱落；花被长 3 ～ 5.5 cm，基部膨大呈球形，与子房连接处具关节，直径 3 ～ 6 mm，向上收狭成一长管，管长 2 ～ 2.5 cm，直径 2 ～ 3 mm，管口扩大呈漏斗状，黄绿色，口部有紫斑，外面无毛，内面有腺体状毛；檐部一侧极短，另一侧渐延伸成舌片；舌片卵状披针形，向上渐狭，长 2 ～ 3 cm，顶端钝；花药卵形，贴生于合蕊柱近基部，并单个与其裂片对生；

图 0262　马兜铃 *Aristolochia debilis*

子房圆柱形，长约 10 mm，6 棱；合蕊柱顶端 6 裂，稍具乳头状突起，裂片顶端钝，向下延伸形成波状圆环。蒴果近球形，顶端圆形而微凹，长约 6 cm，直径约 4 cm，具 6 棱，成熟时黄绿色，由基部向上沿室间 6 瓣开裂；果梗长 2.5 ~ 5 cm，常撕裂成 6 条；种子扁平，钝三角形，长、宽均约 4 mm，边缘具白色膜质宽翅。花期 7—8 月，果期 9—10 月。

【拍摄地点】肖堰镇云盘村，海拔 471 m。

【生境分布】生于山谷、沟边、路旁阴湿处及山坡灌丛中。分布于南漳肖堰、九集、巡检等乡镇。

【药用部位】马兜铃：成熟果实。天仙藤：地上部分。

【功能主治】马兜铃：清肺降气，止咳平喘，清肠消痔；用于肺热咳喘，痰中带血，肠热痔血，痔疮肿痛。天仙藤：行气活血，通络止痛；用于脘腹刺痛，风湿痹痛。

寻骨风　绵毛马兜铃（图 0263）

Aristolochia mollissima Hance

【形态特征】木质藤本。根细长，圆柱形；嫩枝密被灰白色长绵毛，老枝无毛，干后常有纵槽纹，暗褐色。叶纸质，卵形、卵状心形，长 3.5 ~ 10 cm，宽 2.5 ~ 8 cm，顶端钝圆至短尖，基部心形，基部两侧裂片广展，弯缺深 1 ~ 2 cm，边全缘，上面被糙伏毛，下面密被灰色或白色长绵毛，基出脉 5 ~ 7 条，侧脉每边 3 ~ 4 条；叶柄长 2 ~ 5 cm，密被白色长绵毛。花单生于叶腋，花梗长 1.5 ~ 3 cm，直立或近顶端向下弯，中部或中部以下有小苞片；小苞片卵形或长卵形，长 5 ~ 15 mm，宽 3 ~ 10 mm，无柄，顶端短尖，两面被毛与叶相同；花被管中部弯曲，下部长 1 ~ 1.5 cm，直径 3 ~ 6 mm，弯曲处至檐部较下部短而狭，外面密生白色长绵毛，内面无毛；檐部盘状，圆形，直径 2 ~ 2.5 cm，内面无毛或稍被微柔毛，浅黄色，并有紫色网纹，外面密生白色长绵毛，边缘浅 3 裂，裂片平展，阔三角形，近等大，顶端短尖或钝；喉部近圆形，直径 2 ~ 3 mm，稍呈领状突起，紫色；花药长圆形，成对贴生于合蕊柱近基部，并与其裂片对生；子房圆柱形，长约 8 mm，密被白色长绵毛；合蕊柱顶端 3 裂；裂片顶端钝圆，边缘向下延伸，并具乳头状突起。蒴果长圆状或椭圆状倒卵形，长 3 ~ 5 cm，直径 1.5 ~ 2 cm，具 6 条呈波状或扭曲的棱或翅，暗褐色，密被细绵毛或毛常脱落而变无毛，成熟时自顶端向下 6 瓣开裂；种子卵状三角形，长约 4 mm，宽约 3 mm，背面平凸状，具皱纹和隆起的边缘，腹面凹入，中间具膜质种脊。花期 4—6 月，果期 8—10 月。

图 0263　寻骨风 *Aristolochia mollissima*

【拍摄地点】九集镇吴家集村，海拔 173 m。

【生境分布】生于山坡、草丛、沟边和路旁等处。分布于南漳各乡镇。

【药用部位】全草。

【功能主治】祛风湿，通经络。用于风湿痹痛，肢体麻木，筋骨拘挛，跌打损伤，外伤出血，乳痈，疟疾。

宝兴马兜铃 青木香（图 0264）

Aristolochia moupinensis Franch.

【形态特征】木质藤本，长 3 ～ 4 m 或更长；根长圆柱形，土黄色，有不规则纵裂纹；嫩枝和芽密被黄棕色或灰色长柔毛，老枝无毛；茎有纵棱，老茎基部有纵裂、增厚的木栓层。叶膜质或纸质，卵形或卵状心形，长 6 ～ 16 cm，宽 5 ～ 12 cm，顶端短尖或短渐尖，基部深心形，两侧裂片下垂或稍内弯，弯缺深 1 ～ 2.5 cm，边全缘，上面疏生灰白色糙伏毛，后变无毛，下面密被黄棕色长柔毛；基出脉 5 ～ 7 条，侧脉每边 3 ～ 4 条，网脉两面均明显；叶柄长 3 ～ 8 cm，柔弱，密被灰色或黄棕色长柔毛。花单生或二朵聚生于叶腋；花梗长 3 ～ 8 cm，花后常伸长，近基部向下弯垂，密被长柔毛，中部以下具小苞片；小苞片卵形，长 1 ～ 1.5 cm，无柄，下面密被长柔毛；花被管中部弯曲而略扁，下部长 2 ～ 3 cm，直径 8 ～ 10 mm，弯曲处至檐部与下部近等长而稍狭，外面疏被黄棕色长柔毛，内面仅近子房处被微柔毛，其余无毛，具纵脉纹；檐部盘状，近圆形，直径 3 ～ 3.5 cm，内面黄色，有紫红色斑点，边缘绿色，具网状脉纹，边缘浅 3 裂；裂片常稍外翻，顶端具凸尖；喉部圆形，稍具领状环，直径约 8 mm；花药长圆形，成对贴生于合蕊柱近基部，并与其裂片对生；子房圆柱形，长约 8 mm，具 6 棱，密被长柔毛；合蕊柱顶端 3 裂；裂片顶端有时 2 裂，常钝圆，边缘向下延伸呈皱波状。蒴果长圆形，长 6 ～ 8 cm，直径 2 ～ 3.5 cm，有 6 棱，棱通常波状弯曲，成熟时自顶端向下 6 瓣开裂；种子长卵形，长 5 ～ 6 mm，宽 3 ～ 4 mm，背面平凸状，具皱纹及隆起的边缘，腹面凹入，中间具膜质种脊，灰褐色。花期 5—6 月，果期 8—10 月。

图 0264 宝兴马兜铃 *Aristolochia moupinensis*

【拍摄地点】巡检镇刘家坡村，海拔 968 m。

【生境分布】生于林中、沟边或灌丛中。分布于南漳巡检、板桥等乡镇。

【药用部位】根。

【功能主治】清热利湿，行水下乳，排脓止痛。用于小便不利，水肿，尿路感染，阴道滴虫，风湿性关节痛，湿疹，荨麻疹，痈肿。

细辛属 Asarum

双叶细辛 乌金草（图 0265）

Asarum caulescens Maxim.

【中药名】乌金七*。

【形态特征】多年生草本。根状茎横走，节间长 3 ～ 5 cm，有多条须根；地上茎匍匐，有 1 ～ 2 对叶。叶片近心形，长 4 ～ 9 cm，宽 5 ～ 10 cm，先端常具长 1 ～ 2 cm 的尖头，基部心形，两侧裂片长 1.5 ～ 2.5 cm，宽 2.5 ~ 4 cm，顶端圆形，常向内弯接近叶柄，两面散生柔毛，叶背毛较密；叶柄长 6 ~ 12 cm，无毛；芽苞叶近圆形，长、宽各约 13 mm，边缘密生毛，花紫色，花梗长 1 ~ 2 cm，被柔毛；花被裂片三角状卵形，长约 10 mm，宽约 8 mm，开花时上部向下反折；雄蕊和花柱上部常伸出花被之外，花丝比花药长约 2 倍，药隔锥尖；子房近下位，略呈球状，有 6 纵棱，花柱合生，顶端 6 裂，裂片倒心形，柱头着生于裂缝外侧。果近球状，直径约 1 cm。花期 4—5 月。

图 0265　双叶细辛 *Asarum caulescens*

【拍摄地点】长坪镇赵岭村，海拔 1266 m。

【生境分布】生于林下腐殖土中。分布于南漳长坪镇、板桥镇。

【采收加工】全年均可采收，洗净，阴干。

【药用部位】全草。

【性味归经】辛、苦，温。归肺、胃经。

【功能主治】祛风散寒，温肺化痰，止痛。用于风寒头痛，痰饮咳喘，胃寒疼痛，腹痛，齿痛，风湿痹痛，跌打损伤。

【用法用量】1 ~ 3 g，或研末冲服。

大叶马蹄香　大花细辛　马蹄细辛（图 0266）

Asarum maximum Hemsl.

【形态特征】多年生草本，植株粗壮。根状茎匍匐，长可达 7 cm，直径 2 ~ 3 mm；根稍肉质，直径 2 ~ 3 mm。叶片长卵形、阔卵形或近戟形，长 6 ~ 13 cm，宽 7 ~ 15 cm，先端急尖，基部心形，两侧裂片长 3 ~ 7 cm，宽 3.5 ~ 6 cm，叶面深绿色，偶有白色云斑，脉上和近边缘有短毛，叶背浅绿色；叶柄长 10 ~ 23 cm；芽苞叶卵形，长约 18 mm，宽约 7 mm，边缘密生睫毛。花紫黑色，直径 4 ~ 6 cm；花梗长 1 ~ 5 cm；花被管钟状，长约 2.5 cm，直径 1.5 ~ 2 cm，在与花柱等高处向外膨胀形成一带状环突，喉部不缢缩或稍缢缩，喉孔直径约 1 cm，无膜环或仅有膜环状的横向间断的皱褶，内壁

图 0266　大叶马蹄香 *Asarum maximum*

具纵行脊状皱褶，花被裂片宽卵形，长 2 ～ 4 cm，宽 2 ～ 3 cm，中部以下有半圆状污白色斑块，干后淡棕色，向下具有数行横列的乳突状皱褶；药隔伸出，钝尖；子房半下位，花柱 6，顶端 2 裂，柱头侧生。花期 4—5 月。

【拍摄地点】薛坪镇火石观村，海拔 541 m。

【生境分布】生于林下腐殖土中。分布于南漳薛坪、李庙、长坪等乡镇。

【药用部位】全草。

【功能主治】祛风散寒，止咳祛痰，活血解毒，止痛。用于风寒感冒，咳喘，牙痛，中暑腹痛，肠炎，痢疾，风湿关节疼痛，跌打损伤，痈疮肿毒，蛇咬伤。

细辛　辽细辛（图 0267）

Asarum sieboldii Miq.

【中药名】细辛 *。

【形态特征】多年生草本。根状茎直立或横走，直径 2 ～ 3 mm，节间长 1 ～ 2 cm，有多条须根。叶通常 2 枚，叶片心形或卵状心形，长 4 ～ 11 cm，宽 4.5 ～ 13.5 cm，先端渐尖或急尖，基部深心形，两侧裂片长 1.5 ～ 4 cm，宽 2 ～ 5.5 cm，顶端圆形，叶面疏生短毛，脉上较密，叶背仅脉上被毛；叶柄长 8 ～ 18 cm，光滑无毛；芽苞叶肾圆形，长、宽各约 13 mm，边缘疏被柔毛。花紫黑色，花梗长 2 ～ 4 cm；花被管钟状，直径 1 ～ 1.5 cm，内壁有疏离纵行脊皱；花被裂片三角状卵形，长约 7 mm，宽约 10 mm，直立或近平展；雄蕊着生子房中部，花丝与花药近等长或稍长，药隔突出，短锥形；子房半下位或几近上位，球状，花柱 6，较短，顶端 2 裂，柱头侧生。果近球状，直径约 1.5 cm，棕黄色。花期 4—5 月。

图 0267　细辛 *Asarum sieboldii*

【拍摄地点】板桥镇宋家坪村，海拔 1254 m。

【生境分布】生于林下阴湿腐殖土中。分布于南漳板桥、长坪、李庙等乡镇。

【采收加工】夏季果熟期或初秋采挖，除净地上部分和泥沙，阴干。

【药用部位】根和根茎。

【性味归经】辛，温。归心、肺、肾经。

【功能主治】解表散寒，祛风止痛，通窍，温肺化饮。用于风寒感冒，头痛，牙痛，鼻塞流涕，鼻鼽，鼻渊，风湿痹痛，痰饮喘咳。

【用法用量】1 ～ 3 g，散剂每次服 0.5 ～ 1 g。外用适量。

马蹄香属 Saruma

马蹄香　高脚细辛　冷水丹（图 0268）

Saruma henryi Oliv.

【形态特征】多年生直立草本，茎高 50 ～ 100 cm，被灰棕色短柔毛，根状茎粗壮，直径约 5 mm；有多数细长须根。叶心形，长 6 ～ 15 cm，顶端短渐尖，基部心形，两面和边缘均被柔毛；叶柄长 3 ～ 12 cm，被毛。花单生，花梗长 2 ～ 5.5 cm，被毛；萼片心形，长约 10 mm，宽约 7 mm；花瓣黄绿色，肾心形，长约 10 mm，宽约 8 mm，基部耳状心形，有爪；雄蕊与花柱近等高，花丝长约 2 mm，花药长圆形，药隔不伸出；心皮大部离生，花柱不明显，柱头细小，胚珠多数，着生于心皮腹缝线上。蒴果蓇葖状，长约 9 mm，成熟时沿腹缝线开裂。种子三角状倒锥形，长约 3 mm，背面有细密横纹。花期 4—7 月。

图 0268　马蹄香 *Saruma henryi*

【拍摄地点】李庙镇胡家坪村，海拔 634 m。

【生境分布】生于山谷林下或沟边草丛中。分布于南漳李庙、薛坪、长坪等乡镇。

【药用部位】叶。

【功能主治】清热解毒。外用治疗疮疡肿毒。

71. 猕猴桃科 Actinidiaceae

猕猴桃属 Actinidia

京梨猕猴桃

小洋桃　水梨藤（图 0269）

Actinidia callosa var. *henryi* Maxim.

【形态特征】大型木质藤本植物，长可达 7 m，枝条淡灰色至红棕色，有黄色皮孔；髓中实或不规则片状，淡橙色。叶纸质，卵形、卵状椭圆形或倒卵形，长 6 ～ 12 cm，宽 3 ～ 6.5 cm，先端急尖，基部宽楔形，常偏斜，边缘有芒状小齿，有时为圆齿状细齿或近全缘，无毛，但叶下脉腋有须状毛；叶柄长 2 ～ 5.5 cm，带红色，无毛。聚伞花序，

图 0269　京梨猕猴桃 *Actinidia callosa* var. *henryi*

常 1 ～ 5 朵花；萼片 5，卵形，长 6 mm，无毛，边缘有时有缘毛；花瓣 5，白色，宽长圆状倒卵形，长约 10 mm；雄蕊多数，花药黄色，宽椭圆形；子房柱形，被毛。果长椭圆状卵形，成熟时无毛，有斑点。花期 5—6 月，果期 7—10 月。

【拍摄地点】李庙镇赵店村，海拔 208 m。

【生境分布】生于山谷溪涧边或其他湿润处。分布于南漳李庙、东巩等乡镇。

【药用部位】藤茎。

【功能主治】清热解毒，活血消肿。用于筋骨疼痛，腰腿痛，背痈红肿，全身浮肿。

中华猕猴桃 洋桃（图 0270）

Actinidia chinensis Planch.

【形态特征】木质藤本植物。幼枝及叶柄密生灰棕色柔毛，老枝无毛。髓粗，白色，片状。叶片纸质，圆形、卵形或倒卵形，长 5 ～ 17 cm，顶端突尖、平截或微凹，边缘有刺毛状齿，上面仅叶脉有疏毛，下面密生棕色星状茸毛。花期 5—6 月。花开时白色，后变成黄色；花被 5，萼片及花柄有淡棕色茸毛。雄蕊多数；花柱丝状，多数。雌雄异株。雌树仅开花不结果。浆果卵圆形或长矩圆形，密生棕色长毛。9—10 月成熟，成熟时果毛脱落或不脱落，种子卵形，长约 2 mm，果横切开，可见种子呈放射状排列。

图 0270 中华猕猴桃 *Actinidia chinensis*

【拍摄地点】李庙镇老君店村，海拔 770 m。

【生境分布】生于低山区的山林中。分布于南漳李庙、长坪等乡镇。

【药用部位】根。

【功能主治】清热利尿，活血消肿。用于水肿，跌打损伤，风湿性关节痛，淋浊，带下，疮疖，瘰疬。

美味猕猴桃 硬毛猕猴桃（图 0271）

Actinidia chinensis var. *deliciosa* （A. Chevaliver）A. Chevalier

【中药名】藤梨根*。

【形态特征】本种为中华猕猴桃（*Actinidia chinensis*）的一个变种。本变种特点为花枝多数较长，达 15 ～ 20 cm，被黄褐色长硬毛，毛落后仍可见到硬毛残迹。叶倒阔卵形至倒卵形，长 9 ～ 11 cm，宽 8 ～ 10 cm，顶端常具突尖，叶柄被黄褐色长硬毛。花较大，直径 3.5 cm 左右；子房被刷毛状糙毛。果近球形、圆柱形或倒卵形，长 5 ～ 6 cm，被常分裂为 2 ～ 3 数束状的刺毛状长硬毛。

【拍摄地点】李庙镇赵店村，海拔 309 m。

【生境分布】分布于山林地带。分布于南漳李庙、长坪等乡镇。

【采收加工】秋、冬二季采挖，除去泥沙，洗净，晒干。

【药用部位】根。

【性味归经】酸、微甘，凉；有小毒。归肝、胆、脾、胃经。

【功能主治】清热解毒，活血消肿，健胃催乳，抗癌。用于疮疖，消化不良，乳汁不足，癌肿。

【用法用量】15 ～ 30 g。外用适量，捣敷。孕妇慎服。

图 0271 美味猕猴桃 *Actinidia chinensis* var. *deliciosa*

对萼猕猴桃 猫人参（图 0272）

Actinidia valvata Dunn

【形态特征】中型落叶藤本植物。着花小枝淡绿色，长 10 ～ 15 cm，直径约 2 mm，幼嫩时薄被极微小的茸毛，皮孔很不显著；隔年枝灰绿色，皮孔较显著；髓白色，实心。叶近膜质，卵形至长方卵形，顶端短渐尖至渐尖，基部截圆形至阔楔形；边缘有细锯齿，腹面绿色，背面稍淡，两面均无毛，叶脉不发达，侧脉 5 ～ 6 对；叶柄水红色，无毛，长 15 ～ 20 mm。花序 2 ～ 3 花或 1 花单生；花序柄长约 1.5 cm，花柄不及 1 cm，均略被微茸毛；苞片钻形，长 1 ～ 2 mm；花白色，直径约 2 cm，花瓣近圆形；萼片 2 ～ 3 片，卵形至长方卵形，长 6 ～ 9 mm，两面均无毛或外面的中间部分略被微茸毛；花瓣 7 ～ 9 片，长方倒卵形，长 1 ～ 1.5 cm，宽 10 ～ 12 mm；花丝丝状，长约 5 mm，花药橙黄色，条状矩圆形，长 2.5 ～ 4 mm；子房瓶状，长约 5 mm，洁净无毛，花柱比子房稍长。果成熟时橙黄色，卵珠状，稍偏肿，长 2 ～ 2.5 cm，无斑点，顶端有尖喙，基部有反折的宿存萼片；种子长 3 ～ 3.5 mm。花期 5 月上旬。

图 0272 对萼猕猴桃 *Actinidia valvata*

【拍摄地点】薛坪镇陶沟村，海拔 628 m。

【生境分布】生于低山区山谷丛林中。分布于南漳薛坪、巡检等乡镇。

【药用部位】根。

【功能主治】清热解毒。用于疮痈肿毒。

72. 山茶科 Theaceae

山茶属 Camellia

尖连蕊茶　野茶树　尖叶山茶（图 0273）

Camellia cuspidata var. *cuspidata*

图 0273　尖连蕊茶 *Camellia cuspidata* var. *cuspidata*

【形态特征】灌木，高达 3 m，嫩枝无毛，或最初开放的新枝有微毛，很快变秃净。叶革质，卵状披针形或椭圆形，长 5 ~ 8 cm，宽 1.5 ~ 2.5 cm，先端渐尖至尾状渐尖，基部楔形或略圆，上面干后黄绿色，发亮，下面浅绿色，无毛；侧脉 6 ~ 7 对，在上面略下陷，在下面不明显；边缘密具细锯齿，齿刻相隔 1 ~ 1.5 mm，叶柄长 3 ~ 5 mm，略有残留短毛。花单独顶生，花柄长 3 mm，有时稍长；苞片 3 ~ 4 片，卵形，长 1.5 ~ 2.5 mm，无毛；花萼杯状，长 4 ~ 5 mm，萼片 5 片，无毛，不等大，分离至基部，厚革质，阔卵形，先端略尖，薄膜质，花冠白色，长 2 ~ 2.4 cm，无毛；花瓣 6 ~ 7 片，基部连生 2 ~ 3 mm，并与雄蕊的花丝贴生，外侧 2 ~ 3 片较小，革质，长 1.2 ~ 1.5 cm，内侧 4 片或 5 片长达 2.4 cm；雄蕊比花瓣短，无毛，外轮雄蕊只在基部和花瓣合生，其余部分离生，花药背部着生；雌蕊长 1.8 ~ 2.3 cm，子房无毛；花柱长 1.5 ~ 2 cm，无毛，顶端 3 浅裂，裂片长约 2 mm。蒴果圆球形，直径 1.5 cm，有宿存苞片和萼片，果皮薄，1 室，种子 1 粒，圆球形。花期 4—7 月。

【拍摄地点】肖堰镇花庄村，海拔 210 m。

【生境分布】生于山沟林荫下或灌木丛中。分布于南漳肖堰、薛坪等乡镇。

【药用部位】叶。

【功能主治】杀虫，止血。用于外伤出血，虫牙。

山茶（图 0274）

Camellia japonica L.

【中药名】山茶花*。

【形态特征】灌木或小乔木，高 9 m，嫩枝无毛。叶革质，椭圆形，长 5 ~ 10 cm，宽 2.5 ~ 5 cm，先端略尖，或急短尖而有钝尖头，基部阔楔形，上面深绿色，干后发亮，无毛，下面浅绿色，无毛，侧脉 7 ~ 8 对，在上下两面均能见，边缘有相隔 2 ~ 3.5 cm 的细锯齿。叶柄长 8 ~ 15 mm，无毛。花顶生，红色，无柄；苞片及萼片约 10 片，组成长 2.5 ~ 3 cm 的杯状苞被，半圆形至圆形，长 4 ~ 20 mm，外面有绢毛，脱落；花瓣 6 ~ 7 片，外侧 2 片近圆形，几离生，长 2 cm，外面有毛，内侧 5 片基部连生约 8 mm，倒卵圆形，长 3 ～ 4.5 cm，无毛；雄蕊 3 轮，长 2.5 ～ 3 cm，外轮花丝基部连生，花丝管长 1.5 cm，无毛；内轮雄蕊离生，稍短，子房无毛，花柱长 2.5 cm，先端 3 裂。蒴果圆球形，直径 2.5 ～ 3 cm，2 ～ 3 室，每室有种子 1 ～ 2 个，3 爿裂开，果爿厚木质。花期 1—4 月。

图 0274 山茶 *Camellia japonica*

【拍摄地点】城关镇城区，海拔 115 m。

【生境分布】生于山坡或栽培。分布于南漳各乡镇。

【采收加工】春分至谷雨采收含苞待放的花蕾，晒干或烘干。

【药用部位】花。

【性味归经】甘、苦，辛。归肝、肺经。

【功能主治】凉血，止血，散瘀，消肿。用于吐血，血崩，肠风，血痢，跌打损伤，烫伤。

【用法用量】5 ～ 10 g。外用适量，研末麻油调敷。

茶（图 0275）

Camellia sinensis（L.）O. Kuntze

【中药名】红茶*、绿茶*。

【形态特征】灌木或小乔木，嫩枝无毛。叶革质，长圆形或椭圆形，长 4 ～ 12 cm，宽 2 ～ 5 cm，先端钝或尖锐，基部楔形，上面发亮，下面无毛或初时有柔毛，侧脉 5 ～ 7 对，边缘有锯齿，叶柄长 3 ～ 8 mm，无毛。花 1 ～ 3 朵腋生，白色，花柄长 4 ～ 6 mm，有时稍长；苞片 2 片，早落；萼片 5 片，阔卵形至圆形，长 3 ～ 4 mm，无毛，宿存；花瓣 5 ～ 6 片，阔卵形，长 1 ～ 1.6 cm，基部略连合，背面无毛，有时有短柔毛；雄蕊长 8 ～ 13 mm，基部连生 1 ～ 2 mm；子房密生白毛；花柱无毛，先端 3 裂，裂片长 2 ～ 4 mm。蒴果 3 球形或 1 ～ 2 球形，高 1.1 ～ 1.5 cm，每球有种子 1 ～ 2 粒。花期 10 月至翌年 2 月。

图 0275 茶 *Camellia sinensis*

【拍摄地点】李庙镇刘坪村，海拔 260 m。

【生境分布】生于山坡或栽培。分布于南漳城关、李庙等乡镇。

【采收加工】红茶：新鲜叶经过萎凋和揉捻，使之在室内充分氧化，发酵，再进行干燥处理而成。

绿茶：春季至秋季采收，未经发酵，经杀青、揉拧、干燥等工艺的制成品。

【药用部位】红茶：嫩叶。绿茶：嫩叶。

【性味归经】红茶：甘，微寒；归心、肾、胃经。绿茶：甘、苦，凉；归心、肺、胃经。

【功能主治】红茶：清头目，除烦渴，化痰，消食，解毒，收敛止泻；用于头痛，目昏，嗜睡，心烦口渴，食积痰滞，泄泻，小便不利，水肿，烧烫伤等。绿茶：清利头目，清心除烦，化痰消食，利尿解毒；用于头痛，目昏，心烦口渴，食积痰滞，泻痢。

【用法用量】红茶：3 ～ 9 g，泡茶或入丸、散；外用适量，研末调敷。绿茶：3 ～ 9 g，泡茶或入丸、散；外用研末调敷。

柃木属 Eurya

柃木（图 0276）

Eurya japonica Thunb.

【形态特征】灌木，高 1 ～ 3.5 m，全株无毛；嫩枝黄绿色或淡褐色，具 2 棱，小枝灰褐色或褐色；顶芽披针形，长 4 ～ 8 mm，无毛。叶厚革质或革质，倒卵形、倒卵状椭圆形至长圆状椭圆形，长 3 ～ 7 cm，宽 1.5 ～ 3 cm，顶端钝或近圆形，有时急尖而尖顶钝，有微凹，基部楔形，边缘具疏的粗钝齿，上面深绿色，有光泽，下面淡绿色，两面无毛，中脉在上面凹下，下面凸起，侧脉 5 ～ 7 对，通常在上面明显下凹，在下面凸起；叶柄长 2 ～ 3 mm，无毛。花 1 ～ 3 朵腋生，花梗长约 2 mm。雄花：小苞片 2，近圆形，长约 0.5 mm，无毛；萼片 5，卵圆形或近圆形，顶端圆，有小突尖，无毛；花瓣 5，白色，长圆状倒卵形，长约 4 mm；雄蕊 12 ～ 15 枚，花药不具分格，退化子房无毛。雌花：小苞片 2，近圆形，极微小；萼片 5，卵形，长约 1.5 mm；花瓣 5，长圆形，长 2.5 ～ 3 mm；子房圆球形，无毛，3 室，花柱长约 1.5 mm，顶端 3 浅裂。果实圆球形，无毛，宿存花柱长 1 ～ 1.5 mm，顶端 3 浅裂。花期 2—3 月，果期 9—10 月。

图 0276　柃木 *Eurya japonica*

【拍摄地点】东巩镇口泉村，海拔 184 m。

【生境分布】生于山坡路旁或溪谷边灌丛中。分布于南漳东巩镇。

【药用部位】枝叶。

【功能主治】祛风除湿，消肿，止血。用于风湿性关节痛，腹水，外伤出血。

73. 藤黄科 Guttiferae

金丝桃属 Hypericum

黄海棠　湖南连翘（图 0277）

Hypericum ascyron L.

【中药名】刘寄奴*。

【形态特征】多年生草本，高 0.5 ～ 1.3 m。茎直立或在基部上升，单一或数茎丛生，不分枝或上部具分枝，有时于叶腋抽出小枝条，茎及枝条幼时具 4 棱，后明显具 4 纵线棱。叶无柄，叶片披针形、长圆状披针形或长圆状卵形至椭圆形或狭长圆形，长 4 ～ 10 cm，宽 1 ～ 2.7 cm，先端渐尖、锐尖或钝形，基部楔形或心形而抱茎，全缘，坚纸质，上面绿色，下面通常淡绿色且散布淡色腺点，中脉、侧脉及近边缘脉下面明显，脉网较密。花序具 1 ～ 35 花，顶生，近伞房状至狭圆锥状，后者包括多数分枝。花直径 3 ～ 8 cm，平展或外反；花蕾卵珠形，先端圆形或钝形；花梗长 0.5 ～ 3 cm。萼片卵形或披针形至椭圆形或长圆形，长 5 ～ 15 mm，宽 1.5 ～ 7 mm，先端锐尖至钝形，全缘，结果时直立。花瓣金黄色，倒披针形，长 1.5 ～ 4 cm，宽 0.5 ～ 2 cm，十分弯曲，具腺斑或无腺斑，宿存。雄蕊极多数，5 束，每束有雄蕊约 30 枚，花药金黄色，具松脂状腺点。子房宽卵珠形至狭卵珠状三角形，长 4 ～ 7 mm，5 室，具中央空腔；花柱 5，长为子房的 1/2 至为其 2 倍，自基部或至上部 4/5 处分离。蒴果为或宽或狭的卵珠形或卵珠状三角形，长 0.9 ～ 2.2 cm，宽 0.5 ～ 1.2 cm，棕褐色，成熟后先端 5 裂，柱头常折落。种子棕色或黄褐色，圆柱形，微弯，长 1 ～ 1.5 mm，有明显的龙骨状突起或狭翅和细的蜂窝纹。花期 7—8 月，果期 8—9 月。

图 0277　黄海棠 *Hypericum ascyron*

【拍摄地点】板桥镇夹马河，海拔 627 m。

【生境分布】生于山坡林下或灌丛中。分布于南漳板桥、李庙、巡检等乡镇。

【采收加工】夏、秋二季采收，除去杂质，晒干。

【药用部位】地上部分。

【性味归经】苦、涩，凉。归肝、脾经。

【功能主治】清热解毒，活血止血。用于湿热泄泻，下痢，乳痈，血瘀经闭，月经不调，跌打损伤，吐血，衄血，便血，尿血，外伤出血，烧烫伤等。

【用法用量】10 ～ 15 g。外用适量，研末敷患处。孕妇慎服。

扬子小连翘　小对叶草（图 0278）

Hypericum faberi R. Keller

【形态特征】多年生草本，高 0.2 ～ 0.8 m。茎曲膝状或匍匐状上升，圆柱形，多分枝。叶具柄，叶柄长 1 ～ 3 mm；叶片卵状长圆形至长圆形，长 1 ～ 2.5 cm，宽 0.6 ～ 0.8 cm，先端钝形或锐尖，基部宽楔形至圆形，边缘全缘，扁平或略背卷，上面绿色，下面淡绿色，边缘生有黑腺点，全面散布淡色透明腺点，侧脉每边 2 ～ 3 条，自中脉中部以下生出，向上弧曲而联结，与中脉在上面微凹，下面凸起，脉网稀疏，下面隐约可见。花序于茎及分枝上顶生，5 ～ 7 花，蝎尾状二歧聚伞花序；苞片及小苞片线形或线状披针形，长约 3 mm，边缘疏生黑腺点。花直径 5 mm，近平展；花梗长 1.5 ～ 3 mm。萼片倒卵状长圆形，长 1.5 ～ 2 mm，宽约 0.8 mm，先端稍钝，基部楔形，边缘常疏生黑色腺点，全面有淡色腺点或腺条。花瓣黄色，倒卵状长圆形，长约 6 mm，宽 3 mm，先端钝形，全面无黑腺点或仅在先端具少数黑腺点，宿存。雄蕊 3 束，每束有雄蕊 7 ～ 8 枚，花丝与花瓣约等长，花药黄色，有黑色腺点。子房卵珠形，长约 1.5 mm，1 室；花柱 3，长约 2 mm，自基部分离，叉开。蒴果卵珠形，长 5 ～ 6 mm，宽 3.5 ～ 4 mm，成熟时褐色，具纵腺条纹。种子黄褐色，圆柱形，长约 0.5 mm，两端锐尖，两侧无龙骨状突起，顶端无附属物，表面有不明显的细蜂窝纹。花期 6—7 月，果期 8—9 月。

图 0278 扬子小连翘 *Hypericum faberi*

【拍摄地点】长坪镇长岭村，海拔 241 m。

【生境分布】生于山坡草地、灌丛、路旁或田埂上。分布于南漳长坪镇。

【药用部位】全草。

【功能主治】凉血止血，消肿止痛。用于跌打损伤，内出血。

长柱金丝桃 小连翘（图 0279）

Hypericum longistylum Oliv.

【形态特征】灌木，高约 1 m，直立，有极叉开的长枝和羽状排列的短枝。茎红色，幼时有 2 ～ 4 纵线棱并且两侧压扁，最后呈圆柱形；节间长 1 ～ 3 cm，短于至长于叶；皮层暗灰色。叶对生，近无柄或具短柄，柄长达 1 mm；叶片狭长圆形至椭圆形或近圆形，长 1 ～ 3.1 cm，宽 0.6 ～ 1.6 cm，先端圆形至略具小尖突，基部楔形至短渐狭，边缘平坦，坚纸质，上面绿色，下面多少密生白霜；主侧脉纤弱，约 3 对，中脉不分枝或几不可见，无或稀有很纤弱的第三级脉网，无腹腺体，叶片腺体小点状。花序 1 花，在

图 0279 长柱金丝桃 *Hypericum longistylum*

短侧枝上顶生；花梗长 8 ～ 12 mm；苞片叶状，宿存。花直径 2.5 ～ 4.5 cm，星状；花蕾狭卵珠形，先端锐尖。萼片离生或在基部合生，在花蕾及结果时开张或外弯，线形或稀为椭圆形，等大或近等大，长 0.3 ～ 0.6 cm，边缘全缘，中脉多少明显，小脉不显著，腺体约 4，基部的线形，向顶端呈点状。花瓣金黄色至橙色，无红晕，开张，倒披针形，长 1.5 ～ 2.2 cm，宽 0.4 ～ 0.8 cm，长为萼片的 2.5 ～ 3.5 倍，边缘全缘，无腺体，无或几无小尖突。雄蕊 5 束，每束有雄蕊 15 ～ 25 枚。子房卵珠形，长 3 ～ 4 mm，宽 2 ～ 3 mm，通常略具柄；花柱长 1 ～ 1.8 cm，长为子房的 3.5 ～ 6 倍，合生几达顶端然后开张；柱头小。蒴果卵珠形，长 0.6 ～ 1.2 cm，宽 0.4 ～ 0.5 cm，通常略具柄。种子圆柱形，长约 1.3 mm，淡棕褐色，有明显的龙骨状突起和细蜂窝纹。花期 5—7 月，果期 8—9 月。

【拍摄地点】巡检镇不二坪村，海拔 1071 m。

【生境分布】生于山坡阳坡或灌丛中。分布于南漳巡检、板桥、李庙等乡镇。

【药用部位】果实。

【功能主治】清热解毒，散结消肿。用于痈肿疮疖。

金丝桃（图 0280）

Hypericum monogynum L.

【形态特征】灌木，高 0.5 ～ 1.3 m，丛状或通常有疏生的开张枝条。茎红色，幼时具 2 纵线棱，两侧压扁，很快为圆柱形；皮层橙褐色。叶对生，无柄或具短柄，柄长达 1.5 mm；叶片倒披针形或椭圆形至长圆形，或较稀为披针形至卵状三角形或卵形，长 2 ～ 11.2 cm，宽 1 ～ 4.1 cm，先端锐尖至圆形，通常具细小尖突，基部楔形至圆形或上部者有时截形至心形，边缘平坦，坚纸质，上面绿色，下面淡绿色但不呈灰白色，主侧脉 4 ～ 6 对，分枝，常与中脉分枝不分明，第三级脉网密集，不明显，无腹腺体，叶片腺体小而呈点状。花序具 1 ～ 15 花，自茎端第 1 节生出，疏松的近伞房状，有时亦自茎端 1 ～ 3 节生出，稀有 1 ～ 2 对次生分枝；花梗长 0.8 ～ 2.8 cm；苞片小，线状披针形，早落。花直径 3 ～ 6.5 cm，星状；花蕾卵珠形，先端近锐尖至钝形。萼片狭椭圆形或长圆形至披针形或倒披针形，先端锐尖至圆形，边缘全缘，中脉分明，细脉不明显，有腺体，在基部的线形至条纹状，向顶端的呈点状。花瓣金黄色至柠檬黄色，无红晕，开张，三角状倒卵形，长 2 ～ 3.4 cm，宽 1 ～ 2 cm，长为萼片的 2.5 ～ 4.5 倍，边缘全缘，无腺体，有侧生的小尖突，小尖突先端锐尖至圆形或消失。雄蕊 5 束，每束有雄蕊 25 ～ 35 枚，最长者长 1.8 ～ 3.2 cm，与花瓣几等长，花药黄色至暗橙色。子房卵珠形或卵珠状圆锥形至近球形，长 2.5 ～ 5 mm，宽 2.5 ～ 3 mm；花柱长 1.2 ～ 2 cm，长为子房的 3.5 ～ 5 倍，合生几达顶端然后向外弯或极偶有合生至全长之半；柱头小。蒴果宽卵珠形或稀为卵珠状圆锥形至近球形，长 6 ～ 10 mm，宽 4 ～ 7 mm。种子深红褐色，圆柱形，长约 2 mm，有狭的龙骨状突起，有浅的线状网纹至线状蜂窝纹。花期 5—8 月，果期 8—9 月。

图 0280 金丝桃 *Hypericum monogynum*

【拍摄地点】城关镇城郊，海拔 86 m。

【生境分布】生于山坡、路旁或灌丛中。分布于南漳各乡镇。

【药用部位】根。

【功能主治】清热解毒，散瘀止痛，祛风湿。用于肝脾肿大，急性咽喉炎，结膜炎，疮疖肿毒，虫蛇咬伤，跌打损伤，风寒性腰痛。

元宝草 对叶草（图 0281）

Hypericum sampsonii Hance

【中药名】刘寄奴*。

图 0281 元宝草 *Hypericum sampsonii*

【形态特征】多年生草本，高 0.2～0.8 m，全体无毛。茎单一或少数，圆柱形，无腺点，上部分枝。叶对生，无柄，其基部完全合生为一体而茎贯穿其中心，披针形至长圆形或倒披针形，长 2.5 ～ 7 cm，宽 1 ～ 3.5 cm，先端钝形或圆形，基部较宽，全缘，坚纸质，上面绿色，下面淡绿色，边缘密生有黑色腺点，全面散生透明或间有黑色腺点，中脉直贯叶端，侧脉每边约 4 条，斜上升，近边缘弧状联结，与中脉两面明显，脉网细而稀疏。花序顶生，多花，伞房状，连同其下方常多达 6 个腋生花枝，整体形成一个庞大的疏松伞房状至圆柱状圆锥花序；苞片及小苞片线状披针形或线形，长达 4 mm，先端渐尖。花直径 6 ～ 10 mm，近扁平，基部为杯状；花蕾卵珠形，先端钝形；花梗长 2 ～ 3 mm。萼片长圆形或长圆状匙形或长圆状线形，长 3 ～ 7 mm，宽 1 ～ 3 mm，先端钝形，全缘，边缘疏生黑腺点，全面散布淡色稀为黑色腺点及腺斑，果时直伸。花瓣淡黄色，椭圆状长圆形，长 4 ～ 8 mm，宽 1.5 ～ 4 mm，宿存，边缘有无柄或近无柄的黑腺体，全面散布淡色或稀为黑色腺点和腺条纹。雄蕊 3 束，宿存，每束具雄蕊 10 ～ 14 枚，花药淡黄色，具黑腺点。子房卵珠形至狭圆锥形，长约 3 mm，3 室；花柱 3，长约 2 mm，自基部分离。蒴果宽卵珠形至卵珠状圆锥形，长 6 ～ 9 mm，宽 4 ～ 5 mm，散布有卵珠状黄褐色囊状腺体。种子黄褐色，长卵柱形，长约 1 mm，两侧无龙骨状突起，顶端无附属物，表面有明显的细蜂窝纹。花期 5—6 月，果期 7—8 月。

【拍摄地点】肖堰镇伏龙川村，海拔 557 m。

【生境分布】生于山坡、路旁或灌木丛中。分布于南漳各乡镇。

【采收加工】夏、秋二季采收，除去杂质，晒干。

【药用部位】地上部分。

【性味归经】苦、涩，凉。归肝、脾经。

【功能主治】清热解毒，活血止血。用于湿热泄泻，下痢，乳痈，血瘀经闭，月经不调，跌打损伤，吐血，衄血，便血，尿血，外伤出血，烧烫伤等。

【用法用量】10 ～ 15 g。外用适量，研末敷患处。孕妇慎服。

74. 罂粟科 Papaveraceae

白屈菜属 Chelidonium

白屈菜　山黄连　小人血七（图 0282）

Chelidonium majus L.

【中药名】白屈菜*。

【形态特征】多年生草本，高 30 ～ 60 cm。主根粗壮，圆锥形，侧根多，暗褐色。茎聚伞状多分枝，分枝常被短柔毛，节上较密，后变无毛。基生叶少，早凋落，叶片倒卵状长圆形或宽倒卵形，长 8 ～ 20 cm，羽状全裂，全裂片 2 ～ 4 对，倒卵状长圆形，具不规则的深裂或浅裂，裂片边缘圆齿状，表面绿色，无毛，背面具白粉，疏被短柔毛；叶柄长 2 ～ 5 cm，被柔毛或无毛，基部扩大成鞘；茎生叶叶片长 2 ～ 8 cm，宽 1 ～ 5 cm；叶柄长 0.5 ～ 1.5 cm，其他同基生叶。伞形花序多花；花梗纤细，长 2 ～ 8 cm，幼时被长柔毛，后变无毛；苞片小，卵形，长 1 ～ 2 mm。花芽卵圆形，直径 5 ～ 8 mm；萼片卵圆形，舟状，长 5 ～ 8 mm，无毛或疏生柔毛，早落；花瓣倒卵形，长约 1 cm，全缘，黄色；雄蕊长约 8 mm，花丝丝状，黄色，花药长圆形，长约 1 mm；子房线形，长约 8 mm，绿色，无毛，花柱长约 1 mm，柱头 2 裂。蒴果狭圆柱形，长 2 ～ 5 cm，粗 2 ～ 3 mm，具通常比果短的柄。种子卵形，长约 1 mm 或更小，暗褐色，具光泽及蜂窝状小格。花果期 4—9 月。

图 0282　白屈菜 *Chelidonium majus*

【拍摄地点】李庙镇胡家坪村，海拔 243 m。

【生境分布】生于山坡草地、路旁或石缝。分布于南漳李庙、长坪等乡镇。

【采收加工】夏、秋二季采挖，除去泥沙，阴干或晒干。

【药用部位】全草。

【性味归经】苦，凉；有毒。归肺、胃经。

【功能主治】解痉止痛，止咳平喘。用于胃脘挛痛，咳嗽气喘，百日咳。

【用法用量】9 ～ 18 g。

紫堇属 Corydalis

紫堇　蝎子花　断肠草（图 0283）

Corydalis edulis Maxim.

【形态特征】一年生灰绿色草本，高 10 ～ 50 cm，具主根。茎自基部铺散分枝，灰绿色，具棱。基生叶多数，长 4 ～ 8 cm，叶柄约与叶片等长，基部多少具鞘，边缘膜质；叶片上面绿色，下面苍白色，二至三回羽状全裂，一回羽片 3 ～ 5 对，具短柄，二回羽片 2 ～ 3 对，顶端分裂成短小的裂片，裂片顶端圆钝。茎生叶与基生叶同形。总状花序长 1 ～ 6 cm，多花，先密集，后疏离，果期伸长。苞片叶状，具柄至近无柄，明显长于长梗。花梗短，长 2 ～ 5 mm。萼片宽卵圆形至三角形，长 0.7 ～ 1.5 mm，具齿，常早落。花粉红色至淡紫色，平展。外花瓣顶端多少下凹，具浅鸡冠状突起，边缘具浅圆齿。上花瓣长 1.1 ～ 1.4 cm；距长 4 ～ 5 mm，稍向上斜伸，末端多少囊状膨大；蜜腺体约占距长的 2/3，末端稍增粗。下花瓣稍向前伸出；爪向后渐狭，稍长于瓣片。内花瓣顶端深紫色。柱头小，圆肾形，顶端稍下凹，两侧基部稍下延，无乳突而具膜质的边缘。蒴果椭圆形，下垂，长 1.5 ～ 2 cm，宽 4 ～ 5 mm，具 2 列种子。种子直径 2 ～ 2.5 mm，边缘具 4 ～ 5 列小凹点；种阜鳞片状，长 1.5 ～ 1.8 cm，远离。

图 0283　紫堇 *Corydalis edulis*

【拍摄地点】城关镇马家嘴村，海拔 154 m。

【生境分布】生于山坡、林下草丛或沟边岩石缝中。分布于南漳九集、刘集、肖堰等乡镇。

【药用部位】全草。

【功能主治】清热解毒，祛暑。用于中暑头痛，肺结核咯血。

蛇果黄堇　**扭果黄堇　断肠草（图 0284）**

Corydalis ophiocarpa Hook. f. & Thoms.

【形态特征】丛生灰绿色草本，高 30 ～ 120 cm，具主根。茎常多条，具叶，分枝，枝条花葶状，对叶生。基生叶多数，长 10 ～ 50 cm；叶柄约与叶片等长，边缘具膜质翅，延伸叶片基部；叶片长圆形，二回至一回羽状全裂，一回羽片 4 ～ 5 对，具短柄，二回羽片 2 ～ 3 对，无柄，倒卵圆形至长圆形，3 ～ 5 裂，裂片长 3 ～ 10 mm，宽 1 ～ 5 mm，具短尖。茎生叶与基生叶同形，下部的具长柄，上部的具短柄，近一回羽状全裂；叶柄边缘延伸至叶片基部的翅较基生叶更明显。总状花序长 10 ～ 30 cm，多花，具短花序轴。苞片线状披针形，长约 5 mm。花梗长 5 ～ 7 mm。花淡黄色至苍白色，平展。外花瓣顶端着色较深，渐尖。上花瓣长 9 ～ 12 mm；距短囊状，占花瓣全长的 1/4 ～ 1/3，多少上升；蜜腺体

图 0284　蛇果黄堇 *Corydalis ophiocarpa*

约贯穿距长的1/2。下花瓣舟状，多少向前伸出。内花瓣顶端暗紫红色至暗绿色，具伸出顶端的鸡冠状突起，爪短于瓣片。雄蕊束披针形，上部缢缩成丝状。子房线形，稍长于花柱；柱头宽浅，具4乳突，顶生2枚呈广角状叉分，侧生2枚呈两臂状伸出，先下弯再弧形上伸。蒴果线形，长1.5～2.5 cm，宽约1 mm，蛇形弯曲，具1列种子。种子小，黑亮，具伸展狭直的种阜。

【拍摄地点】长坪镇赵岭村，海拔1090 m。

【生境分布】生于沟谷林缘或山坡路旁。分布于南漳长坪镇。

【药用部位】全草。

【功能主治】清热解毒。用于肺痨咳嗽，痈毒肿痛。

珠果黄堇　**珠果黄紫堇　念珠黄堇（图0285）**

Corydalis speciosa Maxim.

【形态特征】多年生灰绿色草本，高40～60 cm，具主根。当年生和第二年生的茎常不分枝，三年以上的茎多分枝。下部茎生叶具柄，上部的近无柄，叶片长约15 cm，狭长圆形，二回羽状全裂，一回羽片5～7对，下部的较疏离，上部的较密集，二回羽片2～4对，卵状椭圆形，上面绿色，下面苍白色，长1～1.5 cm，宽5～8 mm，羽状深裂，裂片线形至披针形，具短尖。总状花序生茎和腋生枝的顶端，密具多花，长5～10 cm，待下部的花结果时，上部的花渐疏离，可长达19 cm。苞片披针形至菱状披针形，具细长的顶端，约与花梗等长或稍长，有时从中部至顶端疏具锯齿。花梗长约7 mm，果期下弯。花金黄色，近平展或稍俯垂。萼片小，近圆形，中央着生，直径约1 mm，具疏齿。外花瓣较宽展，通常渐尖，近具短尖，有时顶端近于微凹，无鸡冠状突起。上花瓣长2～2.2 cm；距约占花瓣全长的1/3，背部平直，腹部下垂，末端囊状；蜜腺体约占距长的1/2，末端钩状弯曲。下花瓣长约1.5 cm，基部多少具小瘤状突起。内花瓣长约1.3 cm，顶端微凹，具短尖和粗厚的鸡冠状突起。雄蕊束披针形，较狭。柱头呈二臂状横向伸出，各枝顶端具3乳突。蒴果线形，长约3 cm，俯垂，念珠状，具1列种子。种子黑亮，扁压，直径约2 mm，边缘具密集的小点状印痕；种阜杯状，紧贴种子。

图0285　珠果黄堇 *Corydalis speciosa*

【拍摄地点】薛坪镇火石观村，海拔728 m。

【生境分布】生于林缘、路边或水边多石地。分布于南漳薛坪、长坪、李庙等乡镇。

【药用部位】全草。

【功能主治】清热解毒，行气止痛，活血散瘀，消肿。用于疮痈肿毒，跌打损伤。

荷青花属 Hylomecon

荷青花 补血草 小菜子七（图 0286）

Hylomecon japonica（Thunb.）Prantl et Kündig

【中药名】荷青花*。

【形态特征】多年生草本，高 15 ～ 40 cm，具黄色液汁，疏生柔毛，老时无毛。根茎斜生，长 2 ～ 5 cm，白色，果时橙黄色，肉质，盖以褐色、膜质的鳞片，鳞片圆形，直径 4 ～ 8 mm。茎直立，不分枝，具条纹，无毛，草质，绿色转红色至紫色。基生叶少数，叶片长 10 ～ 15 cm，羽状全裂，裂片 2 ～ 3 对，宽披针状菱形、倒卵状菱形或近椭圆形，长 3 ～ 7 cm，宽 1 ～ 5 cm，先端渐尖，基部楔形，边缘具不规则的圆齿状锯齿或重锯齿，表面深绿色，背面淡绿色，两面无毛；具长柄；茎生叶通常 2，稀 3，叶片同基生叶，具短柄。花 1 ～ 2 朵排列成伞房状，顶生，有时也腋生；花梗直立，纤细，长 3.5 ～ 7 cm。花芽卵圆形，长 8 ～ 10 mm，无毛或疏被毛；萼片卵形，长 1 ～ 1.5 cm，外面散生卷毛或无毛，芽时覆瓦状排列，花期脱落；花瓣倒卵圆形或近圆形，长 1.5 ～ 2 cm，芽时覆瓦状排列，花期突然增大，基部具短爪；雄蕊黄色，长约 6 mm，花丝丝状，花药圆形或长圆形；子房长约 7 mm，花柱极短，柱头 2 裂。蒴果长 5 ～ 8 cm，粗约 3 mm，无毛，2 瓣裂，具长达 1 cm 的宿存花柱。种子卵形，长约 1.5 mm。花期 4—7 月，果期 5—8 月。

图 0286 荷青花 *Hylomecon japonica*

【拍摄地点】长坪镇赵岭村，海拔 1113 m。

【生境分布】生于林下、林缘或沟边。分布于南漳长坪镇。

【采收加工】夏、秋二季采挖，洗净，干燥。

【药用部位】根及根茎。

【性味归经】苦，平。归肝经。

【功能主治】祛风湿，舒经活络，散瘀消肿，止血，止痛。用于风湿性关节痛，跌打损伤。

【用法用量】5 ～ 10 g。

博落回属 Macleaya

博落回 号筒梗（图 0287）

Macleaya cordata（Willd.）R. Br.

【中药名】博落回*。

【形态特征】直立草本，基部木质化，具乳黄色浆汁。茎高 1 ～ 4 m，绿色，光滑，多白粉，中空，上部多分枝。叶片宽卵形或近圆形，长5～27 cm，宽5～25 cm，先端急尖、渐尖、钝或圆形，通常7或9深裂或浅裂，裂片半圆形、方形、三角形或其他，边缘波状、缺刻状、粗齿或多细齿，表面绿色，无毛，背面多白粉，被易脱落的细茸毛，基出脉通常5，侧脉2对，稀3对，细脉网状，常呈淡红色；叶柄长1～12 cm，上面具浅沟槽。大型圆锥花序多花，长15～40 cm，顶生和腋生；花梗长2～7 mm；苞片狭披针形。花芽棒状，近白色，长约1 cm；萼片倒卵状长圆形，长约1 cm，舟状，黄白色；花瓣无；雄蕊24～30，花丝丝状，长约5 mm，花药条形，与花丝等长；子房倒卵形至狭倒卵形，长2～4 mm，先端圆，基部渐狭，花柱长约1 mm，柱头2裂，下延于花柱上。蒴果狭倒卵形或倒披针形，长1.3～3 cm，粗5～7 mm，先端圆或钝，基部渐狭，无毛。种子4～6枚，卵珠形，长1.5～2 mm，生于缝线两侧，无柄，种皮具排成行的整齐的蜂窝状孔穴，有狭的种阜。花果期6—11月。

图0287 博落回 *Macleaya cordata*

【拍摄地点】巡检镇不二坪村，海拔985 m。

【生境分布】生于低山林中、灌丛中或草丛间。分布于南漳李庙、巡检、板桥等乡镇。

【采后加工】夏、秋二季采收，除去杂质，干燥。

【药用部位】全草。

【性味归经】苦、辛，寒；大毒。归肝、肺经。

【功能主治】散瘀止痛，清热解毒，祛风杀虫。用于跌打伤痛，风湿痹痛，痈肿疮毒，顽癣，湿疹，虫蛇咬伤。

【用法用量】外用适量，捣敷、煎水熏洗，或研末调敷。禁止内服。

罂粟属 Papaver

虞美人　丽春花（图0288）

Papaver rhoeas L.

【形态特征】一年生草本，全体被伸展的刚毛，稀无毛。茎直立，高25～90 cm，具分枝，被淡黄色刚毛。叶互生，叶片轮廓披针形或狭卵形，长3～15 cm，宽1～6 cm，羽状分裂，下部全裂，全裂片披针形和二回羽状浅裂，上部深裂或浅裂，裂片披针形，最上部粗齿状羽状浅裂，顶生裂片通常较大，小裂片先端均渐尖，两面被淡黄色刚毛，叶

图0288 虞美人 *Papaver rhoeas*

脉在背面凸起，在表面略凹；下部叶具柄，上部叶无柄。花单生于茎和分枝顶端；花梗长 10 ～ 15 cm，被淡黄色平展的刚毛。花蕾长圆状倒卵形，下垂；萼片 2，宽椭圆形，长 1 ～ 1.8 cm，绿色，外面被刚毛；花瓣 4，圆形、横向宽椭圆形或宽倒卵形，长 2.5 ～ 4.5 cm，全缘，稀圆齿状或顶端缺刻状，紫红色，基部通常具深紫色斑点；雄蕊多数，花丝丝状，长约 8 mm，深紫红色，花药长圆形，长约 1 mm，黄色；子房倒卵形，长 7 ～ 10 mm，无毛，柱头 5 ～ 18，辐射状，连合成扁平、边缘圆齿状的盘状体。蒴果宽倒卵形，长 1 ～ 2.2 cm，无毛，具不明显的肋。种子多数，肾状长圆形，长约 1 mm。花果期 3—8 月。

【拍摄地点】城关镇水镜庄风景区，海拔 130 m。

【生境分布】栽培。分布于南漳城关镇。

【药用部位】全草。

【功能主治】镇咳，镇痛，止泻。用于咳嗽，腹痛，痢疾。

罂粟　米壳花　鸦片　阿芙蓉（图 0289）

Papaver somniferum L.

【中药名】罂粟壳*。

【形态特征】一年生草本，无毛或稀在植株下部或总花梗上被极少的刚毛，高 30 ～ 60 cm，栽培可达 1.5 m。主根近圆锥状，垂直。茎直立，不分枝，无毛，具白粉。叶互生，叶片卵形或长卵形，长 7 ～ 25 cm，先端渐尖至钝，基部心形，边缘为不规则的波状锯齿，两面无毛，具白粉，叶脉明显，略突起；下部叶具短柄，上部叶无柄、抱茎。花单生；花梗长达 25 cm，无毛或稀散生刚毛。花蕾卵圆状长圆形或宽卵形，长 1.5 ～ 3.5 cm，宽 1 ～ 3 cm，无毛；萼片 2，宽卵形，绿色，边缘膜质；花瓣 4，近圆形或扇形，长 4 ～ 7 cm，宽 3 ～ 11 cm，边缘浅波状或各式分裂，白色、粉红色、红色、紫色或杂色；雄蕊多数，花丝线形，长 1 ～ 1.5 cm，白色，花药长圆形，长 3 ～ 6 mm，淡黄色；子房球形，直径 1 ～ 2 cm，绿色，无毛，柱头 8 ～ 12，辐射状，连合成扁平的盘状体，盘边缘深裂，裂片具细圆齿。蒴果球形或长圆状椭圆形，长 4 ～ 7 cm，直径 4 ～ 5 cm，无毛，成熟时褐色。种子多数，黑色或深灰色，表面呈蜂窝状。花果期 3—11 月。

图 0289　罂粟 *Papaver somniferum*

【生境分布】逸生。

【采收加工】秋季将成熟果实或已割取浆汁后的成熟果实摘下，破开，除去种子和枝梗，干燥。

【药用部位】成熟果壳。

【性味归经】酸、涩，平；有毒。归肺、大肠、肾经。

【功能主治】敛肺，涩肠，止痛。用于久咳，久泻，脱肛，脘腹疼痛。

【用法用量】3 ～ 6 g。本品易成瘾，不宜常服；孕妇及儿童禁用；运动员慎用。

金罂粟属 Stylophorum

金罂粟 人血草 人血七（图 0290）

Stylophorum lasiocarpum（Oliv.）Fedde

【中药名】人血草*。

【形态特征】草本，高 30 ～ 50 cm，具血红色液汁。茎直立，通常不分枝，无毛。基生叶数枚，叶片轮廓倒长卵形，大头羽状深裂，长 13 ～ 25 cm，裂片 4 ～ 7 对，疏离，侧裂片卵状长圆形，长 3 ～ 5 cm，具有不规则的锯齿或圆齿状锯齿，下部羽片较小，顶生裂片宽卵形，长 7 ～ 10 cm，宽 5 ～ 7 cm，边缘具有不等的粗齿，表面绿色，背面具白粉，两面无毛；叶柄长 7 ～ 10 cm，无毛；茎生叶 2 ～ 3 枚，生于茎上部，近对生或近轮生，叶片同基生叶，叶柄较短。花 4 ～ 7 朵，于茎先端排列成伞形花序；花梗长 5 ～ 15 cm；苞片狭卵形，渐尖，长 1 ～ 1.5 cm。萼片卵形，长约 1 cm，急尖，外面被短柔毛；花瓣黄色，倒卵状圆形，长约 2 cm；雄蕊长约 1.2 cm，花丝丝状，花药长圆形，长约 1.5 mm；子房圆柱形，长约 1.2 cm，被短毛，花柱长约 3 mm，柱头 2 裂，裂片大，近平展。蒴果狭圆柱形，长 5 ～ 8 cm，粗约 5 mm，被短柔毛。种子多数，卵圆形，长约 1 mm，具网纹，有鸡冠状的种阜。花期 4—8 月，果期 6—9 月。

图 0290 金罂粟 *Stylophorum lasiocarpum*

【拍摄地点】长坪镇赵岭村，海拔 1356 m。

【生境分布】生于林下或沟边。分布于南漳长坪、李庙等乡镇。

【采收加工】夏、秋二季采收，除去泥沙，干燥。

【药用部位】全草。

【性味归经】苦，微温。归心经。

【功能主治】活血行气，调经止血，散瘀止痛。用于跌打损伤，外伤出血，月经不调等。

【用法用量】3 ～ 6 g。

75. 十字花科 Cruciferae

芸薹属 Brassica

芸薹 油菜（图 0291）

Brassica campestris L.

【形态特征】二年生草本，高 30 ～ 90 cm；茎粗壮，直立，分枝或不分枝，无毛或近无毛，稍带粉霜。基生叶大头羽裂，顶裂片圆形或卵形，边缘有不整齐弯缺齿，侧裂片 1 至数对，卵形；叶柄宽，长 2 ～ 6 cm，基部抱茎；下部茎生叶羽状半裂，长 6 ～ 10 cm，基部扩展且抱茎，两面有硬毛及缘毛；上部茎生叶长圆状倒卵形、长圆形或长圆状披针形，长 2.5 ~ 8 cm，宽 0.5 ~ 4 cm，基部心形，抱茎，两侧有垂耳，全缘或有波状细齿。总状花序在花期呈伞房状，以后伸长；花鲜黄色，直径 7 ~ 10 mm；萼片长圆形，长 3 ~ 5 mm，直立开展，顶端圆形，边缘透明，稍有毛；花瓣倒卵形，长 7 ~ 9 mm，顶端近微缺，基部有爪。长角果线形，长 3 ~ 8 cm，宽 2 ~ 4 mm，果瓣有中脉及网纹，萼直立，长 9 ~ 24 mm；果梗长 5 ~ 15 mm。种子球形，直径约 1.5 mm。紫褐色。花期 3—4 月，果期 5 月。

【拍摄地点】城关镇马家嘴村，海拔 154 m。

【生境分布】栽培。分布于南漳各乡镇。

【药用部位】种子。

【功能主治】行气祛瘀，消肿散结。用于痛经，产后瘀血腹痛，恶露不净；外用治痈疖肿痛。

图 0291 芸薹 *Brassica campestris*

荠属 Capsella

荠 地米菜 荠菜（图 0292）

Capsella bursa-pastoris（L.）Medic.

【形态特征】一年或二年生草本，高 10 ~ 50 cm，无毛、有单毛或分叉毛；茎直立，单一或从下部分枝。基生叶丛生呈莲座状，大头羽状分裂，长可达 12 cm，宽可达 2.5 cm，顶裂片卵形至长圆形，长 5 ~ 30 mm，宽 2 ~ 20 mm，侧裂片 3 ~ 8 对，长圆形至卵形，长 5 ~ 15 mm，顶端渐尖，浅裂，或有不规则粗锯齿或近全缘，叶柄长 5 ~ 40 mm；茎生叶窄披针形或披针形，长 5 ~ 6.5 mm，宽 2 ~ 15 mm，基部箭形，抱茎，边缘有缺刻或锯齿。总状花序顶生及腋生，果期延长达 20 cm；花梗长 3 ~ 8 mm；萼片长圆形，长 1.5 ~ 2 mm；花瓣白色，卵形，长 2 ~ 3 mm，有短爪。短角果倒三角形或倒心状三角形，长 5 ~ 8 mm，宽 4 ~ 7 mm，扁平，无毛，顶端微凹，裂瓣具网脉；花柱长约 0.5 mm；果梗长 5 ~ 15 mm。种子 2 行，长椭圆形，长约 1 mm，浅褐色。花果期 4—6 月。

图 0292 荠 *Capsella bursa-pastoris*

【拍摄地点】肖堰镇花庄村，海拔 175 m。

【生境分布】生于山坡、田边及路旁。分布于南漳各乡镇。

【药用部位】全草。

【功能主治】凉血止血，清热利尿。用于肾结核尿血，产后子宫出血，月经过多，肺结核咯血，肾炎水肿，泌尿系结石。

碎米荠属 Cardamine

弯曲碎米荠　碎米荠（图 0293）

Cardamine flexuosa With.

【形态特征】一年或二年生草本，高达 30 cm。茎自基部多分枝，斜升呈铺散状，表面疏生柔毛。基生叶有叶柄，小叶 3 ～ 7 对，顶生小叶卵形、倒卵形或长圆形，长与宽各为 2 ～ 5 mm，顶端 3 齿裂，基部宽楔形，有小叶柄，侧生小叶卵形，较顶生的形小，1 ～ 3 齿裂，有小叶柄；茎生叶有小叶 3 ～ 5 对，小叶多为长卵形或线形，1 ～ 3 裂或全缘，小叶柄有或无，全部小叶近于无毛。总状花序多数，生于枝顶，花小，花梗纤细，长 2 ～ 4 mm；萼片长椭圆形，长约 2.5 mm，边缘膜质；花瓣白色，倒卵状楔形，长约 3.5 mm；花丝不扩大；雌蕊柱状，花柱极短，柱头扁球状。长角果线形，扁平，长 12 ～ 20 mm，宽约 1 mm，与果序轴近于平行排列，果序轴左右弯曲，果梗直立开展，长 3 ～ 9 mm。种子长圆形而扁，长约 1 mm，黄绿色，顶端有极窄的翅。花期 3—5 月，果期 4—6 月。

图 0293　弯曲碎米荠 *Cardamine flexuosa*

【拍摄地点】城关镇洞坪村，海拔 98 m。

【生境分布】生于田边、路旁及草地。分布于南漳各乡镇。

【药用部位】全草。

【功能主治】清热利湿，利尿通淋。用于热淋涩痛。

白花碎米荠　山荠菜　菜子七（图 0294）

Cardamine leucantha（Tausch）O. E. Schulz

【形态特征】多年生草本，高 30 ～ 75 cm。根状茎短而匍匐，着生多数粗线状、长短不一的匍匐茎，其上生有须根。茎单一，不分枝，有时上部有少数分枝，表面有沟棱、密被短绵毛或柔毛。基生叶有长叶柄，小叶 2 ～ 3 对，顶生小叶卵形至长卵状披针形，长 3.5 ～ 5 cm，宽 1 ～ 2 cm，顶端渐尖，边缘有不整齐的钝齿或锯齿，基部楔形或阔楔形，小叶柄长 5 ～ 13 mm，侧生小叶的大小、形态和顶生小叶相似，但基部不等，有或无小叶柄；茎中部叶有较长的叶柄，通常有小叶 2 对；茎上部叶有小叶 1 ～ 2 对，小叶阔披针形，较小；全部小叶干后带膜质而半透明，两面均有柔毛，尤以下面较多。总状花序顶生，分枝或不分枝，花后伸长；花梗细弱，长约 6 mm；萼片长椭圆形，长 2.5 ～ 3.5 mm，边缘膜质，外面有毛；花瓣白色，长圆状楔形，长 5 ～ 8 mm；花丝稍扩大；雌蕊细长；子房有长柔毛，柱头扁球形。长角果线形，长 1 ～ 2 cm，宽约 1 mm，花柱长约 5 mm；果瓣散生柔毛，毛易脱落；果梗直立开展，长 1 ～ 2 cm。种子长圆形，长约 2 mm，栗褐色，边缘具窄翅或无。花期 4—7 月，果期 6—8 月。

【拍摄地点】长坪镇赵岭村，海拔 1323 m。

【生境分布】生于路边、山坡湿草地及山谷沟边阴湿处。分布于南漳长坪镇。

【药用部位】根及根茎。

【功能主治】清热解毒，化痰止咳。用于慢性支气管炎。

图 0294 白花碎米荠 *Cardamine leucantha*

大叶碎米荠 华中碎米荠（图 0295）

Cardamine macrophylla Willd.

【形态特征】多年生草本，高 35 ～ 65 cm。根状茎粗壮，通常匍匐，其上密生须根。茎粗壮，直立，不分枝，表面有沟棱，近于无毛。茎生叶有小叶 4 ～ 5 对，有时 3 ～ 6 对，顶生小叶与侧生小叶相似，卵状披针形、宽披针形或狭披针形，长 5 ～ 10 cm，宽 1 ～ 3 cm，顶端渐尖或长渐尖，边缘有不整齐的锯齿或钝锯齿，顶生小叶基部楔形，无小叶柄，侧生小叶基部不等而多少下延成翅状，小叶片薄纸质，两面散生短柔毛或有时均无毛；叶柄长 1.5 ～ 6.5 cm。总状花序多花，花梗长 6 ～ 12 mm；萼片绿色或淡紫色，长卵形，长 5 ～ 7 mm，顶端钝，边缘膜质，外面有毛或无毛，内轮萼片基部囊状；花瓣紫色、淡紫色或紫红色，长椭圆状楔形或倒卵楔形，长 8 ～ 14 mm，顶端圆，花丝扁平而显著扩大；雌蕊花柱短，柱头扁球形。长角果条形而微扁，长 3 ～ 4 cm，宽约 3 mm，果瓣有时带紫色，疏生短柔毛或无毛；果梗直立开展，长 1 ～ 2 cm，有短柔毛。种子椭圆形，长约 3 mm，褐色。花期 4—7 月，果期 6—8 月。

图 0295 大叶碎米荠 *Cardamine macrophylla*

【拍摄地点】李庙镇主山寨村，海拔 1051 m。

【生境分布】生于山谷阴湿地及山坡林下。分布于南漳李庙镇。

【药用部位】根茎。

【功能主治】止咳平喘。用于支气管炎及哮喘。

播娘蒿属 Descurainia

播娘蒿 南葶苈子（图 0296）

Descurainia sophia（L.）Webb ex Prantl

【中药名】葶苈子*。

【形态特征】一年生草本，高 20 ～ 80 cm，有毛或无毛，毛为叉状毛，以下部茎生叶为多，向上渐少。茎直立，分枝多，常于下部成淡紫色。叶为三回羽状深裂，长 2 ～ 12 cm，末端裂片条形或长圆形，裂片长 3 ～ 5 mm，宽 0.8 ～ 1.5 mm，下部叶具柄，上部叶无柄。花序伞房状，果期伸长；萼片直立，早落，长圆条形，背面有分叉细柔毛；花瓣黄色，长圆状倒卵形，长 2 ～ 2.5 mm，或稍短于萼片，具爪；雄蕊 6 枚，比花瓣长三分之一。长角果圆筒状，长 2.5 ～ 3 cm，宽约 1 mm，无毛，稍内曲，与果梗不成 1 条直线，果瓣中脉明显；果梗长 1 ～ 2 cm。种子每室 1 行，种子形小，多数，长圆形，长约 1 mm，稍扁，淡红褐色，表面有细网纹。花期 4—5 月。

图 0296 播娘蒿 *Descurainia sophia*

【拍摄地点】肖堰镇曲阳坪村，海拔 146 m。

【生境分布】生于山坡、田野及农田。分布于南漳肖堰、九集、薛坪等乡镇。

【采收加工】夏季果实成熟时采割植株，晒干，搓出种子，除去杂质。

【药用部位】成熟种子。

【性味归经】辛、苦，大寒。归肺、膀胱经。

【功能主治】泻肺平喘，行水消肿。用于痰涎壅肺，喘咳痰多，胸胁胀满，不得平卧，胸腹水肿，小便不利。

【用法用量】3 ～ 10 g，包煎。

糖芥属 Erysimum

小花糖芥 桂竹糖芥（图 0297）

Erysimum cheiranthoides L.

【形态特征】一年生草本，高 15 ～ 50 cm；茎直立，分枝或不分枝，有棱角，具 2 叉毛。基生叶莲座状，无柄，平铺地面，叶片长 2 ～ 4 cm，宽 1 ～ 4 mm，有 2 ～ 3 叉毛；叶柄长 7 ～ 20 mm；茎生叶披针形或线形，长 2 ～ 6 cm，宽 3 ～ 9 mm，顶端急尖，基部楔形，边缘具深波状疏齿或近全缘，两面具 3 叉毛。总状花序顶生，果期长达 17 cm；萼片长圆形或线形，长 2 ～ 3 mm，外面有 3 叉毛；花瓣浅黄色，长圆形，长 4～5 mm，顶端圆形或截形，下部具爪。长角果圆柱形，长 2～4 cm，宽约 1 mm，侧扁，稍有棱，具 3 叉毛；果瓣有 1 条不明显中脉；花柱长约 1 mm，柱头头状；果梗粗，长 4～6 mm；种子每室 1 行，种子卵形，长约 1 mm，淡褐色。花期 5 月，果期 6 月。

【拍摄地点】城关镇洞坪村，海拔 99 m。

【生境分布】生于山坡、山谷、路旁及村旁荒地。零星分布于南漳城关镇。

【药用部位】全草。

【功能主治】健脾和胃，利尿，消食。用于食积。

图 0297 小花糖芥 *Erysimum cheiranthoides*

山嵛菜属 Eutrema

山嵛菜（图 0298）

Eutrema yunnanense Franch.

【形态特征】多年生草本，高 30～80 cm。根茎横卧，粗约 1 cm，具多数须根。近地面处生数茎，直立或斜上升，表面有纵沟，下部无毛，上部有单毛。基生叶具柄，长 25～35 cm；叶片近圆形，长 7～16 cm，宽 7～10 cm，基部深心形，边缘具波状齿或锯齿；茎生叶具柄，柄长 5～30 mm，向上渐短，叶片向上渐小，长卵形或卵状三角形，顶端渐尖，基部浅心形，边缘有波状齿或锯齿。花序密集呈伞房状，果期伸长；花梗长 5～10 mm；萼片卵形，长约 1.5 mm；花瓣白色，长圆形，长 3.5～6 mm，顶端钝圆，有短爪。角果长圆筒状，长 7～15 mm，宽 1～2 mm，两端渐窄；果瓣中脉明显；果梗纤细，长 8～16 mm，向下反折，角果常翘起。种子长圆形，长 2.2～2.5 mm，褐色。花期 3—4 月。

图 0298 山嵛菜 *Eutrema yunnanense*

【拍摄地点】肖堰镇响水洞村，海拔 386 m。

【生境分布】生于林下、山坡草丛或沟边。分布于南漳肖堰、板桥、李庙等乡镇。

【药用部位】根茎。

【功能主治】补肾阳。用于阳痿。

独行菜属 Lepidium

北美独行菜（图 0299）

Lepidium virginicum L.

【形态特征】一年或二年生草本，高 20 ～ 50 cm；茎单一，直立，上部分枝，具柱状腺毛。基生叶倒披针形，长 1 ～ 5 cm，羽状分裂或大头羽裂，裂片大小不等，卵形或长圆形，边缘有锯齿，两面有短伏毛；叶柄长 1 ～ 1.5 cm；茎生叶有短柄，倒披针形或线形，长 1.5 ～ 5 cm，宽 2 ～ 10 mm，顶端急尖，基部渐狭，边缘有尖锯齿或全缘。总状花序顶生；萼片椭圆形，长约 1 mm；花瓣白色，倒卵形，和萼片等长或稍长；雄蕊 2 或 4。短角果近圆形，长 2 ～ 3 mm，宽 1 ～ 2 mm，扁平，有窄翅，顶端微缺，花柱极短；果梗长 2 ～ 3 mm。种子卵形，长约 1 mm，光滑，红棕色，边缘有窄翅；子叶缘倚胚根。花期 4—5 月，果期 6—7 月。

【拍摄地点】城关镇三道河水库管理处，海拔 166 m。

【生境分布】生于山坡、山沟或草丛中。分布于南漳城关、九集等乡镇。

图 0299 北美独行菜 *Lepidium virginicum*

【药用部位】成熟种子。

【功能主治】泻肺平喘，行水消肿。用于痰涎壅肺，喘咳痰多，胸胁胀满，不得平卧，胸腹水肿，小便不利。

臭独行菜　臭荠（图 0300）

Lepidium didymum L.

【形态特征】一年或二年生匍匐草本，高 5 ～ 30 cm，全体有臭味；主茎短且不显明，基部多分枝，无毛或有长单毛。叶为一回或二回羽状全裂，裂片 3 ～ 5 对，线形或窄长圆形，长 4 ～ 8 mm，宽 0.5 ～ 1 mm，顶端急尖，基部楔形，全缘，两面无毛；叶柄长 5 ～ 8 mm。花极小，直径约 1 mm，萼片具白色膜质边缘；花瓣白色，长圆形，比萼片稍长，或无花瓣；雄蕊通常 2。短角果肾形，长约 1.5 mm，宽 2 ～ 2.5 mm，2 裂，果瓣半球形，表面有粗糙皱纹，成熟时分离成 2 瓣。种子肾形，长约 1 mm，红棕色。花期 3 月，果期 4—5 月。

【拍摄地点】城关镇便河社区，海拔 100 m。

【生境分布】生于路旁或荒地。分布于南漳各乡镇。

【药用部位】全草。

图 0300 臭独行菜 *Lepidium didymum*

【功能主治】续骨疗伤。外用捣敷治疗单纯性骨折。

诸葛菜属 Orychophragmus

诸葛菜　二月兰（图 0301）

Orychophragmus violaceus（L.）O. E. Schulz

【形态特征】一年或二年生草本，高 10 ～ 50 cm，无毛；茎单一，直立，基部或上部稍有分枝，浅绿色或带紫色。基生叶及下部茎生叶大头羽状全裂，顶裂片近圆形或短卵形，长 3 ～ 7 cm，宽 2 ～ 3.5 cm，顶端钝，基部心形，有钝齿，侧裂片 2 ～ 6 对，卵形或三角状卵形，长 3 ～ 10 mm，越向下越小，偶在叶轴上杂有极小裂片，全缘或有齿，叶柄长 2 ～ 4 cm，疏生细柔毛；上部叶长圆形或窄卵形，长 4 ～ 9 cm，顶端急尖，基部耳状，抱茎，边缘有不整齐齿。花紫色、浅红色或褪成白色，直径 2 ～ 4 cm；花梗长 5 ～ 10 mm；花萼筒状，紫色，萼片长约 3 mm；花瓣宽倒卵形，长 1 ～ 1.5 cm，宽 7 ～ 15 mm，密生细脉纹，爪长 3 ～ 6 mm。长角果线形，长 7 ～ 10 cm，具 4 棱，裂瓣有 1 凸出中脊，喙长 1.5 ～ 2.5 cm；果梗长 8 ～ 15 mm。种子卵形至长圆形，长约 2 mm，稍扁平，黑棕色，有纵条纹。花期 4—5 月，果期 5—6 月。

图 0301　诸葛菜 *Orychophragmus violaceus*

【拍摄地点】薛坪镇火石观村，海拔 693 m。

【生境分布】生于山地、路旁或池边。分布于南漳李庙、长坪、薛坪等乡镇。

【药用部位】叶。

【功能主治】开胃下气，利湿，解毒。用于食积不化，黄疸，消渴，热毒风肿，疔疮，乳痈。

湖北诸葛菜（图 0302）

Orychophragmus violaceus var. *hupehensis*（Pamp.）O. E. Schulz

【形态特征】本种为诸葛菜（*Orychophragmus violaceus*）的一个变种。本变种与原变种的主要区别在于全株无毛，或少有茎、叶、花梗均疏生短柔毛；萼片顶端偶具长柔毛；叶的顶裂片边缘具不等深波状钝齿，侧裂片斜卵形或卵状心形，在叶轴上无小裂片。

【拍摄地点】李庙镇刘坪村，海拔 183 m。

【生境分布】生于田边及山坡林内潮湿处。分布于南漳李庙镇。

【药用部位】同“诸葛菜”。

【功能主治】同“诸葛菜”。

图 0302 湖北诸葛菜 *Orychophragmus violaceus* var. *hupehensis*

图 0303 萝卜 *Raphanus sativus*

萝卜属 Raphanus

萝卜 莱菔（图 0303）

Raphanus sativus L.

【中药名】莱菔子*、地骷髅*。

【形态特征】一年或二年生草本，高 20 ~ 100 cm；直根肉质，长圆形、球形或圆锥形，外皮绿色、白色或红色；茎有分枝，无毛，稍具粉霜。基生叶和下部茎生叶大头羽状半裂，长 8 ~ 30 cm，宽 3 ~ 5 cm，顶裂片卵形，侧裂片 4 ~ 6 对，长圆形，有钝齿，疏生粗毛，上部叶长圆形，有锯齿或近全缘。总状花序顶生及腋生；花白色或粉红色，直径 1.5 ~ 2 cm；花梗长 5 ~ 15 mm；萼片长圆形，长 5 ~ 7 mm；花瓣倒卵形，长 1 ~ 1.5 cm，具紫纹，下部有长 5 mm 的爪。长角果圆柱形，长 3 ~ 6 cm，宽 10 ~ 12 mm，在种子间缢缩，并形成海绵质横隔；顶端喙长 1 ~ 1.5 cm；果梗长 1 ~ 1.5 cm。种子 1 ~ 6 个，卵形，微扁，长约 3 mm，红棕色，有细网纹。花期 4—5 月，果期 5—6 月。

【拍摄地点】城关镇文笔峰村，海拔 172 m。

【生境分布】栽培。分布于南漳各乡镇。

【采收加工】莱菔子：夏季果实成熟时采割植株，晒干，搓出种子，除去杂质，再晒干。地骷髅：在果实成熟后采挖，除去须根和泥沙，洗净，晒干。

【药用部位】莱菔子：成熟种子。地骷髅：老根。

【性味归经】莱菔子：辛、甘，平；归肺、脾、胃经。地骷髅：甘、辛，平；归肺、脾、胃经。

【功能主治】莱菔子：消食除胀，降气化痰；用于饮食停滞，脘腹胀痛，大便秘结，积滞泻痢，痰壅喘咳。地骷髅：下气消胀，利水消肿；用于食积腹胀，呃逆，胸腹肿胀，痢疾，痞块。

【用法用量】莱菔子：5 ~ 12 g。地骷髅：9 ~ 15 g。

蔊菜属 Rorippa

风花菜 银条菜 球果蔊菜（图 0304）

Rorippa globosa（Turcz.）Hayek

【形态特征】一或二年生直立粗壮草本，高 20 ～ 80 cm，植株被白色硬毛或近无毛。茎单一，基部木质化，下部被白色长毛，上部近无毛，分枝或不分枝。茎下部叶具柄，上部叶无柄，叶片长圆形至倒卵状披针形。长 5 ～ 15 cm，宽 1 ～ 2.5 cm，基部渐狭，下延成短耳状而半抱茎，边缘具不整齐粗齿，两面被疏毛，尤以叶脉为显。总状花序多数，呈圆锥花序式排列，果期伸长。花小，黄色，具细梗，长 4 ～ 5 mm；萼片 4，长卵形，长约 1.5 mm，开展，基部等大，边缘膜质；花瓣 4，倒卵形，与萼片等长或稍短，基部渐狭成短爪；雄蕊 6，4 强或近于等长。短角果近球形，直径约 2 mm，果瓣隆起，平滑无毛，有不明显网纹，顶端具宿存短花柱；果梗纤细，呈水平开展或稍向下弯，长 4 ～ 6 mm。种子多数，淡褐色，极细小，扁卵形，一端微凹；子叶缘倚胚根。花期 4—6 月，果期 7—9 月。

图 0304 风花菜 *Rorippa globosa*

【拍摄地点】城关镇文笔峰村，海拔 66 m。

【生境分布】生于河岸、湿地、路旁、沟边或草丛中。分布于南漳城关镇。

【药用部位】全草。

【功能主治】清热利尿，解毒消肿。用于水肿，黄疸，淋病，腹水，咽痛，痈肿，烫伤。

蔊菜 野菜子（图 0305）

Rorippa indica（L.）Hiern

【中药名】野油菜*。

【形态特征】一或二年生直立草本，高 20 ～ 40 cm，植株较粗壮，无毛或具疏毛。茎单一或分枝，表面具纵沟。叶互生，基生叶及茎下部叶具长柄，叶形多变化，通常大头羽状分裂，长 4 ～ 10 cm，宽 1.5 ～ 2.5 cm，顶端裂片大，卵状披针形，边缘具不整齐齿，侧裂片 1 ～ 5 对；茎上部叶片宽披针形或匙形，边缘具疏齿，具短柄或基部耳状抱茎。总状花序顶生或侧生，花小，多数，具细花梗；萼片 4，卵状长圆形，长 3 ～ 4 mm；花瓣 4，

图 0305 蔊菜 *Rorippa indica*

黄色，匙形，基部渐狭成短爪，与萼片近等长；雄蕊6，2枚稍短。长角果线状圆柱形，短而粗，长1～2 cm，宽1～1.5 mm，直立或稍内弯，成熟时果瓣隆起；果梗纤细，长3～5 mm，斜升或近水平开展。种子每室2行，多数，细小，卵圆形而扁，一端微凹，表面褐色，具细网纹；子叶缘倚胚根。花期4—6月，果期6—8月。

【拍摄地点】九集镇吴家集村，海拔176 m。

【生境分布】生于田边、河边及山坡路旁等较潮湿处。分布于南漳九集、肖堰、刘集等乡镇。

【采收加工】4—6月花期采收，除去泥沙与杂质，干燥。

【药用部位】全草。

【性味归经】辛、凉。归肺、肝经。

【功能主治】疏散风热，化痰止咳，清热解毒。用于外感发热，麻疹不透，咳嗽痰喘，咽喉肿痛，痈肿疮毒。

【用法用量】15～30 g。外用适量，捣敷。

76. 悬铃木科 Platanaceae

悬铃木属 Platanus

二球悬铃木　法国梧桐（图0306）

Platanus acerifolia（Aiton）Willd.

【形态特征】落叶大乔木，高30余米，树皮光滑，大片块状脱落；嫩枝密生灰黄色茸毛；老枝秃净，红褐色。叶阔卵形，宽12～25 cm，长10～24 cm，上下两面嫩时有灰黄色毛被，下面的毛被更厚而密，以后变秃净，仅在背脉腋内有毛；基部截形或微心形，上部掌状5裂，有时7裂或3裂；中央裂片阔三角形，宽度与长度约相等；裂片全缘或有1～2个粗大锯齿；掌状脉3条，稀为5条，常离基部数毫米，或为基出；叶柄长3～10 cm，密生黄褐色毛被；托叶中等大，长1～1.5 cm，基部鞘状，上部开裂。花通常4数。雄花的萼片卵形，被毛；花瓣矩圆形，长为萼片的2倍；雄蕊比花瓣长，盾形药隔有毛。果枝有头状果序1～2个，稀为3个，常下垂；头状果序直径约2.5 cm，宿存花柱长2～3 mm，刺状，坚果之间无突出的茸毛，或有极短的毛。

图0306　二球悬铃木 *Platanus acerifolia*

【拍摄地点】板桥镇街道，海拔856 m。

【生境分布】栽培。分布于南漳各乡镇。

【药用部位】果实。

【功能主治】祛风除湿，活血散瘀，止血。用于风湿性关节痛。

77. 金缕梅科 Hamamelidaceae

蚊母树属 Distylium

小叶蚊母树（图 0307）

Distylium buxifolium（Hance）Merr.

【形态特征】常绿灌木，高 1 ～ 2 m。嫩枝秃净或略有柔毛，纤细，节间长 1 ～ 2.5 cm；老枝无毛，有皮孔，干后灰褐色；芽体有褐色柔毛。叶薄革质，倒披针形或矩圆状倒披针形，长 3 ～ 5 cm，宽 1 ～ 1.5 cm，先端锐尖，基部狭窄下延；上面绿色，干后无光泽，下面秃净无毛，干后稍带褐色；侧脉 4 ～ 6 对，在上面不明显，在下面略突起，网脉在两面均不显著；边缘无锯齿，仅在最尖端有由中肋突出的小尖突；叶柄极短，长不到 1 mm，无毛；托叶短小，早落。雌花或两性花的穗状花序腋生，长 1 ～ 3 cm，花序轴有毛，苞片线状披针形，长 2 ～ 3 mm；萼筒极短，萼齿披针形，长 2 mm，雄蕊未见；子房有星状毛，花柱长 5 ～ 6 mm。蒴果卵圆形，长 7 ～ 8 mm，有褐色星状茸毛，先端尖锐，宿存花柱长 1 ～ 2 mm。种子褐色，长 4 ～ 5 mm，发亮。

图 0307 小叶蚊母树 *Distylium buxifolium*

【拍摄地点】城关镇城郊，海拔 150 m。

【生境分布】生于山溪旁或河边。零星分布于南漳城关镇。

【药用部位】果实。

【功能主治】散结消肿。用于癥瘕痞块。

牛鼻栓属 Fortunearia

牛鼻栓 千斤力（图 0308）

Fortunearia sinensis Rehd. et Wils.

【形态特征】落叶灌木或小乔木，高 5 m；嫩枝有灰褐色柔毛；老枝秃净无毛，有稀疏皮孔，干后褐色或灰褐色；芽体细小，无鳞状苞片，被星状毛。叶膜质，倒卵形或倒卵状椭圆形，长 7 ～ 16 cm，宽 4 ～ 10 cm，先端锐尖，基部圆形或钝，稍偏斜，上面深绿色，除中肋外秃净无毛，下面浅绿色，脉上有长毛；侧脉 6 ～ 10 对，第一对侧脉第二次分支侧脉不强烈；边缘有锯齿，齿尖稍向下弯；叶柄长 4 ～ 10 mm，有毛；托叶早落。两性花的总状花序长 4 ～ 8 cm，花序柄长 1 ～ 1.5 cm，花序轴长 4 ～ 7 cm，均有茸毛；苞片及小苞片披针形，长约 2 mm，有星状毛；萼筒长 1 mm，无毛；萼齿卵形，长 1.5 mm，先端有毛；花瓣狭披针形，比萼齿为短；雄蕊近于无柄，花药卵形，长 1 mm；子房略有毛，花柱长 1.5 mm，反卷；花梗长 1 ～ 2 mm，有星状毛。蒴果卵圆形，长 1.5 cm，外面无毛，有白色皮孔，沿室间 2 片裂开，每片 2 浅裂，果瓣先端尖，果梗长 5 ～ 10 mm。种子卵圆形，长约 1 cm，宽 5 ～ 6 mm，褐色，有光泽，种脐马鞍形，稍带白色。

【拍摄地点】肖堰镇花庄村，海拔 210 m。

【生境分布】生于山坡林下。分布于南漳各乡镇。

【药用部位】果皮。

【功能主治】益气，止血。用于气虚，刀伤出血。

图 0308　牛鼻栓 *Fortunearia sinensis*

枫香树属 Liquidambar

枫香树　枫树　鸡爪枫（图 0309）

Liquidambar formosana Hance

【中药名】枫香脂 *、路路通 *。

【形态特征】落叶乔木，高达 30 m，胸径最大可达 1 m，树皮灰褐色，方块状剥落；小枝干后灰色，被柔毛，略有皮孔；芽体卵形，长约 1 cm，略被微毛，鳞状苞片敷有树脂，干后棕黑色，有光泽。叶薄革质，阔卵形，掌状 3 裂，中央裂片较长，先端尾状渐尖；两侧裂片平展；基部心形；上面绿色，干后灰绿色，不发亮；下面有短柔毛，或变秃净仅在脉腋间有毛；掌状脉 3 ～ 5 条，在上下两面均显著，网脉明显可见；边缘有锯齿，齿尖有腺状突；叶柄长达 11 cm，常有短柔毛；托叶线形，游离，或略与叶柄连生，长 1 ～ 1.4 cm，红褐色，被毛，早落。雄性短穗状花序常多个排成总状，雄蕊多数，花丝不等长，花药比花丝略短。雌性头状花序有花 24 ～ 43 朵，花序柄长 3 ～ 6 cm，偶有皮孔，无腺体；萼齿 4 ～ 7 个，针形，长 4 ～ 8 mm，子房下半部藏在头状花序轴内，上半部游离，有柔毛，花柱长 6 ～ 10 mm，先端常卷曲。头状果序圆球形，木质，直径 3 ～ 4 cm；蒴果下半部藏于花序轴内，有宿存花柱及针刺状萼齿。种子多数，褐色，多角形或有窄翅。

图 0309　枫香树 *Liquidambar formosana*

【拍摄地点】城关镇殷庄村，海拔 380 m。

【生境分布】生于平地，村落附近，以及低山的次生林。分布于南漳东巩、李庙、城关等乡镇。

【采收加工】枫香脂：7—8 月割裂树干，使树脂流出，10 月至次年 4 月采收，阴干。路路通：冬季果实成熟后采收，除去杂质，干燥。

【药用部位】枫香脂：树脂。路路通：成熟果序。

【性味归经】枫香脂：辛、微苦，平；归肺、脾经。路路通：苦，平；归肝、肾经。

【功能主治】枫香脂：活血止痛，解毒生肌，凉血止血；用于跌扑损伤，痈疽肿痛，吐血，衄血，外伤出血。路路通：祛风活络，利水，通经；用于关节痹痛，麻木拘挛，水肿胀满，乳少，经闭。

【用法用量】枫香脂：1 ～ 3 g，宜入丸、散服；外用适量。路路通：5 ～ 10 g。

檵木属 Loropetalum

檵木　白花檵木　继木（图 0310）

Loropetalum chinense（R. Br.）Oliv.

【形态特征】灌木，有时为小乔木，多分枝，小枝有星状毛。叶革质，卵形，长 2 ～ 5 cm，宽 1.5 ～ 2.5 cm，先端尖锐，基部钝，不等侧，上面略有粗毛或秃净，干后暗绿色，无光泽，下面被星状毛，稍带灰白色，侧脉约 5 对，在上面明显，在下面突起，全缘；叶柄长 2 ～ 5 mm，有星状毛；托叶膜质，三角状披针形，长 3 ～ 4 mm，宽 1.5 ～ 2 mm，早落。花 3 ～ 8 朵簇生，有短花梗，白色，比新叶先开放，或与嫩叶同时开放，花序柄长约 1 cm，被毛；苞片线形，长 3 mm；萼筒杯状，被星状毛，萼齿卵形，长约 2 mm，花后脱落；花瓣 4 片，带状，长 1 ～ 2 cm，先端圆或钝；雄蕊 4 个，花丝极短，药隔突出成角状；退化雄蕊 4 个，鳞片状，与雄蕊互生；子房完全下位，被星状毛；花柱极短，长约 1 mm；胚珠 1 个，垂生于心皮内上角。蒴果卵圆形，长 7 ～ 8 mm，宽 6 ～ 7 mm，先端圆，被褐色星状茸毛，萼筒长为蒴果的 2/3。种子卵圆形，长 4 ～ 5 mm，黑色，发亮。花期 3—4 月。

图 0310　檵木 *Loropetalum chinense*

【拍摄地点】李庙镇闫坪村，海拔 231 m。

【生境分布】生于向阳的丘陵及山地。分布于南漳各乡镇。

【药用部位】根。

【功能主治】行血祛瘀。用于血瘀经闭，跌打损伤，慢性关节炎，外伤出血。

红花檵木　红檵木（图 0311）

Loropetalum chinense var. *rubrum* Yieh

【形态特征】本种形态特征与檵木（*Loropetalum chinense*）相似。不同点在于：本种花紫红色，长 2 cm。

【拍摄地点】城关镇街道，海拔 141 m。

【生境分布】生于向阳的丘陵及山地，或栽培。分布于南漳城关、李庙、长坪等乡镇。

【药用部位】根。

【功能主治】行血祛瘀。用于血瘀经闭，跌打损伤，慢性关节炎，外伤出血。

图 0311　红花檵木 *Loropetalum chinense* var. *rubrum*

图 0312　水丝梨 *Sycopsis sinensis*

水丝梨属 Sycopsis

水丝梨　假蚊母（图 0312）

Sycopsis sinensis Oliv.

【形态特征】常绿乔木，高 14 m。嫩枝被鳞垢；老枝暗褐色，秃净无毛；顶芽裸露。叶革质，长卵形或披针形，长 5 ~ 12 cm，宽 2.5 ~ 4 cm，先端渐尖，基部楔形或钝；上面深绿色，发亮，秃净无毛，下面橄榄绿色，略有稀疏星状柔毛，通常嫩叶两面有星状柔毛、兼有鳞垢，老叶秃净无毛；侧脉 6 ~ 7 对，在上面干后轻微下陷，在下面不显著；全缘或中部以上有几个小锯齿；叶柄长 8 ~ 18 mm，被鳞垢。雄花穗状花序密集，近似头状，长 1.5 cm，有花 8 ~ 10 朵，花序柄长 4 mm，苞片红褐色，卵圆形，长 6 ~ 8 mm，有星状毛；萼筒极短，萼齿细小，卵形；雄蕊 10 ~ 11 个，花丝长 1 ~ 1.2 cm，纤细，花药长 2 mm，先端尖锐，红色；退化雌蕊有丝毛，花柱长 3 ~ 5 mm，反卷。雌花或两性花 6 ~ 14 朵排成短穗状花序，花序柄长 2 ~ 4 mm；萼筒壶形，长 2 mm，有丝毛，子房上位，有毛，花柱长 3 ~ 5 mm，被毛。蒴果长 8 ~ 10 mm，有长丝毛，宿存萼筒长 4 mm，被鳞垢，不规则裂开，宿存花柱短，长 1 ~ 2 mm。种子褐色，长约 6 mm。

【拍摄地点】长坪镇赵岭村，海拔 1356 m。

【生境分布】生于山地常绿林或灌丛。分布于南漳长坪、板桥等乡镇。

【药用部位】叶。

【功能主治】清热解毒，利水消肿。用于无名肿毒。

78. 景天科 Crassulaceae

八宝属 Hylotelephium

八宝 景天（图 0313）

Hylotelephium erythrostictum（Miq.）H. Ohba

【形态特征】多年生草本，块根胡萝卜状。茎直立，高 30～70 cm，不分枝。叶对生，少有互生或 3 叶轮生，长圆形至卵状长圆形，长 4.5～7 cm，宽 2～3.5 cm，先端急尖，钝，基部渐狭，边缘有疏锯齿，无柄。伞房状花序顶生；花密生，直径约 1 cm，花梗稍短或同长；萼片 5，卵形，长 1.5 mm；花瓣 5，白色或粉红色，宽披针形，长 5～6 mm，渐尖；雄蕊 10，与花瓣同长或稍短，花药紫色；鳞片 5，长圆状楔形，长 1 mm，先端有微缺；心皮 5，直立，基部几分离。花期 8—10 月。

图 0313 八宝 *Hylotelephium erythrostictum*

【拍摄地点】城关镇马家嘴村，海拔 152 m。

【生境分布】生于山坡草地或沟边。分布于南漳各乡镇。

【药用部位】全草。

【功能主治】清热解毒，止血。用于热毒疮疡，外伤出血。

瓦松属 Orostachys

晚红瓦松 瓦松 瓦塔（图 0314）

Orostachys japonica A. Berger

【形态特征】多年生草本。莲座叶狭匙形，肉质，长 1.5～3 cm，宽 4～7 mm，先端长渐尖，有软骨质的刺。花茎高 17～25 cm，下部生叶。叶线形至线状披针形，长 2～6 cm，宽 3～7 mm，先端长渐尖，不具刺尖，有红斑点，花序总状，高 8～20 cm，直径 2～5 cm，苞片与叶相似，较小；花密生，有梗；萼片 5，卵形，长 2 mm，宽 1 mm，钝；花瓣 5，白色，披针形，长 6 mm，宽 1.8 mm，先端有红色小圆斑点；雄蕊 10，较花瓣短；鳞片 5，小，

图 0314 晚红瓦松 *Orostachys japonica*

近四方形，长 0.3 mm，先端有微缺；心皮 5，直立，披针形，长 6 mm，花柱细，长 2 mm，基部急狭，分离。种子长 1 mm，褐色。花期 9—10 月。

【拍摄地点】城关镇水镜庄风景区，海拔 123 m。

【生境分布】生于山坡石上或屋瓦上。分布于南漳各乡镇。

【药用部位】地上部分。

【功能主治】凉血止血，解毒，敛疮。用于血痢，便血，痔血，疮口久不愈合。

费菜属 Phedimus

费菜　养心草　景天三七（图 0315）

Phedimus aizoon（L.）'t Hart

【中药名】景天三七*。

【形态特征】多年生草本。根状茎短，粗茎高 20 ~ 50 cm，有 1 ~ 3 条茎，直立，无毛，不分枝。叶互生，狭披针形、椭圆状披针形至卵状倒披针形，长 3.5 ~ 8 cm，宽 1.2 ~ 2 cm，先端渐尖，基部楔形，边缘有不整齐的锯齿；叶坚实，近革质。聚伞花序有多花，水平分枝，平展，下托以苞叶。萼片 5，线形，肉质，不等长，长 3 ~ 5 mm，先端钝；花瓣 5，黄色，长圆形至椭圆状披针形，长 6 ~ 10 mm，有短尖；雄蕊 10，较花瓣短；鳞片 5，近正方形，长 0.3 mm，心皮 5，卵状长圆形，基部合生，腹面凸出，花柱长钻形。蓇葖星芒状排列，长 7 mm；种子椭圆形，长约 1 mm。花期 6—7 月，果期 8—9 月。

图 0315　费菜 *Phedimus aizoon*

【拍摄地点】李庙镇老君店村，海拔 770 m。

【生境分布】生于山坡草地。分布于南漳各乡镇。

【采收加工】夏、秋二季采挖，除去泥沙，晒干。

【药用部位】全草。

【性味归经】甘、微涩，平。归肝、心经。

【功能主治】散瘀，止血，安神。用于吐血，衄血，咯血，便血，皮肤紫癜，月经过多，外伤出血，心悸，失眠，烦躁不安。

【用法用量】15 ~ 30 g，鲜品加倍，煎服或捣汁内服。

红景天属 Rhodiola

菱叶红景天　云南红景天　水三七（图 0316）

Rhodiola henryi（Diels）S. H. Fu

【形态特征】多年生草本。根颈直立，粗 7 ~ 10 mm，先端被披针状三角形鳞片。花茎直立，高 30 ~ 40 cm，不分枝。3 叶轮生，卵状菱形至椭圆状菱形，长 1 ~ 3 cm，宽 0.8 ~ 2 cm，先端急尖，基部宽楔形至圆形，边缘有疏锯齿 3 ~ 6 个，膜质，干后带黄绿色，无柄。聚伞圆锥花序，高 3 ~ 7 cm，宽 2 ~ 7 cm；雌雄异株；萼片 4，线状披针形，长 1 mm，花瓣 4，黄绿色，长圆状披针形，长 2 mm，宽 1 mm；雄蕊 8，长 1.6 mm，淡黄绿色；鳞片 4，匙状四方形，长 0.5 mm，宽 0.2 mm，先端有微缺；雌花心皮 4，黄绿色，长圆状披针形，长 2 mm，花柱长 0.5 mm。蓇葖上部叉开，呈星芒状。花期 5 月，果期 6—7 月。

【拍摄地点】李庙镇主山寨村，海拔 1076 m。

【生境分布】生于山坡沟边岩石上。分布于南漳李庙镇。

【药用部位】全草。

【功能主治】止血镇痛，强筋健骨。用于跌打损伤，劳伤，腰痛及风湿病。

图 0316　菱叶红景天 *Rhodiola henryi*

景天属 Sedum

东南景天　石板菜（图 0317）

Sedum alfredii Hance

【形态特征】多年生草本。茎斜上，单生或上部有分枝，高 10 ~ 20 cm。叶互生，下部叶常脱落，上部叶常聚生，线状楔形、匙形至匙状倒卵形，长 1.2 ~ 3 cm，宽 2 ~ 6 mm，先端钝，有时有微缺，基部狭楔形，有距，全缘。聚伞花序宽 5 ~ 8 cm，有多花；苞片似叶而小；花无梗，直径 1 cm；萼片 5，线状匙形，长 3 ~ 5 mm，宽 1 ~ 1.5 mm，基部有距；花瓣 5，黄色，披针形至披针状长圆形，长 4 ~ 6 mm，宽 1.6 ~ 1.8 mm，有短尖，基部稍合生；雄蕊 10，对瓣的长

图 0317　东南景天 *Sedum alfredii*

2.5 mm，在基部上 1 ～ 1.5 mm 处着生，对萼的长 4 mm；鳞片 5，匙状正方形，长 1.2 mm，先端钝截形；心皮 5，卵状披针形，直立，基部合生，全长 4 mm，花柱长 1 mm。蓇葖斜叉开；种子多数，长 0.6 mm，褐色。花期 4—5 月，果期 6—8 月。

【拍摄地点】板桥镇龙埫村，海拔 1052 m。

【生境分布】生于山坡林下阴湿石上。分布于南漳板桥、长坪等乡镇。

【药用部位】全草。

【功能主治】清热解毒，散瘀止血。用于毒蛇咬伤，烫伤，跌打损伤。

轮叶景天　楼台还阳　酱子草　三角还阳（图 0318）

Sedum chauveaudii Hamet

【形态特征】多年生草本，无毛。不育茎长 3 ～ 6 cm；花茎上升，长 8 ～ 18 cm，基部节上生不定根。叶 3 数轮生，近柄状匙形，长 0.8 ～ 2.2 cm，宽 3 ～ 5 mm，有钝或略 2 浅裂的距，先端近钝形，前缘有乳头状突起，上面具锈色斑点。花序伞房状，疏松，有多数花；苞片叶形。花为不等的五基数，花梗极短；萼片线状匙形，不等长，长 4.5 ～ 6.5 mm，有宽钝距，前缘有乳头状突起，先端圆或极钝，上面具锈色斑点；花瓣黄色，披针形至长圆形，长 8 ～ 10 mm，合生约 1.5 mm，先端有短突尖头；雄蕊 10，2 轮，内轮的生于距花瓣基部 2 ～ 3 mm 处，长约 4.5 mm；鳞片方形至长方形，长 0.5 ～ 0.6 mm，上部略宽；心皮长圆形，长约 7.5 mm，合生约 1.5 mm，有多数胚珠，花柱长。种子卵形，长约 0.8 mm，有浅乳头状突起。花期 9—11 月，果期 10—12 月。

图 0318　轮叶景天 *Sedum chauveaudii*

【拍摄地点】长坪镇赵岭村，海拔 1329 m。

【生境分布】生于林缘石坡上或岩石上。偶见分布于南漳长坪镇。

【药用部位】全草。

【功能主治】活血化瘀，解毒消肿。用于劳伤腰痛，创伤出血，无名肿痛，蛇虫咬伤；外用叶敷足趾患处治疗鸡眼。

细叶景天　崖松（图 0319）

Sedum elatinoides Franch.

【形态特征】一年生草本，无毛，有须根。茎单生或丛生，高 5 ～ 30 cm。3 ～ 6 叶轮生，叶狭倒披针形，长 8 ～ 20 mm，宽 2 ～ 4 mm，先端急尖，基部渐狭，全缘，无柄或几无柄。花序圆锥状或伞房状，分枝长，下部叶腋也生有花序；花稀疏；花梗长 5 ～ 8 mm，细；萼片 5，狭三角形至卵状披针形，长 1 ～ 1.5 mm，先端近急尖；花瓣 5，白色，披针状卵形，长 2 ～ 3 mm，急尖；雄蕊 10，较花瓣短；鳞片 5，宽匙形，长 0.5 mm，先端有缺刻；心皮 5，近直立，椭圆形，下部合生，有微乳头状突起。蓇葖成熟时上半部斜展；种子卵形，长 0.4 mm。花期 5—7 月，果期 8—9 月。

【拍摄地点】长坪镇龙沟村，海拔 379 m。

【生境分布】生于山坡石上。分布于南漳长坪、李庙等乡镇。

【药用部位】全草。

【功能主治】清热解毒，止痢。用于疮疖痈肿，痢疾。

图 0319 细叶景天 *Sedum elatinoides*

凹叶景天 石板菜（图 0320）

Sedum emarginatum Migo

【中药名】凹叶景天*。

【形态特征】多年生草本。茎细弱，高 10 ～ 15 cm。叶对生，匙状倒卵形至宽卵形，长 1 ～ 2 cm，宽 5 ～ 10 mm，先端圆，有微缺，基部渐狭，有短距。花序聚伞状，顶生，宽 3 ～ 6 mm，有多花，常有 3 个分枝；花无梗；萼片 5，披针形至狭长圆形，长 2 ～ 5 mm，宽 0.7 ～ 2 mm，先端钝；基部有短距；花瓣 5，黄色，线状披针形至披针形，长 6 ～ 8 mm，宽 1.5 ～ 2 mm；鳞片 5，长圆形，长 0.6 mm，钝圆，心皮 5，长圆形，长 4 ～ 5 mm，基部合生。蓇葖略叉开，腹面有浅囊状隆起；种子细小，褐色。花期 5—6 月，果期 6 月。

【拍摄地点】肖堰镇观音堂村，海拔 428 m。

【生境分布】生于山坡阴湿处。分布于南漳肖堰、薛坪、长坪等乡镇。

【采收加工】夏、秋二季采收，除去泥沙及杂质，洗净，置沸水中稍烫，取出，晒干。

图 0320 凹叶景天 *Sedum emarginatum*

【药用部位】全草。

【性味归经】酸、涩，凉。归肝、脾、大肠经。

【功能主治】清热解毒，收敛止血。用于湿热胁痛，痢疾，烧伤，吐血，衄血，便血，月经过多，外伤出血，疮疖，痈肿。

【用法用量】30 ～ 45 g，鲜用 90 ～ 120 g。外用鲜品适量，捣敷患处。

大苞景天　灯台菜　活血草（图 0321）

Sedum oligospermum Maire

【形态特征】一年生草本。茎高 15 ～ 50 cm。叶互生，上部为 3 叶轮生，下部叶常脱落，叶菱状椭圆形，长 3 ～ 6 cm，宽 1 ～ 2 cm，两端渐狭，钝，常聚生在花序下，有叶柄，长达 1 cm。苞片圆形或稍长，与花略同长。聚伞花序常三歧分枝，每枝有 1 ～ 4 花，无梗；萼片 5，宽三角形，长 0.5 ～ 0.7 mm，有钝头；花瓣 5，黄色，长圆形，长 5 ～ 6 mm，宽 1 ～ 1.5 mm，近急尖，中脉不显；雄蕊 10 或 5，较花瓣稍短；鳞片 5，近长方形至长圆状匙形，长 0.7 ～ 0.8 mm；心皮 5，略叉开，基部 2 mm 合生，长 5 mm，花柱长。蓇葖有种子 1 ～ 2；种子大，纺锤形，长 2 ～ 3 mm，有微乳头状突起。花期 6—9 月，果期 8—11 月。

图 0321　大苞景天 *Sedum oligospermum*

【拍摄地点】长坪镇赵岭村，海拔 1242 m。

【生境分布】生于山坡林下阴湿处。分布于南漳长坪镇。

【药用部位】全草。

【功能主治】活血消肿，解毒，接骨，止痛。用于跌打损伤，骨折，水火烫伤，劳伤疼痛，月经不调，痛经。

垂盆草　狗牙齿　石指甲（图 0322）

Sedum sarmentosum Bunge

【中药名】垂盆草*。

【形态特征】多年生草本。不育枝及花茎细，匍匐而节上生根，直到花序之下，长 10 ～ 25 cm。3 叶轮生，叶倒披针形至长圆形，长 15 ～ 28 mm，宽 3 ～ 7 mm，先端近急尖，基部急狭，有距。聚伞花序，有 3 ～ 5 分枝，花少，宽 5 ～ 6 cm；花无梗；萼片 5，披针形至长圆形，长 3.5 ～ 5 mm，先端钝，基部无距；花瓣 5，黄色，披针形至长圆形，长 5 ～ 8 mm，先端有稍长的短尖；雄蕊 10，较花瓣短；鳞片 10，楔状四方形，长 0.5 mm，先端稍有微缺；心皮 5，长圆形，

图 0322　垂盆草 *Sedum sarmentosum*

长 5 ～ 6 mm，略叉开，有长花柱。种子卵形，长 0.5 mm。花期 5—7 月，果期 8 月。

【拍摄地点】城关镇凉泉村，海拔 612 m。

【生境分布】生于山坡阳处或石上。分布于南漳各乡镇。

【采收加工】夏、秋二季采收，除去杂质，干燥。

【药用部位】全草。

【性味归经】甘、淡，凉。归肝、胆、小肠经。

【功能主治】利湿退黄，清热解毒。用于湿热黄疸，小便不利，痈肿疮疡。

【用法用量】15 ～ 30 g。

石莲属 Sinocrassula

石莲　莲花还阳　石蚌腿　石上仙桃（图 0323）

Sinocrassula indica（Decne.）A. Berger

【形态特征】二年生草本，无毛。根须状。花茎高 15 ～ 60 cm，直立，常被微乳头状突起。基生叶莲座状，匙状长圆形，长 3.5 ～ 6 cm，宽 1 ～ 1.5 cm；茎生叶互生，宽倒披针状线形至近倒卵形，上部的渐缩小，长 2.5 ～ 3 cm，宽 4 ～ 10 mm，渐尖。花序圆锥状或近伞房状，总梗长 5 ～ 6 cm；苞片似叶而小；萼片 5，宽三角形，长 2 mm，宽 1 mm，先端稍急尖，花瓣 5，红色，披针形至卵形，长 4 ～ 5 mm，宽 2 mm，先端常反折；雄蕊 5，长 3 ～ 4 mm；鳞片 5，正方形，长 0.5 mm，先端有微缺；心皮 5，基部 0.5 ～ 1 mm 合生，卵形，长 2.5 ～ 3 mm，先端急狭，花柱长不及 1 mm。蓇葖的喙反曲；种子平滑。花期 7—10 月。

图 0323　石莲 *Sinocrassula indica*

【拍摄地点】板桥镇雷坪村，海拔 798 m。

【生境分布】生于岩石上或山坡草丛中。分布于南漳板桥镇。

【药用部位】全草。

【功能主治】清热解毒，止血，活血。用于无名肿毒。

79. 虎耳草科 Saxifragaceae

落新妇属 Astilbe

大落新妇　红升麻（图 0324）

Astilbe grandis Stapf ex Wils.

【形态特征】多年生草本，高 0.4 ～ 1.2 m。根状茎粗壮。茎通常不分枝，被褐色长柔毛和腺毛。

二至三回三出复叶至羽状复叶；叶轴长 3.5 ～ 32.5 cm，与小叶柄均多少被腺毛，叶腋近旁具长柔毛；小叶片卵形、狭卵形至长圆形，顶生者有时为菱状椭圆形，长 1.3 ～ 9.8 cm，宽 1 ～ 5 cm，先端短渐尖至渐尖，边缘有重锯齿，基部心形、偏斜圆形至楔形，腹面被糙伏腺毛，背面沿脉生短腺毛，有时亦杂有长柔毛；小叶柄长 0.2 ～ 2.2 cm。圆锥花序顶生，通常塔形，长 16 ～ 40 cm，宽 3 ～ 17 cm；下部第一回分枝长 2.5 ～ 14.5 cm，与花序轴成 35°～ 50°角斜上；花序轴与花梗均被腺毛，小苞片狭卵形，长约 2.1 mm，宽约 1 mm，全缘或具齿；花梗长 1 ～ 1.2 mm；萼片 5，卵形、阔卵形至椭圆形，长 1 ～ 2 mm，宽 1 ～ 1.2 mm，先端钝或微凹且具微腺毛、边缘膜质，两面无毛；花瓣 5，白色或紫色，线形，长 2 ～ 4.5 mm，宽 0.2 ～ 0.5 mm，先端急尖，单脉；雄蕊 10，长 1.3 ～ 5 mm；雌蕊长 3.1 ～ 4 mm，心皮 2，仅基部合生，子房半下位，花柱稍叉开。幼果长约 5 mm。花果期 6—9 月。

图 0324　大落新妇 *Astilbe grandis*

【拍摄地点】长坪镇赵岭村，海拔 1156 m。

【生境分布】生于林下、灌丛或沟谷阴湿处。分布于南漳长坪、板桥等乡镇。

【药用部位】根茎。

【功能主治】活血祛瘀。用于跌打损伤。

多花落新妇　多花红升麻（图 0325）

Astilbe rivularis var. *myriantha*（Diels）J. T. Pan

【形态特征】多年生草本，高 0.6 ～ 2.5 m。茎被褐色长腺柔毛。二至三回羽状复叶，叶轴与小叶柄均被褐色长柔毛；小叶片通常卵形、阔卵形至阔椭圆形。基部偏斜状心形、圆形至楔形，边缘有重锯齿，先端渐尖，腹面疏生褐色腺糙伏毛，背面沿脉具褐色长柔毛和腺毛。圆锥花序长 41 ～ 42 cm，多花；花序分枝长 1 ～ 18 cm；苞片 3，近椭圆形，长 1.1 ～ 1.4 mm，宽 0.2 ～ 0.6 mm，全缘或具齿，边缘疏生褐色柔毛；花梗长 0.6 ～ 1.8 mm，与花序轴均被褐色卷曲腺柔毛；萼片 4 ～ 5，近膜质，绿色，卵形、椭圆形至长圆形，长 1.2 ～ 1.5 mm，宽约 1 mm，内面稍凹陷，外面略弓凸，无毛，单脉；

图 0325　多花落新妇 *Astilbe rivularis* var. *myriantha*

无花瓣或花瓣退化；雄蕊 5 ～ 10，长 0.5 ～ 2.4 mm；雌蕊长约 2 mm，心皮 2，基部合生，子房近上位，花柱叉开。花果期 6—10 月。

【拍摄地点】长坪镇朝阳村，海拔 1152 m。

【生境分布】生于林下、灌丛及沟谷阴处。分布于南漳长坪、李庙等乡镇。

【药用部位】根茎。

【功能主治】活血祛瘀。用于跌打损伤。

金腰属 Chrysosplenium

肾萼金腰　青猫儿眼睛草（图 0326）

Chrysosplenium delavayi Franch.

【形态特征】多年生草本，高 4.5 ～ 13 cm；不育枝出自茎下部叶腋，其叶对生，近扁圆形，长约 7 mm，宽 8.2 ～ 9.2 mm，先端钝圆，边缘具 8 圆齿，基部宽楔形，两面无毛，叶柄长约 5 mm，叶腋具褐色乳头状突起，顶生者阔卵形、阔椭圆形至近扁圆形，先端钝，边缘具 7 ～ 10 圆齿，基部宽楔形至稍心形，腹面无毛，背面疏生褐色乳头状突起，叶柄长 0.5 ～ 3 mm，叶腋及近旁具褐色乳头状突起。花茎无毛。茎生叶对生，叶片阔卵形、近圆形至扇形，先端钝，边缘具 7 ～ 12 圆齿，基部宽楔形，腹面无毛，背面疏生褐色乳头状突起；叶柄长 3 ～ 7 mm，叶腋具褐色柔毛和乳头状突起。单花或聚伞花序具 2 ～ 5 花，花序分枝无毛；苞叶通常阔卵形，先端钝，边缘具 6 ～ 9 圆齿，腹面无毛，但偶尔疏生褐色乳头状突起，背面疏生褐色乳头状突起，苞腋及其近旁具褐色乳头状突起；花黄绿色，直径约 8.7 mm；萼片在花期开展，近扁圆形，先端微凹，凹处具 1 褐色乳头状突起，其边缘有时相互叠接；雄蕊 8；子房近下位；花盘 8 裂，周围疏生褐色乳头状突起。蒴果先端近平截而微凹，2 果瓣近等大且水平状叉开，喙长约 0.4 mm；种子黑褐色，卵球形，具纵肋 13 ～ 15 条，肋上有横纹。花果期 3—6 月。

图 0326　肾萼金腰 *Chrysosplenium delavayi*

【拍摄地点】长坪镇黄潭村，海拔 446 m。

【生境分布】生于山谷石隙阴湿处。分布于南漳长坪、板桥等乡镇。

【药用部位】全草。

【功能主治】清热解毒，生肌。用于疮痈肿毒，烫伤。

日本金腰　珠芽金腰子（图 0327）

Chrysosplenium japonicum（Maxim.）Makino

【形态特征】多年生草本，高 8.5 ～ 15.5 cm，丛生；茎基具珠芽。茎疏生柔毛。基生叶肾形，长 0.6 ～

1.6 cm，宽 0.9 ～ 2.5 cm，边缘约具 15 浅齿，基部心形或肾形，腹面疏生柔毛，背面近无毛，叶柄长 1.5 ～ 8 cm，疏生柔毛；茎生叶与基生叶同形，长约 1.1 cm，宽约 1.3 cm，边缘约具 11 浅齿，腹面疏生柔毛，背面近无毛，叶柄长约 2 cm，疏生柔毛。聚伞花序长 1.5 ～ 4 cm，花序分枝疏生柔毛；苞叶阔卵形至近扇形，长 5 ～ 12 mm，宽 5 ～ 14 mm，边缘具 3 ～ 9 浅齿，基部宽楔形，无毛，柄长 0.5 ～ 6 mm，疏生柔毛；几无花梗；花密集，绿色，直径约 3 mm；萼片在花期直立，阔卵形，长 0.6 ～ 1.4 mm，宽 1 ～ 1.4 mm，先端钝或急尖，无毛；雄蕊通常 4，稀 8 或 2，长 0.3 ～ 0.4 mm；子房近下位，花柱长 0.2 ～ 0.3 mm；花盘通常 4 裂。蒴果长 4 ～ 5 mm，先端近平截而微凹，2 果瓣近等大而水平状叉开，喙长约 0.2 mm；种子黑棕色，椭球形，长 0.6 ～ 0.7 mm，被微柔毛。花果期 3—6 月。

【拍摄地点】长坪镇赵岭村，海拔 1075 m。

【生境分布】生于林下或山谷湿地。分布于南漳长坪镇。

【药用部位】全草。

【功能主治】清热解毒，祛风解表。用于疔疮。

图 0327 日本金腰 *Chrysosplenium japonicum*

大叶金腰 马耳朵草（图 0328）

Chrysosplenium macrophyllum Oliv.

【形态特征】多年生草本，高 17 ～ 21 cm；不育枝长 23 ～ 35 cm，其叶互生，具柄，叶片阔卵形至近圆形，长 0.3 ～ 1.8 cm，宽 0.4 ～ 1.2 cm，边缘具 11 ～ 13 圆齿，腹面疏生褐色柔毛，背面无毛，叶柄长 0.8 ～ 1 cm，具褐色柔毛。花茎疏生褐色长柔毛。基生叶数枚，具柄，叶片革质，倒卵形，长 2.3 ～ 19 cm，宽 1.3 ～ 11.5 cm，先端钝圆，全缘或具不明显之微波状小圆齿，基部楔形，腹面疏生褐色柔毛，背面无毛；茎生叶通常 1 枚，叶片狭椭圆形，长 1.2 ～ 1.7 cm，宽 0.5 ～ 0.75 cm，边缘通常具 13 圆齿，背面无毛，腹面和边缘疏生褐色柔毛。多歧聚伞花序长 3 ～ 4.5 cm；花序分枝疏生褐色柔毛或近无毛；苞叶卵形至阔卵形，长 0.6 ～ 2 cm，宽 0.5 ～ 1.4 cm，先端钝状急尖，边缘通常具 9 ～ 15 圆齿，

图 0328 大叶金腰 *Chrysosplenium macrophyllum*

基部楔形，柄长 3 ~ 10 mm；萼片近卵形至阔卵形，长 3 ~ 3.2 mm，宽 2.5 ~ 3.9 mm，先端微凹，无毛；雄蕊高出萼片，长 4 ~ 6.5 mm；子房半下位，花柱长约 5 mm，近直上；无花盘。蒴果长 4 ~ 4.5 mm，先端近平截而微凹，2 果瓣近等大，喙长 3 ~ 4 mm；种子黑褐色，近卵球形，长约 0.7 mm，密被微乳头状突起。花果期 4—6 月。

【拍摄地点】长坪镇赵岭村，海拔 1329 m。

【生境分布】生于林下或沟旁阴湿处。分布于南漳长坪、李庙、薛坪等乡镇。

【药用部位】全草。

【功能主治】清热解毒，平肝。用于小儿惊风。

毛金腰（图 0329）

Chrysosplenium pilosum Maxim.

【形态特征】多年生草本，高 14 ~ 16 cm。不育枝出自茎基部叶腋，密被褐色柔毛，其叶对生，具褐色斑点，近扇形，长 0.7 ~ 1.6 cm，宽 0.7 ~ 2 cm，先端钝圆，边缘具不明显之 5 ~ 9 波状圆齿，基部宽楔形，腹面疏生褐色柔毛，背面无毛，边缘具褐色毛，叶柄长 4 ~ 8 mm，具褐色柔毛，顶生者阔卵形至近圆形，长 5.8 ~ 6 mm，宽 6.5 ~ 6.6 mm，边缘具不明显之 7 波状圆齿，两面无毛。花茎疏生褐色柔毛。茎生叶对生，扇形，长约 8.5 mm，宽约 10.5 mm，先端近截形，具不明显之 6 波状圆齿，基部楔形，两面无毛，叶柄长约 3.5 mm，具褐色柔毛。聚伞花序长约 2 cm，花序分枝无毛；苞叶近扇形，长 0.95 ~ 1.3 cm，宽 0.85 ~ 1.1 cm，先端钝圆至近截形，边缘具 3 ~ 5 波状圆齿，两面无毛，柄长 1 ~ 2 mm，疏生褐色柔毛；花梗无毛；萼片具褐色斑点，阔卵形至近阔椭圆形，长 1.8 ~ 2.2 mm，宽约 2 mm，先端钝；雄蕊 8，长约 1 mm；子房半下位，花柱长约 1 mm；无花盘。蒴果长约 5.5 mm，2 果瓣不等大，喙长 1 ~ 1.1 mm；种子黑褐色，阔椭球形，长约 1 mm，具纵沟和纵肋，纵沟较深，纵肋 17，肋上具微乳头状突起。花期 4—6 月。

图 0329 毛金腰 *Chrysosplenium pilosum*

【拍摄地点】长坪镇赵岭村，海拔 1329 m。

【生境分布】生于林下阴湿处。分布于南漳长坪、板桥等乡镇。

【药用部位】全草。

【功能主治】清热解毒。用于中耳炎。

叉叶蓝属 Deinanthe

叉叶蓝 银梅草（图 0330）

Deinanthe caerulea Stapf.

图 0330 叉叶蓝 *Deinanthe caerulea*

【形态特征】多年生草本，高 30 ～ 50 cm。地下茎粗壮，具节和须根；地上茎单生，于近基部节上有对生或近对生的膜质苞片。叶膜质，大，通常 4 片聚集于茎顶部，近轮生，阔椭圆形、卵形或倒卵形，长 10 ～ 25 cm，宽 6 ～ 16 cm，先端具尾状尖头，不分裂或 2 裂，裂片较大，长 5 ～ 6 cm，基部钝圆或狭楔形，边缘具粗的锐尖齿，上面被疏糙伏毛，下面除脉上被少许毛外，其余部分几乎无毛；侧脉 7 ～ 9 对，上部微弯，两面近平坦，小脉稀疏网状，下面明显；叶柄长 2 ～ 4 cm，近无毛，上面具浅凹槽。伞房状聚伞花序顶生；总花梗长 9 ～ 15 cm，无毛；苞片数枚，披针形，长 1.5 ～ 2.5 cm，边缘具小齿；不育花花梗纤细，长达 3 cm；萼片 3 ～ 4，蓝色，圆形或卵圆形，近等大，直径约 14 mm；孕性花常下垂；花梗粗壮，长 5 ～ 15 mm；花萼和花冠蓝色或稍带红色；萼筒宽陀螺状，长约 4 mm，萼齿 5，大，卵圆形，长 5 ～ 8 mm，先端略尖或骤尖；花瓣 6 ～ 8 片，卵圆形或扁圆形，宽 10 ～ 14 mm，内凹；雄蕊极多数，花丝和花药浅蓝色，花药长圆形，长约 1 mm；子房半下位，花柱合生，圆柱状，长 5 ～ 6 mm，顶端 5 裂。蒴果扁球形，直径约 10 mm，顶端突出部分宽圆锥状；种子未成熟，褐色。花期 6—7 月。

【拍摄地点】薛坪镇普陀庵村，海拔 533 m。

【生境分布】生于山地沟边湿润草丛中。分布于南漳薛坪镇。

【药用部位】根及根茎。

【功能主治】活血散瘀，止痛。用于跌打损伤。

溲疏属 Deutzia

异色溲疏 白花溲疏（图 0331）

Deutzia discolor Hemsl.

【形态特征】灌木，高 2 ～ 3 m。老枝圆柱形，褐色或灰褐色，疏被星状毛或无毛，表皮片状脱落，花枝长 5 ～ 15 cm，具 2 ～ 4 叶，浅褐色，疏被星状毛。叶纸质，椭圆状披针形或长圆状披针形，长 5 ～ 10 cm，宽 2 ～ 3 cm，先端急尖，基部楔形或阔楔形，边缘具细锯齿，齿端角质，上面绿色，疏被 4 ～ 6 辐线星状毛，下面灰绿色，密被 10 ～ 20 辐线星状毛，两面均具中央长辐线，侧脉每边 5 ～ 6 条，网脉不明显；叶柄长 3 ～ 6 mm，被星状毛。聚伞花序长 6 ～ 10 cm，直径 5 ～ 8 cm，有花 12 ～ 20 朵；花蕾长圆形；花冠直径 1.5 ～ 2 cm；花梗长 1 ～ 1.5 cm，柔弱；萼筒杯状，高 3 ～ 3.5 mm，直径 3.5 ～ 4 mm，密被 10 ～ 12 辐线星状毛，裂片长圆状披针形，先端渐尖，与萼筒等长或稍长，绿色，被毛较稀疏；花瓣白色，椭圆形，长 10 ～ 12 mm，宽 5 ～ 6 mm，先端圆形，外面疏被星状毛，花蕾时内向镊合状排列；外轮雄蕊长 5.5 ～ 7 mm，花丝先端 2 齿，齿长不达花药，花药卵形或球形，具长柄，药隔常被星状毛，内轮雄蕊长 3.5 ～ 5 mm，形状与外轮相似；花柱 3 ～ 4，与雄蕊等长或稍长。蒴果半球形，直径 4.5 ～ 6 mm，褐色，宿存萼裂片外反。花期 6—7 月，果期 8—10 月。

图 0331 异色溲疏 *Deutzia discolor*

【拍摄地点】李庙镇主山寨村，海拔 1055 m。

【生境分布】生于山坡或溪边灌丛中。分布于南漳李庙、长坪等乡镇。

【药用部位】枝叶。

【功能主治】清热，除烦，利尿。用于发热，小便不利，遗尿。

宁波溲疏 观音竹（图 0332）

Deutzia ningpoensis Rehd.

【形态特征】灌木，高 1 ～ 2.5 m；老枝灰褐色，无毛，表皮常脱落；花枝长 10 ～ 18 cm，具 6 叶，红褐色，被星状毛。叶厚纸质，卵状长圆形或卵状披针形，长 3 ～ 9 cm，宽 1.5 ～ 3 cm，先端渐尖或急尖，基部圆形或阔楔形，边缘具疏离锯齿或近全缘，上面绿色，疏被 4 ～ 7 辐线星状毛，下面灰白色或灰绿色，密被 12 ～ 15 辐线星状毛，稀具中央长辐线，毛被连续覆盖，侧脉每边 5 ～ 6 条；花枝上叶柄长 5 ～ 10 mm，其余叶柄长 5 ～ 10 mm，被星状毛。聚伞状圆锥花序，长 5 ～ 12 cm，直径 2.5 ～ 6 cm，多花，疏被星状毛；花蕾长圆形；花冠直径 1 ～ 1.8 cm；花梗长 3 ～ 5 mm；萼筒杯状，高 3 ～ 4 mm，直径约 3 mm，裂片卵形或三角形，长、宽均 1.5 ～ 2 mm，与萼筒均密被 10 ～ 15 辐线星状毛；花瓣白色，长圆形，长 5 ～ 8 mm，宽约 2.5 mm，先端急尖，中部以下渐狭，外面被星状毛，花蕾时内向镊合状排列；外轮雄蕊长 3 ～ 4 mm，内轮雄蕊较短，两轮形状相同；花丝先端 2 短齿，齿平展，长不达花药，

图 0332 宁波溲疏 *Deutzia ningpoensis*

花药球形，具短柄，从花丝裂齿间伸出；花柱 3 ～ 4，长约 6 mm，柱头稍弯。蒴果半球形，直径 4 ～ 5 mm，密被星状毛。花期 5—7 月，果期 9—10 月。

【拍摄地点】城关镇凉泉村，海拔 442 m。

【生境分布】生于山谷或山坡林中。分布于南漳城关镇。

【药用部位】根。

【功能主治】散瘀止血，止痛，接骨。用于跌打损伤。

绣球属 Hydrangea

莼兰绣球　盘果绣球（图 0333）

Hydrangea longipes Franch.

图 0333　莼兰绣球 *Hydrangea longipes*

【形态特征】灌木，高 1 ～ 3 m。小枝圆柱形，淡黄色，被黄色短柔毛，老后树皮不剥落。叶膜质或薄纸质，干后常呈淡绿色，阔卵形、阔倒卵形、长卵形或长倒卵形，长 8 ～ 20 cm，宽 3.5 ～ 12 cm，先端急尖或渐尖，具阔短尖头，基部截平、微心形或阔楔形，两侧稍不等长，边缘具不整齐的粗锯齿，上面疏被糙伏毛，下面被稀疏、短而近贴伏的细柔毛，脉上的毛较密；侧脉 6 ～ 8 对，微弯，下面凸起，三级脉明显，横出，下面凸起，小脉稀疏网状，网眼不明显；叶柄长 3 ～ 15 cm，被短疏柔毛。伞房状聚伞花序顶生，直径 12 ～ 20 cm，顶端截平或稍拱，分枝较短，通常密集，紧靠，彼此间隔短，其长 0.5 ～ 2 cm，极少超过 2 cm，密被扁平、透明、披针状短粗毛；不育花白色，萼片 4，倒卵形、阔倒卵形或近圆形，近等大，长 1.3 ～ 2.2 cm，宽 1 ～ 2.2 cm，先端圆，具小突尖或有时微凹，基部渐狭，具短爪，边全缘或具数小齿；孕性花白色，萼筒杯状，萼齿三角形，长约 0.5 mm；花瓣长卵形，先端急尖，早落；雄蕊 10 枚，细小，不等长，短的略短于花瓣，长的长达 5 mm，花药阔长圆形或近圆形；子房下位，花柱 2，结果时长 1 ～ 1.5 mm，外反。蒴果杯状，不连花柱长 2 ～ 2.5 mm，宽 2.5 ～ 3.5 mm，顶端截平；种子淡棕色，倒长卵形或狭椭圆形，偶有近圆形，扁平，具凸起的纵脉纹，两端具 0.1 ～ 0.2 mm 的短翅，先端的翅稍长，扁平，卵状三角形或狭三角形。花期 7—8 月，果期 9—10 月。

【拍摄地点】长坪镇赵岭村，海拔 1266 m。

【生境分布】生于山沟林下或较湿润的山坡灌丛中。分布于南漳长坪镇。

【药用部位】花。

【功能主治】清热，截疟。用于疟疾。

绣球 八仙花（图 0334）

Hydrangea macrophylla（Thunb.）Ser.

图 0334 绣球 *Hydrangea macrophylla*

【形态特征】灌木，高 1 ~ 4 m。茎常于基部发出多数放射枝而形成一圆形灌丛；枝圆柱形，粗壮，紫灰色至淡灰色，无毛，具少数长形皮孔。叶纸质或近革质，倒卵形或阔椭圆形，长 6 ~ 15 cm，宽 4 ~ 11.5 cm，先端骤尖，具短尖头，基部钝圆或阔楔形，边缘于基部以上具粗齿，两面无毛或仅下面中脉两侧被稀疏卷曲短柔毛，脉腋间常具少许髯毛；侧脉 6 ~ 8 对，直，向上斜举或上部近边缘处微弯拱，上面平坦，下面微凸，小脉网状，两面明显；叶柄粗壮，长 1 ~ 3.5 cm，无毛。伞房状聚伞花序近球形，直径 8 ~ 20 cm，具短的总花梗，分枝粗壮，近等长，密被紧贴短柔毛，花密集，多数不育；不育花萼片 4，近圆形或阔卵形，长 1.4 ~ 2.4 cm，宽 1 ~ 2.4 cm，粉红色、淡蓝色或白色；孕性花极少数，具 2 ~ 4 mm 长的花梗；萼筒倒圆锥状，长 1.5 ~ 2 mm，与花梗疏被卷曲短柔毛，萼齿卵状三角形，长约 1 mm；花瓣长圆形，长 3 ~ 3.5 mm；雄蕊 10 枚，近等长，不突出或稍突出，花药长圆形，长约 1 mm；子房大半下位，花柱 3，结果时长约 1.5 mm，柱头稍扩大，半环状。蒴果长陀螺状，连花柱长约 4.5 mm，顶端突出部分长约 1 mm，约等于蒴果长度的 1/3。花期 6—8 月。

【拍摄地点】城关镇城区，海拔 95 m。

【生境分布】栽培。分布于南漳各乡镇。

【药用部位】花。

【功能主治】清热，截疟。用于疟疾。

蜡莲绣球 土常山（图 0335）

Hydrangea strigosa Rehd.

【中药名】甜茶*。

【形态特征】灌木，高 1 ~ 3 m；小枝圆柱形或微具四钝棱，灰褐色，密被糙伏毛，无皮孔，老后色较淡，树皮常呈薄片状剥落。叶纸质，长圆形、卵状披针形或倒卵状倒披针形，长 8 ~ 28 cm，宽 2 ~ 10 cm，先端渐尖，基部楔形、钝或圆形，边缘有具硬尖头的小齿或小锯齿，干后上面黑褐色，被稀疏糙伏毛或近无毛，下面灰棕色，新鲜时有时呈淡紫红色或淡红色，密被灰棕色颗粒状腺体和灰白色糙伏毛，脉上的毛更密；中脉粗壮，上面平坦，下面隆起，侧脉 7 ~ 10 对，弯拱，沿边缘长延伸，上面平坦，下面凸起，小脉网状，下面微凸；叶柄长 1 ~ 7 cm，被糙伏毛。伞房状聚伞花序大，直径达 28 cm，顶端稍拱，分枝扩展，密被灰白色糙伏毛；不育花萼片 4 ~ 5，阔卵形、阔椭圆形或近圆形，结果时长 1.3 ~ 2.7 cm，宽 1.1 ~ 2.5 cm，先端钝头渐尖或近截平，基部具爪，边全缘或具数齿，白色或淡紫红色；孕性花淡紫红色，萼筒钟状，长约 2 mm，萼齿三角形，长约 0.5 mm；花瓣长卵形，长 2 ～ 2.5 mm，初时顶端稍连合，后分离，早落；雄蕊不等长，较长的长约 6 mm，较短的长约 3 mm，花药长圆形，长约 0.5 mm；子房下位，花柱 2，结果时长约 2 mm，近棒状，直立或外弯。蒴果坛状，不连花柱长和宽均为 3 ～ 3.5 mm，顶端截平，基部圆；种子褐色，阔椭圆形，不连翅长 0.35 ～ 0.5 mm，具纵脉纹，两端各具长 0.2 ～ 0.25 mm 的翅，先端的翅宽而扁平，基部的收狭呈短柄状。花期 7—8 月，果期 11—12 月。

图 0335　蜡莲绣球 *Hydrangea strigosa*

【拍摄地点】李庙镇主山寨村，海拔 1101 m。

【生境分布】生于山谷密林、山坡路旁或灌丛中。分布于南漳李庙、长坪、板桥等乡镇。

【采收加工】立夏前后，采摘嫩枝叶，不断揉搓使其渗出汁液，晒干。

【药用部位】嫩叶。

【性味归经】甘、微苦，平。归肝、肺、膀胱经。

【功能主治】截疟，利湿，平肝潜阳。用于疟疾，眩晕。

【用法用量】10 ～ 15 g。外用适量。

山梅花属 Philadelphus

山梅花　鸡骨头（图 0336）

Philadelphus incanus Koehne

【形态特征】灌木，高 1.5 ～ 3.5 m；二年生小枝灰褐色，表皮呈片状脱落，当年生小枝浅褐色或紫红色，被微柔毛或有时无毛。叶卵形或阔卵形，长 6 ～ 12.5 cm，宽 8 ～ 10 cm，先端急尖，基部圆形，花枝上叶较小，卵形、椭圆形至卵状披针形，长 4 ～ 8.5 cm，宽 3.5 ～ 6 cm，先端渐尖，基部阔楔形或近圆形，边缘具疏锯齿，上面被刚毛，下面密被白色长粗毛，叶脉离基出 3 ～ 5 条；叶柄长 5 ～ 10 mm。总状花序有花 5 ～ 7 朵，下部的分枝有时具叶；花序轴长 5 ～ 7 cm，疏被长柔毛或无毛；花梗长 5 ～ 10 mm，上部密被白色长柔毛；花

图 0336　山梅花 *Philadelphus incanus*

萼外面密被紧贴糙伏毛；萼筒钟形，裂片卵形，长约 5 mm，宽约 3.5 mm，先端骤渐尖；花冠盘状，直径 2.5 ～ 3 cm，花瓣白色，卵形或近圆形，基部急收狭，长 13 ～ 15 mm，宽 8 ～ 13 mm；雄蕊 30 ～ 35，最长的长达 10 mm；花盘无毛；花柱长约 5 mm，无毛，近先端稍分裂，柱头棒形，长约 1.5 mm，较花药小。蒴果倒卵形，长 7 ～ 9 mm，直径 4 ～ 7 mm；种子长 1.5 ～ 2.5 mm，具短尾。花期 5—6 月，果期 7—8 月。

【拍摄地点】李庙镇老君店村，海拔 770 m。

【生境分布】生于林缘灌丛中。分布于南漳长坪、李庙、东巩等乡镇。

【药用部位】全草。

【功能主治】清热，利湿，泻火。用于湿热黄疸。

鬼灯檠属 Rodgersia

鬼灯檠　慕荷　老蛇盘（图 0337）

Rodgersia podophylla A. Gray

【形态特征】多年生草本，高 0.6 ～ 1 m。根状茎粗壮，横走。茎无毛。基生叶少数，具长柄，为掌状复叶，小叶片 5，近倒卵形，长 15 ～ 35 cm，宽 10 ～ 25 cm，先端 3 浅裂，裂片顶端渐尖，边缘有粗锯齿，腹面无毛，背面沿脉疏生柔毛；叶柄长 15 ～ 30 cm，疏生柔毛，基部扩大呈鞘状，边缘具长毛；茎生叶互生，较小。圆锥花序顶生，长 15 ～ 30 cm，多花；花梗和花序轴均密被鳞片状毛；萼片 5 ～ 7，白色，近卵形，长约 2.1 mm，宽约 1.1 mm，先端渐尖，腹面无毛，边缘和背面疏生腺毛，具羽状脉，脉于先端不汇合；花瓣不存在；雄蕊通常 10，长约 4 mm；心皮 2，下部合生，子房近上位，卵球形，长约 1.5 mm，花柱长约 1.3 mm。蒴果；种子多数。花期 6—7 月。

图 0337　鬼灯檠 *Rodgersia podophylla*

【拍摄地点】李庙镇主山寨村，海拔 1076 m。

【生境分布】生于山坡阴湿处。分布于南漳李庙、长坪、板桥等乡镇。

【药用部位】根茎。

【功能主治】调经止痛，止血止痢。用于肠炎，痢疾，月经不调。

虎耳草属 Saxifraga

虎耳草　金丝荷叶　石荷叶（图 0338）

Saxifraga stolonifera Curt.

【中药名】虎耳草*。

【形态特征】多年生草本，高 8 ～ 45 cm。鞭匐枝细长，密被卷曲长腺毛，具鳞片状叶。茎被长腺毛，

图 0338 虎耳草 *Saxifraga stolonifera*

具1～4枚苞片状叶。基生叶具长柄，叶片近心形、肾形至扁圆形，长1.5～7.5 cm，宽2～12 cm，先端钝或急尖，基部近截形、圆形至心形，7～11浅裂，裂片边缘具不规则齿和腺毛，腹面绿色，被腺毛，背面通常红紫色，被腺毛，有斑点，具掌状达缘脉序，叶柄长1.5～21 cm，被长腺毛；茎生叶披针形，长约6 mm，宽约2 mm。聚伞花序圆锥状，长7.3～26 cm，具7～61花；花序分枝长2.5～8 cm，被腺毛，具2～5花；花梗长0.5～1.6 cm，细弱，被腺毛；花两侧对称；萼片在花期开展至反曲，卵形，长1.5～3.5 mm，宽1～1.8 mm，先端急尖，边缘具腺毛，腹面无毛，背面被褐色腺毛，3脉于先端汇合成1疣点；花瓣白色，中上部具紫红色斑点，基部具黄色斑点，5枚，其中3枚较短，卵形，长2～4.4 mm，宽1.3～2 mm，先端急尖，基部具长0.1～0.6 mm之爪，羽状脉序，具2级脉3～6条，另2枚较长，披针形至长圆形，长6.2～14.5 mm，宽2～4 mm，先端急尖，基部具长0.2～0.8 mm之爪，羽状脉序，具2级脉5～10条。雄蕊长4～5.2 mm，花丝棒状；花盘半环状，围绕于子房一侧，边缘具瘤突；2心皮下部合生，长3.8～6 mm；子房卵球形，花柱2，叉开。花果期4—11月。

【拍摄地点】薛坪镇火石观村，海拔645 m。

【生境分布】生于林下、灌丛、草甸和阴湿岩隙。分布于南漳薛坪、长坪、板桥等乡镇。

【采收加工】春、夏二季采收，除去杂质，洗净，干燥。

【药用部位】全草。

【性味归经】辛、苦，寒；有小毒。归肺经。

【功能主治】清热解毒。用于耳痛红肿，风热咳嗽；外用治风疹瘙痒。

【用法用量】9～15 g。外用鲜品适量，捣烂取汁滴耳或涂敷患处。

黄水枝属 Tiarella

黄水枝　防风七　博落（图0339）

Tiarella polyphylla D. Don

【形态特征】多年生草本，高20～45 cm。根状茎横走，深褐色，直径3～6 mm。茎不分枝，密被腺毛。基生叶具长柄，叶片心形，长2～8 cm，宽2.5～10 cm，先端急尖，基部心形，掌状3～5浅裂，边缘具不规则浅齿，两面密被腺毛；叶柄长2～12 cm，基部扩大呈鞘状，密被腺毛；托叶褐色；茎生叶通常2～3枚，与基生叶同型，叶柄较短。总状花序长8～25 cm，密被腺毛；花梗长达1 cm，被腺毛；萼片在花期直立，卵形，长约1.5 mm，宽约0.8 mm，先端稍渐尖，腹面无毛，背面和边缘具短腺毛，3至多脉；无花瓣；雄蕊长约2.5 mm，花丝钻形；心皮2，不等大，下部合生，子房近上位，花柱2。蒴果长7～12 mm；种子黑褐色，椭圆球形，长约1 mm。花果期4—11月。

【拍摄地点】板桥镇宋家坪村，海拔 1178 m。
【生境分布】生于林下、灌丛和阴湿地。分布于南漳板桥、长坪、李庙等乡镇。
【药用部位】全草。
【功能主治】清热解毒，活血祛瘀，消肿止痛。用于痈疖肿毒，跌打损伤，肝炎，咳嗽气喘。

图 0339　黄水枝 *Tiarella polyphylla*

图 0340　波叶海桐 *Pittosporum undulatifolium*

80. 海桐花科 Pittosporaceae

海桐花属 Pittosporum

波叶海桐（图 0340）

Pittosporum undulatifolium Chang et Yan

【形态特征】常绿小乔木，高 6 m，树皮黑褐色，嫩枝粗壮，无毛，干后褐色，老枝粗糙，多皮孔。叶革质，4 ～ 6 片簇生于枝顶，矩圆状倒披针形，长 9 ～ 15 cm，宽 2 ～ 4 cm；先端渐尖或锐尖，基部楔形；上面深绿色，发亮，下面灰绿色，无毛；侧脉 12 ～ 14 对，与中肋成 60°角开出，干后在上下两面突起，网脉在上面不明显，在下面稍突起；边缘干后反卷，有细小波状皱褶；叶柄长 1.5 ～ 2 cm，扁平。伞房花序 2 ～ 5 条，生枝顶，呈复伞形花序状，花序柄长 2 ～ 2.5 cm，次级花序柄长 6 ～ 8 mm，花梗长 4 ～ 6 mm，有微毛；萼片长 1 ～ 1.5 mm，卵形，有毛；花瓣长 7 mm，先端反卷；花丝长 5 mm，花药长 1 mm；子房被毛，子房柄极短，心皮 2 个，侧膜胎座 2 个，胚珠 12 个。蒴果压扁阔卵形，长 8 mm，宽 9 mm，2 片裂开，果片薄，内侧有横格；种子 6 ～ 8 个，长约 3 mm，种柄长 1 mm。
【拍摄地点】城关镇殷庄村，海拔 365 m。
【生境分布】生于山谷沟边林下。分布于南漳李庙、城关等乡镇。
【药用部位】叶。
【功能主治】清热解毒，消肿。用于无名肿毒。

崖花子 菱叶海桐（图 0341）

Pittosporum truncatum Pritz.

【形态特征】常绿灌木，高 2 ～ 3 m，多分枝，嫩枝有灰毛，不久变秃净。叶簇生于枝顶，硬革质，倒卵形或菱形，长 5 ～ 8 cm，宽 2.5 ～ 3.5 cm，中部以上最宽；先端宽而有一个短急尖，有时有浅裂，中部以下急剧收窄而下延；上面深绿色，发亮，下面初时有白毛，不久变秃净；侧脉 7 ～ 8 对，在上面明显，在下面稍突起，网脉在上面不明显，在下面能见；叶柄长 5 ～ 8 mm。花单生或数朵呈伞形状，生于枝顶叶腋内，花梗纤细，无毛，或略有白茸毛，长 1.5 ～ 2 cm；萼片卵形，长 2 mm，无毛，边缘有睫毛；花瓣倒披针形，长 8 mm；雄蕊长 6 mm；子房被褐毛，卵圆形，侧膜胎座 2 个，胚珠 16 ～ 18 个。蒴果短椭圆形，长 9 mm，宽 7 mm，2 片裂开，果片薄，内侧有小横格；种子 16 ～ 18 个，种柄扁而细，长 1.5 mm。

图 0341 崖花子 *Pittosporum truncatum*

【拍摄地点】巡检镇仁家庄村，海拔 647 m。

【生境分布】生于山沟阴处林下。分布于南漳各乡镇。

【药用部位】根皮。

【功能主治】祛风除湿。用于风湿性关节炎，肩周炎。

81. 蔷薇科 Rosaceae

龙芽草属 Agrimonia

龙芽草 仙鹤草（图 0342）

Agrimonia pilosa Ledeb.

【中药名】仙鹤草*。

【形态特征】多年生草本。根多呈块茎状，周围长出若干侧根，根茎短，基部常有一至数个地下芽。茎高 30 ～ 120 cm，被疏柔毛及短柔毛，稀下部被稀疏长硬毛。叶为间断奇数羽状复叶，通常有小叶 3 ～ 4 对，稀 2 对，向上减少至 3 小叶，叶柄被稀疏柔毛或短柔毛；小叶片无柄或有短柄，倒卵形、倒卵状椭圆形或倒卵状披针形，长 1.5 ～ 5 cm，宽 1 ～ 2.5 cm，顶端急尖至圆钝，稀渐尖，基部楔形至宽楔形，边缘有急尖到圆钝锯齿，上面被疏柔毛，稀脱落几无毛，下面通常脉上伏生疏柔毛，稀脱

图 0342 龙芽草 *Agrimonia pilosa*

落几无毛，有显著腺点；托叶草质，绿色，镰形，稀卵形，顶端急尖或渐尖，边缘有尖锐锯齿或裂片，稀全缘，茎下部托叶有时卵状披针形，常全缘。花序穗状顶生，分枝或不分枝，花序轴被柔毛，花梗长 1 ～ 5 mm，被柔毛；苞片通常深 3 裂，裂片带形，小苞片对生，卵形，全缘或边缘分裂；花直径 6 ～ 9 mm；萼片 5，三角状卵形；花瓣黄色，长圆形；雄蕊 5 ～ 15 枚；花柱 2，丝状，柱头头状。果实倒卵状圆锥形，外面有 10 条肋，被疏柔毛，顶端有数层钩刺，幼时直立，成熟时靠合，连钩刺长 7 ～ 8 mm，最宽处直径 3 ～ 4 mm。花果期 5—12 月。

【拍摄地点】肖堰镇苗家沟村，海拔 552 m。

【生境分布】生于溪边、路旁、草地、灌丛、林缘及疏林下。广泛分布于南漳各乡镇。

【采收加工】夏、秋二季茎叶茂盛时采割，除去杂质，干燥。

【药用部位】地上部分。

【性味归经】苦、涩，平。归心、肝经。

【功能主治】收敛止血，截疟，止痢，解毒，补虚。用于咯血，吐血，崩漏下血，疟疾，血痢，痈肿疮毒，阴痒带下，脱力劳伤。

【用法用量】6 ～ 12 g。外用适量。

唐棣属 Amelanchier

唐棣　扶移木（图 0343）

Amelanchier sinica（C. K. Schneid.）Chun

图 0343　唐棣 *Amelanchier sinica*

【形态特征】小乔木，高 3 ～ 5 m，稀达 15 m，枝条稀疏；小枝细长，圆柱形，无毛或近于无毛，紫褐色或黑褐色，疏生长圆形皮孔；冬芽长圆锥形，先端渐尖，具浅褐色鳞片，鳞片边缘有柔毛。叶片卵形或长椭圆形，长 4 ～ 7 cm，宽 2.5 ～ 3.5 cm，先端急尖，基部圆形，稀近心形或宽楔形，通常在中部以上有细锐锯齿，基部全缘，幼时下面沿中脉和侧脉被茸毛或柔毛，老时脱落无毛；叶柄长 1 ～ 2.1 cm，偶有散生柔毛；托叶披针形，早落。总状花序，多花，长 4 ～ 5 cm，直径 3 ～ 5 cm；总花梗和花梗无毛或最初有毛，以后脱落；花梗细，长 8 ～ 28 mm；苞片膜质，线状披针形，长约 8 mm，早落；花直径 3 ～ 4.5 cm；萼筒杯状，外被柔毛，逐渐脱落；萼片披针形或三角状披针形，长约 5 mm，先端渐尖，全缘，与萼筒近等长或稍长，外面近于无毛或散生柔毛，内面有柔毛；花瓣细长，长圆状披针形或椭圆状披针形，长约 1.5 cm，宽约 5 mm，白色；雄蕊 20，长 2 ～ 4 mm，远比花瓣短；花柱 4 ～ 5，基部密被黄白色茸毛，柱头头状，比雄蕊稍短。果实近球形或扁圆形，直径约 1 cm，蓝黑色；萼片宿存，反折。花期 5 月，果期 9—10 月。

【拍摄地点】肖堰镇峰山村，海拔 933 m。

【生境分布】生于山坡、灌木丛中。分布于南漳肖堰、李庙等乡镇。

【药用部位】树皮。

【功能主治】祛风除湿，活血散瘀，止痛。用于风湿性关节痛。

樱属 Cerasus

襄阳山樱桃（图 0344）

Cerasus cyclamina（Koehne）T. T. Yu & C. L. Li

【形态特征】乔木，高 5 ～ 10 m，树皮灰黑褐色。小枝灰褐色或紫褐色，无毛，稀被疏柔毛。冬芽卵形，无毛。叶片倒卵状长圆形，长 4.5 ～ 12 cm，宽 2.7 ～ 5.5 cm，先端骤渐尖，基部圆形或宽楔形，边有单锯齿或尖锐重锯齿，齿端有圆钝腺体，上面深绿色，无毛，下面淡绿色，初时沿脉有稀疏柔毛，以后脱落无毛，侧脉 9 ～ 11 对；叶柄长 0.8 ～ 1.2 cm，无毛，稀被疏柔毛，先端或中部有 2 腺体，或腺体着生在叶基部；托叶线形，比叶柄短，边缘有腺齿。花序近伞形，有花 3 ～ 4 朵，花叶同开；总苞大，倒卵形，直径 0.8 ～ 1.3 cm，外面几无毛，内面密被柔毛；总梗长 0.8 ～ 2 cm，无毛或散生疏柔毛；苞片圆形，直径 3 ～ 5 mm，边有长柄腺体；花梗长 1.5 ～ 2.6 cm，无毛或被稀疏柔毛；萼筒钟状，长 4 mm，无毛，萼片反折，披针形，先端圆钝，比萼筒长近 1.5 ～ 2 倍；花瓣粉红色，长圆形，先端 2 裂；雄蕊约 32 枚，稍短于花瓣；花柱比雄蕊稍长，无毛。核果红色，近球形，直径 7.5 ～ 8.3 mm；核略具棱纹。花期 4 月，果期 5—6 月。

图 0344 襄阳山樱桃 *Cerasus cyclamina*

【拍摄地点】城关镇凉泉村，海拔 464 m。

【生境分布】生于山地疏林中。分布于南漳城关、李庙、长坪等乡镇。

【药用部位】种子。

【功能主治】解热止咳。用于咳嗽，发热。

麦李（图 0345）

Cerasus glandulosa（Thunb.）Lois.

【形态特征】灌木，高 0.5 ～ 1.5 m，稀达 2 m。小枝灰棕色或棕褐色，无毛或嫩枝被短柔毛。冬芽卵形，无毛或被短柔毛。叶片长圆状披针形或椭圆状披针形，长 2.5 ～ 6 cm，宽 1 ～ 2 cm，先端渐尖，基部楔形，最宽处在中部，边有细钝重锯齿，上面绿色，下面淡绿色，两面均无毛或在中脉上有疏柔毛，侧脉 4 ～ 5 对；

叶柄长 1.5 ～ 3 mm，无毛或上面被疏柔毛；托叶线形，长约 5 mm。花单生或 2 朵簇生，花叶同开或近同开；花梗长 6 ～ 8 mm，几无毛；萼筒钟状，长、宽近相等，无毛，萼片三角状椭圆形，先端急尖，边有锯齿；花瓣白色或粉红色，倒卵形；雄蕊 30 枚；花柱稍比雄蕊长，无毛或基部有疏柔毛。核果红色或紫红色，近球形，直径 1 ～ 1.3 cm。花期 3—4 月，果期 5—8 月。

【拍摄地点】城关镇玉溪山，海拔 120 m。

【生境分布】生于山坡、沟边或灌丛中。分布于南漳各乡镇。

【药用部位】种仁。

【功能主治】润肠通便，下气行水。用于便秘，水肿等。

图 0345 麦李 *Cerasus glandulosa*

樱桃（图 0346）

Cerasus pseudocerasus（Lindl.）G. Don

【形态特征】乔木，高 2 ～ 6 m，树皮灰白色。小枝灰褐色，嫩枝绿色，无毛或被疏柔毛。冬芽卵形，无毛。叶片卵形或长圆状卵形，长 5 ～ 12 cm，宽 3 ～ 5 cm，先端渐尖或尾状渐尖，基部圆形，边有尖锐重锯齿，齿端有小腺体，上面暗绿色，近无毛，下面淡绿色，沿脉或脉间有稀疏柔毛，侧脉 9 ～ 11 对；叶柄长 0.7 ～ 1.5 cm，被疏柔毛，先端有 1 或 2 个大腺体；托叶早落，披针形，有羽裂腺齿。花序伞房状或近伞形，有花 3 ～ 6 朵，先叶开放；总苞倒卵状椭圆形，褐色，长约 5 mm，宽约 3 mm，边有腺齿；花梗长 0.8 ～ 1.9 cm，被疏柔毛；萼筒钟状，长 3 ～ 6 mm，宽 2 ～ 3 mm，外面被疏柔毛，萼片三角状卵圆形或卵状长圆形，先端急尖或钝，边缘全缘，长为萼筒的一半或过半；花瓣白色，卵圆形，先端下凹或二裂；雄蕊 30 ～ 35 枚，栽培者可达 50 枚；花柱与雄蕊近等长，无毛。核果近球形，红色，直径 0.9 ～ 1.3 cm。花期 3—4 月，果期 5—6 月。

图 0346 樱桃 *Cerasus pseudocerasus*

【拍摄地点】城关镇文笔峰村，海拔 105 m。

【生境分布】生于山坡阳处或沟边，常栽培。分布于南漳城关、李庙、长坪等乡镇。

【药用部位】果实。

【功能主治】祛风湿，止痛。用于风湿性关节痛。

木瓜属 Chaenomeles

木瓜（图 0347）

Chaenomeles sinensis（Thouin）Koehne

【中药名】光皮木瓜*。

【形态特征】灌木或小乔木，高达 5 ～ 10 m，树皮成片状脱落。小枝无刺，圆柱形，幼时被柔毛，不久即脱落，紫红色，二年生枝无毛，紫褐色；冬芽半圆形，先端圆钝，无毛，紫褐色。叶片椭圆状卵形或椭圆状长圆形，稀倒卵形，长 5 ～ 8 cm，宽 3.5 ～ 5.5 cm，先端急尖，基部宽楔形或圆形，边缘有刺芒状尖锐锯齿，齿尖有腺，幼时下面密被黄白色茸毛，不久即脱落无毛；叶柄长 5 ～ 10 mm，微被柔毛，有腺齿；托叶膜质，卵状披针形，先端渐尖，边缘具腺齿，长约 7 mm。花单生于叶腋，花梗短粗，长 5 ～ 10 mm，无毛；花直径 2.5 ～ 3 cm；萼筒钟状外面无毛；萼片三角状披针形，长 6 ～ 10 mm，先端渐尖，边缘有腺齿，外面无毛，内面密被浅褐色茸毛，反折；花瓣倒卵形，淡粉红色；雄蕊多数，长不及花瓣之半；花柱 3 ～ 5，基部合生，被柔毛，柱头头状，有不显明分裂，约与雄蕊等长或稍长。果实长椭圆形，长 10 ～ 15 cm，暗黄色，木质，味芳香，果梗短。花期 4 月，果期 9—10 月。

图 0347 木瓜 *Chaenomeles sinensis*

【拍摄地点】城关镇凉泉村，海拔 627 m。

【生境分布】栽培。分布于南漳城关、肖堰、李庙等乡镇。

【采收加工】夏、秋二季果实成熟时采收，将果实纵切为 2 ～ 4 瓣，置沸水中烫后，晒干。

【药用部位】成熟果实。

【性味归经】酸、涩，平。归胃、肝、肺经。

【功能主治】和胃舒筋，祛风除湿，消痰止咳。用于吐泻转筋，风湿痹痛，咳嗽痰多，泄泻，痢疾，脚气水肿。

【用法用量】6 ～ 9 g。

栒子属 Cotoneaster

平枝栒子 地蜈蚣（图 0348）

Cotoneaster horizontalis Decne.

【形态特征】落叶或半常绿匍匐灌木，高不超过 0.5 m，枝水平开展成整齐两列状；小枝圆柱形，幼时外被糙伏毛，老时脱落，黑褐色。叶片近圆形或宽椭圆形，稀倒卵形，长 5 ～ 14 mm，宽 4 ～ 9 mm，先端多数急尖，基部楔形，全缘，上面无毛，下面有稀疏平贴柔毛；叶柄长 1 ～ 3 mm，被柔毛；托叶钻形，早落。花 1 ～ 2 朵，近无梗，直径 5 ～ 7 mm；萼筒钟状，外面有稀疏短柔毛，内面无毛；萼片三角形，先端急尖，外面微具短柔毛，内面边缘有柔毛；花瓣直立，倒卵形，先端圆钝，长约 4 mm，宽 3 mm，粉红色；雄蕊约 12，短于花瓣；花柱常为 3，有时为 2，离生，短于雄蕊；子房顶端有柔毛。果实近球形，直径 4 ～ 6 mm，鲜红色，常具 3 小核，稀 2 小核。花期 5—6 月，果期 9—10 月。

【拍摄地点】巡检镇不二坪村，海拔 1070 m。

【生境分布】生于灌木丛中或岩石坡上。分布于南漳巡检、东巩、李庙等乡镇。

图 0348 平枝栒子 *Cotoneaster horizontalis*

【药用部位】根。

【功能主治】调经止带，止痢。用于下痢腹痛，吐血，痛经，带下。

西北栒子 札氏栒子（图 0349）

Cotoneaster zabelii Schneid.

【形态特征】落叶灌木，高达 2 m。枝条细瘦开张，小枝圆柱形，深红褐色，幼时密被带黄色柔毛，老时无毛。叶片椭圆形至卵形，长 1.2 ～ 3 cm，宽 1 ～ 2 cm，先端多数圆钝，稀微缺，基部圆形或宽楔形，全缘，上面具稀疏柔毛，下面密被带黄色或带灰色茸毛；叶柄长 1 ～ 3 mm，被茸毛；托叶披针形，有毛，在果期多数脱落。花 3 ～ 13 朵成下垂聚伞花序，总花梗和花梗被柔毛；花梗长 2 ～ 4 mm；萼筒钟状，外面被柔毛；萼片三角形，先端稍钝或具短尖头，外面具柔毛，内面几无毛或仅沿边缘有少数柔毛；花瓣直立，倒卵形或近圆形，直径 2 ～ 3 mm，先端圆钝，浅红色；雄蕊 18 ～ 20，较花瓣短；花柱 2，离生，短于雄蕊，子房先端具柔毛。果实倒卵形至卵球形，直径 7 ～ 8 mm，鲜红色，常具 2 小核。花期 5—6 月，果期 8—9 月。

图 0349 西北栒子 *Cotoneaster zabelii*

【拍摄地点】李庙镇主山寨村，海拔 1046 m。

【生境分布】生于石灰岩山地、山坡阴处、沟谷边或灌木丛中。分布于南漳各乡镇。

【药用部位】根。

【功能主治】活血止血，涩肠止泻。用于痢疾，泄泻。

山楂属 Crataegus

野山楂 小叶山楂（图 0350）

Crataegus cuneata Sieb. & Zucc.

图 0350 野山楂 *Crataegus cuneata*

【形态特征】落叶灌木，高达 15 m，分枝密，通常具细刺，刺长 5～8 mm；小枝细弱，圆柱形，有棱，幼时被柔毛，一年生枝紫褐色，无毛，老枝灰褐色，散生长圆形皮孔；冬芽三角状卵形，先端圆钝，无毛，紫褐色。叶片宽倒卵形至倒卵状长圆形，长 2～6 cm，宽 1～4.5 cm，先端急尖，基部楔形，下延连于叶柄，边缘有不规则重锯齿，顶端常有 3 或稀 5～7 浅裂片，上面无毛，有光泽，下面具稀疏柔毛，沿叶脉较密，以后脱落，叶脉显著；叶柄两侧有叶翼，长 4～15 mm；托叶大型，草质，镰刀状，边缘有齿。伞房花序，直径 2～2.5 cm，具花 5～7 朵，总花梗和花梗均被柔毛。花梗长约 1 cm；苞片草质，披针形，条裂或有锯齿，长 8～12 mm，脱落很迟；花直径约 1.5 cm；萼筒钟状，外被长柔毛，萼片三角状卵形，长约 4 mm，约与萼筒等长，先端尾状渐尖，全缘或有齿，内外两面均具柔毛；花瓣近圆形或倒卵形，长 6～7 mm，白色，基部有短爪；雄蕊 20；花药红色；花柱 4～5，基部被茸毛。果实近球形或扁球形，直径 1～1.2 cm，红色或黄色，常具有宿存反折萼片或 1 苞片；小核 4～5，内面两侧平滑。花期 5—6 月，果期 9—11 月。

【拍摄地点】九集镇吴家集村，海拔 151 m。

【生境分布】生于山谷、多石湿地或山地灌木丛中。分布于南漳各乡镇。

【药用部位】果实。

【功能主治】消食健胃，行气散瘀。用于食积。

山里红（图 0351）

Crataegus pinnatifida var. *major* N. E. Br.

【形态特征】落叶乔木，高达 6 m，树皮粗糙，暗灰色或灰褐色；刺长 1～2 cm，有时无刺；小枝圆柱形，当年生枝紫褐色，无毛或近于无毛，疏生皮孔，老枝灰褐色；冬芽三角状卵形，先端圆钝，无毛，紫色。叶片宽卵形或三角状卵形，稀菱状卵形，通常两侧各有 3～5 羽状裂片；叶柄长 2～6 cm，无毛；托叶草质，镰形，边缘有锯齿。伞房花序具多花，直径 4～6 cm，总花梗和花梗均被柔毛，花后脱落，减少，花梗长 4～7 mm；苞片膜质，线状披针形，长 6～8 mm，先端渐尖，边缘具腺齿，早落；花直径约 1.5 cm；萼筒钟状，长 4～5 mm，外面密被灰白色柔毛；萼片三角状卵形至披针形，先端渐尖，全缘，约与萼筒等长，内外两面均无毛，或在内面顶端有髯毛；花瓣倒卵形或近圆形，长 7～8 mm，宽 5～6 mm，白色；

雄蕊 20，短于花瓣，花药粉红色；花柱 3 ～ 5，基部被柔毛，柱头头状。果实近球形或梨形，直径可达 2.5 cm，深亮红色，有浅色斑点；小核 3 ～ 5，外面稍具棱，内面两侧平滑；萼片脱落很迟，先端留一圆形深洼。花期 5—6 月，果期 9—10 月。

【拍摄地点】肖堰镇观音堂村，海拔 386 m。

【生境分布】栽培。偶见分布于南漳肖堰镇。

【药用部位】果实。

【功能主治】消食健胃。用于食积。

图 0351　山里红 *Crataegus pinnatifida* var. *major*

华中山楂　小山楂（图 0352）

Crataegus wilsonii Sarg.

【形态特征】落叶灌木，高达 7 m。刺粗壮，光滑，直立或微弯曲，长 1 ～ 2.5 cm；小枝圆柱形，稍有棱角，当年生枝被白色柔毛，深黄褐色，老枝灰褐色或暗褐色，无毛或近于无毛，疏生浅色长圆形皮孔；冬芽三角状卵形，先端急尖，无毛，紫褐色。叶片卵形或倒卵形，稀三角状卵形，长 4 ～ 6.5 cm，宽 3.5 ～ 5.5 cm，先端急尖或圆钝，基部圆形、楔形或心形，边缘有尖锐锯齿，幼时齿尖有腺，通常在中部以上有 3 ～ 5 对浅裂片，裂片近圆形或卵形，先端急尖或圆钝，幼嫩时上面散生柔毛，下面中脉或沿侧脉微具柔毛；叶柄长 2 ～ 2.5 cm，有窄叶翼，幼时被白色柔毛，以后脱落；托叶披针形、镰刀形或卵形，边缘有腺齿，脱落很早。伞房花序具多花，直径 3 ～ 4 cm；总花梗和花梗均被白色茸毛；花梗长 4 ～ 7 mm；苞片草质至膜质，披针形，先端渐尖，边缘有腺齿，脱落较迟；花直径 1 ～ 1.5 cm；萼筒钟状，外面通常被白色柔毛或无毛；萼片卵形或三角状卵形，长 3 ～ 4 mm，稍短于萼筒，先端急尖，边缘具齿，外面被柔毛；花瓣近圆形，长 6 ～ 7 mm，宽 5 ～ 6 mm，白色；雄蕊 20，花药玫瑰紫色；花柱 2 ～ 3，稀 1，基部有白色茸毛，比雄蕊稍短。果实椭圆形，直径 6 ～ 7 mm，红色，肉质，外面光滑无毛；萼片宿存，反折；小核 1 ～ 3，两侧有深凹痕。花期 5 月，果期 8—9 月。

图 0352　华中山楂 *Crataegus wilsonii*

【拍摄地点】肖堰镇云盘村，海拔 407 m。

【生境分布】生于山坡阴处密林中。偶见分布于南漳肖堰镇。

【药用部位】果实。

【功能主治】健胃消积，行气散瘀。用于食积。

蛇莓属 Duchesnea

蛇莓　蛇泡草　龙吐珠（图 0353）

Duchesnea indica（Andr.）Focke

【中药名】蛇莓*。

【形态特征】多年生草本。根茎短，粗壮；匍匐茎多数，长 30 ～ 100 cm，有柔毛。小叶片倒卵形至菱状长圆形，长 2 ～ 3.5 cm，宽 1 ～ 3 cm，先端圆钝，边缘有钝锯齿，两面皆有柔毛，或上面无毛，具小叶柄；叶柄长 1 ～ 5 cm，有柔毛；托叶窄卵形至宽披针形，长 5 ～ 8 mm。花单生于叶腋，直径 1.5 ～ 2.5 cm；花梗长 3 ～ 6 cm，有柔毛；萼片卵形，长 4 ～ 6 mm，先端锐尖，外面有散生柔毛；副萼片倒卵形，长 5 ～ 8 mm，比萼片长，先端常具 3 ～ 5 锯齿；花瓣倒卵形，长 5 ～ 10 mm，黄色，先端圆钝；雄蕊 20 ～ 30；心皮多数，离生；花托在果期膨大，海绵质，鲜红色，有光泽，直径 10 ～ 20 mm，外面有长柔毛。瘦果卵形，长约 1.5 mm，光滑或具不显明突起，鲜时有光泽。花期 6—8 月，果期 8—10 月。

图 0353　蛇莓 *Duchesnea indica*

【拍摄地点】城关镇便河村，海拔 140 m。

【生境分布】生于山坡、河岸、草地、潮湿的地方。分布于南漳各乡镇。

【采收加工】夏、秋二季采收，除去杂质，干燥。

【药用部位】全草。

【性味归经】甘、苦，寒；有小毒。归肺、肝经。

【功能主治】清热解毒，凉血止血，散瘀消肿。用于外感发热，惊痫，目赤，口疮，咽痛，痈肿疔疮，蛇虫咬伤，烫伤，吐血，崩漏，跌打肿痛。

【用法用量】10 ～ 15 g。外用适量，鲜品捣敷或研末撒敷。

枇杷属 Eriobotrya

枇杷（图 0354）

Eriobotrya japonica（Thunb.）Lindl.

【中药名】枇杷叶*。

图 0354 枇杷 *Eriobotrya japonica*

【形态特征】常绿小乔木，高可达 10 m。小枝粗壮，黄褐色，密生锈色或灰棕色茸毛。叶片革质，披针形、倒披针形、倒卵形或椭圆状长圆形，长 12 ～ 30 cm，宽 3 ～ 9 cm，先端急尖或渐尖，基部楔形或渐狭成叶柄，上部边缘有疏锯齿，基部全缘，上面光亮，多皱，下面密生灰棕色茸毛，侧脉 11 ～ 21 对；叶柄短或几无柄，长 6 ～ 10 mm，有灰棕色茸毛；托叶钻形，长 1 ～ 1.5 cm，先端急尖，有毛。圆锥花序顶生，长 10 ～ 19 cm，具多花；总花梗和花梗密生锈色茸毛；花梗长 2 ～ 8 mm；苞片钻形，长 2 ～ 5 mm，密生锈色茸毛；花直径 12 ～ 20 mm；萼筒浅杯状，长 4 ～ 5 mm，萼片三角状卵形，长 2 ～ 3 mm，先端急尖，萼筒及萼片外面有锈色茸毛；花瓣白色，长圆形或卵形，长 5 ～ 9 mm，宽 4 ～ 6 mm，基部具爪，有锈色茸毛；雄蕊 20，远短于花瓣，花丝基部扩展；花柱 5，离生，柱头头状，无毛，子房顶端有锈色柔毛，5 室，每室有 2 胚珠。果实球形或长圆形，直径 2 ～ 5 cm，黄色或橘黄色，外有锈色柔毛，不久脱落；种子 1 ～ 5，球形或扁球形，直径 1 ～ 1.5 cm，褐色，光亮，种皮纸质。花期 10—12 月，果期 5—6 月。

【拍摄地点】城关镇大山村，海拔 109 m。

【生境分布】栽培或逸生。分布于南漳各乡镇。

【采收加工】全年均可采收，晒至七八成干时，扎成小把，再晒干。

【药用部位】叶。

【性味归经】苦，微寒。归肺、胃经。

【功能主治】清肺止咳，降逆止呕。用于肺热咳嗽，气逆喘急，胃热呕逆，烦热口渴。

【用法用量】6 ～ 10 g。

草莓属 Fragaria

草莓（图 0355）

Fragaria×*ananassa* Duch.

图 0355 草莓 *Fragaria*×*ananassa*

【形态特征】多年生草本，高10～40 cm。茎低于叶或近相等，密被开展的黄色柔毛。叶三出，小叶具短柄，质地较厚，倒卵形或菱形，稀圆形，长 3 ～ 7 cm，宽 2 ～ 6 cm，顶端圆钝，基部阔楔形，侧生小叶基部偏斜，边缘具缺刻状锯齿，锯齿急尖，上面深绿色，几无毛，下面淡白绿色，疏生毛，沿脉较密；叶柄长 2 ～ 10 cm，密被开展黄色柔毛。聚伞花序，有花 5 ～ 15 朵，花序下面具一短柄的小叶；花两性，直径 1.5 ～ 2 cm；萼片卵形，比副萼片稍长，副萼片椭圆状披针形，全缘，稀深 2 裂，果时扩大；花瓣白色，近圆形或倒卵状椭圆形，基部具不明显的爪；雄蕊 20 枚，不等长；雌蕊极多。聚合果大，直径达 3 cm，鲜红色，宿存萼片直立，紧贴于果实；瘦果尖卵形，光滑。花期 4—5 月，果期 6—7 月。

【拍摄地点】城关镇便河村，海拔 200 m。

【生境分布】栽培。分布于南漳城关、九集等乡镇。

【药用部位】果实。

【功能主治】明目养肝，滋阴养血，调和脾胃。用于目赤肿痛，脾虚食少，贫血。

东方草莓　白地泡（图 0356）

Fragaria orientalis Lozinsk.

【形态特征】多年生草本，高 5 ～ 30 cm。茎被开展柔毛，上部较密，下部有时脱落。三出复叶，小叶几无柄，倒卵形或菱状卵形，长 1 ～ 5 cm，宽 0.8 ～ 3.5 cm，顶端圆钝或急尖，顶生小叶基部楔形，侧生小叶基部偏斜，边缘有缺刻状锯齿，上面绿色，散生疏柔毛，下面淡绿色，有疏柔毛，沿叶脉较密；叶柄被开展柔毛，有时上部较密。花序聚伞状，有花 2 ～ 5 朵，基部苞片淡绿色或具一有柄之小叶，花梗长 0.5 ～ 1.5 cm，被开展柔毛。花两性，稀单性，直径 1 ～ 1.5 cm；萼片卵圆状披针形，顶端尾尖，副萼片线状披针形，偶有 2 裂；花瓣白色，几圆形，基部具短爪；雄蕊 18 ～ 22，近等长；雌蕊多数。聚合果半圆形，成熟后紫红色，宿存萼片开展或微反折；瘦果卵形，宽 0.5 mm，表面脉纹明显或仅基部具皱纹。花期 5—7 月，果期 7—9 月。

图 0356　东方草莓 *Fragaria orientalis*

【拍摄地点】长坪镇赵岭村，海拔 1265 m。

【生境分布】生于山坡草地或林下。分布于南漳长坪镇。

【药用部位】全草。

【功能主治】润肺生津，解热祛暑。用于肺热咳嗽，暑热烦渴。

路边青属 Geum

路边青　水杨梅（图 0357）

Geum aleppicum Jacq.

【中药名】蓝布正*。

图 0357　路边青 *Geum aleppicum*

【形态特征】多年生草本。须根簇生。茎直立，高 30 ～ 100 cm，被开展粗硬毛，稀几无毛。基生叶为大头羽状复叶，通常有小叶 2 ～ 6 对，连叶柄长 10 ～ 25 cm，叶柄被粗硬毛，小叶大小极不相等，顶生小叶最大，菱状广卵形或宽扁圆形，长 4 ～ 8 cm，宽 5 ～ 10 cm，顶端急尖或圆钝，基部宽心形至宽楔形，边缘常浅裂，有不规则粗大锯齿，锯齿急尖或圆钝，两面绿色，疏生粗硬毛；茎生叶羽状复叶，有时重复分裂，向上小叶逐渐减少，顶生小叶披针形或倒卵状披针形，顶端常渐尖或短渐尖，基部楔形；茎生叶托叶大，绿色，叶状，卵形，边缘有不规则粗大锯齿。花序顶生，疏散排列，花梗被短柔毛或微硬毛；花直径 1 ～ 1.7 cm；花瓣黄色，几圆形，比萼片长；萼片卵状三角形，顶端渐尖，副萼片狭小，披针形，顶端渐尖稀 2 裂，比萼片短一半多，外面被短柔毛及长柔毛；花柱顶生，在上部 1/4 处扭曲，成熟后自扭曲处脱落，脱落部分下部被疏柔毛。聚合果倒卵球形，瘦果被长硬毛，花柱宿存部分无毛，顶端有小钩；果托被短硬毛，长约 1 mm。花果期 7—10 月。

【拍摄地点】李庙镇北沟村，海拔 307 m。

【生境分布】生于山坡草地、路边、林间隙地及林缘。分布于南漳各乡镇。

【采收加工】夏、秋二季采收，洗净，晒干。

【药用部位】全草。

【性味归经】甘、微苦，凉。归肝、脾、肺经。

【功能主治】益气健脾，补血养阴，润肺化痰。用于气血不足，虚痨咳嗽，脾虚带下。

【用法用量】9 ～ 30 g。

棣棠花属 Kerria

棣棠花　鸡蛋黄花（图 0358）

Kerria japonica（L.）DC.

图 0358　棣棠花 *Kerria japonica*

【形态特征】落叶灌木，高 1 ～ 2 m，稀达 3 m。小枝绿色，圆柱形，无毛，常拱垂，嫩枝有棱角。叶互生，三角状卵形或卵圆形，顶端长渐尖，基部圆形、截形或微心形，边缘有尖锐重锯齿，两面绿色，上面无毛或有稀疏柔毛，下面沿脉或脉腋有柔毛；叶柄长 5 ～ 10 mm，无毛；托叶膜质，带状披针形，有缘毛，早落。单花，着生在当年生侧枝顶端，花梗无毛；花直径 2.5 ～ 6 cm；萼片卵状椭圆形，顶端急尖，有小尖头，全缘，无毛，果时宿存；花瓣黄色，宽椭圆形，顶端下凹，比萼片长 1 ～ 4 倍。瘦果倒卵形至半球形，褐色或黑褐色，表面无毛，有皱褶。花期 4—6 月，果期 6—8 月。

【拍摄地点】板桥镇雷坪村，海拔 657 m。

【生境分布】生于山坡灌丛中。分布于南漳板桥、长坪、肖堰等乡镇。

【药用部位】花。

【功能主治】化痰止咳。用于肺结核咳嗽。

重瓣棣棠花（图 0359）

Kerria japonica f. *pleniflora*（Witte）Rehd.

【形态特征】本种形态特征与棣棠花（*Kerria japonica*）相似，不同点在于本种的花为重瓣。

【拍摄地点】武安镇石牛坪村，海拔 143 m。

【生境分布】生于山坡灌丛中。南漳城关、武安等乡镇有零星栽培。

【药用部位】花。

【功能主治】化痰止咳。用于肺结核咳嗽。

图 0359 重瓣棣棠花 *Kerria japonica* f. *pleniflora*

苹果属 Malus

湖北海棠 花红茶（图 0360）

Malus hupehensis（Pamp.）Rehd.

【中药名】湖北海棠*。

【形态特征】乔木，高达 8 m。小枝最初有短柔毛，不久脱落，老枝紫色至紫褐色；冬芽卵形，先端急尖，鳞片边缘有疏生短柔毛，暗紫色。叶片卵形至卵状椭圆形，长 5 ～ 10 cm，宽 2.5 ～ 4 cm，先端渐尖，基部宽楔形，稀近圆形，边缘有细锐锯齿，嫩时具稀疏短柔毛，不久脱落无毛，常呈紫红色；叶柄长 1 ～ 3 cm，嫩时有稀疏短柔毛，逐渐脱落；托叶草质至膜质，线状披针形，先端渐尖，有疏生柔毛，早落。伞房花序，具花 4 ～ 6 朵，花梗长 3 ～ 6 cm，无毛或稍有长柔毛；苞片膜质，披针形，早落；花直径 3.5 ～ 4 cm；萼筒外面无毛或稍有长柔毛；萼片三角状卵形，先端渐尖或急尖，长 4 ～ 5 mm，外面无毛，内面有柔毛，略带紫色，与萼筒等长或稍短；花瓣倒卵形，长约 1.5 cm，

图 0360 湖北海棠 *Malus hupehensis*

基部有短爪，粉白色或近白色；雄蕊 20，花丝长短不齐，约等于花瓣之半；花柱 3，稀 4，基部有长茸毛，较雄蕊稍长。果实椭圆形或近球形，直径约 1 cm，黄绿色稍带红晕，萼片脱落；果梗长 2 ～ 4 cm。花期 4—5 月，果期 8—9 月。

【拍摄地点】板桥镇茅山坪村，海拔 833 m。

【生境分布】生于山坡或山谷丛林中。分布于南漳板桥、薛坪、长坪等乡镇。

【采收加工】春季采摘嫩叶，堆积发酵至叶表面成金黄色，干燥。

【药用部位】叶。

【性味归经】微甘，平。归肝、胃经。

【功能主治】养肝和胃，生津止渴，消积化滞。用于肝病胁痛，消渴，眩晕等。

【用法用量】2 ～ 5 g。煎服或泡茶饮用。

绣线梅属 Neillia

中华绣线梅 **华南梨（图 0361）**

Neillia sinensis Oliv.

图 0361 中华绣线梅 *Neillia sinensis*

【形态特征】灌木，高达 2 m。小枝圆柱形，无毛，幼时紫褐色，老时暗灰褐色；冬芽卵形，先端钝，微被短柔毛或近于无毛，红褐色。叶片卵形至卵状长椭圆形，长 5 ～ 11 cm，宽 3 ～ 6 cm，先端长渐尖，基部圆形或近心形，稀宽楔形，边缘有重锯齿，常不规则分裂，稀不裂，两面无毛或在下面脉腋有柔毛；叶柄长 7 ～ 15 mm，微被毛或近于无毛；托叶线状披针形或卵状披针形，先端渐尖或急尖，全缘，长 0.8 ～ 1 cm，早落。顶生总状花序，长 4 ～ 9 cm，花梗长 3 ～ 10 mm，无毛；花直径 6 ～ 8 mm；萼筒筒状，长 1 ～ 1.2 cm，外面无毛，内面被短柔毛；萼片三角形，先端尾尖，全缘，长 3 ～ 4 mm；花瓣倒卵形，长约 3 mm，宽约 2 mm，先端圆钝，淡粉色；雄蕊 10 ～ 15，花丝不等长，着生于萼筒边缘，排成不规则的 2 轮；心皮 1 ～ 2，子房顶端有毛，花柱直立，内含 4 ～ 5 胚珠。蓇葖果长椭圆形，萼筒宿存，外被疏生长腺毛。花期 5—6 月，果期 8—9 月。

【拍摄地点】板桥镇宋家坪村，海拔 1142 m。

【生境分布】生于山坡、山谷或沟边杂木林中。分布于南漳板桥、长坪等乡镇。

【药用部位】根。

【功能主治】祛风解表，和中止泻。用于感冒，泄泻。

石楠属 Photinia

石楠 扇骨木 千年红（图 0362）

Photinia serrulata Lindl.

【形态特征】常绿灌木或小乔木，高 4 ～ 6 m，有时可达 12 m。枝褐灰色，无毛；冬芽卵形，鳞片褐色，无毛。叶片革质，长椭圆形、长倒卵形或倒卵状椭圆形，长 9 ～ 22 cm，宽 3 ～ 6.5 cm，先端尾尖，基部圆形或宽楔形，边缘有疏生具腺细锯齿，近基部全缘，上面光亮，幼时中脉有茸毛，成熟后两面皆无毛，中脉显著，侧脉 25 ～ 30 对；叶柄粗壮，长 2 ～ 4 cm，幼时有茸毛，以后无毛。复伞房花序顶生，直径 10 ～ 16 cm；总花梗和花梗无毛，花梗长 3 ～ 5 mm；花密生，直径 6 ～ 8 mm；萼筒杯状，长约 1 mm，无毛；萼片阔三角形，长约 1 mm，先端急尖，无毛；花瓣白色，近圆形，直径 3 ～ 4 mm，内外两面皆无毛；雄蕊 20，外轮较花瓣长，内轮较花瓣短，花药带紫色；花柱 2，有时为 3，基部合生，柱头头状，子房顶端有柔毛。果实球形，直径 5 ～ 6 mm，红色，后成褐紫色，有 1 粒种子；种子卵形，长 2 mm，棕色，平滑。花期 4—5 月，果期 10 月。

图 0362 石楠 *Photinia serrulata*

【拍摄地点】城关镇街道，海拔 98 m。

【生境分布】栽培。分布于南漳各乡镇。

【药用部位】叶。

【功能主治】祛风，通络，益肾。用于风湿筋骨痛，阳痿，遗精。

委陵菜属 Potentilla

委陵菜 毛鸡腿子 野鸡膀子（图 0363）

Potentilla chinensis Ser.

【中药名】委陵菜*。

【形态特征】多年生草本。根粗壮，圆柱形，稍木质化。花茎直立或上升，高 20 ～ 70 cm，被稀疏短柔毛及白色绢状长柔毛。基生叶为羽状复叶，有小叶 5 ～ 15 对，间隔 0.5 ～ 0.8 cm，连叶柄长 4 ～ 25 cm，叶柄被短柔毛及绢状长柔毛；小叶片对生或互生，上部小叶较长，向下逐渐减小，无柄，长圆形、倒卵形或长圆状披针形，长 1 ～ 5 cm，宽 0.5 ～ 1.5 cm，边缘羽状中裂，裂片三角状卵形，三角状披针形或长圆状披针形，顶端急尖或圆钝，边缘向下反卷，上面绿色，被短柔毛或脱落几无毛，中脉下陷，下面被白色茸毛，沿脉被白色绢状长柔毛，茎生叶与基生叶相似，唯叶片对数较少；基生叶托叶近膜质，褐色，外面被白色绢状长柔毛，茎生叶托叶草质，绿色，边缘锐裂。伞房状聚伞花序，花梗长 0.5 ～ 1.5 cm，基部有披针形苞片，外面密被短柔毛；花直径通常0.8～1 cm，稀达1.3 cm；萼片三角状卵形，顶端急尖，副萼片带形或披针形，顶端尖，比萼片短约一半且狭窄，外面被短柔毛及少数绢状柔毛；花瓣黄色，宽倒卵形，顶端微凹，比萼片稍长；花柱近顶生，基部微扩大，稍有乳头或不明显，柱头扩大。瘦果卵球形，深褐色，有明显皱纹。花果期4—10月。

图0363　委陵菜 *Potentilla chinensis*

【拍摄地点】九集镇吴家集村，海拔181 m。

【生境分布】生于山坡草地、沟谷、林缘、灌丛或疏林下。分布于南漳各乡镇。

【采收加工】春季未抽茎时采挖，除去泥沙，晒干。

【药用部位】全草。

【性味归经】苦，寒。归肝、大肠经。

【功能主治】清热解毒，凉血止痢。用于赤痢腹痛，久痢不止，痔疮出血，痈肿疮毒。

【用法用量】9～15 g。外用适量。

翻白草　鸡腿根（图0364）

Potentilla discolor Bunge

【中药名】翻白草*。

【形态特征】多年生草本。根粗壮，下部常肥厚呈纺锤形。花茎直立，上升或微铺散，高10～45 cm，密被白色绵毛。基生叶有小叶2～4对，间隔0.8～1.5 cm，连叶柄长4～20 cm，叶柄密被白色绵毛，有时并有长柔毛；小叶对生或互生，无柄，小叶片长圆形或长圆状披针形，长1～5 cm，宽0.5～0.8 cm，顶端圆钝，稀急尖，基部楔形、宽楔形或偏斜圆形，边缘具圆钝锯齿，稀急尖，上面暗绿色，被稀疏白色绵毛或脱落几无毛，下面密被白色或灰白色绵毛，脉不显或微显，茎生叶1～2，有掌状3～5小叶；基生叶托叶膜质，褐色，外面被白色长柔毛，茎生叶托叶草质，绿色，卵形或宽卵形，边缘常有缺刻状齿，稀全缘，下面密被白色绵毛。聚伞花序有花数朵至多朵，疏散，花梗长1～2.5 cm，外被绵毛；花直径1～2 cm；萼片三角状卵形，副萼片披针形，比萼片短，外面被白色绵毛；花瓣黄色，倒卵形，顶端微凹或圆钝，比萼片长；花柱近顶生，基部具乳头

图0364　翻白草 *Potentilla discolor*

状膨大，柱头稍微扩大。瘦果近肾形，宽约 1 mm，光滑。花果期 5—9 月。

【拍摄地点】九集镇吴家集村，海拔 157 m。

【生境分布】生于荒地、山坡草地、路边及疏林下。分布于南漳各乡镇。

【采收加工】夏、秋二季开花前采挖，除去泥沙和杂质，干燥。

【药用部位】全草。

【性味归经】甘、微苦，平。归肝、胃、大肠经。

【功能主治】清热解毒，止痢，止血。用于湿热泻痢，痈肿疮毒，血热吐衄，便血，崩漏。

【用法用量】9 ～ 15 g。

三叶委陵菜　地蜂子　三叶蛇莓（图 0365）

Potentilla freyniana Bornm.

【中药名】地蜂子*。

【形态特征】多年生草本。根分枝多，簇生。花茎纤细，直立或上升，高 8 ～ 25 cm，被平铺或开展疏柔毛。基生叶掌状三出复叶，连叶柄长 4 ～ 30 cm，宽 1 ～ 4 cm；小叶片长圆形、卵形或椭圆形，顶端急尖或圆钝，基部楔形或宽楔形，边缘有多数急尖锯齿，两面绿色，疏生平铺柔毛，下面沿脉较密；茎生叶 1 ～ 2，小叶与基生叶小叶相似，唯叶柄很短，叶边锯齿减少；基生叶托叶膜质，褐色，外面被稀疏长柔毛，茎生叶托叶草质，绿色，呈缺刻状锐裂，有稀疏长柔毛。伞房状聚伞花序顶生，多花，松散，花梗纤细，长 1 ～ 1.5 cm，外被疏柔毛；花直径 0.8 ～ 1 cm；萼片三角状卵形，顶端渐尖，副萼片披针形，顶端渐尖，与萼片近等长，外面被平铺柔毛；花瓣淡黄色，长圆状倒卵形，顶端微凹或圆钝；花柱近顶生，上部粗，基部细。成熟瘦果卵球形，直径 0.5 ～ 1 mm，表面有显著脉纹。花果期 3—6 月。

图 0365　三叶委陵菜 *Potentilla freyniana*

【拍摄地点】李庙镇胡家坪村，海拔 243 m。

【生境分布】生于山坡草地、溪边及疏林下阴湿处。分布于南漳李庙、肖堰、薛坪等乡镇。

【采收加工】秋季采挖，除去茎叶及泥沙，洗净，干燥。

【药用部位】根茎。

【性味归经】苦、涩，微寒。归胃、肾、大肠经。

【功能主治】清热解毒，凉血，止痛。用于痢疾，腹泻，腹痛，胃痛，腰痛，牙痛，火眼，肠胃出血，月经过多，产后或流产后出血过多，痔疮，带下，骨痛流脓，跌打损伤；外用治创伤出血，骨疽，烧烫伤，痈肿疔毒，毒蛇咬伤等。

【用法用量】6 ～ 12 g。

中华三叶委陵菜 地蜂子（图 0366）

Potentilla freyniana var. *sinica* Migo

【形态特征】本种为三叶委陵菜（*Potentilla freyniana*）的变种，本变种与原变种的不同之处在于茎和叶柄上被较密开展柔毛，小叶两面被开展或微开展柔毛，沿脉较密，小叶片菱状卵形或宽卵形，边缘具圆钝锯齿，花茎或纤匐枝上托叶卵圆形且全缘，极稀顶端2裂。花果期4—5月。

【拍摄地点】巡检镇巡检司村，海拔435 m。

【生境分布】生于地边、沟边、草地、灌丛及疏林下。分布于南漳巡检、东巩等乡镇。

【药用部位】根茎。

【功能主治】清热解毒，凉血，止痛。用于痢疾，腹泻，腹痛，胃痛，跌打损伤等。

图 0366　中华三叶委陵菜 *Potentilla freyniana* var. *sinica*

蛇含委陵菜 蛇含　五皮风（图 0367）

Potentilla kleiniana Wight et Arn.

图 0367　蛇含委陵菜 *Potentilla kleiniana*

【形态特征】一年生、二年生或多年生宿根草本，多须根。花茎上升或匍匐，常于节处生根并发育出新植株，长 10 ～ 50 cm，被疏柔毛或开展长柔毛。基生叶为近于鸟足状 5 小叶，连叶柄长 3 ～ 20 cm，叶柄被疏柔毛或开展长柔毛；小叶几无柄，稀有短柄，小叶片倒卵形或长圆状倒卵形，长 0.5 ～ 4 cm，宽 0.4 ～ 2 cm，顶端圆钝，基部楔形，边缘有多数急尖或圆钝锯齿，两面绿色，被疏柔毛，有时上面脱落无毛，或下面沿脉密被伏生长柔毛，下部茎生叶有 5 小叶，上部茎生叶有 3 小叶，小叶与基生小叶相似，唯叶柄较短；基生叶托叶膜质，淡褐色，外面被疏柔毛或脱落无毛，茎生叶托叶草质，绿色，卵形至卵状披针形，全缘，稀有 1 ～ 2 齿，顶端急尖或渐尖，外被稀疏长柔毛。聚伞花序密集枝顶如假伞形，花梗长 1 ～ 1.5 cm，密被开展长柔毛，下有茎生叶如苞片状；花直径 0.8 ～ 1 cm；萼片三角状卵圆形，顶端急尖或渐尖，副萼片披针形或椭圆状披针形，顶端急尖或渐尖，花时比萼片短，果时略长或近等长，外被稀疏长柔毛；花瓣黄色，倒卵形，顶端微凹，长于萼片；花柱近顶生，圆锥形，基部膨大，柱头扩大。瘦果近圆形，一面稍平，直径约 0.5 mm，具皱纹。花果期 4—9 月。

【拍摄地点】板桥镇宋家坪村，海拔 1169 m。

【生境分布】生于田边、水旁、草甸及山坡草地。分布于南漳板桥、薛坪等乡镇。

【药用部位】全草。

【功能主治】清热解毒，止咳化痰。用于外感咳嗽，百日咳，咽喉肿痛，小儿高热惊风，疟疾，痢疾。

朝天委陵菜　鸡毛菜　铺地委陵菜（图 0368）

Potentilla supina L.

【形态特征】一年生或二年生草本。主根细长，并有稀疏侧根。茎平展，上升或直立，叉状分枝，长 20 ～ 50 cm，被疏柔毛或脱落几无毛。基生叶羽状复叶，有小叶 2 ～ 5 对，间隔 0.8 ～ 1.2 cm，连叶柄长 4 ～ 15 cm，叶柄被疏柔毛或脱落几无毛；小叶互生或对生，无柄，最上面 1 ～ 2 对小叶基部下延与叶轴合生，小叶片长圆形或倒卵状长圆形，通常长 1 ～ 2.5 cm，宽 0.5 ～ 1.5 cm，顶端圆钝或急尖，基部楔形或宽楔形，边缘有圆钝或缺刻状锯齿，两面绿色，被稀疏柔毛或脱落几无毛；茎生叶与基生叶相似，向上小叶对数逐渐减少；基生叶托叶膜质，褐色，外面被疏柔毛或几无毛，茎生叶托叶草质，绿色，全缘，有齿或分裂。花茎上多叶，下部花自叶腋生，顶端呈伞房状聚伞花序；花梗长 0.8 ～ 1.5 cm，常密被短柔毛；花直径 0.6 ～ 0.8 cm；萼片三角状卵形，顶端急尖，副萼片长椭圆形或椭圆状披针形，顶端急尖，比萼片稍长或近等长；花瓣黄色，倒卵形，顶端微凹，与萼片近等长或较短；花柱近顶生，基部乳头状膨大，花柱扩大。瘦果长圆形，先端尖，表面具脉纹。花果期 3—10 月。

图 0368　朝天委陵菜 *Potentilla supina*

【拍摄地点】巡检镇巡检司村，海拔 370 m。

【生境分布】生于水边、湿地边、荒坡草地或河岸沙地。分布于南漳巡检、李庙等乡镇。

【药用部位】全草。

【功能主治】清热解毒，利尿消肿。用于咽喉肿痛，水肿。

李属 Prunus

杏（图 0369）

Prunus armeniaca L.

【中药名】苦杏仁*。

【形态特征】乔木，高 5 ～ 8 m。树冠圆形、扁圆形或长圆形；树皮灰褐色，纵裂；多年生枝浅褐色，皮孔大而横生，一年生枝浅红褐色，有光泽，无毛，具多数小皮孔。叶片宽卵形或圆卵形，长 5 ～ 9 cm，宽 4 ～ 8 cm，先端急尖至短渐尖，基部圆形至近心形，叶边有圆钝锯齿，两面无毛或下面脉腋间具柔毛；叶柄长 2 ～ 3.5 cm，无毛，基部常具 1 ～ 6 腺体。花单生，直径 2 ～ 3 cm，先于叶开放；花梗短，长 1 ～ 3 mm，被短柔毛；花萼紫绿色；萼筒圆筒形，外面基部被短柔毛；萼片卵形至卵状长圆形，先端急尖或圆钝，花后反折；花瓣圆形至倒卵形，白色或带红色，具短爪；雄蕊 20 ～ 45，稍短于花瓣；子房被短柔毛，花柱稍长或几与雄蕊等长，下部具柔毛。果实球形，稀倒卵形，直径约 2.5 cm，白色、黄色至黄红色，常具红晕，微被短柔毛；果肉多汁，成熟时不开裂；核卵形或椭圆形，两侧扁平，顶端圆钝，基部对称，稀不对称，表面稍粗糙或平滑，腹棱较圆，常稍钝，背棱较直，腹面具龙骨状棱；种仁味苦或甜。花期 3—4 月，果期 6—7 月。

图 0369　杏 *Prunus armeniaca*

【拍摄地点】肖堰镇峰山村，海拔 880 m。

【生境分布】栽培或逸生。分布于南漳各乡镇。

【采收加工】夏季采收成熟果实，除去果肉和核壳，取出种子，晒干。

【药用部位】成熟种子。

【性味归经】苦，微温；有小毒。归肺、大肠经。

【功能主治】降气止咳平喘，润肠通便。用于咳嗽气喘，胸满痰多，肠燥便秘。

【用法用量】5 ～ 10 g，生品入煎剂后下。

梅　梅花（图 0370）

Prunus mume（Sieb.）Sieb. et Zucc.

【中药名】乌梅*。

【形态特征】小乔木，稀灌木，高 4 ～ 10 m。树皮浅灰色或带绿色，平滑；小枝绿色，光滑无毛。叶片卵形或椭圆形，长 4 ～ 8 cm，宽 2.5 ～ 5 cm，先端尾尖，基部宽楔形至圆形，叶边常具小锐锯齿，灰绿色，幼嫩时两面被短柔毛，成长时逐渐脱落，或仅下面脉腋间具短柔毛；叶柄长 1 ～ 2 cm，幼时具毛，老时脱落，常有腺体。花单生或有时 2 朵同生于 1 芽内，直径 2 ～ 2.5 cm，香味浓，先于

图 0370　梅 *Prunus mume*

叶开放；花梗短，长 1 ～ 3 mm，常无毛；花萼通常红褐色，但有些品种的花萼为绿色或绿紫色；萼筒宽钟形，无毛或有时被短柔毛；萼片卵形或近圆形，先端圆钝；花瓣倒卵形，白色至粉红色；雄蕊短或稍长于花瓣；子房密被柔毛，花柱短或稍长于雄蕊。果实近球形，直径 2 ～ 3 cm，黄色或绿白色，被柔毛，味酸；果肉与核粘连；核椭圆形，顶端圆形而有小突尖头，基部渐狭成楔形，两侧微扁，腹棱稍钝，腹面和背棱上均有明显纵沟，表面具蜂窝状孔穴。花期冬春季，果期 5—6 月。

【拍摄地点】九集镇石门水库，海拔 152 m。

【生境分布】栽培。南漳九集、城关等乡镇有零星栽培。

【采收加工】夏季果实近成熟时采收，低温烘干后闷至色变黑。

【药用部位】近成熟果实。

【性味归经】酸、涩，平。归肝、脾、肺、大肠经。

【功能主治】敛肺，涩肠，生津，安蛔。用于肺虚久咳，久泻久痢，虚热消渴，蛔厥呕吐腹痛。

【用法用量】6 ～ 12 g。

桃　桃子　桃实（图 0371）

Prunus persica（L.）Batsch

【中药名】桃仁 *、桃枝 *、碧桃干★。

【形态特征】乔木，高 3 ～ 8 m。树冠宽广而平展；树皮暗红褐色，老时粗糙呈鳞片状；小枝细长，无毛，有光泽，绿色，向阳处转变成红色，具大量小皮孔；冬芽圆锥形，顶端钝，外被短柔毛，常 2 ～ 3 个簇生，中间为叶芽，两侧为花芽。叶片长圆状披针形、椭圆状披针形或倒卵状披针形，长 7 ～ 15 cm，宽 2 ～ 3.5 cm，先端渐尖，基部宽楔形，上面无毛，下面在脉腋间具少数短柔毛或无毛，叶边具细锯齿或粗锯齿，齿端具腺体或无腺体；叶柄粗壮，长 1 ～ 2 cm，常具一至数枚腺体，有时无腺体。花单生，先于叶开放，直径 2.5 ～ 3.5 cm；花梗极短或几无梗；萼筒钟形，被短柔毛，稀几无毛，绿色而具红色斑点；萼片卵形至长圆形，顶端圆钝，外被短柔毛；花瓣长圆状椭圆形至宽倒卵形，粉红色，罕为白色；雄蕊 20 ～ 30，花药绯红色；花柱几与雄蕊等长或稍短；子房被短柔毛。果实形状和大小均有变异，卵形、宽椭圆形或扁圆形，直径 5 ～ 7 cm，长几与宽相等，色泽变化由淡绿色至橙黄色，常在向阳面具红晕，外面密被短柔毛，稀无毛，腹缝明显，果梗短而深入果洼；果肉白色、浅绿色、黄色、橙黄色或红色，多汁有香味，甜或酸甜；核大，离核或粘核，椭圆形或近圆形，两侧扁平，顶端渐尖，表面具纵、横沟纹和孔穴；种仁味苦，稀味甜。花期 3—4 月，果实成熟期因品种而异，通常为 8—9 月。

图 0371　桃 *Prunus persica*

【拍摄地点】城关镇便河村，海拔 177 m。

【生境分布】栽培。分布于南漳各乡镇。

【采收加工】桃仁：果实成熟后采收，除去果肉和核壳，取出种子，晒干。桃枝：夏季采收，切段，晒干。碧桃干：4—6 月采收，摘取未成熟的果实，刷去果皮上的茸毛，干燥。

【药用部位】桃仁：成熟种子。桃枝：枝条。碧桃干：未成熟果实。

【性味归经】桃仁：苦、甘，平；归心、肝、大肠经。桃枝：苦，平；归心、肝经。碧桃干：酸、苦，平；归肺、肝经。

【功能主治】桃仁：活血祛瘀，润肠通便，止咳平喘；用于经闭痛经，癥瘕痞块，肺痈肠痈，跌扑损伤，肠燥便秘，咳嗽气喘。桃枝：活血通络，解毒杀虫；用于心腹刺痛，风湿痹痛，跌打损伤，疮癣。碧桃干：止血收敛，行气止痛，截疟；用于盗汗，遗精，吐血，疟疾，心腹痛，妊娠下血。

【用法用量】桃仁：5 ～ 10 g，孕妇慎用。桃枝：9 ～ 15 g；外用适量，煎汤洗浴。碧桃干：5 ～ 9 g；外用研末调敷或烧烟熏。

李　李子　李实（图 0372）

Prunus salicina Lindl.

【形态特征】落叶乔木，高 9 ～ 12 m。树冠广圆形，树皮灰褐色，起伏不平；老枝紫褐色或红褐色，无毛；小枝黄红色，无毛；冬芽卵圆形，红紫色，有数枚覆瓦状排列鳞片，通常无毛，稀鳞片边缘有极稀疏毛。叶片长圆状倒卵形、长椭圆形，稀长圆状卵形，长 6 ～ 8 cm，宽 3 ～ 5 cm，先端渐尖、急尖或短尾尖，基部楔形，边缘有圆钝重锯齿，常混有单锯齿，幼时齿尖带腺，上面深绿色，有光泽，侧脉 6 ～ 10 对，不达到叶片边缘，与主脉成 45°角，两面均无毛，有时下面沿主脉有稀疏柔毛或脉腋有髯毛；托叶膜质，线形，先端渐尖，边缘有腺，早落；叶柄长 1 ～ 2 cm，通常无毛，顶端有 2 个腺体或无，有时在叶片基部边缘有腺体。花通常 3 朵并生；花梗长 1 ～ 2 cm，通常无毛；花直径 1.5 ～ 2.2 cm；萼筒钟状；萼片长圆状卵形，长约 5 mm，先端急尖或圆钝，边有疏齿，与萼筒近等长，萼筒和萼片外面均无毛，内面在萼筒基部被疏柔毛；花瓣白色，长圆状倒卵形，先端啮蚀状，基部楔形，有明显带紫色脉纹，具短爪，着生在萼筒边缘，比萼筒长 2 ～ 3 倍；雄蕊多数，花丝长短不等，排成不规则 2 轮，比花瓣短；雌蕊 1，柱头盘状，花柱比雄蕊稍长。核果球形、卵球形或近圆锥形，直径 3.5 ～ 5 cm，栽培品种可达 7 cm，黄色或红色，有时为绿色或紫色，梗凹陷入，顶端微尖，基部有纵沟，外被蜡粉；核卵圆形或长圆形，有皱纹。花期 4 月，果期 7—8 月。

图 0372　李 *Prunus salicina*

【拍摄地点】巡检镇不二坪村，海拔 1002 m。

【生境分布】生于山坡灌丛中、山谷疏林中或路旁。分布于南漳各乡镇。

【药用部位】种仁。

【功能主治】活血祛瘀，滑肠，利水。用于跌打损伤，淤血作痛，大便燥结，浮肿。

火棘属 Pyracantha

火棘 救军粮（图 0373）

Pyracantha fortuneana（Maxim.）Li

图 0373 火棘 *Pyracantha fortuneana*

【形态特征】常绿灌木，高达 3 m；侧枝短，先端呈刺状，嫩枝外被锈色短柔毛，老枝暗褐色，无毛；芽小，外被短柔毛。叶片倒卵形或倒卵状长圆形，长 1.5 ～ 6 cm，宽 0.5 ～ 2 cm，先端圆钝或微凹，有时具短尖头，基部楔形，下延连于叶柄，边缘有钝锯齿，齿尖向内弯，近基部全缘，两面皆无毛；叶柄短，无毛或嫩时有柔毛。花集成复伞房花序，直径 3 ～ 4 cm，花梗和总花梗近于无毛，花梗长约 1 cm；花直径约 1 cm；萼筒钟状，无毛；萼片三角状卵形，先端钝；花瓣白色，近圆形，长约 4 mm，宽约 3 mm；雄蕊 20，花丝长 3 ～ 4 mm，药黄色；花柱 5，离生，与雄蕊等长，子房上部密生白色柔毛。果实近球形，直径约 5 mm，橘红色或深红色。花期 3—5 月，果期 8—11 月。

【拍摄地点】九集镇吴家集村，海拔 180 m。

【生境分布】生于山地、灌丛草地或河沟路旁。分布于南漳各乡镇。

【药用部位】果实。

【功能主治】消积止痢，活血止血。用于消化不良，肠炎，痢疾，小儿疳积，崩漏，带下，产后腹痛。

梨属 Pyrus

杜梨 棠梨（图 0374）

Pyrus betulifolia Bunge

图 0374 杜梨 *Pyrus betulifolia*

【形态特征】乔木，高达 10 m。树冠开展，枝常具刺；小枝嫩时密被灰白色茸毛，二年生枝条具稀疏茸毛或近于无毛，紫褐色；冬芽卵形，先端渐尖，外被灰白色茸毛。叶片菱状卵形至长圆状卵形，长 4 ～ 8 cm，宽 2.5 ～ 3.5 cm，先端渐尖，基部宽楔形，稀近圆形，边缘有粗锐锯齿，幼叶上下两面均密被灰白色茸毛，成长后脱落，老叶上面无毛而有光泽，下面微被茸毛或近于无毛；叶柄长 2 ～ 3 cm，被灰白色茸毛；托叶膜质，线状披针形，长约 2 mm，两面均被茸毛，早落。伞形总状花序，有花 10 ～ 15 朵，总花梗和花梗均被灰白色茸毛，花梗长 2 ～ 2.5 cm；苞片膜质，线形，长 5 ～ 8 mm，两面均微被茸毛，早落；花直径 1.5 ～ 2 cm；萼筒外密被灰白色茸毛；萼片三角状卵形，长约 3 mm，先端急尖，全缘，内外两面均密被茸毛，花瓣宽卵形，长 5 ～ 8 mm，宽 3 ～ 4 mm，先端圆钝，基部具有短爪。白色；雄蕊 20，花药紫色，长约花瓣之半；花柱 2 ～ 3，基部微具毛。果实近球形，直径 5 ～ 10 mm，2 ～ 3 室，褐色，有淡色斑点，萼片脱落，基部具带茸毛果梗。花期 4 月，果期 8—9 月。

【拍摄地点】板桥镇茅山坪村，海拔 848 m。

【生境分布】生于平原或山坡阳处。分布于南漳板桥镇。

【药用部位】果实。

【功能主治】消食止痢。用于腹泻。

蔷薇属 Rosa

月季花　月月红（图 0375）

Rosa chinensis Jacq.

【中药名】月季花*。

【形态特征】直立灌木，高 1 ～ 2 m。小枝粗壮，圆柱形，近无毛，有短粗的钩状皮刺或无刺。小叶 3 ～ 5，稀 7，连叶柄长 5 ～ 11 cm，小叶片宽卵形至卵状长圆形，长 2.5 ～ 6 cm，宽 1 ～ 3 cm，先端长渐尖或渐尖，基部近圆形或宽楔形，边缘有锐锯齿，两面近无毛，上面暗绿色，常带光泽，下面颜色较浅，顶生小叶片有柄，侧生小叶片近无柄，总叶柄较长，有散生皮刺和腺毛；托叶大部贴生于叶柄，仅顶端分离部分呈耳状，边缘常有腺毛。花几朵集生，稀单生，直径 4 ～ 5 cm；花梗长 2.5 ～ 6 cm，近无毛或有腺毛，萼片卵形，先端尾状渐尖，有时呈叶状，边缘常有羽状裂片，稀全缘，外面无毛，内面密被长柔毛；花瓣重瓣至半重瓣，红色、粉红色至白色，倒卵形，先端有凹缺，基部楔形；花柱离生，伸出萼筒口外，约与雄蕊等长。果卵球形或梨形，长 1 ～ 2 cm，红色，萼片脱落。花期 4—9 月，果期 6—11 月。

图 0375　月季花 *Rosa chinensis*

【拍摄地点】城关镇榆树岭村，海拔 130 m。

【生境分布】栽培。分布于南漳各乡镇。

【采收加工】全年均可采收，花微开时采摘，阴干或低温干燥。

【药用部位】花。

【性味归经】甘，温。归肝经。

【功能主治】活血调经，疏肝解郁。用于气滞血瘀，月经不调，痛经，经闭，胸胁胀痛。

【用法用量】3～6 g。

单瓣白木香　香花刺　白木香（图 0376）

Rosa banksiae var. *normalis* Regel

【形态特征】攀援小灌木，高可达 6 m。小枝圆柱形，无毛，有短小皮刺；老枝上的皮刺较大，坚硬，经栽培后有时枝条无刺。小叶 3～5，稀 7，连叶柄长 4～6 cm；小叶片椭圆状卵形或长圆状披针形，长 2～5 cm，宽 8～18 mm，先端急尖或稍钝，基部近圆形或宽楔形，边缘有紧贴细锯齿，上面无毛，深绿色，下面淡绿色，中脉突起，沿脉有柔毛；小叶柄和叶轴有稀疏柔毛和散生小皮刺；托叶线状披针形，膜质，离生，早落。花小型，多朵成伞形花序；花梗长 2～3 cm，无毛；萼片卵形，先端长渐尖，全缘，萼筒和萼片外面均无毛，内面被白色柔毛；花白色，单瓣，味香，倒卵形，先端圆，基部楔形；心皮多数，花柱离生，密被柔毛，比雄蕊短很多。果球形至卵球形，直径 5～7 mm，红黄色至黑褐色，萼片脱落。花期 4—5 月。

图 0376　单瓣白木香 *Rosa banksiae* var. *normalis*

【拍摄地点】东巩镇大道村，海拔 273 m。

【生境分布】生于向阳山坡或路旁。分布于南漳各乡镇。

【药用部位】根皮。

【功能主治】活血调经，散结消肿。用于月经不调，外伤瘀血肿痛。

金樱子　蜂糖罐（图 0377）

Rosa laevigata Michx.

【中药名】金樱子*、金樱根★。

【形态特征】常绿攀援灌木，高可达 5 m。小枝粗壮，散生扁弯皮刺，无毛，幼时被腺毛，老时逐渐脱落减少。小叶革质，通常 3，稀 5，连叶柄长 5～10 cm；小叶片椭圆状卵形、倒卵形或披针状卵形，长 2～6 cm，宽 1.2～3.5 cm，先端急尖或圆钝，稀尾状渐尖，边缘有锐锯齿，上面亮绿色，无毛，下面黄绿色，幼时沿中肋有腺毛，老时逐渐脱落无毛；小叶柄和叶轴有皮刺和腺毛；托叶离生或基部与叶柄合生，披针形，边缘有细齿，齿尖有腺体，早落。花单生于叶腋，直径 5～7 cm；花梗长 1.8～2.5 cm，偶有 3 cm 者，花梗和萼筒密被腺毛，随果实成长变为针刺；萼片卵状披针形，先端呈叶状，边缘羽状浅裂或全缘，常有刺毛和腺毛，内面密被柔毛，比花瓣稍短；花瓣白色，宽倒卵形，先端微凹；雄蕊多数；心皮多数，花柱离生，有毛，比雄蕊短很多。果梨形、倒卵形，稀近球形，紫褐色，外面密被刺毛，果梗长约 3 cm，萼片宿存。花期 4—6 月，果期 7—11 月。

【拍摄地点】城关镇便河村，海拔 209 m。

【生境分布】生于向阳山坡或灌木丛中。分布于南漳各乡镇。

【采收加工】金樱子：秋季果实成熟变红时采收，干燥，除去毛刺。金樱根：全年均可采挖，除去细根和泥沙，干燥。

【药用部位】金樱子：成熟果实。金樱根：根。

【性味归经】金樱子：酸、甘、涩，平；归肾、膀胱、大肠经。金樱根：甘、淡，平；归肝、肾、大肠经。

【功能主治】金樱子：固精缩尿，固崩止带，涩肠止泻；用于遗精滑精，遗尿尿频，崩漏带下，久泻久痢。金樱根：活血散瘀，祛风除湿，收敛固涩；用于跌打损伤，风湿痹痛，久泻久痢，遗精带下，子宫脱垂，脱肛。

图 0377　金樱子 *Rosa laevigata*

【用法用量】金樱子：6 ～ 12 g。金樱根：15 ～ 60 g；外用适量，煎浓汁涂创面。

野蔷薇　**刺花　蔷薇（图 0378）**

Rosa multiflora Thunb.

【中药名】蔷薇花*。

【形态特征】攀援灌木。小枝圆柱形，通常无毛，有短、粗稍弯曲皮刺。小叶 5 ～ 9，近花序的小叶有时 3，连叶柄长 5 ～ 10 cm；小叶片倒卵形、长圆形或卵形，长 1.5 ～ 5 cm，宽 8 ～ 28 mm，先端急尖或圆钝，基部近圆形或楔形，边缘有尖锐单锯齿，稀混有重锯齿，上面无毛，下面有柔毛；小叶柄和叶轴有柔毛或无毛，有散生腺毛；托叶篦齿状，大部贴生于叶柄，边缘有或无腺毛。花多朵，排成圆锥状花序，花梗长 1.5 ～ 2.5 cm，无毛或有腺毛，有时基部有篦齿状小苞片；花直径 1.5 ～ 2 cm，萼片披针形，有时中部具 2 个线形裂片，外面无毛，内面有柔毛；花瓣白色，宽倒卵形，先端微凹，基部楔形；花柱结合成束，无毛，比雄蕊稍长。果近球形，直径 6 ～ 8 mm，红褐色或紫褐色，有光泽，无毛，萼片脱落。

【拍摄地点】三道河水库管理处，海拔 166 m。

【生境分布】生于山坡林缘或灌木丛中。分布于南漳各乡镇。

图 0378　野蔷薇 *Rosa multiflora*

【采收加工】5—6 月花开时采摘，除去杂质，干燥。

【药用部位】花。

【性味归经】微苦、涩，微寒。归胃、脾经。

【功能主治】清热化湿，顺气和胃。用于暑湿疟疾，呕吐，胸闷，食欲不振。

【用法用量】3 ～ 6 g。

华西蔷薇　红花蔷薇（图 0379）

Rosa moyesii Hemsl.

图 0379　华西蔷薇 *Rosa moyesii*

【形态特征】灌木，高 1 ～ 4 米。小枝圆柱形，无毛或有稀疏短柔毛，有直立或稍弯曲、扁平而基部稍膨大皮刺，稀无刺。小叶 7 ～ 13，连叶柄长 7 ～ 13 cm；小叶片卵形、椭圆形或长圆状卵形，长 1 ～ 5 cm，宽 8 ～ 25 mm，先端急尖或圆钝，基部近圆形或宽楔形，边缘有尖锐单锯齿，上面无毛，下面中脉和侧脉均突起，沿脉有柔毛；小叶柄和叶轴有短柔毛、腺毛和散生小皮刺；托叶宽平，大部贴生于叶柄，离生部分长卵形，先端急尖，无毛，边缘有腺齿。花单生或 2 ～ 3 朵簇生；苞片 1 或 2 枚，长圆卵形，长可达 2 cm，先端急尖或渐尖，边缘有腺齿；花梗长 1 ～ 3 cm，花梗和萼筒通常有腺毛，稀光滑；花直径 4 ～ 6 cm；萼片卵形，先端延长成叶状而有羽状浅裂，外面有腺毛，内面被柔毛；花瓣深红色，宽倒卵形，先端微凹不平，基部宽楔形；花柱离生，被柔毛，比雄蕊短。果长圆卵球形或卵球形，直径 1 ～ 2 cm，先端有短颈，紫红色，外面有腺毛，萼片直立宿存。花期 6—7 月，果期 8—10 月。

【拍摄地点】长坪镇赵岭村，海拔 1250 m。

【生境分布】生于山坡或灌丛中。分布于南漳长坪镇。

【药用部位】花。

【功能主治】清热解毒，活血调经。用于食物中毒，月经不调。

悬钩子属 Rubus

山莓　树莓　三月泡（图 0380）

Rubus corchorifolius L. f.

【形态特征】直立灌木，高 1 ～ 3 m。枝具皮刺，幼时被柔毛。单叶，卵形至卵状披针形，长 5 ～ 12 cm，宽 2.5 ～ 5 cm，顶端渐尖，基部微心形，有时近截形或近圆形，上面色较浅，沿叶脉有细柔毛，下面色稍深，幼时密被细柔毛，逐渐脱落至老时近无毛，沿中脉疏生小皮刺，边缘不分裂或 3 裂，通常不育枝上的叶 3 裂，有不规则锐锯齿或重锯齿，基部具3脉；叶柄长1～2 cm，疏生小皮刺，幼时密生细柔毛；托叶线状披针形，具柔毛。花单生或少数生于短枝上；花梗长0.6～2 cm，具细柔毛；花直径可达3 cm；花萼外密被细柔毛，无刺；萼片卵形或三角状卵形，长5～8 mm，顶端急尖至短渐尖；花瓣长圆形或椭圆形，白色，顶端圆钝，长9～12 mm，宽6～8 mm，长于萼片；雄蕊多数，花丝宽扁；雌蕊多数，子房有柔毛。果实由很多小核果组成，近球形或卵球形，直径1～1.2 cm，红色，密被细柔毛；核具皱纹。花期2—3月，果期4—6月。

图0380 山莓 *Rubus corchorifolius*

【拍摄地点】城关镇木瓜园村，海拔203 m。

【生境分布】生于向阳山坡、山谷、荒地或灌丛中。分布于南漳城关、李庙、东巩等乡镇。

【药用部位】根。

【功能主治】活血，止血，祛风利湿。用于吐血，便血，肠炎，痢疾，风湿性关节痛，跌打损伤，月经不调，带下。

插田泡　复盆子　大乌泡（图0381）

Rubus coreanus Miq.

【形态特征】灌木，高1～3 m。枝粗壮，红褐色，被白粉，具近直立或钩状扁平皮刺。小叶通常5枚，稀3枚，卵形、菱状卵形或宽卵形，长3～8 cm，宽2～5 cm，顶端急尖，基部楔形至近圆形，上面无毛或仅沿叶脉有短柔毛，下面被稀疏柔毛或仅沿叶脉被短柔毛，边缘有不整齐粗锯齿或缺刻状粗锯齿，顶生小叶顶端有时3浅裂；叶柄长2～5 cm，顶生小叶柄长1～2 cm，侧生小叶近无柄，与叶轴均被短柔毛和疏生钩状小皮刺；托叶线状披针形，有柔毛。伞房花序生于侧枝顶端，具花数朵至三十几朵，总花梗和花梗均被灰白色短柔毛；花梗长5～10 mm；苞片线形，有短柔毛；花直径7～10 mm；花萼外面被灰白色短柔毛；萼片长卵形至卵状披针形，长4～6 mm，顶端渐尖，边缘具茸毛，花时开展，果时反折；花瓣倒卵形，淡红色至深红色，与萼片近等长或稍短；雄蕊比花瓣短或近等长，花丝带粉红色；雌蕊多数；花柱无毛，子房被稀疏短柔毛。果实近球形，直径5～8 mm，

图0381 插田泡 *Rubus coreanus*

深红色至紫黑色，无毛或近无毛；核具皱纹。花期 4—6 月，果期 6—8 月。

【拍摄地点】九集镇吴家集村，海拔 158 m。

【生境分布】生于山坡灌丛或山谷、河边、路旁。分布于南漳各乡镇。

【药用部位】根。

【功能主治】调经活血，止血止痛。用于跌打损伤，骨折，月经不调；外用治外伤出血。

光滑高粱泡（图 0382）

Rubus lambertianus var. *glaber* Hemsl.

【形态特征】半落叶藤状灌木，高达 3 m，小枝光滑无毛。单叶宽卵形，稀长圆状卵形，长 5 ~ 10 cm，宽 1 ~ 8 cm，顶端渐尖，基部心形，叶片两面均光滑无毛或仅在叶片上面沿叶脉稍具柔毛，中脉上常疏生小皮刺，边缘明显 3 ~ 5 裂或呈波状，有细锯齿；托叶离生，线状深裂，常脱落。圆锥花序顶生，生于枝上部叶腋内的花序常近总状，有时仅数朵花簇生于叶腋，无毛或近无毛；花梗长 0.5 ~ 1 cm；苞片与托叶相似；花直径约 8 mm；萼片卵状披针形，顶端渐尖、全缘；花瓣倒卵形，白色，无毛，稍短于萼片；雄蕊多数，稍短于花瓣，花丝宽扁；雌蕊 15 ~ 20，通常无毛。果实小，近球形，直径 6 ~ 8 mm，由多数小核果组成，无毛，黄色或橙黄色；核较小，长约 2 mm，有明显皱纹。花期 7—8 月，果期 9—11 月。

图 0382　光滑高粱泡 *Rubus lambertianus* var. *glaber*

【拍摄地点】东巩镇汪家畈村，海拔 294 m。

【生境分布】生于山坡林缘、山谷或路旁灌木丛中。分布于南漳各乡镇。

【药用部位】叶。

【功能主治】清热解毒，燥湿止痒。用于黄水疮，外用洗浴治疗全身瘙痒。

喜阴悬钩子　过江龙　短样刺泡藤（图 0383）

Rubus mesogaeus Focke

【形态特征】攀援灌木，高 1 ~ 4 m。老枝有稀疏、基部宽大的皮刺，小枝红褐色或紫褐色，具稀疏针状皮刺或近无刺，幼时被柔毛。小叶常 3 枚，稀 5 枚，顶生小叶宽菱状卵形或椭圆状卵形，顶端渐尖，边缘常羽状分裂，基部圆形至浅心形，侧生小叶斜椭圆形或斜卵形，顶端急尖，基部楔形至圆形，长 4 ~ 9 cm，宽 3 ~ 7 cm，上面疏生平贴柔毛，下面密被灰白色茸毛，边缘有不整齐粗锯齿并常浅裂；叶柄长 3 ~ 7 cm，顶生小叶柄长 1.5 ~ 4 cm，侧生小叶有短柄或几无柄，与叶轴均有柔毛和稀疏钩状小皮刺；托叶线形，被柔毛，长达 1 cm。伞房花序生于侧生小枝顶端或腋生，具花数朵至二十几朵，通常短于叶柄；总花梗具柔毛，有稀疏针刺；花梗长 6～12 mm，密被柔毛；苞片线形，有柔毛。花直径约 1 cm 或稍大，花萼外密被柔毛；萼片披针形，顶端急尖至短渐尖，长 5～8 mm，内萼片边缘具茸毛，花后常反折；花瓣倒卵形、近圆形或椭圆形，基部稍有柔毛，白色或浅粉红色；花丝线形，几与花柱等长；花柱无毛，子房有疏柔毛。果实扁球形，直径 6～8 mm，紫黑色，无毛；核三角状卵球形，有皱纹。花期 4—5 月，果期 7—8 月。

【拍摄地点】板桥镇龙埫村，海拔 1247 m。

图 0383　喜阴悬钩子 *Rubus mesogaeus*

【生境分布】生于山坡、山谷林下潮湿处。分布于南漳板桥、长坪、巡检等乡镇。

【药用部位】根。

【功能主治】清热解毒，止痢。用于肠炎，痢疾。

茅莓　**蛇泡簕　三月泡（图 0384）**

Rubus parvifolius L.

【形态特征】灌木，高 1～2 m。枝呈弓形弯曲，被柔毛和稀疏钩状皮刺；小叶 3 枚，在新枝上偶有 5 枚，菱状圆形或倒卵形，长 2.5～6 cm，宽 2～6 cm，顶端圆钝或急尖，基部圆形或宽楔形，上面伏生疏柔毛，下面密被灰白色茸毛，边缘有不整齐粗锯齿或缺刻状粗重锯齿，常具浅裂片；叶柄长 2.5～5 cm，顶生小叶柄长 1～2 cm，均被柔毛和稀疏小皮刺；托叶线形，长 5～7 mm，具柔毛。伞房花序顶生或腋生，稀顶生花序成短总状，具花数朵至多朵，被柔毛和细刺；花梗长 0.5～1.5 cm，具柔毛和稀疏小皮刺；苞片线形，有柔毛；花直径约 1 cm；花萼外面密被柔毛和疏密不等的针刺；萼片卵状披针形或披针形，顶端渐尖，有时条裂，在花果时均直立开展；花瓣卵圆形或长圆形，粉红色至紫红色，基部具爪；雄蕊花丝白色，稍短于花瓣；子房具柔毛。果实卵球形，直径 1～1.5 cm，红色，无毛或具稀疏柔毛；核有浅皱纹。花期 5—6 月，果期 7—8 月。

图 0384　茅莓 *Rubus parvifolius*

【拍摄地点】九集镇吴家集村，海拔 157 m。

【生境分布】生于山坡杂木林下、向阳山谷、路旁或荒野。分布于南漳九集、城关、李庙等乡镇。

【药用部位】全草。

【功能主治】散瘀，止痛，解毒，杀虫。用于吐血，跌打刀伤，产后瘀滞腹痛，痢疾，痔疮，疥疮。

红毛悬钩子　老虎泡（图 0385）

Rubus pinfaensis Levl. et Vant.

【形态特征】攀援灌木，高 1 ～ 2 m。小枝粗壮，红褐色，有棱，密被红褐色刺毛，并具柔毛和稀疏皮刺。小叶 3 枚，椭圆形、卵形，稀倒卵形，长 4 ～ 9 cm，宽 2 ～ 7 cm，顶端尾尖或急尖，稀圆钝，基部圆形或宽楔形，上面紫红色，无毛，叶脉下陷，下面仅沿叶脉疏生柔毛、刺毛和皮刺，边缘有不整齐细锐锯齿；叶柄长 2 ～ 4.5 cm，顶生小叶柄长 1.5 ～ 3 cm，侧生小叶近无柄，与叶轴均被红褐色刺毛、柔毛和稀疏皮刺；托叶线形，有柔毛和稀疏刺毛。花数朵在叶腋团聚成束，稀单生；花梗短，长 4 ～ 7 mm，密被短柔毛；苞片线形或线状披针形，有柔毛；花直径 1 ～ 1.3 cm；花萼外面密被茸毛状柔毛；萼片卵形，顶端急尖，在果期直立；花瓣长倒卵形，白色，基部具爪，长于萼片；雄蕊花丝稍宽扁，几与雌蕊等长；花柱基部和子房顶端具柔毛。果实球形，直径 5 ～ 8 mm，熟时金黄色或红黄色，无毛；核有深刻皱纹。花期 3—4 月，果期 5—6 月。

图 0385　红毛悬钩子 *Rubus pinfaensis*

【拍摄地点】李庙镇胡家坪村，海拔 243 m。

【生境分布】生于山坡灌丛、杂木林内或林缘。分布于南漳各乡镇。

【药用部位】根。

【功能主治】祛风除湿，散瘰疬。用于风湿性关节痛。

空心泡　蔷薇莓　龙船泡（图 0386）

Rubus rosaefolius Smith

【形态特征】直立或攀援灌木，高 2 ～ 3 m。小枝圆柱形，具柔毛或近无毛，常有浅黄色腺点，疏生较直立皮刺。小叶 5 ～ 7 枚，卵状披针形或披针形，长 3 ～ 5 cm，宽 1.5 ～ 2 cm，顶端渐尖，基部圆形，两面疏生柔毛，老时几无毛，有浅黄色发亮的腺点，下面沿中脉有稀疏小皮刺，边缘有尖锐缺刻状重锯齿；叶柄长 2 ～ 3 cm，顶生小叶柄长 0.8 ～ 1.5 cm，和叶轴均有柔毛和小皮刺，有时近无毛，被浅黄色腺点；托叶卵状披针形或披针形，具柔毛；花常 1 ～ 2 朵，顶生或腋生；花梗长 2 ～ 3.5 cm，有较稀或较密柔毛，疏生小皮刺，有时被腺点；花直径 2 ～ 3 cm；花萼外被柔毛和腺点；萼片披针形或卵状披针形，顶端长尾尖，花后常反折；花瓣长圆形、长倒卵形或近圆形，长 1 ～ 1.5 cm，宽 0.8 ～ 1 cm，白色，基部具爪，长于萼片，外面有短柔毛，逐渐脱落；花丝较宽；雌蕊很多，花柱和子房无毛；花托具短柄。果实卵球形或长圆状卵圆形，长 1 ～ 1.5 cm，红色，有光泽，无毛；核有深窝孔。花期 3—5 月，果期 6—7 月。

【拍摄地点】城关镇殷庄村，海拔 405 m。

【生境分布】生于山地杂木林内阴处、草坡或高山腐殖质土壤上。分布于南漳城关、李庙等乡镇。

【药用部位】嫩枝及叶。

【功能主治】清热，止咳，止血，祛风湿。用于肺热咳嗽，百日咳，咯血，盗汗，牙痛，筋骨痹痛，跌打损伤；外用治烧烫伤。

图 0386　空心泡 *Rubus rosaefolius*

地榆属 Sanguisorba

地榆　黄瓜香　玉札　山枣子（图 0387）

Sanguisorba officinalis L.

【中药名】地榆 *。

【形态特征】多年生草本，高 30 ～ 120 cm。根粗壮，多呈纺锤形，稀圆柱形，表面棕褐色或紫褐色，有纵皱及横裂纹，横切面黄白色或紫红色，较平正。茎直立，有棱，无毛或基部有稀疏腺毛。基生叶为羽状复叶，有小叶 4 ～ 6 对，叶柄无毛或基部有稀疏腺毛；小叶片有短柄，卵形或长圆状卵形，长 1 ～ 7 cm，宽 0.5 ～ 3 cm，顶端圆钝稀急尖，基部心形至浅心形，边缘有多数粗大圆钝稀急尖的锯齿，两面绿色，无毛；茎生叶较少，小叶片有短柄至几无柄，长圆形至长圆状披针形，狭长，基部微心形至圆形，顶端急尖；基生叶托叶膜质，褐色，外面无毛或被稀疏腺毛，茎生叶托叶大，草质，半卵形，外侧边缘有尖锐锯齿。穗状花序椭圆形、圆柱形或卵球形，直立，通常长 1 ～ 3 cm，横径 0.5 ～ 1 cm，从花序顶端向下开放，花序梗光滑或偶有稀疏腺毛；苞片膜质，披针形，顶端渐尖至尾尖，比萼片短或近等长，背面及边缘有柔毛；萼片 4 枚，紫红色，椭圆形至宽卵形，背面被疏柔毛，中央微有纵棱脊，顶端常具短尖头；雄蕊 4 枚，花丝丝状，不扩大，与萼片近等长或稍短；子房外面无毛或基部微被毛，柱头顶端扩大，盘形，边缘具流苏状乳头。果实包藏在宿存萼筒内，外面有 4 棱。花果期 7—10 月。

图 0387　地榆 *Sanguisorba officinalis*

【拍摄地点】九集镇吴家集村，海拔 157 m。
【生境分布】生于山坡草地、灌丛或疏林下。分布于南漳各乡镇。
【采收加工】春季将发芽时或秋季植株枯萎后采挖，除去须根，洗净，干燥，或趁鲜切片，干燥。
【药用部位】根。
【性味归经】苦、酸、涩，微寒。归肝、大肠经。
【功能主治】凉血止血，解毒敛疮。用于便血，痔血，血痢，崩漏，水火烫伤，痈肿疮毒。
【用法用量】9 ～ 15 g。外用适量，研末涂敷患处。

绣线菊属 Spiraea

中华绣线菊　华绣线菊　铁黑汉条（图 0388）

Spiraea chinensis Maxim.

图 0388　中华绣线菊 *Spiraea chinensis*

【形态特征】灌木，高 1.5 ～ 3 m。小枝呈拱形弯曲，红褐色，幼时被黄色茸毛，有时无毛；冬芽卵形，先端急尖，有数枚鳞片，外被柔毛。叶片菱状卵形至倒卵形，长 2.5 ～ 6 cm，宽 1.5 ～ 3 cm，先端急尖或圆钝，基部宽楔形或圆形，边缘有缺刻状粗锯齿，或具不显明 3 裂，上面暗绿色，被短柔毛，脉纹深陷，下面密被黄色茸毛，脉纹突起；叶柄长 4 ～ 10 mm，被短茸毛。伞形花序具花 16 ～ 25 朵；花梗长 5 ～ 10 mm，具短茸毛；苞片线形，被短柔毛；花直径 3 ～ 4 mm；萼筒钟状，外面有稀疏柔毛，内面密被柔毛；萼片卵状披针形，先端长渐尖，内面有短柔毛；花瓣近圆形，先端微凹或圆钝，长与宽均 2 ～ 3 mm，白色；雄蕊 22 ～ 25，短于花瓣或与花瓣等长；花盘波状圆环形或具不整齐的裂片；子房具短柔毛，花柱短于雄蕊。蓇葖果开张，全体被短柔毛，花柱顶生，直立或稍倾斜，具直立、稀反折萼片。花期 3—6 月，果期 6—10 月。
【拍摄地点】薛坪镇八里川村，海拔 839 m。
【生境分布】生于山坡灌木丛、山谷溪边或田野路旁。分布于南漳薛坪、李庙、板桥等乡镇。
【药用部位】根。
【功能主治】清热解毒。用于咽喉肿痛，无名肿毒。

粉花绣线菊　吹火筒　日本绣线菊（图 0389）

Spiraea japonica L. f.

【形态特征】直立灌木，高达 1.5 m。枝条细长，开展，小枝近圆柱形，无毛或幼时被短柔毛；冬芽卵形，先端急尖，有数个鳞片。叶片卵形至卵状椭圆形，长 2 ～ 8 cm，宽 1 ～ 3 cm，先端急尖至短渐尖，基部楔形，边缘有缺刻状重锯齿或单锯齿，上面暗绿色，无毛或沿叶脉微具短柔毛，下面色浅或有白霜，通常沿叶脉有短柔毛；叶柄长 1 ～ 3 mm，具短柔毛。复伞房花序生于当年生的直立新枝顶端，花朵密集，密被短柔毛；花梗长 4 ～ 6 mm；苞片披针形至线状披针形，下面微被柔毛；花直径 4 ～ 7 mm；花萼外面有稀疏短柔毛，萼筒钟状，内面有短柔毛；萼片三角形，先端急尖，内面近先端有短柔毛；花瓣卵形至圆形，先端通常圆钝，长 2.5 ～ 3.5 mm，宽 2 ～ 3 mm，粉红色；雄蕊 25 ～ 30，远较花瓣长；花盘圆环形，约有 10 个不整齐的裂片。蓇葖果半开张，无毛或沿腹缝有稀疏柔毛，花柱顶生，稍倾斜开展，萼片常直立。花期 6—7 月，果期 8—9 月。

图 0389 粉花绣线菊 *Spiraea japonica*

【拍摄地点】板桥镇龙埇村，海拔 1292 m。

【生境分布】生于山坡杂木林下。分布于南漳板桥、长坪等乡镇。

【药用部位】叶，花，果。

【功能主治】清热止咳，镇痛。用于咽喉肿痛，咳嗽，目赤，头痛等。

82. 豆科 Leguminosae

合萌属 Aeschynomene

合萌 田皂角（图 0390）

Aeschynomene indica L.

【形态特征】一年生草本或亚灌木状，茎直立，高 0.3 ～ 1 m。多分枝，圆柱形，无毛，具小凸点而稍粗糙，小枝绿色。叶具 20 ～ 30 对小叶或更多；托叶膜质，卵形至披针形，长约 1 cm，基部下延成耳状，通常有缺刻或啮蚀状；叶柄长约 3 mm；小叶近无柄，薄纸质，线状长圆形，长 5 ～ 10 mm，宽 2 ～ 2.5 mm，上面密布腺点，下面稍带白粉，先端钝圆或微凹，具细刺尖头，基部歪斜，全缘；小托叶极小。总状花序比叶短，腋生，长 1.5 ～ 2 cm；总花梗长 8 ～ 12 mm；花梗长约 1 cm；小苞片卵状披针形，宿存；

图 0390 合萌 *Aeschynomene indica*

花萼膜质，具纵脉纹，长约 4 mm，无毛；花冠淡黄色，具紫色的纵脉纹，易脱落，旗瓣大，近圆形，基部具极短的瓣柄，翼瓣篦状，龙骨瓣比旗瓣稍短，比翼瓣稍长或近相等；雄蕊二体；子房扁平，线形。荚果线状长圆形，直或弯曲，长 3 ～ 4 cm，宽约 3 mm，腹缝直，背缝多少呈波状；荚节 4 ～ 8，平滑或中央有小疣凸，不开裂，成熟时逐节脱落；种子黑棕色，肾形，长 3 ～ 3.5 mm，宽 2.5 ～ 3 mm。花期 7—8 月，果期 8—10 月。

【拍摄地点】武安镇北龙寺村，海拔 103 m。

【生境分布】生于林缘潮湿地。分布于南漳武安、城关、九集等乡镇。

【药用部位】全草。

【功能主治】清热，祛风，利湿，消肿，解毒。用于风热感冒，黄疸，痢疾，胃炎，腹胀，淋病，痈肿，皮炎，湿疹。

合欢属 Albizia

合欢　马缨花（图 0391）

Albizia julibrissin Durazz.

【中药名】合欢皮 *、合欢花 *。

【形态特征】落叶乔木，高可达 16 m。树冠开展，小枝有棱角，嫩枝、花序和叶轴被茸毛或短柔毛。托叶线状披针形，较小叶小，早落。二回羽状复叶，总叶柄近基部及最顶一对羽片着生处各有 1 枚腺体；羽片 4 ～ 12 对，栽培的有时达 20 对；小叶 10 ～ 30 对，线形至长圆形，长 6 ～ 12 mm，宽 1 ～ 4 mm，向上偏斜，先端有小尖头，有缘毛，有时在下面或仅中脉上有短柔毛；中脉紧靠上边缘。头状花序于枝顶排成圆锥花序；花粉红色；花萼管状，长 3 mm；花冠长 8 mm，裂片三角形，长 1.5 mm，花萼、花冠外均被短柔毛；花丝长 2.5 cm。荚果带状，长 9 ～ 15 cm，宽 1.5 ～ 2.5 cm，嫩荚有柔毛，老荚无毛。花期 6—7 月，果期 8—10 月。

图 0391　合欢 *Albizia julibrissin*

【拍摄地点】巡检镇高河清村，海拔 346 m。

【生境分布】生于山坡或栽培。分布于南漳巡检、东巩、九集等乡镇。

【采收加工】合欢皮：夏、秋二季剥取，晒干。合欢花：夏季花开放时择晴天采收或花蕾形成时采收，及时晒干。

【药用部位】合欢皮：树皮。合欢花：花序或花蕾。

【性味归经】合欢皮：甘，平；归心、肝、肺经。合欢花：甘，平；归心、肝经。

【功能主治】合欢皮：解郁安神，活血消肿；用于心神不安，忧郁失眠，肺痈，疮肿，跌扑伤痛。合欢花：解郁安神；用于心神不安，忧郁失眠。

【用法用量】合欢皮：6 ～ 12 g；外用适量，研末调敷。合欢花：5 ～ 10 g。

山槐 山合欢（图 0392）

Albizia kalkora（Roxb.）Prain

图 0392 山槐 *Albizia kalkora*

【形态特征】落叶小乔木或灌木，通常高 3 ～ 8 m。枝条暗褐色，被短柔毛，有显著皮孔。二回羽状复叶，羽片 2 ～ 4 对；小叶 5 ～ 14 对，长圆形或长圆状卵形，长 1.8 ～ 4.5 cm，宽 7 ～ 20 mm，先端圆钝而有细尖头，基部不等侧，两面均被短柔毛，中脉稍偏于上侧。头状花序 2 ～ 7 枚生于叶腋，或于枝顶排成圆锥花序；花初白色，后变黄，具明显的小花梗；花萼管状，长 2 ～ 3 mm，5 齿裂；花冠长 6 ～ 8 mm，中部以下连合呈管状，裂片披针形，花萼、花冠均密被长柔毛；雄蕊长 2.5 ～ 3.5 cm，基部连合呈管状。荚果带状，长 7 ～ 17 cm，宽 1.5 ～ 3 cm，深棕色，嫩荚密被短柔毛，老时无毛；种子 4 ～ 12 颗，倒卵形。花期 5—6 月，果期 8—10 月。

【拍摄地点】城关镇殷庄村，海拔 584 m。

【生境分布】生于山坡灌丛、疏林中。分布于南漳城关、东巩、李庙等乡镇。

【药用部位】树皮。

【功能主治】活血消肿，安神。用于心神不安，疮肿，跌扑伤痛。

落花生属 Arachis

落花生 花生（图 0393）

Arachis hypogaea L.

【中药名】花生衣*。

【形态特征】一年生草本。根部有丰富的根瘤；茎直立或匍匐，长 30 ～ 80 cm，茎和分枝均有棱，被黄色长柔毛，后变无毛。叶通常具小叶 2 对；托叶长 2 ～ 4 cm，具纵脉纹，被毛；叶柄基部抱茎，长 5 ～ 10 cm，被毛；小叶纸质，卵状长圆形至倒卵形，长 2 ～ 4 cm，宽 0.5 ～ 2 cm，先端钝圆形，有时微凹，具小刺尖头，基部近圆形，全缘，两面被毛，边缘具毛；侧脉每边约 10 条；叶脉边缘互相联结成网状；小叶柄长 2 ～ 5 mm，被黄棕色长毛；花长约 8 mm；苞片 2，披针形；小苞片披针形，长约 5 mm，具纵脉纹，被柔毛；萼管细，长 4 ～ 6 cm；花冠黄色或金黄色，旗瓣直径 1.7 cm，开展，先端凹入；翼瓣与龙骨瓣分离，翼瓣长圆形或斜卵形，细长；龙骨瓣长卵圆形，内弯，先端渐狭成喙状，较翼瓣短；花柱延伸于萼管咽部之外，柱头顶生，小，疏被柔毛。荚果长 2 ~ 5 cm，宽 1 ~ 1.3 cm，膨胀，荚厚，种子横径 0.5 ~ 1 cm。花果期 6—8 月。

【拍摄地点】城关镇便河村，海拔 140 m。

【生境分布】栽培于山坡或田园。分布于南漳各乡镇。

【采收加工】收集成熟种子的种皮，晒干。

【药用部位】种皮。

【性味归经】甘、微苦、涩，平。归肝、脾经。

【功能主治】止血，散瘀，消肿。用于血友病，原发性及继发性血小板减少性紫癜；各种出血症。

【用法用量】30 ~ 60 g。

图 0393 落花生 *Arachis hypogaea*

黄芪属 Astragalus

紫云英 红花草 苕子菜（图 0394）

Astragalus sinicus L.

【形态特征】二年生草本，多分枝，匍匐，高 10 ~ 30 cm，被白色疏柔毛。奇数羽状复叶，具 7 ~ 13 片小叶，长 5 ~ 15 cm；叶柄较叶轴短；托叶离生，卵形，长 3 ~ 6 mm，先端尖，基部互相多少合生，具缘毛；小叶倒卵形或椭圆形，长 10 ~ 15 mm，宽 4 ~ 10 mm，先端钝圆或微凹，基部宽楔形，上面近无毛，下面散生白色柔毛，具短柄。总状花序生 5 ~ 10 花，呈伞形；总花梗腋生，较叶长；苞片三角状卵形，长约 0.5 mm；花梗短；花萼钟状，长约 4 mm，被白色柔毛，萼齿披针形，长约为萼筒的 1/2；花冠紫红色或橙黄色，旗瓣倒卵形，长 10 ~ 11 mm，先端微凹，基部渐狭成瓣柄，翼瓣较旗瓣短，长约 8 mm，瓣片长圆形，基部具短耳，瓣柄长约为瓣片的 1/2，龙骨瓣与旗瓣近等长，瓣片半圆形，瓣柄长约等于瓣片的 1/3；子房无毛或疏被白色短柔毛，具短柄。荚果线状长圆形，稍弯曲，长 12 ~ 20 mm，宽约 4 mm，具短喙，黑色，具隆起的网纹；种子肾形，栗褐色，长约 3 mm。花期 2—6 月，果期 3—7 月。

图 0394 紫云英 *Astragalus sinicus*

【拍摄地点】城关镇洞坪村，海拔 118 m。

【生境分布】生于山坡、溪边及潮湿处，或栽培。分布于南漳城关、九集、武安等乡镇。

【药用部位】全草。

【功能主治】清热解毒。用于无名肿毒。

云实属 Caesalpinia

云实　药王子　百鸟不停（图 0395）

Caesalpinia decapetala（Roth）Alston

【中药名】牛王刺*。

【形态特征】藤本植物。树皮暗红色，枝、叶轴和花序均被柔毛和钩刺。二回羽状复叶长 20 ～ 30 cm；羽片 3 ～ 10 对，对生，具柄，基部有刺 1 对；小叶 8 ～ 12 对，膜质，长圆形，长 10 ～ 25 mm，宽 6 ～ 12 mm，两端近圆钝，两面均被短柔毛，老时渐无毛；托叶小，斜卵形，先端渐尖，早落。总状花序顶生，直立，长 15 ～ 30 cm，具多花；总花梗多刺；花梗长 3 ～ 4 cm，被毛，在花萼下具关节，故花易脱落；萼片 5，长圆形，被短柔毛；花瓣黄色，膜质，圆形或倒卵形，长 10 ～ 12 mm，盛开时反卷，基部具短柄；雄蕊与花瓣近等长，花丝基部扁平，下部被绵毛；子房无毛。荚果长圆状舌形，长 6 ～ 12 cm，宽 2.5 ～ 3 cm，脆革质，栗褐色，无毛，有光泽，沿腹缝线鼓胀成狭翅，成熟时沿腹缝线开裂，先端具尖喙；种子 6 ～ 9 颗，椭圆状，长约 11 mm，宽约 6 mm，种皮棕色。花果期 4—10 月。

图 0395　云实 *Caesalpinia decapetala*

【拍摄地点】李庙镇胡家坪村，海拔 634 m。

【生境分布】生于山坡灌丛及平原、丘陵、河旁等地。分布于南漳各乡镇。

【采收加工】秋季采挖，除去泥沙，洗净，干燥。

【药用部位】根。

【性味归经】苦、辛，平。归肺、肝、肾经。

【功能主治】散瘀止痛，活血散结。用于伤风感冒头痛，筋骨疼痛，跌打损伤。

【用法用量】10 ～ 15 g，鲜品加倍。外用适量，捣敷。

鸡血藤属 Callerya

香花鸡血藤　香花崖豆藤（图 0396）

Callerya dielsiana（Harms）P. K. Loc ex Z. Wei & Pedley

【形态特征】攀援灌木，高 2 ～ 5 m。茎皮灰褐色，剥裂，枝无毛或被微毛。羽状复叶长 15 ～ 30 cm；

叶柄长 5 ~ 12 cm，叶轴被稀疏柔毛，后秃净，上面有沟；托叶线形，长 3 mm；小叶 2 对，间隔 3 ~ 5 cm，纸质，披针形、长圆形至狭长圆形，长 5 ~ 15 cm，宽 1.5 ~ 6 cm，先端急尖至渐尖，偶钝圆，基部钝圆，偶近心形，上面有光泽，几无毛，下面被平伏柔毛或无毛，侧脉 6 ~ 9 对，近边缘环结，中脉在上面微凹，下面甚隆起，细脉网状，两面均显著；小叶柄长 2 ~ 3 mm；小托叶锥刺状，长 3 ~ 5 mm。圆锥花序顶生，宽大，长达 40 cm，生花枝伸展，长 6 ~ 15 cm，较短时近直生，较长时成扇状开展并下垂，花序轴多少被黄褐色柔毛；花单生，近接；苞片线形，锥尖，略短于花梗，宿存，小苞片线形，贴萼生，早落，花长 1.2 ~ 2.4 cm；花梗长约 5 mm；花萼阔钟状，长 3 ~ 5 mm，宽 4 ~ 6 mm，与花梗同被细柔毛，萼齿短于萼筒，上方 2 齿几全合生，其余为卵形至三角状披针形，下方 1 齿最长；花冠紫红色，旗瓣阔卵形至倒阔卵形，密被锈色或银色绢毛，基部稍呈心形，具短瓣柄，无胼胝体，翼瓣甚短，约为旗瓣的二分之一，锐尖头，下侧有耳，龙骨瓣镰形；雄蕊二体，对旗瓣的 1 枚离生；花盘浅皿状；子房线形，密被茸毛，花柱长于子房，旋曲，柱头下指，胚珠 8 ~ 9 粒。荚果线形至长圆形，长 7 ~ 12 cm，宽 1.5 ~ 2 cm，扁平，密被灰色茸毛，果瓣薄，近木质，瓣裂，有种子 3 ~ 5 粒；种子长圆状凸镜形，长约 8 cm，宽约 6 cm，厚约 2 cm。花期 5—9 月，果期 6—11 月。

图 0396 香花鸡血藤 *Callerya dielsiana*

【拍摄地点】城关镇城区，海拔 158 m。

【生境分布】生于山坡杂木林与灌丛中。分布于南漳城关镇。

【药用部位】藤茎。

【功能主治】补血行血，通经活络。用于贫血，月经不调，经闭，风湿痹痛，四肢麻木等。

杭子梢属 Campylotropis

杭子梢 **壮筋草（图 0397）**

Campylotropis macrocarpa（Bunge）Rehd.

【形态特征】灌木，高 1 ~ 2 m。小枝贴生或近贴生短或长柔毛，嫩枝毛密，少有具茸毛，老枝常无毛。羽状复叶具 3 小叶；托叶狭三角形、披针形或披针状钻形，长 3 ~ 6 mm；叶柄长 1.5 ~ 3.5 cm，稍密生短柔毛或长柔毛，枝上部的叶柄常较短，有时长不及 1 cm；小叶椭圆形或宽椭圆形，有时过渡为长圆形，长 3 ~ 7 cm，宽 1.5 ~ 3.5 cm，先端圆形、钝或微凹，具小凸尖，基部圆形，稀近楔形，上面通常无毛，脉明显，下面通常贴生或近贴生短柔毛或长柔毛，疏生至密生，中脉明显隆起，毛较密。总状花序单一腋生并顶生，花序连总花梗长 4 ~ 10 cm 或有时更长，总花梗长 1 ~ 4 cm，花序轴密生开展的短柔毛或微柔毛；总花梗常斜生或贴生短柔毛，稀为茸毛；苞片卵状披针形，早落或花后逐渐脱落，小苞片近线形或披针形，早落；花梗长 6 ~ 12 mm，具开展的微柔毛或短柔毛，极稀贴生毛；花萼钟形，长 3 ~ 4 mm，稍浅裂或近中裂，稀深裂，通常贴生短柔毛，萼裂片狭三角形或三角形，渐尖，下方萼裂片较狭长，上方萼裂片几乎全部合生或少有分离；花冠紫红色或近粉红色，旗瓣椭圆形、倒卵形或近长圆形，近基部狭窄，翼瓣微短于旗瓣或等长，龙骨瓣呈直角或微钝角内弯，瓣片上部通常比瓣片下部短 1 ～ 3 mm。荚果长圆形、近长圆形或椭圆形，先端具短喙尖，无毛，具网脉，边缘生纤毛。花果期 6—10 月。

【拍摄地点】巡检镇南峪沟村，海拔 264 m。

【生境分布】生于山坡、灌丛、林缘、山谷沟边及林中。分布于南漳各乡镇。

【药用部位】根。

【功能主治】舒筋活血。用于跌打损伤。

图 0397 杭子梢 *Campylotropis macrocarpa*

锦鸡儿属 Caragana

锦鸡儿　金雀花（图 0398）

Caragana sinica（Buc′hoz）Rehd.

【中药名】锦鸡儿*。

【形态特征】灌木，高 1 ～ 2 m。树皮深褐色；小枝有棱，无毛。托叶三角形，硬化成针刺，长 5 ～ 7 mm；叶轴脱落或硬化成针刺，针刺长 7 ～ 15 mm；小叶 2 对，羽状，有时呈假掌状，上部 1 对常较下部的为大，厚革质或硬纸质，倒卵形或长圆状倒卵形，长 1 ～ 3.5 cm，宽 5 ～ 15 mm，先端圆形或微缺，具刺尖或无刺尖，基部楔形或宽楔形，上面深绿色，下面淡绿色。花单生，花梗长约 1 cm，中部有关节；花萼钟状，长 12 ～ 14 mm，宽 6 ～ 9 mm，基部偏斜；花冠黄色，常带红色，长 2.8 ～ 3 cm，旗瓣狭倒卵形，具短瓣柄，翼瓣稍长于旗瓣，瓣柄与瓣片近等长，耳短小，龙骨瓣宽钝；子房无毛。荚果圆筒状，长 3 ～ 3.5 cm，宽约 5 mm。花期 4—5 月，果期 7 月。

图 0398 锦鸡儿 *Caragana sinica*

【拍摄地点】城关镇水镜庄风景区，海拔 110 m。

【生境分布】生于山坡和灌丛，或栽培。分布于南漳巡检、城关等乡镇。

【采收加工】全年均可采收，除去地上部分及须根，刮去外皮，洗净，晒干或除去木心，晒干。

【药用部位】根皮或根。

【性味归经】甘、辛，平。归肺、脾经。

【功能主治】补肺健脾，活血祛风，下乳。用于肺虚久咳，脾虚食少，跌打损伤，风湿痹痛，乳汁不下。

【用法用量】15 ～ 30 g。外用适量，捣敷。

紫荆属 Cercis

紫荆　裸枝树　满条红（图 0399）

Cercis chinensis Bunge

图 0399　紫荆 *Cercis chinensis*

【形态特征】丛生或单生灌木，高 2 ～ 5 m；树皮和小枝灰白色。叶纸质，近圆形或三角状圆形，长 5 ～ 10 cm，宽与长相等或略短于长，先端急尖，基部浅至深心形，两面通常无毛，嫩叶绿色，仅叶柄略带紫色，叶缘膜质透明，新鲜时明显可见。花紫红色或粉红色，2 ～ 10 朵成束，簇生于老枝和主干上，尤以主干上花束较多，越到上部幼嫩枝条则花越少，通常先于叶开放，但嫩枝或幼株上的花则与叶同时开放，花长 1 ～ 1.3 cm；花梗长 3 ～ 9 mm；龙骨瓣基部具深紫色斑纹；子房嫩绿色，花蕾时光亮无毛，后期则密被短柔毛，有胚珠 6 ～ 7 颗。荚果扁狭长形，绿色，长 4 ～ 8 cm，宽 1 ～ 1.2 cm，翅宽约 1.5 mm，先端急尖或短渐尖，喙细而弯曲，基部长渐尖，两侧缝线对称或近对称；果颈长 2 ～ 4 mm；种子 2 ～ 6 颗，阔长圆形，长 5 ～ 6 mm，宽约 4 mm，黑褐色，光亮。花期 3—4 月，果期 8—10 月。

【拍摄地点】城关镇榆树岭村，海拔 139 m。

【生境分布】生于庭园、屋旁，少数生于密林中。分布于南漳各乡镇。

【药用部位】树皮。

【功能主治】活血通经，消肿解毒。用于风寒湿痹，妇女经闭，血气疼痛，喉痹，淋疾，痈肿，癣疥，跌打损伤，蛇虫咬伤。

湖北紫荆　箩筐树（图 0400）

Cercis glabra Pamp.

【形态特征】乔木，高 6 ～ 16 m，胸径达 30 cm；树皮和小枝灰黑色。叶较大，厚纸质或近革质，心形或三角状圆形，长 5 ～ 12 cm，宽 4.5 ～ 11.5 cm，先端钝或急尖，基部浅心形至深心形，幼叶常呈紫红色，成长后绿色，上面光亮，下面无毛或基部脉腋间常有簇生柔毛；基脉 5 ～ 7 条，叶柄长 2 ～ 4.5 cm。总状花序短，总轴长 0.5 ～ 1 cm，有花数至十余朵；花淡紫红色或粉红色，先于叶或与叶同时开放，稍大，长 1.3 ～ 1.5 cm，花梗细长，长 1 ～ 2.3 cm。荚果狭长圆形，紫红色，长 9 ～ 14 cm，少数短于 9 cm，宽 1.2 ～ 1.5 cm，翅宽约 2 mm，先端渐尖，基部圆钝，二缝线不等长，背缝稍长，向外弯拱，少数基部渐尖而缝线等长；果颈长 2 ～ 3 mm；种子 1 ～ 8 颗，近圆形，扁，长 6 ～ 7 mm，宽 5 ～ 6 mm。花期 3—4 月，果期 9—11 月。

【拍摄地点】长坪镇赵岭村，海拔 1076 m。

【生境分布】生于山地林中或路边。分布于南漳长坪、巡检、城关等乡镇。

【药用部位】树皮。

【功能主治】活血通经，消肿解毒。用于风寒湿痹，妇女经闭，血气疼痛，喉痹，淋疾，痈肿，癣疥，跌打损伤，蛇虫咬伤。

图 0400 湖北紫荆 *Cercis glabra*

猪屎豆属 Crotalaria

响铃豆 山芝麻（图 0401）

Crotalaria albida Heyne ex Roth

【形态特征】多年生直立草本，基部常木质，体高 30 ～ 60 cm；植株或上部分枝，通常细弱，被紧贴的短柔毛。托叶细小，刚毛状，早落；单叶，叶片倒卵形、长圆状椭圆形或倒披针形，长 1 ～ 2.5 cm，宽 0.5 ～ 1.2 cm，先端钝或圆，具细小的短尖头，基部楔形，上面绿色，近无毛，下面暗灰色，略被短柔毛；叶柄近无。总状花序顶生或腋生，有花 20 ～ 30 朵，花序长达 20 cm，苞片丝状，长约 1 mm，小苞片与苞片同形，生萼筒基部；花梗长 3 ～ 5 mm；花萼二唇形，长 6 ～ 8 mm，深裂，上面二萼齿宽大，先端稍钝圆，下面三萼齿披针形，先端渐尖；花冠淡黄色，旗瓣椭圆形，长 6 ～ 8 mm，先端具束状柔毛，基部胼胝体可见，翼瓣长圆形，约与旗瓣等长，龙骨瓣弯曲，几达 90°，中部以上变狭形成长喙；子房无柄。荚果短圆柱形，长约 10 mm，无毛，稍伸出花萼之外；种子 6 ～ 12 颗。花果期 5—12 月。

图 0401 响铃豆 *Crotalaria albida*

【拍摄地点】东巩镇口泉村，海拔 204 m。

【生境分布】生于荒地路旁及山坡疏林下。分布于南漳九集、东巩等乡镇。

【药用部位】全草。

【功能主治】清热解毒，消肿止痛。用于跌打损伤，关节肿痛。

【附注】本种提取物用于抗肿瘤有效，主要对鳞状上皮细胞癌和基底细胞癌疗效较好。

紫花野百合 农吉利 野百合（图 0402）

Crotalaria sessiliflora L.

【形态特征】直立草本，体高 30 ～ 100 cm，基部常木质，单株或茎上分枝，被紧贴粗糙的长柔毛。托叶线形，长 2 ～ 3 mm，宿存或早落；单叶，叶片形状常变异较大，通常为线形或线状披针形，两端渐尖，长 3 ～ 8 cm，宽 0.5 ～ 1 cm，上面近无毛，下面密被丝质短柔毛；叶柄近无。总状花序顶生、腋生或密生枝顶形似头状，亦有叶腋生出单花，花一至多数；苞片线状披针形，长 4 ～ 6 mm，小苞片与苞片同形，成对生萼筒部基部；花梗短，长约 2 mm；花萼二唇形，长 10 ～ 15 mm，密被棕褐色长柔毛，萼齿阔披针形，先端渐尖；花冠蓝色或蓝紫色，包被萼内，旗瓣长圆形，长 7 ～ 10 mm，宽 4 ～ 7 mm，先端钝或凹，基部具胼胝体 2 枚，翼瓣长圆形或披针状长圆形，约与旗瓣等长，龙骨瓣中部以上变狭，形成长喙；子房无柄。荚果短圆柱形，长约 10 mm，苞被萼内，下垂紧贴于枝，秃净无毛；种子 10 ～ 15 颗。花果期 5 月至翌年 2 月。

图 0402 紫花野百合 *Crotalaria sessiliflora*

【拍摄地点】城关镇沙河村，海拔 139 m。

【生境分布】生于荒地路旁及山谷草地。分布于南漳城关镇。

【药用部位】全草。

【功能主治】清热解毒，消肿止痛，破血除瘀。用于风湿麻痹，跌打损伤，疮毒，癣疥等。

黄檀属 Dalbergia

黄檀 檀木（图 0403）

Dalbergia hupeana Hance

【形态特征】乔木，高 10 ～ 20 m；树皮暗灰色，呈薄片状剥落。幼枝淡绿色，无毛。羽状复叶长 15 ～ 25 cm；小叶 3 ～ 5 对，近革质，椭圆形至长圆状椭圆形，长 3.5 ～ 6 cm，宽 2.5 ～ 4 cm，先端钝或稍凹入，基部圆形或阔楔形，两面无毛，细脉隆起，上面有光泽。圆锥花序顶生或生于最上部的叶腋间，连总花梗长 15～20 cm，直径 10～20 cm，疏被锈色短柔毛；花密集，长 6～7 mm；花梗长约 5 mm，与花萼同疏被锈色柔毛；基生和副萼状小苞片卵形，被柔毛，脱落；花萼钟状，长 2～3 mm，萼齿 5，上方 2 枚阔圆形，近合生，侧方的卵形，最下 1 枚披针形，长为其余 4 枚之倍；花冠白色或淡紫色，长于花萼，各瓣均具柄，旗瓣圆形，先端微缺，翼瓣倒卵形，龙骨瓣关月形，与翼瓣内侧均具耳；雄蕊 10，成 5+5 的二体；子房具短柄，除基部与子房柄外，无毛，胚珠 2～3 粒，花柱纤细，柱头小，头状。荚果长圆形或阔舌状，长 4～7 cm，宽 13～15 mm，顶端急尖，基部渐狭成果颈，果瓣薄革质，对种子部分有网纹，有 1～2 粒种子；种子肾形，长 7～14 mm，宽 5～9 mm。花期 5—7 月。

图 0403 黄檀 *Dalbergia hupeana*

【拍摄地点】李庙镇北沟村，海拔 776 m。

【生境分布】生于山地林中或灌丛中。分布于南漳各乡镇。

【药用部位】根皮。

【功能主治】清热解毒，止血消肿。用于疮疥，毒蛇咬伤，细菌性痢疾，跌打损伤等。

【附注】木材黄色或白色，材质坚密，能耐强力冲撞，常用作车轴、榨油机轴心、枪托、各种工具柄等。

象鼻藤 含羞草叶黄檀（图 0404）

Dalbergia mimosoides Franch.

【形态特征】灌木，高 4～6 m，或为藤本，多分枝。幼枝密被褐色短粗毛。羽状复叶长 6～10 cm；叶轴、叶柄和小叶柄初时密被柔毛，后渐稀疏；托叶膜质，卵形，早落；小叶 10～17 对，线状长圆形，长 6～12 mm，宽 5～6 mm，先端截形、钝或凹缺，基部圆形或阔楔形，嫩时两面略被褐色柔毛，尤以下面中脉上较密，老时无毛或近无毛，花枝上的幼嫩小叶边缘略呈波状，成长时边缘略加厚，下面细脉干时近黑色。圆锥花序腋生，比复叶短，长 1.5～5 cm，分枝聚伞花序状；总花梗、花序轴、分枝与花梗均被柔毛；花小，稍密集，长约 5 mm；小苞片卵形，被柔毛，脱落；花萼钟状，略被毛，萼齿除下方 1 枚较长，为披针形之外，其余的卵形，均具缘毛；花冠白色或淡黄色，花瓣

图 0404 象鼻藤 *Dalbergia mimosoides*

具短柄，旗瓣长圆状倒卵形，先端微凹缺，翼瓣倒卵状长圆形，龙骨瓣椭圆形；雄蕊 9 枚，偶有 10 枚，单体，花丝长短相间；子房具柄，沿腹缝线疏被柔毛，其余无毛，花柱短，柱头小，有胚珠 2 ～ 3 粒。荚果无毛，长圆形至带状，扁平，长 3 ～ 6 cm，宽 1 ～ 2 cm，顶端急尖，基部钝或楔形，具稍长的果颈，果瓣革质，对种子部分有网纹，有种子 1 ～ 2 粒；种子肾形，扁平，长约 10 mm，宽约 6 mm。花期 4—5 月。

【拍摄地点】李庙镇主山寨村，海拔 1156 m。

【生境分布】生于山沟疏林或山坡灌丛中。分布于南漳各乡镇。

【药用部位】叶。

【功能主治】清热解毒，消肿。用于疔疮，痈疽，虫蛇咬伤等。

镰扁豆属 Dolichos

扁豆　白花扁豆　沿篱豆（图 0405）

Dolichos lablab L.

【中药名】白扁豆 *。

【形态特征】多年生、缠绕藤本。全株几无毛，茎长可达 6 m，常呈淡紫色。羽状复叶具 3 小叶；托叶基着，披针形；小托叶线形，长 3 ～ 4 mm；小叶宽三角状卵形，长 6 ～ 10 cm，宽与长约相等，侧生小叶两边不等大，偏斜，先端急尖或渐尖，基部近截平。总状花序直立，长 15 ～ 25 cm，花序轴粗壮，总花梗长 8 ～ 14 cm；小苞片 2，近圆形，长 3 mm，脱落；花 2 至多朵簇生于每一节上；花萼钟状，长约 6 mm，上方 2 裂齿几完全合生，下方的 3 枚近相等；花冠白色或紫色，旗瓣圆形，基部两侧具 2 枚长而直立的小附属体，附属体下有 2 耳，翼瓣宽倒卵形，具截平的耳，龙骨瓣呈直角弯曲，基部渐狭成瓣柄；子房线形，无毛，花柱比子房长，弯曲不逾 90°，一侧扁平，近顶部内缘被毛。荚果长圆状镰形，长 5 ～ 7 cm，近顶端最阔，宽 1.4 ～ 1.8 cm，扁平，直或稍向背弯曲，顶端有弯曲的尖喙，基部渐狭；种子 3 ～ 5 颗，扁平，长椭圆形，在白花品种中为白色，在紫花品种中为紫黑色，种脐线形，长约占种子周围的 2/5。花期 4—12 月。

图 0405　扁豆 *Dolichos lablab*

【拍摄地点】李庙镇闫坪村，海拔 255 m。

【生境分布】栽培。分布于南漳各乡镇。

【采收加工】秋、冬二季采收成熟果实，晒干，取出种子，再晒干。

【药用部位】成熟种子。

【性味归经】甘，微温。归脾、胃经。

【功能主治】健脾化湿，和中消暑。用于脾胃虚弱，食欲不振，大便溏泻，带下，暑湿吐泻，胸闷腹胀。

【用法用量】9 ～ 15 g。

山黑豆属 Dumasia

山黑豆（图 0406）

Dumasia truncata Sieb. et Zucc.

图 0406 山黑豆 *Dumasia truncata*

【形态特征】攀援状缠绕草本。茎纤细，长 1 ～ 3 m，具细纵纹，通常无毛。叶具羽状 3 小叶；托叶小，线状披针形，具 3 脉，长 2 ～ 4 mm；叶柄纤细，长 3 ～ 7 cm，无毛；小叶膜质，长卵形或卵形，通常长 3 ～ 6 cm，宽 2.3 ～ 3.5 cm，稀更长或更宽，先端钝或近圆形，有时微凹，具小凸尖，基部截形或圆形，侧生小叶略小，基部略偏斜，通常两面无毛，上面绿色，下面淡绿色；中脉在两面凸起，侧脉纤细，每边 5 ～ 7 条，最下面一对靠近基部边缘，通常稍长和明显；小托叶刚毛状，长约 1 mm；小叶柄长 2 ～ 3 mm，无毛。总状花序腋生，纤细，长 1 ～ 4 cm，通常无毛；总花梗短；花长 1.2 ～ 2 cm，苞片和小苞片细小；花梗长 1 ～ 3 mm；花萼管状，膜质，淡绿色，长约 6 mm，管口斜截形，无毛；花冠黄色或淡黄色，旗瓣椭圆形至微倒卵形，具瓣柄和耳；翼瓣和龙骨瓣近椭圆形，微弯，稍短于旗瓣，但远较旗瓣小，具长瓣柄，基部一侧略具耳，雄蕊二体；子房线状倒披针形，无毛，胚珠通常 3 ～ 5 颗，花柱纤细，无毛。荚果倒披针形至披针状椭圆形，长约 4 cm，宽约 9 mm，略膨，先端具喙，基部渐狭成短果颈；种子通常 3 ～ 5 颗，扁球形，黑褐色，直径约 6 mm。花期 8—9 月，果期 10—11 月。

【拍摄地点】李庙镇北沟村，海拔 756 m。

【生境分布】生于山地路旁潮湿地。分布于南漳李庙镇。

【药用部位】种子。

【功能主治】清热解毒，消肿排脓。用于疮痈肿毒。

皂荚属 Gleditsia

皂荚　皂角（图 0407）

Gleditsia sinensis Lam.

【中药名】皂角刺*、大皂角*、猪牙皂*。

【形态特征】落叶乔木或小乔木，高可达 30 m。枝灰色至深褐色；刺粗壮，圆柱形，常分枝，多呈圆锥状，长达 16 cm。叶为一回羽状复叶，长 10 ～ 18 cm；小叶 3 ～ 9 对，纸质，卵状披针形至长圆形，长 2 ～ 8.5 cm，宽 1 ～ 4 cm，先端急尖或渐尖，顶端圆钝，具小尖头，基部圆形或楔形，有时稍歪斜，边缘具细锯齿，上面被短柔毛，下面中脉上稍被柔毛；网脉明显，在两面凸起；小叶柄长 1 ～ 2 mm，被短柔毛。花杂性，黄白色，组成总状花序；花序腋生或顶生，长 5 ～ 14 cm，被短柔毛。雄花：直径 9 ～ 10 mm，花梗长 2 ～ 8 mm；花托长 2.5 ～ 3 mm，深棕色，外面被柔毛；萼片 4，三角状披针形，长 3 mm，两面被柔毛；花瓣 4，长圆形，长 4 ～ 5 mm，被微柔毛；雄蕊 8；退化雌蕊长 2.5 mm。两性花：直径 10 ～ 12 mm，花梗长 2 ～ 5 mm；萼片、花瓣与雄花的相似，唯萼片长 4 ～ 5 mm，花瓣长 5 ～ 6 mm；雄蕊 8；子房缝线上及基部被毛，柱头浅 2 裂；胚珠多数。荚果带状，长 12 ～ 37 cm，宽 2 ～ 4 cm，直或扭曲，果肉稍厚，两面鼓起，或有的荚果短小，多少呈柱形，长 5 ～ 13 cm，宽 1 ～ 1.5 cm，弯曲作新月形，通常称猪牙皂，内无种子；果颈长 1 ～ 3.5 cm；果瓣革质，褐棕色或红褐色，常被白色粉霜；种子多颗，长圆形或椭圆形，长 11 ～ 13 mm，宽 8 ～ 9 mm，棕色，光亮。花期 3—5 月，果期 5—12 月。

图 0407 皂荚 *Gleditsia sinensis*

【拍摄地点】李庙镇闫坪村，海拔 262 m。

【生境分布】生于山坡林中、路旁，常栽培于庭院或宅旁。分布于南漳各乡镇。

【采收加工】皂角刺：全年均可采收，干燥，或趁鲜切片，干燥。大皂角：秋季果实成熟时采摘，晒干。猪牙皂：秋季采收，除去杂质，干燥。

【药用部位】皂角刺：棘刺。大皂角：成熟果实。猪牙皂：不育果实。

【性味归经】皂角刺：辛，温；归肝、胃经。大皂角：辛、咸，温；有小毒；归肺、大肠经。猪牙皂：辛、咸，温；有小毒；归肺、大肠经。

【功能主治】皂角刺：消肿托毒，排脓，杀虫；用于痈疽初起或脓成不溃；外治疥癣麻风。大皂角：祛痰开窍，散结消肿；用于中风口噤，昏迷不醒，癫痫痰盛，关窍不通，喉痹痰阻，顽痰喘咳，咳痰不爽，大便燥结；外治痈肿。猪牙皂：祛痰开窍，散结消肿；用于中风口噤，昏迷不醒，癫痫痰盛，关窍不通，喉痹痰阻，顽痰喘咳，咯痰不爽，大便燥结；外治痈肿。

【用法用量】皂角刺：3 ～ 10 g；外用适量，醋蒸取汁涂患处。大皂角：1 ～ 1.5 g，多入丸、散用；外用适量，研末吹鼻取嚏或研末调敷患处；孕妇及咯血、吐血患者忌服。猪牙皂：1 ～ 1.5 g，多入丸、散用；外用适量，研末吹鼻取嚏或研末调敷患处；孕妇及咯血、吐血患者禁用。

大豆属 Glycine

大豆　**黄豆　菽（图 0408）**

Glycine max（L.）Merr.

【中药名】淡豆豉*。

【形态特征】一年生草本，高 30 ～ 90 cm。茎粗壮，直立，或上部近缠绕状，上部多少具棱，密被褐色长硬毛。叶通常具 3 小叶；托叶宽卵形，渐尖，长 3 ～ 7 mm，具脉纹，被黄色柔毛；叶柄长 2 ～ 20 cm，幼嫩时散生疏柔毛或具棱并被长硬毛；小叶纸质，宽卵形、近圆形或椭圆状披针形，顶生一枚较大，长

图 0408 大豆 *Glycine max*

5～12 cm，宽 2.5～8 cm，先端渐尖或近圆形，稀有钝形，具小尖凸，基部宽楔形或圆形，侧生小叶较小，斜卵形，通常两面散生糙毛或下面无毛；侧脉每边 5 条；小托叶披针形，长 1～2 mm；小叶柄长 1.5～4 mm，被黄褐色长硬毛。总状花序短的少花，长的多花；总花梗长 10～35 mm 或更长，通常有 5～8 朵无柄、紧挤的花，植株下部的花有时单生或成对生于叶腋间；苞片披针形，长 2～3 mm，被糙伏毛；小苞片披针形，长 2～3 mm，被伏贴的刚毛；花萼长 4～6 mm，密被长硬毛或糙伏毛，常深裂成二唇形，裂片 5，披针形，上部 2 裂片常合生至中部以上，下部 3 裂片分离，均密被白色长柔毛，花紫色、淡紫色或白色，长 4.5～8 mm，旗瓣倒卵状近圆形，先端微凹并通常外反，基部具瓣柄，翼瓣篦状，基部狭，具瓣柄和耳，龙骨瓣斜倒卵形，具短瓣柄；雄蕊二体；子房基部有不发达的腺体，被毛。荚果肥大，长圆形，稍弯，下垂，黄绿色，长 4～7.5 cm，宽 8～15 mm，密被褐黄色长毛；种子 2～5 颗，椭圆形、近球形、卵圆形至长圆形，长约 1 cm，宽 5～8 mm；种皮光滑，淡绿色、黄色、褐色或黑色，因品种而异；种脐明显，椭圆形。花期 6—7 月，果期 7—9 月。

【拍摄地点】李庙镇北沟村，海拔 750 m。

【生境分布】栽培。分布于南漳各乡镇。

【采收加工】取桑叶、青蒿各 70～100 g，加水煎煮，过滤，煎液拌入 1000 g 净大豆中，待煎液被大豆吸尽后，蒸透，取出，稍晾，再置容器内，用煎过的桑叶、青蒿渣覆盖，闷使发酵至黄衣上遍时，取出，除去药渣，洗净，置容器内再闷 15～20 天，至充分发酵、香气溢出时，取出，略蒸，干燥，即得。

【药用部位】成熟种子的发酵加工品。

【性味归经】苦、辛，凉。归肺、胃经。

【功能主治】解表，除烦，宣发郁热。用于感冒，寒热头痛，烦躁胸闷，虚烦不眠。

【用法用量】6～12 g。

野大豆　野黄豆　乌豆（图 0409）

Glycine soja Sieb. et Zucc.

【形态特征】一年生缠绕草本，长 1～4 m。茎、小枝纤细，全体疏被褐色长硬毛。叶具 3 小叶，长可达 14 cm；托叶卵状披针形，急尖，被黄色柔毛。顶生小叶卵圆形或卵状披针形，长 3.5～6 cm，宽 1.5～2.5 cm，先端锐尖至钝圆，基部近圆形，全缘，两面均被绢状的糙伏毛，侧生小叶斜卵状披针形。总状花序通常短，稀长可达 13 cm；花小，长约 5 mm；花梗密生黄色长硬毛；苞片披针形；花萼钟状，密生长毛，裂片 5，三角状披针形，先端锐尖；花冠淡红紫色或白色，旗瓣近圆形，先端微凹，基部具短瓣柄，翼瓣斜倒卵形，有明显的耳，龙骨瓣比旗瓣及翼瓣短小，密被长毛；花柱短而向一侧弯曲。荚果长圆形，稍弯，两侧稍扁，长 17～23 mm，宽 4～5 mm，密被长硬毛，种子间稍缢缩，干时易裂；种子 2～3 颗，椭圆形，稍扁，长 2.5 ～ 4 mm，宽 1.8 ～ 2.5 mm，褐色至黑色。花期 7—8 月，果期 8—10 月。

【拍摄地点】巡检镇巡检司村，海拔 374 m。

【生境分布】生于潮湿的田边、园边、沟旁、河岸、湖边、草甸及灌木丛中。分布于南漳各乡镇。

【药用部位】种子。

【功能主治】强壮，利尿，平肝，敛汗。用于盗汗，肝火，目疾，黄疸，小儿疳疾。

图 0409 野大豆 *Glycine soja*

米口袋属 Gueldenstaedtia

少花米口袋 小米口袋（图 0410）

Gueldenstaedtia verna（Georgi）Boriss.

【形态特征】多年生草本，主根直下，分茎具宿存托叶。叶长 2 ～ 20 cm；托叶三角形，基部合生；叶柄具沟，被白色疏柔毛；小叶 7 ～ 19 片，长椭圆形至披针形，长 0.5 ～ 2.5 cm，宽 1.5 ～ 7 mm，钝头或急尖，先端具细尖，两面被疏柔毛，有时上面无毛。伞形花序有花 2 ～ 4 朵，总花梗约与叶等长；苞片长三角形，长 2 ～ 3 mm；花梗长 0.5 ～ 1 mm；小苞片线形，长约为萼筒的 1/2；花萼钟状，长 5 ～ 7 mm，被白色疏柔毛；萼齿披针形，上 2 萼齿约与萼筒等长，下 3 萼齿较短小，最下一片最小；花冠红紫色，旗瓣卵形，长 13 mm，先端微缺，基部渐狭成瓣柄；翼瓣瓣片倒卵形，具斜截头，长 11 mm，具短耳，瓣柄长 3 mm；龙骨瓣瓣片倒卵形，长 5.5 mm，瓣柄长 2.5 mm；子房椭圆状，密被疏柔毛，花柱无毛，内卷。荚果长圆筒状，长 15 ～ 20 mm，直径 3 ～ 4 mm，被长柔毛，成熟时毛稀疏，开裂。种子圆肾形，直径 1.5 mm，具不深凹点。花期 5 月，果期 6—7 月。

图 0410 少花米口袋 *Gueldenstaedtia verna*

【拍摄地点】东巩镇汪家畈村，海拔 212 m。

【生境分布】生于山坡、路旁、田边等。分布于南漳东巩镇。

【药用部位】全草。

【功能主治】清热解毒。用于痈肿疔疮，肠痈。

木蓝属 Indigofera

多花木蓝 野绿豆树（图 0411）

Indigofera amblyantha Craib

【形态特征】直立灌木，高 0.8 ～ 2 m，少分枝。茎褐色或淡褐色，圆柱形，幼枝禾秆色，具棱，密被白色平贴丁字毛，后变无毛。羽状复叶长达 18 cm；叶柄长 2 ～ 5 cm，叶轴上面具浅槽，与叶柄均被平贴丁字毛；托叶微小，三角状披针形，长约 1.5 mm；小叶 3 ～ 4 对，对生，稀互生，形状、大小变异较大，通常为卵状长圆形、长圆状椭圆形、椭圆形或近圆形，长 1 ～ 3.7 cm，宽 1 ～ 2 cm，先端圆钝，具小尖头，基部楔形或阔楔形，上面绿色，疏生丁字毛，下面苍白色，被毛较密，中脉上面微凹，下面隆起，侧脉 4 ～ 6 对，上面隐约可见；小叶柄长约 1.5 mm，被毛；小托叶微小。总状花序腋生，长达 11 cm，近无总花梗；苞片线形，长约 2 mm，早落；花梗长约 1.5 mm；花萼长约 3.5 mm，被白色平贴丁字毛，萼筒长约 1.5 mm，最下萼齿长约 2 mm，两侧萼齿长约 1.5 mm，上方萼齿长约 1 mm；花冠淡红色，旗瓣倒阔卵形，长 6 ～ 6.5 mm，先端螺壳状，瓣柄短，外面被毛，翼瓣长约 7 mm，龙骨瓣较翼瓣短，距长约 1 mm；花药球形，顶端具小突尖；子房线形，被毛，有胚珠 17 ～ 18 粒。荚棕褐色，线状圆柱形，长 3.5 ～ 6 cm，被短丁字毛，种子间有横隔，内果皮无斑点；种子褐色，长圆形，长约 2.5 mm。花期 5—7 月，果期 9—11 月。

图 0411 多花木蓝 *Indigofera amblyantha*

【拍摄地点】巡检镇刘家坡村，海拔 865 m。

【生境分布】生于山坡草地、沟边、路旁灌丛中及林缘。分布于南漳巡检镇。

【药用部位】根。

【功能主治】清热解毒，消肿止痛。用于疮痈肿毒。

河北木蓝 马棘（图 0412）

Indigofera bungeana Walp.

【形态特征】小灌木，高 1 ～ 3 m，多分枝。枝细长，幼枝灰褐色，明显有棱，被丁字毛。羽状复叶长 3.5 ～ 6 cm；叶柄长 1 ～ 1.5 cm，被平贴丁字毛，叶轴上面扁平；托叶小，狭三角形，长约 1 mm，早落；小叶 3 ～ 5 对，对生，椭圆形、倒卵形或倒卵状椭圆形，长 1 ～ 2.5 cm，宽 0.5 ～ 1.1 cm，先端圆或微凹，有小尖头，基部阔楔形或近圆形，两面有白色丁字毛，有时上面毛脱落；小叶柄长约 1 mm；小托叶微小，钻形或不明显。总状花序，花开后较复叶为长，长 3 ～ 11 cm，花密集；总花梗短于叶柄，花梗长约 1 mm；花萼钟状，外面有白色和棕色平贴丁字毛，萼筒长 1 ～ 2 mm，萼齿不等长，与萼筒近等长或略长；花冠淡红色或紫红色，旗瓣倒阔卵形，长 4.5 ～ 6.5 mm，先端螺壳状，基部有瓣柄，外面有丁字毛；翼瓣基部有耳状附属物，龙骨瓣近等长，距长约 1 mm，基部具耳；花药圆球形，子房有毛。荚果线状圆柱形，长 2.5 ～ 4 cm，直径约 3 mm，顶端渐尖，幼时密生短丁字毛，种子间有横隔，仅在横隔上有紫红色斑点；果梗下弯；种子椭圆形。花期 5—8 月，果期 9—10 月。

【拍摄地点】城关镇大山村，海拔 159 m。

【生境分布】生于山坡林缘及灌木丛中。分布于南漳城关镇。

【药用部位】根。

【功能主治】清凉解表，活血祛瘀。用于风热感冒，咳嗽，瘰疬，痔疮。

图 0412　河北木蓝 *Indigofera bungeana*

苏木蓝　山豆根　木蓝叉（图 0413）

Indigofera carlesii Craib

【中药名】木蓝豆根*。

【形态特征】灌木，高达 1.5 m。茎直立，幼枝具棱，后成圆柱形，幼时疏生白色丁字毛。羽状复叶长 7 ～ 20 cm；叶柄长 1.5 ～ 3.5 cm，叶轴上面有浅槽，被紧贴白色丁字毛，后多少变无毛；托叶线状披针形，长 0.7 ～ 1 cm，早落；小叶 2 ～ 4 对，对生，稀互生，坚纸质，椭圆形或卵状椭圆形，稀阔卵形，长 2 ～ 5 cm，宽 1 ～ 3 cm，先端钝圆，有针状小尖头，基部圆钝或阔楔形，上面绿色，下面灰绿色，两面密被白色短丁字毛，中脉上面凹入，下面隆起，侧脉 6 ～ 10 对，下面较上面明显；小叶柄长 2 ～ 4 mm；小托叶钻形，与小叶柄等长或略长，均被白色毛。总状花序长 10 ～ 20 cm；总花梗长约 1.5 cm，花序轴有棱，被疏短丁字毛；苞片卵形，长 2 ～ 4 mm，早落；花梗长 2 ～ 4 mm；花萼杯状，长 4 ～ 4.5 mm，外面被白色丁字毛，萼齿披针形，下萼齿与萼筒等长；花冠粉红色或玫瑰红色，旗瓣近椭圆形，长 1.3 ～ 1.5 cm，宽 7 ～ 9 mm，先端圆形，外面被毛，翼瓣长 1.3 cm，边缘有毛，龙骨瓣与翼瓣等长，有缘毛，距长约 1.5 mm；花药卵形，两端有髯毛；子房无毛。荚果褐色，线状圆柱形，长 4 ～ 6 cm，顶端渐尖，近无毛，果瓣开裂后旋卷，内果皮具紫色斑点；果梗平展。花期 4—6 月，果期 8—10 月。

图 0413　苏木蓝 *Indigofera carlesii*

【拍摄地点】九集镇吴家集村，海拔 193 m。

【生境分布】生于山坡路旁及丘陵灌丛中。分布于南漳城关、九集等乡镇。

【采收加工】秋季采挖，除去杂质，洗净，干燥。

【药用部位】根。

【性味归经】苦，寒；有毒。归肺、胃经。

【功能主治】清热解毒，利咽消肿。用于咽喉肿痛，牙龈肿痛。

【用法用量】3 ～ 9 g。

庭藤　铜罗伞（图 0414）

Indigofera decora var. *decora*

图 0414　庭藤 *Indigofera decora* var. *decora*

【形态特征】灌木，高 0.4 ～ 2 m。茎圆柱形或有棱，无毛或近无毛。羽状复叶长 8 ～ 25 cm；叶柄长 1 ～ 1.5 cm，稀达 3 cm，叶轴扁平或圆柱形，上面有槽或无槽，无毛或疏被丁字毛；托叶早落；小叶 3 ～ 7 对，对生或近对生，稀互生或下部互生；叶形变异甚大，通常卵状披针形、卵状长圆形或长圆状披针形，少有卵形至椭圆形或狭披针形，长 2 ～ 6.5 cm，宽 1 ～ 3.5 cm，先端渐尖或急尖，稀圆钝，具小尖头，基部楔形或阔楔形，上面无毛，下面被平贴白色丁字毛；小叶柄长约 2 mm；小托叶钻形，长约 1.5 mm。总状花序长 13 ～ 21 cm，直立；总花梗长 2 ～ 4 cm，花序轴具棱，无毛；苞片线状披针形，长约 3 mm，早落；花梗长 3 ～ 6 mm，无毛；花萼杯状，长 2.5 ～ 3.5 mm，顶端被短毛或近无毛，萼筒长 1.5 ～ 2 mm，萼齿三角形，长约 1 mm，或下萼齿与萼筒等长；花冠淡紫色或粉红色，稀白色，旗瓣椭圆形，长 1.2 ～ 1.8 cm，宽约 7 mm，外面被棕褐色短柔毛；翼瓣长 1.2 ～ 1.4 cm，具缘毛；龙骨瓣与翼瓣近等长，距长约 1 mm；花药卵球形，顶端有小突尖，两端有毛；子房无毛，有胚珠 10 余粒。荚果棕褐色，圆柱形，长 2.5 ～ 6.5 cm，近无毛，内果皮有紫色斑点，有种子 7 ～ 8 粒；种子椭圆形，长 4 ～ 4.5 mm。花期 4—6 月，果期 6—10 月。

【拍摄地点】肖堰镇井泉坪村，海拔 212 m。

【生境分布】生于溪边、沟谷旁及杂木林和灌丛中。分布于南漳肖堰镇。

【药用部位】根。

【功能主治】清热解毒，消肿止痛。用于咽喉肿痛，疮痈肿毒。

鸡眼草属 Kummerowia

鸡眼草　人字草　白斑鸠窝（图 0415）

Kummerowia striata（Thunb.）Schindl.

【中药名】鸡眼草*。

【形态特征】一年生草本，披散或平卧，多分枝，高 10 ～ 45 cm，茎和枝上被倒生的白色细毛。叶为三出羽状复叶；托叶大，膜质，卵状长圆形，比叶柄长，长 3 ～ 4 mm，具条纹，有缘毛；叶柄极短；小叶纸质，倒卵形、长倒卵形或长圆形，较小，长 6 ～ 22 mm，宽 3 ～ 8 mm，先端圆形，稀微缺，基部近圆形或宽楔形，全缘；两面沿中脉及边缘有白色粗毛，但上面毛较稀少，侧脉多而密。花小，单生或 2 ～ 3 朵簇生于叶腋；花梗下端具 2 枚大小不等的苞片，萼基部具 4 枚小苞片，其中 1 枚极小，位于花梗关节处，小苞片常具 5 ～ 7 条纵脉；花萼钟状，带紫色，5 裂，裂片宽卵形，具网状脉，外面及边缘具白毛；花冠粉红色或紫色，长 5 ～ 6 mm，较萼约长 1 倍，旗瓣椭圆形，下部渐狭成瓣柄，具耳，龙骨瓣比旗瓣稍长或近等长，翼瓣比龙骨瓣稍短。荚果圆形或倒卵形，稍侧扁，长 3.5 ～ 5 mm，较萼稍长或长达 1 倍，先端短尖，被小柔毛。花期 7—9 月，果期 8—10 月。

【拍摄地点】巡检镇巡检司村，海拔 370 m。

【生境分布】生于路旁、田边、溪旁或山坡草地。分布于南漳各乡镇。

图 0415 鸡眼草 *Kummerowia striata*

【采收加工】夏、秋二季采收，除去泥沙，晒干。

【药用部位】地上部分。

【性味归经】甘、淡，凉。归肺、脾、胃、大肠、膀胱经。

【功能主治】清热解毒，健脾利湿。用于感冒发热，暑湿吐泻，疟疾，痢疾，热淋，白浊。

【用法用量】9 ～ 30 g。外用适量，捣敷。

胡枝子属 Lespedeza

绿叶胡枝子 木本胡枝子（图 0416）

Lespedeza buergeri Miq.

【形态特征】直立灌木，高 1 ～ 3 m。枝灰褐色或淡褐色，被疏毛。托叶 2，线状披针形，长 2 mm；小叶卵状椭圆形，长 3 ～ 7 cm，宽 1.5 ～ 2.5 cm，先端急尖，基部稍尖或钝圆，上面鲜绿色，光滑无毛，下面灰绿色。密被贴生的毛。总状花序腋生，在枝上部者构成圆锥花序；苞片 2，长卵形，长约 2 mm，褐色，密被柔毛；花萼钟状，长 4 mm，5 裂至中部，裂片卵状披针形或卵形，密被长柔毛；花冠淡黄绿色，长约 10 mm，旗瓣近圆形，基部两侧有耳，具短柄，翼瓣椭圆状长圆形，基部有耳和瓣柄，瓣片先端有时稍带紫色，龙骨瓣倒卵状长圆形，

图 0416 绿叶胡枝子 *Lespedeza buergeri*

比旗瓣稍长，基部有明显的耳和长瓣柄；雄蕊 10，二体；子房有毛，花柱丝状，稍超出雄蕊，柱头头状。荚果长圆状卵形，长约 15 mm，表面具网纹和长柔毛。花期 6—7 月，果期 8—9 月。

【拍摄地点】李庙镇主山寨村，海拔 1262 m。

【生境分布】生于山坡、林下、山沟和路旁。分布于南漳李庙、长坪等乡镇。

【药用部位】叶。

【功能主治】清热解毒。捣烂外敷治痈疽发背。

中华胡枝子　高脚硬梗太阳草　台湾胡枝子（图 0417）

Lespedeza chinensis G. Don

【形态特征】小灌木，高达 1 m。全株被白色伏毛，茎下部毛渐脱落，茎直立或铺散；分枝斜升，被柔毛。托叶钻状，长 3 ～ 5 mm；叶柄长约 1 cm；羽状复叶具 3 小叶，小叶倒卵状长圆形、长圆形、卵形或倒卵形，长 1.5 ～ 4 cm，宽 1 ～ 1.5 cm，先端截形、近截形、微凹或钝头，具小刺尖，边缘稍反卷，上面无毛或疏生短柔毛，下面密被白色伏毛。总状花序腋生，不超出叶，少花；总花梗极短；花梗长 1 ～ 2 mm；苞片及小苞片披针形，小苞片 2，长 2 mm，被伏毛；花萼长为花冠之半，5 深裂，裂片狭披针形，长约 3 mm，被伏毛，边具缘毛；花冠白色或黄色，旗瓣椭圆形，长约 7 mm，宽约 3 mm，基部具瓣柄及 2 耳状物，翼瓣狭长圆形，长约 6 mm，具长瓣柄，龙骨瓣长约 8 mm，闭锁花簇生于茎下部叶腋。荚果卵圆形，长约 4 mm，宽 2.5 ～ 3 mm，先端具喙，基部稍偏斜，表面有网纹，密被白色伏毛。花期 8—9 月，果期 10—11 月。

图 0417　中华胡枝子 *Lespedeza chinensis*

【拍摄地点】九集镇沙河村，海拔 195 m。

【生境分布】生于灌木丛、林缘、路旁等处。分布于南漳各乡镇。

【药用部位】全草。

【功能主治】清热止痢，祛风，截疟。用于痢疾。

截叶铁扫帚　夜关门（图 0418）

Lespedeza cuneata（Dum.-Cours.）G. Don

【中药名】铁扫帚*。

【形态特征】小灌木，高达 1 m。茎直立或斜升，被毛，上部分枝；分枝斜上举。叶密集，柄短；小叶楔形或线状楔形，长 1 ～ 3 cm，宽 2 ～ 5 mm，先端截形成近截形，具小刺尖，基部楔形，上面近无毛，下面密被伏毛。总状花序腋生，具 2 ～ 4 朵花；总花梗极短；小苞片卵形或狭卵形，长 1 ～ 1.5 mm，先端渐尖，背面被白色伏毛，边具缘毛；花萼狭钟形，密被伏毛，5 深裂，裂片披针形；花冠淡黄色或白色，旗瓣基部有紫斑，有时龙骨瓣先端带紫色，翼瓣与旗瓣近等长，龙骨瓣稍长；闭锁花簇生于叶腋。荚果宽卵形或近球形，被伏毛，长 2.5 ～ 3.5 mm，宽约 2.5 mm。花期 7—8 月，果期 9—10 月。

【拍摄地点】李庙镇北沟村，海拔 791 m。

【生境分布】生于山坡路旁。分布于南漳各乡镇。

【采收加工】夏、秋二季采挖，除去泥沙及杂质，洗净，晒干。

【药用部位】全株。

【性味归经】甘、苦、涩，平。归肾、肝、胃经。

图 0418 截叶铁扫帚 *Lespedeza cuneata*

【功能主治】清肝益肾，清热利湿，止痛。用于肾虚腰痛，遗精，遗尿，肢体浮肿，赤白带下，目赤肿痛，脘腹疼痛。

【用法用量】15 ～ 30 g。

兴安胡枝子　枝儿条（图 0419）

Lespedeza daurica var. *daurica*

【形态特征】小灌木，高达 1 m。茎通常稍斜升，单一或数个簇生；老枝黄褐色或赤褐色，被短柔毛或无毛，幼枝绿褐色，有细棱，被白色短柔毛。羽状复叶具 3 小叶；托叶线形，长 2 ～ 4 mm；叶柄长 1 ～ 2 cm；小叶长圆形或狭长圆形，长 2 ～ 5 cm，宽 5 ～ 16 mm，先端圆形或微凹，有小刺尖，基部圆形，上面无毛，下面被贴伏的短柔毛；顶生小叶较大。总状花序腋生，较叶短或与叶等长；总花梗密生短柔毛；小苞片披针状线形，有毛；花萼 5 深裂，外面被白毛，萼裂片披针形，先端长渐尖，呈刺芒状，与花冠近等长；花冠白色或黄白色，旗瓣长圆形，长约 1 cm，中央稍带紫色，具瓣柄，翼瓣长圆形，先端钝，较短，龙骨瓣比翼瓣长，先端圆形；闭锁花生于叶腋，结实。荚果小，倒卵形或长倒卵形，长 3 ～ 4 mm，宽 2 ～ 3 mm，先端有刺尖，基部稍狭，两面凸起，有毛，包于宿存花萼内。花期 7—8 月，果期 9—10 月。

图 0419 兴安胡枝子 *Lespedeza daurica* var. *daurica*

【拍摄地点】九集镇沙河村，海拔 195 m。

【生境分布】生于山坡、草地或路旁。分布于南漳城关、九集等乡镇。

【药用部位】全草。

【功能主治】解表散寒。用于感冒，发烧，咳嗽。

铁马鞭 野花生（图 0420）

Lespedeza pilosa（Thunb.）Sieb. et Zucc.

图 0420 铁马鞭 *Lespedeza pilosa*

【形态特征】多年生草本。全株密被长柔毛，茎平卧，细长，长 60 ~ 80 cm，少分枝，匍匐地面。托叶钻形，长约 3 mm，先端渐尖；叶柄长 6 ~ 15 mm；羽状复叶具 3 小叶；小叶宽倒卵形或倒卵圆形，长 1.5 ~ 2 cm，宽 1 ~ 1.5 cm，先端圆形、近截形或微凹，有小刺尖，基部圆形或近截形，两面密被长毛，顶生小叶较大。总状花序腋生，比叶短；苞片钻形，长 5 ~ 8 mm，上部边缘具缘毛；总花梗极短，密被长毛；小苞片 2，披针状钻形，长 1.5 mm，背部中脉具长毛，边缘具缘毛；花萼密被长毛，5 深裂，上方 2 裂片基部合生，上部分离，裂片狭披针形，长约 3 mm，先端长渐尖，边缘具长缘毛；花冠黄白色或白色，旗瓣椭圆形，长 7 ~ 8 mm，宽 2.5 ~ 3 mm，先端微凹，具瓣柄，翼瓣比旗瓣与龙骨瓣短；闭锁花常 1 ~ 3 集生于茎上部叶腋，无梗或近无梗，结实。荚果广卵形，长 3 ~ 4 mm，凸镜状，两面密被长毛，先端具尖喙。花期 7—9 月，果期 9—10 月。

【拍摄地点】东巩镇口泉村，海拔 155 m。

【生境分布】生于荒山坡及草地。分布于南漳各乡镇。

【药用部位】全草。

【功能主治】利尿消肿，解毒散结。用于疮痈肿毒。

绒毛胡枝子 山豆花（图 0421）

Lespedeza tomentosa（Thunb.）Sieb. ex Maxim.

图 0421 绒毛胡枝子 *Lespedeza tomentosa*

【形态特征】灌木，高达 1 m。全株密被黄褐色茸毛，茎直立，单一或上部少分枝。托叶线形，长约 4 mm；羽状复叶具 3 小叶；小叶质厚，椭圆形或卵状长圆形，长 3 ~ 6 cm，宽 1.5 ~ 3 cm，先端钝或微心形，边缘稍反卷，上面被短伏毛，下面密被黄褐色茸毛或柔毛，沿脉上尤多；叶柄长 2 ~ 3 cm。总状花序顶生或于茎上部腋生；总花梗粗壮，长 4 ~ 8 cm；苞片线状披针形，长 2 mm，有毛；花具短梗，密被黄褐色茸毛；花萼密被毛，长约 6 mm，5 深裂，裂片狭披针形，长约 4 mm，先端长渐尖；花冠黄色或黄白色，旗瓣椭圆形，长约 1 cm，龙骨瓣与旗瓣近等长，翼瓣较短，长圆形；闭锁花生于茎上部叶腋，簇生成球状。荚果倒卵形，长 3 ～ 4 mm，宽 2 ～ 3 mm，先端有短尖，表面密被毛。

【拍摄地点】九集镇沙河村，海拔 186 m。

【生境分布】生于山坡草地及灌丛间。分布于南漳各乡镇。

【药用部位】根。

【功能主治】健脾补虚。用于脾虚泄泻。

百脉根属 Lotus

百脉根　牛角花（图 0422）

Lotus corniculatus L.

图 0422　百脉根 *Lotus corniculatus*

【形态特征】多年生草本，高 15 ～ 50 cm，全株散生稀疏白色柔毛或秃净，具主根。茎丛生，平卧或上升，实心，近四棱形。羽状复叶小叶 5 枚；叶轴长 4 ～ 8 mm，疏被柔毛，顶端 3 小叶，基部 2 小叶呈托叶状，纸质，斜卵形至倒披针状卵形，长 5 ～ 15 mm，宽 4 ～ 8 mm，中脉不清晰；小叶柄甚短，长约 1 mm，密被黄色长柔毛。伞形花序，总花梗长 3 ～ 10 cm；花 3 ～ 7 朵集生于总花梗顶端，长 9 ～ 15 mm；花梗短，基部有苞片 3 枚；苞片叶状，与萼等长，宿存；萼钟形，长 5 ～ 7 mm，宽 2 ～ 3 mm，无毛或稀被柔毛；萼齿近等长，狭三角形，渐尖，与萼筒等长；花冠黄色或金黄色，干后常变蓝色；旗瓣扁圆形，瓣片和瓣柄几等长，长 10 ～ 15 mm，宽 6 ～ 8 mm，翼瓣和龙骨瓣等长，均略短于旗瓣，龙骨瓣呈直角三角形弯曲，喙部狭尖；雄蕊两体，花丝分离部略短于雄蕊筒；花柱直，等长于子房成直角上指，柱头点状，子房线形，无毛，胚珠 35 ～ 40 粒。荚果直，线状圆柱形，长 20 ～ 25 mm，直径 2 ～ 4 mm，褐色，二瓣裂，扭曲；有多数种子，种子细小，卵圆形，长约 1 mm，灰褐色。花期 5—9 月，果期 7—10 月。

【拍摄地点】巡检镇刘家坡村，海拔 977 m。

【生境分布】生于山坡、草地、田野或河滩地。分布于南漳李庙、巡检、板桥等乡镇。

【药用部位】全草。

【功能主治】清热解毒，止咳平喘。用于风热咳嗽，咽炎，扁桃体炎，胃中痞满疼痛；外用治湿疹，疮疖，痔疮。

苜蓿属 Medicago

小苜蓿　毛苜蓿（图 0423）

Medicago minima（L.）Grufb.

【形态特征】一年生草本，高 5 ～ 30 cm。全株被伸展柔毛，偶杂有腺毛；主根粗壮，深入土中。茎

图 0423 小苜蓿 *Medicago minima*

铺散，平卧并上升，基部多分枝羽状三出复叶；托叶卵形，先端锐尖，基部圆形，全缘或不明浅齿；叶柄细柔，长 5 ～ 10 mm；小叶倒卵形，几等大，长 5 ～ 8 mm，宽 3 ～ 7 mm，纸质，先端圆或凹缺，具细尖，基部楔形，边缘三分之一以上具锯齿，两面均被毛。花序头状，具花 3 ～ 6 朵，疏松；总花梗细，挺直，腋生，通常比叶长，有时甚短；苞片细小，刺毛状；花长 3 ～ 4 mm；花梗甚短或无梗；萼钟形，密被柔毛，萼齿披针形，不等长，与萼筒等长或稍长；花冠淡黄色，旗瓣阔卵形，显著比翼瓣和龙骨瓣长。荚果球形，旋转 3 ～ 5 圈，直径 2.5 ～ 4.5 mm，边缝具 3 条棱，被长棘刺，通常长等于半径，水平伸展，尖端钩状；种子每圈有 1 ～ 2 粒。种子长肾形，长 1.5 ～ 2 mm，棕色，平滑。花期 3—4 月，果期 4—5 月。

【拍摄地点】李庙镇刘坪村，海拔 180 m。

【生境分布】生于荒坡、砂地、田野。分布于南漳各乡镇。

【药用部位】全草。

【功能主治】清热利湿，通淋。用于肾结石。

南苜蓿　黄花草子（图 0424）

Medicago polymorpha L.

图 0424 南苜蓿 *Medicago polymorpha*

【形态特征】一、二年生草本，高 20 ～ 90 cm。茎平卧、上升或直立，近四棱形，基部分枝，无毛或微被毛。羽状三出复叶；托叶大，卵状长圆形，长 4 ～ 7 mm，先端渐尖，基部耳状，边缘具不整齐条裂，成丝状细条或深齿状缺刻，脉纹明显；叶柄柔软，细长，长 1 ～ 5 cm，上面具浅沟；小叶倒卵形或三角状倒卵形，几等大，长 7 ～ 20 mm，宽 5 ～ 15 mm，纸质，先端钝，近截平或凹缺，具细尖，基部阔楔形，边缘在三分之一以上具浅锯齿，上面无毛，下面被疏柔毛，无斑纹。花序头状伞形，具花 2 ～ 10 朵；总花梗腋生，纤细无毛，长 3 ～ 15 mm，通常比叶短，花序轴先端不呈芒状尖；苞片甚小，尾尖；花长 3 ～ 4 mm，花梗不到 1 mm；萼钟形，长约 2 mm，萼齿披针形，与萼筒近等长，无毛或稀被毛；花冠黄色，旗瓣倒卵形，先端凹缺，基部阔楔形，比翼瓣和龙骨瓣长，翼瓣长圆形，基部具耳和稍阔的瓣柄，齿突甚发达，龙骨瓣比翼瓣稍短，基部具小耳，呈钩状；子房长圆形，镰状上弯，微被毛。荚果盘形，暗绿褐色，顺时针方向紧旋 1.5 ～ 2.5 圈，直径 4 ～ 6 mm，螺面平坦无毛，有多条辐射状脉纹，近边缘处环结，每圈具棘刺或瘤突 15 枚；种子每圈 1 ～ 2 粒。种子长肾形，长约 2.5 mm，宽 1.25 mm，棕褐色，平滑。花期 3—5 月，果期 5—6 月。

【拍摄地点】李庙镇西红柿村，海拔 391 m。

【生境分布】栽培或呈半野生状态。分布于南漳各乡镇。

【药用部位】全草。

【功能主治】清热凉血，利湿退黄，通淋。用于黄疸，痢疾，石淋。

紫苜蓿　苜蓿（图 0425）

Medicago sativa L.

【形态特征】多年生草本，高 30 ～ 100 cm。根粗壮，深入土层，根颈发达。茎直立、丛生以至平卧，四棱形，无毛或微被柔毛，枝叶茂盛。羽状三出复叶；托叶大，卵状披针形，先端锐尖，基部全缘或具 1 ～ 2 齿裂，脉纹清晰；叶柄比小叶短；小叶长卵形、倒长卵形至线状卵形，等大，或顶生小叶稍大，长 10 ～ 25 mm，宽 3 ～ 10 mm，纸质，先端钝圆，具由中脉伸出的长齿尖，基部狭窄，楔形，边缘三分之一以上具锯齿，上面无毛，深绿色，下面被贴伏柔毛，侧脉 8 ～ 10 对，与中脉成锐角，在近叶边处略有分叉；顶生小叶柄比侧生小叶柄略长。花序总状或头状，长 1 ～ 2.5 cm，具花 5 ～ 30 朵；总花梗挺直，比叶长；苞片线状锥形，比花梗长或等长；花长 6 ～ 12 mm；花梗短，长约 2 mm；萼钟形，长 3 ～ 5 mm，萼齿线状锥形，比萼筒长，被贴伏柔毛；花冠呈淡黄色、深蓝色至暗紫色，花瓣均具长瓣柄，旗瓣长圆形，先端微凹，明显较翼瓣和龙骨瓣长，翼瓣较龙骨瓣稍长；子房线形，具柔毛，花柱短阔，上端细尖，柱头点状，胚珠多数。荚果螺旋状紧卷 2 ～ 4 圈，中央无孔或近无孔，直径 5 ～ 9 mm，被柔毛或渐脱落，脉纹细，不清晰，熟时棕色；有种子 10 ～ 20 粒。种子卵形，长 1 ～ 2.5 mm，平滑，黄色或棕色。花期 5—7 月，果期 6—8 月。

图 0425　紫苜蓿 *Medicago sativa*

【拍摄地点】薛坪镇火石观村，海拔 836 m。

【生境分布】生于田边、路旁、旷野及沟谷等地。分布于南漳薛坪、肖堰等乡镇。

【药用部位】全草。

【功能主治】清热凉血，利湿退黄，通淋。用于黄疸，痢疾，石淋。

草木犀属 Melilotus

白花草木犀　臭苜蓿（图 0426）

Melilotus albus Desr.

【形态特征】一、二年生草本，高 70 ～ 200 cm。茎直立，圆柱形，中空，多分枝，几无毛。羽状三出复叶；托叶尖刺状锥形，长 6 ～ 10 mm，全缘；叶柄比小叶短，纤细；小叶长圆形或倒披针状长圆形，长 15 ～ 30 cm，宽 6 ～ 12 mm，先端钝圆，基部楔形，边缘疏生浅锯齿，上面无毛，下面被细柔毛，侧脉 12 ～ 15 对，平行直达叶缘齿尖，两面均不隆起，顶生小叶稍大，具较长小叶柄，侧小叶小叶柄短。总状花序长 9 ～ 20 cm，腋生，具花 40 ～ 100 朵，排列疏松；苞片线形，长 1.5 ～ 2 mm；花长 4 ～ 5 mm；花梗短，长 1 ～ 1.5 mm；萼钟形，长约 2.5 mm，微被柔毛，萼齿三角状披针形，短于萼筒；花冠白色，旗瓣椭圆形，稍长于翼瓣，龙骨瓣与翼瓣等长或稍短；子房卵状披针形，上部渐窄至花柱，无毛，胚珠 3 ～ 4 粒。荚果椭圆形至长圆形，长 3 ～ 3.5 mm，先端锐尖，具尖喙表面脉纹细，网状，棕褐色，老熟后变黑褐色；有种子 1 ～ 2 粒。种子卵形，棕色，表面具细瘤点。花期 5—7 月，果期 7—9 月。

图 0426　白花草木犀 *Melilotus albus*

【拍摄地点】城关镇便河村，海拔 209 m。

【生境分布】生于田边、路旁荒地及湿润的砂地。分布于南漳城关镇。

【药用部位】根。

【功能主治】止痢，截疟。用于痢疾。

草木犀　黄花草木犀　辟汗草（图 0427）

Melilotus officinalis（L.）Pall.

【形态特征】二年生草本，高 40 ～ 100 cm。茎直立，粗壮，多分枝，具纵棱，微被柔毛。羽状三出复叶；托叶镰状线形，长 3 ～ 5 mm，中央有 1 条脉纹，全缘或基部有 1 尖齿；叶柄细长；小叶倒卵形、阔卵形、倒披针形至线形，长 15 ～ 25 mm，宽 5 ～ 15 mm，先端钝圆或截形，基部阔楔形，边缘具不整齐疏浅齿，上面无毛，粗糙，下面散生短柔毛，侧脉 8 ～ 12 对，平行直达齿尖，两面均不隆起，顶生小叶稍大，具较长的小叶柄，侧小叶的小叶柄短。总状花序长 6 ～ 15 cm，腋生，具花 30 ～ 70 朵，初时稠密，花开后渐疏松，花序轴在花期中显著伸展；苞片刺毛状，长约 1 mm；花长 3.5 ～ 7 mm；花梗与苞片等长或稍长；萼钟形，长约 2 mm，脉纹 5 条，甚清晰，萼齿三角状披针形，稍不等长，比萼筒短；花冠黄色，旗瓣倒卵形，与翼瓣近等长，龙骨瓣稍短或三者均近等长；雄蕊筒在花后常宿存包于果外；子房卵状披针形，胚珠 6 ～ 8

图 0427　草木犀 *Melilotus officinalis*

粒，花柱长于子房。荚果卵形，长 3 ～ 5 mm，宽约 2 mm，先端具宿存花柱，表面具凹凸不平的横向细网纹，棕黑色；有种子 1 ～ 2 粒。种子卵形，长 2.5 mm，黄褐色，平滑。花期 5—9 月，果期 6—10 月。

【拍摄地点】薛坪镇薛坪社区，海拔 803 m。

【生境分布】生于山坡、河岸、路旁、沙质草地及林缘。分布于南漳薛坪、城关等乡镇。

【药用部位】全草。

【功能主治】清热解毒，化湿，杀虫。用于暑湿胸闷，痢疾，疟疾。

油麻藤属 Mucuna

常春油麻藤　牛马藤　棉麻藤（图 0428）

Mucuna sempervirens Hemsl.

【形态特征】常绿木质藤本，长可达 25 m。老茎直径超过 30 cm，树皮有皱纹，幼茎有纵棱和皮孔。羽状复叶具 3 小叶，叶长 21 ～ 39 cm；托叶脱落；叶柄长 7 ～ 16.5 cm；小叶纸质或革质，顶生小叶椭圆形、长圆形或卵状椭圆形，长 8 ～ 15 cm，宽 3.5 ～ 6 cm，先端渐尖头可达 15 cm，基部稍楔形，侧生小叶极偏斜，长 7 ～ 14 cm，无毛；侧脉 4 ～ 5 对，在两面明显，下面凸起；小叶柄长 4 ～ 8 mm，膨大。总状花序生于老茎上，长 10 ～ 36 cm，每节上有 3 花，无香气或有臭味；苞片和小苞片不久脱落，苞片狭倒卵形，长、宽各 15 mm；花梗长 1 ～ 2.5 cm，具短硬毛；小苞片卵形或倒卵形；花萼密被暗褐色伏贴短毛，外面被稀疏的金黄色或红褐色脱落的长硬毛，萼筒宽杯形，长 8 ～ 12 mm，宽 18 ～ 25 mm；花冠深紫色，干后黑色，长约 6.5 cm，旗瓣长 3.2 ～ 4 cm，圆形，先端凹达 4 mm，基部耳长 1 ～ 2 mm，翼瓣长 4.8 ～ 6 cm，宽 1.8 ～ 2 cm，龙骨瓣长 6 ～ 7 cm，基部瓣柄长约 7 mm，耳长约 4 mm；雄蕊管长约 4 cm，花柱下部和子房被毛。果木质，带形，长 30 ～ 60 cm，宽 3 ～ 3.5 cm，厚 1 ～ 1.3 cm，种子间缢缩，近念珠状，边缘多数加厚，凸起为一圆形脊，中央无沟槽，无翅，具伏贴红褐色短毛和长的脱落红褐色刚毛，种子 4 ～ 12 颗，内部隔膜木质；带红色、褐色或黑色，扁长圆形，长 2.2 ～ 3 cm，宽 2 ～ 2.2 cm，厚 1 cm，种脐黑色，包围着种子的 3/4。花期 4—5 月，果期 8—10 月。

图 0428　常春油麻藤 *Mucuna sempervirens*

【拍摄地点】薛坪镇黑河村，海拔 253 m。

【生境分布】生于灌木丛、溪谷或河边。分布于南漳薛坪、李庙等乡镇。

【药用部位】茎藤。

【功能主治】活血祛瘀，舒经活络。用于跌打损伤。

菜豆属 Phaseolus

荷包豆　多花菜豆（图 0429）

Phaseolus coccineus L.

【形态特征】多年生缠绕草本。在温带地区通常作一年生作物栽培，具块根；茎长 2 ～ 4 m 或过之，被毛或无毛。羽状复叶具 3 小叶；托叶小，不显著；小叶卵形或卵状菱形，长 7.5 ～ 12.5 cm，先端渐尖或稍钝，两面被柔毛或无毛。花多朵，生于较叶为长的总花梗上，排成总状花序；苞片长圆状披针形，通常和花梗等长，多少宿存，小苞片长圆状披针形，与花萼等长或较萼为长；花萼阔钟形，无毛或疏被长柔毛，萼齿远较萼管为短；花冠通常鲜红色，偶为白色，长 1.5 ～ 2 cm。荚果镰状长圆形，长 5 ～ 30 cm，宽约 1.5 cm；种子阔长圆形，长 1.8 ～ 2.5 cm，宽 1.2 ～ 1.4 cm，顶端钝，深紫色而具红斑、黑色或红色，稀为白色。

图 0429　荷包豆 *Phaseolus coccineus*

【拍摄地点】薛坪镇九甲河村，海拔 815 m。

【生境分布】栽培。南漳薛坪镇偶见栽培。

【药用部位】种子。

【功能主治】清热消肿。用于疮痈肿毒。

豌豆属 Pisum

豌豆　荷兰豆（图 0430）

Pisum sativum L.

【形态特征】一年生攀援草本，高 0.5 ～ 2 m。全株绿色，光滑无毛，被粉霜。叶具小叶 4 ～ 6 片，托叶比小叶大，叶状，心形，下缘具细齿。小叶卵圆形，长 2 ～ 5 cm，宽 1 ～ 2.5 cm；花于叶腋单生或数朵排列为总状花序；花萼钟状，深 5 裂，裂片披针形；花冠颜色多样，随品种而异，但多为白色和紫色，雄蕊两体。子房无毛，花柱扁，内面有髯毛。荚果肿胀，长椭圆形，长 2.5 ～ 10 cm，宽 0.7 ～ 14 cm，顶端斜急尖，背部近于伸直，内侧有坚硬纸质的内皮；种子 2 ～ 10 颗，圆形，青绿色，有皱纹或无，干后变为黄色。花期 6—7 月，果期 7—9 月。

【拍摄地点】巡检镇峡口村，海拔 214 m。

【生境分布】栽培。分布于南漳各乡镇。

【药用部位】种子。

【功能主治】和中下气，利小便，解疮毒。用于霍乱转筋，脚气，痈肿。

图 0430 豌豆 *Pisum sativum*

图 0431 宽卵叶长柄山蚂蝗
Podocarpium podocarpum var. *fallax*

长柄山蚂蝗属 Podocarpium

宽卵叶长柄山蚂蝗 假山绿豆 东北山蚂蝗（图 0431）

Podocarpium podocarpum var. *fallax*（Schindl.）Yang et Huang

【形态特征】直立草本，高 50 ～ 100 cm。根茎稍木质；茎具条纹，疏被伸展短柔毛。叶为羽状三出复叶，小叶 3；托叶钻形，长约 7 mm，基部宽 0.5 ～ 1 mm，外面与边缘被毛；叶柄长 2 ～ 12 cm，着生茎上部的叶柄较短，茎下部的叶柄较长，疏被伸展短柔毛；小叶纸质，顶生小叶宽卵形或卵形，长 3.5 ～ 12 cm，宽 2.5 ～ 8 cm，先端渐尖或急尖，基部阔楔形或圆形，全缘，两面疏被短柔毛或几无毛，侧脉每边约 4 条，直达叶缘；侧生小叶斜卵形，较小，偏斜，小托叶丝状，长 1 ～ 4 mm；小叶柄长 1 ～ 2 cm，被伸展短柔毛。总状花序或圆锥花序，顶生或顶生和腋生，长 20 ～ 30 cm，结果时延长至 40 cm；总花梗被柔毛和钩状毛；通常每节生 2 花，花梗长 2 ～ 4 mm，结果时增长至 5 ～ 6 mm；苞片早落，窄卵形，长 3 ～ 5 mm，宽约 1 mm，被柔毛；花萼钟形，长约 2 mm，裂片极短，较萼筒短，被小钩状毛；花冠紫红色，长约 4 mm，旗瓣宽倒卵形，翼瓣窄椭圆形，龙骨瓣与翼瓣相似，均无瓣柄；雄蕊单体；雌蕊长约 3 mm，子房具子房柄。荚果长约 1.6 cm，通常有荚节 2，背缝线弯曲，节间深凹入达腹缝线；荚节略呈宽半倒卵形，长 5 ～ 10 mm，宽 3 ～ 4 mm，先端截形，基部楔形，被钩状毛和小直毛，稍有网纹；果梗长约 6 mm；果颈长 3 ～ 5 mm。花果期 8—9 月。

【拍摄地点】长坪镇赵岭村，海拔 1256 m。

【生境分布】生于山坡路旁、灌丛中或疏林中。分布于南漳长坪、李庙、薛坪等乡镇。

【药用部位】全草。

【功能主治】清热解表，利湿退黄。用于风热感冒，黄疸性肝炎。

葛属 Pueraria

葛 野葛（图 0432）

Pueraria montana（Loureiro）Merrill

【中药名】葛根*。

【形态特征】粗壮藤本，长可达 8 m，全体被黄色长硬毛，茎基部木质，有粗厚的块状根。羽状复叶具 3 小叶；托叶背着，卵状长圆形，具线条；小托叶线状披针形，与小叶柄等长或较长；小叶三裂，偶尔全缘，顶生小叶宽卵形或斜卵形，长 7 ～ 15 cm，宽 5 ～ 12 cm，先端长渐尖，侧生小叶斜卵形，稍小，上面被淡黄色、平伏的疏柔毛，下面较密；小叶柄被黄褐色茸毛。总状花序长 15 ～ 30 cm，中部以上有颇密集的花；苞片线状披针形至线形，远比小苞片长，早落；小苞片卵形，长不及 2 mm；花 2 ～ 3 朵聚生于花序轴的节上；花萼钟形，长 8 ～ 10 mm，被黄褐色柔毛，裂片披针形，渐尖，比萼管略长；花冠长 10 ～ 12 mm，紫色，旗瓣倒卵形，基部有 2 耳及一黄色硬痂状附属体，具短瓣柄，翼瓣镰状，较龙骨瓣为狭，基部有线形、向下的耳，龙骨瓣镰状长圆形，基部有极小、急尖的耳；对旗瓣的 1 枚雄蕊仅上部离生；子房线形，被毛。荚果长椭圆形，长 5 ～ 9 cm，宽 8 ～ 11 mm，扁平，被褐色长硬毛。花期 9—10 月，果期 11—12 月。

图 0432　葛 *Pueraria montana*

【拍摄地点】城关镇便河村，海拔 180 m。

【生境分布】生于山地疏或密林中。分布于南漳各乡镇。

【采收加工】秋、冬二季采挖，趁鲜切成厚片或小块，干燥。

【药用部位】根。

【性味归经】甘、辛，凉。归脾、胃、肺经。

【功能主治】解肌退热，生津止渴，透疹，升阳止泻，通经活络，解酒毒。用于外感发热头痛，项背强痛，口渴，消渴，麻疹不透，热痢，泄泻，眩晕头痛，中风偏瘫，胸痹心痛，酒毒伤中。

【用法用量】10 ～ 15 g。

粉葛 甘葛藤（图 0433）

Pueraria montana var. *thomsonii*（Bentham）M. R. Almeida

【中药名】粉葛*。

【形态特征】本种为葛（*Pueraria montana*）的一个变种。本变种与原变种主要区别在于顶生小叶菱状卵形或宽卵形，侧生的斜卵形，长和宽均 10 ～ 13 cm，先端急尖或具长小尖头，基部截平或急尖，全缘或具 2 ～ 3 裂片，两面均被黄色粗伏毛；花冠长 16 ～ 18 mm；旗瓣近圆形。花期 9 月，果期 11 月。

【拍摄地点】东巩镇口泉村，海拔 151 m。

【生境分布】生于山地林中。分布于南漳各乡镇。

【采收加工】秋、冬二季采挖，除去外皮，稍干，截段或再纵切两半或斜切成厚片，干燥。

图 0433 粉葛 *Pueraria montana* var. *thomsonii*

【药用部位】根。

【性味归经】甘、辛，凉。归脾、胃经。

【功能主治】解肌退热，生津止渴，透疹，升阳止泻，通经活络，解酒毒。用于外感发热头痛，项背强痛，口渴，消渴，麻疹不透，热痢，泄泻，眩晕头痛，中风偏瘫，胸痹心痛，酒毒伤中。

【用法用量】10 ～ 15 g。

鹿藿属 Rhynchosia

菱叶鹿藿 山黄豆藤（图 0434）

Rhynchosia dielsii Harms

【形态特征】缠绕草本。茎纤细，通常密被黄褐色长柔毛或有时混生短柔毛。叶具羽状 3 小叶；托叶小，披针形，长 3 ～ 7 mm；叶柄长 3.5 ～ 8 cm，被短柔毛，顶生小叶卵形、卵状披针形、宽椭圆形或菱状卵形，长 5 ～ 9 cm，宽 2.5 ～ 5 cm，先端渐尖或尾状渐尖，基部圆形，两面密被短柔毛，下面有松脂状腺点，基出脉 3，侧生小叶稍小，斜卵形；小托叶刚毛状，长约 2 mm；小叶柄长 1 ～ 2 mm，均被短柔毛。总状花序腋生，长 7 ～ 13 cm，被短柔毛；苞片披针形，长 5 ～ 10 mm，脱落；花疏生，黄色，长 8 ～ 10 mm；花梗长 4 ～ 6 mm；花萼 5 裂，裂片三角形，下面一裂片较长，密被短柔毛；

图 0434 菱叶鹿藿 *Rhynchosia dielsii*

花冠各瓣均具瓣柄，旗瓣倒卵状圆形，基部两侧具内弯的耳，翼瓣狭长椭圆形，具耳，其中一耳较长而弯，另一耳短小，龙骨瓣具长喙，基部一侧具钝耳。荚果长圆形或倒卵形，长 1.2 ～ 2.2 cm，宽 0.8 ～ 1 cm，扁平，成熟时红紫色，被短柔毛；种子 2 颗，近圆形，长、宽约 4 mm。花期 6—7 月，果期 8—11 月。

【拍摄地点】巡检镇凤翔坪村，海拔 739 m。

【生境分布】生于山坡、路旁灌丛中。分布于南漳各乡镇。

【药用部位】茎叶。

【功能主治】祛风解热。用于小儿风热咳嗽，各种惊风；无热者忌用，多服致哑。

鹿藿　**痰切豆　老鼠眼（图 0435）**

Rhynchosia volubilis Lour.

【形态特征】缠绕草质藤本。全株各部多少被灰色至淡黄色柔毛，茎略具棱。叶为羽状或有时近指状 3 小叶；托叶小，披针形，长 3 ～ 5 mm，被短柔毛；叶柄长 2 ～ 5.5 cm；小叶纸质，顶生小叶菱形或倒卵状菱形，长 3 ～ 8 cm，宽 3 ～ 5.5 cm，先端钝，或为急尖，常有小凸尖，基部圆形或阔楔形，两面均被灰色或淡黄色柔毛，下面尤密，并被黄褐色腺点；基出脉 3；小叶柄长 2 ～ 4 mm，侧生小叶较小，常偏斜。总状花序长 1.5 ～ 4 cm，1 ～ 3 个腋生；花长约 1 cm，排列稍密集；花梗长约 2 mm；花萼钟状，长约 5 mm，裂片披针形，外面被短柔毛及腺点；花冠黄色，旗瓣近圆形，有宽而内弯的耳，翼瓣倒卵状长圆形，基部一侧具长耳，龙骨瓣具喙；雄蕊二体；子房被毛及密集的小腺点，胚珠 2 颗。荚果长圆形，红紫色，长 1 ～ 1.5 cm，宽约 8 mm，极扁平，在种子间略收缩，稍被毛或近无毛，先端有小喙；种子通常 2 颗，椭圆形或近肾形，黑色，光亮。花期 5—8 月，果期 9—12 月。

图 0435　鹿藿 *Rhynchosia volubilis*

【拍摄地点】城关镇木瓜园村，海拔 213 m。

【生境分布】生于山坡路旁草丛中。分布于南漳城关、李庙等乡镇。

【药用部位】茎叶。

【功能主治】凉血，解毒。用于头痛，腰疼腹痛，产褥热，瘰疬，痈肿。

刺槐属 Robinia

刺槐　**洋槐（图 0436）**

Robinia pseudoacacia L.

【形态特征】落叶乔木，高 10 ～ 25 m；树皮灰褐色至黑褐色，浅裂至深纵裂，稀光滑。小枝灰褐色，幼时有棱脊，微被毛，后无毛；具托叶刺，长达 2 cm；冬芽小，被毛。羽状复叶长 10 ～ 25 cm，叶轴上面具沟槽；小叶 2 ～ 12 对，常对生，椭圆形、长椭圆形或卵形，长 2 ～ 5 cm，宽 1.5 ～ 2.2 cm，先端圆，微凹，具小尖头，基部圆形至阔楔形，全缘，上面绿色，下面灰绿色，幼时被短柔毛，后变无毛；小叶柄长 1 ～ 3 mm；小托叶针芒状，总状花序腋生，长 10 ～ 20 cm，下垂，花多数，芳香；苞片早落；花梗长 7 ～ 8 mm；花萼斜钟状，长 7 ～ 9 mm，萼齿 5，三角形至卵状三角形，密被柔毛；花冠白色，各瓣均具瓣柄，旗瓣近圆形，长 16 mm，宽约 19 mm，先端凹缺，基部圆，反折，内有黄斑，翼瓣斜倒卵形，与旗瓣几等长，长约 16 mm，基部一侧具圆耳，龙骨瓣镰状，三角形，与翼瓣等长或稍短，前缘合生，先端钝尖；雄蕊二体，对旗瓣的 1 枚分离；子房线形，长约 1.2 cm，无毛，柄长 2 ～ 3 mm，花柱钻形，长约 8 mm，上弯，顶端具毛，柱头顶生。荚果褐色，或具红褐色斑纹，线状长圆形，长 5 ～ 12 cm，宽 1 ～ 1.3 cm，扁平，先端上弯，具尖头，果颈短，沿腹缝线具狭翅；花萼宿存，有种子 2 ～ 15 粒；种子褐色至黑褐色，微具光泽，有时具斑纹，近肾形，长 5 ～ 6 mm，宽约 3 mm，种脐圆形，偏于一端。花期 4—6 月，果期 8—9 月。

图 0436　刺槐 *Robinia pseudoacacia*

【拍摄地点】九集镇吴家集村，海拔 151 m。

【生境分布】生于山坡、路旁或宅旁。分布于南漳各乡镇。

【药用部位】花。

【功能主治】利尿止血。用于便血，咯血，吐血，妇女崩漏。

决明属 Senna

决明　草决明（图 0437）

Senna tora (L.) Roxburgh

【中药名】决明子*。

【形态特征】直立、粗壮、一年生亚灌木状草本，高 1 ～ 2 m。叶长 4 ～ 8 cm，叶柄上无腺体；叶轴上每对小叶间有棒状的腺体 1 枚；小叶 3 对，膜质，倒卵形或倒卵状长椭圆形，长 2 ～ 6 cm，宽 1.5 ～ 2.5 cm，顶端圆钝而有小尖头，基部渐狭，偏斜，上面被稀疏柔毛，下面被柔毛；小叶柄长 1.5 ～ 2 mm；托叶线状，被柔毛，早落。花腋生，通常 2 朵聚生；总花梗长 6 ～ 10 mm；花梗长 1 ～ 1.5 cm，丝状；萼片稍不等大，卵形或卵状长圆形，膜质，外面被柔毛，长约 8 mm；花瓣黄色，下面二片略长，长 12 ～ 15 mm，宽 5 ～ 7 mm；能育雄蕊 7 枚，花药四方形，顶孔开裂，长约 4 mm，花丝短于花药；子房无柄，被白色柔毛。荚果纤细，近四棱形，两端渐尖，长达 15 cm，宽 3 ～ 4 mm，膜质；种子约 25 颗，菱形，光亮。花果期 8—11 月。

【拍摄地点】肖堰镇峰山村，海拔 882 m。

【生境分布】生于山坡、旷野及河滩沙地上。分布于南漳肖堰、城关等乡镇。

【采收加工】秋季采收成熟果实，晒干，打下种子，除去杂质。

【药用部位】成熟种子。

【性味归经】甘、苦、咸，微寒。归肝、大肠经。

【功能主治】清热明目，润肠通便。用于目赤涩痛，头痛眩晕，目暗不明，大便秘结。

【用法用量】9 ～ 15 g。

图 0437 决明 *Senna tora*

望江南 羊角豆（图 0438）

Senna occidentalis (L.) Link

【形态特征】直立、少分枝的亚灌木或灌木，无毛，高 0.8 ～ 1.5 m。枝带草质，有棱；根黑色。叶长约 20 cm；叶柄近基部有大而带褐色、圆锥形的腺体 1 枚；小叶 4 ～ 5 对，膜质，卵形至卵状披针形，长 4 ～ 9 cm，宽 2 ～ 3.5 cm，顶端渐尖，有小缘毛；小叶柄长 1 ～ 1.5 mm，揉之有腐败气味；托叶膜质，卵状披针形，早落。花数朵组成伞房状总状花序，腋生和顶生，长约 5 cm；苞片线状披针形或长卵形，长渐尖，早脱；花长约 2 cm；萼片不等大，外生的近圆形，长 6 mm，内生的卵形，长 8 ～ 9 mm；花瓣黄色，外生的卵形，长约 15 mm，宽 9 ～ 10 mm，其余可长达 20 mm，宽 15 mm，顶端圆形，均有短狭的瓣柄；雄蕊 7 枚发育，3 枚不育，无花药。荚果带状镰形，褐色，压扁，长 10 ～ 13 cm，宽 8 ～ 9 mm，稍弯曲，边较淡色，加厚，有尖头；果柄长 1 ～ 1.5 cm；种子 30 ～ 40 颗，种子间有薄隔膜。花期 4—8 月，果期 6—10 月。

图 0438 望江南 *Senna occidentalis*

【拍摄地点】李庙镇刘坪村，海拔 332 m。

【生境分布】生于河边滩地、旷野、灌木林或疏林中。偶见分布于南漳李庙镇。

【药用部位】种子。

【功能主治】清肝明目，健胃润肠；有毒。用于高血压头痛，目赤肿痛，口腔糜烂，习惯性便秘，痢疾腹痛，慢性肠炎。

槐属 Sophora

苦参　地槐　野槐　苦骨（图 0439）

Sophora flavescens Alt.

【中药名】苦参*。

【形态特征】草本或亚灌木，稀呈灌木状，通常高 1 m 左右，稀达 2 m。茎具纹棱，幼时疏被柔毛，后无毛。羽状复叶长达 25 cm；托叶披针状线形，渐尖，长 6 ～ 8 mm；小叶 6 ～ 12 对，互生或近对生，纸质，形状多变，椭圆形、卵形、披针形至披针状线形，长 3 ～ 4 cm，宽 1.2 ～ 2 cm，先端钝或急尖，基部宽楔形或浅心形，上面无毛，下面疏被灰白色短柔毛或近无毛。中脉下面隆起。总状花序顶生，长 15 ～ 25 cm；花多数，疏或稍密；花梗纤细，长约 7 mm；苞片线形，长约 2.5 mm；花萼钟状，明显歪斜，具不明显波状齿，完全发育后近截平，长约 5 mm，宽约 6 mm，疏被短柔毛；花冠比花萼长 1 倍，白色或淡黄白色，旗瓣倒卵状匙形，长 14 ～ 15 mm，宽 6 ～ 7 mm，先端圆形或微缺，基部渐狭成柄，柄宽 3 mm，翼瓣单侧生，强烈皱褶几达瓣片的顶部，柄与瓣片近等长，长约 13 mm，龙骨瓣与翼瓣相似，稍宽，宽约 4 mm，雄蕊 10，分离或近基部稍连合；子房近无柄，被淡黄白色柔毛，花柱稍弯曲，胚珠多数。荚果长 5 ～ 10 cm，种子间稍缢缩，呈不明显串珠状，稍四棱形，疏被短柔毛或近无毛，成熟后开裂成 4 瓣，有种子 1 ～ 5 粒；种子长卵形，稍压扁，深红褐色或紫褐色。花期 6—8 月，果期 7—10。

图 0439　苦参 *Sophora flavescens*

【拍摄地点】李庙镇主山寨村，海拔 1236 m。

【生境分布】生于山坡灌木林中或田野附近。分布于南漳李庙、长坪等乡镇。

【采收加工】春、秋二季采挖，除去根头和小支根，洗净，干燥，或趁鲜切片，干燥。

【药用部位】根。

【性味归经】苦，寒。归心、肝、胃、大肠、膀胱经。

【功能主治】清热燥湿，杀虫，利尿。用于热痢，便血，黄疸尿闭，赤白带下，阴肿阴痒，湿疹，湿疮，皮肤瘙痒，疥癣麻风；外治滴虫性阴道炎。

【用法用量】4.5 ～ 9 g。外用适量，煎汤洗患处。

槐　国槐　槐树（图 0440）

Sophora japonica L.

【中药名】槐花*、槐角*、槐枝*。

【形态特征】乔木，高达 25 m；树皮灰褐色，具纵裂纹。当年生枝绿色，无毛。羽状复叶长达 25 cm；叶轴初被疏柔毛，旋即脱净；叶柄基部膨大，包裹着芽；托叶形状多变，有时呈卵形、叶状，有时线形或钻状，早落；小叶 4 ～ 7 对，对生或近互生，纸质，卵状披针形或卵状长圆形，长 2.5 ～ 6 cm，宽 1.5 ～ 3 cm，先端渐尖，具小尖头，基部宽楔形或近圆形，稍偏斜，下面灰白色，初被疏短柔毛，旋变无毛；小托叶 2 枚，钻状。圆锥花序顶生，常呈金字塔形，长达 30 cm；花梗比花萼短；小苞片 2 枚，形似小托叶；花萼浅钟状，长约 4 mm，萼齿 5，近等大，圆形或钝三角形，被灰白色短柔毛，萼管近无毛；花冠白色或淡黄色，旗瓣近圆形，长和宽约 11 mm，具短柄，有紫色脉纹，先端微缺，基部浅心形，翼瓣卵状长圆形，长 10 mm，宽 4 mm，先端浑圆，基部斜戟形，无皱褶，龙骨瓣阔卵状长圆形，与翼瓣等长，宽达 6 mm；雄蕊近分离，宿存；子房近无毛。荚果串珠状，长 2.5 ～ 5 cm 或稍长，直径约 10 mm，种子间缢缩不明显，种子排列较紧密，具肉质果皮，成熟后不开裂，具种子 1 ～ 6 粒；种子卵球形，淡黄绿色，干后黑褐色。花期 7—8 月，果期 8—10 月。

图 0440 槐 *Sophora japonica*

【拍摄地点】薛坪镇杜冲村，海拔 822 m。

【生境分布】生于山坡路旁或宅旁。分布于南漳各乡镇。

【采收加工】槐花：夏季花开放或花蕾形成时采收，及时干燥，除去枝、梗及杂质。槐角：冬季采收，除去杂质，干燥。槐枝：春末夏初采收，除去叶，晒干。

【药用部位】槐花：花及花蕾。槐角：成熟果实。槐枝：嫩枝。

【性味归经】槐花：苦，微寒；归肝、大肠经。槐角：苦，寒；归肝、大肠经。槐枝：苦，平；归心、肝经。

【功能主治】槐花：凉血止血，清肝泻火；用于便血，痔血，血痢，崩漏，吐血，衄血，肝热目赤，头痛眩晕。槐角：清热泻火，凉血止血；用于肠热便血，痔肿出血，肝热头痛，眩晕目赤。槐枝：清肝明目，清热利湿；用于崩漏带下，心痛，目赤，痔疮，疥疮。

【用法用量】槐花：5 ～ 10 g。槐角：6 ～ 9 g。槐枝：15 ～ 30 g。

龙爪槐（图 0441）

Sophora japonica f. *pendula* Hort.

【形态特征】本种为槐（*Sophora japonica*）的一个变型。本变型与槐的主要区别为枝和小枝均下垂，并向不同方向弯曲盘悬，形似龙爪，易与其他类型相区别。

【拍摄地点】薛坪镇杜冲村，海拔 818 m。

【生境分布】栽培。零星分布于南漳薛坪、城关等乡镇。

【药用部位】种子。

【功能主治】清热燥湿，止痢。用于痢疾。

图 0441 龙爪槐 *Sophora japonica* f. *pendula*

图 0442 红车轴草 *Trifolium pratense*

车轴草属 Trifolium

红车轴草 红三叶 红花苜蓿（图 0442）

Trifolium pratense L.

【形态特征】短期多年生草本，生长期 2 ~ 5 年。主根深入土层达 1 m。茎粗壮，具纵棱，直立或平卧上升，疏生柔毛或秃净。掌状三出复叶；托叶近卵形，膜质，每侧具脉纹 8 ~ 9 条，基部抱茎，先端离生部分渐尖，具锥刺状尖头；叶柄较长，茎上部的叶柄短，被伸展毛或秃净；小叶卵状椭圆形至倒卵形，长 1.5 ~ 3.5 cm，宽 1 ~ 2 cm，先端钝，有时微凹，基部阔楔形，两面疏生褐色长柔毛，叶面上常有“V”字形白斑，侧脉约 15 对，作 20°角展开在叶边处分叉隆起，伸出形成不明显的钝齿；小叶柄短，长约 1.5 mm。花序球状或卵状，顶生；无总花梗或具甚短总花梗，包于顶生叶的托叶内，托叶扩展成焰苞状，具花 30 ~ 70 朵，密集；花长 12 ~ 14 mm；几无花梗；萼钟形，被长柔毛，具脉纹 10 条，萼齿丝状，锥尖，比萼筒长，最下方 1 齿比其余萼齿长 1 倍，萼喉开张，具一多毛的加厚环；花冠紫红色至淡红色，旗瓣匙形，先端圆形，微凹缺，基部狭楔形，明显比翼瓣和龙骨瓣长，龙骨瓣稍比翼瓣短；子房椭圆形，花柱丝状细长，胚珠 1 ~ 2 粒。荚果卵形；通常有 1 粒扁圆形种子。花果期 5—9 月。

【拍摄地点】李庙镇主山寨村，海拔 1094 m。

【生境分布】栽培或逸生于林缘、路边、草地等湿润处。分布于南漳李庙、城关、武安等乡镇。

【药用部位】全草。

【功能主治】清热凉血。用于癫痫。

野豌豆属 Vicia

广布野豌豆 落豆秧 灰野豌豆（图 0443）

Vicia cracca L.

【形态特征】多年生草本，高 40 ~ 150 cm。根细长，多分支。茎攀援或蔓生，有棱，被柔毛。偶数羽状复叶，叶轴顶端卷须有 2 ~ 3 分枝；托叶半箭头形或戟形，上部 2 深裂；小叶 5 ~ 12 对互生，线形、长圆形或披针状线形，长 1.1 ～ 3 cm，宽 0.2 ～ 0.4 cm，先端锐尖或圆形，具短尖头，基部近圆形或近楔形，全缘；叶脉稀疏，呈三出脉状，不甚清晰。总状花序与叶轴近等长，花多数，10 ～ 40 朵密集生于总花序轴上部；花萼钟状，萼齿 5，近三角状披针形；花冠紫色、蓝紫色或紫红色，长 0.8 ～ 1.5 cm；旗瓣长圆形，中部缢缩呈提琴形，先端微缺，瓣柄与瓣片近等长；翼瓣与旗瓣近等长，明显长于龙骨瓣，先端钝；子房有柄，胚珠 4 ～ 7，花柱弯与子房连接处成大于 90°夹角，上部四周被毛。荚果长圆形或长圆菱形，长 2 ～ 2.5 cm，宽约 0.5 cm，先端有喙，果梗长约 0.3 cm。种子 3 ～ 6，扁圆球形，直径约 0.2 cm，种皮黑褐色，种脐长相当于种子周长的 1/3。花果期 5—9 月。

图 0443　广布野豌豆 *Vicia cracca*

【拍摄地点】城关镇文笔峰村，海拔 100 m。

【生境分布】生于草甸、林缘、山坡、河滩草地及灌丛。分布于南漳各乡镇。

【药用部位】全草。

【功能主治】清热解毒。捣烂外敷治疗疔疮。

蚕豆　**胡豆（图 0444）**

Vicia faba L.

【形态特征】一年生草本，高 30 ～ 100 cm。主根短粗，多须根，根瘤粉红色，密集。茎粗壮，直立，直径 0.7 ～ 1 cm，具 4 棱，中空，无毛。偶数羽状复叶，叶轴顶端卷须短缩为短尖头；托叶戟头形或近三角状卵形，长 1 ～ 2.5 cm，宽约 0.5 cm，略有锯齿，具深紫色密腺点；小叶通常 1 ～ 3 对，互生，上部小叶可达 4 ～ 5 对，基部较少，小叶椭圆形、长圆形或倒卵形，稀圆形，长 4 ～ 6 cm，宽 1.5 ～ 4 cm，先端圆钝，具短尖头，基部楔形，全缘，两面均无毛。总状花序腋生，花梗近无；花萼钟形，萼齿披针形，下萼齿较长；具花 2 ～ 4 朵，呈丛状着生于叶腋，花冠白色，具紫色脉纹及黑色斑晕，长 2 ～ 3.5 cm，旗瓣中部缢缩，基部渐狭，翼瓣短于旗瓣，长于龙骨瓣；雄蕊二体，子房线形无柄，胚珠 2 ～ 4，花柱密被白柔毛，顶端远轴面有一束髯毛。荚果肥厚，长 5 ～ 10 cm，宽 2 ～ 3 cm；表皮绿色被茸毛，内

图 0444　蚕豆 *Vicia faba*

有白色海绵状横隔膜，成熟后表皮变为黑色。种子 2 ～ 4，近长方形，中间内凹，种皮革质，青绿色、灰绿色至棕褐色，稀紫色或黑色；种脐线形，黑色，位于种子一端。花期 4—5 月，果期 5—6 月。

【拍摄地点】城关镇文笔峰村，海拔 154 m。

【生境分布】栽培。分布于南漳各乡镇。

【药用部位】叶。

【功能主治】止血，解毒。用于咯血，吐血，外伤出血，肺结核咯血，消化道出血。

小巢菜　硬毛果野豌豆（图 0445）

Vicia hirsuta（L.）S. F. Gray

【形态特征】一年生草本，高 15 ～ 90 cm，攀援或蔓生。茎细柔有棱，近无毛。偶数羽状复叶末端卷须分枝；托叶线形，基部有 2 ～ 3 裂齿；小叶 4 ～ 8 对，线形或狭长圆形，长 0.5 ～ 1.5 cm，宽 0.1 ～ 0.3 cm，先端平截，具短尖头，基部渐狭，无毛。总状花序明显短于叶；花萼钟形，萼齿披针形，长约 0.2 cm；花 2 ～ 4 朵密集于花序轴顶端，花甚小，仅长 0.3 ～ 0.5 cm；花冠白色、淡蓝青色或紫白色，稀粉红色，旗瓣椭圆形，长约 0.3 cm，先端平截有凹，翼瓣近勺形，与旗瓣近等长，龙骨瓣较短；子房无柄，密被褐色长硬毛，胚珠 2，花柱上部四周被毛。荚果长圆菱形，长 0.5 ～ 1 cm，宽 0.2 ～ 0.5 cm，表皮密被棕褐色长硬毛；种子 2，扁圆形，直径 0.15 ～ 0.25 cm，两面凸出，种脐长相当于种子周长的 1/3。花果期 2—7 月。

图 0445　小巢菜 *Vicia hirsuta*

【拍摄地点】城关镇文笔峰村，海拔 162 m。

【生境分布】生于山沟、河滩、田边或路旁草丛。分布于南漳各乡镇。

【药用部位】全草。

【功能主治】解表利湿，活血止血，清热解毒。用于疔疮。

救荒野豌豆　大巢菜　野豌豆（图 0446）

Vicia sativa L.

【形态特征】一年生或二年生草本，高 15 ～ 90 cm。茎斜升或攀援，单一或多分枝，具棱，被微柔毛。偶数羽状复叶长 2 ～ 10 cm，叶轴顶端卷须有 2 ～ 3 分枝；托叶戟形，通常 2 ～ 4 裂齿，长 0.3 ～ 0.4 cm，宽 0.15 ～ 0.35 cm；小叶 2 ～ 7 对，长椭圆形或近心形，长 0.9 ～ 2.5 cm，宽 0.3 ～ 1 cm，先端圆或平截有凹，具短尖头，基部楔形，侧脉不甚明显，两面被贴伏黄柔毛。花 1 ～ 2 朵腋生，近无梗；萼钟形，外面被柔毛，萼齿披针形或锥形；花冠紫红色或红色，旗瓣长倒卵圆形，先端圆，微凹，中部缢缩，翼瓣短于旗瓣，长于龙骨瓣；子房线形，微被柔毛，胚珠 4 ～ 8，子房具柄短，花柱上部被淡黄白色髯毛。荚果线长圆形，长 4 ～ 6 cm，宽 0.5 ～ 0.8 cm，表皮土黄色种间缢缩，有毛，成熟时背腹开裂，果瓣扭曲。种子 4 ～ 8，圆球形，棕色或黑褐色，种脐长相当于种子周长的 1/5。花期 4—7 月，果期 7—9 月。

【拍摄地点】城关镇文笔峰村，海拔 154 m。

【生境分布】生于荒山、田边草丛及林中。分布于南漳各乡镇。

【药用部位】全草。

【功能主治】清热利湿，活血祛瘀。用于黄疸，月经不调；捣烂外敷治疗疔疮。

图 0446 救荒野豌豆 *Vicia sativa*

歪头菜 **草豆 两叶豆苗（图 0447）**

Vicia unijuga A. Br.

【形态特征】多年生草本，高 40～100 cm。根茎粗壮近木质，主根长达 8 ～ 9 cm，直径 2.5 cm，须根发达，表皮黑褐色。通常数茎丛生，具棱，疏被柔毛，老时渐脱落，茎基部表皮红褐色或紫褐红色。叶轴末端为细刺尖头；偶见卷须，托叶戟形或近披针形，长 0.8 ～ 2 cm，宽 3 ～ 5 mm，边缘有不规则齿蚀状；小叶一对，卵状披针形或近菱形，长 3 ～ 7 cm，宽 1.5 ～ 4 cm，先端渐尖，边缘具小齿状，基部楔形，两面均疏被微柔毛。总状花序单一稀有分枝呈圆锥状复总状花序，明显长于叶，长 4.5 ～ 7 cm；花 8 ～ 20 朵密集于花序轴上部；花萼紫色，斜钟状或钟状，长约 0.4 cm，直径 0.2 ～ 0.3 cm，无毛或近无毛，萼齿明显短于萼筒；花冠蓝紫色、紫红色或淡蓝色，长 1 ～ 1.6 cm；旗瓣倒提琴形，中部缢缩，先端圆有凹，长 1.1 ～ 1.5 cm，宽 0.8 ～ 1 cm；翼瓣先端钝圆，长 1.3 ～ 1.4 cm，宽 0.4 cm，龙骨瓣短于翼瓣；子房线形，无毛，胚珠 2 ～ 8，具子房柄，花柱上部四周被毛。荚果扁、长圆形，长 2 ～ 3.5 cm，宽 0.5 ～ 0.7 cm，无毛，表皮棕黄色，近革质，两端渐尖，先端具喙，成熟时腹背开裂，果瓣扭曲。种子 3 ～ 7，扁圆球形，直径 0.2 ～ 0.3 cm，种皮黑褐色，革质，种脐长相当于种子周长的 1/4。花期 6—7 月，果期 8—9 月。

图 0447 歪头菜 *Vicia unijuga*

【拍摄地点】长坪镇标湖村，海拔 390 m。

【生境分布】生于山地、林缘、草地、沟边及灌丛。分布于南漳长坪镇。

【药用部位】全草。

【功能主治】补虚，调肝，理气，止痛。用于头晕，头痛。

豇豆属 Vigna

贼小豆 狭叶菜豆 山绿豆（图 0448）

Vigna minima（Roxb.）Ohwi et Ohashi

【形态特征】一年生缠绕草本。茎纤细，无毛或被疏毛。羽状复叶具 3 小叶；托叶披针形，长约 4 mm，盾状着生，被疏硬毛；小叶的形状和大小变化颇大，卵形、卵状披针形、披针形或线形，长 2.5 ～ 7 cm，宽 0.8 ～ 3 cm，先端急尖或钝，基部圆形或宽楔形，两面近无毛或被极稀疏的糙伏毛。总状花序柔弱；总花梗远长于叶柄，通常有花 3 ～ 4 朵；小苞片线形或线状披针形；花萼钟状，长约 3 mm，具不等大的 5 齿，裂齿被硬缘毛；花冠黄色，旗瓣极外弯，近圆形，长约 1 cm，宽约 8 mm；龙骨瓣具长而尖的耳。荚果圆柱形，长 3.5 ～ 6.5 cm，宽 4 mm，无毛，开裂后旋卷；种子 4 ～ 8 颗，长圆形，长约 4 mm，宽约 2 mm，深灰色，种脐线形，凸起，长 3 mm。花果期 8—10 月。

【拍摄地点】国营七里山林场，海拔 211 m。

【生境分布】生于旷野、草丛或灌丛中。分布于南漳九集镇。

图 0448 贼小豆 *Vigna minima*

【药用部位】种子。

【功能主治】清热利尿，消肿行气，止痛。用于热淋涩痛。

绿豆 青小豆（图 0449）

Vigna radiata（L.）Wilczek

【中药名】绿豆衣*。

【形态特征】一年生直立草本，高 20 ～ 60 cm。茎被褐色长硬毛。羽状复叶具 3 小叶；托叶盾状着生，卵形，长 0.8 ～ 1.2 cm，具缘毛；小托叶显著，披针形；小叶卵形，长 5 ～ 16 cm，宽 3 ～ 12 cm，侧生的多少偏斜，全缘，先端渐尖，基部阔楔形或浑圆，两面多少被疏长毛，基部三脉明显；叶柄长 5 ～ 21 cm；叶轴长 1.5 ～ 4 cm；小叶柄长 3 ～ 6 mm。总状花序腋生，有花 4 至数朵，最多可达 25 朵；总花梗长 2.5 ～ 9.5 cm；花梗长 2 ～ 3 mm；小苞片线状披针形或长圆形，长 4 ～ 7 mm，有线条，近宿存；萼管无毛，长 3 ～ 4 mm，裂片狭三角形，长 1.5 ～ 4 mm，具缘毛，上方的一对合生成一先端 2 裂的裂片；旗瓣近方形，长 1.2 cm，宽 1.6 cm，外面黄绿色，里面有时粉红色，顶端微凹，内弯，无毛；翼瓣卵形，黄色；龙骨瓣镰刀状，绿色而染粉红色，右侧有显著的囊。荚果线状圆柱形，平展，长 4 ～ 9 cm，宽 5 ～ 6 mm，被淡褐色、散生的长硬毛，种子间多少收缩；种子 8 ～ 14 颗，淡绿色或黄褐色，短圆柱形，长 2.5 ～ 4 mm，宽 2.5 ～ 3 mm，种脐白色而不凹陷。花期初夏，果期 6—8 月。

【拍摄地点】巡检镇凤翔坪村，海拔 712 m。

【生境分布】栽培。分布于南漳各乡镇。

【采收加工】将绿豆用水浸泡，揉取种皮，或收集绿豆加工时的种皮，除去杂质，晒干。

【药用部位】种皮。

【性味归经】甘，寒。归脾、肺经。

【功能主治】清热解毒，消暑止咳。用于暑热烦渴，疮疖肿毒，喉风，喉痹，药食中毒。

【用法用量】15 ～ 30 g。

图 0449 绿豆 *Vigna radiata*

赤小豆 赤豆 红小豆（图 0450）

Vigna umbellata（Thunb.）Ohwi et Ohashi

【中药名】赤小豆*。

【形态特征】一年生草本。茎纤细，长达 1 m 或过之，幼时被黄色长柔毛，老时无毛。羽状复叶具 3 小叶；托叶盾状着生，披针形或卵状披针形，长 10 ～ 15 mm，两端渐尖；小托叶钻形，小叶纸质，卵形或披针形，长 10 ～ 13 cm，宽 5 ～ 7.5 cm，先端急尖，基部宽楔形或钝，全缘或微 3 裂，沿两面脉上薄被疏毛，有基出脉 3 条。总状花序腋生，短，有花 2 ～ 3 朵；苞片披针形；花梗短，着生处有腺体；花黄色，长约 1.8 cm，宽约 1.2 cm；龙骨瓣右侧具长角状附属体。荚果线状圆柱形，下垂，长 6 ～ 10 cm，宽约 5 mm，无毛，种子 6 ～ 10 颗，长椭圆形，通常暗红色，有时为褐色、黑色或草黄色，直径 3 ～ 3.5 mm，种脐凹陷。花期 5—8 月。

【拍摄地点】巡检镇白鹤船村，海拔 423 m。

【生境分布】生于山坡林中或栽培。分布于南漳巡检镇。

【采收加工】秋季果实成熟而未开裂时拔取全株，晒干，打下种子，除去杂质，再晒干。

图 0450 赤小豆 *Vigna umbellata*

【药用部位】成熟种子。

【性味归经】甘、酸，平。归心、小肠经。

【功能主治】利水消肿，解毒排脓。用于水肿胀满，脚气浮肿，黄疸尿赤，风湿热痹，痈肿疮毒，肠痈腹痛。

【用法用量】9 ～ 30 g。外用适量，研末调敷。

豇豆　姜豆　长豆（图 0451）

Vigna unguiculata（L.）Walp.

【形态特征】一年生缠绕、草质藤本或近直立草本，有时顶端缠绕状。茎近无毛。羽状复叶具 3 小叶；托叶披针形，长约 1 cm，着生处下延成一短距，有线纹；小叶卵状菱形，长 5 ～ 15 cm，宽 4 ～ 6 cm，先端急尖，边全缘或近全缘，有时淡紫色，无毛。总状花序腋生，具长梗；花 2 ～ 6 朵聚生于花序的顶端，花梗间常有肉质密腺；花萼浅绿色，钟状，长 6 ～ 10 mm，裂齿披针形；花冠黄白色而略带青紫色，长约 2 cm，各瓣均具瓣柄，旗瓣扁圆形，宽约 2 cm，顶端微凹，基部稍有耳，翼瓣略呈三角形，龙骨瓣稍弯；子房线形，被毛。荚果下垂，直立或斜展，线形，长 7.5 ～ 70 cm，宽 6 ～ 10 mm，稍肉质而膨胀或坚实，有种子多颗；种子长椭圆形或圆柱形或稍肾形，长 6 ～ 12 mm，黄白色、暗红色或其他颜色。花期 5—8 月。

图 0451　豇豆 *Vigna unguiculata*

【拍摄地点】城关镇榆树岭村，海拔 131 m。

【生境分布】栽培。分布于南漳各乡镇。

【药用部位】种子。

【功能主治】健脾补肾。用于脾胃虚弱。

野豇豆　野马豆　山土瓜（图 0452）

Vigna vexillata（L.）A. Rich.

【形态特征】多年生攀援或蔓生草本。根纺锤形，木质；茎被开展的棕色刚毛，老时渐变为无毛。羽状复叶具 3 小叶；托叶卵形至卵状披针形，长 3 ～ 5 mm，基部心形或耳状，被缘毛；小叶膜质，形状变化较大，卵形至披针形，长 4 ～ 9 cm，宽 2 ～ 2.5 cm，先端急尖或渐尖，基部圆形或楔形，通常全缘，少数微具 3 裂片，两面被棕色或灰色柔毛；叶柄长 1 ～ 11 cm；叶轴长 0.4 ～ 3 cm；小叶柄长 2 ～ 4 mm。花序腋生，有 2 ～ 4 朵生于花序轴顶部的花，使花序近伞形；总花梗长 5 ～ 20 cm；小苞片钻状，长约 3 mm，早落；花萼被棕色或白色刚毛，稀变无毛，萼管长 5 ～ 7 mm，裂片线形或线状披针形，长 2 ～ 5 mm，上方的 2 枚基部合生；旗瓣黄色、粉红色或紫色，有时在基部内面具黄色或紫红色斑点，长 2 ～ 3.5 cm，宽

2～4 cm，顶端凹缺，无毛，翼瓣紫色，基部稍淡，龙骨瓣白色或淡紫色，镰状，喙部呈 180°弯曲，左侧具明显的袋状附属物。荚果直立，线状圆柱形，长 4～14 cm，宽 2.5～4 mm，被刚毛；种子 10～18 颗，浅黄色至黑色，无斑点或棕色至深红色而有黑色之溅点，长圆形或长圆状肾形，长 2～4.5 mm。花期 7—9 月。

【拍摄地点】国营七里山林场，海拔 211 m。

【生境分布】生于旷野、灌丛或疏林中。分布于南漳长坪、李庙、九集等乡镇。

【药用部位】根。

【功能主治】清热解毒，消肿止痛，利咽。用于风火牙痛，咽喉肿痛，腮腺炎，疮疖等。

图 0452 野豇豆 *Vigna vexillata*

紫藤属 Wisteria

紫藤 紫藤萝（图 0453）

Wisteria sinensis（Sims）Sweet

【形态特征】落叶藤本。茎左旋，枝较粗壮，嫩枝被白色柔毛，后秃净；冬芽卵形。奇数羽状复叶长 15～25 cm；托叶线形，早落；小叶 3～6 对，纸质，卵状椭圆形至卵状披针形，上部小叶较大，基部 1 对最小，长 5～8 cm，宽 2～4 cm，先端渐尖至尾尖，基部钝圆或楔形，或歪斜，嫩叶两面被平伏毛，后秃净；小叶柄长 3～4 mm，被柔毛；小托叶刺毛状，长 4～5 mm，宿存。总状花序发自去年短枝的腋芽或顶芽，长 15～30 cm，直径 8～10 cm，花序轴被白色柔毛；苞片披针形，早落；花长 2～2.5 cm，芳香；花梗细，长 2～3 cm；花萼杯状，长 5～6 mm，宽 7～8 mm，密被细绢毛，上方 2 齿甚钝，下方 3 齿卵状三角形；花冠被细绢毛，上方 2 齿甚钝，下方 3 齿卵状三角形；花冠紫色，旗瓣圆形，先端略凹陷，花开后反折，基部有 2 胼胝体；翼瓣长圆形，基部圆，龙骨瓣较翼瓣短，阔镰形；子房线形，密被茸毛，花柱无毛，上弯，胚珠 6～8 粒。荚果倒披针形，长 10～15 cm，宽 1.5～2 cm，密被茸毛，悬垂枝上不脱落，有种子 1～3 粒；种子褐色，具光泽，圆形，宽 1.5 cm，扁平。花期 4 月中旬

图 0453 紫藤 *Wisteria sinensis*

至5月上旬，果期5—8月。

【拍摄地点】城关镇殷庄村，海拔549 m。

【生境分布】生于山谷林下或沟边。分布于南漳城关、李庙、薛坪等乡镇。

【药用部位】种子。

【功能主治】止痛，杀虫。用于虫积腹痛。

83. 酢浆草科 Oxalidaceae

酢浆草属 Oxalis

酢浆草　酸味草　酸醋酱（图0454）

Oxalis corniculata L.

【中药名】酢浆草*。

【形态特征】草本，高10～35 cm，全株被柔毛。根茎稍肥厚。茎细弱，多分枝，直立或匍匐，匍匐茎节上生根。叶基生或茎上互生；托叶小，长圆形或卵形，边缘被密长柔毛，基部与叶柄合生，或同一植株下部托叶明显而上部托叶不明显；叶柄长1～13 cm，基部具关节；小叶3，无柄，倒心形，长4～16 mm，宽4～22 mm，先端凹入，基部宽楔形，两面被柔毛或表面无毛，沿脉被毛较密，边缘具贴伏缘毛。花单生或数朵集为伞形花序状，腋生，总花梗淡红色，与叶近等长；花梗长4～15 mm，果后延伸；小苞片2，披针形，长2.5～4 mm，膜质；萼片5，披针形或长圆状披针形，长3～5 mm，背面和边缘被柔毛，宿存；花瓣5，黄色，长圆状倒卵形，长6～8 mm，宽4～5 mm；雄蕊10，花丝白色半透明，有时被疏短柔毛，基部合生，长、短互间，长者花药较大且早熟；子房长圆形，5室，被短伏毛，花柱5，柱头头状。蒴果长圆柱形，长1～2.5 cm，5棱。种子长卵形，长1～1.5 mm，褐色或红棕色，具横向肋状网纹。花果期2—9月。

图0454　酢浆草 *Oxalis corniculata*

【拍摄地点】城关镇便河村，海拔181 m。

【生境分布】生于山坡草地、河谷沿岸、路边、田边、荒地或林下阴湿处等。分布于南漳各乡镇。

【采收加工】夏、秋二季采收，除去泥沙及杂质，干燥。

【药用部位】全草。

【性味归经】酸，凉。归肝、肾、大肠经。

【功能主治】清热利湿，解毒消肿。用于感冒发热，淋证，泄泻，黄疸，跌打损伤，毒蛇咬伤，痈肿疮疖，脚癣，湿疹，烧烫伤。

【用法用量】15～60 g。外用适量，鲜品捣敷或煎水洗患处。

【附注】茎叶含草酸，可用以磨镜或擦铜器，使其具光泽。牛羊食其过多可中毒致死。

山酢浆草 三角酢浆草（图 0455）

Oxalis griffithii Edgew. et Hook. f.

【形态特征】多年生草本，高 8 ～ 10 cm。根纤细；根茎横生，节间具 1 ～ 2 mm 长的褐色或白色小鳞片和细弱的不定根。茎短缩不明显，基部围以残存覆瓦状排列的鳞片状叶柄基。叶基生；托叶阔卵形，被柔毛或无毛，与叶柄茎部合生；叶柄长 3 ～ 15 cm，近基部具关节；小叶 3，倒心形，长 5 ～ 20 mm，宽 8 ～ 30 mm，先端凹陷，两侧角钝圆，基部楔形，两面被毛或背面无毛，有时两面均无毛。总花梗基生，单花，与叶柄近等长或更长；花梗长 2 ～ 3 cm，被柔毛；苞片 2，对生，卵形，长约 3 mm，被柔毛；萼片 5，卵状披针形，长 3 ～ 5 mm，宽 1 ～ 2 mm，先端具短尖，宿存；花瓣 5，白色或稀粉红色，倒心形，长为萼片的 1 ～ 2 倍，先端凹陷，基部狭楔形，具白色或带紫红色脉纹；雄蕊 10，长、短互间，花丝纤细，基部合生；子房 5 室，花柱 5，细长，柱头头状。蒴果卵球形，长 3 ～ 4 mm。种子卵形，褐色或红棕色，具纵肋。花期 7—8 月，果期 8—9 月。

图 0455 山酢浆草 *Oxalis griffithii*

本亚种与原亚种的主要区别在于小叶倒三角形或宽倒三角形；蒴果椭圆形或近球形。

【拍摄地点】长坪镇赵岭村，海拔 1356 m。

【生境分布】生于密林、灌丛和沟谷等阴湿处。分布于南漳长坪、李庙、板桥等乡镇。

【药用部位】全草。

【功能主治】清热利尿，散瘀消肿。用于跌打损伤，无名肿毒，虫蛇咬伤，疥癣，小儿鹅口疮。

84. 牻牛儿苗科 Geraniaceae

老鹳草属 Geranium

野老鹳草 老鹳嘴 老鸦嘴（图 0456）

Geranium carolinianum L.

【形态特征】一年生草本，高 20 ～ 60 cm。根纤细，单一或分枝，茎直立或仰卧，单一或多数，具棱角，密被倒向短柔毛。基生叶早枯，茎生叶互生或最上部对生；托叶披针形或三角状披针形，长 5 ～ 7 mm，宽 1.5 ～ 2.5 mm，外被短柔毛；茎下部叶具长柄，柄长为叶片的 2 ～ 3 倍，被倒向短柔毛，上部叶柄渐短；叶片圆肾形，长 2 ～ 3 cm，宽 4 ～ 6 cm，基部心形，掌状 5 ～ 7 裂近基部，裂片楔状倒卵形或菱形，下部楔形、全缘，上部羽状深裂，小裂片条状矩圆形，先端急尖，表面被短伏毛，背面主要沿脉被短伏毛。花序腋生和顶生，长于叶，被倒生短柔毛和开展的长腺毛，每总花梗具 2 花，顶生总花梗常数个集生，花序呈伞形状；花梗与总花梗相似，等于或稍短于花；苞片钻状，被短柔毛；萼片长卵形或近椭圆形，先端急尖，具长约 1 mm 尖头，外被短柔毛或沿脉被开展的糙柔毛和腺毛；花瓣淡紫红色，倒卵形，稍长于萼，先端圆形，基部宽楔形，雄蕊稍短于萼片，中部以下被长糙柔毛；雌蕊稍长于雄蕊，密被糙柔毛。蒴果长约 2 cm，被短糙毛，果瓣由喙上部先裂向下卷曲。花期 4—7 月，果期 5—9 月。

【拍摄地点】城关镇洞坪村，海拔 98 m。

【生境分布】生于平原和低山荒坡杂草丛中。分布于南漳各乡镇。

【药用部位】全草。

【功能主治】祛风收敛，止泻。用于风湿痹痛，肢体麻木，湿热痢疾。

图 0456 野老鹳草 *Geranium carolinianum*

灰岩紫地榆 **圆齿老鹳草（图 0457）**

Geranium franchetii R. Knuth

【形态特征】多年生草本，高 40 ～ 60 cm。根茎斜生，粗壮，直径约 2 cm，围以残存基生托叶，具长的纤维状细根。茎直立，单一，具棱角或沟槽，下部近无毛，上部被倒生短柔毛，从基部或上部假二叉状分枝。基生叶早枯，茎生叶对生；托叶三角形或三角状披针形，长 6 ～ 10 mm，宽 3 ～ 5 mm，先端长渐尖，无毛；茎下部叶具长柄，柄长为叶片的 2 ～ 3 倍，被倒向疏短柔毛或下部几无毛，近叶片处被毛较密；叶片五角形或五角状肾圆形，基部深心形，长 4 ～ 5 cm，宽 5 ～ 9 cm，掌状 5 深裂达叶片的 2/3 处；裂片宽菱形或倒卵状菱形，下部楔形，全缘，上部圆齿状羽状浅裂，小裂片先端急尖、钝圆或截平状，具短尖头，表面被疏伏毛，背面一般仅被疏短柔毛；总花梗腋生和顶生，长于叶，被倒向短柔毛，具 2 花；花梗与总花梗相似，长约为花的 2 倍；苞片狭披针形，长 7 ～ 10 mm，先端长渐尖，无毛；萼片卵状矩圆形，长 7 ～ 8 mm，宽约 3 mm，先端具短尖头，外面沿脉被糙柔毛；花瓣紫红色，长为萼片的 1.5 倍，倒长卵形，先端圆形或微凹，基部具短柄，被缘毛；雄蕊与萼片近等长，花丝下部扩展和被长柔毛，花药棕褐色；子房稍长于雄蕊，密被白色长柔毛。蒴果长约 2 cm，被柔毛。种子肾圆形，黄褐色，长约 2 mm，宽约 1 mm，具网纹。花期 6—8 月，果期 9—10 月。

图 0457 灰岩紫地榆 *Geranium franchetii*

【拍摄地点】李庙镇主山寨村，海拔 1091 m。

【生境分布】生于山地林下、灌丛和草地。分布于南漳各乡镇。

【药用部位】全草。

【功能主治】祛风湿，活络，止泻。用于风湿痹痛，麻木拘挛，泄泻痢疾。

85. 亚麻科 Linaceae

亚麻属 Linum

野亚麻　亚麻　疔毒草（图 0458）

Linum stelleroides Planch.

【形态特征】一年生或二年生草本，高 20 ～ 90 cm。茎直立，圆柱形，基部木质化，有凋落的叶痕点，不分枝或自中部以上多分枝，无毛。叶互生，线形、线状披针形或狭倒披针形，长 1 ～ 4 cm，宽 1 ～ 4 mm，顶部钝、锐尖或渐尖，基部渐狭，无柄，全缘，两面无毛，6 脉 3 基出。单花或多花组成聚伞花序；花梗长 3 ～ 15 mm，花直径约 1 cm；萼片 5，绿色，长椭圆形或阔卵形，长 3 ～ 4 mm，顶部锐尖，基部有不明显的 3 脉，边缘稍为膜质并有易脱落的黑色头状带柄的腺点，宿存；花瓣 5，倒卵形，长达 9 mm，顶端啮蚀状，基部渐狭，淡红色、淡紫色或蓝紫色；雄蕊 5 枚，与花柱等长，基部合生，通常有退化雄蕊 5 枚；子房 5 室，有 5 棱；花柱 5 枚，中下部结合或分离，柱头头状，干后黑褐色。蒴果球形或扁球形，直径 3 ～ 5 mm，有纵沟 5 条，室间开裂。种子长圆形，长 2 ～ 2.5 mm。花期 6—9 月，果期 8—10 月。

图 0458　野亚麻 *Linum stelleroides*

【拍摄地点】李庙镇主山寨村，海拔 1262 m。

【生境分布】生于山坡、路旁和荒山地。零星分布于南漳李庙镇。

【药用部位】种子。

【功能主治】祛风解毒，养血润燥。用于皮肤瘙痒，血虚便秘。

亚麻　胡麻（图 0459）

Linum usitatissimum L.

【中药名】亚麻子*。

【形态特征】一年生草本。茎直立，高 30 ～ 120 cm，多在上部分枝，有时自茎基部亦有分枝，但密植则不分枝，基部木质化，无毛，韧皮部纤维强韧弹性，构造如棉。叶互生；叶片线形、线状披针形或披针形，长 2 ～ 4 cm，宽 1 ～ 5 mm，先端锐尖，基部渐狭，无柄，内卷，有三出脉。花单生于枝顶或枝的上部叶腋，组成疏散的聚伞花序；花直径15～20 mm；花梗长1～3 cm，直立；萼片5，卵形或卵状披针形，长5～8 mm，先端凸尖或长尖，有3脉；中央一脉明显凸起，边缘膜质，无腺点，全缘，有时上部有锯齿，宿存；花瓣5，倒卵形，长8～12 mm，蓝色或紫蓝色，稀白色或红色，先端啮蚀状；雄蕊5枚，花丝基部合生；退化雄蕊5枚，钻状；子房5室，花柱5枚，分离，柱头比花柱微粗，细线状或棒状，长于或几等于雄蕊。蒴果球形，干后棕黄色，直径6～9 mm，顶端微尖，室间开裂成5瓣；种子10粒，长圆形，扁平，长3.5～4 mm，棕褐色。花期6—8月，果期7—10月。

图0459　亚麻 *Linum usitatissimum*

【拍摄地点】九集镇沙河村，海拔137 m。

【生境分布】生于山坡或栽培。南漳城关、九集等乡镇路边有零星种植。

【采收加工】秋季果实成熟时采收植株，晒干，打下种子，除去杂质，再晒干。

【药用部位】成熟种子。

【性味归经】甘，平。归肺、肝、大肠经。

【功能主治】润燥通便，养血祛风。用于肠燥便秘，皮肤干燥，瘙痒，脱发。

【用法用量】9～15 g

86. 大戟科 Euphorbiaceae

铁苋菜属 Acalypha

铁苋菜　**血见愁　人苋（图0460）**

Acalypha australis L.

【形态特征】一年生草本，高0.2～0.5 m。小枝细长，被贴柔毛，毛逐渐稀疏。叶膜质，长卵形、近菱状卵形或阔披针形，长3～9 cm，宽1～5 cm，顶端短渐尖，基部楔形，稀圆钝，边缘具圆锯，上面无毛，下面沿中脉具柔毛；基出脉3条，侧脉3对；叶柄长2～6 cm，具短柔毛；托叶披针形，长1.5～2 mm，具短柔毛。雌雄花同序，花序腋生，稀顶生，长1.5～5 cm，花序梗长0.5～3 cm，花序轴具短毛，雌花苞片1～2枚，卵状心形，花后增大，长1.4～2.5 cm，

图0460　铁苋菜 *Acalypha australis*

宽 1 ～ 2 cm，边缘具三角形齿，外面沿掌状脉具疏柔毛，苞腋具雌花 1 ～ 3 朵；花梗无；雄花生于花序上部，排列呈穗状或头状，雄花苞片卵形，苞腋具雄花 5 ～ 7 朵，簇生；花梗长 0.5 mm。雄花：花蕾时近球形，无毛，花萼裂片 4 枚，卵形；雄蕊 7 ～ 8 枚。雌花：萼片 3 枚，长卵形，具疏毛；子房具疏毛，花柱 3 枚，长约 2 mm，撕裂 5 ～ 7 条。蒴果直径 4 mm，具 3 个分果爿，果皮具疏生毛和毛基变厚的小瘤体；种子近卵状，种皮平滑，假种阜细长。花果期 4—12 月。

【拍摄地点】武安镇石牛坪村，海拔 136 m。

【生境分布】生于山坡较湿润耕地、空旷草地或疏林下。分布于南漳各乡镇。

【药用部位】全草。

【功能主治】清热解毒，利湿，收敛止血。用于痢疾，吐血，衄血，便血，痈疖疮疡，皮肤湿疹。

山麻杆属 Alchornea

山麻杆　野火麻（图 0461）

Alchornea davidii Franch.

图 0461　山麻杆 *Alchornea davidii*

【形态特征】落叶灌木，高 1 ～ 4 m。嫩枝被灰白色短茸毛，一年生小枝具微柔毛。叶薄纸质，阔卵形或近圆形，长 8 ～ 15 cm，宽 7 ～ 14 cm，顶端渐尖，基部心形、浅心形或近截平，边缘具粗锯齿或细齿，齿端具腺体，上面沿叶脉具短柔毛，下面被短柔毛，基部具斑状腺体 2 或 4 个；基出脉 3 条；小托叶线状，长 3 ～ 4 mm，具短毛；叶柄长 2 ～ 10 cm，具短柔毛，托叶披针形，长 6 ～ 8 mm，基部宽 1 ～ 1.5 mm，具短毛，早落。雌雄异株，雄花序穗状，1 ～ 3 个生于一年生枝已落叶腋部，长 1.5 ～ 2.5 cm，花序梗几无，呈柔荑花序状，苞片卵形，长约 2 mm，顶端近急尖，具柔毛，未开花时覆瓦状密生，雄花 5 ～ 6 朵簇生于苞腋，花梗长约 2 mm，无毛，基部具关节；小苞片长约 2 mm；雌花序总状，顶生，长 4 ～ 8 cm，具花 4 ～ 7 朵，各部均被短柔毛，苞片三角形，长 3.5 mm，小苞片披针形，长 3.5 mm；花梗短，长约 5 mm。雄花：花萼花蕾时球形，无毛，直径约 2 mm，萼片 3 枚；雄蕊 6 ～ 8 枚。雌花：萼片 5 枚，长三角形，长 2.5 ～ 3 mm，具短柔毛；子房球形，被茸毛，花柱 3 枚，线状，长 10 ～ 12 mm，合生部分长 1.5 ～ 2 mm。蒴果近球形，具 3 圆棱，直径 1 ～ 1.2 cm，密生柔毛；种子卵状三角形，长约 6 mm，种皮淡褐色或灰色，具小瘤体。花期 3—5 月，果期 6—7 月。

【拍摄地点】城关镇便河村，海拔 198 m。

【生境分布】生于山坡灌丛中或栽种于坡地。分布于南漳各乡镇。

【药用部位】根。

【功能主治】驱虫，解毒，定痛。用于蛔虫病，狂犬病，毒蛇咬伤，腰痛。

假奓包叶属 Discocleidion

假奓包叶　**老虎麻（图 0462）**

Discocleidion rufescens（Franch.）Pax et Hoffm.

图 0462　假奓包叶 *Discocleidion rufescens*

【形态特征】灌木或小乔木，高 1.5 ～ 5 m；小枝、叶柄、花序均密被白色或淡黄色长柔毛。叶纸质，卵形或卵状椭圆形，长 7 ～ 14 cm，宽 5 ～ 12 cm，顶端渐尖，基部圆形或近截平，稀浅心形或阔楔形，边缘具锯齿，上面被糙伏毛，下面被茸毛，叶脉上被白色长柔毛；基出脉 3 ～ 5 条，侧脉 4 ～ 6 对，近基部两侧常具褐色斑状腺体 2 ～ 4 个；叶柄长 3 ～ 8 cm，顶端具 2 枚线形小托叶，长约 3 mm，被毛，边缘具黄色小腺体。总状花序或下部多分枝呈圆锥花序，长 15 ～ 20 cm，苞片卵形，长约 2 mm；雄花 3 ～ 5 朵簇生于苞腋，花梗长约 3 mm；花萼裂片 3 ～ 5，卵形，长约 2 mm，顶端渐尖；雄蕊 35 ～ 60 枚，花丝纤细；腺体小，棒状圆锥形；雌花 1 ～ 2 朵生于苞腋，苞片披针形，长约 2 mm，疏生长柔毛，花梗长约 3 mm；花萼裂片卵形，长约 3 mm；花盘具圆齿，被毛；子房被黄色糙伏毛，花柱长 1 ～ 3 mm，外反，2 深裂至近基部，密生羽毛状突起。蒴果扁球形，直径 6 ～ 8 mm，被柔毛。花期 4—8 月，果期 8—10 月。

【拍摄地点】城关镇马家嘴村，海拔 134 m。

【生境分布】生于林中或山坡灌丛中。分布于南漳各乡镇。

【药用部位】根皮。

【功能主治】泄水消积。用于水肿，食积，毒疮。

大戟属 Euphorbia

乳浆大戟　**烂疤眼　鸡肠狼毒（图 0463）**

Euphorbia esula L.

【形态特征】多年生草本。根圆柱状，长 20 cm 以上，直径 3 ～ 5 mm，不分枝或分枝，常曲折，褐色或黑褐色。茎单生或丛生，单生时自基部多分枝，高 30 ～ 60 cm，直径 3 ～ 5 mm；不育枝常发自基部，较矮，有时发自叶腋。叶线形至卵形，变化极不稳定，长 2 ～ 7 cm，宽 4 ～ 7 mm，先端尖或钝尖，基部楔形至平截；无叶柄；不育枝叶常为松针状，长 2 ～ 3 cm，直径约 1 mm；总苞叶 3 ～ 5 枚，与茎生叶同形；伞幅 3 ～ 5，长 2 ～ 4 cm；苞叶 2 枚，常为肾形，少为卵形或三角状卵形，长 4 ～ 12 mm，宽 4 ～ 10 mm，先端渐尖或近圆，基部近平截。花序单生于二歧分枝的顶端，基部无柄；总苞钟状，高约 3 mm，直径 2.5 ～ 3 mm，边缘 5 裂，裂片半圆形至三角形，边缘及内侧被毛；腺体 4，新月形，两端具角，角长而尖或短而钝，变异幅度较大，褐色。雄花多枚，苞片宽线形，无毛；雌花 1 枚，子房柄明显伸出总苞之外；子房光滑无毛；花柱 3，分离；柱头 2 裂。蒴果三棱状球形，长与直径均 5 ～ 6 mm，具 3 个纵沟；花柱宿存；成熟时分裂为 3 个分果爿。种子卵球状，长 2.5 ～ 3 mm，直径 2 ～ 2.5 mm，成熟时黄褐色；种阜盾状，无柄。花果期 4—10 月。

【拍摄地点】巡检镇刘家坡村，海拔 968 m。

【生境分布】生于路旁、杂草丛、山坡、林下、河沟边及草地。分布于南漳巡检、板桥等乡镇。

【药用部位】根。

【功能主治】利水消肿，杀虫止痒，消积。用于水肿，腹胀，皮肤瘙痒。

图 0463　乳浆大戟 *Euphorbia esula*

泽漆　五朵云　猫儿眼（图 0464）

Euphorbia helioscopia L.

【形态特征】一年生草本。根纤细，长 7 ～ 10 cm，直径 3 ～ 5 mm，下部分枝。茎直立，单一或自基部多分枝，分枝斜展向上，高 10 ～ 30 cm，直径 3 ～ 5 mm，光滑无毛。叶互生，倒卵形或匙形，长 1 ～ 3.5 cm，宽 5 ～ 15 mm，先端具齿，中部以下渐狭或呈楔形；总苞叶 5 枚，倒卵状长圆形，长 3 ～ 4 cm，宽 8 ～ 14 mm，先端具齿，基部略渐狭，无柄；总伞幅 5 枚，长 2 ～ 4 cm；苞叶 2 枚，卵圆形，先端具齿，基部呈圆形。花序单生，有柄或近无柄；总苞钟状，高约 2.5 mm，直径约 2 mm，光滑无毛，边缘 5 裂，裂片半圆形，边缘和内侧具柔毛；腺体 4，盘状，中部内凹，基部具短柄，淡褐色。雄花数枚，明显伸出总苞外；雌花 1 枚，子房柄略伸出总苞边缘。蒴果三棱状阔圆形，光滑，无毛，具明显的三纵沟，长 2.5 ～ 3 mm，直径 3 ～ 4.5 mm；成熟时分裂为 3 个分果爿。种子卵状，长约 2 mm，直径约 1.5 mm，暗褐色，具明显的脊网；种阜扁平状，无柄。花果期 4—10 月。

图 0464　泽漆 *Euphorbia helioscopia*

【拍摄地点】李庙镇刘坪村，海拔 274 m。

【生境分布】生于山沟、路旁、荒野和山坡。分布于南漳各乡镇。

【药用部位】全草。

【功能主治】利水消肿，化痰散结，杀虫。用于水肿，肝硬化腹水，细菌性痢疾。

通奶草　小飞扬草（图 0465）

Euphorbia hypericifolia L.

【形态特征】一年生草本，根纤细，长10～15 cm，直径2～3.5 mm，常不分枝，少数由末端分枝。茎直立，自基部分枝或不分枝，高15～30 cm，直径1～3 mm，无毛或被少许短柔毛。叶对生，狭长圆形或倒卵形，长1～2.5 cm，宽4～8 mm，先端钝或圆，基部圆形，通常偏斜，不对称，边缘全缘或基部以上具细锯齿，上面深绿色，下面淡绿色，有时略带紫红色，两面被稀疏的柔毛，或上面的毛早脱落；叶柄极短，长1～2 mm；托叶三角形，分离或合生。苞叶2枚，与茎生叶同形。花序数个簇生于叶腋或枝顶，每个花序基部具纤细的柄，柄长3～5 mm；总苞陀螺状，高与直径各约1 mm或稍大；边缘5裂，裂片卵状三角形；腺体4，边缘具白色或淡粉色附属物。雄花数枚，微伸出总苞外；雌花1枚，子房柄长于总苞；子房三棱状，无毛；花柱3，分离；柱头2浅裂。蒴果三棱状，长约1.5 mm，直径约2 mm，无毛，成熟时分裂为3个分果爿。种子卵棱状，长约1.2 mm，直径约0.8 mm，每个棱面具数个皱纹，无种阜。花果期8—12月。

图 0465　通奶草 *Euphorbia hypericifolia*

【拍摄地点】城关镇便河村，海拔140 m。

【生境分布】生于旷野荒地、路旁、灌丛及田间。分布于南漳各乡镇。

【药用部位】全草。

【功能主治】通奶。用于乳汁不通。

续随子　千金子（图 0466）

Euphorbia lathyris L.

【中药名】千金子*。

【形态特征】二年生草本植物。茎直立，粗壮，高60～100 cm，多分枝，无毛。茎下部叶密生，线状披针形，长6～12 cm，宽8～20 cm，先端锐尖，基部心形且多少抱茎，上面深绿色，有光泽，下面蓝灰色。总状花序顶生，有2～4花梗，呈伞状，基部有2～4叶轮生，每伞梗再叉状分枝，有三角状卵形苞片2枚，花序总苞杯状，顶端4～5裂；腺体新月形，两端有短而钝的角，黄绿色蒴果近球形，长8～12 mm，直径约1 cm，无毛；种子长圆状球形，长5 mm，直径约3.5 mm，有黑褐两色相间的斑纹。花期4—5月，果期 6—9 月。

【拍摄地点】肖堰镇杜家沟村，海拔 157 m。

【生境分布】生于山坡、灌丛、草丛或林缘。分布于南漳肖堰、板桥等乡镇。

【采收加工】夏、秋二季果实成熟时采收，除去杂质，干燥。

【药用部位】成熟种子。

【性味归经】辛，温；有毒。归肝、肾、大肠经。

【功能主治】泻下逐水，破血消癥；外用疗癣蚀疣。用于二便不通，水肿，痰饮，积滞胀满，血瘀经闭；外治顽癣，赘疣。

【用法用量】1 ～ 2 g，去壳，去油用，多入丸、散服。外用适量，捣烂敷患处。孕妇禁用，以免中毒。

图 0466 续随子 *Euphorbia lathyris*

斑地锦 **血筋草（图 0467）**

Euphorbia maculata L.

【形态特征】一年生草本。根纤细，长 4 ～ 7 cm，直径约 2 mm。茎匍匐，长 10 ～ 17 cm，直径约 1 mm，被白色疏柔毛。叶对生，长椭圆形至肾状长圆形，长 6 ～ 12 mm，宽 2 ～ 4 mm，先端钝，基部偏斜，不对称，略呈渐圆形，边缘中部以下全缘，中部以上常具细小疏锯齿；叶面绿色，中部常具有一个长圆形的紫色斑点，叶背淡绿色或灰绿色，新鲜时可见紫色斑，干时不清楚，两面无毛；叶柄极短，长约 1 mm；托叶钻状，不分裂，边缘具毛。花序单生于叶腋，基部具短柄，柄长 1 ～ 2 mm；总苞狭杯状，高 0.7 ～ 1 mm，直径约 0.5 mm，外部具白色疏柔毛，边缘 5 裂，裂片三角状圆形；腺体 4，黄绿色，横椭圆形，边缘具白色附属物。雄花 4 ～ 5，微伸出总苞外；雌花 1，子房柄伸出总苞外，且被柔毛；子房被疏柔毛；花柱短，近基部合生；柱头 2 裂。蒴果三角状卵形，长约 2 mm，直径约 2 mm，被稀疏柔毛，成熟时易分裂为 3 个分果爿。种子卵状四棱形，长约 1 mm，直径约 0.7 mm，灰色或灰棕色，每个棱面具 5 个横沟，无种阜。花果期 4—9 月。

图 0467 斑地锦 *Euphorbia maculata*

【拍摄地点】九集镇沙河村，海拔 139 m。

【生境分布】生于山坡路旁。分布于南漳各乡镇。

【药用部位】全草。

【功能主治】止血，清湿热，通乳。用于黄疸，泄泻，疳积，血痢，尿血，血崩，外伤出血，乳汁不多，痈肿疮毒。

大戟　湖北大戟　京大戟（图 0468）

Euphorbia pekinensis Rupr.

【中药名】大戟 *。

【形态特征】多年生草本。根圆柱状，长 20 ～ 30 cm，直径 6 ～ 14 mm，分枝或不分枝。茎单生或自基部多分枝，每个分枝上部又 4 ～ 5 分枝，高 40 ～ 80 cm，直径 3 ～ 6 cm，被柔毛或被少许柔毛或无毛。叶互生，常为椭圆形，少为披针形或披针状椭圆形，变异较大，先端尖或渐尖，基部渐狭或呈楔形或近圆形或近平截，边缘全缘；主脉明显，侧脉羽状，不明显，叶两面无毛或有时叶背具少许柔毛或被较密的柔毛，变化较大且不稳定；总苞叶 4 ～ 7 枚，长椭圆形，先端尖，基部近平截；伞幅 4 ～ 7，长 2 ～ 5 cm；苞叶 2 枚，近圆形，先端具短尖头，基部平截或近平截。花序单生于二歧分枝顶端，无柄；总苞杯状，高约 3.5 mm，直径 3.5 ～ 4 mm，边缘 4 裂，裂片半圆形，边缘具不明显的缘毛；腺体 4，半圆形或肾状圆形，淡褐色。雄花多数，伸出总苞之外；雌花 1 枚，具较长的子房柄，柄长 3 ～ 5 mm；子房幼时被较密的瘤状突起；花柱 3，分离；柱头 2 裂。蒴果球状，长约 4.5 mm，直径 4 ～ 4.5 mm，被稀疏的瘤状突起，成熟时分裂为 3 个分果爿；花柱宿存且易脱落。种子长球状，暗褐色或微光亮，腹面具浅色条纹；种阜近盾状，无柄。花期 5—8 月，果期 6—9 月。

图 0468　大戟 *Euphorbia pekinensis*

【拍摄地点】长坪镇赵岭村，海拔 1156 m。

【生境分布】生于山坡、灌丛、荒地、草丛、林缘或疏林内。分布于南漳长坪镇。

【采收加工】秋、冬二季采挖，洗净，晒干。

【药用部位】根。

【性味归经】苦，寒；有毒。归肺、脾、肾经。

【功能主治】泻水逐饮，消肿散结。用于水肿胀满，胸腹积水，痰饮积聚，气逆咳喘，二便不利，痈肿疮毒，瘰疬痰核。

【用法用量】1.5 ～ 3 g。入丸、散服，每次 1 g；内服需醋制后使用。外用适量，生用。

钩腺大戟　土大戟（图 0469）

Euphorbia sieboldiana Morr. ex Decne.

【形态特征】多年生草本。根状茎较粗壮，基部具不定根，长 10 ～ 20 cm，直径 4 ～ 15 mm。茎单一

图 0469 钩腺大戟 *Euphorbia sieboldiana*

或自基部多分枝，每个分枝向上再分枝，高 40 ～ 70 cm，直径 4 ～ 7 mm。叶互生，椭圆形、倒卵状披针形、长椭圆形，变异较大，长 2 ～ 5 cm，宽 5 ～ 15 mm，先端钝或尖或渐尖，基部渐狭或呈狭楔形，全缘；侧脉羽状；叶柄极短或无；总苞叶 3 ～ 5 枚，椭圆形或卵状椭圆形，长 1.5 ～ 2.5 cm，宽 4 ～ 8 mm，先端钝尖，基部近平截；伞幅 3 ～ 5，长 2 ～ 4 cm；苞叶 2 枚，常呈肾状圆形，少为卵状三角形或半圆形，变异较大，长 8 ～ 14 mm，宽 8 ～ 16 mm，先端圆或略呈凸尖，基部近平截或微凹或近圆形。花序单生于二歧分枝的顶端，基部无柄；总苞杯状，高 3 ～ 4 mm，直径 3 ～ 5 mm，边缘 4 裂，裂片三角形或卵状三角形，内侧具短柔毛或具极少的短柔毛，腺体 4，新月形，两端具角，角尖钝或长刺芒状，变化极不稳定，以黄褐色为主，少有褐色或淡黄色或黄绿色。雄花多数，伸出总苞之外；雌花 1 枚，子房柄伸出总苞边缘；子房光滑无毛；花柱 3，分离；柱头 2 裂。蒴果三棱状球形，长 3.5 ～ 4 mm，直径 4 ～ 5 mm，光滑，成熟时分裂为 3 个分果爿；花柱宿存，且易脱落。种子近长球状，长约 2.5 mm，直径约 1.5 mm，灰褐色，具不明显的纹饰；种阜无柄。花果期 4—9 月。

【拍摄地点】板桥镇夹马河，海拔 664 m。

【生境分布】生于林缘、灌丛、林下或草地。分布于南漳板桥镇。

【药用部位】根状茎。

【功能主治】泻下，利尿；有毒。煎水外洗治疗疥疮。

白饭树属 Flueggea

一叶萩　叶底珠（图 0470）

Flueggea suffruticosa（Pall.）Baill.

图 0470 一叶萩 *Flueggea suffruticosa*

【形态特征】灌木，高 1 ～ 3 m，多分枝；小枝浅绿色，近圆柱形，有棱槽，有不明显的皮孔；全株无毛。叶片纸质，椭圆形或长椭圆形，稀倒卵形，长 1.5 ～ 8 cm，宽 1 ～ 3 cm，顶端急尖至钝，基部钝至楔形，全缘或有不整齐的波状齿或细锯齿，下面浅绿色；侧脉每边 5 ～ 8 条，两面凸起，网脉略明显；叶柄长 2 ～ 8 mm；托叶卵状披针形，长 1 mm，宿存。花小，雌雄异株，簇生于叶腋。雄花 3 ～ 18 朵簇生；花梗长

2.5 ～ 5.5 mm；萼片通常 5，椭圆形至卵形，长 1 ～ 1.5 mm，宽 0.5 ～ 1.5 mm，全缘或具不明显的细齿；雄蕊 5，花丝长 1 ～ 2.2 mm，花药卵圆形，长 0.5 ～ 1 mm；花盘腺体 5，高 0.6 ～ 1 mm，顶端 2 ～ 3 裂，与萼片互生，退化子房小。雌花花梗长 2 ～ 15 mm；萼片 5，椭圆形至卵形，长 1 ～ 1.5 mm，近全缘，背部呈龙骨状突起；花盘盘状，全缘或近全缘；子房卵圆形，3 室，花柱 3，长 1 ～ 1.8 mm，分离或基部合生，直立或外弯。蒴果三棱状扁球形，直径约 5 mm，成熟时淡红褐色，有网纹，3 爿裂；果梗长 2 ～ 15 mm，基部常有宿存的萼片；种子卵形而一侧呈扁压状，长约 3 mm，褐色而有小疣状突起。花期 3—8 月，果期 6—11 月。

【拍摄地点】东巩镇石峡坪村，海拔 484 m。

【生境分布】生于山坡灌丛中或山沟、路边。分布于南漳各乡镇。

【药用部位】叶。

【功能主治】祛风活血，益肾强筋。用于风湿腰痛，四肢麻木，阳痿，小儿疳积，面神经麻痹，小儿麻痹症后遗症。

【附注】叶含一叶萩碱，对中枢神经系统有兴奋作用。

算盘子属 Glochidion

算盘子 算盘珠（图 0471）

Glochidion puberum（L.）Hutch.

【中药名】算盘子根*。

【形态特征】直立灌木，高 1 ～ 5 m，多分枝。小枝灰褐色，小枝、叶片下面、萼片外面、子房和果实均密被短柔毛。叶片纸质或近革质，长圆形、长卵形或倒卵状长圆形，稀披针形，长 3 ～ 8 cm，宽 1 ～ 2.5 cm，顶端钝、急尖、短渐尖或圆，基部楔形至钝，上面灰绿色，仅中脉被疏短柔毛或几无毛，下面粉绿色；侧脉每边 5 ～ 7 条，下面凸起，网脉明显；叶柄长 1 ～ 3 mm；托叶三角形，长约 1 mm。花小，雌雄同株或异株，2 ～ 5 朵簇生于叶腋内，雄花束常着生于小枝下部，雌花束则在上部，或有时雌花和雄花同生于一叶腋内。雄花：花梗长 4 ～ 15 mm；萼片 6，狭长圆形或长圆状倒卵形，长 2.5 ～ 3.5 mm；雄蕊 3，合生呈圆柱状。雌花：花梗长约 1 mm；萼片 6，与雄花的相似，但较短而厚；子房圆球状，5 ～ 10 室，每室有 2 颗胚珠，花柱合生呈环状，长、宽与子房几相等，与子房接连处缢缩。蒴果扁球状，直径 8 ～ 15 mm，边缘有 8 ～ 10 条纵沟，成熟时带红色，顶端具有环状而稍伸长的宿存花柱；种子近肾形，具 3 棱，长约 4 mm，朱红色。花期 4—8 月，果期 7—11 月。

图 0471 算盘子 *Glochidion puberum*

【拍摄地点】城关镇便河村，海拔 209 m。

【生境分布】生于山坡、溪旁灌木丛中或林缘。分布于南漳各乡镇。

【采收加工】秋季采挖，除去泥沙，洗净，晒干。

【药用部位】根。

【性味归经】微苦，平。归肝、肾、肺经。

【功能主治】清热利湿，活血解毒。用于疟疾，痢疾，黄疸，白浊，风湿痹痛，带下，痈肿，跌打损伤。

【用法用量】1.5 ～ 6 g。

湖北算盘子（图 0472）

Glochidion wilsonii Hutch.

【形态特征】灌木，高 1 ～ 4 m。枝条具棱，灰褐色；小枝直而开展，除叶柄外，全株均无毛。叶片纸质，披针形或斜披针形，长 3 ～ 10 cm，宽 1.5 ～ 4 cm，顶端短渐尖或急尖，基部钝或宽楔形，上面绿色，下面带灰白色；中脉两面凸起，侧脉每边 5 ～ 6 条，下面凸起；叶柄长 3 ～ 5 mm，被极细柔毛或几无毛；托叶卵状披针形，长 2 ～ 2.5 mm。花绿色，雌雄同株，簇生于叶腋内，雌花生于小枝上部，雄花生于小枝下部。雄花：花梗长约 8 mm；萼片 6，长圆形或倒卵形，长 2.5 ～ 3 mm，宽约 1 mm，顶端钝，边缘薄膜质；雄蕊 3，合生。雌花：花梗短；萼片与雄花的相同；子房圆球状，6 ～ 8 室，花柱合生呈圆柱状，顶端多裂。蒴果扁球状，直径约 1.5 cm，边缘有 6 ～ 8 条纵沟，基部常有宿存的萼片；种子近三棱形，红色，有光泽。花期 4—7 月，果期 6—9 月。

图 0472 湖北算盘子 *Glochidion wilsonii*

【拍摄地点】肖堰镇花庄村，海拔 203 m。

【生境分布】生于山地灌木丛中。分布于南漳肖堰、东巩等乡镇。

【药用部位】叶。

【功能主治】清热燥湿。用于湿疹皮炎。

野桐属 Mallotus

白背叶　野桐　叶下白（图 0473）

Mallotus apelta（Lour.）Muell. Arg.

【形态特征】灌木或小乔木，高 1 ～ 3 m；小枝、叶柄和花序均密被淡黄色星状柔毛和橙黄色颗粒状腺体。叶互生，卵形或阔卵形，稀心形，长和宽均 6 ～ 16 cm，顶端急尖或渐尖，基部截平或稍心形，边缘具疏齿，上面干后黄绿色或暗绿色，无毛或被疏毛，下面被灰白色星状茸毛，散生橙黄色颗粒状腺体；基出脉 5 条，最下一对常不明显，侧脉 6 ～ 7 对；基部近叶柄处有褐色斑状腺体 2 个；叶柄长 5 ～ 15 cm。花雌雄异株，雄花序为开展的圆锥花序或穗状，长 15 ～ 30 cm，苞片卵形，长约 1.5 mm，雄花多朵簇生于苞腋。雄花：花梗长 1 ～ 2.5 mm；花蕾卵形或球形，长约 2.5 mm，花萼裂片 4，卵形或卵状三角形，长约 3 mm，外面密生淡黄色星状毛，内面散生颗粒状腺体；雄蕊 50 ～ 75 枚，长约 3 mm。雌花：雌花序穗状，长 15 ～ 30 cm，稀有分枝，花序梗长 5 ～ 15 cm，苞片近三角形，长约 2 mm；花梗极短；花萼裂片 3 ～ 5 枚，卵形或近三角形，长 2.5 ～ 3 mm，外面密生灰白色星状毛和颗粒状腺体；花柱 3 ～ 4 枚，长约 3 mm，基部合生，柱头密生羽毛状突起。蒴果近球形，密生被灰白色星状毛的软刺，软刺线形，黄褐色或浅黄色，长 5 ～ 10 mm；种子近球形，直径约 3.5 mm，褐色或黑色，具皱纹。花期 6—9 月，果期 8—11 月。

图 0473　白背叶 *Mallotus apelta*

【拍摄地点】李庙镇付家坪村，海拔 551 m。

【生境分布】生于山坡或山谷灌丛中。分布于南漳各乡镇。

【药用部位】叶。

【功能主治】清热利湿，止痛，解毒，止血。用于淋浊，胃痛，口疮，痔疮，溃疡，跌打损伤，蛇咬伤，外伤出血。

野桐　巴巴树（图 0474）

Mallotus tenuifolius Pax

【形态特征】小乔木或灌木，高 2 ～ 4 m；树皮褐色。嫩枝具纵棱，枝、叶柄和花序轴均密被褐色星状毛。叶互生，稀小枝上部有时近对生，纸质，形状多变，卵形、卵圆形、卵状三角形、肾形或横长圆形，长 5 ～ 17 cm，宽 3 ～ 11 cm，顶端急尖、凸尖或急渐尖，基部圆形、楔形，稀心形，边全缘，不分裂或上部每侧具 1 裂片或粗齿，上面无毛，下面仅叶脉稀疏被星状毛或无毛，疏散橙红色腺点；基出脉 3 条；侧脉 5 ～ 7 对，近叶柄具黑色圆形腺体；叶柄长 5 ～ 17 mm。花雌雄异株，花序总状或下部常具 3 ～ 5 分枝，长 8 ～ 20 cm；苞片钻形，

图 0474　野桐 *Mallotus tenuifolius*

长 3 ～ 4 mm；雄花在每苞片内 3 ～ 5 朵；花蕾球形，顶端急尖；花梗长 3 ～ 5 mm；花萼裂片 3 ～ 4，卵形，长约 3 mm，外面密被星状毛和腺点；雄蕊 25 ～ 75 枚，药隔稍宽；雌花序长 8 ～ 15 cm，开展；苞片披针形，长约 4 mm；雌花在每苞片内 1 朵；花梗长约 1 mm，密被星状毛；花萼裂片 4 ～ 5，披针形，长 2.5 ～ 3 mm，顶端急尖，外面密被星状茸毛；子房近球形，三棱状；花柱 3 ～ 4，中部以下合生，柱头长约 4 mm，具疣状突起，密被星状毛。蒴果近扁球形、钝三棱形，直径 8 ～ 10 mm，密被有星状毛的软刺和红色腺点；种子近球形，直径约 5 mm，褐色或暗褐色，具皱纹。花期 4—6 月，果期 7—8 月。

【拍摄地点】李庙镇主山寨村，海拔 1044 m。

【生境分布】生于山坡、灌木丛中或疏林中。分布于南漳城关、李庙等乡镇。

【药用部位】树皮。

【功能主治】清热解毒，收敛止血。用于胃、十二指肠溃疡，肝炎，血尿，带下，疮疡，外伤出血。

石岩枫　山龙眼　黄豆树（图 0475）

Mallotus repandus（Willd.）Müll. Arg.

【形态特征】攀援状灌木。嫩枝、叶柄、花序和花梗均密生黄色星状柔毛；老枝无毛，常有皮孔。叶互生，纸质或膜质，卵形或椭圆状卵形，长 3.5 ～ 8 cm，宽 2.5 ～ 5 cm，顶端急尖或渐尖，基部楔形或圆形，边全缘或波状，嫩叶两面均被星状柔毛，成长叶仅下面叶脉腋部被毛和散生黄色颗粒状腺体；基出脉 3 条，有时稍离基，侧脉 4 ～ 5 对；叶柄长 2 ～ 6 cm。花雌雄异株，总状花序或下部有分枝；雄花序顶生，稀腋生，长 5 ～ 15 cm；苞片钻状，长约 2 mm，密生星状毛，苞腋有花 2 ～ 5 朵；雌花序顶生，长 5 ～ 8 cm，苞片长三角形；花梗长约 4 mm。雄花：花萼裂片 3 ～ 4，卵状长圆形，长约 3 mm，外面被茸毛；雄蕊 40 ～ 75 枚，花丝长约 2 mm，花药长圆形，药隔狭。雌花：花梗长约 3 mm；花萼裂片 5，卵状披针形，长约 3.5 mm，外面被茸毛，具颗粒状腺体；花柱 2 ～ 3 枚，柱头长约 3 mm，被星状毛，密生羽毛状突起。蒴果具 2 ～ 3 个分果爿，直径约 1 cm，密生黄色粉末状毛和具颗粒状腺体；种子卵形，直径约 5 mm，黑色，有光泽。花期 3—5 月，果期 8—9 月。

图 0475　石岩枫 *Mallotus repandus*

【拍摄地点】板桥镇夹马河，海拔 671 m。

【生境分布】生于山地疏林中或林缘。分布于南漳板桥、李庙、长坪等乡镇。

【药用部位】茎叶。

【功能主治】祛风活络，舒筋止痛。用于风湿性关节炎，腰腿痛，产后风瘫；外用治跌打损伤。

白木乌桕属 Neoshirakia

白木乌桕 白乳木（图 0476）

Neoshirakia japonicum（Sieb. et Zucc.）Esser

【形态特征】灌木或乔木，高 1 ～ 8 m，各部均无毛；枝纤细，平滑，带灰褐色。叶互生，纸质，叶卵形、卵状长方形或椭圆形，长 7 ～ 16 cm，宽 4 ～ 8 cm，顶端短尖或凸尖，基部钝、截平或有时呈微心形，两侧常不等，全缘，背面中上部常于近边缘的脉上有散生的腺体，基部靠近中脉之两侧亦具 2 腺体；中脉在背面显著凸起，侧脉 8 ～ 10 对，斜上举，离缘 3 ～ 5 mm 弯拱网结，网状脉明显，网眼小；叶柄长 1.5 ～ 3 cm，两侧薄，呈狭翅状，顶端无腺体；托叶膜质，线状披针形，长约 1 cm。花单性，雌雄同株常同序，聚集成顶生，总状花序长 4.5 ～ 11 cm，雌花数朵生于花序轴基部，雄花数朵生于花序轴上部，有时整个花序全为雄花。雄花：花梗丝状，长 1 ～ 2 mm；苞片在花序下部的比花序上部的略长，卵形至卵状披针形，长 2 ～ 2.5 mm，宽 1 ～ 1.2 mm，顶端短尖至渐尖，边缘有不规则的小齿，基部两侧各具 1 近长圆形的腺体，每一苞片内有 3 ～ 4 朵花；花萼杯状，3 裂，裂片有不规则的小齿；雄蕊 3 枚，稀 2 枚，常伸出于花萼之外，花药球形，略短于花丝。雌花：花梗粗壮，长 6 ～ 10 mm；苞片 3 深裂几达基部，裂片披针形，长 2 ～ 3 mm，通常中间的裂片较大，两侧的裂片其边缘各具 1 腺体；萼片 3，三角形，长和宽近相等，顶端短尖或有时钝；子房卵球形，平滑，3 室，花柱基部合生，柱头 3，外卷。蒴果三棱状球形，直径 10 ～ 15 mm。分果爿脱落后无宿存中轴；种子扁球形，直径 6 ～ 9 mm，无蜡质的假种皮，有棕褐色斑纹。花期 5—6 月。

图 0476 白木乌桕 *Neoshirakia japonicum*

【拍摄地点】李庙镇付家坪村，海拔 551 m。

【生境分布】生于林中湿润处或溪涧边。分布于南漳李庙、巡检等乡镇。

【药用部位】根皮。

【功能主治】利尿消肿。用于水肿胀满，二便不通。

叶下珠属 Phyllanthus

叶下珠 蓖萁草（图 0477）

Phyllanthus urinaria L.

【中药名】叶下珠*。

【形态特征】一年生草本，高 10 ～ 60 cm，茎通常直立，基部多分枝，枝倾卧而后上升；枝具翅状纵棱，上部被一纵列疏短柔毛。叶片纸质，因叶柄扭转而呈羽状排列，长圆形或倒卵形，长 4 ～ 10 mm，宽

2～5 mm，顶端圆、钝或急尖而有小尖头，下面灰绿色，近边缘或边缘有 1～3 列短粗毛；侧脉每边 4～5 条，明显；叶柄极短；托叶卵状披针形，长约 1.5 mm。花雌雄同株，直径约 4 mm。雄花：2～4 朵簇生于叶腋，通常仅上面 1 朵开花，下面的很小；花梗长约 0.5 mm，基部有苞片 1～2 枚；萼片 6，倒卵形，长约 0.6 mm，顶端钝；雄蕊 3，花丝全部合生成柱状；花粉粒长球形，通常具 5 孔沟，少数 3、4、6 孔沟，内孔横长椭圆形；花盘腺体 6，分离，与萼片互生。雌花：单生于小枝中下部的叶腋内，花梗长约 0.5 mm；萼片 6，近相等，卵状披针形，长约 1 mm，边缘膜质，黄白色；花盘圆盘状，边全缘；子房卵状，有鳞片状突起，花柱分离，顶端 2 裂，裂片弯卷。蒴果圆球状，直径 1～2 mm，红色，表面具小凸刺，有宿存的花柱和萼片，开裂后轴柱宿存；种子长 1.2 mm，橙黄色。花期 4—6 月，果期 7—11 月。

图 0477 叶下珠 *Phyllanthus urinaria*

【拍摄地点】李庙镇闫坪村，海拔 241 m。

【生境分布】生于旷野平地或山地路旁。分布于南漳李庙、长坪、薛坪等乡镇。

【采收加工】春季至秋季采收，除去泥沙及杂质，晒干。

【药用部位】全草。

【性味归经】微苦、甘，凉。归肝、心、脾经。

【功能主治】清肝明目，泻火解毒，消肿止痛。用于赤目肿痛，肝病胁痛，小儿疳积，痢疾，虫蛇咬伤等。

蜜甘草 蜜柑草（图 0478）

Phyllanthus ussuriensis Rupr. et Maxim.

【形态特征】一年生草本，高达 60 cm。茎直立，常基部分枝，枝条细长；小枝具棱，全株无毛。叶片纸质，椭圆形至长圆形，长 5～15 mm，宽 3～6 mm，顶端急尖至钝，基部近圆，下面白绿色；侧脉每边 5～6 条；叶柄极短或几乎无叶柄；托叶卵状披针形。花雌雄同株，单生或数朵簇生于叶腋；花梗长约 2 mm，丝状，基部有数枚苞片。雄花：萼片 4，宽卵形；花盘腺体 4，分离，与萼片互生；雄蕊 2，花丝分离，药室纵裂。雌花：萼片 6，长椭圆形，果时反折；花盘腺体 6，长圆形；子房卵圆形，3

图 0478 蜜甘草 *Phyllanthus ussuriensis*

室，花柱 3，顶端 2 裂。蒴果扁球状，直径约 2.5 mm，平滑；果梗短；种子长约 1.2 mm，黄褐色，具褐色疣点。花期 4—7 月，果期 7—10 月。

【拍摄地点】长坪镇标湖村，海拔 438 m。

【生境分布】生于山坡或路旁草地。零星分布于南漳长坪、城关等乡镇。

【药用部位】全草。

【功能主治】清热明目，消食止泻，利尿渗湿。用于湿热泄泻。

蓖麻属 Ricinus

蓖麻　红蓖麻（图 0479）

Ricinus communis L.

【中药名】蓖麻子*。

【形态特征】一年生粗壮草本或草质灌木，高达 5 m；小枝、叶和花序通常被白霜，茎多汁液。叶轮廓近圆形，长和宽达 40 cm 或更大，掌状 7 ～ 11 裂，裂缺几达中部，裂片卵状长圆形或披针形，顶端急尖或渐尖，边缘具锯齿；掌状脉 7 ～ 11 条。网脉明显；叶柄粗壮，中空，长可达 40 cm，顶端具 2 枚盘状腺体，基部具盘状腺体；托叶长三角形，长 2 ～ 3 cm，早落。总状花序或圆锥花序，长 15 ～ 30 cm 或更长；苞片阔三角形，膜质，早落。雄花：花萼裂片卵状三角形，长 7 ～ 10 mm；雄蕊束众多。雌花：萼片卵状披针形，长 5 ～ 8 mm，凋落；子房卵状，直径约 5 mm，密生软刺或无刺，花柱红色，长约 4 mm，顶部 2 裂，密生乳头状突起。蒴果卵球形或近球形，长 1.5 ～ 2.5 cm，果皮具软刺或平滑；种子椭圆形，微扁平，长 8 ～ 18 mm，平滑，斑纹淡褐色或灰白色；种阜大。花期几全年。

图 0479　蓖麻 *Ricinus communis*

【拍摄地点】东巩镇石峡坪村，海拔 484 m。

【生境分布】生于疏林或河流两岸冲积地。分布于南漳东巩、巡检、城关等乡镇。

【采收加工】秋季采摘成熟果实，晒干，除去果壳，收集种子。

【药用部位】成熟种子。

【性味归经】甘、辛，平；有毒。归大肠、肺经。

【功能主治】泻下通滞，消肿拔毒。用于大便燥结，痈疽肿毒，喉痹，瘰疬。

【用法用量】2 ～ 5 g。外用适量。

【附注】种子含蓖麻毒蛋白及蓖麻碱，若误食种子过量（小孩 2 ～ 7 粒，成人约 20 粒）后，可能导致中毒死亡。

地构叶属 Speranskia

地构叶 透骨草（图 0480）

Speranskia tuberculata（Bunge）Baill.

图 0480 地构叶 *Speranskia tuberculata*

【形态特征】多年生草本。茎直立，高 25 ～ 50 cm，分枝较多，被伏贴短柔毛。叶纸质，披针形或卵状披针形，长 1.8 ～ 5.5 cm，宽 0.5 ～ 2.5 cm，顶端渐尖，稀急尖，尖头钝，基部阔楔形或圆形，边缘具疏离圆齿或有时深裂，齿端具腺体，上面疏被短柔毛，下面被柔毛或仅叶脉被毛；叶柄长不及 5 mm 或近无柄；托叶卵状披针形，长约 1.5 mm。总状花序长 6 ～ 15 cm，上部有雄花 20 ～ 30 朵，下部有雌花 6 ～ 10 朵，位于花序中部的雌花的两侧有时具雄花 1 ～ 2 朵；苞片卵状披针形或卵形，长 1 ～ 2 mm。雄花：2 ～ 4 朵生于苞腋，花梗长约 1 mm；花萼裂片卵形，长约 1.5 mm，外面疏被柔毛；花瓣倒心形，具爪，长约 0.5 mm，被毛；雄蕊 8 ～ 12 枚，花丝被毛。雌花：1 ～ 2 朵生于苞腋，花梗长约 1 mm，果时长达 5 mm，且常下弯；花萼裂片卵状披针形，长约 1.5 mm，顶端渐尖，疏被长柔毛，花瓣与雄花相似，但较短，疏被柔毛和缘毛，具脉纹；花柱 3，各 2 深裂，裂片呈羽状撕裂。蒴果扁球形，长约 4 mm，直径约 6 mm，被柔毛和具瘤状突起；种子卵形，长约 2 mm，顶端急尖，灰褐色。花果期 5—9 月。

【拍摄地点】肖堰镇花庄村，海拔 220 m。

【生境分布】生于山坡草丛或灌丛中。分布于南漳肖堰、城关等乡镇。

【药用部位】全草。

【功能主治】祛风除湿，舒筋活络，活血止痛。用于跌打损伤，外伤出血。

乌桕属 Triadica

乌桕 木子树（图 0481）

Triadica sebifera（L.）Small

【形态特征】乔木，高可达 15 m，各部均无毛而具乳状汁液；树皮暗灰色，有纵裂纹；枝广展，具皮孔。叶互生，纸质，叶片菱形、菱状卵形或稀有菱状倒卵形，长 3 ～ 8 cm，宽 3 ～ 9 cm，顶端骤然紧缩具长短不等的尖头，基部阔楔形或钝，全缘；中脉两面微凸起，侧脉 6 ～ 10 对，纤细，斜上升，离缘 2 ～ 5 mm 弯拱网结，网状脉明显；叶柄纤细，长 2.5 ～ 6 cm，顶端具 2 腺体；托叶顶端钝，长约 1 mm。花单性，雌雄同株，聚集成顶生、长 6 ～ 12 cm 的总状花序，雌花通常生于花序轴最下部，雄花生于花序轴上部或有时整个花序全为雄花。雄花：花梗纤细，长 1 ～ 3 mm，向上渐粗；苞片阔卵形，长和宽近相等，均约 2 mm，顶端略尖，基部两侧各具一近肾形的腺体，每一苞片内具 10 ～ 15 朵花；小苞片 3，不等大，边

图 0481 乌桕 *Triadica sebifera*

缘撕裂状；花萼杯状，3 浅裂，裂片钝，具不规则的细齿；雄蕊 2 枚，罕有 3 枚，伸出于花萼之外，花丝分离，与球状花药近等长。雌花：花梗粗壮，长 3 ～ 3.5 mm；苞片深 3 裂，裂片渐尖，基部两侧的腺体与雄花的相同，每一苞片内仅 1 朵雌花，间有 1 雌花和数雄花同聚生于苞腋内；花萼 3 深裂，裂片卵形至卵状披针形，顶端短尖至渐尖；子房卵球形，平滑，3 室，花柱 3，基部合生，柱头外卷。蒴果梨状球形，成熟时黑色，直径 1 ～ 1.5 cm；具 3 种子，分果爿脱落后而中轴宿存；种子扁球形，黑色，长约 8 mm，宽 6 ～ 7 mm，外被白色、蜡质的假种皮。花期 4—8 月。

【拍摄地点】肖堰镇云盘村，海拔 477 m。

【生境分布】生于旷野、塘边或疏林中。分布于南漳各乡镇。

【药用部位】根皮。

【功能主治】利水，消积，杀虫，解毒。用于水肿，癥瘕积聚，二便不通，湿疮，疥癣，疔毒。

油桐属 Vernicia

油桐　桐油树　桐子树（图 0482）

Vernicia fordii（Hemsl.）Airy Shaw

图 0482 油桐 *Vernicia fordii*

【形态特征】落叶乔木，高达 10 m；树皮灰色，近光滑；枝条粗壮，无毛，具明显皮孔。叶卵圆形，长 8 ～ 18 cm，宽 6 ～ 15 cm，顶端短尖，基部截平至浅心形，全缘，稀 1 ～ 3 浅裂，嫩叶上面被很快脱落微柔毛，下面被渐脱落棕褐色微柔毛，成长叶上面深绿色，无毛，下面灰绿色，被贴伏微柔毛；掌状脉 5 条；叶柄与叶片近等长，几无毛，顶端有 2 枚扁平、无柄腺体。花雌雄同株，先叶或与叶同时开放；花萼长约 1 cm，2 裂，外面密被棕褐色微柔毛；花瓣白色，有淡红色脉纹，倒卵形，长 2 ～ 3 cm，宽 1 ～ 1.5 cm，顶端圆形，基部爪状。雄花：雄蕊 8 ～ 12 枚，2 轮；外轮离生，内轮花丝中部以下合生。雌花：子房密被柔毛，3 ～ 5 室，每室有 1 颗胚珠，花柱与子房室同数，2 裂。核果近球状，直径 4 ～ 6 cm，果皮光滑；种子 3 ～ 4 颗，种皮木质。花期 3—4 月，果期 8—9 月。

【拍摄地点】肖堰镇响水洞村，海拔 293 m。

【生境分布】生于丘陵山地。分布于南漳各乡镇。

【药用部位】种子。

【功能主治】吐风痰，消肿毒，利二便。用于风痰喉痹，瘰疬，疥癣，烫伤，脓疱疮，丹毒，食积腹胀，大小便不通。

87. 芸香科 Rutaceae

柑橘属 Citrus

柚 柚子 文旦（图 0483）

Citrus grandis（L.）Osbeck

【中药名】化橘红*。

【形态特征】乔木。嫩枝、叶背、花梗、花萼及子房均被柔毛，嫩叶通常暗紫红色，嫩枝扁且有棱。叶质颇厚，色浓绿，阔卵形或椭圆形，连翼叶长 9～16 cm，宽 4～8 cm，或更大，顶端钝或圆，有时短尖，基部圆；翼叶长 2～4 cm，宽 0.5～3 cm，个别品种的翼叶甚狭窄。总状花序，有时兼有腋生单花；花蕾淡紫红色，稀乳白色；花萼不规则 3～5 浅裂；花瓣长 1.5～2 cm；雄蕊 25～35 枚，有时部分雄蕊不育；花柱粗长，柱头略较子房大。果圆球形、扁圆形、梨形或阔圆锥状，横径通常 10 cm 以上，淡黄色或黄绿色，杂交种有朱红色的；果皮甚厚或薄，海绵质，油胞大，凸起，果心实但松软，瓢囊 10～15 瓣或多至 19 瓣；汁胞白色、粉红色或鲜红色，少有带乳黄色；种子多达 200 余粒，亦有无种子的，形状不规则，通常近似长方形，上部质薄且常截平，下部饱满，多兼有发育不全的，有明显纵肋棱，子叶乳白色，单胚。花期 4—5 月，果期 9—12 月。

图 0483 柚 *Citrus grandis*

【拍摄地点】巡检镇峡口村，海拔 236 m。

【生境分布】栽培。分布于南漳巡检、城关等乡镇。

【采收加工】夏季果实未成熟时采收，置沸水中略烫后，将果皮割成 5 或 7 瓣，除去果瓤和部分中果皮，压制成形，干燥。

【药用部位】未成熟或近成熟的外层果皮。

【性味归经】辛、苦，温。归肺、脾经。

【功能主治】理气宽中，燥湿化痰。用于咳嗽痰多，食积伤酒，呕恶痞闷。

【用法用量】3～6 g。

香橼 枸橼（图 0484）

Citrus medica L.

【中药名】香橼*。

【形态特征】不规则分枝的灌木或小乔木。新生嫩枝、芽及花蕾均暗紫红色，茎枝多刺，刺长达 4 cm。单叶，稀兼有单身复叶，有关节，但无翼叶；叶柄短，叶片椭圆形或卵状椭圆形，长 6 ～ 12 cm，宽 3 ～ 6 cm 或更大，顶部圆或钝，稀短尖，叶缘有浅钝裂齿。总状花序有花达 12 朵，有时兼有腋生单花；花两性，有单性花趋向，雌蕊退化；花瓣 5 片，长 1.5 ～ 2 cm；雄蕊 30 ～ 50 枚；子房圆筒状，花柱粗长，柱头头状。果椭圆形、近圆形或两端狭的纺锤形，果皮淡黄色，粗糙，甚厚或颇薄，难剥离，内皮白色或略淡黄色，棉质，松软，瓢囊 10 ～ 15 瓣，果肉无色，近于透明或淡乳黄色，爽脆，味酸或略甜，有香气；种子小，平滑，子叶乳白色，多胚或单胚。花期 4—5 月，果期 10—11 月。

图 0484 香橼 *Citrus medica*

【拍摄地点】巡检镇巡检司村，海拔 328 m。

【生境分布】栽培。分布于南漳各乡镇。

【采收加工】秋季果实成熟时采收，趁鲜切片，晒干或低温干燥。

【药用部位】成熟果实。

【性味归经】辛、苦、酸，温。归肝、脾、肺经。

【功能主治】疏肝理气，宽中，化痰。用于肝胃气滞，胸胁胀痛，脘腹痞满，呕吐噫气，痰多咳嗽。

【用法用量】3 ～ 10 g。

柑橘 橘子（图 0485）

Citrus reticulata Blanco

【中药名】陈皮*、青皮*、橘红*、橘叶*。

【形态特征】小乔木。分枝多，枝扩展或略下垂，刺较少。单身复叶，翼叶通常狭窄，或仅有痕迹，叶片披针形、椭圆形或阔卵形，大小变异较大，顶端常有凹口，中脉由基部至凹口附近成叉状分枝，叶缘至少上半段通常有钝或圆裂齿，很少全缘。花单生或 2 ～ 3 朵簇生；花萼不规则 3 ～ 5 浅裂；花瓣通常长 1.5 cm 以内；雄蕊 20 ～ 25 枚，花柱细长，柱头头状。果形各异，通常扁圆形至近圆球形；果皮甚薄而光滑，或厚而粗糙，淡黄色、朱红色或深红色，甚易或稍易剥离；橘络甚多或较少，呈网状，易分离，通常柔嫩，中心柱大而常空，稀充实，瓢囊 7 ～ 14 瓣，稀较多，囊壁薄或略厚，柔嫩或颇韧，汁胞通常纺锤形，短而膨大，稀细长，果肉酸或甜，或有苦味，或另有特异气味。种子稀无籽，通常卵形，顶部狭尖，基部浑圆，子叶深绿色、淡绿色或间有近于乳白色，合点紫色，多胚，少有单胚。花期 4—5 月，果期 10—12 月。

【拍摄地点】巡检镇峡口村，海拔 421 m。

【生境分布】栽培。分布于南漳巡检、城关、李庙、九集等乡镇，巡检镇峡口村有“柑橘之乡”之称，现有栽培面积 26.67 km^2。

【采收加工】陈皮：采摘成熟果实，剥取果皮，晒干或低温干燥。青皮：5—6 月收集自落的幼果，晒干，习称“个青皮”；7—8 月采收未成熟果实，在果皮上纵剖成四瓣至基部，除尽瓤瓣，晒干，习称“四花青皮”。橘红：秋末冬初果实成熟后采收，用刀削下外果皮，晒干或阴干。橘叶：秋、冬二季采摘，阴干。

图 0485 柑橘 *Citrus reticulata*

【药用部位】陈皮：成熟果皮。青皮：幼果或未成熟果实的果皮。橘红：外层果皮。橘叶：叶。

【性味归经】陈皮：苦、辛，温；归肺、脾经。青皮：苦、辛，温；归肝、胆、胃经。橘红：苦、辛，温；归肺、脾经。橘叶：苦，平；归肝经。

【功能主治】陈皮：理气健脾，燥湿化痰；用于脘腹胀满，食少吐泻，咳嗽痰多。青皮：疏肝破气，消积化滞；用于胸胁胀痛，疝气疼痛，乳癖，乳痈，食积气滞，脘腹胀痛。橘红：理气宽中，燥湿化痰；用于咳嗽痰多，食积伤酒，呕恶痞闷。橘叶：疏肝行气，消肿散结；用于胁痛，乳痈，瘰疬，瘿瘤。

【用法用量】陈皮：3 ～ 10 g。青皮：3 ～ 10 g。橘红：3 ～ 10 g。橘叶：3 ～ 9 g。

枳 枸橘（图 0486）

Citrus trifoliata L.

【形态特征】小乔木，高 1 ～ 5 m，树冠伞形或圆头形。枝绿色，嫩枝扁，有纵棱，刺长达 4 cm，刺尖干枯状，红褐色，基部扁平。叶柄有狭长的翼叶，通常指状三出叶，很少 4 ～ 5 小叶，或杂交种的则除 3 小叶外尚有 2 小叶或单小叶同时存在，小叶等长或中间的一片较大，长 2 ～ 5 cm，宽 1 ～ 3 cm，对称或两侧不对称，叶缘有细钝裂齿或全缘，嫩叶中脉上有细毛，花单朵或成对腋生，先叶开放，也有先叶后花的，有完全花及不完全花，后者雄蕊发育，雌蕊萎缩，花有大、小二型，花径 3.5 ～ 8 cm；萼片长 5 ～ 7 mm；花瓣白色，匙形，长 1.5 ～ 3 cm；雄蕊通常 20 枚，花丝不等长。果近圆球形

图 0486 枳 *Citrus trifoliata*

或梨形，大小差异较大，通常纵径 3 ～ 4.5 cm，横径 3.5 ～ 6 cm，果顶微凹，有环圈，果皮暗黄色，粗糙，也有无环圈，果皮平滑的，油胞小而密，果心充实，瓢囊 6 ～ 8 瓣，汁胞有短柄，果肉含黏腋，微有香橼气味，甚酸且苦，带涩味，有种子 20 ～ 50 粒；种子阔卵形，乳白色或乳黄色，有黏腋，平滑或间有不明显的细脉纹，长 9 ～ 12 mm。花期 5—6 月，果期 10—11 月。

【拍摄地点】巡检镇峡口村，海拔 296 m。

【生境分布】栽培。分布于南漳巡检、城关等乡镇。

【药用部位】幼果或未成熟的果实。

【功能主治】疏肝和胃，理气止痛。用于胸胁胀痛，疝气疼痛，食积气滞，脘腹胀痛。

臭常山属 Orixa

臭常山　和常山　臭山羊　臭药（图 0487）

Orixa japonica Thunb.

【形态特征】高 1 ～ 3 m 的灌木或小乔木。树皮灰色或淡褐灰色，幼嫩部分常被短柔毛；枝、叶有腥臭气味，嫩枝暗紫红色或灰绿色，髓部大，常中空。叶薄纸质，全缘或上半段有细钝裂齿，下半段全缘，大小差异较大，同一枝条上有长达 15 cm，宽 6 cm，也有长约 4 cm，宽 2 cm，倒卵形或椭圆形，中部或中部以上最宽，两端急尖或基部渐狭尖，嫩叶背面被疏或密长柔毛，叶面中脉及侧脉被短毛，中脉在叶面略凹陷，散生半透明的细油点；叶柄长 3 ～ 8 mm。雄花序长 2 ～ 5 cm；花序轴纤细，初时被毛；花梗基部有苞片 1 片，苞片阔卵形，两端急尖，内拱，膜质，有中脉，散生油点，长 2 ～ 3 mm；萼片甚细小；花瓣比苞片小，狭长圆形，上部较宽，有 3 脉；雄蕊比花瓣短，与花瓣互生，插生于明显的花盘基部四周，花盘近于正方形，花丝线状，花药广椭圆形；雌花的萼片及花瓣形状与大小均与雄花近似，4 个靠合的心皮圆球形，花柱短，黏合，柱头头状。成熟分果瓣阔椭圆形，干后暗褐色，直径 6 ～ 8 mm，每分果瓣由顶端起沿腹及背缝线开裂，内有近圆形的种子 1 粒。花期 4—5 月，果期 9—11 月。

图 0487　臭常山 *Orixa japonica*

【拍摄地点】板桥镇断河坪村，海拔 886 m。

【生境分布】生于山地密林或疏林向阳坡地。分布于南漳板桥、长坪等乡镇。

【药用部位】根。

【功能主治】清热解毒，行气止痛，祛风利湿。用于胃痛，风湿性关节炎。

黄檗属 Phellodendron

黄檗 黄柏（图 0488）

Phellodendron amurense Rupr.

【中药名】关黄柏*。

图 0488 黄檗 *Phellodendron amurense*

【形态特征】树高 10 ~ 20 m，大树高达 30 m，胸径 1 m。枝扩展，成年树的树皮有厚木栓层，浅灰色或灰褐色，深沟状或不规则网状开裂，内皮薄，鲜黄色，味苦，黏质，小枝暗紫红色，无毛。叶轴及叶柄均纤细，有小叶 5 ~ 13 片，小叶薄纸质或纸质，卵状披针形或卵形，长 6 ~ 12 cm，宽 2.5 ~ 4.5 cm，顶部长渐尖，基部阔楔形，一侧斜尖，或为圆形，叶缘有细钝齿和缘毛，叶面无毛或中脉有疏短毛，叶背仅基部中脉两侧密被长柔毛，秋季落叶前叶色由绿转黄而明亮，毛被大多脱落。花序顶生；萼片细小，阔卵形，长约 1 mm；花瓣紫绿色，长 3 ~ 4 mm；雄花的雄蕊比花瓣长，退化雌蕊短小。果圆球形，直径约 1 cm，蓝黑色，通常有 5 ~ 8 浅纵沟，干后较明显；种子通常 5 粒。花期 5—6 月，果期 9—10 月。

【拍摄地点】城关镇凉泉村，海拔 530 m。

【生境分布】生于低丘陵坡地、路旁、住宅旁及溪河附近。零星分布于南漳城关、李庙、板桥等乡镇。

【采收加工】剥取树皮，除去粗皮，晒干。

【药用部位】树皮。

【性味归经】苦，寒。归肾、膀胱经。

【功能主治】清热燥湿，泻火除蒸，解毒疗疮。用于湿热泻痢，黄疸尿赤，带下阴痒，热淋涩痛，脚气痿躄，骨蒸劳热，盗汗，遗精，疮疡肿毒，湿疹湿疮。盐关黄柏滋阴降火，用于阴虚火旺，盗汗骨蒸。

【用法用量】3 ~ 12 g。外用适量。

吴茱萸属 Tetradium

臭檀吴萸 臭檀（图 0489）

Tetradium daniellii（Bennett）T. G. Hartley

【形态特征】高可达 20 m，胸径约 1 m 的落叶乔木。叶有小叶 5 ~ 11 片，小叶纸质，有时颇薄，阔卵形、卵状椭圆形，长 6 ~ 15 cm，宽 3 ~ 7 cm；顶部长渐尖或短尖，基部圆形或阔楔形，有时一侧略偏斜，散生少数油点或油点不显；叶缘有细钝裂齿，有时有缘毛，叶面中脉被疏短毛，叶背中脉两侧被长柔毛或仅脉腋有丛毛，嫩叶有时两面被疏柔毛；小叶柄长 2 ~ 6 mm。伞房状聚伞花序，花序轴及分枝被灰白色或棕黄色柔毛，花蕾近圆球形；萼片及花瓣均 5 片；萼片卵形，长不及 1 mm；花瓣长约 3 mm；雄花的退化雌蕊圆锥状，顶部 4 ～ 5 裂，裂片约与不育子房等长，被毛；雌花的退化雄蕊约为子房长的 1/4，鳞片状。分果瓣紫红色，干后变为淡黄色或淡棕色，长 5 ～ 6 mm，背部无毛，两侧面被疏短毛，顶端有长 1 ～ 2.5 mm 的芒尖，内、外果皮均较薄，内果皮干后软骨质，蜡黄色，每分果瓣有 2 种子；种子卵形，一端稍尖，长 3 ～ 4 mm，宽约 3 mm，褐黑色，有光泽，种脐线状纵贯种子的腹面。花期 6—8 月，果期 9—11 月。

图 0489　臭檀吴萸 *Tetradium daniellii*

【拍摄地点】长坪镇陡山村，海拔 1062 m。

【生境分布】生于平地及山坡向阳的地方，耐干旱。分布于南漳薛坪、长坪等乡镇。

【药用部位】种子。

【功能主治】温中散寒，行气止痛。用于脾胃虚寒，脘腹冷痛，呕吐，泄泻，少食，脾胃气滞，脘腹胀满，嗳气，腹痛等。

吴茱萸　吴萸　臭辣子（图 0490）

Tetradium ruticarpum（A. Jussieu）T. G. Hartley

【中药名】吴茱萸*。

【形态特征】小乔木或灌木，高 3 ～ 5 m，嫩枝暗紫红色，与嫩芽同被灰黄色或红锈色茸毛，或疏短毛。叶有小叶 5 ～ 11 片，小叶薄至厚纸质，卵形、椭圆形或披针形，长 6 ～ 18 cm，宽 3 ～ 7 cm，叶轴下部的较小，两侧对称或一侧的基部稍偏斜，边全缘或浅波浪状，小叶两面及叶轴被长柔毛，毛密如毡状，或仅中脉两侧被短毛，油点大且多。花序顶生；雄花序的花彼此疏离，雌花序的花密集或疏离；萼片及花瓣均 5 片，偶有 4 片，镊合排列；雄花花瓣长 3 ～ 4 mm，腹面被疏长毛，退化雌蕊 4 ～ 5 深裂，下部及花丝均被白色长柔毛，雄蕊伸出花瓣之上；雌花花瓣长 4 ～ 5 mm，腹面被毛，退化雄蕊鳞片状或短线状或兼有细小的不育花药，子房及花柱下部被疏长毛。果序宽 3 ～ 12 cm，果密集或疏离，暗紫红色，有大油点，每分果瓣有 1 种子；种子近圆球形，一端钝尖，腹面略平坦，长 4 ～ 5 mm，褐黑色，

图 0490　吴茱萸 *Tetradium ruticarpum*

有光泽。花期 4—6 月，果期 8—11 月。

【拍摄地点】肖堰镇峰山村，海拔 881 m。

【生境分布】生于山地疏林或灌木丛中，多见于向阳坡地。零星分布于南漳巡检、肖堰等乡镇。

【采收加工】秋季果实尚未开裂时，剪下果枝，晒干或低温干燥，除去枝、叶、果梗等杂质。

【药用部位】近成熟果实。

【性味归经】辛、苦，热；有小毒。归肝、脾、胃、肾经。

【功能主治】散寒止痛，降逆止呕，助阳止泻。用于厥阴头痛，寒疝腹痛，寒湿脚气，经行腹痛，脘腹胀痛，呕吐吞酸，五更泄泻。

【用法用量】2 ～ 5 g。外用适量。

飞龙掌血属 Toddalia

飞龙掌血　见血飞　大救驾　三百棒（图 0491）

Toddalia asiatica（L.）Lam.

【中药名】三百棒*。

【形态特征】老茎干有较厚的木栓层及黄灰色、纵向细裂且凸起的皮孔，三、四年生枝上的皮孔圆形而细小，茎枝及叶轴有甚多向下弯钩的锐刺，当年生嫩枝的顶部有褐色或红锈色甚短的细毛，或密被灰白色短毛。小叶无柄，对光透视可见密生的透明油点，揉之有类似柑橘叶的香气，卵形、倒卵形、椭圆形或倒卵状椭圆形，长 5 ～ 9 cm，宽 2 ～ 4 cm，顶部尾状长尖或急尖而钝头，有时微凹缺；叶缘有细裂齿，侧脉甚多而纤细。花梗甚短，基部有极小的鳞片状苞片，花淡黄白色；萼片长不及 1 mm，边缘被短毛；花瓣长 2 ～ 3.5 mm；雄花序为伞房状圆锥花序，雌花序呈聚伞圆锥花序。果橙红色或朱红色，直径 8 ～ 10 mm 或稍较大，有 4 ～ 8 条纵向浅沟纹，干后甚明显；种子长 5 ～ 6 mm，厚约 4 mm，种皮褐黑色，有极细小的窝点。花期几乎全年，在五岭以南各地，多于春季开花；沿长江两岸各地，多于夏季开花；果期多在秋冬季。

图 0491　飞龙掌血 *Toddalia asiatica*

【拍摄地点】板桥镇夹马河，海拔 664 m。

【生境分布】生于灌木、小乔木的次生林中，攀援于树上。分布于南漳板桥镇。

【采收加工】全年可采，挖取根，除去泥沙和杂质，切段，晒干。

【药用部位】根。

【性味归经】辛、苦，温。归脾、肝、胃经。

【功能主治】祛风止痛，散瘀止血，解毒消肿。用于风湿痹痛，脘腹疼痛，跌打损伤，经闭痛经，衄血，吐血，崩漏，疮痈肿毒。

【用法用量】9 ～ 15 g。外用适量，研末撒或调敷；鲜品捣敷。

花椒属 Zanthoxylum

竹叶花椒　竹叶椒　野花椒（图 0492）

Zanthoxylum armatum DC.

【形态特征】高 3 ～ 5 m 的落叶小乔木。茎枝多锐刺，刺基部宽而扁，红褐色，小枝上的刺劲直，水平抽出，小叶背面中脉上常有小刺，仅叶背基部中脉两侧有丛状柔毛，或嫩枝梢及花序轴均被褐锈色短柔毛。叶有小叶 3 ～ 9 片，稀 11 片，翼叶明显，稀仅有痕迹；小叶对生，通常披针形，长 3 ～ 12 cm，宽 1 ～ 3 cm，两端尖，有时基部宽楔形，干后叶缘略向背卷，叶面稍粗皱；或为椭圆形，长 4 ～ 9 cm，宽 2 ～ 4.5 cm，顶端中央一片最大，基部一对最小；有时为卵形，叶缘有甚小且疏离的裂齿，或近于全缘，仅在齿缝处或沿小叶边缘有油点；小叶柄甚短或无柄。花序近腋生或同时生于侧枝之顶，长 2 ～ 5 cm，有花约 30 朵；花被片 6 ～ 8 片，形状与大小几相同，长约 1.5 mm；雄花的雄蕊 5 ～ 6 枚，药隔顶端有 1 干后变褐黑色油点；不育雌蕊垫状突起，顶端 2 ～ 3 浅裂；雌花有心皮 2 ～ 3 个，背部近顶侧各有 1 油点，花柱斜向背弯，不育雄蕊短线状。果紫红色，有微凸起少数油点，单个分果瓣直径 4 ～ 5 mm；种子直径 3 ～ 4 mm，褐黑色。花期 4—5 月，果期 8—10 月。

图 0492　竹叶花椒 *Zanthoxylum armatum*

【拍摄地点】巡检镇不二坪村，海拔 1070 m。

【生境分布】生于山谷林缘。分布于南漳各乡镇。

【药用部位】果实。

【功能主治】祛风散寒，行气止痛。用于风湿性关节炎，牙痛等。

花椒　蜀椒　椒（图 0493）

Zanthoxylum bungeanum Maxim.

【中药名】花椒*、花椒目*。

【形态特征】高 3 ～ 7 m 的落叶小乔木。茎干上的刺常早落，枝有短刺，小枝上的刺基部宽而扁且呈劲直的长三角形，当年生枝被短柔毛。叶有小叶 5 ～ 13 片，叶轴常有狭窄的叶翼；小叶对生，无柄，卵形、椭圆形，稀披针形，位于叶轴顶部的较大，近基部的有时圆形，长 2 ～ 7 cm，宽 1 ～ 3.5 cm；叶缘有细裂齿，齿缝有油点；其余无或散生肉眼可见的油点，叶背基部中脉两侧有丛毛或小叶两面均被柔毛，中脉在叶面微凹陷，叶背干后常有红褐色斑纹。花序顶生或生于侧枝之顶，花序轴及花梗密被短柔毛或无毛；花被片 6 ～ 8 片，黄绿色，形状及大小大致相同；雄花的雄蕊 5 枚或多至 8 枚；退化雌蕊顶端叉状浅裂；雌花很少有发育雄蕊，有心皮 2 或 3 个，间有 4 个，花柱斜向背弯。果紫红色，单个分果瓣直径 4 ～ 5 mm，散生微凸起的油点，顶端有甚短的芒尖或无；种子长 3.5 ～ 4.5 mm。花期 4—5 月，果期 8—9 月或 10 月。

图 0493 花椒 *Zanthoxylum bungeanum*

【拍摄地点】李庙镇刘坪村，海拔 231 m。

【生境分布】耐旱，喜阳光，常栽培。分布于南漳各乡镇。

【采收加工】花椒：秋季采收成熟果实，晒干，除去种子和杂质。花椒目：秋季果实成熟时采收，除去果皮和杂质，干燥。

【药用部位】花椒：成熟果皮。花椒目：成熟种皮。

【性味归经】花椒：辛，温；归脾、胃、肾经。花椒目：苦、辛，温；有小毒；归脾、胃、肾经。

【功能主治】花椒：温中止痛，杀虫止痒；用于脘腹冷痛，呕吐泄泻，虫积腹痛；外治湿疹，阴痒。花椒目：利水，消肿，逐饮；用于痰饮喘咳，水肿，小便不利。

【用法用量】花椒：3 ～ 6 g；外用适量，煎汤熏洗。花椒目：3 ～ 6 g；研末吞服，1.5 g；外用适量，研末，醋调敷。

砚壳花椒 单面针 大叶花椒（图 0494）

Zanthoxylum dissitum Hemsl.

【形态特征】攀援藤本植物。老茎的皮灰白色，枝干上的刺多劲直，叶轴及小叶中脉上的刺向下弯钩，刺褐红色。叶有小叶 5 ～ 9 片，稀 3 片；小叶互生或近对生，形状多样，长达 20 cm，宽 1 ～ 8 cm 或更宽，全缘或叶边缘有裂齿，两侧对称，稀一侧稍偏斜，顶部渐尖至长尾状，厚纸质或近革质，无毛，中脉在叶面凹陷，油点甚小，在放大镜下不易察见；小叶柄长 3 ～ 10 mm。花序腋生，通常长不超过 10 cm，花序轴有短细毛；萼片及花瓣均 4 片，油点不显；萼片紫绿色，宽卵形，长不及 1 mm；花瓣淡黄绿色，宽卵形，长 4 ～ 5 mm；雄花的花梗长 1 ～ 3 mm；雄蕊 4 枚，花丝长 5 ～ 6 mm；

图 0494 砚壳花椒 *Zanthoxylum dissitum*

退化雌蕊顶端4浅裂；雌花无退化雄蕊。果密集于果序上，果梗短；果棕色，外果皮比内果皮宽大，外果皮平滑，边缘较薄，干后显出弧形环圈，长10～15 mm，残存花柱位于一侧，长不超过1/3 mm；种子直径8～10 mm。

【拍摄地点】板桥镇夹马河，海拔631 m。

【生境分布】生于坡地杂木林或灌木丛中。分布于南漳板桥、长坪等乡镇。

【药用部位】根及茎。

【功能主治】祛风止痛，理气化痰，活血散瘀。用于风湿性关节痛，痰饮喘咳。

小花花椒　**刺三百棒（图0495）**

Zanthoxylum micranthum Hemsl.

【形态特征】落叶乔木，高稀达15 m。茎枝有稀疏短锐刺，花序轴及上部小枝均无刺或少刺，当年生枝的髓部甚小，各部无毛，叶轴腹面常有狭窄的叶质边缘。叶有小叶9～17片；小叶对生，或位于叶轴下部的不为整齐对生，披针形，长5～8 cm，宽1～3 cm，顶部渐狭长尖，基部圆或宽楔形，两侧对称，或一侧的基部圆，另一侧基部略楔尖，干后叶背色较淡，两面无毛，油点多，对光透视清晰可见，叶缘有钝或圆裂齿，中脉凹陷，侧脉每边8～12条；小叶柄长1.5～5 mm。花序顶生，花多；萼片及花瓣均5片；萼片宽卵形，宽约0.3 mm；花瓣淡黄白色，长1.5～21 mm；雄花的雄蕊5枚，花盛开时长约3 mm，退化雌蕊极短，3浅裂或不裂；雌花的心皮3个，稀4个。分果瓣淡紫红色，干后淡灰黄色或灰褐色，直径约5 mm，顶端无或几无芒尖，油点小；种子长不超过4 mm。花期7—8月，果期10—11月。

图0495　小花花椒 *Zanthoxylum micranthum*

【拍摄地点】李庙镇付家坪村，海拔531 m。

【生境分布】生于坡地疏林中。分布于南漳李庙、城关、巡检等乡镇。

【药用部位】果实。

【功能主治】祛风散寒，杀虫，止痛。用于虫积腹痛。

异叶花椒　**羊山刺　苍椒（图0496）**

Zanthoxylum ovalifolium Wight

【形态特征】高达10 m的落叶乔木。枝灰黑色，嫩枝及芽常有红锈色短柔毛，枝很少有刺。单小叶，指状3小叶，2～5小叶或7～11小叶；小叶卵形、椭圆形，有时倒卵形，通常长4～9 cm，宽2～3.5 cm，大的长达20 cm，宽7 cm，小的长约2 cm，宽1 cm，顶部钝、圆或短尖至渐尖，常有浅凹缺，两侧对称，叶缘有明显的钝裂齿，或有针状小刺，油点多，在放大镜下可见，叶背的最清晰，网状叶脉明显，干后微凸起，叶面中脉平坦或微凸起，被微柔毛。花序顶生；花被片 6 ～ 8，稀 5 片，大小不相等，形状略不相同，上宽下窄，顶端圆，大的长 2 ～ 3 mm；雄花的雄蕊常 6 枚；退化雌蕊垫状；雌花的退化雄蕊 5 枚或 4 枚，长约为子房高的一半，常有萎缩的花药但无花粉；心皮 2 ～ 3 个，花柱斜向背弯。分果瓣紫红色，幼嫩时常被疏短毛，直径 6 ～ 8 mm；基部有短的狭柄，油点稀少，顶侧有短芒尖；种子直径 5 ～ 7 mm。花期 4—6 月，果期 9—11 月。

【拍摄地点】巡检镇凤山村，海拔 604 m。

【生境分布】生于山地林中。分布于南漳各乡镇。

【药用部位】根。

【功能主治】活血散瘀，接骨续筋。用于跌打损伤。

图 0496 异叶花椒 *Zanthoxylum ovalifolium*

88. 苦木科 Simaroubaceae

臭椿属 Ailanthus

臭椿 椿皮 樗（图 0497）

Ailanthus altissima（Mill.）Swingle

【中药名】椿皮 *、凤眼草★。

【形态特征】落叶乔木，高可达 20 余米，树皮平滑而有直纹；嫩枝有髓，幼时被黄色或黄褐色柔毛，后脱落。叶为奇数羽状复叶，长 40 ～ 60 cm，叶柄长 7 ～ 13 cm，有小叶 13 ～ 27；小叶对生或近对生，纸质，卵状披针形，长 7 ～ 13 cm，宽 2.5 ～ 4 cm，先端长渐尖，基部偏斜，截形或稍圆，两侧各具 1 或 2 个粗锯齿，齿背有腺体 1 个，叶面深绿色，背面灰绿色，揉碎后具臭味。圆锥花序长 10 ～ 30 cm；花淡绿色，花梗长 1 ～ 2.5 mm；萼片 5，覆瓦状排列，裂片长 0.5 ～ 1 mm；花瓣 5，长 2 ～ 2.5 mm，基部两侧被硬粗毛；雄蕊 10，花丝基部密被硬粗毛，雄花中的花丝长于花瓣，雌花中的花丝短于花瓣；花药长圆形，长约 1 mm；心皮 5，花柱黏合，柱头 5 裂。翅果长椭圆形，长 3 ～ 4.5 cm，宽 1 ～ 1.2 cm；种子位于翅的中间，扁圆形。花期 4—5 月，果期 8—10 月。

【拍摄地点】薛坪镇大水泉村，海拔 786 m。

【生境分布】生于山坡或宅旁。分布于南漳各乡镇。

图 0497 臭椿 *Ailanthus altissima*

【采收加工】椿皮：全年均可剥取，晒干，或刮去粗皮后晒干。凤眼草：秋季果实成熟时采收，除去果柄和杂质，干燥。

【药用部位】椿皮：根皮或干皮。凤眼草：成熟果实。

【性味归经】椿皮：苦、涩，寒；归大肠、胃、肝经。凤眼草：苦、涩，寒；归大肠、膀胱经。

【功能主治】椿皮：清热燥湿，收涩止带，止泻，止血；用于赤白带下，湿热泻痢，久泻久痢，便血，崩漏。凤眼草：清热燥湿，止痢；用于湿热痢疾，便血，带下。

【用法用量】椿皮：6 ～ 9 g。凤眼草：4 ～ 9 g。

苦树属 Picrasma

苦树　苦木　苦楝树（图 0498）

Picrasma quassioides（D. Don）Benn.

【中药名】苦木 *。

【形态特征】落叶乔木，高达 10 余米；树皮紫褐色，平滑，有灰色斑纹，全株有苦味。叶互生，奇数羽状复叶，长 15 ～ 30 cm；小叶 9 ～ 15，卵状披针形或广卵形，边缘具不整齐的粗锯齿，先端渐尖，基部楔形，除顶生叶外，其余小叶基部均不对称，叶面无毛，背面仅幼时沿中脉和侧脉有柔毛，后变无毛；落叶后留有明显的半圆形或圆形叶痕；托叶披针形，早落。花雌雄异株，组成腋生复聚伞花序，花序轴密被黄褐色微柔毛；萼片小，通常 5，偶 4，卵形或长卵形，外面被黄褐色微柔毛，覆瓦状排列；花瓣与萼片同数，卵形或阔卵形，两面中脉附近有微柔毛；雄花中雄蕊长为花瓣的 2 倍，与萼片对生，雌花中雄蕊短于花瓣；花盘 4 ～ 5 裂；心皮 2 ～ 5，分离，每心皮有 1 胚珠。核果成熟后蓝绿色，长 6 ～ 8 mm，宽 5 ～ 7 mm，种皮薄，萼宿存。花期 4—5 月，果期 6—9 月。

图 0498　苦树 *Picrasma quassioides*

【拍摄地点】李庙镇北沟村，海拔 750 m。

【生境分布】生于山地杂木林中。分布于南漳李庙镇。

【采收加工】夏、秋二季采收，干燥。

【药用部位】枝和叶。

【性味归经】苦，寒；有小毒。归肺、大肠经。

【功能主治】清热解毒，祛湿。用于风热感冒，咽喉肿痛，湿热泻痢，湿疹，疮疖，蛇虫咬伤。

【用法用量】枝 3 ～ 4.5 g，叶 1 ～ 3 g。外用适量。

89. 楝科 Meliaceae

楝属 Melia

楝　苦楝（图 0499）

Melia azedarach L.

【中药名】苦楝皮 *。

【形态特征】落叶乔木，高达 10 余米；树皮灰褐色，纵裂。分枝广展，小枝有叶痕。叶为二至三回奇数羽状复叶，长 20 ～ 40 cm；小叶对生，卵形、椭圆形至披针形，顶生一片通常略大，长 3 ～ 7 cm，宽 2 ～ 3 cm，先端短渐尖，基部楔形或宽楔形，多少偏斜，边缘有钝锯齿，幼时被星状毛，后两面均无毛，侧脉每边 12 ～ 16 条，广展，向上斜举。圆锥花序约与叶等长，无毛或幼时被鳞片状短柔毛；花芳香；花萼 5 深裂，裂片卵形或长圆状卵形，先端急尖，外面被微柔毛；花瓣淡紫色，倒卵状匙形，长约 1 cm，两面均被微柔毛，通常外面较密；雄蕊管紫色，无毛或近无毛，长 7 ～ 8 mm，有纵细脉，管口有钻形、2 ～ 3 齿裂的狭裂片 10 枚，花药 10 枚，着生于裂片内侧，且与裂片互生，长椭圆形，顶端微凸尖；子房近球形，5 ～ 6 室，无毛，每室有胚珠 2 颗，花柱细长，柱头头状，顶端具 5 齿，不伸出雄蕊管。核果球形至椭圆形，长 1 ～ 2 cm，宽 8 ～ 15 mm，内果皮木质，4 ～ 5 室，每室有种子 1 颗；种子椭圆形。花期 4—5 月，果期 10—12 月。

图 0499　楝 *Melia azedarach*

【拍摄地点】九集镇沙河村，海拔 140 m。

【生境分布】生于低海拔旷野、路旁或疏林中。分布于南漳各乡镇。

【采收加工】春、秋二季剥取，晒干，或除去粗皮，晒干。

【药用部位】树皮和根皮。

【性味归经】苦，寒；有毒。归肝、脾、胃经。

【功能主治】杀虫，疗癣。用于蛔虫病，蛲虫病，虫积腹痛；外治疥癣瘙痒。

【用法用量】3 ～ 6 g。外用适量，研末，用猪脂调敷患处。

香椿属 Toona

香椿　红椿　椿芽树（图 0500）

Toona sinensis（A. Juss.）Roem.

【形态特征】乔木。树皮粗糙，深褐色，片状脱落。叶具长柄，偶数羽状复叶，长 30 ～ 50 cm 或更长；小叶 16 ～ 20，对生或互生，纸质，卵状披针形或卵状长椭圆形，长 9 ～ 15 cm，宽 2.5 ～ 4 cm，先端尾尖，基部一侧圆形，另一侧楔形，不对称，边全缘或有疏离的小锯齿，两面均无毛，无斑点，背面常呈粉绿色，侧脉每边 18 ～ 24 条，平展，与中脉几成直角开出，背面略凸起；小叶柄长 5 ～ 10 mm。圆锥花序与叶等长或更长，被稀疏的锈色短柔毛或有时近无毛，小聚伞花序生于短的小枝上，多花；花长 4 ～ 5 mm，具短花梗；花萼 5 齿裂或浅波状，外面被柔毛；花瓣 5，白色，长圆形，先端钝，长 4 ～ 5 mm，宽 2 ～ 3 mm，无毛；雄蕊 10，其中 5 枚能育，5 枚退化；花盘无毛，近念珠状；子房圆锥形，有 5 条细沟纹，无毛，每室有胚珠 8 颗，花柱比子房长，柱头盘状。蒴果狭椭圆形，长 2 ～ 3.5 cm，深褐色，有小而苍白色的皮孔，果瓣薄；种子基部通常钝，上端有膜质的长翅，下端无翅。花期 6—8 月，果期 10—12 月。

图 0500　香椿 *Toona sinensis*

【拍摄地点】巡检镇南峪沟村，海拔 326 m。

【生境分布】生于山地杂木林或疏林中。分布于南漳各乡镇。

【药用部位】根皮。

【功能主治】祛风利湿，止血止痛。用于痢疾，肠炎，泌尿道感染，便血，血崩，带下，风湿腰腿痛。

90. 远志科 Polygalaceae

远志属 Polygala

瓜子金　卵叶远志　金锁匙　银不换（图 0501）

Polygala japonica Houtt.

【中药名】瓜子金*。

【形态特征】多年生草本，高 15 ～ 20 cm；茎、枝直立或外倾，绿褐色或绿色，具纵棱，被卷曲短柔毛。单叶互生，叶片厚纸质或亚革质，卵形或卵状披针形，稀狭披针形，长 1 ～ 2.3 cm，宽 5 ～ 9 mm，先端钝，具短尖头，基部阔楔形至圆形，全缘；叶面绿色，背面淡绿色，两面无毛或被短柔毛，主脉上面凹陷，背面隆起，侧脉 3 ～ 5 对，两面凸起，并被短柔毛；叶柄长约 1 mm，被短柔毛。总状花序与叶对生，或腋外生，最上 1 个花序低于茎顶。花梗细，长约 7 mm，被短柔毛，基部具 1 披针形、

图 0501　瓜子金 *Polygala japonica*

早落的苞片；萼片5，宿存，外面3枚披针形，长4 mm，外面被短柔毛，里面2枚花瓣状，卵形至长圆形，长约6.5 mm，宽约3 mm，先端圆形，具短尖头，基部具爪；花瓣3，白色至紫色，基部合生，侧瓣长圆形，长约6 mm，基部内侧被短柔毛，龙骨瓣舟状，具鸡冠状附属物；雄蕊8，花丝长6 mm，全部合生成鞘，鞘1/2以下与花瓣贴生，且具缘毛，花药无柄，顶孔开裂；子房倒卵形，直径约2 mm，具翅，花柱长约5 mm，弯曲，柱头2，间隔排列。蒴果圆形，直径约6 mm，短于内萼片，顶端凹陷，具喙状突尖，边缘具有横脉的阔翅，无缘毛。种子2粒，卵形，长约3 mm，直径约1.5 mm，黑色，密被白色短柔毛，种阜2裂下延，疏被短柔毛。花期4—5月，果期5—8月。

【拍摄地点】城关镇黄桠村，海拔405 m。

【生境分布】生于山坡草地或田埂上。分布于南漳各乡镇。

【采收加工】春末花开时采挖，除去泥沙，晒干。

【药用部位】全草。

【性味归经】辛、苦，平。归肺经。

【功能主治】祛痰止咳，活血消肿，解毒止痛。用于咳嗽痰多，咽喉肿痛；外治跌打损伤，疔疮疖肿，蛇虫咬伤。

【用法用量】15～30 g。

【附注】本种根含三萜皂苷、树脂、脂肪油醇提物。

长毛籽远志　木本远志　山桂花（图0502）

Polygala wattersii Hance

【形态特征】灌木或小乔木，高1～4 m；小枝圆柱形，具纵棱槽，幼时被腺毛状短柔毛。叶密集地排于小枝顶部，叶片近革质，椭圆形、椭圆状披针形或倒披针形，长4～10 cm，宽1.5～3 cm，先端渐尖至尾状渐尖，基部渐狭至楔形，全缘，波状，叶面绿色，背面淡绿色，两面无毛，主脉上面凹陷，背面隆起，侧脉8～9对，上面明显，背面略突起，于边缘附近网结，网脉不见；叶柄长6～10 mm，上面具槽。总状花序2～5个成簇生于小枝近顶端的数个叶腋内，长3～7 cm，被白色腺毛状短细毛；花长12～20 mm，疏松地排列于花序上，花梗长约6 mm，基部具小苞片3枚，中央苞片三角状渐尖，侧生者卵形，先端钝，早落；萼片5，早落，外面3枚卵形，长2～3 mm，宽1.5～2 mm，先端钝，具缘毛，内萼片花瓣状，斜倒卵形，长约13 mm，先端圆形，内凹，基部渐狭，具缘毛或无；花瓣3，黄色，稀白色或紫红色，侧生花瓣略短于龙骨瓣，3/4以下与龙骨瓣合生，先端截形，龙骨瓣长15 mm，具2兜状、先端圆形或2浅裂的鸡冠状附属物；雄蕊8，花丝长约15 mm，3/4以下连合成鞘，并与花瓣贴生，花药长卵形，顶孔开裂；子房倒卵形，长1.5～2 mm，直径1.5 mm，基部具1一侧开放的

图0502　长毛籽远志 *Polygala wattersii*

高脚花盘，花柱长约 12 mm，顶部增厚并弯曲，先端 2 浅裂，柱头生于下裂片内。蒴果倒卵形或楔形，长 10 ~ 14 mm，直径约 6 mm，先端微缺，具短尖头，基部渐狭，边缘具由下而上逐渐加宽的狭翅，翅具横脉。种子卵形，棕黑色，长约 2 mm，直径约 1.5 mm，被长达 7 mm 的棕色或白色长毛，无种阜。花期 4—6 月，果期 5—7 月。

【拍摄地点】肖堰镇峰山村，海拔 854 m。

【生境分布】生于阔叶林中或灌丛中。分布于南漳肖堰、东巩等乡镇。

【药用部位】根。

【功能主治】清热解毒，滋补强壮，舒筋活血。用于跌打损伤。

91. 马桑科 Coriariaceae

马桑属 Coriaria

马桑　红马桑　胖胖腿（图 0503）

Coriaria nepalensis Wall.

图 0503　马桑 *Coriaria nepalensis*

【形态特征】灌木，高 1.5 ~ 2.5 m。分枝水平开展，小枝四棱形或成四狭翅；幼枝疏被微柔毛，后变无毛，常带紫色，老枝紫褐色，具显著圆形突起的皮孔；芽鳞膜质，卵形或卵状三角形，长 1 ~ 2 mm，紫红色，无毛。叶对生，纸质至薄革质，椭圆形或阔椭圆形，长 2.5 ~ 8 cm，宽 1.5 ~ 4 cm，先端急尖，基部圆形，全缘，两面无毛或沿脉上疏被毛，基出 3 脉，弧形伸至顶端，在叶面微凹，叶背突起；叶短柄，长 2 ~ 3 mm，疏被毛，紫色，基部具垫状突起物。总状花序生于二年生的枝条上，雄花序先叶开放，长 1.5 ~ 2.5 cm，多花密集，序轴被腺状微柔毛；苞片和小苞片卵圆形，长约 2.5 mm，宽约 2 mm，膜质，半透明，内凹，上部边缘具流苏状细齿；花梗长约 1 mm，无毛；萼片卵形，长 1.5 ~ 2 mm，宽 1 ~ 1.5 mm，边缘半透明，上部具流苏状细齿；花瓣极小，卵形，长约 0.3 mm，里面龙骨状；雄蕊 10，花丝线形，长约 1 mm，开花时伸长，长 3 ~ 3.5 mm，花药长圆形，长约 2 mm，具细小疣状体，药隔伸出，花药基部短尾状；不育雌蕊存在；雌花序与叶同出，长 4 ~ 6 cm，序轴被腺状微柔毛；苞片稍大，长约 4 mm，带紫色；花梗长 1.5 ~ 2.5 mm；萼片与雄花同；花瓣肉质，较小，龙骨状；雄蕊较短，花丝长约 0.5 mm，花药长约 0.8 mm，心皮 5，耳形，长约 0.7 mm，宽约 0.5 mm，侧向压扁，花柱长约 1 mm，具小疣体，柱头上部外弯，紫红色，具多数小疣体。果球形，果期花瓣肉质增大包于果外，成熟时由红色变紫黑色，直径 4 ~ 6 mm；种子卵状长圆形。

【拍摄地点】九集镇吴家集村，海拔 164 m。

【生境分布】生于灌木丛中。分布于南漳各乡镇。

【药用部位】叶。

【功能主治】清热解毒。外用治疗痈疽，肿毒，疥疮等。

【附注】全株含马桑碱，有毒。

92. 漆树科 Anacardiaceae

黄栌属 Cotinus

毛黄栌 红栌（图 0504）

Cotinus coggygria var. *pubescens* Engl.

【形态特征】灌木，高 3 ～ 5 m。叶多为阔椭圆形，稀圆形；叶背，尤其沿脉上和叶柄密被柔毛。圆锥花序无毛或近无毛；花杂性，直径约 3 mm；花梗长 7 ～ 10 mm，花萼无毛，裂片卵状三角形，长约 1.2 mm，宽约 0.8 mm；花瓣卵形或卵状披针形，长 2 ～ 2.5 mm，宽约 1 mm，无毛；雄蕊 5，长约 1.5 mm，花药卵形，与花丝等长，花盘 5 裂，紫褐色；子房近球形，直径约 0.5 mm，花柱 3，分离，不等长，果肾形，长约 4.5 mm，宽约 2.5 mm，无毛。

图 0504 毛黄栌 *Cotinus coggygria* var. *pubescens*

【拍摄地点】李庙镇西红柿村，海拔 426 m。

【生境分布】生于向阳山坡林中。分布于南漳各乡镇。

【药用部位】根。

【功能主治】祛风湿，活血散瘀。用于皮肤瘙痒，跌打损伤，骨折，虚肿。

黄连木属 Pistacia

黄连木 黄练芽 黄楝头（图 0505）

Pistacia chinensis Bunge

【形态特征】落叶乔木，高达 20 余米。树干扭曲，树皮暗褐色，呈鳞片状剥落；幼枝灰棕色，具细小皮孔，疏被微柔毛或近无毛。奇数羽状复叶互生，有小叶 5 ～ 6 对，叶轴具条纹，被微柔毛，叶柄上面平，被微柔毛；小叶对生或近对生，纸质，披针形或卵状披针形或线状披针形，长 5 ～ 10 cm，宽 1.5 ～ 2.5 cm，先端渐尖或长渐尖，基部偏斜，全缘，两面沿中脉和侧脉被卷曲微柔毛或近无毛，侧脉和细脉两面突起；小叶柄长 1 ～ 2 mm。花单性异株，先花后叶，圆锥花序腋生，雄花序排列紧密，长 6 ～ 7 cm，雌花序排列疏松，长 15 ～ 20 cm，均被微柔毛；花小，花梗长约 1 mm，被微柔毛；苞片披针形或狭披针形，内凹，长 1.5 ～ 2 mm，外面被微柔毛，边缘具毛。雄花：花被片 2 ～ 4，披针形或线状披针形，大小不等，长

1～1.5 mm，边缘具毛；雄蕊 3～5，花丝极短，长不到 0.5 mm，花药长圆形，大，长约 2 mm；雌蕊缺。雌花：花被片 7～9，大小不等，长 0.7～1.5 mm，宽 0.5～0.7 mm，外面 2～4 片远较狭，披针形或线状披针形，外面被柔毛，边缘具毛，里面 5 片卵形或长圆形，外面无毛，边缘具毛；不育雄蕊缺；子房球形，无毛，直径约 0.5 mm，花柱极短，柱头 3，厚，肉质，红色。核果倒卵状球形，略压扁，直径约 5 mm，成熟时紫红色，干后具纵向细条纹，先端细尖。

【拍摄地点】李庙镇付家坪村，海拔 555 m。

【生境分布】生于山林中。分布于南漳各乡镇。

【药用部位】树皮。

【功能主治】清热解毒。用于痢疾，皮肤瘙痒，疮疡。

图 0505　黄连木 *Pistacia chinensis*

盐肤木属 Rhus

盐肤木　五倍子树　肤连泡（图 0506）

Rhus chinensis Mill.

【中药名】五倍子*。

【形态特征】落叶小乔木或灌木，高 2～10 m；小枝棕褐色，被锈色柔毛，具圆形小皮孔。奇数羽状复叶有小叶 3～6 对，叶轴具宽的叶状翅，小叶自下而上逐渐增大，叶轴和叶柄密被锈色柔毛；小叶多形，卵形、椭圆状卵形或长圆形，长 6～12 cm，宽 3～7 cm，先端急尖，基部圆形；顶生小叶基部楔形，边缘具粗锯齿或圆齿；叶面暗绿色，叶背粉绿色，被白粉，叶面沿中脉疏被柔毛或近无毛，叶背被锈色柔毛，脉上较密，侧脉和细脉在叶面凹陷，在叶背突起；小叶无柄。圆锥花序宽大，多分枝，雄花序长 30～40 cm，雌花序较短，密被锈色柔毛；苞片披针形，长约 1 mm，被微柔毛，小苞片极小，花白色，花梗长约 1 mm，被微柔毛。雄花：花萼外面被微柔毛，裂片长卵形，长约 1 mm，边缘

图 0506　盐肤木 *Rhus chinensis*

具细毛；花瓣倒卵状长圆形，长约 2 mm，开花时外卷；雄蕊伸出，花丝线形，长约 2 mm，无毛，花药卵形，长约 0.7 mm；子房不育。雌花：花萼裂片较短，长约 0.6 mm，外面被微柔毛，边缘具细毛；花瓣椭圆状卵形，长约 1.6 mm，边缘具细毛，里面下部被柔毛；雄蕊极短；花盘无毛；子房卵形，长约 1 mm，密被白色微柔毛，花柱 3，柱头头状。核果球形，略压扁，直径 4 ～ 5 mm，被具节柔毛和腺毛，成熟时红色，果核直径 3 ～ 4 mm。花期 8—9 月，果期 10 月。

【拍摄地点】巡检镇凤翔坪村，海拔 837 m。

【生境分布】生于山坡、沟谷、溪边的疏林或灌丛中。分布于南漳各乡镇。

【采收加工】秋季采摘，置沸水中略煮或蒸至表面呈灰色，杀死蚜虫，取出，干燥。敲开，除去杂质。按外形不同，分为“肚倍”和“角倍”。

【药用部位】叶上的虫瘿。

【性味归经】酸、涩，寒。归肺、大肠、肾经。

【功能主治】敛肺降火，涩肠止泻，敛汗，止血，收湿敛疮。用于肺虚久咳，肺热痰嗽，久泻久痢，自汗盗汗，消渴，便血痔血，外伤出血，痈肿疮毒，皮肤湿烂。

【用法用量】3 ～ 6 g。外用适量。

青麸杨　五倍子　倍子树（图 0507）

Rhus potaninii Maxim.

【中药名】五倍子*。

【形态特征】落叶乔木，高 5 ～ 8 m；树皮灰褐色，小枝无毛。奇数羽状复叶有小叶 3 ～ 5 对，叶轴无翅，被微柔毛；小叶卵状长圆形或长圆状披针形，长 5 ～ 10 cm，宽 2 ～ 4 cm，先端渐尖，基部多少偏斜，近回形，全缘，两面沿中脉被微柔毛或近无毛，小叶具短柄。圆锥花序长 10 ～ 20 cm，被微柔毛；苞片钻形，长约 1 mm，被微柔毛；花白色，直径 2.5 ～ 3 mm；花梗长约 1 mm，被微柔毛；花萼外面被微柔毛，裂片卵形，长约 1 mm，边缘具细毛；花瓣卵形或卵状长圆形，长 1.5 ～ 2 mm，宽约 1 mm，两面被微柔毛，边缘具细毛，开花时先端外卷；花丝线形，长约 2 mm，在雌花中较短，花药卵形；花盘厚，无毛；子房球形，直径约 0.7 mm，密被白色茸毛。核果近球形，略压扁，直径 3 ～ 4 mm，密被具节柔毛和腺毛，成熟时红色。

图 0507　青麸杨 *Rhus potaninii*

【拍摄地点】薛坪镇陶沟村，海拔 659 m。

【生境分布】生于山坡疏林或灌木中。分布于南漳薛坪、巡检等乡镇。

【采收加工】同“盐肤木”。

【药用部位】同“盐肤木”。

【性味归经】同“盐肤木”。

【功能主治】同“盐肤木”。

【用法用量】同“盐肤木”。

漆树属 Toxicodendron

漆　漆树　生漆（图 0508）

Toxicodendron vernicifluum（Stokes）F. A. Barkl.

【中药名】干漆*。

【形态特征】落叶乔木，高达 20 m。树皮灰白色，粗糙，呈不规则纵裂；小枝粗壮，被棕黄色柔毛，后变无毛，具圆形或心形的大叶痕和突起的皮孔；顶芽大而显著，被棕黄色茸毛。奇数羽状复叶互生，常螺旋状排列，有小叶 4 ～ 6 对，叶轴圆柱形，被微柔毛；叶柄长 7 ～ 14 cm，被微柔毛，近基部膨大，半圆形，上面平；小叶膜质至薄纸质，卵形或卵状椭圆形或长圆形，长 6 ～ 13 cm，宽 3 ～ 6 cm，先端急尖或渐尖，基部偏斜，圆形或阔楔形，全缘；叶面通常无毛或仅沿中脉疏被微柔毛，叶背沿脉上被平展黄色柔毛，稀近无毛，侧脉 10 ～ 15 对，两面略突；小叶柄长 4 ～ 7 mm，上面具槽，被柔毛。圆锥花序长 15 ～ 30 cm，与叶近等长，被灰黄色微柔毛，序轴及分枝纤细，疏花；花黄绿色，雄花花梗纤细，长 1 ～ 3 mm，雌花花梗短粗；花萼无毛，裂片卵形，长约 0.8 mm，先端钝；花瓣长圆形，长约 2.5 mm，宽约 1.2 mm，具细密的褐色羽状脉纹，先端钝，开花时外卷；雄蕊长约 2.5 mm，花丝线形，与花药等长或近等长，在雌花中较短，花药长圆形，花盘 5 浅裂，无毛；子房球形，直径约 1.5 mm，花柱 3。果序多少下垂，核果肾形或椭圆形，不偏斜，略压扁，长 5 ～ 6 mm，宽 7 ～ 8 mm，先端锐尖，基部截形，外果皮黄色，无毛，具光泽，成熟后不裂，中果皮蜡质，具树脂道条纹，果核棕色，与果同形，长约 3 mm，宽约 5 mm，坚硬。花期 5—6 月，果期 7—10 月。

图 0508　漆 *Toxicodendron vernicifluum*

【拍摄地点】板桥镇茅山坪村，海拔 853 m。

【生境分布】生于向阳山坡林内。分布于南漳板桥、巡检、长坪等乡镇。

【采收加工】收集盛漆器具底留下的漆渣，干燥。

【药用部位】树脂经加工后的干燥品。

【性味归经】辛，温；有毒。归肝、脾经。

【功能主治】破瘀通经，消积杀虫。用于瘀血经闭，癥瘕积聚，虫积腹痛。

【用法用量】2 ～ 5 g。

93. 槭树科 Aceraceae

槭属 Acer

三角槭　三角枫（图 0509）

Acer buergerianum Miq.

图 0509　三角槭 *Acer buergerianum*

【形态特征】落叶乔木，高 5 ～ 10 m，稀达 20 m。树皮褐色或深褐色，粗糙。小枝细瘦；当年生枝紫色或紫绿色，近于无毛；多年生枝淡灰色或灰褐色，稀被蜡粉。冬芽小，褐色，长卵圆形，鳞片内侧被长柔毛。叶纸质，基部近于圆形或楔形，外貌椭圆形或倒卵形，长 6 ～ 10 cm，通常浅 3 裂，裂片向前延伸，稀全缘，中央裂片三角状卵形，急尖、锐尖或短渐尖；侧裂片短钝尖或甚小，以至于不发育，裂片边缘通常全缘，稀具少数锯齿；裂片间的凹缺钝尖；上面深绿色，下面黄绿色或淡绿色，被白粉，略被毛，在叶脉上较密；初生脉 3 条，稀基部叶脉也发育良好，5 条，在上面不显著，在下面显著；侧脉通常在两面都不显著；叶柄长 2.5 ～ 5 cm，淡紫绿色，细瘦，无毛。花多数常成顶生被短柔毛的伞房花序，直径约 3 cm，总花梗长 1.5 ～ 2 cm，开花在叶长大以后；萼片 5，黄绿色，卵形，无毛，长约 1.5 mm；花瓣 5，淡黄色，狭窄披针形或匙状披针形，先端钝圆，长约 2 mm，雄蕊 8，与萼片等长或微短，花盘无毛，微分裂，位于雄蕊外侧；子房密被淡黄色长柔毛，花柱无毛，2 裂，柱头平展或略反卷；花梗长 5 ～ 10 mm，细瘦，嫩时被长柔毛，渐老近于无毛。翅果黄褐色；小坚果特别凸起，直径 6 mm；翅与小坚果共长 2 ～ 2.5 cm，稀达 3 cm，宽 9 ～ 10 mm，中部最宽，基部狭窄，张开成锐角或近于直立。花期 4 月，果期 8 月。

【拍摄地点】城关镇黄椏村，海拔 385 m。

【生境分布】生于阔叶林中。分布于南漳城关、李庙等乡镇。

【药用部位】根。

【功能主治】祛风除湿。用于风湿性关节痛。

青榨槭　青虾蟆（图 0510）

Acer davidii Franch.

【形态特征】落叶乔木，高 10 ～ 15 m，稀达 20 m。树皮黑褐色或灰褐色，常纵裂呈蛇皮状。小枝细瘦，圆柱形，无毛；当年生的嫩枝紫绿色或绿褐色，具很稀疏的皮孔，多年生的老枝黄褐色或灰褐色。冬芽腋生，长卵圆形，绿褐色，长 4 ～ 8 mm；鳞片的外侧无毛。叶纸质，长圆卵形或近于长圆形，长 6 ～ 14 cm，宽 4 ～ 9 cm，先端锐尖或渐尖，常有尖尾，基部近于心形或圆形，边缘具不整齐的钝圆齿；上面深绿色，无毛；下面淡绿色，嫩时沿叶脉被紫褐色的短柔毛，渐老呈无毛状；主脉在上面显著，在下面凸起，侧脉 11 ～ 12

对，呈羽状，在上面微现，在下面显著；叶柄细瘦，长 2 ～ 8 cm，嫩时被红褐色短柔毛，渐老则脱落。花黄绿色，杂性，雄花与两性花同株，成下垂的总状花序，顶生于着叶的嫩枝，开花与嫩叶的生长大约同时，雄花的花梗长 3 ～ 5 mm，通常 9 ～ 12 朵组成长 4 ～ 7 cm 的总状花序；两性花的花梗长 1 ～ 1.5 cm，通常 15 ～ 30 朵组成长 7 ～ 12 cm 的总状花序；萼片 5，椭圆形，先端微钝，长约 4 mm；花瓣 5，倒卵形，先端圆形，与萼片等长；雄蕊 8，无毛，在雄花中略长于花瓣，在两性花中不发育，花药黄色，球形，花盘无毛，现裂纹，位于雄蕊内侧，子房被红褐色的短柔毛，在雄花中不发育。花柱无毛，细瘦，柱头反卷。翅果嫩时淡绿色，成熟后黄褐色；翅宽 1 ～ 1.5 cm，连同小坚果共长 2.5 ～ 3 cm，展开成钝角或几成水平。花期 4 月，果期 9 月。

图 0510 青榨槭 *Acer davidii*

【拍摄地点】城关镇凉泉村，海拔 627 m。

【生境分布】生于山坡疏林中。分布于南漳城关、李庙、长坪等乡镇。

【药用部位】根皮。

【功能主治】祛风除湿，消肿止痛。用于风湿性关节痛。

房县枫 房县槭（图 0511）

Acer sterculiaceum subsp. *franchetii*（Pax）A. E. Murray

【形态特征】落叶乔木，高 10 ～ 15 m。树皮深褐色，小枝粗壮，圆柱形，当年生枝紫褐色或紫绿色，嫩时有短柔毛，旋即脱落，多年生枝深褐色，无毛。冬芽卵圆形；外部的鳞片紫褐色，覆瓦状排列，边缘纤毛状。叶纸质，长 10 ～ 20 cm，宽 11 ～ 23 cm，基部心形或近于心形，稀圆形，通常 3 裂，稀 5 裂，边缘有很稀疏而不规则的锯齿；中裂片卵形，先端渐尖，侧生的裂片较小，先端钝尖，向前直伸；上面深绿色，下面淡绿色，嫩时两面都有很稀疏的短柔毛，下面的毛较多，叶脉上的短柔毛更密，渐老时毛逐渐脱落，除上面的脉腋有丛毛外，其余部分近于无毛；主脉 5 条，稀 3 条，与侧脉均在上面显著，在下面凸起；叶柄长 3 ～ 6 cm，稀达 10 cm，嫩时有短柔毛，渐老陆续脱落而呈无毛状。总

图 0511 房县枫 *Acer sterculiaceum* subsp. *franchetii*

状花序或圆锥总状花序，自小枝旁边无叶处生出，常有长柔毛，先叶或与叶同时发育；花黄绿色，单性，雌雄异株；萼片 5，长圆卵形，长 4.5 mm，宽 2 mm，边缘有纤毛；花瓣 5，与萼片等长；花盘无毛；雄蕊 8，稀 10，长 6 mm，在雌花中不发育，花丝无毛，花药黄色；雌花的子房有疏柔毛；花梗长 1 ～ 2 cm，有短柔毛。果序长 6 ～ 8 cm。小坚果特别凸起，近于球形，直径 8 ～ 10 mm，褐色，嫩时被淡黄色疏柔毛，旋即脱落；翅镰刀形，宽 1.5 cm，连同小坚果长 4 ～ 4.5 cm，稀达 5 cm，张开成锐角，稀近于直立；果梗长 1 ～ 2 cm，有短柔毛，渐老时脱落。花期 5 月，果期 9 月。

【拍摄地点】长坪镇赵岭村，海拔 1313 m。

【生境分布】生于混交林中。分布于南漳长坪镇。

【药用部位】果实。

【功能主治】清热利咽。用于咽喉肿痛，声音嘶哑。

茶条枫 茶条槭（图 0512）

Acer tataricum subsp. *ginnala*（Maximowicz）Wesmael

【形态特征】落叶灌木或小乔木，高 5 ～ 6 m。树皮粗糙、微纵裂，灰色，稀深灰色或灰褐色。小枝细瘦，近于圆柱形，无毛，当年生枝绿色或紫绿色，多年生枝淡黄色或黄褐色；皮孔椭圆形或近于圆形，淡白色。冬芽细小，淡褐色，鳞片 8 枚，近边缘具长柔毛，覆叠。叶纸质，基部圆形、截形或略近于心形，叶片长圆状卵形或长圆状椭圆形，长 6 ～ 10 cm，宽 4 ～ 6 cm，常较深的 3 ～ 5 裂；中央裂片锐尖或狭长锐尖，侧裂片通常钝尖，向前伸展，各裂片的边缘均具不整齐的钝尖锯齿，裂片间的凹缺钝尖；上面深绿色，无毛，下面淡绿色，近于无毛，主脉和侧脉均在下面较在上面为显著；叶柄长 4 ～ 5 cm，细瘦，绿色或紫绿色，无毛。伞房花序长 6 cm，无毛，具多数花；花梗细瘦，长 3 ～ 5 cm。花杂性，雄花与两性花同株；萼片 5，卵形，黄绿色，外侧近边缘被长柔毛，长 1.5 ～ 2 mm；花瓣 5，长圆状卵形，白色，长于萼片；雄蕊 8，与花瓣近等长，花丝无毛，花药黄色；花盘无毛，位于雄蕊外侧；子房密被长柔毛；花柱无毛，长 3 ～ 4 mm，顶端 2 裂，柱头平展或反卷。果实黄绿色或黄褐色；小坚果嫩时被长柔毛，脉纹显著，长 8 mm，宽 5 mm；翅连同小坚果长 2.5 ～ 3 cm，宽 8 ～ 10 mm，中段较宽或两侧近于平行，张开近于直立或成锐角。花期 5 月，果期 10 月。

图 0512 茶条枫 *Acer tataricum* subsp. *ginnala*

【拍摄地点】肖堰镇伏龙川村，海拔 420 m。

【生境分布】生于山地丛林中。分布于南漳肖堰、东巩等乡镇。

【药用部位】叶。

【功能主治】清热明目。用于肝热目赤，昏花。

血皮槭　马梨光（图 0513）

Acer griseum（Franch.）Pax

【形态特征】落叶乔木，高 10～20 m。树皮红褐色，常成卵形，纸状的薄片脱落。小枝圆柱形，当年生枝淡紫色，密被淡黄色长柔毛，多年生枝深紫色或深褐色，2～3 年的枝上尚有柔毛宿存。冬芽小，鳞片被疏柔毛，覆叠。复叶有 3 小叶；小叶纸质，卵形、椭圆形或长圆状椭圆形，长 5～8 cm，宽 3～5 cm，先端钝尖，边缘有 2～3 个钝形大锯齿；顶生的小叶片基部楔形或阔楔形，有 5～8 mm 的小叶柄；侧生小叶基部斜形，有长 2～3 mm 的小叶柄，上面绿色，嫩时有短柔毛，渐老则近于无毛；下面淡绿色，略有白粉，有淡黄色疏柔毛，叶脉上更密，主脉在上面略凹下，在下面凸起，侧脉 9～11 对，在上面微凹下，在下面显著；叶柄长 2～4 cm，有疏柔毛，嫩时更密。聚伞花序有长柔毛，常仅有 3 花；总花梗长 6～8 mm；花淡黄色，杂性，雄花与两性花异株；萼片 5，长圆卵形，长 6 mm，宽 2～3 mm；花瓣 5，长圆倒卵形，长 7～8 mm，宽 5 mm；雄蕊 10，长 1～1.2 cm，花丝无毛，花药黄色；花盘位于雄蕊的外侧；子房有茸毛；花梗长 10 mm。小坚果黄褐色，凸起，近于卵圆形或球形，长 8～10 mm，宽 6～8 mm，密被黄色茸毛；翅宽 1.4 cm，连同小坚果长 3.2～3.8 cm，张开近于锐角或直角。花期 4 月，果期 9 月。

图 0513　血皮槭 *Acer griseum*

【拍摄地点】长坪镇赵岭村，海拔 1142 m。

【生境分布】生于山坡疏林中。分布于南漳长坪镇。

【药用部位】根。

【功能主治】祛风除湿。用于风湿性关节痛。

建始槭　三叶槭　三叶鸦枫（图 0514）

Acer henryi Pax

【形态特征】落叶乔木，高约 10 m。树皮浅褐色。小枝圆柱形，当年生嫩枝紫绿色，有短柔毛，多年生老枝浅褐色，无毛。冬芽细小，鳞片 2，卵形，褐色，镊合状排列。叶纸质，3 小叶组成复叶；小叶椭圆形或长圆椭圆形，长 6～12 cm，宽 3～5 cm，先端渐尖，基部楔形、阔楔形或近于圆形，全缘或近先端部分有稀疏的 3～5 个钝锯齿，顶生小叶的小叶柄长约 1 cm，侧生小叶的小叶柄长 3～5 mm，有短柔毛；嫩时两面无毛或有短柔毛，在下面沿叶脉被毛更密，渐老时无毛；叶柄长 4～8 cm，有短柔毛。穗状花序，下垂，长 7～9 cm，有短柔毛，常由 2～3 年无叶的小枝旁边生出，稀由小枝顶端生出，近于无花梗，花序下稀有叶，花淡绿色，单性，雄花与雌花异株；萼片 5，卵形，长 1.5 mm，宽 1 mm；花瓣 5，短小或不发育；雄花有雄蕊 4～6，通常 5，长约 2 mm；花盘微发育；雌花的子房无毛，花柱短，柱头反卷。翅果嫩时淡紫色，成熟后黄褐色；小坚果凸起，长圆形，长 1 cm，宽 5 mm，脊纹显著，翅宽 5 mm，连同小坚果长 2～2.5 cm，张开成锐角或近于直立；果梗长约 2 mm。花期 4 月，果期 9 月。

【拍摄地点】长坪镇赵岭村，海拔 1142 m。

【生境分布】生于山坡疏林中。分布于南漳长坪镇。

【药用部位】根。

【功能主治】祛风止痛，通利关节。用于风湿骨痛，关节疼痛。

图 0514 建始槭 *Acer henryi*

图 0515 五角枫 *Acer pictum* subsp. *mono*

五角枫 色木槭（图 0515）

Acer pictum subsp. *mono*（Maximowicz）H. Ohashi

【形态特征】落叶乔木，高达 15～20 m；树皮粗糙，常纵裂，灰色，稀深灰色或灰褐色。小枝细瘦，无毛，当年生枝绿色或紫绿色，多年生枝灰色或淡灰色，具圆形皮孔。冬芽近于球形，鳞片卵形，外侧无毛，边缘具纤毛。叶纸质，基部截形或近于心形，叶片的外貌近于椭圆形，长 6～8 cm，宽 9～11 cm，常 5 裂，有时 3 裂及 7 裂的叶生于同一树上；裂片卵形，先端锐尖或尾状锐尖，全缘，裂片间的凹缺常锐尖，深达叶片的中段，上面深绿色，无毛，下面淡绿色，除了在叶脉上或脉腋被黄色短柔毛外，其余部分无毛；主脉 5 条，在上面显著，在下面微凸起，侧脉在两面均不显著；叶柄长 4～6 cm，细瘦，无毛。花多数，杂性，雄花与两性花同株，多数常成无毛的顶生圆锥状伞房花序，长与宽均约 4 cm，生于有叶的枝上，花序的总花梗长 1～2 cm，花的开放与叶的生长同时；萼片 5，黄绿色，长圆形，顶端钝，长 2～3 mm；花瓣 5，淡白色，椭圆形或椭圆状倒卵形，长约 3 mm；雄蕊 8，无毛，比花瓣短，位于花盘内侧的边缘，花药黄色，椭圆形；子房无毛或近于无毛，在雄花中不发育；花柱无毛，很短，柱头 2 裂，反卷；花梗长 1 cm，细瘦，无毛。翅果嫩时紫绿色，成熟时淡黄色；小坚果压扁状，长 1～1.3 cm，宽 5～8 mm；翅长圆形，宽 5～10 mm，连同小坚果长 2～2.5 cm，张开成锐角或近于钝角。花期 5 月，果期 9 月。

【拍摄地点】李庙镇主山寨村，海拔 1061 m。

【生境分布】生于山坡或山谷疏林中。分布于南漳李庙、长坪等乡镇。

【药用部位】根。

【功能主治】祛风除湿，止痛。用于风湿麻木，关节肿痛。

飞蛾槭　飞蛾树　异色槭（图 0516）

Acer oblongum Wall. ex DC.

图 0516　飞蛾槭 *Acer oblongum*

【形态特征】常绿乔木，常高 10 m，稀达 20 m。树皮灰色或深灰色，粗糙，裂成薄片脱落。小枝细瘦，近于圆柱形；当年生嫩枝紫色或紫绿色，近于无毛；多年生老枝褐色或深褐色。冬芽小，褐色，近于无毛。叶革质，长圆状卵形，长 5 ～ 7 cm，宽 3 ～ 4 cm，全缘，基部钝形或近于圆形，先端渐尖或钝尖；下面有白粉；主脉在上面显著，在下面凸起，侧脉 6 ～ 7 对，基部的一对侧脉较长，其长度为叶片的 1/3 ～ 1/2，小叶脉显著，呈网状；叶柄长 2 ～ 3 cm，黄绿色，无毛。花杂性，绿色或黄绿色，雄花与两性花同株，常成被短毛的伞房花序，顶生于具叶的小枝；萼片 5，长圆形，先端钝尖，长 2 mm；花瓣 5，倒卵形，长 3 mm；雄蕊 8，细瘦，无毛，花药圆形；花盘微裂，位于雄蕊外侧；子房被短柔毛，在雄花中不发育，花柱短，无毛，2 裂，柱头反卷；花梗长 1 ～ 2 cm，细瘦。翅果嫩时绿色，成熟时淡黄褐色；小坚果凸起成四棱形，长 7 mm，宽 5 mm；翅与小坚果长 1.8 ～ 2.5 cm，宽 8 mm，张开近于直角；果梗长 1 ～ 2 cm，细瘦，无毛。花期 4 月，果期 9 月。

【拍摄地点】城关镇黄桠村，海拔 404 m。

【生境分布】生于阔叶林中。分布于南漳城关、李庙等乡镇。

【药用部位】果实。

【功能主治】清热利咽。用于声音嘶哑。

金钱槭属 Dipteronia

金钱槭　双轮果（图 0517）

Dipteronia sinensis Oliv.

【形态特征】落叶小乔木，高 5 ～ 10 m，稀达 15 m。小枝纤细，圆柱形，幼嫩部分紫绿色，较老的部分褐色或暗褐色，皮孔卵形。冬芽细小，微被短柔毛。叶为对生的奇数羽状复叶，长 20 ～ 40 cm；小叶纸质，通常 7 ～ 13 枚，长圆状卵形或长圆状披针形，长 7 ～ 10 cm，宽 2 ～ 4 cm，先端锐尖或长锐尖，基部圆形，边缘具稀疏的钝形锯齿，上面绿色，无毛，下面淡绿色，除沿叶脉及脉腋具短的白色丛毛外，其余部分无毛，中肋在上面显著，在下面凸起；侧脉 10 ～ 12 对，在上面微现，在下面显著；叶柄长 5 ～ 7 cm，圆柱形，无毛；顶生小叶片的小叶柄长 1 ～ 2 cm，近于叶轴上段侧生的小叶片无小叶柄或很短，基部者则稍长，通常长 5 ～ 8 mm。花序为顶生或腋生圆锥花序，直立，无毛，长 15 ～ 30 cm，花梗长 3 ～ 5 mm；花白色，杂性，雄花与两性花同株，萼片 5，卵形或椭圆形；花瓣 5，阔卵形，长 1 mm，宽 1.5 mm，与萼片互生；雄蕊 8，长于花瓣，花丝无毛，在两性花中则较短；子房扁形，被长硬毛，2 室，在雄花中则不发育，花柱很短，柱头 2，向外反卷。果实为翅果，常有两个扁形的果实生于一个果梗上，果实的周围围着圆形或卵形的翅，长 2 ～ 2.8 cm，宽 1.7 ～ 2.3 cm，嫩时紫红色，被长硬毛，成熟时淡黄色，无毛；种子圆盘形，直径 5 ～ 7 mm；果梗长 5 mm；总果梗长 1 ～ 2 cm。花期 4 月，果期 9 月。

【拍摄地点】长坪镇赵岭村，海拔 1356 m。

【生境分布】生于林边或疏林中。分布于南漳长坪、巡检等乡镇。

【药用部位】树皮和根。

【功能主治】通经活络，活血散瘀，止血。用于月经不调，外伤出血。

图 0517 金钱槭 *Dipteronia sinensis*

94. 无患子科 Sapindaceae

栾树属 Koelreuteria

复羽叶栾树　花楸树　泡花树（图 0518）

Koelreuteria bipinnata Franch.

【形态特征】乔木，高可达 20 余米；皮孔圆形至椭圆形，枝具小疣点。叶平展，二回羽状复叶，长 45 ～ 70 cm；叶轴和叶柄向轴面常有一纵行皱曲的短柔毛；小叶 9 ～ 17 片，互生，很少对生，纸质或近革质，斜卵形，长 3.5 ～ 7 cm，宽 2 ～ 3.5 cm，顶端短尖至短渐尖，基部阔楔形或圆形，略偏斜，边缘有内弯的小锯齿，两面无毛或上面中脉上被微柔毛，下面密被短柔毛，有时杂以皱曲的毛；小叶柄长约 3 mm 或近无柄。圆锥花序大型，长 35 ～ 70 cm，分枝广展，与花梗同被短柔毛；萼 5 裂达中部，裂片阔卵状三角形或长圆形，有短而硬的缘毛及流苏状腺体，边缘呈啮蚀状；花瓣 4，长圆状披针形，瓣片长 6 ～ 9 mm，宽 1.5 ～ 3 mm，顶端钝或短尖，瓣爪长 1.5 ～ 3 mm，被长柔毛，鳞片深 2 裂；雄蕊 8 枚，长 4 ～ 7 mm，花丝被白色、开展的长柔毛，下半部毛较多，花药有短疏毛；子房三棱状长圆形，被柔毛。蒴果椭圆形或近球形，具 3 棱，淡紫红色，老熟时褐色，长 4 ～ 7 cm，宽 3.5 ～ 5 cm，顶端钝或圆；有小凸尖，果瓣椭圆形至近圆形，外面具网状脉纹，内面有光泽；种子近球形，直径 5 ～ 6 mm。花期 7—9 月，果期 8—10 月。

图 0518 复羽叶栾树 *Koelreuteria bipinnata*

【拍摄地点】李庙镇刘坪村，海拔 149 m。

【生境分布】生于山地疏林中，多栽培为行道树。分布于南漳各乡镇。

【药用部位】根。

【功能主治】消肿止痛，活血，驱蛔。用于风湿性关节痛，蛔虫病。

无患子属 Sapindus

无患子　洗手果　油罗树（图 0519）

Sapindus saponaria L.

【形态特征】落叶大乔木，高可达 20 m，树皮灰褐色或黑褐色；嫩枝绿色，无毛。叶连柄长 25 ～ 45 cm，叶轴稍扁，上面两侧有直槽，无毛或被微柔毛；小叶 5 ～ 8 对，通常近对生，叶片薄纸质，长椭圆状披针形或稍呈镰形，长 7 ～ 15 cm，宽 2 ～ 5 cm，顶端短尖或短渐尖，基部楔形，稍不对称，腹面有光泽，两面无毛或背面被微柔毛；侧脉纤细而密，15 ～ 17 对，近平行；小叶柄长约 5 mm。花序顶生，圆锥形；花小，辐射对称，花梗常很短；萼片卵形或长圆状卵形，大的长约 2 mm，外面基部被疏柔毛；花瓣 5，披针形，有长爪，长约 2.5 mm，外面基部被长柔毛或近无毛，鳞片 2 个，小耳状；花盘碟状，无毛；雄蕊 8，伸出，花丝长约 3.5 mm，中部以下密被长柔毛；子房无毛。果的发育分果爿近球形，直径 2 ～ 2.5 cm，橙黄色，干时变黑。花期春季，果期夏秋季。

图 0519　无患子 *Sapindus saponaria*

【拍摄地点】武安镇赵家营村，海拔 164 m。

【生境分布】生于山地疏林中，多栽培为行道树。分布于南漳武安、城关等乡镇。

【药用部位】果实。

【功能主治】清热解毒，化痰止咳。用于咽喉炎，支气管炎，百日咳。

95. 七叶树科 Hippocastanaceae

七叶树属 Aesculus

天师栗　猴板栗　梭罗子（图 0520）

Aesculus wilsonii Rehd.

【中药名】娑罗子 *。

【形态特征】落叶乔木，常高 15 ～ 20 m，稀达 25 m；树皮平滑，灰褐色，常成薄片脱落。小枝圆柱形，紫褐色，嫩时密被长柔毛，渐老时脱落，有白色圆形或卵形皮孔。冬芽腋生于小枝的顶端，卵圆形，长 1.5 ～ 2 cm，栗褐色，有树脂，外部的 6 ～ 8 枚鳞片常排列成覆瓦状。掌状复叶对生，有长 10 ～ 15 cm 的叶柄，嫩时微有短柔毛，渐老时无毛；小叶 5 ～ 7 枚，稀 9 枚，长圆状倒卵形、长圆形或长圆状倒披针形，先端锐尖或短锐尖，基部阔楔形或近于圆形，稀近于心形，边缘有很密的、微内弯的、骨质硬头的小锯齿，长 10 ～ 25 cm，宽 4 ～ 8 cm，上面深绿色，有光泽，除主脉基部微有长柔毛外其余部分无毛，下面淡绿色，有灰色茸毛或长柔毛，嫩时较密，侧脉 20 ～ 25 对在上面微凸起，在下面很显著地凸起，小叶柄长 1.5 ～ 2.5 cm，稀达 3 cm，微有短柔毛。花序顶生，直立，圆筒形，长 20 ～ 30 cm，基部的直径 10 ～ 12 cm，稀达 14 cm；总花梗长 8 ～ 10 cm，基部的小花序长 3 ～ 4 cm，稀达 6 cm；花梗长 5 ～ 8 mm。花有很浓的香味，杂性，雄花与两性花同株，雄花多生于花序上段，两性花生于其下段，不整齐；花萼管状，长 6 ～ 7 mm，外面微有短柔毛，上段浅五裂，裂片大小不等，钝形，长 1 ～ 2 mm，微有纤毛；花瓣 4，倒卵形，长 1.2 ～ 1.4 cm，外面有茸毛，内面无毛，边缘有纤毛，白色，前面的 2 枚花瓣匙状长圆形，上段宽 3 mm，有黄色斑块，基部狭窄成爪状，旁边的 2 枚花瓣长圆状倒卵形，上段宽 4.5 ～ 5 mm，基部楔形；雄蕊 7，伸出花外，长短不等，最长者长 3 cm；花丝扁形，无毛，花药卵圆形，长 1.3 mm；花盘微裂，无毛，两性花的子房上位，卵圆形，长 4 ～ 5 mm，有黄色茸毛，3 室，每室有 2 胚珠，花柱除顶端无毛外，其余部分有长柔毛，连同子房长约 3 cm，在雄花中不发育或微发育。蒴果黄褐色，卵圆形或近于梨形，长 3 ～ 4 cm，顶端有短尖头，无刺，有斑点，壳很薄，干时仅厚 1.5 ～ 2 mm，成熟时常 3 裂；种子常仅 1 枚，稀 2 枚，发育良好，近于球形，栗褐色，种脐淡白色，近于圆形，比较狭小，约占种子的 1/3 以下。花期 4—5 月，果期 9—10 月。

图 0520 天师栗 *Aesculus wilsonii*

【拍摄地点】城关镇凉泉村，海拔 612 m。

【生境分布】生于阔叶林中。分布于南漳薛坪、李庙、长坪等乡镇。

【采收加工】秋季果实成熟时采收，除去果皮，晒干或低温干燥。除去外壳和杂质，用时打碎。

【药用部位】成熟种子。

【性味归经】甘，温。归肝、胃经。

【功能主治】疏肝理气，和胃止痛。用于肝胃气滞，胸腹胀闷，胃脘疼痛。

【用法用量】3 ～ 9 g。

96. 清风藤科 Sabiaceae

泡花树属 Meliosma

垂枝泡花树（图 0521）

Meliosma flexuosa Pamp.

【形态特征】小乔木，高可达 5 m；芽、嫩枝、嫩叶中脉、花序轴均被淡褐色长柔毛，腋芽通常两枚并生。

单叶，膜质，倒卵形或倒卵状椭圆形，长6～12 cm，宽3～3.5 cm，先端渐尖或骤狭渐尖，中部以下渐狭而下延，边缘具疏离、侧脉伸出成凸尖的粗锯齿；叶两面疏被短柔毛，中脉伸出成凸尖；侧脉每边12～18条，脉腋髯毛不明显；叶柄长0.5～2 cm，上面具宽沟，基部稍膨大包裹腋芽。圆锥花序顶生，向下弯垂，连柄长12～18 cm，宽7～22 cm，主轴及侧枝在果序时呈“之”字形曲折；花梗长1～3 mm；花白色，直径3～4 mm；萼片5，卵形或广卵形，长1～1.5 mm，外面1片特别小，具缘毛；外面3片花瓣近圆形，宽2.5～3 cm，内面2片花瓣长0.5 mm，2裂，裂片广叉开，裂片顶端有缘毛，有时3裂则中裂齿微小；发育雄蕊长1.5～2 mm；雌蕊长约1 mm，子房无毛。果近卵形，长约5 mm，核极扁斜，具明显凸起细网纹，中肋锐凸起，从腹孔一边至另一边。花期5—6月，果期7—9月。

图0521　垂枝泡花树 *Meliosma flexuosa*

【拍摄地点】长坪镇赵岭村，海拔1156 m。

【生境分布】生于山地林间。分布于南漳长坪镇。

【药用部位】枝叶。

【功能主治】清热解毒，利水。用于疮痈肿毒，毒蛇咬伤，水肿，腹水。

清风藤属 Sabia

清风藤　寻风藤（图0522）

Sabia japonica Maxim.

【形态特征】落叶攀援木质藤本；嫩枝绿色，被细柔毛，老枝紫褐色，具白蜡层，常留有木质化呈单刺状或双刺状的叶柄基部。芽鳞阔卵形，具缘毛。叶近纸质，卵状椭圆形、卵形或阔卵形，长3.5～9 cm，宽2～4.5 cm，叶面深绿色，中脉有稀疏毛，叶背带白色，脉上被稀疏柔毛，侧脉每边3～5条；叶柄长2～5 mm，被柔毛。花先叶开放，单生于叶腋，基部有苞片4枚，苞片倒卵形，长2～4 mm；花梗长2～4 mm，果时增长至2～2.5 cm；萼片5，近圆形或阔卵形，长约0.5 mm，具缘毛；花瓣5片，淡黄绿色，倒卵形或长圆状倒卵形，长

图0522　清风藤 *Sabia japonica*

3～4 mm，具脉纹；雄蕊5枚，花药狭椭圆形，外向开裂；花盘杯状，有5裂齿；子房卵形，被细毛。分果爿近圆形或肾形，直径约5 mm；核有明显的中肋，两侧面具蜂窝状凹穴，腹部平。花期2—3月，果期4—7月。

【拍摄地点】长坪镇赵岭村，海拔1110 m。

【生境分布】生于山谷、林缘灌木林中。分布于南漳长坪、薛坪等乡镇。

【药用部位】藤茎。

【功能主治】祛风通络，消肿止痛。用于风湿痹痛，鹤膝。

多花清风藤（图0523）

Sabia schumanniana subsp. *pluriflora*（Rehd. et Wils.）Y. F. Wu

【形态特征】落叶攀援木质藤本，长2～3 m；当年生枝黄绿色，有纵条纹，二年生枝褐色，无毛。芽鳞卵形，无毛，边有缘毛。叶纸质，狭椭圆形或线状披针形，长3～8 cm，宽0.8～1.5 cm，先端急尖或渐尖，基部圆或阔楔形，两面均无毛，叶面深绿色，叶背淡绿色；侧脉每边3～5条，向上弯拱在近叶缘处分叉网结，网脉稀疏，在叶面不明显；叶柄长2～10 mm。聚伞花序有花6～20朵，长4～5 cm；总花梗长2～3 cm，小花梗长8～15 mm；花淡绿色，萼片5，三角状卵形，长约0.5 mm；花瓣5片，长圆形或阔倒卵形，长4～5 mm，有7～9条脉纹；雄蕊5枚，长3～5 mm，花丝扁平，花药卵形，内向开裂；花盘肿胀，圆柱状，边缘波状；萼片、花瓣、花丝及花盘中部均有红色腺点。子房无毛，花柱长约4 mm。分果爿倒卵形或近圆形，长约6 mm，宽约7 mm，无毛，核的中肋呈狭翅状，中肋两边各有2行蜂窝状凹穴，两侧面有块状凹穴，腹部平。花期3—4月，果期6—8月。

图0523 多花清风藤
Sabia schumanniana subsp. *pluriflora*

【拍摄地点】薛坪镇火石观村，海拔670 m。

【生境分布】生于山地林中。分布于南漳板桥、薛坪等乡镇。

【药用部位】藤茎。

【功能主治】止咳化痰，祛风通络。用于咳嗽，风湿性关节痛。

97. 凤仙花科 Balsaminaceae

凤仙花属 Impatiens

凤仙花　指甲花（图0524）

Impatiens balsamina L.

【中药名】急性子*、凤仙花★、透骨草★。

图 0524 凤仙花 *Impatiens balsamina*

【形态特征】一年生草本，高 60 ～ 100 cm。茎粗壮，肉质，直立，不分枝或有分枝，无毛或幼时被疏柔毛，基部直径可达 8 mm，具多数纤维状根，下部节常膨大。叶互生，最下部叶有时对生；叶片披针形、狭椭圆形或倒披针形，长 4 ～ 12 cm，宽 1.5 ～ 3 cm，先端尖或渐尖，基部楔形，边缘有锐锯齿，向基部常有数对无柄的黑色腺体，两面无毛或被疏柔毛，侧脉 4 ～ 7 对；叶柄长 1 ～ 3 cm，上面有浅沟，两侧具数对具柄的腺体。花单生或 2 ～ 3 朵簇生于叶腋，无总花梗，白色、粉红色或紫色，单瓣或重瓣；花梗长 2 ～ 2.5 cm，密被柔毛；苞片线形，位于花梗的基部；侧生萼片 2，卵形或卵状披针形，长 2 ～ 3 mm，唇瓣深舟状，长 13 ～ 19 mm，宽 4 ～ 8 mm，被柔毛，基部急尖成长 1 ～ 2.5 cm 内弯的距；旗瓣圆形，兜状，先端微凹，背面中肋具狭龙骨状突起，顶端具小尖；翼瓣具短柄，长 23 ～ 35 mm，2 裂，下部裂片小，倒卵状长圆形，上部裂片近圆形，先端 2 浅裂，外缘近基部具小耳；雄蕊 5，花丝线形，花药卵球形，顶端钝；子房纺锤形，密被柔毛。蒴果宽纺锤形，长 10 ～ 20 mm；两端尖，密被柔毛。种子多数，圆球形，直径 1.5 ～ 3 mm，黑褐色。花期 7—10 月。

【拍摄地点】李庙镇闫坪村，海拔 290 m。

【生境分布】栽培。分布于南漳各乡镇。

【采收加工】急性子：夏、秋二季果实即将成熟时采收，晒干，除去果皮和杂质。凤仙花：夏、秋二季花初开放时采收，除去花梗及杂质，阴干。透骨草：夏、秋二季采收，除去根、叶及花果，晒干。

【药用部位】急性子：成熟种子。凤仙花：花。透骨草：茎枝。

【性味归经】急性子：微苦、辛，温；有小毒；归肺、肝经。凤仙花：甘、微苦，温；归肝、胆、脾经。透骨草：辛，温；有小毒；归肝、肾经。

【功能主治】急性子：破血，软坚，消积；用于癥瘕痞块，经闭，噎膈。凤仙花：祛风活血，消肿止痛；用于风湿痹痛，腰肋疼痛，妇女经闭腹痛，产后瘀血未尽，跌打损伤，痈疽，疔疮，鹅掌风，灰指甲。透骨草：祛风湿，活血，止痛；用于风湿痹痛，筋骨挛缩；外用治疮疡肿毒。

【用法用量】急性子：3 ～ 5 g。凤仙花：1.5 ～ 3 g，煎汤或浸酒；外用捣敷或煎水熏洗。透骨草：9 ～ 12 g；外用适量，煎水洗患处；孕妇忌服。

睫毛萼凤仙花（图 0525）

Impatiens blepharosepala E. Pritz.

【形态特征】一年生草本，高 30 ～ 60 cm。茎直立，不分枝或基部有分枝。叶互生，常密生于茎或分枝上部，矩圆形或矩圆状披针形，长 7 ～ 12 cm，宽 3 ～ 4 cm，先端渐尖或尾状渐尖，基部楔形，有 2 枚球状腺体，边缘有圆齿，齿端具小尖，侧脉 7 ～ 9 对。总花梗腋生，花 1 ～ 2 朵；花梗中上部有 1 条形苞片；花紫色；侧生萼片2，卵形，先端突尖，边缘有毛，有时有疏小齿，脱落；旗瓣近肾形，先端凹，背面中肋有狭翅，翅端具喙；翼瓣无柄，2裂，基部裂片矩圆形，上部裂片大，斧形；唇瓣宽漏斗状，基部突然延长成内弯的长可达3.5 cm的距；花药钝。蒴果条形。

【拍摄地点】长坪镇朝阳村，海拔1154 m。

【生境分布】生于山谷水旁、沟边林缘或山坡阴湿处。分布于南漳长坪镇。

【药用部位】根。

【功能主治】祛风除湿，消肿止痛。用于风湿痹痛，跌打损伤，外伤出血。

图0525 睫毛萼凤仙花 *Impatiens blepharosepala*

牯岭凤仙花（图0526）

Impatiens davidii Franchet

图0526 牯岭凤仙花 *Impatiens davidii*

【形态特征】一年生草本，高可达90 cm。茎粗壮，肉质，直立或下部斜升，有分枝，无毛，下部节膨大，有多数纤维状根。叶互生；叶片膜质，卵状长圆形或卵状披针形，稀椭圆形，长5～10 cm，宽3～4 cm，先端尾状渐尖，基部楔形或尖，边缘有粗圆齿状齿，齿端具小尖，两面无毛，侧脉5～7对，弧状弯曲；叶柄长4～8 cm。总花梗连同花梗长约1 cm，果时长可达2 cm，仅具1花，中上部有2枚苞片；苞片草质，卵状披针形，长约3 mm，宿存；花淡黄色；侧生2萼片膜质，宽卵形，长约10 mm，宽5～6 mm，先端具小尖，全缘，有9条细脉；旗瓣近圆形，直径约10 mm，先端微凹，背面中肋具绿色鸡冠状突起，顶端具短喙尖；翼瓣具柄，长15～20 mm，2裂，下部裂片小，长圆形，先端渐尖，呈长尾状，上部裂片大，斧形，先端钝，外缘近基部具钝角状的小耳；唇瓣囊状，具黄色条纹，基部急狭成长约8 mm钩状的距，距端2浅裂。雄蕊5，花丝线形，上部略扩大，花药卵球形，顶端钝；子房纺锤形，直立，具短喙尖。蒴果线状圆柱形，长3～3.5 cm。种子多数，近圆球形，褐色，光滑。花期7—9月。

【拍摄地点】板桥镇龙埫村，海拔1081 m。

【生境分布】生于山谷林中阴湿处。分布于南漳板桥镇。

【药用部位】全草。

【功能主治】消积，止痛。用于小儿疳积，腹痛，牙龈溃烂。

水金凤 辉菜花（图 0527）

Impatiens noli-tangere L.

图 0527 水金凤 *Impatiens noli-tangere*

【形态特征】一年生草本，高 40 ～ 70 cm。茎较粗壮，肉质，直立，上部多分枝，无毛，下部节常膨大，有多数纤维状根。叶互生；叶片卵形或卵状椭圆形，长 3 ～ 8 cm，宽 1.5 ～ 4 cm，先端钝，稀急尖，基部圆钝或宽楔形，边缘有粗圆齿，齿端具小尖，两面无毛，上面深绿色，下面灰绿色；叶柄纤细，长 2 ～ 5 cm。最上部的叶柄更短或近无柄。总花梗长 1 ～ 1.5 cm，具 2 ～ 4 花，排列成总状花序；花梗长 1.5 ～ 2 mm，中上部有 1 枚苞片；苞片草质，披针形，长 3 ～ 5 mm，宿存；花黄色；侧生 2 萼片卵形或宽卵形，长 5 ～ 6 mm，先端急尖；旗瓣圆形或近圆形，直径约 10 mm，先端微凹，背面中肋具绿色鸡冠状突起，顶端具短喙尖；翼瓣无柄，长 20 ～ 25 mm，2 裂，下部裂片小，长圆形，上部裂片宽斧形，近基部散生橙红色斑点，外缘近基部具钝角状的小耳；唇瓣宽漏斗状，喉部散生橙红色斑点，基部渐狭成长 10 ～ 15 mm 内弯的距。雄蕊 5，花丝线形，上部稍膨大，花药卵球形，顶端尖；子房纺锤形，直立，具短喙尖。蒴果线状圆柱形，长 1.5 ～ 2.5 cm。种子多数，长圆球形，长 3 ～ 4 mm，褐色，光滑。花期 7—9 月。

【拍摄地点】李庙镇老君店村，海拔 1076 m。

【生境分布】生于山坡林下、林缘草地或沟边。分布于南漳李庙、薛坪等乡镇。

【药用部位】全草。

【功能主治】清热解毒，理血和血，舒筋活络。用于筋骨疼痛，痛经，阴囊湿疹。

红雉凤仙花（图 0528）

Impatiens oxyanthera Hook. f.

【形态特征】一年生草本，高 20 ～ 40 cm，全株无毛。茎直立，细，不分枝。叶互生，具短柄，或上部的叶近无柄；叶片膜质，卵形或卵状披针形，长 6 ～ 8 cm，宽 3.5 ～ 4 cm，顶端急尖或渐尖，基部楔形，狭成长 1.5 ～ 3 cm 的叶柄，边缘具粗锯齿，齿端具小尖，侧脉 4 ～ 5 对；上面深绿色，下面浅绿色，基部无腺体或具少数缘毛状腺体。总花梗生于上部叶腋，长于叶柄，而短于叶，纤细，具 2 花；花梗长 10 ～ 15 mm，下面的在基部，上面的在中部具苞片；苞片卵形，长 2 ～ 5 mm，顶端突尖。花大，红色或淡紫红色，长 2 ～ 2.5 cm；侧生萼片 2，圆形或椭圆形，长 5 ～ 6 mm，宽 3 ～ 4 mm，顶端具长尖头，具

5 条脉；旗瓣圆形，直径 15 mm，中肋背面增厚，具龙骨状突起，顶端具弯曲突尖；翼瓣无柄，长 20 ～ 25 mm，2 裂，基部裂片圆形，较上部边缘突尖，上部裂片较长，狭斧形或马刀形，弯曲，顶端钝，背部具圆小耳；唇瓣檐部近囊状漏斗形，长 2.5 cm，口部斜升，宽 15 mm，先端尖，基部狭成短于檐部内弯的钝距，具红色条纹。花丝短，钻形；花药卵圆形，顶端尖。子房纺锤状，直立，具 5 条肋，急尖。蒴果线形，长 1.5 cm。花期 9 月。

【拍摄地点】板桥镇夹马河，海拔 631 m。

【生境分布】生于山坡林缘或路旁阴湿处。分布于南漳板桥镇。

【药用部位】全草。

【功能主治】清热解毒，活血化瘀，消肿止痛。用于跌打损伤。

图 0528　红雉凤仙花 *Impatiens oxyanthera*

翼萼凤仙花（图 0529）

Impatiens pterosepala Hook. f

【形态特征】一年生草本，高 30 ～ 60 cm。茎纤细，直立，有分枝。叶互生，卵形或矩圆状卵形，长 3 ～ 10 cm，宽 2.5 ～ 4 cm，先端渐尖，基部楔形，具 2 个球形腺体，边缘有圆齿，侧脉 5 ～ 7 对；叶柄长 1.5 ～ 2 cm。总花梗腋生，长约 4 cm，中上部有 1 披针形苞片，仅 1 朵花；花淡紫色或紫红色；侧生萼片 2，长卵形，先端渐尖，有时一侧有细齿，背面中肋有狭翅；旗瓣圆形，先端微凹，基部心形，背面中肋有全缘或波状狭翅，翅的先端有短喙；翼瓣近无柄，2 裂，基部裂片矩圆形，上部裂片较大，宽斧形，背面有小耳；唇瓣狭漏斗状，基部延成细长内弯的距；花药尖。蒴果条形。

【拍摄地点】板桥镇龙端村，海拔 1081 m。

【生境分布】生于山坡灌丛中或林下阴湿处、沟边。分布于南漳板桥镇。

【药用部位】全草。

【功能主治】活血散瘀。用于跌打损伤，风湿性关节痛。

图 0529　翼萼凤仙花 *Impatiens pterosepala*

98. 冬青科 Aquifoliaceae

冬青属 *Ilex*

刺叶冬青（图 0530）

Ilex bioritsensis Hayata

图 0530 刺叶冬青 *Ilex bioritsensis*

【形态特征】常绿灌木或小乔木，高 1.5 ～ 10 m。小枝近圆形，灰褐色，疏被微柔毛或变无毛，平滑，皮孔不明显；顶芽圆锥形，顶端急尖，被微柔毛，芽鳞具缘毛。叶生于 1 ～ 4 年生枝上，叶片革质，卵形至菱形，长 2.5 ～ 5 cm，宽 1.5 ～ 2.5 cm，先端渐尖，且具 1 长 3 mm 的刺，基部圆形或截形，边缘波状，具 3 或 4 对硬刺齿，叶面深绿色，具光泽，背面淡绿色，无毛，主脉在叶面凹陷，被微柔毛，背面隆起，无毛，侧脉 4 ～ 6 对，上面明显凹入，背面不明显或稍凸起，细网脉两面不明显；叶柄长约 3 mm，被短柔毛；托叶小，卵形，急尖。花簇生于二年生枝的叶腋内，花梗长约 2 mm，小苞片卵形，具缘毛；花 2 ～ 4 基数，淡黄绿色。雄花：花梗长 2 mm，无毛，近顶部具 2 卵形小苞片；花萼盘状，直径约 3 mm，裂片宽三角形，具缘毛；花瓣阔椭圆形，长约 3 mm，基部稍合生；雄蕊长于花瓣，花药长圆形；不育子房卵球形，直径约 1 mm。雌花：花梗长约 2 mm，近基部具 2 小苞片，无毛；花萼像雄花，花瓣分离；退化雄蕊长为花瓣的 1/2，败育花药心形；子房长圆状卵形，长 2 ～ 3 mm，柱头薄盘状。果椭圆形，长 8 ～ 10 mm，直径约 7 mm，成熟时红色，宿存花萼平展，宿存柱头盘状；分核 2，背腹扁，卵形或近圆形，长 5 ～ 6 mm，宽 4 ～ 5 mm，背部稍凸，具掌状棱和浅沟，腹面具条纹，内果皮木质。花期 4—5 月，果期 8—10 月。

【拍摄地点】肖堰镇青龙湾村，海拔 819 m。

【生境分布】生于山地常绿阔叶林或杂木林中。偶见分布于南漳肖堰镇。

【药用部位】根。

【功能主治】祛风除湿，消肿止痛。用于跌打损伤。

冬青 四季青（图 0531）

Ilex chinensis Sims

【形态特征】常绿乔木，高达 13 m。树皮灰黑色，当年生小枝浅灰色，圆柱形，具细棱；二至多年生枝具不明显的小皮孔，叶痕新月形，凸起。叶片薄革质至革质，椭圆形或披针形，稀卵形，长 5 ～ 11 cm，宽 2 ～ 4 cm，先端渐尖，基部楔形或钝，边缘具圆齿，或有时在幼叶为锯齿，叶面绿色，有光泽，干时深褐色，背面淡绿色，主脉在叶面平，背面隆起，侧脉 6 ～ 9 对，在叶面不明显，叶背明显，无毛，或有时在雄株幼枝顶芽、幼叶叶柄及主脉上有长柔毛；叶柄长 8 ～ 10 mm，上面平或有时具窄沟。雄花：花序具三至四回分枝，总花梗长 7 ～ 14 mm，二级轴长 2 ～ 5 mm，花梗长 2 mm，无毛，每分枝具花 7 ～ 24 朵；花淡紫色或紫红色，4 ～ 5 基数；花萼浅杯状，裂片阔卵状三角形，具缘毛；花冠辐状，直径约 5 mm；花瓣卵形，长 2.5 mm，宽约 2 mm，开放时反折，基部稍合生；雄蕊短于花瓣，长 1.5 mm，花药椭圆形；退化子房圆锥状，长不足 1 mm。雌花：花序具一至二回分枝，具花 3 ～ 7 朵，总花梗长 3 ～ 10 mm，扁，二级轴发育不好；花梗长 6 ～ 10 mm；花萼和花瓣同雄花，退化雄蕊长约为花瓣的 1/2，败育花药心形；子房卵球形，柱头具不明显的 4 ～ 5 裂，厚盘形。果长球形，成熟时红色，长 10 ～ 12 mm，直径 6 ～ 8 mm；分核 4 ～ 5，狭披针形，长 9 ～ 11 mm，宽约 2.5 mm，背面平滑，凹形，断面呈三棱形，内果皮厚革质。花期 4—6 月，果期 7—12 月。

图 0531　冬青 *Ilex chinensis*

【拍摄地点】李庙镇付家坪村，海拔 583 m。

【生境分布】生于山坡常绿阔叶林中和林缘。分布于南漳李庙镇。

【药用部位】叶。

【功能主治】清热利湿，消肿止痛。用于炎症，痢疾，湿疹，下肢溃疡等。

枸骨　猫儿刺　老虎刺（图 0532）

Ilex cornuta Lindl. et Paxt.

【中药名】枸骨叶 *。

【形态特征】常绿灌木或小乔木，高 1 ～ 3 m。幼枝具纵脊及沟，沟内被微柔毛或变无毛，二年枝褐色，三年生枝灰白色，具纵裂缝及隆起的叶痕，无皮孔。叶片厚革质，二型，四角状长圆形或卵形，长 4 ～ 9 cm，宽 2 ～ 4 cm，先端具 3 枚尖硬刺齿，中央刺齿常反曲，基部圆形或近截形，两侧各具 1 ～ 2 刺齿，有时全缘，叶面深绿色，具光泽，背淡绿色，无光泽，两面无毛，主脉在上面凹下，背面隆起，侧脉 5 或 6 对，于叶缘附近网结，在叶面不明显，在背面凸起，网状脉两面不明显；叶柄长 4 ～ 8 mm，上面具狭沟，被微柔毛；托叶胼胝质，宽三角形。花序簇生于二年生枝的叶腋内，基部宿存鳞片近圆形，被柔毛，具缘毛；苞片卵形，先端钝或具短尖头，

图 0532　枸骨 *Ilex cornuta*

被短柔毛和缘毛；花淡黄色，4 基数。雄花：花梗长 5 ～ 6 mm，无毛，基部具 1 ～ 2 枚阔三角形的小苞片；花萼盘状；直径约 2.5 mm，裂片膜质，阔三角形，长约 0.7 mm，宽约 1.5 mm，疏被微柔毛，具缘毛；花冠辐状，直径约 7 mm，花瓣长圆状卵形，长 3 ～ 4 mm，反折，基部合生；雄蕊与花瓣近等长或稍长，花药长圆状卵形，长约 1 mm；退化子房近球形，先端钝或圆形，不明显的 4 裂。雌花：花梗长 8 ～ 9 mm，果期长达 13 ～ 14 mm，无毛，基部具 2 枚小的阔三角形苞片；花萼与花瓣像雄花；退化雄蕊长为花瓣的 4/5，略长于子房，败育花药卵状箭头形；子房长圆状卵球形，长 3 ～ 4 mm，直径 2 mm，柱头盘状，4 浅裂。果球形，直径 8 ～ 10 mm，成熟时鲜红色，基部具四角形宿存花萼，顶端宿存柱头盘状，明显 4 裂；果梗长 8 ～ 14 mm。分核 4，轮廓倒卵形或椭圆形，长 7 ～ 8 mm，背部宽约 5 mm，遍布皱纹和皱纹状纹孔，背部中央具 1 纵沟，内果皮骨质。花期 4—5 月，果期 10—12 月。

【拍摄地点】李庙镇刘坪村，海拔 390 m。

【生境分布】生于山坡灌丛、疏林中以及路边、溪旁和村舍附近。分布于南漳李庙、东巩、城关等乡镇。

【采收加工】秋季采收，除去杂质，晒干。

【药用部位】叶。

【性味归经】苦，凉。归肝、肾经。

【功能主治】清热养阴，益肾，平肝。用于肺痨咯血，骨蒸潮热，头晕目眩。

【用法用量】9 ～ 15 g。

猫儿刺　**老鼠刺（图 0533）**

Ilex pernyi Franch.

图 0533　猫儿刺 *Ilex pernyi*

【形态特征】常绿灌木或乔木，高 1 ～ 5 m。树皮银灰色，纵裂；幼枝黄褐色，具纵棱槽，被短柔毛，二至三年小枝圆形或近圆形，密被污灰色短柔毛；顶芽卵状圆锥形，急尖，被短柔毛。叶片革质，卵形或卵状披针形，长 1.5 ～ 3 cm，宽 5 ～ 14 mm，先端三角形渐尖，渐尖头长达 12 ～ 14 mm，基部截形或近圆形，边缘具深波状刺齿 1 ～ 3 对，叶面深绿色，具光泽，背面淡绿色，两面均无毛，中脉在叶面凹陷，在近基部被微柔毛，背面隆起，侧脉 1 ～ 3 对，不明显；叶柄长 2 mm，被短柔毛；托叶三角形，急尖。花序簇生于二年生枝的叶腋内，多为 2 ～ 3 花聚生成簇，每分枝仅具 1 花；花淡黄色，全部 4 基数。雄花：花梗长约 1 mm，无毛，中上部具 2 枚近圆形，具缘毛的小苞片；花萼直径约 2 mm，4 裂，裂片阔三角形或半圆形，具缘毛；花冠辐状，直径约 7 mm，花瓣椭圆形，长约 3 mm，近先端具缘毛；雄蕊稍长于花瓣；退化子房圆锥状卵形，先端钝，长约 1.5 mm。雌花：花梗长约 2 mm；花萼像雄花；花瓣卵形，长约 2.5 mm；退化雄蕊短于花瓣，败育花药卵形；子房卵球形，柱头盘状。果球形或扁球形，直径 7 ～ 8 mm，成熟时红色；宿存花萼四角形，直径约 2.5 mm，具缘毛，宿存柱头厚盘状，4 裂。分核 4，轮廓倒卵形或长圆形，长 4.5 ～ 5.5 mm，背部宽约 3.5 mm，在较宽端背部微凹陷，且具掌状条纹和沟槽，侧面具网状条纹和沟，内果皮木质。花期 4—5 月，果期 10—11 月。

【拍摄地点】板桥镇龙塥村，海拔 1247 m。

【生境分布】生于山谷林中或山坡、路旁灌丛中。分布于南漳各乡镇。

【药用部位】根。

【功能主治】清热解毒，润肺止咳。用于肺热咳嗽，咯血，咽喉肿痛。

【附注】本种树皮中含小檗碱，可作黄连制剂的代用品。

99. 卫矛科 Celastraceae

南蛇藤属 Celastrus

苦皮藤　苦树皮　菜虫药（图 0534）

Celastrus angulatus Maxim.

【形态特征】藤状灌木。小枝常具 4 ～ 6 纵棱，皮孔密生，圆形至椭圆形，白色，腋芽卵圆状，长 2 ～ 4 mm。叶大，近革质，阔椭圆形、阔卵形、圆形，长 7 ～ 17 cm，宽 5 ～ 13 cm，先端圆阔，中央具尖头，侧脉 5 ～ 7 对，在叶面明显突起，两面光滑或稀于叶背的主侧脉上具短柔毛；叶柄长 1.5 ～ 3 cm；托叶丝状，早落。聚伞圆锥花序顶生，下部分枝长于上部分枝，略呈塔锥形，长 10 ～ 20 cm，花序轴及小花轴光滑或被锈色短毛；小花梗较短，关节在顶部；花萼镊合状排列，三角形至卵形，长约 1.2 mm，近全缘；花瓣长方形，长约 2 mm，宽约 1.2 mm，边缘不整齐；花盘肉质，浅盘状或盘状，5 浅裂；雄蕊着生花盘之下，长约 3 mm，在雌花中退化雄蕊长约 1 mm；雌蕊长 3 ～ 4 mm，子房球状，柱头反曲，在雄花中退化雌蕊长约 1.2 mm。蒴果近球状，直径 8 ～ 10 mm；种子椭圆状，长 3.5 ～ 5.5 mm，直径 1.5 ～ 3 mm。花期 5—6 月。

图 0534　苦皮藤 *Celastrus angulatus*

【拍摄地点】李庙镇主山寨村，海拔 1034 m。

【生境分布】生于山地丛林及山坡灌丛中。分布于南漳各乡镇。

【药用部位】根。

【功能主治】清热解毒，利湿，活血消肿。用于风湿性关节炎。

过山枫（图 0535）

Celastrus aculeatus Merr.

【形态特征】小枝幼时被棕褐色短毛；冬芽圆锥状，长 2 ～ 3 mm，基部芽鳞宿存，有时坚硬，呈刺状。叶多椭圆形或长方形，长 5 ~ 10 cm，宽 3 ~ 6 cm，先端渐尖或窄急尖，基部阔楔形，稀近圆形，边缘上部具疏浅细锯齿，下部多为全缘，侧脉多为 5 对，干时叶背常呈淡棕色，两面光滑无毛，或脉上被有棕色短毛；叶柄长 10 ~ 18 mm。聚伞花序短，腋生或侧生，通常 3 花，花序梗长 2 ~ 5 mm，小花梗长 2 ~ 3 mm，均被棕色短毛，关节在上部；萼片三角状卵形，长达 2.5 mm；花瓣长方状披针形，长约 4 mm，花盘稍肉质，全缘，雄蕊具细长花丝，长 3 ~ 4 mm，具乳突，在雌花中退化，长仅 1.5 mm，子房球状，在雄花中退化，长 2 mm 以下。蒴果近球状，直径 7 ~ 8 mm，宿萼明显增大；种子新月状或弯成半环状，长约 5 mm，表面密布小疣点。

图 0535 过山枫 *Celastrus aculeatus*

【拍摄地点】巡检镇南峪沟村，海拔 431 m。

【生境分布】生于山地灌丛或路边疏林中。分布于南漳巡检镇。

【药用部位】根。

【功能主治】清热解毒，祛风除湿。用于风湿痹痛，痛风，肾炎，胆囊炎。

小南蛇藤（图 0536）

Celastrus cuneatus（Rehd. et Wils.）C. Y. Cheng et T. C. Kao

【形态特征】纤细藤状灌木。小枝紫褐色，具稀疏纵向椭圆形皮孔，当年小枝常被短硬毛，腋芽近球状，直径 1 ~ 2 mm，叶阔倒卵形或稀近圆形，长 1.5 ~ 4.5 cm，宽 1.5 ~ 4 cm，先端圆阔近平截，中央有小凸尖，基部楔形至阔楔形，边缘具细锯齿，侧脉 3 ~ 5 对，与主脉成 45º 角，直出后上升；叶柄长 1 ~ 5 mm。聚伞花序腋生，有花 1 ~ 4 朵，稀顶生，花序梗细，长 4 ~ 6.5 mm，小花梗长 2 ~ 3 mm，关节在中部或偏下；雄花萼片三角形或三角状椭圆形，长约 1.5 mm，上部宽 2 mm，下部较窄；花盘浅杯状，裂片近弧形或近平截；雄蕊短于花瓣，花丝长 2.5 mm，花药近球状，退化雄蕊小，窄长三角形；雌花花被与雄花近似；花盘稍长，裂较显著，退化雄蕊短小，长约 1.5 mm；雌蕊瓶状，子房球状，花柱长约 1 mm，柱头棒状 3 深裂，外展，顶端扁平膨大。蒴果球状，直径 6 ~ 7 mm，种子略平凸，椭圆状，

图 0536 小南蛇藤 *Celastrus cuneatus*

长 3.5 ～ 4 mm。花期 4—5 月，果期 6 月以后。

【拍摄地点】城关镇文笔峰村，海拔 164 m。

【生境分布】生于山坡或路旁的灌木丛中。分布于南漳各乡镇。

【药用部位】茎藤。

【功能主治】祛风除湿，舒经活血。用于风湿性关节炎。

灰叶南蛇藤　过山枫藤　麻麻藤　藤木（图 0537）

Celastrus glaucophyllus Rehd. et Wils.

【形态特征】小枝具椭圆形至长椭圆形疏散皮孔。叶在果期常半革质，长方状椭圆形、近倒卵椭圆形或椭圆形，稀窄椭圆形，长 5 ～ 10 cm，宽 2.5 ～ 6.5 cm，先端短渐尖，基部圆形或阔楔形，边缘具稀疏细锯齿，齿端具内曲的腺状小凸头，侧脉 4 ～ 5 对，稀为 6 对，叶面绿色，叶背灰白色或苍白色；叶柄长 8 ～ 12 mm。花序顶生及腋生，顶生成总状圆锥花序，长 3 ～ 6 cm，腋生者多 3 ～ 5 花，花序梗通常很短，长仅 1 ～ 2 mm，小花梗长 2.5 ～ 3.5 mm，关节在中部或偏上；花萼裂片椭圆形或卵形，长 1.5 ～ 2 mm，边缘具稀疏不整齐小齿；花瓣倒卵状长方形或窄倒卵形，长 4 ～ 5 mm，宽 2.2 mm，在雌花中稍小；花盘浅杯状，稍肉质，裂片近半圆形；雄蕊稍短于花冠，花药阔椭圆形至近圆形，在雄花中退化雌蕊长 1.5 ～ 2 mm。果实近球状，长 8 ～ 10 mm，果梗长 5 ～ 9 mm，近黑色。花期 3—6 月，果期 9—10 月。

图 0537　灰叶南蛇藤 *Celastrus glaucophyllus*

【拍摄地点】长坪镇赵岭村，海拔 1156 m。

【生境分布】生于混交林中。分布于南漳长坪镇。

【药用部位】根。

【功能主治】散瘀，止血。用于跌打损伤，刀伤出血，肠风便血。

卫矛属 Euonymus

卫矛　鬼见羽　八树（图 0538）

Euonymus alatus（Thunb.）Sieb.

【中药名】鬼箭羽*。

【形态特征】灌木，高 1 ～ 3 m。小枝常具 2 ～ 4 列宽阔木栓翅；冬芽圆形，长 2 mm 左右，芽鳞边缘具不整齐细坚齿。叶卵状椭圆形、窄长椭圆形，偶为倒卵形，长 2 ～ 8 cm，宽 1 ～ 3 cm，边缘具细锯齿，两面光滑无毛；叶柄长 1 ～ 3 mm。聚伞花序 1 ～ 3 花；花序梗长约 1 cm，小花梗长 5 mm；花白绿色，直径约 8 mm，4 数；萼片半圆形，花瓣近圆形；雄蕊着生花盘边缘处，花丝极短，开花后稍增长，花药宽阔长方形，2 室顶裂。蒴果 1 ～ 4 深裂，裂瓣椭圆状，长 7 ～ 8 mm；种子椭圆状或阔椭圆状，长 5 ～ 6 mm，种皮褐色或浅棕色，假种皮橙红色，全包种子。花期 5—6 月，果期 7—10 月。

【拍摄地点】李庙镇刘坪村，海拔 183 m。

【生境分布】生于山坡、沟地边沿。分布于南漳各乡镇。

【采收加工】全年均可采收，割取枝条，除去嫩枝及叶，晒干。

【药用部位】带栓翅的枝条。

【性味归经】苦、辛，寒。归肝经。

图 0538　卫矛 *Euonymus alatus*

【功能主治】破血通经，解毒消肿，杀虫。用于妇女经闭，产后瘀血腹痛，虫积腹痛，风湿痹痛，跌打损伤等。

【用法用量】4 ～ 9 g。外用适量。孕妇、气虚崩漏者禁服。

扶芳藤　换骨筋　爬行卫矛（图 0539）

Euonymus fortunei（Turcz.）Hand.-Mazz.

【形态特征】常绿藤本灌木，高 1 至数米。小枝方棱不明显。叶薄革质，椭圆形、长方椭圆形或长倒卵形，宽窄变异较大，可窄至近披针形，长 3.5 ～ 8 cm，宽 1.5 ～ 4 cm，先端钝或急尖，基部楔形，边缘齿浅不明显，侧脉细微和小脉全不明显；叶柄长 3 ～ 6 mm。聚伞花序 3 ～ 4 次分枝；花序梗长 1.5 ～ 3 cm，第一次分枝长 5 ～ 10 mm，第二次分枝 5 mm 以下，最终小聚伞花密集，有花 4 ～ 7 朵，分枝中央有单花，小花梗长约 5 mm；花白绿色，4 数，直径约 6 mm；花盘方形，直径约 2.5 mm；花丝细长，长 2 ～ 3 mm，花药圆心形；子房三角锥状，四棱，粗壮明显，花柱长约 1 mm。蒴果粉红色，果皮光滑，近球状，直径 6 ～ 12 mm；果序梗长 2 ～ 3.5 cm；小果梗长 5 ～ 8 mm；种子长方椭圆状，棕褐色，假种皮鲜红色，全包种子。花期 6 月，果期 10 月。

图 0539　扶芳藤 *Euonymus fortunei*

【拍摄地点】李庙镇刘坪村，海拔 181 m。

【生境分布】生于山坡丛林中，攀援于树上或岩石上。分布于南漳李庙、薛坪、东巩等乡镇。

【药用部位】茎藤。

【功能主治】散瘀止血，舒筋活络。用于咯血，月经不调，功能性子宫出血，风湿性关节痛；外用治跌打损伤，骨折，创伤出血。

白杜 丝绵木 明开夜合（图 0540）

Euonymus maackii Rupr.

【形态特征】小乔木，高达 6 m。叶卵状椭圆形、卵圆形或窄椭圆形，长 4 ～ 8 cm，宽 2 ～ 5 cm，先端长渐尖，基部阔楔形或近圆形，边缘具细锯齿，有时极深而锐利；叶柄通常细长，常为叶片的 1/4 ～ 1/3，但有时较短。聚伞花序 3 至多花，花序梗略扁，长 1 ～ 2 cm；花 4 朵，淡白绿色或黄绿色，直径约 8 mm；小花梗长 2.5 ～ 4 mm；雄蕊花药紫红色，花丝细长，长 1 ～ 2 mm。蒴果倒圆心状，4 浅裂，长 6 ～ 8 mm，直径 9 ～ 10 mm，成熟后果皮粉红色；种子长椭圆状，长 5 ～ 6 mm，直径约 4 mm；种皮棕黄色，假种皮橙红色，全包种子，成熟后顶端常有小口。花期 5—6 月，果期 9 月。

图 0540 白杜 *Euonymus maackii*

【拍摄地点】城关镇木瓜园村，海拔 210 m。

【生境分布】生于山坡林缘路旁。分布于南漳城关镇。

【药用部位】树皮。

【功能主治】清热解毒，止痛。用于腰腿痛；外用治疗漆疮。

小果卫矛（图 0541）

Euonymus microcarpus（Oliv.）Sprague

【形态特征】灌木，高 2 ～ 6 m。叶薄革质，椭圆形、阔倒卵形或卵形，长 4 ～ 7 cm，宽 2.5 ～ 4 cm，先端急尖或短渐尖，基部楔形或阔楔形，边缘有微齿或近全缘，侧脉 6 ～ 10 对，细而密集；叶柄长 8 ～ 20 mm。聚伞花序 1 ～ 4 次分枝，花序梗长 2 ～ 4 cm，分枝稍短；小花梗长 2 ～ 5 mm；花黄绿色，直径 6 ～ 9 mm；萼片扁圆，常有短缘毛；花瓣近圆形；花盘方圆形；雄蕊着生花盘边缘处，花丝长约 1.5 mm；子房具极短花柱，

图 0541 小果卫矛 *Euonymus microcarpus*

柱头小，有时功能性退化不育。蒴果近长圆状，4浅裂，裂片向外平展，长5～10 mm；种子棕红色，长圆状，长约5 mm，外被橘黄色假种皮。

【拍摄地点】城关镇玉溪山，海拔143 m。

【生境分布】生于山坡或河边杂木林中。分布南漳城关镇。

【药用部位】根。

【功能主治】活血祛瘀，祛风除湿。用于跌打损伤，风湿腰痛。

石枣子　披针叶石枣子（图0542）

Euonymus sanguineus Loes.

【形态特征】灌木，高达8 m。叶厚纸质至近革质，卵形、卵状椭圆形或长方状椭圆形，长4～9 cm，宽2.5～4.5 cm，先端短渐尖或渐尖，基部阔楔形或近圆形，常稍平截，叶缘具细密锯齿；叶柄长5～10 mm。聚伞花序具长梗，梗长4～6 cm，顶端有3～5细长分枝，除中央枝单生花，其余常具一对3花小聚伞；小花梗长8～10 mm；花白绿色，4数，直径6～7 mm。蒴果扁球状，直径约1 cm，4翅略呈三角形，长4～6 mm，先端略窄而钝。

图0542　石枣子 *Euonymus sanguineus*

【拍摄地点】李庙镇老君店村，海拔980 m。

【生境分布】生于山地林缘或灌丛中。分布于南漳李庙、长坪等乡镇。

【药用部位】茎皮。

【功能主治】祛风活血，消肿止痛。用于风湿性关节痛，跌打损伤。

100. 省沽油科 Staphyleaceae

野鸦椿属 Euscaphis

野鸦椿　红椋　鸡眼睛（图0543）

Euscaphis japonica（Thunb.）Dippel

【形态特征】落叶小乔木或灌木，高2～8 m。树皮灰褐色，具纵条纹，小枝及芽红紫色，枝叶揉碎后发出恶臭气味。叶对生，奇数羽状复叶，长12～32 cm，叶轴淡绿色；小叶5～9，稀3～11，厚纸质，长卵形或椭圆形，稀为圆形，长4～6 cm，宽2～3 cm，先端渐尖，基部钝圆，边缘具疏短锯齿，齿尖有腺体，两面除背面沿脉有白色小柔毛外余无毛；主脉在上面明显，在背面突出，侧脉8～11，在两面可见，小叶柄长1～2 mm，小托叶线形，基部较宽，先端尖，有微柔毛。圆锥花序顶生，花梗长达21 cm，花多，较密集，黄白色，直径4～5 mm，萼片与花瓣均5，椭圆形，萼片宿存，花盘盘状，心皮3，分离。蓇葖果长1～2 cm，每一花发育为1～3个蓇葖，果皮软革质，紫红色，有纵脉纹；种子近圆形，直径约5 mm，假种皮肉质，黑色，有光泽。花期5—6月，果期8—9月。

【拍摄地点】板桥镇龙埫村，海拔1267 m。

【生境分布】生于山坡灌木丛中。偶见分布于南漳板桥镇。

【药用部位】根。

【功能主治】温中理气，消肿止痛。用于胃痛，感冒头痛，肠炎，疝气。

图 0543　野鸦椿 *Euscaphis japonica*

省沽油属 Staphylea

省沽油　水条（图 0544）

Staphylea bumalda DC.

【形态特征】落叶灌木，高约2 m，稀达5 m。树皮紫红色或灰褐色，有纵棱；枝条开展，绿白色复叶对生，有长柄，柄长2.5～3 cm，具3小叶；小叶椭圆形、卵圆形或卵状披针形，长4.5～8 cm，宽2.5～5 cm，先端锐尖，具尖尾，尖尾长约1 cm，基部楔形或圆形，边缘有细锯齿，齿尖具尖头，上面无毛，背面青白色，主脉及侧脉有短毛；中间小叶柄长5～10 mm，两侧小叶柄长1～2 mm。圆锥花序顶生，直立，花白色；萼片长椭圆形，浅黄白色，花瓣5，白色，倒卵状长圆形，较萼片稍大，长5～7 mm，雄蕊5，与花瓣略等长。蒴果膀胱状，扁平，2室，先端2裂；种子黄色，有光泽。花期4—5月，果期8—9月。

图 0544　省沽油 *Staphylea bumalda*

【拍摄地点】薛坪镇火石观村，海拔679 m。

【生境分布】生于路旁、山地或丛林中。分布于南漳薛坪、长坪等乡镇。

【药用部位】果实。

【功能主治】润肺止咳。用于干咳。

膀胱果　大果省沽油（图 0545）

Staphylea holocarpa Hemsl.

【形态特征】落叶灌木或小乔木，高 3 ～ 10 m。幼枝平滑，3 小叶；小叶近革质，无毛，长圆状披针形至狭卵形，长 5 ～ 10 cm，基部钝，先端突渐尖，上面淡白色，边缘有硬细锯齿，侧脉 10，有网脉，侧生小叶近无柄，顶生小叶具长柄，柄长 2 ～ 4 cm。广展的伞房花序，长 5 cm 或更长，花白色或粉红色，在叶后开放。果为 3 裂、梨形膨大的蒴果，长 4 ～ 5 cm，宽 2.5 ～ 3 cm，基部狭，顶平截，种子近椭圆形，灰色，有光泽。

【拍摄地点】长坪镇赵岭村，海拔 1320 m。

【生境分布】生于山坡沟边树林中。分布于南漳长坪、薛坪等乡镇。

【药用部位】根。

【功能主治】祛痰镇咳。用于咳痰。

图 0545　膀胱果 *Staphylea holocarpa*

101. 黄杨科 Buxaceae

野扇花属 Sarcococca

野扇花　清香桂（图 0546）

Sarcococca ruscifolia Stapf

【形态特征】灌木，高 1 ～ 4 m。分枝较密，有一主轴及发达的纤维状根系；小枝被密或疏的短柔毛。叶阔椭圆状卵形、卵形、椭圆状披针形、披针形或狭披针形，较小的长 2 ～ 3 cm，宽 7 ～ 12 mm，较狭的长 4 ～ 7 cm，宽 7 ～ 14 mm，较大的长 6 ～ 7 cm，宽 2.5 ～ 3 cm，变化很大，但常见的为卵形或椭圆状披针形，长 3.5 ～ 5.5 cm，宽 1 ～ 2.5 cm。先端急尖或渐尖，基部急尖或渐狭或圆，一般中部或中部以下较宽，叶面亮绿，叶背淡绿，叶面中脉凸出，无毛，稀被微细毛，大多数中脉近基部有一对互生或对生的侧脉，多少成离基三出脉，叶背中脉

图 0546　野扇花 *Sarcococca ruscifolia*

稍平或凸出，无毛，全面平滑，侧脉不显；叶柄长 3 ～ 6 mm。花序短总状，长 1 ～ 2 cm，花序轴被微细毛；苞片披针形或卵状披针形；花白色，芳香；雄花 2 ～ 7，占花序轴上方的大部，雌花 2 ～ 5，生花序轴下部，通常下方雄花有长约 2 mm 的花梗，具 2 小苞片。小苞片卵形，长为萼片的 1/3 ～ 2/3，上方雄花近无梗，有的无小苞片。雄花：萼片通常 4，亦有 3 或 5，内方的阔椭圆形或阔卵形，先端圆，有小尖凸头；外方的卵形，渐尖头，长各 3 mm，雄蕊连花药长约 7 mm。雌花：连柄长 6 ～ 8 mm，柄上小苞多片，狭卵形，覆瓦状排列，萼片长 1.5 ～ 2 mm。果实球形，直径 7 ～ 8 mm，熟时猩红色至暗红色，宿存花柱 3 或 2，长 2 mm。花果期 10 月至翌年 2 月。

【拍摄地点】李庙镇胡家坪村，海拔 634 m。

【生境分布】生于山坡、林下或沟谷中。分布于南漳各乡镇。

【药用部位】根或茎。

【功能主治】祛风除湿，止痛。用于腰痛，胃痛，风湿性关节炎。

102. 鼠李科 Rhamnaceae

勾儿茶属 Berchemia

多花勾儿茶　牛鼻藤　黄鳝藤（图 0547）

Berchemia floribunda（Wall.）Brongn.

【形态特征】藤状或直立灌木。幼枝黄绿色，光滑无毛。叶纸质，上部叶较小，卵形或卵状椭圆形至卵状披针形，长 4 ～ 9 cm，宽 2 ～ 5 cm；顶端锐尖，下部叶较大，椭圆形至矩圆形，长达 11 cm，宽达 6.5 cm；顶端钝或圆形，稀短渐尖，基部圆形，稀心形，上面绿色，无毛，下面干时栗色，无毛，或仅沿脉基部被疏短柔毛，侧脉每边 9 ～ 12 条，两面稍凸起；叶柄长 1 ～ 2 cm，稀 5.2 cm，无毛；托叶狭披针形，宿存。花多数，通常数个簇生排成顶生宽聚伞圆锥花序，或下部兼腋生聚伞总状花序，花序长可达 15 cm，侧枝长在 5 cm 以下，花序轴无毛或被疏微毛；花芽卵球形，顶端急狭成锐尖或渐尖；花梗长 1 ～ 2 mm；萼三角形，顶端尖；花瓣倒卵形，雄蕊与花瓣等长。核果圆柱状椭圆形，长 7 ～ 10 mm，直径 4 ～ 5 mm，有时顶端稍宽，基部有盘状的宿存花盘；果梗长 2 ～ 3 mm，无毛。花期 7—10 月，果期翌年 4—7 月。

图 0547　多花勾儿茶 *Berchemia floribunda*

【拍摄地点】巡检镇不二坪村，海拔 1071 m。

【生境分布】生于山坡、沟谷、林缘、林下或灌丛中。分布于南漳各乡镇。

【药用部位】茎叶。

【功能主治】清热凉血，利尿，解毒。用于衄血，黄疸，风湿腰痛，经前腹痛，风毒流注，伤口红肿。

枳椇属 Hovenia

枳椇　拐枣（图 0548）

Hovenia acerba Lindl.

【形态特征】高大乔木，高 10 ～ 25 m。小枝褐色或黑紫色，被棕褐色短柔毛或无毛，有明显的白色皮孔。叶互生，厚纸质至纸质，宽卵形、椭圆状卵形或心形，长 8 ～ 17 cm，宽 6 ～ 12 cm，顶端长渐尖或短渐尖，基部截形或心形，稀近圆形或宽楔形，边缘常具整齐浅而钝的细锯齿，上部或近顶端的叶有不明显的齿，稀近全缘，上面无毛，下面沿脉或脉腋常被短柔毛或无毛；叶柄长 2 ～ 5 cm，无毛。二歧式聚伞圆锥花序，顶生和腋生，被棕色短柔毛；花两性，直径 5 ～ 6.5 mm；萼片具网状脉或纵条纹，无毛，长 1.9 ～ 2.2 mm，宽 1.3 ～ 2 mm；花瓣椭圆状匙形，长 2 ～ 2.2 mm，宽 1.6 ～ 2 mm，具短爪；花盘被柔毛；花柱半裂，稀浅裂或深裂，长 1.7 ～ 2.1 mm，无毛。浆果状核果近球形，直径 5 ～ 6.5 mm，无毛，成熟时黄褐色或棕褐色；果序轴明显膨大；种子暗褐色或黑紫色。花期 5—7 月，果期 8—10 月。

图 0548　枳椇 *Hovenia acerba*

【拍摄地点】城关镇凉泉村，海拔 627 m。

【生境分布】生于山坡林缘、疏林中，或栽培。分布于南漳各乡镇。

【药用部位】果实。

【功能主治】清热利尿，止咳除烦，解酒毒。用于热病烦渴，呃逆，呕吐，小便不利，酒精中毒。

马甲子属 Paliurus

铜钱树　金钱木（图 0549）

Paliurus hemsleyanus Rehd.

【形态特征】乔木，稀灌木，高达 13 m；小枝黑褐色或紫褐色，无毛。叶互生，纸质或厚纸质，宽椭圆形、卵状椭圆形或近圆形，长 4 ～ 12 cm，宽 3 ～ 9 cm，顶端长渐尖或渐尖，基部偏斜，宽楔形或近圆形，边缘具圆锯齿或钝细锯齿，两面无毛，基生三出脉；叶柄长 0.6 ～ 2 cm，近无毛或仅上面被疏短柔毛；无托叶刺，但幼树叶柄

图 0549　铜钱树 *Paliurus hemsleyanus*

基部有 2 个斜向直立的针刺。聚伞花序或聚伞圆锥花序，顶生或兼有腋生，无毛；萼片三角形或宽卵形，长 2 mm，宽 1.8 mm；花瓣匙形，长 1.8 mm，宽 1.2 mm；雄蕊长于花瓣；花盘五边形，5 浅裂；子房 3 室，每室具 1 胚珠，花柱 3 深裂。核果草帽状，周围具革质宽翅，红褐色或紫红色，无毛，直径 2 ～ 3.8 cm；果梗长 1.2 ～ 1.5 cm。花期 4—6 月，果期 7—9 月。

【拍摄地点】板桥镇夹马河，海拔 662 m。

【生境分布】生于山地林中。分布于南漳板桥、巡检等乡镇。

【药用部位】根。

【功能主治】补气。用于劳伤乏力。

猫乳属 Rhamnella

猫乳　鼠矢枣（图 0550）

Rhamnella franguloides（Maxim.）Weberb.

【形态特征】落叶灌木或小乔木，高 2 ～ 9 m；幼枝绿色，被短柔毛或密柔毛。叶倒卵状矩圆形、倒卵状椭圆形、矩圆形或长椭圆形，稀倒卵形，长 4 ～ 12 cm，宽 2 ～ 5 cm，顶端尾状渐尖、渐尖或骤然收缩成短渐尖，基部圆形，稀楔形，稍偏斜，边缘具细锯齿，上面绿色，无毛，下面黄绿色，被柔毛或仅沿脉被柔毛，侧脉每边 5 ～ 11 条；叶柄长 2 ～ 6 mm，被密柔毛；托叶披针形，长 3 ～ 4 mm，基部与茎离生，宿存。花黄绿色，两性，6 ～ 18 个排成腋生聚伞花序；总花梗长 1 ～ 4 mm，被疏柔毛或无毛；萼片三角状卵形，边缘被疏短毛；花瓣宽倒卵形，顶端微凹；花梗长 1.5 ～ 4 mm，被疏毛或无毛。核果圆柱形，长 7 ～ 9 mm，直径 3 ～ 4.5 mm，成熟时红色或橘红色，干后变黑色或紫黑色；果梗长 3 ～ 5 mm，被疏柔毛或无毛。花期 5—7 月，果期 7—10 月。

图 0550　猫乳 *Rhamnella franguloides*

【拍摄地点】东巩镇汪家畈村，海拔 187 m。

【生境分布】生于山坡、路旁或林中。分布于南漳各乡镇。

【药用部位】根皮。

【功能主治】清热解毒。用于小儿脓疮，疥疮，瘌痢头，无名肿毒。

鼠李属 Rhamnus

冻绿　红冻　黑午茶（图 0551）

Rhamnus utilis Decne.

【形态特征】灌木或小乔木，高达 4 m。幼枝无毛，小枝褐色或紫红色，稍平滑，对生或近对生，枝端常具针刺；腋芽小，长 2 ～ 3 mm，有数个鳞片，鳞片边缘有白色缘毛。叶纸质，对生或近对生，或在短枝上簇生，椭圆形、矩圆形或倒卵状椭圆形，长 4 ～ 15 cm，宽 2 ～ 6.5 cm，顶端突尖或锐尖，基部楔形或稀圆形，边缘具细锯齿或圆齿状锯齿，上面无毛或仅中脉具疏柔毛，下面干后常变黄色，沿脉或脉腋有金黄色柔毛，侧脉每边通常 5 ～ 6 条，两面均凸起，具明显的网脉，叶柄长 0.5 ～ 1.5 cm，上面具小沟，有疏微毛或无毛；托叶披针形，常具疏毛，宿存。花单性，雌雄异株，4 基数，具花瓣；花梗长 5 ～ 7 mm，无毛；雄花数个簇生于叶腋，或 10 ～ 30 个聚生于小枝下部，有退化的雌蕊；雌花 2 ～ 6 个簇生于叶腋或小枝下部；退化雄蕊小，花柱较长，2 浅裂或半裂。核果圆球形或近球形，成熟时黑色，具 2 分核，基部有宿存的萼筒；梗长 5 ～ 12 mm，无毛；种子背侧基部有短沟。花期 4—6 月，果期 5—8 月。

图 0551　冻绿 *Rhamnus utilis*

【拍摄地点】东巩镇汪家畈村，海拔 187 m。

【生境分布】生于山地、丘陵、山坡草丛、灌丛或疏林下。分布于南漳各乡镇。

【药用部位】根。

【功能主治】清热解毒，凉血止血，祛风止痒。用于疥疮，瘙痒，跌打损伤。

毛冻绿　黑刺（图 0552）

Rhamnus utilis var. *hypochrysa*（Schneid.）Rehd.

【形态特征】本种为冻绿（*Rhamnus utilis*）的一个变种。本变种与原变种的主要区别在于当年生枝、叶柄和花梗均被白色短柔毛，叶较小，两面特别下面有金黄色柔毛。

【拍摄地点】城关镇玉溪山，海拔 123 m。

【生境分布】生于山坡、林下或灌丛中。分布于南漳各乡镇。

【药用部位】根皮、茎、叶。

【功能主治】消食，下气，祛痰，杀虫。用于瘰疬，哮喘，寸白虫病。

图 0552　毛冻绿 *Rhamnus utilis* var. *hypochrysa*

薄叶鼠李　绛梨木子（图 0553）

Rhamnus leptophylla Schneid.

图 0553　薄叶鼠李 *Rhamnus leptophylla*

【形态特征】灌木或稀小乔木，高达 5 m。小枝对生或近对生，褐色或黄褐色，稀紫红色，平滑无毛，有光泽，芽小，鳞片数个，无毛。叶纸质，对生或近对生，或在短枝上簇生，倒卵形至倒卵状椭圆形，稀椭圆形或矩圆形，长 3 ～ 8 cm，宽 2 ～ 5 cm，顶端短突尖或锐尖，稀近圆形，基部楔形，边缘具圆齿或钝锯齿，上面深绿色，无毛或沿中脉被疏毛，下面浅绿色，仅脉腋有簇毛，侧脉每边 3 ～ 5 条，具不明显的网脉，上面下陷，下面凸起；叶柄长 0.8 ～ 2 cm，上面有小沟，无毛或被疏短毛；托叶线形，早落。花单性，雌雄异株，4 基数，有花瓣，花梗长 4 ～ 5 mm，无毛；雄花 10 ～ 20 个簇生于短枝端；雌花数个至 10 余个簇生于短枝端或长枝下部叶腋，退化雄蕊极小，花柱 2 半裂。核果球形，直径 4 ～ 6 mm，长 5 ～ 6 mm，基部有宿存的萼筒，有 2 ～ 3 个分核，成熟时黑色；果梗长 6 ～ 7 mm；种子宽倒卵圆形，背面具长为种子 2/3 ～ 3/4 的纵沟。花期 3—5 月，果期 5—10 月。

【拍摄地点】九集镇吴家集村，海拔 157 m。

【生境分布】生于山坡、山谷、路旁灌丛中或林缘。分布于南漳各乡镇。

【药用部位】果实。

【功能主治】清热解毒，活血。用于跌打损伤，外伤出血，无名肿毒。

枣属 Ziziphus

枣　枣树　红枣（图 0554）

Ziziphus jujuba Mill.

图 0554　枣 *Ziziphus jujuba*

【中药名】大枣*。

【形态特征】落叶小乔木，稀灌木，高达 10 余米。树皮褐色或灰褐色；有长枝，短枝和无芽小枝比长枝光滑，紫红色或灰褐色，呈“之”字形曲折，具 2 个托叶刺，长刺可达 3 cm，粗直，短刺下弯，长 4 ～ 6 mm；短枝短粗，矩状，自老枝发出；当年生小枝绿色，下垂，单生或 2 ～ 7 个簇生于短枝上。叶纸质，卵形、卵状椭圆形或卵状矩圆形；长 3 ～ 7 cm，宽 1.5 ～ 4 cm，顶端钝或圆形，稀锐尖，具小尖头，基部稍不对称，近圆形，边缘具圆齿状锯齿，上面深绿色，无毛，下面浅绿色，无毛或仅沿脉多少被疏微毛，基生三出脉；叶柄长 1 ～ 6 mm，或在长枝上的可达 1 cm，无毛或有疏微毛；托叶刺纤细，后期常脱落。花黄绿色，两性，5 基数，无毛，具短总花梗，单生或 2 ～ 8 个密集成腋生聚伞花序；花梗长 2 ～ 3 mm；萼片卵状三角形；花瓣倒卵圆形，基部有爪，与雄蕊等长；花盘厚，肉质，圆形，5 裂；子房下部藏于花盘内，与花盘合生，2 室，每室有 1 胚珠，花柱 2 半裂。核果矩圆形或长卵圆形，长 2 ～ 3.5 cm，直径 1.5 ～ 2 cm，成熟时红色，后变红紫色，中果皮肉质，厚，味甜，核顶端锐尖，基部锐尖或钝，2 室，具 1 或 2 种子，果梗长 2 ～ 5 mm；种子扁椭圆形，长约 1 cm，宽 8 mm。花期 5—7 月，果期 8—9 月。

【拍摄地点】李庙镇闫坪村，海拔 260 m。

【生境分布】生于山坡或栽培于宅前屋后。分布于南漳各乡镇。

【采收加工】秋季果实成熟时采收，晒干。除去杂质，洗净，晒干。

【药用部位】成熟果实。

【性味归经】甘，温。归脾、胃、心经。

【功能主治】补中益气，养血安神。用于脾虚食少，乏力便溏，妇人脏躁。

【用法用量】用时破开或去核，6 ～ 15 g。

酸枣　山枣树　酸枣树（图 0555）

Ziziphus jujuba var. *spinosa*（Bunge）Hu ex H. F. Chow.

【中药名】酸枣仁*。

【形态特征】本种为枣（*Ziziphus jujuba*）的一个变种。本变种常为灌木，叶较小，核果小，近球形或短矩圆形，直径 0.7 ～ 1.2 cm，具薄的中果皮，味酸，核两端钝，与原变种显然不同。花期 6—7 月，果期 8—9 月。

【拍摄地点】城关镇文笔峰村，海拔 166 m。

【生境分布】生于向阳山坡、丘陵、岗地。分布于南漳城关、九集、李庙等乡镇。

【采收加工】秋末冬初采收成熟果实，除去果肉和核壳，收集种子，晒干。

【药用部位】成熟种子。

【性味归经】甘、酸，平。归肝、胆、心经。

【功能主治】养心补肝，宁心安神，敛汗，生津。用于虚烦不眠，惊悸多梦，体虚多汗，津伤口渴。

【用法用量】10 ～ 15 g。

图 0555　酸枣 *Ziziphus jujuba* var. *spinosa*

103. 葡萄科 Vitaceae

蛇葡萄属 Ampelopsis

灰毛蛇葡萄 毛叶蛇葡萄（图 0556）

Ampelopsis bodinieri var. *cinerea*（Gagnep.）Rehd.

图 0556 灰毛蛇葡萄 *Ampelopsis bodinieri* var. *cinerea*

【形态特征】木质藤本。小枝圆柱形，有毛。卷须 2 叉分枝，相隔 2 节间断与叶对生。叶片卵圆形或卵状椭圆形，不分裂或上部微 3 浅裂，长 7 ~ 12.5 cm，宽 5 ~ 12 cm，顶端急尖或渐尖，基部心形或微心形，边缘每侧有 9 ~ 19 个急尖锯齿，上面绿色，下面浅绿色，下面被灰色短柔毛；基出脉 5，中脉有侧脉 4 ~ 6 对，网脉两面均不明显突出。花序为复二歧聚伞花序，疏散；花蕾椭圆形，高 2.5 ~ 3 mm，萼浅碟形，萼齿不明显，边缘呈波状；花瓣 5，长椭圆形，高 2 ~ 2.5 mm；雄蕊 5，花丝丝状，花药黄色，椭圆形；花盘明显，5 浅裂；子房圆锥形，花柱明显，基部略粗，柱头不明显扩大。果实近圆球形，直径 0.6 ~ 0.8 cm，有种子 3 ~ 4 颗，种子倒卵状椭圆形，顶端圆钝，基部有短喙，急尖，表面光滑，背腹微侧扁，种脐在种子背面下部向上呈带状渐狭，腹部中棱脊突出，两侧洼穴呈沟状，上部略宽，向上达种子中部以上。花期 4—6 月，果期 7—8 月。

【拍摄地点】九集镇沙河村，海拔 141 m。

【生境分布】生于山谷林中或山坡灌丛阴处。分布于南漳各乡镇。

【药用部位】根。

【功能主治】解毒消肿，止痛止血，祛风除湿。用于跌打损伤，便血，风湿痹痛。

三裂蛇葡萄 金刚散（图 0557）

Ampelopsis delavayana Planch.

【形态特征】木质藤本，小枝圆柱形，有纵棱纹，疏生短柔毛，以后脱落。卷须 2 ~ 3 叉分枝，相隔 2 节间断与叶对生。叶为 3 小叶，中央小叶披针形或椭圆状披针形，长 5 ~ 13 cm，宽 2 ~ 4 cm，顶端渐尖，基部近圆形，侧生小叶卵状椭圆形或卵状披针形，长 4.5 ~ 11.5 cm，宽 2 ~ 4 cm，基部不对称，近截形，边缘有粗锯齿，齿端通常尖细，上面绿色，嫩时被稀疏柔毛，以后脱落几无毛，下面浅绿色，侧脉 5 ~ 7 对，网脉两面均不明显；叶柄长 3 ~ 10 cm，中央小叶有柄或无柄，侧生小叶无柄，被稀疏柔毛。多歧聚伞花序与叶对生，花序梗长 2 ~ 4 cm，被短柔毛；花梗长 1 ~ 2.5 mm，伏生短柔毛；花蕾卵形，高 1.5 ~ 2.5 mm，顶端圆形；萼碟形，边缘呈波状浅裂，无毛；花瓣 5，卵椭圆形，高 1.3 ~ 2.3 mm，外面无毛，雄蕊 5，花药卵圆形，长、宽近相等，花盘明显，5 浅裂；子房下部与花盘合生，花柱明显，柱头不明显扩大。果实近球形，直径 0.8 cm，有种子 2 ～ 3 颗；种子倒卵圆形，顶端近圆形，基部有短喙，种脐在种子背面中部向上渐狭呈卵椭圆形，顶端种脊突出，腹部中棱脊突出，两侧洼穴呈沟状楔形，上部宽，斜向上展达种子中部以上。花期 6—8 月，果期 9—11 月。

【拍摄地点】城关镇玉溪山，海拔 153 m。

【生境分布】生于山谷林中或山坡灌丛中。分布于南漳城关、巡检、九集等乡镇。

【药用部位】根。

【功能主治】散瘀止痛，消肿，止血。用于跌打损伤，外伤出血。

图 0557　三裂蛇葡萄 *Ampelopsis delavayana*

光叶蛇葡萄　山葡萄（图 0558）

Ampelopsis glandulosa var. *hancei*（Planchon）Momiyama

【形态特征】木质藤本。小枝圆柱形，有纵棱纹，被疏柔毛。卷须 2 ～ 3 叉分枝，相隔 2 节间断与叶对生。叶为单叶，心形或卵形，3 ～ 5 中裂，常混生有不分裂者，长 3.5 ～ 14 cm，宽 3 ～ 11 cm，顶端急尖，基部心形，基缺近呈钝角，稀圆形，边缘有急尖锯齿，上面绿色，无毛，下面浅绿色，脉上有疏柔毛，基出脉 5，中央脉有侧脉 4 ～ 5 对，网脉不明显突出；叶柄长 1 ～ 7 cm，无毛或被极稀疏柔毛；花序梗长 1 ～ 2.5 cm，被疏柔毛；花梗长 1 ～ 3 mm，疏生短柔毛；花蕾卵圆形，高 1 ～ 2 mm，顶端圆形；萼碟形，边缘波状浅齿，外面疏生短柔毛；花瓣 5，卵椭圆形，高 0.8 ～ 1.8 mm，外面几无毛；雄蕊 5，花药长椭圆形，长甚于宽；花盘明显，边缘浅裂；子房下部与花盘合生，花柱明显，基部略粗，柱头不扩大。果实近球形，直径 0.5 ～ 0.8 cm，有种子 2 ～ 4 颗；种子长椭圆形，顶端近圆形，基部有短喙，种脐在种子背面下部向上渐狭呈卵椭圆形，上部背面种脊突出，腹部中棱脊突出，两侧洼穴呈狭椭圆形，从基部向上斜展达种子顶端。花期 4—6 月，果期 8—10 月。

图 0558　光叶蛇葡萄 *Ampelopsis glandulosa* var. *hancei*

【拍摄地点】李庙镇北沟村，海拔 776 m。

【生境分布】生于山坡灌木丛中。分布于南漳李庙、长坪等乡镇。

【药用部位】根。

【功能主治】清热利湿，解毒消肿。用于湿热黄疸，肠炎，痢疾，无名肿毒，跌打损伤。

白蔹　猫儿卵　鹅抱蛋（图 0559）

Ampelopsis japonica（Thunb.）Makino

【中药名】白蔹*。

【形态特征】木质藤本。小枝圆柱形，有纵棱纹，无毛。卷须不分枝或卷须顶端有短的分叉，相隔 3 节以上间断与叶对生。叶为掌状 3 ～ 5 小叶，小叶片羽状深裂或小叶边缘有深锯齿而不分裂，羽状分裂者裂片宽 0.5 ～ 3.5 cm，顶端渐尖或急尖，掌状 5 小叶者中央小叶深裂至基部并有 1 ～ 3 个关节，关节间有翅，翅宽 2 ～ 6 mm，侧小叶无关节或有 1 个关节，3 小叶者中央小叶有 1 个或无关节，基部狭窄呈翅状，翅宽 2 ～ 3 mm，上面绿色，无毛，下面浅绿色，无毛或有时在脉上被稀疏短柔毛；叶柄长 1 ～ 4 cm，无毛；托叶早落。聚伞花序通常集生于花序梗顶端，直径 1 ～ 2 cm，通常与叶对生；花序梗长 1.5 ～ 5 cm，常呈卷须状卷曲，无毛；花梗极短或几无梗，无毛；花蕾卵球形，高 1.5 ～ 2 mm，顶端圆形；萼碟形，边缘呈波状浅裂，无毛；花瓣 5，卵圆形，高 1.2 ～ 2.2 mm，无毛；雄蕊 5，花药卵圆形，长、宽近相等；花盘发达，边缘波状浅裂；子房下部与花盘合生，花柱短棒状，柱头不明显扩大。果实球形，直径 0.8 ～ 1 cm，成熟后带白色，有种子 1 ～ 3 颗；种子倒卵形，顶端圆形，基部喙短钝，种脐在种子背面中部呈带状椭圆形，向上渐狭，表面无肋纹，背部种脊突出，腹部中棱脊突出，两侧洼穴呈沟状，从基部向上达种子上部 1/3 处。花期 5—6 月，果期 7—9 月。

图 0559　白蔹 *Ampelopsis japonica*

【拍摄地点】城关镇黄椏村，海拔 194 m。

【生境分布】生于山坡地边、灌丛或草地。分布于南漳各乡镇。

【采收加工】春、秋二季采挖，除去泥沙和细根，切成纵瓣或斜片，晒干。

【药用部位】块根。

【性味归经】苦，微寒。归心、胃经。

【功能主治】清热解毒，消痈散结，敛疮生肌。用于痈疽发背，疔疮，瘰疬，烧烫伤。

【用法用量】5 ～ 10 g。外用适量，煎汤洗或研成极细粉敷患处。

【附注】不宜与川乌、制川乌、草乌、制草乌、附子同用。

乌蔹莓属 Cayratia

尖叶乌蔹莓　乌蔹莓　五爪龙（图 0560）

Cayratia japonica var. *pseudotrifolia*（W. T. Wang）C. L. Li

【形态特征】草质藤本。小枝圆柱形，有纵棱纹，无毛或微被疏柔毛。卷须 2 ～ 3 叉分枝，相隔 2 节间断与叶对生。叶多为 3 小叶，中央小叶长椭圆形或椭圆状披针形，长 2.5 ～ 4.5 cm，宽 1.5 ～ 4.5 cm，顶端急尖或渐尖，基部楔形，侧生小叶椭圆形或长椭圆形，长 1 ～ 7 cm，宽 0.5 ～ 3.5 cm，顶端急尖或圆形，基部楔形或近圆形，边缘每侧有 6 ～ 15 个锯齿，上面绿色，无毛，下面浅绿色，无毛或微被毛；侧脉 5 ～ 9 对，网脉不明显；叶柄长 1.5 ～ 10 cm，中央小叶柄长 0.5 ～ 2.5 cm，侧生小叶无柄或有短柄，侧生小叶总柄长 0.5 ～ 1.5 cm，无毛或微被毛；托叶早落。花序腋生，复二歧聚伞花序；花序梗长 1 ～ 13 cm，无毛或微被毛；花梗长 1 ～ 2 mm，几无毛；花蕾卵圆形，高 1 ～ 2 mm，顶端圆形；萼碟形，边缘全缘或波状浅裂，外面被乳突状毛或几无毛；花瓣 4，三角状卵圆形，高 1 ～ 1.5 mm，外面被乳突状毛；雄蕊 4，花药卵圆形，长、宽近相等；花盘发达，4 浅裂；子房下部与花盘合生，花柱短，柱头微扩大。果实近球形，直径约 1 cm，有种子 2 ～ 4 颗；种子三角状倒卵形，顶端微凹，基部有短喙，种脐在种子背面近中部呈带状椭圆形，上部种脊突出，表面有突出肋纹，腹部中棱脊突出，两侧洼穴呈半月形，从近基部向上达种子近顶端。花期 5—8 月，果期 9—10 月。

图 0560　尖叶乌蔹莓 *Cayratia japonica* var. *pseudotrifolia*

【拍摄地点】城关镇张家营村，海拔 134 m。

【生境分布】生于山谷林中或山坡灌丛。分布于南漳各乡镇。

【药用部位】全草。

【功能主治】清热利湿，解毒消肿。用于痈肿，疔疮，痄腮，丹毒，风湿痛，黄疸，痢疾，尿血，白浊。

地锦属 Parthenocissus

长柄地锦（图 0561）

Parthenocissus feddei（H. Lév.）C. L. Li

【形态特征】木质藤本。小枝圆柱形，几无毛。卷须总状 6 ～ 11 分枝，相隔 2 节间断与叶对生，卷须顶端嫩时微膨大呈拳头形，后遇附着物扩大成吸盘。叶为 3 小叶，稀在细小长枝上有小型单叶 3 裂者，中央小叶倒卵状椭圆形，侧生小叶卵状椭圆形，长 6 ～ 17 cm，宽 3 ～ 7 cm，顶端渐尖或骤尾尖，基部圆钝，侧生小叶基部倾斜不对称，中央小叶上半部边缘有 6 ～ 9 个粗钝锯齿，侧生小叶外侧有 11 ～ 15 个钝锯齿，内侧上半部有 5 ～ 7 个钝锯齿，上面绿色，下面浅绿色，两面均无毛；侧脉 6 ～ 7 对，从中脉

图 0561　长柄地锦 *Parthenocissus feddei*

直出几平行，于顶端弧曲状联结，网脉两面微突出；叶柄长 7.5 ～ 15 cm，小叶柄明显，长 0.5 ～ 2.5 cm，无毛。花序顶生或假顶生，主轴明显，形成多歧聚伞花序；花序梗长 2 ～ 3 cm，无毛；花梗长 2 ～ 3 mm，无毛；花蕾长圆形或卵圆形，高 2.5 ～ 3 mm，顶端圆形；萼碟形，边缘波状 5 裂，无毛；花瓣 5，长椭圆形，高 2.3 ～ 2.8 mm，顶端内缘黏合处有一向下生长的舌状附属物，顶部 2 ～ 3 裂，长约 1.2 mm，无毛；雄蕊 5，花丝长 0.7 ～ 1.1 mm，花药长椭圆形，长 0.5 ～ 0.9 mm；花盘不明显；子房卵圆形，花柱明显，基部略粗，柱头不扩大。果实近球形，直径 0.8 ～ 1 cm，有种子 1 ～ 2 颗；种子倒卵圆形，顶端近圆形，基部急尖成短喙，种脐在背面中部呈圆形，腹部中棱脊突出，两侧洼穴呈沟状，从基部向上达种子顶端。花期 6—7 月，果期 8—10 月。

【拍摄地点】巡检镇指山坪村，海拔 326 m。

【生境分布】生于山谷岩石上。分布于南漳巡检镇。

【药用部位】根。

【功能主治】祛风活络，活血止痛。用于风湿疼痛。

花叶地锦　花叶爬山虎（图 0562）

Parthenocissus henryana（Hemsl.）Diels & Gilg

【形态特征】木质藤本。小枝显著四棱形，无毛。卷须总状 4 ～ 7 分枝，相隔 2 节间断与叶对生，卷须顶端嫩时膨大呈块状，后遇附着物扩大成吸盘状。叶为掌状 5 小叶，小叶倒卵形、倒卵状长圆形或宽倒卵状披针形，长 3 ～ 10 cm，宽 1.5 ～ 5 cm，最宽处在上部，顶端急尖、渐尖或圆钝，基部楔形，边缘上半部有 2 ～ 5 个锯齿，上面绿色，下面浅绿色，两面均无毛或嫩时微被稀疏短柔毛，侧脉 3 ～ 6 对，网脉上面不明显，下面微突出；叶柄长 2.5 ～ 8 cm，小叶柄长 0.3 ～ 1.5 cm，无毛。圆锥状多歧聚伞花序主轴明显，假顶生，花序内常有退化较小的单叶；花序梗长 1.5 ～ 9 cm，无毛；花梗长 0.5 ～ 1.5 mm，无毛；花蕾椭圆形或近球形，高 1 ～ 2.2 mm，顶端圆形；萼碟形，边缘全缘，无毛；花瓣 5，长椭圆形，高 0.8 ～ 2 mm，无毛；雄蕊 5，花丝长 0.7 ～ 0.9 mm，花药长椭圆形，长 0.9 ～ 1.1 mm；花盘不明显；子房卵状椭圆形，花柱基部略比子房顶端小或界限极不明显，柱头不显著或微扩大。果实近球形，直径 0.8 ～ 1 cm，有种子 1 ～ 3 颗；种子倒卵形，顶端圆形，基部有短喙，种脐在种子背面中部呈椭圆形，腹部中棱脊突出，两侧洼穴呈沟状，从种子基部向上达种子顶端。花期 5—7 月，果期 8—10 月。

图 0562　花叶地锦 *Parthenocissus henryana*

【拍摄地点】李庙镇胡家坪村，海拔 634 m。

【生境分布】生于沟谷岩石上或山坡林中。分布于南漳李庙、长坪等乡镇。

【药用部位】根。

【功能主治】祛风除湿，清热解毒。用于风湿，疮毒，无名肿毒。

地锦 爬山虎（图 0563）

Parthenocissus tricuspidata（Sieb. et Zucc.）Planch.

【形态特征】木质藤本。小枝圆柱形，几无毛或微被疏柔毛。卷须 5 ～ 9 分枝，相隔 2 节间断与叶对生。卷须顶端嫩时膨大呈圆珠形，后遇附着物扩大成吸盘。叶为单叶，通常着生在短枝上为 3 浅裂，时有着生在长枝上者小型不裂，叶片通常倒卵圆形，长 4.5 ～ 17 cm，宽 4 ～ 16 cm，顶端裂片急尖，基部心形，边缘有粗锯齿，上面绿色，无毛，下面浅绿色，无毛或中脉上疏生短柔毛，基出脉 5，中央脉有侧脉 3 ～ 5 对，网脉上面不明显，下面微突出；叶柄长 4 ～ 12 cm，无毛或疏生短柔毛。花序着生在短枝上，基部分枝，形成多歧聚伞花序，长 2.5 ～ 12.5 cm，主轴不明显；花序梗长 1 ～ 3.5 cm，几无毛；花梗长 2 ～ 3 mm，无毛；花蕾倒卵状椭圆形，高 2 ～ 3 mm，顶端圆形；萼碟形，边缘全缘或呈波状，无毛；花瓣 5，长椭圆形，高 1.8 ～ 2.7 mm，无毛；雄蕊 5，花丝长 1.5 ～ 2.4 mm，花药长椭圆卵形，长 0.7 ～ 1.4 mm，花盘不明显；子房椭球形，花柱明显，基部粗，柱头不扩大。果实球形，直径 1 ～ 1.5 cm，有种子 1 ～ 3 颗；种子倒卵圆形，顶端圆形，基部急尖成短喙，种脐在背面中部呈圆形，腹部中棱脊突出，两侧洼穴呈沟状，从种子基部向上达种子顶端。花期 5—8 月，果期 9—10 月。

图 0563　地锦 *Parthenocissus tricuspidata*

【拍摄地点】城关镇朱家湾村，海拔 116 m。

【生境分布】生于山坡崖石壁或灌丛。分布于南漳各乡镇。

【药用部位】根。

【功能主治】活血，祛风，止痛。用于产后血瘀，腹中有块，赤白带下，风湿筋骨疼痛，偏头痛。

葡萄属 Vitis

山葡萄（图 0564）

Vitis amurensis Rupr.

【形态特征】木质藤本。小枝圆柱形，无毛，嫩枝疏被蛛丝状茸毛。卷须 2 ～ 3 分枝，每隔 2 节间断与叶对生。叶阔卵圆形，长 6 ～ 24 cm，宽 5 ～ 21 cm，3（5）浅裂或中裂，或不分裂，叶片或中裂片顶端急尖或渐尖，裂片基部常缢缩或间有宽阔，裂缺凹成圆形，稀呈锐角或钝角，叶基部心形，基缺凹成圆形或钝角，边缘每侧有 28 ～ 36 个粗锯齿，齿端急尖，微不整齐，上面绿色，初时疏被蛛丝状茸毛，以后脱落；基生脉 5 出，中脉有侧脉 5 ～ 6 对，上面明显或微下陷，下面突出，网脉在下面明显，除最后一级小脉外，或多或少突出，常被短柔毛或脱落几无毛；叶柄长 4 ～ 14 cm，初时被蛛丝状茸毛，以后脱落无毛；托叶膜质，褐色，长 4 ～ 8 mm，宽 3 ～ 5 mm，顶端钝，边缘全缘。圆锥花序疏散，与叶对生，基部分枝发达，长 5 ～ 13 cm，初时常被蛛丝状茸毛，以后脱落几无毛；花梗长 2 ～ 6 mm，无毛；花蕾倒卵圆形，高 1.5 ～ 30 mm，顶端圆形；萼碟形，高 0.2 ～ 0.3 mm，几全缘，无毛；花瓣 5，呈帽状黏合脱落；雄蕊 5，花丝丝状，长 0.9 ～ 2 mm，花药黄色，卵椭圆形，长 0.4 ～ 0.6 mm，在雌花内雄蕊显著短而败育；花盘发达，5 裂，高 0.3 ～ 0.5 mm；雌蕊 1，子房锥形，花柱明显，基部略粗，柱头微扩大。果实直径 1 ～ 1.5 cm；种子倒卵圆形，顶端微凹，基部有短喙，种脐在种子背面中部呈椭圆形，腹面中棱脊微突起，两侧洼穴狭窄呈条形，向上达种子中部或近顶端。花期 5—6 月，果期 7—9 月。

图 0564　山葡萄 *Vitis amurensis*

【拍摄地点】城关镇大山村，海拔 170 m。

【生境分布】生于山坡、沟谷林中或灌丛中。分布于南漳各乡镇。

【药用部位】根或藤茎。

【功能主治】祛风除湿，止痛。用于风湿痹痛。

毛葡萄　野葡萄　五角叶葡萄（图 0565）

Vitis heyneana Roem. et Schult

【形态特征】木质藤本。小枝圆柱形，有纵棱纹，被灰色或褐色蛛丝状茸毛。卷须 2 叉分枝，密被茸毛，每隔 2 节间断与叶对生。叶卵圆形、长卵状椭圆形或卵状五角形，长 4 ～ 12 cm，宽 3 ～ 8 cm，顶端急尖或渐尖，基部心形或微心形，基缺顶端凹成钝角，稀成锐角，边缘每侧有 9 ～ 19 个尖锐锯齿，上面绿色，初时疏被蛛丝状茸毛，以后脱落无毛，下面密被灰色或褐色茸毛，稀脱落变稀疏，基生脉三至五出，中脉有侧脉 4 ～ 6 对，上面脉上无毛或有时疏被短柔毛，下面脉上密被茸毛，有时被短柔毛或稀茸毛状柔毛；叶柄长 2.5 ～ 6 cm，密被蛛丝状茸毛；托叶膜质，褐色，卵状披针形，长 3 ～ 5 mm，宽 2 ～ 3 mm，顶端渐尖，稀钝，边缘全缘，无毛。花杂性异株；圆锥花序疏散，与叶对生，分枝发达，长 4 ～ 14 cm；花序梗长 1 ～ 2 cm，被灰色或褐色蛛丝状茸毛；花梗长 1 ～ 3 mm，无毛；花蕾倒卵圆形或椭圆形，高 1.5 ～ 2 mm，顶端圆形；萼碟形，边缘近全缘，高约 1 mm；花瓣 5，呈帽状黏合脱落；雄蕊 5，花丝丝状，长 1 ～ 1.2 mm，花药黄色，椭圆形或阔椭圆形，长约 0.5 mm，在雌花内雄蕊显著短，败育；花盘发达，5 裂；雌蕊 1，子房卵圆形，花柱短，柱头微扩大。果实圆球形，成熟时紫黑色，直径 1 ～ 1.3 cm；

图 0565　毛葡萄 *Vitis heyneana*

种子倒卵形，顶端圆形，基部有短喙，种脐在背面中部呈圆形，腹面中棱脊突起，两侧洼穴狭窄呈条形，向上达种子 1/4 处。花期 4—6 月，果期 6—10 月。

【拍摄地点】李庙镇主山寨村，海拔 1034 m。

【生境分布】生于山坡、沟谷灌丛、林缘或林中。分布于南漳李庙、九集、板桥等乡镇。

【药用部位】果实。

【功能主治】活血调经，舒筋活络，止血。用于月经不调；外用治疗跌打损伤，筋骨疼痛。

葡萄　草龙珠（图 0566）

Vitis vinifera L.

图 0566　葡萄 *Vitis vinifera*

【形态特征】木质藤本。小枝圆柱形，有纵棱纹，无毛或被稀疏柔毛。卷须 2 叉分枝，每隔 2 节间断与叶对生。叶卵圆形，显著 3 ~ 5 浅裂或中裂，长 7 ~ 18 cm，宽 6 ~ 16 cm，中裂片顶端急尖，裂片常靠合，基部常缢缩，裂缺狭窄，间或宽阔，基部深心形，基缺凹成圆形，两侧常靠合，边缘有 22 ~ 27 个锯齿，齿深而粗大，不整齐，齿端急尖，上面绿色，下面浅绿色，无毛或被疏柔毛；基生脉五出，中脉有侧脉 4 ~ 5 对，网脉不明显突出；叶柄长 4 ~ 9 cm，几无毛；托叶早落。圆锥花序密集或疏散，多花，与叶对生，基部分枝发达，长 10 ~ 20 cm，花序梗长 2 ~ 4 cm，几无毛或疏生蛛丝状茸毛；花梗长 1.5 ~ 2.5 mm，无毛；花蕾倒卵圆形，高 2 ~ 3 mm，顶端近圆形；萼浅碟形，边缘呈波状，外面无毛；花瓣 5，呈帽状黏合脱落；雄蕊 5，花丝丝状，长 0.6 ~ 1 mm，花药黄色，卵圆形，长 0.4 ~ 0.8 mm，在雌花内显著短而败育或完全退化；花盘发达，5 浅裂；雌蕊 1，在雄花中完全退化，子房卵圆形，花柱短，柱头扩大。果实球形或椭圆形，直径 1.5 ~ 2 cm；种子倒卵状椭圆形，顶端近圆形，基部有短喙，种脐在种子背面中部呈椭圆形，种脊微突出，腹面中棱脊突起，两侧洼穴宽沟状，向上达种子 1/4 处。花期 4—5 月，果期 8—9 月。

【拍摄地点】城关镇朱家湾村，海拔 107 m。

【生境分布】栽培。分布于南漳各乡镇。

【药用部位】根。

【功能主治】除风湿，利小便。用于风湿痹痛，小便不利。

俞藤属 Yua

大果俞藤　东南爬山虎（图 0567）

Yua austro-orientalis（Metcalf）C. L. Li

【形态特征】木质藤本。小枝圆柱形，褐色或灰褐色，多皮孔，无毛；卷须 2 叉分枝，与叶对生。叶为掌状5小叶，叶片较厚，亚革质，倒卵状披针形或倒卵状椭圆形，长5～9 cm，宽2～4 cm，顶端急尖、短渐尖或钝，基部楔形，边缘上部每侧有2～5个锯齿，稀齿不明显，上面绿色，无毛，下面淡绿色，无毛，常有白粉，两面干时网脉突起，侧脉6～9对；叶柄长3～6 cm，小叶柄长0.2～1.2 cm，侧小叶柄常较短，中间小叶柄较长，无毛。花序为复二歧聚伞花序，被白粉，无毛，与叶对生，花序梗长1.5～2 cm，花梗长3～6 mm；花蕾长椭圆形，高2～3.5 cm；萼杯状，边缘全缘；花瓣5，高约3 mm，花蕾时黏合，以后展开脱落；雄蕊5，长3～3.8 mm，花药黄色，长椭圆形，长约2 mm；雌蕊长2～2.5 mm，花柱渐狭，柱头不明显扩大。果实圆球形，直径1.5～2.5 cm，紫红色，味酸甜。种子梨形，背腹侧扁，长6～8 mm，宽约5 mm，顶端微凹，基部有短喙，背面种脐在种子中部，腹面两侧洼穴达种子上部2/3处，种脐和洼穴周围有6～9条横肋，干时十分明显，胚乳在横切面呈“M”形。花期5—7月，果期10—12月。

图0567　大果俞藤 *Yua austro-orientalis*

【拍摄地点】巡检镇凤翔坪村，海拔684 m。

【生境分布】栽培。分布于南漳板桥、长坪、李庙等乡镇。

【药用部位】根。

【功能主治】祛风通络，散瘀消肿，活血止痛。用于风湿性关节痛。

俞藤　粉叶爬山虎（图0568）

Yua thomsonii（Laws.）C. L. Li

【形态特征】木质藤本。小枝圆柱形，褐色，嫩枝略有棱纹，无毛；卷须2叉分枝，相隔2节间断与叶对生。叶为掌状5小叶，草质，小叶披针形或卵状披针形，长2.5～7 cm，宽1.5～3 cm，顶端渐尖或尾状渐尖，基部楔形，边缘上半部每侧有4～7个细锐锯齿，上面绿色，无毛，下面淡绿色，常被白色粉霜，无毛或脉上被稀疏短柔毛，网脉不明显突出，侧脉4～6对；小叶柄长2～10 cm，有时侧生小叶近无柄，无毛；叶柄长2.5～6 cm，无毛。花序为复二歧聚伞花序，与叶对生，无毛；萼碟形，边缘全缘，无毛；花瓣5，稀4，高3～3.5 mm，

图0568　俞藤 *Yua thomsonii*

无毛，花蕾时黏合，以后展开脱落，雄蕊 5，稀 4，长约 2.5 mm，花药长椭圆形，长约 1.5 mm；雌蕊长约 3 mm，花柱细，柱头不明显扩大。果实近球形，直径 1 ~ 1.3 cm，紫黑色，味淡甜。种子梨形，长 5 ~ 6 mm，宽约 4 mm，顶端微凹，背面种脐达种子中部，腹面两侧洼穴从基部达种子 2/3 处，周围无明显横肋纹，胚乳横切面呈“M”形。花期 5—6 月，果期 7—9 月。

【拍摄地点】长坪镇赵岭村，海拔 1110 m。

【生境分布】生于山坡林中，攀援树上。分布于南漳长坪镇。

【药用部位】根。

【功能主治】清热解毒，祛风除湿。用于风湿性关节炎。

104. 锦葵科 Malvaceae

秋葵属 Abelmoschus

咖啡黄葵　秋葵（图 0569）

Abelmoschus esculentus（L.）Moench

【形态特征】一年生草本，高 1 ~ 2 m；茎圆柱形，疏生散刺。叶掌状 3 ~ 7 裂，直径 10 ~ 30 cm，裂片阔至狭，边缘具粗齿及凹缺，两面均被疏硬毛；叶柄长 7 ~ 15 cm，被长硬毛；托叶线形，长 7 ~ 10 mm，被疏硬毛。花单生于叶腋间，花梗长 1 ~ 2 cm，疏被糙硬毛；小苞片 8 ~ 10，线形，长约 1.5 cm，疏被硬毛；花萼钟形，较长于小苞片，密被星状短茸毛；花黄色，内面基部紫色，直径 5 ~ 7 cm，花瓣倒卵形，长 4 ~ 5 cm。蒴果筒状尖塔形，长 10 ~ 25 cm，直径 1.5 ~ 2 cm，顶端具长喙，疏被糙硬毛；种子球形，多数，直径 4 ~ 5 mm，具毛脉纹。花期 5—9 月。

图 0569　咖啡黄葵 *Abelmoschus esculentus*

【拍摄地点】肖堰镇曲阳坪村，海拔 343 m。

【生境分布】栽培。分布于南漳肖堰、城关、巡检等乡镇。

【药用部位】根。

【功能主治】利咽，通淋，下乳，调经。用于咽喉肿痛，乳汁不下，月经不调。

【附注】种子含油达 15% ~ 20%，油内含少量的棉酚，有小毒，经高温处理后可供食用。

苘麻属 Abutilon

苘麻　白麻　椿麻（图 0570）

Abutilon theophrasti Medicus

【中药名】苘麻子*。

【形态特征】一年生亚灌木状草本，高达 1 ～ 2 m，茎枝被柔毛。叶互生，圆心形，长 5 ～ 10 cm，先端长渐尖，基部心形，边缘具细圆锯齿，两面均密被星状柔毛；叶柄长 3 ～ 12 cm，被星状细柔毛；托叶早落。花单生于叶腋，花梗长 1 ～ 13 cm，被柔毛，近顶端具节；花萼杯状，密被短茸毛，裂片 5，卵形，长约 6 mm；花黄色，花瓣倒卵形，长约 1 cm；雄蕊柱平滑无毛，心皮 15 ～ 20，长 1 ～ 1.5 cm，顶端平截，具扩展、被毛的 2 长芒。排列成轮状，密被软毛。蒴果半球形，直径约 2 cm，长约 1.2 cm，分果爿 15 ～ 20，被粗毛，顶端具 2 长芒；种子肾形，褐色，被星状柔毛。花期 7—8 月。

图 0570 苘麻 *Abutilon theophrasti*

【拍摄地点】城关镇便河村，海拔 138 m。

【生境分布】生于路旁、荒地和田野间。分布于南漳城关、武安、巡检等乡镇。

【采收加工】秋季采收成熟果实，晒干，打下种子，除去杂质。

【药用部位】成熟种子。

【性味归经】苦，平。归大肠、小肠、膀胱经。

【功能主治】清热解毒，利湿，退翳。用于赤白痢疾，淋证涩痛，痈肿疮毒，目生翳膜。

【用法用量】3 ～ 9 g。

蜀葵属 Althaea

蜀葵　棋盘花　麻杆花（图 0571）

Althaea rosea（L.）Cavan.

【形态特征】二年生直立草本，高达 2 m，茎枝密被刺毛。叶近圆心形，直径 6 ～ 16 cm，掌状 5 ～ 7 浅裂或波状棱角，裂片三角形或圆形，中裂片长约 3 cm，宽 4 ～ 6 cm，上面疏被星状柔毛，粗糙，下面被星状长硬毛或茸毛；叶柄长 5 ～ 15 cm，被星状长硬毛；托叶卵形，长约 8 mm，先端具 3 尖。花腋生，单生或近簇生，排列成总状花序，具叶状苞片，花梗长约 5 mm，果时延长至 1 ～ 2.5 cm，被星状长硬毛；小苞片杯状，常 6 ～ 7 裂，裂片卵状披针形，长 10 mm，密被星状粗硬毛，基部合生；萼

图 0571 蜀葵 *Althaea rosea*

钟状，直径 2 ～ 3 cm，5 齿裂，裂片卵状三角形，长 1.2 ～ 1.5 cm，密被星状粗硬毛；花大，直径 6 ～ 10 cm，有红、紫、白、粉红、黄和黑紫等色，单瓣或重瓣，花瓣倒卵状三角形，长约 4 cm，先端凹缺，基部狭，爪被长髯毛；雄蕊柱无毛，长约 2 cm，花丝纤细，长约 2 mm，花药黄色；花柱分枝多数，微被细毛。果盘状，直径约 2 cm，被短柔毛，分果爿近圆形，多数，背部厚达 1 mm，具纵槽。花期 2—8 月。

【拍摄地点】九集镇吴家集村，海拔 144 m。

【生境分布】栽培。分布于南漳各乡镇。

【药用部位】全草。

【功能主治】清热止血，消肿解毒。用于吐血，血崩等。

棉属 Gossypium

陆地棉　棉花（图 0572）

Gossypium hirsutum L.

【形态特征】一年生草本，高 0.6 ～ 1.5 m，小枝疏被长毛。叶阔卵形，直径 5 ～ 12 cm，长、宽近相等或较宽，基部心形或心状截头形，常 3 浅裂，很少为 5 裂，中裂片常深裂达叶片之半，裂片宽三角状卵形，先端突渐尖，基部宽，上面近无毛，沿脉被粗毛，下面疏被长柔毛；叶柄长 3 ～ 14 cm，疏被柔毛；托叶卵状镰形，长 5 ～ 8 mm，早落。花单生于叶腋，花梗通常较叶柄略短；小苞片 3，分离，基部心形，具腺体 1 个，边缘具 7 ～ 9 齿，连齿长达 4 cm，宽约 2.5 cm，被长硬毛和纤毛；花萼杯状，裂片 5，三角形，具缘毛；花白色或淡黄色，后变淡红色或紫色，长 2.5 ～ 3 cm。蒴果卵圆形，长 3.5 ～ 5 cm，具喙，3 ～ 4 室；种子分离，卵圆形，具白色长绵毛和灰白色不易剥离的短绵毛。花期夏秋季。

图 0572　陆地棉 *Gossypium hirsutum*

【拍摄地点】武安镇洪山寺村，海拔 162 m。

【生境分布】栽培。分布于南漳各乡镇。

【药用部位】根。

【功能主治】补中益气，止咳平喘。用于气虚咳嗽。

木槿属 Hibiscus

木芙蓉　芙蓉花（图 0573）

Hibiscus mutabilis L.

【中药名】木芙蓉叶*。

图 0573 木芙蓉 *Hibiscus mutabilis*

【形态特征】落叶灌木或小乔木，高 2～5 m；小枝、叶柄、花梗和花萼均密被星状毛与直毛相混的细绵毛。叶宽卵形至圆卵形或心形，直径 10～15 cm，常 5～7 裂，裂片三角形，先端渐尖，具钝圆锯齿，上面疏被星状细毛和点，下面密被星状细茸毛；主脉 7～11 条；叶柄长 5～20 cm；托叶披针形，长 5～8 mm，常早落。花单生于枝端叶腋间，花梗长 5～8 cm，近端具节；小苞片 8，线形，长 10～16 mm，宽约 2 mm，密被星状绵毛，基部合生；萼钟形，长 2.5～3 cm，裂片 5，卵形，渐尖头；花初开时白色或淡红色，后变深红色，直径约 8 cm，花瓣近圆形，直径 4～5 cm，外面被毛，基部具髯毛；雄蕊柱长 2.5～3 cm，无毛；花柱分枝 5，疏被毛。蒴果扁球形，直径约 2.5 cm，被淡黄色刚毛和绵毛，果爿 5；种子肾形，背面被长柔毛。花期 8—10 月。

【拍摄地点】城关镇朱家湾村，海拔 107 m。

【生境分布】栽培。零星分布于南漳城关、武安等乡镇。

【采收加工】夏、秋二季采收，干燥。

【药用部位】叶。

【性味归经】辛，平；归肺、肝经。

【功能主治】凉血，解毒，消肿，止痛。用于痈疽焮肿，缠身蛇丹，烫伤，目赤肿痛，跌打损伤。

【用法用量】10～30 g。外用适量。

木槿　木棉　朝开暮落花（图 0574）

Hibiscus syriacus L.

图 0574 木槿 *Hibiscus syriacus*

【形态特征】落叶灌木，高 3～4 m，小枝密被黄色星状茸毛。叶菱形至三角状卵形，长 3～10 cm，宽 2～4 cm，具深浅不同的 3 裂或不裂，先端钝，基部楔形，边缘具不整齐齿缺，下面沿叶脉微被毛或近无毛；叶柄长 5～25 mm，上面被星状柔毛；托叶线形，长约 6 mm，疏被柔毛。花单生于枝端叶腋间，花梗长 4～14 mm，被星状短茸毛；小苞片 6～8，线形，长 6～15 mm，宽 1～2 mm，密被星状疏茸毛；花萼钟形，长 14～20 mm，密被星状短茸毛，裂片 5，三角形；花钟形，淡紫色，直径 5～6 cm，花瓣倒卵形，长 3.5～4.5 cm，外面疏被纤毛和星状长柔毛；雄蕊柱长约 3 cm；花柱分枝无毛。蒴果卵圆形，直径约 12 mm，密被黄色星状茸毛；种子肾形，背部被黄白色长柔毛。花期 7—10 月。

【拍摄地点】城关镇大山村，海拔 110 m。

【生境分布】栽培。分布于南漳各乡镇。

【药用部位】根皮。

【功能主治】清热利湿，解毒，止痒。用于痢疾，腹泻，疥癣。

白花重瓣木槿（图 0575）

Hibiscus syriacus f. *albus-plenus* Loudon

【形态特征】本种为木槿（*Hibiscus syriacus*）的变型，本变型与原变种的主要区别为花白色，重瓣，直径 6 ～ 10 cm。

【拍摄地点】薛坪镇九甲河村，海拔 898 m。

【生境分布】栽培。分布于南漳薛坪、城关等乡镇。

【药用部位】皮。

【功能主治】清热利湿，止痢。用于痢疾腹泻。

图 0575　白花重瓣木槿 *Hibiscus syriacus* f. *albus-plenus*

牡丹木槿（图 0576）

Hibiscus syriacus f. *paeoniflorus* Gagnep.f.

【形态特征】本种为木槿（*Hibiscus syriacus*）的一个变型。本变型与原变种的主要区别为花粉红色或淡紫色，重瓣，直径 7 ～ 9 cm。

【拍摄地点】李庙镇闫坪村，海拔 260 m。

【生境分布】栽培。分布于南漳各乡镇。

【药用部位】根皮。

【功能主治】清热利湿，解毒，止痒。用于痢疾，腹泻，疥癣。

野西瓜苗　小秋葵　打瓜花（图 0577）

Hibiscus trionum L.

【形态特征】一年生直立或平卧草本，高 25 ～ 70 cm，茎柔软，被白色星状粗毛。叶二型，下部的叶圆形，不分裂，上部的叶掌状 3 ～ 5 深裂，直径 3 ～ 6 cm，中裂片较长，两侧裂片较短，裂片倒卵形至长圆形，通常羽状全裂，上面疏被粗硬毛或无毛，下面疏被星状粗刺毛；叶柄长 2 ～ 4 cm，被星状粗硬毛和星状柔毛；托叶线形，长约 7 mm，被星状粗硬毛。花单生于叶腋，花梗长约 2.5 cm，果时延长达 4 cm，

图 0576 牡丹木槿 *Hibiscus syriacus* f. *paeoniflorus*

图 0577 野西瓜苗 *Hibiscus trionum*

被星状粗硬毛；小苞片 12，线形，长约 8 mm，被粗长硬毛，基部合生；花萼钟形，淡绿色，长 1.5 ～ 2 cm，被粗长硬毛或星状粗长硬毛，裂片 5，膜质，三角形，具纵向紫色条纹，中部以上合生；花淡黄色，内面基部紫色，直径 2 ～ 3 cm，花瓣 5，倒卵形，长约 2 cm，外面疏被极细柔毛；雄蕊柱长约 5 mm，花丝纤细，长约 3 mm，花药黄色；花柱分枝 5，无毛。蒴果长圆状球形，直径约 1 cm，被粗硬毛，果爿 5，果皮薄，黑色；种子肾形，黑色，具腺状突起。花期 7—10 月。

【拍摄地点】国营七里山林场，海拔 215 m。

【生境分布】生于路旁、山野或荒坡。分布于南漳九集、城关等乡镇。

【药用部位】全草。

【功能主治】清热解毒，祛风除湿，止咳，利尿。用于风热咳嗽，肠炎，痢疾，急性关节炎；外用治疗烧烫伤，疮毒。

锦葵属 Malva

锦葵 棋盘花（图 0578）

Malva cathayensis M. G. Gilbert, Y. Tang & Dorr

【形态特征】二年生或多年生直立草本，高 50 ～ 90 cm，分枝多，疏被粗毛。叶圆心形或肾形，具 5 ～ 7 圆齿状钝裂片，长 5 ～ 12 cm，宽几相等，基部近心形至圆形，边缘具圆锯齿，两面均无毛或仅脉上疏被短糙伏毛；叶柄长 4 ～ 8 cm，近无毛，但上面槽内被长硬毛；托叶偏斜，卵形，具锯齿，先端渐尖。花 3 ～ 11 朵簇生，花梗长 1 ～ 2 cm，无毛或疏被粗毛；小苞片 3，长圆形，长 3 ～ 4 mm，宽 1 ～ 2 mm，先端圆形，疏被柔毛；萼杯状，长 6 ～ 7 mm，萼裂片 5，宽三角形，两面均被星状疏柔毛；花紫红色或白色，直径

3.5 ～ 4 cm，花瓣 5，匙形，长 2 cm，先端微缺，爪具髯毛；雄蕊柱长 8 ～ 10 mm，被刺毛，花丝无毛；花柱分枝 9 ～ 11，被微细毛。果扁圆形，直径 5 ～ 7 mm，分果爿 9 ～ 11，肾形，被柔毛；种子黑褐色，肾形，长 2 mm。花期 5—10 月。

【拍摄地点】板桥镇龙埫村，海拔 1247 m。

【生境分布】多为栽培植物，偶有逸生。分布于南漳板桥、九集、肖堰等乡镇。

【药用部位】全草。

【功能主治】清热利湿，理气通便。用于二便不利，湿热带下。

图 0578 锦葵 *Malva cathayensis*

野葵 冬葵 棋盘菜（图 0579）

Malva verticillata L.

【中药名】冬葵果*。

【形态特征】二年生草本，高 50 ～ 100 cm，茎干被星状长柔毛。叶肾形或圆形，直径 5 ～ 11 cm，通常为掌状 5 ～ 7 裂，裂片三角形，具钝尖头，边缘具钝齿，两面被极疏糙伏毛或近无毛；叶柄长 2 ～ 8 cm，近无毛，上面槽内被茸毛；托叶卵状披针形，被星状柔毛。花数朵簇生于叶腋，具极短柄至近无柄；小苞片 3，线状披针形，长 5 ～ 6 mm，被纤毛；萼杯状，直径 5 ～ 8 mm，萼裂 5，广三角形，疏被星状长硬毛；花冠长稍微超过萼片，淡白色至淡红色，花瓣 5，长 6 ～ 8 mm，先端凹入，爪无毛或具少数细毛；雄蕊柱长约 4 mm，被毛；花柱分枝 10 ～ 11。果扁球形，直径 5 ～ 7 mm；分果爿 10 ～ 11，背面平滑，厚 1 mm，两侧具网纹；种子肾形，直径约 1.5 mm，无毛，紫褐色。花期 3—11 月。

【拍摄地点】城关镇车家店村，海拔 69 m。

【生境分布】生于平原、山野等处。分布于南漳城关镇。

图 0579 野葵 *Malva verticillata*

【采收加工】夏、秋二季果实成熟时采收，除去杂质，阴干。

【药用部位】成熟果实。

【性味】甘、涩，凉。

【功能主治】清热利尿，消肿。用于尿闭，水肿，口渴，尿路感染。

【用法用量】3 ～ 9 g。

105. 椴树科 Tiliaceae

田麻属 Corchoropsis

田麻　毛果田麻（图 0580）

Corchoropsis crenata Siebold & Zuccarini

【形态特征】一年生草本，高 40 ~ 60 cm；分枝有星状短柔毛。叶卵形或狭卵形，长 2.5 ~ 6 cm，宽 1 ~ 3 cm，边缘有钝齿，两面均密生星状短柔毛，基出脉 3 条；叶柄长 0.2 ~ 2.3 cm；托叶钻形，长 2 ~ 4 mm，脱落。花有细柄，单生于叶腋，直径 1.5 ~ 2 cm；萼片 5 片，狭窄披针形，长约 5 mm；花瓣 5 片，黄色，倒卵形；发育雄蕊 15 枚，每 3 枚成一束，退化雄蕊 5 枚，与萼片对生，匙状条形，长约 1 cm；子房被短茸毛。蒴果角状圆筒形，长 1.7 ~ 3 cm，有星状柔毛。果期秋季。

【拍摄地点】薛坪镇八里川村，海拔 840 m。

【生境分布】生于低山山坡。分布于南漳薛坪、城关、九集等乡镇。

【药用部位】全草。

【功能主治】收敛止泻。用于红白痢疾。

图 0580　田麻 *Corchoropsis crenata*

黄麻属 Corchorus

甜麻　野黄麻（图 0581）

Corchorus aestuans L.

【形态特征】一年生草本，高约 1 m；茎红褐色，稍被淡黄色柔毛；枝细长，披散。叶卵形或阔卵形，长 4.5 ~ 6.5 cm，宽 3 ~ 4 cm，顶端短渐尖或急尖，基部圆形，两面均有稀疏的长粗毛，边缘有锯齿，近基部一对锯齿往往延伸成尾状的小裂片，基出脉 5 ~ 7 条；叶柄长 0.9 ~ 1.6 cm，被淡黄色的长粗毛。花单独或数朵组成聚伞花序生于叶腋或腋外，花序柄或花柄均极短或近于无；萼片 5 片，狭窄长圆形，长约 5 mm，上部半凹陷如舟状，顶端具角，外面紫红色；花瓣 5 片，与萼片近等长，倒卵形，黄色；雄蕊多数，长约 3 mm，黄色；子房长圆柱形，被柔毛，花柱圆棒状，柱头如喙，5 齿裂。蒴果长筒形，长约 2.5 cm，直径约 5 mm，具 6 条纵棱，其中 3 ~ 4 棱呈翅状突起，顶端有 3 ~ 4 条向外延伸的角，角二叉，成熟时 3 ~ 4 瓣裂，果瓣有浅横隔；种子多数。花期夏季。

【拍摄地点】九集镇沙河村，海拔 130 m。

【生境分布】生于荒地、旷野或村旁。分布于南漳九集、城关等乡镇。

【药用部位】叶。

【功能主治】清热解毒。用于无名肿毒。

图 0581　甜麻 *Corchorus aestuans*

图 0582　扁担杆 *Grewia biloba*

扁担杆属 Grewia

扁担杆　娃娃拳　麻糖果（图 0582）

Grewia biloba G. Don

【形态特征】灌木或小乔木，高 1～4 m，多分枝；嫩枝被粗毛。叶薄革质，椭圆形或倒卵状椭圆形，长 4～9 cm，宽 2.5～4 cm，先端锐尖，基部楔形或钝，两面有稀疏星状粗毛，基出脉 3 条，两侧脉上行过半，中脉有侧脉 3～5 对，边缘有细锯齿；叶柄长 4～8 mm，被粗毛；托叶钻形，长 3～4 mm。聚伞花序腋生，多花，花序柄长不到 1 cm；花柄长 3～6 mm；苞片钻形，长 3～5 mm；萼片狭长圆形，长 4～7 mm，外面被毛，内面无毛；花瓣长 1～1.5 mm；雌雄蕊柄长 0.5 mm，有毛；雄蕊长 2 mm；子房有毛，花柱与萼片平齐，柱头扩大，盘状，有浅裂。核果红色，有 2～4 颗分核。花期 5—7 月。

【拍摄地点】九集镇吴家集村，海拔 180 m。

【生境分布】生于低山路边草地、灌木丛或疏林中。分布于南漳九集、李庙、城关等乡镇。

【药用部位】根。

【功能主治】健脾益气，固精止带，祛风除湿。用于小儿疳积，脾虚久泻，遗精，崩漏，带下，子宫脱垂，脱肛，风湿性关节痛。

106. 梧桐科 Sterculiaceae

梧桐属 Firmiana

梧桐　青桐　桐麻（图 0583）

Firmiana simplex（L.）W. Wight

【中药名】梧桐根*。

图 0583　梧桐 *Firmiana simplex*

【形态特征】落叶乔木，高达 16 m；树皮青绿色，平滑。叶心形，掌状 3 ～ 5 裂，直径 15 ～ 30 cm，裂片三角形，顶端渐尖，基部心形，两面均无毛或略被短柔毛，基生脉 7 条，叶柄与叶片等长。圆锥花序顶生，长 20 ～ 50 cm，下部分枝长达 12 cm，花淡黄绿色；萼 5 深裂几至基部，萼片条形，向外卷曲，长 7 ～ 9 mm，外面被淡黄色短柔毛，内面仅在基部被柔毛；花梗与花几等长；雄花的雌雄蕊柄与萼等长，下半部较粗，无毛，花药 15 个不规则地聚集在雌雄蕊柄的顶端，退化子房梨形且甚小；雌花的子房圆球形，被毛。蓇葖果膜质，有柄，成熟前开裂成叶状，长 6 ～ 11 cm，宽 1.5 ～ 2.5 cm，外面被短茸毛或几无毛，每蓇葖果有种子 2 ～ 4 个；种子圆球形，表面有纹，直径约 7 mm。花期 6 月。

【拍摄地点】城关镇黄椏村，海拔 391 m。

【生境分布】生于山坡、宅旁及路旁。分布于南漳各乡镇。

【采收加工】秋季采挖，除去泥沙及须根，洗净，晒干。

【药用部位】根。

【性味归经】甘，平。归肺、肝、肾、大肠经。

【功能主治】祛风除湿，调经止血，解毒疗疮。用于风湿性关节痛，肠风下血，月经不调，跌打损伤。

【用法用量】15 ～ 30 g，鲜品 30 ～ 50 g，煎汤或捣汁。外用适量，捣敷。

马松子属 Melochia

马松子　野路葵（图 0584）

Melochia corchorifolia L.

图 0584　马松子 *Melochia corchorifolia*

【形态特征】半灌木状草本，高不及 1 m；枝黄褐色，略被星状短柔毛。叶薄纸质，卵形、矩圆状卵形或披针形，稀有不明显的 3 浅裂，长 2.5 ～ 7 cm，宽 1 ～ 1.3 cm，顶端急尖或钝，基部圆形或心形，边缘有锯齿，上面近于无毛，下面略被星状短柔毛，基生脉 5 条；叶柄长 5 ～ 25 mm；托叶条形，长 2 ～ 4 mm。花排成顶生或腋生的密聚伞花序或团伞花序；小苞片条形，混生在花序内；萼钟状，5 浅裂，长约 2.5 mm，外面被长柔毛和刚毛，内面无毛，裂片三角形；花瓣 5 片，白色，后变为淡红色，矩圆形，长约 6 mm，基部收缩；雄蕊 5 枚，下部连合成筒，与花瓣对生；子房无柄，5 室，密被柔毛，花柱 5 枚，线状。蒴果圆球形，有 5 棱，直径 5 ~ 6 mm，被长柔毛，每室有种子 1 ~ 2 个；种子卵圆形，略成三角状，褐黑色，长 2 ~ 3 mm。花期夏、秋季。

【拍摄地点】九集镇沙河村，海拔 141 m。

【生境分布】生于丘陵、草地或灌丛中。分布于南漳九集、武安、薛坪等乡镇。

【药用部位】茎叶。

【功能主治】清热利湿。用于黄疸性肝炎，慢性肝炎。

107. 瑞香科 Thymelaeaceae

瑞香属 Daphne

芫花　闷头花（图 0585）

Daphne genkwa Sieb. et Zucc.

【中药名】芫花*、芫花根★。

【形态特征】落叶灌木，高 0.3 ~ 1 m，多分枝。树皮褐色，无毛；小枝圆柱形，细瘦，干燥后多具皱纹，幼枝黄绿色或紫褐色，密被淡黄色丝状柔毛，老枝紫褐色或紫红色，无毛。叶对生，稀互生，纸质，卵形或卵状披针形至椭圆状长圆形，长 3 ~ 4 cm，宽 1 ~ 2 cm，先端急尖或短渐尖，基部宽楔形或钝圆形，边缘全缘，上面绿色，干燥后黑褐色，下面淡绿色，干燥后黄褐色，幼时密被绢状黄色柔毛，老时则仅叶脉基部散生绢状黄色柔毛，侧脉 5 ~ 7 对，在下面较上面显著；叶柄短或几无，长约 2 mm，具灰色柔毛。花比叶先开放，紫色或淡紫蓝色，无香味，常 3 ~ 6 朵簇生于叶腋或侧生，花梗短，具灰黄色柔毛；花萼筒细瘦，筒状，长 6 ~ 10 mm，外面具丝状柔毛，裂片 4，卵形或长圆形，长 5 ~ 6 mm，宽 4 mm，顶端圆形，外面疏生短柔毛；雄蕊 8，2 轮，分别着生于花萼筒的上部和中部，花丝短，长约 0.5 mm，花药黄色，卵状椭圆形，长约 1 mm，伸出喉部，顶端钝尖；花盘环状，不发达；子房长倒卵形，长 2 mm，密被淡黄色柔毛，花柱短或无，柱头头状，橘红色。果实肉质，白色，椭圆形，长约 4 mm，包藏于宿存的花萼筒的下部，具 1 颗种子。花期 3—5 月，果期 6—7 月。

图 0585　芫花 *Daphne genkwa*

【拍摄地点】李庙镇刘坪村，海拔 380 m。

【生境分布】生于山坡、路旁。分布于南漳各乡镇。

【采收加工】芫花：春季花未开放时采收，除去杂质，干燥。芫花根：秋季采挖，除去泥沙，晒干。

【药用部位】芫花：花蕾。芫花根：根。

【性味归经】芫花：苦、辛，温；有毒；归肺、脾、肾经。芫花根：辛、苦，温；有毒；归肺、脾、肝、肾经。

【功能主治】芫花：泻水逐饮，杀虫疗疮；用于水肿胀满，胸腹积水，痰饮积聚，气逆咳喘，二便不利；外治疥癣秃疮，痈肿，冻疮。芫花根：逐水泄湿，解毒疗疮，散结消肿，活血止痛；用于水肿，瘰疬，乳痈，痔瘘，疥疮等。

【用法用量】芫花：1.5 ～ 3 g；醋芫花研末吞服，一次 0.6 ～ 0.9 g，一日 1 次；外用适量；孕妇禁用。芫花根：1.5 ～ 4.5 g；外用适量，捣敷、研末调敷，或熬膏外涂。

【附注】芫花、芫花根不宜与甘草同用。

毛瑞香　野梦花（图 0586）

Daphne kiusiana var. *atrocaulis*（Rehd.）F. Maekawa

【形态特征】常绿直立灌木，高 0.5 ～ 1.2 m。二歧状或伞房分枝；枝深紫色或紫红色，通常无毛，有时幼嫩时具粗茸毛；腋芽近圆形或椭圆形，鳞片卵形，顶端圆形，稀钝形，除边缘具淡白色流苏状缘毛外无毛，通常褐色。叶互生，有时簇生于枝顶，叶片革质，椭圆形或披针形，长 6 ～ 12 cm，宽 1.8 ～ 3 cm，两端渐尖，基部下延于叶柄，边缘全缘，微反卷，上面深绿色，具光泽，干燥后有时起皱纹，下面淡绿色，中脉纤细，上面通常凹陷，下面微隆起，侧脉 6 ～ 7 对，纤细，上面微凸起，稀微凹下，下面不甚明显；叶柄两侧翅状，长 6 ～ 8 mm，褐色。花白色，有时淡黄白色，9 ～ 12 朵簇生于枝顶，呈头状花序，花序下具苞片；苞片褐绿色易早落，长圆状披针形，外面大的苞片长达 15 mm，宽 4 mm，内面小的苞片长 8 mm，两面无毛，顶端尾尖或渐尖，边缘具短的白色流苏状缘毛；几无花序梗，花梗长 1 ～ 2 mm，密被淡黄绿色粗茸毛；花萼筒圆筒状，外面下部密被淡黄绿色丝状茸毛，上部较稀疏，长 10 ～ 14 mm，裂片 4，卵状三角形或卵状长圆形，长约 5 mm，顶端钝尖，无毛；雄蕊 8，2 轮，分别着生于花萼筒上部及中部，花丝长约 2 mm，花药长的长圆形，长约 2.1 mm；花盘短杯状，长 0.7 mm，边缘全缘或微波状，外面无毛；子房无毛，倒圆锥状圆柱形，长 2.2 mm，顶端渐尖，窄成短的花柱，柱头头状，直径 0.7 mm。果实红色，广椭圆形或卵状椭圆形，长 10 mm，直径 5 ～ 6 mm。花期 11 月至翌年 2 月，果期 4—5 月。

图 0586　毛瑞香 *Daphne kiusiana* var. *atrocaulis*

【拍摄地点】长坪镇赵岭村，海拔 1151 m。

【生境分布】生于林边或疏林中较阴湿处。分布于南漳长坪镇。

【药用部位】茎皮或根皮。

【功能主治】祛风除湿，活血止痛。用于风湿性关节痛，坐骨神经痛，跌打损伤。

唐古特瑞香　甘肃瑞香　祖师麻（图 0587）

Daphne tangutica Maxim.

【形态特征】常绿灌木，高 0.5 ～ 2.5 m，不规则多分枝；枝肉质，较粗壮，幼枝灰黄色，分枝短，较密，几无毛或散生黄褐色粗柔毛，老枝淡灰色或灰黄色，微具光泽，叶痕较小。叶互生，革质或亚革质，披针形至长圆状披针形或倒披针形，长 2 ~ 8 cm，宽 0.5 ~ 1.7 cm，先端钝形，尖头通常钝形；稀凹下，幼时具一束白色柔毛，基部下延于叶柄，楔形，边缘全缘，反卷，上面深绿色，下面淡绿色，干燥后茶褐色，有时上面具皱纹，两面无毛或幼时下面微被淡白色细柔毛，中脉在上面凹下，下面稍隆起，侧脉不甚显著或下面稍明显；叶柄短或几无叶柄，长约 1 mm，无毛。花外面紫色或紫红色，内面白色，头状花序生于小枝顶端；苞片早落，卵形或卵状披针形，长 5 ~ 6 mm，宽 3 ~ 4 mm，顶端钝尖，具 1 束白色柔毛，边缘具白色丝状纤毛，其余两面无毛；花序梗长 2 ~ 3 mm，有黄色细柔毛，花梗极短或几无花梗，具淡黄色柔毛；花萼筒圆筒形，长 9 ~ 13 mm，宽 2 mm，无毛，具显著的纵棱，裂片 4，卵形或卵状椭圆形，长 5 ~ 8 mm，宽 4 ~ 5 mm，开展，先端钝形，脉纹显著；雄蕊 8，2 轮，下轮着生于花萼筒的中部稍上面，上轮着生于花萼筒的喉部稍下面，花丝极短，花药橙黄色，长圆形，长 1 ~ 1.2 mm，略伸出于喉部；花盘环状，小，长不到 1 mm，边缘为不规则浅裂；子房长圆状倒卵形，长 2 ~ 3 mm，无毛，花柱粗短。果实卵形或近球形，无毛，长 6 ~ 8 mm，直径 6 ~ 7 mm，幼时绿色，成熟时红色，干燥后紫黑色；种子卵形。花期 4—5 月，果期 5—7 月。

图 0587 唐古特瑞香 *Daphne tangutica*

【拍摄地点】薛坪镇八里川村，海拔 1099 m。

【生境分布】生于山地疏林中。分布于南漳长坪、薛坪等乡镇。

【药用部位】根皮或茎皮。

【功能主治】祛风除湿，止痛散瘀，活血止血。用于跌打损伤。

结香属 Edgeworthia

结香 蒙花（图 0588）

Edgeworthia chrysantha Lindl.

【形态特征】灌木，高 0.7 ~ 1.5 m。小枝粗壮，褐色，常作三叉分枝；幼枝常被短柔毛，韧皮极坚韧，叶痕大，直径约 5 mm。叶在花前凋落，长圆形、披针形至倒披针形，先端短尖，基部楔形或渐狭，长 8 ~ 20 cm，宽 2.5 ~ 5.5 cm，两面均被银灰色绢状毛，下面较多，侧脉纤细，弧形，每边 10 ~ 13 条，被柔毛。头状花序顶生或

图 0588 结香 *Edgeworthia chrysantha*

侧生，具花30～50朵呈绒球状，外围以10枚左右被长毛而早落的总苞；花序梗长1～2 cm，被灰白色长硬毛；花芳香，无梗，花萼长1.3～2 cm，宽4～5 mm，外面密被白色丝状毛，内面无毛，黄色，顶端4裂，裂片卵形，长约3.5 mm，宽约3 mm；雄蕊8，2列，上列4枚与花萼裂片对生，下列4枚与花萼裂片互生；花丝短，花药近卵形，长约2 mm；子房卵形，长约4 mm，直径约为2 mm，顶端被丝状毛；花柱线形，长约2 mm，无毛；柱头棒状，长约3 mm，具乳突；花盘浅杯状，膜质，边缘不整齐。果椭圆形，绿色，长约8 mm，直径约3.5 mm，顶端被毛。花期冬末春初，果期春夏间。

【拍摄地点】肖堰镇峰山村，海拔886 m。

【生境分布】生于山坡、山谷林下及灌木丛中，或栽培。分布于南漳肖堰、城关等乡镇。

【药用部位】全株。

【功能主治】舒筋活络，消炎止痛。用于跌打损伤，风湿痹痛。

荛花属 Wikstroemia

细轴荛花　金腰带　垂穗荛花（图0589）

Wikstroemia nutans Champ. ex Benth.

【形态特征】灌木，高1～2 m或过之，树皮暗褐色；小枝圆柱形，红褐色，无毛。叶对生，膜质至纸质，卵形、卵状椭圆形至卵状披针形，长3～6 cm，宽1.5～2.5 cm，先端渐尖，基部楔形或近圆形，上面绿色，下面淡绿白色，两面均无毛，侧脉每边6～12条，极纤细；叶柄长约2 mm，无毛。花黄绿色，4～8朵组成顶生近头状的总状花序；花序梗纤细，俯垂，无毛，长1～2 cm，萼筒长1.3～1.6 cm，无毛，4裂，裂片椭圆形，长约3 mm；雄蕊8，2列，上列着生在萼筒的喉部，下列着生在花萼筒中部以上；花药线形，长约1.5 mm，花丝短，长约0.5 mm；子房具柄，倒卵形，长约1.5 mm，顶端被毛，花柱极短，柱头头状，花盘鳞片2枚，每枚的中间有1隔膜，故很像有4枚。果椭圆形，长约7 mm，成熟时深红色。花期春季至初夏，果期夏秋间。

【拍摄地点】薛坪镇普陀庵村，海拔598 m。

【生境分布】生于常绿阔叶林中。分布于南漳薛坪、板桥等乡镇。

【药用部位】根皮。

【功能主治】消坚破瘀，止血，止痛。用于瘰疬初起。

图0589　细轴荛花 *Wikstroemia nutans*

108. 胡颓子科 Elaeagnaceae

胡颓子属 Elaeagnus

披针叶胡颓子　盐匏藤（图 0590）

Elaeagnus lanceolata Warb.

图 0590　披针叶胡颓子 *Elaeagnus lanceolata*

【形态特征】常绿直立或蔓状灌木，高 4 m，无刺或老枝上具粗而短的刺；幼枝淡黄白色或淡褐色，密被银白色和淡黄褐色鳞片，老枝灰色或灰黑色，圆柱形；芽锈色。叶革质，披针形或椭圆状披针形至长椭圆形，长 5 ～ 14 cm，宽 1.5 ～ 3.6 cm，顶端渐尖，基部圆形，稀阔楔形，边缘全缘，反卷，上面幼时被褐色鳞片，成熟后脱落，具光泽，干燥后褐色，下面银白色，密被银白色鳞片和鳞毛，散生少数褐色鳞片，侧脉 8 ～ 12 对，与中脉开展成 45° 角，上面显著，下面不甚明显；叶柄长 5 ～ 7 mm，黄褐色。花淡黄白色，下垂，密被银白色和散生的褐色鳞片和鳞毛，常 3 ～ 5 花簇生叶腋短小枝上成伞形总状花序；花梗纤细，锈色，长 3 ～ 5 mm；萼筒圆筒形，长 5 ～ 6 mm；在子房上骤收缩，裂片宽三角形，长 2.5 ～ 3 mm，顶端渐尖，内面疏生白色星状柔毛，包围子房的萼管椭圆形，长 2 mm，被褐色鳞片；雄蕊的花丝极短或几无，花药椭圆形，长 1.5 mm，淡黄色；花柱直立，几无毛或疏生极少数星状柔毛，柱头长 2 ～ 3 mm，达裂片的 2/3。果实椭圆形，长 12 ～ 15 mm，直径 5 ～ 6 mm，密被褐色或银白色鳞片，成熟时红黄色；果梗长 3 ～ 6 mm。花期 8—10 月，果期翌年 4—5 月。

【拍摄地点】板桥镇雷坪村，海拔 752 m。

【生境分布】生于山坡、灌丛或路旁。分布于南漳板桥镇。

【药用部位】根。

【功能主治】温下焦，祛寒湿。主治小便失禁，外感风寒。

木半夏　羊不来　羊奶子（图 0591）

Elaeagnus multiflora Thunb.

【形态特征】落叶直立灌木，高 2 ～ 3 m，通常无刺，稀老枝上具刺；幼枝细弱伸长，密被锈色或深褐色鳞片，稀具淡黄褐色鳞片，老枝粗壮，圆柱形，鳞片脱落，黑褐色或黑色，有光泽。叶膜质或纸质，椭圆形或卵形至倒卵状阔椭圆形，长 3 ～ 7 cm，宽 1.2 ～ 4 cm，顶端钝尖或骤渐尖，基部钝形，全缘，上面幼时具白色鳞片或鳞毛，成熟后脱落，干燥后黑褐色或淡绿色，下面灰白色，密被银白色和散生少数褐色鳞片，侧脉 5 ～ 7 对，两面均不甚明显；叶柄锈色，长 4 ～ 6 mm。花白色，被银白色和散生少数褐色鳞片，常单生新枝基部叶腋；花梗纤细，长 4 ～ 8 mm；萼筒圆筒形，长 5 ～ 6.5 mm，在裂片下面扩展，在子房上收缩；裂片宽卵形，长 4 ～ 5 mm，顶端圆形或钝形，内面具极少数白色星状短柔毛；包围子房的萼管卵形，深褐色，长约 1 mm；雄蕊着生花萼筒喉部稍下面，花丝极短，花药细小，矩圆形，长约 1 mm，花柱直立，微弯曲，无毛，稍伸出萼筒喉部，长不超雄蕊。果实椭圆形，长 12 ～ 14 mm，密被锈色鳞片，成熟时红色；果梗在花后伸长，长 15 ～ 49 mm。花期 5 月，果期 6—7 月。

【拍摄地点】李庙镇胡家坪村，海拔 367 m。

【生境分布】生于山坡灌木丛中。分布于南漳各乡镇。

【药用部位】果实。

【功能主治】收敛，活血。用于跌打损伤，痢疾，哮喘。

图 0591 木半夏 *Elaeagnus multiflora*

109. 大风子科 Flacourtiaceae

山桐子属 Idesia

山桐子 水冬瓜 毛桐（图 0592）

Idesia polycarpa Maxim.

【形态特征】落叶乔木，高 8 ～ 21 m。树皮淡灰色，不裂；小枝圆柱形，细而脆，黄棕色，有明显的皮孔，冬日呈侧枝长于顶枝状态，枝条平展，近轮生，树冠长圆形，当年生枝条紫绿色，有淡黄色的长毛；冬芽有淡褐色毛，有 4 ～ 6 片锥状鳞片。叶薄革质或厚纸质，卵形或心状卵形，或为宽心形，长 13 ～ 16 cm，稀达 20 cm，宽 12 ～ 15 cm，先端渐尖或尾状，基部通常心形，边缘有粗的齿，齿尖有腺体，上面深绿色，光滑无毛，下面有白粉，沿脉有疏柔毛，脉腋有丛毛，基部脉腋更多，通常 5 基出脉，第二对脉斜升到叶片的 3/5 处；叶柄长 6 ～ 12 cm，或更长，圆柱状，无毛，下部有 2 ～ 4 个紫色、扁平腺体，基部稍膨大。花单性，雌雄异株或杂性，黄绿色，有芳香，花瓣缺，排列成顶生下垂的圆锥花序，花序梗有疏柔毛，长 10 ～ 20 cm；雄花比雌花稍大，直径约 1.2 cm；萼片 3 ～ 6 片，通常 6 片，覆瓦状排列，长卵形，长约 6 mm，宽约 3 mm，有密毛；花丝丝状，被软毛，花药椭圆形，基部着生，侧裂，有退化子房；雌花比雄花稍小，直径约 9 mm；萼片 3 ～ 6 片，通常 6 片，卵形，长约 4 mm，宽约 2.5 mm，外面有密毛，内面有疏毛；子房上位，圆球形，无毛，花柱 5 或 6，

图 0592 山桐子 *Idesia polycarpa*

向外平展，柱头倒卵圆形，退化雄蕊多数，花丝短或缺。浆果成熟期紫红色，扁圆形，高 3 ～ 5 mm，直径 5 ～ 7 mm，宽过于长，果梗细小，长 0.6 ～ 2 cm；种子红棕色，圆形。花期 4—5 月，果熟期 10—11 月。

【拍摄地点】板桥镇夹马河，海拔 695 m。

【生境分布】生于低山山坡、山洼等落叶阔叶林和针阔叶混交林中。分布于南漳板桥镇。

【药用部位】种子。

【功能主治】杀虫。用于疥癣。

110. 堇菜科 Violaceae

堇菜属 *Viola*

鸡腿堇菜　鸡腿菜　红铧头草（图 0593）

Viola acuminata Ledeb.

【形态特征】多年生草本，通常无基生叶。根状茎较粗，垂直或倾斜，密生多条淡褐色根。茎直立，通常 2 ～ 4 条丛生，高 10 ～ 40 cm，无毛或上部被白色柔毛。叶片心形、卵状心形或卵形，长 1.5 ～ 5.5 cm，宽 1.5 ～ 4.5 cm，先端锐尖、短渐尖至长渐尖，基部通常心形，稀截形，边缘具钝锯齿及短缘毛，两面密生褐色腺点，沿叶脉被疏柔毛；叶柄下部者长达 6 cm，上部者较短，长 1.5 ～ 2.5 cm，无毛或被疏柔毛；托叶草质，叶状，长 1 ～ 3.5 cm，宽 2 ～ 8 mm，通常羽状深裂呈流苏状，或浅裂呈齿牙状，边缘被缘毛，两面有褐色腺点，沿脉疏生柔毛。花淡紫色或近白色，具长梗；花梗细，被细柔毛，通常均超出于叶，中部以上或在花附近具 2 枚线形小苞片；萼片线状披针形，长 7 ～ 12 mm，宽 1.5 ～ 2.5 mm，外面 3 片较长而宽，先端渐尖，基部附属物长 2 ～ 3 mm，末端截形或有时具 1 ～ 2 齿裂，上面及边缘有短毛，具 3 脉；花瓣有褐色腺点，上方花瓣与侧方花瓣近等长，上瓣向上反曲，侧瓣里面近基部有长须毛，下瓣里面常有紫色脉纹，连距长 0.9 ～ 1.6 cm；距通常直，长 1.5 ～ 3.5 mm，呈囊状，末端钝；下方 2 枚雄蕊之距短而钝，长约 1.5 mm；子房圆锥状，无毛，花柱基部微向前膝曲，向上渐增粗，顶部具数列明显的乳头状凸起，先端具短喙，喙端微向上噘，具较大的柱头孔。蒴果椭圆形，长约 1 cm，无毛，通常有黄褐色腺点，先端渐尖。花果期 5—9 月。

图 0593　鸡腿堇菜 *Viola acuminata*

【拍摄地点】板桥镇龙埫村，海拔 1053 m。

【生境分布】生于杂木林下、林缘、灌丛、山坡草地或溪谷湿地等处。分布于南漳城关、长坪、板桥等乡镇。

【药用部位】叶。

【功能主治】清热解毒。用于痈疽肿毒。

球果堇菜　毛果堇菜　地核桃（图 0594）

Viola collina Bess.

【形态特征】多年生草本，花期高 4 ～ 9 cm，果期高可达 20 cm。根状茎粗而肥厚，具结节，长 2 ～ 6 cm，黄褐色，垂直或斜生，顶端常具分枝；根多条，淡褐色。叶均基生，呈莲座状；叶片宽卵形或近圆形，长 1 ～ 3.5 cm，宽 1 ～ 3 cm，先端钝、锐尖或稀渐尖，基部弯缺浅或深而狭窄，边缘具浅而钝的锯齿，两面密生白色短柔毛，果期叶片显著增大，长可达 8 cm，宽约 6 cm，基部心形；叶柄具狭翅，被倒生短柔毛，花期长 2 ～ 5 cm，果期长达 19 cm；托叶膜质，披针形，长 1 ～ 1.5 cm，先端渐尖，基部与叶柄合生，边缘具较稀疏的流苏状细齿。花淡紫色，长约 1.4 cm，具长梗，在花梗的中部或中部以上有 2 枚长约 6 mm 的小苞片；萼片长圆状披针形或披针形，长 5 ～ 6 mm，具缘毛和腺体，基部的附属物短而钝；花瓣基部微带白色，上方花瓣及侧方花瓣先端钝圆，侧方花瓣里面有须毛或近无毛；下方花瓣的距白色，较短，长约 3.5 mm，平伸而稍向上方弯曲，末端钝；子房被毛，花柱基部膝曲，向上渐增粗，常疏生乳头状突起，顶部向下方弯曲成钩状喙，喙端具较细的柱头孔。蒴果球形，密被白色柔毛，成熟时果梗通常向下方弯曲，致使果实接近地面。花果期 5—8 月。

图 0594　球果堇菜 *Viola collina*

【拍摄地点】城关镇马家嘴村，海拔 140 m。

【生境分布】生于草地、路旁较阴湿处。分布于南漳各乡镇。

【药用部位】全草。

【功能主治】清热解毒，凉血消肿。用于跌打损伤，刀伤出血，痈疽，疮毒，胃痛等。

七星莲　匍匐堇　地白草（图 0595）

Viola diffusa Ging.

【中药名】黄瓜香*。

【形态特征】一年生草本，全体被糙毛或白色柔毛，或近无毛，花期生出地上匍匐枝。匍匐枝先端具莲座状叶丛，通常生不定根。根状茎短，具多条白色细根及纤维状根。基生叶多数，丛生呈莲座状，或于匍匐枝上互生；叶片卵形或卵状长圆形，长 1.5 ～ 3.5 cm，宽 1 ～ 2 cm，先端钝或稍尖，基部宽楔形或截形，稀浅心形，明显下延于叶柄，边缘具钝齿及缘毛，幼叶两面密被白色柔毛，后渐变稀疏，但叶脉上及两侧边缘仍被较密的毛；叶柄长 2 ～ 4.5 cm，具明显的翅，通常有毛；托叶基部与叶柄合生，2/3 离生，线状披针形，长 4 ～ 12 mm，先端渐尖，边缘具稀疏的细齿或疏生流苏状齿。花较小，淡紫色或浅黄色，具长梗，生于基生叶或匍匐枝叶丛的叶腋间；花梗纤细，长 1.5 ～ 8.5 cm，无毛或被疏柔毛，中部有 1 对线形苞片；萼片披针形，长 4 ～ 5.5 mm，先端尖，基部附属物短，末端圆或具稀疏细齿，边缘疏生毛；侧方花瓣倒卵形或长圆状倒卵形，长 6 ～ 8 mm，无须毛，下方花瓣连距长约 6 mm，较其他花瓣显著短；距极短，长仅 1.5 mm，稍露出萼片附属物之外；下方 2 枚雄蕊背部的距短而宽，呈三角形；子房无毛，花柱棍棒状，基部稍膝曲，上部渐增粗，柱头两侧及后方具肥厚的缘边，中央部分稍隆起，前方具短喙。蒴果长圆形，直径约 3 mm，长约 1 cm，无毛，顶端常具宿存的花柱。花期 3—5 月，果期 5—8 月。

图 0595 七星莲 *Viola diffusa*

【拍摄地点】巡检镇巡检司村，海拔 432 m。

【生境分布】生于山地沟旁，疏林下较湿润处。分布于南漳肖堰、李庙、巡检等乡镇。

【采收加工】夏、秋二季采挖，除去泥沙和杂质，晒干。

【药用部位】全草。

【性味归经】微苦，凉。归肺、肝经。

【功能主治】清热解毒，消痈排脓，清肺化痰。用于疮痈肿毒，乳痈，肺热咳嗽，目赤肿痛。

【用法用量】20 ～ 50 g，鲜品加倍。外用适量，鲜品捣敷。

长萼堇菜　湖南堇菜　铧尖草　犁头草（图 0596）

Viola inconspicua Blume

图 0596 长萼堇菜 *Viola inconspicua*

【形态特征】多年生草本，无地上茎。根状茎垂直或斜生，较粗壮，长 1 ～ 2 cm，粗 2 ～ 8 mm，节密生，通常被残留的褐色托叶所包被。叶均基生，呈莲座状；叶片三角形、三角状卵形或戟形，长 1.5 ～ 7 cm，宽 1 ～ 3.5 cm，最宽处在叶的基部，中部向上渐变狭，先端渐尖或尖，基部宽心形，弯缺呈宽半圆形，两侧垂片发达，通常平展，稍下延于叶柄成狭翅，边缘具圆锯齿，两面通常无毛，少有在下面的叶脉及近基部的叶缘上有短毛，上面密生乳头状小白点，但在较老的叶上则变成暗绿色；叶柄无毛，长 2 ～ 7 cm；托叶 3/4 与叶柄合生，分离部分披针形，长 3 ～ 5 mm，先端渐尖，边缘疏生流苏状短齿，稀全缘，通常有褐色锈点。花淡紫色，有暗色条纹；花梗细弱，通常与叶片等长或稍高出于叶，无毛或上部被柔毛，中部稍上处有 2 枚线形小苞片；萼片卵状披针形或披针形，长 4 ～ 7 mm，顶端渐尖，基部附属物伸长，长 2 ～ 3 mm，末端具缺刻状浅齿，具狭膜质缘，无毛或具纤毛；花瓣长圆状倒卵形，长

7～9 mm，侧方花瓣里面基部有须毛，下方花瓣连距长 10～12 mm；距管状，长 2.5～3 mm，直，末端钝；下方雄蕊背部的距角状，长约 2.5 mm，顶端尖，基部宽；子房球形，无毛，花柱棍棒状，长约 2 mm，基部稍膝曲，顶端平，两侧具较宽的缘边，前方具明显的短喙，喙端具向上开口的柱头孔。蒴果长圆形，长 8～10 mm，无毛。种子卵球形，长 1～1.5 mm，直径 0.8 mm，深绿色。花果期 3—11 月。

【拍摄地点】长坪镇标湖村，海拔 410 m。

【生境分布】生于林缘、山坡草地、田边及溪旁等处。分布于南漳长坪、城关等乡镇。

【药用部位】全草。

【功能主治】清热解毒，散瘀消肿。用于跌打肿痛。

白花堇菜　宽叶白花堇菜（图 0597）

Viola lactiflora Nakai

【形态特征】多年生草本，无地上茎，高 10～18 cm。根状茎稍粗，垂直或斜生，上部具短而密的节，散生数条淡褐色长根。叶多数，均基生；叶片长三角形或长圆形，下部者长 2～3 cm，宽 1.5～2.5 cm，上部者长 4～5 cm，宽 1.5～2.5 cm，先端钝，基部明显浅心形或截形，有时稍呈戟形，边缘具钝圆齿，两面无毛，下面叶脉明显隆起；叶柄长 1～6 cm，无翅，下部者较短，上部者较长；托叶明显，淡绿色或略呈褐色，近膜质，中部以上与叶柄合生，合生部分宽约 4 mm，离生部分线状披针形，边缘疏生细齿或全缘。花白色，中等大，长 1.5～1.9 cm；花梗不超出或稍超出于叶，在中部或中部以上有 2 枚线形小苞片；萼片披针形或宽披针形，长 5～7 mm，先端渐尖，基部附属物短而明显，末端截形，具钝齿或全缘，边缘狭膜质，具 3 脉；花瓣倒卵形，侧方花瓣里面有明显的须毛，下方花瓣较宽，先端无微缺，末端具明显的筒状距；距长 4～5 mm，粗约 3 mm，末端圆；花药长约 2 mm，与药隔顶端附属物近等长，下方 2 枚雄蕊背部的距呈短角状，长约 2.5 mm，末端渐细；子房无毛，花柱棍棒状，基部细，稍向前膝曲，向上渐增粗，柱头两侧及后方稍增厚成狭的缘边，前方具短喙，喙端有较细的柱头孔。蒴果椭圆形，长 6～9 mm，无毛，先端常有宿存的花柱。种子卵球形，长约 1.5 mm，呈淡褐色。

图 0597　白花堇菜 *Viola lactiflora*

【拍摄地点】城关镇大山村，海拔 102 m。

【生境分布】生于针叶林或针阔混交林林缘及山坡草地。分布于南漳城关镇。

【药用部位】全草。

【功能主治】清热解毒，消肿止痛。用于跌打损伤。

犁头叶堇菜（图 0598）

Viola magnifica C. J. Wang et X. D. Wang

【形态特征】多年生草本，高约 28 cm，无地上茎。根状茎粗壮，长 1 ～ 2.5 cm，粗可达 0.5 cm，向下发出多条圆柱状支根及纤维状细根。叶均基生，通常 5 ～ 7 枚，叶片果期较大，三角形、三角状卵形或长卵形，长 7 ～ 15 cm，宽 4 ～ 8 cm，在基部处最宽，先端渐尖，基部宽心形或深心形，两侧垂片大而开展，边缘具粗锯齿，齿端钝而稍内曲，上面深绿色，两面无毛或下面沿脉疏生短毛；叶柄长可达 20 cm，上部有极窄的翅，无毛；托叶大型，1/2 ～ 2/3 与叶柄合生，分离部分线形或狭披针形，边缘近全缘或疏生细齿。花未见。蒴果椭圆形，长 1.2 ～ 2 cm，直径约 5 mm，无毛；果梗长 4 ～ 15 cm，在近中部和中部以下有两枚小苞片；小苞片线形或线状披针形，长 7 ～ 10 mm；宿存萼片狭卵形，长 4 ～ 7 mm，基部附属物长 3 ～ 5 mm，末端齿裂。果期 7—9 月。

图 0598　犁头叶堇菜 *Viola magnifica*

【拍摄地点】板桥镇龙端村，海拔 1142 m。

【生境分布】生于山坡林下或林缘、谷地的阴湿处。分布于南漳板桥、李庙等乡镇。

【药用部位】全草。

【功能主治】清热解毒，凉血止血。用于痈疮肿毒，外伤出血。

萓　黄花萓　乌蔗连（图 0599）

Viola moupinensis Franch.

【形态特征】多年生草本，无地上茎，有时具长达 30 cm 的上升的匍匐枝，枝端簇生数枚叶片。根状茎粗 6 ～ 10 mm，长可达 15 cm，垂直或有时斜生，节间短而密，通常残存褐色托叶，密生细根。叶基生，叶片心形或肾状心形，长 2.5 ～ 5 cm，宽 3 ～ 4.5 cm，花后增大呈肾形，长约 9 cm，宽约 10 cm，先端急尖或渐尖，基部弯缺狭或宽三角形，两侧耳部花期常向内卷，边缘有具腺体的钝锯齿，两面无毛，有时下面仅沿叶脉稍被毛；叶柄有翅，长 4 ～ 10 cm，花后长达 25 cm；托叶离生，卵形，长

图 0599　萓 *Viola moupinensis*

1 ～ 1.8 cm，淡褐色或上半部色较浅，先端渐尖，边缘疏生细锯齿或全缘。花较大，淡紫色或白色，具紫色条纹；花梗长不超出于叶，中部有 2 枚线形小苞片；萼片披针形或狭卵形，先端稍尖，基部附属物短，末端截形疏生浅齿，具狭膜质缘；花瓣长圆状倒卵形，侧方花瓣里面近基部有须毛，下方花瓣连距长约 1.5 cm；距囊状，较粗，明显长于萼片的附属物；下方 2 枚雄蕊之距长约 1 mm，粗约 1.1 mm，末端钝；子房无毛，花柱基部稍向前膝曲，上部增粗，柱头平截，两侧及后方具肥厚的缘边，前方具平伸的短喙。蒴果椭圆形，长约 1.5 cm，无毛，有褐色腺点。种子大，倒卵状，长 2.5 mm，直径约 2 mm，顶端圆，基部尖。花期 4—6 月，果期 5—7 月。

【拍摄地点】板桥镇龙埫村，海拔 1291 m。

【生境分布】生于林下、溪旁阴湿处。分布于南漳板桥、李庙、肖堰等乡镇。

【药用部位】全草。

【功能主治】清热解毒，活血祛瘀。用于劳伤疼痛，刀伤出血，骨折。

斑叶堇菜（图 0600）

Viola variegata Fisch ex Link

【形态特征】多年生草本，无地上茎，高 3 ～ 12 cm。根状茎通常较短而细，长 4 ～ 15 mm，节密生，具数条淡褐色或近白色长根。叶均基生，呈莲座状，叶片圆形或圆卵形，长 1.2 ～ 5 cm，宽 1 ～ 4.5 cm，先端圆形或钝，基部明显呈心形，边缘具平而圆的钝齿，上面暗绿色或绿色，沿叶脉有明显的白色斑纹，下面通常稍带紫红色，两面通常密被短粗毛，有时毛较稀疏或近无毛；叶柄长短不一，长 1 ～ 7 cm，上部有极狭的翅或无翅，被短粗毛或近无毛；托叶淡绿色或苍白色，近膜质，2/3 与叶柄合生，离生部分披针形，先端渐尖，边缘疏生流苏状腺齿。花红紫色或暗紫色，下部通常色较淡，长 1.2 ～ 2.2 cm；花梗长短不等，超出于叶或较叶稍短，通常带紫红色，有短毛或近无毛，在中部有 2 枚线形的小苞片；萼片通常带紫色，长圆状披针形或卵状披针形，长 5 ～ 6 mm，先端尖，具狭膜质边缘并被缘毛，具 3 脉，基部附属物较短，长 1 ～ 1.5 mm，末端截形或疏生浅齿，上面被粗短毛或无毛；花瓣倒卵形，长 7 ～ 14 mm，侧方花瓣里面基部有须毛，下方花瓣基部白色并有堇色条纹，连距长 1.2 ～ 2.2 cm；距筒状，长 3 ～ 8 mm，粗或较细，末端钝，直或稍向上弯；雄蕊的花药及药隔顶端附属物均各长约 2 mm，下方 2 枚雄蕊的距细而长，长可达 4 mm，粗约 0.3 mm；子房近球形，通常有粗短毛，或近无毛，花柱棍棒状，基部稍膝曲，向上渐增粗，柱头两侧及后方明显增厚成直伸的缘边，前方有明显的短喙，喙端具向上开口的柱头孔。蒴果椭圆形，长约 7 mm，无毛或疏生短毛；幼果球形通常被短粗毛。种子淡褐色，小型，长约 1.5 mm，附属物短。花期 4 月下旬至 8 月，果期 6—9 月。

图 0600　斑叶堇菜 *Viola variegata*

【拍摄地点】板桥镇龙埫村，海拔 1053 m。

【生境分布】生于山坡草地、林下、灌丛中或阴处岩石缝隙中。分布于南漳板桥镇。

【药用部位】全草。

【功能主治】清热解毒，凉血止血。用于痈疮肿毒，创伤出血。

紫花地丁　地丁（图 0601）

Viola philippica Cav.

【中药名】紫花地丁*。

【形态特征】多年生草本，无地上茎，高 4 ～ 14 cm，果期高可达 20 cm。根状茎短，垂直，淡褐色，长 4 ～ 13 mm，粗 2 ～ 7 mm，节密生，有数条淡褐色或近白色的细根。叶多数，基生，莲座状；叶片下部者通常较小，呈三角状卵形或狭卵形，上部者较长，呈长圆形、狭卵状披针形或长圆状卵形，长 1.5 ～ 4 cm，宽 0.5 ～ 1 cm，先端圆钝，基部截形或楔形，稀微心形，边缘具较平的圆齿，两面无毛或被细短毛，有时仅下面沿叶脉被短毛，果期叶片增大，长可达 10 cm，宽可达 4 cm；叶柄在花期通常长于叶片 1 ～ 2 倍，上部具极狭的翅，上部具较宽的翅，无毛或被细短毛；托叶膜质，苍白色或淡绿色，长 1.5 ～ 2.5 cm，2/3 ～ 4/5 与叶柄合生，离生部分线状披针形，边缘疏生具腺体的流苏状细齿或近全缘。花中等大，紫堇色或淡紫色，稀呈白色，喉部色较淡并带有紫色条纹；花梗通常多数，细弱，与叶片等长或高出于叶片，无毛或有短毛，中部附近有 2 枚线形小苞片；萼片卵状披针形或披针形，长 5 ～ 7 mm，先端渐尖，基部附属物短，长 1 ～ 1.5 mm，末端圆形或截形，边缘具膜质白边，无毛或有短毛；花瓣倒卵形或长圆状倒卵形，侧方花瓣长 1 ～ 1.2 cm，里面无毛或有须毛，下方花瓣连距长 1.3 ～ 2 cm，里面有紫色脉纹；距细管状，长 4 ～ 8 mm，末端圆；花药长约 2 mm，药隔顶部的附属物长约 1.5 mm，下方 2 枚雄蕊背部的距细管状，长 4 ～ 6 mm，末端稍细；子房卵形，无毛，花柱棍棒状，比子房稍长，基部稍膝曲，柱头三角形，两侧及后方稍增厚成微隆起的缘边，顶部略平，前方具短喙。蒴果长圆形，长 5 ～ 12 mm，无毛；种子卵球形，长 1.8 mm，淡黄色。花果期 4 月中下旬至 9 月。

图 0601　紫花地丁 *Viola philippica*

【拍摄地点】城关镇马家嘴村，海拔 154 m。

【生境分布】生于草地或山坡。分布于南漳各乡镇。

【采收加工】春、秋二季采收，除去杂质，晒干。

【药用部位】全草。

【性味归经】苦、辛，寒。归心、肝经。

【功能主治】清热解毒，凉血消肿。用于疔疮肿毒，痈疽发背，丹毒，毒蛇咬伤。

【用法用量】15 ～ 30 g。

111. 旌节花科 Stachyuraceae

旌节花属 Stachyurus

中国旌节花 宽叶旌节花 小通花（图 0602）

Stachyurus chinensis Franch.

图 0602 中国旌节花 *Stachyurus chinensis*

【中药名】小通草 *。

【形态特征】落叶灌木，高 2 ～ 4 m。树皮光滑，紫褐色或深褐色；小枝粗壮，圆柱形，具淡色椭圆形皮孔。叶于花后发出，互生，纸质至膜质，卵形、长圆状卵形至长圆状椭圆形，长 5 ～ 12 cm，宽 3 ～ 7 cm，先端渐尖至短尾状渐尖，基部钝圆形至近心形，边缘为圆齿状锯齿，侧脉 5 ～ 6 对，在两面均凸起，细脉网状，上面亮绿色，无毛，下面灰绿色，无毛或仅沿主脉和侧脉疏被短柔毛，后很快脱落；叶柄长 1 ～ 2 cm，通常暗紫色。穗状花序腋生，先叶开放，无梗；花黄色，近无梗或有短梗；苞片 1 枚，三角状卵形，顶端急尖；小苞片 2 枚，卵形；萼片 4 枚，黄绿色，卵形，顶端钝；花瓣 4 枚，卵形，顶端圆形；雄蕊 8 枚，与花瓣等长，花药长圆形，纵裂，2 室；子房瓶状，连花柱被微柔毛，柱头头状，不裂。果实圆球形，无毛，近无梗，基部具花被的残留物。花粉粒球形或近球形，赤道面观为近圆形或圆形，极面观为三裂圆形或近圆形，具三孔沟。花期 3—4 月，果期 5—7 月。

【拍摄地点】巡检镇不二坪村，海拔 1070 m。

【生境分布】生于山坡林缘。分布于南漳巡检、长坪等乡镇。

【采收加工】秋季割取茎，截成段，趁鲜取出髓部，理直，晒干。

【药用部位】茎髓。

【性味归经】甘、淡，寒。归肺、胃经。

【功能主治】清热，利尿，下乳。用于小便不利，淋证，乳汁不下。

【用法用量】3 ～ 6 g。

112. 柽柳科 Tamaricaceae

柽柳属 Tamarix

柽柳 西湖柳（图 0603）

Tamarix chinensis Lour.

【中药名】西河柳 *。

【形态特征】乔木或灌木，高 3 ～ 6 m。老枝直立，暗褐红色，光亮，幼枝稠密细弱，常开展而下垂，

图 0603 柽柳 *Tamarix chinensis*

红紫色或暗紫红色，有光泽；嫩枝繁密纤细，悬垂。叶鲜绿色，从去年生木质化生长枝上生出的绿色营养枝上的叶长圆状披针形或长卵形，长 1.5 ～ 1.8 mm，稍开展，先端尖，基部背面有龙骨状隆起，常呈薄膜质；上部绿色营养枝上的叶钻形或卵状披针形，半贴生，先端渐尖而内弯，基部变窄，长 1 ～ 3 mm，背面有龙骨状突起。每年开花两三次。春季开花：总状花序长 3 ～ 6 cm，宽 5 ～ 7 mm，花大而少；花五出；萼片 5，狭长卵形，具短尖头，外面 2 片，背面具隆脊，较花瓣略短；花瓣 5，粉红色，通常卵状椭圆形或椭圆状倒卵形，稀倒卵形，长约 2 mm，较花萼微长，果时宿存；花盘 5 裂，裂片先端圆或微凹，紫红色，肉质；雄蕊 5，长于或略长于花瓣；子房圆锥状瓶形，花柱 3，棍棒状。蒴果圆锥形。夏、秋季开花：总状花序长 3 ～ 5 cm，顶生大圆锥花序；花五出，较春季者略小，密生；苞片绿色，草质，较春季花的苞片狭细，较花梗长，线形至线状锥形或狭三角形，渐尖，向下变狭，基部背面有隆起，全缘；花萼三角状卵形；花瓣粉红色，直而略外斜，远比花萼长；花盘 5 裂，或每一裂片再 2 裂成 10 裂片状；雄蕊 5，长等于花瓣或为其 2 倍；花柱棍棒状，其长等于子房的 2/5 ～ 3/4。花期 4—9 月。

【拍摄地点】城关镇城区家属院，海拔 126 m。

【生境分布】分布于山坡、滩头或宅旁。分布于南漳城关、长坪等乡镇。

【采收加工】夏季花未开时采收，阴干。

【药用部位】细嫩枝叶。

【性味归经】甘、辛，平。归心、肺、胃经。

【功能主治】发表透疹，祛风除湿。用于麻疹不透，风湿痹痛。

【用法用量】3 ～ 6 g。外用适量，煎汤擦洗。

113. 秋海棠科 Begoniaceae

秋海棠属 Begonia

中华秋海棠　红黑二丸　一点血（图 0604）

Begonia grandis subsp. *sinensis*（A. DC.）Irmsch.

【中药名】中华秋海棠*。

【形态特征】中型草本。茎高 20 ～ 40 cm，几无分枝，外形似金字塔。叶较小，椭圆状卵形至三角状卵形，长 5 ～ 12 cm，宽 3.5 ～ 9 cm，先端渐尖，下面色淡，偶带红色，基部心形，宽侧下延呈圆形，长 0.5 ～ 4 cm，宽 1.8 ～ 7 cm。花序较短，呈伞房状至圆锥状二歧聚伞花序；花小，雄蕊多数，短于 2 mm，整体呈球状；花柱基部合生或微合生，有分枝，柱头呈螺旋状扭曲，稀呈“U”字形。蒴果具 3 不等大之翅。

【拍摄地点】薛坪镇大水泉村，海拔 750 m。

【生境分布】生于山谷阴湿岩石上、疏林阴处及荒坡阴湿处。分布于南漳薛坪、李庙、长坪等乡镇。

【采收加工】秋季采挖，除去须根和泥沙，晒干。

【药用部位】块茎。

【性味归经】酸、苦，寒。归肝、大肠经。

【功能主治】活血止血，清热祛湿。用于跌打损伤，月经不调，赤白带下，崩漏，赤白痢疾。

【用法用量】6 ~ 15 g，或泡酒。外用适量，捣敷。

图 0604　中华秋海棠 *Begonia grandis* subsp. *sinensis*

114. 葫芦科 Cucurbitaceae

冬瓜属 Benincasa

冬瓜　白瓜　枕瓜（图 0605）

Benincasa hispida（Thunb.）Cogn.

【中药名】冬瓜皮*、冬瓜子★。

【形态特征】一年生蔓生或架生草本。茎被黄褐色硬毛及长柔毛，有棱沟。叶柄粗壮，长 5 ~ 20 cm，被黄褐色的硬毛和长柔毛；叶片肾状近圆形，宽 15 ~ 30 cm，5 ~ 7 浅裂或有时中裂，裂片宽三角形或卵形，先端急尖，边缘有小齿，基部深心形，弯缺张开，近圆形，深、宽均为 2.5 ~ 3.5 cm，表面深绿色，稍粗糙，有疏柔毛，老后渐脱落，变近无毛；背面粗糙，灰白色，有粗硬毛，叶脉在叶背面稍隆起，密被毛。卷须 2 ~ 3 歧，被粗硬毛和长柔毛。雌雄同株；花单生。雄花梗长 5 ~ 15 cm，密被黄褐色短刚毛和长柔毛，常在花梗的基部具一苞片，苞片卵形或宽长圆形，长 6 ~ 10 mm，先端急尖，有短柔毛；花萼筒宽钟形，宽 12 ~ 15 mm，密生刚毛状长柔毛，裂片披针形，长 8 ~ 12 mm，有锯齿，反折；花冠黄色，辐状，裂片宽倒卵形，长 3 ~ 6 cm，宽 2.5 ~ 3.5 cm，两面有稀疏的柔毛，先端钝圆，具 5 脉；雄蕊 3，离生，花丝长 2 ~ 3 mm，基部膨大，被毛，花药长 5 mm，宽 7 ~ 10 mm，药室三回折曲，雌花梗长不及 5 cm，密生黄褐色硬毛和长柔毛；子房卵形或圆筒形，密生黄褐色茸毛状硬毛，长 2 ~ 4 cm；花柱长 2 ~ 3 mm，柱头 3，长 12 ~ 15 mm，2 裂。果实长圆柱状或近球状，大型，有硬毛和白霜，长 25 ~ 60 cm，直径 10 ~ 25 cm。种子卵形，白色或淡黄色，

图 0605　冬瓜 *Benincasa hispida*

压扁，有边缘，长 10 ～ 11 mm，宽 5 ～ 7 mm，厚 2 mm。

【拍摄地点】城关镇便河村，海拔 143 m。

【生境分布】栽培。分布于南漳城关、武安等乡镇。

【采收加工】冬瓜皮：食用冬瓜时，洗净，削取外层果皮，晒干。冬瓜子：果实成熟后，收集成熟种子，洗净，晒干。

【药用部位】冬瓜皮：外层果皮。冬瓜子：成熟种子。

【性味归经】冬瓜皮：甘，凉；归脾、小肠经。冬瓜子：甘，微寒；归肺、肾经。

【功能主治】冬瓜皮：利尿消肿；用于水肿胀满，小便不利，暑热口渴，小便短赤。冬瓜子：润肺，化痰，消痈，利水；用于痰热咳嗽，肺痈，肠痈，淋病，水肿，脚气。

【用法用量】冬瓜皮：9 ～ 30 g。冬瓜子：5 ～ 15 g。

西瓜属 Citrullus

西瓜　寒瓜（图 0606）

Citrullus lanatus（Thunb.）Matsum. et Nakai

【中药名】西瓜翠衣。

图 0606　西瓜 *Citrullus lanatus*

【形态特征】一年生蔓生藤本。茎、枝粗壮，具明显的棱沟，被长而密的白色或淡黄褐色长柔毛。卷须较粗壮，具短柔毛，2 歧，叶柄粗，长 3 ～ 12 cm，粗 0.2 ～ 0.4 cm，具不明显的沟纹，密被柔毛；叶片纸质，轮廓三角状卵形，带白绿色，长 8 ～ 20 cm，宽 5 ～ 15 cm，两面具短硬毛，脉上和背面较多，3 深裂，中裂片较长，倒卵形、长圆状披针形或披针形，顶端急尖或渐尖，裂片羽状或二重羽状浅裂或深裂，边缘波状或有疏齿，末次裂片通常有少数浅锯齿，先端钝圆，叶片基部心形，有时形成半圆形的弯缺，弯缺宽 1 ～ 2 cm，深 0.5 ～ 0.8 cm。雌雄同株。雌、雄花均单生于叶腋。雄花：花梗长 3 ～ 4 cm，密被黄褐色长柔毛；花萼筒宽钟形，密被长柔毛，花萼裂片狭披针形，与花萼筒近等长，长 2 ～ 3 mm；花冠淡黄色，直径 2.5 ～ 3 cm，外面带绿色，被长柔毛，裂片卵状长圆形，长 1 ～ 1.5 cm，宽 0.5 ～ 0.8 cm，顶端钝或稍尖，脉黄褐色，被毛；雄蕊 3，近离生，1 枚 1 室，2 枚 2 室，花丝短，药室折曲。雌花：花萼和花冠与雄花同；子房卵形，长 0.5 ～ 0.8 cm，宽 0.4 cm，密被长柔毛，花柱长 4 ～ 5 mm，柱头 3，肾形。果实大型，近于球形或椭圆形，肉质，多汁，果皮光滑，色泽及纹饰各式。种子多数，卵形，黑色、红色，有时为白色、黄色、淡绿色或有斑纹，两面平滑，基部钝圆，通常边缘稍拱起，长 1 ～ 1.5 cm，宽 0.5 ～ 0.8 cm，厚 1 ～ 2 mm。花果期夏季。

【拍摄地点】九集镇沙河村，海拔 140 m。

【生境分布】栽培。分布于南漳各乡镇。

【药用部位】外部果皮。

【功能主治】清热解暑，泻热除烦，利尿。用于暑热烦渴，小便短赤，咽喉肿痛，口舌生疮，水肿。

黄瓜属 Cucumis

黄瓜　胡瓜（图 0607）

Cucumis sativus L.

【形态特征】一年生蔓生或攀援草本。茎、枝伸长，有棱沟，被白色的糙硬毛。卷须细，不分歧，具白色柔毛。叶柄稍粗糙，有糙硬毛，长 10 ～ 16 cm；叶片宽卵状心形，膜质，长、宽均 7 ～ 20 cm，两面甚粗糙，被糙硬毛，3 ～ 5 个角或浅裂，裂片三角形，有齿，有时边缘有缘毛，先端急尖或渐尖，基部弯缺半圆形，宽 2 ～ 3 cm，深 2 ～ 2.5 cm，有时基部向后靠合。雌雄同株。雄花：常数朵在叶腋簇生；花梗纤细，长 0.5 ～ 1.5 cm，被微柔毛；花萼筒狭钟状或近圆筒状，长 8 ～ 10 mm，密被白色的长柔毛，花萼裂片钻形，开展，与花萼筒近等长；花冠黄白色，长约 2 cm，花冠裂片长圆状披针形，急尖；雄蕊 3，花丝近无，花药长 3 ～ 4 mm，药隔伸出，长约 1 mm。雌花：单生或稀簇生；花梗粗壮，被柔毛，长 1 ～ 2 cm；子房纺锤形，粗糙，有小刺状突起。果实长圆形或圆柱形，长 10 ～ 30 cm，熟时黄绿色，表面粗糙，有具刺尖的瘤状突起，极稀近于平滑。种子小，狭卵形，白色，无边缘，两端近急尖，长 5 ～ 10 mm。花果期夏季。

图 0607　黄瓜 *Cucumis sativus*

【拍摄地点】城关镇朱家湾村，海拔 154 m。

【生境分布】栽培。分布于南漳各乡镇。

【药用部位】果实。

【功能主治】清热利尿。用于烦渴，小便不利；外用治烫火伤。

南瓜属 Cucurbita

南瓜　倭瓜　番瓜（图 0608）

Cucurbita moschata（Duch. ex Lam.）Duch. ex Poiret

【中药名】南瓜子。

【形态特征】一年生蔓生草本。茎常节部生根，伸长达 2 ～ 5 m，密被白色短刚毛。叶柄粗壮，长 8 ～ 19 cm，被短刚毛；叶片宽卵形或卵圆形，质稍柔软，有 5 角或 5 浅裂，稍钝，长 12 ～ 25 cm，宽 20 ～ 30 cm，侧裂片较小，中间裂片较大，三角形，上面密被黄白色刚毛和茸毛，常有白斑，叶脉隆起，各裂片之中脉常延伸至顶端，成一小尖头，背面色较淡，毛更明显，边缘有小而密的细齿，顶端稍钝。卷须稍粗壮，与叶柄一样被短刚毛和茸毛，3～5歧。雌雄同株。雄花单生；花萼筒钟形，长5～6 mm，裂片条形，长1～1.5 cm，被柔毛，上部扩大成叶状；花冠黄色，钟状，长8 cm，直径6 cm，5中裂，裂片边缘反卷，具皱褶，先端急尖；雄蕊3，花丝腺体状，长5～8 mm，花药靠合，长15 mm，药室折曲。雌花单生；子房1室，花柱短，柱头3，膨大，顶端2裂。果梗粗壮，有棱和槽，长5～7 cm，瓜蒂扩大成喇叭状；瓠果形状多样，因品种而异，外面常有数条纵沟或无。种子多数，长卵形或长圆形，灰白色，边缘薄，长10～15 mm，宽7～10 mm。

图0608 南瓜 *Cucurbita moschata*

【拍摄地点】李庙镇北沟村，海拔726 m。

【生境分布】栽培。分布于南漳各乡镇。

【采收加工】夏、秋二季采收。

【药用部位】种子。

【性味归经】甘，平。归胃、大肠经。

【功能主治】杀虫。用于绦虫病，血吸虫病。

【用法用量】研粉，60～120 g，冷开水调敷。用于血吸虫病时，需较大剂量（120～200 g），长期服用。

绞股蓝属 Gynostemma

绞股蓝　七叶胆　小苦药（图0609）

Gynostemma pentaphyllum（Thunb.）Makino

【中药名】绞股蓝*。

【形态特征】草质攀援植物。茎细弱，具分枝、纵棱及槽，无毛或疏被短柔毛。叶膜质或纸质，鸟足状，具3～9小叶，通常5～7小叶，叶柄长3～7 cm，被短柔毛或无毛；小叶片卵状长圆形或披针形，中央小叶长3～12 cm，宽1.5～4 cm，侧生小叶较小，先端急尖或短渐尖，基部渐狭，边缘具波状齿或圆齿状齿，上面深绿色，背面淡绿色，两面均疏被短硬毛，侧脉6～8对，上面平坦，背面凸起，细脉网状；小叶柄略叉开，长1～5 mm。卷须纤细，2歧，稀单一，无毛或基部被短柔毛。花雌雄异株。雄花圆锥花序，花序轴纤细，多分枝，长10～15 cm，分枝广展，长3～4 cm，有时基部具小叶，被短柔毛；花梗丝状，长1～4 mm，基

图0609 绞股蓝 *Gynostemma pentaphyllum*

部具钻状小苞片；花萼筒极短，5 裂，裂片三角形，长约 0.7 mm，先端急尖；花冠淡绿色或白色，5 深裂，裂片卵状披针形，长 2.5 ～ 3 mm，宽约 1 mm，先端长渐尖，具 1 脉，边缘具缘毛状小齿；雄蕊 5，花丝短，连合成柱，花药着生于柱之顶端。雌花圆锥花序远较雄花之短小，花萼及花冠似雄花；子房球形，2 ～ 3 室，花柱 3 枚，短而叉开，柱头 2 裂；具短小的退化雄蕊 5 枚。果实肉质不裂，球形，直径 5 ～ 6 mm，成熟后黑色，光滑无毛，内含倒垂种子 2 粒。种子卵状心形，直径约 4 mm，灰褐色或深褐色，顶端钝，基部心形，压扁，两面具乳突状突起。花期 3—11 月，果期 4—12 月。

【拍摄地点】板桥镇龙埫村，海拔 1234 m。

【生境分布】生于山坡林缘和灌丛中。分布于南漳板桥、长坪等乡镇。

【采收加工】夏、秋二季采收，除去杂质，洗净，扎成小把，晒干。

【药用部位】全草。

【性味归经】苦、微甘，寒。归肺、脾、胃经。

【功能主治】清热解毒，止咳祛痰，益气养阴。用于胸膈痞闷，痰阻咳嗽，心悸气短，眩晕头痛，健忘耳鸣，自汗乏力。

【用法用量】6 ～ 10 g。

葫芦属 Lagenaria

葫芦　瓠　瓠瓜（图 0610）

Lagenaria siceraria（Molina）Standl.

【中药名】葫芦瓢*。

【形态特征】一年生攀援草本；茎、枝具沟纹，被黏质长柔毛，老后渐脱落，变近无毛。叶柄纤细，长 16 ～ 20 cm，有和茎枝一样的毛被，顶端有 2 腺体；叶片卵状心形或肾状卵形，长、宽均 10 ～ 35 cm，不分裂或 3 ～ 5 裂，具 5 ～ 7 掌状脉，先端锐尖，边缘有不规则的齿，基部心形，弯缺开展，半圆形或近圆形，深 1 ～ 3 cm，宽 2 ～ 6 cm，两面均被微柔毛，叶背及脉上较密。卷须纤细，初时有微柔毛，后渐脱落，变光滑无毛，上部分 2 歧。雌雄同株，雌、雄花均单生。雄花：花梗细，比叶柄稍长，花梗、花萼、花冠均被微柔毛；花萼筒漏斗状，长约 2 cm，裂片披针形，长 5 mm；花冠黄色，裂片皱波状，长 3 ～ 4 cm，宽 2 ～ 3 cm，先端微缺而顶端有小尖头，5 脉；雄蕊 3，花丝长 3 ～ 4 mm，花药长 8 ～ 10 mm，长圆形，药室折曲。雌花花梗比叶柄稍短或近等长；花萼和花冠似雄花；花萼筒长 2 ～ 3 mm；子房中间缢细，密生黏质长柔毛，花柱粗短，柱头 3，膨大，2 裂。果实初为绿色，后变白色至带黄色，由于长期栽培，果形变异很大，因不同品种或变种而异，有的呈哑铃状，中间缢细，

图 0610　葫芦 *Lagenaria siceraria*

下部和上部膨大，上部大于下部，长数十厘米，有的仅长 10 cm，有的呈扁球形、棒状，成熟后果皮变木质。种子白色，倒卵形或三角形，顶端截形或 2 齿裂，稀圆，长约 20 mm。花期夏季，果期秋季。

【拍摄地点】城关镇榆树岭村，海拔 123 m。

【生境分布】栽培。分布于南漳各乡镇。

【采收加工】秋末冬初采收老熟果实，切开，除去瓤心种子，晒干。

【药用部位】成熟果皮。

【性味归经】甘，平。归肺、小肠经。

【功能主治】利水消肿。用于水肿，胸、腹水，小便不利。

【用法用量】15 ～ 30 g。

丝瓜属 Luffa

丝瓜　天丝瓜　天罗（图 0611）

Luffa cylindrica（L.）Roem.

【中药名】丝瓜络*。

【形态特征】一年生攀援藤本；茎、枝粗糙，有棱沟，被微柔毛。卷须稍粗壮，被短柔毛，通常 2 ～ 4 歧。叶柄粗糙，长 10 ～ 12 cm，具不明显的沟，近无毛；叶片三角形或近圆形，长、宽 10 ～ 20 cm，通常掌状 5 ～ 7 裂，裂片三角形，中间的较长，长 8 ～ 12 cm，顶端急尖或渐尖，边缘有锯齿，基部深心形，弯缺深 2 ～ 3 cm，宽 2 ～ 2.5 cm，上面深绿色，粗糙，有疣点，下面浅绿色，有短柔毛，脉掌状，具白色的短柔毛。雌雄同株。雄花：通常 15 ～ 20 朵花，生于总状花序上部，花序梗稍粗壮，长 12 ～ 14 cm，被柔毛；花梗长 1 ～ 2 cm，花萼筒宽钟形，直径 0.5 ～ 0.9 cm，被短柔毛，裂片卵状披针形或近三角形，上端向外反折，长 0.8 ～ 1.3 cm，宽 0.4 ～ 0.7 cm，里面密被短柔毛，边缘尤为明显，外面毛被较少，先端渐尖，具 3 脉；花冠黄色，辐状，开展时直径 5 ～ 9 cm，裂片长圆形，长 2 ～ 4 cm，宽 2 ～ 2.8 cm，里面基部密被黄白色长柔毛，外面具 3 ～ 5 条凸起的脉，脉上密被短柔毛，顶端钝圆，基部狭窄；雄蕊通常 5，稀 3，花丝长 6 ～ 8 mm，基部有白色短柔毛，花初开放时稍靠合，最后完全分离，药室多回折曲。雌花：单生，花梗长 2 ～ 10 cm；子房长圆柱状，有柔毛，柱头 3，膨大。果实圆柱状，直或稍弯，长 15 ～ 30 cm，直径 5 ～ 8 cm，表面平滑，通常有深色纵条纹，未熟时肉质，成熟后干燥，里面呈纤维网状，由顶端盖裂。种子多数，黑色，卵形，扁，平滑，边缘狭翼状。花果期夏、秋季。

图 0611　丝瓜 *Luffa cylindrica*

【拍摄地点】九集镇沙河村，海拔 157 m。

【生境分布】栽培。分布于南漳各乡镇。

【采收加工】夏、秋二季果实成熟、果皮变黄、内部干枯时采摘，除去外皮和果肉，洗净，晒干，除去种子。

【药用部位】成熟果实的维管束。

【性味归经】甘，平。归肺、胃、肝经。

【功能主治】祛风，通络，活血，下乳。用于痹痛拘挛，胸胁胀痛，乳汁不通，乳痈肿痛。

【用法用量】5 ～ 12 g。

苦瓜属 Momordica

苦瓜　凉瓜　癞瓜（图 0612）

Momoridica charantia L.

【中药名】苦瓜*。

【形态特征】一年生攀援状柔弱草本，多分枝；茎、枝被柔毛。卷须纤细，长达 20 cm，具微柔毛，不分歧。叶柄细，初时被白色柔毛，后变近无毛，长 4 ～ 6 cm；叶片轮廓卵状肾形或近圆形，膜质，长、宽均为 4 ～ 12 cm，上面绿色，背面淡绿色，脉上密被明显的微柔毛，其余毛较稀疏，5 ～ 7 深裂，裂片卵状长圆形，边缘具粗齿或有不规则小裂片，先端多半钝圆形稀急尖，基部弯缺半圆形，叶脉掌状。雌雄同株。雄花：单生叶腋，花梗纤细，被微柔毛，长 3 ～ 7 cm，中部或下部具 1 苞片；苞片绿色，肾形或圆形，全缘，稍有缘毛，两面被疏柔毛，长、宽均 5 ～ 15 mm；花萼裂片卵状披针形，被白色柔毛，长 4 ～ 6 mm，宽 2 ～ 3 mm，急尖；花冠黄色，裂片倒卵形，先端钝，急尖或微凹，长 1.5 ～ 2 cm，宽 0.8 ～ 1.2 cm，被柔毛；雄蕊 3，离生，药室二回折曲。雌花：单生，花梗被微柔毛，长 10 ～ 12 cm，基部常具 1 苞片；子房纺锤形，密生瘤状突起，柱头 3，膨大，2 裂。果实纺锤形或圆柱形，多瘤皱，长 10 ～ 20 cm，成熟后橙黄色，由顶端 3 瓣裂。种子多数，长圆形，具红色假种皮，两端各具 3 小齿，两面有刻纹，长 1.5 ～ 2 cm，宽 1 ～ 1.5 cm。花果期 5—10 月。

图 0612　苦瓜 *Momoridica charantia*

【拍摄地点】城关镇榆树岭村，海拔 140 m。

【生境分布】栽培。分布于南漳各乡镇。

【采收加工】夏、秋二季选取绿色近成熟果实，除去杂质，鲜用；或除去两端，趁鲜切厚片，低温干燥。

【药用部位】近成熟果实。

【性味归经】苦，寒。归心、胃、肝经。

【功能主治】清热祛暑，明目，解毒。用于暑热烦渴，痢疾，目赤肿痛，痈肿疮毒。

【用法用量】5 ～ 15 g；鲜品 30 ～ 60 g。外用适量，鲜品捣敷或取汁涂。

裂瓜属 Schizopepon

毛蕊裂瓜（图 0613）

Schizopepon dioicus var. *trichogynus* Hand.-Mazz.

【形态特征】一年生攀援草本；茎、枝细弱，无毛。卷须纤细，2 歧；叶柄长 3.5 ～ 7.5 cm；叶片膜质，宽卵状心形或阔卵形，长 5 ～ 9 cm，宽 3 ～ 7 cm，通常每边有 2 ～ 3 个三角形裂片或稀波状，边缘具锯齿，先端渐尖，基部弯缺宽，半圆形，宽 1 ～ 3.5 cm，深 0.8 ～ 1.5 cm，掌状 5 ～ 7 脉，两面无毛，叶面粗糙，布有疣状突起。雌雄异株。雄花生于总状花序上，花序轴纤细，长 5 ～ 10 cm；花梗长仅 2 ～ 3 mm，丝状；花萼裂片线状钻形或狭披针形，长 1 ～ 1.2 mm，宽 0.5 ～ 0.8 mm；花冠辐状，白色，裂片披针形或长圆状披针形，长 2 ～ 3.5 mm，宽 1.5 ～ 2 mm，具 1 脉；雄蕊 3，花丝合生，长 0.8 mm，花药离生或仅在基部合生，长 0.5 mm，药隔不伸出。雌花在叶腋内单生或少数花聚生在短缩的总梗上端；子房卵形，先端短渐尖，无毛，3 室，每室具 1 枚着生顶端的下垂胚珠，花柱 3 裂，柱头稍膨大，2 裂。果梗纤细，长 1 ～ 2 cm；果实阔卵形，长约 1.2 cm，直径约 8 mm，基部钝圆，先端急尖，表面常布有稀疏的疣状突起，成熟时淡褐色，自顶端 3 瓣裂，通常由于 1 枚胚珠不育而仅具 2 枚种子。种子卵形，基部稍宽，具不规则齿，先端稍缢缩，顶端平截，大约 8 mm，宽约 5 mm，厚 2 mm，成熟时淡褐色。花果期 6—10 月。

图 0613　毛蕊裂瓜 *Schizopepon dioicus* var. *trichogynus*

不同于原变种在子房密生毛，果实也被毛。

【拍摄地点】长坪镇赵岭村，海拔 1294 m。

【生境分布】生于林下、山沟草丛及山坡路旁。分布于南漳长坪镇。

【药用部位】根茎。

【功能主治】清热解毒，祛风除湿。用于黄疸，痢疾。

佛手瓜属 Sechium

佛手瓜　洋丝瓜（图 0614）

Sechium edule（Jacq.）Swartz

【形态特征】具块状根的多年生宿根草质藤本，茎攀援或人工架生，有棱沟。叶柄纤细，无毛，长 5 ～ 15 cm；叶片膜质，近圆形，中间的裂片较大，侧面的较小，先端渐尖，边缘有小细齿，基部心形，弯缺较深，近圆形，深 1 ～ 3 cm，宽 1 ～ 2 cm；上面深绿色，稍粗糙，背面淡绿色，有短柔毛，以脉上较密。卷须粗壮，有棱沟，无毛，3 ～ 5 歧。雌雄同株。雄花 10 ～ 30 朵生于 8 ～ 30 cm 长的总花梗上部成总状花序，花序轴稍粗壮，无毛，花梗长 1 ～ 6 mm；花萼筒短，裂片展开，近无毛，长 5 ～ 7 mm，宽 1 ～ 1.5 mm；花冠辐状，宽 12 ～ 17 mm，分裂到基部，裂片卵状披针形，5 脉；雄蕊 3，花丝合生，花药分离，药室折曲。雌花单生，花梗长 1 ～ 1.5 cm；花冠与花萼同雄花；子房倒卵形，具 5 棱，有疏毛，1 室，具 1 枚下垂生的胚珠，花柱长 2 ～ 3 mm，柱头宽 2 mm。果实淡绿色，倒卵形，有稀疏短硬毛，长 8 ～ 12 cm，直径 6 ～ 8 cm，上部有 5 条纵沟，具 1 枚种子。种子大型，长达 10 cm，宽 7 cm，卵形，压扁状。花期 7—9 月，果期 8—10 月。

【拍摄地点】板桥镇雷坪村，海拔 835 m。

【生境分布】栽培或逸为野生。分布于南漳板桥、巡检等乡镇。

【药用部位】果实。

【功能主治】理气和中，疏肝止咳。用于消化不良，胸闷气胀，呕吐，肝胃气痛以及咳嗽痰多。

图 0614 佛手瓜 *Sechium edule*

赤瓟属 Thladiantha

皱果赤瓟 喙赤瓟（图 0615）

Cucumis sativus L.

【形态特征】攀援藤本；根块状，肥大。茎、枝有纵向棱沟，疏被短柔毛，后渐脱落而变近无毛。叶柄细，长 4 ～ 12 cm，生短柔毛；叶片膜质或薄膜质，宽卵状心形，长 8 ～ 16 cm，宽 7 ～ 14 cm，先端急尖或短渐尖，边缘具胼胝质小齿，有时具三角形的不等大锯齿，而顶端具胼胝质小尖头，基部心形，弯缺张开呈半圆形，深 1 ～ 3 cm，宽 1 ～ 2 cm，基部的一对侧脉沿叶基弯缺向外展开，叶面深绿色，具白色短刚毛，后来刚毛断裂而基部成疣状糙点，因此十分粗糙，叶背浅绿色，被短柔毛。卷须纤细，初时被短柔毛，后来变近无毛，2 歧或有时单一。雌雄异株。雄花：6 ～ 10 多朵花生于花序轴的上端成总状花序，或花序分枝成圆锥花序，花序轴稍粗壮，生短柔毛或近无毛，长 5 ～ 12 cm；花梗长 1 ～ 3 cm，疏生短柔毛；花萼筒宽钟形，上部宽 5 ～ 7 mm，疏生短柔毛，裂片披针形，长 1.0 ～ 1.2 cm，顶端渐尖，1 脉，生短柔毛；花冠黄色，裂片长圆状椭圆形或长圆形，长约 2 cm，宽 8 mm，先端短渐尖或

图 0615 皱果赤瓟 *Cucumis sativus*

急尖，5脉，稍生微柔毛；雄蕊5枚，其中4枚两两成对，花丝基部靠合，1枚分离，花丝稍粗壮，长4～5 mm，被短柔毛，花药长圆形，长约4 mm；花丝的基部有3枚黄色、长约2 mm的鳞片状附属物；退化雌蕊缺。雌花单生、双生或数朵生于长2～3 cm的总花梗上，花梗生稀疏短柔毛，花萼和花冠与雄花同，但均较雄花稍大；退化雄蕊5，棒状，被短柔毛，橙黄色，像在雄花中那样，两两成对生，1枚分离；子房长卵形或卵状长圆形，被柔毛，多瘤状突起呈皱褶状，基部下延达花梗顶端达0.5 cm，下延部分的边缘有小裂片，花柱短粗，顶端分3叉，柱头极膨大，圆肾形，淡黄色，2深裂。果梗稍粗壮，长6～9 cm，果实椭圆形，果皮隆起呈皱褶状，果实基部下延至果梗顶端可达1 cm。种子长卵形，扁压，顶端稍狭，两面较平滑。花果期6—11月。

【拍摄地点】板桥镇夹马河，海拔689 m。

【生境分布】生于山坡林缘或灌丛中。分布于南漳板桥、长坪等乡镇。

【药用部位】块根。

【功能主治】清热解毒，消食化滞。用于痢疾，肠炎，消化不良，脘腹胀闷，毒蛇咬伤等。

南赤爮　**野丝瓜　丝瓜南（图0616）**

Thladiantha nudiflora Hemsl. ex Forbes et Hemsl.

【形态特征】全体密生柔毛状硬毛；根块状。茎草质攀援状，有较深的棱沟。叶柄粗壮，长3～10 cm；叶片质稍硬，卵状心形，宽卵状心形或近圆心形，长5～15 cm，宽4～12 cm，先端渐尖或锐尖，边缘具胼胝状小尖头的细锯齿，基部弯缺开放或有时闭合，弯缺深2～2.5 cm，宽1～2 cm，上面深绿色，粗糙，有短而密的细刚毛，背面色淡，密被淡黄色短柔毛，基部侧脉沿叶基弯缺向外展开。卷须稍粗壮，密被硬毛，下部有明显的沟纹，上部2歧。雌雄异株。雄花为总状花序，多数花集生于花序轴的上部。花序轴纤细，密生短柔毛；花梗纤细，长1～1.5 cm；花萼密生淡黄色长柔毛，筒部宽钟形，裂片卵状披针形，顶端急尖，3脉；花冠黄色，裂片卵状长圆形，顶端急尖或稍钝，5脉；雄蕊5，着生在花萼筒的檐部，花丝有微柔毛，长4 mm，花药卵状长圆形，长2.5 mm。雌花单生，花梗细，长1～2 cm，有长柔毛；花萼和花冠同雄花，但较之为大；子房狭长圆形，密被淡黄色的长柔毛状硬毛，上部渐狭，基部钝圆，花柱粗短，自2 mm长处3裂，分生部分长1.5 mm，柱头膨大，圆肾形，2浅裂；退化雄蕊5，棒状，长1.5 mm。果实长圆形，干后红色或红褐色，顶端稍钝或有时渐狭，基部钝圆，有时密生毛及不甚明显的纵纹，后渐无毛。种子卵形或宽卵形，顶端尖，基部圆，表面有明显的网纹，两面稍拱起。春、夏开花，秋季果成熟。

图0616　南赤爮 *Thladiantha nudiflora*

【拍摄地点】薛坪镇八里川村，海拔993 m。

【生境分布】生于山坡或沟边。分布于南漳薛坪、李庙等乡镇。

【药用部位】根。

【功能主治】清热解毒，消食化滞。用于痢疾，肠炎，消化不良，脘腹胀闷，毒蛇咬伤。

斑赤瓟　野黄瓜　山黄瓜（图 0617）

Thladiantha maculata Cogn.

图 0617　斑赤瓟 *Thladiantha maculata*

【形态特征】草质藤本；根块状。茎、枝细弱，有棱，疏被微柔毛或近无毛。叶柄细，长 4 ～ 9 cm，像茎、枝那样疏被微柔毛；叶片膜质，宽卵状心形，长 7 ～ 13 cm，宽 5 ～ 10 cm，先端短渐尖，基部心形，弯缺张开，半圆形，基部叶脉沿叶基弯缺向外展开，边缘有胼胝质小齿或有不等大的三角形小锯齿，叶面深绿色，被短刚毛后断裂成疣状突起，叶背色浅，疏生短柔毛。卷须纤细，单一，近无毛或有极稀疏短柔毛。雌雄异株。雄花序总状，一般仅具 3 ～ 6 朵花，花序轴细柔，仅有稀疏短柔毛，长 3 ～ 4 cm。雄花：花梗纤细，光滑，长 1.2 ～ 2.5 cm；花萼筒宽钟形，裂片窄三角状披针形，被微柔毛，在先端常有稀疏刚毛，长约 4 mm，先端渐尖，具 3 脉；花冠黄色，裂片卵形，先端急尖或短渐尖，上部和边缘多暗黄色的疣状腺点，具 5 脉；雄蕊 5，花丝稍粗，上部渐狭，有极短的柔毛，长 3 mm，花药长圆形，长 2 mm；退化蕊半球形。雌花单生，花梗纤细，长 2.5 ～ 3.5 cm，有短柔毛；花萼裂片线状钻形，有微柔毛和极稀疏刚毛；花冠裂片同雄花；子房长圆形或狭纺锤形，密被灰黄色柔毛，基部近截形，顶端喙状渐狭，花柱稍粗，在 3 mm 处分 3 叉，分叉部分长 2 mm，柱头膨大，圆肾形，2 裂。果梗稍粗壮，长 3 ～ 4 cm，有微柔毛，后变近无毛；果实纺锤形，橘红色，基部渐狭，顶端渐尖，喙状，果皮较平滑，近无毛或有不明显的微柔毛。种子窄卵形，两面明显隆起，凸透镜状，平滑。花期 5—8 月，果期 10 月。

【拍摄地点】板桥镇龙瑞村，海拔 1054 m。

【生境分布】生于山坡路旁、灌丛或山沟湿地。分布于南漳板桥、长坪等乡镇。

【药用部位】根。

【功能主治】清热解毒，消食化滞。用于痢疾，肠炎，消化不良，脘腹胀闷，毒蛇咬伤。

栝楼属 Trichosanthes

王瓜（图 0618）

Trichosanthes cucumeroides（Ser.）Maxim.

【形态特征】多年生攀援藤本；块根纺锤形，肥大。茎细弱，多分枝，具纵棱及槽，被短柔毛。叶片纸质，轮廓阔卵形或圆形，长 5 ～ 13 cm，宽 5 ～ 12 cm，常 3 ～ 5 浅裂至深裂，或有时不分裂，裂片三角形、卵形至倒卵状椭圆形，先端钝或渐尖，边缘具细齿或波状齿，叶基深心形，弯缺深2～5 cm，上面深绿色，被短茸毛及疏散短刚毛，背面淡绿色，密被短茸毛，基出掌状脉5～7条，细脉网状；叶柄长3～10 cm，具纵条纹，密被短茸毛及稀疏短刚毛状硬毛。卷须2歧，被短柔毛。花雌雄异株。雄花组成总状花序，或1单花与之并生，总花梗长5～10 cm，具纵条纹，被短茸毛；花梗短，长约5 mm，被短茸毛；小苞片线状披针形，长2～3 mm，全缘，被短柔毛，稀无小苞片；花萼筒喇叭形，被短茸毛，裂片线状披针形，渐尖，全缘；花冠白色，裂片长圆状卵形，具极长的丝状流苏；花药长3 mm，药隔有毛，花丝短，分离；退化雌蕊刚毛状。雌花单生，花梗长0.5～1 cm，子房长圆形，均密被短柔毛，花萼及花冠与雄花相同。果实卵圆形、卵状椭圆形或球形，长6～7 cm，直径4～5.5 cm，成熟时橙红色，平滑，两端圆钝，具喙；果柄长5～20 mm，被短柔毛。种子横长圆形，深褐色，两侧室大，近圆形，表面具瘤状突起。花期5—8月，果期8—11月。

图0618 王瓜 *Trichosanthes cucumeroides*

【拍摄地点】长坪镇黄潭村，海拔193 m。

【生境分布】生于山谷密林、山坡疏林或灌丛中。分布于南漳长坪、李庙等乡镇。

【药用部位】果实。

【功能主治】清热，生津，化瘀，通乳。用于消渴，黄疸，噎嗝反胃，经闭，乳汁不下，痈肿，慢性咽喉炎。

栝楼 瓜蒌 药瓜（图0619）

Trichosanthes kirilowii Maxim.

【中药名】瓜蒌*、瓜蒌皮*、瓜蒌子*、天花粉*。

【形态特征】攀援藤本，长达10 m；块根圆柱状，粗大肥厚，富含淀粉，淡黄褐色。茎较粗，多分枝，具纵棱及槽，被白色伸展柔毛。叶片纸质，轮廓近圆形，长、宽均5～20 cm，常3～5浅裂至中裂，稀深裂或不分裂而仅有不等大的粗齿，裂片菱状倒卵形、长圆形，先端钝，急尖，边缘常再浅裂，叶基心形，弯缺深2～4 cm，上表面深绿色，粗糙，背面淡绿色，两面沿脉被长柔毛状硬毛，基出掌状脉5条，细脉网状；叶柄长3～10 cm，具纵条纹，被长柔毛。

图0619 栝楼 *Trichosanthes kirilowii*

卷须 3 ～ 7 歧，被柔毛。花雌雄异株。雄总状花序单生，或与一单花并生，或在枝条上部者单生，总状花序长 10 ~ 20 cm，粗壮，具纵棱与槽，被微柔毛，顶端有 5 ～ 8 花；小苞片倒卵形或阔卵形，长 1.5 ～ 2.5 cm，宽 1 ～ 2 cm，中上部具粗齿，基部具柄，被短柔毛；花萼筒筒状，长 2 ～ 4 cm，顶端扩大，被短柔毛，裂片披针形，全缘；花冠白色，裂片倒卵形，顶端中央具 1 绿色尖头，两侧具丝状流苏，被柔毛；花药靠合，花丝分离，粗壮，被长柔毛。雌花单生，花梗长 7.5 cm，被短柔毛；花萼筒圆筒形，长 2.5 cm，直径 1.2 cm，裂片和花冠同雄花；子房椭圆形，绿色，长 2 cm，直径 1 cm，花柱长 2 cm，柱头 3。果梗粗壮，长 4 ～ 11 cm；果实椭圆形或圆形，成熟时黄褐色或橙黄色；种子卵状椭圆形，压扁，淡黄褐色，近边缘处具棱线。花期 5—8 月，果期 8—10 月。

【拍摄地点】九集镇沙河村，海拔 185 m。

【生境分布】生于山坡林下、灌丛中、草地或栽培。分布于南漳各乡镇。

【采收加工】瓜蒌：秋季果实成熟时，连果梗剪下，置通风处阴干。瓜蒌皮：秋季采摘成熟果实，剖开，除去果瓤及种子，阴干。瓜蒌子：秋季采摘成熟果实，剖开，取出种子，洗净，晒干。天花粉：秋、冬二季采挖，洗净，除去外皮，切段或纵剖成瓣，干燥。

【药用部位】瓜蒌：成熟果实。瓜蒌皮：成熟果皮。瓜蒌子：成熟种子。天花粉：根。

【性味归经】瓜蒌：甘、微苦，寒；归肺、胃、大肠经。瓜蒌皮：甘，寒；归肺、胃经。瓜蒌子：甘，寒；归肺、胃、大肠经。天花粉：甘、微苦，微寒；归肺、胃经。

【功能主治】瓜蒌：清热涤痰，宽胸散结，润燥滑肠；用于肺热咳嗽，痰浊黄稠，胸痹心痛，结胸痞满，乳痈，肺痈，肠痈，大便秘结。瓜蒌皮：清热化痰，利气宽胸；用于痰热咳嗽，胸闷胁痛。瓜蒌子：润肺化痰，滑肠通便；用于燥咳痰黏，肠燥便秘。天花粉：清热泻火，生津止渴，消肿排脓；用于热病烦渴，肺热燥咳，内热消渴，疮疡肿毒。

【用法用量】瓜蒌：9 ～ 15 g。瓜蒌皮：6 ～ 10 g。瓜蒌子：9 ～ 15 g。天花粉：10 ～ 15 g。

【附注】以上药材均不宜与川乌、制川乌、草乌、制草乌、附子同用。

中华栝楼　双边栝楼（图 0620）

Trichosanthes rosthornii Harms

【中药名】瓜蒌 *、瓜蒌皮 *、瓜蒌子 *、天花粉 *。

【形态特征】攀援藤本；块根条状，肥厚，淡灰黄色，具横瘤状突起。茎具纵棱及槽，疏被短柔毛，有时具鳞片状白色斑点。叶片纸质，轮廓阔卵形至近圆形，长 8 ～ 12 cm，宽 7 ～ 11 cm，3 ～ 7 深裂，通常 5 深裂，几达基部，裂片线状披针形、披针形至倒披针形，先端渐尖，边缘具短尖头状细齿，或偶尔具 1 ～ 2 粗齿，叶基心形，弯缺深 1 ～ 2 cm，上表面深绿色，疏被短硬毛，背面淡绿色，无毛，密具颗粒状突起，掌状脉 5 ～ 7 条，上面凹陷，被短柔毛，背面凸起，

图 0620　中华栝楼 *Trichosanthes rosthornii*

侧脉弧曲，网结，细脉网状；叶柄长 2.5 ～ 4 cm，具纵条纹，疏被微柔毛。卷须 2 ～ 3 歧。花雌雄异株。雄花或单生，或为总状花序，或两者并生；单花花梗长可达 7 cm，总花梗长 8 ～ 10 cm，顶端具 5 ～ 10 花；小苞片菱状倒卵形，先端渐尖，中部以上具不规则的钝齿，基部渐狭，被微柔毛；花萼筒狭喇叭形，被短柔毛，裂片线形，先端尾状渐尖，全缘，被短柔毛；花冠白色，裂片倒卵形，被短柔毛，顶端具丝状长流苏；花药柱长圆形，被柔毛。雌花单生，花梗被微柔毛；花萼筒圆筒形，被微柔毛，裂片和花冠同雄花；子房椭圆形，被微柔毛。果实球形或椭圆形，光滑无毛，成熟时果皮及果瓤均橙黄色。种子卵状椭圆形，扁平，褐色，距边缘稍远处具一圈明显的棱线。花期 6—8 月，果期 8—10 月。

【拍摄地点】薛坪镇陶沟村，海拔 602 m。

【生境分布】生于山谷密林中、山坡灌丛中及草丛中。分布于南漳薛坪、巡检、肖堰等乡镇。

【采收加工】同栝楼。

【药用部位】同栝楼。

【性味归经】同栝楼。

【功能主治】同栝楼。

【用法用量】同栝楼。

马㼎儿属 Zehneria

马㼎儿　老鼠拉冬瓜（图 0621）

Zehneria japonica（Thunberg）H. Y. Liu

图 0621　马㼎儿 *Zehneria japonica*

【形态特征】攀援或平卧草本；茎、枝纤细，疏散，有棱沟，无毛。叶柄细，长 2.5 ～ 3.5 cm，初时有长柔毛，最后变无毛；叶片膜质，多型，三角状卵形、卵状心形或戟形、不分裂或 3 ～ 5 浅裂，长 3 ～ 5 cm，宽 2 ～ 4 cm，若分裂时中间的裂片较长，三角形或披针状长圆形；侧裂片较小，三角形或披针状三角形，上面深绿色，粗糙，脉上有极短的柔毛，背面淡绿色，无毛；顶端急尖或稀短渐尖，基部弯缺半圆形，边缘微波状或有疏齿，脉掌状。雌雄同株。雄花：单生或稀 2 ～ 3 朵生于短的总状花序上；花序梗纤细，极短，无毛；花梗丝状，无毛；花萼宽钟形，基部急尖或稍钝；花冠淡黄色，有极短的柔毛，裂片长圆形或卵状长圆形；雄蕊 3，2 枚 2 室，1 枚 1 室，有时全部 2 室，生于花萼筒基部，花丝短，花药卵状长圆形或长圆形，有毛，药室稍弓曲，有毛，药隔宽，稍伸出。雌花：在与雄花同一叶腋内单生或稀双生；花梗丝状，无毛，长 1 ～ 2 cm，花冠阔钟形，裂片披针形，先端稍钝；子房狭卵形，有疣状突起，花柱短，柱头 3 裂，退化雄蕊腺体状。果梗纤细，无毛，长 2 ～ 3 cm；果实长圆形或狭卵形，两端钝，外面无毛，成熟后橘红色或红色。种子灰白色，卵形，基部稍变狭，边缘不明显，长 3 ～ 5 mm，宽 3 ～ 4 mm。花期 4—7 月，果期 7—10 月。

【拍摄地点】巡检镇南峪沟村，海拔 262 m。

【生境分布】生于林中阴湿处以及路旁、田边及灌丛中。分布于南漳板桥、长坪等乡镇。

【药用部位】全草。

【功能主治】清热解毒，利尿消肿。用于痈疮疖肿，皮肤湿疹，咽喉肿痛，腮腺炎，尿路感染，结石，急性结膜炎，小儿疳积。

115. 千屈菜科 Lythraceae

水苋菜属 Ammannia

水苋菜　浆果水苋　细叶水苋（图 0622）

Ammannia baccifera L.

【形态特征】一年生草本，无毛，高 10 ～ 50 cm；茎直立，多分枝，带淡紫色，稍呈 4 棱，具狭翅。叶生于下部的对生，生于上部的或侧枝的有时略成互生，长椭圆形、矩圆形或披针形，生于茎上的长可达 7 cm，生于侧枝的较小，长 6 ～ 15 mm，宽 3 ～ 5 mm，顶端短尖或钝形，基部渐狭，侧脉不明显，近无柄。花数朵组成腋生的聚伞花序或花束，结实时稍疏松，几无总花梗，花梗长 1.5 mm；花极小，长约 1 mm，绿色或淡紫色；花萼蕾期钟形，顶端平面呈四方形，裂片 4，正三角形，长度为萼筒的 1/3 ～ 1/2 倍，结实时半球形，包围蒴果的下半部，无棱，附属体褶叠状或小齿状；通常无花瓣；雄蕊通常 4，贴生于萼筒中部，与花萼裂片等长或较短；子房球形，花柱极短或无花柱。蒴果球形，紫红色，直径 1.2 ～ 1.5 mm，中部以上不规则周裂；种子极小，形状不规则，近三角形，黑色。花期 8—10 月，果期 9—12 月。

图 0622　水苋菜 *Ammannia baccifera*

【拍摄地点】巡检镇巡检司村，海拔 337 m。

【生境分布】生于潮湿的地方或水田中。分布于南漳各乡镇。

【药用部位】全草。

【功能主治】化瘀，止血，接骨。用于跌打损伤。

紫薇属 Lagerstroemia

紫薇　无皮树　搔痒树（图 0623）

Lagerstroemia indica L.

【形态特征】落叶灌木或小乔木，高可达 7 m；树皮平滑，灰色或灰褐色；枝干多扭曲，小枝纤细，具

4棱，略呈翅状。叶互生或有时对生，纸质，椭圆形、阔矩圆形或倒卵形，长2.5～7 cm，宽1.5～4 cm，顶端短尖或钝形，有时微凹，基部阔楔形或近圆形，无毛或下面沿中脉有微柔毛，侧脉3～7对，小脉不明显；无柄或叶柄很短。花淡红色或紫色、白色，直径3～4 cm，常组成7～20 cm的顶生圆锥花序；花梗长3～15 mm，中轴及花梗均被柔毛；花萼长7～10 mm，外面平滑无棱，但鲜时萼筒有微突起短棱，两面无毛，裂片6，三角形，直立，无附属体；花瓣6，皱缩，长12～20 mm，具长爪；雄蕊36～42，外面6枚着生于花萼上，比其余的长得多；子房3～6室，无毛。蒴果椭圆状球形或阔椭圆形，长1～1.3 cm，幼时绿色至黄色，成熟时或干燥时呈紫黑色，室背开裂；种子有翅，长约8 mm。花期6—9月，果期9—12月。

图0623 紫薇 *Lagerstroemia indica*

【拍摄地点】武安镇石牛坪村，海拔143 m。

【生境分布】生于山坡肥沃湿润的土壤上，或栽培。分布于南漳李庙、长坪、板桥等乡镇。

【药用部位】花。

【功能主治】止血，止带。用于产后血崩不止，带下淋漓。

千屈菜属 Lythrum

千屈菜 水柳（图0624）

Lythrum salicaria L.

【中药名】千屈菜*。

【形态特征】多年生草本，根茎横卧于地下，粗壮；茎直立，多分枝，高30～100 cm，全株青绿色，略被粗毛或密被茸毛，枝通常具4棱。叶对生或三叶轮生，披针形或阔披针形，长4～6 cm，宽8～15 mm，顶端钝形或短尖，基部圆形或心形，有时略抱茎，全缘，无柄。花组成小聚伞花序，簇生，因花梗及总梗极短，因此花枝全形似一大型穗状花序；苞片阔披针形至三角状卵形，长5～12 mm；萼筒长5～8 mm，有纵棱12条，稍被粗毛，裂片6，三角形；附属体针状，直立，长1.5～2 mm；

图0624 千屈菜 *Lythrum salicaria*

花瓣 6，红紫色或淡紫色，倒披针状长椭圆形，基部楔形，长 7 ～ 8 mm，着生于萼筒上部，有短爪，稍皱缩；雄蕊 12，6 长 6 短，伸出萼筒之外；子房 2 室，花柱长短不一。蒴果扁圆形。

【拍摄地点】九集镇胡家棚村，海拔 139 m。

【生境分布】生于山谷阴湿地。分布于南漳九集、城关等乡镇。

【采收加工】夏、秋二季花期采收，除去杂质，晒干。

【药用部位】地上部分。

【性味归经】苦，寒。归大肠、肝经。

【功能主治】清热解毒，破血通经。用于湿热泄泻，痢疾，瘀滞经闭，便血，外伤出血等。

【用法用量】10 ～ 30 g。

116. 菱科 Trapaceae

菱属 Trapa L.

菱　菱角（图 0625）

Trapa bispinosa Roxb.

【形态特征】一年生浮水水生草本。根二型：着泥根细铁丝状，着生水底水中；同化根，羽状细裂，裂片丝状。茎柔弱分枝。叶二型：浮水叶互生，聚生于主茎或分枝茎的顶端，呈旋叠状镶嵌排列在水面呈莲座状的菱盘，叶片菱圆形或三角状菱圆形，长 3.5 ～ 4 cm，宽 4.2 ～ 5 cm，表面深亮绿色，无毛，背面灰褐色或绿色，主侧脉在背面稍突起，密被淡灰色或棕褐色短毛，脉间有棕色斑块，叶边缘中上部具不整齐的圆凹齿或锯齿，边缘中下部全缘，基部楔形或近圆形；叶柄中上部膨大不明显，长 5 ～ 17 cm，被棕色或淡灰色短毛；沉水叶小，早落。花小，单生于叶腋两性；萼筒 4 深裂，外面被淡黄色短毛；花瓣 4，白色；雄蕊 4；雌蕊，具半下位子房，2 心皮，2 室，每室具 1 倒生胚珠，仅 1 室胚珠发育；花盘鸡冠状。果三角状菱形，高 2 cm，宽 2.5 cm，表面具淡灰色长毛，2 肩角直伸或斜举，肩角长约 1.5 cm，刺角基部不明显粗大，腰角位置无刺角，丘状突起不明显，果喙不明显，果颈高 1 mm，直径 4 ～ 5 mm，内具 1 白种子。花期 5—10 月，果期 7—11 月。

图 0625　菱 *Trapa bispinosa*

【拍摄地点】巡检镇巡检司村，海拔 346 m。

【生境分布】生于池塘水中。分布于南漳巡检、城关、九集等乡镇。

【药用部位】果实。

【功能主治】健胃，止痢。用于痢疾便血，胃溃疡。

四角刻叶菱　细果野菱（图 0626）

Trapa incisa Sieb. et Zucc.

【形态特征】一年生浮水水生草本。根二型：着泥根细铁丝状，着生水底泥中；同化根，羽状细裂，裂片丝状，深灰绿色。茎细柔弱，分枝，长 80 ～ 150 cm。叶二型：浮水叶互生，聚生于主茎或分枝茎顶端，形成莲座状的菱盘，叶片三角状菱圆形，长 1.9 ～ 2.5 cm，宽 2 ～ 3 cm，表面深亮绿色，无毛或仅有少量短毛，叶背面绿色带紫，主侧脉稍明显，疏被少量的黄褐色短毛，脉间有茶褐色斑块，边缘中上部有不整齐的浅圆齿或牙齿，边缘中下部全缘，基部广楔形；沉水叶小，早落。花小，单生于叶腋，花柄长 1 ～ 2 cm，疏被淡褐色短毛；萼筒 4 深裂，裂片长约 4 mm，基部密被短毛，其中 1 对萼筒沿脊被毛，其余无毛；花瓣 4，白色，长约 7 mm；花盘全缘；雄蕊 4，花丝纤细，花药“丁”字形着生，内向；子房半下位，子房基部膨大，2 室，每室具 1 倒生胚珠，仅 1 室胚珠发育，花柱钻状，柱头头状。果三角形，高 1 ～ 1.2 cm，表面平滑，具 4 刺角，2 肩角细刺状、斜向上，角间端宽 2 ～ 2.5 cm，2 腰角较细短，锐刺状，斜下伸；果喙尖头帽状或细圆锥状，果颈高约 3 mm，无果顶冠；果柄长约 2.5 cm，疏被褐色短毛。花期 6—7 月，果期 8—9 月。

图 0626　四角刻叶菱 *Trapa incisa*

【拍摄地点】肖堰镇花庄村，海拔 189 m。

【生境分布】生于池塘水中。分布于南漳肖堰、板桥、城关等乡镇。

【药用部位】果实。

【功能主治】补脾健胃，生津止渴，解毒消肿。用于脾胃虚弱，泄泻，痢疾，暑热烦渴，饮酒过度，疮痈肿毒。

117. 石榴科 Punicaceae

石榴属 Punica

石榴　安石榴　花石榴（图 0627）

Punica granatum L.

【中药名】石榴皮*。

【形态特征】落叶灌木或乔木，高通常 3 ～ 5 m，稀达 10 m，枝顶常成尖锐长刺，幼枝具棱角，无毛，老枝近圆柱形。叶通常对生，纸质，矩圆状披针形，长 2 ～ 9 cm，顶端短尖、钝尖或微凹，基部短尖至稍钝形，上面光亮，侧脉稍细密；叶柄短。花大，1 ～ 5 朵生枝顶；萼筒长 2 ～ 3 cm，通常红色或淡黄色，裂片略外展，卵状三角形，长 8 ～ 13 mm，外面近顶端有 1 黄绿色腺体，边缘有小乳突；花瓣通常大，红色、黄色或白色，长 1.5 ～ 3 cm，宽 1 ～ 2 cm，顶端圆形；花丝无毛，长达 13 mm；花柱长超过雄蕊。浆果近球形，直径 5 ～ 12 cm，通常为淡黄褐色或淡黄绿色，有时白色，稀暗紫色。种子多数，钝角形，红色至乳白色，肉质的外种皮供食用。

【拍摄地点】巡检镇不二坪村，海拔1002 m。

【生境分布】栽培。分布于南漳各乡镇。

【采收加工】秋季果实成熟后收集果皮，晒干。

【药用部位】果皮。

【性味归经】酸、涩，温。归大肠经。

【功能主治】涩肠止泻，止血，驱虫。用于久泻，久痢，便血，脱肛，崩漏，带下，虫积腹痛。

【用法用量】3 ～ 9 g。

图 0627　石榴 *Punica granatum*

118. 柳叶菜科 Onagraceae

露珠草属 Circaea

露珠草　牛泷草（图 0628）

Circaea cordata Royle

【形态特征】粗壮草本，高20～150 cm，被平伸的长柔毛、镰状外弯的曲柔毛和顶端头状或棒状的腺毛，毛被通常较密；根状茎不具块茎。叶狭卵形至宽卵形，中部的长 4 ～ 11 cm，宽 2.3 ～ 7 cm，基部常心形，有时阔楔形至阔圆形或截形，先端短渐尖，边缘具锯齿至近全缘。单总状花序顶生，或基部具分枝，长 2 ～ 20 cm；花梗长 0.7 ～ 2 mm，与花序轴垂直生或在花序顶端簇生，被毛，基部有一极小的刚毛状小苞片；花芽或多或少被直或微弯稀具钩的长毛；花管长 0.6 ～ 1 mm；萼片卵形至阔卵形，长 2 ～ 3.7 mm，宽 1.4 ～ 2 mm，白色或淡绿色，开花时反曲，先端钝圆形，花瓣白色，倒卵形至阔倒卵形，长 1 ～ 2.4 mm，宽 1.2 ～ 3.1 mm，先端倒心形，凹缺深至花瓣长度的 1/2 ～ 2/3，花瓣裂片阔圆形；雄蕊伸展，略短于花柱或与花柱近等长；蜜腺不明显，全部藏于花管之内。果实斜倒卵形至透镜形，长 3 ～ 3.9 mm，直径 1.8 ～ 3.3 mm，2 室，具 2 种子，背面压扁，基部斜圆形或斜截形，边缘及子房室之间略显木栓质增厚，但不具明显的纵沟；成熟果实连果梗长 4.4 ～ 7 mm。花期 6—8 月，果期 7—9 月。

图 0628　露珠草 *Circaea cordata*

【拍摄地点】板桥镇宋家坪村，海拔 1064 m。

【生境分布】生于林下阴湿处。分布于南漳板桥、长坪、李庙等乡镇。

【药用部位】全草。

【功能主治】清热解毒。用于疥疮，脓疮，外伤。

谷蓼 水珠草（图 0629）

Circaea erubescens Franch. et Sav.

【形态特征】植株高 10 ～ 120 cm，无毛；根状茎上无块茎。叶披针形至卵形，稀阔卵形，长 2.5 ～ 10 cm，宽 1 ～ 6 cm，基部阔楔形至圆形或截形，稀近心形，先端短渐尖，边缘具锯齿。顶生总状花序不分枝或基部分枝，长 2 ～ 20 cm；花梗与花序轴垂直，基部通常无刚毛状小苞片，如有小苞片，则通常于果实成熟前脱落。花芽无毛；花管长 0.5 ～ 0.8 mm；萼片矩圆状椭圆形至披针形，长 0.6 ～ 2.5 mm，宽 0.8 ～ 1.2 mm，红色至紫红色，先端渐尖，开花时反曲；花瓣狭倒卵状菱形至阔倒卵状菱形或倒卵形，长 0.8 ～ 1.7 mm，宽 0.7 ～ 1 mm，粉红色，先端凹缺至花瓣长度的 1/10 至 1/5；花瓣裂片具细圆齿或具小的二级裂片；雄蕊短于花柱；蜜腺伸出于花管之外。果实长 1.7 ～ 3.2 mm，直径 1.2 ～ 2.1 mm，2 室，具 2 种子，倒卵形至阔卵形，略呈背向压扁，基部平滑地渐狭向果梗，纵沟不明显，但果实上有一狭槽至果梗之延伸部分；成熟果实连果梗长 6 ～ 12 mm。花期 6—9 月，果期 7—9 月。

图 0629 谷蓼 *Circaea erubescens*

【拍摄地点】李庙镇两河口村，海拔 196 m。

【生境分布】生于河谷、渗水隙缝及山涧路边。分布于南漳李庙镇。

【药用部位】全草。

【功能主治】祛风湿，止痛。用于风湿痹痛，跌打损伤。

柳叶菜属 Epilobium

柳叶菜 水朝阳花（图 0630）

Epilobium hirsutum L.

【形态特征】多年生粗壮草本，有时近基部木质化，在秋季自根颈常平卧生出长可达 1 m 多粗壮的地下匍匐根状茎，茎上疏生鳞片状叶，先端常生莲座状叶芽。茎高 25 ～ 120 cm，粗 3 ～ 12 mm，常在中上部多分枝，周围密被伸展长柔毛，常混生较短而直的腺毛，尤花序上如此，稀密被白色绵毛。叶草质，对生，茎上部的互生，无柄，并多少抱茎；茎生叶披针状椭圆形至狭倒卵形或椭圆形，稀狭披针形，长 4 ～ 12 cm，宽 0.3 ～ 3.5 cm，先端锐尖至渐尖，基部近楔形，边缘每侧具 20 ～ 50 枚细锯齿，两面被长柔毛，有时在背面混生短腺毛，稀背面密被绵毛或近无毛，侧脉常不明显，每侧 7 ～ 9 条。总状花序直立；苞片叶状。花直立，花蕾卵状长圆形，长 4.5 ～ 9 mm，直径 2.5 ～ 5 mm；子房灰绿色至紫色，长 2 ～ 5 cm，密被长柔毛与短腺毛，有时主要被腺毛，稀被绵毛并无腺毛；花梗长 0.3 ～ 1.5 cm；花管长 1.3 ～ 2 mm，直径 2 ～ 3 mm，在喉部有一圈长白毛；萼片长圆状线形，长 6 ～ 12 mm，宽 1 ～ 2 mm，背面隆起呈龙骨状，被毛同子房上的；花瓣常玫瑰红色或粉红色、紫红色，宽倒心形，长 9 ～ 20 mm，宽 7 ～ 15 mm，先端凹缺，深 1 ～ 2 mm；花药乳黄色，长圆形，长 1.5 ～ 2.5 mm，宽 0.6 ～ 1 mm；花丝外轮的长 5 ～ 10 mm，内轮的长 3 ～ 6 mm；花柱直立，长 5 ～ 12 mm，白色或粉红色，无毛，稀疏生长柔毛；柱头白色，4 深裂，裂片长圆形，长 2 ～ 3.5 mm，初时直立，彼此合生，开放时展开，不久下弯，外面无毛或有稀疏的毛，长稍高过雄蕊。蒴果长 2.5 ～ 9 cm，被毛同子房上的；果梗长 0.5 ～ 2 cm。种子倒卵状，长 0.8 ～ 1.2 mm，直径 0.35 ～ 0.6 mm，顶端具很短的喙，深褐色，表面具粗乳突；种缨长 7 ～ 10 mm，黄褐色或灰白色，易脱落。花期 6—8 月，果期 7—9 月。

图 0630　柳叶菜 *Epilobium hirsutum*

【拍摄地点】东巩镇石峡坪村，海拔 472 m。

【生境分布】生于灌丛、荒坡、路旁，常成片生长。分布于南漳东巩、李庙等乡镇。

【药用部位】全草。

【功能主治】祛风除湿，活血止血，止痛，生肌。用于跌打损伤。

沼生柳叶菜　独木牛　水湿柳叶菜（图 0631）

Epilobium palustre L.

【形态特征】多年生直立草本，自茎基部底下或地上生出纤细的越冬匍匐枝，长 5 ～ 50 cm，稀疏的节上生成对的叶，顶生肉质鳞芽，次年鳞叶变褐色，生茎基部。茎高 15 ～ 70 cm，粗 0.5 ～ 5.5 mm，不分枝或分枝，有时中部叶腋有退化枝，圆柱状，无棱线，周围被曲柔毛，有时下部近无毛。叶对生，花序上的互生，近线形至狭披针形，先端锐尖或渐尖，有时稍钝，基部近圆形或楔形，边缘全缘或每边有 5 ～ 9 枚不明显浅齿，侧脉每侧 3 ～ 5 条，不明显，下面脉上与边缘疏生曲柔毛或近无毛；叶柄缺或稀长

图 0631　沼生柳叶菜 *Epilobium palustre*

1 ～ 3 mm。花序花前直立或稍下垂，密被曲柔毛，有时混生腺毛。花近直立；花蕾椭圆状卵形，花管喉部近无毛或有一环稀疏的毛；萼片长圆状披针形，先端锐尖，密被曲柔毛与腺毛；花瓣白色至粉红色或玫瑰紫色，倒心形，先端的凹缺深 0.8 ～ 1 mm；花药长圆状；花柱直立，无毛，柱头棍棒状至近圆柱状，开花时稍伸出外轮花药。蒴果长 3 ～ 9 cm，被曲柔毛；果梗长 1 ～ 5 cm。种子菱形至狭倒卵状，顶端具长喙，褐色，表面具细小乳突；种缨灰白色或褐黄色，长 6 ～ 9 mm，不易脱落。花期 6—8 月，果期 8—9 月。

【拍摄地点】长坪镇孔家畈村，海拔 258 m。

【生境分布】生于湖塘、沼泽、河谷、溪沟旁与草地湿润处。分布于南漳长坪镇。

【药用部位】全草。

【功能主治】清热，疏风，镇咳，止泻。用于风热咳嗽，咽喉肿痛，支气管炎。

丁香蓼属 Ludwigia

草龙　线叶丁香蓼　细叶水丁香（图 0632）

Ludwigia hyssopifolia（G. Don）exell.

【形态特征】一年生直立草本；茎高 60～200 cm，粗 5 ～ 20 mm，基部常木质化，常三或四棱形，多分枝，幼枝及花序被微柔毛。叶披针形至线形，长 2 ～ 10 cm，宽 0.5 ～ 1.5 cm，先端渐狭或锐尖，基部狭楔形，侧脉每侧 9 ～ 16，在近边缘不明显环结，下面脉上疏被短毛；叶柄长 2 ～ 10 mm；托叶三角形，长约 1 mm，或不存在。花腋生，萼片 4，卵状披针形，长 2 ～ 4 mm，宽 0.5 ～ 1.8 mm，常有 3 纵脉，无毛或被短柔毛；花瓣 4，黄色，倒卵形或近椭圆形，长 2 ～ 3 mm，宽 1 ～ 2 mm，先端钝圆，基部楔形；雄蕊 8，淡绿黄色，花丝不等长，对萼的长 1 ～ 2 mm，对瓣生的长 0.5 ～ 1 mm；花盘稍隆起，围绕雄蕊基部有密腺；花柱淡黄绿色，长 0.8 ～ 1.2 mm；柱头头状，直径约 1 mm，顶端略凹，浅 4 裂，上部接受花粉。蒴果近无梗，幼时近四棱形，熟时近圆柱状，长 1 ～ 2.5 cm，直径 1.5 ～ 2 mm，上部 1/5 ～ 1/3 增粗，被微柔毛，果皮薄。种子在蒴果上部每室排成多列，游离生，在下部排成 1 列，牢固地嵌入一个近锥状盒子的硬内果皮里，近椭圆状，长约 0.6 mm，直径约 0.3 mm，两端多少锐尖，淡褐色，表面有纵横条纹，腹面有纵形种脊，长约为种子的 1/3。花果期几乎四季。

图 0632　草龙 *Ludwigia hyssopifolia*

【拍摄地点】李庙镇刘坪村，海拔 150 m。

【生境分布】生于田边、水沟、河滩、塘边、湿草地等湿润向阳处。分布于南漳各乡镇。

【药用部位】全草。

【功能主治】清热解毒，去腐生肌。用于感冒，咽喉肿痛，疮疥等。

月见草属 Oenothera

黄花月见草 月见草（图 0633）

Oenothera glazioviana Mich.

【形态特征】直立二年生至多年生草本，具粗大主根；茎高 70 ～ 150 cm，粗 6 ～ 20 mm，不分枝或分枝，常密被曲柔毛与疏生伸展长毛，在茎枝上部常密混生短腺毛。基生叶莲座状，倒披针形，长 15 ～ 25 cm，宽 4 ～ 5 cm，先端锐尖或稍钝，基部渐狭并下延为翅，边缘自下向上有远离的浅波状齿，侧脉 5 ～ 8 对，白色或红色，上部深绿色至亮绿色，两面被曲柔毛与长毛；叶柄长 3 ～ 4 cm；茎生叶螺旋状互生，狭椭圆形至披针形，自下向上变小，长 5 ～ 13 cm，宽 2.5 ～ 3.5 cm，先端锐尖或稍钝，基部楔形，边缘疏生远离的齿突，侧脉 8 ～ 2 对，毛被同基生叶的；叶柄长 2 ～ 15 mm，向上变短。花序穗状，生茎枝顶，密生曲柔毛、长毛与短腺毛；苞片卵形至披针形，无柄，长 1 ～ 3.5 cm，宽 5 ～ 12 mm，毛被同花序上的。花蕾锥状披针形，斜展，长 2.5 ～ 4 cm，直径 5 ～ 7 mm，顶端具长约 6 mm 的喙；花管长 3.5 ～ 5 cm，粗 1 ～ 1.3 mm，疏被曲柔毛、长毛与腺毛；萼片黄绿色，狭披针形，长 3 ～ 4 cm，宽 5 ～ 6 mm，先端尾状，彼此靠合，开花时反折，毛被同花管的，但较密；花瓣黄色，宽倒卵形，长 4 ～ 5 cm，宽 4 ～ 5.2 cm，先端钝圆或微凹；花丝近等长，长 1.8 ～ 2.5 cm；花药长 10 ～ 12 mm；花粉约 50% 发育；子房绿色，圆柱状，具 4 棱，长 8 ～ 12 mm，直径 1.5 ～ 2 mm，毛被同萼片上的；花柱长 5 ～ 8 cm，伸出花管部分长 2 ～ 3.5 cm；柱头开花时伸出花药，裂片长 5 ～ 8 mm。蒴果锥状圆柱形，向上变狭，长 2.5 ～ 3.5 cm，直径 5 ～ 6 mm，具纵棱与红色的槽，毛被同子房，但较稀疏。种子菱形，长 1.3 ～ 2 mm，直径 1 ～ 1.5 mm，褐色，具棱角，各面具不整齐洼点，有约一半败育。花期 5—10 月，果期 8—12 月。

图 0633 黄花月见草 *Oenothera glazioviana*

【拍摄地点】九集镇彭家营村，海拔 79 m。

【生境分布】生于开旷荒地、田园路边。分布于南漳九集镇。

【药用部位】种子。

【功能主治】活血通络，息风平肝，消肿敛疮。用于胸痹心痛，中风偏瘫，虚风内动，小儿多动。

119. 八角枫科 Alangiaceae

八角枫属 Alangium

八角枫 华瓜木 八角王（图 0634）

Alangium chinense（Lour.）Harms

【中药名】八角枫*。

图 0634 八角枫 *Alangium chinense*

【形态特征】落叶乔木或灌木，高 3 ～ 5 m，稀达 15 m，胸高直径 20 cm；小枝略呈“之”字形，幼枝紫绿色，无毛或有稀疏的疏柔毛，冬芽锥形，生于叶柄的基部内，鳞片细小。叶纸质，近圆形或椭圆形、卵形，顶端短锐尖或钝尖，基部两侧常不对称，一侧微向下扩张，另一侧向上倾斜，阔楔形、截形、稀近于心形，长 13 ～ 19 cm，宽 9 ～ 15 m，叶上面深绿色，无毛，下面淡绿色，除脉腋有丛状毛外，其余部分近无毛；基出脉 3 ～ 5 对，呈掌状，侧脉 3 ～ 5 对；叶柄长 2.5 ～ 3.5 cm，紫绿色或淡黄色，幼时有微柔毛，后无毛。聚伞花序腋生，长 3 ～ 4 cm，被稀疏微柔毛，有 7 ～ 30 花，花梗长 5 ～ 15 mm；小苞片线形或披针形，长 3 mm，常早落；总花梗长 1 ～ 1.5 cm，常分节；花冠圆筒形，长 1 ～ 1.5 cm，花萼长 2 ～ 3 mm，顶端分裂为 5 ～ 8 枚齿状萼片，长 0.5 ～ 1 mm，宽 2.5 ～ 3.5 mm；花瓣 6 ～ 8，线形，长 1 ～ 1.5 cm，宽 1 mm，基部黏合，上部开花后反卷，外面有微柔毛，初为白色，后变黄色；雄蕊和花瓣同数而近等长，花丝略扁，长 2 ～ 3 mm，有短柔毛，花药长 6 ～ 8 mm，药隔无毛，外面有时有褶皱；花盘近球形；子房 2 室，花柱无毛，疏生短柔毛，柱头头状，常 2 ～ 4 裂。核果卵圆形，长 5 ～ 7 mm，直径 5 ～ 8 mm，幼时绿色，成熟后黑色，顶端有宿存的萼齿和花盘，种子 1 颗。花期 5—7 月和 9—10 月，果期 7—11 月。

【拍摄地点】李庙镇北沟村，海拔 609 m。

【生境分布】生于向阳山坡、路旁，或栽培。分布于南漳各乡镇。

【采收加工】全年均可采收，挖取直径 8 mm 以下的侧根及须根，除去泥沙，晒干。

【药用部位】侧根及须根。

【性味归经】辛，微温；有小毒。归肝、肾、心经。

【功能主治】祛风除湿，舒筋活络，散瘀止痛。用于风湿痹痛，四肢麻木，跌打损伤。

【用法用量】须根 1.5 ～ 3 g，侧根 3 ～ 6 g。外用适量，煎水洗或捣烂敷患处。孕妇忌服。老弱幼及心肺功能不全者慎用。

120. 蓝果树科 Nyssaceae

喜树属 Camptotheca

喜树　旱莲木　千丈树（图 0635）

Camptotheca acuminata Decne.

【中药名】喜树果*。

【形态特征】落叶乔木，高达 20 余米。树皮灰色或浅灰色，纵裂呈浅沟状。小枝圆柱形，平展，当年生枝紫绿色，有灰色微柔毛，多年生枝淡褐色或浅灰色，无毛，有很稀疏的圆形或卵形皮孔；冬芽腋生，锥状，有 4 对卵形的鳞片，外面有短柔毛。叶互生，纸质，矩圆状卵形或矩圆状椭圆形，长 12 ～ 28 cm，宽 6 ～ 12 cm，顶端短锐尖，基部近圆形或阔楔形，全缘，上面亮绿色，幼时脉上有短柔毛，其后无毛，下面淡绿色，疏生短柔毛，叶脉上更密，中脉在上面微下凹，在下面凸起，侧脉 11 ～ 15 对，在上面显著，在下面略凸起；叶柄长 1.5 ～ 3 cm，上面扁平或略呈浅沟状，下面圆形，幼时有微柔毛，其后几无毛。头状花序近球形，直径 1.5 ～ 2 cm，常由 2 ～ 9 个头状花序组成圆锥花序，顶生或腋生，通常上部为雌花序，下部为雄花序，总花梗圆柱形，长 4 ～ 6 cm，幼时有微柔毛，其后无毛。花杂性，同株；苞片 3 枚，三角状卵形，长 2.5 ～ 3 mm，内外两面均有短柔毛；花萼杯状，5 浅裂，裂片齿状，边缘毛状；花瓣 5 枚，淡绿色，矩圆形或矩圆状卵形，顶端锐尖，长 2 mm，外面密被短柔毛，早落；花盘显著，微裂；雄蕊 10，外轮 5 枚较长，常长于花瓣，内轮 5 枚较短，花丝纤细，无毛，花药 4 室；子房在两性花中发育良好，下位，花柱无毛，长 4 mm，顶端通常分 2 枝。翅果矩圆形，长 2 ～ 2.5 cm，顶端具宿存的花盘，两侧具窄翅，幼时绿色，干燥后黄褐色，着生成近球形的头状果序。花期 5—7 月，果期 9 月。

图 0635 喜树 *Camptotheca acuminata*

【拍摄地点】国营七里山林场，海拔 211 m。

【生境分布】生于林缘、路旁，或栽培。分布于南漳城关、九集、李庙等乡镇。

【采收加工】秋季果实成熟尚未脱落时采收，除去杂质，晒干。

【药用部位】成熟果实。

【性味归经】苦、涩，寒；有毒。归脾、胃、肝经。

【功能主治】破血化瘀，消肿散结。用于癥瘕积聚，胁下痞块，痈疖肿毒，顽癣。

【用法用量】3 ～ 6 g。或研末吞服，0.9 ～ 1.8 g。外用适量，研末涂患处。

121. 山茱萸科 Cornaceae

桃叶珊瑚属 Aucuba

狭叶桃叶珊瑚 五爪金龙（图 0636）

Aucuba chinensis var. *angusta* F. T. Wang

【形态特征】常绿小乔木或灌木，高 3 ～ 6 m；小枝粗壮，二歧分枝，绿色，光滑；皮孔白色，长椭圆形或椭圆形，较稀疏；叶痕大，显著。冬芽球状，鳞片 4 对，交互对生，外轮较短，卵形，其余为阔椭圆形，内二轮外侧先端被柔毛。叶片厚革质，较狭窄，常呈线状披针形，长 7 ～ 25 cm，宽 1.5 ～ 3.5 cm；叶柄长 2 ～ 4 cm，粗壮，光滑。圆锥花序顶生，花序梗被柔毛，雄花序长 5 cm 以上；雄花绿色，紫红色花萼先端 4 齿裂，无毛或被疏柔毛；花瓣 4，长圆形或卵形，长 3 ～ 4 mm，宽 2 ～ 2.5 mm，外侧被疏毛或无毛，先端具短尖头；雄蕊 4，长约 3 mm，着生于花盘外侧，花药黄色，2 室；花盘肉质，微 4 棱；花梗长约 3 mm，被柔毛；苞片 1，披针形，长 3 mm，外侧被疏柔毛。雌花序较雄花序短，长 4 ～ 5 cm，花萼及花瓣近于雄花，子房圆柱形，花柱粗壮，柱头头状，微偏斜；花盘肉质，微 4 裂；花下具 2 小苞片，披针形，长 4 ～ 6 mm，边缘具毛；花下具关节，被柔毛。幼果绿色，成熟为鲜红色，圆柱状或卵状，长 1.4 ～ 1.8 cm，直径 8 ～ 10 mm，萼片、花柱及柱头均宿存于核果上端。花期 1—2 月；果熟期达翌年 2 月，常与一二年生果序同存于枝上。

图 0636 狭叶桃叶珊瑚 *Aucuba chinensis* var. *angusta*

【拍摄地点】板桥镇龙瑞村，海拔 1234 m。

【生境分布】生于阔叶林下。分布于南漳板桥镇，偶见。

【药用部位】枝和根。

【功能主治】强筋壮骨，活血止痛。用于劳伤腰痛，筋骨酸软，跌打瘀肿，骨折。

梾木属 Swida

红椋子（图 0637）

Swida hemsleyi（Schneid. et Wanger.）Sojak

图 0637 红椋子 *Swida hemsleyi*

【形态特征】灌木或小乔木；树皮红褐色或黑灰色；幼枝红色，略有四棱，被贴生短柔毛；老枝紫红色至褐色，无毛，有圆形黄褐色皮孔。冬芽顶生和腋生，狭圆锥形，疏被白色短柔毛。叶对生，纸质，卵状椭圆形，先端渐尖或短渐尖，基部圆形，稀宽楔形，有时两侧不对称，边缘微波状，上面深绿色，有贴生短柔毛，下面灰绿色，微粗糙，密被白色贴生短柔毛及乳头状突起，沿叶脉有灰白色及浅褐色短柔毛，中脉在上面凹下，下面凸起，侧脉 6 ～ 7 对，弓形内弯，在上面凹下，下面凸出，脉腋多少具有灰白色及浅褐色丛毛，细脉网状，在上面稍凹下，下面略显明；叶柄细长，淡红色，幼时被灰色及浅褐色贴生短柔毛，上面有浅沟，下面圆形。伞房状聚伞花序顶生，微扁平，被浅褐色短柔毛；总花梗被淡红褐色贴生短柔毛；花小，白色；花萼裂片 4，卵状至长圆状舌形；雄蕊 4，与花瓣互生，伸出花外，花丝线形，白色，无毛，花药 2 室，卵状长圆形，浅蓝色至灰白色，“丁”字形着生；花盘垫状，无毛或略有小柔毛，边缘波状；花柱圆柱形，稀被贴生短柔毛，柱头盘状扁头形，稍宽于花柱，略有 4 浅裂，子房下位，花托倒卵形，密被灰色及浅褐色贴生短柔毛；花梗细圆柱形，有浅褐色短柔毛。核果近于球形，黑色，疏被贴生短柔毛；核骨质，扁球形，有不明显的肋纹 8 条。花期 6 月，果期 9 月。

【拍摄地点】长坪镇赵岭村，海拔 1110 m。

【生境分布】生于山坡林中。分布于南漳长坪镇。

【药用部位】树皮。

【功能主治】祛风止痛，舒筋活络。用于风湿痹痛，劳伤腰腿痛，肢体瘫痪。

小梾木　酸皮条（图 0638）

Swida paucinervis（Hance）Sojak

图 0638　小梾木 *Swida paucinervis*

【形态特征】落叶灌木；树皮灰黑色，光滑；幼枝对生，绿色或带紫红色，略具 4 棱，被灰色短柔毛，老枝褐色，无毛。冬芽顶生及腋生，圆锥形至狭长形，被疏生短柔毛。叶对生，纸质，椭圆状披针形、披针形，稀长圆卵形，先端钝尖或渐尖，基部楔形，全缘，上面深绿色，散生平贴短柔毛，下面淡绿色，被较少灰白色的平贴短柔毛或近于无毛，中脉在上面稍凹陷，下面凸出，被平贴短柔毛，侧脉通常 3 对，稀 2 或 4 对，平行斜伸或在近边缘处弓形内弯，在上面明显，下面稍凸起；叶柄黄绿色，被贴生灰色短柔毛，上面有浅沟，下面圆形。伞房状聚伞花序顶生，被灰白色贴生短柔毛；总花梗圆柱形，略有棱角，密被贴生灰白色短柔毛；花小，白色至淡黄白色；花萼裂片 4，披针状三角形至尖三角形，长于花盘，淡绿色，外侧被紧贴的短柔毛；花瓣 4，狭卵形至披针形，先端急尖，质地稍厚，上面无毛，下面有贴生短柔毛；雄蕊 4，花丝淡白色，无毛，花药长圆卵形，2 室，淡黄白色，“丁”字形着生；花盘垫状，略有浅裂；子房下位，花托倒卵形，密被灰白色平贴短柔毛，花柱棍棒形，淡黄白色，近于无毛，柱头小，截形，略有 3～4 个小突起；花梗细，圆柱形，被灰色及少数褐色贴生短柔毛。核果圆球形，成熟时黑色；核近于球形，骨质，有 6 条不明显的肋纹。花期 6—7 月，果期 10—11 月。

【拍摄地点】巡检镇沉河滩村，海拔 294 m。

【生境分布】生于溪边或河岸上。分布于南漳巡检、东巩等乡镇。

【药用部位】全株。

【功能主治】清热解表，止痛。用于感冒头痛，风湿性关节痛；外用治烫火伤。

毛梾　车梁木（图 0639）

Swida walteri（Wanger.）Sojak

【形态特征】落叶乔木；树皮厚，黑褐色，纵裂而又横裂呈块状；幼枝对生，绿色，略有棱角，密被贴生灰白色短柔毛，老后黄绿色，无毛。冬芽腋生，扁圆锥形，被灰白色短柔毛。叶对生，纸质，椭圆形、长圆椭圆形或阔卵形，先端渐尖，基部楔形，有时稍不对称，上面深绿色，稀被贴生短柔毛，下面淡绿色，密被灰白色贴生短柔毛，中脉在上面明显，下面凸出，侧脉 4～5 对，弓形内弯，在上面稍明显，下面凸起；叶柄幼时被有短柔毛，后渐无毛，上面平坦，下面圆形。伞房状聚伞花序顶生，花密，被灰白色短柔毛；花白色，有香味；花萼裂片 4，绿色，齿状三角形，与花盘近于等长，外侧被有黄白色短柔毛；花瓣 4，长圆状披针形，上面无毛，下面有贴生短柔毛；雄蕊 4，无毛，花丝线形，微扁，花药淡黄色，长圆卵形，2 室，“丁”字形着生；花盘明显，垫状或腺体状，无毛；花柱棍棒形，被有稀疏的贴生短柔毛，柱头小，头状，子房下位，花托倒卵形，密被灰白色贴生短柔毛；花梗细圆柱形，有稀疏短柔毛。核果球形，成熟时黑色，近于无毛；核骨质，扁圆球形，有不明显的肋纹。花期 5 月，果期 9 月。

图 0639 毛梾 *Swida walteri*

【拍摄地点】肖堰镇云盘村，海拔 476 m。

【生境分布】生于杂木林或密林下。分布于南漳肖堰、城关等乡镇。

【药用部位】枝叶，果实。

【功能主治】清热解毒。外用鲜叶捣敷，治疗漆疮。

四照花属 Dendrobenthamia

四照花 山荔枝（图 0640）

Dendrobenthamia japonica var. *chinensis*（Osborn）Fang

【形态特征】落叶小乔木；小枝纤细，幼时淡绿色，微被灰白色贴生短柔毛，老时暗褐色。叶对生，薄纸质，卵形或卵状椭圆形，先端渐尖，有尖尾，基部宽楔形或圆形，边缘全缘或有明显的细齿，上面绿色，疏生白色细伏毛，下面淡绿色，被白色贴生短柔毛，脉腋具黄色的绢状毛，中脉在上面明显，下面凸出，侧脉 4～5 对，在上面稍明显或微凹下，在下面微隆起；叶柄细圆柱形，被白色贴生短柔毛，上面有浅沟，下面圆形。头状花序球形，由 40～50 朵花聚集而成；总苞片 4，白色，卵形或卵状披针形，先端渐尖，两面近于无毛；总花梗纤细，被白色贴生短

图 0640 四照花 *Dendrobenthamia japonica* var. *chinensis*

柔毛；花小，花萼管状，上部 4 裂，裂片钝圆形或钝尖形，外侧被白色细毛，内侧微被白色短柔毛；花瓣和雄蕊未详；花盘垫状；子房下位，花柱圆柱形，密被白色粗毛。果序球形，成熟时红色，微被白色细毛；总果梗纤细，近于无毛。

【拍摄地点】长坪镇赵岭村，海拔 1329 m。

【生境分布】生于林内及山谷、溪流旁。分布于南漳长坪、李庙、巡检等乡镇。

【药用部位】叶，花。

【功能主治】清热解毒，收敛止血。用于痢疾，肝炎，水火烫伤，外伤出血。

山茱萸属 Cornus

山茱萸　枣皮（图 0641）

Cornus officinalis Sieb. et Zucc.

【中药名】山茱萸*。

图 0641　山茱萸 *Cornus officinalis*

【形态特征】落叶乔木或灌木；树皮灰褐色；小枝细圆柱形，无毛或稀被贴生短柔毛，冬芽顶生及腋生，卵形至披针形，被黄褐色短柔毛。叶对生，纸质，卵状披针形或卵状椭圆形，先端渐尖，基部宽楔形或近于圆形，全缘，上面绿色，无毛，下面浅绿色，稀被白色贴生短柔毛，脉腋密生淡褐色丛毛，中脉在上面明显，下面凸起，近于无毛，侧脉 6 ～ 7 对，弓形内弯；叶柄细圆柱形，上面有浅沟，下面圆形，稍被贴生疏柔毛。伞形花序生于枝侧，有总苞片 4，卵形，厚纸质至革质，带紫色，两侧略被短柔毛，开花后脱落；总花梗粗壮，微被灰色短柔毛；花小，两性，先叶开放；花萼裂片 4，阔三角形，与花盘等长或稍长，无毛；花瓣 4，舌状披针形，黄色，向外反卷；雄蕊 4，与花瓣互生，花丝钻形，花药椭圆形，2 室；花盘垫状，无毛；子房下位，花托倒卵形，密被贴生疏柔毛，花柱圆柱形，柱头截形；花梗纤细，密被疏柔毛。核果长椭圆形，长 1.2 ～ 1.7 cm，直径 5 ～ 7 mm，红色至紫红色；核骨质，狭椭圆形，长约 12 mm，有几条不整齐的肋纹。花期 3—4 月，果期 9—10 月。

【拍摄地点】城关镇凉泉村，海拔 605 m。

【生境分布】生于林中或栽培。分布于南漳薛坪、板桥、肖堰等乡镇。

【采收加工】秋末冬初果皮变红时采收果实，用文火烘或置沸水中略烫后，及时除去果核，干燥。

【药用部位】成熟果肉。

【性味归经】酸、涩，微温。归肝、肾经。

【功能主治】补益肝肾，收涩固脱。用于眩晕耳鸣，腰膝酸痛，阳痿遗精，遗尿尿频，崩漏带下，大汗虚脱，内热消渴。

【用法用量】6 ～ 12 g；煎汤内服或入丸、散。

【附注】2019 年南漳山茱萸被评为“湖北省道地药材一县一品优势品种”，年产量约 200 吨。薛坪、板桥、肖堰为南漳山茱萸的主产区。

青荚叶属 Helwingia

中华青荚叶　叶上珠（图 0642）

Helwingia chinensis Batal.

【形态特征】常绿灌木；树皮深灰色或淡灰褐色；幼枝纤细，紫绿色。叶革质、近于革质，稀厚纸质，线状披针形或披针形，先端长渐尖，基部楔形或近于圆形，边缘具稀疏腺状锯齿，叶面深绿色，下面淡绿色，侧脉 6～8 对，在上面不显，下面微显；托叶纤细。雄花 4～5 枚成伞形花序，生于叶面中脉中部或幼枝上段，花 3～5 朵；花萼小，花瓣卵形；雌花 1～3 枚生于叶面中脉中部，花梗极短；子房卵圆形，柱头 3～5 裂。果实具分核 3～5 枚，长圆形，幼时绿色，成熟后黑色。花期 4—5 月，果期 8—10 月。

【拍摄地点】长坪镇朝阳村，海拔 1229 m。

图 0642　中华青荚叶 *Helwingia chinensis*

【生境分布】生于林下。分布于南漳长坪、板桥等乡镇。

【药用部位】全株。

【功能主治】活血化瘀，清热解毒。用于跌打损伤，骨折，风湿性关节炎，胃痛，痢疾，月经不调；外用治烧烫伤，疮疖痈肿，毒蛇咬伤。

青荚叶　叶上珠　叶上花（图 0643）

Helwingia japonica（Thunb.）Dietr.

【中药名】小通草*。

【形态特征】落叶灌木，高 1～2 m；幼枝绿色，无毛，叶痕显著。叶纸质，卵形、卵圆形，稀椭圆形，长 3.5～9 cm，宽 2～6 cm，先端渐尖，极稀尾状渐尖，基部阔楔形或近于圆形，边缘具刺状细锯齿；叶上面亮绿色，下面淡绿色；中脉及侧脉在上面微凹陷，下面微突出；叶柄长 1～5 cm；托叶线状分裂。花淡绿色，3～5 朵，花萼小，花瓣长 1～2 mm，镊合状排列；雄花 4～12 成伞形或密伞花序，常着生于叶上面中脉的 1/3～1/2 处，稀着生于幼枝上部；花梗长 1～2.5 mm；雄蕊 3～5，生于花盘内侧；雌花 1～3 枚，着生于叶上面中脉的 1/3～1/2 处；花梗长 1～5 mm；子房卵圆形或球形，柱头 3～5 裂。浆果幼时绿色，成熟后黑色，分核 3～5 枚。花期 4—5 月，果期 8—9 月。

【拍摄地点】长坪镇赵岭村，海拔 1090 m。

【生境分布】生于林中，喜阴湿及肥沃的土壤。分布于南漳长坪、薛坪等乡镇。

【采收加工】秋季割取茎，截成段，趁鲜取出髓部，理直，晒干。

【药用部位】茎髓。

【性味归经】甘、淡，寒。归肺、胃经。

【功能主治】清热，利尿，下乳。用于小便不利，淋证，乳汁不下。

【用法用量】3 ～ 6 g。

图 0643 青荚叶 *Helwingia japonica*

图 0644 细柱五加 *Eleutherococcus nodiflorus*

122. 五加科 Araliaceae

五加属 **Eleutherococcus**

细柱五加 **南五加（图 0644）**

Eleutherococcus nodiflorus（Dunn）S. Y. Hu

【中药名】五加皮 *。

【形态特征】灌木；枝灰棕色，软弱而下垂，蔓生状，无毛，节上通常疏生反曲扁刺。叶有小叶 5，稀 3 ～ 4，在长枝上互生，在短枝上簇生；叶柄无毛，常有细刺；小叶片膜质至纸质，倒卵形至倒披针形，先端尖至短渐尖，基部楔形，两面无毛或沿脉疏生刚毛，边缘有细钝齿，侧脉 4 ～ 5 对，两面均明显，下面脉腋间有淡棕色簇毛，网脉不明显；几无小叶柄。伞形花序单个稀 2 个腋生，或顶生在短枝上，有花多数；总花梗无毛；花梗细长，无毛；花黄绿色；萼边缘近全缘或有 5 小齿；花瓣 5，长圆状卵形，先端尖；雄蕊 5；子房 2 室；花柱 2，细长，离生或基部合生。果实扁球形，黑色；宿存花柱长 2 mm，反曲。花期 4—8 月，果期 6—10 月。

【拍摄地点】九集镇双泉村，海拔 242 m。

【生境分布】生于灌丛、林缘、山坡路旁和村落中。分布于南漳九集、李庙、板桥等乡镇。

【采收加工】夏、秋二季采挖根部，洗净，剥取根皮，晒干。

【药用部位】根皮。

【性味归经】辛、苦，温。归肝、肾经。

【功能主治】祛风除湿，补益肝肾，强筋壮骨，利水消肿。用于风湿痹病，筋骨痿软，小儿行迟，体虚乏力，水肿，脚气。

【用法用量】水煎内服，5 ～ 10 g。

白簕 三叶五加（图 0645）

Eleutherococcus trifoliatus（Linnaeus）S. Y. Hu

图 0645 白簕 *Eleutherococcus trifoliatus*

【形态特征】灌木；枝软弱铺散，常依持他物上升，老枝灰白色，新枝黄棕色，疏生下向刺；刺基部扁平，先端钩曲。叶有小叶 3，稀 4 ～ 5；叶柄有刺或无刺，无毛；小叶片纸质，稀膜质，椭圆状卵形至椭圆状长圆形，稀倒卵形，先端尖至渐尖，基部楔形，两侧小叶片基部歪斜，两面无毛，或上面脉上疏生刚毛，边缘有细锯齿或钝齿，侧脉 5 ～ 6 对，明显或不甚明显，网脉不明显；小叶柄有时几无小叶柄。伞形花序多由 3 ～ 10 个组成顶生复伞形花序或圆锥花序，有花多数，稀少数；花梗细长，无毛；花黄绿色；萼无毛，边缘有 5 个三角形小齿；花瓣 5，三角状卵形，开花时反曲；雄蕊 5；子房 2 室；花柱 2，基部或中部以下合生。果实扁球形，黑色。花期 8—11 月，果期 9—12 月。

【拍摄地点】巡检镇甘河村，海拔 371 m。

【生境分布】生于山坡路旁、林缘和灌丛中。分布于南漳巡检、板桥等乡镇。

【药用部位】根或根皮。

【功能主治】清热解毒，祛风利湿，活血舒筋。用于感冒发热，咽痛，头痛，咳嗽胸痛，胃脘疼痛，泄泻，痢疾，胁痛，黄疸，石淋，带下，风湿痹痛，跌打骨折，疮疡肿毒，蛇虫咬伤。

楤木属 Aralia

楤木 鹊不踏 虎阳刺（图 0646）

Aralia chinensis L.

图 0646 楤木 *Aralia chinensis*

【中药名】刺老包*。

【形态特征】灌木或乔木；树皮灰色，疏生粗壮直刺；小枝通常淡灰棕色，有黄棕色茸毛，疏生细刺。叶为二回或三回羽状复叶；叶柄粗壮；托叶与叶柄基部合生，纸质，耳廓形，叶轴无刺或有细刺；羽片有小叶 5 ～ 11，稀 13，基部有小叶 1 对；小叶片纸质至薄革质，卵形、阔卵形或长卵圆形，先端渐尖或短渐尖，基部圆形，上面粗糙，疏生糙毛，下面有淡黄色或灰色短柔毛，脉上更密，边缘有锯齿，稀为细锯齿或不整齐粗重锯齿，侧脉 7 ～ 10 对，两面均明显，网脉在上面不甚明显，下面明显；小叶无柄或有柄，顶生小叶柄。圆锥花序大；分枝密生淡黄棕色或灰色短柔毛；伞形花序，有花多数；总花梗密生短柔毛；苞片锥形，膜质，外面有毛；花梗密生短柔毛，稀为疏毛；花白色，芳香；萼无毛，边缘有5个三角形小齿；花瓣5，卵状三角形；雄蕊5，花丝长约3 mm；子房5室；花柱5，离生或基部合生。果实球形，黑色，有5棱；宿存花柱离生或合生至中部。花期7—9月，果期9—12月。

【拍摄地点】李庙镇付家坪村，海拔512 m。

【生境分布】生于森林、灌丛或林缘路边。分布于南漳城关、李庙、长坪等乡镇。

【采收加工】全年均可采挖，除去泥沙，剥取根皮，晒干。

【药用部位】根皮。

【性味归经】辛，平；有小毒。归肝、心、脾经。

【功能主治】祛风除湿，利尿消肿，活血止痛。用于风湿痹痛，水肿淋浊，黄疸胁痛，跌打损伤，疮痈肿毒，瘰疬。

【用法用量】15～30 g。

常春藤属 Hedera

常春藤　爬树藤　爬墙虎（图0647）

Hedera nepalensis var. *sinensis*（Tobl.）Rehd.

【中药名】常春藤*。

【形态特征】常绿攀援灌木；茎灰棕色或黑棕色，有气生根；一年生枝疏生锈色鳞片，鳞片通常有10～20条辐射肋。叶片革质，在不育枝上通常为三角状卵形或三角状长圆形，稀三角形或箭形，先端短渐尖，基部截形，稀心形，边缘全缘或3裂，花枝上的叶片通常为椭圆状卵形至椭圆状披针形，略歪斜而带菱形，稀卵形或披针形，极稀为阔卵形、圆卵形或箭形，先端渐尖或长渐尖，基部楔形或阔楔形，稀圆形，全缘或有1～3浅裂，上面深绿色，有光泽，下面淡绿色或淡黄绿色，无毛或疏生鳞片，侧脉和网脉两面均明显；叶柄细长，有鳞片，无托叶。伞形花序单个顶生，或2～7个总状排列或伞房状排列成圆锥花序，有花5～40朵；总花梗通常有鳞片；苞片小，三角形；花淡黄白色或淡绿白色，芳香；萼密生棕色鳞片，边缘近全缘；花瓣5，三角状卵形，外面有鳞片；雄蕊5，花药紫色；子房5室；花盘隆起，黄色；花柱全部合生呈柱状。果实球形，红色或黄色。花期9—11月，果期次年3—5月。

图0647　常春藤 *Hedera nepalensis* var. *sinensis*

【拍摄地点】城关镇凉泉村，海拔567 m。

【生境分布】常攀援于林缘树木、林下路旁、岩石和房屋墙壁上，庭园中也常栽培。分布于南漳各乡镇。

【采收加工】春、秋二季采收，干燥。

【药用部位】带叶藤茎。
【性味归经】苦、涩，平。归肾经。
【功能主治】祛风除湿，活血通络，消肿止痛。用于风湿痹痛，瘫痪麻木，吐血，咯血，衄血，湿疹等。
【用法用量】5 ～ 10 g。

刺楸属 Kalopanax

刺楸　鸟不宿　丁桐皮（图 0648）

Kalopanax septemlobus（Thunb.）Koidz.

图 0648　刺楸 *Kalopanax septemlobus*

【形态特征】落叶乔木，树皮暗灰棕色；小枝淡黄棕色或灰棕色，散生粗刺；刺基部宽阔扁平。叶片纸质，在长枝上互生，在短枝上簇生，圆形或近圆形，掌状 5 ～ 7 浅裂，裂片阔三角状卵形至长圆状卵形，长不及全叶片的 1/2，茁壮枝上的叶片分裂较深，裂片长超过全叶片的 1/2，先端渐尖，基部心形，上面深绿色，无毛或几无毛，下面淡绿色，幼时疏生短柔毛，边缘有细锯齿，放射状主脉 5 ～ 7 条，两面均明显；叶柄细长，无毛。圆锥花序大；伞形花序，有花多数；总花梗细长，无毛；花梗细长，无关节，无毛或稍有短柔毛；花白色或淡绿黄色；萼无毛，边缘有 5 小齿；花瓣 5，三角状卵形；雄蕊 5；子房 2 室，花盘隆起；花柱合生呈柱状，柱头离生。果实球形，蓝黑色。花期 7—10 月，果期 9—12 月。
【拍摄地点】巡检镇刘家坡村，海拔 968 m。
【生境分布】生于向阳山坡、灌木林中和林缘。分布于南漳巡检、李庙、长坪等乡镇。
【药用部位】树皮或根皮。
【功能主治】祛风利湿，活血止痛。用于风湿腰膝酸痛，肾炎水肿，跌打损伤，内痔便血。

梁王茶属 Nothopanax

异叶梁王茶　树五加（图 0649）

Nothopanax davidii（Franch.）Harms ex Diels

【形态特征】灌木或乔木。叶为单叶，稀在同一枝上有 3 小叶的掌状复叶；叶片薄革质至厚革质，长圆状卵形至长圆状披针形，或三角形至卵状三角形，不分裂、掌状 2 ～ 3 浅裂或深裂，先端长渐尖，基部阔楔形或圆形，有主脉 3 条，上面深绿色，有光泽，下面淡绿色，两面均无毛，边缘疏生细锯齿，有时为锐尖锯齿，侧脉 6 ～ 8 对，上面明显，下面不明显，网脉不明显；小叶片披针形，几无小叶柄。圆锥花序顶生；伞形花序直径约 2 cm，有花 10 余朵；花梗有关节；花白色或淡黄色，芳香；萼无毛，边缘有 5 小齿；

花瓣 5，三角状卵形；雄蕊 5；子房 2 室，花盘稍隆起；花柱 2，合生至中部，上部离生，反曲。果实球形，侧扁，黑色；花期 6—8 月，果期 9—11 月。

【拍摄地点】板桥镇龙端村，海拔 1001 m。

【生境分布】生于疏林或阳性灌木林中、林缘。分布于南漳板桥、长坪等乡镇。

【药用部位】根。

【功能主治】祛风除湿，活血止痛。用于风湿痹痛，劳伤腰痛，跌打损伤，骨折，月经不调。

图 0649　异叶梁王茶 *Nothopanax davidii*

人参属 Panax

疙瘩七　秀丽假人参　竹节三七（图 0650）

Panax japonicus var. *bipinnatifidus*（Seemann）C. Y. Wu & K. M. Feng

【形态特征】多年生草本；根状茎为长的串珠状或前端有短竹鞭状部分；肉质根圆柱形，干时有纵皱纹。地上茎单生，有纵纹，无毛，基部有宿存鳞片。叶较小，中央的小叶片倒披针形、倒卵状椭圆形，稀倒卵形，最宽处在中部以上，先端常长渐尖，稀渐尖，基部狭尖，两边直等点。伞形花序单个顶生，有花 20 ～ 50 朵；总花梗有纵纹，无毛；花梗纤细，无毛；苞片不明显；花黄绿色；萼杯状，边缘有 5 个三角形的齿；花瓣 5；雄蕊 5；子房 2 室；花柱 2，离生，反曲。果实扁球形，成熟时红色，后变黑色。花期 6—8 月，果期 7—9 月。

【拍摄地点】李庙镇主山寨村，海拔 1070 m。

【生境分布】生于林下或灌丛中。分布于南漳李庙镇，偶见。

【药用部位】根茎。

【功能主治】散瘀止血，消肿止痛，祛痰止咳，补虚强壮。用于痨嗽咯血，跌打损伤，咳嗽痰多，病后虚弱。

图 0650　疙瘩七 *Panax japonicus* var. *bipinnatifidus*

通脱木属 Tetrapanax

通脱木　大通草（图 0651）

Tetrapanax papyrifer（Hook.）K. Koch

【中药名】通草 *。

图 0651 通脱木 *Tetrapanax papyrifer*

【形态特征】常绿灌木或小乔木；树皮深棕色，略有皱裂；新枝淡棕色或淡黄棕色，有明显的叶痕和大形皮孔，幼时密生黄色星状厚茸毛，后毛渐脱落。叶大，集生茎顶；叶片纸质或薄革质，掌状 5 ～ 11 裂，裂片通常为叶片全长的 1/3 或 1/2，稀至 2/3，倒卵状长圆形或卵状长圆形，通常再分裂为 2 ～ 3 小裂片，先端渐尖，上面深绿色，无毛，下面密生白色厚茸毛，边缘全缘或疏生粗齿，侧脉和网脉不明显；叶柄粗壮，无毛；托叶和叶柄基部合生，锥形，密生淡棕色或白色厚茸毛。圆锥花序长 50 cm 或更长；分枝多；苞片披针形，密生白色或淡棕色星状茸毛；伞形花序，有花多数；总花梗与花梗均密生白色星状茸毛；小苞片线形；花淡黄白色；萼长 1 mm，边缘全缘或近全缘，密生白色星状茸毛；花瓣 4，稀 5，三角状卵形，外面密生星状厚茸毛；雄蕊和花瓣同数；子房 2 室；花柱 2，离生，先端反曲。果实球形，紫黑色。花期 10—12 月，果期次年 1—2 月。

【拍摄地点】板桥镇夹马河，海拔 627 m。

【生境分布】生于向阳肥厚的土壤上。分布于南漳板桥、长坪等乡镇。

【采收加工】秋季割取茎，截成段，趁鲜取出髓部，理直，晒干。

【药用部位】茎髓。

【性味归经】甘、淡，微寒。归肺、胃经。

【功能主治】清热利尿，通气下乳。用于湿热淋证，水肿尿少，乳汁不下。

【用法用量】3 ～ 5 g。孕妇慎用。

123. 伞形科 Apiaceae

当归属 Angelica

白芷　香白芷（图 0652）

Angelica dahurica（Fisch. ex Hoffm.）Benth. et Hook. f. ex Franch. et Sav.

【中药名】白芷*。

【形态特征】多年生高大草本。根圆柱形，有分枝，外表皮黄褐色至褐色，有浓烈气味。茎通常带紫色，中空，有纵长沟纹。基生叶一回羽状分裂，有长柄，叶柄下部有管状抱茎边缘膜质的叶鞘；茎上部叶二至三回羽状分裂，叶片轮廓为卵形至三角形，叶柄下部为囊状膨大的膜质叶鞘，无毛或稀有毛，常带紫色；末回裂片长圆形，卵形或线状披针形，多无柄，急尖，边缘有不规则的白色软骨质粗锯齿，具短尖头，基部两侧常不等大，沿叶轴下延呈翅状；花序下方的叶简化成无叶的、显著膨大的囊状叶鞘，外面无毛。复伞形花序顶生或侧生，花序梗、伞辐和花柄均有短糙毛；伞辐 18 ～ 40，中央主伞有时伞辐多至 70；总苞片通常缺或有 1 ～ 2，成长卵形膨大的鞘；小总苞片 5 ～ 10 余，线状披针形，膜质，花白色；无萼齿；

花瓣倒卵形，顶端内曲呈凹头状；子房无毛或有短毛；花柱比短圆锥状的花柱基长2倍。果实长圆形至卵圆形，黄棕色，有时带紫色，无毛，背棱扁，厚而钝圆，近海绵质，远较棱槽为宽，侧棱翅状，较果体狭；棱槽中有油管1，合生面油管2。花期7—8月，果期8—9月。

【拍摄地点】李庙镇磨坪寺村，海拔850 m。

【生境分布】生于林下、林缘、溪旁、灌丛及山谷草地。分布于南漳李庙、东巩等乡镇，李庙有少量栽培。

【采收加工】夏、秋季间叶黄时采挖，除去须根和泥沙，晒干或低温干燥。

【药用部位】根。

【性味归经】辛，温。归胃、大肠、肺经。

【功能主治】解表散寒，祛风止痛，宣通鼻窍，燥湿止带，消肿排脓。用于感冒头痛，眉棱骨痛，鼻塞流涕，鼻鼽，牙痛，带下，疮疡肿痛。

【用法用量】3～10 g。

图0652 白芷 *Angelica dahurica*

重齿当归 重齿毛当归（图0653）

Angelica biserrata（Shan et Yuan）Yuan et Shan

【中药名】独活*。

【形态特征】多年生高大草本。根类圆柱形，棕褐色，有特殊香气。茎中空，常带紫色，光滑或稍有浅纵沟纹，上部有短糙毛。叶二回三出式羽状全裂，宽卵形；茎生叶叶柄基部膨大呈长管状、半抱茎的厚膜质叶鞘，开展，背面无毛或稍被短柔毛，末回裂片膜质，卵圆形至长椭圆形，顶端渐尖，基部楔形，边缘有不整齐的尖锯齿，或重锯齿，齿端有内曲的短尖头，顶生的末回裂片多3深裂，基部常沿叶轴下延呈翅状，侧生的具短柄或无柄，两面沿叶脉及边缘有短柔毛。序托叶简化成囊状膨大的叶鞘，无毛，偶被疏短毛。复伞形花序顶生和侧生，花序梗密被短糙毛；总苞片1，长钻形，有缘毛，早落；伞辐10～25，密被短糙毛；伞形花序有花17～28朵；小总苞片5～10，阔披针形，比花柄短，顶端有长尖，背面及边缘被短毛。花白色，无萼齿，花瓣倒卵形，顶端内凹，花柱基扁圆盘状。果实椭圆形，侧翅与果体等宽或略狭，背棱线形，隆起，棱槽间有油管2～3，合生面有油管2～4。花期8—9月，果期9—10月。

图0653 重齿当归 *Angelica biserrata*

【拍摄地点】板桥镇龙堝村，海拔1234 m。

【生境分布】生于山坡草丛中，或栽培。分布于南漳板桥镇龙埫村、宋家坪等地区。

【采收加工】春初苗刚发芽或秋末茎叶枯萎时采挖，除去须根和泥沙，烘至半干，堆置 2 ～ 3 天，发软后再烘至全干。

【药用部位】根。

【性味归经】辛、苦，微温。归肾、膀胱经。

【功能主治】祛风除湿，通痹止痛。用于风寒湿痹，腰膝疼痛，少阴伏风头痛，风寒挟湿头痛。

【用法用量】3 ～ 10 g。

紫花前胡　前胡（图 0654）

Angelica decursiva（Miq.）Franch. et Sav.

【中药名】紫花前胡*。

【形态特征】多年生草本。根圆锥状，有少数分枝，外表棕黄色至棕褐色，有强烈气味。茎直立，单一，中空，光滑，常为紫色，无毛，有纵沟纹。根生叶和茎生叶有长柄，柄基部膨大成圆形的紫色叶鞘，抱茎，外面无毛；叶片三角形至卵圆形，坚纸质，一回三全裂或一至二回羽状分裂；第一回裂片的小叶柄翅状延长，侧方裂片和顶端裂片的基部连合，沿叶轴呈翅状延长，翅边缘有锯齿；末回裂片卵形或长圆状披针形，顶端锐尖，边缘有白色软骨质锯齿，齿端有尖头，表面深绿色，背面绿白色，主脉常带紫色，表面脉上有短糙毛，背面无毛；茎上部叶简化成囊状膨大的紫色叶鞘。复伞形花序顶生和侧生，花序梗有柔毛；伞辐 10 ～ 22；总苞片 1 ～ 3，卵圆形，阔鞘状，宿存，反折，紫色；小总苞片 3 ～ 8，线形至披针形，绿色或紫色，无毛；伞辐及花柄有毛；花深紫色，萼齿明显，线状锥形或三角状锥形，花瓣倒卵形或椭圆状披针形，顶端通常不内折呈凹头状，花药暗紫色。果实长圆形至卵状圆形，无毛，背棱线形隆起，尖锐，侧棱有较厚的狭翅，与果体近等宽，棱槽内有油管 1 ～ 3，合生面油管 4 ～ 6，胚乳腹面稍凹入。花期 8—9 月，果期 9—11 月。

图 0654　紫花前胡 *Angelica decursiva*

【拍摄地点】巡检镇不二坪村，海拔 1043 m。

【生境分布】生于山坡林缘、溪沟边或杂木林灌丛中。分布于南漳李庙、长坪、板桥等乡镇。

【采收加工】秋、冬二季地上部分枯萎时采挖，除去须根，晒干。

【药用部位】根。

【性味归经】苦、辛，微寒。归肺经。

【功能主治】降气化痰，散风清热。用于痰热喘满，咯痰黄稠，风热咳嗽痰多。

【用法用量】3 ～ 9 g，或入丸、散。

柴胡属 Bupleurum

大叶柴胡（图 0655）

Bupleurum longiradiatum Turcz.

图 0655 大叶柴胡 *Bupleurum longiradiatum*

【形态特征】多年生高大草本，高 80 ～ 150 cm，根茎弯曲，长 3 ～ 9 cm，直径 3 ～ 8 mm，质坚，黄棕色，密生的环节上多须根。茎单生或 2 ～ 3，有粗槽纹，多分枝。叶大型，稍稀疏，表面鲜绿色，背面带粉蓝绿色，基生叶广卵形到椭圆形或披针形，顶端急尖或渐尖，下部楔形或广楔形，并收缩成宽扁有翼的长叶柄，至基部又扩大成叶鞘抱茎，叶片长 8 ～ 17 cm，宽 2.5 ～ 5 cm，9 ～ 11 脉；叶柄常带紫色，长 8 ～ 12 cm；茎中部叶无柄，卵形或狭卵形，7 ～ 9 脉；茎上部叶渐小，卵形或广披针形，9 ～ 11 脉，顶端渐尖，基部心形，抱茎。伞形花序宽大，多数，伞辐 3 ～ 9，通常 4 ～ 6 不等长，长 5 ～ 35 mm；总苞 1 ～ 5，开展，黄绿色，不等大，披针形，长 2 ～ 10 mm，宽 1 ～ 2 mm，3 ～ 7 脉；小总苞片 5 ～ 6，等大，广披针形或倒卵形，长 2 ～ 5 mm，宽 0.7 ～ 1.5 mm，顶端尖锐，3 ～ 5 脉；小伞形花序有花 5 ～ 16，花深黄色，直径 1.2 ～ 1.6 mm，花柄粗，长短不等，花时长 2 ～ 5 mm，果时长 6 ～ 10 mm；花瓣扁圆形，顶端内折，舌片基部较阔，不呈隆起状，长几达花瓣之半，顶端有 2 裂，裂口呈三角形；花柱黄色，特肥厚，直径超过子房，花柱很长。果暗褐色，被白粉，长圆状椭圆形，长 4 ～ 7 mm，宽 2 ～ 2.5 mm，分生果横剖面近圆形，每棱槽内油管 3 ～ 4，合生面 4 ～ 6。花期 8—9 月，果期 9—10 月。

【拍摄地点】长坪镇赵岭村，海拔 1076 m。

【生境分布】生于山坡、林下阴湿处和溪谷草丛中。分布于南漳长坪镇。

【药用部位】根。

【功能主治】疏风退热，疏肝；有毒。本品不可代替中药柴胡使用。

红柴胡 狭叶柴胡（图 0656）

Bupleurum scorzonerifolium Willd.

【中药名】柴胡 *。

【形态特征】多年生草本。主根发达，圆锥形，支根稀少，深红棕色，表面略皱缩，上端有横环纹，下部有纵纹，质疏松而脆。茎单一或 2 ～ 3，基部密覆叶柄残余纤维，细圆，有细纵槽纹，茎上部有多回分枝，略呈“之”字形弯曲，并呈圆锥状。叶细线形，基生叶下部略收缩成叶柄，其他均无柄，顶端长渐尖，基部稍变窄抱茎，质厚，稍硬挺，常对折或内卷，3 ～ 5 脉，向叶背凸出，两脉间有隐约平行的细脉，叶缘白色，骨质，上部叶小，同形。伞形花序自叶腋间抽出，花序多，形成较疏松的圆锥花序；伞辐 4 ～ 6，很细，弧形弯曲；总苞片 1 ～ 3，极细小，针形，1 ～ 3 脉，有时紧贴伞辐，常早落；小伞形花序直径 4 ～ 6 mm，小总苞片 5，紧贴小伞，线状披针形，细而尖锐，等于或略超过花时小伞形花序；小伞形花序有花 9 ～ 11；花瓣黄色，舌片几与花瓣的对半等长，顶端 2 浅裂；花柱基厚垫状，宽于子房，深黄色，柱头向两侧弯曲；子房主棱明显，表面常有白霜。果广椭圆形，深褐色，棱浅褐色，粗钝凸出，油管每棱槽中 5 ～ 6，合生面 4 ～ 6。花期 7—8 月，果期 8—9 月。

【拍摄地点】李庙镇刘坪村，海拔 370 m。

【生境分布】生于干燥的草原及向阳山坡上，灌木林边缘。分布于南漳各乡镇。

【采收加工】春、秋二季采挖，除去茎叶和泥沙，干燥。

【药用部位】根。

【性味归经】辛、苦，微寒。归肝、胆、肺经。

【功能主治】疏散退热，疏肝解郁，升举阳气。用于感冒发热，寒热往来，胸胁胀痛，月经不调，子宫脱垂，脱肛。

【用法用量】3 ～ 10 g。

图 0656 红柴胡 *Bupleurum scorzonerifolium*

高山芹属 Coelopleurum

高山芹（图 0657）

Coelopleurum saxatile（Turcz.）Drude

【形态特征】二年生草本。根圆柱形，褐色，上部有横皱纹。茎单生，上部稀疏分枝，疏被短毛，苍绿色，常带紫色，中空，有浅沟纹。基生叶及下部茎生叶有长柄，花期枯萎，中部茎生叶有短柄，叶柄下半部具宽阔叶鞘，边缘薄膜质，叶为二至三回三出式分裂，末回裂片菱状卵形或斜卵形，有或无柄，基部楔形或近圆形，顶端渐尖，边缘密生粗大的近缺刻状单齿或重锯齿，两面无毛，上部叶简化为阔鞘，顶端二回三出式分裂。通常无总苞片，伞辐 20 ～ 27，有较密的短毛，斜上；小伞形花序有花 20 ～ 30；小总苞片 7 ～ 8，长锥形，通常远比花柄长，边缘有短毛；花柄被短糙毛；萼齿不明显；花瓣白色，倒卵形；花柱基扁平。分生果椭圆形，果棱为较厚的三角形翅状，侧棱翅较宽，棱槽内有油管 1，合生面有油管 2。胚乳腹面微凹。花期 7—8 月，果期 8—9 月。

【拍摄地点】薛坪镇陶沟村，海拔 677 m。

【生境分布】生于山坡林下温润处。分布于南漳薛

图 0657 高山芹 *Coelopleurum saxatile*

坪镇。

【药用部位】根。

【功能主治】理气健胃。用于腹胀食少，消化不良。

芫荽属 Coriandrum

芫荽　香菜　胡荽　延荽（图 0658）

Coriandrum sativum L.

【中药名】芫荽菜*。

【形态特征】一年生或二年生，有强烈气味的草本。根纺锤形，细长，有多数纤细的支根。茎圆柱形，直立，多分枝，有条纹，通常光滑。根生叶有柄；叶片一或二回羽状全裂，羽片广卵形或扇形半裂，边缘有钝锯齿、缺刻或深裂，上部的茎生叶三回以至多回羽状分裂，末回裂片狭线形，顶端钝，全缘。伞形花序顶生或与叶对生；伞辐 3 ～ 7；小总苞片 2 ～ 5，线形，全缘；小伞形花序有孕花 3 ～ 9，花白色或带淡紫色；萼齿通常大小不等，小的卵状三角形，大的长卵形；花瓣倒卵形，顶端有内凹的小舌片，通常全缘，有 3 ～ 5 脉；花药卵形；花柱幼时直立，果熟时向外反曲。果实圆球形，背面主棱及相邻的次棱明显。胚乳腹面内凹。油管不明显，或有 1 个位于次棱的下方。花果期 4—11 月。

图 0658　芫荽 *Coriandrum sativum*

【拍摄地点】城关镇文笔峰村，海拔 74 m。

【生境分布】栽培。全县各乡镇均有栽培。

【采收加工】春、秋二季采收，除去须根及杂质，干燥。

【药用部位】地上部分。

【性味归经】辛，温。归肺、膀胱经。

【功能主治】透疹发汗。用于麻疹不透，感冒无汗。

【用法用量】3 ～ 6 g。

鸭儿芹属 Cryptotaenia

鸭儿芹　鸭脚板（图 0659）

Cryptotaenia japonica Hassk.

【形态特征】多年生草本。主根短，侧根多数，细长。茎直立，光滑，有分枝。表面有时略带淡紫色。基生叶或上部叶有柄，叶鞘边缘膜质；叶片轮廓三角形至广卵形，通常为 3 小叶；中间小叶片呈菱状倒卵形或心形，顶端短尖，基部楔形；两侧小叶片斜倒卵形至长卵形，近无柄，所有的小叶片边缘有不规则的尖锐重锯齿，表面绿色，背面淡绿色，两面叶脉隆起，最上部的茎生叶近无柄，小叶片呈卵状披针形至窄披针形，边缘有锯齿。复伞形花序呈圆锥状，花序梗不等长，总苞片 1，呈线形或钻形；伞辐 2 ～ 3，不等长；小总苞片 1 ～ 3。小伞形花序有花 2 ～ 4；花柄极不等长；萼齿细小，呈三角形；花瓣白色，倒卵形，顶端有内折的小舌片；花丝短于花瓣，花药卵圆形；花柱基圆锥形，花柱短，直立。分生果线状长圆形，合生面略收缩，胚乳腹面近平直，每棱槽内有油管 1 ～ 3，合生面油管 4。花期 4—5 月，果期 6—10 月。

图 0659 鸭儿芹 *Cryptotaenia japonica*

【拍摄地点】城关镇凉泉村，海拔 474 m。

【生境分布】生于山地、山沟及林下较阴湿的地区。分布于南漳城关、巡检、东巩等乡镇。

【药用部位】茎叶。

【功能主治】祛风止咳，利湿解毒，化瘀止痛。用于感冒咳嗽，肺痈，淋痛，疝气，月经不调，风火牙痛，目赤翳障，痈疽疮肿，皮肤瘙痒，跌打肿痛，蛇虫咬伤。

细叶旱芹属 Cyclospermum

细叶旱芹（图 0660）

Cyclospermum leptophyllum（Persoon）Sprague ex Britton & P. Wilson

【形态特征】一年生草本，高 25 ～ 45 cm。茎多分枝，光滑。根生叶有柄，柄长 2 ～ 5 cm，基部边缘略扩大成膜质叶鞘；叶片轮廓呈长圆形至长圆状卵形，长 2 ～ 10 cm，宽 2 ～ 8 cm，三至四回羽状多裂，裂片线形至丝状；茎生叶通常三出式羽状多裂，裂片线形，长 10 ～ 15 mm。复伞形花序顶生或腋生，通常无梗或少有短梗，无总苞片和小总苞片；伞辐 2 ～ 5，长 1 ～ 2 cm，无毛；小伞形花序有花 5 ～ 23，花柄不等长；无萼齿；花瓣白色、绿白色或略带粉红色，卵圆形，长约 0.8 mm，宽 0.6 mm，顶端内折，有中脉 1 条；花丝短于花瓣，很少与花瓣同长，花药近圆形，长约 0.1 mm；花柱基扁压，花柱极短。果实圆心形或圆卵形，长、宽 1.5 ～ 2 mm，分生果的棱 5 条，圆钝；胚乳腹面平直，每棱槽内有油管 1，

图 0660 细叶旱芹 *Cyclospermum leptophyllum*

合生面油管 2。心皮柄顶端 2 浅裂。花期 5 月，果期 6—7 月。

【拍摄地点】城关镇洞坪村，海拔 86 m。

【生境分布】生于杂草地及水沟边。分布于南漳城关镇。

【药用部位】全草。

【功能主治】补血，护胃，通便。用于贫血，胃溃疡，便秘。

胡萝卜属 Daucus

野胡萝卜 鹤虱草（图 0661）

Daucus carota L.

【中药名】南鹤虱*。

【形态特征】二年生草本。茎单生，全体有白色粗硬毛。基生叶薄膜质，长圆形，二至三回羽状全裂，末回裂片线形或披针形，顶端尖锐，有小尖头，光滑或有糙硬毛；茎生叶近无柄，有叶鞘，末回裂片小或细长。复伞形花序，花序梗有糙硬毛；总苞有多数苞片，呈叶状，羽状分裂，少有不裂的，裂片线形；伞辐多数，结果时外缘的伞辐向内弯曲；小总苞片 5～7，线形，不分裂或 2～3 裂，边缘膜质，具纤毛；花通常白色，有时带淡红色；花柄不等长。果实圆卵形，棱上有白色刺毛。花期 5—7 月。

图 0661 野胡萝卜 *Daucus carota*

【拍摄地点】城关镇便河村，海拔 138 m。

【生境分布】生于山坡路旁、旷野或田间。分布于南漳各乡镇。

【采收加工】秋季果实成熟时割取果枝，晒干，打下果实，除去杂质。

【药用部位】成熟果实。

【性味归经】苦、辛，平；有小毒。归脾、胃经。

【功能主治】杀虫消积。用于蛔虫病，蛲虫病，绦虫病，虫积腹痛，小儿疳积。

【用法用量】3～9 g。

胡萝卜 黄萝卜 红萝卜（图 0662）

Daucus carota var. *sativa* Hoffm.

【形态特征】本变种与原变种野胡萝卜区别在于根肉质，长圆锥形，粗肥，呈红色或黄色。

【拍摄地点】城关镇文笔峰村，海拔 74 m。

【生境分布】栽培。全县各乡镇均有栽培。

【药用部位】根。

【功能主治】健胃，消食化滞。用于消化不良，久痢，咳嗽。

【附注】根含大量维生素 A、B 族维生素、维生素 C 及胡萝卜素。

图 0662 胡萝卜 *Daucus carota* var. *sativa*

图 0663 茴香 *Foeniculum vulgare*

茴香属 Foeniculum

茴香 谷茴香（图 0663）

Foeniculum vulgare Mill.

【中药名】小茴香*。

【形态特征】草本，高 0.4 ～ 2 m。茎直立，光滑，灰绿色或苍白色，多分枝。较下部的茎生叶柄长 5 ～ 15 cm，中部或上部的叶柄部分或全部呈鞘状，叶鞘边缘膜质；叶片轮廓为阔三角形，长 4 ～ 30 cm，宽 5 ～ 40 cm，四至五回羽状全裂，末回裂片线形，长 1 ～ 6 cm，宽约 1 mm。复伞形花序顶生与侧生，花序梗长 2 ～ 25 cm；伞辐 6 ～ 29，不等长，长 1.5 ～ 10 cm；小伞形花序有花 14 ～ 39；花柄纤细，不等长；无萼齿；花瓣黄色，倒卵形或近倒卵圆形，长约 1 mm，先端有内折的小舌片，中脉 1 条；花丝略长于花瓣，花药卵圆形，淡黄色；花柱基圆锥形，花柱极短，向外叉开或贴伏在花柱基上。果实长圆形，长 4 ～ 6 mm，宽 1.5 ～ 2.2 mm，主棱 5 条，尖锐；每棱槽内有油管 1，合生面油管 2；胚乳腹面近平直或微凹。花期 5—6 月，果期 7—9 月。

【拍摄地点】李庙镇付家坪村，海拔 585 m。

【生境分布】栽培。南漳李庙、九集等乡镇有零星栽培。

【采收加工】秋季果实初熟时采割植株，晒干，打下果实，除去杂质。

【药用部位】成熟果实。

【性味归经】辛，温。归肝、肾、脾、胃经。

【功能主治】散寒止痛，理气和胃。用于寒疝腹痛，睾丸偏坠，痛经，少腹冷痛，脘腹胀痛，食少吐泻。盐小茴香暖肾散寒止痛。用于寒疝腹痛，睾丸偏坠，经寒腹痛。

【用法用量】3 ～ 6 g。

独活属 Heracleum

短毛独活 牛尾独活（图 0664）

Heracleum moellendorffii Hance

【形态特征】多年生草本。根圆锥形、粗大，多分歧，灰棕色。茎直立，有棱槽，上部开展分枝。叶有柄；叶片轮廓广卵形，薄膜质，三出式分裂，裂片广卵形至圆形、心形、不规则的 3 ～ 5 裂，裂片边缘具粗大的锯齿，尖锐至长尖；茎上部叶有显著宽展的叶鞘。复伞形花序顶生和侧生；总苞片少数，线状披针形；伞辐 12 ～ 30，不等长；小总苞片 5 ～ 10，披针形；花柄细长；萼齿不显著；花瓣白色，二型；花柱基短圆锥形，花柱叉开。分生果圆状倒卵形，顶端凹陷，背部扁平，有稀疏的柔毛或近光滑，背棱和中棱线状突起，侧棱宽阔；每棱槽内有油管 1，合生面油管 2，棒形，其长度为分生果的一半。胚乳腹面平直。花期 7 月，果期 8—10 月。

图 0664 短毛独活 *Heracleum moellendorffii*

【拍摄地点】板桥镇宋家坪村，海拔 1142 m。

【生境分布】生于阴坡山沟旁、林缘。分布于南漳李庙、板桥等乡镇。

【药用部位】根。

【功能主治】发表，祛风除湿。用于风寒感冒，头痛，风湿痹痛，腰腿酸痛。

天胡荽属 Hydrocotyle

红马蹄草 接骨丹 水八角（图 0665）

Hydrocotyle nepalensis Hook.

【形态特征】多年生草本。茎匍匐，有斜上分枝，节上生根。叶片膜质至硬膜质，圆形或肾形，边缘通常 5 ～ 7 浅裂，裂片有钝锯齿，基部心形，掌状脉 7 ～ 9，疏生短硬毛；叶柄上部密被柔毛，下部无毛或有毛；托叶膜质，顶端钝圆或有浅裂。伞形花序数个簇生于茎端叶腋，花序梗短于叶柄，有柔毛；小伞形花序有花 20 ～ 60，常密集成球形的头状花序；花柄极短，很少无柄，花柄基部有膜质、卵形或倒卵形的小总苞片；无萼齿；花瓣卵形，白色或乳白色，有时有紫红色斑点；花柱幼时内卷，花后向外反曲，基部隆起。果基部心形，两侧

图 0665 红马蹄草 *Hydrocotyle nepalensis*

扁压，光滑或有紫色斑点，成熟后常呈黄褐色或紫黑色，中棱和背棱显著。花果期 5—11 月。

【拍摄地点】长坪镇孔家畈村，海拔 448 m。

【生境分布】生于山坡、路旁、阴湿地、水沟和溪边草丛中。分布于南漳长坪镇。

【药用部位】全草。

【功能主治】清肺止咳，活血止血。用于感冒，咳嗽，吐血，跌打损伤；外用治外伤出血，痔疮。

长梗天胡荽（图 0666）

Hydrocotyle ramiflora Maxim.

【形态特征】草本。茎细长，软弱，基部匍匐，枝稍直立，高 10 ～ 26 cm，无毛或被柔毛。叶互生，圆形或圆肾形，长 0.8 ～ 2.3 cm，宽 1.6 ～ 4.5 cm，两面疏生短刺毛，5 ～ 7 浅裂，裂片钝圆或稍呈三角状，边缘有 3 至数个钝锯齿，基部弯缺处稍开展成锐角或近于闭合；叶脉 5 ～ 7，自基部射出；叶柄长 1 ～ 15 cm，被扭曲的柔毛；托叶膜质，阔卵形，全缘或微裂。花序梗单生于茎上部各节，与叶对生，长于叶柄 1 ～ 2 倍；小伞形花序有多数花；花柄长约 2 mm，无毛；花瓣乳白色，卵形，长约 1 mm，宽 0.6 mm，具透明黄色腺点；花柱幼时内卷，果熟时向外反曲呈水平状。果实心状圆形，长 1 ～ 1.4 mm，宽 1.9 ～ 2.1 mm，幼时紫红色，成熟后呈棕褐色、紫褐色至紫黑色。花果期 6—8 月。

图 0666　长梗天胡荽 *Hydrocotyle ramiflora*

【拍摄地点】城关镇殷庄村，海拔 405 m。

【生境分布】生长在潮湿的荒草地或林下。分布于南漳城关镇。

【药用部位】全草。

【功能主治】清热解毒，利尿消肿。用于小儿胎热，喉痛，目翳，黄疸，赤白痢，疔疮，跌打瘀肿。

天胡荽　破铜钱（图 0667）

Hydrocotyle sibthorpioides Lam.

【中药名】天胡荽*。

【形态特征】多年生草本，有气味。茎细长而匍匐，平铺地上成片，节上生根。叶片膜质至草质，圆形或肾圆形，长 0.5 ～ 1.5 cm，宽 0.8 ～ 2.5 cm，基部心形，两耳有时相接，不分裂或 5 ～ 7 裂，裂片阔倒卵形，边缘有钝齿，表面光滑，背面脉上疏被粗伏毛，有时两面光滑或密被柔毛；叶柄长 0.7 ～ 9 cm，无毛或顶端有毛；托叶略呈半圆形，薄膜质，全缘或稍有浅裂。伞形花序与叶对生，单生于节上；花序梗纤细，长 0.5 ～ 3.5 cm，叶柄长度为其 1 ～ 3.5 倍；小总苞片卵形至卵状披针形，长 1 ～ 1.5 mm，膜质，有黄色透明腺点，背部有 1 条不明显的脉；小伞形花序有花 5 ～ 18，花无柄或有极短的柄，花瓣卵形，长约 1.2 mm，绿白色，有腺点；花丝与花瓣同长或稍超出，花药卵形；花柱长 0.6 ～ 1 mm。果实略呈心形，长 1 ～ 1.4 mm，宽 1.2 ～ 2 mm，两侧扁压，中棱在果熟时极为隆起，幼时表面草黄色，成熟时有紫色斑点。花果期 4—9 月。

【拍摄地点】国营七里山林场，海拔 175 m。

【生境分布】生于在湿润的草地、河沟边、林下。分布于南漳李庙、长坪、肖堰等乡镇。

【采收加工】夏、秋二季采收，除去杂质，洗净，晒干。

【药用部位】全草。

【性味归经】甘、咸，微寒。归肝、胆、肾、膀胱经。

图 0667　天胡荽 *Hydrocotyle sibthorpioides*

【功能主治】清热利尿，解毒消肿。用于黄疸，赤白痢疾，目翳，喉肿，痈疽，疔疮，跌打瘀伤。

南美天胡荽　**香菇草　铜钱草（图 0668）**

Hydrocotyle verticillata Thunb.

【形态特征】多年生挺水或湿生草本，高 5 ～ 15 cm。茎细长，分枝，节上生根。叶互生，具长柄；叶片膜质，圆盾形，直径 2 ～ 4 cm，边缘波状，绿色，光亮；叶脉 15 ～ 20 条放射状。花两性，伞形花序，小花白色。果实近圆形，基部心形或截形，两侧扁压，黄色或紫红色。花果期 5—11 月。

【拍摄地点】城关镇城区，海拔 80 m。

【生境分布】逸生于水沟和溪边草丛中潮湿处及浅水湿地。分布于南漳城关镇。

【药用部位】全草。

【功能主治】利尿通淋。用于黄疸，痢疾。

图 0668　南美天胡荽 *Hydrocotyle verticillata*

藁本属 Ligusticum

川芎　**芎䓖（图 0669）**

Ligusticum chuanxiong Hort.

【中药名】川芎*。

图 0669 川芎 *Ligusticum chuanxiong*

【形态特征】多年生草本。根茎发达，形成不规则的结节状拳形团块，具浓烈香气。茎直立，圆柱形，具纵条纹，上部多分枝，下部茎节膨大呈盘状。茎下部叶具柄，柄基部扩大成鞘；叶片轮廓卵状三角形，三至四回三出式羽状全裂，羽片 4 ～ 5 对，卵状披针形，末回裂片线状披针形至长卵形，具小尖头；茎上部叶渐简化。复伞形花序顶生或侧生；总苞片 3 ～ 6，线形；伞辐 7 ～ 24，不等长，内侧粗糙；小总苞片 4 ～ 8，线形，粗糙；萼齿不发育；花瓣白色，倒卵形至心形，先端具内折小尖头；花柱基圆锥状，花柱 2，向下反曲。幼果两侧扁压；背棱槽内油管 1 ～ 5，侧棱槽内油管 2 ～ 3，合生面油管 6 ～ 8。花期 7—8 月，幼果期 9—10 月。

【拍摄地点】李庙镇沙坪村，海拔 946 m。

【生境分布】生于山坡林下，或栽培。李庙、板桥有零星栽培。

【采收加工】夏季当茎上的节盘显著突出，并略带紫色时采挖，除去泥沙，晒后烘干，再去须根。

【药用部位】根茎。

【性味归经】辛，温。归肝、胆、心包经。

【功能主治】活血行气，祛风止痛。用于胸痹心痛，胸胁刺痛，跌扑肿痛，月经不调，经闭痛经，癥瘕腹痛，头痛，风湿痹痛。

【用法用量】3 ～ 10 g。

水芹属 Oenanthe

水芹　野芹菜（图 0670）

Oenanthe javanica（Bl.）DC.

图 0670 水芹 *Oenanthe javanica*

【形态特征】多年生草本，茎直立或基部匍匐。基生叶有柄，柄基部有叶鞘；叶片轮廓三角形，一至二回羽状分裂，末回裂片卵形至菱状披针形，边缘有圆齿状锯齿；茎上部叶无柄，裂片和基生叶的裂片相似，较小。复伞形花序顶生；无总苞；伞辐 6 ～ 16，不等长，直立和展开；小总苞片 2 ～ 8，线形；小伞形花序有花 20 余朵；萼齿线状披针形，长与花柱基相等；花瓣白色，倒卵形，有一长而内折的小舌片；花柱基圆锥形，花柱直立或两侧分开。果实近于四角状椭圆形或筒状长圆形，侧棱较背棱和中棱隆起，木栓质，分生果横剖面近于五边状的半圆形；每棱槽内油管 1，合生面油管 2。花期 6—7 月，果期 8—9 月。

【拍摄地点】城关镇便河村，海拔 154 m。

【生境分布】生于浅水低洼地方、水沟旁，或栽培。分布于南漳各乡镇。

【药用部位】全草。

【功能主治】清热利湿，止血，降血压。用于感冒发热，呕吐腹泻，尿路感染，崩漏，带下，高血压。

卵叶水芹　水川芎（图 0671）

Oenanthe javanica subsp. *rosthornii*（Diels）F. T. Pu

【形态特征】多年生草本，粗壮。茎下部匍匐，上部直立，有棱，被柔毛。叶片轮廓为广三角形或卵形，末回裂片菱状卵形或长圆形，顶端长渐尖，边缘有楔形齿和近于突尖。复伞形花序顶生和侧生；无总苞；伞辐 10 ～ 24，不等长，直立和开展；小总苞片披针形，6 ～ 12；小伞形花序有花 30 余朵；萼齿披针形，长不及 1 mm；花瓣白色，倒卵形，顶端有一内折的小舌片；花柱基圆锥形，花柱直立。果实椭圆形或长圆形，侧棱较背棱和中棱隆起，木栓质，分生果横剖面半圆形，每棱槽内油管 1，合生面油管 2。花期 8—9 月，果期 10—11 月。

图 0671　卵叶水芹 *Oenanthe javanica* subsp. *rosthornii*

【拍摄地点】李庙镇主山寨村，海拔 1058 m。

【生境分布】生于山谷林下水沟旁草丛中。分布于南漳李庙镇主山寨村。

【药用部位】根茎。

【功能主治】补气益血，止血。用于气虚血亏，外伤出血。

前胡属 Peucedanum

前胡　白花前胡（图 0672）

Peucedanum praeruptorum Dunn

【中药名】前胡*。

【形态特征】多年生草本。根颈粗壮，灰褐色，存留多数越年枯鞘纤维；根圆锥形，末端细瘦，常分叉。茎圆柱形，下部无毛，上部分枝多有短毛，髓部充实。基生叶具长柄，叶柄基部有卵状披针形叶鞘；叶片轮廓宽卵形或三角状卵形，三出式二至三回分裂，第一回羽片具柄，末回裂片菱状倒卵形，先端渐尖，基部楔形至截形，无柄或具短柄，边缘具不整齐的 3 ～ 4 粗或圆锯齿，有时下部锯齿呈浅裂状或深裂状，下表面叶脉明显凸起，两面无毛，或有时在下表面叶脉上以及边缘有稀疏短毛；茎下部叶具短柄，叶片形状与茎生叶相似；茎上部叶无柄，叶鞘稍宽，边缘膜质，叶片三出分裂，裂片狭窄，基部楔形，中间一枚基部下延。复伞形花序多数，顶生或侧生，伞形花序；花序梗上端多短毛；总苞片无或1至数片，线形；伞辐6～15，不等长，内侧有短毛；小总苞片8～12，卵状披针形，在同一小伞形花序上，宽度和大小常有差异，比花柄长，与果柄近等长，有短糙毛；小伞形花序有花15～20；花瓣卵形，小舌片内曲，白色；萼齿不显著；花柱短，弯曲，花柱基圆锥形。果实卵圆形，背部扁压，棕色，有稀疏短毛，背棱线形稍凸起，侧棱呈翅状，比果体窄，稍厚；棱槽内油管3～5，合生面油管6～10；胚乳腹面平直。花期8—9月，果期10—11月。

图0672 前胡 *Peucedanum praeruptorum*

【拍摄地点】李庙镇刘坪村，海拔354 m。

【生境分布】生于山坡林缘，路旁或半阴性的山坡草丛中。分布于南漳各乡镇。

【采收加工】冬季至次春茎叶枯萎或未抽花茎时采挖，除去须根，洗净，晒干或低温干燥。

【药用部位】根。

【性味归经】苦、辛，微寒。归肺经。

【功能主治】降气化痰，散风清热。用于痰热喘满，咯痰黄稠，风热咳嗽痰多。

【用法用量】3～10 g。

茴芹属 Pimpinella

异叶茴芹 八月白 鹅脚板（图0673）

Pimpinella diversifolia DC.

【形态特征】多年生草本。通常为须根，稀为圆锥状根。茎直立，有条纹，被柔毛，中上部分枝。叶异形，基生叶有长柄；叶片三出分裂，裂片卵圆形，两侧的裂片基部偏斜，顶端裂片基部心形或楔形，稀不分裂或羽状分裂，纸质；茎中、下部叶片三出分裂或羽状分裂；茎上部叶较小，有短柄或无柄，具叶鞘，叶片羽状分裂或3裂，裂片披针形，全部裂片边缘有锯齿。通常无总苞片，稀1～5，披针形；伞辐6～15；小总苞片1～8，短于花柄；小伞形花序有花6～20，花柄不等长；无萼齿；花瓣倒卵形，白色，

图0673 异叶茴芹 *Pimpinella diversifolia*

基部楔形，顶端凹陷，小舌片内折，背面有毛；花柱基圆锥形，花柱长为花柱基的 2 ～ 3 倍，幼果期直立，以后向两侧弯曲。幼果卵形，有毛，成熟的果实卵球形，基部心形，近于无毛，果棱线形；每棱槽内油管 2 ～ 3，合生面油管 4 ～ 6；胚乳腹面平直。花果期 5—10 月。

【拍摄地点】巡检镇巡检司村，海拔 352 m。

【生境分布】生于山坡草丛中、沟边或林下。分布于南漳巡检、薛坪等乡镇。

【药用部位】全草。

【功能主治】祛风活血，解毒消肿。用于感冒，咽喉肿痛，痢疾，黄疸性肝炎；外用治毒蛇咬伤，跌打损伤，皮肤瘙痒。

变豆菜属 Sanicula

变豆菜　山芹菜　鸭脚板（图 0674）

Sanicula chinensis Bunge

图 0674　变豆菜 *Sanicula chinensis*

【形态特征】多年生草本，高达 1 m。根茎粗而短，斜生或近直立，有许多细长的支根。茎粗壮或细弱，直立，无毛，有纵沟纹，下部不分枝，上部重覆叉式分枝。基生叶少数，近圆形、圆肾形至圆心形，通常 3 裂，少至 5 裂，中间裂片倒卵形，基部近楔形，长 3 ～ 10 cm，宽 4 ～ 13 cm，主脉 1，无柄或有 1 ～ 2 mm 长的短柄，两侧裂片通常各有 1 深裂，很少不裂，裂口深达基部 1/3 ～ 3/4，内裂片的形状、大小同中间裂片，外裂片披针形，大小约为内裂片的一半，所有裂片表面绿色，背面淡绿色，边缘有大小不等的重锯齿；叶柄长 7 ～ 30 cm，稍扁平，基部有透明的膜质鞘；茎生叶逐渐变小，有柄或近无柄，通常 3 裂，裂片边缘有大小不等的重锯齿。花序二至三回叉式分枝，侧枝向两边开展而伸长，中间的分枝较短，长 1 ～ 2.5 cm，总苞片叶状，通常 3 深裂；伞形花序二至三出；小总苞片 8 ～ 10，卵状披针形或线形，顶端尖；小伞形花序有花 6 ～ 10，雄花 3 ～ 7，稍短于两性花，花柄长 1 ～ 1.5 mm；萼齿窄线形，顶端渐尖；花瓣白色或绿白色、倒卵形至长倒卵形，顶端内折；花丝与萼齿等长或稍长；两性花 3 ～ 4，无柄；萼齿和花瓣的形状、大小同雄花；花柱与萼齿同长，很少超过。果实圆卵形，顶端萼齿呈喙状突出，皮刺直立，顶端钩状，基部膨大；果实的横剖面近圆形，胚乳的腹面略凹陷。油管 5，中型，合生面通常 2，大而显著。花果期 4—10 月。

【拍摄地点】巡检镇巡检司村，海拔 458 m。

【生境分布】生长在山涧林下、路旁、沟谷及溪边等处。分布于南漳巡检、长坪、薛坪等乡镇。

【药用部位】全草。

【功能主治】清热解毒，止血。用于咽喉肿痛，月经过多，尿血，外伤出血，疮痈肿毒。

防风属 Saposhnikovia

防风　北防风　关防风（图 0675）

Saposhnikovia divaricata（Turcz.）Schischk.

【中药名】防风 *。

【形态特征】多年生草本。根粗壮，细长圆柱形，分歧，淡黄棕色。根头处被有纤维状叶残基及明显的环纹。茎单生，自基部分枝较多，斜上升，与主茎近于等长，有细棱，基生叶丛生，有扁长的叶柄，基部有宽叶鞘。叶片卵形或长圆形，二回或近于三回羽状分裂，第一回裂片卵形或长圆形，有柄，第二回裂片下部具短柄，末回裂片狭楔形。茎生叶与基生叶相似，但较小，顶生叶简化，有宽叶鞘。复伞形花序多数，生于茎和分枝；伞辐 5 ～ 7，长 3 ～ 5 cm，无毛；小伞形花序有花 4 ～ 10；无总苞片；小总苞片 4 ～ 6，线形或披针形，先端长，萼齿短三角形；花瓣倒卵形，白色，无毛，先端微凹，具内折小舌片。双悬果狭圆形或椭圆形，幼时有疣状突起，成熟时渐平滑；每棱槽内通常有油管 1，合生面油管 2；胚乳腹面平坦。花期 8—9 月，果期 9—10 月。

图 0675　防风 *Saposhnikovia divaricata*

【拍摄地点】李庙镇磨坪寺村，海拔 859 m。

【生境分布】生于草原、丘陵、多砾石山坡。李庙镇磨坪寺村偶见栽培。

【采收加工】春、秋二季采挖未抽花茎植株的根，除去须根和泥沙，晒干。

【药用部位】根。

【性味归经】辛、甘，微温。归膀胱、肝、脾经。

【功能主治】祛风解表，除湿止痛，止痉。用于感冒头痛，风湿痹痛，风疹瘙痒，破伤风。

【用法用量】5 ～ 10 g。

东俄芹属 Tongoloa

宜昌东俄芹（图 0676）

Tongoloa dunnii（de Boiss.）Wolff

【形态特征】多年生草本。根短，褐色。茎直立，有细条纹，疏生分枝。较下部的茎生叶柄基部扩大成膜质的叶鞘，叶鞘抱茎；叶片轮廓近阔三角形，二至三回羽状全裂或三出式二回羽状全裂，第一回羽片有短柄；末回裂片狭线形，全缘，中脉 1 条，边缘增厚；序托叶为一回羽状分裂或三出小叶，叶柄呈鞘状，边缘膜质。复伞形花序顶生或侧生，顶生的花序梗较粗壮，侧生的花序梗细弱；无总苞片和小总苞片；伞辐 7 ～ 17，小伞形花序有花 10 ～ 25；萼齿呈卵形或阔卵形，直立；花瓣白色，长椭圆形至长倒卵形，顶端无内折的小舌片；花丝与花瓣近等长或稍短，花药卵圆形；花柱在幼果时长于花柱基，向外反曲。分生果卵形至圆心形；主棱明显，果柄短而直。花期 8 月。

【拍摄地点】长坪镇赵岭村，海拔 1142 m。

【生境分布】生于高山林下湿润肥沃土地。分布于南漳长坪镇。

【药用部位】根。

【功能主治】祛风湿，强筋骨，活血，止血。用于风湿性腰腿及周身疼痛，劳伤，跌打损伤，外伤出血，崩漏。

图 0676 宜昌东俄芹 *Tongoloa dunnii*

窃衣属 Torilis

小窃衣 破子草 粘粘草（图 0677）

Torilis japonica（Houtt.）DC.

【形态特征】一年或多年生草本。主根细长，圆锥形，棕黄色，支根多数。茎有纵条纹及刺毛。叶柄下部有窄膜质的叶鞘；叶片长卵形，一至二回羽状分裂，两面疏生紧贴的粗毛，第一回羽片卵状披针形，先端渐窄，边缘羽状深裂至全缘，有短柄，末回裂片披针形至长圆形，边缘有条裂状的粗齿至缺刻或分裂。复伞形花序顶生或腋生，花序梗有倒生的刺毛；总苞片 3 ～ 6，通常线形，极少叶状；伞辐 4 ～ 12，开展，有向上的刺毛；小总苞片 5 ～ 8，线形或钻形；小伞形花序有花 4 ～ 12，花柄短于小总苞片；萼齿细小，三角形或三角状披针形；花瓣白色、紫红色或蓝紫色，倒圆卵形，顶端内折，外面中间至基部有紧贴的粗毛；花药圆卵形；花柱基部平压状或圆锥形，花柱幼时直立，果熟时向外反曲。果实圆卵形，通常有内弯或呈钩状的皮刺；皮刺基部阔展，粗糙；胚乳腹面凹陷，每棱槽有油管 1。花果期 4—10 月。

图 0677 小窃衣 *Torilis japonica*

【拍摄地点】城关镇便河村，海拔 217 m。

【生境分布】生于山坡路旁、荒地。分布于南漳各乡镇。

【药用部位】果实。

【功能主治】杀虫止泻，收湿止痒。用于虫积腹痛，泻痢，疮疡溃烂，阴痒带下，湿疹。

124. 桤叶树科 Clethraceae

桤叶树属 Clethra

城口桤叶树 鄂西山柳 城口山柳 华中山柳（图 0678）

Clethra fargesii Franch.

【形态特征】落叶灌木或小乔木；小枝圆柱形，黄褐色，嫩时密被星状茸毛及混杂于其中成簇微硬毛，有时杂有单毛，老时无毛。叶硬纸质，披针状椭圆形或卵状披针形或披针形，先端尾状渐尖，基部钝或近于圆形，稀为宽楔形，两侧稍不对称，嫩叶两面疏被星状柔毛，其后上面无毛，下面沿脉疏被长柔毛及星状毛或变为无毛，侧脉腋内有白色髯毛，边缘具锐尖锯齿，齿尖稍向内弯，中脉及侧脉在上面微下凹，下面凸起，侧脉 14 ～ 17 对，细网脉仅在下面微显著；叶柄最初密被星状柔毛及长柔毛，其后仅于下面疏被长柔毛或近于无毛。总状花序 3 ～ 7 枝，成近伞形圆锥花序；花序轴和花梗均密被灰白色，有时被灰黄色星状茸毛及杂于其中成簇伸展长柔毛；苞片锥形，长于花梗，脱落；花梗细；萼 5 深裂，裂片卵状披针形，渐尖头，外具肋，密被灰黄色星状茸毛，边缘具纤毛；花瓣 5，白色，倒卵形，顶端近于截平，稍具流苏状缺刻，外侧无毛，内侧近基部疏被疏柔毛，雄蕊 10，长于花瓣，花丝近基部疏被长柔毛，花药倒卵形，基部锐尖，顶端略分叉；子房密被灰白色，有时被淡黄色星状茸毛及绢状长柔毛，花柱无毛，顶端 3 深裂。蒴果近球形，下弯，疏被短柔毛，向顶部有长毛；种子黄褐色，不规则卵圆形，有时具棱，种皮上有网状浅凹槽。花期 7—8 月，果期 9—10 月。

图 0678 城口桤叶树 *Clethra fargesii*

【拍摄地点】长坪镇赵岭村，海拔 1112 m。

【生境分布】生于山地疏林及灌丛中。分布于南漳长坪镇。

【药用部位】枝叶。

【功能主治】清热消肿。用于腰部扭伤，跌打损伤。

125. 鹿蹄草科 Pyrolaceae

喜冬草属 Chimaphila

喜冬草 梅笠草（图 0679）

Chimaphila japonica Miq.

【形态特征】常绿草本状小半灌木，高 10 ～ 15 cm；根茎长而较粗，斜升。叶对生或 3 ～ 4 枚轮生，革质，阔披针形，长 1.6 ～ 3 cm，宽 0.6 ～ 1.2 cm，先端急尖，基部圆楔形或近圆形，边缘有锯齿，上面绿色，下面苍白色；叶柄长 2 ～ 4（8）mm；鳞片状叶互生，褐色，卵状长圆形或卵状披针形，长 7 ～ 9 mm，先端急尖。花葶有细小疣，有 1～2 枚长圆状卵形苞片，长 6.5～7 mm，宽 3～4 mm，先端急尖或短渐尖，边缘有不规则齿。花单 1，有时 2，顶生或叶腋生，半下垂，白色，直径 13～18 mm；萼片膜质，卵状长圆形，长 5.5～7 mm，宽 2.5～4 mm，先端急尖，边缘有不整齐的锯齿；花瓣倒卵圆形，长 7～8 mm，宽 5.5～6 mm，先端圆形；雄蕊 10，花丝短，下半部膨大并有缘毛，花药长约 2 mm，宽约 1 mm，有小角，顶孔开裂，黄色；花柱极短，倒圆锥形，柱头大，圆盾形，5 圆浅裂。蒴果扁球形，直径 5～5.5 mm。花期 6—7 月，果期 7—8 月。

【拍摄地点】板桥镇宋家坪村，海拔 1203 m。

【生境分布】生于山地针阔叶混交林、阔叶林或灌丛下。分布于南漳板桥、长坪等乡镇。

【药用部位】全草。

【功能主治】活血调经。用于月经不调。

图 0679 喜冬草 *Chimaphila japonica*

水晶兰属 Monotropa

水晶兰 **梦兰花 水兰草 银锁匙（图 0680）**

Monotropa uniflora L.

【形态特征】多年生，草本，腐生；茎直立，单一，不分枝，全株无叶绿素，白色，肉质，干后变黑褐色。根细而分枝密，交结呈鸟巢状。叶鳞片状，直立，互生，长圆形或狭长圆形或宽披针形，先端钝头，无毛或上部叶稍有毛，边缘近全缘。花单一，顶生，先下垂，后直立，花冠筒状钟形；苞片鳞片状，与叶同形；萼片鳞片状，早落；花瓣 5～6，离生，楔形或倒卵状长圆形，有不整齐的齿，内侧常有密长粗毛，早落；雄蕊 10～12，花丝有粗毛，花药黄色；花盘 10 齿裂；子房中轴胎座，5 室；花柱柱头膨大呈漏斗状。蒴果椭圆状球形，直立，向上。花期 8—9 月，果期 10—11 月。

【拍摄地点】薛坪镇八里川村，海拔 1036 m。

【生境分布】生于山地林下。分布于南漳薛坪、长坪等乡镇。

【药用部位】全草。

【功能主治】补虚止咳。用于肺虚咳嗽。

图 0680 水晶兰 *Monotropa uniflora*

鹿蹄草属 Pyrola

鹿蹄草 鹿含草（图 0681）

Pyrola calliantha H. Andr.

【中药名】鹿衔草*。

【形态特征】常绿草本状小半灌木，高 15 ～ 30 cm；根茎细长，横生，斜升，有分枝。叶 4 ～ 7，基生，革质；椭圆形或圆卵形，稀近圆形，长 3 ～ 5.2 cm，宽 2.2 ～ 3.5 cm，先端钝头或圆钝头，基部阔楔形或近圆形，边缘近全缘或有疏齿，上面绿色，下面常有白霜，有时带紫色；叶柄长 2 ～ 5.5 cm，有时带紫色。花葶有 1 ～ 2 枚鳞片状叶，卵状披针形或披针形，长 7.5 ～ 8 mm，宽 4 ～ 4.5 mm，先端渐尖或短渐尖，基部稍抱花葶。总状花序长 12 ～ 16 cm，有 9 ～ 13 花，密生，花倾斜，稍下垂，花冠广开，较大，直径 1.5 ～ 2 cm，白色，有时稍带淡红色；花梗长 5 ～ 8 mm，腋间有长舌形苞片，长 6 ～ 7.5 mm，宽 1.6 ～ 2 mm，先端急尖；萼片舌形，长 5 ～ 7.5 mm，宽 2 ～ 3 mm，先端急尖或钝尖，边缘近全缘；花瓣倒卵状椭圆形或倒卵形，长 6 ～ 10 mm，宽 5 ～ 8 mm；雄蕊 10，花丝无毛，花药长圆柱形，长 2.5 ～ 4 mm，宽 1 ～ 1.4 mm，有小角，黄色；花柱长 6 ～ 8 mm，常带淡红色，倾斜，近直立或上部稍向上弯曲，伸出或稍伸出花冠，顶端增粗，有不明显的环状突起，柱头 5 圆裂。蒴果扁球形，高 5 ～ 5.5 mm，直径 7.5 ～ 9 mm。花期 6—8 月，果期 8—9 月。

图 0681 鹿蹄草 *Pyrola calliantha*

【拍摄地点】李庙镇沙坪村，海拔 970 m。

【生境分布】生于山地针叶林、针阔叶混交林或阔叶林下。分布于南漳李庙、长坪、板桥等乡镇。

【采收加工】全年均可采挖，除去杂质，晒至叶片较软时，堆置至叶片变紫褐色，晒干。

【药用部位】全草。

【性味归经】甘、苦，温。归肝、肾经。

【功能主治】祛风湿，强筋骨，止血，止咳。用于风湿痹痛，肾虚腰痛，腰膝无力，月经过多，久咳劳嗽。

【用法用量】9 ～ 15 g。

126. 杜鹃花科 Ericaceae

珍珠花属 Lyonia

小果珍珠花 碎米子 乌饭叶（图 0682）

Lyonia ovalifolia var. *elliptica*（Sieb. et Zucc.）Hand.-Mazz.

【形态特征】常绿或落叶灌木或小乔木；枝淡灰褐色，无毛；冬芽长卵圆形，淡红色，无毛。叶较薄，纸质，卵形，先端渐尖或急尖；表面深绿色，无毛，背面淡绿色，近于无毛，中脉在表面下陷，在背面凸起，侧脉羽状，在表面明显，脉上多少被毛；叶柄无毛。总状花序着生叶腋，近基部有 2 ～ 3 枚叶状苞片，小苞片早落；花序轴上微被柔毛；花梗近于无毛；花萼深 5 裂，裂片长椭圆形，外面近于无毛；花冠圆筒状，外面疏被柔毛，上部浅 5 裂，裂片向外反折，先端钝圆；雄蕊 10 枚，花丝线形，顶端有 2 枚芒状附属物，中下部疏被白色长柔毛；子房近球形，无毛，柱头头状，略伸出花冠外。蒴果球形，果实较小，缝线增厚；种子短线形，无翅。花期 5—6 月，果期 7—9 月。

图 0682　小果珍珠花 *Lyonia ovalifolia* var. *elliptica*

【拍摄地点】长坪镇青林村，海拔 1056 m。

【生境分布】生于阳坡灌丛中。分布于南漳长坪、板桥等乡镇。

【药用部位】嫩叶。

【功能主治】补脾益肾，活血强筋。用于跌打损伤，劳伤，骨折，腰痛。

杜鹃花属 Rhododendron

满山红　映山红　红杜鹃（图 0683）

Rhododendron mariesii Hemsl. et Wils.

【中药名】满山红 *。

【形态特征】落叶灌木；枝轮生，幼时被淡黄棕色长柔毛，后无毛。叶厚纸质或近于革质，常 2 ～ 3 集生枝顶，椭圆形，卵状披针形或三角状卵形，先端锐尖，具短尖头，基部钝或近于圆形，边缘微反卷，初时具细钝齿，后不明显，上面深绿色，下面淡绿色，幼时两面均被淡黄棕色长柔毛，后无毛或近于无毛，叶脉在上面凹陷，下面凸出，细脉与中脉或侧脉间的夹角近于 90°；叶柄近于无毛。花芽卵球形，鳞片阔卵形，顶端钝尖，外面沿中脊以上被淡黄棕色绢状柔毛，边缘具毛。花通常 2 朵顶生，先花后叶，出自同一顶生花芽；花梗直立，常为芽鳞所包，密被黄褐色柔毛；花萼环状，5 浅裂，密被黄褐色柔毛；花冠漏斗形，淡紫红色或紫红色，裂片 5，深裂，长圆形，先端钝圆，上方裂片具紫红色斑点，两面无毛；雄蕊 8 ～ 10，不等长，比花冠短或与花冠等长，花丝扁平，无毛，花药紫红色；子房卵球形，密被淡黄棕色长柔毛，花柱比雄蕊长，无毛。蒴果椭圆状卵球形，

图 0683　满山红 *Rhododendron mariesii*

密被亮棕褐色长柔毛。花期 4—5 月，果期 6—11 月。

【拍摄地点】巡检镇不二坪村，海拔 1070 m。

【生境分布】生于山地稀疏灌丛。分布于南漳肖堰、李庙、巡检等乡镇。

【采收加工】夏、秋二季采收，阴干。

【药用部位】叶。

【性味归经】辛、苦，寒。归肺、脾经。

【功能主治】止咳祛痰。用于咳嗽，气喘，痰多。

【用法用量】25 ～ 50 g，水煎服；6 ～ 12 g，用 40% 乙醇浸服。

羊踯躅 闹羊花 黄杜鹃（图 0684）

Rhododendron molle（Blum）G. Don

【中药名】闹羊花 *、羊踯躅根★。

【形态特征】落叶灌木，高 0.5 ～ 2 m；分枝稀疏，枝条直立，幼时密被灰白色柔毛及疏刚毛。叶纸质，长圆形至长圆状披针形，长 5 ～ 11 cm，宽 1.5 ～ 3.5 cm，先端钝，具短尖头，基部楔形，边缘具毛，幼时上面被微柔毛，下面密被灰白色柔毛，沿中脉被黄褐色刚毛，中脉和侧脉凸出；叶柄长 2 ～ 6 mm，被柔毛和少数刚毛；总状伞形花序顶生，花多达 13 朵，先花后叶或与叶同时开放；花梗长 1 ～ 2.5 cm，被微柔毛及疏刚毛；花萼裂片小，圆齿状，被微柔毛和刚毛状毛；花冠阔漏斗形，长 4.5 cm，直径 5 ～ 6 cm，黄色或金黄色，内有深红色斑点，花冠管向基部渐狭，圆筒状，长 2.6 cm，外面被微柔毛，裂片 5，椭圆形或卵状长圆形，长 2.8 cm，外面被微柔毛；雄蕊 5，不等长，长不超过花冠，花丝扁平，中部以下被微柔毛；子房圆锥状，长 4 mm，密被灰白色柔毛及疏刚毛，花柱长达 6 cm，无毛。蒴果圆锥状长圆形，长 2.5 ～ 3.5 cm，具 5 条纵肋，被微柔毛和疏刚毛。花期 3—5 月，果期 7—8 月。

图 0684 羊踯躅 *Rhododendron molle*

【拍摄地点】肖堰镇杜家沟村，海拔 146 m。

【生境分布】生于山坡草地、灌丛或杂木林下。分布于南漳肖堰、东巩等乡镇。

【采收加工】闹羊花：四、五月花初开时采收，阴干或晒干。羊踯躅根：全年均可采挖，除去泥沙，洗净，晒干。

【药用部位】闹羊花：花。羊踯躅根：根。

【性味归经】闹羊花：辛，温；有大毒；归肝经。羊踯躅根：辛，温；有毒；归脾、肺经。

【功能主治】闹羊花：祛风除湿，散瘀定痛；用于风湿痹痛，偏正头痛，跌扑肿痛，顽癣。羊踯躅根：祛风除湿，化痰止咳，散瘀止痛；用于风湿痹痛，咳嗽，跌打肿痛，痔漏，疥癣。

【用法用量】闹羊花：0.6 ～ 1.5 g，浸酒或入丸、散；外用适量，煎水洗；不宜多服、久服；体虚者及孕妇禁用。羊踯躅根：1.5～3 g；外用适量，研末调敷；煎水洗或涂擦。

杜鹃 山石榴 映山红（图 0685）

Rhododendron simsii Planch.

【形态特征】落叶灌木；分枝多而纤细，密被亮棕褐色扁平糙伏毛。叶革质，常集生枝端，卵形、椭圆状卵形或倒卵形或倒卵形至倒披针形，先端短渐尖，基部楔形或宽楔形，边缘微反卷，具细齿，上面深绿色，疏被糙伏毛，下面淡白色，密被褐色糙伏毛，中脉在上面凹陷，下面凸出；叶柄密被亮棕褐色扁平糙伏毛。花芽卵球形，鳞片外面中部以上被糙伏毛，边缘具毛。花 2～3 朵簇生枝顶；花梗密被亮棕褐色糙伏毛；花萼 5 深裂，裂片三角状长卵形，被糙伏毛，边缘具毛；花冠阔漏斗形，玫瑰色、鲜红色或暗红色，裂片 5，倒卵形，上部裂片具深红色斑点；雄蕊 10，长约与花冠相等，花丝线状，中部以下被微柔毛；子房卵球形，10 室，密被亮棕褐色糙伏毛，花柱伸出花冠外，无毛。蒴果卵球形，密被糙伏毛；花萼宿存。花期 4—5 月，果期 6—8 月。

图 0685 杜鹃 *Rhododendron simsii*

【拍摄地点】东巩镇口泉村，海拔 184 m。

【生境分布】生于山地疏灌丛或松林下。分布于南漳东巩、肖堰、李庙等乡镇。

【药用部位】根，叶，花。

【功能主治】根：祛风湿，活血化瘀，止血；用于风湿性关节炎，跌打损伤，经闭；外用治外伤出血。花、叶：清热解毒，化痰止咳，止痒；用于支气管炎，荨麻疹；外用治痈肿。

越橘属 Vaccinium

扁枝越橘 深红越橘（图 0686）

Vaccinium japonicum var. *sinicum*（Nakai）Rehd.

【形态特征】落叶灌木；茎直立，多分枝，枝条扁平，绿色，无毛，有时有沟棱。叶散生枝上，幼叶有时带红色，叶片纸质，卵形，长卵形或卵状披针形，顶端锐尖、渐尖或有时长渐尖，中部以下变宽，基部宽楔形，略钝至近于平截，边缘有细锯齿，齿尖有具腺短芒，表面无毛或偶有短柔毛，背面近无毛或中脉向基部有短柔毛，中脉、侧脉纤细，在叶面不显，在背面稍凸起；叶柄很短，无毛或背部被短柔毛。花单生叶腋，下垂；花梗纤细，无毛，顶部与萼筒间无关节；小苞片 2，着生花梗基部，披针形，无毛；萼筒部无毛，萼裂片 4，三角形，顶端突尖，基部连合；花冠白色，有时带淡红色，未开放时筒状，4 深裂至下部 1/4，裂片线状披针形，花开后向外反卷，花冠管长为萼裂片的 2 倍；雄蕊 8 枚，花丝扁平，或疏或密被疏柔毛，药室背部无距，药管与药室等长。浆果绿色，成熟后转红色。花期 6 月，果期 9—10 月。

【拍摄地点】长坪镇赵岭村，海拔 1320 m。

【生境分布】生于山坡林下或山坡灌丛中。分布于南漳长坪、板桥等乡镇。

【药用部位】叶。

【功能主治】清热解毒。用于尿道炎、呼吸道炎症等。

图 0686 扁枝越橘 *Vaccinium japonicum* var. *sinicum*

127. 紫金牛科 Myrsinaceae

紫金牛属 Ardisia

朱砂根 平地木 石青子（图 0687）

Ardisia crenata var. *crenata*

【中药名】朱砂根*。

【形态特征】灌木；茎粗壮，无毛，除侧生特殊花枝外，无分枝。叶片革质或坚纸质，椭圆形、椭圆状披针形至倒披针形，顶端急尖或渐尖，基部楔形，边缘具皱波状或波状齿，具明显的边缘腺点，两面无毛，有时背面具极小的鳞片，侧脉 12 ~ 18 对，构成不规则的边缘脉。伞形花序或聚伞花序，着生于侧生特殊花枝顶端；花枝近顶端常具 2 ~ 3 片叶或更多，或无叶；花梗几无毛；花萼仅基部连合，萼片长圆状卵形，顶端圆形或钝，全缘，两面无毛，具腺点；花瓣白色，稀略带粉红色，盛开时反卷，卵形，顶端急尖，具腺点，外面无毛，里面有时近基部具乳头状突起；雄蕊较花瓣短，花药三角状披针形，背面常具腺点；雌蕊与花瓣近等长或略长，子房卵珠形，无毛，具腺点；胚珠 5 枚，1 轮。果球形，鲜红色，具腺点。花期 5—6 月，果期 10—12 月，有时 2—4 月。

图 0687 朱砂根 *Ardisia crenata* var. *crenata*

【拍摄地点】板桥镇夹马河，海拔 605 m。

【生境分布】生于疏、密林下阴湿的灌丛中。分布于南漳板桥、长坪等乡镇。

【采收加工】秋、冬二季采挖，洗净，晒干。

【药用部位】根。

【性味归经】微苦、辛，平。归肺、肝经。

【功能主治】解毒消肿，活血止痛，祛风除湿。用于咽喉肿痛，风湿痹痛，跌打损伤。

【用法用量】3 ～ 9 g。

百两金　八爪龙　开喉剑（图 0688）

Ardisia crispa（Thunb.）A. DC.

图 0688　百两金 *Ardisia crispa*

【形态特征】灌木，具匍匐生根的根茎，直立茎除侧生特殊花枝外，无分枝，花枝多，幼嫩时具细微柔毛或疏鳞片。叶片膜质或近坚纸质，椭圆状披针形或狭长圆状披针形，顶端长渐尖，稀急尖，基部楔形，全缘或略波状，具明显的边缘腺点，两面无毛，背面多少具细鳞片，无腺点或具极疏的腺点，侧脉约 8 对，边缘脉不明显。亚伞形花序，着生于侧生特殊花枝顶端，花枝通常无叶，中部以上具叶或仅近顶端有 2 ～ 3 片叶；花梗被微柔毛；花萼仅基部连合，萼片长圆状卵形或披针形，顶端急尖或狭圆形，多少具腺点，无毛；花瓣白色或粉红色，卵形，顶端急尖，外面无毛，里面多少被细微柔毛，具腺点；雄蕊较花瓣略短，花药狭长圆状披针形，背部无腺点或有；雌蕊与花瓣等长或略长，子房卵珠形，无毛；胚珠 5 枚，1 轮。果球形，鲜红色，具腺点。花期 5—6 月，果期 10—12 月，有时植株上部开花，下部果熟。

【拍摄地点】薛坪镇火石观村，海拔 660 m。

【生境分布】生于山谷、山坡，疏、密林下或竹林下。分布于南漳薛坪、长坪等乡镇。

【药用部位】根。

【功能主治】清利咽喉，祛痰利湿，散瘀消肿。用于咽喉肿痛，咳嗽，咳痰不畅，湿热黄疸，小便淋痛，风湿痹痛，跌打损伤，疔疮肿毒，毒蛇咬伤。

紫金牛　矮茶　平地木（图 0689）

Ardisia japonica（Thunberg）Blume

【中药名】矮地茶 *。

【形态特征】小灌木或亚灌木，近蔓生，具匍匐生根的根茎；直立茎，不分枝，幼时被细微柔毛，以后无毛。叶对生或近轮生，叶片坚纸质或近革质，椭圆形至椭圆状倒卵形，顶端急尖，基部楔形，边缘具细锯齿，多少具腺点，两面无毛或有时背面仅中脉被细微柔毛，侧脉 5 ～ 8 对，细脉网状；叶柄被微柔毛。亚伞形花序，腋生或生于近茎顶端的叶腋，有花 3 ～ 5 朵；花梗常下弯，二者均被微柔毛；花有时 6 朵，花萼基部连合，萼片卵形，顶端急尖或钝，两面无毛，具缘毛，有时具腺点；花瓣粉红色或白色，广卵形，无毛，具密腺点；雄蕊较花瓣略短，花药披针状卵形或卵形，背部具腺点；雌蕊与花瓣等长，子房卵珠形，无毛；胚珠 15 枚，3 轮。果球形，鲜红色转黑色，多少具腺点。花期 5—6 月，果期 11—12 月，有时 5—6 月仍有果。

【拍摄地点】东巩镇口泉村，海拔 189 m。

【生境分布】生于山间林下或竹林下阴湿的地方。分布于南漳东巩、长坪、城关等乡镇。

【采收加工】夏、秋二季茎叶茂盛时采挖，除去泥沙，干燥。

【药用部位】全草。

【性味归经】辛、微苦，平。归肺、肝经。

【功能主治】化痰止咳，清利湿热，活血化瘀。用于新久咳嗽，喘满痰多，湿热黄疸，经闭瘀阻，风湿痹痛，跌打损伤。

【用法用量】15 ～ 30 g。

图 0689 紫金牛 *Ardisia japonica*

铁仔属 Myrsine

铁仔 碎米果 野茶（图 0690）

Myrsine africana L.

【形态特征】灌木，高 0.5 ～ 1 m；小枝圆柱形，叶柄下延处多少具棱角，幼嫩时被锈色微柔毛。叶片革质或坚纸质，通常为椭圆状倒卵形，有时为近圆形、倒卵形、长圆形或披针形，长 1 ～ 2 cm，稀达 3 cm，宽 0.7 ～ 1 cm，顶端广钝或近圆形，具短刺尖，基部楔形，边缘常从中部以上具锯齿，齿端常具短刺尖，两面无毛，背面常具小腺点，尤以边缘较多，侧脉很多，不明显，不连成边缘脉；叶柄短或几无，下延至小枝上。花簇生或近伞形花序，腋生，基部具 1 圈苞片；花梗长 0.5 ～ 1.5 mm，无毛或被腺状微柔毛；花 4 朵，长 2 ～ 2.5 mm，花萼长约 0.5 mm，基部微微连合或近分离，萼片广卵形至椭圆状卵形，两面无毛，具缘毛及腺点；花冠在雌花中，长为萼的 2 倍或略长，基部连合成管，管长为全长的 1/2 或更多；雄蕊微微伸出花冠，花丝基部连合成管，管与花冠管等长，基部与花冠管合生，上部分离，管口具缘毛，里面无毛；花药长圆形，与花冠裂片等大且略长；雌蕊长过雄蕊；子房长卵形或圆锥形，无毛，花柱伸长，柱头点尖、微裂、2 半裂或边缘流苏状；花冠在雄花中，长为管的 1 倍左右，花冠管为全

图 0690 铁仔 *Myrsine africana*

长的 1/2 或略短，外面无毛，里面与花丝合生部分被微柔毛，裂片卵状披针形，具缘毛及腺毛；雄蕊伸出花冠很多，花丝基部连合的管与花冠管合生且等长，上部分离，分离部分长为花药的 1/2 或略短，均被微柔毛，花药长圆状卵形，伸出花冠约 2/3；雌蕊在雄花中退化。果球形，直径达 5 mm，红色变紫黑色，光亮。花期 2—3 月，有时 5—6 月，果期 10—11 月，有时 2 月或 6 月。

【拍摄地点】李庙镇刘坪村，海拔 380 m。

【生境分布】生于山坡、荒坡疏林中或林缘向阳处。分布于南漳李庙、东巩、薛坪等乡镇。

【药用部位】全株。

【功能主治】清热利湿，收敛止血。用于肠炎，痢疾，血崩，便血，肺结核咯血，牙痛。

128. 报春花科 Primulaceae

点地梅属 Androsace

点地梅　白花草（图 0691）

Androsace umbellata（Lour.）Merr.

【形态特征】一年生或二年生草本。主根不明显，具多数须根。叶全部基生，叶片近圆形或卵圆形，先端钝圆，基部浅心形至近圆形，边缘具三角状钝齿，两面均被贴伏的短柔毛；叶柄被开展的柔毛。花葶通常数枚自叶丛中抽出，被白色短柔毛。伞形花序 4 ～ 15 花；苞片卵形至披针形；花梗纤细，被柔毛并杂生短柄腺体；花萼杯状，密被短柔毛，分裂近达基部，裂片菱状卵圆形，具 3 ～ 6 纵脉，果期增大，呈星状展开；花冠白色，筒部短于花萼，喉部黄色，裂片倒卵状长圆形。蒴果近球形，果皮白色，近膜质。花期 2—4 月，果期 5—6 月。

图 0691　点地梅 *Androsace umbellata*

【拍摄地点】城关镇木瓜园村，海拔 203 m。

【生境分布】生于林缘、草地和疏林下。分布于南漳城关镇木瓜园村、大山村等地。

【药用部位】全草或果实。

【功能主治】清热解毒，消肿止痛。用于咽喉肿痛，口疮，牙痛，头痛，赤眼，风湿痹痛。

珍珠菜属 Lysimachia

点腺过路黄　女儿红　露天过路黄（图 0692）

Lysimachia hemsleyana Maxim.

【形态特征】茎簇生，平铺地面，先端伸长呈鞭状，长可达 90 cm，圆柱形，基部直径 1.5 ～ 2 mm，密被多细胞柔毛。叶对生，卵形或阔卵形，长 1.5 ～ 4 cm，宽 1.2 ～ 3 cm，先端锐尖，基部近圆形、截形至浅心形，上面绿色，密被小糙伏毛，下面淡绿色，毛被较疏或近于无毛，两面均有褐色或黑色粒状腺点，极少为透明腺点，侧脉 3 ～ 4 对，在下面稍明显，网脉隐蔽。叶柄长 5 ～ 18 mm。花单生于茎中部叶腋，极少生于短枝上叶腋；花梗长 7 ～ 15 mm，果时下弯，可增长至 2.5 cm；花萼长 7 ～ 8 mm，分裂近达基部，裂片狭披针形，背面中肋明显，被稀疏小柔毛，散生褐色腺点；花冠黄色，基部合生部分长约 2 mm，裂片椭圆形或椭圆状披针形，先端锐尖或稍钝，散生暗红色或褐色腺点；花丝下部合生高约 2 mm 的筒，分离部分长 3 ～ 5 mm；花药长圆形，长约 1.5 mm；子房卵珠形，花柱长 6 ～ 7 mm。蒴果近球形，直径 3.5 ～ 4 mm。花期 4—6 月，果期 5—7 月。

图 0692　点腺过路黄 *Lysimachia hemsleyana*

【拍摄地点】李庙镇胡家坪村，海拔 243 m。

【生境分布】生于沟边、路旁阴湿处和山坡林下。分布于南漳各乡镇。

【药用部位】全草。

【功能主治】利湿退黄，利尿通淋，解毒消肿。用于湿热黄疸，胆胀胁痛，石淋，热淋，小便涩痛，痈肿疔疮，蛇虫咬伤。

矮桃　珍珠草　金鸡脚下红（图 0693）

Lysimachia clethroides Duby

【中药名】珍珠菜*。

【形态特征】多年生草本，全株多少被黄褐色卷曲柔毛。根茎横走，淡红色。茎直立，圆柱形，基部带红色，不分枝。叶互生，长椭圆形或阔披针形，先端渐尖，基部渐狭，两面散生黑色粒状腺点，近于无柄或具长 2 ～ 10 mm 的柄。总状花序顶生，盛花期花密集，常转向一侧，后渐伸长，果时增长；苞片线状钻形，比花梗稍长；花萼分裂近达基部，裂片卵状椭圆形，先端圆钝，周边膜质，有腺状缘毛；花冠白色，基部合生，裂片狭长圆形，先端圆钝；雄蕊内藏，花丝基部连合并贴生于花冠基部，被腺毛；花药长圆形；花粉粒具 3 孔沟，长球形，表面近于平滑；

图 0693　矮桃 *Lysimachia clethroides*

子房卵珠形，花柱稍粗。蒴果近球形。花期 5—7 月，果期 7—10 月。

【拍摄地点】李庙镇沙坪村，海拔 999 m。

【生境分布】生于山坡林缘和草丛中。分布于南漳各乡镇。

【采收加工】夏、秋二季采收，洗净，晒干。

【药用部位】全草。

【性味归经】辛、涩，平。归脾、肝经。

【功能主治】活血调经，解毒消肿。用于月经不调，带下，风湿痹痛，跌打损伤，乳痈，虫蛇咬伤。

【用法用量】15 ～ 30 g。外用鲜品捣敷。

异花珍珠菜（图 0694）

Lysimachia crispidens（Hance）Hemsl.

【形态特征】一年生草本，全体无毛。茎通常多条簇生，花葶状。基生叶莲座状簇生，倒卵形或倒披针形，先端圆钝或稍锐尖，基部楔形，下延，边缘呈皱波状；叶柄具狭翅；茎叶少数，互生或有时近对生，卵形至披针形，无柄，先端锐尖或钝，基部圆形或心形，上部的渐次缩小呈苞片状。总状花序顶生；花梗纤细，花萼分裂近达基部，裂片披针形，先端稍渐尖；花冠淡紫色，筒状，分裂不超过中部，有时仅达全长的 1/4，裂片长圆形，先端钝。雄蕊和花柱有长、短两型。长花柱型：花柱、雄蕊均较长，花丝基部合生成短筒；花药长圆形或卵圆形；花粉粒长球形，表面具网状纹饰。短花柱型：花柱、雄蕊均较短，基部合生成浅环；花粉粒较小，表面网状纹饰较细密。蒴果球形。花期 5—7 月，果期 6—7 月。

图 0694 异花珍珠菜 *Lysimachia crispidens*

【拍摄地点】城关镇玉溪山，海拔 150 m。

【生境分布】生于山坡阴处和山谷灌丛下。分布于南漳城关、薛坪、肖堰等乡镇。

【药用部位】全草。

【功能主治】降血压。用于治疗高血压。

金爪儿 五星黄 小茄（图 0695）

Lysimachia grammica Hance

【形态特征】茎簇生，膝曲直立，圆柱形，从基部向上稍增粗，密被多细胞柔毛，有黑色腺条，通常多分枝。叶在茎下部对生，在上部互生，卵形至三角状卵形，先端锐尖或稍钝，基部截形，骤然收缩下延，两面均被多细胞柔毛，密布长短不等的黑色腺条；叶柄具狭翅。花单生于茎上部叶腋；花梗纤细，丝状，通常超过叶长，密被柔毛，花后下弯；花萼分裂近达基部，裂片卵状披针形，先端长渐尖，边缘具缘毛，背面疏被柔毛和紫黑色腺条；花冠黄色，基部合生，裂片卵形或菱状卵圆形，先端稍钝；花丝下部合生成环；子房被毛。蒴果近球形，淡褐色。花期 4—5 月，果期 5—9 月。

【拍摄地点】李庙镇赵店村，海拔 325 m。

【生境分布】生于山脚路旁、疏林下等阴湿处。分布于南漳李庙、长坪等乡镇。

【药用部位】全草。

【功能主治】止血，解热，理气活血，拔毒消肿。用于跌打损伤，无名肿毒，外伤出血。

图 0695　金爪儿 *Lysimachia grammica*

轮叶过路黄　轮叶排草（图 0696）

Lysimachia klattiana Hance

【形态特征】茎通常 2 至数条簇生，直立，近圆柱形，密被铁锈色多细胞柔毛，不分枝或偶有分枝。叶 6 至多枚在茎端密聚呈轮生状，在茎下部各节 3 ～ 4 枚轮生或对生，很少互生，叶片披针形至狭披针形，先端渐尖或稍钝，基部楔形，无柄或近于无柄，两面均被多细胞柔毛。花集生茎端成伞形花序，极少在花序下方的叶腋有单生之花；花梗被稀疏柔毛，果时下弯；花萼分裂近达基部，裂片披针形，先端渐尖呈钻形，背面被疏柔毛，中肋明显，近基部常有不明显的黑色腺条；花冠黄色，基部合生，裂片狭椭圆形，先端钝，有棕色或黑色长腺条；花丝基部合生成筒；花药卵形；花粉粒具 3 孔沟，近长球形，表面具网状纹饰；子房卵珠形。蒴果近球形。花期 5—7 月，果期 8 月。

图 0696　轮叶过路黄 *Lysimachia klattiana*

【拍摄地点】城关镇黄椏村，海拔 125 m。

【生境分布】生于疏林下、林缘和山坡阴处草丛中。分布于南漳城关镇。

【药用部位】全草。

【功能主治】凉血止血，平肝，解蛇毒。用于咯血，吐血，衄血，便血，外伤出血，失眠，高血压，毒蛇咬伤。

光叶巴东过路黄　大四块瓦（图 0697）

Lysimachia patungensis f. *glabrifolia* C. M. Hu

【形态特征】茎纤细，匍匐伸长，节上生根，茎被极稀疏的柔毛或近于无毛；分枝上升。叶对生，茎端的 2 对密聚，呈轮生状，叶片阔卵形或近圆形，极少近椭圆形，先端钝圆、圆形或有时微凹，基部宽截形，稀为楔形，草质而稍厚，光滑无毛，中肋稍宽，在下面微隆起，侧脉不明显；叶柄长约为叶片的一半或与叶片近等长。花 2 ～ 4 朵集生于茎和枝的顶端，无苞片；花萼被极稀疏的柔毛或近于无毛，分裂近达基部，裂片披针形，顶端稍钝，具极狭的膜质边缘；花冠黄色，内面基部橙红色，基部合生，裂片长圆形，先端圆钝，有少数透明粗腺条；花丝下部合生成筒；花药卵状长圆形；花粉粒具 3 孔沟，近球形，表面具网状纹饰；子房上部被毛。蒴果球形。花期 5—6 月，果期 7—8 月。

图 0697　光叶巴东过路黄 *Lysimachia patungensis* f. *glabrifolia*

【拍摄地点】长坪镇黄潭村翡翠峡，海拔 283 m。

【生境分布】生于山谷溪边及疏林下。分布于南漳长坪镇。

【药用部位】全草。

【功能主治】通淋止痛。用于尿道结石，膀胱结石，肾结石。

疏头过路黄　见肿消（图 0698）

Lysimachia pseudohenryi Pamp.

【形态特征】茎通常 2 ～ 4 条簇生，直立或膝曲直立，基部圆柱形，上部微具棱，单一或上部具短分枝，密被多细胞柔毛。叶对生，茎下部的较小，菱状卵形或卵圆形，上部叶较大，茎端的 2 ～ 3 对通常稍密聚，叶片卵形，稀卵状披针形，先端锐尖或稍钝，基部近圆形或阔楔形，两面均密被小糙伏毛，散生粒状半透明腺点，侧脉 2 ～ 3 对，纤细，网脉不明显；叶柄具草质狭边缘。花序为顶生缩短成近头状的总状花序，花有时稍疏离，单生于茎端稍密聚的苞片状叶腋；果时，花梗下弯；花萼分裂近达基部，裂片披针形，背面被柔毛，中肋稍明显；花冠黄色，基部合生，裂片窄椭圆形或倒卵状椭圆形，先端锐尖或钝，有透明腺点；花丝下部合生成筒；子房和花柱下部被毛。蒴果近球形。花期 5—6 月，果期 6—7 月。

图 0698　疏头过路黄 *Lysimachia pseudohenryi*

【拍摄地点】九集镇双泉村，海拔 245 m。

【生境分布】生于山地林缘和灌丛中。分布于南漳九集镇。

【药用部位】全草。

【功能主治】清热解毒，消肿止痛。用于肠胃炎，痢疾，鼻肿痛，皮肤红肿，无名肿毒，跌打损伤。

腺药珍珠菜（图 0699）

Lysimachia stenosepala Hemsl.

【形态特征】多年生草本，全体光滑无毛。茎直立，下部近圆柱形，上部明显四棱形，通常有分枝。叶对生，在茎上部常互生，叶片披针形至长圆状披针形或长椭圆形，先端锐尖或渐尖，基部渐狭，边缘微呈皱波状，上面绿色，下面粉绿色，两面近边缘散生暗紫色或黑色粒状腺点或短腺条，无柄或具短柄。总状花序顶生，疏花；苞片线状披针形；果时花梗稍伸长；花萼分裂近达基部，裂片线状披针形，先端渐尖呈钻形，边缘膜质；花冠白色，钟状，基部合生，裂片倒卵状长圆形或匙形，先端圆钝；雄蕊约与花冠等长，花丝贴生于花冠裂片的中下部；花药线形，药隔顶端有红色腺体；花粉粒具 3 孔沟，长球形，表面近于平滑；子房无毛，花柱细长。蒴果球形。花期 5—6 月，果期 7—9 月。

图 0699 腺药珍珠菜 *Lysimachia stenosepala*

【拍摄地点】李庙镇胡家坪村，海拔 367 m。

【生境分布】生于山谷林缘、溪边和山坡草地湿润处。分布于南漳李庙镇。

【药用部位】全草。

【功能主治】活血调经。用于月经不调，带下，跌打损伤；外用治疗虫蛇咬伤。

报春花属 Primula

齿萼报春（图 0700）

Primula odontocalyx（Franch.）Pax

【形态特征】多年生草本。根状茎短，具多数纤维状须根。开花期叶丛基部通常无鳞片。叶矩圆状或倒卵状匙形，先端圆形，基部渐狭，近于无柄或具短柄，边缘具稍不整齐的三角形锐尖齿，两面均疏被小腺体，中肋稍宽，常稍带紫色，侧脉 5 ～ 10 对，在下面显著；果期叶片常呈椭圆形或倒卵形，具明显的柄。初花期花葶疏被小腺体，果时增长，通常顶生 1 ～ 3 花，稀 4 ～ 8 花；苞片线状披针形；花梗疏被小腺体；花萼钟状，外面被小腺毛，具 5 脉，分裂达中部或略深于中部，裂片卵形至卵状三角形，先端锐尖或渐尖，有时具 1 ～ 2 小齿；花冠蓝紫色或淡红色，冠筒口周围白色，喉部具环状附属物，裂片倒卵形至矩圆状倒卵形，先端具凹缺。长花柱花：雄蕊近冠筒中部着生，花柱长达冠筒口。短花柱花：雄蕊着生于冠筒上部，花药顶端接近筒口，花柱约与花萼等长。蒴果扁球形。花期3—5月，果期6—7月。

【拍摄地点】李庙镇主山寨村，海拔1064 m。

【生境分布】生长于山坡草丛中和林下。分布于南漳长坪、李庙等乡镇。

【药用部位】根。

【功能主治】清热利湿。用于痢疾腹痛。

图 0700 齿萼报春 *Primula odontocalyx*

129. 柿科 Ebenaceae

柿属 Diospyros

乌柿 山柿子 丁香柿 金弹子（图 0701）

Diospyros cathayensis Steward

【形态特征】常绿或半常绿小乔木，干短而粗，树冠开展，多枝，有刺；枝圆筒形，深褐色至黑褐色，有小柔毛，后变无毛，散生纵裂近圆形的小皮孔；小枝纤细，褐色至带黑色，平直，有短柔毛。冬芽细小，芽鳞有微柔毛。叶薄革质，长圆状披针形，两端钝，上面光亮，深绿色，下面淡绿色，嫩时有小柔毛，中脉在上面稍凸起，有微柔毛，侧脉纤细，每边5～8条，小脉不甚明显，结成不规则的疏网状；叶柄短，有微柔毛。雄花生聚伞花序上，极少单生，花萼4深裂，裂片三角形，两面密被柔毛；花冠壶状，两面有柔毛，4裂，裂片宽卵形，反曲；雄蕊16枚，分成8对，每对的花丝一长一短，有长粗毛，花药线形，短渐尖，退化子房有粗伏毛；花梗、总梗均密生短粗毛；雌花单生，腋外生，白色，芳香；花萼4深裂，裂片卵形，有短柔毛，先端急尖；花冠较花萼短，壶状，有短柔毛，裂片覆瓦状排列，近三角形，反曲，退化雄蕊6枚，花丝有短柔毛；子房球形，有长柔毛，6室，每室有1胚珠；花柱无毛，很短，柱头6浅裂，凸出花冠外；花梗纤细。果球形，嫩时绿色，熟时黄色，变无毛；种子褐色，长椭圆形，侧扁；宿存萼4深裂，裂片革质，卵形，先端急尖，有纵脉9条；果柄纤细。花期4—5月，果期8—10月。

图 0701 乌柿 *Diospyros cathayensis*

【拍摄地点】城关镇文笔峰村，海拔150 m。

【生境分布】生于河谷、山地或山谷林中。分布于南漳东巩、巡检等乡镇。

【药用部位】果实。

【功能主治】清热，润肺，止咳。用于热病烦渴，咳嗽，口疮。

柿 柿子 朱果（图 0702）

Diospyros kaki Thunb.

【中药名】柿蒂*。

【形态特征】落叶大乔木；树皮深灰色至灰黑色，或者黄灰褐色至褐色，沟纹较密，裂呈长方块状；树冠球形或长圆球形。枝开展，带绿色至褐色，无毛，散生纵裂的长圆形或狭长圆形皮孔；嫩枝初时有棱，有棕色柔毛或茸毛或无毛。冬芽小，卵形，先端钝。叶纸质，卵状椭圆形至倒卵形或近圆形，通常较大，先端渐尖或钝，基部楔形，钝圆形或近截形，很少为心形；新叶疏生柔毛，老叶上面有光泽，深绿色，无毛，下面绿色，有柔毛或无毛；中脉在上面凹下，有微柔毛，在下面凸起，侧脉每边 5～7 条；叶柄变无毛，上面有浅槽。花雌雄异株，但间或有雄株中有少数雌花，雌株中有少数雄花的，花序腋生，为聚伞花序；雄花序小，弯垂，有短柔毛或茸毛，有花 3～5 朵，通常有花 3 朵；总花梗有微小苞片；雄花小；花萼钟状，两面有毛，深 4 裂，裂片卵形，有毛；花冠钟状，不长过花萼的两倍，黄白色，外面或两面有毛，4 裂，裂片卵形或心形，开展，两面有绢毛或外面脊上有长伏柔毛，里面近无毛，先端钝；雄蕊 16～24 枚，着生在花冠管的基部，连生成对，腹面 1 枚较短；花丝短，先端有柔毛；花药椭圆状长圆形，顶端渐尖；药隔背部有柔毛，退化子房微小。雌花单生叶腋，花萼绿色，有光泽，深 4 裂，萼管近球状钟形，肉质，外面密生伏柔毛，里面有绢毛，裂片开展，阔卵形或半圆形，有脉，两面疏生伏柔毛或近无毛，先端钝或急尖，两端略向背后弯卷；花冠淡黄白色或黄白色而带紫红色，壶形或近钟形，较花萼短小，4 裂，花冠管近四棱形，裂片阔卵形，上部向外弯曲；退化雄蕊 8 枚，着生在花冠管的基部，带白色，有长柔毛；子房近扁球形，无毛或有短柔毛，8 室，每室有胚珠 1 颗；花柱 4 深裂，柱头 2 浅裂；花梗密生短柔毛。果形种种，有球形、扁球形、球形而略呈方形、卵形等，基部通常有棱，嫩时绿色，后变黄色、橙黄色；果肉较脆硬，老熟时果肉变得柔软多汁，呈橙红色或大红色等，有种子数颗；种子褐色，椭圆状，侧扁，在栽培品种中通常无种子或有少数种子；宿存萼在花后增大增厚，4 裂，方形或近圆形，近平扁，厚革质或干时近木质，外面有伏柔毛，后变无毛，里面密被棕色绢毛，裂片革质，两面无毛，有光泽；果柄粗壮。花期 5—6 月，果期 9—10 月。

图 0702 柿 *Diospyros kaki*

【拍摄地点】板桥镇雷坪村，海拔 652 m。

【生境分布】生于阳光充足和土壤深厚、肥沃、湿润、排水良好的环境，或栽培。分布于南漳各乡镇。

【采收加工】冬季果实成熟时采摘，食用时收集，洗净，晒干。

【药用部位】宿萼。
【性味归经】苦、涩，平。归胃经。
【功能主治】降逆止呃。用于呃逆。
【用法用量】5 ~ 10 g。

君迁子 软枣（图 0703）

Diospyros Lotus L.

【形态特征】落叶乔木，高可达 30 m，胸高直径可达 1.3 m；树冠近球形或扁球形；树皮灰黑色或灰褐色，深裂或不规则厚块状剥落；小枝褐色或棕色，有纵裂的皮孔；嫩枝通常淡灰色，有时带紫色，平滑或有时有黄灰色短柔毛。冬芽狭卵形，带棕色，先端急尖。叶近膜质，椭圆形至长椭圆形，长 5 ~ 13 cm，宽 2.5 ~ 6 cm，先端渐尖或急尖，基部钝，宽楔形至近圆形，上面深绿色有光泽，初时有柔毛，但后渐脱落，下面绿色或粉绿色，有柔毛，且在脉上较多，或无毛；中脉有微柔毛，在下面凸起；侧脉纤细，每边 7 ~ 10 条，上面稍下陷，下面略凸起；小脉很纤细，连接成不规则的网状。叶柄长 7 ~ 15 mm，有时有短柔毛，上面有沟。雄花 1 ~ 3 朵腋生，簇生，近无梗，长约 6 mm；花萼钟形，4 裂，偶有 5 裂，裂片卵形，先端急尖，内面有绢毛，边缘有毛；花冠壶形，带红色或淡黄色，长约 4 mm，无毛或近无毛，4 裂，裂片近圆形，边缘有毛；雄蕊 16 枚，每 2 枚连生成对，腹面 1 枚较短，无毛；花药披针形，长约 3 mm，先端渐尖；药隔两面都有长毛；子房退化。雌花单生，几无梗，淡绿色或带红色；花萼 4 裂，深裂至中部，外面下部有伏粗毛，内面基部有棕色绢毛，裂片卵形，长约 4 mm，先端急尖，边缘有毛；花冠壶形，长约 6 mm，4 裂，偶有 5 裂，裂片近圆形，长约 3 mm，反曲；退化雄蕊 8 枚，着生花冠基部，长约 2 mm，有白色粗毛；子房除顶端外无毛，8 室；花柱 4，有时基部有白色长粗毛。果近球形或椭圆形，直径 1 ~ 2 cm，初熟时为淡黄色，后则变为蓝黑色，常被有白色薄蜡层，8 室；种子长圆形，长约 1 cm，宽约 6 mm，褐色，侧扁，背面较厚；宿存萼 4 裂，深裂至中部，裂片卵形，长约 6 mm，先端钝圆。花期 5—6 月，果期 10—11 月。

图 0703 君迁子 *Diospyros Lotus*

【拍摄地点】巡检镇不二坪村，海拔 634 m。
【生境分布】生于山地、山坡、山谷的灌丛中，或在林缘。分布于南漳巡检、李庙、东巩等乡镇。
【药用部位】果实。
【功能主治】清热，止渴。用于烦热，消渴。

130. 安息香科 Styracaceae

安息香属 Styrax

野茉莉　木香柴　野白果树（图 0704）

Styrax japonicus Sieb. et Zucc.

【形态特征】灌木或小乔木，树皮暗褐色或灰褐色，平滑；嫩枝稍扁，开始时被淡黄色星状柔毛，以后脱落变为无毛，暗紫色，圆柱形。叶互生，纸质或近革质，椭圆形或长圆状椭圆形至卵状椭圆形，顶端急尖或钝渐尖，常稍弯，基部楔形或宽楔形，边近全缘或仅于上半部具疏离锯齿，上面除叶脉疏被星状毛外，其余无毛而稍粗糙，下面除主脉和侧脉汇合处有白色长髯毛外无毛；侧脉每边 5 ～ 7 条，第三级小脉网状，较密，两面均明显隆起；叶柄上面有凹槽，疏被星状短柔毛。总状花序顶生，有花 5 ～ 8 朵；有时下部的花生于叶腋；花序梗无毛；花白色，花梗纤细，开花时下垂，无毛；小苞片线形或线状披针形，无毛，易脱落；花萼漏斗状，膜质，无毛，萼齿短而不规则；花冠裂片卵形、倒卵形或椭圆形，两面均被星状细柔毛，花蕾时作覆瓦状排列；花丝扁平，下部连合成管，上部分离，分离部分的下部被白色长柔毛，上部无毛，花药长圆形，边缘被星状毛。果实卵形，顶端具短尖头，外面密被灰色星状茸毛，有不规则皱纹；种子褐色，有深皱纹。花期 4—7 月，果期 9—11 月。

图 0704　野茉莉 *Styrax japonicus*

【拍摄地点】肖堰镇花庄村，海拔 210 m。

【生境分布】生于山坡林中。分布于南漳肖堰、长坪等乡镇。

【药用部位】花，根。

【功能主治】花：清热泻火；用于喉痛，牙痛。根：清热解毒；用于口腔炎，咽喉炎，牙龈发炎。

131. 山矾科 Symplocaceae

山矾属 Symplocos

华山矾　土常山　狗屎木　华灰木（图 0705）

Symplocos chinensis（Lour.）Druce

【形态特征】灌木；嫩枝、叶柄、叶背均被灰黄色皱曲柔毛。叶纸质，椭圆形或倒卵形，先端急尖或短尖，有时圆，基部楔形或圆形，边缘有细尖锯齿，叶面有短柔毛；中脉在叶面凹下，侧脉每边 4 ～ 7 条。圆锥花序顶生或腋生，花序轴、苞片、萼外面均密被灰黄色皱曲柔毛；苞片早落。裂片长圆形，长于萼筒；花冠白色，芳香，5 深裂几达基部；雄蕊 50 ～ 60 枚，花丝基部合生成五体雄蕊；花盘具 5 凸起的腺点，无毛；子房 2 室。核果卵状圆球形，歪斜，被紧贴的柔毛，熟时蓝色，顶端宿萼裂片向内伏。花期 4—5 月，果期 8—

9 月。

【拍摄地点】武安镇安集村，海拔 228 m。

【生境分布】生于丘陵、山坡及杂林中。分布于南漳武安镇。

【药用部位】枝叶。

【功能主治】清热利湿，解毒，止泻。用于胃肠炎，腹泻，腹痛。

图 0705 华山矾 *Symplocos chinensis*

图 0706 白檀 *Symplocos paniculata*

白檀 乌子树（图 0706）

Symplocos paniculata（Thunb.）Miq.

【形态特征】落叶灌木或小乔木；嫩枝有灰白色柔毛，老枝无毛。叶膜质或薄纸质，阔倒卵形、椭圆状倒卵形或卵形，先端急尖或渐尖，基部阔楔形或近圆形，边缘有细尖锯齿，叶面无毛或有柔毛，叶背通常有柔毛或仅脉上有柔毛；中脉在叶面凹下，侧脉在叶面平坦或微凸起，每边 4 ～ 8 条。圆锥花序，通常有柔毛；苞片早落，通常条形，有褐色腺点；花萼萼筒褐色，无毛或有疏柔毛，裂片半圆形或卵形，稍长于萼筒，淡黄色，有纵脉纹，边缘有毛；花冠白色，5 深裂几达基部；雄蕊 40 ～ 60 枚，子房 2 室，花盘具 5 凸起的腺点。核果熟时蓝色，卵状球形，稍偏斜，顶端宿萼裂片直立。

【拍摄地点】李庙镇闫坪村，海拔 231 m。

【生境分布】生于山坡、路边、疏林或密林中。分布于南漳李庙、长坪等乡镇。

【药用部位】树皮。

【功能主治】清热解毒，祛风止痒。用于痈肿疮毒，皮肤瘙痒。

132. 木犀科 Oleaceae

连翘属 Forsythia

连翘 黄花条（图 0707）

Forsythia suspensa（Thunb.）Vahl

【中药名】连翘*。

图 0707　连翘 *Forsythia suspensa*

【形态特征】落叶灌木。枝开展或下垂，棕色、棕褐色或淡黄褐色，小枝土黄色或灰褐色，略呈四棱形，疏生皮孔，节间中空，节部具实心髓。叶通常为单叶，或 3 裂至三出复叶，叶片卵形、宽卵形或椭圆状卵形至椭圆形，先端锐尖，基部圆形、宽楔形至楔形，叶缘除基部外具锐锯齿或粗锯齿，上面深绿色，下面淡黄绿色，两面无毛；叶柄无毛。花通常单生或 2 至数朵着生于叶腋，先于叶开放；花萼绿色，裂片长圆形或长圆状椭圆形，先端钝或锐尖，边缘具毛，与花冠管近等长；花冠黄色，裂片倒卵状长圆形或长圆形；在雌蕊长 5 ～ 7 mm 的花中，雄蕊长 3 ～ 5 mm，在雄蕊长 6 ～ 7 mm 的花中，雌蕊长约 3 mm。果卵球形、卵状椭圆形或长椭圆形，先端喙状渐尖，表面疏生皮孔。花期 3—4 月，果期 7—9 月。

【拍摄地点】巡检镇凤山村，海拔 566 m。

【生境分布】生于山坡灌丛、草丛、山谷疏林中。分布于南漳巡检、东巩、肖堰等乡镇。

【采收加工】秋季果实初熟尚带绿色时采收，除去杂质，蒸熟，晒干，习称“青翘”；果实熟透时采收，晒干，除去杂质，习称“老翘”。

【药用部位】果实。

【性味归经】苦，微寒。归肺、心、小肠经。

【功能主治】清热解毒，消肿散结，疏散风热。用于痈疽，瘰疬，乳痈，丹毒，风热感冒，温病初起，温热入营，高热烦渴，神昏发斑，热淋涩痛。

【用法用量】6 ～ 15 g。

金钟花　土连翘（图 0708）

Forsythia viridissima Lindl.

图 0708　金钟花 *Forsythia viridissima*

【形态特征】落叶灌木，全株除花萼裂片边缘具毛外，其余均无毛。枝棕褐色或红棕色，直立，小枝绿色或黄绿色，呈四棱形，皮孔明显，具片状髓。叶片长椭圆形至披针形，或倒卵状长椭圆形，先端锐尖，基部楔形，通常上半部具不规则锐锯齿或粗锯齿，稀近全缘，上面深绿色，下面淡绿色，两面无毛，中脉和侧脉在上面凹入，下面凸起。花 1 ～ 3 朵着生于叶腋，先于叶开放；花萼裂片绿色，卵形、宽卵形或宽长圆形，具毛；花冠深黄色，花冠管裂片狭长圆形至长圆形，内面基部具橘黄色条纹，反卷。果卵形或宽卵形，基部稍圆，先端喙状渐尖，具皮孔。花期 3—4 月，果期 8—11 月。

【拍摄地点】城关镇洞坪村，海拔 107 m。

【生境分布】生于山地、谷地或河谷边林缘，溪沟边或山坡路旁灌丛中。城关镇偶见栽培。

【药用部位】果实。

【功能主治】清热，解毒，散结。用于感冒发热，目赤肿痛。

素馨属 Jasminum

探春花　迎夏　小柳拐（图 0709）

Jasminum floridum Bunge

【形态特征】直立或攀援灌木。小枝褐色或黄绿色，当年生枝草绿色，扭曲，四棱，无毛。叶互生，复叶，小叶 3 枚或 5 枚，稀 7 枚，小枝基部常有单叶；叶片和小叶片上面光亮，干时常具横皱纹，两面无毛，稀沿中脉被微柔毛；小叶片卵形、卵状椭圆形至椭圆形，稀倒卵形或近圆形，先端急尖，具小尖头，稀钝或圆形，基部楔形或圆形，中脉在上面凹陷，下面凸起，侧脉不明显；顶生小叶片常稍大，具小叶柄；侧生小叶片近无柄；单叶通常为宽卵形、椭圆形或近圆形。聚伞花序或伞状聚伞花序顶生，有花 3 ～ 25 朵；苞片锥形；花梗缺或长达 2 cm；花萼具 5 条凸起的肋，无毛，萼管裂片锥状线形；花冠黄色，近漏斗状，花冠管裂片卵形或长圆形，先端锐尖，稀圆钝，边缘具纤毛。果长圆形或球形，成熟时呈黑色。花期 5—9 月，果期 9—10 月。

图 0709　探春花 *Jasminum floridum*

【拍摄地点】肖堰镇曲阳坪村，海拔 393 m。

【生境分布】生于坡地、山谷或林中。分布于南漳各乡镇。

【药用部位】根。

【功能主治】清热解毒，散瘀，消食。用于咽喉肿痛，疮疡肿毒，跌打损伤，烫伤，刀伤，食积腹胀。

清香藤　破骨风（图 0710）

Jasminum lanceolarium Roxb.

【形态特征】大型攀援灌木。小枝圆柱形，稀具棱，节处稍压扁，光滑无毛或被短柔毛。叶对生或近对生，三出复叶，有时花序基部侧生小叶退化成线状单叶；叶柄具沟，沟内常被微柔毛；叶片上面绿色，光亮，无毛或被短柔毛，下面色较淡，光滑或疏被至密被柔毛，具凹陷的小斑点；小叶片椭圆形、长圆形、卵圆形、卵形或披针形，稀近圆形，先端钝、锐尖、渐尖或尾尖，稀近圆形，基部圆形或楔形，顶生小叶柄稍长或等长于侧生小叶柄。复聚伞花序常排列呈圆锥状，顶生或腋生，有花多朵，密集；苞片线形；花梗短或无，果时增粗增长，无毛或密被毛；花芳香；花萼筒状，光滑或被短柔毛，果时增大，萼齿三角形，不明显，或几近截形；花冠白色，高脚碟状，花冠管纤细，裂片 4 ～ 5 枚，披针形、椭圆形或长圆形，先端钝或锐尖；花柱异长。果球形或椭圆形，两心皮基部相连或仅一心皮成熟，黑色，干时呈橘黄色。花期 4—10 月，果期 6 月至翌年 3 月。

图 0710 清香藤 *Jasminum lanceolarium*

【拍摄地点】长坪镇黄潭村翡翠峡，海拔 442 m。

【生境分布】生于山坡、灌丛、山谷密林中。分布于南漳长坪、板桥等乡镇。

【药用部位】茎叶。

【功能主治】祛风除湿，凉血解毒。用于风湿痹痛，跌打损伤，头痛，外伤出血，无名毒疮，蛇伤。

女贞属 Ligustrum

蜡子树 **水白蜡（图 0711）**

Ligustrum leucanthum（S. Moore）P. S. Green

【形态特征】落叶灌木或小乔木；树皮灰褐色。小枝通常呈水平开展，被硬毛、柔毛、短柔毛至无毛。叶片纸质或厚纸质，椭圆形、椭圆状长圆形至狭披针形、宽披针形，或为椭圆状卵形，大小较不一致，先端锐尖、短渐尖而具微凸头，或钝，基部楔形、宽楔形至近圆形，上面疏被短柔毛至无毛，或仅沿中脉被短柔毛，下面疏被柔毛或硬毛至无毛，常沿中脉被硬毛或柔毛，侧脉 4 ～ 9 对，在下面略凸起，近叶缘处不明显网结；叶柄被硬毛、柔毛或无毛。圆锥花序着生于小枝顶端；花序轴被硬毛、柔毛、短柔毛至无毛；花梗被微柔毛或无毛；花萼被微柔毛或无毛，截形或萼齿呈宽三角形，先端尖或钝；花冠裂片卵形，稀具毛，近直立；花药宽披针形，达花冠裂片 1/2 ～ 2/3 处。果近球形至宽长圆形，呈蓝黑色。

图 0711 蜡子树 *Ligustrum leucanthum*

花期 6—7 月，果期 8—11 月。

【拍摄地点】李庙镇主山寨村，海拔 1156 m。

【生境分布】生于山坡林下、路边荒地和山谷丛林中。分布于南漳李庙、肖堰、薛坪等乡镇。

【药用部位】根。

【功能主治】清热解毒。用于劳伤，烫伤，瘰疬，黄水疮，疮疡肿痛。

女贞　冬青（图 0712）

Ligustrum lucidum Ait.

图 0712　女贞 *Ligustrum lucidum*

【中药名】女贞子*、女贞叶★。

【形态特征】灌木或乔木；树皮灰褐色。枝黄褐色、灰色或紫红色，圆柱形，疏生圆形或长圆形皮孔。叶片常绿，革质，卵形、长卵形或椭圆形至宽椭圆形，先端锐尖至渐尖或钝，基部圆形或近圆形，有时宽楔形或渐狭，叶缘平坦，上面光亮，两面无毛，中脉在上面凹入，下面凸起，侧脉 4 ～ 9 对，两面稍凸起或有时不明显；叶柄上面具沟，无毛。圆锥花序顶生；花序轴及分枝轴无毛，紫色或黄棕色，果时具棱；花序基部苞片常与叶同型，小苞片披针形或线形，凋落；花无梗或近无梗；花萼无毛，齿不明显或近截形；花冠裂片反折；花药长圆形；花柱柱头棒状。果肾形或近肾形，深蓝黑色，成熟时呈红黑色，被白粉。花期 5—7 月，果期 7 月至翌年 5 月。

【拍摄地点】城关镇榆树岭村，海拔 141 m。

【生境分布】生于山坡林中或栽培。分布于南漳各乡镇，多为栽培。

【采收加工】女贞子：冬季果实成熟时采收，除去枝叶，稍蒸或置沸水中略烫后干燥；或直接干燥。女贞叶：全年可采，除去茎枝，干燥。

【药用部位】女贞子：成熟果实。女贞叶：叶。

【性味归经】女贞子：甘、苦，凉；归肝、肾经。女贞叶：微苦，平；归肝经。

【功能主治】女贞子：滋补肝肾，明目乌发；用于肝肾阴虚，眩晕耳鸣，腰膝酸软，须发早白，目暗不明，内热消渴，骨蒸潮热。女贞叶：祛风，明目，消肿，止痛；用于头目昏痛，风热赤眼，疮肿溃烂，烫伤，口疮。

【用法用量】女贞子：6 ～ 12 g。女贞叶：10 ～ 15 g。

小叶女贞　小白蜡（图 0713）

Ligustrum quihoui Carr.

【形态特征】落叶灌木。小枝淡棕色，圆柱形，密被微柔毛，后脱落。叶片薄革质，形状和大小变异较大，披针形、长圆状椭圆形、椭圆形、倒卵状长圆形至倒披针形或倒卵形，先端锐尖、钝或微凹，基部狭楔形至楔形，叶缘反卷，上面深绿色，下面淡绿色，常具腺点，两面无毛，稀沿中脉被微柔毛，中脉在上面凹入，下面凸起，侧脉 2 ～ 6 对，不明显，在上面微凹入，下面略凸起，近叶缘处网结不明显；叶柄无毛或被微柔毛。圆锥花序顶生，近圆柱形，分枝处常有 1 对叶状苞片；小苞片卵形，具毛；花萼无毛，萼齿宽卵形或钝三角形；花冠裂片卵形或椭圆形，先端钝；雄蕊伸出裂片外，花丝与花冠裂片近等长或稍长。果倒卵形、宽椭圆形或近球形，呈紫黑色。花期 5—7 月，果期 8—11 月。

图 0713 小叶女贞 *Ligustrum quihoui*

【拍摄地点】薛坪镇火石观村，海拔 645 m。

【生境分布】生于沟边、路旁或河边灌丛中，或山坡。分布于南漳薛坪、肖堰等乡镇。

【药用部位】叶。

【功能主治】清热解毒。用于小儿口腔炎，烧烫伤，黄水疮。

宜昌女贞（图 0714）

Ligustrum strongylophyllum Hemsl.

【形态特征】灌木；树皮灰褐色或灰黑色。枝褐色或灰褐色，圆柱形，被短柔毛或近无毛，疏生皮孔，小枝黄褐色，纤细，圆柱形或稍具棱，密被短柔毛。叶片厚革质，卵形、卵状椭圆形或近圆形，稀倒卵形，先端钝或近锐尖，基部近圆形、宽楔形至楔形，叶缘反卷，上面光亮，干时常具横皱纹，下面淡绿色，两面无毛或上面中脉被微柔毛，中脉在上面凹入，下面凸起，侧脉 3 ～ 5 对，上面不明显，下面略凸起或不明显；叶柄被微柔毛。圆锥花序疏松，开展，顶生；花序轴和分枝轴具棱，果时尤明显，主轴被微柔毛，向上渐疏，分枝轴无毛；花序基部具 1 对叶状苞片，小苞片常凋落；花萼先端截形或浅裂；花冠裂片与花冠管近等长或稍长，常反折；花丝稍短于裂片。果倒卵形，两侧不对称，略弯，呈黑色。花期 6—8 月，果期 8—10 月。

图 0714 宜昌女贞 *Ligustrum strongylophyllum*

【拍摄地点】巡检镇凤山村，海拔 647 m。

【生境分布】生于山谷林中、山顶灌丛中或河边沟旁。偶见于南漳巡检镇。

【药用部位】叶。

【功能主治】清热泻火，除烦止渴。用于热病烦渴。

木犀属 Osmanthus

红柄木犀　野桂花（图 0715）

Osmanthus armatus Diels

【形态特征】常绿灌木或乔木，高 2 ~ 6 m。小枝灰白色，稍有皮孔，幼时被柔毛，老时光滑。叶片厚革质，长圆状披针形至椭圆形，长 6 ~ 8 cm，最长可达 15 cm，宽 2 ~ 2.5 cm，先端渐尖，有锐尖头，基部近圆形至浅心形，稀宽楔形，叶缘具硬而尖的刺状牙齿 6 ~ 10 对，稀可至 17 对，长 2 ~ 4 mm，稀全缘，两面无毛，仅上面中脉被柔毛，近叶柄处尤密，中脉在上面凸起，侧脉 8 ~ 10 对，与细脉呈网状在两面均明显凸起，尤以上面更甚；叶柄短，长 2 ~ 5 mm，稀长达 8 mm，密被柔毛。聚伞花序簇生于叶腋，每腋内有花 4 ~ 12 朵；苞片宽卵形，背部隆起，先端尖锐，被短柔毛；花梗细弱，长 6 ~ 10 mm，无毛；花芳香；花萼长 1 ~ 1.5 mm，裂片大小不等；花冠白色，长 4 ~ 5 mm，花冠管与裂片等长；雄蕊着生于花冠管中部，花丝长 0.5 ~ 0.8 mm，花药长 1.5 ~ 2 mm，药隔在花药先端延伸成一明显小尖头；雄花中不育雌蕊为狭圆锥形，长约 1.5 mm。果长约 1.5 cm，直径约 1 cm，呈黑色。花期 9—10 月，果期翌年 4—6 月。

图 0715　红柄木犀 *Osmanthus armatus*

【拍摄地点】肖堰镇青龙湾村，海拔 819 m。

【生境分布】生于山坡灌木林中。分布于南漳肖堰、薛坪等乡镇。

【药用部位】根。

【功能主治】清热解毒。用于疮痈肿毒。

木犀　桂花（图 0716）

Osmanthus fragrans（Thunb.）Lour.

【形态特征】常绿乔木或灌木；树皮灰褐色。小枝黄褐色，无毛。叶片革质，椭圆形、长椭圆形或椭圆状披针形，先端渐尖，基部渐狭呈楔形或宽楔形，全缘或通常上半部具细锯齿，两面无毛，腺点在两面连成小水泡状突起，中脉在上面凹入，下面凸起，侧脉 6 ~ 8 对，多达 10 对，在上面凹入，下面凸起；叶柄无毛。聚伞花序簇生于叶腋，或近于帚状，每腋内有花多朵；苞片宽卵形，质厚，具小尖头，无毛；花梗细弱，无毛；花极芳香；花萼裂片稍不整齐；花冠黄白色、淡黄色、黄色或橘红色；雄蕊着生于花冠管中部，花丝极短，花药药隔在花药先端稍延伸呈不明显的小尖头。果歪斜，椭圆形，呈紫黑色。花期 9 月至 10 月上旬，果期翌年 3 月。

【拍摄地点】城关镇水镜庄风景区，海拔 123 m。

【生境分布】栽培。全县各乡镇有栽培。

【药用部位】花。

【功能主治】散寒破结，化痰止咳。用于牙痛，咳喘痰多，经闭腹痛。

图 0716　木犀 *Osmanthus fragrans*

133. 马钱科 Loganiaceae

醉鱼草属 Buddleja

密蒙花　蒙花　小锦花（图 0717）

Buddleja officinalis Maxim.

【中药名】密蒙花*。

【形态特征】灌木，高 1 ～ 4 m。小枝略呈四棱形，灰褐色；小枝、叶下面、叶柄和花序均密被灰白色星状短茸毛。叶对生，叶片纸质，狭椭圆形、长卵形、卵状披针形或长圆状披针形，长 4 ～ 19 cm，宽 2 ～ 8 cm，顶端渐尖、急尖或钝，基部楔形或宽楔形，有时下延至叶柄基部，通常全缘，稀有疏锯齿，叶上面深绿色，被星状毛，下面浅绿色；侧脉每边 8 ～ 14 条，上面扁平，干后凹陷，下面凸起，网脉明显；叶柄长 2 ～ 20 mm；托叶在两叶柄基部之间缢缩成一横线。花多而密集，组成顶生聚伞圆锥花序；花梗极短；小苞片披针形，被短茸毛；花萼钟状，外面与花冠外面均密被星状短茸毛和一些腺毛，花萼裂片三角形或宽三角形，顶端急尖或钝；花冠紫堇色，后变白色或淡黄白色，喉部橘黄色，张开直径 2 ～ 3 mm，花冠管圆筒形，内面黄色，被疏柔毛，花冠裂片卵形，内面无毛；雄蕊着生于花冠管内壁中部，花丝极短，花药长圆形，黄色，基部耳状，内向，2 室；雌蕊长 3.5 ～ 5 mm，子房卵珠状，中部以上至花柱基部被星状短茸毛，花柱长 1 ～ 1.5 mm，柱头棍棒状。蒴果椭圆状，2 瓣裂，外果皮被星状毛，基部有宿存花被；种子多颗，狭椭圆形，两端具翅。花期 3—4 月，果期 5—8 月。

图 0717　密蒙花 *Buddleja officinalis*

【拍摄地点】巡检镇甘河村，海拔 306 m。

【生境分布】生于向阳山坡、河边、村旁的灌丛中或林缘。分布于南漳各乡镇。

【采收加工】春季花未开放时采收，除去杂质，干燥。

【药用部位】花蕾和花序。

【性味归经】甘，微寒。归肝经。

【功能主治】清热泻火，养肝明目，退翳。用于目赤肿痛，多泪羞明，目生翳膜，肝虚目暗，视物昏花。

【用法用量】3 ～ 9 g。

134. 龙胆科 Gentianaceae

龙胆属 Gentiana

红花龙胆　红龙胆　龙胆草　星秀花（图 0718）

Gentiana rhodantha Franch. ex Hemsl.

【中药名】红花龙胆*。

【形态特征】多年生草本，具短缩根茎。根细条形，黄色。茎直立，单生或数个丛生，常带紫色，具细条棱，微粗糙，上部多分枝。基生叶呈莲座状，椭圆形、倒卵形或卵形，先端急尖，基部楔形，渐狭呈短柄，边缘膜质浅波状；茎生叶宽卵形或卵状三角形，先端渐尖或急尖，基部圆形或心形，边缘浅波状，叶脉 3 ～ 5 条，下面明显，有时疏被毛，无柄或下部的叶具极短而扁平的柄，外面密被短毛或无毛，基部连合成短筒抱茎。花单生茎顶，无花梗；花萼膜质，有时微带紫色，萼筒脉稍凸起具狭翅，裂片线状披针形，边缘有时疏生毛，弯缺圆形；花冠淡红色，上部有紫色纵纹，筒状，上部稍开展，裂片卵形或卵状三角形，先端钝或渐尖，褶宽三角形，比裂片稍短，先端具细长流苏；雄蕊着生于冠筒下部，花丝丝状，长短不等，花药椭圆形；子房椭圆形，柄短，花柱丝状，柱头线形，2 裂。蒴果内藏或仅先端外露，淡褐色，长椭圆形，两端渐狭，果皮薄；种子淡褐色，近圆形，具翅。花果期 10 月至翌年 2 月。

图 0718　红花龙胆 *Gentiana rhodantha*

【拍摄地点】东巩镇石峡坪村，海拔 472 m。

【生境分布】生于高山灌丛、草地及林下。分布于南漳东巩、薛坪、巡检等乡镇。

【采收加工】秋、冬二季采挖，除去泥沙，晒干。

【药用部位】全草。

【性味归经】苦，寒。归肝、胆经。

【功能主治】清热除湿，解毒，止咳。用于湿热黄疸，小便不利，肺热咳嗽。

【用法用量】9 ～ 15 g。

鳞叶龙胆　石龙胆　岩龙胆　小龙胆（图 0719）

Gentiana squarrosa Ledeb.

【形态特征】一年生草本，高 2～8 cm。茎黄绿色或紫红色，密被黄绿色乳突，有时夹杂有紫色乳突，自基部起多分枝，枝铺散，斜升。叶先端钝圆或急尖，具短小尖头，基部渐狭，边缘厚软骨质，密生细乳突，两面光滑，中脉白色软骨质，在下面凸起，密生细乳突，叶柄白色膜质，边缘具短毛，背面具细乳突，仅连合成长 0.5～1 mm 的短筒；基生叶大，在花期枯萎，宿存，卵形、卵圆形或卵状椭圆形；茎生叶小，外反，密集或疏离，长于或短于节间，倒卵状匙形或匙形。花多数，单生于小枝顶端；花梗黄绿色或紫红色，密被黄绿色乳突，有时夹杂有紫色乳突，长 2～8 mm，藏于或大部分藏于最上部叶中；花萼倒锥状筒形，外面具细乳突，萼筒常具白色膜质和绿色叶质相间的宽条纹，裂片外反，绿色，叶状，整齐，卵圆形或卵形，先端钝圆或钝，具短小尖头，基部圆形，突然收缩成爪，边缘厚软骨质，密生细乳突，两面光滑，中脉白色厚软骨质，在下面凸起，并向萼筒下延成短脊或否，密生细乳突，弯缺宽，截形；花冠蓝色，筒状漏斗形，裂片卵状三角形，先端钝，无小尖头，褶卵形，先端钝，全缘或边缘有细齿；雄蕊着生于冠筒中部，整齐，花丝丝状，花药矩圆形；子房宽椭圆形，先端钝圆，基部渐狭成柄，柄粗；花柱柱状，柱头 2 裂，外反，半圆形或宽矩圆形。蒴果外露，倒卵状矩圆形，先端圆形，有宽翅，两侧边缘有狭翅，基部渐狭成柄，柄粗壮，直立，长至 8 mm；种子黑褐色，椭圆形或矩圆形，表面有白色光亮的细网纹。花果期 4—9 月。

图 0719　鳞叶龙胆 *Gentiana squarrosa*

【拍摄地点】李庙镇石桩河村，海拔 334 m。

【生境分布】生于山坡、山谷、荒地、路边及灌丛中。分布于南漳李庙镇，偶见。

【药用部位】全草。

【功能主治】清热解毒，利湿，活血消肿。用于咽喉肿痛，疮痈肿毒，目赤肿痛。

花锚属 Halenia

椭圆叶花锚　黑及草（图 0720）

Halenia elliptica D. Don

【形态特征】一年生草本。根具分枝，黄褐色。茎直立，无毛、四棱形，上部具分枝。基生叶椭圆形，有时略呈圆形，先端圆形或急尖呈钝头，基部渐狭呈宽楔形，全缘，具宽扁的柄，叶脉 3 条；茎生叶卵形、椭圆形、长椭圆形或卵状披针形，先端圆钝或急尖，基部圆形或宽楔形，全缘，叶脉 5 条，无柄或茎下部叶具极短而宽扁的柄，抱茎。聚伞花序腋生和顶生；花梗长短不相等；花 4 朵；花萼裂片椭圆形或卵形，先端通常渐尖，常具小尖头，具 3 脉；花冠蓝色或紫色，花冠裂片卵圆形或椭圆形，先端具小尖头，向外水平开展；雄蕊内藏，花药卵圆形；子房卵形，花柱极短，柱头2裂。蒴果宽卵形，上部渐狭，淡褐色；种子褐色，椭圆形或近圆形。花果期7—9月。

【拍摄地点】板桥镇龙埫村，海拔1247 m。

【生境分布】生于高山林下及林缘、山坡草地、灌丛中、山谷水沟边。分布于南漳板桥镇。

【药用部位】全草。

【功能主治】清热解毒，疏肝利胆，止痛。用于急、慢性肝炎，胆囊炎，肠胃炎，流感，咽喉痛，牙痛等。

图0720 椭圆叶花锚 *Halenia elliptica*

獐牙菜属 Swertia

獐牙菜 大苦草 黑节苦草 走胆草（图0721）

Swertia bimaculata（Sieb. et Zucc.）Hook. f. et Thoms. ex C. B. Clarke

【中药名】獐牙菜*。

【形态特征】一年生草本。根细，棕黄色。茎直立，圆形，中空，中部以上分枝。基生叶在花期枯萎；茎生叶无柄或具短柄，叶片椭圆形至卵状披针形，先端长渐尖，基部钝，叶脉3～5条，弧形，在背面明显凸起，最上部叶苞叶状。大型圆锥状复聚伞花序疏松，开展，多花；花梗较粗，直立或斜伸，不等长；花5朵；花萼绿色，长为花冠的1/4～1/2，裂片狭倒披针形或狭椭圆形，先端渐尖或急尖，基部狭缩，边缘具窄的白色膜质，常外卷，背面有细的、不明显的3～5脉；花冠黄色，上部具多数紫色小斑点，裂片椭圆形或长圆形，先端渐尖或急尖，基部狭缩，中部具2个黄绿色、半圆形的大腺斑；花丝线形，花药长圆形；子房无柄，披针形，花柱短，柱头小，头状，2裂。蒴果无柄，狭卵形；种子褐色，圆形，表面具瘤状突起。花果期6—11月。

【拍摄地点】薛坪镇八里川村，海拔993 m。

【生境分布】生于河滩、山坡草地、林下或灌丛中。分布于南漳薛坪、板桥、长坪等乡镇。

【采收加工】秋季花果期采收，除去泥沙，晒干。

【药用部位】全草。

【性味归经】苦，寒。归肝、胆、膀胱经。

图0721 獐牙菜 *Swertia bimaculata*

【功能主治】清热利湿，消肿止痛。用于胁痛，泄泻，咽肿牙痛，热淋，蛔虫病等。

【用法用量】10 ～ 15 g。

北方獐牙菜 淡花当药 水黄连（图 0722）

Swertia diluta（Turcz.）Benth. et Hook. f.

【形态特征】一年生草本。根黄色。茎直立，四棱形，棱上具窄翅，多分枝，枝细瘦，斜升。叶无柄，线状披针形至线形，两端渐狭，下面中脉明显凸起。圆锥状复聚伞花序具多数花；花梗直立，四棱形；花 5 朵；花萼绿色，长于或等于花冠，裂片线形，先端锐尖，背面中脉明显；花冠浅蓝色，裂片椭圆状披针形，先端急尖，基部有 2 个腺窝，腺窝窄矩圆形，沟状，周缘具长柔毛状流苏；花丝线形，花药狭矩圆形；子房无柄，椭圆状卵形至卵状披针形，花柱粗短，柱头 2 裂，裂片半圆形。蒴果卵形；种子深褐色，矩圆形，表面具小瘤状突起。花果期 8—10 月。

【拍摄地点】城关镇张家营村，海拔 153 m。

【生境分布】生于阴湿山坡、山坡林下、田边、谷地。分布于南漳城关、长坪、东巩等乡镇。

【药用部位】全草。

【功能主治】清热解毒，利湿健胃。用于肝炎，消化不良，痢疾。

图 0722 北方獐牙菜 *Swertia diluta*

双蝴蝶属 Tripterospermum

峨眉双蝴蝶 青鱼胆草（图 0723）

Tripterospermum cordatum（Marq.）H. Smith

【形态特征】多年生缠绕草本。具根茎，根细，黄褐色。茎圆形，通常黄绿色，稀为紫色或带紫纹，螺旋状扭转，下部粗壮，节间短。叶心形、卵形或卵状披针形，先端渐尖或急尖，常具短尾，基部心形或圆形，边缘膜质，细波状，叶脉 3 ～ 5 条，叶片下面淡绿色或带紫色。花单生或成对着生于叶腋，有时 2 ～ 6 朵成聚伞花序；花梗较短，具 1 ～ 4 对披针形小苞片或否；花萼钟形，萼筒不开裂，稀一侧开裂，明显具翅，裂片线状披针形，直立或向外倾斜开展，基部下延呈翅状，弯缺截形或圆形；花冠紫色，钟形，裂片卵状三角形，褶宽三角形，先端微波状；雄蕊着生于冠筒下部，不整齐，花丝线形，下部稍加宽，花药矩圆形；子房椭圆形，通常近无柄或具短柄，基部具 5 浅裂的环状花盘，花柱细长，柱头线形、2 裂。浆果紫红色，内藏，长椭圆形，两端急狭呈圆形，稍扁，近无柄或具短柄。种子暗紫色，椭圆形或卵形、三棱状，边缘具棱，无翅。花果期 8—12 月。

【拍摄地点】板桥镇龙埫村，海拔 1249 m。

【生境分布】生于山坡林下、林缘、灌丛中及低山河谷。分布于南漳板桥、长坪、巡检等乡镇。

【药用部位】全草。

【功能主治】疏风清热，健脾利湿，杀虫。用于风热咳嗽，黄疸，风湿痹痛，蛔虫病。

图 0723 峨眉双蝴蝶 *Tripterospermum cordatum*

图 0724 长春花 *Catharanthus roseus*

135. 夹竹桃科 Apocynaceae

长春花属 Catharanthus

长春花 雁来红 日日新（图 0724）

Catharanthus roseus（L.）G. Don

【形态特征】半灌木，略有分枝，有水液，全株无毛或仅有微毛；茎近方形，有条纹，灰绿色。叶膜质，倒卵状长圆形，先端浑圆，有短尖头，基部广楔形至楔形，渐狭而成叶柄；叶脉在叶面扁平，在叶背略隆起，侧脉约 8 对。聚伞花序腋生或顶生，有花 2 ～ 3 朵；花萼 5 深裂，内面无腺体或腺体不明显，萼片披针形或钻状渐尖；花冠红色，高脚碟状，花冠筒圆筒状，内面具疏柔毛，喉部紧缩，具刚毛；花冠裂片宽倒卵形；雄蕊着生于花冠筒的上半部，但花药隐藏于花喉之内，与柱头离生；子房和花盘与属的特征相同。蓇葖双生，直立，平行或略叉开；外果皮厚纸质，有条纹，被柔毛；种子黑色，长圆状圆筒形，两端截形，具有颗粒状小瘤。花果期几乎全年。

【拍摄地点】肖堰镇花庄村，海拔 139 m。

【生境分布】栽培。全县各乡镇有零星栽培。

【药用部位】全草。

【功能主治】解毒抗癌，清热平肝。用于多种癌肿，高血压，痈肿疮毒，烫伤。

夹竹桃属 Nerium

夹竹桃 柳叶桃 九节肿（图 0725）

Nerium indicum Mill.

【形态特征】常绿直立大灌木，枝条灰绿色，含水液；嫩枝条具棱，被微毛，老时毛脱落。叶 3 ～ 4

枚轮生，下枝为对生，窄披针形，顶端急尖，基部楔形，叶缘反卷，叶面深绿色，无毛，叶背浅绿色，有多数洼点，幼时被疏微毛，老时毛渐脱落；中脉在叶面陷入，在叶背凸起，侧脉两面扁平，纤细，密生而平行，每边达120条，直达叶缘；叶柄扁平，基部稍宽，幼时被微毛，老时毛脱落；叶柄内具腺体。聚伞花序顶生，着花数朵；总花梗长约3 cm，被微毛；花梗长7～10 mm；苞片披针形；花芳香；花萼5深裂，红色，披针形，外面无毛，内面基部具腺体；花冠深红色或粉红色，栽培演变为白色或黄色，花冠为单瓣呈5裂时，其花冠为漏斗状，其花冠筒圆筒形，上部扩大呈钟形，花冠筒内面被长柔毛，花冠喉部具5片宽鳞片状副花冠，每片的顶端撕裂，并伸出花冠喉部之外，花冠裂片倒卵形，顶端圆形；花冠为重瓣呈15～18枚时，裂片组成三轮，内轮为漏斗状，外面二轮为辐状，分裂至基部或每2～3片基部连合，每花冠裂片基部具长圆形而顶端撕裂的鳞片；雄蕊着生在花冠筒中部以上，花丝短，被长柔毛，花药箭头状，内藏，与柱头连生，基部具耳，顶端渐尖，药隔延长呈丝状，被柔毛；无花盘；心皮2，离生，被柔毛，花柱丝状，柱头近圆球形，顶端突尖；每心皮有胚珠多颗。蓇葖2，离生，平行或并连，长圆形，两端较窄，绿色，无毛，具细纵条纹；种子长圆形，基部较窄，顶端钝、褐色，种皮被锈色短柔毛，顶端具黄褐色绢质种毛。花期几乎全年，夏秋为最盛；果期一般在冬春季，栽培很少结果。

图0725 夹竹桃 *Nerium indicum*

【拍摄地点】城关镇花石桥村，海拔170 m。

【生境分布】栽培。全县各乡镇有零星栽培。

【药用部位】茎叶。

【功能主治】强心利尿，祛痰定喘，镇痛，去瘀；有毒。用于心力衰竭，喘息咳嗽，癫痫，跌打损伤。

白花夹竹桃（图0726）

Nerium indicum cv. *Paihua*

【形态特征】本种为夹竹桃的一个栽培变种。本变种与原变种的主要区别为花白色。

【拍摄地点】城关镇花石桥村，海拔170 m。

【生境分布】栽培。全县各乡镇有零星栽培。

【药用部位】同“夹竹桃”。

【功能主治】同“夹竹桃”。

图0726 白花夹竹桃 *Nerium indicum* cv. *Paihua*

络石属 Trachelospermum

络石 白花藤（图 0727）

Trachelospermum jasminoides（Lindl.）Lem.

图 0727 络石 *Trachelospermum jasminoides*

【中药名】络石藤*。

【形态特征】常绿木质藤本，具乳汁；茎赤褐色，圆柱形，有皮孔；小枝被黄色柔毛，老时渐无毛。叶革质或近革质，椭圆形至卵状椭圆形或宽倒卵形，顶端锐尖至渐尖或钝，有时微凹或有小突尖，基部渐狭至钝，叶面无毛，叶背被疏短柔毛，老渐无毛；叶面中脉微凹，侧脉扁平，叶背中脉凸起，侧脉每边 6 ～ 12 条，扁平或稍凸起；叶柄短，被短柔毛，老渐无毛；叶柄内和叶腋外腺体钻形。二歧聚伞花序腋生或顶生，花多朵呈圆锥状，与叶等长或较长；花白色，芳香；总花梗被柔毛，老时渐无毛；苞片及小苞片狭披针形；花萼 5 深裂，裂片线状披针形，顶部反卷，外面被有长柔毛及缘毛，内面无毛，基部具 10 枚鳞片状腺体；花蕾顶端钝，花冠筒圆筒形，中部膨大，外面无毛，内面在喉部及雄蕊着生处被短柔毛，花冠裂片无毛；雄蕊着生在花冠筒中部，腹部黏生在柱头上，花药箭头状，基部具耳，隐藏在花喉内；花盘环状 5 裂与子房等长；子房由 2 个离生心皮组成，无毛，花柱圆柱状，柱头卵圆形，顶端全缘；每心皮有胚珠多颗，着生于 2 个并生的侧膜胎座上。蓇葖双生，叉开，无毛，线状披针形，向先端渐尖；种子多颗，褐色，线形，顶端具白色绢质种毛。花期 3—7 月，果期 7—12 月。

【拍摄地点】李庙镇石桩河村，海拔 235 m。

【生境分布】生于山野、溪边、路旁、林缘或杂木林中，常缠绕于树上或攀援于墙壁、岩石上。广泛分布于南漳各乡镇。

【采收加工】冬季至次春采割，除去杂质，晒干。

【药用部位】带叶藤茎。

【性味归经】苦，微寒。归心、肝、肾经。

【功能主治】祛风通络，凉血消肿。用于风湿热痹，筋脉拘挛，腰膝酸痛，喉痹，痈肿，跌打损伤。

【用法用量】6 ～ 12 g。

136. 萝藦科 Asclepiadaceae

秦岭藤属 Biondia

秦岭藤（图 0728）

Biondia chinensis Schltr.

【形态特征】多年生草质藤本；茎缠绕；枝条被二列柔毛，纤细。叶薄纸质，披针形至线状披针形，顶端急尖至渐尖，基部宽楔形至钝，几无毛；中脉在叶面扁平，在叶背凸起，侧脉两面扁平，不明显；叶柄被柔毛，顶端上面具丛生腺体。聚伞花序伞形状，腋外生，比叶为短；花序梗和花梗被柔毛；花萼裂片卵状椭圆形，无毛，花萼内面基部有5个腺体；花冠钟状，无毛，裂片卵形，比花冠筒短，直立；副花冠着生于合蕊冠基部，极短，顶端5浅裂；花药顶端具宽三角状薄膜片，覆盖柱头；花粉块长圆形，下垂；子房无毛；柱头盘状五角形。蓇葖单生，狭披针形；种子线形，顶端具白色绢质种毛。花期5月，果期10月。

【拍摄地点】巡检镇巡检司村，海拔495 m。

【生境分布】生于山地林下或路旁。分布于南漳巡检、长坪等乡镇。

【药用部位】全株。

【功能主治】祛风除湿，止痛。用于风湿麻木，跌打肿痛。

图0728　秦岭藤 *Biondia chinensis*

吊灯花属 Ceropegia

宝兴吊灯花（图0729）

Ceropegia paohsingensis Tsiang et P. T. Li

【形态特征】多年生草本：茎缠绕，圆筒状，略为肉质，除花外全部无毛。叶近肉质或膜质，卵形或卵状长圆形，长3～6 cm，宽1.5～2.5 cm，顶端锐尖或经常尾状渐尖，基部心形，无毛或在脉上略具微毛；中脉及侧脉两面近扁平，侧脉7～9对，弧形上升，到达叶缘网结；叶柄长1～1.5 cm，纤细，上面具槽，顶端具黄色而锥尖的小腺体2～3个丛生。聚伞花序腋生，着花1～2朵，开展，比叶为短或等长；花序梗纤弱，长0.8～2 cm；花萼5深裂，除裂片略有缘毛外，其余无毛，裂片披针形，花萼内面基部具有5个小腺体；花冠近漏斗状，白绿色及白紫红色斑点，无毛，花冠筒长约2 cm，基部偏肿，在中部紧缩，喉部膨大，裂片舌状，直立，顶端黏合如伞状；副花冠着生于合蕊冠的基部，钟状，共有2轮，外轮有5个小裂片，小裂片的顶端有2个小锯齿，具疏柔毛，内轮有5条伸长的舌状片，舌状片高出于合蕊柱；雄蕊顶端的膜片不发育；花粉块每室1个，直立，偏肿，长圆形，其内角具1透明膜片，

图0729　宝兴吊灯花 *Ceropegia paohsingensis*

花粉块柄上升，着粉腺中部以上膨大；子房具一般属的特征。花期 4—8 月。

【拍摄地点】板桥镇夹马河，海拔 666 m。

【生境分布】生于灌丛中。分布于南漳板桥镇。

【药用部位】根。

【功能主治】清热解毒。用于虫蛇咬伤，痈疽疮毒。

鹅绒藤属 Cynanchum

白薇　白马尾（图 0730）

Cynanchum atratum Bunge

【中药名】白薇*。

【形态特征】直立多年生草本；根须状，有香气。叶卵形或卵状长圆形，顶端渐尖或急尖，基部圆形，两面均被有白色茸毛，特别以叶背及脉上为密；侧脉 6 ～ 7 对。伞形状聚伞花序，无总花梗，生在茎的四周，着花 8 ～ 10 朵；花深紫色；花萼外面有茸毛，内面基部有小腺体 5 个；花冠辐状，外面有短柔毛，并具缘毛；副花冠 5 裂，裂片盾状，圆形，与合蕊柱等长，花药顶端具 1 圆形的膜片；花粉块每室 1 个，下垂，长圆状膨胀；柱头扁平。蓇葖单生，向端部渐尖，基部钝形，中间膨大；种子扁平；种毛白色。花期 4—8 月，果期 6—8 月。

图 0730　白薇 *Cynanchum atratum*

【拍摄地点】李庙镇付家坪村，海拔 585 m。

【生境分布】生于河边、干荒地及草丛中，山沟、林下草地常见。分布于南漳李庙镇。

【采收加工】春、秋二季采挖，洗净，干燥。

【药用部位】根和根茎。

【性味归经】苦、咸，寒。归胃、肝、肾经。

【功能主治】清热凉血，利尿通淋，解毒疗疮。用于温邪伤营发热，阴虚发热，骨蒸劳热，产后血虚发热，热淋，血淋，痈疽肿毒。

【用法用量】5 ～ 10 g。

牛皮消　飞来鹤　耳叶牛皮消（图 0731）

Cynanchum auriculatum Royle ex Wight

【中药名】牛皮消*。

【形态特征】蔓性半灌木；宿根肥厚，呈块状；茎圆形，被微柔毛。叶对生，膜质，被微毛，宽卵形至卵状长圆形，长 4 ～ 12 cm，宽 4 ～ 10 cm，顶端短渐尖，基部心形。聚伞花序伞房状，着花 30 朵；花萼裂片卵状长圆形；花冠白色，辐状，裂片反折，内面具疏柔毛；副花冠浅杯状，裂片椭圆形，肉质，钝头，在每裂片内面的中部有1个三角形的舌状鳞片；花粉块每室1个，下垂；柱头圆锥状，顶端2裂。蓇葖双生，披针形，长8 cm，直径1 m；种子卵状椭圆形；种毛白色绢质。花期6—9月，果期7—11月。

【拍摄地点】板桥镇龙埫村，海拔1120 m。

【生境分布】生于山坡林缘及路旁灌丛中或河流、水沟边潮湿地。分布于南漳各乡镇。

【采收加工】夏、秋二季采挖，除去栓皮，洗净，晒干。

【药用部位】块根。

【性味归经】甘、苦，微温；有小毒。归脾、胃、肺经。

图0731 牛皮消 *Cynanchum auriculatum*

【功能主治】健胃导滞，解毒利湿。用于食积，腹痛，腹胀，胃脘痛，急慢性肋痛，腹水，腰腿疼痛。

【用法用量】9～15 g。

蔓剪草　蔓白薇（图0732）

Cynanchum chekiangense M. Cheng ex Tsiang et P. T. Li

【形态特征】多年生草本；根须状；全株近无毛；单茎直立，端部蔓生，缠绕。叶薄纸质，对生或在中间二对甚为靠近，似四叶轮生状，卵状椭圆形，稀宽倒卵形，两端急尖或先端猝然渐尖，叶面略被微毛，叶背在叶脉上被疏柔毛。伞形状聚伞花序腋间生；花序梗具有微毛；花萼裂片具缘毛；花冠深红色；副花冠比合蕊冠为短或等长，裂片三角状卵形，顶端钝；花粉块椭圆形，下垂。蓇葖经常单生，线状披针形，向端部渐狭，无毛；种子卵形，基部圆形，顶端截形；种毛白色绢质。花期5月，果期6月。

【拍摄地点】长坪镇标湖村，海拔1015 m。

图0732 蔓剪草 *Cynanchum chekiangense*

【生境分布】生于山谷、溪旁、密林中潮湿之地。分布于南漳长坪镇。

【药用部位】根。

【功能主治】理气健胃，祛暑，散瘀消肿，杀虫。用于胃寒疼痛，中暑，跌打损伤，疥疮等。

白前 芫花叶白前（图 0733）

Cynanchum glaucescens（Decne.）Hand.-Mazz.

【中药名】白前 *。

【形态特征】直立矮灌木；茎具二列柔毛。叶无毛，长圆形或长圆状披针形，顶端钝或急尖，基部楔形或圆形，近无柄；侧脉不明显，3 ～ 5 对。伞形聚伞花序腋内或腋间生，比叶为短，无毛或具微毛，着花 10 余朵；花萼 5 深裂，内面基部有腺体 5 个，极小；花冠黄色、辐状；副花冠浅杯状，裂片 5，肉质，卵形，龙骨状内向，其端部倾倚于花药；花粉块每室 1 个，下垂；柱头扁平。蓇葖单生，纺锤形，先端渐尖，基部紧窄；种子扁平；种毛白色绢质。花期 5—11 月，果期 7—11 月。

图 0733　白前 *Cynanchum glaucescens*

【拍摄地点】李庙镇北沟村，海拔 777 m。

【生境分布】生于江边河岸及沙石间，路边丘陵地区也有。南漳李庙镇偶见。

【采收加工】秋季采挖，洗净，晒干。

【药用部位】干燥根茎和根。

【性味归经】辛、苦，微温。归肺经。

【功能主治】降气，消痰，止咳。用于肺气壅实，咳嗽痰多，胸满喘急。

【用法用量】3 ～ 10 g。

徐长卿 逍遥竹（图 0734）

Cynanchum paniculatum（Bunge）Kitagawa

【中药名】徐长卿 *。

【形态特征】多年生直立草本，高约 1 m；根须状，多至 50 余条；茎不分枝，稀从根部发生几条，无毛或被微生。叶对生，纸质，披针形至线形，两端锐尖，两面无毛或叶面具疏柔毛，叶缘有边毛；侧脉不明显；圆锥状聚伞花序生于顶端的叶腋内，着花 10 余朵；花萼内的腺体或有或无；花冠黄绿色，近辐状；副花冠裂片 5，基部增厚，顶端钝；花粉块每室 1 个，下垂；子房椭圆形；柱头 5 角形，顶端略为凸起。蓇葖单生，披针形，向端部长渐尖；种子长圆形；种毛白色绢质。

图 0734　徐长卿 *Cynanchum paniculatum*

花期 5—7 月，果期 9—12 月。

【拍摄地点】板桥镇茅山坪村，海拔 844 m。

【生境分布】生于向阳山坡及草丛中。

【采收加工】秋季采挖，除去杂质，阴干。分布于南漳板桥、薛坪等乡镇。

【药用部位】干燥根和茎。

【性味归经】辛，温。归肝、胃经。

【功能主治】祛风，化湿，止痛，止痒。用于风湿痹痛，胃痛胀满，牙痛，腰痛，跌扑伤痛，风疹，湿疹。

【用法用量】3 ～ 12 g，后下。

地梢瓜（图 0735）

Cynanchum thesioides（Freyn）K. Schum.

【形态特征】直立半灌木；地下茎单轴横生；茎自基部多分枝。叶对生或近对生，线形，长 3 ～ 5 cm，宽 2 ～ 5 mm，叶背中脉隆起。伞形聚伞花序腋生；花萼外面被柔毛；花冠绿白色；副花冠杯状，裂片三角状披针形，渐尖，高过药隔的膜片。蓇葖纺锤形，先端渐尖，中部膨大，长 5 ～ 6 cm，直径 2 cm；种子扁平，暗褐色，长 8 mm；种毛白色绢质，长 2 cm。花期 5—8 月，果期 8—10 月。

图 0735　地梢瓜 *Cynanchum thesioides*

【拍摄地点】城关镇三道河，海拔 160 m。

【生境分布】生于山坡、山谷、荒地和田边等处。分布于南漳城关镇。

【药用部位】全草。

【功能主治】益气，通乳。用于体虚乳汁不下；外用治鼠乳。

隔山消　白首乌（图 0736）

Cynanchum wilfordii（Maxim.）Hemsl.

【形态特征】多年生草质藤本；肉质根近纺锤形，灰褐色；茎被单列毛。叶对生，薄纸质，卵形，顶端短渐尖，基部耳状心形，两面被微柔毛，干时叶面经常呈黑褐色，叶背淡绿色；基脉 3 ～ 4 条，放射状；侧脉 4 对。近伞房状聚伞花序半球形，着花 15 ～ 20 朵；花序梗被单列毛；花萼外面被柔毛，裂片长圆形；花冠淡黄色，辐状，裂片长圆形，先端近钝形，外面无毛，内面被长柔毛；副花冠比合蕊柱短，裂片近四方形，先端截形，基部紧狭；花粉块每室 1 个，长圆形，下垂；花柱细长，柱头略凸起。蓇葖单生，披针形，向端部长渐尖，基部紧狭；种子暗褐色，卵形；种毛白色绢质。花期 5—9 月，果期 7—10 月。

【拍摄地点】薛坪镇火石观村，海拔 679 m。

【生境分布】生于山坡、山谷或灌丛中或路边草地。分布于南漳各乡镇。

【药用部位】根。

【功能主治】养阴补虚，健脾消食。用于虚损劳伤，痢疾，疳积，胃痛饱胀，带下，疮癣。

图 0736 隔山消 *Cynanchum wilfordii*

图 0737 贯筋藤 *Dregea sinensis* var. *corrugata*

南山藤属 Dregea

贯筋藤 奶浆果（图 0737）

Dregea sinensis var. *corrugata*（Schneid.）Tsiang et P. T. Li

【形态特征】攀援木质藤本；茎具皮孔，幼枝具褐色茸毛。叶纸质，卵状心形或近圆形，叶面被短柔毛，老渐脱落，叶背被茸毛；侧脉每边约 5 条；叶柄被茸毛，顶端具丛生小腺体。伞形状聚伞花序腋生，着花多达 20 朵；花萼裂片卵圆形至卵状长圆形，花萼内面基部有 5 个腺体；花冠内面紫红色，外面白色，辐状，裂片卵圆形，顶端钝而有微凹，具缘毛；副花冠裂片肉质，肿胀，端部内角锐尖；花药顶端具膜片；花粉块长圆形，直立；子房被柔毛，心皮离生，柱头圆锥状，基部五角形，顶端 2 裂。蓇葖狭披针形，外果皮具横突起的皱褶，被短柔毛；种子扁平，卵状长圆形，顶端具白色绢质种毛。花期 3—5 月，果期 7—12 月。

【拍摄地点】肖堰镇云盘村，海拔 517 m。

【生境分布】生于山地灌丛中。分布于南漳肖堰、李庙等乡镇。

【药用部位】全株。

【功能主治】止咳化痰，行气活血，解毒消肿，除湿止痛。用于风湿痹痛，跌打损伤。

萝藦属 Metaplexis

华萝藦 奶浆藤（图 0738）

Metaplexis hemsleyana Oliv.

【形态特征】多年生草质藤本，具乳汁；枝条具单列短柔毛，节上更密。叶膜质，卵状心形，顶端急尖，基部心形，叶耳圆形，长 1 ～ 3 cm，展开，两面无毛，或叶背中脉上被微毛，老时脱落，叶面深绿色，叶背粉绿色；侧脉每边约 5 条，斜曲上升，叶缘前网结；具长叶柄，顶端具丛生小腺体。总状式聚伞花序腋生，一至三歧，着花6～16朵；总花梗与花梗均被疏柔毛；花白色，芳香；花蕾阔卵状，顶端钝或圆形；花萼裂片卵状披针形至长圆状披针形，急尖，与花冠等长；花冠近辐状，花冠筒短，裂片宽长圆形，顶端钝形，两面无毛；副花冠环状，着生于合蕊冠基部，5深裂，裂片兜状；花药近方形，顶端具圆形膜片；花粉块长圆形，下垂，花粉块柄短，基部膨大，着粉腺卵珠状；心皮离生，胚珠每心皮多个；柱头延伸成1长喙，高出花药顶端膜片之上，顶端2裂。蓇葖叉生，长圆形，外果皮粗糙被微毛；种子宽长圆形，有膜质边缘，顶端具白色绢质种毛。花期7—9月，果期9—12月。

图 0738　华萝藦 *Metaplexis hemsleyana*

【拍摄地点】巡检镇沉河滩村，海拔291 m。

【生境分布】生于山地林谷、路旁或山脚湿润地灌丛中。分布于南漳巡检、薛坪等乡镇。

【药用部位】根。

【功能主治】补肾强壮，下乳。用于肾亏遗精，少乳。

杠柳属 Periploca

杠柳　北五加皮（图0739）

Periploca sepium Bunge

【中药名】香加皮*。

【形态特征】落叶蔓性灌木。主根圆柱状，外皮灰棕色，内皮浅黄色。具乳汁，除花外，全株无毛；茎皮灰褐色；小枝通常对生，有细条纹，具皮孔。叶卵状长圆形，顶端渐尖，基部楔形，叶面深绿色，叶背淡绿色；中脉在叶面扁平，在叶背微凸起，侧脉纤细，两面扁平，每边20～25条。聚伞花序腋生，着花数朵；花序梗和花梗柔弱；花萼裂片卵圆形，顶端钝，花萼内面基部有10个小腺体；花冠紫红色，辐状，花冠筒短，裂片长圆状披针形，中间加厚呈纺锤形，反折，内面被长柔毛，外面无毛；副花冠环状，10裂，其中5裂延伸丝状被短柔毛，顶端向内弯；雄蕊着生在副花冠内面，并与其合生，花药彼此粘连并包围着柱头，背面被长柔毛；心皮离生，无毛，每心皮有胚珠多个，柱头盘状突起；花粉器匙形，

图 0739　杠柳 *Periploca sepium*

四合花粉藏在载粉器内，黏盘粘连在柱头上。蓇葖 2，圆柱状，无毛，具有纵条纹；种子长圆形，黑褐色，顶端具白色绢质种毛。花期 5—6 月，果期 7—9 月。

【拍摄地点】板桥镇夹马河，海拔 773 m。

【生境分布】生于林缘、沟坡、河边沙质地或地埂等处。分布于南漳板桥、巡检、城关等乡镇。

【采收加工】春、秋二季采挖，剥取根皮，晒干。

【药用部位】根皮。

【性味归经】辛、苦，温；有毒。归肝、肾、心经。

【功能主治】利水消肿，祛风湿，强筋骨。用于下肢水肿，心悸气短，风寒湿痹，腰膝酸软。

【用法用量】3 ～ 6 g。不宜过量服用。

137. 茜草科 Rubiaceae

水团花属 Adina

细叶水团花　水杨梅（图 0740）

Adina rubella Hance

【形态特征】落叶小灌木；小枝延长，具赤褐色微毛，后无毛；顶芽不明显，被开展的托叶包裹。叶对生，近无柄，薄革质，卵状披针形或卵状椭圆形，全缘，顶端渐尖或短尖，基部阔楔形或近圆形；侧脉 5 ～ 7 对，被稀疏或稠密短柔毛；托叶小，早落。头状花序单生，顶生或兼有腋生，总花梗略被柔毛；小苞片线形或线状棒形；花萼管疏被短柔毛，萼裂片匙形或匙状棒形；花冠裂片三角状，紫红色。小蒴果长卵状楔形。花果期 5—12 月。

图 0740　细叶水团花 *Adina rubella*

【拍摄地点】东巩镇汪家畈村，海拔 163 m。

【生境分布】生于溪边、河边、沙滩等湿润地区。分布于南漳东巩、肖堰等乡镇。

【药用部位】果实。

【功能主治】清热解毒，消肿止痛，止痢。用于湿热泄泻，痢疾，湿疹，疮疖肿毒，风火牙痛，跌打损伤，外伤出血。

香果树属 Emmenopterys

香果树　大猫舌　紫油厚朴（图 0741）

Emmenopterys henryi Oliv.

【形态特征】落叶大乔木；树皮灰褐色，鳞片状；小枝有皮孔，粗壮，扩展。叶纸质或革质，阔椭圆形、阔卵形或卵状椭圆形，顶端短尖或骤然渐尖，稀钝，基部短尖或阔楔形，全缘，上面无毛或疏被糙伏毛，下面较苍白，被柔毛或仅沿脉上被柔毛，或无毛而脉腋内常有簇毛；侧脉5～9对,在下面凸起；叶柄无毛或有柔毛；托叶大，三角状卵形，早落。圆锥状聚伞花序顶生；花芳香；萼管裂片近圆形，具缘毛，脱落，变态的叶状萼裂片白色、淡红色或淡黄色，纸质或革质，匙状卵形或广椭圆形，有纵平行脉数条，有柄；花冠漏斗形，白色或黄色，被黄白色茸毛，裂片近圆形；花丝被茸毛。蒴果长圆状卵形或近纺锤形，无毛或有短柔毛，有纵细棱；种子多数，小而有阔翅。花期6—8月，果期8—11月。

图 0741 香果树 *Emmenopterys henryi*

【拍摄地点】巡检镇南峪沟村，海拔450 m。

【生境分布】生于山谷林中，喜湿润而肥沃的土壤。分布于南漳巡检镇。

【药用部位】树皮。

【功能主治】化湿和中，降逆止呕。用于反胃，呕吐，呃逆。

拉拉藤属 Galium

拉拉藤　猪殃殃（图0742）

Galium aparine var. *echinospermum*（Wallr.）Cuf.

【形态特征】多枝、蔓生或攀援状草本，通常高30～90 cm；茎有4棱；棱上、叶缘、叶脉上均有倒生的小刺毛。叶纸质或近膜质，6～8片轮生，稀为4～5片，带状倒披针形或长圆状倒披针形，顶端有针状突尖头，基部渐狭，两面常有紧贴的刺状毛，常萎软状，干时常卷缩，1脉，近无柄。聚伞花序腋生或顶生，少至多花，花小，4朵，有纤细的花梗；花萼被钩毛，萼檐近截平；花冠黄绿色或白色，辐状，裂片长圆形，长不及1 mm，镊合状排列；子房被毛，花柱2裂至中部，柱头头状。果干燥，有1个或2个近球状的分果爿，肿胀，密被钩毛，果柄直，较粗，每一果爿有1颗平凸的种子。花期3—7月，果期4—11月。

图 0742 拉拉藤 *Galium aparine* var. *echinospermum*

【拍摄地点】城关镇便河村，海拔 181 m。

【生境分布】生于山坡、旷野、沟边、河滩、田中、林缘、草地。分布于南漳各乡镇。

【药用部位】全草。

【功能主治】清热解毒，利尿消肿。用于水肿，淋证，痢疾，痈肿疔疮。

六叶葎　锯锯草（图 0743）

Galium asperuloides subsp. *hoffmeisteri*（Klotzsch）Hara

【形态特征】一年生草本，常直立，有时披散状，近基部分枝，有红色丝状的根；茎直立，柔弱，具 4 棱，具疏短毛或无毛。叶片薄，纸质或膜质，生于茎中部以上的常 6 片轮生，生于茎下部的常 4 ～ 5 片轮生，长圆状倒卵形、倒披针形、卵形或椭圆形，顶端钝圆而具突尖，稀短尖，基部渐狭或楔形，上面散生糙伏毛，常在近边缘处较密，下面有时亦散生糙伏毛，中脉上有或无倒向的刺，边缘有时有刺状毛，具 1 中脉，近无柄或有短柄。聚伞花序顶生和生于上部叶腋，少花，2 ～ 3 次分枝，常广歧式叉开，总花梗无毛；苞片常成对，小，披针形；花小；花冠白色或黄绿色，裂片卵形；雄蕊伸出；花柱顶部 2 裂。果爿近球形，单生或双生，密被钩毛。花期 4—8 月，果期 5—9 月。

【拍摄地点】长坪镇赵岭村，海拔 1356 m。

【生境分布】生于山坡、沟边、河滩、草地的草丛或灌丛中及林下。分布于南漳长坪镇。

【药用部位】全草。

【功能主治】清热解毒，利尿。用于水肿，淋证，痢疾，痈肿疔疮。

图 0743　六叶葎
Galium asperuloides subsp. *hoffmeisteri*

四叶葎　四叶七　小锯锯藤（图 0744）

Galium bungei Steud.

【形态特征】多年生丛生直立草本，有红色丝状根；茎有 4 棱，不分枝或稍分枝，常无毛或节上有微毛。叶纸质，4 片轮生，叶形变化较大，同一株上部与下部的叶形常不同，卵状长圆形、卵状披针形、披针状长圆形或线状披针形，顶端尖或稍钝，基部楔形，中脉和边缘常有刺状硬毛，有时两面亦有糙伏毛，1 脉，近无柄或有短柄。聚伞花序顶生和腋生，稠密或稍疏散，总花梗纤细，常 3 歧分枝，再形成圆锥状花序；花小；花梗纤细；花冠黄绿色或白色，辐状，无毛，花冠裂片卵形或长圆形。果爿近球状，通常双生，有小疣点、小鳞片或短钩毛，稀无毛；果柄纤细，常比果长。花期 4—9 月，果期 5 月至翌年 1 月。

【拍摄地点】巡检镇巡检司村，海拔 424 m。

【生境分布】生于山地、丘陵、旷野、田间、沟边的林中、灌丛或草地。分布于南漳巡检镇。

【药用部位】全草。

【功能主治】清热解毒，利尿消肿。用于小便涩痛，淋浊，带下，痈肿，跌打损伤。

图 0744　四叶葎 *Galium bungei*

图 0745　狭叶四叶葎 *Galium bungei* var. *angustifolium*

狭叶四叶葎（图 0745）

Galium bungei var. *angustifolium*（Loesen.）Cuf.

【形态特征】本种为四叶葎的一个变种。本变种与原变种不同点在于叶为狭披针形或线状披针形，长 1 ～ 3 cm，宽 1 ～ 6 mm。花期 6—7 月，果期 8—10 月。

【拍摄地点】李庙镇磨坪寺村，海拔 778 m。

【生境分布】生于山地、溪旁的林下、灌丛或草地。分布于南漳李庙镇。

【药用部位】全草。

【功能主治】清热解毒，利尿消肿。用于小便涩痛，淋浊，带下，痈肿，跌打损伤。

毛四叶葎（图 0746）

Galium bungei var. *punduanoides* Cuf.

【中药名】四叶葎。

【形态特征】本种为四叶葎的一个变种。本变种与原变种主要不同点在于茎被柔毛，毛的长度比茎的直径更长，毛有时很坚挺。花期 6—7 月，果期 7—8 月。

【拍摄地点】薛坪镇普陀庵村，海拔 586 m。

【生境分布】生于山地、溪旁的林下、灌丛或草地。分布于南漳薛坪镇。

【药用部位】全草。

图 0746　毛四叶葎 *Galium bungei* var. *punduanoides*

【功能主治】清热解毒，利尿消肿。用于小便涩痛，淋浊，带下，痈肿，跌打损伤。

耳草属 Hedyotis

白花蛇舌草　蛇总管　蛇舌草（图 0747）

Hedyotis diffusa Willd.

【中药名】白花蛇舌草*。

【形态特征】一年生无毛纤细披散草本，高 20 ～ 50 cm；茎稍扁，从基部开始分枝。叶对生，无柄，膜质，线形，长 1 ～ 3 cm，宽 1 ～ 3 mm，顶端短尖，边缘干后常背卷，上面光滑，下面有时粗糙；中脉在上面下陷，侧脉不明显；托叶长 1 ～ 2 mm，基部合生，顶部芒尖。花 4 朵，单生或双生于叶腋；花梗略粗壮，长 2 ～ 5 mm，罕无梗或偶有长达 10 mm 的花梗；萼管球形，长 1.5 mm，萼檐裂片长圆状披针形，长 1.5 ～ 2 mm，顶部渐尖，具缘毛；花冠白色，管形，长 3.5 ～ 4 mm，冠管长 1.5 ～ 2 mm，喉部无毛，花冠裂片卵状长圆形，长约 2 mm，顶端钝；雄蕊生于冠管喉部，花丝长 0.8 ～ 1 mm，花药突出，长圆形，与花丝等长或略长；花柱长 2 ～ 3 mm，柱头 2 裂，裂片广展，有乳头状突点。蒴果膜质，扁球形，直径 2 ～ 2.5 mm，宿存萼檐裂片长 1.5 ～ 2 mm，成熟时顶部室背开裂；种子每室约 10 粒，具棱，干后深褐色，有深而粗的窝孔。花期春季。

图 0747　白花蛇舌草 *Hedyotis diffusa*

【拍摄地点】李庙镇刘坪村，海拔 151 m。

【生境分布】生于水田、田埂和湿润的旷地。分布于南漳李庙、城关等乡镇。

【采收加工】夏、秋二季采收，除去杂质，洗净，晒干。

【药用部位】全草。

【性味归经】苦、甘，寒。归心、肝、脾经。

【功能主治】清热解毒，利湿消肿。用于咽喉肿痛，小便不利，湿热黄疸，疮疖肿痛等。

【用法用量】15 ～ 30 g。外用鲜品适量，捣敷患处。

蛇根草属 Ophiorrhiza

日本蛇根草　散血草　蛇根草（图 0748）

Ophiorrhiza japonica Bl.

【形态特征】草本；茎下部匐地生根，上部直立，近圆柱状，上部干时稍压扁，有二列柔毛。叶片纸质，卵形，椭圆状卵形或披针形，有时狭披针形，顶端渐尖或短渐尖，基部楔形或近圆钝，干时上面淡绿色，下面变红色，有时两面变红色，亦有两面变绿黄色，通常两面光滑无毛，有时上面散生短糙毛，下面中脉

图 0748　日本蛇根草 *Ophiorrhiza japonica*

和侧脉上被柔毛；中脉在上面近平坦，下面压扁，侧脉每边 6 ～ 8 条，纤细，弧状上升，末端近叶缘分枝消失，上面不很明显，下面微凸起；叶柄压扁，无毛或被柔毛；托叶脱落，未见。花序顶生，有花多朵，总梗长，多少被柔毛，分枝通常短，螺状；花二型，花柱异长。长柱花：花梗常被短柔毛；小苞片披针状线形或线形，渐尖，近无毛或被稀疏缘毛；萼近无毛或被短柔毛，萼管近陀螺状，有 5 棱，裂片三角形或近披针形；花冠白色或粉红色，近漏斗形，外面无毛，管喉部扩大，里面被短柔毛，裂片 5，三角状卵形，顶端内弯，喙状，里面被鳞片状毛，背面有翅，翅的顶部向上延伸呈新月形；雄蕊 5，着生在冠管中部之下，花丝无毛，花药线形；花柱被疏柔毛，柱头 2 裂，裂片近圆形或阔卵形，不伸出。短柱花：花萼和花冠同长柱花；雄蕊生喉部下方，花药不伸出；花柱柱头裂片披针形。蒴果近僧帽状，近无毛。花期冬春，果期春夏。

【拍摄地点】长坪镇标湖村，海拔 1009 m。

【生境分布】生于常绿阔叶林下的沟谷沃土上。分布于南漳长坪、薛坪等乡镇。

【药用部位】全草。

【功能主治】止咳祛痰，涩肠止泻。用于劳伤咯血，支气管炎，肠炎，泄泻。

鸡矢藤属 Paederia

鸡矢藤　鸡屎藤　牛皮冻（图 0749）

Paederia scandens（Lour.）Merr.

图 0749　鸡矢藤 *Paederia scandens*

【中药名】鸡矢藤*。

【形态特征】藤本，无毛或近无毛。叶对生，纸质或近革质，形状变化很大，卵形、卵状长圆形至披针形，顶端急尖或渐尖，基部楔形或近圆或截平，有时浅心形，两面无毛或近无毛，有时下面脉腋内有束毛；侧脉每边 4 ～ 6 条，纤细；托叶无毛。圆锥花序式的聚伞花序腋生和顶生，扩展，分枝对生，末次分枝上着生的花常呈蝎尾状排列；小苞片披针形；花具短梗或无；萼管陀螺形，萼檐裂片 5，裂片三角形；花冠浅紫色，外面被粉末状柔毛，里面被茸毛，顶部 5 裂，裂片顶端急尖而直，花药背着，花丝长短不齐。果球形，成熟时近黄色，有光泽，平滑，顶冠以宿存的萼檐裂片和花盘；小坚果无翅，浅黑色。花期 5—7 月。

【拍摄地点】李庙镇北沟村，海拔 750 m。

【生境分布】生于山坡、林中、林缘、沟谷边灌丛中或缠绕在灌木上。分布于南漳各乡镇。

【采收加工】夏、秋二季采收，除去杂质，阴干。

【药用部位】地上部分。

【性味归经】甘、涩，平。归心、肝、脾经。

【功能主治】除湿，消食，止痛，解毒。用于风湿痹痛，食积不化，急性胁痛，脘腹疼痛。外治湿疹，疮疡肿痛。

【用法用量】30 ～ 60 g。外用适量。

狭叶鸡矢藤（图 0750）

Paederia stenophylla Merr.

【形态特征】藤状灌木，无毛；茎圆柱形，鲜时微带紫色，直径约 2 mm。叶纸质，狭披针形，长 8 ～ 12 cm，宽 7 ～ 13 mm，两侧近相等，顶端柔弱渐尖，基部楔尖，干后两面灰白色；侧脉每边 4 条，上举远离，在叶片上面下陷，在下面隆起；叶柄长 1 cm；托叶阔三角状卵形。圆锥花序腋生，长约 4 cm，无毛或被疏柔毛，第一次分枝少，略扩展，长约 2 cm。果球形，有光泽，直径 5 ～ 6 mm。花未见。果期 11—12 月。

图 0750　狭叶鸡矢藤 *Paederia stenophylla*

【拍摄地点】城关镇黄椏村，海拔 408 m。

【生境分布】生于石砾山坡上。分布于南漳各乡镇。

【药用部位】全草。

【功能主治】祛风祛湿，解毒消肿，活血止痛，消食化积。用于风湿筋骨痛，跌打损伤，消化不良，小儿疳积等。

茜草属 Rubia

茜草　锯锯藤　拉拉秧（图 0751）

Rubia cordifolia L.

【中药名】茜草 *。

【形态特征】草质攀援藤木；根状茎和其节上的须根均红色；茎数条，从根状茎的节上发出，细长，方柱形，有 4 棱，棱上生倒生皮刺，中部以上多分枝。叶通常 4 片轮生，纸质，披针形或长圆状披针形，顶端渐尖，有时钝尖，基部心形，边缘有齿状皮刺，两面粗糙，脉上有微小皮刺；基出脉 3 条，极少外侧有 1 对很小的基出脉。叶柄有倒生皮刺。聚伞花序腋生和顶生，多回分枝，有花十余朵至数十朵，花序和分枝均细瘦，有微小皮刺；花冠淡黄色，干时淡褐色，花冠裂片近卵形，微伸展，外面无毛。果球形，成熟时橘黄色。花期 8—9 月，果期 10—11 月。

图 0751 茜草 *Rubia cordifolia*

【拍摄地点】肖堰镇曲阳坪村，海拔 146 m。

【生境分布】常生于疏林、林缘、灌丛或草地上。广泛分布于南漳各乡镇。

【采收加工】春、秋二季采挖，除去泥沙，干燥。

【药用部位】根及根茎。

【性味归经】苦，寒。归肝经。

【功能主治】凉血，止血，祛瘀，通经。用于吐血，衄血，崩漏，外伤出血，经闭瘀阻，关节痹痛，跌扑肿痛。

【用法用量】6 ～ 10 g。

林生茜草（图 0752）

Rubia sylvatica（Maxim.）Nakai

【形态特征】多年生、草质、攀援藤本，长 2 ～ 3.5 m 或过之；茎、枝细长，方柱形，有 4 棱，棱上有微小的皮刺。叶 4 ～ 10 片，很少 11 ～ 12 片轮生，膜状纸质，卵圆形至近圆形，长 3 ～ 11 cm 或过之，宽通常 2 ～ 9 cm，顶端长渐尖或尾尖，基部深心形，后裂片耳形，边缘有微小皮刺，干时褐黑色或带墨绿色，两面粗糙；基出脉 5 ～ 7 条，纤细，有微小皮刺；叶柄长 2 ～ 11 cm 或过之，有微小皮刺。聚伞花序腋生和顶生，通常有花 10 余朵，总花梗、花序轴及其分枝均纤细，粗糙。花和茜草（*Rubia cordifolia* L.）相似。果球形，直径约 5 mm，成熟时黑色，单生或双生。花期 7 月，果期 9—10 月。

图 0752 林生茜草 *Rubia sylvatica*

【拍摄地点】板桥镇宋家坪村，海拔 1203 m。

【生境分布】生于较潮湿的林中或林缘。分布于南漳巡检、长坪等乡镇。

【药用部位】根及根茎。

【功能主治】凉血，止血，祛瘀，通经。用于吐血，衄血，崩漏，外伤出血，经闭瘀阻，关节痹痛，跌扑肿痛。

长叶茜草（图 0753）

Rubia dolichophylla Schrenk

【中药名】长叶茜草。

图 0753　长叶茜草 *Rubia dolichophylla*

【形态特征】草本，高达 1 m，全株无毛，茎、枝、叶缘、叶背中脉和花序轴上均有小皮刺。茎具 4 棱，不分枝或少分枝，干时黄灰色，微有光泽。叶 4 片轮生，无柄或近无柄，叶片纸质，线形或披针状线形，长 5 ～ 12 cm，宽 0.5 ～ 1.4 cm 或稍过之，顶端渐尖，基部楔尖，边缘反卷；中脉在上面平坦，在下面高凸，侧脉纤细，在下面明显，6 ～ 10 对，与中脉成 30°～ 45° 角叉分。花序腋生，单生或有时双生，与叶近等长或稍短，由多个小聚伞花序组成，总梗和分枝均纤细，第一对分枝处的苞片叶状，长达 2 cm，其余的线形，小，长 0.2 ～ 0.5 cm；花梗纤细而长，长 4 ～ 6 mm，无小苞片；萼干时黑色，近球形，直径 1 ～ 1.2 mm；花冠淡黄色，辐状，管长约 0.6 mm，裂片 5 或有时 4，伸展，卵形，长约 2 mm，顶端骤然收缩呈喙状，内弯，边缘有极小的乳突，中脉和边脉明显，网脉稀疏；雄蕊 5 或有时 4，花丝短，花药稍弯曲，与花丝近等长；花柱 2，粗壮，长 0.2 ～ 0.3 mm，柱头头状。成熟果实未见。

【拍摄地点】肖堰镇苗家沟村，海拔 570 m。

【生境分布】生于潮湿山林中、水边或芦苇地。分布于南漳各乡镇。

【药用部位】根及根茎。

【功能主治】凉血，止血，祛瘀，通经。用于吐血，衄血，崩漏，外伤出血，经闭瘀阻，关节痹痛，跌扑肿痛。

白马骨属 Serissa

六月雪　白马骨（图 0754）

Serissa japonica（Thunb.）Thunb. Nov. Gen.

【中药名】六月雪*。

【形态特征】小灌木，有臭气。叶革质，卵形至倒披针形，顶端短尖至长尖，边全缘，无毛；叶柄短。花单生或数朵丛生于小枝顶部或腋生，有被毛、边缘浅波状的苞片；萼檐裂片细小，锥形，被毛；花冠淡红色或白色，裂片扩展，顶端3裂；雄蕊突出冠管喉部外；花柱长突出，柱头2，直，略分开。花期5—7月。

【拍摄地点】巡检镇甘河村，海拔416 m。

【生境分布】生于河溪边或丘陵的杂木林内。分布于南漳各乡镇。

【采收加工】全年均可采挖，除去泥沙及杂质，晒干。

【药用部位】全株。

【性味归经】淡、微辛，凉。归脾、肝经。

【功能主治】健脾利湿，疏肝活血，清热解毒。用于小儿疳积，急慢性肝炎，经闭，带下，风湿腰痛，痈疽，瘰疬。

【用法用量】15～30 g。

图0754 六月雪 *Serissa japonica*

鸡仔木属 Sinoadina

鸡仔木 水冬瓜（图0755）

Sinoadina racemosa（Sieb. et Zucc.）Ridsd.

【形态特征】半常绿或落叶乔木；未成熟的顶芽金字塔形或圆锥形；树皮灰色，粗糙；小枝无毛。叶对生，薄革质，宽卵形、卵状长圆形或椭圆形，顶端短尖至渐尖，基部心形或钝，有时偏斜，上面无毛，间或有稀疏的毛，下面无毛或有白色短柔毛；侧脉6～12对，无毛或有稀疏的毛，脉腋窝陷无毛或有稠密的毛；叶柄无毛或有短柔毛；托叶2裂，裂片近圆形，跨褶，早落。头状花序，常约10个排成聚伞状圆锥花序式；花具小苞片；花萼管密被苍白色长柔毛，萼裂片密被长柔毛；花冠淡黄色，外面密被苍白色微柔毛，花冠裂片三角状，外面密被细绵毛状微柔毛。小蒴果倒卵状楔形，有稀疏的毛。花果期5—12月。

图0755 鸡仔木 *Sinoadina racemosa*

【拍摄地点】巡检镇巡检司村，海拔647 m。

【生境分布】生于向阳山坡或水边。分布于南漳巡检、李庙等乡镇。

【药用部位】全株。

【功能主治】清热解毒，活血散瘀。用于肺热咳嗽，胃肠炎，痢疾，风火牙痛，痈疽肿毒，跌打损伤，外伤出血。

钩藤属 Uncaria

华钩藤　金钩草　倒挂刺（图 0756）

Uncaria sinensis（Oliv.）Havil.

【中药名】钩藤 *。

【形态特征】藤本，嫩枝较纤细，方柱形或有 4 棱角，无毛。叶薄纸质，椭圆形，顶端渐尖，基部圆或钝，两面均无毛；侧脉 6 ～ 8 对，脉腋窝陷有黏液毛；叶柄无毛；托叶阔三角形至半圆形，有时顶端微缺，外面无毛，内面基部有腺毛。头状花序单生叶腋，总花梗具一节，节上苞片微小，或成单聚伞状排列，总花梗腋生；头状花序，花序轴有稠密短柔毛；小苞片线形或近匙形；花近无梗，花萼管外面有苍白色毛，萼裂片线状长圆形，有短柔毛；花冠管无毛或有稀少微柔毛，花冠裂片外面有短柔毛；花柱伸出冠喉外，柱头棒状。小蒴果，有短柔毛。花果期 6—10 月。

图 0756　华钩藤 *Uncaria sinensis*

【拍摄地点】长坪镇长岭村，海拔 308 m。

【生境分布】生于山地疏林中或湿润次生林下。分布于南漳长坪镇。

【采收加工】秋、冬二季采收，去叶，切段，晒干。

【药用部位】带钩茎枝。

【性味归经】甘，凉。归肝、心包经。

【功能主治】息风定惊，清热平肝。用于肝风内动，惊痫抽搐，高热惊厥，感冒夹惊，小儿惊啼，妊娠子痫，头痛眩晕。

【用法用量】3 ～ 12 g，后下。

138. 旋花科 Convolvulaceae

打碗花属 Calystegia

打碗花　面根藤　小旋花（图 0757）

Calystegia hederacea Wall.

【形态特征】一年生草本，全体不被毛，植株通常矮小，常自基部分枝，具细长白色的根。茎细，平卧，有细棱。基部叶片长圆形，顶端圆，基部戟形，上部叶片 3 裂，中裂片长圆形或长圆状披针形，侧裂片近三角形，全缘或 2 ～ 3 裂，叶片基部心形或戟形。花腋生，1 朵，花梗长于叶柄，有细棱；苞片宽卵形，顶端钝或锐尖至渐尖；萼片长圆形，顶端钝，具小短尖头，内萼片稍短；花冠淡紫色或淡红色，钟状，冠檐近截形或微裂；

雄蕊近等长，花丝基部扩大，贴生花冠管基部，被小鳞毛；子房无毛，柱头2裂，裂片长圆形，扁平。蒴果卵球形，宿存萼片与之近等长或稍短。种子黑褐色，表面有小疣。

【拍摄地点】城关镇文笔峰村，海拔172 m。

【生境分布】生于农田、荒地、路旁，为常见的杂草。广泛分布于南漳各乡镇。

【药用部位】全草。

【功能主治】健脾利湿，活血调经。用于脾虚消化不良，月经不调。

图0757 打碗花 *Calystegia hederacea*

菟丝子属 Cuscuta

金灯藤 日本菟丝子 大菟丝子（图0758）

Cuscuta japonica Choisy

【形态特征】一年生寄生缠绕草本，茎较粗壮，肉质，黄色，常带紫红色瘤状斑点，无毛，多分枝，无叶。花无柄或几无柄，形成穗状花序，基部常多分枝；苞片及小苞片鳞片状，卵圆形，顶端尖，全缘，沿背部增厚；花萼碗状，肉质，5裂几达基部，裂片卵圆形或近圆形，相等或不相等，顶端尖，背面常有紫红色瘤状突起；花冠钟状，淡红色或绿白色，顶端5浅裂，裂片卵状三角形，钝，直立或稍反折，长度为花冠筒2/5～1/2；雄蕊5，着生于花冠喉部裂片之间，花药卵圆形，黄色，花丝无或几无；鳞片5，长圆形，边缘流苏状，着生于花冠筒基部，伸长至花冠筒中部或中部以上；子房球状，平滑，无毛，2室，花柱细长，合生为1，与子房等长或稍长，柱头2裂。蒴果卵圆形，近基部周裂。种子1～2个，光滑，褐色。花期8月，果期9月。

图0758 金灯藤 *Cuscuta japonica*

【拍摄地点】板桥镇龙埫村，海拔1272 m。

【生境分布】寄生于其他植物上。分布于南漳各乡镇。

【药用部位】成熟种子。

【功能主治】滋补肝肾，固精缩尿，安胎，明目，止泻。用于肾虚腰痛，阳痿遗精，尿频，宫冷不孕，目暗，便溏。

番薯属 Ipomoea

蕹菜　空心菜　竹叶菜（图 0759）

Ipomoea aquatica Forsskal

【形态特征】一年生草本，蔓生或漂浮于水。茎圆柱形，有节，节间中空，节上生根，无毛。叶片形状、大小有变化，卵形、长卵形、长卵状披针形或披针形，顶端锐尖或渐尖，具小短尖头，基部心形、戟形或箭形，偶尔截形，全缘或波状，或有时基部有少数粗齿，两面近无毛或偶有稀疏柔毛；叶柄无毛。聚伞花序腋生，花序梗基部被柔毛，向上无毛，具 1 ～ 3 朵花；苞片小鳞片状；花梗无毛；萼片近于等长，卵形，顶端钝，具小短尖头，外面无毛；花冠白色、淡红色或紫红色，漏斗状；雄蕊不等长，花丝基部被毛；子房圆锥状，无毛。蒴果卵球形至球形，无毛。种子密被短柔毛或有时无毛。

【拍摄地点】城关镇大山村，海拔 105 m。

【生境分布】生长于气候温暖湿润、土壤肥沃的地方，不耐寒。全县各乡镇有栽培。

【药用部位】全草。

【功能主治】清热解毒，凉血利尿。用于尿血，便血，鼻衄，小便涩痛。

图 0759　蕹菜 *Ipomoea aquatica*

番薯　红薯　红苕　甘薯（图 0760）

Ipomoea batatas（L.）Lam.

【形态特征】一年生草本，地下部分具圆形、椭圆形或纺锤形的块根，块根的形状、皮色和肉色因品种或土壤不同而异。茎平卧或上升，偶有缠绕，多分枝，圆柱形或具棱，绿色或紫色，被疏柔毛或无毛，茎节易生不定根。叶片形状、颜色常因品种不同而异，也有时在同一植株上具有不同叶形，通常为宽卵形，全缘或 3 ～ 7 裂，裂片宽卵形、三角状卵形或线状披针形，叶片基部心形或近于平截，顶端渐尖，两面被疏柔毛或近于无毛，叶色有浓绿、黄绿、紫绿等，顶叶的颜色为品种的特征之一；叶柄长短不一，被疏柔毛或无毛。聚伞花序腋生，有 1 ～ 7 朵花聚集呈伞形，花序梗稍粗壮，无毛或有时被

图 0760　番薯 *Ipomoea batatas*

疏柔毛；苞片小，披针形，顶端芒尖或骤尖，早落；萼片长圆形或椭圆形，不等长，顶端呈芒尖状，无毛或疏生缘毛；花冠粉红色、白色、淡紫色或紫色，钟状或漏斗状，外面无毛；雄蕊及花柱内藏，花丝基部被毛；子房 2～4 室，被毛或有时无毛。开花习性随品种和生长条件而不同，有的品种容易开花，有的品种在气候干旱时会开花，在气温高、日照短的地区常见开花，温度较低的地区很少开花。蒴果卵形或扁圆形，有假隔膜，分为 4 室。种子 1～4 粒，通常 2 粒，无毛。异花授粉，故自花授粉常不结实。

【拍摄地点】李庙镇赵店村，海拔 255 m。

【生境分布】栽培。全县各乡镇有栽培。

【药用部位】块根。

【功能主治】补中和血，益气生津，通便。用于脾虚水肿，大便秘结。

毛牵牛　心萼薯（图 0761）

Ipomoea biflora（Linnaeus）Persoon

【形态特征】攀援或缠绕草本；茎细长，有细棱，被灰白色倒向硬毛。叶心形或心状三角形，顶端渐尖，基部心形，全缘或很少为不明显的 3 裂，两面被长硬毛，侧脉 6～7 对，在两面稍突起；叶柄毛被同茎。花序腋生，短于叶柄，花序梗有时短且花梗近于簇生，毛被同叶柄，通常着生 2 朵花，有时 1 或 3；苞片小，线状披针形，被疏长硬毛；花梗纤细，毛被同叶柄；萼片 5，外萼片三角状披针形，基部耳形，外面被灰白色疏长硬毛，具缘毛，内面近于无毛，在内的 2 萼片线状披针形，与外萼片近等长或稍长，萼片于结果时稍增大；花冠白色，狭钟状，冠檐浅裂，裂片圆；瓣中带被短柔毛；雄蕊 5，内藏，花丝向基部渐扩大，花药卵状三角形，基部箭形；子房圆锥状，无毛，花柱棒状，柱头头状，2 浅裂。蒴果近球形，直径约 9 mm，果瓣内面光亮。种子 4，卵状三棱形，毛被不尽相同，被微毛或被短茸毛，沿两边有时被白色长绵毛。

图 0761　毛牵牛 *Ipomoea biflora*

【拍摄地点】巡检镇峡口村，海拔 200 m。

【生境分布】生于山坡、山谷、路旁或林下，常见于较干燥处。分布于南漳巡检镇。

【药用部位】茎、叶。

【功能主治】健脾和胃，消食。用于小儿疳积。

三裂叶薯　小花假番薯（图 0762）

Ipomoea triloba L.

【形态特征】草本；茎缠绕或有时平卧，无毛或散生毛，且主要在节上。叶宽卵形至圆形，长 2.5～7 cm，宽 2 ～ 6 cm，全缘或有粗齿或深 3 裂，基部心形，两面无毛或散生疏柔毛；叶柄长 2.5 ～ 6 cm，无毛或有时有小疣。花序腋生，花序梗短于或长于叶柄，长 2.5 ～ 5.5 cm，较叶柄粗壮，无毛，明显有棱角，顶端具小疣，1 朵花或数朵花成聚伞花序；花梗多少具棱，有小瘤突，无毛，长 5 ～ 7 mm；苞片小，披针状长圆形；萼片近相等或稍不等，长 5 ～ 8 mm，外萼片稍短或近等长，长圆形，钝或锐尖，具小短尖头，背部散生疏柔毛，边缘明显有缘毛，内萼片有时稍宽，椭圆状长圆形，锐尖，具小短尖头，无毛或散生毛；花冠漏斗状，长约 1.5 cm，无毛，淡红色或淡紫红色，冠檐裂片短而钝，有小短尖头；雄蕊内藏，花丝基部有毛；子房有毛。蒴果近球形，高 5 ～ 6 mm，具花柱基形成的细尖，被细刚毛，2 室，4 瓣裂。种子 4 或较少，长 3.5 mm，无毛。

图 0762　三裂叶薯 *Ipomoea triloba*

【拍摄地点】城关镇榆树岭村，海拔 122 m。

【生境分布】生于丘陵路旁、荒草地或田野。分布于南漳城关镇。

【药用部位】叶。

【功能主治】祛风止痛。用于头痛，胃痛。

牵牛属 Pharbitis

牵牛　喇叭花　裂叶牵牛（图 0763）

Pharbitis nil（L.）Choisy

【中药名】牵牛子*。

【形态特征】一年生缠绕草本，茎上被倒向的短柔毛及杂有倒向或开展的长硬毛。叶宽卵形或近圆形，深或浅的 3 裂，偶 5 裂，基部圆，心形，中裂片长圆形或卵圆形，渐尖或骤尖，侧裂片较短，三角形，裂口锐或圆，叶面或疏或密被微硬的柔毛；叶柄毛被同茎。花腋生，单一或通常 2 朵着生于花序梗顶，花序梗长短不一，通常短于叶柄，有时较长，毛被同茎；苞片线形或叶状，被开展的微硬毛；小苞片线形；萼片近等长，披针状线形，内面 2 片稍狭，外面被开展的刚毛，基部更密，有时也杂有短柔毛；花冠漏斗状，蓝紫色或紫红色，花冠管色淡；雄蕊及花柱内藏；

图 0763　牵牛 *Pharbitis nil*

雄蕊不等长；花丝基部被柔毛；子房无毛，柱头头状。蒴果近球形，3 瓣裂。种子卵状三棱形，黑褐色或米黄色，被褐色短茸毛。

【拍摄地点】巡检镇凤翔坪村，海拔 683 m。

【生境分布】生于山坡灌丛、干燥河谷路边、园边宅旁、山地路边，或栽培。广泛分布于南漳各乡镇。

【采收加工】秋末果实成熟，果壳未开裂时采割植株，晒干，打下种子，除去杂质。

【药用部位】成熟种子。

【性味归经】苦，寒；有毒。归肺、肾、大肠经。

【功能主治】泻水通便，消痰涤饮，杀虫攻积。用于水肿胀满，二便不通，痰饮积聚，气逆喘咳，虫积腹痛。

【用法用量】水煎内服，3 ～ 6 g。入丸、散服，每次 1.5 ～ 3 g。孕妇禁用；不宜与巴豆、巴豆霜同用。

圆叶牵牛　喇叭花（图 0764）

Pharbitis purpurea（L.）Voigt

【中药名】牵牛子*。

【形态特征】一年生缠绕草本，茎上被倒向的短柔毛杂有倒向或开展的长硬毛。叶圆心形或宽卵状心形，长 4 ～ 18 cm，宽 3.5 ～ 16.5 cm，基部圆，心形，顶端锐尖、骤尖或渐尖，通常全缘，偶有 3 裂，两面疏或密被刚伏毛；叶柄长 2 ～ 12 cm，毛被与茎同。花腋生，单一或 2 ～ 5 朵着生于花序梗顶端成伞形聚伞花序，花序梗比叶柄短或近等长，长 4 ～ 12 cm，毛被与茎相同；苞片线形，长 6 ～ 7 mm，被开展的长硬毛；花梗长 1.2 ～ 1.5 cm，被倒向短柔毛及长硬毛；萼片近等长，长 1.1 ～ 1.6 cm，外面 3 片长椭圆形，渐尖，内面 2 片线状披针形，外面均被开展的硬毛，基部更密；花冠漏斗状，长 4 ～ 6 cm，紫红色、红色或白色，花冠管通常白色，瓣中带于内面色深，外面色淡；雄蕊与花柱内藏；雄蕊不等长，花丝基部被柔毛；子房无毛，3 室，每室 2 胚珠，柱头头状；花盘环状。蒴果近球形，直径 9 ～ 10 mm，3 瓣裂。种子卵状三棱形，长约 5 mm，黑褐色或米黄色，被极短的糠秕状毛。

图 0764　圆叶牵牛 *Pharbitis purpurea*

【拍摄地点】板桥镇茅山坪村，海拔 839 m。

【生境分布】生于田边、路边、宅旁或山谷林内，栽培或沦为野生。分布于南漳各乡镇。

【采收加工】秋末果实成熟，果壳未开裂时采割植株，晒干，打下种子，除去杂质。

【药用部位】成熟种子。

【性味归经】苦，寒；有毒。归肺、肾、大肠经。

【功能主治】泻水通便，消痰涤饮，杀虫攻积。用于水肿胀满，二便不通，痰饮积聚，气逆喘咳，虫积腹痛。

【用法用量】水煎内服，3 ～ 6 g。入丸、散服，每次 1.5 ～ 3 g。孕妇禁用；不宜与巴豆、巴豆霜同用。

飞蛾藤属 Dinetus

飞蛾藤　马郎花　打米花（图 0765）

Dinetus racemosus（Wallich）Sweet

图 0765　飞蛾藤 *Dinetus racemosus*

【形态特征】攀援灌木，茎缠绕，草质，圆柱形，幼时或多或少被黄色硬毛，后来具小瘤，或无毛。叶卵形，先端渐尖或尾状，具钝或锐尖的尖头，基部深心形；两面极疏被紧贴疏柔毛，背面稍密，稀被短柔毛至茸毛；掌状脉基出，7～9 条；叶柄短于或与叶片等长，被疏柔毛至无毛。圆锥花序腋生，或多或少宽阔地分枝，少花或多花，苞片叶状，无柄或具短柄，抱茎，无毛或被疏柔毛，小苞片钻形；花柄较萼片长，无毛或被疏柔毛；萼片相等，线状披针形，通常被柔毛，果时全部增大，长圆状匙形，钝或先端具短尖头，基部渐狭，具 3 条坚硬的纵向脉，被疏柔毛，尤其基部；花冠漏斗形，白色，管部带黄色，无毛，5 裂至中部，裂片开展，长圆形；雄蕊内藏；花丝短于花药，着生于管内不同水平面；子房无毛，花柱 1，全缘，长于子房，柱头棒状，2 裂。蒴果卵形，具小短尖头，无毛；种子 1，卵形，暗褐色或黑色，平滑。

【拍摄地点】长坪镇黄潭村，海拔 280 m。

【生境分布】生于山林或灌丛中。分布于南漳长坪、李庙等乡镇。

【药用部位】全草。

【功能主治】解表，消食。用于伤风感冒，食积。

茑萝属 Quamoclit

茑萝松　茑萝（图 0766）

Quamoclit pennata（Desr.）Boj.

图 0766　茑萝松 *Quamoclit pennata*

【形态特征】一年生柔弱缠绕草本，无毛。叶卵形或长圆形，长 2～10 cm，宽 1～6 cm，羽状深裂至中脉，具 10～18 对线形至丝状的平展的细裂片，裂片先端锐尖；叶柄长 8～40 mm，基部常具假托叶。花序腋生，由少数花组成聚伞花序；总花梗大多超过叶，长 1.5～10 cm，花直立，花柄较花萼长，长 9～20 mm，在果时增厚呈棒状；萼片绿色，稍不等长，椭圆形至长圆状匙形，外面 1 个稍短，长约 5 mm，先端钝而具小突尖；花冠高脚碟状，长 2.5 cm 以上，深红色，无毛，管柔弱，上部稍膨大，冠檐开展，直径 1.7 ～ 2 cm，5 浅裂；雄蕊及花柱伸出；花丝基部具毛；子房无毛。蒴果卵形，长 7 ～ 8 mm，4 室，4 瓣裂，隔膜宿存，透明。种子 4，卵状长圆形，长 5 ～ 6 mm，黑褐色。

【拍摄地点】东巩镇口泉村，海拔 142 m。

【生境分布】栽培。南漳东巩、城关镇偶见栽培。

【药用部位】全草。

【功能主治】清热泻火。用于耳疔，痔漏。

139. 紫草科 Boraginaceae

琉璃草属 Cynoglossum

琉璃草　大花琉璃草（图 0767）

Cynoglossum zeylanicum（Vahl）Thunb. ex Lehm.

【形态特征】直立草本。茎单一或数条丛生，密被伏黄褐色糙伏毛。基生叶及茎下部叶具柄，长圆形或长圆状披针形，先端钝，基部渐狭，上下两面密生贴伏的伏毛；茎上部叶无柄，狭小，被密伏的伏毛。花序顶生及腋生，分枝钝角叉状分开，无苞片，果期延长呈总状；花梗果期较花萼短，密生贴伏的糙伏毛；花萼果期稍增大，裂片卵形或卵状长圆形，外面密伏短糙毛；花冠蓝色，漏斗状，裂片长圆形，先端圆钝，喉部有 5 个梯形附属物，附属物先端微凹，边缘密生白柔毛；花药长圆形，花丝基部扩张，着生花冠筒上 1/3 处；花柱肥厚，略四棱形，果期较花萼稍短。小坚果卵球形，背面突，密生锚状刺，边缘无翅边或稀中部以下具翅边。花果期 5—10 月。

图 0767　琉璃草 *Cynoglossum zeylanicum*

【拍摄地点】李庙镇付家坪村，海拔 551 m。

【生境分布】生于林间草地、向阳山坡及路边。分布于南漳各乡镇。

【药用部位】全草。

【功能主治】清热解毒。用于咽喉肿痛，疮疖痈肿。

厚壳树属 Ehretia

粗糠树　破布子（图 0768）

Ehretia macrophylla Wall.

【形态特征】落叶乔木；树皮灰褐色，纵裂；枝条褐色，小枝淡褐色，均被柔毛。叶宽椭圆形、卵形或倒卵形，先端尖，基部宽楔形或近圆形，边缘具开展的锯齿，上面密生具基盘的短硬毛，极粗糙，下面密生短柔毛；叶柄被柔毛。聚伞花序顶生，呈伞房状或圆锥状，具苞片或无；花无梗或近无梗；苞片线形，被柔毛；花萼裂至近中部，裂片卵形或长圆形，具柔毛；花冠筒状钟形，白色至淡黄色，芳香，裂片长圆形，比筒部短；雄蕊伸出花冠外，花丝着生花冠筒基部以上；花柱无毛或稀具伏毛。核果黄色，近球形，内果皮成熟时分裂为2个具2粒种子的分核。花期3—5月，果期6—7月。

【拍摄地点】东巩镇太平村，海拔283 m。

【生境分布】生于山坡疏林及土质肥沃的山脚阴湿处。分布于南漳东巩、城关、薛坪等乡镇。

【药用部位】树皮。

【功能主治】散瘀消肿。用于跌打损伤。

图0768 粗糠树 *Ehretia macrophylla*

紫草属 Lithospermum

田紫草 麦家公 地仙桃（图0769）

Lithospermum arvense L.

【形态特征】一年生草本。根稍含紫色物质。茎通常单一，高15～35 cm，自基部或仅上部分枝有短糙伏毛。叶无柄，倒披针形至线形，长2～4 cm，宽3～7 mm，先端急尖，两面均有短糙伏毛。聚伞花序生枝上部，长可达10 cm，苞片与叶同形而较小；花序排列稀疏，有短花梗；花萼裂片线形，长4～5.5 mm，通常直立，两面均有短伏毛，果期长可达11 mm且基部稍硬化；花冠高脚碟状，白色，有时蓝色或淡蓝色，筒部长约4 mm，外面稍有毛，檐部长约为筒部的一半，裂片卵形或长圆形，直立或稍开展，长约1.5 mm，稍不等大，喉部无附属物，但有5条延伸到筒部的毛带；雄蕊着生花冠筒下部，花药长约1 mm；花柱长1.5～2 mm，柱头头状。小坚果三角状卵球形，长约3 mm，灰褐色，有疣状突起。花果期4—8月。

图0769 田紫草 *Lithospermum arvense*

【拍摄地点】城关镇马家嘴村，海拔140 m。

【生境分布】生于丘陵、低山草坡或田边。分布于南漳城关、薛坪等乡镇。

【药用部位】果实。

【功能主治】温中健胃，消肿止痛。用于胃胀反酸，胃寒疼痛，吐血，跌打损伤，骨折。

梓木草　地仙桃（图 0770）

Lithospermum zollingeri A. DC.

图 0770　梓木草 *Lithospermum zollingeri*

【形态特征】多年生匍匐草本。根褐色，稍含紫色物质。匍匐茎有开展的糙伏毛；茎直立。基生叶有短柄，叶片倒披针形或匙形，两面都有短糙伏毛但下面毛较密；茎生叶与基生叶同形而较小，先端急尖或钝，基部渐狭，近无柄。花序有花 1 至数朵，苞片叶状；花有短花梗；花萼裂片线状披针形，两面都有毛；花冠蓝色或蓝紫色，外面稍有毛，筒部与檐部无明显界限，裂片宽倒卵形，近等大，全缘，无脉，喉部有 5 条向筒部延伸的纵褶，稍肥厚并有乳头；雄蕊着生纵褶之下，柱头头状。小坚果斜卵球形，乳白色而稍带淡黄褐色，平滑，有光泽，腹面中线凹陷有纵沟。花果期 5—8 月。

【拍摄地点】李庙镇刘坪村，海拔 354 m。

【生境分布】生于丘陵或低山草坡，或灌丛下。分布于南漳各乡镇。

【药用部位】果实。

【功能主治】温中健胃，消肿止痛。用于胃胀反酸，胃寒疼痛，吐血，跌打损伤，骨折。

聚合草属 Symphytum

聚合草（图 0771）

Symphytum officinale L.

图 0771　聚合草 *Symphytum officinale*

【形态特征】丛生型多年生草本，高 30 ～ 90 cm，全株被向下稍弯曲的硬毛和短伏毛。根发达、主根粗壮，淡紫褐色。茎数条，直立或斜升，有分枝。基生叶通常 50 ～ 80 片，最多可达 200 片，具长柄，叶片带状披针形、卵状披针形至卵形，长 30 ～ 60 cm，宽 10 ～ 20 cm，稍肉质，先端渐尖；茎中部和上部叶较小，无柄，基部下延。花序含多数花；花萼裂至近基部，裂片披针形，先端渐尖；花冠长 14 ～ 15 mm，淡紫色、紫红色至黄白色，裂片三角形，先端外卷，喉部附属物披针形，长约 4 mm，不伸出花冠檐；花药长约 3.5 mm，顶端有稍突出的药隔，花丝长约 3 mm，下部与花药近等宽；子房通常不育，偶见个别花内成熟 1 个小坚果。小坚果歪卵形，长 3 ～ 4 mm，黑色，平滑，有光泽。花期 5—10 月。

【拍摄地点】板桥镇新集街，海拔 899 m。

【生境分布】生于山坡、田埂、宅旁。南漳板桥镇偶见栽培。

【药用部位】全草。

【功能主治】清热解毒，散瘀止痛。用于跌打肿痛。

盾果草属 Thyrocarpus

盾果草（图 0772）

Thyrocarpus sampsonii Hance

图 0772 盾果草 *Thyrocarpus sampsonii*

【形态特征】茎1条至数条，直立或斜升，常自下部分枝，有开展的长硬毛和短糙毛。基生叶丛生，有短柄，匙形，全缘或有疏细锯齿，两面都有具基盘的长硬毛和短糙毛；茎生叶较小，无柄，狭长圆形或倒披针形。苞片狭卵形至披针形，花生苞腋或苞腋外；花萼裂片狭椭圆形，背面和边缘有开展的长硬毛，腹面稍有短伏毛；花冠淡蓝色或白色，显著比萼长，筒部比檐部短 2.5 倍，裂片近圆形，开展，喉部附属物线形，肥厚，有乳头状突起，先端微缺；雄蕊 5，着生花冠筒中部，花药卵状长圆形。小坚果 4，黑褐色，碗状突起的外层边缘色较淡，齿长约为碗高的一半，伸直，先端不膨大，内层碗状突起不向里收缩。花果期 5—7 月。

【拍摄地点】城关镇文笔峰村，海拔 141 m。

【生境分布】生于山坡草丛或灌丛下。分布于南漳各乡镇。

【药用部位】全草。

【功能主治】清热解毒，消肿。用于痈肿，疔疮，咽喉疼痛。

附地菜属 Trigonotis

湖北附地菜（图 0773）

Trigonotis mollis Hemsl.

【形态特征】多年生密丛细弱草本，全体密被灰色柔毛。茎多条，纤细而柔软，斜升，高 15 ～ 20 cm，密被开展的柔毛。叶片柔软，近膜质宽卵形或近圆形，直径 0.5 ～ 1.5 cm，先端圆或尖，基部圆或宽楔形，两面密被灰色柔毛；基部叶具细长的叶柄，柄长 3 ～ 4 cm；茎生叶较小，具短柄。花序顶生，细而柔软，长约 7 cm，花稀疏着生，下部者 1 ～ 2 朵腋生，上部者无苞片；花梗细丝状，长 2 ～ 6 mm，常平伸；花萼裂片倒卵状匙形，先端圆钝，长 1.5 mm，花后略增大；花冠淡蓝色，直径约 2.5 mm，筒部短，裂片近圆形；花药椭圆形，顶端具短尖；子房光滑，花柱内藏。小坚果 4，半球状四面体形，长约 0.6 mm，灰褐色，平滑无毛，背面凸呈宽卵形，宽 0.5 ～ 0.6 mm，顶端尖，腹面的基底面极小，其余 2 个侧面近等大，中央具 1 纵棱，柄极短。

【拍摄地点】长坪镇赵岭村，海拔 1076 m。

【生境分布】生于山沟石壁或山谷河边。分布于南漳长坪镇。

【药用部位】全草。

【功能主治】温中健胃，消肿止痛，止血。用于胃痛，吐酸，吐血。

图 0773 湖北附地菜 *Trigonotis mollis*

附地菜 伏地菜（图 0774）

Trigonotis peduncularis（Trev.）Benth. ex Baker et Moore

【形态特征】一年生或二年生草本。茎通常多条丛生，稀单一，密集，铺散，基部多分枝，被短糙伏毛。基生叶呈莲座状，有叶柄，叶片匙形，先端圆钝，基部楔形或渐狭，两面被糙伏毛，茎上部叶长圆形或椭圆形，无叶柄或具短柄。花序生茎顶，幼时卷曲，后渐次伸长，通常占全茎的 1/2 ～ 4/5，只在基部具 2 ～ 3 个叶状苞片，其余部分无苞片；花梗短，花后伸长，顶端与花萼连接部分变粗呈棒状；花萼裂片卵形，先端急尖；花冠淡蓝色或粉色，筒部甚短，裂片平展，倒卵形，先端圆钝，喉部附属 5，白色或带黄色；花药卵形，先端具短尖。小坚果 4，斜三棱锥状四面体形，有短毛或平滑无毛，背面三角状卵形，具 3 锐棱，腹面的 2 个侧面近等大而基底面略小，凸起，具短柄，向一侧弯曲。早春开花，花期甚长。

图 0774 附地菜 *Trigonotis peduncularis*

【拍摄地点】城关镇文笔峰村，海拔 154 m。

【生境分布】生于平原、草地、林缘、田间及荒地。分布于南漳各乡镇。

【药用部位】全草。

【功能主治】温中健胃，消肿止痛，止血。用于胃痛，吐酸，吐血。

140. 马鞭草科 Verbenaceae

紫珠属 Callicarpa

老鸦糊 紫珠（图 0775）

Callicarpa giraldii Hesse ex Rehd.

图 0775 老鸦糊 *Callicarpa giraldii*

【形态特征】灌木，高 1 ～ 3 m；小枝圆柱形，灰黄色，被星状毛。叶片纸质，宽椭圆形至披针状长圆形，长 5 ～ 15 cm，宽 2 ～ 7 cm，顶端渐尖，基部楔形或下延呈狭楔形，边缘有锯齿，表面黄绿色，稍有微毛，背面淡绿色，疏被星状毛和细小黄色腺点，侧脉 8 ～ 10 对，主脉、侧脉和细脉在叶背隆起，细脉近平行；叶柄长 1 ～ 2 cm。聚伞花序宽 2 ～ 3 cm，4 ～ 5 次分歧，被毛与小枝同；花萼钟状，疏被星状毛，老后常脱落，具黄色腺点，长约 1.5 mm，萼齿钝三角形；花冠紫色，稍有毛，具黄色腺点，长约 3 mm；雄蕊长约 6 mm，花药卵圆形，药室纵裂，药隔具黄色腺点；子房被毛。果实球形，初时疏被星状毛，成熟时无毛，紫色，直径 2.5 ～ 4 mm。花期 5—6 月，果期 7—11 月。

【拍摄地点】李庙镇付家坪村，海拔 423 m。

【生境分布】生于疏林和灌丛中。分布于南漳李庙、薛坪等乡镇。

【药用部位】根。

【功能主治】消肿止痛，收敛止血。用于跌打损伤，外伤出血，尿血，血崩。

莸属 Caryopteris

兰香草 山薄荷（图 0776）

Caryopteris incana（Thunb.）Miq.

图 0776 兰香草 *Caryopteris incana*

【形态特征】小灌木；嫩枝圆柱形，略带紫色，被灰白色柔毛，老枝毛渐脱落。叶片厚纸质，披针形、卵形或长圆形，顶端钝或尖，基部楔形或近圆形至截平，边缘有粗齿，很少近全缘，被短柔毛，表面色较淡，两面有黄色腺点，背脉明显；叶柄被柔毛。聚伞花序紧密，腋生和顶生，无苞片和小苞片；花萼杯状，果萼外面密被短柔毛；花冠淡紫色或淡蓝色，二唇形，外面具短柔毛，花冠管喉部有毛环，花冠5裂，下唇中裂片较大，边缘流苏状；雄蕊4枚，开花时与花柱均伸出花冠管外；子房顶端被短毛，柱头2裂。蒴果倒卵状球形，被粗毛，果瓣有宽翅。花果期6—10月。

【拍摄地点】板桥镇雷坪村，海拔885 m。

【生境分布】生于较干旱的山坡、路旁或林边。分布于南漳板桥、巡检、李庙等乡镇。

【药用部位】全草。

【功能主治】疏风解表，止咳化痰，散瘀止痛。用于风寒感冒，头痛，咳嗽，寒瘀痛经，产后瘀滞腹痛，跌打瘀肿。

三花莸　六月寒（图0777）

Caryopteris terniflora Maxim.

【形态特征】直立亚灌木，常自基部即分枝；茎方形，密生灰白色向下弯曲柔毛。叶片纸质，卵圆形至长卵形，顶端尖，基部阔楔形至圆形，两面具柔毛和腺点，以背面较密，边缘具规则钝齿，侧脉3～6对；叶柄被柔毛。聚伞花序腋生，花序梗通常3花，偶有1或5花；苞片细小，锥形；花萼钟状，两面有柔毛和腺点，5裂，裂片披针形；花冠紫红色或淡红色，外面疏被柔毛和腺点，顶端5裂，二唇形，裂片全缘，下唇中裂片较大，圆形；雄蕊4枚，与花柱均伸出花冠管外；子房顶端被柔毛，花柱长过雄蕊。蒴果成熟后四瓣裂，果瓣倒卵状舟形，无翅，表面明显凹凸成网纹，密被糙毛。花果期6—9月。

图0777　三花莸 *Caryopteris terniflora*

【拍摄地点】城关镇凉泉村，海拔608 m。

【生境分布】生于山坡、平地或水沟河边。分布于南漳城关、薛坪、长坪等乡镇。

【药用部位】全草。

【功能主治】解表散寒，宣肺。用于外感风寒头痛，咳嗽。

大青属 Clerodendrum

臭牡丹　臭八宝　矮桐子（图0778）

Clerodendrum bungei Steud.

【形态特征】灌木，植株有臭味；花序轴、叶柄密被褐色、黄褐色或紫色脱落性的柔毛；小枝近圆形，皮孔显著。叶片纸质，宽卵形或卵形，顶端尖或渐尖，基部宽楔形、截形或心形，边缘具粗或细锯齿，侧脉4～6对，表面散生短柔毛，背面疏生短柔毛和散生腺点或无毛，基部脉腋有数个盘状腺体。伞房状聚伞花序顶生，密集；苞片叶状，披针形或卵状披针形，长约 3 cm，早落或花时不落，早落后在花序梗上残留凸起的痕迹，小苞片披针形；花萼钟状，被短柔毛及少数盘状腺体，萼齿三角形或狭三角形；花冠淡红色、红色或紫红色，花冠管裂片倒卵形；雄蕊及花柱均凸出花冠外；花柱短于、等于或稍长于雄蕊；柱头 2 裂，子房 4 室。核果近球形，成熟时蓝黑色。花果期 5—11 月。

图 0778　臭牡丹 *Clerodendrum bungei*

【拍摄地点】肖堰镇曲阳坪村，海拔 393 m。

【生境分布】生于山坡、林缘、沟谷、路旁、灌丛润湿处。分布于南漳肖堰、板桥、薛坪等乡镇。

【药用部位】地上部分。

【功能主治】祛风解毒，消肿止痛。用于痈疽发背，乳痈，痔疮，湿疹，风湿痹痛。

海州常山　臭梧桐（图 0779）

Clerodendrum trichotomum Thunb.

【中药名】臭梧桐花*、臭梧桐根*。

【形态特征】灌木或小乔木；幼枝、叶柄、花序轴等多少被黄褐色柔毛或近于无毛，老枝灰白色，具皮孔，髓白色，有淡黄色薄片状横隔。叶片纸质，卵形、卵状椭圆形或三角状卵形，顶端渐尖，基部宽楔形至截形，偶有心形，表面深绿色，背面淡绿色，两面幼时被白色短柔毛，老时表面光滑无毛，背面仍被短柔毛或无毛，或沿脉毛较密，侧脉 3 ～ 5 对，全缘或有时边缘具波状齿。伞房状聚伞花序顶生或腋生，通常二歧分枝，疏散，末次分枝着花 3 朵，花序梗多少被黄褐色柔毛或无毛；苞片叶状，椭圆形，早落；花萼蕾时绿白色，后紫红色，基部合生，中部略膨大，有 5 棱脊，顶端 5 深裂，裂片三角状披针形或卵形，顶端尖；花香，花冠白色或带粉红色，花冠管细，顶端 5 裂，裂片长椭圆形；雄蕊 4，花丝与花柱同伸出花冠外；花柱较雄蕊短，柱头 2 裂。核果近球形，包藏于增大的宿萼内，成熟时外果皮蓝紫色。花果期 6—11 月。

图 0779　海州常山 *Clerodendrum trichotomum*

【拍摄地点】长坪镇赵岭村，海拔 1329 m。

【生境分布】生于山坡灌丛中。分布于南漳长坪、李庙、巡检等乡镇。

【采收加工】臭梧桐花：秋季花盛开时采收，除去杂质，晒干。臭梧桐根：秋、冬二季采挖，除去泥沙及杂质，晒干。

【药用部位】臭梧桐花：花。臭梧桐根：根及根茎。

【性味归经】臭梧桐花：苦、辛，平；归肝、大肠经。臭梧桐根：苦、微辛，平；归肝、胆、脾经。

【功能主治】臭梧桐花：息风，止痛，止泻；用于头风，痢疾，疝气。臭梧桐根：祛风除湿，平肝降压，解毒杀虫；用于风湿痹痛，半身不遂，高血压，偏头痛，疟疾，痢疾，痈疽疮毒。

【用法用量】臭梧桐花：6 ～ 9 g；或浸酒服。臭梧桐根：9 ～ 30 g。

马鞭草属 Verbena

柳叶马鞭草（图 0780）

Verbena bonariensis L.

【形态特征】多年生草本。株高 60 ～ 150 cm，多分枝。茎四方形，叶对生，卵圆形至矩圆形或长圆状披针形；基生叶边缘常有粗锯齿及缺刻，通常 3 深裂，裂片边缘有不整齐的锯齿，两面有粗毛。穗状花序顶生或腋生，细长如马鞭；花小，花冠淡紫色或蓝色。果为蒴果状，长约 0.2 cm，外果皮薄，成熟时开裂，内含 4 枚小坚果。

【拍摄地点】城关镇城郊，海拔 86 m。

【生境分布】生于路边、山坡、溪边或林旁。分布于南漳城关镇。

【药用部位】地上部分。

【功能主治】清热解毒，活血散瘀，利尿消肿。用于癥瘕积聚，痛经经闭，痈肿，水肿等。

图 0780 柳叶马鞭草 *Verbena bonariensis*

马鞭草 铁马鞭 马鞭梢（图 0781）

Verbena officinalis L.

【中药名】马鞭草*。

【形态特征】多年生草本。茎四方形，近基部可为圆形，节和棱上有硬毛。叶片卵圆形至倒卵形或长圆状披针形，基生叶的边缘通常有粗锯齿和缺刻，茎生叶多数 3 深裂，裂片边缘有不整齐锯齿，两面均有硬毛，背面脉上尤多。穗状花序顶生和腋生，细弱，花小，无柄，最初密集，结果时疏离；苞片稍短于花萼，具硬毛；花萼有硬毛，有 5 脉，脉间凹穴处质薄而色淡；花冠淡紫色至蓝色，外面有微毛，裂片 5；雄蕊 4，着生于花冠管的中部，花丝短；子房无毛。果长圆形，外果皮薄，成熟时 4 瓣裂。花期 6—8 月，果期 7—10 月。

【拍摄地点】九集镇双泉村，海拔 144 m。

【生境分布】生于路边、山坡、溪边或林旁。分布于南漳各乡镇。

【采收加工】6—8 月花开时采割，除去杂质，晒干。

【药用部位】地上部分。

【性味归经】苦，凉。归肝、脾经。

【功能主治】活血散瘀，解毒，利水，退黄，截疟。用于癥瘕积聚，痛经经闭，喉痹，痈肿，水肿，黄疸，疟疾。

【用法用量】5 ～ 10 g。

图 0781 马鞭草 *Verbena officinalis*

图 0782 黄荆 *Vitex negundo*

牡荆属 Vitex

黄荆 黄荆条 荆条（图 0782）

Vitex negundo L.

【中药名】黄荆子*、黄荆条*。

【形态特征】灌木或小乔木；小枝四棱形，密生灰白色茸毛。掌状复叶，小叶 5，少有 3；小叶片长圆状披针形至披针形，顶端渐尖，基部楔形，全缘或每边有少数粗锯齿，表面绿色，背面密生灰白色茸毛；两侧小叶依次递小，若具 5 小叶时，中间 3 片小叶有柄，最外侧的 2 片小叶无柄或近于无柄。聚伞花序排成圆锥花序式，顶生，花序梗密生灰白色茸毛；花萼钟状，顶端有 5 裂齿，外有灰白色茸毛；花冠淡紫色，外有微柔毛，顶端 5 裂，二唇形；雄蕊伸出花冠管外；子房近无毛。核果近球形；宿萼接近果实的长度。花期 4—6 月，果期 7—10 月。

【拍摄地点】李庙镇齐家岗村，海拔 209 m。

【生境分布】生于山坡路旁或灌丛中。分布于南漳各乡镇。

【采收加工】黄荆子：9—10 月采收，除去杂质，干燥。黄荆条：夏、秋二季采收，除去杂质，切段，晒干。

【药用部位】黄荆子：成熟果实。黄荆条：茎枝。

【性味归经】黄荆子：辛、苦，温；归肺、胃、肝经。黄荆条：辛、微苦，平；归肺、肝经。

【功能主治】黄荆子：止咳平喘，行气和胃；用于咳嗽，哮喘，肝胃气痛，宿食停滞，脘腹胀满。黄荆条：祛风解表，消肿止痛；用于感冒发热，咳嗽，喉痹肿痛，风湿痹痛，牙痛，烫伤。

【用法用量】黄荆子：5 g ～ 9 g。黄荆条：10 ～ 15 g；外用适量，捣敷或水煎洗。

牡荆（图 0783）

Vitex negundo var. *cannabifolia*（Sieb. et Zucc.）Hand.-Mazz.

【中药名】黄荆子*、黄荆条*。

【形态特征】落叶灌木或小乔木；小枝四棱形。叶对生，掌状复叶，小叶 5，少有 3；小叶片披针形或椭圆状披针形，顶端渐尖，基部楔形，边缘有粗锯齿，表面绿色，背面淡绿色，通常被柔毛。圆锥花序顶生；花冠淡紫色。果实近球形，黑色。花期 6—7 月，果期 8—11 月。

【拍摄地点】城关镇榆树岭村，海拔 132 m。

【生境分布】生于山坡路边灌丛中。广泛分布于南漳各乡镇。

【采收加工】同“黄荆”。

【药用部位】同“黄荆”。

【性味归经】同“黄荆”。

【功能主治】同“黄荆”。

【用法用量】同“黄荆”。

图 0783 牡荆 *Vitex negundo* var. *cannabifolia*

141. 唇形科 Lamiaceae

藿香属 Agastache

藿香 合香 土藿香（图 0784）

Agastache rugosa（Fisch. et Mey.）O. Ktze.

【形态特征】多年生草本。茎直立，四棱形，上部被极短的细毛，下部无毛，在上部具能育的分枝。叶心状卵形至长圆状披针形，向上渐小，先端尾状长渐尖，基部心形，稀截形，边缘具粗齿，纸质，上面橄榄绿色，近无毛，下面略淡，被微柔毛及点状腺体。轮伞花序多花，在主茎或侧枝上组成顶生密集的圆筒形穗状花序；花序基部的苞叶披针状线形，长渐尖，苞片形状与之相似，较小；轮伞花序具短梗，总梗被腺微柔毛。花萼管状倒圆锥形，被腺微柔毛及黄色小腺体，多少染成浅紫色或紫红色，喉部微斜，萼齿三角状披针形，后 3 齿较前 2 齿稍长。花冠淡紫蓝色，外被微柔毛，冠筒微超出于萼，向上渐宽，冠檐二唇形，上唇直伸，先端微缺，下唇 3 裂，中裂片较宽大，平展，边缘波状，基部宽，侧裂片半圆形。

图 0784 藿香 *Agastache rugosa*

雄蕊伸出花冠，花丝细，扁平，无毛。花柱与雄蕊近等长，丝状，先端相等的 2 裂。花盘厚环状。子房裂片顶部具茸毛。成熟小坚果卵状长圆形，腹面具棱，先端具短硬毛，褐色。花期 6—9 月，果期 9—11 月。

【拍摄地点】巡检镇不二坪村，海拔 1002 m。

【生境分布】栽培。南漳九集、巡检、城关等乡镇有零星栽培。

【药用部位】地上部分。

【功能主治】芳香化浊，和中止呕，发表解暑。用于湿浊中阻，脘痞呕吐，暑湿表证，湿温初起，发热倦怠，胸闷不舒，寒湿闭暑，腹痛吐泻，鼻渊头痛。

筋骨草属 Ajuga

筋骨草　白毛夏枯草　金疮小草（图 0785）

Ajuga ciliata Bunge

【形态特征】多年生草本，根部膨大，直立，无匍匐茎。全株被长柔毛，茎四棱形，基部略木质化，紫红色或绿紫色；叶近纸质，卵状椭圆形至狭椭圆形，边缘具不整齐的双重齿，下面通常带紫红色；叶片长 5 ～ 13 cm，宽 3 ～ 8 cm。穗状聚伞花序顶生，由多数轮伞花序密聚排列组成。花萼漏斗状钟形，具 10 脉，萼齿 5，三角形或狭三角形，具长柔毛状缘毛。花冠紫色，具蓝色条纹，冠筒长为花萼的一倍或较长，冠檐二唇形，上唇短，直立，先端圆形，微缺，下唇增大，伸长，3 裂，中裂片倒心形，侧裂片线状长圆形。雄蕊 4，二强，稍超出花冠，着生于冠筒喉部，花丝粗壮，挺直。花柱细弱，超出雄蕊，先端 2 浅裂，裂片细尖。花盘环状，裂片不明显，前面呈指状膨大。小坚果长圆状或卵状三棱形，背部具网状皱纹，腹部中间隆起，果脐大，几占整个腹面。花期 4—8 月，果期 7—9 月。

图 0785　筋骨草 *Ajuga ciliata*

【拍摄地点】巡检镇巡检司村，海拔 430 m。

【生境分布】生于山谷溪旁、阴湿的草地上、林下湿润处及路旁草丛中。分布于南漳巡检、东巩等乡镇。

【药用部位】全草。

【功能主治】清热解毒，凉血消肿。用于咽喉肿痛，肺热咯血，跌打肿痛。

风轮菜属 Clinopodium

风轮菜　落地梅花　九塔草（图 0786）

Clinopodium chinense（Benth.）O. Ktze.

【形态特征】多年生草本。茎基部匍匐生根，上部上升，多分枝，四棱形，具细条纹，密被短柔毛及

图 0786 风轮菜 *Clinopodium chinense*

腺微柔毛。叶卵圆形，不偏斜，先端急尖或钝，基部圆形呈阔楔形，边缘具大小均匀的圆齿状锯齿，坚纸质，上面橄榄绿色，密被平伏短硬毛，下面灰白色，被疏柔毛，脉上尤密，侧脉 5 ～ 7 对，与中肋在上面微凹陷下面隆起，网脉在下面清晰可见；叶柄腹凹背凸，密被疏柔毛。轮伞花序多花密集，半球状，彼此远隔；苞叶叶状，向上渐小至苞片状，苞片针状，极细，无明显中肋，多数，被柔毛状缘毛及微柔毛；总梗分枝多数；花梗与总梗及序轴被柔毛状缘毛及微柔毛。花萼狭管状，常染紫红色，13 脉，外面主要沿脉上被疏柔毛及腺微柔毛，内面在齿上被疏柔毛，果时基部稍一边膨胀，上唇 3 齿，齿近外反，长三角形，先端具硬尖，下唇 2 齿，齿稍长，直伸，先端芒尖。花冠紫红色，外面被微柔毛，内面在下唇下方喉部具二列毛茸，冠筒伸出，向上渐扩大，冠檐二唇形，上唇直伸，先端微缺，下唇 3 裂，中裂片稍大。雄蕊 4，前对稍长，均内藏或前对微露出，花药 2 室，室近水平叉开。花柱微露出，先端不相等 2 浅裂，裂片扁平。花盘平顶。子房无毛。小坚果倒卵形，黄褐色。花期 5—8 月，果期 8—10 月。

【拍摄地点】李庙镇胡家坪村，海拔 243 m。

【生境分布】生于山坡、草丛、路边、沟边、灌丛、林下。分布于南漳各乡镇。

【药用部位】全草。

【功能主治】疏风清热，解毒消肿，止血。用于感冒发热，咽喉肿痛，疔疮肿毒，尿血，崩漏，牙龈出血，外伤出血。

邻近风轮菜（图 0787）

Clinopodium confine（Hance）O. Ktze.

图 0787 邻近风轮菜 *Clinopodium confine*

【形态特征】草本，铺散，基部生根。茎四棱形，无毛或疏被微柔毛。叶卵圆形，长 9 ～ 22 mm，宽 5 ～ 17 mm，先端钝，基部圆形或阔楔形，边缘自近基部以上具圆齿状锯齿，每侧 5 ～ 7 齿，薄纸质，两面均无毛，侧脉 3 ～ 4 对，与中脉两面均明显，叶柄长 2 ～ 10 mm，腹平背凸，疏被微柔毛。轮伞花序通常多花密集，近球形，直径达 1 ～ 1.3 cm，分离；苞叶叶状；苞片极小；花梗长 1 ～ 2 mm，被微柔毛。花萼管状，萼筒等宽，基部略狭，花时长约 5 mm，果时略增大，外面全无毛或沿脉上有极稀少的毛，内面喉部被小疏柔毛，上唇 3 齿，三角形，下唇 2 齿，长三角形，略伸长，齿边缘均被毛。花冠粉红色至紫红色，稍超出花萼，外面被微柔毛，内面在下唇片下方略被毛或近无毛，冠筒向上渐扩大，冠檐二唇形，上唇直伸，长 0.6 mm，先端微缺，下唇上唇等长，3 裂，中裂片较大，先端微缺。雄蕊 4，内藏，前对能育，后对退化，花药 2 室，室略叉开。花柱先端略增粗，2 浅裂，裂片扁平。花盘平顶。子房无毛。小坚果卵球形，褐色，光滑。花期 4—6 月，果期 7—8 月。

【拍摄地点】长坪镇标湖村，海拔 411 m。

【生境分布】生于田边、山坡、草地。分布于南漳各乡镇。

【药用部位】全草。

【功能主治】清热解毒，消肿止痛。用于咽喉肿痛，肠炎，痢疾。

水蜡烛属 Dysophylla

水蜡烛（图 0788）

Dysophylla yatabeana Makino

【形态特征】多年生草本。茎无毛，顶部被微柔毛，不分枝或稀具短的分枝。叶 3 ～ 4 枚轮生，狭披针形，先端渐狭具钝头，基部无柄，边缘全缘或于上部具疏而不明显的锯齿，纸质，上面橄榄绿色，下面稍淡，并被不明显的褐色小腺点，两面无毛。穗伏花序，紧密而连续，有时基部间断；苞片线状披针形，其长几与花冠相等，常带紫色。花萼卵钟形，外面被疏柔毛及锈色腺点，萼齿 5，三角形，长约为萼筒 1/2。花冠紫红色，为花萼长 2 倍，无毛，冠檐近相等，4 裂。雄蕊 4，极伸出，花丝密被紫红色髯毛。花柱略伸出于雄蕊，先端相等，2 浅裂。花盘平顶。小坚果未见。花期 8—10 月。

图 0788 水蜡烛 *Dysophylla yatabeana*

【拍摄地点】城关镇黄桠村，海拔 151 m。

【生境分布】生于山坡疏林中、水边、沟边。分布于南漳城关镇，偶见。

【药用部位】全草。

【功能主治】清热解毒。用于虫蛇咬伤。

香薷属 Elsholtzia

紫花香薷 野薄荷 牙刷花（图 0789）

Elsholtzia argyi Lévl.

【形态特征】草本，高 0.5 ～ 1 m。茎四棱形，具槽，紫色，槽内被疏生或密集的白色短柔毛。叶卵形至阔卵形，长 2 ～ 6 cm，宽 1 ～ 3 cm，先端短渐尖，基部圆形至宽楔形，边缘在基部以上具圆齿或圆齿状锯齿，近基部全缘，上面绿色，被疏柔毛，下面淡绿色，沿叶脉被白色短柔毛，满布凹陷的腺点，侧脉 5 ～ 6 对，与中脉在两面微显著；叶柄长 0.8 ～ 2.5 cm，具狭翅，腹凹背凸，被白色短柔毛。穗状花序长 2 ～ 7 cm，生于茎、枝顶端，偏向一侧，由具 8 花的轮伞花序组成；苞片圆形，长、宽约 5 mm，先端骤然短尖，尖头呈刺芒状，长达 2 mm，外面被白色柔毛及黄色透明腺点，常带紫色，内面无毛，边缘具缘毛；花梗长约 1 mm，与序轴被白色柔毛。花萼管状，长约 2.5 mm，外面被白色柔毛，萼齿 5，钻形，近相等，先端具芒刺，边缘具长缘毛。花冠玫瑰红紫色，长约 6 mm，外面被白色柔毛，在上部具腺点，冠筒向上渐宽，至喉部宽达 2 mm，冠檐二唇形，上唇直立，先端微缺，边缘被长柔毛，下唇稍开展，中裂片长圆形，先端通常具突尖，侧裂片弧形。雄蕊 4，前对较长，伸出，花丝无毛，花药黑紫色。花柱纤细，伸出，先端相等，2 浅裂。小坚果长圆形，长约 1 mm，深棕色，外面具细微疣状突起。花果期 9—11 月。

图 0789 紫花香薷 *Elsholtzia argyi*

【拍摄地点】长坪镇青林村，海拔 1038 m。

【生境分布】生于山坡灌丛、林下、溪旁及河边草地。分布于南漳长坪、薛坪、城关等乡镇。

【药用部位】全草。

【功能主治】发汗解表，化湿和中。用于暑湿感冒，畏寒发热，头痛无汗，腹痛吐泻，水肿，小便不利。

野草香 野香薷 鱼香菜（图 0790）

Elsholtzia cypriani（Pavolini）S. Chow ex P.S. Hsu

【形态特征】草本。茎、枝绿色或紫红色，钝四棱形，具浅槽，密被下弯短柔毛。叶卵形至长圆形，先端急尖，基部宽楔形，下延至叶柄，边缘具圆齿状锯齿，草质，上面深绿色，被微柔毛，下面淡绿色，密被短柔毛及腺点，侧脉 5 ～ 6 对，与中脉在上面微下陷、下面隆起；叶柄上部具三角形狭翅，腹平背凸，密被短柔毛。穗状花序圆柱形，于茎、枝或小枝上顶生，由多数密集的轮伞花序组成；苞片线形，被短柔毛；花梗与序轴密被短柔毛。花萼管状钟形，外面密被短柔毛，内面仅在萼齿上略被微柔毛，余部无毛，萼齿 5，长约为萼长 1/4，近等长，花后果萼伸长，

图 0790 野草香 *Elsholtzia cypriani*

长管状，外密被绵毛，萼齿细小，向前弯曲，偏向一侧呈尖嘴状。花冠玫瑰红色，外面被柔毛，内面无毛，冠筒从基部向上渐宽，冠檐二唇形，上唇全缘或略凹缺，下唇开展，3裂，中裂片圆形，侧裂片半圆形，全缘。雄蕊4，伸出，前对较长，花丝无毛，花药卵圆形，2室。花柱外露，约与后对雄蕊等长，先端近相等，2浅裂，裂片钻形。小坚果长圆状椭圆形，黑褐色，略被毛。花果期8—11月。

【拍摄地点】长坪镇陡山村，海拔1002 m。

【生境分布】生于田边、路旁、河谷两岸、林中或林边草地。分布于南漳东巩、板桥、李庙等乡镇。

【药用部位】全草。

【功能主治】清热发表，解毒截疟。用于风热感冒，咽喉肿痛，鼻渊头痛，风湿性关节痛，泻痢腹痛，疟疾，疔疮肿毒，紫白癜风，神经性皮炎。

活血丹属 Glechoma

白透骨消　透骨消　见肿消（图0791）

Glechoma biondiana（Diels）C. Y. Wu et C. Chen

【形态特征】多年生草本，全体被具节的长柔毛，具较长的匍匐茎，上升，逐节生根。茎四棱形，基部有时带紫色。叶草质，茎中部的最大，心形，先端急尖，通常具针状小尖头，基部心形，具长方形基凹，边缘具卵形粗圆齿，齿顶端钝，两面被具节长柔毛，下面通常带紫色，叶柄被长柔毛；茎基部的叶片同形较小，叶柄细长，长约为叶片3倍。聚伞花序通常3花，呈轮伞花序；苞片及小苞片线形，具缘毛。花萼管状，微弯，外面被长柔毛及微柔毛，内面无毛，齿5，略呈二唇形，上唇3齿，较长，下唇2齿，稍短，齿均狭三角形，先端渐尖呈芒状，边缘被缘毛。花冠粉红色至淡紫色，钟形，外面被疏长柔毛，内面仅在下唇中裂片下方被长柔毛，冠筒自花萼喉部向上渐宽大，冠檐二唇形，上唇直立，宽卵形，先端凹入，下唇伸长，斜展，3裂，中裂片最大，扇形，先端微凹，两侧裂片卵形。雄蕊4，后对着生于上唇下面近喉部，短于上唇，前对着生于下唇侧裂片下方花冠筒中部，长仅达花冠筒喉部，花丝细长，花药2室，室叉开。子房4裂，无毛。花盘杯状，裂片不明显，前方呈指状膨大。花柱细长，花时与上唇等长，先端2裂。成熟小坚果长圆形，深褐色，具小凹点，无毛，基部略呈三棱形，果脐位于基部。花期4—5月，果期5—6月。

图0791　白透骨消 *Glechoma biondiana*

【拍摄地点】长坪镇赵岭村，海拔1110 m。

【生境分布】生于溪边、林缘阴湿肥沃土地。分布于南漳长坪镇。

【药用部位】全草。

【功能主治】祛风活血，利湿解毒。用于风湿痹痛，跌打损伤，肺痈，黄疸，急性肾炎，尿道结石，痄腮。

活血丹　铜钱草（图 0792）

Glechoma longituba（Nakai）Kupr.

【中药名】连钱草*。

图 0792　活血丹 *Glechoma longituba*

【形态特征】多年生草本，具匍匐茎，上升，逐节生根。茎四棱形，基部通常呈淡紫红色，几无毛，幼嫩部分被疏长柔毛。叶草质，下部者较小，叶片心形或近肾形，叶柄长为叶片的 1 ～ 2 倍；上部者较大，叶片心形，先端急尖或钝三角形，基部心形，边缘具圆齿或粗锯齿状圆齿，上面被疏粗伏毛或微柔毛，叶脉不明显，下面常带紫色，被疏柔毛或长硬毛，常仅限于脉上，脉隆起，叶柄长为叶片的 1.5 倍，被长柔毛。轮伞花序通常 2 花，稀具 4 ～ 6 花；苞片及小苞片线形，被缘毛。花萼管状，外面被长柔毛，尤沿肋上为多，内面多少被微柔毛，齿 5，上唇 3 齿，较长，下唇 2 齿，略短，齿卵状三角形，长为萼长 1/2，先端芒状，边缘具缘毛。花冠淡蓝色、蓝色至紫色，下唇具深色斑点，冠筒直立，上部渐膨大呈钟形，有长筒与短筒两型，短筒者通常藏于花萼内，外面多少被长柔毛及微柔毛，内面仅下唇喉部被疏柔毛或几无毛，冠檐二唇形。上唇直立，2 裂，裂片近肾形，下唇伸长，斜展，3 裂，中裂片最大，肾形，较上唇片大 1 ～ 2 倍，先端凹入，两侧裂片长圆形，宽为中裂片之半。雄蕊 4，内藏，无毛，后对着生于上唇下，较长，前对着生于两侧裂片下方花冠筒中部，较短；花药 2 室，略叉开。子房 4 裂，无毛。花盘杯状，微斜，前方呈指状膨大。花柱细长，无毛，略伸出，先端近相等，2 裂。成熟小坚果深褐色，长圆状卵形，顶端圆，基部略呈三棱形，无毛，果脐不明显。花期 4—5 月，果期 5—6 月。

【拍摄地点】李庙镇胡家坪村，海拔 243 m。

【生境分布】生于林缘、疏林下、草地中、溪边等阴湿处。分布于南漳李庙、九集、长坪等乡镇。

【采收加工】春至秋季采收，除去杂质，晒干。

【药用部位】地上部分。

【性味归经】辛、微苦，微寒。归肝、肾、膀胱经。

【功能主治】利湿通淋，清热解毒，散瘀消肿。用于热淋，石淋，湿热黄疸，疮痈肿痛，跌打损伤。

【用法用量】15 ～ 30 g。外用适量，煎汤洗。

动蕊花属 Kinostemon

粉红动蕊花　山合香（图 0793）

Kinostemon alborubrum（Hemsl.）C. Y. Wu et S. Chow

【中药名】粉红动蕊花。

【形态特征】多年生草本，具匍匐茎。茎上升，多分枝，基部近圆柱形，上部四棱形，无槽，具细条纹，密被平展白色长柔毛。叶具柄，叶片卵圆形或卵圆状披针形，先端短渐尖、渐尖以至尾状渐尖，基部阔楔形或楔形下延，边缘具不整齐的粗齿，上面被疏柔毛，下面脉上密生长柔毛，余部为疏柔毛，侧脉 3 ～ 5 对。总状花序生于腋出侧枝的上端，下部具 1 ～ 3 对不具花的叶，上部常分枝成为 1 ～ 3 枝总状圆锥花序，此花序由具 2 花、远隔、开向一面的轮伞花序所组成；苞片长仅及花梗之半，被疏柔毛；花梗细长，被短柔毛。花萼筒外面被疏柔毛，内面喉部具毛环，萼齿 5，呈二唇式张开，上唇 3 齿，中齿特大，扁圆形，先端急尖，侧齿卵圆形，稍小于中齿，高及中齿之半，下唇 2 齿，三角状钻形，稍超过上唇，弯缺深达喉部。花冠粉红色，外被白色绵状长柔毛及淡黄色腺点，内面无毛，冠筒至喉部稍宽大，冠檐与冠筒几成直角，二唇形，上唇 2 裂，裂片扁圆形，弯缺极浅，下唇 3 裂，中裂片极发达，长圆形，内凹，先端圆形，外侧被白色绵状长柔毛，侧裂片卵圆形。雄蕊 4，细丝状，花药 2 室，室肾形。花柱长超出雄蕊，先端不相等 2 裂，裂片线状钻形。子房球形。成熟小坚果未见。花期 7 月。

图 0793 粉红动蕊花 *Kinostemon alborubrum*

【拍摄地点】长坪镇黄潭村，海拔 260 m。

【生境分布】生于山坡草丛中。分布于南漳长坪镇。

【药用部位】全草。

【功能主治】清热明目，散风通络，祛湿解毒。用于目赤肿痛，风湿热痹，劳伤，疮肿，湿疹，癣痒。

野芝麻属 Lamium

宝盖草 接骨草 珍珠莲 佛座草（图 0794）

Lamium amplexicaule L.

【形态特征】一年生或二年生植物。茎基部多分枝，上升，四棱形，具浅槽，常为深蓝色，几无毛，中空。茎下部叶具长柄，柄与叶片等长或超过叶片，上部叶无柄，叶片均圆形或肾形，先端圆，基部截形或截状阔楔形，半抱茎，边缘具极深的圆齿，顶部的齿通常较其余的大，上面暗橄榄绿色，下面稍淡，两面均疏生小糙伏毛。轮伞花序 6 ～ 10 花，其中常有闭花授粉的花；苞片披针状钻形，具缘毛。花萼管状钟形，外面密被白色直伸的长柔毛，内面除萼上被白色直伸长柔毛外，余部无毛，萼齿 5，披针状锥形，

图 0794 宝盖草 *Lamium amplexicaule*

边缘具缘毛。花冠紫红色或粉红色，外面除上唇被有较密带紫红色的短柔毛外，余部均被微柔毛，内面无毛环，冠筒细长，冠檐二唇形，上唇直伸，长圆形，先端微弯，下唇稍长，3 裂，中裂片倒心形，先端深凹，基部收缩，侧裂片浅圆裂片状。雄蕊花丝无毛，花药被长硬毛。花柱丝状，先端不相等，2 浅裂。花盘杯状，具圆齿。子房无毛。小坚果倒卵圆形，具三棱，先端近截状，基部收缩，淡灰黄色，表面有白色大疣状突起。花期 3—5 月，果期 7—8 月。

【拍摄地点】城关镇南背村，海拔 120 m。

【生境分布】生于路旁、林缘、田间及宅旁。分布于南漳城关、九集、李庙等乡镇。

【药用部位】全草。

【功能主治】活血通络，解毒消肿。用于跌打损伤，筋骨疼痛，四肢麻木，半身不遂，黄疸，肿毒，黄水疮。

野芝麻　**龙脑薄荷　山苏子（图 0795）**

Lamium barbatum Sieb. et Zucc.

【形态特征】多年生植物；根茎有长地下匍匐枝。茎单生，直立，四棱形，具浅槽，中空，几无毛。茎下部的叶卵圆形或心形，先端尾状渐尖，基部心形，茎上部的叶卵圆状披针形，较茎下部的叶为长而狭，先端长尾状渐尖，边缘有微内弯的牙齿状锯齿，齿尖具胼胝体的小突尖，草质，两面均被短硬毛，茎上部的叶柄渐变短。轮伞花序 4 ～ 14 花，着生于茎端；苞片狭线形或丝状，锐尖，具缘毛。花萼钟形，外面疏被伏毛，膜质，萼齿披针状钻形，具缘毛。花冠白色或浅黄色，冠筒基部稍上方呈囊状膨大，筒口外面在上部被疏硬毛或近茸毛状毛被，余部几无毛，内面冠筒近基部有毛环，冠檐二唇形，上唇直立，倒卵圆形或长圆形，先端圆形或微缺，边缘具缘毛及长柔毛，下唇 3 裂，中裂片倒肾形，先端深凹，基部急收缩，侧裂片宽，浅圆裂片状，先端有针状小齿。雄蕊花丝扁平，被微柔毛，彼此粘连，花药深紫色，被柔毛。花柱丝状，先端近相等的 2 浅裂。花盘杯状。子房裂片长圆形，无毛。小坚果倒卵圆形，先端截形，基部渐狭，淡褐色。花期 4—6 月，果期 7—8 月。

图 0795　野芝麻 *Lamium barbatum*

【拍摄地点】长坪镇赵岭村，海拔 1362 m。

【生境分布】生于路边、溪旁、田埂及荒坡上。分布于南漳长坪、东巩等乡镇。

【药用部位】全草。

【功能主治】凉血止血，活血止痛，利湿消肿。用于肺热咯血，血淋，月经不调，崩漏，水肿，跌打损伤。

薰衣草属 Lavandula

薰衣草（图 0796）

Lavandula angustifolia Mill.

【形态特征】半灌木或矮灌木，分枝，被星状茸毛，在幼嫩部分较密；老枝灰褐色或暗褐色，皮层条状剥落，具有长的花枝及短的更新枝。叶线形或披针状线形，在花枝上的叶较大，疏离，被密的或疏的灰色星状茸毛，干时灰白色或橄榄绿色，在更新枝上的叶小，簇生，密被灰白色星状茸毛，干时灰白色，均先端钝，基部渐狭成极短柄，全缘，边缘外卷，中脉在下面隆起，侧脉及网脉不明显。轮伞花序通常具 6 ～ 10 花，多数，在枝顶聚集成间断或近连续的穗状花序，穗状花序梗长约为花序本身 3 倍，密被星状茸毛；苞片菱状卵圆形，先端渐尖呈钻状，具 5 ～ 7 脉，干时常带锈色，被星状茸毛，小苞片不明显；花具短梗，蓝色，密被灰色、分枝或不分枝茸毛。花萼卵状管形或近管形，13 脉，内面近无毛，二唇形，上唇 1 齿较宽而长，下唇具 4 短齿，齿相等而明显。花冠长约为花萼的 2 倍，具 13 条脉纹，外面被与花萼同一毛被，但基部近无毛，内面在喉部及冠檐部分被腺状毛，中部具毛环，冠檐二唇形，上唇直伸，2 裂，裂片较大，圆形，且彼此稍重叠，下唇开展，3 裂，裂片较小。雄蕊 4，着生在毛环上方，不外伸，前对较长，花丝扁平，无毛，花药被毛。花柱被毛，在先端压扁，卵圆形。花盘 4 浅裂，裂片与子房裂片对生。小坚果 4，光滑。花期 6 月。

图 0796 薰衣草 *Lavandula angustifolia*

【拍摄地点】城关镇三道河，海拔 160 m。

【生境分布】栽培。南漳城关镇偶见栽培。

【药用部位】全草。

【功能主治】清热解毒，散风止痒。用于头痛，头晕，口舌生疮，咽喉红肿，水火烫伤，风疹，疥癣。

益母草属 Leonurus

益母草　坤草　茺蔚（图 0797）

Leonurus japonicus Houttuyn

【中药名】益母草*、茺蔚子*。

【形态特征】一年生或二年生草本，有于其上密生须根的主根。茎直立，钝四棱形，微具槽，有倒向糙伏毛，在节及棱上尤为密集，在基部有时近于无毛，多分枝，或仅于茎中部以上有能育的小枝条。叶轮廓变化很大，茎下部叶轮廓为卵形，基部宽楔形，掌状 3 裂，裂片呈长圆状菱形至卵圆形，裂片上再分裂，上面绿色，有糙伏毛，叶脉稍下陷，下面淡绿色，被疏柔毛及腺点，叶脉突出，叶柄纤细，由于叶基下延而在上部略具翅，腹面具槽，背面圆形，被糙伏毛；茎中部叶轮廓为菱形，较小，通常分裂成 3 个或偶有多个长圆状线形的裂片，基部狭楔形；花序最上部的苞叶近于无柄，线形或线状披针形，全缘或具稀少齿。轮伞花序腋生，具 8 ~ 15 花，轮廓为圆球形，多数远离而组成长穗状花序；小苞片刺状，向上伸出，基部略弯曲，比萼筒短，有贴生的微柔毛；花梗无。花萼管状钟形，外面有贴生微柔毛，内面于离基部 1/3 以上被微柔毛，5 脉，显著，齿 5，前 2 齿靠合，后 3 齿较短，等长，齿均宽三角形，先端刺尖。花冠粉红色至淡紫红色，外面于伸出萼筒部分被柔毛，冠筒等大，内面在离基部 1/3 处有近水平向的不明显鳞毛毛环，毛环在背面间断，其上部多少有鳞状毛，冠檐二唇形，上唇直伸，内凹，长圆形，全缘，内面无毛，边缘具纤毛，下唇略短于上唇，内面在基部疏被鳞状毛，3 裂，中裂片倒心形，先端微缺，边缘薄膜质，基部收缩，侧裂片卵圆形，细小。雄蕊 4，均延伸至上唇片之下，平行，前对较长，花丝丝状，扁平，疏被鳞状毛，花药卵圆形，二室。花柱丝状，略超出于雄蕊而与上唇片等长，无毛，先端相等，2 浅裂，裂片钻形。花盘平顶。子房褐色，无毛。小坚果长圆状三棱形，顶端截平而略宽大，基部楔形，淡褐色，光滑。花期通常在 6—9 月，果期 9—10 月。

图 0797　益母草 *Leonurus japonicus*

【拍摄地点】九集镇双泉村，海拔 123 m。

【生境分布】分布广泛，尤以阳处为多。分布于南漳各乡镇。

【采收加工】益母草：鲜品春季幼苗期至初夏花前期采割；干品夏季茎叶茂盛、花未开或初开时采割，晒干，或切段晒干。茺蔚子：秋季果实成熟时采割地上部分，晒干，打下果实，除去杂质。

【药用部位】益母草：地上部分。茺蔚子：成熟果实。

【性味归经】益母草：苦、辛，微寒；归肝、心包、膀胱经。茺蔚子：辛、苦，微寒。归心包、肝经。

【功能主治】益母草：活血调经，利尿消肿，清热解毒；用于月经不调，痛经经闭，恶露不尽，水肿尿少，疮疡肿毒。茺蔚子：活血调经，清肝明目。用于月经不调，经闭痛经，目赤翳障，头晕胀痛。

【用法用量】益母草：9 ~ 30 g；鲜品 12 ~ 40 g。茺蔚子：5 ~ 10 g。

夏至草　**小益母草　白花益母（图 0798）**

Lagopsis supina（Steph. ex Willd.）Ik.-Gal. ex Knorr.

【形态特征】多年生草本，披散于地面，具圆锥形的主根。茎高 15 ~ 35 cm，四棱形，具沟槽，带紫红色，密被微柔毛，常在基部分枝。叶轮廓为圆形，长、宽为 1.5 ~ 2 cm，先端圆形，基部心形，3 深裂，裂片有圆齿或长圆形犬齿，有时叶片为卵圆形，3 浅裂或深裂，裂片无齿或有稀疏圆齿，通常基部越冬叶远较宽大，叶片两面均绿色，上面疏生微柔毛，下面沿脉上被长柔毛，余部具腺点，边缘具纤毛，脉掌状，三至五出；叶柄长，基生叶的长 2 ~ 3 cm，上部叶的较短，通常在 1 cm 左右，扁平，上面微具沟槽。轮伞花序疏花，直径约 1 cm，在枝条上部者较密集，在下部者较疏松；小苞片长约 4 mm，稍短于萼筒，弯曲，刺状，密被微柔毛。花萼管状钟形，外密被微柔毛，内面无毛，脉 5，凸出，齿 5，不等大，三角形，先端刺尖，边缘有细纤毛，在果时明显展开，且 2 齿稍大。花冠白色，稀粉红色，稍伸出于萼筒，外面被绵状长柔毛，内面被微柔毛，在花丝基部有短柔毛；冠檐二唇形，上唇直伸，比下唇长，长圆形，全缘，下唇斜展，3 浅裂，中裂片扁圆形，2 侧裂片椭圆形。雄蕊 4，着生于冠筒中部稍下，不伸出，后对较短；花药卵圆形，2 室。花柱先端 2 浅裂。花盘平顶。小坚果长卵形，褐色，有鳞秕。花期 3—4 月，果期 5—6 月。

图 0798 夏至草 *Lagopsis supina*

【拍摄地点】李庙镇石桩河村，海拔 246 m。

【生境分布】生于路旁、旷地上。分布于南漳李庙、长坪等乡镇。

【药用部位】全草。

【功能主治】活血调经，利尿消肿。用于月经不调，水肿。

地笋属 Lycopus

地笋 地瓜儿苗 地蚕子（图 0799）

Lycopus lucidus Turcz.

【形态特征】多年生草本，高 0.6 ~ 1.7 m；根茎横走，具节，节上密生须根，先端肥大呈圆柱形，此时于节上具鳞叶及少数须根，或侧生有肥大的具鳞叶的地下枝。茎直立，通常不分枝，四棱形，具槽，绿色，常于节上多少带紫红色，无毛，或在节上疏生小硬毛。叶具极短柄或近无柄，长圆状披针形，多少弧弯，通常长 4 ~ 8 cm，宽 1.2 ~ 2.5 cm，先端渐尖，基部渐狭，边缘具锐尖粗牙齿状锯齿，两面或上面具光泽，亮绿色，两面均无毛，下面具凹陷的腺点，侧脉 6 ~ 7 对，与中脉在上面不显著下面突出。轮伞花序无梗，轮廓圆球形，花时直径 1.2 ~ 1.5 cm，多花密集，其下有小苞片；小苞片卵圆形至披针形，先端刺尖，位于外方者超过花萼，长达 5 mm，具 3 脉，位于内方者，长 2 ~ 3 mm，短于或等于花萼，具 1 脉，边缘均具小纤毛。花萼钟形，长 3 mm，两面无毛，外面具腺点，萼齿 5，披针

图 0799 地笋 *Lycopus lucidus*

状三角形，长 2 mm，具刺尖头，边缘具小缘毛。花冠白色，长 5 mm，外面在冠檐上具腺点，内面在喉部具白色短柔毛，冠筒长约 3 mm，冠檐不明显二唇形，上唇近圆形，下唇 3 裂，中裂片较大。雄蕊仅前对能育，超出于花冠，先端略下弯，花丝丝状，无毛，花药卵圆形，2 室，室略叉开，后对雄蕊退化，丝状，先端棍棒状。花柱伸出花冠，先端相等，2 浅裂，裂片线形。花盘平顶。小坚果倒卵圆状四边形，基部略狭，长 1.6 mm，宽 1.2 mm，褐色，边缘加厚，背面平，腹面具棱，有腺点。花期 6—9 月，果期 8—11 月。

【拍摄地点】长坪镇赵岭村，海拔 1250 m。

【生境分布】生于水边、沟边等潮湿处。分布于南漳长坪镇。

【药用部位】地上部分。

【功能主治】活血调经，利水消肿。用于月经不调，经闭，痛经，产后瘀血腹痛，疮痈肿毒，水肿，腹水。

龙头草属 Meehania

华西龙头草　梗花龙头草（图 0800）

Meehania fargesii var. *pedunculata*（Hemsl.）C. Y. Wu

【形态特征】多年生草本，茎较原变种高大粗壮，有多分枝，不形成匍匐状的分枝；叶具柄，柄长 5 ~ 25 mm，茎中部者较长，向顶端渐变短，有时几无柄，幼时密被柔毛，以后渐脱落，被极短的短柔毛；叶片纸质，通常为长三角状卵形，形状变异颇大，但均显然较原变种为大，边缘具疏锯齿或钝锯齿，上面被疏糙伏毛，以中肋较密，中肋微凹，下面被疏柔毛，但中肋隆起，被疏柔毛。聚伞花序通常具花，在 3 枚以上，形成具明显的短或长梗的轮伞花序，在茎的上部常形成顶生假总状花序；花冠淡红色至紫红色，长 2.8 ~ 4.5 cm，外面被极疏的短柔毛，常以背部较多，内面除上唇及下唇中裂片中部具柔毛外余部通常无毛，有时在花冠管基部具短柔毛但不成毛环，冠筒直，管状，上半部逐渐扩大，冠檐二唇形，上唇直立，2 裂或 2 浅裂，裂片圆形或长圆形，下唇伸长，增大，3 裂，中裂片近圆形，边缘波状，两侧裂片长圆形或圆形，长为中裂片之半。雄蕊 4，略二强，不伸出花冠外，后对着生于花冠上唇下方近喉部，略短，前对着生于下唇侧裂片下方冠筒中部，花丝微扁，无毛，花药 2 室，被微柔毛，成熟后贯通为 1 室。子房 4 裂，几无毛。花柱细长，微伸出花冠，先端 2 裂。花盘杯状，裂片不明显，前方呈指状膨大。小坚果未见。花期 4—6 月，果期 6 月以后。

图 0800　华西龙头草 *Meehania fargesii* var. *pedunculata*

【拍摄地点】长坪镇赵岭村，海拔 1323 m。

【生境分布】生于山地常绿林或针阔叶混交林内。分布于南漳长坪镇。

【药用部位】全草。

【功能主治】清热利湿，凉血止血。用于湿热泄泻，腹泻。

薄荷属 Mentha

薄荷（图 0801）

Mentha canadensis Linnaeus

图 0801 薄荷 *Mentha canadensis*

【中药名】薄荷*。

【形态特征】多年生草本。茎直立，下部数节具纤细的须根及水平匍匐根状茎，锐四棱形，具四槽，上部被倒向微柔毛，下部仅沿棱上被微柔毛，多分枝。叶片长圆状披针形、披针形、椭圆形或卵状披针形，稀长圆形，先端锐尖，基部楔形至近圆形，边缘在基部以上疏生粗大的牙齿状锯齿，侧脉 5 ～ 6 对，与中肋在上面微凹陷下面显著，上面绿色；沿脉上密生余部疏生微柔毛，或除脉外余部近于无毛，上面淡绿色，通常沿脉上密生微柔毛；叶柄腹凹背凸，被微柔毛。轮伞花序腋生，轮廓球形，具梗或无梗，具梗时被微柔毛；花梗纤细，被微柔毛或近于无毛。花萼管状钟形，外被微柔毛及腺点，内面无毛，10 脉，不明显，萼齿 5，狭三角状钻形，先端长锐尖。花冠淡紫色，外面略被微柔毛，内面在喉部以下被微柔毛，冠檐 4 裂，上裂片先端 2 裂，较大，其余 3 裂片近等大，长圆形，先端钝。雄蕊 4，前对较长，均伸出于花冠之外，花丝丝状，无毛，花药卵圆形，2 室，室平行。花柱略超出雄蕊，先端近相等 2 浅裂，裂片钻形。花盘平顶。小坚果卵珠形，黄褐色，具小腺窝。花期 7—9 月，果期 10 月。

【拍摄地点】城关镇便河村，海拔 198 m。

【生境分布】生于水旁潮湿地。分布于南漳城关、李庙、九集等乡镇。

【采收加工】夏、秋二季茎叶茂盛或花开至三轮时，选晴天分次采割，晒干或阴干。

【药用部位】干燥地上部分。

【性味归经】辛，凉。归肺、肝经。

【功能主治】疏散风热，清利头目，利咽，透疹，疏肝行气。用于风热感冒，风温初起，头痛，目赤，喉痹，口疮，风疹，麻疹，胸胁胀闷。

【用法用量】3 ～ 6 g，后下。

石荠苎属 Mosla

石荠苎 鬼香油 野荆芥（图 0802）

Mosla scabra（Thunb.）C. Y. Wu et H. W. Li

【形态特征】一年生草本。茎高 20 ～ 100 cm，多分枝，分枝纤细，茎、枝均四棱形，具细条纹，密被短柔毛。叶卵形或卵状披针形，长 1.5 ～ 3.5 cm，宽 0.9 ～ 1.7 cm，先端急尖或钝，基部圆形或宽楔形，边缘近基部全缘，自基部以上为锯齿状，纸质，上面橄榄绿色，被灰色微柔毛，下面灰白色，密布凹陷腺点，近无毛或被极疏短柔毛；叶柄被短柔毛。总状花序生于主茎及侧枝上，长 2.5 ～ 15 cm；苞片卵形，先端尾状渐尖，花时及果时均超过花梗；花梗花时长约 1 mm，果时长至 3 mm，与序轴密被灰白色小疏柔毛。花萼钟形，外面被疏柔毛，二唇形，上唇 3 齿呈卵状披针形，先端渐尖，中齿略小，下唇 2 齿，线形，先端锐尖，花萼脉纹显著。花冠粉红色，外面被微柔毛，内面基部具毛环，冠筒向上渐扩大，冠檐二唇形，上唇直立，扁平，先端微凹，下唇 3 裂，中裂片较大，边缘具齿。雄蕊 4，后对能育，药室 2，叉开，前对退化，药室不明显。花柱先端相等 2 浅裂。花盘前方呈指状膨大。小坚果黄褐色，球形，具深雕纹。花期 5—11 月，果期 9—11 月。

图 0802 石荠苎 *Mosla scabra*

【拍摄地点】板桥镇夹马河，海拔 694 m。

【生境分布】生于山坡、路旁或灌丛下。分布于南漳板桥镇，偶见。

【药用部位】全草。

【功能主治】疏风止痒，行气理气，清暑利湿。用于感冒，中暑，痱子，皮肤瘙痒，脚气病。

小鱼仙草 疏花荠宁 土荆芥（图 0803）

Mosla dianthera（Buch.-Ham. ex Roxburgh）Maxim.

【形态特征】一年生草本。茎高至 1 m，四棱形，具浅槽，近无毛，多分枝。叶卵状披针形或菱状披针形，有时卵形，长 1.2 ～ 3.5 cm，宽 0.5 ～ 1.8 cm，先端渐尖或急尖，基部渐狭，边缘具锐尖的疏齿，近基部全缘，纸质，上面橄榄绿色，无毛或近无毛，下面灰白色，无毛，散布凹陷腺点；叶柄长 3 ～ 18 mm，腹凹背凸，腹面被微柔毛。总状花序生于主茎及分枝的顶部，通常多数，长 3 ～ 15 cm，密花或疏花；苞片针状或线状披针形，先端渐尖，基部阔楔形，具肋，近无毛，与花梗等长或略超过，至果时则较之为短，稀与之等长；花梗长 1 mm，果时伸长至 4 mm，被极细的微柔毛，序轴近无毛。花萼钟形，长约 2 mm，宽 2 ～ 2.6 mm，外面脉上被短硬毛，二唇形，上唇 3 齿，卵状三角形，中齿较短，

图 0803 小鱼仙草 *Mosla dianthera*

下唇 2 齿，披针形，与上唇近等长或微超过之，果时花萼增大，上唇反向上，下唇直伸。花冠淡紫色，长 4 ～ 5 mm，外面被微柔毛，内面具不明显的毛环或无毛环，冠檐二唇形，上唇微缺，下唇 3 裂，中裂片较大。雄蕊 4，后对能育，药室 2，叉开，前对退化，药室极不明显。花柱先端相等 2 浅裂。小坚果灰褐色，近球形，直径 1 ～ 1.6 mm，具疏网纹。花果期 5—11 月。

【拍摄地点】长坪镇标湖村，海拔 435 m。

【生境分布】生于山坡、路旁或水边。分布于南漳长坪镇。

【药用部位】全草。

【功能主治】祛风解表，利湿止痒。用于感冒发热，湿疹，疮疥。

荆芥属 Nepeta

荆芥（图 0804）

Nepeta cataria L.

【中药名】荆芥*、荆芥穗*。

图 0804 荆芥 *Nepeta cataria*

【形态特征】多年生植物。茎坚强，基部木质化，多分枝，基部近四棱形，上部钝四棱形，具浅槽，被白色短柔毛。叶卵状至三角状心形，先端钝至锐尖，基部心形至截形，边缘具粗圆齿或牙齿，草质，上面黄绿色，被极短硬毛，下面略发白，被短柔毛但在脉上较密，侧脉 3 ～ 4 对，斜上升，在上面微凹陷，下面隆起；叶柄细弱。花序为聚伞状，下部的腋生，上部的组成连续或间断的、较疏松或极密集的顶生分枝圆锥花序，聚伞花序呈二歧状分枝；苞叶叶状，或上部的变小而呈披针状，苞片、小苞片钻形，细小。花萼花时管状，外被白色短柔毛，内面仅萼齿被疏硬毛，齿锥形，后齿较长，花后花萼增大呈瓮状，纵肋十分清晰。花冠白色，下唇有紫点，外被白色柔毛，内面在喉部被短柔毛，长约 7.5 mm，冠筒极细，自萼筒内骤然扩展成宽喉，冠檐二唇形，上唇短，先端具浅凹，下唇 3 裂，中裂片近圆形，基部心形，边缘具粗齿，侧裂片圆裂片状。雄蕊内藏，花丝扁平，无毛。花柱线形，先端 2 等裂。花盘杯状，裂片明显。子房无毛。小坚果卵形，几三棱状，灰褐色。花期 7—9 月，果期 9—10 月。

【拍摄地点】薛坪镇九甲河村，海拔 839 m。

【生境分布】生于宅旁或灌丛中。分布于南漳薛坪、李庙等乡镇。

【采收加工】荆芥：夏、秋二季花开到顶，穗绿时采割，除去杂质，晒干。荆芥穗：夏、秋二季花开到顶，穗绿时采摘，除去杂质，晒干。

【药用部位】荆芥：地上部分。荆芥穗：花穗。

【性味归经】荆芥：辛，微温；归肺、肝经。荆芥穗：辛，微温；归肺、肝经。

【功能主治】荆芥：解表散风，透疹，消疮；用于感冒，头痛，麻疹，风疹，疮疡初起。荆芥穗：解表散风，透疹，消疮；用于感冒，头痛，麻疹，风疹，疮疡初起。

【用法用量】荆芥：5 ～ 10 g。荆芥穗：5 ～ 10 g。

心叶荆芥　假荆芥（图 0805）

Nepeta fordii Hemsl.

【形态特征】多年生草本。茎纤弱，钝四棱形，有深槽，基部几无槽，被微短柔毛。叶三角状卵形，先端急尖或尾状短尖，基部心形，边缘有粗圆齿，近膜质，上面橄榄绿色，下面色略淡，两面均被短硬毛或近无毛。由小聚伞花序组成的复合聚伞花序在基部腋生，在顶端组成顶生圆锥花序，松散；苞片钻形，微小。花萼瓶状，被微刚毛，纵肋十分隆起，萼齿披针形，5 枚近相等，其长约为花萼全长的 1/4。花冠紫色，约为萼长之 2 倍，外被短柔毛，内面无毛，冠筒的狭窄部分超出萼长 1/2，急骤扩展成喉，冠檐二唇形，上唇短，2 浅裂，下唇较长，中裂片近圆形，边缘波状。雄蕊 4，后对在上唇片下。花柱伸出上唇外。花盘极小。子房无毛。小坚果卵状三棱形，深紫褐色，无毛。花果期 4—10 月。

图 0805　心叶荆芥 *Nepeta fordii*

【拍摄地点】东巩镇太平村，海拔 271 m。

【生境分布】生于低平地区的亚热带灌丛中。分布于南漳东巩、李庙等乡镇。

【药用部位】全草。

【功能主治】疏风清热，活血止血。用于外感风热，头痛咽痛，麻疹透发不畅，吐血，衄血，外伤出血，跌打肿痛，疮痈肿痛。

罗勒属 Ocimum

罗勒　零陵香　九层塔（图 0806）

Ocimum basilicum L.

【中药名】光明子*。

【形态特征】一年生草本，具圆锥形主根及自其上生出的密集须根。茎直立，钝四棱形，上部微具槽，基部无毛，上部被倒向微柔毛，绿色，常染有红色，多分枝。叶卵圆形至卵圆状长圆形，先端微钝或急尖，基部渐狭，边缘具不规则齿或近于全缘，两面近无毛，下面具腺点，侧脉 3 ～ 4 对，与中脉在上面平坦下面多少明显；叶柄伸长，近于扁平，向叶基多少具狭翅，被微柔毛。总状花序顶生于茎、枝上，各部均被

图 0806 罗勒 *Ocimum basilicum*

微柔毛，由多数具 6 花交互对生的轮伞花序组成，下部的轮伞花序远离，上部轮伞花序靠近；苞片细小，倒披针形，短于轮伞花序，先端锐尖，基部渐狭，无柄，边缘具纤毛，常具色泽；花梗明显，果时伸长，先端明显下弯。花萼钟形，外面被短柔毛，内面在喉部被疏柔毛，萼齿 5，呈二唇形，上唇 3 齿，中齿最宽大，近圆形，内凹，具短尖头，边缘下延至萼筒，侧齿宽卵圆形，先端锐尖，下唇 2 齿，披针形，具刺尖头，齿边缘均具缘毛，果时花萼宿存，明显增大，明显下倾，脉纹显著。花冠淡紫色，或上唇白色下唇紫红色，伸出花萼，外面在唇片上被微柔毛，内面无毛，冠筒内藏，喉部多少增大，冠檐二唇形，上唇宽大，4 裂，裂片近相等，近圆形，常具波状皱曲，下唇长圆形，下倾，全缘，近扁平。雄蕊 4，分离，略超出花冠，插生于花冠筒中部，花丝丝状，后对花丝基部具齿状附属物，其上有微柔毛，花药卵圆形，汇合成 1 室。花柱超出雄蕊之上，先端相等 2 浅裂。花盘平顶，具 4 齿，齿不超出子房。小坚果卵珠形，黑褐色，有具腺的穴陷，基部有 1 白色果脐。花期通常 7—9 月，果期 9—12 月。

【拍摄地点】巡检镇巡检司村，海拔 337 m。

【生境分布】生于山坡草丛或荒地。南漳巡检、城关镇有零星栽培。

【采收加工】秋季果实成熟时采收，除去杂质，阴干。

【药用部位】全草。

【性味归经】甘、淡，凉。归肝经。

【功能主治】清肝明目退翳。用于目赤肿痛，目翳。

【用法用量】3 ～ 6 g。

牛至属 Origanum

牛至　小叶薄荷（图 0807）

Origanum vulgare L.

【中药名】牛至*。

【形态特征】多年生草本或半灌木，芳香；根茎斜生，其节上具纤细的须根，多少木质。茎直立或近基部伏地，多少带紫色，四棱形，具倒向或微卷曲的短柔毛，多数，从根茎发出，中上部各节有具花的分枝，下部各节有不育的短枝，近基部常无叶。叶具柄，柄腹面具槽，背面近圆形，被柔毛，叶片卵圆形或长圆状卵圆形，先端钝或稍钝，基部宽楔形至近圆形或微心形，全缘或有远离的小锯齿，上面亮绿色，常带紫晕，具不明显的柔毛及凹陷的腺点，下面淡绿色，明显被柔毛及凹陷的腺点，侧脉 3 ～ 5 对，与中脉在上面不显著，下面多少突出；苞叶大多无柄，常带紫色。花序呈伞房状圆锥花序，开展，多花密集，由多数长圆状在果时多少伸长的小穗状花序所组成；苞片长圆状倒卵形至倒卵形或倒披针形，锐尖，绿色或带紫晕，具平行脉，全缘。花萼钟状，外面被小硬毛或近无毛，内面在喉部有白色柔毛环，13 脉，多少显著，萼齿 5，三角形，等大。花冠紫红色、淡红色至白色，管状钟形，两性花冠筒，显著超出花萼，而雌性花冠筒短于花萼，外面疏被短柔毛，内面在喉部被疏短柔毛，冠檐明显二唇形，上唇直立，卵圆形，先端 2 浅裂，下唇开展，3 裂，中裂片较大，侧裂片较小，均长圆状卵圆形。雄蕊 4，在两性花中，后对短于上唇，前对略伸出花冠，在雌性花中，前后对近相等，内藏，花丝丝状，扁平，无毛，花药卵圆形，2 室，两性花由三角状楔形的药隔分隔，室叉开，而雌性花中药隔退化雄蕊的药室近于平行。花盘平顶。花柱略超出雄蕊，先端不相等 2 浅裂，裂片钻形。小坚果卵圆形，先端圆，基部骤狭，微具棱，褐色，无毛。花期 7—9 月，果期 10—12 月。

图 0807　牛至 *Origanum vulgare*

【拍摄地点】九集镇吴家集村，海拔 174 m。

【生境分布】生于路旁、山坡、林下及草地。分布于南漳九集、板桥、李庙等乡镇。

【采收加工】夏、秋二季花开时采收，除去杂质，晒干。

【药用部位】地上部分。

【性味归经】辛，微温。归肺、胃、膀胱经。

【功能主治】清暑解表，利水消肿。用于中暑，感冒，腹痛吐泻，痢疾，小便不利，水肿。

【用法用量】3 ～ 10 g。

紫苏属 Perilla

紫苏　野苏麻（图 0808）

Perilla frutescens（L.）Britt.

【中药名】紫苏叶 *、紫苏梗 *、紫苏子 *、白苏子★。

【形态特征】一年生、直立草本。茎绿色或紫色，钝四棱形，具 4 槽，密被长柔毛。叶阔卵形或圆形，先端短尖或突尖，基部圆形或阔楔形，边缘在基部以上有粗锯齿，膜质或草质，两面绿色或紫色，或仅下面紫色，上面被疏柔毛，下面被贴生柔毛，侧脉 7 ～ 8 对，位于下部者稍靠近，斜上升，与中脉在上面微凸起下面明显凸起，色稍淡；叶柄背腹扁平，密被长柔毛。轮伞花序 2 花，组成密被长柔毛、偏向一侧的顶生及腋生总状花序；苞片宽卵圆形或近圆形，先端具短尖，外被红褐色腺点，无毛，边缘膜质；花梗密被柔毛。花萼钟形，10 脉，直伸，下部被长柔毛，夹有黄色腺点，内面喉部有疏柔毛环，结果时增大，平伸或下垂，基部一边肿胀，萼檐二唇形，上唇宽大，3 齿，中齿较小，下唇比上唇稍长，2 齿，齿披针形。花冠白色至紫红色，外面略被微柔毛，内面在下唇片基部略被微柔毛，冠筒短，喉部斜钟形，冠檐近二唇形，上唇微缺，下唇 3 裂，中裂片较大，侧裂片与上唇相似。雄蕊 4，几不伸出，前对稍长，离生，插生喉部，花丝扁平，花药 2 室，室平行，其后略叉开或极叉开。花柱先端相等 2 浅裂。花盘前方呈指状膨大。小坚果近球形，灰褐色，具网纹。花期 8—11 月，果期 8—12 月。

【拍摄地点】李庙镇主山寨村，海拔 1085 m。

【生境分布】栽培或逸生。分布于南漳各乡镇。

【采收加工】紫苏叶：夏季枝叶茂盛时采收，除去杂质，晒干。紫苏梗：秋季果实成熟后采割，除去杂质，晒干，或趁鲜切片，晒干。紫苏子：秋季果实成熟时采收，除去杂质，晒干。白苏子：秋季果实成熟时采收，除去杂质，晒干。

【药用部位】紫苏叶：叶或带嫩枝。紫苏梗：茎。紫苏子：成熟果实。白苏子：白色果实。

【性味归经】紫苏叶：辛，温；归肺、脾经。紫苏梗：辛，温；归肺、脾经。紫苏子：辛，温；归肺经。白苏子：甘、辛，温；归肺经。

【功能主治】紫苏叶：解表散寒，行气和胃；用于风寒感冒，咳嗽呕恶，妊娠呕吐，鱼蟹中毒。紫苏梗：理气宽中，止痛，安胎；用于胸膈痞闷，胃脘疼痛，嗳气呕吐，胎动不安。紫苏子：降气化痰，止咳平喘，润肠通便；用于痰壅气逆，咳嗽气喘，肠燥便秘。白苏子：下气定喘，消痰止咳；用于上气咳逆，风痰喘急。

图 0808　紫苏 *Perilla frutescens*

【用法用量】紫苏叶：5 ～ 10 g。紫苏梗：5 ～ 10 g。紫苏子：3 ～ 10 g。白苏子：3 ～ 9 g。

野生紫苏（图 0809）

Perilla frutescens var. *acuta*（Thunb.）Kudo

【形态特征】本种为紫苏（*Perilla frutescens*）的变种。本变种与原变种主要不同在于果萼小，下部被疏柔毛，具腺点；茎被短疏柔毛；叶较小，卵形，两面被疏柔毛；小坚果较小，土黄色。

【拍摄地点】板桥镇河口村，海拔 910 m。

【生境分布】生于山地路旁、村边荒地，或栽培。分布于南漳板桥、东巩等乡镇。

【药用部位】同“紫苏”。

【功能主治】同“紫苏”，但效力较弱。

图 0809　野生紫苏 *Perilla frutescens* var. *acuta*

回回苏 鸡冠紫苏 皱紫苏（图 0810）

Perilla frutescens var. *crispa*（Thunb.）Hand.-Mazz.

【形态特征】本种为紫苏（*Perilla frutescens*）的变种。本变种与原变种主要不同在于叶具狭而深的锯齿，常为紫色；果萼较小。

【拍摄地点】武安镇石牛坪村，海拔 136 m。

【生境分布】生于山野荒地，或栽培。南漳肖堰、城关等乡镇可见栽培。

【药用部位】同“紫苏”。

【功能主治】同“紫苏”。

图 0810 回回苏 *Perilla frutescens* var. *crispa*

糙苏属 Phlomis

糙苏 山芝麻（图 0811）

Phlomis umbrosa Turcz.

【中药名】糙苏*。

【形态特征】多年生草本；根粗厚，须根肉质。茎高 50～150 cm，多分枝，四棱形，具浅槽，疏被向下短硬毛，有时上部被星状短柔毛，常带紫红色。叶近圆形、圆卵形至卵状长圆形，先端急尖，稀渐尖，基部浅心形或圆形，边缘为具胼胝尖的锯齿状齿，或为不整齐的圆齿，上面橄榄绿色，疏被疏柔毛及星状疏柔毛，下面较淡，毛被同叶上面，但有时较密，叶柄腹凹背凸，密被短硬毛；苞叶通常为卵形，边缘为粗锯齿状齿，毛被同茎叶。轮伞花序通常 4～8 花，多数，生于主茎及分枝上；苞片线状钻形，较坚硬，常呈紫红色，被星状微柔毛、近无毛或边缘被具节缘毛。花萼管状，外面被星状微柔毛，有时脉上疏被具节刚毛，齿先端具小刺尖，齿间形成二个不十分明显的小齿，边缘被丛毛。花冠通常粉红色，下唇深色，常具红色斑点，冠筒外面除背部上方被短柔毛外余部无毛，内面近基部 1/3 具斜向间断的小疏柔毛毛环，冠檐二唇形，上唇外面被绢状柔毛，边缘具不整齐的小齿，自内面被髯毛，下唇外面除边缘无毛外密被绢状柔毛，内面无毛，3 圆裂，裂片卵形或近圆形，中裂片较大。雄蕊内藏，花丝无毛，无附属器。小坚果无毛。花期 6—9 月，果期 9 月。

图 0811 糙苏 *Phlomis umbrosa*

【拍摄地点】板桥镇龙埆村，海拔 1058 m。

【生境分布】生于疏林下或草坡上。分布于南漳板桥、巡检、长坪等乡镇。

【采收加工】秋季采挖，除去杂质，晒干。

【药用部位】全草。

【性味归经】辛，平。归肺、肝经。

【功能主治】祛风解表，化痰止咳，利湿除痹，解毒消肿。用于感冒，咳嗽痰多，风湿痹痛，跌打损伤，疮痈肿毒。

【用法用量】3 ～ 10 g。

夏枯草属 Prunella

夏枯草　棒槌草　大头花　夏枯头（图 0812）

Prunella vulgaris L.

【中药名】夏枯草 *。

【形态特征】多年生草木；根茎匍匐，在节上生须根。茎上升，下部伏地，自基部多分枝，钝四棱形，其浅槽，紫红色，被稀疏的糙毛或近于无毛。茎叶卵状长圆形或卵圆形，大小不等，先端钝，基部圆形、截形至宽楔形，下延至叶柄成狭翅，边缘具不明显的波状齿或几近全缘，草质，上面橄榄绿色，具短硬毛或几无毛，下面淡绿色，几无毛，侧脉 3 ～ 4 对，在下面略凸出，叶柄自下部向上渐变短；花序下方的一对苞叶似茎叶，近卵圆形，无柄或具不明显的短柄。轮伞花序密集组成顶生的穗状花序，每一轮伞花序下承以苞片；苞片宽心形，先端具骤尖头，脉纹放射状，外面在中部以下沿脉上疏生刚毛，内面无毛，边缘具毛，膜质，浅紫色。花萼钟形，萼筒倒圆锥形，外面疏生刚毛，二唇形，上唇扁平，宽大，近扁圆形，先端几截平，具 3 个不很明显的短齿，中齿宽大，齿尖均呈刺状微尖，下唇较狭，2 深裂，裂片达唇片之半或以下，边缘具缘毛，先端渐尖，尖头微刺状。花冠紫色、蓝紫色或红紫色，略超出于萼，冠筒基部上向前方膨大，外面无毛，内面约近基部 1/3 处具鳞毛毛环，冠檐二唇形，上唇近圆形，内凹，多少呈盔状，先端微缺，下唇约为上唇 1/2，3 裂，中裂片较大，近倒心形，先端边缘具流苏状小裂片，侧裂片长圆形，垂向下方，细小。雄蕊 4，前对长很多，均上升至上唇片之下，彼此分离，花丝略扁平，无毛，前对花丝先端 2 裂，1 裂片能育具花药，另 1 裂片钻形，长过花药，稍弯曲或近于直立；后对花丝的不育裂片微呈瘤状突出，花药 2 室，室极叉开。花柱纤细，先端相等 2 裂，裂片钻形，外弯。花盘近平顶。子房无毛。小坚果黄褐色，长圆状卵珠形，微具沟纹。花期 4—6 月，果期 7—10 月。

图 0812　夏枯草 *Prunella vulgaris*

【拍摄地点】九集镇双泉村，海拔 245 m。

【生境分布】生于荒坡、草地、溪边及路旁等湿润土地。广泛分布于南漳各乡镇。

【采收加工】夏季果穗呈棕红色时采收，除去杂质，晒干。

【药用部位】果穗。

【性味归经】辛、苦，寒。归肝、胆经。

【功能主治】清肝泻火，明目，散结消肿。用于目赤肿痛，目珠夜痛，头痛眩晕，瘰疬，瘿瘤，乳痈，乳癖，乳房胀痛。

【用法用量】9 ～ 15 g。

香茶菜属 Rabdosia

拟缺香茶菜（图 0813）

Rabdosia excisoides（Sun ex C. H. Hu）C. Y. Wu et H. W. Li

图 0813　拟缺香茶菜 *Rabdosia excisoides*

【形态特征】多年生草本；根茎横走，木质，略增粗或呈疙瘩状，粗可达 2 cm，向下密生纤维状须根。茎直立，多数，高 0.5 ～ 1 m，四棱形，具四槽，下部变无毛，上部被短柔毛，上部有时分枝。茎叶对生，宽椭圆形或卵形或圆卵形，长 5 ～ 7 cm，宽 3.5 ～ 5.5 cm，先端锐尖状尾形，基部宽楔形或平截，骤然渐狭下延，边缘具不整齐的锯齿状齿，坚纸质，上面暗绿色，沿脉上被微柔毛，余部疏被糙伏小硬毛，下面淡绿色，仅沿脉上疏被短柔毛，余部无毛，侧脉约 3 对，在上面下陷下面明显凸起，平行细脉两面多少明显；叶柄长 1 ～ 5 cm，上部具宽翅。总状圆锥花序顶生或于上部茎叶腋生，长 6 ～ 15 cm，由 3 或 5 花的聚伞花序组成，聚伞花序具梗，总梗长 2 ～ 5 mm，花梗长 2 ～ 6 mm，与总梗及序轴均密被微柔毛；苞叶叶状，向上渐变小，近无柄，苞片及小苞片线形，长 1 ～ 3 mm。花萼花时钟形，长达 3.5 mm，外被短柔毛，内面无毛，萼齿 5，明显 3/2 式二唇形，齿裂至中部或以下，上唇 3 齿，齿三角形，具刺尖，下唇 2 齿，齿靠近，长三角形，具刺尖，果时花萼明显增大，长达 7 mm，肋及边缘脉明显凸起，上唇 3 齿外反，下唇 2 齿平伸。花冠白色、淡红色、淡紫色至紫蓝色，长约 10 mm，外疏被短柔毛及腺点，内面无毛，冠筒长约 6 mm，基部上方浅囊状，至喉部宽达 3 mm，冠檐二唇形，上唇外反，长约 3 mm，宽达 5 mm，先端具相等的 4 圆裂，下唇近圆形，长、宽约 4 mm，内凹。雄蕊 4，下倾，内藏，花丝扁平，中部以下具髯毛。花柱丝状，内藏或微露出，先端相等 2 浅裂。花盘环状。成熟小坚果近球形，直径约 1.5 mm，褐色，无毛。花期 7—9 月，果期 8—10 月。

【拍摄地点】长坪镇赵岭村，海拔 1240 m。

【生境分布】生于草坡、路边、沟边、荒地、疏林下。分布于南漳长坪镇。

【药用部位】全草。

【功能主治】祛风活血，解毒消肿。用于感冒头痛，风湿痹痛，跌打瘀肿，骨折，外伤出血，毒蛇咬伤。

显脉香茶菜 大叶蛇总管 蓝花柴胡（图 0814）

Rabdosia nervosa（Hemsl.）C. Y. Wu et H. W. Li

图 0814 显脉香茶菜 *Rabdosia nervosa*

【形态特征】多年生草本，高达 1 m；根茎稍增大呈结节块状，其上生出直径 1 ～ 3 mm 的细根和多数纤细须根。茎自根茎生出，直立，不分枝或少分枝，四棱形，明显具槽，幼时被微柔毛，老时毛被脱落或变无毛。叶交互对生，披针形至狭披针形，长 3.5 ～ 13 cm，宽 1 ～ 2 cm，先端长渐尖，基部楔形至狭楔形，边缘有具胼胝尖的粗浅齿，侧脉 4 ～ 5 对，在两面隆起，细脉多少明显，薄纸质，上面绿色，沿脉被微柔毛，余部近无毛，下面较淡，近无毛，脉白绿色；下部叶柄长 0.2 ～ 1 cm，被微柔毛，上部叶无柄。聚伞花序 5 ～ 9 花，具长 5 ～ 8 mm 的总梗，于茎顶组成疏散的圆锥花序，花梗与总梗及序轴均密被微柔毛；苞片狭披针形，叶状，长 1 ～ 1.5 cm，密被微柔毛，小苞片线形，长 1 ～ 2 mm，密被微柔毛。花萼紫色，钟形，长约 1.5 mm，外密被微柔毛，萼齿 5，近相等，披针形，锐尖，与萼筒等长，果时萼增大呈阔钟形，长 2.5 mm，宽达 3 mm，萼齿直伸，三角状披针形，与萼筒等长，齿间具宽圆凹。花冠蓝色，长 6 ～ 8 mm，外疏被微柔毛，冠筒长 3 ～ 4 mm，近基部上方呈浅囊状，冠檐二唇形，上唇 4 等裂，裂片长圆形或椭圆形，下唇舟形，较上唇稍长，长约 4 mm，椭圆形。雄蕊 4，二强，伸出于花冠外，花丝下部疏被微柔毛。花柱丝状，伸出于花冠外，先端相等 2 浅裂。花盘盘状。小坚果卵圆形，长 1 ～ 1.5 mm，宽约 1 mm，顶端被微柔毛。花期 7—10 月，果期 8—11 月。

【拍摄地点】李庙镇胡家坪村，海拔 243 m。

【生境分布】生于山谷、草丛或林下荫处。分布于南漳李庙、九集等乡镇。

【药用部位】茎叶。

【功能主治】清热，除湿，解毒。用于急性传染性肝炎，毒蛇咬伤，湿疹及皮肤瘙痒等。

碎米桠（图 0815）

Rabdosia rubescens（Hemsl.）Hara

【中药名】冬凌草*。

【形态特征】小灌木，高 0.5 ～ 1 m；根茎木质，有长纤维状须根。茎直立，多数，基部近圆柱形，灰褐色或褐色，无毛，皮层纵向剥落，上部多分枝，分枝具花序，茎上部及分枝均四棱形，具条纹，褐色或带紫红色，密被小疏柔毛，幼枝极密被茸毛，带紫红色。茎叶对生，卵圆形或菱状卵圆形，长 2 ～ 6 cm，宽 1.3 ～ 3 cm，先端锐尖或渐尖，后一情况顶端一齿较长，基部宽楔形，骤然渐狭下延成假翅，边缘具粗圆齿状锯齿，齿尖具胼胝体，膜质至坚纸质，上面橄榄绿色，疏被小疏柔毛及腺点，有时近无毛，下面淡绿色，密被灰白色短茸毛至近无毛，侧脉 3 ～ 4 对，两面十分明显，脉纹常带紫红色；叶柄连具翅假柄在内长 1 ~ 3.5 cm，向茎、枝顶部渐变短。聚伞花序 3 ~ 5 花，最下部者有时多至 7 花，具长 2 ~ 5 mm 的总梗，在茎及分枝顶上排列成长 6 ~ 15 cm 狭圆锥花序，总梗与长 2 ~ 5 mm 的花梗及序轴密被微柔毛，但常带紫红色；苞叶菱形或菱状卵圆形至披针形，向上渐变小，在圆锥花序下部者超出聚伞花序，在上部者则往往短于聚伞花序，先端急尖，基部宽楔形，边缘具疏齿至近全缘，具短柄至近无柄，小苞片钻状线形或线形，长达 1.5 mm，被微柔毛。花萼钟形，长 2.5 ~ 3 mm，外密被灰色微柔毛及腺点，明显带紫红色，内面无毛，10 脉，萼齿 5，微呈 3/2 式二唇形，齿均卵圆状三角形，近钝尖，约占花萼长之半，上唇 3 齿，中齿略小，下唇 2 齿稍大而平伸，果时花萼增大，管状钟形，略弯曲，长 4 ~ 5 mm，脉纹明显。花冠长约 7 mm，有时达 12 mm，但也有雄蕊退化的花冠变小，长仅 5 mm，外疏被微柔毛及腺点，内面无毛，冠筒长 3.5 ~ 5 mm，基部上方浅囊状突起，至喉部直径 2 ~ 2.5 mm，冠檐二唇形，上唇长 2.5 ~ 4 mm，外反，先端具 4 圆齿，下唇宽卵圆形，长 3.5 ~ 7 mm，内凹。雄蕊 4，略伸出，或有时雄蕊退化而内藏，花丝扁平，中部以下具髯毛。花柱丝状，伸出，先端相等 2 浅裂。花盘环状。小坚果倒卵状三棱形，长 1.3 mm，淡褐色，无毛。花期 7—10 月，果期 8—11 月。

图 0815 碎米桠 *Rabdosia rubescens*

【拍摄地点】长坪镇黄潭村，海拔 260 m。

【生境分布】生于山坡、灌丛、林地、砾石地及路边等向阳处。分布于南漳长坪镇。

【采收加工】夏、秋二季茎叶茂盛时采割，晒干。

【药用部位】地上部分。

【性味归经】苦、甘，微寒。归肺、胃、肝经。

【功能主治】清热解毒，活血止痛。用于咽喉肿痛，癥瘕痞块，蛇虫咬伤。

【用法用量】30 ~ 60 g。外用适量。

鼠尾草属 Salvia

华鼠尾草　紫参　石见穿（图 0816）

Salvia chinensis Benth.

【形态特征】一年生草本；根略肥厚，多分枝，紫褐色。茎直立或基部倾卧，单一或分枝，钝四棱形，具槽，被短柔毛或长柔毛。叶全为单叶或下部具 3 小叶的复叶，叶柄长 0.1 ~ 7 cm，疏被长柔毛，叶片卵圆形或卵圆状椭圆形，先端钝或锐尖，基部心形或圆形，边缘有圆齿或钝锯齿，两面除叶脉被短柔毛外余部近无毛，复叶时顶生小叶片较大，侧生小叶较小，有极短的小叶柄。轮伞花序 6 花，在下部的疏离，在上部的较密集，组成顶生的总状花序或总状圆锥花序；苞片披针形，先端渐尖，基部宽楔形或近圆形，在边缘及脉上被短柔毛，比花梗稍长；花梗与花序轴被短柔毛。花萼钟形，紫色，外面沿脉上被长柔毛，内面喉部密被长硬毛环，萼檐二唇形，上唇近半圆形，全缘，先端有 3 个聚合的短尖头，3 脉，两边侧脉有狭翅，下唇略长于上唇，半裂成2齿，齿长三角形，先端渐尖。花冠蓝紫色或紫色，伸出花萼，外被短柔毛，内面冠筒基部以上有斜向的不完全疏柔毛毛环，冠筒向上渐宽大，冠檐二唇形，上唇长圆形，平展，先端微凹，下唇3裂，中裂片倒心形，向下弯，顶端微凹，边缘具小圆齿，基部收缩，侧裂片半圆形，直立。能育雄蕊2，近外伸，花丝短，药隔关节处有毛，上臂具药室，下臂瘦小，无药室，分离。花柱稍外伸，先端不相等2裂，前裂片较长。花盘前方略膨大。小坚果椭圆状卵圆形，褐色，光滑。花期8—10月。

图 0816 华鼠尾草 *Salvia chinensis*

【拍摄地点】九集镇沙河村，海拔157 m。

【生境分布】生于山坡或平地的林荫处或草丛中。分布于南漳城关、巡检等乡镇。

【药用部位】全草。

【功能主治】活血化瘀，清热利湿，散结消肿。用于月经不调，痛经，经闭，崩漏，便血，湿热黄疸，热毒血痢，淋痛，带下，风湿骨痛，瘰疬，疮肿，乳痈，跌打伤肿。

丹参 红丹参 红根（图0817）

Salvia miltiorrhiza Bunge

【中药名】丹参*。

【形态特征】多年生直立草本；根肥厚，肉质，外面朱红色，内面白色，疏生支根。茎直立，四棱形，具槽，密被长柔毛，多分枝。叶常为奇数羽状复叶，叶柄密被向下长柔毛，小叶3～5，卵圆形或椭圆状卵圆形或宽披针形，先端锐尖或渐尖，基部圆形或偏斜，边缘具圆齿，草质，两面被疏柔毛，下面较密，小叶柄与叶轴密被长柔毛。轮伞花序6花或多花，下部者疏离，上部者密集，组成具长梗的顶生或腋生总状花序；苞片披针形，先端渐尖，基部楔形，全缘，上面无毛，下面略被疏柔毛，比花梗长或短；花序轴密被长柔毛或具腺长柔毛。花萼钟形，带紫色，花后稍增大，外面被疏长柔毛及具腺长柔毛，具缘毛，内面中部密被白色长硬毛，具11脉，二唇形，上唇全缘，三角形，先端具3个小尖头，侧脉外缘具狭翅，下唇与上唇近等长，深裂成2齿，齿三角形，先端渐尖。花冠紫蓝色，外被具腺短柔毛，尤以上唇为密，内面冠筒基部向上有斜生不完全小疏柔毛毛环，

图 0817 丹参 *Salvia miltiorrhiza*

冠筒外伸，比冠檐短，基部向上渐宽，冠檐二唇形，上唇镰刀状，向上竖立，先端微缺，下唇短于上唇，3裂，中裂片先端二裂，裂片顶端具不整齐的尖齿，侧裂片短，顶端圆形。能育雄蕊2，伸至上唇片，药隔中部关节处略被小疏柔毛，上臂十分伸长，下臂短而增粗，药室不育，顶端连合。退化雄蕊线形。花柱远外伸，先端不相等2裂，后裂片极短，前裂片线形。花盘前方稍膨大。小坚果黑色，椭圆形。花期4—8月，花后见果。

【拍摄地点】肖堰镇观音堂村，海拔490 m。

【生境分布】生于山坡、林下草丛或溪谷旁。

【采收加工】春、秋二季采挖，除去泥沙，干燥。分布于南漳肖堰、长坪等乡镇。

【药用部位】根和根茎。

【性味归经】苦，微寒。归心、肝经。

【功能主治】活血祛瘀，通经止痛，清心除烦，凉血消痈。用于胸痹心痛，脘腹胁痛，癥瘕积聚，热痹疼痛，心烦不眠，月经不调，痛经经闭，疮疡肿痛。

【用法用量】10 ～ 15 g。不宜与藜芦同用。

南川鼠尾草（图0818）

Salvia nanchuanensis Sun

【形态特征】一年生或二年生草本；根肥厚，狭锥形，须根多数，丝状延长。茎直立，单生或少数丛生，不分枝，钝四棱形，具沟，密被平展白色长绵毛。叶茎生，大多为一回奇数羽状复叶，间有二回裂片，叶柄腹凹背凸，密被白色绵毛，小叶卵圆形或披针形，先端钝或渐尖，基部偏斜，圆形或心形，边缘有圆齿或锯齿，薄纸质，上面绿色，无毛，下面青紫色，脉上有长柔毛，小叶柄毛被同叶柄。轮伞花序2～6花，组成顶生或腋生的总状花序，植株上部往往组成总状圆锥花序；苞片披针形，先端渐尖，基部渐狭，两面略被短柔毛，边缘具缘毛；花梗与花序轴被具腺疏柔毛。花萼筒形，深紫色，外面脉上被具腺白色疏柔毛，内面喉部被白色长硬毛，二唇形，上唇三角形，全缘，先端具1或3个短尖头，下唇比上唇长，半裂成2齿，齿长三角形，先端渐尖。花冠紫红色，长筒形，外面被疏柔毛，内面在冠筒中部有稀疏分散的疏柔毛，冠筒直伸，喉部稍宽大，冠檐二唇形，上唇长圆形，先端微缺，下唇3裂，中裂片宽倒心形，先端微缺，边缘波状，侧裂片半圆形，不反折，无毛。能育雄蕊2，略伸出花冠，药隔长3.5 mm，上臂略长，具能育的药室，二下臂不育，顶端略膨大，并互相连合。花柱伸出，先端不相等2裂，前裂片较长而大。花盘等大。小坚果椭圆形，褐色，无毛。花期7—8月。

图0818　南川鼠尾草 *Salvia nanchuanensis*

【拍摄地点】巡检镇刘家坡村，海拔962 m。

【生境分布】生于河边岩石上。分布于南漳巡检、薛坪等乡镇。

【药用部位】根。

【功能主治】活血调经。用于月经不调。

荔枝草　雪见草　蛤蟆草（图 0819）

Salvia plebeia R. Br.

图 0819　荔枝草 *Salvia plebeia*

【中药名】荔枝草*。

【形态特征】一年生或二年生草本；主根肥厚，向下直伸，有多数须根。茎直立，粗壮，多分枝，被向下的灰白色疏柔毛。叶椭圆状卵圆形或椭圆状披针形，先端钝或急尖，基部圆形或楔形，边缘具圆齿或尖锯齿，草质，上面被稀疏的微硬毛，下面被短疏柔毛，余部散布黄褐色腺点；叶柄腹凹背凸，密被疏柔毛。轮伞花序 6 花，多数，在茎、枝顶端密集组成总状或总状圆锥花序，花序结果时延长；苞片披针形，长于或短于花萼；先端渐尖，基部渐狭，全缘，两面被疏柔毛，下面较密，边缘具缘毛；花梗与花序轴密被疏柔毛。花萼钟形，外面被疏柔毛，散布黄褐色腺点，内面喉部有微柔毛，二唇形，唇裂约至花萼长 1/3，上唇全缘，先端具 3 个小尖头，下唇深裂成 2 齿，齿三角形，锐尖。花冠淡红色、淡紫色、紫色、蓝紫色至蓝色、稀白色，冠筒外面无毛，内面中部有毛环，冠檐二唇形，上唇长圆形，先端微凹，外面密被微柔毛，两侧折合，下唇外面被微柔毛，3 裂，中裂片最大，阔倒心形，顶端微凹或呈浅波状，侧裂片近半圆形。能育雄蕊 2，着生于下唇基部，略伸出花冠外，药隔弯成弧形，上臂和下臂等长，上臂具药室，二下臂不育，膨大，互相连合。花柱和花冠等长，先端不相等 2 裂，前裂片较长。花盘前方微隆起。小坚果倒卵圆形，成熟时干燥光滑。花期 4—5 月，果期 6—7 月。

【拍摄地点】李庙镇刘坪村，海拔 199 m。

【生境分布】生于山坡、路旁、沟边、田野潮湿的土壤上。分布于南漳各乡镇。

【采收加工】6—7 月割取地上部分，除去泥沙，扎成小把，晒干。

【药用部位】地上部分。

【性味归经】苦、辛，凉。归肺、肝、肾经。

【功能主治】清热解毒，利尿消肿，凉血止血。用于肺热咳嗽，咽喉肿痛，腹水，带下瘙痒，乳房肿痛，便血，崩漏，吐血，外伤出血。外用治跌打肿痛，疮毒，痔疮肿痛。

【用法用量】9 ～ 30 g，鲜品 15 ～ 60 g。外用适量，捣敷或煎水洗。

拟丹参（图 0820）

Salvia sinica Migo

【形态特征】多年生草本；根茎匍匐，粗，木质，被有鳞片及残存叶柄，密被污黄色柔毛，主根肥大，1 ～ 2，木质，外皮淡紫色或褐紫色，须根多数。茎单一或少数簇生，直立，上部具分枝，钝四棱形，具四槽，被倒向疏柔毛。基出叶不存在，茎生叶具5小叶，稀具3或7小叶的羽状复叶，小叶卵圆形，先端渐尖或锐尖，基部圆形或近心形，有时偏斜，边缘具规则的圆齿，草质，上面绿色，下面较淡，上面被疏柔毛至近无毛，下面被疏柔毛；叶柄密被疏柔毛。轮伞花序4花，疏离，组成顶生总状或总状圆锥花序；苞片披针形或狭卵圆形，先端锐尖，基部楔形，全缘，无柄，两面略被疏柔毛，边缘被具腺疏柔毛；花梗与花序轴密被具腺疏柔毛。花萼筒状，外被具腺疏柔毛，内面喉部密被白色长硬毛，二唇形，上唇三角形，下唇与上唇近等长，浅裂成2齿，齿三角形，先端锐尖。花冠淡黄稀红色，外疏被具腺疏柔毛，上唇较密，内面全筒部被柔毛，无明显毛环，冠筒近外伸或稍外伸，冠檐二唇形，上唇镰刀状，两侧折合，几与下唇成直角，下唇直伸，长方形，3裂，中裂片最大，分裂成为2小裂片，小裂片顶端具不整齐的齿，侧裂片卵圆形，小。能育雄蕊2，外伸，药隔弯成半月形，无毛，上臂比下臂长3倍，下臂较宽，药室不育，在顶端连合。花柱外伸，先端不相等2裂，后裂片短。花盘前方略膨大。小坚果椭圆形，暗褐色。花期9月。

图0820 拟丹参 *Salvia sinica*

【拍摄地点】李庙镇胡家坪村，海拔634 m。

【生境分布】生于山坡或溪沟旁。分布于南漳李庙镇，偶见。

【药用部位】根。

【功能主治】活血调经。用于月经不调。

一串红 象牙红 墙下红（图0821）

Salvia splendens Ker-Gawl.

【形态特征】亚灌木状草本。茎钝四棱形，具浅槽，无毛。叶卵圆形或三角状卵圆形，先端渐尖，基部截形或圆形，稀钝，边缘具锯齿，上面绿色，下面较淡，两面无毛，下面具腺点；茎生叶叶柄无毛。轮伞花序2～6花，组成顶生总状花序；苞片卵圆形，红色，大，在花开前包裹着花蕾，先端尾状渐尖；花梗密被染红的具腺柔毛，花序轴被微柔毛。花萼钟形，红色，花后增大，外面沿脉上被染红的花萼具腺柔毛，内面在上半部被微硬伏毛，二唇形，唇裂达花萼长1/3，上唇三角状卵圆形，先端具小尖头，下唇比上唇略

图0821 一串红 *Salvia splendens*

长，深 2 裂，裂片三角形，先端渐尖。花冠红色，外被微柔毛，内面无毛，冠筒筒状，直伸，在喉部略增大，冠檐二唇形，上唇直伸，略内弯，长圆形，先端微缺，下唇比上唇短，3 裂，中裂片半圆形，侧裂片长卵圆形，比中裂片长。能育雄蕊 2，近外伸，药隔近伸直，上下臂近等长，上臂药室发育，下臂药室不育，下臂粗大，不连合。退化雄蕊短小。花柱与花冠近相等，先端不相等 2 裂，前裂片较长。花盘等大。小坚果椭圆形，暗褐色，顶端具不规则极少数的皱褶突起，边缘或棱具狭翅，光滑。花期 3—10 月。

【拍摄地点】长坪镇标湖村，海拔 280 m。

【生境分布】栽培。全县各乡镇园林有栽培。

【药用部位】花。

【功能主治】活血调经，祛风除湿。用于月经不调，风湿痹痛。

黄鼠狼花　三角鼠尾（图 0822）

Salvia tricuspis Franch.

【形态特征】一年生或二年生草本。茎直立，高 30 ～ 95 cm，四棱形，具四槽，被短柔毛及具腺长柔毛，多分枝。叶片 3 裂，呈三角状戟形或箭形，长 3 ～ 12 cm，宽 2.2 ～ 12 cm，先端渐尖或变锐尖，基部心形，基片卵圆形，锐尖，向两侧平伸，边缘自基部以上具锯齿或圆齿，上面绿色，被疏柔毛或短柔毛，下面淡绿色，被短的长柔毛及腺点；叶柄长 1 ～ 11 cm，茎下部者较长，向茎顶及枝上变短，被稀疏的长柔毛。轮伞花序 2 或 4 花，疏离，排列成腋生总状花序或顶生分枝组成总状圆锥花序；苞片狭披针形，长 3 ～ 9 mm，宽 1.2 ～ 1.5 mm，先端锐尖或渐尖，基部楔形，全缘或具 2 ～ 4 齿，被短柔毛及腺毛；花梗长约 4 mm，与花序轴被短柔毛及具腺长柔毛。花萼钟形，长 9 ～ 11 mm，外面主沿脉及边缘被具腺长柔毛，其间满布黄褐色腺点，内面满布微硬伏毛，二唇形，唇裂不及花萼长 1/3，上唇三角形，长约 3 mm，宽约 6 mm，先端有 3 个聚合的短尖头，下唇与上唇近等长，半裂成二齿，齿斜三角形，先端短渐尖。花冠黄色，长 21 ～ 23 mm，约为花萼长的 3 倍，外面在背部及上唇片被疏柔毛，内面离冠筒基部约 2.5 mm 有近水平向疏柔毛毛环，在毛环上方冠筒中部腹面散布疏柔毛，冠筒长约 15 mm，基部圆筒形，从毛环以上突然膨大，并向上弯曲，冠檐二唇形，上唇长圆形，长约 6.5 mm，宽 6 mm，先端微缺，下唇较短，长 5 mm，宽 12 mm，3 裂，中裂片阔倒心形，长 4.5 mm，宽 6 mm，先端微缺，基部收缩，边缘波状，侧裂片斜半圆形，宽达 4 mm。能育雄蕊 2，外伸，花丝扁平，长约 5 mm，药隔长约 6.5 mm，弯作弧形，上臂稍长，下臂横生药室，室先端连合。退化雄蕊小，短棒状，顶端增大。花柱伸出，先端不相等 2 浅裂，后裂片短。花盘前方稍膨大。小坚果倒卵圆形，长 3 mm，宽 2 mm，褐色，顶端圆形，光滑。花期 7—9 月，果期 9—10 月。

图 0822　黄鼠狼花 *Salvia tricuspis*

【拍摄地点】长坪镇赵岭村，海拔 998 m。

【生境分布】生于林缘、河岸、沟边、草地及路旁。分布于南漳长坪镇。

【药用部位】根。

【功能主治】祛瘀止痛，活血调经。用于跌打损伤，月经不调。

荫生鼠尾草　山苏子　山椒子（图 0823）

Salvia umbratica Hance

【形态特征】一年生或二年生草本；根粗大，锥形，木质，褐色。茎直立，高可达 1.2 m，钝四棱形，被长柔毛，间有腺毛，分枝，枝锐四棱形。叶片三角形或卵圆状三角形，长 3～16 cm，宽 2.3～16 cm，先端渐尖或尾状渐尖，基部心形或戟形，间有近截形，基片卵圆形，先端锐尖或钝，边缘具重圆齿，上面绿色，被长柔毛或短硬毛，下面淡绿色，沿脉被长柔毛，余部散布黄褐色腺点；叶柄长 1～9 cm，被疏或密的长柔毛。轮伞花序 2 花，疏离，组成顶生及腋生总状花序；下部苞片叶状，具齿，较上部的披针形，长 3～6 mm，宽 1～3 mm，先端渐尖，基部楔形，全缘，两面被短柔毛；花梗长约 2 mm，与花序轴被长柔毛及腺短柔毛。花萼钟形，长 7～10 mm，花后稍增大，外被长柔毛，内面被微硬伏毛，二唇形，唇裂至萼长 1/3，上唇宽卵状三角形，先端有 3 个聚合的短尖头，下唇比上唇略长，半裂成 2 齿，齿斜三角形，先端锐尖。花冠蓝紫色或紫色，长 2.3～2.8 cm，外面略被短柔毛，内面离基部 3～3.5 mm 有斜向不完全的疏柔毛毛环，冠筒基部狭长，圆筒形，伸出萼外，向上突然膨大，并向上弯曲，呈喇叭状，宽达 7 mm，冠檐二唇形，上唇长圆状倒心形，先端微缺，下唇较上唇短而宽，3 裂，中裂片阔扇形，侧裂片新月形，宽 3 mm。能育雄蕊 2，伸至上唇片，不伸出，花丝长 5 mm，扁平，无毛，药隔长 7.5 mm，弧形，顶生横向的药室，药室先端连合。退化雄蕊短小，长约 1 mm。花柱外伸或与花冠上唇等长，先端不相等 2 浅裂，后裂片较短。花盘前方稍膨大。小坚果椭圆形。花期 8—10 月。

图 0823　荫生鼠尾草 *Salvia umbratica*

【拍摄地点】长坪镇赵岭村，海拔 1240 m。

【生境分布】生于山坡、谷地或路旁。分布于南漳长坪镇三尖山。

【药用部位】全草。

【功能主治】凉血止血，活血，解毒。用于血热吐衄，痈肿疮毒。

黄芩属 Scutellaria

黄芩　香水水草（图 0824）

Scutellaria baicalensis Georgi

【中药名】黄芩*。

图 0824 黄芩 *Scutellaria baicalensis*

【形态特征】多年生草本；根茎肥厚，肉质，伸长而分枝。茎基部伏地，上升，钝四棱形，具细条纹，近无毛或被上曲至开展的微柔毛，绿色或带紫色，自基部多分枝。叶坚纸质，披针形至线状披针形，顶端钝，基部圆形，全缘，上面暗绿色，无毛或疏被贴生至开展的微柔毛，下面色较淡，无毛或沿中脉疏被微柔毛，密被下陷的腺点，侧脉 4 对，与中脉上面凹陷下面凸出；叶柄短，腹凹背凸，被微柔毛。花序在茎及枝上顶生，总状，常再于茎顶聚成圆锥花序；花梗与序轴均被微柔毛；苞片下部者似叶，上部者远较小，卵圆状披针形至披针形，近于无毛。花萼盾片外面密被微柔毛，萼缘被疏柔毛，内面无毛，果时花萼略长，盾片亦增高。花冠紫色、紫红色至蓝色，外面密被具腺短柔毛，内面在囊状膨大处被短柔毛；冠筒近基部明显膝曲；冠檐二唇形，上唇盔状，先端微缺，下唇中裂片三角状卵圆形，两侧裂片向上唇靠合。雄蕊 4，稍露出，前对较长，具半药，退化半药不明显，后对较短，具全药，药室裂口具白色髯毛，背部具泡状毛；花丝扁平，中部以下前对在内侧，后对在两侧，被小疏柔毛。花柱细长，先端锐尖，微裂。花盘环状，前方稍增大，后方延伸成极短子房柄。子房褐色，无毛。小坚果卵球形，黑褐色，具瘤，腹面近基部具果脐。花期 7—8 月，果期 8—9 月。

【拍摄地点】李庙镇磨坪寺村，海拔 859 m。

【生境分布】生于向阳草坡地或荒地上。南漳李庙镇偶见零星栽培。

【采收加工】春、秋二季采挖，除去须根和泥沙，晒后撞去粗皮，晒干。

【药用部位】根。

【性味归经】苦，寒。归肺、胆、脾、大肠、小肠经。

【功能主治】清热燥湿，泻火解毒，止血，安胎。用于湿温、暑湿，胸闷呕恶，湿热痞满，泻痢，黄疸，肺热咳嗽，高热烦渴，血热吐衄，痈肿疮毒，胎动不安。

【用法用量】3 ～ 10 g。

半枝莲（图 0825）

Scutellaria barbata D. Don

【中药名】半枝莲*。

【形态特征】根茎短粗，生出簇生的须状根。茎直立，高 12 ～ 35 cm，四棱形，基部粗 1 ～ 2 mm，无毛或在序轴上部疏被紧贴的小毛，不分枝或具或多或少的分枝。叶具短柄或近无柄，柄长 1 ～ 3 mm，腹凹背凸，疏被小毛；叶片三角状卵圆形或卵圆状披针形，有时卵圆形，长 1.3 ～ 3.2 cm，宽 0.5 ～ 1 cm，先端急尖，基部宽楔形或近截形，边缘生有疏而钝的浅齿，上面橄榄绿色，下面淡绿色有时带紫色，两面沿脉上疏被紧贴的小毛或几无毛，侧脉 2 ～ 3 对，与中脉在上面凹陷下面凸起。花单生于茎或分枝上部叶腋内，具花的茎部长 4 ～ 11 cm；苞叶下部者似叶，但较小，长达 8 mm，上部者更小，长 2 ～ 4.5 mm，椭圆形至长椭圆形，全缘，上面散布下面沿脉疏被小毛；花梗长 1 ～ 2 mm，被微柔毛，中部有一对长约 0.5 mm 具纤毛的针状小苞片。花萼开花时长约 2 mm，外面沿脉被微柔毛，边缘具短缘毛，盾片高约 1 mm，果时花萼长 4.5 mm，盾片高 2 mm。花冠紫蓝色，长 9 ～ 13 mm，外被短柔毛，内在喉部疏被疏柔毛；冠筒基部囊大，宽 1.5 mm，向上渐宽，至喉部宽达 3.5 mm；冠檐二唇形，上唇盔状，半圆形，长 1.5 mm，先端圆，下唇中裂片梯形，全缘，长 2.5 mm，宽 4 mm，2 侧裂片三角状卵圆形，宽 1.5 mm，先端急尖。雄蕊 4，前对较长，微露出，具能育半药，退化半药不明显，后对较短，内藏，具全药，药室裂口具髯毛；花丝扁平，前对内侧后对两侧下部被小疏柔毛。花柱细长，先端锐尖，微裂。花盘盘状，前方隆起，后方延伸成短子房柄。子房 4 裂，裂片等大。小坚果褐色，扁球形，直径约 1 mm，具小疣状突起。花果期 4—7 月。

图 0825 半枝莲 *Scutellaria barbata*

【拍摄地点】城关镇张家营村，海拔 116 m。

【生境分布】生于水田边、溪边或湿润草地上。分布于南漳城关、九集等乡镇，偶见。

【采收加工】夏、秋二季茎叶茂盛时采挖，洗净，晒干。

【药用部位】全草。

【性味归经】辛、苦，寒。归肺、肝、肾经。

【功能主治】清热解毒，化瘀利尿。用于疔疮肿毒，咽喉肿痛，跌扑伤痛，水肿，黄疸，蛇虫咬伤。

【用法用量】15 ～ 30 g。

韩信草　大力草　耳挖草（图 0826）

Scutellaria indica L.

【形态特征】多年生草本；根茎短，向下生出多数簇生的纤维状根，向上生出 1 至多数茎。茎高 12 ～ 28 cm，上升直立，四棱形，粗 1 ～ 1.2 mm，通常带暗紫色，被微柔毛，尤以茎上部及沿棱角为密集，不分枝或多分枝。叶草质至近坚纸质，心状卵圆形或圆状卵圆形至椭圆形，长 1.5 ～ 2.6 cm，宽 1.2 ～ 2.3 cm，先端钝或圆，基部圆形、浅心形至心形，边缘密生整齐圆齿，两面被微柔毛或糙伏毛，尤以下面为甚；叶柄长 0.4 ～ 1.4 cm，腹平背凸，密被微柔毛。花对生，在茎或分枝顶上排列成长 4 ～ 8 cm

图 0826 韩信草 *Scutellaria indica*

的总状花序；花梗长 2.5 ～ 3 mm，与序轴均被微柔毛；最下一对苞片叶状，卵圆形，长达 1.7 cm，边缘具圆齿，其余苞片均细小，卵圆形至椭圆形，长 3 ～ 6 mm，宽 1 ～ 2.5 mm，全缘，无柄，被微柔毛。花萼开花时长约 2.5 mm，被硬毛及微柔毛，果时十分增大，盾片花时高约 1.5 mm，果时竖起，增大一倍。花冠蓝紫色，长 1.4 ～ 1.8 cm，外疏被微柔毛，内面仅唇片被短柔毛；冠筒前方基部膝曲，其后直伸，向上逐渐增大，至喉部宽约 4.5 mm；冠檐二唇形，上唇盔状，内凹，先端微缺，下唇中裂片圆状卵圆形，两侧中部微内缢，先端微缺，具深紫色斑点，两侧裂片卵圆形。雄蕊 4，二强；花丝扁平，中部以下具小纤毛。花盘肥厚，前方隆起；子房柄短。花柱细长。子房光滑，4 裂。成熟小坚果栗色或暗褐色，卵形，长约 1 mm，直径不到 1 mm，具瘤，腹面近基部具一果脐。花果期 2—6 月。

【拍摄地点】李庙镇付家坪村，海拔 536 m。

【生境分布】生于山地、疏林下，路旁空地及草地上。分布于南漳李庙、城关等乡镇。

【药用部位】全草。

【功能主治】止血，止痛。用于跌打损伤，吐血，咯血，痈肿，牙痛。

锯叶峨眉黄芩　除风草（图 0827）

Scutellaria omeiensis var. *serratifolia* C. Y. Wu et S. Chow

【中药名】锯叶峨眉黄芩。

【形态特征】多年生草本；根茎横卧，密生多数须状不定根，在节上生匐枝。茎直立，高 50 ～ 100 cm，下部数节密生须状不定根，钝四棱形，深四槽，沿棱角上密生白色贴伏疏柔毛，余部近无毛，常不分枝，或在中部以上具腋出的分枝，节间较叶稍长或为叶长的 2 倍。叶具柄，茎中部叶柄长达 1.7 cm，腹凹背凸，被白色贴伏微柔毛；叶片坚纸质，卵圆形，长 2.5 ～ 5 cm，宽 1.5 ～ 3.6 cm，茎中部者最大，趋向茎的两端者渐小，茎下部者常早落，先端短渐尖至尾状渐尖，基部平截而下延，边缘具圆齿，上面散布下面仅沿脉上被白色具节小疏柔毛，侧脉约 4 对，基部一对极发达，上面凹陷下面凸起。花序总状，顶生或腋生，腋生者下部常具一对营养叶，长 3.5 ～ 9 cm，少花，序轴密被白色上曲微柔毛；花梗长 3 mm，密被具腺微柔毛；苞片卵圆形，由茎叶逐渐过渡而成，在花序中部以上者长 4 ～ 7 mm，均具短柄，全缘，被稀疏白色微柔毛。花萼开花时长约 2.5 mm，被具腺微柔毛，口部上方边缘被具节疏柔毛，盾片极发达，高 2.2 mm，果时花萼长 4 mm，盾片竖起呈倒卵形，

图 0827　锯叶峨眉黄芩
Scutellaria omeiensis var. *serratifolia*

高达 5 mm。花冠黄色至紫红色，长 2.2 cm，外被具腺短柔毛，内无毛；冠筒中部直径 1.8 mm，基部前方稍膝曲状膨大；冠檐二唇形，上唇半圆形，宽 2.8 mm，内凹，先端微缺，下唇中裂片三角状卵圆形，基部宽 4.5 mm，先端微缺，2 侧裂片卵圆形，宽约 2 mm。雄蕊 4，前对较长，微露出，具能育半药，退化半药明显，后对雄蕊较短，具全药，药室裂口具髯毛；花丝扁平，前对内侧后对两侧在中部被小疏柔毛。花柱丝状，

先端锐尖，微裂。花盘前方隆起，后方延伸成极短的子房柄。子房 4 裂，后对裂片稍发达。小坚果未见成熟。花期 6—7 月，果期 7—8 月。

这一变种与原变种不同在于茎锐四棱形，沿棱角上微具翅，近无毛，常呈紫色；叶具粗大但有时双重的锐锯齿。

【拍摄地点】李庙镇北沟村，海拔 786 m。

【生境分布】生于林下或灌丛中。分布于南漳李庙镇，少见。

【药用部位】全草。

【功能主治】清热除湿，祛风。用于风湿热痹。

京黄芩　并头草（图 0828）

Scutellaria pekinensis Maxim.

图 0828　京黄芩 *Scutellaria pekinensis*

【形态特征】一年生草本；根茎细长。茎高 24 ～ 40 cm，直立，四棱形，粗 0.8 ～ 1.5 mm，绿色，基部通常带紫色，不分枝或分枝，疏被上曲的白色小柔毛，以茎上部者较密。叶草质，卵圆形或三角状卵圆形，长 1.4 ～ 4.7 cm，宽 1.2 ～ 3.5 cm，先端锐尖至钝，有时圆形，基部截形，截状楔形至近圆形，边缘具浅而钝的 2 ～ 10 对齿，两面疏被伏贴的小柔毛，下面以沿各脉上较密，侧脉 3 ～ 4 对，斜上升，与中脉在上面不明显下面凸出；叶柄长 0.5 ～ 2 cm，疏被上曲的小柔毛。花对生，排列成顶生长 4.5 ～ 11.5 cm 的总状花序；花长约 2.5 mm，与序轴密被上曲的白色小柔毛；苞片除花序上最下一对较大且叶状外余均细小，狭披针形，长 3 ～ 7 mm，宽 1 ～ 2 mm，全缘，疏被短柔毛。花萼开花时长约 3 mm，果时增大，长 4 mm，密被小柔毛，盾片开花时高 1.5 mm，果时高 4 mm。花冠蓝紫色，长 1.7 ～ 1.8 cm，外被具腺小柔毛，内面无毛；冠筒前方基部略呈膝曲状，中部宽 1.5 mm，向上渐宽，至喉部宽达 5 mm；冠檐二唇形，上唇盔状，内凹，顶端微缺，下唇中裂片宽卵圆形，两侧中部微内缢，顶端微缺，两侧裂片卵圆形。雄蕊 4，二强；花丝扁平，中部以下被纤毛。花盘肥厚，前方隆起；子房柄短。花柱细长。子房光滑，无毛。成熟小坚果栗色或黑栗色，卵形，直径约 1 mm，具瘤，腹面中下部具一果脐。花期 6—8 月，果期 7—10 月。

【拍摄地点】长坪镇赵岭村，海拔 1320 m。

【生境分布】生于石坡、潮湿谷地或林下。分布于南漳长坪镇。

【药用部位】全草。

【功能主治】清热解毒。用于跌打损伤。

水苏属 Stachys

针筒菜 长圆叶水苏（图 0829）

Stachys oblongifolia Benth.

【形态特征】多年生草本，高 30 ~ 60 cm，有在节上生须根的横走根茎。茎直立或上升，或基部多少匍匐，锐四棱形，具四槽，基部微粗糙，在棱及节上被长柔毛，余部多少被微柔毛，不分枝或少分枝。茎生叶长圆状披针形，通常长 3 ~ 7 cm，宽 1 ~ 2 cm，先端微急尖，基部浅心形，边缘为圆齿状锯齿，上面绿色，疏被微柔毛及长柔毛，下面灰绿色，密被灰白色柔毛状茸毛，沿脉上被长柔毛，叶柄极短，至近于无柄，密被长柔毛；苞叶向上渐变小，披针形，无柄，通常均比花萼长，近全缘，毛被与茎叶相同。轮伞花序通常 6 花，下部者远离，上部者密集组成顶生穗状花序；小苞片线状刺形，微小，被微柔毛；花梗短，被微柔毛。花萼钟形，外面被具腺柔毛状茸毛，沿肋上疏生长柔毛，内面无毛，10 脉，肋间次脉不明显，齿 5，三角状披针形，近于等大，或下 2 齿略长，先端具刺尖头。花冠粉红色或粉红紫色，外面疏被微柔毛，内面在喉部被微柔毛，毛环不明显或缺如，冠檐二唇形，上唇长圆形，下唇开展，3 裂，中裂片最大，肾形，侧裂片卵圆形。雄蕊 4，前对较长，均延伸至上唇片之下，花丝丝状，被微柔毛，花药卵圆形，2 室，室极叉开。花柱丝状，稍超出雄蕊，先端相等 2 浅裂，裂片钻形。花盘平顶，波状。子房黑褐色，无毛。小坚果卵珠状，褐色，光滑。

图 0829　针筒菜 *Stachys oblongifolia*

【拍摄地点】李庙镇胡家坪村，海拔 243 m。

【生境分布】生于林下、河岸、灌丛、草丛及湿地中。分布于南漳李庙、长坪等乡镇。

【药用部位】全草。

【功能主治】补中益气，止血生肌。用于久痢，病久虚弱及外伤出血。

地蚕 白虫草 肺痨草（图 0830）

Stachys geobombycis C. Y. Wu

【形态特征】多年生草本，高 40 ~ 50 cm；根茎横走，肉质，肥大，在节上生出纤维状须根。茎直立，四棱形，具四槽，在棱及节上疏被倒向疏柔毛状刚毛。茎叶长圆状卵圆形，长 4.5 ~ 8 cm，宽 2.5 ~ 3 cm，先端钝，基部浅心形或圆形，边缘有整齐的粗大圆齿状锯齿，上面绿色，散布疏柔毛状刚毛，下面较淡，主沿脉上密被余部疏被疏柔毛状刚毛，侧脉约 4 对，上面不明显，下面显著，叶柄长 1 ~ 4.5 cm，密被疏柔毛状刚毛，腹平背凸；苞叶变小，最下一对苞叶与茎叶同形，较小，披针状卵圆形，先端钝，基部圆形，具短柄或近于无柄，上部苞叶微小，菱状披针形，通常比萼短，边缘波齿状，无柄。轮伞花序腋生，4 ~ 6 花，远离，组成长 5 ~ 18 cm 的穗状花序；苞片少数，线状钻形，微小，长不及 0.5 mm，早落；花梗长约

1 mm，被微柔毛。花萼倒圆锥形，细小，连齿长 5.5 mm，外面密被微柔毛及具腺微柔毛，内面无毛，10 脉，明显，次脉在花萼基部多少明显，萼筒长 4 mm，齿 5，正三角形，等大，长 1.5 mm，边缘有具腺微柔毛，先端具胼胝尖头。花冠淡紫色至紫蓝色，亦有淡红色，长约 1.1 cm，冠筒长约 7 mm，圆柱形，等粗，外面在上面被微柔毛，余部无毛，内面近基部 1/3 处有水平向微柔毛环，冠檐二唇形，上唇直伸，长圆状卵圆形，长 4 mm，宽 2.5 mm，外面被微柔毛，内面无毛，下唇水平开展，轮廓卵圆形，长 5 mm，宽 4 mm。雄蕊 4，前对稍长，均上升至上唇片之下，花丝丝状，中部以下被微柔毛，花药卵圆形，2 室，室略叉开，其后极叉开。花柱丝状，略超出雄蕊，先端相等 2 浅裂。花盘杯状。子房黑褐色，无毛。花期 4—5 月。

图 0830　地蚕 *Stachys geobombycis*

【拍摄地点】城关镇便河村，海拔 194 m。

【生境分布】生于荒地、田地及草丛湿地上。分布于南漳城关镇。

【药用部位】根茎。

【功能主治】益肾润肺，滋阴补血，清热除烦。用于肺结核咳嗽，肺虚气喘，吐血，盗汗，贫血，小儿疳积。

水苏　鸡苏　水鸡苏（图 0831）

Stachys japonica Miq.

【形态特征】多年生草本，高 20 ~ 80 cm，有在节上生须根的根茎。茎单一，直立，基部多少匍匐，四棱形，具槽，在棱及节上被小刚毛，余部无毛。茎叶长圆状宽披针形，长 5 ~ 10 cm，宽 1 ~ 2.3 cm，先端微急尖，基部圆形至微心形，边缘为圆齿状锯齿，上面绿色，下面灰绿色，两面均无毛，叶柄明显，长 3 ~ 17 mm，近茎基部者最长，向上渐变短；苞叶披针形，无柄，近于全缘，向上渐变小，最下部者超出轮伞花序，上部者等于或短于轮伞花序。轮伞花序 6 ~ 8 花，下部者远离，上部者密集组成长 5 ~ 13 cm 的穗状花序；小苞片刺状，微小，长约 1 mm，无毛；花梗短，长约 1 mm，疏被微柔毛。花萼钟形，连齿长达 7.5 mm，外被具腺微柔毛，肋上杂有疏柔毛，稀毛贴生或近于无毛，内面

图 0831　水苏 *Stachys japonica*

在齿上疏被微柔毛，余部无毛，10 脉，不明显，齿 5，等大，三角状披针形，先端具刺尖头，边缘具缘毛。花冠粉红色或淡红紫色，长约 1.2 cm，冠筒长约 6 mm，几不超出于萼，外面无毛，内面在近基部 1/3 处有微柔毛毛环及在下唇下方喉部有鳞片状微柔毛，前面紧接在毛环上方呈囊状膨大，冠檐二唇形，上唇直立，倒卵圆形，长 4 mm，宽 2.5 mm，外面被微柔毛，内面无毛，下唇开展，长 7 mm，宽 6 mm，外面疏被微柔毛，内面无毛，3 裂，中裂片最大，近圆形，先端微缺，侧裂片卵圆形。雄蕊 4，均延伸至上唇片之下，花丝丝状，先端略增大，被微柔毛，花药卵圆形，2 室，室极叉开。花柱丝状，稍超出雄蕊，先端相等 2 浅裂。花盘平顶。子房黑褐色，无毛。小坚果卵珠状，棕褐色，无毛。花期 5—7 月，果期 7 月以后。

【拍摄地点】武安镇石牛坪村，海拔 143 m。

【生境分布】生于水沟、河岸等湿地上。分布于南漳武安镇。

【药用部位】全草。

【功能主治】祛风解毒，止血。用于百日咳，扁桃体炎，咽喉炎，痢疾。

香科科属 Teucrium

裂苞香科科（图 0832）

Teucrium veronicoides Maxim.

【形态特征】多年生草本，具匍匐茎。茎直立，多分枝，高 20 ～ 40 cm，被平展长柔毛。叶柄长 1 ～ 2 cm，被平展长柔毛；茎中部叶片正圆形至卵圆状正三角形，长 2 ～ 4 cm，宽 8 ～ 3 cm，茎下部及分枝上的叶甚小，有时近肾形，长 0.7 ～ 1.3 cm，宽 0.5 ～ 1.5 cm，先端钝或急尖，基部平截或近心形，边缘具重圆齿，上面被平贴的长柔毛，下面除脉上被长柔毛外，余部被短柔毛。轮伞花序 2 花，在主茎及分枝的上部组成疏生长 5 ～ 10 cm 的假穗状花序；苞片卵圆形，常 3 裂，与序轴及花梗均被长柔毛；花梗长 2.5 ～ 3.5 mm。花萼钟形，长 3 ～ 4 mm，宽 2 ～ 2.5 mm，中部略膨大，萼齿 5，正三角形，几等大，先端钝，除边缘具毛外几无毛。花冠紫红色，长 7 ～ 8 mm，外面近无毛，唇片舌状伸出，中裂片近圆形，侧裂片卵圆状斜三角形，几等大。雄蕊稍伸出。花盘浅盘状，微 4 裂。小坚果栗棕色，长圆状倒卵形，长 1.2 mm，光滑，无网纹，合生面超过果长 2/3。花期 7 月。

图 0832 裂苞香科科 *Teucrium veronicoides*

【拍摄地点】东巩镇太平村，海拔 335 m。

【生境分布】生于山地林下。分布于南漳东巩镇。

【药用部位】全草。

【功能主治】发表散寒，健脾利湿，清热解毒。用于风寒感冒，消化不良，痢疾，无名肿痛，跌打损伤。

血见愁 山藿香（图 0833）

Teucrium viscidum Bl.

【形态特征】多年生草本，具匍匐茎。茎直立，高 30 ～ 70 cm，下部无毛或几近无毛，上部具夹生腺毛的短柔毛。叶柄长 1 ～ 3 cm，近无毛；叶片卵圆形至卵圆状长圆形，长 3 ～ 10 cm，先端急尖或短渐尖，基部圆形、阔楔形至楔形，下延，边缘为带重齿的圆齿，有时数齿间具深刻的齿弯，两面近无毛或被极稀的微柔毛。假穗状花序生于茎及短枝上部，在茎上者由于下部有短的花枝而如圆锥花序，长 3 ～ 7 cm，密被腺毛，由密集具 2 花的轮伞花序组成；苞片披针形，较开放的花稍短或等长；花梗短，长不及 2 mm，密被腺长柔毛。花萼小，钟形，长 2.8 mm，宽 2.2 mm，外面密被腺长柔毛，内面在齿下被稀疏微柔毛，齿缘具缘毛，10 脉，其中 5 副脉不甚明显，萼齿 5，直伸，近等大，长不及萼筒长的 1/2，上 3 齿卵状三角形，先端钝，下 2 齿三角形，稍锐尖，果时花萼呈圆球形，直径 3 mm，有时甚小。花冠白色、淡红色或淡紫色，长 6.5 ～ 7.5 mm，冠筒长 3 mm，稍伸出，唇片与冠筒成大角度的钝角，中裂片正圆形，侧裂片卵圆状三角形，先端钝。雄蕊伸出，前对与花冠等长。花柱与雄蕊等长。花盘盘状，浅 4 裂。子房圆球形，顶端被泡状毛。小坚果扁球形，长 1.3 mm，黄棕色，合生面超过果长的 1/2。花期长江流域为 7—9 月，广东、云南南部为 6—11 月。

图 0833 血见愁 *Teucrium viscidum*

【拍摄地点】李庙镇胡家坪村，海拔 635 m。

【生境分布】生于山地林下润湿处。分布于南漳李庙镇。

【药用部位】全草。

【功能主治】凉血解毒，化瘀生肌。用于跌打损伤，肺脓肿，急性胃肠炎，外伤出血，毒蛇咬伤，疗疮疖肿。

142. 茄科 Solanaceae

辣椒属 Capsicum

辣椒（图 0834）

Capsicum annuum L.

【中药名】辣椒*。

【形态特征】一年生或有限多年生植物；高 40 ～ 80 cm。茎近无毛或微生柔毛，分枝稍呈“之”字形折曲。叶互生，枝顶端节不伸长而成双生或簇生状，矩圆状卵形、卵形或卵状披针形，长 4 ～ 13 cm，宽 1.5 ～ 4 cm，全缘，顶端短渐尖或急尖，基部狭楔形；叶柄长 4 ～ 7 cm。花单生，俯垂；花萼杯状，不显著 5 齿；花冠白色，裂片卵形；花药灰紫色。果梗较粗壮，俯垂；果实长指状，顶端渐尖且常弯曲，未成熟时绿色，成熟后红色、橙色或紫红色，味辣。种子扁肾形，长 3 ～ 5 mm，淡黄色。花果期 5—11 月。

【拍摄地点】肖堰镇曲阳坪村，海拔 306 m。

【生境分布】栽培。全县各乡镇均有栽培。

【采收加工】夏、秋二季果皮变红色时采收，除去枝梗，晒干。

【药用部位】成熟果实。

【性味归经】辛，热。归心、脾经。

【功能主治】温中散寒，开胃消食。用于寒滞腹痛，呕吐，泻痢，冻疮。

【用法用量】0.9 ～ 2.4 g。外用适量。

图 0834　辣椒 *Capsicum annuum*

小米辣（图 0835）

Capsicum frutescens L.

【形态特征】灌木或亚灌木；分枝稍呈“之”字形曲折。叶柄短缩，叶片卵形，长 3 ～ 7 cm，中部之下较宽，顶端渐尖，基部楔形，中脉在背面隆起，侧脉每边约 4 条。花在每个开花节上通常双生，有时三至数朵。花萼边缘近截形；花冠绿白色。果梗及果直立生，向顶端渐增粗；果实纺锤状，长 7 ～ 1.4 cm，绿色变红色，味极辣。

【拍摄地点】城关镇朱家湾村，海拔 140 m。

【生境分布】栽培。分布于南漳各乡镇。

【药用部位】果实。

【功能主治】温中散寒，开胃消食。用于寒滞腹痛，呕吐，泻痢，冻疮。

图 0835　小米辣 *Capsicum frutescens*

曼陀罗属 Datura

曼陀罗　天茄子（图 0836）

Datura stramonium L.

【形态特征】草本或半灌木状，高 0.5 ～ 1.5 m，全体近于平滑或在幼嫩部分被短柔毛。茎粗壮，圆柱状，淡绿色或带紫色，下部木质化。叶广卵形，顶端渐尖，基部不对称楔形，边缘有不规则波状浅裂，裂片顶端急尖，有时亦有波状齿，侧脉每边3～5条，直达裂片顶端，长8～17 cm，宽4～12 cm；叶柄长3～5 cm。花单生于枝叉间或叶腋，直立，有短梗；花萼筒状，长4～5 cm，筒部有5棱角，两棱间稍向内陷，基部稍膨大，顶端紧围花冠筒，5浅裂，裂片三角形，花后自近基部断裂，宿存部分随果实而增大并向外反折；花冠漏斗状，下半部带绿色，上部白色或淡紫色，檐部5浅裂，裂片有短尖头，长6～10 cm，檐部直径3～5 cm；雄蕊不伸出花冠，花丝长约3 cm，花药长约4 mm；子房密生柔针毛，花柱长约6 cm。蒴果直立生，卵状，长3～4.5 cm，直径2～4 cm，表面生有坚硬刺或有时无刺而近平滑，成熟后淡黄色，规则4瓣裂。种子卵圆形，稍扁，长约4 mm，黑色。花期6—10月，果期7—11月。

图0836 曼陀罗 *Datura stramonium*

【拍摄地点】李庙镇刘坪村，海拔231 m。

【生境分布】生于住宅旁、路边或草地上。分布于南漳李庙、城关、九集等乡镇。

【药用部位】花。

【功能主治】镇静，镇痛，麻醉；有毒。用于脘腹冷痛，小儿慢惊；外科麻醉。

红丝线属 Lycianthes

单花红丝线　**佛葵　锈草（图0837）**

Lycianthes lysimachioides（Wall.）Bitter

【形态特征】多年生草本，茎纤细，延长，基部常匍匐，从节上生出不定根，茎上常被膜质、透明、具节、直立而开展的柔毛，密或分散。叶假双生，大小不相等或近相等，卵形、椭圆形至卵状披针形，先端渐尖，基部楔形下延到叶柄而形成窄翅，大叶片长4.5～7 cm，宽2.5～3.5 cm，叶柄长8～20 mm；小叶片长2～4.5 cm，宽1.2～2.8 cm，叶柄长5～15 mm；两种叶片均为膜质，上面绿色，被膜质、透明、具节、分散的单毛，下面淡绿色，毛被与上面相似，稀疏分散于叶脉上，边缘具较密的缘毛。侧脉每边4～5条，在两面均较明显。花序无柄，仅1朵花着生于叶腋内，花梗长0.8～1 cm，被白色透明分散的单毛，花萼杯状钟形，长约5 mm，直径约7 mm，具明显的10脉，萼齿10枚，钻状线形，稍不相等，长3～5 mm，萼外面毛被与花梗的相似；

图0837 单花红丝线 *Lycianthes lysimachioides*

花冠白色至浅黄色，星形，直径约 1.8 cm，冠檐长约 1.1 cm，深 5 裂，裂片披针形，长约 10 mm，宽 3 ～ 4 mm，尖端稍反卷，并被疏稀而微小的缘毛；花冠筒长约 1.5 mm，隐于萼内；雄蕊 5 枚，着生于花冠筒喉部，花丝长约 1 mm，无毛，花药长椭圆形，长 4 mm，宽 1.2 mm，基部心形，顶孔向内，偏斜；子房近球形，直径约 1 mm，光滑，花柱纤细，长约 9 mm，长于雄蕊，先端弯或近直立，柱头增厚，头状。成熟浆果未见。

【拍摄地点】板桥镇雷坪村，海拔 580 m。

【生境分布】生长于林下或路旁。分布于南漳板桥、薛坪、长坪等乡镇。

【药用部位】全草。

【功能主治】清热解毒，止痒。用于痈肿疮毒，皮肤瘙痒。

枸杞属 Lycium

枸杞（图 0838）

Lycium chinense Mill.

【中药名】地骨皮 *、枸杞子 *。

【形态特征】多分枝灌木，高 0.5 ～ 1 m，栽培时可超 2 m；枝条细弱，弓状弯曲或俯垂，淡灰色，有纵条纹，棘刺长 0.5 ～ 2 cm，生叶和花的棘刺较长，小枝顶端锐尖呈棘刺状。叶纸质或栽培者质稍厚，单叶互生或 2 ～ 4 枚簇生，卵形、卵状菱形、长椭圆形、卵状披针形，顶端急尖，基部楔形，长 1.5 ～ 5 cm，宽 0.5 ～ 2.5 cm，栽培者较大，可长达 10 cm 以上，宽达 4 cm；叶柄长 0.4 ～ 1 cm。花在长枝上单生或双生于叶腋，在短枝上则同叶簇生；花梗长 1 ～ 2 cm，向顶端渐增粗。花萼长 3 ～ 4 mm，通常 3 中裂或 4 ～ 5 齿裂，裂片多少有缘毛；花冠漏斗状，长 9 ～ 12 mm，淡紫色，筒部向上骤然扩大，稍短于或近等于檐部裂片，5 深裂，裂片卵形，顶端圆钝，平展或稍向外反曲，边缘有缘毛，基部耳显著；雄蕊较花冠稍短，或因花冠裂片外展而伸出花冠，花丝在近基部密生一圈茸毛并交织成椭圆状的毛丛，与毛丛等高处的花冠筒内壁亦密生一圈茸毛；花柱稍伸出雄蕊，上端弓弯，柱头绿色。浆果红色，卵状，栽培者可呈长矩圆状或长椭圆状，顶端尖或钝，长 7 ～ 15 mm，栽培者长可达 2.2 cm，直径 5 ～ 8 mm。种子扁肾形，长 2.5 ～ 3 mm，黄色。花果期 6—11 月。

图 0838 枸杞 *Lycium chinense*

【拍摄地点】李庙镇刘坪村，海拔 206 m。

【生境分布】生于山坡、荒地、路旁及村边宅旁。分布于南漳各乡镇。

【采收加工】地骨皮：春初或秋后采挖根部，洗净，剥取根皮，晒干。枸杞子：夏、秋二季果实呈红色时采收，热风烘干，除去果梗，或晾至皮皱后，晒干，除去果梗。

【药用部位】地骨皮：根皮。枸杞子：成熟果实。

【性味归经】地骨皮：甘，寒；归肺、肝、肾经。枸杞子：甘，平；归肝、肾经。

【功能主治】地骨皮：凉血除蒸，清肺降火；用于阴虚潮热，骨蒸盗汗，肺热咳嗽，咯血，衄血，内热消渴。枸杞子：滋补肝肾，益精明目；用于虚劳精亏，腰膝酸痛，眩晕耳鸣，阳痿遗精，内热消渴，血虚萎黄，目昏不明。

【用法用量】地骨皮：9 ～ 15 g。枸杞子：6 ～ 12 g。

番茄属 Lycopersicon

番茄 西红柿（图 0839）

Lycopersicon esculentum Mill.

【形态特征】体高 0.6 ～ 2 m，全体生黏质腺毛，有强烈气味。茎易倒伏。叶羽状复叶或羽状深裂，长 10 ～ 40 cm，小叶极不规则，大小不等，常 5 ～ 9 枚，卵形或矩圆形，长 5 ～ 7 cm，边缘有不规则锯齿或裂片。花序总梗长 2 ～ 5 cm，常 3 ～ 7 朵花；花梗长 1 ～ 1.5 cm；花萼辐状，裂片披针形，果时宿存；花冠辐状，直径约 2 cm，黄色。浆果扁球状或近球状，肉质而多汁液，橘黄色或鲜红色，光滑；种子黄色。花果期夏秋季。

【拍摄地点】城关镇榆树岭村，海拔 132 m。

图 0839 番茄 *Lycopersicon esculentum*

【生境分布】栽培。全县各乡镇有栽培。

【药用部位】果实。

【功能主治】生津止渴，健胃消食，利尿。用于津伤口渴，食积，小便不利。

假酸浆属 Nicandra

假酸浆（图 0840）

Nicandra physalodes（L.）Gaertn.

【形态特征】茎直立，有棱条，无毛，高 0.4 ～ 1.5 m，上部交互不等的二歧分枝。叶卵形或椭圆形，草质，长 4 ～ 12 cm，宽 2 ～ 8 cm，顶端急尖或短渐尖，基部楔形，边缘有具圆缺的粗齿或浅裂，两面有稀疏毛；叶柄长为叶片长的 1/4 ～ 1/3。花单生于枝腋而与叶对生，通常具较叶柄长的花梗，俯垂；花萼 5 深裂，裂片顶端尖锐，基部心脏状箭形，有 2 尖锐的耳片，果时包围果实，直径 2.5 ～ 4 cm；花冠钟状，浅蓝色，直径

图 0840 假酸浆 *Nicandra physalodes*

达 4 cm，檐部有褶襞，5 浅裂。浆果球状，直径 1.5 ～ 2 cm，黄色。种子淡褐色，直径约 1 mm。花果期为夏秋季。

【拍摄地点】城关镇洞坪村，海拔 116 m。

【生境分布】生于田边或荒地。分布于南漳城关、李庙等乡镇。

【药用部位】全草。

【功能主治】镇静，祛痰，清热解毒。用于狂犬病，精神病，癫痫，风湿痛，疮疖，感冒。

烟草属 Nicotiana

烟草　烟叶（图 0841）

Nicotiana tabacum L.

【形态特征】一年生或有限多年生草本，全体被腺毛；根粗壮。茎高 0.7 ～ 2 m，基部稍木质化。叶矩圆状披针形、披针形、矩圆形或卵形，顶端渐尖，基部渐狭至茎呈耳状而半抱茎，长 10 ～ 30 cm，宽 8 ～ 15 cm，柄不明显或成翅状柄。花序顶生，圆锥状，多花；花梗长 5 ～ 20 mm。花萼筒状或筒状钟形，长 20 ～ 25 mm，裂片三角状披针形，长短不等；花冠漏斗状，淡红色，筒部色更淡，稍弓曲，长 3.5 ～ 5 cm，檐部宽 1 ～ 1.5 cm，裂片急尖；雄蕊中 1 枚显著较其余 4 枚短，不伸出花冠喉部，花丝基部有毛。蒴果卵状或矩圆状，长约等于宿存萼。种子圆形或宽矩圆形，直径约 0.5 mm，褐色。夏、秋季开花结果。

图 0841　烟草 *Nicotiana tabacum*

【拍摄地点】长坪镇陡山村，海拔 1022 m。

【生境分布】栽培。南漳李庙、长坪、薛坪等乡镇有大规模栽培，其他乡镇也有少量栽培。

【药用部位】全草。

【功能主治】行气止痛，解毒杀虫。用于气滞疼痛，痈疽，疔疮；外用治疗虫蛇咬伤。

碧冬茄属 Petunia

碧冬茄　矮牵牛（图 0842）

Petunia hybrida Vilm.

【形态特征】一年生草本，高 30 ～ 60 cm，全体生腺毛。叶有短柄或近无柄，卵形，顶端急尖，基部阔楔形或楔形，全缘，长 3 ～ 8 cm，宽 1.5 ～ 4.5 cm，侧脉不显著，每边 5 ～ 7 条。花单生于叶腋，花梗长 3 ～ 5 cm。花萼 5 深裂，裂片条形，长 1 ～ 1.5 cm，宽约 3.5 mm，顶端钝，果时宿存；花冠白色或紫堇色，有各式条纹，漏斗状，长 5 ～ 7 cm，筒部向上渐扩大，檐部开展，有褶襞，5 浅裂；雄蕊 4 长 1 短；花柱稍超过雄蕊。蒴果圆锥状，长约 1 cm，2 瓣裂，各裂瓣顶端又 2 浅裂。种子极小，近球形，直径约 0.5 mm，褐色。

【拍摄地点】板桥镇新集街，海拔 901 m。

【生境分布】栽培。南漳板桥、薛坪有少量栽培。

【药用部位】种子。

【功能主治】理气，杀虫。用于腹水，腹胀便秘，蛔虫病。

图 0842 碧冬茄 *Petunia hybrida*

酸浆属 Physalis

挂金灯 灯笼果（图 0843）

Physalis alkekengi var. *franchetii*（Masters）Makino

【中药名】锦灯笼 *。

【形态特征】多年生草本，基部常匍匐生根。茎高 40 ～ 80 cm，茎较粗壮，茎节膨大。叶长 5 ～ 15 cm，宽 2 ～ 8 cm，长卵形至阔卵形，有时菱状卵形，顶端渐尖，基部不对称狭楔形，下延至叶柄，全缘波状或者有粗齿，有时每边具少数不等大的三角形大齿，仅叶缘有短毛；叶柄长 1 ～ 3 cm。花梗近无毛或仅有稀疏柔毛；花萼阔钟状，萼齿三角形，除裂片密生毛外筒部毛被稀疏；花冠辐状，白色，直径 15 ～ 20 mm，裂片开展，阔而短，顶端骤然狭窄成三角形尖头；雄蕊及花柱均较花冠为短。果梗长 2 ～ 3 cm，多少被宿存柔毛；果萼卵状，薄革质，网脉显著，有 10 纵肋，橙色或火红色，毛被脱落而光滑无毛；浆果球状，橙红色，直径 10 ～ 15 mm，柔软多汁。种子肾形，淡黄色，长约 2 mm。花期 5—9 月，果期 6—10 月。

图 0843 挂金灯 *Physalis alkekengi* var. *franchetii*

【拍摄地点】李庙镇北沟村，海拔 730 m。

【生境分布】生长于空旷地或山坡。分布于南漳李庙、板桥、长坪等乡镇。

【采收加工】秋季果实成熟、宿萼呈红色或橙红色时采收，干燥。

【药用部位】宿萼或带果实的宿萼。

【性味归经】苦，寒。归肺经。

【功能主治】清热解毒，利咽化痰，利尿通淋。用于咽痛音哑，痰热咳嗽，小便不利，热淋涩痛；外用治天疱疮，湿疹。

【用法用量】5～9 g。外用适量，捣敷患处。

苦蘵 灯笼草 天泡子（图 0844）

Physalis angulata L.

【形态特征】一年生草本，被疏短柔毛或近无毛，高 30～50 cm；茎多分枝，分枝纤细。叶柄长 1～5 cm，叶片卵形至卵状椭圆形，顶端渐尖或急尖，基部阔楔形或楔形，全缘或有不等大的齿，两面近无毛，长 3～6 cm，宽 2～4 cm。花梗长 5～12 mm，纤细，和花萼一样生短柔毛，长 4～5 mm，5 中裂，裂片披针形，生缘毛；花冠淡黄色，喉部常有紫色斑纹，长 4～6 mm，直径 6～8 mm；花药蓝紫色或有时黄色，长约 1.5 mm。果萼卵球状，直径 1.5～2.5 cm，薄纸质，浆果直径约 1.2 cm。种子圆盘状，长约 2 mm。花果期 5—12 月。

图 0844 苦蘵 *Physalis angulata*

【拍摄地点】巡检镇巡检司村，海拔 336 m。

【生境分布】生于山谷林下及村边路旁。分布于南漳巡检、东巩等乡镇。

【药用部位】全草。

【功能主治】清热解毒，消肿利尿。用于咽喉肿痛，腮腺炎，急慢性支气管炎，肺脓肿，痢疾，睾丸炎，小便不利；外用治脓疱疮。

茄属 Solanum

千年不烂心 苦茄（图 0845）

Solanum cathayanum C. Y. Wu et S. C. Huang

【形态特征】草质藤本，多分枝，长 0.5～3 m，茎、叶各部密被多节的长柔毛。叶互生，多数为心形，长 1.5～5 cm，宽 1～3.5 cm，先端尖或渐尖，基部心形或戟形，边全缘，少数基部 3 深裂，裂片全缘，侧裂片短而端钝，中裂片长，卵形至卵状披针形，先端渐尖，上面疏被白色发亮的短柔毛，下面与上面的毛被相似，唯较密，中脉明显，侧脉纤细，每边 4～6 条；叶柄长 1～2 cm，密被多节的长柔毛。聚伞花序顶生或腋外生，疏花，总花梗长 1.8～4 cm，被多节发亮的长柔毛及短柔毛，花梗长 0.8～1 cm，顶端稍膨大，基部具关节，无毛；萼杯状，直径约 4 mm，无毛，萼齿 5 枚，圆形，顶端短尖，长不及 1 mm；花冠蓝紫色或白色，直径约 1 cm，开放时裂片向外反折，花冠筒隐于萼内，长约 1 mm，冠檐长约 6 mm，5 裂，裂片椭圆状披针形，长约 4 mm，宽约 2 mm；花丝长不到 1 mm，花药长圆形，长约

3 mm，顶孔略向内；子房卵形，直径约1 mm，花柱丝状，长约6 mm，柱头小，头状。浆果成熟时红色，直径约8 mm，果柄无毛，常弧形弯曲；种子近圆形，两侧压扁，直径约1.5 mm，外面具细致凸起的网纹。花期夏、秋，果期秋末。

【拍摄地点】板桥镇雷坪村，海拔665 m。

【生境分布】生于灌丛中，山谷及山坡等阴湿处。分布于南漳板桥、李庙等乡镇。

【药用部位】全草。

【功能主治】散结消肿。用于疥疮，食管癌，乳腺癌。

图0845 千年不烂心 *Solanum cathayanum*

白英 白毛藤（图0846）

Solanum lyratum Thunb.

图0846 白英 *Solanum lyratum*

【中药名】白英*。

【形态特征】草质藤本，长0.5～1 m，茎及小枝均密被具节长柔毛。叶互生，多数为琴形，长3.5～5.5 cm，宽2.5～4.8 cm，基部常3～5深裂，裂片全缘，侧裂片愈近基部愈小，端钝，中裂片较大，通常卵形，先端渐尖，两面均被白色发亮的长柔毛，中脉明显，侧脉在下面较清晰，通常每边5～7条，少数在小枝上部为心形，小，长1～2 cm；叶柄长1～3 cm，被有与茎枝相同的毛被。聚伞花序顶生或腋外生，疏花，总花梗长2～2.5 cm，被具节的长柔毛，花梗长0.8～1.5 cm，无毛，顶端稍膨大，基部具关节；萼环状，直径约3 mm，无毛，萼齿5枚，圆形，顶端具短尖头；花冠蓝紫色或白色，直径约1.1 cm，花冠筒隐于萼内，长约1 mm，冠檐长约6.5 mm，5深裂，裂片椭圆状披针形，长约4.5 mm，先端被微柔毛；花丝长约1 mm，花药长圆形，长约3 mm，顶孔略向上；子房卵形，直径不及1 mm，花柱丝状，长约6 mm，柱头小，头状。浆果球状，成熟时红黑色，直径约8 mm；种子近盘状，扁平，直径约1.5 mm。花期夏、秋二季，果期秋季末。

【拍摄地点】李庙镇刘坪村，海拔186 m。

【生境分布】生于山谷草地或路旁、田边。分布于南漳各乡镇。

【采收加工】夏、秋二季采收，洗净，晒干。

【药用部位】全草。

【性味归经】甘、苦，寒；有小毒。归肝、胃经。

【功能主治】清热解毒，祛风利湿，化瘀。用于湿热黄疸，风热头痛，水肿，风湿性关节痛。

【用法用量】9 ~ 30 g。

茄 茄子（图 0847）

Solanum melongena L.

【中药名】白茄根*。

【形态特征】直立分枝草本至亚灌木，高可达 1 m，小枝，叶柄及花梗均被 6 ~ 10 分枝，平贴或具短柄的星状茸毛，小枝多为紫色，渐老则毛被逐渐脱落。叶大，卵形至长圆状卵形，长 8 ~ 18 cm 或更长，宽 5 ~ 11 cm 或更宽，先端钝，基部不相等，边缘浅波状或深波状圆裂，上面被 3 ~ 8 分枝短而平贴的星状茸毛，下面密被 7 ~ 8 分枝较长而平贴的星状茸毛，侧脉每边 4 ~ 5 条，在上面疏被星状茸毛，在下面则较密，中脉的毛被与侧脉的相同，叶柄长 2 ~ 4.5 cm。能孕花单生，花柄长 1 ~ 1.8 cm，毛被较密，花后常下垂，不孕花蝎尾状与能孕花并出；萼近钟形，直径约 2.5 cm 或稍大，外面密被与花梗相似的星状茸毛及小皮刺，皮刺长约 3 mm，萼裂片披针形，先端锐尖，内面疏被星状茸毛；花冠辐状，外面星状茸毛被较密，内面仅裂片先端疏被星状茸毛，花冠筒长约 2 mm，冠檐长约 2.1 cm，裂片三角形，长约 1 cm；花丝长约 2.5 mm，花药长约 7.5 mm；子房圆形，顶端密被星状毛，花柱长 4 ~ 7 mm，中部以下被星状茸毛，柱头浅裂。果的形状大小变异极大。

图 0847 茄 *Solanum melongena*

本种因经长期栽培而变异极大，花的颜色及花的各部数目均有出入。果的形状有长形或圆形，颜色有白色、红色、紫色等。一般栽培供食用的有长形及圆形。

【拍摄地点】城关镇榆树岭村，海拔 137 m。

【生境分布】栽培。全县各乡镇有栽培。

【采收加工】秋季采挖，洗净，干燥。

【药用部位】根。

【性味归经】甘、微苦、辛，寒。归脾、胃、肾经。

【功能主治】祛风利湿，清热止血，消肿止痛。用于风湿热痹，血痢，便血，痔血，皮肤瘙痒，妇女阴痒等。

【用法用量】9 ~ 18 g。外用适量，煎汤熏洗患处。

龙葵（图 0848）

Solanum nigrum L.

【中药名】龙葵*。

【形态特征】一年生直立草本，高 0.25 ~ 1 m，茎无棱或棱不明显，绿色或紫色，近无毛或被微柔毛。叶卵形，长 2.5 ~ 10 cm，宽 1.5 ~ 5.5 cm，先端短尖，基部楔形至阔楔形而下延至叶柄，全缘或每边具不规则的波状粗齿，光滑或两面均被稀疏短柔毛，叶脉每边 5 ～ 6 条，叶柄长 1 ～ 2 cm。蝎尾状花序腋外生，由 3 ～ 6 花组成，总花梗长 1 ～ 2.5 cm，花梗长约 5 mm，近无毛或具短柔毛；萼小，浅杯状，直径 1.5 ～ 2 mm，齿卵圆形，先端圆；花冠白色，筒部隐于萼内，长不及 1 mm，冠檐长约 2.5 mm，5 深裂，裂片卵圆形，长约 2 mm；花丝短，花药黄色，长约 1.2 mm，约为花丝长度的 4 倍，顶孔向内；子房卵形，直径约 0.5 mm，花柱长约 1.5 mm，中部以下被白色茸毛，柱头小，头状。浆果球形，直径约 8 mm，熟时黑色。种子多数，近卵形，直径 1.5 ～ 2 mm，两侧压扁。

图 0848　龙葵 *Solanum nigrum*

【拍摄地点】城关镇大山村，海拔 109 m。

【生境分布】生于田边、荒地及村庄附近。分布于南漳各乡镇。

【采收加工】夏、秋二季采收，除去泥沙，洗净，晒干。

【药用部位】全草。

【性味归经】苦、微寒，寒；有小毒。归肺、肾经。

【功能主治】清热解毒，活血消肿，利尿。用于疮痈肿毒，皮肤湿疹，小便不利，慢性咳喘，淋证，痢疾，水肿。

【用法用量】15 ～ 30 g。外用适量，煎水洗或鲜品捣烂敷患处。脾胃虚弱者禁服。

欧白英（图 0849）

Solanum dulcamara L.

【形态特征】无刺草质藤本，无毛或被稀疏的短柔毛，小枝干时灰绿色，具细条纹。叶戟形，长 3 ～ 7.5 cm，宽 1.5 ～ 4 cm，先端渐尖，基部戟形，齿裂或 3 ～ 5 羽状深裂，中裂片较长，其边缘有时具不规则的波状齿或浅裂，两面均被稀疏的短柔毛，中脉明显，侧脉每边 4 ～ 7 条，纤细；叶柄长 1 ～ 2 cm。聚伞花序腋外生，多花，总花梗长 1 ～ 2 cm，花梗长 0.8 ～ 1 cm，被稀疏短柔毛；萼杯状，5 裂，裂片三角形，端钝；花冠紫色，花冠筒隐于萼内，冠檐 5 裂，裂片椭圆状披针形；子房卵形，花柱纤细，丝状，柱头小，头状。浆果球状或卵状，成熟后红色，种子扁平，近圆形。花期夏季，果期秋季。

【拍摄地点】李庙镇主山寨村，海拔 1127 m。

图 0849　欧白英 *Solanum dulcamara*

【生境分布】生长于林边坡地。分布于南漳李庙、巡检等乡镇。

【药用部位】全草。

【功能主治】清热解毒，利尿，祛风湿。用于黄疸，水肿，淋证，风湿性关节痛，疔疮。

珊瑚樱　冬珊瑚（图 0850）

Solanum pseudocapsicum L.

【形态特征】直立分枝小灌木，高达 2 m，全株光滑无毛。叶互生，狭长圆形至披针形，长 1 ～ 6 cm，宽 0.5 ～ 1.5 cm，先端尖或钝，基部狭楔形下延成叶柄，边全缘或波状，两面均光滑无毛，中脉在下面凸出，侧脉 6 ～ 7 对，在下面更明显；叶柄长 2 ～ 5 mm，与叶片不能截然分开。花多单生，很少成蝎尾状花序，无总花梗或近于无总花梗，腋外生或近对叶生，花梗长 3 ～ 4 mm；花小，白色，直径 0.8 ～ 1 cm；萼绿色，直径约 4 mm，5 裂，裂片长约 1.5 mm；花冠筒隐于萼内，长不及 1 mm，冠檐长约 5 mm，裂片 5，卵形，长约 3.5 mm，宽约 2 mm；花丝长不及 1 mm，花药黄色，矩圆形，长约 2 mm；子房近圆形，直径约 1 mm，花柱短，长约 2 mm，柱头截形。浆果橙红色，直径 1 ～ 1.5 cm，萼宿存，果柄长约 1 cm，顶端膨大。种子盘状，扁平，直径 2 ～ 3 mm。花期初夏，果期秋末。

图 0850　珊瑚樱 *Solanum pseudocapsicum*

【拍摄地点】肖堰镇云盘村，海拔 477 m。

【生境分布】栽培或逸生。分布于南漳肖堰、城关、长坪等乡镇。

【药用部位】根。

【功能主治】活血止痛；有毒。用于腰肌劳损。

阳芋　土豆　洋芋　马铃薯（图 0851）

Solanum tuberosum L.

【形态特征】草本，高 30 ～ 80 cm，无毛或被疏柔毛。地下茎块状，扁圆形或长圆形，直径 3 ～ 10 cm，外皮白色、淡红色或紫色。叶为奇数不相等的羽状复叶，小叶常大小相间，长 10 ～ 20 cm；叶柄长 2.5 ～ 5 cm；小叶 6 ～ 8 对，卵形至长圆形，最大者长可达 6 cm，宽达 3.2 cm，最小者长、宽均不及 1 cm，先端尖，基部稍不相等，全缘，两面均被白色疏柔毛，侧脉每边 6 ～ 7 条，先端略弯。伞房花序顶生，后侧生，花白色或蓝紫色；萼钟形，直径约 1 cm，外面被疏柔毛，5 裂，裂片披针形，先端长渐尖；花冠辐状，直径 2.5 ～ 3 cm，花冠筒隐于萼内，长约 2 mm，冠檐长约 1.5 cm，裂片 5，三角形，长约 5 mm；雄蕊长约 6 mm，花药长为花丝长度的 5 倍；子房卵圆形，无毛，花柱长约 8 mm，柱头头状。浆果圆球状，光滑，直径约 1.5 cm。花期夏季。

【拍摄地点】板桥镇龙垴村，海拔 1235 m。

【生境分布】栽培。全县均有栽培，板桥、长坪等栽培量大。

【药用部位】块茎。

【功能主治】和胃健中，解毒消肿。用于胃痛，痄肋，痈肿，湿疹，烫伤。

【附注】块茎上刚抽出的芽条及果实中有丰富的龙葵碱，有毒。

图 0851　阳芋 *Solanum tuberosum*

黄果茄　刺茄（图 0852）

Solanum xanthocarpum Schrad. et Wendl.

图 0852　黄果茄 *Solanum xanthocarpum*

【形态特征】直立或匍匐草本，高 50 ～ 70 cm，有时基部木质化，植物体各部均被 7 ～ 9 分枝的星状茸毛，并密生细长的针状皮刺，皮刺长 0.5 ～ 1.8 cm，基部宽 0.5 ～ 1.5 mm，先端极尖，基部间被有星状茸毛；植株除幼嫩部外，其他各部的星状茸毛则逐渐脱落而稀疏。叶卵状长圆形，长 4 ～ 6 cm，宽 3 ～ 4.5 cm，先端钝或尖，基部近心形或不相等，边缘通常 5 ～ 9 裂或羽状深裂，裂片边缘波状，两面均被星状短茸毛，尖锐的针状皮刺则着生在两面的中脉及侧脉上，侧脉 5 ～ 9 条，约与裂片数相等；叶柄长 2 ～ 3.5 cm。聚伞花序腋外生，通常 3 ～ 5 花，花蓝紫色，直径约 2 cm；萼钟形，直径约 1 cm，外面被星状茸毛及尖锐的针状皮刺，先端 5 裂，裂片长圆形，先端骤渐尖；花冠辐状，直径约 2.5 cm，花冠筒隐于萼内，长约 1.5 mm，无毛，冠檐长 13 ～ 14 mm，先端 5 裂，裂瓣卵状三角形，长 6 ～ 8 mm，外面密被星状茸毛，内面被茸毛及星状茸毛；雄蕊 5 枚，长约 9 mm，花药长约为花丝长度的 8 倍；子房卵圆形，直径约 2 mm，顶部疏被星状茸毛，花柱纤细，长约 1 cm，被极稀疏的茸毛及星状茸毛，柱头截形。浆果球形，直径 1.3 ～ 1.9 cm，初时绿色并具深绿色的条纹，成熟后则变为淡黄色；种子近肾形，扁平，直径约 1.5 mm。花期冬季至翌年夏季，果期夏季。

【拍摄地点】李庙镇沙坪村，海拔 473 m。

【生境分布】生于干旱河谷沙滩上。零星分布于南漳各乡镇。

【药用部位】根。

【功能主治】清热利湿，消肿止痛。用于风湿痹痛，牙痛，睾丸肿痛，痈疖。

143. 玄参科 Scrophulariaceae

火焰草属 Castilleja

火焰草　红瓦松　狗牙风（图 0853）

Castilleja pallida（L.）Kunth

【形态特征】多年生直立草本，全体被白色柔毛。茎通常丛生，不分枝，高 20 ～ 30 cm。叶最下部的对生，其余的互生，长条形至条状披针形，长 2 ～ 8 cm，宽 0.2 ～ 0.5 cm，全缘，基出三大脉。花序长 3 ～ 12 cm；苞片卵状披针形，黄白色，长 1 ～ 3 cm，宽 0.5 ～ 1.2 cm；花萼长约 2 cm，前后两方裂达一半，两侧裂达 1/4，裂片条形；花冠淡黄色或白色，长 2.5 ～ 3 cm，筒部长管状；药室一长一短。蒴果无毛，长约 1 cm，顶端钩状尾尖。花期 6—8 月。

【拍摄地点】李庙镇老君店村，海拔 776 m。

【生境分布】生于草丛或灌丛中。分布于南漳板桥、李庙等乡镇。

【药用部位】全草。

【功能主治】清热解毒，凉血止血。用于热毒疮疡，乳痈，丹毒，无名肿毒，水火烫伤，咽喉肿痛，牙龈炎，血热吐血，咯血，鼻衄，外伤出血。

图 0853　火焰草 *Castilleja pallida*

图 0854　泥花草 *Lindernia antipoda*

母草属 Lindernia

泥花草（图 0854）

Lindernia antipoda（L.）Alston

【形态特征】一年生草本，根须状成丛；茎幼时亚直立，长大后多分枝，枝基部匍匐，下部节上生根，弯曲上升，高可达 30 cm，茎枝有沟纹，无毛。叶片矩圆形、矩圆状披针形、矩圆状倒披针形或几为条状披针形，长 0.3 ～ 4 cm，宽 0.6 ～ 1.2 cm，顶端急尖或圆钝，基部下延有宽短叶柄，近于抱茎，边缘有少数不明显的锯齿至有明显的锐锯齿或近于全缘，两面无毛。花多在茎枝之顶总状着生，花序长者可达 15 cm，含花 2 ～ 20 朵；苞片钻形；花梗有条纹，顶端变粗，长者可达 1.5 cm，花期上升或斜展，在果期平展或反折；萼仅基部连合，齿 5，条状披针形，沿中肋和边缘略有短硬毛；花冠紫色、紫白色或白色，长可达 1 cm，管长可达 7 mm，上唇 2 裂，下唇 3 裂，上、下唇近等长；后方一对雄蕊有性，前方一对退化，花药消失，花丝端钩曲有腺；花柱细，柱头扁平，片状。蒴果圆柱形，顶端渐尖，长约为宿萼的 2 倍或较多；种子为不规则三棱状卵形，褐色，有网状孔纹。花果期春季至秋季。

【拍摄地点】巡检镇南峪沟村，海拔 450 m。

【生境分布】生于田边及潮湿的草地中。分布于南漳巡检镇。

【药用部位】全草。

【功能主治】清热利湿，消肿解毒。用于毒蛇咬伤，跌打肿痛，疮疖肿毒，产后腹痛。

陌上菜　白猪母菜（图 0855）

Lindernia procumbens（Krock.）Philcox

【形态特征】直立草本，根细密成丛；茎高 5～20 cm，基部多分枝，无毛。叶无柄；叶片椭圆形至矩圆形多少带菱形，长 1 ～ 2.5 cm，宽 6 ～ 12 mm，顶端钝至圆头，全缘或有不明显的钝齿，两面无毛，叶脉并行，自叶基发出 3 ～ 5 条。花单生于叶腋，花梗纤细，长 1.2 ～ 2 cm，比叶长，无毛；萼仅基部连合，齿 5，条状披针形，长约 4 mm，顶端钝头，外面微被短毛；花冠粉红色或紫色，长 5 ～ 7 mm，管长约 3.5 mm，向上渐扩大，上唇短，长约 1 mm，2 浅裂，下唇甚大于上唇，长约 3 mm，3 裂，侧裂椭圆形较小，中裂圆形，向前突出；雄蕊 4，全育，前方 2 枚雄蕊的附属物腺体状而短小；花药基部微凹；柱头 2 裂。蒴果球形或卵球形，与萼近等长或略过之，室间 2 裂；种子多数，有格纹。花期 7—10 月，果期 9—11 月。

图 0855　陌上菜 *Lindernia procumbens*

【拍摄地点】李庙镇刘坪村，海拔 150 m。

【生境分布】生于水边及潮湿处。分布于南漳李庙、城关、巡检等乡镇。

【药用部位】全草。

【功能主治】清肝泻火，凉血解毒，解毒消肿。用于肝火上炎，湿热泻痢，红肿热毒，痔疮肿痛。

通泉草属 Mazus

通泉草（图 0856）

Mazus pumilus（N. L. Burman）Steenis

【形态特征】一年生草本，高 3 ～ 30 cm，无毛或疏生短柔毛。主根伸长，垂直向下或短缩，须根纤细，多数，散生或簇生。本种在体态上变化幅度很大，茎 1 ～ 5 或有时更多，直立，上升或倾卧状上升，着地部分节上常能长出不定根，分枝多而披散，少不分枝。基生叶少到多数，有时呈莲座状或早落，倒卵状匙形至卵状倒披针形，膜质至薄纸质，长 2 ～ 6 cm，顶端全缘或有不明显的疏齿，基部楔形，下延成带翅的叶柄，边缘具不规则的粗齿或基部有 1 ～ 2 片浅羽裂；茎生叶对生或互生，少数，与基生叶相似或几乎等大。总状花序生于茎、枝顶端，常在近基部生花，伸长或上部呈束状，通常 3 ～ 20 朵，花疏稀；花萼钟状，萼片与萼筒近等长，卵形，端急尖，脉不明显；花冠白色、紫色或蓝色，上唇裂片卵状三角形，下唇中裂片较小，稍突出，倒卵圆形；子房无毛。蒴果球形；种子小而多数，黄色，种皮上有不规则的网纹。花果期 4—10 月。

图 0856　通泉草 *Mazus pumilus*

【拍摄地点】长坪镇黄潭村，海拔 450 m。

【生境分布】生于潮湿的路旁、荒林及疏林中。分布于南漳长坪镇。

【药用部位】全草。

【功能主治】止痛，健胃，解毒。用于偏头痛，消化不良；外用治疔疮，脓疱疮，烫伤。

弹刀子菜　四叶细辛（图 0857）

Mazus stachydifolius（Turcz.）Maxim.

【形态特征】多年生草本，高 10 ～ 50 cm，粗壮，全体被多细胞白色长柔毛。根状茎短。茎直立，稀上升，圆柱形，不分枝或在基部分 2 ～ 5 枝，老时基部木质化。基生叶匙形，有短柄，常早枯萎；茎生叶对生，上部的常互生，无柄，长椭圆形至倒卵状披针形，纸质，长 2 ～ 4 cm，以茎中部的较大，边缘具不规则锯齿。总状花序顶生，长 2 ～ 20 cm，有时稍短于茎，花稀疏；苞片三角状卵形，长约 1 mm；花萼漏斗状，长 5 ～ 10 mm，果时增长达 16 mm，直径超过 1 cm，比花梗长或近等长，萼齿略长于筒部，披针状三角形，顶端长锐尖，10 条脉纹明显；花冠蓝紫色，长 15 ～ 20 mm，花冠筒与唇部近等长，上部稍扩大，上唇短，顶端 2 裂，裂片狭三角形，端锐尖，下唇宽大，开展，3 裂，中裂较侧裂约小 1 倍，近圆形，稍突出，两条褶襞从喉部直通至上下唇裂口，被黄色斑点和稠密的乳头状腺毛；

雄蕊 4 枚，二强，着生在花冠筒的近基部；子房上部被长硬毛。蒴果扁卵球形，长 2 ～ 3.5 mm。花期 4—6 月，果期 7—9 月。

【拍摄地点】九集镇吴家集村，海拔 191 m。

【生境分布】生于较湿润的路旁、草坡及林缘。分布于南漳九集、城关、李庙等乡镇。

【药用部位】全草。

【功能主治】清热解毒。用于毒蛇咬伤。

图 0857　弹刀子菜 *Mazus stachydifolius*

山罗花属 Melampyrum

山罗花（图 0858）

Melampyrum roseum Maxim.

【形态特征】直立草本，植株全体疏被鳞片状短毛，有时茎上还有两列多细胞柔毛。茎通常多分枝，少不分枝，近于四棱形，高 15 ～ 80 cm。叶柄长约 5 mm，叶片披针形至卵状披针形，顶端渐尖，基部圆钝或楔形，长 2 ～ 8 cm，宽 0.8 ～ 3 cm。苞叶绿色，仅基部具尖齿至整个边缘具多条刺毛状长齿，较少全缘的，顶端急尖至长渐尖。花萼长约 4 mm，常被糙毛，脉上常生多细胞柔毛，萼齿长三角形至钻状三角形，生有短毛；花冠紫色、紫红色或红色，长 15 ～ 20 mm，筒部长为檐部长的 2 倍左右，上唇内面密被须毛。蒴果卵状渐尖，长 8 ～ 10 mm，顶端稍向前偏，被鳞片状毛，少无毛的。种子黑色，长 3 mm。花期夏秋。

图 0858　山罗花 *Melampyrum roseum*

【拍摄地点】李庙镇主山寨村，海拔 1262 m。

【生境分布】生于山坡灌丛及草丛中。分布于南漳李庙、长坪、薛坪等乡镇。

【药用部位】全草。

【功能主治】清热解毒。用于疮痈肿毒。

泡桐属 Paulownia

白花泡桐 泡桐树（图 0859）

Paulownia fortunei（Seem.）Hemsl.

图 0859 白花泡桐 *Paulownia fortunei*

【形态特征】乔木高达 30 m，树冠圆锥形，主干直，胸径可达 2 m，树皮灰褐色；幼枝、叶、花序各部和幼果均被黄褐色星状茸毛，但叶柄、叶片上面和花梗渐变无毛。叶片长卵状心形，有时为卵状心形，长达 20 cm，顶端长渐尖或锐尖头，其突尖长达 2 cm，新枝上的叶有时 2 裂，下面有星状毛及腺，成熟叶片下面密被茸毛，有时毛很稀疏至近无毛；叶柄长达 12 cm。花序枝几无或仅有短侧枝，故花序狭长几成圆柱形，长约 25 cm，小聚伞花序有花 3 ～ 8 朵，总花梗几与花梗等长，或下部者长于花梗，上部者略短于花梗；萼倒圆锥形，长 2 ～ 2.5 cm，花后逐渐脱毛，分裂至 1/4 或 1/3 处，萼齿卵圆形至三角状卵圆形，至果期变为狭三角形；花冠管状漏斗形，白色仅背面稍带紫色或浅紫色，长 8 ～ 12 cm，管部在基部以上不突然膨大，而逐渐向上扩大，稍稍向前曲，外面有星状毛，腹部无明显纵褶，内部密布紫色细斑块；雄蕊长 3 ～ 3.5 cm，有疏腺；子房有腺，有时具星状毛，花柱长约 5.5 cm。蒴果长圆形或长圆状椭圆形，长 6 ～ 10 cm，顶端之喙长达 6 mm，宿萼开展或漏斗状，果皮木质，厚 3 ～ 6 mm；种子连翅长 6 ～ 10 mm。花期 3—4 月，果期 7—8 月。

【拍摄地点】长坪镇陡山村，海拔 937 m。

【生境分布】生于低海拔的山坡、林中、山谷及荒地。分布于南漳各乡镇。

【药用部位】树皮。

【功能主治】祛风，解毒，止痛，消肿。用于风湿痹痛。

马先蒿属 Pedicularis

返顾马先蒿 芝麻七（图 0860）

Pedicularis resupinata L.

【形态特征】多年生草本，高 30 ～ 70 cm，直立，干时不变黑色。根多数丛生，细长而纤维状，长可达 10 cm。茎常单出，上部多分枝，粗壮而中空，多方形有棱，有疏毛或几无毛。叶密生，均茎出，互生或有时下部甚或中部者对生，叶柄短，长 2 ～ 12 mm，上部之叶近于无柄，无毛或有短毛；叶片膜质至纸质，卵形至长圆状披针形，前方渐狭，基部广楔形或圆形，边缘有钝圆的重齿，齿上有浅色的胼胝或刺状尖头，且常反卷，长 25 ～ 55 mm，宽 10 ～ 20 mm，渐上渐小而变为苞片，两面无毛或有疏毛。花单生于茎枝顶端的叶腋中，无梗或有短梗；萼长 6 ～ 9 mm，长卵圆形，多少膜质，脉有网结，几无毛，前方深裂，齿仅

2 枚，宽三角形，全缘或略有齿，光滑或有微缘毛。花冠长 20 ～ 25 mm，淡紫红色，管长 12 ～ 15 mm，伸直；雄蕊花丝前面 1 对有毛；柱头伸出于喙端。蒴果斜长圆状披针形，长 11 ～ 16 mm，仅稍长于萼。花期 6—8 月，果期 7—9 月。

【拍摄地点】板桥镇龙端村，海拔 1246 m。

【生境分布】生于湿润草地及林缘。分布于南漳板桥镇。

【药用部位】全草。

【功能主治】祛风除湿，利尿。用于风湿性关节炎，关节疼痛，尿路结石，小便不畅；外用治疗疥疮。

图 0860　返顾马先蒿 *Pedicularis resupinata*

松蒿属 Phtheirospermum

松蒿　土茵陈（图 0861）

Phtheirospermum japonicum（Thunb.）Kanitz

【形态特征】一年生草本，高可达 100 cm，但有时高仅 5 cm 即开花，植体被多细胞腺毛。茎直立或弯曲而后上升，通常多分枝。叶具长 5 ～ 12 mm 边缘有狭翅之柄，叶片长三角状卵形，长 15 ～ 55 mm，宽 8 ～ 30 mm，近基部的羽状全裂，向上则为羽状深裂；小裂片长卵形或卵圆形，多少歪斜，边缘具重锯齿或深裂，长 4 ～ 10 mm，宽 2 ～ 5 mm。花具长 2 ～ 7 mm 之梗，萼长 4 ～ 10 mm，萼齿 5 枚，叶状，披针形，长 2 ～ 6 mm，宽 1 ～ 3 mm，羽状浅裂至深裂，裂齿先端锐尖；花冠紫红色至淡紫红色，长 8 ～ 25 mm，外面被柔毛；上唇裂片三角状卵形，下唇裂片先端圆钝；花丝基部疏被长柔毛。蒴果卵珠形，长 6 ～ 10 mm。种子卵圆形，扁平，长约 1.2 mm。花果期 6—10 月。

【拍摄地点】薛坪镇八里川村，海拔 993 m。

【生境分布】生于山坡灌丛阴处。分布于南漳薛坪、板桥、长坪等乡镇。

【药用部位】全草。

【功能主治】清热利湿。用于湿热黄疸，水肿。

图 0861　松蒿 *Phtheirospermum japonicum*

地黄属 Rehmannia

裂叶地黄　野生地（图 0862）

Rehmannia piasezkii Maxim.

图 0862　裂叶地黄 *Rehmannia piasezkii*

【形态特征】植体被多细胞长柔毛，高 30 ～ 100 cm，顶端幼嫩部分及花梗与花萼除被上述毛外还被腺毛，茎简单或基部分枝。叶片纸质，长椭圆形，基部的长达 15 cm，宽 7 cm，羽状开裂，裂片呈三角形，边缘具三角状带短尖的齿，两面均被白色柔毛，基部具长约 4 cm 带翅的柄，向上叶片与叶柄均逐渐缩小，顶部的不开裂，仅具三角状尖齿。花具长 2 ～ 4 cm 之梗，梗多少弯曲上升，单生上部叶腋；小苞片 2 枚，与叶同形，但不具柄，着生于花梗基部，萼长 1.5 ～ 3 cm；萼齿 5 枚，开展，彼此不等；最后方 1 枚披针形，狭长而渐尖，长约 2.3 cm，宽 2 ～ 3 mm；其余 4 枚卵状披针形，先端渐尖，长 5 ～ 15 mm；花冠紫红色，长 5 ～ 6 cm；花冠筒长 3.5 ～ 4 cm，前端扩大，多少囊状，外面被长柔毛或无毛，内面褶襞上被长腺毛；花冠裂片两面几无毛或被柔毛，边缘有缘毛；上唇裂片横矩圆形，长 10 ～ 11 mm，宽 11 ～ 15 mm；下唇中裂片稍长而突出于两侧裂片之外，长 1 ～ 1.6 cm，宽约 1 cm，倒卵状矩圆形，侧裂片近于圆形，长 0.8 ～ 1.2 cm，宽 1.1 ～ 1.2 cm；花丝无毛或近基部略被腺毛；柱头 2 枚，片状，彼此不相等。果未见。花期 5—9 月。

【拍摄地点】城关镇殷庄村，海拔 365 m。

【生境分布】生于山坡。分布于南漳城关、李庙、巡检等乡镇。

【药用部位】全草。

【功能主治】清热凉血。用于疔疮，烫伤。

玄参属 Scrophularia

玄参　元参（图 0863）

Scrophularia ningpoensis Hemsl.

【中药名】玄参*。

【形态特征】高大草本，可达 1 m 余。支根数条，纺锤形或胡萝卜状膨大，粗可达 3 cm 以上。茎四棱形，有浅槽，无翅或有极狭的翅，无毛或多少有白色卷毛，常分枝。叶在茎下部多对生而具柄，上部的有时互生而柄极短，柄长者达 4.5 cm，叶片多变化，多为卵形，有时上部的叶片为卵状披针形至披针形，基部楔形、圆形或近心形，边缘具细锯齿，稀为不规则的细重锯齿，大者长达 30 cm，宽达 19 cm，上部最狭者长约 8 cm，宽仅 1 cm。花序为疏散的大圆锥花序，由顶生和腋生的聚伞圆锥花序合成，长可达 50 cm，但在较小的植株中，仅有顶生聚伞圆锥花序，长不及 10 cm，聚伞花序常二至四回复出，花梗长 3 ～ 30 mm，有腺毛；花褐紫色，花萼长 2 ～ 3 mm，裂片圆形，边缘稍膜质；花冠长 8 ～ 9 mm，花冠筒多少球形，上唇长于下唇约 2.5 mm，裂片圆形，相邻边缘相互重叠，下唇裂片多少卵形，中裂片稍短；雄蕊稍短于下唇，花丝肥厚，退化雄蕊大而近于圆形；花柱长约 3 mm，稍长于子房。蒴果卵圆形，连同短喙长 8 ～ 9 mm。花期 6—10 月，果期 9—11 月。

图 0863　玄参 *Scrophularia ningpoensis*

【拍摄地点】李庙镇沙坪村，海拔 956 m。

【生境分布】生于竹林、溪旁、丛林及草丛中。南漳李庙、长坪等乡镇有栽培，李庙镇磨坪寺村有多年栽培历史。

【采收加工】冬季茎叶枯萎时采挖，除去根茎、幼芽、须根及泥沙，晒或烘至半干，堆放 3 ～ 6 天，反复数次至干燥。

【药用部位】根。

【性味归经】甘、苦、咸，微寒。归肺、胃、肾经。

【功能主治】清热凉血，滋阴降火，解毒散结。用于热入营血，温毒发斑，热病伤阴，舌绛烦渴，津伤便秘，骨蒸劳嗽，目赤，咽痛，白喉，瘰疬，痈肿疮毒。

【用法用量】9 ～ 15 g。

阴行草属 Siphonostegia

阴行草（图 0864）

Siphonostegia chinensis Benth.

图 0864　阴行草 *Siphonostegia chinensis*

【中药名】北刘寄奴 *。

【形态特征】一年生草本，直立，高 30 ～ 60 cm，有时可达 80 cm，干时变为黑色，密被锈色短毛。主根不发达或稍伸长，木质，直径约 2 mm，有的增粗，直径可达 4 mm，很快分为多数粗细不等的侧根而消失，侧根长 3 ～ 7 cm，纤维状，常水平开展，须根多数，散生。茎多单条，中空，基部常有少数宿存膜质鳞片，下部常不分枝，而上部多分枝；枝对生，1 ～ 6 对，细长，坚挺，多少以 45°角叉分，稍具棱角，密被无腺短毛。叶对生，全部为茎出，下部者常早枯，上部者茂密，相距很近，仅 1 ～ 2 cm，无柄或有短柄，柄长可达 1 cm，叶片基部下延，扁平，密被短毛；叶片厚纸质，广卵形，长 8 ～ 55 mm，宽 4 ～ 60 mm，两面皆密被短毛，中肋在上面微凹入，背面明显凸出，缘作疏远的二回羽状全裂，裂片仅约 3 对，仅下方两枚羽状开裂，小裂片 1 ～ 3 枚，外侧者较长，内侧裂片较短或无，线形或线状披针形，宽 1 ～ 2 mm，锐尖头，全缘。花对生于茎枝上部，或有时假对生，构成疏稀的总状花序；苞片叶状，较萼短，羽状深裂或全裂，密被短毛；花梗短，长 1 ～ 2 mm，纤细，密被短毛，有一对小苞片，线形，长约 10 mm；花萼管部很长，顶端稍缩紧，长 10 ～ 15 mm，厚膜质，密被短毛，10 条主脉质地厚而粗壮，显著凸出，使处于其间的膜质部分凹下成沟，无网纹，齿 5 枚，绿色，质地较厚，密被短毛，长为萼管的 1/4 ～ 1/3，线状披针形或卵状长圆形，近于相等，全缘，或偶有 1 ～ 2 锯齿；花冠上唇红紫色，下唇黄色，长 22 ～ 25 mm，外面密被长纤毛，内面被短毛，花管伸直，纤细，长 12 ～ 14 mm，顶端略膨大，稍伸出于萼管外，上唇镰状弓曲，顶端截形，额稍圆，前方突然向下前方作斜截形，有时略作啮痕状，其上角有一对短齿，背部密被特长的纤毛，毛长 1 ～ 2 mm；下唇约与上唇等长或稍长，顶端 3 裂，裂片卵形，端均具小突尖，中裂与侧裂等见而较短，向前凸出，褶襞的前部高凸并作袋状伸长，向前伸出与侧裂等长，向后方渐低而终止于管喉，不被长纤毛，沿褶缝边缘质地较薄，并有啮痕状齿；雄蕊二强，着生于花管的中上部，前方一对花丝较短，着生的部位较高，2 对花丝下部被短纤毛，花药 2 室，长椭圆形，纵裂，开裂后常呈新月形弯曲；子房长卵形，长约 4 mm，柱头头状，常伸出于盔外。蒴果被包于宿存的萼内，约与萼管等长，披针状长圆形，长约 15 mm，直径约 2.5 mm，顶端稍偏斜，有短尖头，黑褐色，稍具光泽，并有 10 条不十分明显的纵沟纹；种子多数，黑色，长卵圆形，长约 0.8 mm，具微高的纵横突起，横突 8 ～ 12 条，纵突 8 条，将种皮隔成许多横长的网眼，纵突中有 5 条突起较高成窄翅，一面有 1 条龙骨状宽厚而肉质半透明之翅，其顶端稍外卷。花期 6—8 月。

【拍摄地点】城关镇便河村，海拔 140 m。

【生境分布】生于山坡或草地。分布于南漳城关、薛坪等乡镇。

【采收加工】秋季采收，除去杂质，晒干。

【药用部位】全草。

【性味归经】苦，寒。归脾、胃、肝、胆经。

【功能主治】活血祛瘀，通经止痛，凉血，止血，清热利湿。用于跌打损伤，外伤出血，瘀血经闭，月经不调，产后瘀痛，癥瘕积聚，血痢，血淋，湿热黄疸，水肿腹胀。

【用法用量】6 ～ 9 g。

蝴蝶草属 Torenia

西南蝴蝶草（图 0865）

Torenia cordifolia Roxb.

【形态特征】一年生直立草本，高 15 ～ 20 cm，疏被白色柔毛，自茎的基部起逐节分枝；枝交互对生，并再分枝，平展而后上升或斜向侧出，基部的多少铺散，整个植株呈金字塔形。枝近顶部的叶柄由于节间距离较近而略呈簇状；叶片卵形或心形，长 2.5 ～ 3.5 cm，宽 1.5 ～ 2.5 cm，两面疏被柔毛，边缘具粗三角状锯齿，先端略尖，基部楔形

图 0865 西南蝴蝶草 *Torenia cordifolia*

而多少下延。花 3 ～ 5 朵在分枝顶部排列成伞形花序；花梗通常弯曲向上，苞片条形；萼卵状矩圆形，具 5 枚边缘多少波状的翅，基部截形或多少钝圆，翅绝不下延；萼齿 2 枚，三角状，近相等，果期开裂成 5 枚三角状小齿；花冠蓝紫色；上唇宽过于长，先端全缘或微凹缺，稍内卷；下唇三裂片彼此近于相等，前方一对花丝各具 1 枚齿状或丝状附属物。蒴果矩圆形。花果期 9—11 月。

【拍摄地点】东巩镇口泉村，海拔 177 m。

【生境分布】生于山坡路旁或湿润沟边。分布于南漳东巩、肖堰等乡镇。

【药用部位】全草。

【功能主治】清热利湿。用于泻痢。

长叶蝴蝶草　光叶蝴蝶草　水韩信草（图 0866）

Torenia asiatica L.

【形态特征】一年生草本，疏被向上弯的硬毛，铺散或倾卧而后上升。茎具棱或狭翅，自基部起多分枝；枝对生，或由于一侧不发育而呈二歧状。叶片卵形或卵状披针形，长 2 ～ 3.5 cm，宽 1 ～ 1.8 cm，两面疏被短糙毛，边缘具带短尖的锯齿或圆锯齿，先端渐尖或稀为急尖，基部近于圆形。花单生于分枝顶部叶腋或顶生，或 3 ～ 5 朵于近顶部的叶腋，排成伞形花序；萼狭长，长 1.5 ～ 2 cm，宽约 4 mm，上部稍扩大；萼齿 2 枚，长三角形，先端渐尖，具 5 枚翅，其中后方 2 枚较窄；果期萼呈长椭圆形，先端渐尖而稍弯曲，常裂成 3 ～ 4 枚小齿；花冠长 3 ～ 3.5 cm，暗紫色；上唇倒卵圆形，下唇三裂片近于圆形，各有 1 蓝色斑块；中裂片直径约 7 mm，侧裂片稍小；前方一对花丝各具 1 长约 4 mm 的丝状附属物。蒴果长椭圆形；种子小，矩圆形或近于球形，黄色。花果期 5—11 月。

图 0866　长叶蝴蝶草 *Torenia asiatica*

【拍摄地点】李庙镇赵店村，海拔 255 m。

【生境分布】生于田边、山坡、路旁或阴湿处。分布于南漳李庙镇。

【药用部位】全草。

【功能主治】清热利湿，解毒，散瘀。用于热咳，黄疸，泻痢，血淋，疔毒，蛇伤，跌打损伤。

婆婆纳属 Veronica

北水苦荬　仙桃草　水莴苣（图 0867）

Veronica anagallis-aquatica L.

【形态特征】多年生草本，通常全体无毛，极少在花序轴、花梗、花萼和蒴果上有几根腺毛。根茎斜走。茎直立或基部倾斜，不分枝或分枝，高10～100 cm。叶无柄，上部的半抱茎，多为椭圆形或长卵形，少为卵状矩圆形，更少为披针形，长2～10 cm，宽1～3.5 cm，全缘或有疏而小的锯齿。花序比叶长，多花；花梗与苞片近等长，上升，与花序轴成锐角，果期弯曲向上，使蒴果靠近花序轴，花序通常不宽于1 cm；花萼裂片卵状披针形，急尖，长约3 mm，果期直立或叉开，不紧贴蒴果；花冠浅蓝色、浅紫色或白色，直径4～5 mm，裂片宽卵形；雄蕊短于花冠。蒴果近圆形，长、宽近相等，几乎与萼等长，顶端圆钝而微凹，花柱长约2 mm。花期4—9月。

图0867　北水苦荬 *Veronica anagallis-aquatica*

【拍摄地点】巡检镇巡检司村，海拔320 m。

【生境分布】生于水边及沼地。分布于南漳城关、九集、巡检等乡镇。

【药用部位】带虫瘿的全草。

【功能主治】活血，止血，消肿，止痛。用于吐血，衄血，咯血，便血；外用治骨折，跌打损伤，瘀血肿痛。

直立婆婆纳（图0868）

Veronica arvensis L.

【形态特征】小草本，茎直立或上升，不分枝或铺散分枝，高5～30 cm，有两列多细胞白色长柔毛。叶常3～5对，下部的有短柄，中上部的无柄，卵形至卵圆形，长5～15 mm，宽4～10 mm，具3～5脉，边缘具圆或钝齿，两面被硬毛。总状花序长而多花，长可达20 cm，各部分被多细胞白色腺毛；花梗极短；花萼长3～4 mm，裂片条状椭圆形，前方2枚长于后方2枚；花冠蓝紫色或蓝色，长约2 mm，裂片圆形至长矩圆形；雄蕊短于花冠。蒴果倒心形，强烈侧扁，长2.5～3.5 mm，宽略过之，边缘有腺毛，凹口很深，几乎为果半长，裂片圆钝，宿存的花柱不伸出凹口。种子矩圆形，长近1 mm。花期4—5月。

【拍摄地点】长坪镇赵岭村，海拔1156 m。

【生境分布】生于路边及荒野草地。分布于南漳长坪镇，偶见。

【药用部位】全草。

【功能主治】清热，除疟。用于疟疾。

图0868　直立婆婆纳 *Veronica arvensis*

阿拉伯婆婆纳 波斯婆婆纳（图 0869）

Veronica persica Poir.

【形态特征】铺散多分枝草本，高10～50 cm。茎密生两列多细胞柔毛。叶2～4对（腋内生花的称苞片，见下面），具短柄，卵形或圆形，长6～20 mm，宽5～18 mm，基部浅心形，平截或浑圆，边缘具钝齿，两面疏生柔毛。总状花序很长；苞片互生，与叶同形且几乎等大；花梗比苞片长，有的超过1倍；花萼花期长仅3～5 mm，果期增大达8 mm，裂片卵状披针形，有毛，三出脉；花冠蓝色、紫色或蓝紫色，长4～6 mm，裂片卵形至圆形，喉部疏被毛；雄蕊短于花冠。蒴果肾形，长约5 mm，宽约7 mm，被腺毛，成熟后几乎无毛，网脉明显，凹口角度超过90°，裂片钝，宿存的花柱长约2.5 mm，超出凹口。种子背面具深的横纹，长约1.6 mm。花期3—5月。

图 0869 阿拉伯婆婆纳 *Veronica persica*

【拍摄地点】城关镇马家嘴村，海拔154 m。

【生境分布】生于路边。分布于南漳各乡镇。

【药用部位】全草。

【功能主治】解热毒。用于肾虚，风湿，疟疾。

小婆婆纳（图 0870）

Veronica serpyllifolia L.

【形态特征】茎多枝丛生，下部匍匐生根，中上部直立，高10～30 cm，被多细胞柔毛，上部常被多细胞腺毛。叶无柄，有时下部的叶有极短的叶柄，卵圆形至卵状矩圆形，长8～25 mm，宽7～15 mm，边缘具浅齿缺，极少全缘，三至五出脉或为羽状叶脉。总状花序多花，单生或复出，果期长达20 cm，花序各部分密或疏地被多细胞腺毛；花冠蓝色、紫色或紫红色，长4 mm。蒴果肾形或肾状倒心形，长2.5～3 mm，宽4～5 mm，基部圆或几乎平截，边缘有一圈多细胞腺毛，花柱长约2.5 mm。花期4—6月。

图 0870 小婆婆纳 *Veronica serpyllifolia*

【拍摄地点】板桥镇宋家坪村，海拔 1151 m。

【生境分布】生于山坡草地。分布于南漳板桥镇，偶见。

【药用部位】全草。

【功能主治】活血散瘀，止血，解毒。用于月经不调，跌打内伤；外用治外伤出血，烧烫伤，蛇咬伤。

腹水草属 Veronicastrum

腹水草 两头粘（图 0871）

Veronicastrum stenostachyum（Hemsl.）Yamazaki

【形态特征】根茎短而横走。茎圆柱状，有条棱，多弓曲，顶端着地生根，少近直立而顶端生花序，长可达 1 m 余，无毛。叶互生，具短柄，叶片纸质至厚纸质，长卵形至披针形，长 7 ～ 20 cm，宽 2 ～ 7 cm，顶端长渐尖，边缘为具突尖的细锯齿，下面无毛，上面仅主脉上有短毛，少全面具短毛。花序腋生，有时顶生于侧枝上，也有时兼生于茎顶端，长 2 ～ 8 cm，花序轴多少被短毛；苞片和花萼裂片通常短于花冠，少有近等长的，多少有短毛；花冠白色、紫色或紫红色，长 5 ～ 6 mm，裂片近于正三角形，长不及 1 mm。蒴果卵状。种子小，具网纹。

图 0871 腹水草 *Veronicastrum stenostachyum*

【拍摄地点】李庙镇胡家坪村，海拔 243 m。

【生境分布】生于灌丛中，林下及阴湿处。分布于南漳各乡镇。

【药用部位】全草。

【功能主治】利尿消肿，散瘀解毒。用于腹水，水肿，小便不利，月经不调，经闭，跌打损伤；外用治腮腺炎，疔疮，烧烫伤，毒蛇咬伤。

144. 紫葳科 Bignoniaceae

凌霄属 Campsis

凌霄 紫葳花（图 0872）

Campsis grandiflora（Thunb.）Schum.

【中药名】凌霄花 *。

【形态特征】攀援藤本；茎木质，表皮脱落，枯褐色，以气生根攀附于其他物体上。叶对生，为奇数羽状复叶；小叶 7 ～ 9 枚，卵形至卵状披针形，顶端尾状渐尖，基部阔楔形，两侧不等大，长 3 ～ 6 cm，宽 1.5 ～ 3 cm，侧脉 6 ～ 7 对，两面无毛，边缘有粗锯齿；叶轴长 4 ～ 13 cm；小叶柄长 5 ～ 10 mm。顶生疏散的短圆锥花序，花序轴长 15 ～ 20 cm。花萼钟状，长 3 cm，分裂至中部，裂片披针形，长约 1.5 cm。花冠内面鲜红色，外面橙黄色，长约 5 cm，裂片半圆形。雄蕊着生于花冠筒近基部，花丝线形，细长，长 2 ～ 2.5 cm，花药黄色，“个”字形着生。花柱线形，长约 3 cm，柱头扁平，2 裂。蒴果顶端钝。花期 5—8 月。

图 0872 凌霄 *Campsis grandiflora*

【拍摄地点】巡检镇甘河村，海拔 371 m。

【生境分布】栽培。南漳城关、肖堰、巡检等乡镇庭院有栽培。

【采收加工】夏、秋二季花盛开时采摘，干燥。

【药用部位】花。

【性味归经】甘、酸，寒。归肝、心包经。

【功能主治】活血通经，凉血祛风。用于月经不调，经闭癥瘕，产后乳肿，风疹发红，皮肤瘙痒，痤疮。

【用法用量】5 ～ 9 g。

梓属 Catalpa

灰楸　楸树（图 0873）

Catalpa fargesii Bur.

【形态特征】乔木，高达 25 m；幼枝、花序、叶柄均有分枝毛。叶厚纸质，卵形或三角状心形，长 13 ～ 20 cm，宽 10 ～ 13 cm，顶端渐尖，基部截形或微心形，侧脉 4 ～ 5 对，基部有三出脉，叶幼时表面微有分枝毛，背面较密，以后变无毛；叶柄长 3 ～ 10 cm。顶生伞房状总状花序，有花 7 ～ 15 朵。花萼 2 裂近基部，裂片卵圆形。花冠淡红色至淡紫色，内面具紫色斑点，钟状，长约 3.2 cm。雄蕊 2，内藏，退化雄蕊 3 枚，花丝着生于花冠基部，花药广歧，长 3 ～ 4 mm。花柱丝形，细长，长约 2.5 cm，柱头 2 裂；子房 2 室，胚珠多数。蒴果细圆柱形，下垂，长 55 ～ 80 cm，果爿革质，2 裂。种子椭圆状线形，薄膜质，两端具丝状种毛，连毛长 5 ～ 6 cm。花期 3—5 月，果期 6—11 月。

图 0873 灰楸 *Catalpa fargesii*

【拍摄地点】肖堰镇观音堂村，海拔 430 m。

【生境分布】生于村庄边或山谷中。分布于南漳各乡镇。

【药用部位】树皮。

【功能主治】清热，止痛，消肿。用于风湿潮热，肢体困痛，关节炎，水肿，热毒，疥疮。

梓 梓树 豇豆树（图 0874）

Catalpa ovata G. Don

【形态特征】乔木，高达 15 m；树冠伞形，主干通直，嫩枝具稀疏柔毛。叶对生或近于对生，有时轮生，阔卵形，长、宽近相等，长约 25 cm，顶端渐尖，基部心形，全缘或浅波状，常 3 浅裂，叶片上面及下面均粗糙，微被柔毛或近于无毛，侧脉 4 ～ 6 对，基部掌状脉 5 ～ 7 条；叶柄长 6 ～ 18 cm。顶生圆锥花序；花序梗微被疏毛，长 12 ～ 28 cm。花萼蕾时圆球形，2 唇开裂，长 6 ～ 8 mm。花冠钟状，淡黄色，内面具 2 黄色条纹及紫色斑点，长约 2.5 cm，直径约 2 cm。能育雄蕊 2，花丝插生于花冠筒上，花药叉开；退化雄蕊 3。子房上位，棒状。花柱丝形，柱头 2 裂。蒴果线形，下垂，长 20 ～ 30 cm，粗 5 ～ 7 mm。种子长椭圆形，长 6 ～ 8 mm，宽约 3 mm，两端具有平展的长毛。

图 0874 梓 *Catalpa ovata*

【拍摄地点】城关镇洞坪村，海拔 107 m。

【生境分布】栽培于村庄附近及公路两旁。分布于南漳各乡镇。

【药用部位】根内皮。

【功能主治】清热解毒，杀虫。用于皮肤瘙痒，疥疮。

145. 爵床科 Acanthaceae

白接骨属 Asystasiella

白接骨 接骨草 接骨丹（图 0875）

Asystasiella neesiana（Wall.）Lindau

【中药名】白接骨*。

【形态特征】草本，具白色、富黏液、竹节形根状茎；茎高达 1 m；略呈四棱形。叶卵形至椭圆状矩圆形，长 5 ～ 20 cm，顶端尖至渐尖，边缘微波状至具浅齿，基部下延成柄，叶片纸质，侧脉 6 ～ 7 条，两面凸起，疏被微毛。总状花序或基部有分枝，顶生，长 6 ～ 12 cm；花单生或对生；苞片 2，微小，长 1 ～ 2 mm；花萼裂片 5，长约 6 mm，主花轴和花萼被有柄腺毛；花冠淡紫红色，漏斗状，外疏生腺毛，花冠筒细长，长 3.5 ～ 4 cm，裂片 5，略不等，长约 1.5 cm；雄蕊二强，长花丝 3.5 mm，短花丝 2 mm，着生于花冠喉部，

2 药室等高。蒴果长 18 ～ 22 mm，上部具 4 粒种子，下部实心细长似柄。

【拍摄地点】板桥镇夹马河，海拔 631 m。

【生境分布】生于林下或溪边。分布于南漳板桥、长坪、李庙等乡镇。

【采收加工】夏、秋二季采挖，除去须根和泥沙，洗净，干燥。

【药用部位】根茎。

【性味归经】苦、淡，凉。归肝、肾、脾经。

【功能主治】化瘀止血，续筋接骨，利尿消肿，清热解毒。用于吐血，便血，外伤出血，跌打损伤，腹水，咽喉肿痛，疮痈肿毒。

【用法用量】9 ～ 15 g；鲜品 30 ～ 60 g。外用适量，捣敷或研末敷。

图 0875 白接骨 *Asystasiella neesiana*

观音草属 Peristrophe

九头狮子草 土细辛（图 0876）

Peristrophe japonica（Thunb.）Bremek.

【形态特征】草本，高 20 ～ 50 cm。叶卵状矩圆形，长 5 ～ 12 cm，宽 2.5 ～ 4 cm，顶端渐尖或尾尖，基部钝或急尖。花序顶生或腋生于上部叶腋，由 2 ～ 8 聚伞花序组成，每个聚伞花序下托以 2 枚总苞状苞片，一大一小，卵形，几倒卵形，长 1.5 ～ 2.5 cm，宽 5 ～ 12 mm，顶端急尖，基部宽楔形或平截，全缘，近无毛，羽脉明显，内有少数花；花萼裂片 5，钻形，长约 3 mm；花冠粉红色至微紫色，长 2.5 ～ 3 cm，外疏生短柔毛，二唇形，下唇 3 裂；雄蕊 2，花丝细长，伸出，花药被长硬毛，2 室叠生，一上一下，线形纵裂。蒴果长 1 ～ 1.2 cm，疏生短柔毛，开裂时胎座不弹起，上部具 4 粒种子，下部实心；种子有小疣状突起。

图 0876 九头狮子草 *Peristrophe japonica*

【拍摄地点】巡检镇巡检司村，海拔 448 m。

【生境分布】生于路边、草地或林下。分布于南漳巡检、长坪等乡镇。

【药用部位】全草。

【功能主治】发汗解表，清热解毒，镇痉。用于感冒，咽喉肿痛，白喉，小儿消化不良，小儿高热，痈疖肿毒，毒蛇咬伤。

爵床属 Rostellularia

爵床　孩儿草（图 0877）

Rostellularia procumbens（L.）Nees

图 0877　爵床 *Rostellularia procumbens*

【形态特征】草本，茎基部匍匐，通常有短硬毛，高 20 ～ 50 cm。叶椭圆形至椭圆状长圆形，长 1.5 ～ 3.5 cm，宽 1.3 ～ 2 cm，先端锐尖或钝，基部宽楔形或近圆形，两面常被短硬毛；叶柄短，长 3 ～ 5 mm，被短硬毛。穗状花序顶生或生上部叶腋，长 1 ～ 3 cm，宽 6 ～ 12 mm；苞片 1，小苞片 2，均披针形，长 4 ～ 5 mm，有缘毛；花萼裂片 4，线形，约与苞片等长，有膜质边缘和缘毛；花冠粉红色，长 7 mm，二唇形，下唇 3 浅裂；雄蕊 2，药室不等高，下方 1 室有距，蒴果长约 5 mm，上部具 4 粒种子，下部实心似柄状。种子表面有瘤状皱纹。

【拍摄地点】李庙镇闫坪社区，海拔 214 m。

【生境分布】生于山坡林间草丛中。分布于南漳各乡镇。

【药用部位】全草。

【功能主治】清热解毒，利湿消滞，活血止痛。用于感冒发热，咳嗽，喉痛，疟疾，痢疾，黄疸，肾炎水肿，筋骨疼痛，小儿疳积，痈疽疔疮，跌打损伤。

马蓝属 Strobilanthes

少花马蓝　少花黄猄草（图 0878）

Strobilanthes oliganthus

图 0878　少花马蓝 *Strobilanthes oliganthus*

【形态特征】草本，高 40 ～ 50 cm，茎基部节膨大膝曲，上面的 4 棱，具沟槽。疏被白色，有时倒向毛。叶具柄，柄长 3.5 ～ 4 cm，叶片宽卵形至椭圆形，长 4 ～ 10 cm，宽 2 ～ 4 cm，顶端渐尖，基部宽楔形，边具疏锯齿，侧脉每边 4 ～ 6 条，上面白色钟乳体密而明显。花数朵集生成头状的穗状花序；苞片叶状，外面的长约 1.5 cm，里面的较小；小苞片条状匙形，长约 1 cm，苞片与小苞片均被多节的白色柔毛；花萼 5 裂，裂片条形，约与小苞片等长，花冠管圆柱形，稍弯曲，长 1.5 cm，向上扩大呈钟形，长 2.5 cm，冠檐外面疏生短柔毛，里面有 2 列短柔毛，冠檐裂片 5，几相等，常约 5 mm；雄蕊 4，二强，花丝基部有膜相连，花药直立，花粉粒圆球形，具散生种阜状圆球形突起纹饰。蒴果长约 1 cm，近顶端有短柔毛；种子 4 粒。有微毛。

【拍摄地点】板桥镇雷坪村，海拔 652 m。

【生境分布】生于林下或阴湿草地。分布于南漳板桥、长坪等乡镇。

【药用部位】全草。

【功能主治】清热定惊，止血。用于感冒发热，热病惊厥，外伤出血。

146. 胡麻科 Pedaliaceae

胡麻属 Sesamum

芝麻　胡麻　脂麻（图 0879）

Sesamum indicum L.

【中药名】黑芝麻*。

【形态特征】一年生直立草本。高 60 ~ 150 cm，分枝或不分枝，中空或具有白色髓部，微有毛。叶矩圆形或卵形，长 3 ~ 10 cm，宽 2.5 ~ 4 cm，下部叶常掌状 3 裂，中部叶有齿缺，上部叶近全缘；叶柄长 1 ~ 5 cm。花单生或 2 ~ 3 朵同生于叶腋内。花萼裂片披针形，长 5 ~ 8 mm，宽 1.6 ~ 3.5 mm，被柔毛。花冠长 2.5 ~ 3 cm，筒状，直径 1 ~ 1.5 cm，长 2 ~ 3.5 cm，白色而常有紫红色或黄色的彩晕。雄蕊 4，内藏。子房上位，4 室，被柔毛。蒴果矩圆形，长 2 ~ 3 cm，直径 6 ~ 12 mm，有纵棱，直立，被毛，分裂至中部或基部。种子有黑白之分。花期夏末秋初。

图 0879　芝麻 *Sesamum indicum*

【拍摄地点】武安镇石牛坪村，海拔 168 m。

【生境分布】栽培。全县各乡镇均有栽培。

【采收加工】秋季果实成熟时采割植株，晒干，打下种子，除去杂质，再晒干。

【药用部位】成熟种子。

【性味归经】甘，平。归肝、肾、大肠经。

【功能主治】补肝肾，益精血，润肠燥。用于精血亏虚，头晕眼花，耳鸣耳聋，须发早白，病后脱发，肠燥便秘。

【用法用量】9 ~ 15 g。

147. 苦苣苔科 Gesneriaceae

旋蒴苣苔属 Boea

大花旋蒴苣苔（图 0880）

Boea clarkeana Hemsl.

图 0880 大花旋蒴苣苔 *Boea clarkeana*

【形态特征】多年生无茎草本。叶全部基生，具柄；叶片宽卵形，长 3.5 ～ 7 cm，宽 2.2 ～ 4.5 cm，顶端圆形，基部宽楔形或偏斜，边缘具细圆齿，两面被灰白色短柔毛，侧脉每边 5 ～ 6 条，上面不明显，下面稍隆起；叶柄长 1.5 ～ 6 cm，被灰白色短柔毛。聚伞花序伞状，1 ～ 3 条，每花序具 1 ～ 5 花；花序梗长 7 ～ 13 cm，被灰白色短柔毛；苞片 2，卵形或卵状披针形，长 5 ～ 7 mm，外面被短柔毛；花梗长 5 ～ 10 mm，被灰白色短柔毛。花萼钟状，长 6 ～ 8 mm，5 裂至中部，裂片相等，长圆形或卵状长圆形，长 3.5 ～ 4 mm，宽 1.2 ～ 3 mm，顶端钝或短渐尖，全缘，外面被灰白色短柔毛。花较大，长 2 ～ 2.2 cm，直径 1.2 ～ 1.8 cm，淡紫色，筒长约 1.5 cm，直径约 7 mm；檐部稍二唇形，上唇 2 裂，比下唇短，裂片相等，卵圆形，长约 5 mm，宽约 6 mm，下唇 3 裂，裂片相等，与上唇同形，长约 4 mm，宽约 6 mm。雄蕊 2，花丝长 7 mm，扁平，无毛，着生于距花冠基部 3 mm 处，花药大，长圆形，长约 3.2 mm，药室 2，汇合；退化雄蕊 2，长约 2.2 mm，着生于距花冠基部 5 mm 处。无花盘。子房长圆形，长约 8 mm，直径约 1.2 mm，外面被淡褐色短柔毛，花柱细，与子房近等长，无毛，柱头 1，头状，膨大。蒴果长圆形，长 3.5 ～ 4.5 cm，直径约 3 mm，外面被短柔毛，螺旋状卷曲，干时变黑色。种子卵圆形，长 0.6 ～ 0.8 mm。花期 8 月，果期 9—10 月。

【拍摄地点】李庙镇石桩河村，海拔 256 m。

【生境分布】生于山坡岩石缝中。分布于南漳李庙镇，偶见。

【药用部位】全草。

【功能主治】止血，活血，消肿。用于外伤出血，跌打损伤。

旋蒴苣苔属 Boea

旋蒴苣苔　猫耳朵（图 0881）

Boea hygrometrica（Bunge）R. Br.

【形态特征】多年生草本。叶全部基生，莲座状，无柄，近圆形，圆卵形，卵形，长 1.8 ～ 7 cm，宽 1.2 ～ 5.5 cm，上面被白色贴伏长柔毛，下面被白色或淡褐色贴伏长茸毛，顶端圆形，边缘具波状浅齿，叶脉不明显。聚伞花序伞状，2 ～ 5 条，每花序具 2 ～ 5 花；花序梗长 10 ～ 18 cm，被淡褐色短柔毛和腺状柔毛；苞片2，极小或不明显；花梗长1～3 cm，被短柔毛。花萼钟状，5裂至近基部，裂片稍不等，上唇2枚略小，线状披针形，长2～3 mm，宽约0.8 mm，外面被短柔毛，顶端钝，全缘。花冠淡蓝紫色，长8～13 mm，直径6～10 mm，外面近无毛；筒长约5 mm；檐部稍二唇形，上唇2裂，裂片相等，长圆形，长约4 mm，比下唇裂片短而窄，下唇3裂，裂片相等，宽卵形或卵形，长5～6 mm，宽6～7 mm。雄蕊2，花丝扁平，长约1 mm，无毛，着生于距花冠基部3 mm处，花药卵圆形，长约2.5 mm，顶端连着，药室2，顶端汇合；退化雄蕊3，极小。无花盘。雌蕊长约8 mm，不伸出花冠外，子房卵状长圆形，长约4.5 mm，直径约1.2 mm，被短柔毛，花柱长约3.5 mm，无毛，柱头1，头状。蒴果长圆形；长3～3.5 cm，直径1.5～2 mm，外面被短柔毛，螺旋状卷曲。种子卵圆形，长约0.6 mm。花期7—8月，果期9月。

图 0881　旋蒴苣苔 *Boea hygrometrica*

【拍摄地点】城关镇凉泉村，海拔474 m。

【生境分布】生于山坡路旁岩石上。分布于南漳各乡镇。

【药用部位】全草。

【功能主治】止血，散血，消肿。外用治外伤出血，跌打损伤。

粗筒苣苔属 Briggsia

鄂西粗筒苣苔　丫头还阳　雅头还羊　岩青菜（图0882）

Briggsia speciosa（Hemsl.）Craib

【形态特征】多年生无茎草本。叶全部基生，具叶柄；叶片长圆形或椭圆状狭长圆形，长3～8 cm，宽0.8～3.2 cm，顶端钝，向基部渐窄而偏斜，边缘具锯齿和钝齿，两面被白色贴伏柔毛，侧脉每边4～5条，下面微凹陷；叶柄长4.5～12 cm，密被白色柔毛。聚伞花序，1～6条，每花序具1～2花；花序梗长9～16 cm，被褐色长柔毛；苞片2，长圆形至卵状披针形，长3～7 mm，宽1.5～2 mm，被白色短柔毛，顶端钝，全缘。花萼5裂至近基部，裂片卵形至卵状长圆形，长4～6 mm，宽1～3 mm，外面被褐色柔

图 0882　鄂西粗筒苣苔 *Briggsia speciosa*

毛，内面无毛。花冠粗筒状，紫红色，下方肿胀，长 3.8 ～ 5.3 cm，外面疏生短柔毛，内面下唇一侧具两条黄褐色斑纹，有时有紫色斑点；筒长 3.6 cm；上唇长 9 mm，2 裂至中部，裂片宽三角形，长 5 mm，宽 4 ～ 5 mm，顶端钝，下唇长 1.2 ～ 1.7 cm，3 裂至中部，裂片长圆形，长 7 ～ 10 mm，宽 5 ～ 6 mm，顶端圆形。上雄蕊长约 2.4 cm，着生于距花冠基部 0.5 mm 处，下雄蕊长约 3 cm，着生于距花冠基部 1 mm 处，花丝疏被腺状柔毛，花药肾形，长约 1.2 mm，药室顶端不汇合；退化雄蕊长约 4 mm，着生于距花冠基部 1 mm。花盘环状，高 1.5 mm，雌蕊疏被腺状短柔毛，子房线状长圆形，长约 2 cm，直径约 1.8 mm，花柱短，长约 3 mm，柱头 2，近圆形，长 0.4 mm。蒴果线状披针形，长 6 ～ 6.8 cm，直径 2 ～ 2.2 mm。花期 6—7 月。

【拍摄地点】薛坪镇普陀庵村，海拔 533 m。

【生境分布】生于山坡阴湿岩石上。分布于南漳薛坪镇。

【药用部位】全草。

【功能主治】祛风解表，解毒消肿。用于感冒头痛，筋骨疼痛，痈疮肿毒。

半蒴苣苔属 Hemiboea

降龙草　半蒴苣苔（图 0883）

Hemiboea subcapitata Clarke

【形态特征】多年生草本。茎上升，高 10 ～ 40 cm，具 4 ～ 8 节，不分枝，肉质，散生紫斑，无毛或上部疏生短柔毛。叶对生；叶片椭圆形或倒卵状椭圆形，顶端急尖或渐尖，基部下延，长 4 ～ 22 cm，宽 2 ～ 11.5 cm，全缘或有波状浅钝齿，稍肉质，干时草质，无毛或被白色短柔毛，上面深绿色，背面淡绿色或带紫色；皮下散生蠕虫状石细胞；侧脉每侧 5 ～ 7 条；叶柄长 1 ～ 7 cm，具翅，翅合生呈船形。聚伞花序假顶生或腋生，具 3 ～ 10 花；花序梗长 1 ～ 7 cm；总苞球形，直径 1 ～ 2.5 cm，顶端具尖头，淡绿色，无毛，开放后呈船形；花梗粗，长 2 ～ 5 mm，无毛。萼片 5，长圆状披针形，长 1 ～ 1.2 cm，宽 3 ～ 4.5 mm，无毛，干时膜质。花冠白色，具紫色斑点，长 3.5 ～ 4 cm，外面疏被腺状短柔毛；筒长 3 ～ 3.4 cm，内面基部上方 6 ～ 7 mm 处具一毛环，口部直径 10 ～ 15 mm；上唇长 5 ～ 7 mm，2 浅裂，裂片半圆形，下唇长 7 ～ 9 mm，3 深裂，裂片卵圆形。雄蕊：花丝狭线形，生于距花冠基部 15 ～ 20 mm 处，长 8 ～ 12 mm，花药长椭圆形，长 3.5 ～ 4.5 mm，顶端连着；退化雄蕊 3，顶端小头状，连着或分离。花盘环状，高 1 ～ 1.2 mm。雌蕊长 3 ～ 4 cm，无毛，柱头钝，略宽于花柱。蒴果线状披针形，多少弯曲，无毛。花期 8—10 月，果期 9—11 月。

图 0883　降龙草 *Hemiboea subcapitata*

【拍摄地点】板桥镇夹马河，海拔 605 m。

【生境分布】生于山谷林下或沟边阴湿处。分布于南漳板桥、长坪、薛坪等乡镇。

【药用部位】全草。

【功能主治】清热解毒。用于疔疮肿毒，虫蛇咬伤，烧烫伤。

蛛毛苣苔（图 0884）

Paraboea sinensis（Oliv.）Burtt

【形态特征】小灌木。茎常弯曲，高达 30 cm，幼枝具褐色毡毛，节间短。叶对生，具叶柄；叶片长圆形，长圆状倒披针形或披针形，长 5.5 ～ 25 cm，宽 2.4 ～ 9 cm，顶端短尖，基部楔形或宽楔形，边缘生小钝齿或近全缘，幼时上面被灰白色或淡褐色绵毛，后变近无毛，下面密被淡褐色毡毛，侧脉每边 10 ～ 13 条，下面隆起；叶柄长 3 ～ 6 cm，被褐色毡毛。聚伞花序伞状，成对腋生，具 10 余花；花序梗长 2.5 ～ 5.5 cm，密被褐色毡毛；苞片 2，圆卵形，长 1 ～ 1.5 cm，宽 8 ～ 12 mm，顶端钝，基部合生，全缘；花梗长 8 ～ 10 mm，具短绵毛。花萼绿白色，常带紫色，5 裂至近基部，裂片相等，倒披针状匙形，长 8 ～ 13 mm，宽 4 ～ 6 mm，顶端圆形，全缘，两面近无毛。花冠紫蓝色，长 1.5 ～ 2 cm，直径约 1.5 cm，外面无毛；筒长 1 ～ 1.3 cm；檐部广展，稍二唇形，上唇比下唇略短，2 裂，裂片相等，近圆形，长约 7 mm，宽约 5 mm，下唇 3 裂，裂片相等，近圆形，长约 5 mm，宽约 5.5 mm。雄蕊 2，着生于花冠下方一侧近基部，花丝上部膨大似囊状，下部弯曲变细而扁平，长约 9 mm，无毛，花药大，狭长圆形，两端尖，长约 4 mm，宽约 2 mm，顶端连着；退化雄蕊 1 或 3 枚，长 2 ～ 3 mm，着生于距花冠基部 2 mm 处。无花盘。雌蕊无毛，内藏，长 6.5 ～ 10 mm；子房长圆形，长约 5 mm，直径约 1.2 mm；花柱圆柱形，长约 5 mm，柱头 1，头状。蒴果线形，长 3.5 ～ 4.5 cm，直径 2 ～ 3 mm，无毛，螺旋状卷曲。种子狭长圆形，长 0.7 mm。花期 6—7 月，果期 8 月。

图 0884 蛛毛苣苔 *Paraboea sinensis*

【拍摄地点】板桥镇夹马河，海拔 605 m。

【生境分布】生于山坡林下石缝中或陡崖上。分布于南漳板桥镇夹马河。

【药用部位】全草。

【功能主治】清热利湿，止咳平喘，凉血生肌，接骨止痛。用于黄疸性肝炎，支气管炎，咳喘，痢疾等。

吊石苣苔属 Lysionotus

吊石苣苔（图 0885）

Lysionotus pauciflorus Maxim.

【中药名】石吊兰*。

【形态特征】小灌木。茎长 7 ～ 30 cm，分枝或不分枝，无毛或上部疏被短毛。叶 3 枚轮生，有时对生或斗枚轮生，具短柄或近无柄；叶片革质，形状变化大，线形、线状倒披针形、狭长圆形或倒卵状长圆形，少有狭倒卵形或长椭圆形，长 1.5 ～ 5.8 cm，宽 0.4 ～ 1.5 cm，顶端急尖或钝，基部钝、宽楔形或近圆形，边缘在中部以上或上部有少数牙齿或小齿，有时近全缘，两面无毛，中脉上面下陷，侧脉每侧 3 ～ 5 条，不明显；叶柄长 1 ～ 4 mm，上面常被短伏毛。花序有 1 ～ 2 花；花序梗纤细，长 0.4 ～ 2.6 cm，无毛；苞片披针状线形，长 1 ～ 2 mm，疏被短毛或近无毛；花梗长 3 ～ 10 mm，无毛。花萼长 3 ～ 4 mm，5 裂达或近基部，无毛或疏被短伏毛；裂片狭三角形或线状三角形。花冠白色带淡紫色条纹或淡紫色，长 3.5 ～ 4.8 cm，无毛；筒细漏斗状，长 2.5 ～ 3.5 cm，口部直径 1.2 ～ 1.5 cm；上唇长约 4 mm，2 浅裂，下唇长 10 mm，3 裂。雄蕊无毛，花丝着生于距花冠基部 13 ～ 15 mm 处，狭线形，长约 12 mm，花药直径约 1.2 mm，药隔背面突起长约 0.8 mm；退化雄蕊 3，无毛，中央的长约 1 mm，侧生的狭线形，长约 5 mm，弧状弯曲。花盘杯状，高 2.5 ～ 4 mm，有尖齿。雌蕊长 2 ～ 3.4 cm，无毛。蒴果线形，长 5.5 ～ 9 cm，宽 2 ～ 3 mm，无毛。种子纺锤形，长 0.6 ～ 1 mm，毛长 1.2 ～ 1.5 mm。花期 7—10 月。

图 0885 吊石苣苔 *Lysionotus pauciflorus*

【拍摄地点】板桥镇龙塆村，海拔 1127 m。

【生境分布】生于山地林中或阴处石崖上或树上。南漳板桥镇偶见。

【采收加工】夏、秋二季叶茂盛时采割，除去杂质，晒干。

【药用部位】地上部分。

【性味归经】苦，温。归肺经。

【功能主治】化痰止咳，软坚散结。用于咳嗽痰多。

【用法用量】9 ～ 15 g。外用适量，捣敷或煎水外洗。

148. 透骨草科 Phrymaceae

透骨草属 Phryma

透骨草（图 0886）

Phryma leptostachya subsp. *asiatica*（Hara）Kitamura

【形态特征】多年生草本，高 30 ～ 80 cm。茎直立，四棱形，不分枝或于上部有带花序的分枝，分枝叉开，绿色或淡紫色，遍布倒生短柔毛或于茎上部有开展的短柔毛，少数近无毛。叶对生；叶片卵状长圆形、卵状披针形、卵状椭圆形至卵状三角形或宽卵形，草质，长 3 ～ 11 cm，宽 2 ～ 8 cm，先端渐尖、尾状急尖或急尖，稀近圆形，基部楔形、圆形或截形，中、下部叶基部常下延，边缘有 3 ～ 5 至多数钝锯齿、圆齿，两面散生但沿脉被较密的短柔毛；侧脉每侧 4 ～ 6 条；叶柄长 0.5 ～ 4 cm，被短柔毛，有时上部叶柄极短或无柄。穗状花序生茎顶及侧枝顶端，被微柔毛或短柔毛；苞片钻形至线形，长 1 ～ 2.5 mm；

小苞片 2，生于花梗基部，与苞片同形但较小。花通常多数，疏离，出自苞腋，在序轴上对生或于下部互生，具短梗，于蕾期直立，开放时斜展至平展，花后反折。花萼筒状，有 5 纵棱，外面常有微柔毛，内面无毛，萼齿直立；上方萼齿 3，钻形，先端多少钩状，下方萼齿 2，三角形。花冠漏斗状筒形，蓝紫色、淡红色至白色，外面无毛，内面于筒部远轴面被短柔毛；檐部二唇形，上唇直立，先端 2 浅裂，下唇平伸，3 浅裂，中央裂片较大。雄蕊 4，无毛；花丝狭线形，远轴 2 枚较长；花药肾状圆形。雌蕊无毛；子房斜长圆状披针形；花柱细长；柱头二唇形，下唇较长，长圆形。瘦果狭椭圆形，包藏于棒状宿存花萼内，反折并贴近花序轴，萼筒长 4.5 ～ 6 mm，上方 3 萼齿长 1.2 ～ 2.3 mm。种子 1，基生，种皮薄膜质，与果皮合生。花期 6—10 月，果期 8—12 月。

图 0886　透骨草 *Phryma leptostachya* subsp. *asiatica*

【拍摄地点】长坪镇长岭村，海拔 233 m。

【生境分布】生于阴湿山谷或林下。分布于南漳长坪镇。

【药用部位】全草。

【功能主治】清热解毒，利湿，活血，消肿。用于感冒，跌打损伤；外用治疗毒疮，湿疹，疥疮。

149. 车前科 Plantaginaceae

车前属 Plantago

车前　车轮草（图 0887）

Plantago asiatica L.

【中药名】车前子 *、车前草 *。

【形态特征】二年生或多年生草本。须根多数。根茎短，稍粗。叶基生呈莲座状，平卧、斜展或直立；叶片薄纸质或纸质，宽卵形至宽椭圆形，长 4 ～ 12 cm，宽 2.5 ～ 6.5 cm，先端钝圆至急尖，边缘波状、全缘或中部以下有锯齿、裂齿，基部宽楔形或近圆形，多少下延，两面疏生短柔毛；脉 5 ～ 7 条；叶柄长 2 ～ 15 cm，基部扩大成鞘，疏生短柔毛。花序 3 ～ 10 个，直立或弓曲上升；花序梗长 5 ～ 30 cm，有纵条纹，疏生白色短柔毛；穗状花序细圆

图 0887　车前 *Plantago asiatica*

柱状，长 3 ～ 40 cm，紧密或稀疏，下部常间断；苞片狭卵状三角形或三角状披针形，长 2 ～ 3 mm，长过于宽，龙骨突宽厚，无毛或先端疏生短毛。花具短梗；花萼长 2 ～ 3 mm，萼片先端钝圆或钝尖，龙骨突不延至顶端，前对萼片椭圆形，龙骨突较宽，两侧片稍不对称，后对萼片宽倒卵状椭圆形或宽倒卵形。花冠白色，无毛，冠筒与萼片约等长，裂片狭三角形，长约 1.5 mm，先端渐尖或急尖，具明显的中脉，于花后反折。雄蕊着生于冠筒内面近基部，与花柱明显外伸，花药卵状椭圆形，长 1 ～ 1.2 mm，顶端具宽三角形突起，白色，干后变淡褐色。胚珠 7 ～ 15。蒴果纺锤状卵形、卵球形或圆锥状卵形，长 3 ～ 4.5 mm，于基部上方周裂。种子 5 ～ 6，卵状椭圆形或椭圆形，长 1.5 ～ 2 mm，具角，黑褐色至黑色，背腹面微隆起；子叶背腹向排列。花期 4—8 月，果期 6—9 月。

【拍摄地点】李庙镇刘坪村，海拔 143 m。

【生境分布】生于草地、沟边、河岸湿地、田边、路旁或村边空旷处。分布于南漳各乡镇。

【采收加工】车前子：夏、秋二季种子成熟时采收果穗，晒干，搓出种子，除去杂质。车前草：夏季采挖，除去泥沙，晒干。

【药用部位】车前子：成熟种子。车前草：全草。

【性味归经】车前子：甘，寒；归肝、肾、肺、小肠经。车前草：甘，寒；归肝、肾、肺、小肠经。

【功能主治】车前子：清热利尿通淋，渗湿止泻，明目，祛痰；用于热淋涩痛，水肿胀满，暑湿泄泻，目赤肿痛，痰热咳嗽。车前草：清热利尿通淋，祛痰，凉血，解毒；用于热淋涩痛，水肿尿少，暑湿泄泻，痰热咳嗽，吐血衄血，痈肿疮毒。

【用法用量】车前子：9 ～ 15 g，包煎。车前草：9 ～ 30 g。

平车前 小车前（图 0888）

Plantago depressa Willd.

【中药名】车前子*、车前草*。

【形态特征】一年生或二年生草本。直根长，具多数侧根，多少肉质。根茎短。叶基生呈莲座状，平卧、斜展或直立；叶片纸质，椭圆形、椭圆状披针形或卵状披针形，长 3 ～ 12 cm，宽 1 ～ 3.5 cm，先端急尖或微钝，边缘具浅波状钝齿、不规则锯齿，基部宽楔形至狭楔形，下延至叶柄，脉 5 ～ 7 条，上面略凹陷，于背面明显隆起，两面疏生白色短柔毛；叶柄长 2 ～ 6 cm，基部扩大呈鞘状。花序 3 ～ 10 个；花序梗长 5 ～ 18 cm，有纵条纹，疏生白色短柔毛；穗状花序细圆柱状，上部密集，基部常间断，长 6 ～ 12 cm；苞片三角状卵形，长 2 ～ 3.5 mm，内凹，无毛，龙骨突宽厚，宽于两侧片，不延至或延至顶端。花萼长 2 ～ 2.5 mm，无毛，龙骨突宽厚，不延至顶端，前对萼片狭倒卵状椭圆形至宽椭圆形，后对萼片倒卵状椭圆形至宽椭圆形。花冠白色，无毛，冠筒等长或略长于萼片，裂片极小，椭圆形或卵形，长 0.5 ～ 1 mm，于花后反折。雄蕊着生于冠筒内面近顶端，

图 0888 平车前 *Plantago depressa*

同花柱明显外伸，花药卵状椭圆形或宽椭圆形，长 0.6 ～ 1.1 mm，先端具宽三角状小突起，新鲜时白色或绿白色，干后变淡褐色。胚珠 5。蒴果卵状椭圆形至圆锥状卵形，长 4 ～ 5 mm，于基部上方周裂。种子 4 ～ 5，椭圆形，腹面平坦，长 1.2 ～ 1.8 mm，黄褐色至黑色；子叶背腹向排列。花期 5—7 月，果期 7—9 月。

【拍摄地点】薛坪镇九甲河村，海拔 839 m。

【生境分布】生于草地、河滩、沟边、草甸、田间及路旁。分布于南漳薛坪、长坪、城关等乡镇。

【采收加工】同“车前”。

【药用部位】同“车前”。

【性味归经】同“车前”。

【功能主治】同“车前”。

【用法用量】同“车前”。

北美车前　毛车前（图 0889）

Plantago virginica L.

图 0889　北美车前 *Plantago virginica*

【形态特征】一年生或二年生草本。直根纤细，有细侧根。根茎短。叶基生呈莲座状，平卧至直立；叶片倒披针形至倒卵状披针形，长 3 ～ 18 cm，宽 0.5 ～ 4 cm，先端急尖或近圆形，边缘波状、疏生齿或近全缘，基部狭楔形，下延至叶柄，两面及叶柄散生白色柔毛，脉 5 条；叶柄长 0.5 ～ 5 cm，具翅或无翅，基部鞘状。花序多数；花序梗直立或弓曲上升，长 4 ～ 20 cm，较纤细，有纵条纹，密被开展的白色柔毛，中空；穗状花序细圆柱状，长 3 ～ 18 cm，下部常间断；苞片披针形或狭椭圆形，长 2 ～ 2.5 mm，龙骨突宽厚，宽于侧片，背面及边缘有白色疏柔毛。萼片与苞片等长或略短，前对萼片倒卵圆形，龙骨突较宽，不达顶端，先端钝，两侧片不等宽，先端及背面有白色短柔毛；后对萼片宽卵形，龙骨突较狭，伸出顶端；两侧片较宽，龙骨突及边缘疏生白色短柔毛。花冠淡黄色，无毛，冠筒等长或略长于萼片；花两型，能育花的花冠裂片卵状披针形，长 1.5 ～ 2.5 mm，直立，雄蕊着生于冠筒内面顶端，被直立的花冠裂片覆盖，花药狭卵形，长仅 0.25 ～ 0.3 mm，淡黄色，干后黄色，具狭三角形小尖头，花柱内藏或略外伸，以闭花授粉为主；风媒花通常不育，花冠裂片与能育花同形，但开展并于花后反折，雄蕊与花柱明显外伸，花药宽椭圆形，长 1 ～ 1.1 mm，淡黄色，干后黄褐色，具三角形小尖头。胚珠 2。蒴果卵球形，长 2 ～ 3 mm，于基部上方周裂。种子 2，卵形或长卵形，长 1.4 ～ 1.8 mm，腹面凹陷呈船形，黄褐色至红褐色，有光泽；子叶背腹向排列。花期 4—5 月，果期 5—6 月。

【拍摄地点】长坪镇青林村，海拔 338 m。

【生境分布】生于草地、路边、湖畔。分布于南漳长坪镇、城关等乡镇。

【药用部位】全草。

【功能主治】清热利尿，通淋。用于热淋涩痛，水肿。

150. 忍冬科 Caprifoliaceae

六道木属 Abelia

南方六道木　太白六道木（图 0890）

Abelia dielsii（Graebn.）Rehd.

【形态特征】落叶灌木，高 2 ～ 3 m；当年小枝红褐色，老枝灰白色。叶长卵形、矩圆形、倒卵形、椭圆形至披针形，变化幅度很大，长 3 ～ 8 cm，宽 0.5 ～ 3 cm，嫩时上面散生柔毛，下面除叶脉基部被白色粗硬毛外，光滑无毛，顶端尖或长渐尖，基部楔形、宽楔形或钝，全缘或有 1 ～ 6 对齿，具缘毛；叶柄长 4 ～ 7 mm，基部膨大，散生硬毛。花 2 朵生于侧枝顶部叶腋；总花梗长 1.2 cm；花梗极短或几无；苞片 3 枚，形小而有纤毛，中央 1 枚长 6 mm，侧生者长 1 mm；萼筒长约 8 mm，散生硬毛，萼檐 4 裂，裂片卵状披针形或倒卵形，顶端钝圆，基部楔形；花冠白色，后变浅黄色，4 裂，裂片圆，长为筒的 1/5 ～ 1/3，筒内有短柔毛；雄蕊 4 枚，二强，内藏，花丝短；花柱细长，与花冠等长，柱头头状，不伸出花冠筒外。果实长 1 ～ 1.5 cm；种子柱状。花期 4 月下旬至 6 月上旬，果期 8—9 月。

图 0890　南方六道木 *Abelia dielsii*

【拍摄地点】肖堰镇峰山村，海拔 949 m。

【生境分布】生于山坡灌丛、路边林下及草地。分布于南漳肖堰镇。

【药用部位】果实。

【功能主治】祛风除湿。用于风湿痹痛。

二翅六道木　神仙豆腐树（图 0891）

Abelia macrotera（Graebn. et Buchw.）Rehd.

【形态特征】落叶灌木，高 1 ～ 2 m；幼枝红褐色，光滑。叶卵形至椭圆状卵形，长 3 ～ 8 cm，宽 1.5 ～ 3.5 cm，顶端渐尖或长渐尖，基部钝圆或阔楔形至楔形，边缘具疏锯齿及毛，上面绿色，叶脉下陷，疏生短柔毛，下面灰绿色，中脉及侧脉基部密生白色柔毛。聚伞花序常由未伸展的带叶花枝所构成，含数朵花，生于小枝顶端或上部叶腋；花大，长 2.5 ～ 5 cm；苞片红色，披针形；小苞片 3 枚，卵形，疏被长柔毛；萼筒被短柔毛，萼裂片 2 枚，长 1 ～ 1.5 cm，矩圆形、椭圆形或狭椭圆形，长为花冠筒的 1/3；花冠浅紫红色，漏斗状，长 3 ~ 4 cm，外面被短柔毛，内面喉部有长柔毛，裂片 5，略呈二唇形，上唇 2 裂，下唇 3 裂，筒基部具浅囊；雄蕊 4 枚，二强，花丝着生于花冠筒中部；花柱与花冠筒等长，柱头头状。果实长 0.6 ~ 1.5 cm，被短柔毛，冠以 2 枚宿存而略增大的萼裂片。花期 5—6 月，果期 8—10 月。

【拍摄地点】李庙镇沙坪村，海拔 979 m。

【生境分布】生于路边灌丛、溪边林下等处。分布于南漳李庙镇。

【药用部位】根、枝、叶。

【功能主治】祛风除湿，消肿止痛。用于劳伤身痛，关节不利，筋骨酸痛。

图 0891　二翅六道木 *Abelia macrotera*

双盾木属 Dipelta

双盾木（图 0892）

Dipelta floribunda Maxim.

【形态特征】落叶灌木或小乔木，高达 6 m；枝纤细，初时被腺毛，后变光滑无毛；树皮剥落。叶卵状披针形或卵形，长 4 ~ 10 cm，宽 1.5 ~ 6 cm，顶端尖或长渐尖，基部楔形或钝圆，全缘，有时顶端疏生 2 ~ 3 对浅齿，上面初时被柔毛，后变光滑无毛，下面灰白色，侧脉 3 ~ 4 对，与主脉均被白色柔毛；叶柄长 6 ~ 14 mm。聚伞花序簇生于侧生短枝顶端叶腋，花梗纤细，长约 1 cm；苞片条形，被微柔毛，早落；2 对小苞片形状、大小不等，紧贴萼筒的一对盾状呈稍偏斜的圆形至矩圆形，宿存而增大，成熟时最宽处达 2 cm，干膜质，脉明显，下方一对为一前一后，均小，其中一枚卵形、钝头、基部宽、紧裹花梗，长 1 cm，另一枚更小、狭椭圆形，长仅 6 mm；萼筒疏被硬毛，萼齿条形，等长，长 6 ~ 7 mm，具腺毛，坚硬而宿存；花冠粉红色，长 3 ~ 4 cm，筒中部以下狭细圆柱形，上部开展呈钟形，稍呈二唇形，裂片圆形至矩圆形，长约 5 mm，下唇喉部橘黄色；花柱丝状，无毛。果实具棱角，连同萼齿被宿存而增大的小苞片包被。花期 4—7 月，果期 8—9 月。

图 0892　双盾木 *Dipelta floribunda*

【拍摄地点】李庙镇主山寨村，海拔 1085 m。

【生境分布】生于杂木林下或灌丛中。分布于南漳李庙、长坪、薛坪等乡镇。

【药用部位】根。

【功能主治】散寒解毒。用于麻疹，湿疹。

忍冬属 Lonicera

金花忍冬　黄花忍冬（图 0893）

Lonicera chrysantha Turcz.

【形态特征】落叶灌木，高达 4 m；幼枝、叶柄和总花梗常被开展的直糙毛、微糙毛和腺。冬芽卵状披针形，鳞片 5～6 对，外面疏生柔毛，有白色长毛。叶纸质，菱状卵形、菱状披针形、倒卵形或卵状披针形，长 4～8 cm，顶端渐尖或急尾尖，基部楔形至圆形，两面脉上被直或稍弯的糙伏毛，中脉毛较密，有直缘毛；叶柄长 4～7 mm。总花梗细，长 1.5～3 cm；苞片条形或狭条状披针形，长 2.5～8 mm，常高出萼筒；小苞片分离，卵状矩圆形、宽卵形、倒卵形至近圆形，长约 1 mm，为萼筒的 1/3～2/3；相邻两萼筒分离，长 2～2.5 mm，常无毛而具腺，萼齿圆卵形、半圆形或卵形，顶端圆或钝；花冠先白色后变黄色，长 1～1.5 cm，外面疏生短糙毛，唇形，筒内有短柔毛，基部有 1 深囊或有时囊不明显；雄蕊和花柱短于花冠，花丝中部以下有密毛，药隔上半部有短柔伏毛；花柱全被短柔毛。果实红色，圆形，直径约 5 mm。花期 5—6 月，果期 7—9 月。

图 0893　金花忍冬 *Lonicera chrysantha*

【拍摄地点】板桥镇龙埫村，海拔 1219 m。

【生境分布】生于沟谷、林下或林缘灌丛中。分布于南漳板桥、李庙等乡镇。

【药用部位】嫩枝、叶、花蕾。

【功能主治】清热解毒，消散痈肿，消炎。用于热毒疮痈。

苦糖果　裤裆果（图 0894）

Lonicera fragrantissima subsp. *standishii*（Carr.）Hsu et H. J. Wang

【形态特征】落叶灌木。小枝和叶柄有时具短糙毛。叶卵形、椭圆形或卵状披针形，呈披针形或近卵形者较少，通常两面被刚伏毛及短腺毛或至少下面中脉被刚伏毛，有时中脉下部或基部两侧夹杂短糙毛。花先于叶或与叶同时开放，芳香，生于幼枝基部苞腋，总花梗长 5～10 mm；苞片披针形至近条形，长为萼筒的 2～4 倍；相邻两萼筒约连合至中部，长 1.5～3 mm，萼檐近截形或微 5 裂；花冠白色或淡红色，长 1～1.5 cm，外面无毛或稀有疏糙毛，唇形，筒长 4～5 mm，内面密生柔毛，基部有浅囊，上唇长 7～8 mm，裂片深达中部，下唇舌状，长 8 ～ 10 mm，反曲；雄蕊内藏，花丝长短不一；花柱下部疏生糙毛。果实鲜红色，矩圆形，长约 1 cm，部分连合；种子褐色，稍扁，矩圆形，长约 3.5 mm，有细凹点。花期 1 月下旬至 4 月上旬，果期 5—6 月。

【拍摄地点】李庙镇主山寨村，海拔 1156 m。

【生境分布】生于山坡或灌丛中。分布于南漳各乡镇。

【药用部位】嫩枝叶。

【功能主治】祛风除湿，清热止痛。用于风湿性关节痛；外用治疔疮。

图 0894 苦糖果 *Lonicera fragrantissima* subsp. *standishii*

忍冬 二花（图 0895）

Lonicera japonica Thunb.

【中药名】金银花 *。

【形态特征】半常绿藤本植物；幼枝暗红褐色，密被黄褐色、开展的硬直糙毛、腺毛和短柔毛，下部常无毛。叶纸质，卵形至矩圆状卵形，有时卵状披针形、稀圆卵形或倒卵形，极少有数个钝缺刻，长 3 ～ 5 cm，顶端尖或渐尖，少有钝、圆或微凹缺，基部圆形或近心形，有糙缘毛，上面深绿色，下面淡绿色，小枝上部叶通常两面均密被短糙毛，下部叶常平滑无毛而下面多少带青灰色；叶柄长 4 ～ 8 mm，密被短柔毛。总花梗通常单生于小枝上部叶腋，与叶柄等长或稍较短，下方者则长达 2 ～ 4 cm，密被短柔毛，并夹杂腺毛；苞片大，叶状，卵形至椭圆形，长达 2 ～ 3 cm，两面均有短柔毛或有时近无毛；小苞片顶端圆形或截形，长约 1 mm，为萼筒的 1/2 ～ 4/5，有短糙毛和腺毛；萼筒长约 2 mm，无毛，萼齿卵状三角形或长三角形，顶端尖而有长毛，外面和边缘都有密毛；花冠白色，有时基部向阳面微红，后变黄色，长 3 ～ 4.5 cm，唇形，筒稍长于唇瓣，很少近等长，外被多少倒生的开展或半开展糙毛和长腺毛，上唇裂片顶端钝形，下唇带状而反曲；雄蕊和花柱均高出花冠。果实圆形，直径 6 ～ 7 mm，熟时蓝黑色，有光泽；种子卵圆形或椭圆形，褐色，长约 3 mm，中部有 1 凸起的脊，两侧有浅的横沟纹。花期 4—6 月，果期 10—11 月。

图 0895 忍冬 *Lonicera japonica*

【拍摄地点】巡检镇金镶坪村，海拔 293 m。

【生境分布】生于山坡灌丛或疏林中、乱石堆、山足路旁及村庄篱笆边。分布于南漳各乡镇。

【采收加工】夏初花开放前采收，干燥。

【药用部位】花蕾或带初开的花。

【性味归经】甘，寒。归肺、心、胃经。

【功能主治】清热解毒，疏散风热。用于痈肿疔疮，喉痹，丹毒，热毒血痢，风热感冒，温病发热。

【用法用量】6 ～ 15 g。

金银忍冬　金银木（图 0896）

Lonicera maackii（Rupr.）Maxim.

图 0896　金银忍冬 *Lonicera maackii*

【形态特征】落叶灌木，高达 6 m，茎杆直径达 10 cm；凡幼枝、叶两面脉上、叶柄、苞片、小苞片及萼檐外面都被短柔毛和微腺毛。冬芽小，卵圆形，有 5 ～ 6 对或更多鳞片。叶纸质，形状变化较大，通常卵状椭圆形至卵状披针形、稀矩圆状披针形或倒卵状矩圆形，更少菱状矩圆形或圆卵形，长 5 ～ 8 cm，顶端渐尖或长渐尖，基部宽楔形至圆形；叶柄长 2 ～ 5 mm。花芳香，生于幼枝叶腋，总花梗长 1 ～ 2 mm，短于叶柄；苞片条形，有时条状倒披针形而呈叶状，长 3 ～ 6 mm；小苞片多少连合成对，长为萼筒的 1/2 至几相等，顶端截形；相邻两萼筒分离，长约 2 mm，无毛或疏生微腺毛，萼檐钟状，为萼筒长的 2/3 至相等，干膜质，萼齿宽三角形或披针形，不相等，顶尖，裂隙约达萼檐之半；花冠先白色后变黄色，长 1 ～ 2 cm，外被短伏毛或无毛，唇形，筒长约为唇瓣的 1/2，内被柔毛；雄蕊与花柱长约达花冠的 2/3，花丝中部以下和花柱均有向上的柔毛。果实暗红色，圆形，直径 5 ～ 6 mm；种子具蜂窝状微小浅凹点。花期 5—6 月，果期 8—10 月。

【拍摄地点】巡检镇不二坪村，海拔 1043 m。

【生境分布】生于林中或林缘溪流附近的灌丛中。分布于南漳巡检、李庙、长坪等乡镇。

【药用部位】花蕾。

【功能主治】清热解毒，消肿止痛。用于风热感冒。

盘叶忍冬（图 0897）

Lonicera tragophylla Hemsl.

【形态特征】落叶藤本；幼枝无毛。叶纸质，矩圆形或卵状矩圆形，稀椭圆形，长 5 ～ 12 cm，顶端钝或稍尖，基部楔形，下面粉绿色，被短糙毛或至少中脉下部两侧密生横出的淡黄色髯毛状短糙毛，很少无毛，中脉基部有时带紫红色，花序下方 1 ～ 2 对叶连合成近圆形或卵形的盘，盘两端通常钝形或具短尖头；叶柄很短或不存在。由 3 朵花组成的聚伞花序密集成头状花序生小枝顶端，共有 6 ～ 9 朵花；萼筒壶形，萼齿小，三角形或卵形，顶钝；花冠黄色至橙黄色，上部外面略带红色，外面无毛，唇形，筒稍弓弯，长于唇瓣2～3倍，内面疏生柔毛；雄蕊着生于唇瓣基部，长约与唇瓣相等，无毛；花柱伸出，无毛。果实成熟时由黄色转红黄色，最后变深红色，近圆形。花期6—7月，果期9—10月。

【拍摄地点】板桥镇龙埫村，海拔1183 m。

【生境分布】生于林下、灌丛中或河滩旁岩缝中。分布于南漳板桥、长坪等乡镇。

【药用部位】花蕾。

【功能主治】清热解毒。用于风热感冒，咳嗽，咽喉肿痛，疮痈肿毒。

图0897 盘叶忍冬 *Lonicera tragophylla*

接骨木属 Sambucus

接骨草 陆英 八里麻（图0898）

Sambucus chinensis Lindl.

【形态特征】高大草本或半灌木，高1～2 m；茎有棱条，髓部白色。羽状复叶的托叶叶状或有时退化成蓝色的腺体；小叶2～3对，互生或对生，狭卵形，长6～13 cm，宽2～3 cm，嫩时上面被疏长柔毛，先端长渐尖，基部钝圆，两侧不等，边缘具细锯齿，近基部或中部以下边缘常有1或数枚腺齿；顶生小叶卵形或倒卵形，基部楔形，有时与第一对小叶相连，小叶无托叶，基部一对小叶有时有短柄。复伞形花序顶生，大而疏散，总花梗基部托以叶状总苞片，分枝3～5出，纤细，被黄色疏柔毛；杯形不孕性花不脱落，可孕性花小；萼筒杯状，萼齿三角形；花冠白色，仅基部连合，花药黄色或紫色；子房3室，花柱极短或几无，柱头3裂。果实红色，近圆形，直径3～4 mm；核2～3粒，卵形，长2.5 mm，表面有小疣状突起。花期4—5月，果期8—9月。

图0898 接骨草 *Sambucus chinensis*

【拍摄地点】薛坪镇杜冲村，海拔697 m。

【生境分布】生于山坡、林下、沟边和草丛中，亦有栽种。分布于南漳各乡镇。

【药用部位】全草。

【功能主治】活血通经。用于跌打损伤。

接骨木　大接骨丹（图 0899）

Sambucus williamsii Hance

【中药名】接骨木*。

【形态特征】落叶灌木或小乔木，高 5 ～ 6 m；老枝淡红褐色，具明显的长椭圆形皮孔，髓部淡褐色。羽状复叶有小叶 2 ～ 3 对，有时仅 1 对或多达 5 对，侧生小叶片卵圆形、狭椭圆形至倒矩圆状披针形，长 5 ～ 15 cm，宽 1.2 ～ 7 cm，顶端尖、渐尖至尾尖，边缘具不整齐锯齿，有时基部或中部以下具数枚腺齿，基部楔形或圆形，有时心形，两侧不对称，最下一对小叶有时具长 0.5 cm 的柄，顶生小叶卵形或倒卵形，顶端渐尖或尾尖，基部楔形，具长约 2 cm 的柄，初时小叶上面及中脉被稀疏短柔毛，后光滑无毛，叶搓揉后有臭气；托叶狭带形，或退化成带蓝色的突起。花与叶同出，圆锥形聚伞花序顶生，长 5 ～ 11 cm，宽 4 ～ 14 cm，具总花梗，花序分枝多成直角开展，有时被稀疏短柔毛，随即光滑无毛；花小而密；萼筒杯状，长约 1 mm，萼齿三角状披针形，稍短于萼筒；花冠蕾时带粉红色，开后白色或淡黄色，筒短，裂片矩圆形或长卵圆形，长约 2 mm；雄蕊与花冠裂片等长，开展，花丝基部稍肥大，花药黄色；子房 3 室，花柱短，柱头 3 裂。果实红色，极少蓝紫黑色，卵圆形或近圆形，直径 3 ～ 5 mm；分核 2 ～ 3 枚，卵圆形至椭圆形，长 2.5 ～ 3.5 mm，略有皱纹。花期一般 4—5 月，果期 9—10 月。

图 0899　接骨木 *Sambucus williamsii*

【拍摄地点】城关镇文笔峰村，海拔 105 m。

【生境分布】生于山坡、灌丛、沟边、路旁、宅边等地。分布于南漳城关、李庙、肖堰等乡镇。

【采收加工】夏、秋二季采收，除去杂质，晒干。

【药用部位】茎枝。

【性味归经】甘、苦，平。归肝经。

【功能主治】接骨续筋，活血止痛，祛风利湿。用于骨折，风湿关节痛，跌打肿痛，腰痛，水肿，创伤出血。

【用法用量】20 ～ 50 g。外用适量。

荚蒾属 Viburnum

桦叶荚蒾　卵叶荚蒾（图 0900）

Viburnum betulifolium Batal.

【形态特征】落叶灌木或小乔木，高可达 7 m；小枝紫褐色或黑褐色，稍有棱角，散生圆形、凸起的浅色小皮孔，无毛或初时稍有毛。冬芽外面多少有毛。叶厚纸质或略带革质，干后变黑色，宽卵形至菱状卵形或宽倒卵形，稀椭圆状矩圆形，长 3.5 ～ 8.5 cm，顶端急短渐尖至渐尖，基部宽楔形至圆形，稀截形，边缘离基 1/3 以上具开展的不规则浅波状齿，上面无毛或仅中脉有时被少数短毛，下面中脉及侧脉被少数短伏毛，脉腋集聚簇状毛，侧脉 5 ～ 7 对；叶柄纤细，长 1 ～ 2 cm，疏生简单长毛或无毛，近基部常有 1 对钻形小托叶。复伞形式聚伞花序顶生或生于具 1 对叶的侧生短枝上，直径 5 ～ 12 cm，通常多少被疏或密的黄褐色簇状短毛，总花梗初时通常长不到 1 cm，果时可达 3.5 cm，第一级辐射枝通常 7 条，花生于第三级至第五级辐射枝上；萼筒有黄褐色腺点，疏被簇状短毛，萼齿小，宽卵状三角形，顶钝，有缘毛；花冠白色，辐状，直径约 4 mm，无毛，裂片圆卵形，比筒长；雄蕊常高出花冠，花药宽椭圆形；柱头高出萼齿。果实红色，近圆形，长约 6 mm；核扁，长 3.5 ～ 5 mm，直径 3 ～ 4 mm，顶尖，有 1 ～ 3 条浅腹沟和 2 条深背沟。花期 6—7 月，果期 9—10 月。

图 0900　桦叶荚蒾 *Viburnum betulifolium*

【拍摄地点】长坪镇青林村，海拔 903 m。

【生境分布】生于山谷林中或山坡灌丛中。分布于南漳长坪、李庙等乡镇。

【药用部位】根。

【功能主治】调经，涩精止遗。用于月经不调，遗精滑精。

金佛山荚蒾　金山荚蒾（图 0901）

Viburnum chinshanense Graebn.

【形态特征】灌木，高达 5 m；幼叶下面、叶柄和花序均被由灰白色或黄白色簇状毛组成的茸毛；小枝浑圆，当年小枝被黄白色或浅褐色茸毛，二年生小枝浅褐色而无毛，散生小皮孔。叶纸质至厚纸质，披针状矩圆形或狭矩圆形，长 5 ～ 10 cm，顶端稍尖或钝形，基部圆形或微心形，全缘，稀具少数不明显小齿，上面暗绿色，无毛或幼时中脉及侧脉散生短毛，老叶下面变灰褐色，侧脉 7 ～ 10 对，近缘处互相网结，上面凹陷，下面凸起，小脉上面稍凹陷或不明显；叶柄长 1 ～ 2 cm。聚伞花序直径 4 ～ 6 cm，总花梗长 1 ～ 2.5 cm，第一级辐射枝通常 5 ～ 7 条，几等长，花通常生于第二级辐射枝上，有短柄；萼筒矩圆状卵圆形，长约 2.5 mm，多少被簇状毛，萼齿宽卵形，顶钝圆，疏生簇状毛；花冠白色，辐状，直径约 7 mm，外面疏被簇状毛，筒部长约 3 mm；裂片圆卵形或近圆形，长约 2 mm；雄蕊略高出花冠，

图 0901　金佛山荚蒾 *Viburnum chinshanense*

花药宽椭圆形，长约 1 mm；花柱略高出萼齿或几等长，红色。果实先红色后变黑色，长圆状卵圆形；核甚扁，长 8 ~ 9 mm，直径 4 ~ 5 mm，有 2 条背沟和 3 条腹沟。花期 4—5 月，果期 7 月。

【拍摄地点】巡检镇不二坪村，海拔 1043 m。

【生境分布】生于山坡疏林或灌丛中。分布于南漳巡检、板桥、李庙等乡镇。

【药用部位】根。

【功能主治】清热解毒，活血。用于风热感冒，疔疮发热，产后伤风，跌打骨折。

荚蒾　短柄荚蒾（图 0902）

Viburnum dilatatum Thunb.

图 0902　荚蒾 *Viburnum dilatatum*

【形态特征】落叶灌木，高 1.5 ~ 3 m。当年小枝连同芽、叶柄和花序均密被土黄色或黄绿色开展的小刚毛状粗毛及簇状短毛，老时毛可弯伏，毛基有小瘤状突起，二年生小枝暗紫褐色，被疏毛或几无毛，有突起的垫状物。叶纸质，宽倒卵形、倒卵形或宽卵形，长 3 ~ 10 cm，顶端急尖，基部圆形至钝形或微心形，有时楔形，边缘有牙齿状锯齿，齿端凸尖，上面被叉状或简单伏毛，下面被带黄色叉状或簇状毛，脉上毛尤密，脉腋集聚簇状毛，有带黄色或近无色的透亮腺点，虽脱落仍留有痕迹，近基部两侧有少数腺体，侧脉 6 ~ 8 对，直达齿端，上面凹陷，下面明显凸起；叶柄长 10 ~ 15 mm；无托叶。复伞形式聚伞花序稠密，生于具 1 对叶的短枝之顶，直径 4 ~ 10 cm，果时毛多少脱落，总花梗长 1 ~ 2 cm，第一级辐射枝 5 条，花生于第三级至第四级辐射枝上，萼和花冠外面均有簇状糙毛；萼筒狭筒状，长约 1 mm，有暗红色微细腺点，萼齿卵形；花冠白色，辐状，直径约 5 mm，裂片圆卵形；雄蕊明显高出花冠，花药小，乳白色，宽椭圆形；花柱高出萼齿。果实红色，椭圆状卵圆形，长 7 ~ 8 mm；核扁，卵形，长 6 ~ 8 mm，直径 5 ~ 6 mm，有 3 条浅腹沟和 2 条浅背沟。花期 5—6 月，果期 9—11 月。

【拍摄地点】巡检镇不二坪村，海拔 1043 m。

【生境分布】生于山坡或山谷疏林下，林缘及山脚灌丛中。分布于南漳巡检镇。

【药用部位】根。

【功能主治】祛瘀消肿，解毒。用于跌打损伤，牙痛，淋巴结炎。

宜昌荚蒾　糯米条子（图 0903）

Viburnum erosum Thunb.

【形态特征】落叶灌木，高达 3 m。当年小枝连同芽、叶柄和花序均密被簇状短毛和简单长柔毛，二年生小枝带灰紫褐色，无毛。叶纸质，形状变化很大，卵状披针形、卵状矩圆形、狭卵形、椭圆形或倒卵形，长 3 ~ 11 cm，顶端尖、渐尖或急渐尖，基部圆形、宽楔形或微心形，边缘有波状小尖齿，上面无毛或疏被叉状或簇状短伏毛，下面密被由簇状毛组成的茸毛，近基部两侧有少数腺体，侧脉7～10对，直达齿端；叶柄长3～5 mm，被粗短毛，基部有2枚宿存、钻形小托叶。复伞形式聚伞花序生于具1对叶的侧生短枝之顶，直径2～4 cm，总花梗长1～2.5 cm，第一级辐射枝通常5条，花生于第二级至第三级辐射枝上，常有长梗；萼筒筒状，长约1.5 mm，被茸毛状簇状短毛，萼齿卵状三角形，顶钝，具缘毛；花冠白色，辐状，直径约6 mm，无毛或近无毛，裂片圆卵形，长约2 mm；雄蕊略短于至长于花冠，花药黄白色，近圆形；花柱高出萼齿。果实红色，宽卵圆形，长6～7 mm；核扁，具3条浅腹沟和2条浅背沟。花期4—5月，果期8—10月。

图 0903　宜昌荚蒾 *Viburnum erosum*

【拍摄地点】肖堰镇峰山村，海拔875 m。

【生境分布】生于山坡林下或灌丛中。分布于南漳肖堰镇。

【药用部位】枝叶。

【功能主治】祛风除湿。用于风湿痹痛。

聚花荚蒾　球花荚蒾　从花荚蒾（图0904）

Viburnum glomeratum Maxim.

【形态特征】落叶灌木或小乔木，高达3～5 m；当年小枝、芽、幼叶下面、叶柄及花序均被黄色或黄白色簇状毛。叶纸质，卵状椭圆形、卵形或宽卵形，稀倒卵形或倒卵状矩圆形，长6～10 cm，顶钝圆、尖或短渐尖，基部圆形或多少带斜微心形，边缘有齿，上面疏被簇状短毛，下面初被由簇状毛组成的茸毛，后毛渐变稀，侧脉5～11对，与其分枝均直达齿端；叶柄长1～2 cm。聚伞花序直径3～6 cm，总花梗长1～2.5 cm，第一级辐射枝5～7条；萼筒被白色簇状毛，长1.5～3 mm，萼齿卵形，长1～2 mm，与花冠筒等长或为其2倍；花冠白色，辐状，直径约5 mm，筒长约1.5 mm，裂片卵圆形，长约等于或略超过筒；雄蕊稍高出花冠裂片，花药近圆形，直径约1 mm。果实红色，后变黑色；核椭圆形，扁，长5～7 mm，直径4～5 mm，有2条浅背沟和3条浅腹沟。花期4—

图 0904　聚花荚蒾 *Viburnum glomeratum*

6 月，果期 7—9 月。

【拍摄地点】长坪镇赵岭村，海拔 1257 m。

【生境分布】生于山谷林中、灌丛中或草坡的阴湿处。分布于南漳长坪镇。

【药用部位】根。

【功能主治】祛风清热，活血化瘀。用于跌打损伤，筋骨疼痛。

湖北荚蒾（图 0905）

Viburnum hupehense Rehd.

图 0905 湖北荚蒾 *Viburnum hupehense*

【形态特征】落叶灌木，高 1.5 ～ 3 m。冬芽、当年小枝、叶柄和花序均被疏或密、有时呈茸状的簇状短毛。叶纸质，宽卵形至倒卵形，顶端渐尖或急尾尖，上面被简单、叉状或簇状短毛或短伏毛，下面被疏或密的簇状毛，有或无腺点。萼筒被簇状毛和腺点。花冠外面密被由簇状毛组成的茸毛。柱头不高出萼齿。果实长 5 ～ 8 mm。

【拍摄地点】李庙镇主山寨村，海拔 1156 m。

【生境分布】生于山坡灌丛中。分布于南漳李庙镇主山寨村。

【药用部位】果实。

【功能主治】润肺止咳。用于肺燥咳嗽。

粉团 雪球荚迷（图 0906）

Viburnum plicatum Thunb.

图 0906 粉团 *Viburnum plicatum*

【形态特征】落叶灌木，高达 3 m。当年小枝浅黄褐色，四角状，被由黄褐色簇状毛组成的茸毛，二年生小枝灰褐色或灰黑色，稍具棱角或否，散生圆形皮孔，老枝圆筒形，近水平状开展。冬芽有 1 对披针状三角形鳞片。叶纸质，宽卵形、圆状倒卵形或倒卵形，稀近圆形，长 4 ～ 10 cm，顶端圆或急狭而微凸尖，基部圆形或宽楔形，很少微心形，边缘有不整齐三角状锯齿，上面疏被短伏毛，中脉毛较密，下面密被茸毛，或有时仅侧脉有毛，侧脉 10 ～ 12 对，笔直伸至齿端，上面常深凹陷，下面显著凸起，小脉横列，并行，紧密，为明显的长方形格纹；叶柄长 1 ～ 2 cm，被薄茸毛；无托叶。聚伞花序伞形式，球形，直径 4 ～ 8 cm，常生于具 1 对叶的短侧枝上，全部由大型的不孕花组成，总花梗长 1.5 ~ 4 cm，稍有棱角，被黄褐色簇状毛，第一级辐射枝 6 ~ 8 条，花生于第四级辐射枝上；萼筒倒圆锥形，无毛或有时被簇状毛，萼齿卵形，顶钝圆；花冠白色，辐状，直径 1.5 ~ 3 cm，裂片有时仅 4 枚，倒卵形或近圆形，顶圆形，大小常不相等；雌、雄蕊均不发育。花期 4—5 月。

【拍摄地点】板桥镇宋家坪村，海拔 1165 m。

【生境分布】栽培于庭院或住宅旁。南漳板桥镇见零星栽培。

【药用部位】根。

【功能主治】清热解毒，涩精止带。用于遗精，咽喉肿痛，月经不调，带下。

蝴蝶戏珠花　**蝴蝶树　蝴蝶荚蒾（图 0907）**

Viburnum plicatum var. *tomentosum*（Thunb.）Miq.

【形态特征】落叶灌木。叶较狭，宽卵形或矩圆状卵形，有时椭圆状倒卵形，两端有时渐尖，下面常带绿白色，侧脉 10 ~ 17 对。花序直径 4 ~ 10 cm，外围有 4 ~ 6 朵白色、大型的不孕花，具长花梗，花冠直径达 4 cm，不整齐 4 ~ 5 裂；中央可孕花直径约 3 mm，萼筒长约 15 mm，花冠辐状，黄白色，裂片宽卵形，长约等于筒，雄蕊高出花冠，花药近圆形。果实先红色后变黑色，宽卵圆形或倒卵圆形，长 5 ~ 6 mm，直径约 4 mm；核扁，两端钝形，有 1 条上宽下窄的腹沟，背面中下部还有 1 条短的隆起之脊。花期 4—5 月，果期 8—9 月。

图 0907　蝴蝶戏珠花 *Viburnum plicatum* var. *tomentosum*

【拍摄地点】长坪镇赵岭村，海拔 1320 m。

【生境分布】生于山坡林缘。分布于南漳长坪镇。

【药用部位】根。

【功能主治】清热解毒，祛风除湿。用于风湿痹痛，跌打损伤。

烟管荚蒾　**黑汉条（图 0908）**

Viburnum utile Hemsl.

【形态特征】常绿灌木，高达 2 m。叶下面、叶柄和花序均被由灰白色或黄白色簇状毛组成的细茸毛；当年小枝被黄褐色或灰白色茸毛，后变无毛，翌年变红褐色，散生小皮孔。叶革质，卵圆状矩圆形，有时卵圆形至卵圆状披针形，长 2 ~ 5 cm，顶端圆至稍钝，有时微凹，基部圆形，全缘或很少有少数不明显疏浅齿，边稍内卷，上面深绿色有光泽而无毛，或暗绿色而疏被簇状毛，侧脉 5 ~ 6 对，近缘前互相网结，上面略凸起或不明显，下面稍隆起，有时被锈色簇状毛；叶柄长 5 ~ 10 mm。聚伞花序直径 5 ~ 7 cm，总花梗粗壮，长 1 ~ 3 cm，第一级辐射枝通常 5 条，花通常生于第二级至第三级辐射枝上；萼筒筒状，长约 2 mm，无毛，萼齿卵状三角形，长约 0.5 mm，无毛或具少数簇状缘毛；花冠白色，花蕾时带淡红色，辐状，直径 6 ~ 7 mm，无毛，裂片圆卵形，长约 2 mm，与筒等长或略较长；雄蕊与花冠裂片几等长，花药近圆形，直径约 1 mm；花柱与萼齿近于等长。果实红色，后变黑色，椭圆状矩圆形至椭圆形，长 7 ~ 8 mm；核稍扁，椭圆形或倒卵形，长 7 mm，直径 5 mm，有 2 条极浅背沟和 3 条腹沟。花期 3—4 月，果熟期 8 月。

图 0908　烟管荚蒾 *Viburnum utile*

【拍摄地点】国营七里山林场，海拔 199 m。

【生境分布】生于山坡林缘或灌丛中。分布于南漳各乡镇，多见。

【药用部位】茎叶。

【功能主治】止血，接骨。用于外伤出血，骨折。

锦带花属 Weigela

锦带花（图 0909）

Weigela florida（Bunge）A. DC.

【形态特征】落叶灌木，高达 1 ~ 3 m。幼枝稍四方形，有 2 列短柔毛；树皮灰色。芽顶端尖，具 3 ~ 4 对鳞片，常光滑。叶矩圆形、椭圆形至倒卵状椭圆形，长 5 ~ 10 cm，顶端渐尖，基部阔楔形至圆形，边缘有锯齿，上面疏生短柔毛，脉上毛较密，下面密生短柔毛或茸毛，具短柄至无柄。花单生或成聚伞花序生于侧生短枝的叶腋或枝顶；萼筒长圆柱形，疏被柔毛，萼齿长约 1 cm，深达萼檐中部；花冠紫红色或玫瑰红色，长 3 ~ 4 cm，直径 2 cm，外面疏生短柔毛，裂片不整齐，开展，内面浅红色；花丝短于花冠，花药黄色；子房上部的腺体黄绿色，花柱细长，柱头 2 裂。果实长 1.5 ~ 2.5 cm，顶有短柄状喙，疏生柔毛；种子无翅。花期 4—6 月。

图 0909　锦带花 *Weigela florida*

【拍摄地点】巡检镇不二坪村，海拔 1043 m。

【生境分布】生于杂木林下或山顶灌丛中。分布于南漳巡检镇不二坪村。

【药用部位】花。

【功能主治】活血止痛。用于跌打损伤。

151. 败酱科 Valerianaceae

败酱属 Patrinia

败酱　黄花败酱（图 0910）

Patrinia scabiosaefolia Fisch. ex Trev.

图 0910　败酱 *Patrinia scabiosaefolia*

【中药名】败酱草。

【形态特征】多年生草本，高 30 ～ 100 cm。根状茎横卧或斜生，节处生多数细根；茎直立，黄绿色至黄棕色，有时带淡紫色，下部常被脱落性倒生白色粗毛或几无毛，上部常近无毛或被倒生稍弯糙毛，或疏被 2 列纵向短糙毛。基生叶丛生，花时枯落，卵形、椭圆形或椭圆状披针形，长 3 ～ 10.5 cm，宽 1.2 ～ 3 cm，不分裂或羽状分裂或全裂，顶端钝或尖，基部楔形，边缘具粗锯齿，上面暗绿色，背面淡绿色，两面被糙伏毛或几无毛，具缘毛；叶柄长 3 ～ 12 cm；茎生叶对生，宽卵形至披针形，长 5 ～ 15 cm，常羽状深裂或全裂，具 2 ～ 3 对侧裂片，顶生裂片卵形、椭圆形或椭圆状披针形，先端渐尖，具粗锯齿，两面密被或疏被白色糙毛，或几无毛，上部叶渐变窄小，无柄。花序为聚伞花序组成的大型伞房花序，顶生，具 5 ～ 6 级分枝；花序梗上方一侧被开展白色粗糙毛；总苞线形，甚小；苞片小；花小，萼齿不明显；花冠钟形，黄色，冠筒长 1.5 mm，上部宽 1.5 mm，基部一侧囊肿不明显，内具白色长柔毛，花冠裂片卵形，长 1.5 mm，宽 1 ～ 1.3 mm；雄蕊 4，稍超出或不超出花冠，花丝不等长，近蜜囊的 2 枚长 3.5 mm，下部被柔毛，另 2 枚长 2.7 mm，无毛，花药长圆形，长约 1 mm；子房椭圆状长圆形，长约 1.5 mm，花柱长 2.5 mm，柱头盾状或截头状，直径 0.5 ～ 0.6 mm。瘦果长圆形，长 3 ～ 4 mm，具 3 棱，2 不育子室中央稍隆起成上粗下细的棒槌状，能育子室略扁平，向两侧延展成窄边状，内含 1 椭圆形、扁平种子。花期 7—9 月。

【拍摄地点】板桥镇宋家坪村，海拔 1021 m。

【生境分布】生于山坡林下、灌丛及田埂边的草丛中。分布于南漳板桥、李庙、肖堰等乡镇。

【采收加工】夏季花开时采集。

【药用部位】全草。

【性味归经】辛、苦，微寒。归胃、大肠、肝经。

【功能主治】清热解毒，消痈排脓，祛瘀止痛。用于肠痈肺痈，疮痈肿毒，产后瘀阻腹痛。

【用法用量】6 ～ 15 g。外用适量。脾胃虚弱、食少泄泻者忌服。

攀倒甑 白花败酱（图 0911）

Patrinia villosa（Thunb.）Juss.

图 0911 攀倒甑 *Patrinia villosa*

【中药名】败酱草。

【形态特征】多年生草本，高 50 ～ 100 cm。地下根状茎长而横走，偶在地表匍匐生长；茎密被白色倒生粗毛或仅沿二叶柄相连的侧面具纵列倒生短粗伏毛，有时几无毛。基生叶丛生，叶片卵形、宽卵形或卵状披针形至长圆状披针形，长 4 ～ 10 cm，宽 2 ～ 5 cm，先端渐尖，边缘具粗钝齿，基部楔形下延，不分裂或大头羽状深裂，常有 1 ～ 2 对生裂片，叶柄较叶片稍长；茎生叶对生，与基生叶同形，或菱状卵形，先端尾状渐尖或渐尖，基部楔形下延，边缘具粗齿，上部叶较窄小，常不分裂，上面均为鲜绿色或浓绿色，背面绿白色，两面被糙伏毛或近无毛；叶柄长 1 ～ 3 cm，上部叶近无柄。由聚伞花序组成顶生圆锥花序或伞房花序，分枝达 5 ～ 6 级，花序梗密被长粗糙毛或仅二纵列粗糙毛；总苞叶卵状披针形至线状披针形或线形；花萼小，萼齿 5，浅波状或浅钝裂状，长 0.3 ～ 0.5 mm，被短糙毛，有时疏生腺毛；花冠钟形，白色，5 深裂，裂片不等形，卵形、卵状长圆形或卵状椭圆形，长 1.25 ～ 2 mm，宽 1.1 ～ 1.65 mm，蜜囊顶端的裂片常较大，冠筒常比裂片稍长，长 1.5 ～ 2.25 mm，宽 1.7 ～ 2.3 mm，内面有长柔毛，筒基部一侧稍囊肿；雄蕊 4，伸出；子房下位，花柱较雄蕊稍短。瘦果倒卵形，与宿存增大苞片贴生；果苞倒卵形、卵形、倒卵状长圆形或椭圆形，有时圆形，长 4 ～ 5.5 mm，宽 4 ～ 5.5 mm，顶端钝圆，不分裂或微 3 裂，基部楔形或钝，网脉明显，具主脉 2 条，极少有 3 条的，下面中部 2 主脉内有微糙毛。花期 8—10 月，果期 9—11 月。

【拍摄地点】薛坪镇八里川村，海拔 1036 m。

【生境分布】生于山地林下、林缘或灌丛中、草丛中。分布于南漳薛坪、长坪等乡镇。

【采收加工】夏季花开时采集。

【药用部位】全草。

【性味归经】辛、苦，微寒。归胃、大肠、肝经。

【功能主治】清热解毒，消痈排脓，祛瘀止痛。用于肠痈肺痈，疮痈肿毒，产后瘀阻腹痛。

【用法用量】6 ～ 15 g。外用适量。脾胃虚弱、食少泄泻者忌服。

缬草属 Valeriana

缬草 拔地麻（图 0912）

Valeriana officinalis L.

【中药名】缬草*。

【形态特征】多年生高大草本，高可达 100 ～ 150 cm。根状茎粗短呈头状，须根簇生；茎中空，有纵棱，被粗毛，尤以节部为多，老时毛少。匍枝叶、基出叶和基部叶在花期常凋萎。茎生叶卵形至宽卵形，羽状深裂，裂片 7 ～ 11；中央裂片与两侧裂片近同形，但有时与第 1 对侧裂片合生成三裂状，裂片披针形或条形，顶端渐窄，基部下延，全缘或有疏锯齿，两面及柄轴多少被毛。花序顶生，成伞房状三出聚伞圆锥花序；小苞片中央纸质，两侧膜质，长椭圆状长圆形、倒披针形或线状披针形，先端芒状凸尖，边缘多少有粗缘毛。花冠淡紫红色或白色，长 4 ～ 5 mm，花冠裂片椭圆形，雌、雄蕊约与花冠等长。瘦果长卵形，长 4 ～ 5 mm，基部近平截，光秃或两面被毛。花期 5—7 月，果期 6—10 月。

图 0912 缬草 *Valeriana officinalis*

【拍摄地点】板桥镇宋家坪村，海拔 1203 m。

【生境分布】生于山坡草地、林下、沟边。分布于南漳长坪、板桥等乡镇。

【采收加工】秋季采挖，除去茎叶及泥沙，晒干。

【药用部位】根及根茎。

【性味归经】辛、苦，温。归心、肝经。

【功能主治】安神，祛风湿，行气血，止痛。用于心神不宁，心悸失眠，风湿痹痛，脘腹胀痛，痛经，经闭，跌打损伤。

【用法用量】3 ～ 9 g。

152. 川续断科 Dipsacaceae

川续断属 Dipsacus

川续断（图 0913）

Dipsacus asperoides C. Y. Cheng et T. M. Ai

【中药名】续断*。

【形态特征】多年生草本，高达 2 m。主根 1 条或在根茎上生出数条，圆柱形，黄褐色，稍肉质；茎中空，具 6 ～ 8 条棱，棱上疏生下弯粗短的硬刺。基生叶稀疏丛生，叶片琴状羽裂，长 15 ～ 25 cm，宽 5 ～ 20 cm，顶端裂片大，卵形，长达 15 cm，宽 9 cm，两侧裂片 3 ～ 4 对，侧裂片一般为倒卵形或匙形，叶面被白色刺毛或乳头状刺毛，背面沿脉密被刺毛；叶柄长可达 25 cm；茎生叶在茎之中下部为羽状深裂，中裂片披针形，长 11 cm，宽 5 cm，先端渐尖，边缘具疏粗锯齿，侧裂片 2 ～ 4 对，披针形或长圆形，基生叶和下部的茎生叶具长柄，

图 0913 川续断 *Dipsacus asperoides*

向上叶柄渐短，上部叶披针形，不裂或基部3裂。头状花序球形，直径2～3 cm，总花梗长达55 cm；总苞片5～7枚，叶状，披针形或线形，被硬毛；小苞片倒卵形，长7～11 mm，先端稍平截，被短柔毛，具长3～4 mm的喙尖，喙尖两侧密生刺毛或稀疏刺毛，稀被短毛；小总苞四棱倒卵柱状，每个侧面具两条纵沟；花萼四棱，皿状，长约1 mm，不裂或4浅裂至深裂，外面被短毛；花冠淡黄色或白色，花冠管长9～11 mm，基部狭缩成细管，顶端4裂，1裂片稍大，外面被短柔毛；雄蕊4，着生于花冠管上，明显超出花冠，花丝扁平，花药椭圆形，紫色；子房下位，花柱通常短于雄蕊，柱头短棒状。瘦果长倒卵柱状，包藏于小总苞内，长约4 mm，仅顶端外露于小总苞外。花期7—9月，果期9—11月。

【拍摄地点】长坪镇朝阳村，海拔1209 m。

【生境分布】生于沟边、草丛、林缘和田野路旁。分布于南漳李庙、长坪等乡镇。

【采收加工】秋季采挖，除去根头和须根，用微火烘至半干，堆置“发汗”至内部变绿色时，再烘干。

【药用部位】根。

【性味归经】苦、辛，微温。归肝、肾经。

【功能主治】补肝肾，强筋骨，续折伤，止崩漏。用于肝肾不足，腰膝酸软，风湿痹痛，跌扑损伤，筋伤骨折，崩漏，胎漏。酒续断多用于风湿痹痛，跌扑损伤，筋伤骨折。盐续断多用于腰膝酸软。

【用法用量】9～15 g。

日本续断　天目续断（图0914）

Dipsacus japonicus Miq.

【形态特征】多年生草本，高1 m以上。主根长圆锥状，黄褐色。茎中空，向上分枝，具4～6棱，棱上具钩刺。基生叶具长柄，叶片长椭圆形，分裂或不裂；茎生叶对生，叶片椭圆状卵形至长椭圆形，先端渐尖，基部楔形，长8～20 cm，宽3～8 cm，常为3～5裂，顶端裂片最大，两侧裂片较小，裂片基部下延成窄翅，边缘具粗齿或近全缘，有时全为单叶对生，正面被白色短毛，叶柄和叶背脉上均具疏的钩刺和刺毛。头状花序顶生，圆球形，直径1.5～3.2 cm；总苞片线形，具白色刺毛；小苞片倒卵形，开花期长达9～11 mm，顶端喙尖长5～7 mm，两侧具长刺毛；花萼盘状，4裂，被白色柔毛；花冠管长5～8 mm，基部细管明显，长3～4 mm，4裂，裂片不相等，外被白色柔毛；雄蕊4，着生在花冠管上，稍伸出花冠外；子房下位，包于囊状小总苞内，小总苞具4棱，长5～6 mm，被白色短毛，顶端具8齿。瘦果长圆楔形。花期8—9月，果期9—11月。

图0914　日本续断 *Dipsacus japonicus*

【拍摄地点】板桥镇龙垴村，海拔1245 m。

【生境分布】生于山坡、草丛中。分布于南漳板桥镇。

【药用部位】根。

【功能主治】祛风湿，强筋骨。用于风湿痹痛，跌扑损伤，筋伤骨折。

153. 桔梗科 Campanulaceae

沙参属 Adenophora

丝裂沙参 泡参（图 0915）

Adenophora capillaris Hemsl.

【形态特征】茎单生，高 50 cm 至 1 m，无毛或有长硬毛。茎生叶常为卵形，卵状披针形，少为条形，顶端渐尖，全缘或有锯齿，无毛或有硬毛，长 3 ～ 19 cm，宽 0.5 ～ 4.5 cm。花序具长分枝，常组成大而疏散的圆锥花序，少为狭圆锥花序，更少仅数朵花集成假总状花序，花序梗和花梗常纤细如丝。花萼筒部球状，少为卵状，裂片毛发状，下部有时有 1 至数个瘤状小齿，偶尔叉状分枝，伸展开或反折，长 6 ～ 14 mm；花冠细，近于筒状或筒状钟形，长 11 ～ 18 mm，白色、淡蓝色或淡紫色，裂片狭三角形，长 3 ～ 4 mm；花盘细筒状，长 2 ～ 5 mm，常无毛，花柱长 20 ～ 25 mm。蒴果多为球状，极少为卵状，长 4 ～ 9 mm，直径 4 ～ 5 mm。花期 7—8 月。

图 0915 丝裂沙参 *Adenophora capillaris*

【拍摄地点】板桥镇龙埫村，海拔 1005 m。

【生境分布】生于林下、林缘或草地中。分布于南漳板桥镇、长坪镇。

【药用部位】根。

【功能主治】养阴，化痰，益气。用于气管炎，百日咳，肺热咳嗽，咯痰黄稠。

杏叶沙参 宽裂沙参（图 0916）

Adenophora hunanensis Nannf.

【形态特征】茎高 60 ～ 120 cm，不分枝，无毛或稍有白色短硬毛。茎生叶下部具柄，很少近无柄，叶片卵圆形、卵形至卵状披针形，基部常楔状渐尖，或近于平截形而突然变窄，沿叶柄下延，顶端急尖至渐尖，边缘具疏齿，两面或疏或密被短硬毛，较少被柔毛，也有全无毛的，长 3 ～ 10 cm，宽 2 ～ 4 cm。花序分枝长，几乎平展或弓曲向上，常组成大而疏散的圆锥花序。花梗极短而粗壮，长 2 ～ 3 mm，极少达 5 mm，花序轴和花梗有短毛或近无毛；花萼常有或疏或密的白色短毛，有的无毛，筒部倒圆锥状，裂片卵形至长卵形，长 4 ～ 7 mm，宽 1.5 ～ 4 mm，基部通常彼此重叠；花冠钟状，蓝色、紫色或蓝紫色，长 1.5 ～ 2 cm，裂片三角状卵形，为花冠长的 1/3；花盘短筒状，长 1 ～ 2.5 mm，顶端被毛或无毛；花柱与花冠近等长。蒴果球状椭圆形，或近于卵状，长 6 ～ 8 mm，直径 4 ～ 6 mm。种子椭圆状，有 1 条棱，长 1 ～ 1.5 mm。花期 7—9 月。

【拍摄地点】九集镇吴家集村，海拔 173 m。

【生境分布】生于山坡草地和林缘草地。分布于南漳九集、李庙、长坪等乡镇。

【药用部位】根。

【功能主治】养阴，化痰，益气。用于气管炎，百日咳，肺热咳嗽，咯痰黄稠。

图 0916　杏叶沙参 *Adenophora hunanensis*

风铃草属 Campanula

紫斑风铃草　灯笼花（图 0917）

Campanula puncatata Lam.

【形态特征】多年生草本，全体被刚毛，具细长而横走的根状茎。茎直立，粗壮，高 20 ～ 100 cm，通常在上部分枝。基生叶具长柄，叶片心状卵形；茎生叶下部有带翅的长柄，上部无柄，三角状卵形至披针形，边缘具不整齐钝齿。花顶生于主茎及分枝顶端，下垂；花萼裂片长三角形，裂片间有一个卵形至卵状披针形而反折的附属物，它的边缘有芒状长刺毛；花冠白色，带紫斑，筒状钟形，长 3 ～ 6.5 cm，裂片有毛。蒴果半球状倒锥形，脉很明显。种子灰褐色，矩圆状，稍扁，长约 1 mm。花期 6—9 月。

【拍摄地点】李庙镇沙坪村，海拔 967 m。

【生境分布】生于山地林中、灌丛及草地中。分布于南漳李庙、长坪等乡镇。

【药用部位】全草。

【功能主治】清热解毒，止痛。用于咽喉炎，头痛。

图 0917　紫斑风铃草 *Campanula puncatata*

金钱豹属 Campanumoea

金钱豹　土党参　算盘果（图 0918）

Campanumoea javanica Bl.

【形态特征】草质缠绕藤本，具乳汁，具胡萝卜状根。茎无毛，多分枝。叶对生，极少互生，具长柄；

叶片心形或心状卵形，边缘有浅锯齿，极少全缘，长3～11 cm，宽2～9 cm，无毛或有时背面疏生长毛。花单朵生叶腋，各部无毛，花萼与子房分离，5裂至近基部，裂片卵状披针形或披针形，长1～1.8 cm；花冠上位，白色或黄绿色，内面紫色，钟状，裂至中部；雄蕊5枚；柱头4～5裂，子房和蒴果5室。浆果黑紫色、紫红色，球状。种子不规则，常为短柱状，表面有网状纹饰。

【拍摄地点】东巩镇口泉村，海拔153 m。

【生境分布】生于灌丛中及疏林中。分布于南漳东巩镇。

【药用部位】根。

【功能主治】补中益气，润肺生津。用于气虚乏力，脾虚腹泻，肺虚咳嗽，小儿疳积，乳汁稀少。

图0918 金钱豹 *Campanumoea javanica*

党参属 Codonopsis

羊乳 四叶参（图0919）

Codonopsis lanceolata（Sieb. et Zucc.）Trautv.

【中药名】四叶参*。

【形态特征】植株全体光滑无毛或茎叶偶疏生柔毛。茎基略近于圆锥状或圆柱状，表面有多数瘤状茎痕，根常肥大呈纺锤状而有少数细小侧根，长10～20 cm，直径1～6 cm，表面灰黄色，近上部有稀疏环纹，而下部则疏生横长皮孔。茎缠绕，长约1 m，直径3～4 mm，常有多数短细分枝，黄绿色而微带紫色。叶在主茎上的互生，披针形或菱状狭卵形，细小，长0.8～1.4 cm，宽3～7 mm；在小枝顶端通常2～4叶簇生，而近于对生或轮生状，叶柄短小，长1～5 mm；叶片菱状卵形、狭卵形或椭圆形，长3～10 cm，宽1.3～4.5 cm，顶端尖或钝，基部渐狭，通常全缘或有疏波状锯齿，上面绿色，下面灰绿色，叶脉明显。花单生或对生于小枝顶端；花梗长1～9 cm；花萼贴生至子房中部，筒部半球状，裂片弯缺尖狭，或开花后渐变宽钝，裂片卵状三角形，长1.3～3 cm，宽0.5～1 cm，端尖，全缘；花冠阔钟状，长2～4 cm，直径2～3.5 cm，浅裂，裂片三角状，反卷，长0.5～1 cm，黄绿色或乳白色，内有紫色斑；花盘肉质，深绿色；花丝钻状，基部微扩大，长4～6 mm，花药3～5 mm；子房下位。蒴果下部半球状，上部有喙，直径2～2.5 cm。种子多数，卵形，

图0919 羊乳 *Codonopsis lanceolata*

有翼，细小，棕色。花果期 7—8 月。

【拍摄地点】李庙镇主山寨村，海拔 1156 m。

【生境分布】生于山地灌木林下沟边阴湿地区或阔叶林内。分布于南漳李庙、板桥、长坪等乡镇。

【采收加工】春、秋二季采挖，除去须根及泥沙，晒干。

【药用部位】根。

【性味归经】甘，温。归肝、脾、肺、大肠经。

【功能主治】补益脾肺，解毒排脓。用于肺虚咳嗽，肺痈，乳痈，肠痈，肿毒，瘰疬，喉蛾，体虚少乳，带下等。

【用法用量】15 ～ 30 g。外用适量，捣敷。

川党参　单枝党参（图 0920）

Codonopsis tangshen Oliv.

【中药名】党参*。

【形态特征】植株除叶片两面密被微柔毛外，全体近于光滑无毛。茎基微膨大，具多数瘤状茎痕，根常肥大呈纺锤状或纺锤状圆柱形，较少分枝或中部以下略有分枝，长 15 ～ 30 cm，直径 1 ～ 1.5 cm，表面灰黄色，上端 1 ～ 2 cm 部分有稀或较密的环纹，而下部则疏生横长皮孔，肉质。茎缠绕，长可达 3 m，直径 2 ～ 3 mm，有多数分枝，侧枝长 15 ～ 50 cm，小枝长 1 ～ 5 cm，具叶，不育或顶端着花，淡绿色、黄绿色或下部微带紫色，叶在主茎及侧枝上的互生，在小枝上的近于对生，叶柄长 0.7 ～ 2.4 cm，叶片卵形、狭卵形或披针形，长 2 ～ 8 cm，宽 0.8 ～ 3.5 cm，顶端钝或急尖，基部楔形或较圆钝，仅个别叶片偶近于心形，边缘浅钝锯齿，上面绿色，下面灰绿色。花单生于枝端，与叶柄互生或近于对生；花有梗；花萼几乎完全不贴生于子房上，几乎全裂，裂片矩圆状披针形，长 1.4 ～ 1.7 cm，宽 5 ～ 7 mm，顶端急尖，微波状或近于全缘；花冠上位，与花萼裂片着生处相距约 3 mm，钟状，长 1.5 ～ 2 cm，直径 2.5 ～ 3 cm，淡黄绿色而内有紫斑，浅裂，裂片近于正三角形；花丝基部微扩大，长 7 ～ 8 mm，花药长 4 ～ 5 mm；子房对花冠言为下位，直径 0.5 ～ 1.4 cm。蒴果下部近于球状，上部短圆锥状，直径 2 ～ 2.5 cm。种子多数，椭圆状，无翼，细小，光滑，棕黄色。花果期 7—10 月。

图 0920　川党参 *Codonopsis tangshen*

【拍摄地点】板桥镇龙墒村，海拔 1250 m。

【生境分布】生于山地林边灌丛中。分布于南漳板桥镇龙墒村，偶见。

【采收加工】秋季采挖，洗净，晒干。

【药用部位】根。

【性味归经】甘，平。归脾、肺经。

【功能主治】健脾益肺，养血生津。用于脾肺气虚，食少倦怠，咳嗽虚喘，气血不足，面色萎黄，心悸气短，津伤口渴，内热消渴。

【用法用量】9 ～ 30 g。不宜与藜芦同用。

半边莲属 Lobelia

半边莲　急解索　细米草（图 0921）

Lobelia chinensis Lour.

【中药名】半边莲*。

【形态特征】多年生草本。茎细弱，匍匐，节上生根，分枝直立，高 6 ～ 15 cm，无毛。叶互生，无柄或近无柄，椭圆状披针形至条形，长 8 ～ 25 cm，宽 2 ～ 6 cm，先端急尖，基部圆形至阔楔形，全缘或顶部有明显的锯齿，无毛。花通常 1 朵，生分枝的上部叶腋；花梗细，长 1.2 ～ 2.5 cm，基部有长约 1 mm 的小苞片 2 枚、1 枚或者没有，小苞片无毛；花萼筒倒长锥状，基部渐细而与花梗无明显区分，长 3 ～ 5 mm，无毛，裂片披针形，约与萼筒等长，全缘或下部有 1 对小齿；花冠粉红色或白色，长 10 ～ 15 mm，背面裂至基部，喉部以下生白色柔毛，裂片全部平展于下方，呈一个平面，两侧裂片披针形，较长，中间 3 枚裂片椭圆状披针形，较短；雄蕊长约 8 mm，花丝中部以上连合，花丝筒无毛，未连合部分的花丝侧面生柔毛，花药管长约 2 mm，背部无毛或疏生柔毛。蒴果倒锥状，长约 6 mm。种子椭圆状，稍扁压，近肉色。花果期 5—10 月。

图 0921　半边莲 *Lobelia chinensis*

【拍摄地点】武安镇石牛坪村，海拔 132 m。

【生境分布】生于水田边、沟边及潮湿草地上。分布于南漳武安、李庙、巡检等乡镇。

【采收加工】夏季采收，除去泥沙，洗净，晒干。

【药用部位】全草。

【性味归经】辛，平。归心、小肠、肺经。

【功能主治】清热解毒，利尿消肿。用于痈肿疔疮，蛇虫咬伤，臌胀水肿，湿热黄疸，湿疹湿疮。

【用法用量】9 ～ 15 g。

【附注】全草含多种生物碱，主要包括山梗菜碱、山梗菜酮碱、异山梗菜酮碱、山梗菜醇碱。

袋果草属 Peracarpa

袋果草　肉荚草（图 0922）

Peracarpa carnosa（Wall.）Hook. f. et Thoms.

【形态特征】纤细草本，茎肉质，直径约 1 mm 或不及 1 mm，长 5 ～ 15 cm，无毛。叶多集中于茎上部，具长 3 ~ 15 mm 的叶柄，叶片膜质或薄纸质，卵圆形或圆形，基部平钝或浅心形，顶端圆钝或多少急尖，长 8 ~ 25 mm，宽 7 ~ 20 mm，两面无毛或上面疏生贴伏的短硬毛，边缘波状，但弯缺处有短刺；茎下部的叶疏离而较小。花梗细长而常伸直，长可达 6 cm，但有时短至 1 cm；花萼无毛，筒部倒卵状圆锥形，裂片三角形至条状披针形；花冠白色或紫蓝色，裂片条状椭圆形。果倒卵状，长 4 ~ 5 mm。种子棕褐色，长 1.7 mm。花期 3—5 月，果期 4—11 月。

图 0922 袋果草 *Peracarpa carnosa*

【拍摄地点】长坪镇赵岭村，海拔 1323 m。

【生境分布】生于林下及沟边潮湿岩石上。分布于南漳长坪镇。

【药用部位】全草。

【功能主治】祛风除湿，利尿消肿。用于类风湿关节炎，筋骨疼痛，湿疹，腹泻，小便不利，小儿惊风。

桔梗属 Platycodon

桔梗　铃铛花（图 0923）

Platycodon grandiflorus（Jacq.）A. DC.

【中药名】桔梗*。

【形态特征】茎高 20 ~ 120 cm，通常无毛，偶密被短毛，不分枝，极少上部分枝。叶全部轮生，部分轮生至全部互生，无柄或有极短的柄，叶片卵形、卵状椭圆形至披针形，长 2 ~ 7 cm，宽 0.5 ~ 3.5 cm，基部宽楔形至圆钝，顶端急尖，上面无毛而绿色，下面常无毛而有白粉，有时脉上有短毛或瘤突状毛，边缘具细锯齿。花单朵顶生，或数朵集成假总状花序，或有花序分枝而集成圆锥花序；花萼筒部半圆球状或圆球状倒锥形，被白粉，裂片三角形，或狭三角形，有时齿状；花冠大，长 1.5 ~ 4 cm，蓝色或紫色。蒴果球状，或球状倒圆锥形，或倒卵状，长 1 ~ 2.5 cm，直径约 1 cm。花期 7—9 月。

图 0923 桔梗 *Platycodon grandiflorus*

【拍摄地点】板桥镇茅山坪村，海拔 848 m。

【生境分布】生于阳处草丛、灌丛中，少生于林下。分布于南漳板桥、东巩、李庙等乡镇。

【采收加工】春、秋二季采挖，洗净，除去须根，趁鲜剥去外皮或不去外皮，干燥。

【药用部位】根。

【性味归经】苦、辛，平。归肺经。

【功能主治】宣肺，利咽，祛痰，排脓。用于咳嗽痰多，胸闷不畅，咽痛音哑，肺痈吐脓。

【用法用量】3～10 g。

蓝花参属 Wahlenbergia

蓝花参　细叶沙参（图 0924）

Wahlenbergia marginata（Thunb.）A. DC.

【形态特征】多年生草本，有白色乳汁。根细长，外面白色，细胡萝卜状，直径可达 4 mm，长约 10 cm。茎自基部多分枝，直立或上升，长 10～40 cm，无毛或下部疏生长硬毛。叶互生，无柄或具长至 7 mm 的短柄，常在茎下部密集，下部的匙形、倒披针形或椭圆形，上部的条状披针形或椭圆形，长 1～3 cm，宽 2～8 mm，边缘波状或具疏锯齿，或全缘，无毛或疏生长硬毛。花梗极长，细而伸直，长可达 15 cm；花萼无毛，筒部倒卵状圆锥形，裂片三角状钻形；花冠钟状，蓝色，长 5～8 mm，分裂达 2/3，裂片倒卵状长圆形。蒴果倒圆锥状或倒卵状圆锥形，有 10 条不明显的肋，长 5～7 mm，直径约 3 mm。种子矩圆状，光滑，黄棕色，长 0.3～0.5 mm。花果期 2—5 月。

【拍摄地点】肖堰镇杜家沟村，海拔 152 m。

【生境分布】生于荒地、山坡或沟边。分布于南漳肖堰镇。

图 0924　蓝花参 *Wahlenbergia marginata*

【药用部位】根。

【功能主治】益气补虚，祛痰，截疟。用于肺虚咳嗽，小儿疳积，痰积。

154. 菊科 Compositae

藿香蓟属 Ageratum

藿香蓟　胜红蓟（图 0925）

Ageratum conyzoides L.

【形态特征】一年生草本，高 50～100 cm，有时又不足 10 cm。无明显主根。茎粗壮，基部直径 4 mm，或少有纤细的，而基部直径不足 1 mm，不分枝或自基部或自中部以上分枝，或下基部平卧而节常生不定根。全部茎枝淡红色，或上部绿色，被白色短柔毛或上部被稠密开展的长茸毛。叶对生，有时上部互生，常有腋生的不发育的叶芽。中部茎叶卵形或椭圆形或长圆形，长 3 ～ 8 cm，宽 2 ～ 5 cm；自中部叶向上、向下及腋生小枝上的叶渐小或小，卵形或长圆形，有时植株全部叶小型，长仅 1 cm，宽仅达 0.6 mm。全部叶基部钝或宽楔形，基出三脉或不明显五出脉，顶端急尖，边缘圆锯齿，有长 1 ～ 3 cm 的叶柄，两面被白色稀疏的短柔毛且有黄色腺点，上面沿脉处及叶下面的毛稍多，有时下面近无毛，上部叶的叶柄或腋生幼枝及腋生枝上的小叶的叶柄通常被白色稠密开展的长柔毛。头状花序 4 ～ 18 个，在茎顶排成通常紧密的伞房状花序；花序直径 1.5 ～ 3 cm，少有排成松散伞房花序式的。

图 0925　藿香蓟 *Ageratum conyzoides*

花梗长 0.5 ～ 1.5 cm，被球状短柔毛。总苞钟状或半球形，宽 5 mm。总苞片 2 层，长圆形或披针状长圆形，长 3 ～ 4 mm，外面无毛，边缘撕裂。花冠长 1.5 ～ 2.5 mm，外面无毛或顶端有微柔毛，檐部 5 裂，淡紫色。瘦果黑褐色，5 棱，长 1.2 ～ 1.7 mm，有白色稀疏细柔毛。冠毛膜片 5 个或 6 个，长圆形，顶端急狭或渐狭成长或短芒状，或部分膜片顶端截形而无芒状渐尖；全部冠毛膜片长 1.5 ～ 3 mm。花果期全年。

【拍摄地点】巡检镇通城河村，海拔 295 m。

【生境分布】生于山谷、山坡林下或林缘、河边或山坡草地、田边或荒地上。分布于南漳巡检、东巩等乡镇。

【药用部位】全草。

【功能主治】清热解毒，利咽，消肿。用于疮痈肿毒，咽喉肿痛。

兔儿风属 Ainsliaea

杏香兔儿风　一枝香　兔耳风（图 0926）

Ainsliaea fragrans Champ.

【中药名】杏香兔儿风*。

【形态特征】多年生草本。根状茎短或伸长，有时可离地面近 2 cm，圆柱形，直或弯曲，直径 1 ～ 3 mm，根颈被褐色茸毛，具簇生细长须根。茎直立，单一，不分枝，花葶状，高 25 ～ 60 cm，被褐色长柔毛。叶聚生于茎的基部，莲座状或呈假轮生状，叶片厚纸质，卵形、狭卵形或卵状长圆形，长 2 ～ 11 cm，宽 1.5 ～ 5 cm，顶端钝或中脉延伸具一小的凸尖头，基部深心形，边全缘或具疏离的胼胝体状小齿，有向上弯拱的缘毛，上面绿色，无毛或被疏毛，下面淡绿色

图 0926　杏香兔儿风 *Ainsliaea fragrans*

或有时多少带紫红色，被较密的长柔毛，脉上尤甚；基出脉5条，在下面明显增粗并凸起，中脉中上部具1～2对侧脉，网脉略明显，网眼大；叶柄长1.5～6 cm，稀更长，无翅，密被长柔毛。头状花序通常有小花3朵，具被短柔毛的短梗或无梗，于花葶之顶排成间断的总状花序，花序轴被深褐色的短柔毛，并有3～4 mm长的钻形苞叶；总苞圆筒形，直径3～3.5 mm；总苞片约5层，背部有纵纹，无毛，有时顶端带紫红色，外面1～2层卵形，长1.8～2 mm，宽约1 mm，顶端尖，中层近椭圆形，长3～8 mm，宽1.5～2 mm，顶端钝，最内层狭椭圆形，长约11 mm，宽约2 mm，顶端渐尖，基部长渐狭，具爪，边缘干膜质；花托狭，不平，直径约0.5 mm，无毛。花全部两性，白色，开放时具杏仁香气，花冠管纤细，长约6 mm，冠檐显著扩大，于管口上方5深裂，裂片线形，与花冠管近等长；花药长约4.5 mm，顶端钝，基部箭形的尾部长约2 mm；花柱分枝伸出药筒之外，长约0.5 mm，顶端钝头。瘦果棒状圆柱形或近纺锤形，栗褐色，略压扁，长约4 mm，被8条显著的纵棱，被较密的长柔毛。冠毛多数，淡褐色，羽毛状，长约7 mm，基部连合。花期11—12月。

【拍摄地点】长坪镇钟鼓坪村，海拔649 m。

【生境分布】生于山坡灌木林下或路旁、沟边草丛中。分布于南漳长坪镇。

【采收加工】夏、秋二季采收，除去泥沙，阴干或晒干。

【药用部位】全草。

【性味归经】甘，寒。归肺、脾、胆经。

【功能主治】清热利湿，凉血解毒，止咳，散结止血。用于口腔溃烂，虚劳咯血，湿热黄疸，水肿，小儿疳积，消化不良，跌打损伤，瘰疬，毒蛇咬伤等。

【用法用量】9～15 g。外用适量，鲜品捣烂外敷。

纤枝兔儿风（图0927）

Ainsliaea gracilis Franch.

图0927 纤枝兔儿风 *Ainsliaea gracilis*

【形态特征】多年生草本。根状茎通常短，头状，少有略延伸而呈圆柱状，根颈无毛或被疏毛，鳞片腋内的毛簇生；根纤细，密集，胡须状，长7～15 cm。茎直立，单一或双生，极纤弱，高通常20～60 cm，然亦有达1 m者，基部直径1～2.5 mm，被淡褐色疏密不一的长柔毛。叶聚生于茎的中下部，呈轮生状，有时下端有1或2片疏离，叶片薄纸质，卵形或卵状披针形，长2～6 cm，宽12～34 mm，稀有较大者，顶端短尖至渐尖，尖端中脉延伸具一刺芒状尖头，基部心形或近心形，略下延，边缘具胼胝体状细齿，上面亮绿色，无毛，下面紫红色，被疏长柔毛，毛常于中脉基部较密；基出脉3条，两面稍凸起，其2对侧脉均弯拱离缘上升，网脉明显；叶柄纤细，长为叶片的2/3或近等长，多少被长柔毛。头状花序具花3朵，花期长13～15 mm，直径约6 mm，于茎之顶作总状花序式排列；总苞圆筒形，直径约 3 mm，总苞片近 7 层，背面绿色，有细纵条纹，通常无毛，外面 1 ～ 3 层卵形，长 1 ～ 2.5 mm，宽 1 ～ 1.2 mm，顶端钝，中层长圆形或近椭圆形，长 3 ～ 6 mm，宽 1.5 ～ 2 mm，上部略狭，但顶端钝，最内层线状倒披针形，下部长渐狭，顶端略尖，长 10 ～ 12 mm，宽不足 1 mm；花托狭，无毛，具 3 窝孔，直径 2 ～ 3 mm。花全部两性，花冠管状，长 12 ～ 13 mm，檐部 5 深裂，裂片偏于一侧，线状披针形，长约为花冠管之半；花药顶端钝圆，长约 5 mm，基部渐尖的尾部长为花药的 2/5；花柱分枝短，内侧略扁，顶端钝、圆，长 1 ～ 2 mm。瘦果近纺锤形，基部长狭，具 10 纵棱，无毛或近无毛，长约 5 mm。冠毛淡红色，羽毛状，长约 1 cm，基部连合。花期 9—11 月。

【拍摄地点】板桥镇龙埫村，海拔 1088 m。

【生境分布】生于山地丛林或涧旁石缝中。分布于南漳板桥镇。

【药用部位】全草。

【功能主治】清热解毒，凉血止血。用于咯血，无名肿毒，跌打损伤。

香青属 Anaphalis

香青　中华香青（图 0928）

Anaphalis sinica Hance

【形态特征】根状茎细或粗壮，木质，有长达 8 cm 的细匍枝。茎直立，疏散或密集丛生，高 20 ～ 50 cm，细或粗壮，通常不分枝或在花后及断茎上分枝，被白色或灰白色绵毛，全部有密生的叶。下部叶在下花期枯萎。中部叶长圆形、倒披针状长圆形或线形，长 2.5 ～ 9 cm，宽 0.2 ～ 1.5 cm，基部渐狭，沿茎下延成狭或稍宽的翅，边缘平，顶端渐尖或急尖，有短小尖头，上部叶较小，披针状线形或线形，全部叶上面被蛛丝状绵毛，或下面或两面被白色或黄白色厚绵毛，在绵毛下常杂有腺毛，有单脉或具侧脉向上渐消失的离基三出脉。莲座状叶被密绵毛，顶端钝或圆形。头状花序多数或极多数，密集成复伞房状或多次复伞房状；花序梗细。总苞钟状或近倒圆锥状，长 4 ～ 5 mm，宽 4 ～ 6 mm；总苞片 6 ～ 7 层，外层卵圆形，浅褐色，被蛛丝状毛，长 2 mm；内层舌状长圆形，长约 3.5 mm，宽 1 ～ 1.2 mm，乳白色或污白色，顶端钝或圆形；最内层较狭，长椭圆形，有长达全长 2/3 的爪部；雄株的总苞片常较钝。雌株头状花序有多层雌花，中央有 1 ～ 4 个雄花；雄株头状花托有缝状短毛。花序全部有雄花。花冠长 2.8 ～ 3 mm。冠毛常较花冠稍长；雄花冠毛上部渐宽扁，有锯齿。瘦果长 0.7 ～ 1 mm，被小腺点。花期 6—9 月，果期 8—10 月。

图 0928　香青 *Anaphalis sinica*

【拍摄地点】长坪镇青林村，海拔 1055 m。

【生境分布】生于灌丛、草地、山坡和溪岸。分布于南漳各乡镇。

【药用部位】全草。

【功能主治】解表祛风，消炎止痛，镇咳平喘。用于感冒头痛，咳嗽，慢性支气管炎。

牛蒡属 Arctium

牛蒡　大力子　恶实（图 0929）

Arctium lappa L.

【中药名】牛蒡子*。

图 0929　牛蒡 *Arctium lappa*

【形态特征】二年生草本，具粗大的肉质直根，长达 15 cm，直径可达 2 cm，有分枝支根。茎直立，高达 2 m，粗壮，基部直径达 2 cm，通常带紫红色或淡紫红色，有多数高起的条棱，分枝斜升，多数，全部茎枝被稀疏的乳突状短毛及长蛛丝毛并混杂棕黄色的小腺点。基生叶宽卵形，长达 30 cm，宽达 21 cm，边缘有稀疏的浅波状凹齿或尖齿，基部心形，有长达 32 cm 的叶柄，两面异色，上面绿色，有稀疏的短糙毛及黄色小腺点，下面灰白色或淡绿色，被薄茸毛或茸毛稀疏，有黄色小腺点，叶柄灰白色，被稠密的蛛丝状茸毛及黄色小腺点，但中下部常脱毛。茎生叶与基生叶同形或近同形，具等样的及等量的毛被，接花序下部的叶小，基部平截或浅心形。头状花序多数或少数在茎枝顶端排成疏松的伞房花序或圆锥状伞房花序，花序梗粗壮。总苞卵形或卵球形，直径 1.5 ～ 2 cm。总苞片多层，多数，外层三角状或披针状钻形，宽约 1 mm，中内层披针状或线状钻形，宽 1.5 ～ 3 mm；全部苞近等长，长约 1.5 cm，顶端有软骨质钩刺。小花紫红色，花冠长 1.4 cm，细管部长 8 mm，檐部长 6 mm，外面无腺点，花冠裂片长约 2 mm。瘦果倒长卵形或偏斜倒长卵形，长 5 ～ 7 mm，宽 2 ～ 3 mm，两侧压扁，浅褐色，有多数细脉纹，有深褐色的色斑或无色斑。冠毛多层，浅褐色；冠毛糙毛状，不等长，长达 3.8 mm，基部不连合成环，分散脱落。花果期 6—9 月。

【拍摄地点】李庙镇胡家坪村，海拔 306 m。

【生境分布】生于山坡、山谷、林缘、林中、灌丛中、河边潮湿地、村庄路旁或荒地。分布于南漳李庙、薛坪、巡检等乡镇。

【采收加工】秋季果实成熟时采收果序，晒干，打下果实，除去杂质，再晒干。

【药用部位】成熟果实。

【性味归经】辛、苦，寒。归肺、胃经。

【功能主治】疏散风热，宣肺透疹，解毒利咽。用于风热感冒，咳嗽痰多，麻疹，风疹，咽喉肿痛，痄腮，丹毒，痈肿疮毒。

【用法用量】6 ～ 12 g。

蒿属 Artemisia

黄花蒿　香蒿　青蒿（图 0930）

Artemisia annua L.

图 0930　黄花蒿 *Artemisia annua*

【中药名】青蒿*。

【形态特征】一年生草本，植株有浓烈的挥发性香气。根单生，垂直，狭纺锤形；茎单生，高 100 ～ 200 cm，基部直径可达 1 cm，有纵棱，幼时绿色，后变褐色或红褐色，多分枝；茎、枝、叶两面及总苞片背面无毛或初时背面微有极稀疏短柔毛，后脱落无毛。叶纸质，绿色；茎下部叶宽卵形或三角状卵形，长 3 ～ 7 cm，宽 2 ～ 6 cm，绿色，两面具细小脱落性的白色腺点及细小凹点，三至四回栉齿状羽状深裂，每侧有裂片 5 ～ 10 枚，裂片长椭圆状卵形，再次分裂，小裂片边缘具多枚栉齿状三角形或长三角形的深裂齿，裂齿长 1 ～ 2 mm，宽 0.5 ～ 1 mm，中肋明显，在叶面上稍隆起，中轴两侧有狭翅而无小栉齿，稀上部有数枚小栉齿，叶柄长 1 ～ 2 cm，基部有半抱茎的假托叶；中部叶二至三回栉齿状的羽状深裂，小裂片栉齿状三角形。稀少为细短狭线形，具短柄；上部叶与苞片叶一至二回栉齿状羽状深裂，近无柄。头状花序球形，多数，直径 1.5 ～ 2.5 mm，有短梗，下垂或倾斜，基部有线形的小苞叶，在分枝上排成总状或复总状花序，并在茎上组成开展、尖塔形的圆锥花序；总苞片 3 ～ 4 层，内层、外层近等长，外层总苞片长卵形或狭长椭圆形，中肋绿色，边膜质，中层、内层总苞片宽卵形或卵形，花序托凸起，半球形；花深黄色，雌花 10 ～ 18 朵，花冠狭管状，檐部具 2 ～ 3 裂齿，外面有腺点，花柱线形，伸出花冠外，先端二叉，叉端钝尖；两性花 10 ～ 30 朵，结实或中央少数花不结实，花冠管状，花药线形，上端附属物尖，长三角形，基部具短尖头，花柱近与花冠等长，先端二叉，叉端截形，有短毛。瘦果小，椭圆状卵形，略扁。花果期 8—11 月。

【拍摄地点】城关镇殷庄村，海拔 368 m。

【生境分布】生于路旁、荒地、山坡、林缘。分布于南漳各乡镇。

【采收加工】秋季花盛开时采割，除去老茎，阴干。

【药用部位】地上部分。

【性味归经】苦、辛，寒。归肝、胆经。

【功能主治】清虚热，除骨蒸，解暑热，截疟，退黄。用于温邪伤阴，夜热早凉，阴虚发热，骨蒸劳热，暑邪发热，疟疾寒热，湿热黄疸。

【用法用量】6 ～ 12 g，后下。

蒿属 Artemisia

艾　艾蒿（图 0931）

Artemisia argyi Lévl. et Van.

【中药名】艾叶*。

图 0931 艾 *Artemisia argyi*

【形态特征】多年生草本或略呈半灌木状，植株有浓烈香气。主根明显，略粗长，直径达 1.5 cm，侧根多；常有横卧地下根状茎及营养枝。茎单生或少数，高 80 ～ 150 cm，有明显纵棱，褐色或灰黄褐色，基部稍木质化，上部草质，并有少数短的分枝，枝长 3 ～ 5 cm；茎枝均被灰色蛛丝状柔毛。叶厚纸质，上面被灰白色短柔毛，并有白色腺点与小凹点，背面密被灰白色蛛丝状密茸毛；基生叶具长柄，花期萎谢；茎下部叶近圆形或宽卵形，羽状深裂，每侧具裂片 2 ～ 3 枚，裂片椭圆形或倒卵状长椭圆形，每裂片有 2 ～ 3 枚小裂齿，干后背面主、侧脉多为深褐色或锈色，叶柄长 0.5 ～ 0.8 cm；中部叶卵形、三角状卵形或近菱形，长 5 ～ 8 cm，宽 4 ～ 7 cm，一至二回羽状深裂至半裂，每侧裂片 2 ～ 3 枚，裂片卵形、卵状披针形或披针形，长 2.5 ～ 5 cm，宽 1.5 ～ 2 cm，不再分裂或每侧有 1 ～ 2 枚缺齿；叶基部宽楔形渐狭成短柄，叶脉明显，在背面凸起，干时锈色，叶柄长 0.2 ～ 0.5 cm，基部通常无假托叶或极小的假托叶；上部叶与苞片叶羽状半裂、浅裂或三深裂或三浅裂，或不分裂，而为椭圆形、长椭圆状披针形、披针形或线状披针形。头状花序椭圆形，直径 2.5 ～ 3 mm，无梗或近无梗，每数枚至 10 余枚在分枝上排成小型的穗状花序或复穗状花序，并在茎上通常再组成狭窄、尖塔形的圆锥花序，花后头状花序下倾；总苞片 3 ～ 4 层，覆瓦状排列，外层总苞片小，草质，卵形或狭卵形，背面密被灰白色蛛丝状绵毛，边缘膜质，中层总苞片较外层长，长卵形，背面被蛛丝状绵毛，内层总苞片质薄，背面近无毛；花序托小；雌花 6 ～ 10 朵，花冠狭管状，檐部具 2 裂齿，紫色，花柱细长，伸出花冠外甚长，先端二叉；两性花 8 ～ 12 朵，花冠管状或高脚杯状，外面有腺点，檐部紫色，花药狭线形，先端附属物尖，长三角形，基部有不明显的小尖头，花柱与花冠近等长或略长于花冠，先端二叉，花后向外弯曲，叉端截形，并有毛。瘦果长卵形或长圆形。花果期 7—10 月。

【拍摄地点】城关镇文笔峰村，海拔 174 m。

【生境分布】生于荒地、路旁河边及山坡等地，也见于森林草原及草原地区，局部地区为植物群落的优势种。分布于南漳各乡镇。

【采收加工】夏季花未开时采摘，除去杂质，晒干。

【药用部位】叶。

【性味归经】辛、苦，温；有小毒。归肝、脾、肾经。

【功能主治】温经止血，散寒止痛；外用祛湿止痒。用于吐血，衄血，崩漏，月经过多，胎漏下血，少腹冷痛，经寒不调，宫冷不孕；外治皮肤瘙痒。醋艾炭温经止血，用于虚寒性出血。

【用法用量】3 ～ 9 g。外用适量，供灸治或熏洗用。

蕲艾（图 0932）

Artemisia argyi var. *argyi* cv. *Qiai*

【形态特征】本种为艾的栽培品种，与原品种的区别在于：栽培品种植株高大，高 150 ～ 250 cm，香气浓烈；叶厚纸质，被毛密而厚，中部叶羽状浅裂，上部叶通常不分裂，椭圆形或长椭圆形，最长可达 8 cm，宽 1.5 cm。

【拍摄地点】板桥镇龙塄村，海拔 1249 m。

【生境分布】栽培。南漳巡检、肖堰、城关等乡镇零星栽培。

【药用部位】叶。

【功能主治】温经止血，散寒止痛；外用祛湿止痒。用于吐血，衄血，崩漏，月经过多，胎漏下血，少腹冷痛，经寒不调，宫冷不孕；外治皮肤瘙痒。醋艾炭温经止血，用于虚寒性出血。

图 0932　蕲艾 *Artemisia argyi* var. *argyi* cv. *Qiai*

茵陈蒿　绵茵陈　绒蒿（图 0933）

Artemisia capillaris Thunb.

【中药名】茵陈*。

【形态特征】半灌木状草本，植株有浓烈的香气。主根明显木质，垂直或斜向下伸长；根茎直径 5 ～ 8 mm，直立，稀少斜上展或横卧，常有细的营养枝。茎单生或少数，高 40 ～ 120 cm 或更长，红褐色或褐色，有不明显的纵棱，基部木质，上部分枝多，向上斜伸展；茎、枝初时密生灰白色或灰黄色绢质柔毛，后渐稀疏或脱落无毛。营养枝端有密集叶丛，基生叶密集着生，常呈莲座状；基生叶、茎下部叶与营养枝叶两面均被棕黄色或灰黄色绢质柔毛，后期茎下部叶被毛脱落，叶卵圆形或卵状椭圆形，长 2 ～ 4 cm，宽 1.5 ～ 3.5 cm，二至三回羽状全裂，每侧有裂片 2 ～ 3 枚，每裂片再 3 ～ 5 全裂，小裂片狭线形或狭线状披针形，通常细直，不弧曲，长 5 ～ 10 mm，宽 0.5 ～ 1.5 mm，叶柄长 3 ～ 7 mm，花期上述叶均萎谢；中部叶宽卵形、近圆形或卵圆形，长 2 ～ 3 cm，宽 1.5 ～ 2.5 cm，一至二回羽状全裂，小裂片狭线形或丝线形，通常细直、不弧曲，长 8 ～ 12 mm，宽 0.3 ～ 1 mm，近无毛，顶端微尖，基部裂片常半抱茎，近无叶柄；上部叶与苞片叶羽状 5 全裂或 3 全裂，基部裂片半抱茎。头状花序卵球形，稀近球形，多数，直径 1.5 ～ 2 mm，有短梗及线形的小苞叶，在分枝的上端或小枝端偏

图 0933　茵陈蒿 *Artemisia capillaris*

向外侧生长，常排成复总状花序，并在茎上端组成大型、开展的圆锥花序；总苞片 3 ～ 4 层，外层总苞片草质，卵形或椭圆形，背面淡黄色，有绿色中肋，无毛，边膜质，中层、内层总苞片椭圆形，近膜质或膜质；花序托小，凸起；雌花 6 ～ 10 朵，花冠狭管状或狭圆锥状，檐部具 2 裂齿，花柱细长，伸出花冠外，先端二叉，叉端尖锐；两性花 3 ～ 7 朵，不孕育，花冠管状，花药线形，先端附属物尖，长三角形，基部圆钝，花柱短，上端棒状，2 裂，不叉开，退化子房极小。瘦果长圆形或长卵形。花果期 7—10 月。

【拍摄地点】薛坪镇火石观村，海拔 836 m。

【生境分布】生于河岸、湿润沙地、路旁及低山坡地区。分布于南漳各乡镇。

【采收加工】春季幼苗高 6 ～ 10 cm 时采收或秋季花蕾长成至花初开时采割，除去杂质和老茎，晒干。春季采收的习称“绵茵陈”，秋季采割的称“花茵陈”。

【药用部位】地上部分。

【性味归经】苦、辛，微寒。归脾、胃、肝、胆经。

【功能主治】清利湿热，利胆退黄。用于黄疸尿少，湿温暑湿，湿疮瘙痒。

【用法用量】6 ～ 15 g。外用适量，煎汤熏洗。

南牡蒿　齐头蒿（图 0934）

Artemisia eriopoda Bge.

【形态特征】多年生草本。主根明显，粗短、侧根多；根状茎稍粗短，肥厚，常呈短圆柱状，直径 5 ～ 8 mm，直立或斜向上，常有短的营养枝，枝上密生叶。茎通常单生，稀少 2 至少数，高 40 ～ 80 cm，具细纵棱，基部密生短柔毛，其余无毛，分枝多，开展，枝长 10 ～ 20 cm，绿色或稍带紫褐色，疏被毛，以后渐脱落。叶纸质，上面无毛，背面微有短柔毛或无毛；基生叶与茎下部叶近圆形、宽卵形或倒卵形，长 4 ～ 6 cm，宽 2.5 ～ 6 cm，一至二回大头羽状深裂或全裂或不分裂，仅边缘具数枚疏锯齿，分裂叶每侧有裂片 2 ～ 3 枚，裂片倒卵形、近匙形或宽楔形，裂片先端至边缘具规则或不规则的深裂片或浅裂片，并有锯齿，叶基部渐狭，宽楔形，叶柄长 1.5 ～ 3 cm；中部叶近圆形或宽卵形，长、宽为 2 ～ 4 cm，一至二回羽状深裂或全裂，每侧有裂片 2 ～ 3 枚，裂片椭圆形或近匙形，先端具 3 深裂或浅裂齿或全缘，叶基部宽楔形，近无柄，基部有线形分裂的假托叶；上部叶渐小，卵形或长卵形，羽状全裂，每侧裂片 2 ～ 3 枚，裂片椭圆形，先端常有 3 枚浅裂齿；苞片叶 3 深裂或不分裂；裂片或不分裂之苞片叶线状披针形、椭圆状披针形或披针形。头状花序多数，宽卵形或近球形，直径 1.5 ～ 2.5 mm，无梗或具短梗，基部具线形的小苞叶，在茎端、分枝上半部及小枝上排成穗状花序或穗状花序式的总状花序，并在茎上组成开展、稍大型的圆锥花序；总苞片 3 ～ 4 层，外层略短小，外层、中层总苞片卵形或长卵形，背面绿色或稍带紫褐色，无毛，边膜质，内层总苞片长卵形，半膜质；雌花 4 ～ 8 朵，花冠狭圆锥状，檐部具 2 ～ 3

图 0934　南牡蒿 *Artemisia eriopoda*

裂齿，花柱伸出花冠外，先端二叉，叉端尖；两性花 6 ～ 10 朵，不孕育，花冠管状，花药线形，先端附属物尖，长三角形，基部圆钝，花柱短，先端稍膨大，不叉开。瘦果长圆形。花果期 6—11 月。

【拍摄地点】薛坪镇八里川村，海拔 1032 m。

【生境分布】生于林缘、路旁、草坡、灌丛、溪边、疏林内或林中空地。分布于南漳薛坪、城关等乡镇。

【药用部位】全草。

【功能主治】祛风除湿，解毒。用于风湿性关节痛，头痛，水肿，毒蛇咬伤。

紫菀属 Aster

钻叶紫菀　钻形紫菀（图 0935）

Aster subulatus Michx.

【形态特征】一年生草本植物，高可达 150 cm。主根圆柱状，向下渐狭，茎单一，直立，茎和分枝具粗棱，光滑无毛，基生叶在花期凋落；茎生叶多数，叶片披针状线形，极稀狭披针形，两面绿色，光滑无毛，中脉在背面凸起，侧脉数对，头状花序极多数，花序梗纤细、光滑，总苞钟形，总苞片外层披针状线形，内层线形，边缘膜质，光滑无毛。雌花花冠舌状，舌片淡红色、红色、紫红色或紫色，线形，两性花花冠管状，冠管细，瘦果线状长圆形，稍扁，6—10 月开花结果。

图 0935　钻叶紫菀 *Aster subulatus*

【拍摄地点】李庙镇闫坪村，海拔 319 m。

【生境分布】生于河边、路边、沟边、溪边、荒野潮湿处。分布于南漳各乡镇。

【药用部位】全草。

【功能主治】清热解毒。用于痈肿，湿疹。

苍术属 Atractylodes

苍术（图 0936）

Atractylodes lancea（Thunb.）DC.

【中药名】苍术 *。

【形态特征】多年生草本。根状茎平卧或斜升，粗长或通常呈疙瘩状，生多数等粗等长或近等长的不定根。茎直立，高 30 ～ 100 cm，单生或少数茎呈簇生，下部或中部以下常紫红色，不分枝或少有自下部分枝的，全部茎枝被稀疏的蛛丝状毛或无毛。基部叶花期脱落；中下部茎叶长 8 ～ 12 cm，宽 5 ～ 8 cm，3 ～ 5 羽状深裂或半裂，基部楔形或宽楔形，几无柄，扩大半抱茎，或基部渐狭成长达 3.5 cm 的叶柄；顶裂片与

图 0936 苍术 *Atractylodes lancea*

侧裂片不等形或近等形，圆形、倒卵形、偏斜卵形、卵形或椭圆形，宽 1.5 ～ 4.5 cm；侧裂片 1 ～ 2 对，椭圆形、长椭圆形或倒卵状长椭圆形，宽 0.5 ～ 2 cm；有时中下部茎叶不分裂；中部以上或仅上部茎叶不分裂，倒长卵形、倒卵状长椭圆形或长椭圆形，有时基部或近基部有 1 ～ 2 对三角形刺齿或刺齿状浅裂。或全部茎叶不裂，中部茎叶倒卵形、长倒卵形、倒披针形或长倒披针形，长 2.2 ～ 9.5 cm，宽 1.5 ～ 6 cm，基部楔状，渐狭成长 0.5 ～ 2.5 cm 的叶柄，上部的叶基部有时有 1 ～ 2 对三角形刺齿裂。全部叶质地硬，硬纸质，两面同色，绿色，无毛，边缘或裂片边缘有针刺状缘毛或三角形刺齿或重刺齿。头状花序单生茎枝顶端，但不形成明显的花序式排列，植株有多数或少数头状花序。总苞钟状，直径 1 ～ 1.5 cm。苞叶针刺状羽状全裂或深裂。总苞片 5 ～ 7 层，覆瓦状排列，最外层及外层卵形至卵状披针形，长 3 ～ 6 mm；中层长卵形至长椭圆形或卵状长椭圆形，长 6 ～ 10 mm；内层线状长椭圆形或线形，长 11 ～ 12 mm。全部苞片顶端钝或圆形，边缘有稀疏蛛丝毛，中内层或内层苞片上部有时变红紫色。小花白色，长 9 mm。瘦果倒卵圆状，被稠密的顺向贴伏的白色长直毛，有时变稀毛。冠毛褐色或污白色，长 7 ～ 8 mm，羽毛状，基部连合成环。花果期 6—10 月。

【拍摄地点】李庙镇付家坪村，海拔 585 m。

【生境分布】生于山坡草地、林下、灌丛及岩缝中。分布于南漳李庙、长坪、城关等乡镇。

【采收加工】春、秋二季采挖，除去泥沙，晒干，撞去须根。

【药用部位】根茎。

【性味归经】辛、苦，温。归脾、胃、肝经。

【功能主治】燥湿健脾，祛风散寒，明目。用于湿阻中焦，脘腹胀满，泄泻，水肿，脚气痿躄，风湿痹痛，风寒感冒，夜盲，眼目昏涩。

【用法用量】3 ～ 9 g。

白术（图 0937）

Atractylodes macrocephala Koidz.

【中药名】白术*。

【形态特征】多年生草本，高 20 ～ 60 cm，根状茎结节状。茎直立，通常自中下部长分枝，全部光滑无毛。中部茎叶有长 3 ～ 6 cm 的叶柄，叶片通常 3 ～ 5 羽状全裂，极少兼杂不裂而叶为长椭圆形的。侧裂片 1 ～ 2 对，倒披针形、椭圆形或长椭圆形，长 4.5 ～ 7 cm，宽 1.5 ～ 2 cm；顶裂片比侧裂片大，倒长卵形、长椭圆形或椭圆形；自中部茎叶向上向下，叶渐小，与中部茎叶等样分裂，接花序下部的叶不裂，椭圆形或长椭圆形，无柄；或大部茎叶不裂，但总兼杂有 3 ～ 5 羽状全裂的叶。全部叶质地薄，纸质，两面绿色，无毛，边缘或裂片边缘有长或短针刺状缘毛或细刺齿。头状花序单生茎枝顶端，植株通常有 6 ～ 10 个头状花序，但不形成明显的花序式排列。苞叶绿色，长 3 ～ 4 cm，针刺状羽状全裂。总苞大，宽钟状，直径 3 ～ 4 cm。总苞片 9 ～ 10 层，覆瓦状排列；外层及中外层长卵形或三角形，长 6 ～ 8 mm；中层披针形或椭圆状披针形，长 11 ～ 16 mm；最内层宽线形，长 2 cm，顶端紫红色。全部苞片顶端钝，边缘有白色蛛丝毛。小花长 1.7 cm，紫红色，冠檐 5 深裂。瘦果倒圆锥状，长 7.5 mm，被顺向顺伏的稠密白色的长直毛。冠毛呈羽毛状，污白色，长 1.5 cm，基部结合成环状。花果期 8—10 月。

【拍摄地点】巡检镇凤山村，海拔 995 m。

图 0937　白术 *Atractylodes macrocephala*

【生境分布】生于山坡草地及山坡林下。南漳巡检镇、肖堰镇有少量栽培。

【采收加工】冬季下部叶枯黄、上部叶变脆时采挖，除去泥沙，烘干或晒干，再除去须根。

【药用部位】根茎。

【性味归经】苦、甘，温。归脾、胃经。

【功能主治】健脾益气，燥湿利水，止汗，安胎。用于脾虚食少，腹胀泄泻，痰饮眩悸，水肿，自汗，胎动不安。

【用法用量】6 ～ 12 g。

鬼针草属 Bidens

婆婆针　刺针草　鬼针草（图 0938）

Bidens bipinnata L.

【中药名】鬼针草*。

【形态特征】一年生草本。茎直立，高 30 ～ 120 cm，下部略具 4 棱，无毛或上部被稀疏柔毛，基部直径 2 ～ 7 cm。叶对生，具柄，柄长 2 ～ 6 cm，背面微凸或扁平，腹面有沟槽，槽内及边缘具疏柔毛，叶片长 5 ～ 14 cm，二回羽状分裂，第一次分裂深达中肋，裂片再次羽状分裂，小裂片三角状或菱状披针形，具 1 ～ 2 对缺刻或深裂，顶生裂片狭，先端渐尖，边缘有稀疏不规整的粗齿，两面均被疏柔毛。头状花序直径 6 ～ 10 mm；花序梗长 1 ～ 5 cm。总苞杯形，

图 0938　婆婆针 *Bidens bipinnata*

基部有柔毛，外层苞片 5 ～ 7 枚，条形，开花时长 2.5 mm，果时长达 5 mm，草质，先端钝，被稍密的短柔毛；内层苞片膜质，椭圆形，长 3.5 ～ 4 mm，花后伸长为狭披针形，果时长 6 ～ 8 mm，背面褐色，被短柔毛，具黄色边缘；托片狭披针形，长约 5 mm，果时长可达 12 mm。舌状花通常 1 ～ 3 朵，不育，舌片黄色，椭圆形或倒卵状披针形，长 4 ～ 5 mm，宽 2.5 ～ 3.2 mm，先端全缘或具 2 ～ 3 齿，盘花筒状，黄色，长约 4.5 mm，冠檐 5 齿裂。瘦果条形，略扁，具 3 ～ 4 棱，长 12 ～ 18 mm，宽约 1 mm，具瘤状突起及小刚毛，顶端芒刺 3 ～ 4 枚，很少 2 枚，长 3 ～ 4 mm，具倒刺毛。

【拍摄地点】巡检镇沉河滩村，海拔 291 m。

【生境分布】生于路边荒地、山坡及田间。分布于南漳各乡镇。

【采收加工】夏季花开时采收，晒干。

【药用部位】全草。

【性味归经】苦，平。归脾、胃、肝经。

【功能主治】清热解毒，祛风活血，散瘀消肿。用于疟疾，腹泻，痢疾，胁痛，水肿，胃脘痛，噎嗝，肠痈，咽喉肿痛，跌打损伤，虫蛇咬伤。

【用法用量】25 ～ 50 g。外用适量，鲜品捣烂敷患处。

小花鬼针草　**小鬼钗　细叶鬼针草（图 0939）**

Bidens parviflora Willd.

图 0939　小花鬼针草 *Bidens parviflora*

【形态特征】一年生草本。茎高 20 ～ 90 cm，下部圆柱形，有纵条纹，中上部常为钝四方形，无毛或被稀疏短柔毛。叶对生，具柄，柄长 2 ～ 3 cm，背面微凸或扁平，腹面有沟槽，槽内及边缘有疏柔毛，叶片长 6 ～ 10 cm，二至三回羽状分裂，第一次分裂深达中肋，裂片再次羽状分裂，小裂片具 1 ～ 2 个粗齿或再作第三回羽裂，最后一次裂片条形或条状披针形，宽约 2 mm，先端锐尖，边缘稍向上反卷，上面被短柔毛，下面无毛或沿叶脉被稀疏柔毛，上部叶互生，二回或一回羽状分裂。头状花序单生茎端及枝端，具长梗，开花时直径 1.5 ～ 2.5 mm，高 7 ～ 10 mm。总苞筒状，基部被柔毛，外层苞片 4 ～ 5 枚，草质，条状披针形，长约 5 mm，边缘被疏柔毛，果时长可达 8 ～ 15 mm，内层苞片稀疏，常仅 1 枚，托片状。托片长椭圆状披针形，开花时长 6 ～ 7 mm，膜质，具狭而透明的边缘，果时长达 10 ～ 13 mm。无舌状花，盘花两性，6 ～ 12 朵，花冠筒状，长 4 mm，冠檐 4 齿裂。瘦果条形，略具 4 棱，长 13 ～ 16 cm，宽 1 mm，两端渐狭，有小刚毛，顶端芒刺 2 枚，长 2 ～ 3.5 mm，有倒刺毛。

【拍摄地点】李庙镇茅坪村，海拔 700 m。

【生境分布】生于路边荒地、林下及水沟边。分布于南漳李庙、长坪等乡镇。

【药用部位】全草。

【功能主治】清热解毒，活血散瘀。用于咽喉肿痛，跌打损伤。

鬼针草　一包针　粘人草（图 0940）

Bidens pilosa L.

【中药名】鬼针草*。

【形态特征】一年生草本，茎直立，高 30 ～ 100 cm，钝四棱形，无毛或上部被极稀疏的柔毛，基部直径可达 6 mm。茎下部叶较小，3 裂或不分裂，通常在开花前枯萎，中部叶具长 1.5 ～ 5 cm 无翅的柄，三出，小叶 3 枚，很少为具 5 ～ 7 小叶的羽状复叶，两侧小叶椭圆形或卵状椭圆形，长 2 ～ 4.5 cm，宽 1.5 ～ 2.5 cm，先端锐尖，基部近圆形或阔楔形，有时偏斜，不对称，具短柄，边缘有锯齿，顶生小叶较大，长椭圆形或卵状长圆形，长 3.5 ～ 7 cm，先端渐尖，基部渐狭或近圆形，具长 1 ～ 2 cm 的柄，边缘有锯齿，无毛或被极稀疏的短柔毛，上部叶小，3 裂或不分裂，条状披针形。头状花序直径 8 ～ 9 mm，有长 1 ～ 6 cm 的花序梗。总苞基部被短柔毛，苞片 7 ～ 8 枚，条状匙形，上部稍宽，开花时长 3 ～ 4 mm，果时长至 5 mm，草质，边缘疏被短柔毛或几无毛，外层托片披针形，果时长 5 ～ 6 mm，干膜质，背面褐色，具黄色边缘，内层较狭，条状披针形。无舌状花，盘花筒状，长约 4.5 mm，冠檐 5 齿裂。瘦果黑色，条形，略扁，具棱，长 7 ～ 13 mm，宽约 1 mm，上部具稀疏瘤状突起及刚毛，顶端芒刺 3 ～ 4 枚，长 1.5 ～ 2.5 mm，具倒刺毛。

图 0940　鬼针草 *Bidens pilosa*

【拍摄地点】肖堰镇云盘村，海拔 517 m。

【生境分布】生于村旁、路边及荒地中。分布于南漳各乡镇。

【采收加工】夏季花开时采收，晒干。

【药用部位】全草。

【性味归经】苦，平。归脾、胃、肝经。

【功能主治】清热解毒，祛风活血，散瘀消肿。用于疟疾，腹泻，痢疾，胁痛，水肿，胃脘痛，噎嗝，肠痈，咽喉肿痛，跌打损伤，虫蛇咬伤。

【用法用量】25 ～ 50 g。外用适量，鲜品捣烂敷患处。

白花鬼针草　金盏银盘（图 0941）

Bidens pilosa var. *radiata* Sch.-Bip.

【形态特征】本种为鬼针草的变种，与原变种的区别主要在于头状花序边缘具舌状花 5 ～ 7 枚，舌片椭圆状倒卵形，白色，长 5 ～ 8 mm，宽 3.5 ～ 5 mm，先端钝或有缺刻。

【拍摄地点】巡检镇通城河村，海拔 327 m。

【生境分布】生于村旁、路边及荒地中。分布于南漳巡检、李庙、城关等乡镇。

【药用部位】全草。

【功能主治】清热解毒，散瘀活血。用于上呼吸道感染，咽喉肿痛，急性阑尾炎，急性黄疸性肝炎，胃肠炎，风湿性关节痛，疟疾；外用治疮疖，毒蛇咬伤，跌打肿痛。

图 0941　白花鬼针草 *Bidens pilosa* var. *radiata*

狼杷草（图 0942）

Bidens tripartita L.

【形态特征】一年生草本。茎高 20 ～ 150 cm，圆柱状或具钝棱而稍呈四方形，基部直径 2 ～ 7 mm，无毛，绿色或带紫色，上部分枝或有时自基部分枝。叶对生，下部的较小，不分裂，边缘具锯齿，通常于花期枯萎，中部叶具柄，柄长 0.8 ～ 2.5 cm，有狭翅；叶片无毛或下面有极稀疏的小硬毛，长 4 ～ 13 cm，长椭圆状披针形，不分裂（极少）或近基部浅裂成一对小裂片，通常 3 ～ 5 深裂，裂深几达中肋，两侧裂片披针形至狭披针形，长 3 ～ 7 cm，宽 8 ～ 12 mm，顶生裂片较大，披针形或长椭圆状披针形，长 5 ～ 11 cm，宽 1.5 ～ 3 cm，两端渐狭，与侧生裂片边缘均具疏锯齿，上部叶较小，披针形，3 裂或不分裂。头状花序单生茎端及枝端，直径 1 ～ 3 cm，高 1 ～ 1.5 cm，具较长的花序梗。总苞盘状，外层苞片 5 ～ 9 枚，条形或匙状倒披针形，长 1 ～ 3.5 cm，先端钝，具缘毛，叶状，内层苞片长椭圆形或卵状披针形，长 6 ～ 9 mm，膜质，褐色，有纵条纹，具透明或淡黄色的边缘；托片条状披针形，约与瘦果等长，背面有褐色条纹，边缘透明。无舌状花，全为筒状两性花，花冠长 4 ～ 5 mm，冠檐 4 裂。花药基部钝，顶端有椭圆形附器，花丝上部增宽。瘦果扁，楔形或倒卵状楔形，长 6 ～ 11 mm，宽 2 ～ 3 mm，边缘有倒刺毛，顶端芒刺通常 2 枚，极少 3 ～ 4 枚，长 2 ～ 4 mm，两侧有倒刺毛。

图 0942　狼杷草 *Bidens tripartita*

【拍摄地点】城关镇朱家湾村，海拔 107 m。

【生境分布】生于路边荒野及水边湿地。分布于南漳城关及附近乡镇。

【药用部位】全草。

【功能主治】清热解毒。用于气管炎，扁桃体炎，咽喉炎等。

天名精属 Carpesium

天名精　鹤虱　天蔓青（图 0943）

Carpesium abrotanoides L.

【中药名】鹤虱*、天名精*。

【形态特征】多年生粗壮草本。茎高 60 ～ 100 cm，圆柱状，下部木质，近于无毛，上部密被短柔毛，有明显的纵条纹，多分枝。基生叶于开花前凋萎，茎下部叶广椭圆形或长椭圆形，长 8 ～ 16 cm，宽 4 ～ 7 cm，先端钝或锐尖，基部楔形，三面深绿色，被短柔毛，老时脱落，几无毛，叶面粗糙，下面淡绿色，密被短柔毛，有细小腺点，边缘具不规整的钝齿，齿端有腺体状胼胝体；叶柄长 5 ～ 15 mm，密被短柔毛；茎上部节间长 1 ～ 2.5 cm，叶较密，长椭圆形或椭圆状披针形，先端渐尖或锐尖，基部阔楔形，无柄或具短柄。头状花序多数，生茎端及沿茎、枝生于叶腋，近无梗，成穗状花序式排列，着生于茎端及枝端者具椭圆形或披针形、长 6 ～ 15 mm 的苞叶 2 ～ 4 枚，腋生头状花序无苞叶或有时具 1 ～ 2 枚甚小的苞叶。总苞钟球形，基部宽，上端稍收缩，成熟时开展成扁球形，直径 6 ～ 8 mm；苞片 3 层，外层较短，卵圆形，先端钝或短渐尖，膜质或先端草质，具缘毛，背面被短柔毛，内层长圆形，先端圆钝或具不明显的啮蚀状小齿。雌花狭筒状，长 1.5 mm；两性花筒状，长 2 ～ 2.5 mm，向上渐宽，冠檐 5 齿裂。瘦果长约 3.5 mm。

图 0943　天名精 *Carpesium abrotanoides*

【拍摄地点】李庙镇闫坪村，海拔 236 m。

【生境分布】生于村旁、路边荒地、溪边及林缘。分布于南漳各乡镇。

【采收加工】鹤虱：秋季果实成熟时采收，晒干，除去杂质。天名精：夏、秋二季采收，除去泥沙，晒干。

【药用部位】鹤虱：成熟果实。天名精：全草。

【性味归经】鹤虱：苦、辛，平；有小毒；归脾、胃经。天名精：微涩，寒；有小毒；归肺、脾、大肠经。

【功能主治】鹤虱：杀虫消积；用于蛔虫病，蛲虫病，绦虫病，虫积腹痛，小儿疳积。天名精：清热解毒，散瘀止痛，止血，杀虫；用于小儿肺炎，咳喘痰多，胸肋疼痛，疟疾，腹泻，痢疾，疮痈肿毒，跌打损伤，毒蛇咬伤。

【用法用量】鹤虱：3 ～ 9 g。天名精：6 ～ 9 g；外用适量，捣敷或煎水熏洗患处。

【附注】本种果实含有挥发油 0.25% ～ 0.65%，油中含有天名精酮、天名精内酯、正己酸等成分。

金挖耳　挖耳草（图 0944）

Carpesium divaricatum Sieb. et Zucc.

图 0944　金挖耳 *Carpesium divaricatum*

【形态特征】多年生草本。茎直立，高 25 ～ 150 cm，被白色柔毛，初时较密，后渐稀疏，中部以上分枝，枝通常近平展。基生叶于开花前凋萎，下部叶卵形或卵状长圆形，长 5 ～ 12 cm，宽 3 ～ 7 cm，先端锐尖或钝，基部圆形或稍呈心形，有时呈阔楔形，边缘具粗大具胼胝尖的齿，上面深绿色，被具球状膨大基部的柔毛，老时脱落稀疏而留下膨大的基部；叶面稍粗糙，下面淡绿色，被白色短柔毛并杂以疏长柔毛，沿中肋较密；叶柄较叶片短或近等长，与叶片连接处有狭翅，下部无翅；中部叶长椭圆形，先端渐尖，基部楔形，叶柄较短，无翅，上部叶渐变小，长椭圆形或长圆状披针形，两端渐狭，几无柄。头状花序单生茎端及枝端；苞叶 3 ～ 5 枚，披针形至椭圆形，其中 2 枚较大，较总苞长 2 ～ 5 倍，密被柔毛和腺点。总苞卵状球形，基部宽，上部稍收缩，长 5 ～ 6 mm，直径 6 ～ 10 mm，苞片 4 层，覆瓦状排列，外层短，广卵形，干膜质或先端稍带草质，背面被柔毛，中层狭长椭圆形，干膜质，先端钝，内层条形。雌花狭筒状，长 1.5 ～ 2 mm，冠檐 4 ～ 5 齿裂，两性花筒状，长 3 ～ 3.5 mm，向上稍宽，冠檐 5 齿裂，筒部在放大镜下可见极少数柔毛。瘦果长 3 ～ 3.5 mm。

【拍摄地点】巡检镇巡检司村，海拔 350 m。

【生境分布】生于路旁及山坡灌丛中。分布于南漳巡检、东巩、李庙等乡镇。

【药用部位】全草。

【功能主治】清热解毒。用于咽喉肿痛，牙痛等。

矢车菊属 Cyanus

蓝花矢车菊　蓝芙蓉　矢车菊（图 0945）

Cyanus segetum Hill

【形态特征】一年生或二年生草本，高 30 ～ 70 cm 或更高，直立，自中部分枝，极少不分枝。全部茎枝灰白色，被薄蛛丝状卷毛。基生叶及下部茎叶长椭圆状倒披针形或披针形，不分裂，边缘全缘无锯齿或边缘疏锯齿至大头羽状分裂，侧裂片 1 ～ 3 对，长椭圆状披针形、线状披针形或线形，边缘全缘无锯齿，顶裂片较大，长椭圆状倒披针形或披针形，边缘有小锯齿。中部茎叶线形、宽线形或线状披针形，长 4 ～ 9 cm，宽 4 ～ 8 mm，顶端渐尖，基部楔状，无叶柄边缘全缘无锯齿，上部茎叶与中部茎叶同形，但渐小。全部茎叶两面异色或近异色，上面绿色或灰绿色，被稀疏蛛丝毛或脱毛，下面灰白色，被薄茸毛。头状花序多数或少数在茎枝顶端排成伞房花序或圆锥花序。总苞椭圆状，直径 1 ～ 1.5 cm，有稀疏蛛丝毛。总苞片约 7 层，全部总苞片由外向内呈椭圆形、长椭圆形，外层与中层包括顶端附属物长 3 ～ 6 mm，宽 2 ～ 4 mm，内层包括顶端附属物长 1 ～ 11 cm，宽 3 ～ 4 mm。全部苞片顶端有浅褐色或白色的附属物，中外层的附属物较大，内层的附属物较大，全部附属物沿苞片短下延，边缘流苏状锯齿。边花增大，超长于中央盘花，蓝色、白色、红色或紫色，檐部5～8裂，盘花浅蓝色或红色。瘦果椭圆形，长3 mm，宽1.5 mm，有细条纹，被稀疏的白色柔毛。冠毛白色或浅土红色，2列，外列多层，向内层渐长，长达3 mm，内列1层，极短。花果期2—8月。

【拍摄地点】城关镇榆树岭村，海拔137 m。

【生境分布】栽培，供观赏。零星栽培于南漳城关镇。

【药用部位】全草。

【功能主治】利尿消肿，明目。用于小便不利，目赤翳障。

图 0945　蓝花矢车菊 *Cyanus segetum*

石胡荽属 Centipeda

石胡荽　鹅不食草　球子草（图 0946）

Centipeda minima（L.）A. Br. et Aschers.

【中药名】鹅不食草*。

【形态特征】一年生小草本。茎多分枝，高5～20 cm，匍匐状，微被蛛丝状毛或无毛。叶互生，楔状倒披针形，长7～18 mm，顶端钝，基部楔形，边缘有少数锯齿，无毛或背面微被蛛丝状毛。头状花序小，扁球形，直径约3 mm，单生于叶腋，无花序梗或极短；总苞半球形；总苞片2层，椭圆状披针形，绿色，边缘透明膜质，外层较大；边缘花雌性，多层，花冠细管状，长约0.2 mm，淡绿黄色，顶端2～3微裂；盘花两性，花冠管状，长约0.5 mm，顶端4深裂，淡紫红色，下部有明显的狭管。瘦果椭圆形，长约1 mm，具4棱，棱上有长毛，无冠状冠毛。花果期6—10月。

【拍摄地点】李庙镇刘坪村，海拔150 m。

【生境分布】生于路旁、荒野阴湿地。分布于南漳李庙、城关、九集等乡镇。

【采收加工】夏、秋二季花开时采收，洗去泥沙，晒干。

图 0946　石胡荽 *Centipeda minima*

【药用部位】全草。

【性味归经】辛，温。归肺经。

【功能主治】发散风寒，通鼻窍，止咳。用于风寒头痛，咳嗽痰多，鼻塞不通，流涕。

【用法用量】6～9 g。外用适量。

茼蒿属 Chrysanthemum

茼蒿　菊花菜（图 0947）

Chrysanthemum coronarium L.

【形态特征】光滑无毛或几光滑无毛。茎高达 70 cm，不分枝或自中上部分枝。基生叶花期枯萎。中下部茎叶长椭圆形或长椭圆状倒卵形，长 8 ～ 10 cm，无柄，二回羽状分裂。一回为深裂或几全裂，侧裂片 4 ～ 10 对。二回为浅裂、半裂或深裂，裂片卵形或线形。上部叶小。头状花序单生茎顶或少数生茎枝顶端，但并不形成明显的伞房花序，花梗长 15 ～ 20 cm。总苞直径 1.5 ～ 3 cm。总苞片 4 层，内层长 1 cm，顶端膜质扩大成附片状。舌片长 1.5 ～ 2.5 cm。舌状花瘦果有 3 条突起的狭翅肋，肋间有 1 ～ 2 条明显的间肋。管状花瘦果有 1 ～ 2 条椭圆形突起的肋，以及不明显的间肋。花果期 6—8 月。

图 0947　茼蒿 *Chrysanthemum coronarium*

【拍摄地点】九集镇龙门集村，海拔 144 m。

【生境分布】栽培。全县各乡镇有零星栽培，作为蔬菜食用。

【药用部位】全草。

【功能主治】调和脾胃，通利二便，消痰饮。用于脾胃不和，二便不通，咳嗽痰多。

菊苣属 Cichorium

栽培菊苣（图 0948）

Cichorium endivia L.

【形态特征】一年生或二年生草本。茎直立，高达 100 cm，有铺散分枝，全部茎枝无毛，极少下部有刚毛。基生叶及下部茎叶有短翼柄，羽状全裂至不裂，但边缘通常有锯齿，中上部茎叶长椭圆形至宽卵形，基部无柄，圆耳或尖耳状抱茎。头状花序通常多数，1 个或数个单生或集生茎端或腋生于茎中上部的叶的叶腋中。总苞钟状，长 9 ～ 14 mm，总苞片 2 层，外层总苞片边缘多少有缘毛，下半部革质。舌状小花蓝色，极少淡白色。瘦果长 2.5 ～ 3.5 mm，冠毛膜片状，长 0.4 ～ 0.8 mm。花果期不详。

图 0948　栽培菊苣 *Cichorium endivia*

【拍摄地点】肖堰镇曲阳坪村，海拔 480 m。
【生境分布】栽培。南漳肖堰镇偶见栽培。
【药用部位】全草。
【功能主治】清肝利胆，利尿消肿。用于黄疸，水肿。

蓟属 Cirsium

马刺蓟（图 0949）

Cirsium monocephalum（Vant.）Lévl.

【形态特征】多年生草本，高 80 ～ 150 cm。茎直立，上部分枝，基部直径达 2 cm，全部茎枝有条棱，被稀疏的蛛丝毛及多细胞长节毛，上部或接头状花序下部的毛稍稠密。中部茎叶椭圆形、长椭圆形，羽状深裂，无柄，基部耳状扩大半抱茎；侧裂片披针形或长披针形，顶端急尖成长 3 ～ 10 mm 的针刺，基部或下部两侧边缘或一侧边缘有 1 ～ 3 个三角形刺齿，齿顶有针刺或 1 ～ 3 个长针刺，针刺长 3 ～ 10 mm，中上部边缘有缘毛状针刺，针刺长 1 ～ 2 mm，顶裂片与侧裂片同形并具有等样的针齿与针刺；上部茎叶与中部茎叶同形或披针形，渐小，等样分裂或羽状浅裂或半裂，侧裂片及顶裂片通常为宽或长三角形，边缘有三角形刺齿或缘毛状针刺。全部茎叶两面同色，绿色，无毛或上面有糠秕状的多细胞长节毛。头状花序在茎枝顶端排成伞房状花序或圆锥状花序或圆锥状伞房花序。总苞为宽钟状至半球形，直径 4 ～ 4.5 cm，被稀疏的蛛丝毛。总苞片约 8 层，近等长，镊合状排列或至少不呈明显的覆瓦状排列，全部苞片线状钻形或线状披针状线形，长 2.2 ～ 3.5 cm，上部或中部以上开展或稍向下反折，边缘无针刺。小花白色或淡黄色，极少有紫红色的，花冠长 1.8 cm，檐部长 1.1 cm，不等 5 裂，细管部长 7 mm。瘦果褐色，楔状倒长卵形，长 3.5 mm，宽 1.5 mm，顶端截形。冠毛浅褐色，多层，基部连合成环，整体脱落；冠毛呈羽毛状，向顶端渐细，长达 1.7 cm。花果期 7—10 月。

图 0949　马刺蓟 *Cirsium monocephalum*

【拍摄地点】长坪镇赵岭村，海拔 1018 m。
【生境分布】生于山谷或山坡林缘、灌丛中或荒地。分布于南漳长坪镇。
【药用部位】根。
【功能主治】清热解毒，止血散瘀。用于跌打损伤。

蓟　大蓟　大刺儿菜（图 0950）

Cirsium japonicum Fisch. ex DC.

【中药名】大蓟 *。

图 0950 蓟 *Cirsium japonicum*

【形态特征】多年生草本，块根纺锤状或萝卜状，直径达 7 mm。茎直立，高 30 ～ 80 cm，分枝或不分枝，全部茎枝有条棱，被稠密或稀疏的多细胞长节毛，接头状花序下部灰白色，被稠密茸毛及多细胞节毛。基生叶较大，卵形、长倒卵形、椭圆形或长椭圆形，长 8 ～ 20 cm，宽 2.5 ～ 8 cm，羽状深裂或几全裂，基部渐狭成短或长翼柄，翼柄边缘有针刺及刺齿；侧裂片 6 ～ 12 对，中部侧裂片较大，向下及向下的侧裂片渐小，全部侧裂片排列稀疏或紧密，卵状披针形、半椭圆形、斜三角形、长三角形或三角状披针形，宽狭变化极大，或宽达 3 cm，或狭至 0.5 cm，边缘有稀疏大小不等小锯齿，或锯齿较大而使整个叶片呈现较为明显的二回状分裂状态，齿顶针刺长可达 6 mm，短可至 2 mm，齿缘针刺小而密或几无针刺；顶裂片披针形或长三角形。自基部向上的叶渐小，与基生叶同形并等样分裂，但无柄，基部扩大半抱茎。全部茎叶两面同色，绿色，两面沿脉有稀疏的多细胞长或短节毛或几无毛。头状花序直立，少有下垂的，少数生茎端而花序极短，不呈明显的花序式排列，少有头状花序单生茎端的。总苞钟状，直径 3 cm。总苞片约 6 层，覆瓦状排列，向内层渐长，外层与中层卵状三角形至长三角形，长 0.8 ～ 1.3 cm，宽 3 ～ 3.5 mm，顶端长渐尖，有长 1 ～ 2 mm 的针刺；内层披针形或线状披针形，长 1.5 ～ 2 cm，宽 2 ～ 3 mm，顶端渐尖呈软针刺状。全部苞片外面有微糙毛并沿中肋有黏腺。瘦果压扁，偏斜楔状倒披针状，长 4 mm，宽 2.5 mm，顶端斜截形。小花红色或紫色，长 2.1 cm，檐部长 1.2 cm，不等 5 浅裂，细管部长 9 mm。冠毛浅褐色，多层，基部连合成环，整体脱落；冠毛呈长羽毛状，长达 2 cm，内层向顶端纺锤状扩大或渐细。花果期 4—11 月。

【拍摄地点】李庙镇主山寨村，海拔 1156 m。

【生境分布】生于山坡林中、林缘、灌丛中、草地、荒地、田间、路旁或溪旁。分布于南漳各乡镇。

【采收加工】夏、秋二季花开时采割地上部分，除去杂质，晒干。

【药用部位】地上部分。

【性味归经】甘、苦，凉。归心、肝经。

【功能主治】凉血止血，散瘀解毒消痈。用于衄血，吐血，尿血，便血，崩漏，外伤出血，痈肿疮毒。

【用法用量】9 ～ 15 g。

线叶蓟　湖北蓟（图 0951）

Cirsium lineare（Thunb.）Sch.-Bip.

【形态特征】多年生草本，根直伸。茎直立，有条棱，基部直径 7 mm，高 60 ～ 150 cm，上部有分枝，分枝坚挺，全部茎枝被稀疏的蛛丝毛及多细胞长节毛或无毛至几无毛。下部和中部茎叶长椭圆形、披针形或倒披针形，长 6 ～ 12 cm，宽 2 ～ 2.5 cm，有时长可达 23 cm，宽可达 5 cm，向上的叶渐小，与中下部茎叶同形或长披针形或线状披针形、宽或狭线形，全部茎叶不分裂，顶端急尖或钝或尾状渐尖，基部渐狭在中下部茎成长或短翼柄，在上部叶则无叶柄，两面异色或稍见异色，上面绿色，被多细胞长或短节毛，下面色淡或淡白色，被稀疏的蛛丝状薄毛或至少上部叶如此。边缘有细密的针刺，针刺内弯，或针刺不等大而平展，少有在叶的下部两侧边缘有凹缺状微浅齿的。头状花序生花序分枝顶端，多数或少数在茎枝顶端排成稀疏的圆锥状伞房花序。总苞卵形或长卵形，直径 1.5 ～ 2 cm。总苞片约 6 层，覆瓦状排列，向内层渐长，外层与中层三角形及三角状披针形，长 5 ～ 8 mm，宽 2 ～ 5 mm，顶端有针刺，针刺长 2 mm；内层披针形或三角状披针形，长达 1 cm，顶端渐尖；最内层线形或线状披针形，长 1.3 ～ 1.5 cm，顶端膜质扩大，红色。小花紫红色，花冠长 2 cm，檐部长 1 cm，不等 5 深裂。瘦果倒金字塔状，长 2.5 mm，顶端截形。冠毛浅褐色，多层，基部连合成环，整体脱落；冠毛呈长羽毛状，长达 1.5 cm。花果期 9—10 月。

图 0951　线叶蓟 *Cirsium lineare*

【拍摄地点】城关镇玉溪山，海拔 177 m。

【生境分布】生于山坡或路旁。分布于南漳城关、李庙等乡镇。

【药用部位】根。

【功能主治】清热解毒，止血。用于衄血，吐血，尿血，血淋，便血，崩漏，外伤出血，痈肿疮毒。

刺儿菜　**小蓟　野红花（图 0952）**

Cirsium setosum（Willd.）MB.

【中药名】小蓟 [*]。

【形态特征】多年生草本。茎直立，高 30 ～ 80 cm，基部直径 3 ～ 5 mm，有时可达 1 cm，上部有分枝，花序分枝无毛或有薄茸毛。基生叶和中部茎叶椭圆形、长椭圆形或椭圆状倒披针形，顶端钝或圆形，基部楔形，有时有极短的叶柄，通常无叶柄，长 7 ～ 15 cm，宽 1.5 ～ 10 cm，上部茎叶渐小，椭圆形或披针形或线状披针形，或全部茎叶不分裂，叶缘有细密的针刺，针刺紧贴叶缘。或叶缘有刺齿，齿顶针刺大小不等，针刺长达 3.5 mm，或大部茎叶羽状浅裂或半裂或边缘有粗大圆锯齿，裂片或锯齿斜三角形，顶端钝，齿顶及裂片顶端有较长的针刺，齿缘及裂片边缘的针刺较短且贴伏。全

图 0952　刺儿菜 *Cirsium setosum*

部茎叶两面同色，绿色或下面色淡，两面无毛，极少两面异色，上面绿色，无毛，下面被稀疏或稠密的茸毛而呈现灰色，亦极少两面同色，灰绿色，两面被薄茸毛。头状花序单生茎端，或植株含少数或多数头状花序在茎枝顶端排成伞房花序。总苞卵形、长卵形或卵圆形，直径 1.5 ～ 2 cm。总苞片约 6 层，覆瓦状排列，向内层渐长，外层与中层宽 1.5 ～ 2 mm，包括顶端针刺长 5 ～ 8 mm；内层及最内层长椭圆形至线形，长 1.1 ～ 2 cm，宽 1 ～ 1.8 mm；中外层苞片顶端有长不足 0.5 mm 的短针刺，内层及最内层渐尖，膜质，短针刺。小花紫红色或白色，雌花花冠长 2.4 cm，檐部长 6 mm，细管部细丝状，长 18 mm，两性花花冠长 1.8 cm，檐部长 6 mm，细管部细丝状，长 1.2 mm。瘦果淡黄色，椭圆形或偏斜椭圆形，压扁，长 3 mm，宽 1.5 mm，顶端斜截形。冠毛污白色，多层，整体脱落；冠毛呈长羽毛状，长 3.5 cm，顶端渐细。花果期 5—9 月。

【拍摄地点】九集镇双泉村，海拔 141 m。

【生境分布】生于山坡、河旁、荒地或田间。广泛分布于南漳各乡镇。

【采收加工】夏、秋二季花开时采割，除去杂质，晒干。

【药用部位】地上部分。

【性味归经】甘、苦，凉。归心、肝经。

【功能主治】凉血止血，散瘀解毒消痈。用于衄血，吐血，尿血，血淋，便血，崩漏，外伤出血，痈肿疮毒。

【用法用量】5 ～ 12 g。

牛口刺（图 0953）

Cirsium shansiense Petrak

【形态特征】多年生草本，高 0.3 ～ 1.5 m。根直伸，直径可达 2 cm。茎直立，上部分枝或有时不分枝，全部茎枝有条棱，或全部茎枝被多细胞长节毛或多细胞长节毛和茸毛兼而有之，但通常中部以上有稠密的茸毛。中部茎叶卵形、披针形、长椭圆形、椭圆形或线状长椭圆形，长 5 ～ 14 cm，宽 1 ～ 6 cm，羽状浅裂、半裂或深裂，基部渐狭，有长柄或短柄，或无柄，基部扩大抱茎；侧裂片 3 ～ 6 对，偏斜三角形或偏斜半椭圆形，中部侧裂片较大，全部侧裂片不等大 2 齿裂；顶裂片长三角形、宽线形或长线形，宽 0.5 ～ 1.5 cm；全部裂片顶端或齿裂顶端及边缘有针刺，裂片顶端或齿裂顶端针刺较长，长 3 ～ 6 mm，齿缘及裂片边缘较短，紧贴叶缘或平展；自中部叶向上的叶渐小，与中部茎叶同形并等分裂并具有等样的齿裂，或叶不裂，基部渐狭，有叶柄或无叶柄。全部茎叶两面异色，上面绿色，被多细胞长或短节毛，下面灰白色，被密厚的茸毛。头状花序多数在茎枝顶端排成明显或不明显的伞房花序，少有头状花序单生茎顶而植株仅含 1 个头状花序的。总苞卵形或卵球形，无毛，直径 2 ～ 2.5 cm。总苞片 7 层，覆瓦状排列，向内层逐渐加长，最外层长三角形，宽近 1 mm，包括顶端针刺长 7 mm，顶端渐尖成针刺，针刺长 2 mm；

图 0953 牛口刺 *Cirsium shansiense*

外层三角状披针形或卵状披针形，宽 2 ~ 3 mm，包括顶端针刺长 8 ~ 10 mm，顶端有长约 1 mm 的短针刺；中外层顶端针刺贴伏或开展；内层及最内层披针形或宽线形，长 1.2 ~ 1.7 cm，宽 1.2 ~ 3 mm，顶端膜质扩大，红色。全部苞片外面有黑色黏腺。小花粉红色或紫色，长 1.8 cm，檐部长近 1 cm，不等 5 深裂，细管部长 8 mm。瘦果偏斜椭圆状倒卵形，长 4 mm，宽 2 mm，顶偏截形。冠毛浅褐色，多层，基部连合成环，整体脱落。冠毛长羽毛状，长 1.5 cm，向顶端渐细。花果期 5—11 月。

【拍摄地点】李庙镇刘坪村，海拔 208 m。

【生境分布】生于山坡、山谷林下、草地、河边湿地、溪边和路旁。分布于南漳李庙、城关、长坪等乡镇。

【药用部位】全草。

【功能主治】凉血止血，祛瘀消肿。用于吐血，衄血，尿血，血淋，血崩，带下，肠风，肠痈，痈疡肿毒，疔疮。

白酒草属 Conyza

香丝草　野塘蒿　蓑衣草（图 0954）

Conyza bonariensis（L.）Cronq.

【形态特征】一年生或二年生草本，根纺锤状，常斜升，具纤维状根。茎直立或斜升，高 20 ~ 50 cm，稀更高，中部以上常分枝，常有斜上不育的侧枝，密被贴短毛，杂有开展的疏长毛。叶密集，基部叶花期常枯萎，下部叶倒披针形或长圆状披针形，长 3 ~ 5 cm，宽 0.3 ~ 1 cm，顶端尖或稍钝，基部渐狭成长柄，通常具粗齿或羽状浅裂，中部和上部叶具短柄或无柄，狭披针形或线形，长 3 ~ 7 cm，宽 0.3 ~ 0.5 cm，中部叶具齿，上部叶全缘，两面均密被贴糙毛。头状花序多数，直径 8 ~ 10 mm，在茎端排列成总状花序或总状圆锥花序，花序梗长 10 ~ 15 mm；总苞椭圆状卵形，长约 5 mm，宽约 8 mm，总苞片 2 ~ 3 层，线形，顶端尖，背面密被灰白色短糙毛，外层稍短或短于内层之半，内层长约 4 mm，宽 0.7 mm，具干膜质边缘。花托稍平，有明显的蜂窝孔，直径 3 ~ 4 mm；雌花多层，白色，花冠细管状，长 3 ~ 3.5 mm，无舌片或顶端仅有 3 ~ 4 个细齿；两性花淡黄色，花冠管状，长约 3 mm，管部上部被疏微毛，上端具 5 齿裂；瘦果线状披针形，长 1.5 mm，扁压，被疏短毛；冠毛 1 层，淡红褐色，长约 4 mm。花期 5—10 月。

图 0954　香丝草 *Conyza bonariensis*

【拍摄地点】东巩镇太平村，海拔 271 m。

【生境分布】生于荒地、田边或路旁。分布于南漳各乡镇。

【药用部位】全草。

【功能主治】清热解毒，止痢。用于感冒，疟疾，急性关节炎等。

秋英属 Cosmos

秋英　格桑花　波斯菊（图 0955）

Cosmos bipinnata Cav.

【形态特征】一年生或多年生草本，高 1 ～ 2 m。根纺锤状，多须根，或近茎基部有不定根。茎无毛或稍被柔毛。叶二次羽状深裂，裂片线形或丝状线形。头状花序单生，直径 3 ～ 6 cm；花序梗长 6 ～ 18 cm。总苞片外层披针形或线状披针形，近革质，淡绿色，具深紫色条纹，上端长狭尖，较内层与内层等长，长 10 ～ 15 mm，内层椭圆状卵形，膜质。托片平展，上端呈丝状，与瘦果近等长。舌状花紫红色、粉红色或白色；舌片椭圆状倒卵形，长 2 ～ 3 cm，宽 1.2 ～ 1.8 cm，有 3 ～ 5 钝齿；管状花黄色，长 6 ～ 8 mm，管部短，上部圆柱形，有披针状裂片；花柱具短突尖的附器。瘦果黑紫色，长 8 ～ 12 mm，无毛，上端具长喙，有 2 ～ 3 尖刺。花期 6—8 月，果期 9—10 月。

图 0955　秋英 *Cosmos bipinnata*

【拍摄地点】肖堰镇响水洞村，海拔 386 m。

【生境分布】生于路旁、田埂、溪岸或栽培。分布于南漳薛坪、肖堰、城关等乡镇。

【药用部位】花。

【功能主治】清热解毒，明目化湿。用于痢疾，目赤肿痛。

野茼蒿属 Crassocephalum

野茼蒿　冬风菜　假茼蒿（图 0956）

Crassocephalum crepidioides（Benth.）S. Moore

【形态特征】直立草本，高 20 ～ 120 cm，茎有纵条棱，无毛。叶膜质，椭圆形或长圆状椭圆形，长 7 ～ 12 cm，宽 4 ～ 5 cm，顶端渐尖，基部楔形，边缘有不规则锯齿或重锯齿，或有时基部羽状裂，两面无毛或近无毛；叶柄长 2 ～ 2.5 cm。头状花序数个在茎端排成伞房状，直径约 3 cm，总苞钟状，长 1 ～ 1.2 cm，基部截形，有数枚不等长的线形小苞片；总苞片 1 层，线状披针形，等长，宽约 1.5 mm，具狭膜质边缘，顶端有簇状毛；小花全部管状，两性，花冠红褐色或橙红色，檐部 5 齿裂，花柱基部呈小球状，分枝，顶端尖，被乳头状毛。瘦果狭圆柱形，赤红色，有肋，被毛；冠毛极多数，白色，绢毛状，易脱落。花期 7—12 月。

图 0956　野茼蒿 *Crassocephalum crepidioides*

【拍摄地点】城关镇便河村，海拔 140 m。

【生境分布】生于山坡路旁、水边、灌丛中。分布于南漳各乡镇。

【药用部位】全草。

【功能主治】健脾消食，消肿。用于消化不良，脾虚水肿。

大丽花属 Dahlia

大丽花　大丽菊（图 0957）

Dahlia pinnata Cav.

【形态特征】多年生草本，有巨大棒状块根。茎直立，多分枝，高 1.5 ～ 2 m，粗壮。叶一至二回羽状全裂，上部叶有时不分裂，裂片卵形或长圆状卵形，下面灰绿色，两面无毛。头状花序大，有长花序梗，常下垂，宽 6 ～ 12 cm。总苞片外层约 5 个，卵状椭圆形，叶质，内层膜质，椭圆状披针形。舌状花 1 层，白色、红色或紫色，常卵形，顶端有不明显的 3 齿，或全缘；管状花黄色，有时在栽培种中全部为舌状花。瘦果长圆形，长 9 ～ 12 mm，宽 3 ～ 4 mm，黑色，扁平，有 2 个不明显的齿。花期 6—12 月，果期 9—10 月。

图 0957　大丽花 *Dahlia pinnata*

【拍摄地点】武安镇石牛坪村，海拔 146 m。

【生境分布】栽培。全县各乡镇庭院、园林有栽培。

【药用部位】根。

【功能主治】消肿止痛。用于跌打损伤，肿痛。

菊属 Dendranthema

野菊　野山菊　路边黄（图 0958）

Dendranthema indicum（L.）Des Moul.

【中药名】野菊花*。

【形态特征】多年生草本，高 0.25 ～ 1 m，有地下长或短匍匐茎。茎直立或铺散，分枝或仅在茎顶有伞房状花序分枝。茎枝被稀疏的毛，上部及花序枝上的毛稍多或较多。基生叶和下部叶花期脱落。中部茎叶卵形、长卵形或椭圆状卵形，长 3 ～ 7 cm，宽 2 ～ 4 cm，羽状半裂、浅裂或分裂不明显而边缘有浅锯齿。基部截形或稍心形或宽楔形，叶柄长 1 ～ 2 cm，柄基无耳或有分裂的叶耳。两面同色或几同色，淡绿色，或干后两面呈橄榄色，有稀疏的短柔毛，或下面的毛稍多。头状花序直径 1.5 ～ 2.5 cm，多数在茎枝顶端排成疏松的伞房圆锥花序或少数在茎顶排成伞房花序。总苞片约 5 层，外层卵形或卵状三角形，长 2.5 ～ 3 mm；中层卵形，内层长椭圆形，长 11 mm。全部苞片边缘白色或褐色宽膜质，顶端钝或圆。舌状花黄色，舌片长 10 ～ 13 mm，顶端全缘或 2 ～ 3 齿。瘦果长 1.5 ～ 1.8 mm。花期 6—11 月。

图 0958 野菊 *Dendranthema indicum*

【拍摄地点】东巩镇汪家畈村，海拔 180 m。

【生境分布】生于山坡草地、灌丛、河边湿地或田边及路旁。广泛分布于南漳各乡镇。

【采收加工】秋、冬二季花初开放时采摘，晒干，或蒸后晒干。

【药用部位】头状花序。

【性味归经】苦、辛，微寒。归肝、心经。

【功能主治】清热解毒，泻火平肝。用于疔疮痈肿，目赤肿痛，头痛眩晕。

【用法用量】9 ～ 15 g。外用适量，煎汤外洗或制膏外涂。

菊花　秋菊（图 0959）

Dendranthema morifolium（Ramat.）Tzvel.

【中药名】菊花 *。

【形态特征】多年生草本，高 60 ～ 150 cm。茎直立，分枝或不分枝，被柔毛。叶卵形至披针形，长 5 ～ 15 cm，羽状浅裂或半裂，有短柄，叶下面被白色短柔毛。头状花序直径 2.5 ～ 20 cm，大小不一。总苞片多层，外层外面被柔毛。舌状花颜色各种。管状花黄色。

图 0959 菊花 *Dendranthema morifolium*

【拍摄地点】肖堰镇云盘村，海拔 517 m。

【生境分布】栽培。全县各乡镇庭院、宅旁有零星栽培。

【采收加工】9—11 月花盛开时分批采收，阴干或焙干，或熏、蒸后晒干。药材按产地和加工方法不同，分为“亳菊”“滁菊”“贡菊”“杭菊”“怀菊”。

【药用部位】头状花序。

【性味归经】甘、苦，微寒。归肺、肝经。

【功能主治】散风清热，平肝明目，清热解毒。用于风热感冒，头痛眩晕，目赤肿痛，眼目昏花，疮痈肿毒。

【用法用量】5 ～ 10 g。

毛华菊（图 0960）

Dendranthema vestitum（Hemsl.）Ling

【形态特征】多年生草本，高达 60 cm，有匍匐根状茎。茎直立，上部有长粗分枝或仅在茎顶有短伞房状花序分枝。全部茎枝被稠密厚实的贴伏短柔毛，后变稀毛。下部茎叶花期枯萎。中部茎叶卵形、宽卵形、卵状披针形或近圆形或匙形，长 3.5 ～ 7 cm，宽 2 ～ 4 cm，边缘自中部以上有浅波状疏钝锯齿，极少有 2 ～ 3 个浅钝裂的，叶片自中部向下楔形，叶柄长 0.5 ～ 1 cm，柄基偶有披针形叶耳。上部叶渐小，同形。全部叶下面灰白色，被稠密厚实贴伏的短柔毛，上面灰绿色，毛稀疏。中下部茎叶的叶腋常有发育的叶芽。头状花序直径 2 ～ 3 cm，3 ～ 13 个在茎枝顶端排成疏松的伞房花序。总苞碟状，直径 1 ～ 1.5 cm。总苞片 4 层，外层三角形或三角状卵形，长 3.5 ～ 4.5 cm；中层披针状卵形，长约 6.5 mm；内层倒卵形或倒披针状椭圆形，长 6 ～ 7 mm；中外层外面被稠密短柔毛，向内层毛稀疏。全部苞片边缘褐色膜质。舌状花白色，舌片长 1.2 cm。瘦果长约 1.5 mm。花果期 8—11 月。

图 0960　毛华菊 *Dendranthema vestitum*

【拍摄地点】板桥镇龙埫村，海拔 1247 m。

【生境分布】生于低山山坡。分布于南漳板桥、巡检、东巩等乡镇。

【药用部位】全草。

【功能主治】清热解毒，清肝明目。用于肝火上炎，目赤肿痛。

鳢肠属 Eclipta

鳢肠　旱莲草（图 0961）

Eclipta prostrata（L.）L.

【中药名】墨旱莲 *。

【形态特征】一年生草本。茎直立，斜升或平卧，高达 60 cm，通常自基部分枝，被贴生糙毛。叶长圆状披针形或披针形，无柄或有极短的柄，长 3 ～ 10 cm，宽 0.5 ～ 2.5 cm，顶端尖或渐尖，边缘有细锯齿或有时仅波状，两面被密硬糙毛。头状花序直径 6 ～ 8 mm，有长 2 ～ 4 cm 的细花序梗；总苞球状钟形，总苞片绿色，草质，5～6个排成2层，长圆形或长圆状披针形，外层较内层稍短，背面及边缘被白色短伏毛；外围的雌花2层，舌状，长2～3 mm，舌片短，顶端2浅裂或全缘，中央的两性花多数，花冠管状，白色，长约1.5 mm，顶端4齿裂；花柱分枝钝，有乳头状突起；花托凸，有披针形或线形的托片；托片中部以上有微毛。瘦果暗褐色，长2.8 mm，雌花的瘦果三棱形，两性花的瘦果扁四棱形，顶端截形，具1～3个细齿，基部稍缩小，边缘具白色的肋，表面有小瘤状突起，无毛。花期6—9月。

图 0961 鳢肠 *Eclipta prostrata*

【拍摄地点】城关镇洞坪村，海拔105 m。

【生境分布】生于河边、田边或路旁。分布于南漳各乡镇。

【采收加工】花开时采割，晒干。

【药用部位】地上部分。

【性味归经】甘、酸，寒。归肾、肝经。

【功能主治】滋补肝肾，凉血止血。用于肝肾阴虚，牙齿松动，须发早白，眩晕耳鸣，腰膝酸软，阴虚血热吐血、衄血、尿血，血痢，崩漏下血，外伤出血。

【用法用量】6～12 g。

飞蓬属 Erigeron

长茎飞蓬　红蓝地花（图0962）

Erigeron acris subsp. *politus*（Fries）H. Lindberg

【形态特征】二年生或多年生草本，根状茎木质，斜升，有分枝，颈部被残存的叶基部。茎数个，高10～50 cm，直立，或基部略弯曲，上部有分枝，枝细长，斜上或内弯，紫色，或少有绿色，密被贴短毛，杂有疏开展的长硬毛，或有时下部无毛或近无毛，头状花序下仅有具柄腺毛或杂有少数开展的长硬毛。叶全缘，质较硬，绿色，或叶柄紫色，边缘常有长节毛，两面无毛，基部叶密集，莲座状，花期常枯萎，基部及下部叶倒披针形或长圆形，顶端钝，基部狭成长叶柄，中部和上部叶无柄，长圆形或披针形，顶端尖或稍钝。头状花序较少数，生于伸长的小枝

图 0962 长茎飞蓬 *Erigeron acris* subsp. *politus*

顶端，排列成伞房状或伞房状圆锥花序；总苞半球形，总苞片 3 层，短于花盘，线状披针形，紫红色，稀绿色，顶端渐尖，背面密被具柄的腺毛，有时杂有少数开展的长节毛，具狭膜质边缘，外层短于内层之半；雌花外层舌状，不超出花盘或与花盘等长，上部被疏微毛，舌片淡红色或淡紫色，顶端全缘，较内层细管状，无色，上部被微毛，花柱伸出管部 1 ～ 1.7 mm，与舌片同色，有时具缩短的舌片；两性花管状，黄色，檐部窄锥形，上部被疏微毛，裂片暗紫色。瘦果长圆状披针形，扁压，密被多少贴生的短毛；冠毛白色，2 层，刚毛状。花期 7—9 月。

【拍摄地点】薛坪镇陶沟村，海拔 659 m。

【生境分布】生于山坡草地及林缘。分布于南漳各乡镇。

【药用部位】全草。

【功能主治】消肿解毒，活血。用于风湿痹痛。

一年蓬　治疟草（图 0963）

Erigeron annuus（L.）Pers.

【形态特征】一年生或二年生草本，茎粗壮，高 30 ～ 100 cm。基部直径 6 mm，直立，上部有分枝，绿色，下部被开展的长硬毛，上部被较密的上弯的短硬毛。基部叶花期枯萎，长圆形或宽卵形，少有近圆形，长 4 ～ 17 cm，宽 1.5 ～ 4 cm，或更宽，顶端尖或钝，基部狭成具翅的长柄，边缘具粗齿，下部叶与基部叶同形，但叶柄较短，中部和上部叶较小，长圆状披针形或披针形，长 1 ～ 9 cm，宽 0.5 ～ 2 cm，顶端尖，具短柄或无柄，边缘有不规则的齿或近全缘，最上部叶线形，全部叶边缘被短硬毛，两面被疏短硬毛，或有时近无毛。头状花序数个或多数，排列成疏圆锥花序，长 6 ～ 8 mm，宽 10 ～ 15 mm，总苞半球形，总苞片 3 层，草质，披针形，长 3 ～ 5 mm，宽 0.5 ～ 1 mm，近等长或外层稍短，淡绿色或多少褐色，背面密被腺毛和疏长节毛；外围的雌花舌状，2 层，长 6 ～ 8 mm，管部长 1 ～ 1.5 mm，上部被疏微毛，舌片平展，白色，或有时淡天蓝色，线形，宽 0.6 mm，顶端具 2 小齿，花柱分枝线形；中央的两性花管状，黄色，管部长约 0.5 mm，檐部近倒锥形，裂片无毛；瘦果披针形，长约 1.2 mm，扁压，被疏贴柔毛；冠毛异形，雌花的冠毛极短，膜片状连成小冠，两性花的冠毛 2 层，外层鳞片状，内层为 10 ～ 15 条长约 2 mm 的刚毛。花期 6—9 月。

图 0963　一年蓬 *Erigeron annuus*

【拍摄地点】武安镇石牛坪村，海拔 132 m。

【生境分布】生于路边旷野或山坡荒地。分布于南漳各乡镇。

【药用部位】全草。

【功能主治】清热解毒，消食化积，截疟。用于消化不良，胃肠炎，齿龈炎，疟疾，毒蛇咬伤。

泽兰属 Eupatorium

大麻叶泽兰 大麻叶佩兰（图 0964）

Eupatorium cannabinum L.

图 0964 大麻叶泽兰 *Eupatorium cannabinum*

【形态特征】多年生草本，高 50 ～ 150 cm。根茎粗壮，有节，生多数细根。茎直立，全部或下部淡紫红色，不分枝或仅在茎顶有伞房状花序分枝，茎基部直径达 5 cm；全部茎枝被短柔毛，花序分枝及花梗上的毛较密，花期中下部脱毛。叶对生，有短柄，柄长 0.5 cm；中下部茎叶三全裂；中裂片大，长 6 ～ 11 cm，宽 2 ～ 3 cm，长椭圆形或长披针形，基部楔形或宽楔形，顶端渐尖或长渐尖，侧生裂片小，与中裂片同形。上部茎叶渐小，三全裂或不分裂，下部茎叶花期脱落。全部茎叶两面粗涩，质地稍厚，被稀疏白色短柔毛及腺点，下面及下面沿脉的毛较密，羽状脉，侧脉 5 ～ 6 对，边缘有锯齿。头状花序多数在茎顶及枝端排成密集的复伞房花序，花序直径 5 ～ 8 cm。总苞钟状，长 6 mm，含 3 ～ 7 朵小花；总苞片 9 ～ 10 个，2 ～ 3 层，覆瓦状排列；外层短，卵状披针形，长 2 mm，外面被短柔毛；中内层苞片渐长，披针形，长 5 ～ 6 mm，边缘膜质，顶端急尖并染紫红色。花紫红色、粉红色或淡白色，花冠长约 5 mm，外被稀疏黄色腺点。瘦果黑褐色，圆柱状，长 3 mm，5 棱，散布黄色腺点；冠毛白色，长约 5 mm。

【拍摄地点】薛坪镇火石观村，海拔 533 m。

【生境分布】生于山顶、山坡草丛或村落竹林内。分布于南漳薛坪、李庙、九集等乡镇。

【药用部位】全草。

【功能主治】清暑，辟秽，化湿。用于夏季伤暑，发热头痛，湿邪内蕴，脘痞不饥。

白头婆 泽兰（图 0965）

Eupatorium japonicum Thunb.

【中药名】白头婆*。

【形态特征】多年生草本，高 50 ～ 200 cm。根茎短，有多数细长侧根。茎直立，下部或至中部或全部淡紫红色，基部直径达 1.5 cm，通常不分枝，或仅上部有伞房状花序分枝，全部茎枝被白色皱波状短柔毛，花序分枝上的毛较密，茎下部或全部花期脱毛或疏毛。叶对生，有叶柄，柄长 1 ～ 2 cm，质地稍厚；中部茎叶椭圆形或长椭圆形或卵状长椭圆形或披针形，长 6 ～ 20 cm，宽 2 ～ 6.5 cm，基部宽或狭楔形，顶端渐尖，羽状脉，侧脉约 7 对，在下面突起；自中部向上及向下部的叶渐小，与茎中部叶同形，基部茎叶花期枯萎；全部茎叶两面粗涩，被皱波状长或短柔毛及黄色腺点，下面、下面沿脉及叶柄上的毛较密，边缘有粗或重粗锯齿。头状花序在茎顶或枝端排成紧密的伞房花序，花序直径通常 3 ～ 6 cm，少有大型复伞房花序而花序直径达 20 cm 的。总苞钟状，长 5 ～ 6 mm，含 5 朵小花；总苞片覆瓦状排列，3 层；外层极短，长 1 ～ 2 mm，披针形；中层及内层苞片渐长，长 5 ～ 6 mm，长椭圆形或长椭圆状披针形；全部苞片绿色或带紫红色，顶端钝或圆形。花白色或带红紫色或粉红色，花冠长 5 mm，外面有较稠密的黄色腺点。瘦果淡黑褐色，椭圆状，长 3.5 mm，5 棱，被多数黄色腺点，无毛；冠毛白色，长约 5 mm。花果期 6—11 月。

图 0965 白头婆 *Eupatorium japonicum*

【拍摄地点】九集镇易家湾村，海拔 102 m。

【生境分布】生于山坡草地、密疏林下、灌丛中及河岸水旁。分布于南漳九集、李庙等乡镇。

【采收加工】夏、秋二季采收，除去杂质，晒干。

【药用部位】全草。

【性味归经】苦，凉。归肝、肺经。

【功能主治】活血通经，散瘀止痛，祛风解表。用于经闭痛经，跌打损伤，风湿痹痛，风热头痛。

【用法用量】15 ～ 30 g。外用适量，鲜品捣敷。

林泽兰　轮叶泽兰　尖佩兰（图 0966）

Eupatorium lindleyanum DC.

【中药名】野马追*。

【形态特征】多年生草本，高 30 ～ 150 cm。根茎短，有多数细根。茎直立，下部及中部红色或淡紫红色，基部直径达 2 cm，常自基部分枝或不分枝而上部仅有伞房状花序分枝；全部茎枝被稠密的白色长或短柔毛。下部茎叶花期脱落；中部茎叶长椭圆状披针形或线状披针形，长 3 ～ 12 cm，宽 0.5 ～ 3 cm，不分裂或三全裂，质厚，基部楔形，顶端急尖，三出基脉，两面粗糙，被白色长或短粗毛及黄色腺点，上面及沿脉的毛密；自中部向上与向下的叶渐小，与中部茎叶同形同质；全部茎叶基出三脉，边缘有深或浅齿，无柄或几乎无柄。头状花序多数在茎顶或枝端排成紧密的伞房花序，花序直径 2.5 ～ 6 cm，或排成大型的复伞房花序，花序直径达 20 cm；花序枝及花梗紫红色或绿色，被白色密集的短柔毛。总苞钟状，含 5 朵小花；总苞片覆瓦状排列，约 3 层；外层苞片短，长 1 ～ 2 mm，披针形或宽披针形，中层及内层苞片渐长，长 5 ～ 6 mm，长椭圆形或长椭

图 0966 林泽兰 *Eupatorium lindleyanum*

圆状披针形；全部苞片绿色或紫红色，顶端急尖。花白色、粉红色或淡紫红色，花冠长 4.5 mm，外面散生黄色腺点。瘦果黑褐色，长 3 mm，椭圆状，5 棱，散生黄色腺点；冠毛白色，与花冠等长或稍长。花果期 5—12 月。

【拍摄地点】巡检镇南峪沟村，海拔 445 m。

【生境分布】生于山谷阴处水湿地、林下湿地或草地上。分布于南漳巡检、东巩等乡镇。

【采收加工】秋季花初开时采割，晒干。

【药用部位】地上部分。

【性味归经】苦，平。归肺经。

【功能主治】化痰，止咳，平喘。用于痰多，咳嗽，气喘。

【用法用量】30 ～ 60 g。

牛膝菊属 Galinsoga

牛膝菊　辣子草　向阳花（图 0967）

Galinsoga parviflora Cav.

【形态特征】一年生草本，高 10 ～ 80 cm。茎纤细，基部直径不足 1 mm，或粗壮，基部直径约 4 mm，不分枝或自基部分枝，分枝斜升，全部茎枝被疏散或上部稠密的贴伏短柔毛和少量腺毛，茎基部和中部花期脱毛或稀毛。叶对生，卵形或长椭圆状卵形，长 2.5 ～ 5.5 cm，宽 1.2 ～ 3.5 cm，基部圆形、宽或狭楔形，顶端渐尖或钝，基出三脉或不明显五出脉，在叶下面稍凸起，在上面平，有叶柄，柄长 1 ～ 2 cm；向上及花序下部的叶渐小，通常披针形；全部茎叶两面粗涩，被白色稀疏贴伏的短柔毛，沿脉和叶柄上的毛较密，边缘浅或钝锯齿或波状浅锯齿，在花序下部的叶有时全缘或近全缘。头状花序半球形，有长花梗，多数在茎枝顶端排成疏松的伞房花序，花序直径约 3 cm。总苞半球形或宽钟状，宽 3 ～ 6 mm；总苞片 1 ～ 2 层，约 5 个，外层短，内层卵形或卵圆形，长 3 mm，顶端圆钝，白色，膜质。舌状花 4 ～ 5 个，舌片白色，顶端 3 齿裂，筒部细管状，外面被稠密白色短柔毛；管状花花冠长约 1 mm，黄色，下部被稠密的白色短柔毛。托片倒披针形或长倒披针形，纸质，顶端 3 裂或不裂或侧裂。瘦果长 1 ～ 1.5 mm，3 棱或中央的瘦果 4 ～ 5 棱，黑色或黑褐色，常压扁，被白色微毛。舌状花冠毛毛状，脱落；管状花冠毛膜片状，白色，披针形，边缘流苏状，固结于冠毛环上，正体脱落。花果期 7—10 月。

图 0967　牛膝菊 *Galinsoga parviflora*

【拍摄地点】城关镇大山村，海拔 109 m。

【生境分布】生于林下、河谷地、荒野、河边、田间或溪边。分布于南漳各乡镇。

【药用部位】全草。

【功能主治】清热解毒，止血。用于外伤出血，扁桃体炎，咽喉炎。

鼠麴草属 Gnaphalium

拟鼠麴草　鼠曲草　清明菜（图 0968）

Gnaphalium affine D. Don

【形态特征】一年生草本。茎直立或基部发出的枝下部斜升，高 10～40 cm 或更高，基部直径约 3 mm，上部不分枝，有沟纹，被白色厚绵毛，节间长 8～20 mm，上部节间罕有达 5 cm。叶无柄，匙状倒披针形或倒卵状匙形，长 5～7 cm，宽 11～14 mm，上部叶长 15～20 mm，宽 2～5 mm，基部渐狭，稍下延，顶端圆，具刺尖头，两面被白色绵毛，上面常较薄，叶脉 1 条，在下面不明显。头状花序较多或较少，直径 2～3 mm，近无柄，在枝顶密集成伞房花序，花黄色至淡黄色；总苞钟形，直径 2～3 mm；总苞片 2～3 层，金黄色或柠檬黄色，膜质，有光泽，外层倒卵形或匙状倒卵形，背面基部被绵毛，顶端圆，基部渐狭，长约 2 mm，内层长匙形，背面通常无毛，顶端钝，长 2.5～3 mm；花托中央稍凹入，无毛。雌花多数，花冠细管状，长约 2 mm，花冠顶端扩大，3 齿裂，裂片无毛。两性花较少，管状，长约 3 mm，向上渐扩大，檐部 5 浅裂，裂片三角状渐尖，无毛。瘦果倒卵形或倒卵状圆柱形，长约 0.5 mm，有乳头状突起。冠毛粗糙，污白色，易脱落，长约 1.5 mm，基部连合成 2 束。花期 1—4 月，8—11 月。

图 0968　拟鼠麴草 *Gnaphalium affine*

【拍摄地点】巡检镇巡检司村，海拔 435 m。

【生境分布】生于湿润草地上，以稻田最常见。分布于南漳各乡镇。

【药用部位】全草。

【功能主治】祛痰止咳，祛风散寒。用于气喘和支气管炎。

细叶鼠麴草（图 0969）

Gnaphalium japonicum Thunb.

【形态特征】一年生细弱草本。茎稍直立，不分枝或自基部发出数条匍匐的小枝，高 8～27 cm，基部直径约 1 mm，有细沟纹，密被白色绵毛，基部节间不明显，花葶节间长 1～3 cm，紧接于花序下的最长，有时可达 9 cm。基生叶在花期宿存，呈莲座状、线状剑形或线状倒披针形，长 3～9 cm，宽 3～7 mm，基部渐狭，下延，顶端具短尖头，边缘多少反卷，上面绿色，疏被绵毛，下面白色，厚被白色绵毛，叶脉 1 条，在上面常凹入或几不显著，在下面明显凸起，茎叶（花葶的叶）少数，线状剑形或线状长圆形，长 2～3 cm，宽 2～3 mm，其余与基生叶相似；紧接复头状花序下面有 3～6 片呈放射状或星芒状排列的线形或披针形小叶。头状花序少数，直径 2～3 mm，无梗，在枝端密集成球状，呈复头状花序式排列，花黄色；总苞近钟形，直径约 3 mm；总苞片 3 层，外层宽椭圆形，干膜质，带红褐色，长约 3 mm，顶端钝，背面被疏毛，中层倒卵状长圆形，上部带红褐色，长约 4 mm，基部渐狭，顶端钝或骤然紧缩而具短尖头，内层线形，长约 5 mm，顶端钝而带红褐色，3/5 处以下为浅绿色。雌花多数，花冠丝状，长约 4 mm，顶端 3 齿裂。两性花少数，花冠管状，长约 4 mm，顶部稍扩大，檐部 5 浅裂，裂片顶端骤然紧缩而具短尖头。瘦果纺锤状圆柱形，长约 1 mm，密被棒状腺体。冠毛粗糙，白色，长约 4 mm。花期 1—5 月。

图 0969　细叶鼠麹草 *Gnaphalium japonicum*

【拍摄地点】长坪镇标湖村，海拔 438 m。

【生境分布】生于草地或耕地上。分布于南漳长坪镇。

【药用部位】全草。

【功能主治】清热利湿，解毒消肿。用于结膜炎，角膜白斑，感冒，咳嗽，咽喉肿痛，尿道炎；外用治乳腺炎，痈疖肿毒，毒蛇咬伤。

菊三七属 Gynura

红凤菜　紫背菜（图 0970）

Gynura bicolor（Roxb. ex Willd.）DC.

【形态特征】多年生草本，高 50 ～ 100 cm，全株无毛。茎直立，柔软，基部稍木质，上部有伞房状分枝，干时有条棱。叶具柄或近无柄。叶片倒卵形或倒披针形，稀长圆状披针形，长 5 ～ 10 cm，宽 2.5 ～ 4 cm，顶端尖或渐尖，基部楔状渐狭成具翅的叶柄，或近无柄而多少扩大，但不形成叶耳。边缘有不规则的波状齿或小尖齿，稀近基部羽状浅裂，侧脉 7 ～ 9 对，弧状上弯，上面绿色，下面干时变紫色，两面无毛；上部和分枝上的叶小，披针形至线状披针形，具短柄或近无柄。头状花序多数直径 10 mm，在茎、枝端排列成疏伞房状；花序梗细，长 3 ～ 4 cm，有 1 ～ 2 丝状苞片。总苞狭钟状，长 11 ～ 15 mm，宽 8 ～ 10 mm，基部有 7 ～ 9 个线形小苞片；总苞片 1 层，约 13 个，线状披针形或线形，长 11 ～ 15 mm，宽 0.9 ～ 1.5 mm，顶端尖或渐尖，边缘干膜质，背面具 3 条明显的肋，无毛。小花橙黄色至红色，花冠明显伸出总苞，长 13 ～ 15 mm，管部细，长 10 ～ 12 mm；裂片卵状三角形；花药基部圆形，

图 0970　红凤菜 *Gynura bicolor*

或稍尖；花柱分枝钻形，被乳头状毛。瘦果圆柱形，淡褐色，长约 4 mm，具 10 ～ 15 肋，无毛；冠毛丰富，白色，绢毛状，易脱落。花果期 5—10 月。

【拍摄地点】巡检镇金镶坪村，海拔 343 m。

【生境分布】生于山坡林下、岩石上或河边湿处。栽培于南漳巡检、武安等乡镇。

【药用部位】全草。

【功能主治】清热凉血，活血止血，解毒消肿。用于咯血，崩漏，外伤出血，痛经，痢疾，跌打损伤，溃疡久不收敛。

菊三七　土三七（图 0971）

Gynura japonica（Thunb.）Juel.

【形态特征】高大多年生草本，高 60 ～ 150 cm，或更高。根粗大成块状，直径 3 ～ 4 cm，有多数纤维状根茎直立，中空，基部木质，直径达 15 mm，有明显的沟棱，幼时被卷柔毛，后变无毛，多分枝，小枝斜升。基部叶在花期常枯萎。基部和下部叶较小，椭圆形，不分裂至大头羽状，顶裂片大，中部叶大，具长或短柄，叶柄基部有圆形，具齿或羽状裂的叶耳，多少抱茎；叶片椭圆形或长圆状椭圆形，长 10 ～ 30 cm，宽 8 ～ 15 cm，羽状深裂，顶裂片大，倒卵形、长圆形至长圆状披针形；侧生裂片 3 ～ 6 对，椭圆形、长圆形至长圆状线形，长 1.5 ～ 5 cm，宽 0.5 ～ 2 cm，顶端尖或渐尖，边缘有大小不等的粗齿或锐锯齿、缺刻，稀全缘。上面绿色，下面绿色或变紫色，两面被贴生短毛或近无毛。上部叶较小，羽状分裂，渐变成苞叶。头状花序多数，直径 1.5 ～ 1.8 cm，花茎枝端排成伞房状圆锥花序；每一花序枝有 3 ～ 8 个头状花序；花序梗细，长 1 ～ 3 cm，被短柔毛，有 1 ～ 3 线形的苞片；总苞狭钟状或钟状，长 10 ～ 15 mm，宽 8 ～ 15 mm，基部有 9 ～ 11 线形小苞片；总苞片 1 层，13 个，线状披针形，长 10 ～ 15 mm，宽 1 ～ 1.5 mm，顶端渐尖，边缘干膜质，背面无毛或被疏毛。小花 50 ～ 100 朵，花冠黄色或橙黄色，长 13 ～ 15 mm，管部细，长 10 ～ 12 mm，上部扩大，裂片卵形，顶端尖；花药基部钝；花柱分枝有钻形附器，被乳头状毛。瘦果圆柱形，棕褐色，长 4 ～ 5 mm，具 10 肋，肋间被微毛。冠毛丰富，白色，绢毛状，易脱落。花果期 8—10 月。

图 0971　菊三七 *Gynura japonica*

【拍摄地点】巡检镇甘河村，海拔 427 m。

【生境分布】生于山谷、山坡草地、林下或林缘。南漳巡检、板桥、城关等乡镇有零星分布。

【药用部位】全草。

【功能主治】破血散瘀，止血，消肿。用于跌打损伤，创伤出血，吐血，产后血气痛。

向日葵属 Helianthus

向日葵 丈菊 葵花（图 0972）

Helianthus annuus L.

【形态特征】一年生高大草本。茎直立，高 1 ～ 3 m，粗壮，被白色粗硬毛，不分枝或有时上部分枝。叶互生，心状卵圆形或卵圆形，顶端急尖或渐尖，有三出基脉，边缘有粗锯齿，两面被短糙毛，有长柄。头状花序极大，直径 10 ～ 30 cm，单生于茎端或枝端，常下倾。总苞片多层，叶质，覆瓦状排列，卵形至卵状披针形，顶端尾状渐尖，被长硬毛或纤毛。花托平或稍凸、有半膜质托片。舌状花多数，黄色，舌片开展，长圆状卵形或长圆形，不结实。管状花极多数，棕色或紫色，有披针形裂片，结果实。瘦果倒卵形或卵状长圆形，稍扁压，长 10 ～ 15 mm，有细肋，常被白色短柔毛，上端有 2 个膜片状早落的冠毛。花期 7—9 月，果期 8—9 月。

图 0972 向日葵 *Helianthus annuus*

【拍摄地点】城关镇榆树岭村，海拔 132 m。

【生境分布】栽培。南漳九集、肖堰、城关等乡镇有栽培。

【药用部位】花。

【功能主治】平肝明目。用于头晕目眩，高血压。

菊芋 洋姜（图 0973）

Helianthus tuberosus L.

【形态特征】多年生草本，高 1 ～ 3 m，有块状的地下茎及纤维状根。茎直立，有分枝，被白色短糙毛或刚毛。叶通常对生，有叶柄，但上部叶互生；下部叶卵圆形或卵状椭圆形，有长柄，长 10 ～ 16 cm，宽 3 ～ 6 cm，基部宽楔形或圆形，有时微心形，顶端渐细尖，边缘有粗锯齿，有离基三出脉，上面被白色短粗毛，下面被柔毛，叶脉上有短硬毛，上部叶长椭圆形至阔披针形，基部渐狭，下延成短翅状，顶端渐尖，短尾状。头状花序较大，少数或多数，单生于枝端，有 1 ～ 2 个线状披针形的苞叶，直立，直径 2 ～ 5 cm，

图 0973 菊芋 *Helianthus tuberosus*

总苞片多层，披针形，长 14 ～ 17 mm，宽 2 ～ 3 mm，顶端长渐尖，背面被短伏毛，边缘被开展的缘毛；托片长圆形，长 8 mm，背面有肋、上端不等三浅裂。舌状花通常 12 ～ 20 个，舌片黄色，开展，长椭圆形，长 1.7 ～ 3 cm；管状花花冠黄色，长 6 mm。瘦果小，楔形，上端有 2 ～ 4 个有毛的锥状扁芒。花期 8—9 月。

【拍摄地点】长坪镇陡山村，海拔 937 m。

【生境分布】栽培。南漳长坪、李庙等乡镇有零星栽培。

【药用部位】块茎。

【功能主治】清热凉血，消肿。用于热病，肠热出血，跌打损伤，骨折肿痛。

泥胡菜属 Hemisteptia

泥胡菜　剪刀草　石灰菜（图 0974）

Hemistepta lyrata（Bunge）Bunge

图 0974　泥胡菜 *Hemistepta lyrata*

【形态特征】一年生草本，高 30 ～ 100 cm。茎单生，很少簇生，通常纤细，被稀疏蛛丝毛，上部长分枝，少有不分枝的。基生叶长椭圆形或倒披针形，花期通常枯萎；中下部茎叶与基生叶同形，长 4 ～ 15 cm 或更长，宽 1.5 ～ 5 cm 或更宽，全部叶大头羽状深裂或几全裂，侧裂片 2 ～ 6 对，通常 4 ～ 6 对，极少为 1 对，倒卵形、长椭圆形、匙形、倒披针形或披针形，向基部的侧裂片渐小，顶裂片大，长菱形、三角形或卵形，全部裂片边缘三角形锯齿或重锯齿，侧裂片边缘通常稀锯齿，最下部侧裂片通常无锯齿；有时全部茎叶不裂或下部茎叶不裂，边缘有锯齿或无锯齿。全部茎叶质地薄，两面异色，上面绿色，无毛，下面灰白色，被厚或薄茸毛，基生叶及下部茎叶有长叶柄，叶柄长达 8 cm，柄基扩大抱茎，上部茎叶的叶柄渐短，最上部茎叶无柄。头状花序在茎枝顶端排成疏松伞房花序，少有植株仅含一个头状花序而单生茎顶的。总苞宽钟状或半球形，直径 1.5 ～ 3 cm。总苞片多层，覆瓦状排列，最外层长三角形，长 2 mm，宽 1.3 mm；外层及中层椭圆形或卵状椭圆形，长 2 ～ 4 mm，宽 1.4 ～ 1.5 mm；最内层线状长椭圆形或长椭圆形，长 7 ～ 10 mm，宽 1.8 mm。全部苞片质地薄，草质，中外层苞片外面上方近顶端有直立的鸡冠状突起的附片，附片紫红色，内层苞片顶端长渐尖，上方染红色，但无鸡冠状突起的附片。小花紫色或红色，花冠长 1.4 cm，檐部长 3 mm，深 5 裂，花冠裂片线形，长 2.5 mm，细管部为细丝状，长 1.1 cm。瘦果小，楔状或偏斜楔形，长 2.2 mm，深褐色，压扁，有 13 ～ 16 条粗细不等的突起的尖细肋，顶端斜截形，有膜质果缘，基底着生面平或稍见偏斜。冠毛异型，白色，两层，外层冠毛呈羽毛状，长 1.3 cm，基部连合成环，整体脱落；内层冠毛极短，鳞片状，3 ～ 9 个，着生一侧，宿存。花果期 3—8 月。

【拍摄地点】李庙镇刘坪村，海拔 185 m。

【生境分布】生于山坡、林缘、林下、草地、荒地、田间、河边、路旁等处。分布于南漳各乡镇。

【药用部位】全草。

【功能主治】清热解毒，散结消肿。用于痔漏，痈肿疔疮，乳痈，淋巴结炎，风疹瘙痒；外伤出血，骨折。

山柳菊属 Hieracium

山柳菊 伞花山柳菊（图 0975）

Hieracium umbellatum L.

【形态特征】多年生草本，高 30 ～ 100 cm。茎直立，单生或少数成簇生，粗壮或纤细，基部直径 2 ～ 5 mm，下部，特别是基部常呈淡红紫色，上部伞房花序状或伞房圆锥花序状分枝，通常无毛或粗糙，被极稀疏的小刺毛，极少被长单毛，但被白色的小星状毛，特别是茎上部及花梗处的星状毛较多。基生叶及下部茎叶花期脱落不存在；中上部茎叶多数或极多数，互生，无柄，披针形至狭线形，长 3 ～ 10 cm，宽 0.5 ～ 2 cm，基部狭楔形，顶端急尖或短渐尖，边缘全缘、几全缘或边缘有稀疏的尖齿，上面无毛或被稀疏的蛛丝状柔毛，下面沿脉及边缘被短硬毛；向上的叶渐小，与中上部茎叶同形并具有相似的毛被。头状花序少数或多数，在茎枝顶端排成伞房花序或伞房圆锥花序，极少茎不分枝而头状花序单生茎端，花序梗无头状具柄的腺毛及长单毛，但被稠密或稀疏的星状毛及较硬的短单毛。总苞黑绿色，钟状，长 8 ～ 10 mm，总苞之下有或无小苞片；总苞片 3 ～ 4 层，向内层渐长，外层及最外层披针形，长 3.5 ～ 4.5 mm，宽 0.8 ～ 1.2 mm；最内层线状长椭圆形，长 8 ～ 10 mm，宽 1 mm；全部总苞片顶端急尖，外面无毛，有时基部被星状毛，极少沿中脉有单毛及头状具柄的腺毛。舌状小花黄色。瘦果黑紫色，长近 3 mm，圆柱形，向基部收窄，顶端截形，有 10 条高起的等粗的细肋，无毛。冠毛淡黄色，长约 6 mm，糙毛状。花果期 7—9 月。

图 0975 山柳菊 *Hieracium umbellatum*

【拍摄地点】板桥镇龙埫村，海拔 1118 m。

【生境分布】生于山坡林缘、林下或草丛中或河滩沙地。分布于南漳板桥镇。

【药用部位】全草。

【功能主治】清热解毒，利湿消积。用于痈肿疮疖，尿路感染，腹痛积块，痢疾。

旋覆花属 Inula

土木香（图 0976）

Inula helenium L.

【中药名】土木香*。

【形态特征】多年生草本，根状茎块状，有分枝。茎直立，高 60 ～ 150 cm 或达 250 cm，粗壮，直径达 1 cm，不分枝或上部有分枝，被开展的长毛，下部有较疏的叶；节间长 4 ～ 15 cm，基部叶和下部叶在花期常生存，基部渐狭成具翅长达 20 cm 的柄，连同柄长 30 ～ 60 cm，宽 10 ～ 25 cm；叶片椭圆状披针形，边缘有不规则的齿或重齿，顶端尖，上面被基部疣状的糙毛，下面被黄绿色密茸毛；中脉和近 20 对的侧脉在下面稍高起，网脉显明；中部叶卵圆状披针形或长圆形，长 15 ～ 35 cm，宽 5 ～ 18 cm，基部心形，半抱茎；上部叶较小，披针形。头状花序少数，直径 6 ～ 8 cm，排列成伞房状花序；花序梗长 6 ～ 12 cm，为多数苞叶所围裹；总苞 5 ～ 6 层，外层草质，宽卵圆形，顶端常钝，反折，被茸毛，宽 6 ～ 9 mm，内层长圆形，顶端扩大成卵圆状三角形，干膜质，背面有疏毛和缘毛，较外层长达 3 倍，最内层线形，顶端稍扩大或狭尖。舌状花黄色；舌片线形，长 2 ～ 3 cm，宽 2 ～ 2.5 mm，顶端有 3 ～ 4 个浅裂片；管状花长 9 ～ 10 mm，有披针形裂片。冠毛污白色，长 8 ～ 10 mm，有极多数具细齿的毛。瘦果四或五面体，有棱和细沟，无毛，长 3 ～ 4 mm。花期 6—9 月。

图 0976 土木香 *Inula helenium*

【拍摄地点】武安镇石牛坪村，海拔 143 m。

【生境分布】栽培。南漳武安镇偶见栽培。

【采收加工】秋季采挖，除去泥沙，晒干。

【药用部位】根。

【性味归经】辛、苦，温。归肝、脾经。

【功能主治】健脾和胃，行气止痛，安胎。用于脘腹胀痛，呕吐泻痢，胸胁挫伤，岔气作痛，胎动不安。

【用法用量】3 ～ 9 g，多入丸、散服。

旋覆花（图 0977）

Inula japonica Thunb.

【中药名】旋覆花*、金沸草*。

【形态特征】多年生草本。根状茎短，横走或斜升，有多少粗壮的须根。茎单生，有时 2 ～ 3 个簇生，直立，高 30 ～ 70 cm，有时基部具不定根，基部直径 3 ～ 10 mm，有细沟，被长伏毛，或下部有时脱毛，上部有上升或开展的分枝，全部有叶；节间长 2 ～ 4 cm。基部叶常较小，在花期枯萎；中部叶长圆形、长圆状披针形或披针形，长 4 ～ 13 cm，宽 1.5 ～ 3.5 cm，稀 4 cm，基部多少狭窄，常有圆形半抱茎的小耳，无柄，顶端稍尖或渐尖，边缘有小尖头状疏齿或全缘，上面有疏毛或近无毛，下面有疏伏毛和腺点；中脉和侧脉有较密的长毛；上部叶渐狭小，线状披针形。头状花序直径 3 ～ 4 cm，多数或少数排列成疏散的伞房花序；花序梗细长。总苞半球形，直径 13 ～ 17 mm，长 7 ～ 8 mm；总苞片约 6 层，线状披针形，近等长，但最外层常叶质而较长；外层基部革质，上部叶质，背面有伏毛或近无毛，有缘毛；内层除绿色中脉外干膜质，渐尖，有腺点和缘毛。舌状花黄色，较总苞长 2 ~ 2.5 倍；舌片线形，长 10 ~ 13 mm；管状花花冠长约 5 mm，有三角状披针形裂片；冠毛 1 层，白色，有 20 余个微糙毛，与管状花近等长。瘦果长 1 ~ 1.2 mm，圆柱形，有 10 条沟，顶端截形，被疏短毛。花期 6—10 月，果期 9—11 月。

图 0977 旋覆花 *Inula japonica*

【拍摄地点】城关镇花石桥村，海拔 115 m。

【生境分布】生于山坡路旁、湿润草地、河岸和田埂上。分布于南漳各乡镇。

【采收加工】旋覆花：夏、秋二季花开放时采收，除去杂质，阴干或晒干。金沸草：夏、秋二季采割，晒干。

【药用部位】旋覆花：头状花序。金沸草：地上部分。

【性味归经】旋覆花：苦、辛、咸，微温；归肺、脾、胃、大肠经。金沸草：苦、辛、咸，温；归肺、大肠经。

【功能主治】旋覆花：降气，消痰，行水，止呕；用于风寒咳嗽，痰饮蓄结，胸膈痞闷，喘咳痰多，呕吐噫气，心下痞硬。金沸草：降气，消痰，行水；用于外感风寒，痰饮蓄结，咳喘痰多，胸膈痞闷。

【用法用量】旋覆花：3 ~ 9 g，包煎。金沸草：5 ~ 10 g。

线叶旋覆花 **窄叶旋覆花（图 0978）**

Inula lineariifolia Turcz.

【中药名】金沸草 *。

【形态特征】多年生草本，基部常有不定根。茎直立，单生或 2 ~ 3 个簇生，高 30 ~ 80 cm，多少粗壮，有细沟，被短柔毛，上部常被长毛，杂有腺体，中部以上或上部有多数细长常稍直立的分枝，全部有稍密的叶，节间长 1 ~ 4 cm。基部叶和下部叶在花期常生存，线状披针形，有时椭圆状披针形，长 5 ~ 15 cm，宽 0.7 ~ 1.5 cm，下部渐狭成长柄，边缘常反卷，有不明显的小锯齿，顶端渐尖，质较厚，上面无毛，下面有腺点，被蛛丝状短柔毛或长伏毛；中脉在上面稍下陷，网脉有时明显；中部叶渐无柄，上部叶渐狭小，线状披针形至线形。头状花序直径 1.5 ~ 2.5 cm，在枝端单生或 3 ~ 5 个排列成伞房状；花序梗短或细长。总苞半球形，长 5 ~ 6 mm；总苞片约 4 层，多少等长或外层较短，线状披针形，上部叶质，被腺状短柔毛，下部革质，但

图 0978 线叶旋覆花 *Inula lineariifolia*

有时最外层叶状，较总苞稍长；内层较狭，顶端尖，除中脉外干膜质，有缘毛。舌状花较总苞长 2 倍；舌片黄色，长圆状线形，长达 10 mm。管状花长 3.5 ～ 4 mm，有尖三角形裂片。冠毛 1 层，白色，与管状花花冠等长，有多数微糙毛。子房和瘦果圆柱形，有细沟，被短粗毛。花期 7—9 月，果期 8—10 月。

【拍摄地点】李庙镇北沟村，海拔 792 m。

【生境分布】生于山坡、荒地、路旁、河岸。分布于南漳李庙、板桥、城关等乡镇。

【采收加工】夏、秋二季采割，晒干。

【药用部位】地上部分。

【性味归经】苦、辛、咸，温。归肺、大肠经。

【功能主治】降气，消痰，行水。用于外感风寒，痰饮蓄结，咳喘痰多，胸膈痞闷。

【用法用量】5 ～ 10 g。

苦荬菜属 Ixeris

中华苦荬菜　中华小苦荬（图 0979）

Ixeris chinensis（Thunb.）Nakai

【形态特征】多年生草本，高 5 ～ 47 cm。根垂直直伸，通常不分枝。根状茎极短缩。茎直立单生或少数茎成簇生，基部直径 1 ～ 3 mm，上部伞房花序状分枝。基生叶长椭圆形、倒披针形、线形或舌形，包括叶柄长 2.5 ～ 15 cm，宽 2 ～ 5.5 cm，顶端钝或急尖或向上渐窄，基部渐狭成有翼的短或长柄，全缘，不分裂亦无锯齿或边缘有尖齿或凹齿，或羽状浅裂、半裂或深裂，侧裂片 2 ～ 7 对，长三角形、线状三角形或线形，自中部向上或向下的侧裂片渐小，向基部的侧裂片常为锯齿状，有时为半圆形。茎生叶 2 ～ 4 枚，极少 1 枚或无茎叶，长披针形或长椭圆状披针形，不裂，边缘全缘，顶端渐狭，基部扩大，耳状抱茎或至少基部茎生叶的基部有明显的耳状抱茎；全部叶两面无毛。头状花序通常在茎枝顶端排成伞房花序，含舌状小花 21 ～ 25 枚。总苞圆柱状，长 8 ～ 9 mm；总苞片 3 ～ 4 层，外层及最外层宽卵形，长 1.5 mm，宽 0.8 mm，顶端急尖，内层长椭圆状倒披针形，长 8 ～ 9 mm，宽 1 ～ 1.5 mm，顶端急尖。舌状小花黄色，干时带红色。瘦果褐色，长椭圆形，有 10 条高起的钝肋，肋上有上指的小刺毛，顶端急尖成细喙，喙细丝状，长 2.8 mm。冠毛白色，微糙，长 5 mm。花果期 1—10 月。

图 0979　中华苦荬菜 *Ixeris chinensis*

【拍摄地点】城关镇木瓜园村，海拔 199 m。

【生境分布】生于山坡路旁、田野、河边灌丛或岩石缝隙中。分布于南漳各乡镇。

【药用部位】全草。

【功能主治】清热解毒，消肿止痛。用于疮痈肿毒，咽喉肿痛，跌打损伤。

马兰属 Kalimeris

马兰（图 0980）

Kalimeris indica（L.）Sch.-Bip.

【中药名】马兰草*。

【形态特征】根状茎有匍枝，有时具直根。茎直立，高 30 ～ 70 cm，上部有短毛，上部或从下部起有分枝。基部叶在花期枯萎；茎部叶倒披针形或倒卵状矩圆形，长 3 ～ 6 cm，宽 0.8 ～ 2 cm，顶端钝或尖，基部渐狭成具翅的长柄，边缘从中部以上具有小尖头的钝或尖齿或有羽状裂片，上部叶小，全缘，基部急狭无柄，全部叶稍薄质，两面或上面有疏微毛或近无毛，边缘及下面沿脉有短粗毛，中脉在下面凸起。头状花序单生于枝端并排列成疏伞房状。总苞半球形，直径 6 ～ 9 mm，长 4 ～ 5 mm；总苞片 2 ～ 3 层，覆瓦状排列；外层倒披针形，长 2 mm，内层倒披针状矩圆形，长达 4 mm，顶端钝或稍尖，上部草质，有疏短毛，边缘膜质，有缘毛。花托圆锥形。舌状花 1 层，15 ～ 20 个，管部长 1.5 ～ 1.7 mm；舌片浅紫色，长达 10 mm，宽 1.5 ～ 2 mm；管状花长 3.5 mm，管部长 1.5 mm，被短密毛。瘦果倒卵状矩圆形，极扁，长 1.5 ～ 2 mm，宽 1 mm，褐色，边缘浅色而有厚肋，上部被腺及短柔毛。冠毛长 0.1 ～ 0.8 mm，弱而易脱落，不等长。花期 5—9 月，果期 8—10 月。

图 0980 马兰 *Kalimeris indica*

【拍摄地点】武安镇石牛坪村，海拔 132 m。

【生境分布】生于山坡、草地、路边。分布于南漳各乡镇。

【采收加工】夏、秋二季采收，洗净，晒干。

【药用部位】全草。

【性味归经】辛、苦，凉。归肺、肝、膀胱经。

【功能主治】清热解毒，凉血止血，消积通淋。用于发热咳嗽，咽喉肿痛，吐血，衄血，尿血，崩漏，小儿疳积，小便涩痛，疮疖肿毒等。

【用法用量】煎服，15 ～ 30 g。外用适量，煎水熏洗或取鲜品捣烂敷患处。

莴苣属 Lactuca

长叶莴苣（图 0981）

Lactuca dolichophylla Kitam.

【形态特征】一年生或二年生草本，高约 1 m。茎直立，单生，上部圆锥状花序分枝，全部茎枝无毛。全部茎叶线形或线状长披针形，顶端长渐尖，边缘全缘，基部箭头状半抱茎，基部及下部茎叶较大，向上的叶渐小，全部叶两面无毛。头状花序多数，在茎枝顶端排成圆锥状花序，舌状小花12～20枚。总苞果期卵状，长1.2 cm，宽约8 mm。总苞片约4层，外层小，卵状三角形或偏斜卵形，长1.8～3 mm，宽不足1 mm或1 mm，顶端急尖，中内层渐长，长披针形或线状披针形，长8～12 mm，宽1.5～2 mm，顶端急尖，全部总苞片外面无毛，顶端染红紫色。舌状小花黄色。瘦果长椭圆形或倒披针形，长4.8 mm，宽约1 mm，压扁，黑褐色，每面有3～5条高起的细脉纹，顶端急尖成细喙，喙细丝状，短于瘦果。冠毛白色，长6～7 mm，几为单毛状。花果期9月。

图0981　长叶莴苣 *Lactuca dolichophylla*

【拍摄地点】九集镇龙门集村，海拔176 m。

【生境分布】栽培。分布于南漳城关、九集等乡镇。

【药用部位】茎叶。

【功能主治】利尿，通乳，清热解毒。用于小便不利，尿血，乳汁不通，虫蛇咬伤，肿毒。

稻槎菜属 Lapsana

稻槎菜（图0982）

Lapsana apogonoides Maxim.

【形态特征】一年生矮小草本，高7～20 cm。茎细，自基部发出多数或少数的簇生分枝及莲座状叶丛；全部茎枝柔软，被细柔毛或无毛。基生叶椭圆形、长椭圆状匙形或长匙形，长3～7 cm，宽1～2.5 cm，大头羽状全裂或几全裂，有长1～4 cm的叶柄，顶裂片卵形、菱形或椭圆形，边缘有极稀疏的小尖头，或长椭圆形而边缘大锯齿，齿顶有小尖头，侧裂片2～3对，椭圆形，边缘全缘或有极稀疏针刺状小尖头；茎生叶少数，与基生叶同形并等样分裂，向上茎叶渐小，不裂。全部叶质地柔软，两面同色，绿色，或下面色淡，淡绿色，几无毛。头状花序小，果期下垂或歪斜，少数在茎枝顶端排列成疏松的伞房状圆锥花序，花序梗纤细，总苞椭圆形或长圆形，长约5 mm；总苞片2层，外层卵状披针形，长

图0982　稻槎菜 *Lapsana apogonoides*

达 1 mm，宽 0.5 mm，内层椭圆状披针形，长 5 mm，宽 1 ～ 1.2 mm，先端喙状；全部总苞片草质，外面无毛。舌状小花黄色，两性。瘦果淡黄色，稍压扁，长椭圆形或长椭圆状倒披针形，长 4.5 mm，宽 1 mm，有 12 条粗细不等细纵肋，肋上有微粗毛，顶端两侧各有 1 枚下垂的长钩刺，无冠毛。花果期 1—6 月。

【拍摄地点】城关镇洞坪村，海拔 118 m。

【生境分布】生于田野、荒地及路边。分布于南漳城关、九集、武安等乡镇。

【药用部位】全草。

【功能主治】清热凉血，消痈解毒。用于喉炎，痢疾下血，乳痈。

大丁草属 Leibnitzia

大丁草 小火草（图 0983）

Leibnitzia anandria（L.）Turcz.

【形态特征】多年生草本，植株具春、秋二型之别。春型者根状茎短，根颈多少为枯残的叶柄所围裹；根簇生，粗而略带肉质。叶基生，莲座状，于花期全部发育，叶片形状多变异，通常为倒披针形或倒卵状长圆形，长 2 ～ 6 cm，宽 1 ～ 3 cm，顶端钝圆，常具短尖头，基部渐狭、钝、截平或有时为浅心形，边缘具齿、深波状或琴状羽裂；裂片疏离，凹缺圆，顶裂大，卵形，具齿，上面被蛛丝状毛或脱落近无毛，下面密被蛛丝状绵毛；侧脉 4 ～ 6 对，纤细，顶裂基部常有 1 对下部分枝的侧脉；叶柄长 2 ～ 4 cm 或有时更长，被白色绵毛；花葶单生或数个丛生，直立或弯垂，纤细，棒状，长 5 ～ 20 cm，被蛛丝状毛，毛愈向顶端愈密；苞叶疏生，线形或线状钻形，长 6 ～ 7 mm，通常被毛。头状花序单生于花葶之顶，倒锥形，直径 10 ～ 15 mm；总苞略短于冠毛；总苞片约 3 层，外层线形，长约 4 mm，内层长，线状披针形，长达 8 mm，二者顶端均钝，且带紫红色，背部被绵毛；花托平，无毛，直径 3 ～ 4 mm；雌花花冠舌状，长 10 ～ 12 mm，舌片长圆形，长 6 ～ 8 mm，顶端具不整齐的 3 齿或有时钝圆，带紫红色，内 2 裂丝状，长 1.5 ～ 2 mm，花冠管纤细，长 3 ～ 4 mm，无退化雄蕊。两性花花冠管状二唇形，长 6 ～ 8 cm，外唇阔，长约 3 mm，顶端具 3 齿，内唇 2 裂丝状，长 2.5 ～ 3 mm；花药顶端圆，基部具尖的尾部；花柱分枝长约 1 mm，内侧扁，顶端钝圆。瘦果纺锤形，具纵棱，被白色粗毛，长 5 ～ 6 mm；冠毛粗糙，污白色，长 5 ～ 7 mm。秋型者植株较高，花葶长可达 30 cm，叶片大，长 8 ～ 15 cm，宽 4 ～ 6.5 cm，头状花序外层雌花管状二唇形，无舌片。花期春、秋二季。

图 0983 大丁草 *Leibnitzia anandria*

【拍摄地点】巡检镇刘家坡村，海拔 962 m。

【生境分布】生于山顶、山谷丛林、荒坡、沟边或风化的岩石上。分布于南漳各乡镇。

【药用部位】全草。

【功能主治】清热利湿，解毒消肿，止咳，止血。用于肺热咳嗽，肠炎，痢疾，尿路感染，风湿性关节痛；外用治乳腺炎，痈疖肿毒，臁疮；烧烫伤，外伤出血。

火绒草属 Leontopodium

薄雪火绒草　薄雪草（图 0984）

Leontopodium japonicum Miq.

【形态特征】多年生草本。根状茎分枝稍长，有数个簇生的花茎和幼茎。茎直立，高 10 ～ 50 cm，有时达 80 cm，不分枝或有伞房状花序枝，稀有长分枝或基部有分枝，基部稍木质，上部被白色薄茸毛，下部不久脱毛，节间长 1 ～ 2 cm，或上部节间长达 4 cm。叶狭披针形，或下部叶倒卵圆状披针形，长 2.5 ～ 5.5 cm，宽 0.5 ～ 1.3 cm，基部急狭，无鞘部，顶端尖，有长尖头，边缘平或稍波状反折，上面有疏蛛丝状毛或脱毛，下面被银白色或灰白色薄层密茸毛，3 ～ 5 基出脉和侧脉在上面显明；下部叶较小，在花期枯萎或凋落；苞叶多数，较茎上部叶常短小，卵圆形或长圆形，顶端钝或稍尖，两面被灰白色密茸毛或上面被珠丝状毛，排列成疏散而直径达 4 cm 的苞叶群，或有长花序梗而开展成直径达 10 cm 的复苞叶群。头状花序直径 3.5 ～ 4.5 mm，多数，较疏散。总苞钟形或半球形，被白色或灰白色密茸毛，长约 4 mm；总苞片 3 层，顶端钝，无毛，露出茸毛之上。小花异形或雌雄异株。花冠长约 3 mm；雄花花冠狭漏斗状，有披针形裂片；雌花花冠细管状。冠毛白色，基部稍浅红色；雄花冠毛稍粗厚，有锯齿；雌花冠毛细丝状，下部有锯齿。不育的子房有毛或无毛；瘦果常有乳头状突起或短粗毛。花期 6—9 月，果期 9—10 月。

图 0984　薄雪火绒草 *Leontopodium japonicum*

【拍摄地点】长坪镇标湖村，海拔 1009 m。

【生境分布】生于山地灌丛、草坡和林下。分布于南漳长坪镇。

【药用部位】花。

【功能主治】止咳。用于咳嗽。

火绒草　老头草（图 0985）

Leontopodium leontopodioides（Willd.）Beauv.

【形态特征】多年生草本。地下茎粗壮，分枝短，为枯萎的短叶鞘所包裹，有多数簇生的花茎和根出条，无莲座状叶丛。花茎直立，高 5 ～ 45 cm，较细，挺直或有时稍弯曲，被灰白色长柔毛或白色近绢状毛，不分枝或有时上部有伞房状或近总状花序枝，下部有较密的叶，上部有较疏的叶，节间长 5 ～ 20 mm，上部有时达 10 cm。下部叶在花期枯萎宿存。叶直立，在花后有时开展，线形或线状披针形，长 2 ～ 4.5 cm，宽 0.2 ~ 0.5 cm，顶端尖或稍尖，有长尖头，基部稍宽，无鞘，无柄，边缘平或有时反卷或波状，上面灰绿色，被柔毛，下面被白色或灰白色密绵毛或有时被绢毛。苞叶少数，较上部叶稍短，常较宽，长圆形或线形，顶端稍尖，基部渐狭，两面或下面被白色或灰白色厚茸毛，与花序等长或较长 1.5 ~ 2 倍，在雄株多少开展成苞叶群，在雌株多少直立，不排列成明显的苞叶群。头状花序大，在雌株直径 7 ~ 10 mm，3 ~ 7 个密集，稀 1 个或较多，在雌株常有较长的花序梗而排列成伞房状。总苞半球形，长 4 ~ 6 mm，被白色绵毛；总苞片约 4 层，无色或褐色，常狭尖，稍露出茸毛之上。小花雌雄异株，稀同株；雄花花冠长 3.5 mm，狭漏斗状，有小裂片；雌花花冠丝状，花后生长，长 4.5 ~ 5 mm。冠毛白色；雄花冠毛不或稀稍粗厚，有锯齿或毛状齿；雌花冠毛细丝状，有微齿。不育的子房无毛或有乳头状突起；瘦果有乳头状突起或密粗毛。花果期 7—10 月。

图 0986 火绒草 *Leontopodium leontopodioides*

【拍摄地点】板桥镇龙瑞村，海拔 1246 m。

【生境分布】生于山坡草地。分布于南漳板桥、李庙、长坪等乡镇。

【药用部位】全草。

【功能主治】清热凉血，利尿。用于急性肾炎。

橐吾属 Ligularia

鹿蹄橐吾 山紫菀（图 0986）

Ligularia hodgsonii Hook.

【形态特征】多年生草本。根肉质，多数。茎直立，高达 100 cm，上部及花序被白色蛛丝状柔毛和黄褐色有节短柔毛，下部光滑，具棱，基部直径 3 ~ 5 mm，被枯叶柄纤维包围。丛生叶及茎下部叶具柄，柄细瘦，长 10 ~ 30 cm，基部具窄鞘，叶片肾形或心状肾形，长 5 ~ 8 cm，宽 4.5 ~ 13.5 cm，先端圆形，边缘具三角状齿或圆齿，齿端具软骨质小尖头，齿间具毛，基部弯缺宽或近似平截，叶质厚，两面光滑，叶脉掌状，网脉明显；茎中上部叶少，具短柄或近无柄，鞘膨大，宽约 1 cm，叶片肾形，较下部者小。头状花序辐射状，单生至多数，排列成伞房状或复伞房状花序，分枝长 6 ~ 12 cm，丛生或紧缩；苞片舟形，长 2 ~ 3 cm，宽约 1 cm；花序梗长 0.5 ~ 2.5 cm；小苞片线状钻形，极短；总苞宽钟形，

图 0986 鹿蹄橐吾 *Ligularia hodgsonii*

长大于宽，长 10 ～ 14 mm，宽 7 ～ 10 mm，基部近平截或圆形，总苞片 8 ～ 9，2 层，排列紧密，背部隆起，两侧有脊，长圆形，宽 3 ～ 4 mm，先端宽三角形，有时具短尖头，紫红色，被褐色毛，背部光滑或有白色蛛丝状柔毛，内层具宽膜质边缘。舌状花黄色，舌片长圆形，长 15 ～ 25 mm，宽达 6 mm，先端钝，有小齿，管部长约 4 mm；管状花多数，伸出总苞之外，长 9 ～ 10 mm，管部长 2 ～ 3 mm，冠毛红褐色，与花冠等长。瘦果圆柱形，长 7 ～ 8 mm，光滑，具肋。花果期 7—10 月。

【拍摄地点】板桥镇龙埫村，海拔 1058 m。

【生境分布】生于河边、山坡草地及林中。分布于南漳板桥、李庙、东巩等乡镇。

【药用部位】根及根茎。

【功能主治】活血行瘀，润肺降气，止咳。用于劳伤咳嗽，吐血，跌打损伤。

窄头橐吾　狭头橐吾（图 0987）

Ligularia stenocephala（Maxim.）Matsum. et Koidz.

【形态特征】多年生草本。根肉质，细而长。茎直立，高 40 ～ 170 cm，光滑，基部直径 3 ～ 6 mm，极稀达 20 mm，被长的枯叶柄纤维包围。丛生叶与茎下部叶具柄，柄细瘦，长 27 ～ 75 cm，光滑，基部具窄鞘；叶片心状戟形、肾状戟形或罕为箭形，长 2.5 ～ 16.5 cm，宽 6 ～ 32 cm，先端急尖，三角形或短尖头，边缘有整齐的尖锯齿，齿端具软骨质尖头，基部宽心形，弯缺宽，长为叶片的 1/5 ～ 1/3，两侧裂片尖三角形，外展，边缘具尖齿及 1 ～ 2 个大齿，两面光滑，有时下面脉上具短毛，叶脉掌状；茎中上部叶与下部者同形，具柄或无柄，有膨大的鞘。总状花序长达 90 cm，近光滑；苞片卵状披针形至线形，下部者长达 5 cm，宽至 0.7 cm，上部者线形，短而窄；花序梗短，长 1 ～ 7 mm，有时下部者可长达 30 mm；头状花序多数，辐射状；小苞片线形；总苞狭筒形至宽筒形，长 8 ～ 12 mm，有时长 17 ～ 18 mm，宽 2.5 ～ 4 mm，有时宽达 8 mm；总苞片 5 ～ 7，2 层，长圆形，宽 1.5 ～ 3 mm，先端三角状，急尖，背部光滑，内层边缘膜质。舌状花 1 ～ 4，黄色，舌片线状长圆形或倒披针形，长 10 ～ 17 mm，宽 2 ～ 4 mm，先端钝，管部长 5 ～ 13 mm；管状花 5 ～ 10，长 10 ～ 19 mm，管部长 6 ～ 13 mm，冠毛白色、黄白色或有时为褐色，长 5 ～ 8 mm，短于管部。瘦果倒披针形，长 5 ～ 10 mm，光滑。花果期 7—12 月。

图 0987　窄头橐吾 *Ligularia stenocephala*

【拍摄地点】板桥镇夹马河，海拔 627 m。

【生境分布】生于山坡、水边、林中及岩石下。分布于南漳板桥、长坪等乡镇。

【药用部位】根。

【功能主治】清热解毒，散结，利尿。用于乳痈，水肿，瘰疬，河豚鱼中毒。

离舌橐吾　棕色桦头草（图 0988）

Ligularia veitchiana（Hemsl.）Greenm.

图 0988　离舌橐吾 *Ligularia veitchiana*

【形态特征】多年生草本。根肉质，多数。茎直立，高 60 ~ 120 cm，上部及花序幼时被白色蛛丝状毛和黄褐色有节短柔毛，后蛛丝状毛多脱落，下部光滑，基部直径 4 ~ 9 mm，被枯叶柄纤维包围。丛生叶和茎下部叶具柄，柄长 15 ~ 47 cm，光滑，完全成熟后上面平，无槽，下面半圆形，实心，基部具窄鞘，叶片三角状或卵状心形，有时近肾形，长 7 ~ 17 cm，宽 12 ~ 26 cm，先端圆形或钝，边缘有整齐的尖齿，基部近戟形，弯缺宽，长为叶片的 1/3，两侧裂片长圆形或近圆形，叉开，两面光滑或下面脉上被白色短毛，叶脉掌状；茎中上部叶与下部者同形，较小，具短柄或无柄，鞘膨大，全缘。总状花序长 13 ~ 40 cm；苞片常位于花序梗的中部，包被总苞，宽卵形至卵状披针形，长 0.8 ~ 3 cm，宽达 24 cm，向上渐小，先端长渐尖，全缘或上半部有齿，近膜质，干时浅红褐色；花序梗长 0.5 ~ 3.5 cm，向上渐短；头状花序多数，辐射状；小苞片狭披针形至线形；总苞钟形或筒状钟形，长 8 ~ 10 mm，宽 5 ~ 8 mm，总苞片 7 ~ 9，2 层，长圆形，宽 2 ~ 3 mm，先端急尖，背部被有节短柔毛，内层边缘膜质。舌状花 6 ~ 10，黄色，疏离，舌片狭倒披针形，长 13 ~ 22 mm，宽约 2 mm，先端圆形，管部长 5 ~ 11 mm；管状花多数，长 9 ~ 15 mm，管部长 5 ~ 8 mm，檐部裂片先端被密的乳突，冠毛黄白色，有时污白色，与管部等长或长为管部的 1/2。瘦果光滑。花期 7—9 月。

【拍摄地点】长坪镇标湖村，海拔 1154 m。

【生境分布】生于河边、山坡及林下。分布于南漳长坪、李庙、板桥等乡镇。

【药用部位】根及根茎。

【功能主治】止咳化痰，清热解毒。用于咽喉肿痛，咳嗽痰多。

假还阳参属 Crepidiastrum

尖裂假还阳参　抱茎小苦荬（图 0989）

Crepidiastrum sonchifolium（Maximowicz）Pak & Kawano

【形态特征】多年生草本，高 15 ~ 60 cm。根垂直直伸，不分枝或分枝。根状茎极短。茎单生，直立，基部直径 1 ~ 4 mm，上部伞房花序状或伞房圆锥花序状分枝，全部茎枝无毛。基生叶莲座状，匙形、长倒披针形或长椭圆形，包括基部渐狭的宽翼柄长 3 ~ 15 cm，宽 1 ~ 3 cm，或不分裂，边缘有锯齿，顶端圆形或急尖，或大头羽状深裂，顶裂片大，近圆形、椭圆形或卵状椭圆形，顶端圆形或急尖，边缘有锯齿，侧裂片 3 ~ 7 对，半椭圆形、三角形或线形，边缘有小锯齿；中下部茎叶长椭圆形、匙状椭圆形、倒披针形或披针形，与基生叶等大或较小，羽状浅裂或半裂，极少大头羽状分裂，向基部扩大，心形或耳状抱茎；上部茎叶及接花序分枝处的叶心状披针形，边缘全缘，极少有锯齿或尖锯齿，顶端渐尖，向基部心形或圆耳状扩大抱茎；全部叶两面无毛。头状花序多数或少数，在茎枝顶端排成伞房花序或伞房圆锥花序，含舌状小花约 17 枚。总苞圆柱形，长 5 ～ 6 mm；总苞片 3 层，外层及最外层短，卵形或长卵形，长 1 ～ 3 mm，宽 0.3 ～ 0.5 mm，顶端急尖，内层长披针形，长 5 ～ 6 mm，宽 1 mm，顶端急尖，全部总苞片外面无毛。舌状小花黄色。瘦果黑色，纺锤形，长 2 mm，宽 0.5 mm，有 10 条高起的钝肋，上部沿肋有上指的小刺毛，向上渐尖成细喙，喙细丝状，长 0.8 mm。冠毛白色，微糙毛状，长 3 mm。花果期 3—5 月。

【拍摄地点】板桥镇宋家坪村，海拔 1169 m。

【生境分布】生于山坡或平原路旁、林下、河滩地、岩石上或庭院中。分布于南漳各乡镇。

【药用部位】全草。

【功能主治】清热解毒，排脓，止痛。用于肠痈，肺脓肿，疮疖肿毒，跌打损伤。

图 0989　尖裂假还阳参 *Crepidiastrum sonchifolium*

黄瓜假还阳参　黄瓜菜（图 0990）

Crepidiastrum denticulatum（Houttuyn）Pak & Kawano

【形态特征】一年生或二年生草本，高 30 ～ 120 cm。根垂直直伸，生多数须根。茎单生，直立，基部直径达 8 mm，上部或中部伞房花序状分枝，全部茎枝无毛。基生叶及下部茎叶花期枯萎脱落；中下部茎叶卵形、琴状卵形、椭圆形、长椭圆形或披针形，不分裂，长 3 ～ 10 cm，宽 1 ～ 5 cm，顶端急尖或钝，有宽翼柄，基部圆形，耳部圆耳状扩大抱茎，或无柄，向基部稍收窄而基部突然扩大圆耳状抱茎，或向基部渐窄成长或短的不明显叶柄，基部稍扩大，耳状抱茎，边缘大锯齿或重锯齿或全缘；上部及最上部茎叶与中下部茎叶同形，但渐小，边缘大锯齿或重锯齿或全缘，无柄，向基部渐宽，基部耳状扩大抱茎，全部叶两面无毛。头状花序多数，在茎枝顶端排成伞房花序或伞房圆锥状花序，含 15 枚舌状小花。总苞圆柱状，长 7 ～ 9 mm；总苞片 2 层，外层极小，卵形，顶端急尖，内层长，披针形或长椭圆形，长 7 ～ 9 mm，宽 1 ～ 1.4 mm，顶端钝，有时在外面顶端之下有角状突起，背面沿中脉海绵状加厚，全部总苞

图 0990　黄瓜假还阳参 *Crepidiastrum denticulatum*

片外面无毛。舌状小花黄色。瘦果长椭圆形，压扁，黑色或黑褐色，长 2.1 mm，有 10 ～ 11 条高起的钝肋，上部沿脉有小刺毛，向上渐尖成粗喙，喙长 0.4 mm。冠毛白色，糙毛状，长 3.5 mm。花果期 5—11 月。

【拍摄地点】板桥镇夹马河，海拔 627 m。

【生境分布】生于山坡林缘、林下、田边、岩石上或岩石缝隙中。分布于南漳板桥、东巩、长坪等乡镇。

【药用部位】全草。

【功能主治】清热解毒，消痈散结，消肿止痛，止血止带。用于痈肿疮疖，跌打损伤，无名肿毒，虫蛇咬伤。

假福王草属 Paraprenanthes

雷山假福王草（图 0991）

Paraprenanthes heptantha Shih et D. J. Liou

【形态特征】一年生草本，高 80 ～ 200 cm。茎直立，单生，上部圆锥状花序分枝，分枝细，全部茎枝无毛。基生叶及下部茎叶未见；中部及上部茎叶长椭圆形，羽状深裂，长 12 ～ 24 cm，宽 8.5 ～ 13 cm，有长或短柄，柄长 2.5 ～ 10 cm，顶裂片不规则菱形、披针形或长三角形，侧裂片 3 ～ 4 对，对生、偏斜对生或互生，椭圆形、三角形或不规则菱形，全部裂片顶端急尖、钝或圆形，边缘浅波状，有小尖头；上部及接圆锥花序下部的叶线状长椭圆形，长约 10 cm，宽约 1.3 cm，顶端渐尖，基部楔形，有极短的柄；全部叶两面无毛。头状花序多数，沿茎枝顶端排成圆锥状花序。总苞圆柱状，长 9 mm，宽 2 mm；总苞片约 4 层，外层及最外层短，三角状卵形至椭圆状披针形，长不足 1 mm 或 1.8 mm，宽不足 1 mm，顶端急尖，内层及最内层长，线状长椭圆形，长 9 mm，宽约 1 mm，顶端钝；全部总苞片外面无毛。舌状小花蓝紫色，7 ～ 8 枚。瘦果黑色，纺锤状，粗厚，长约 4 mm，向顶端收窄，顶端淡黄白色，无喙，每面有 5 条高起的不等粗纵肋。冠毛长约 5 mm，2 ～ 3 层，微糙毛状。花果期 5—7 月。

图 0991　雷山假福王草 *Paraprenanthes heptantha*

【拍摄地点】国营七里山林场，海拔 198 m。

【生境分布】生于山坡草地及林下。分布于南漳九集、城关等乡镇。

【药用部位】全草。

【功能主治】清热解毒。用于疮疖肿毒。

蟹甲草属 Parasenecio

蜂斗菜状蟹甲草（图 0992）

Parasenecio petasitoides（Levl.）Y. L. Chen

【形态特征】多年生草本，根状茎粗壮，具多数纤维状须根。茎单生，直立，高 100 ～ 150 cm，具纵条纹，被疏蛛丝状毛。叶具长柄，纸质，中部叶片宽卵状心形，长 9 ～ 16 cm，宽 12 ～ 20 cm，顶端急尖或短渐尖，基部深心形，边缘具波状粗齿，齿端具小尖头，掌状 5 ～ 7 脉，叶脉在上面下陷，下面凸起，上面绿色，被贴生疏短毛或近无毛，下面被灰白色疏蛛丝状毛或后脱毛，叶柄长 5 ～ 14 cm，无翅，被短柔毛或近无毛，上部叶渐小，具短叶柄。头状花序多数，通常在茎端排列成密集的总状花序；花序梗长约 9 mm，基部具 3 线状披针形小苞片，被蛛丝状毛。总苞圆柱形，长 12 ～ 14 mm；总苞片 5，长圆状披针形，顶端圆钝，边缘膜质，外面无毛。小花 5 ～ 8，花冠黄白色，长 8 mm，管部细，长约 3 mm，檐部宽筒状，裂片三角形；花药伸出花冠，基部尾状；花柱分枝外弯，顶端截形，被乳头状微毛。瘦果圆柱形，长 5 ～ 7 mm，无毛，具肋；冠毛白色，长 7 ～ 9 mm。花期 8—9 月，果期 10 月。

【拍摄地点】板桥镇宋家坪村，海拔 1195 m。

【生境分布】生于山坡林下阴湿处或山坡草地。分布于南漳板桥、长坪等乡镇。

【药用部位】叶。

【功能主治】活血化瘀，清热解毒。用于肺痨咯血，无名肿毒，刀伤出血。

图 0992 蜂斗菜状蟹甲草 *Parasenecio petasitoides*

中华蟹甲草（图 0993）

Parasenecio sinicus（Ling）Y. L. Chen

【形态特征】多年生草本，根状茎短粗，有多数纤维状须根。茎单生，粗壮，直立，高达 1 m，具纵条纹，无毛，下部常裸露，具枯鳞片或纤维，下半部的 1/3 具多数叶。叶大型，薄纸质，肾形或宽卵状三角形，长 10 ～ 20 cm，宽 12 ～ 24 cm，通常 5 ～ 7 掌状深裂，裂片披针形或椭圆状披针形，顶端渐尖，基部心形或近心形，边缘有硬缘毛，有疏软骨质小尖或波状细齿，中部裂片较大，侧生裂片常具 1 小裂片，小裂片斜三角形，基出 3 ～ 5 脉，侧脉近基部叉状，羽状分枝联结成较密的网状，叶脉在上面凹入，下面凸起，上面绿色，沿脉被褐色糙短毛，下面苍白色，无毛，中部叶柄长 10 ～ 12 cm，具窄翅，具细条纹，上部叶渐小，戟状 3 裂；最上部叶极小具短柄。头状花序多数，在茎端或上部叶腋排成大型疏散的宽圆锥花序，长达 15 ～ 20 cm；花序梗粗壮，长 8 ～ 15 mm；花序轴被褐色短毛，基部有 2 ～ 3

图 0993 中华蟹甲草 *Parasenecio sinicus*

钻形小苞片。总苞圆柱形；总苞片 7 ～ 8，线状披针形或线形，长 8 ～ 10 mm，宽约 1 mm，顶端急尖，被乳头状微毛，外面无毛。小花 10 ～ 14，花冠黄色或淡紫色，长约 8 mm，管部细，长约 3 mm，檐部宽管状，裂片三角状披针形，长 1.5 mm；花药伸出花冠，长 5 mm，基部有短尾；花柱分枝外弯，顶端截形，被笔状微毛。瘦果长圆状圆柱形，长 5 ～ 6 mm，宽 0.5 mm，无毛，具肋，褐色；冠毛红褐色，上部较淡，长 7 ～ 8 mm。花期 7—8 月，果期 9 月。

【拍摄地点】长坪镇赵岭村，海拔 1242 m。

【生境分布】生于山坡林下阴湿处或沟边林缘。分布于南漳长坪镇。

【药用部位】根。

【功能主治】清热解毒，消痈肿。用于痈疽肿毒，肠炎痢疾，虫蛇咬伤。

蜂斗菜属 Petasites

毛裂蜂斗菜　旱荷叶（图 0994）

Petasites tricholobus Franch.

【形态特征】多年生草本，根状茎短，有多数纤维状根，全株被薄蛛丝状白色绵毛。早春从根状茎长出花茎，近雌雄异株；雌株花茎高 27 ～ 60 cm；具鳞片状叶；苞叶卵状披针形，长 3 ～ 4 cm；基生叶具长柄，叶片宽肾状心形，长 2 ～ 8 cm，边缘有细齿，齿端具软骨质小尖；叶脉掌状，两面被白色绵毛，或后多少脱毛；雌头状花序在花茎顶端排成密集的聚伞状圆锥花序；花序梗长 1 ～ 2.5 cm，有 1 或数枚披针形苞叶；总苞钟状；总苞片 1 层，10 ～ 12 个，披针形或披针状长圆形，外面有小苞片，雌花花冠顶端 4 ～ 5 撕裂，裂片不等长，丝状或钻形；花柱伸出花冠；柱头 2 裂；雄头状花序在花茎端排成伞房状或圆锥状，花冠管状，裂片披针形；花柱伸出花冠外，柱头头状，略分枝，瘦果圆柱形，无毛；雌花的冠毛丰富，白色；雄花的冠毛较少，短于花冠。

图 0994　毛裂蜂斗菜 *Petasites tricholobus*

【拍摄地点】薛坪镇火石观村，海拔 727 m。

【生境分布】生于溪流边、草地或灌丛中。分布于南漳薛坪、李庙、长坪等乡镇。

【药用部位】根茎。

【功能主治】消肿止痛，解毒，祛瘀。用于跌打损伤，骨折及虫蛇咬伤。

毛连菜属 Picris

毛连菜（图 0995）

Picris hieracioides L.

【形态特征】二年生草本，高 16 ～ 120 cm。根垂直直伸，粗壮。茎直立，上部伞房状或伞房圆状分枝，有纵沟纹，被稠密或稀疏的亮色分叉的钩状硬毛。基生叶花期枯萎脱落；下部茎叶长椭圆形或宽披针形，长 8 ～ 34 cm，宽 0.5 ～ 6 cm，先端渐尖或急尖或钝，边缘全缘或有尖锯齿或大而钝的锯齿，基部渐狭成长或短翼柄；中部和上部茎叶披针形或线形，较下部茎叶小，无柄，基部半抱茎；最上部茎小，全缘；全部茎叶两面特别是沿脉被亮色的钩状分叉的硬毛。头状花序较多数，在茎枝顶端排成伞房花序或伞房圆锥花序，花序梗细长。总苞圆柱状钟形，长达 1.2 cm；总苞片 3 层，外层线形，顶端急尖，内层长，线状披针形，边缘白色膜质，先端渐尖；全部总苞片外面被硬毛和短柔毛。舌状小花黄色，冠筒被白色短柔毛。瘦果纺锤形，长约 3 mm，棕褐色，有纵肋，肋上有横皱纹。冠毛白色，外层极短，糙毛状，内层长，羽毛状，长约 6 mm。花果期 6—9 月。

图 0995 毛连菜 *Picris hieracioides*

【拍摄地点】巡检镇巡检司村，海拔 374 m。

【生境分布】生于山坡草地、林下、沟边、田间或荒地。分布于南漳巡检、李庙等乡镇。

【药用部位】全草。

【功能主治】泻火解毒，祛瘀止痛。用于无名肿毒，发热，跌打损伤。

耳菊属 Nabalus

盘果菊 福王草（图 0996）

Nabalus tatarinowii（Maxim.）Nakai

【形态特征】多年生草本，高 0.5 ～ 1.5 m。茎直立，单生，基部直径达 1.3 cm，上部圆锥状花序分枝，极少不分枝，全部茎枝无毛或几无毛。中下部茎叶或不裂，心形或卵状心形，长 8.5 ～ 14 cm，宽 6.5 ～ 12 cm，有长 8.5 ～ 14 cm 的叶柄，边缘全缘或有锯齿或不等大的三角状锯齿，齿顶及齿缘有小尖头，或大头羽状全裂，有长柄，柄长 7 ～ 17 cm，顶裂片卵状心形、心形、戟状心形或三角状戟形，长 5 ～ 15 cm，宽 6 ～ 15 cm，顶端长或短渐尖，基部心形或近心形或戟形，边缘有不等大的三角状锯齿，齿顶及齿缘有小尖头，侧裂片通常 1 对，少见 2 ～ 3 对，椭圆形、卵状披针形、偏斜卵形或耳状，长 0.6 ～ 5.5 cm，宽 0.4 ～ 4.5 cm，边缘有小尖头；向上的茎叶渐小，同形并等样分裂，上部茎叶与花序分枝下部或花序分枝上部与中下部茎叶

图 0996 盘果菊 *Nabalus tatarinowii*

同形或宽三角状卵形、线状披针形、近菱形、宽卵形、卵形，但不裂，顶端长或短渐尖，基部平截或楔形，有短柄；全部叶两面被稀疏的膜片短刚毛，叶柄有长或短糙毛或多细胞节毛。头状花序含 5 枚舌状小花，多数，沿茎枝排成疏松的圆锥状花序或少数沿茎排列成总状花序。总苞狭圆柱状，长 1 ～ 1.1 cm，宽 1 ～ 2 mm；总苞片 3 层，外层及最外层短小，卵形或长卵形，长 1 ～ 2 mm，宽 0.5 ～ 1 mm，顶端急尖或钝，内层最长，5 枚，线状长披针形或线形，长 1 cm，宽 1 mm，顶端钝或圆形，外面被稀疏的短卷毛。舌状小花紫色、粉红色，极少白色或黄色。瘦果线形或长椭圆状，长 4.5 mm，紫褐色，向顶端渐宽，顶端截形，无喙，向下渐收窄，有 5 条高起纵肋。冠毛 2 ～ 3 层，细锯齿状，长达 8 mm，浅土红色或褐色。花果期 8—10 月。

【拍摄地点】长坪镇赵岭村，海拔 1156 m。

【生境分布】生于山谷、山坡林缘、林下、草地或水旁潮湿地。分布于南漳长坪、板桥等乡镇。

【药用部位】全草。

【功能主治】清热解毒。用于疮痈肿毒，毒蛇咬伤。

翅果菊属 Pterocypsela

台湾翅果菊　台湾山苦荬（图 0997）

Pterocypsela formosana（Maxim.）Shih

【形态特征】一年生草本，高 0.5 ～ 1.5 m。根分枝常呈萝卜状。茎直立，单生，基部直径达 7 mm，上部伞房花序状分枝，分枝长或短，上部茎枝有稠密或稀疏的长刚毛或脱毛而至无毛。下部及中部茎叶椭圆形、长椭圆形、披针形或倒披针形，羽状深裂或几全裂，有长达 5 cm 的翼柄，柄基稍扩大抱茎，顶裂片长披针形或线状披针形或三角形，侧裂片 2 ～ 5 对，对生、偏斜或互生，椭圆形或宽镰刀状，上方侧裂片较大，下方侧裂片较小，全部裂片边缘有锯齿；上部茎叶与中部茎叶同形并等样分裂或不裂而为披针形，边缘全缘，基部圆耳状扩大半抱茎；全部叶两面粗糙，下面沿脉有小刺毛。头状花序多数，在茎枝顶端排成伞房状花序。总苞果期卵球形，长 1.5 cm，宽 8 mm；总苞片 4 ～ 5 层，最外层宽卵形，长 2 mm，宽 1 mm，顶端长渐尖；外层椭圆形，长 7 mm，宽 1.8 mm，顶端渐尖；中内层披针形或长椭圆形，长达 1.5 cm，宽 1 ～ 2 mm 或过之，顶端渐尖。舌状小花约 21 枚，黄色。瘦果椭圆形，长 4 mm，宽 2 mm，压扁，棕黑色，边缘有宽翅，顶端急尖成长 2.8 mm 的细丝状喙，每面有 1 条高起的细脉纹。冠毛白色，几为单毛状，长约 8 mm。花果期 4—11 月。

图 0997　台湾翅果菊 *Pterocypsela formosana*

【拍摄地点】城关镇文笔峰村，海拔 172 m。

【生境分布】生于山坡草地及田间、路旁。分布于南漳城关、李庙等乡镇。

【药用部位】全草。

【功能主治】清热解毒，祛风活血。用于癣疥，疔疮，痈肿，蛇咬伤等。

风毛菊属 Saussurea

长梗风毛菊（图 0998）

Saussurea dolichopoda Diels

【形态特征】多年生草本，高 80 ～ 100 cm。根状茎斜升。茎直立，有细条纹，无毛，上部伞房状或伞房圆锥花序状分枝，分枝纤细。基生叶花期凋落；下部茎叶未见；中部茎叶有叶柄，柄长 1.5 ～ 2 cm，叶片长圆状披针形、卵状披针形或长圆形，长 12 ～ 14 cm，宽 5 ～ 6 cm，顶端渐尖或尾状渐尖，基部楔形或偏斜圆形，边缘有细锯齿；上部茎叶渐小，与中部茎叶同形或长椭圆形，有短叶柄，全部叶两面绿色或下面色淡，无毛。头状花序多数或少数，在茎枝顶端排成伞房状花序或伞房圆锥花序，有长粗花序梗，花序梗长 1.5 ～ 5 cm。总苞钟状或圆形，直径 5 ～ 7 mm，总苞片 4 ～ 6 层；外层卵形，长 2 mm，宽 1.8 mm，顶端钝；中层长圆形，长 4 mm，宽 2 mm，顶端钝；内层长椭圆形至宽线形，长 0.9 ～ 1.1 cm，宽 1 ～ 2 mm，顶端钝或急尖；全部总苞片外面无毛。瘦果褐色，长 4 mm，无毛。冠毛 2 层，淡褐色，外层短，糙毛状，长 2 ～ 3 mm，内层长，羽毛状，长 7 ～ 8 mm。花果期 7—10 月。

图 0998　长梗风毛菊 *Saussurea dolichopoda*

【拍摄地点】板桥镇茅山坪村，海拔 839 m。

【生境分布】生于山谷林下及山坡。分布于南漳板桥镇。

【药用部位】根茎。

【功能主治】清热解毒，消肿散瘀。用于跌打损伤。

风毛菊　八棱麻（图 0999）

Saussurea japonica（Thunb.）DC.

【形态特征】二年生草本，高 50 ～ 150 cm。根倒圆锥状或纺锤形，黑褐色，生多数须根。茎直立，基部直径 1 cm，通常无翼，极少有翼，被稀疏的短柔毛及金黄色的小腺点。基生叶与下部茎叶有叶柄，柄长 3 ～ 3.5 cm，有狭翼；叶片椭圆形、长椭圆形或披针形，长 7 ～ 22 cm，宽 3.5 ～ 9 cm，羽状深裂，侧裂片 7 ～ 8 对，长椭圆形、椭圆形、偏斜三角形、线状披针形或线形，中部的侧裂片较大，向两端的侧裂片较小，全部侧裂片顶端钝或圆形，边缘全缘或极少边缘有少数大锯齿，顶裂片披针形或线状披针形，较长，极少基生叶不分裂，披针形或线状披针形，全缘或有大锯齿；中部茎叶与基生叶及下部茎叶同形并等样分裂，但渐小，有短柄；上部茎叶与花序分枝上的叶更小，羽状浅裂或不裂，无柄；全部两面同色，绿色，下面色淡，两面有稠密的凹陷性的淡黄色小腺点。头状花序多数，在茎枝顶端排成伞房状或伞房圆锥花序，有小花梗。总苞圆柱状，直径 5 ～ 8 mm，被白色稀疏的蛛丝状毛；总苞片 6 层，外层长卵形，长 2.8 mm，宽约 1 mm，顶端微扩大，紫红色，中层与内层倒披针形或线形，长 4 ～ 9 mm，宽 0.8 ～ 1 mm，顶端有扁圆形的紫红色的膜质附片，附片边缘有锯齿。小花紫色，长 10 ～ 12 mm，细管部长 6 mm，檐部长 4 ～ 6 mm。瘦果深褐色，圆柱形，长 4 ～ 5 mm。冠毛白色，2 层，外层短，糙毛状，长 2 mm，内层长，羽毛状，长 8 mm。花果期 6—11 月。

【拍摄地点】巡检镇巡检司村，海拔 374 m。

【生境分布】生于山坡、山谷、林下、水旁或田中。分布于南漳巡检、板桥、城关等各乡镇。

【药用部位】根。

【功能主治】祛风活络，散瘀止痛。用于风湿性关节痛，腰腿痛，跌打损伤。

图 0999　风毛菊 *Saussurea japonica*

少花风毛菊（图 1000）

Saussurea oligantha Franch.

【形态特征】多年生草本，高 40 ～ 70 cm。根状茎斜升。茎直立，有棱，被稀疏的多细胞节毛或后变无毛。基生叶花期脱落；下部与中部茎叶有叶柄，柄长 9 ～ 15 cm，被褐色的多细胞节毛或无毛，柄基扩大，稍抱茎，叶片宽卵状心形，长、宽各 5 ～ 11 cm，顶端渐尖，基部心形或戟形，边缘有粗锯齿，齿顶有小尖头；上部茎叶渐小，无柄，叶片长卵形或披针形，顶部长渐尖，全部叶两面绿色，下面色淡，两面被稀疏的短糙毛或几无毛。头状花序 2 ～ 8 个在茎枝顶端排成疏松的伞房花序或圆锥花序。总苞倒圆锥状或钟状，直径 1.2 ～ 1.5 cm；总苞片 4 ～ 6 层，顶部有附属物，附属物绿色，渐尖，反折或直立，草质；外层卵形或宽卵形，长 6 mm，宽 2 mm；中层长圆形至椭圆形，长 8 ～ 10 mm，宽 3 ～ 3.5 mm；内层线形，长 1 cm，宽 2 mm。小花紫色，长 1.1 cm，细管部长 6 mm，檐部长 5 mm。瘦果长圆形，长 3 ～ 4 mm，无毛。冠毛污白色，2 层，外层短，糙毛状，长 3 ～ 4 mm，内层长，羽毛状，长 9 mm。花果期 7—9 月。

图 1000　少花风毛菊 *Saussurea oligantha*

【拍摄地点】长坪镇赵岭村，海拔 1156 m。

【生境分布】生于山坡或山谷林缘及林下。分布于南漳长坪、板桥等乡镇。

【药用部位】根。

【功能主治】清热利湿。用于腹泻。

鸦葱属 Scorzonera

华北鸦葱 笔管草（图 1001）

Scorzonera albicaulis Bunge

【形态特征】多年生草本，高达 120 cm。根圆柱状或倒圆锥状，直径达 1.8 cm。茎单生或少数茎成簇生，上部伞房状或聚伞花序状分枝，全部茎枝被白色茸毛，但在花序脱毛，茎基被棕色的残鞘。基生叶与茎生叶同形，线形、宽线形或线状长椭圆形，宽 0.3 ～ 2 cm，边缘全缘，极少有浅波状微齿，两面光滑无毛，三至五出脉，两面明显，基生叶基部鞘状扩大，抱茎。头状花序在茎枝顶端排成伞房花序，花序分枝长或排成聚伞花序而花序分枝短或长短不一。总苞圆柱状，花期直径 1 cm，果期直径增大；总苞片约 5 层，外层三角状卵形或卵状披针形，长 5 ～ 8 mm，宽约 4 mm，中内层椭圆状披针形、长椭圆形至宽线形。全部总苞片被薄柔毛，但果期稀毛或无毛，顶端急尖或钝。舌状小花黄色。瘦果圆柱状，长 2.1 cm，有多数高起的纵肋，无毛，无脊瘤，向顶端渐细成喙状。冠毛污黄色，其中 3 ～ 5 根超长，全部冠毛大部羽毛状，羽枝蛛丝毛状，上部为细锯齿状，基部连合成环，整体脱落。花果期 5—9 月。

图 1001　华北鸦葱 *Scorzonera albicaulis*

【拍摄地点】城关镇便河村，海拔 294 m。

【生境分布】生于山坡杂木林下、灌丛中或荒地。分布于南漳城关、板桥、九集等乡镇。

【药用部位】根。

【功能主治】消肿解毒。用于疔疮痈肿。

千里光属 Senecio

额河千里光 斩龙草（图 1002）

Senecio argunensis Turcz.

【形态特征】多年生根状茎草本，根状茎斜升，直径 7 mm，具多数纤维状根。茎单生，直立，高 30 ～ 60 cm，被蛛丝状柔毛，有时多少脱毛，上部有花序枝。基生叶和下部茎叶在花期枯萎，通常凋落；中部茎叶较密集，无柄，卵状长圆形至长圆形，长 6 ～ 10 cm，宽 3 ～ 6 cm，羽状全裂至羽状深裂，顶生裂片小而不明显，侧裂片约 6 对，狭披针形或线形，长 1 ～ 2.5 cm，宽 0.1 ～ 0.5 cm，钝至尖，边缘具 1 ～ 2 齿或狭细裂，或全缘，稍斜升，纸质，上面无毛，下面有疏蛛丝状毛，或多少脱毛，基部具狭耳或撕裂状耳；上部叶渐小，顶端较尖，羽状分裂。头状花序有舌状花，多数，排列成顶生复伞房花序；花序梗细，长 1 ～ 2.5 cm，有疏至密蛛丝状毛，有苞片和数个线状钻形小苞片；总苞近钟状，长 5 ～ 6 mm，宽 3 ～ 5 mm，具外层苞片；苞片约 10，线形，长 3 ～ 5 mm，总苞片约 13，长圆状披针形，宽 1 ～ 1.5 mm，尖，上端具短髯毛，草质，边缘宽干膜质，绿色或有时变紫色，背面被疏蛛丝毛。舌状花 10 ～ 13，管部长 4 mm；舌片黄色，长圆状线形，长 8 ～ 9 mm，宽 2 ～ 3 mm，顶端钝，有 3 细齿，具 4 脉；管状花多数；花冠黄色，长 6 mm，管部长 2 ～ 2.5 mm，檐部漏斗状；裂片卵状长圆形，长 0.7 mm，尖。花药线形，长 2 mm，基部有明显稍尖的耳，附片卵状披针形；花药颈部较粗，向基部膨大。花柱分枝长 0.7 mm，顶端截形，有乳头状毛。瘦果圆柱形，长 2.5 mm，无毛；冠毛长 5.5 mm，淡白色。花期 8—10 月。

【拍摄地点】板桥镇龙端村，海拔 955 m。

【生境分布】生于草坡。分布于南漳板桥、长坪等乡镇。

【药用部位】全草。

【功能主治】清热解毒。用于虫蛇咬伤，疮疖肿毒，湿疹，皮炎，急性结膜炎，咽炎。

图 1002 额河千里光 *Senecio argunensis*

千里光 九里明（图 1003）

Senecio scandens Buch.-Ham. ex D. Don

【中药名】千里光*。

【形态特征】多年生攀援草本，根状茎木质，粗，直径达 1.5 cm。茎伸长，弯曲，长 2 ～ 5 m，多分枝，被柔毛或无毛，老时变木质，皮淡色。叶具柄，叶片卵状披针形至长三角形，长 2.5 ～ 12 cm，宽 2 ～ 4.5 cm，顶端渐尖，基部宽楔形、截形、戟形，稀心形，通常具浅或深齿，稀全缘，有时具细裂或羽状浅裂，至少向基部具 1 对较小的侧裂片，两面被短柔毛至无毛；羽状脉，侧脉 7 ～ 9 对，弧状，叶脉明显；叶柄长 0.5 ～ 1 cm，具柔毛或近无毛，无耳或基部有小耳；上部叶变小，披针形或线状披针形，长渐尖。头状花序有舌状花，多数，在茎枝端排列成顶生复聚伞圆锥花序；分枝和花序梗被密至疏短柔毛；花序梗长 1 ～ 2 cm，具苞片，小苞片通常 1 ～ 10，线状钻形。总苞圆柱状钟形，长 5 ～ 8 mm，宽 3 ～ 6 mm，具外层苞片；苞片约 8，线状钻形，长 2 ～ 3 mm。总苞片 12 ～ 13，线状披针形，渐尖，上端和上部边缘有缘毛状短柔毛，草质，边缘宽干膜质，背面有短柔毛或无毛，具 3 脉。舌状花 8 ～ 10，管部长 4.5 mm；舌片黄色，长圆形，长 9 ～ 10 mm，宽 2 mm，钝，具 3 细齿，具 4 脉；管状花多数；花冠黄色，长 7.5 mm，管部长 3.5 mm，檐部漏斗状；裂片卵状长圆形，尖，上端有乳头状毛。花药长 2.3 mm，基部有钝耳；耳长约为花药颈部 1/7；附片卵状披针形；花药颈部伸长，向基部

图 1003 千里光 *Senecio scandens*

略膨大；花柱分枝长 1.8 mm，顶端截形，有乳头状毛。瘦果圆柱形，长 3 mm，被柔毛；冠毛白色，长 7.5 mm。

【拍摄地点】李庙镇刘坪村，海拔 360 m。

【生境分布】生于森林、灌丛中，攀援于灌木、岩石上或溪边。广泛分布于南漳各乡镇。

【采收加工】全年均可采收，除去杂质，阴干。

【药用部位】地上部分。

【性味归经】苦，寒。归肺、肝经。

【功能主治】清热解毒，明目，利湿。用于痈肿疮毒，感冒发热，目赤肿痛，泄泻痢疾，皮肤湿疹。

【用法用量】15 ～ 30 g。外用适量，煎水熏洗。

豨莶属 Siegesbeckia

腺梗豨莶　猪膏草（图 1004）

Siegesbeckia pubescens Makino

【中药名】豨莶草 *。

【形态特征】一年生草本。茎直立，粗壮，高 30 ～ 110 cm，上部多分枝，被开展的灰白色长柔毛和糙毛。基部叶卵状披针形，花期枯萎；中部叶卵圆形或卵形，开展，长 3.5 ～ 12 cm，宽 1.8 ～ 6 cm，基部宽楔形，下延成具翼而长 1 ～ 3 cm 的柄，先端渐尖，边缘有尖头状规则或不规则的粗齿；上部叶渐小，披针形或卵状披针形；全部叶上面深绿色，下面淡绿色，基出三脉，侧脉和网脉明显，两面被平伏短柔毛，沿脉有长柔毛。头状花序直径 18 ～ 22 mm，多数生于枝端，排列成松散的圆锥花序；花梗较长，密生紫褐色头状具柄腺毛和长柔毛；总苞宽钟状；总苞片 2 层，叶质，背面密生紫褐色头状具柄腺毛，外层线状匙形或宽线形，长 7 ～ 14 mm，内层卵状长圆形，长 3.5 mm。舌状花花冠管部长 1 ～ 1.2 mm，舌片先端 2 ～ 3 齿裂，有时 5 齿裂；两性管状花长约 2.5 mm，冠檐钟状，先端 4 ～ 5 裂。瘦果倒卵圆形，4 棱，顶端有灰褐色环状突起。花期 5—8 月，果期 6—10 月。

图 1004　腺梗豨莶 *Siegesbeckia pubescens*

【拍摄地点】长坪镇青林村，海拔 1038 m。

【生境分布】生于山野、荒草地、灌丛、林缘及林下，也常见于耕地中。分布于南漳长坪、肖堰、李庙、薛坪等乡镇。

【采收加工】夏、秋二季花开前和花期均可采割，除去杂质，晒干。

【药用部位】地上部分。

【性味归经】辛、苦，寒。归肝、肾经。

【功能主治】祛风湿，利关节，解毒。用于风湿痹痛，筋骨无力，腰膝酸软，四肢麻痹，半身不遂，风疹湿疮。

【用法用量】9 ～ 12 g。

松香草属 Silphium

串叶松香草（图 1005）

Silphium perfoliatum L.

【形态特征】多年生草本植物，株高 1 ～ 3 m，无块状地下茎，根分泌具松香脂气的物质。茎直立，光滑无毛，上部分枝。叶对生，苗期叶常有浅分裂、大齿状或羽状分裂，茎生叶全缘，无柄，顶端渐尖，两叶基部合生抱茎，上面有颗粒状糙点，边缘毛糙。头状花序多数，生于枝端成伞房状，直径 5 ～ 7.5 cm；总苞片卵状披针形，数层，覆瓦状排列，基部合生成凹口杯状；舌状花与筒状花均黄色，舌状花 2 ～ 3 轮，能育；管状花两性，不育。瘦果扁楔形，具翅；冠毛芒状。花期 6—9 月，果期 9—10 月。

图 1005 串叶松香草 *Silphium perfoliatum*

【拍摄地点】长坪镇龙沟村，海拔 235 m。

【生境分布】栽培。分布于南漳长坪镇。

【药用部位】根。

【功能主治】用于感冒。

华蟹甲属 Sinacalia

华蟹甲 羽裂蟹甲草（图 1006）

Sinacalia tangutica（Maxim.）B. Nord.

图 1006 华蟹甲 *Sinacalia tangutica*

【形态特征】根状茎块状，直径 1 ～ 1.5 cm，具多数纤维状根。茎粗壮，中空，高 50 ～ 100 cm，基部直径 5 ～ 6 mm，不分枝，幼时被疏蛛丝状毛，或基部无毛，上部被褐色腺状短柔毛。叶具柄，下部茎叶花期常脱落，中部叶片厚纸质，卵形或卵状心形，长 10 ～ 16 cm，宽 10 ～ 15 cm，顶端具小尖，羽状深裂，每边各有侧裂片 3 ～ 4，侧裂片近对生，狭至宽长圆形，顶端具小尖，边缘常具数个小尖齿，基部截形或浅心形，上面深绿色，被疏贴生短硬毛，下面浅绿色，至少沿脉被短柔毛及疏蛛丝状毛，具明显羽状脉；叶柄较粗壮，长 3 ～ 6 cm，基部扩大且半抱茎，被疏短柔毛或近无毛；上部茎叶渐小，具短柄。头状花序小，多数常排成多分枝宽塔状复圆锥状，花序轴及花序梗被黄褐色腺状短柔毛；花序梗细，长 2 ~ 3 mm，具 2 ~ 3 个线形渐尖的小苞片。总苞圆柱状，长 8 ~ 10 mm，宽 1 ~ 1.5 mm，总苞片 5，线状长圆形，长约 8 mm，宽 1 ~ 1.5 mm，顶端钝，被微毛，边缘狭干膜质。舌状花 2 ~ 3 个，黄色，管部长 4.5 mm，舌片长圆状披针形，长 13 ~ 14 mm，宽 2 mm，顶端具 2 小齿，具 4 条脉；管状花 4，稀 7，花冠黄色，长 8 ~ 9 mm，管部长 2 ~ 2.5 mm，檐部漏斗状，裂片长圆状卵形，长 1.5 mm，顶端渐尖。花药长圆形，长 3.5 ~ 3.7 mm，基部具短尾，附片长圆状渐尖；花柱分枝弯曲，长 1.5 mm，顶端钝，被乳头状微毛。瘦果圆柱形，长约 3 mm，无毛，具肋；冠毛糙毛状，白色，长 7 ~ 8 mm。花期 7—9 月。

【拍摄地点】板桥镇龙塆村，海拔 1246 m。

【生境分布】生于山坡草地、悬崖、沟边、草甸或林缘和路边。分布于南漳板桥、长坪等乡镇。

【药用部位】根茎。

【功能主治】止咳化痰，滋阴，平肝。用于头痛眩晕，咳喘。

蒲儿根属 Sinosenecio

蒲儿根　猫耳朵（图 1007）

Sinosenecio oldhamianus（Maxim.）B. Nord.

【形态特征】多年生或二年生茎叶草本。根状茎木质，粗，具多数纤维状根。茎单生，或有时数个，直立，高 40 ~ 80 cm 或更高，基部直径 4 ~ 5 mm，不分枝，被白色蛛丝状毛及疏长柔毛，或多少脱毛至近无毛。基部叶在花期凋落，具长叶柄；下部茎叶具柄，叶片卵状圆形或近圆形，长 3 ~ 5 cm，宽 3 ~ 6 cm，顶端尖或渐尖，基部心形，边缘具浅至深重齿或重锯齿，齿端具小尖，膜质，上面绿色，被疏蛛丝状毛至近无毛，下面被白色蛛丝状毛，有时或多或少脱毛，掌状 5 脉，叶脉两面明显；叶柄长 3 ~ 6 cm，被白色蛛丝状毛，基部稍扩大，上部叶渐小，叶片卵形或卵状三角形，基部楔形，具短柄；最上部叶卵形或卵状披针形。头状花序复伞房状排列，多数，梗细长，有时有细长的小苞片；总苞宽钟状，直径为 4 ~ 5 mm，长 3 ~ 4 mm，总苞片 10 余个，先端长渐尖，边缘膜质；舌状花 1 层，舌片黄色，线形；筒状花多数，黄色。瘦果圆柱形，长 1.5 mm，舌状花瘦果无毛，在管状花被短柔毛；冠毛在舌状花缺，管状花冠毛白色，长 3 ~ 3.5 mm。花期 1—12 月。

图 1007　蒲儿根 *Sinosenecio oldhamianus*

【拍摄地点】城关镇便河村，海拔 217 m。

【生境分布】生于林缘、溪边、潮湿岩石边及草坡、田边。分布于南漳城关、九集、薛坪、长坪等乡镇。

【药用部位】全草。

【功能主治】清热解毒。用于痈疖肿毒。

一枝黄花属 Solidago

一枝黄花　一枝香（图 1008）

Solidago decurrens Lour.

【中药名】一枝黄花 *。

【形态特征】多年生草本，高 35 ～ 100 cm。茎直立，通常细弱，单生或少数簇生，不分枝或中部以上有分枝。中部茎叶椭圆形、长椭圆形、卵形或宽披针形，长 2 ～ 5 cm，宽 1 ～ 1.5 cm，下部楔形渐窄，有具翅的柄，仅中部以上边缘有细齿或全缘；向上叶渐小；下部叶与中部茎叶同形，有长 2 ～ 4 cm 或更长的翅柄。全部叶质地较厚，叶两面、沿脉及叶缘有短柔毛或下面无毛。头状花序较小，长 6 ～ 8 mm，宽 6 ～ 9 mm，多数在茎上部排列成紧密或疏松的长 6 ～ 25 cm 的总状花序或伞房圆锥花序，少有排列成复头状花序的。总苞片 4 ～ 6 层，披针形或狭披针形，顶端急尖或渐尖，中内层长 5 ～ 6 mm。舌状花舌片椭圆形，长 6 mm。瘦果长 3 mm，无毛，极少有在顶端被稀疏柔毛的。花果期 4—11 月。

图 1008　一枝黄花 *Solidago decurrens*

【拍摄地点】板桥镇雷坪村，海拔 760 m。

【生境分布】生于阔叶林缘、林下、灌丛中及山坡草地上。分布于南漳板桥、东巩、肖堰、李庙等乡镇。

【采收加工】秋季花果期采挖，除去泥沙，晒干。

【药用部位】全草。

【性味归经】辛、苦，凉。归肺、肝经。

【功能主治】清热解毒，疏散风热。用于喉痹，乳蛾，咽喉肿痛，疮疖肿毒，风热感冒。

【用法用量】9 ～ 15 g。

苦苣菜属 Sonchus

花叶滇苦菜　续断菊（图 1009）

Sonchus asper（L.）Hill

【形态特征】一年生草本。根倒圆锥状，褐色，垂直直伸。茎单生或少数茎成簇生。茎直立，高 20 ～ 50 cm，有纵纹或纵棱，上部长或短总状或伞房状花序分枝，或花序分枝极短缩，全部茎枝光滑无毛或上部及花梗被头状具柄的腺毛。基生叶与茎生叶同形，但较小；中下部茎叶长椭圆形、倒卵形、匙状或匙状椭圆形，包括渐狭的翼柄长 7 ～ 13 cm，宽 2 ～ 5 cm，顶端渐尖、急尖或钝，基部渐狭成短或较长的翼柄，柄基耳状抱茎或基部无柄；上部茎叶披针形，不裂，基部扩大，圆耳状抱茎。或下部叶或全部茎叶羽状浅裂、半裂或深裂，侧裂片 4 ～ 5 对，椭圆形、三角形、宽镰刀形或半圆形。全部叶及裂片与抱茎的圆耳边缘有尖齿刺，两面光滑无毛，质地薄。头状花序少数或较多在茎枝顶端排稠密的伞房花序。总苞宽钟状，长约 1.5 cm，宽 1 cm；总苞片 3 ～ 4 层，向内层渐长，覆瓦状排列，绿色，草质，外层长披针形或长三角形，长 3 mm，宽不足 1 mm，中内层长椭圆状披针形至宽线形，长达 1.5 cm，宽 1.5 ～ 2 mm；全部苞片顶端急尖，外面光滑无毛。舌状小花黄色。瘦果倒披针状，褐色，长 3 mm，宽 1.1 mm，压扁，两面各有 3 条细纵肋，肋间无横皱纹。冠毛白色，长达 7 mm，柔软，彼此纠缠，基部连合成环。花果期 5—10 月。

【拍摄地点】九集镇沙河村，海拔 138 m。

【生境分布】生于山坡、林缘及水边。分布于南漳九集、城关、李庙等乡镇。

【药用部位】全草。

【功能主治】清肝明目，利湿。用于目赤翳障，慢性肝炎。

图 1009　花叶滇苦菜 *Sonchus asper*

漏芦属 Stemmacantha

漏芦（图 1010）

Stemmacantha uniflora（L.）Dittrich

【中药名】漏芦*。

【形态特征】多年生草本，高 30 ～ 100 cm。根状茎粗厚。根直伸，直径 1 ～ 3 cm。茎直立，不分枝，簇生或单生，灰白色，被绵毛，基部直径 0.5 ～ 1 cm，被褐色残存的叶柄。基生叶及下部茎叶椭圆形、长椭圆形、倒披针形，长 10 ～ 24 cm，宽 4 ～ 9 cm，羽状深裂或几全裂，有长叶柄，叶柄长 6 ～ 20 cm。侧裂片 5 ～ 12 对，椭圆形或倒披针形，边缘有锯齿或锯齿稍大而使叶呈现二回羽状分裂状态，或边缘少锯齿或无锯齿，中部侧裂片稍大，向上或向下的侧裂片渐小，最下部的侧裂片小耳状，顶裂片长椭圆形或近匙形，边缘有锯齿。中上部茎叶渐小，与基生叶及下部茎叶同形并等样分裂，无柄或有短柄。全部叶质地柔软，两面灰白色，被稠密的或稀疏的蛛丝毛及多细胞糙毛和黄色小腺点。叶柄灰白色，被稠密的蛛丝状绵毛。头状花序单生茎顶，花序梗粗壮，裸露或有少数钻形小叶。总苞半球形，大，直径 3.5 ～ 6 cm。总苞片约 9 层，覆瓦状排列，向内层渐长，外层不包括顶端膜质附属长三角形，长 4 mm，宽

图 1010　漏芦 *Stemmacantha uniflora*

2 mm；中层不包括顶端膜质附属物椭圆形至披针形；内层及最内层不包括顶端附属物披针形，长约 2.5 cm，宽约 5 mm。全部苞片顶端有膜质附属物，附属物宽卵形或近圆形，长达 1 cm，宽达 1.5 cm，浅褐色。全部小花两性，管状，花冠紫红色，长 3.1 cm，细管部长 1.5 cm，花冠裂片长 8 mm。瘦果 3 ～ 4 棱，楔状，长 4 mm，宽 2.5 mm，顶端有果缘，果缘边缘细尖齿，侧生着生面。冠毛褐色，多层，不等长，向内层渐长，长达 1.8 cm，基部连合成环，整体脱落；冠毛糙毛状。花果期 4—9 月。

【拍摄地点】九集镇吴家集村，海拔 180 m。

【生境分布】生于山坡林下。分布于南漳九集、城关等乡镇。

【采收加工】春、秋二季采挖，除去须根和泥沙，晒干。

【药用部位】根。

【性味归经】苦，寒。归胃经。

【功能主治】清热解毒，消痈，下乳，舒筋通脉。用于乳痈肿痛，痈疽发背，瘰疬疮毒，乳汁不通，湿痹拘挛。

【用法用量】5 ～ 9 g。

兔儿伞属 Syneilesis

兔儿伞　一把伞（图 1011）

Syneilesis aconitifolia（Bge.）Maxim.

【形态特征】多年生草本。根状茎短，横走，具多数须根，茎直立，高 70 ～ 120 cm，下部直径 2.5 ～ 6 mm，紫褐色，无毛，具纵肋，不分枝。叶通常 2，疏生；下部叶具长柄；叶片盾状圆形，直径 20 ～ 30 cm，掌状深裂；裂片 7 ～ 9，每裂片再次 2 ～ 3 浅裂；小裂片宽 4 ～ 8 mm，线状披针形，边缘具不等长的锐齿，顶端渐尖，初时反折呈闭伞状，被密蛛丝状茸毛，后开展成伞状，变无毛，上面淡绿色，下面灰色；叶柄长 10 ～ 16 cm，无翅，无毛，基部抱茎；中部叶较小，直径 12 ～ 24 cm；裂片通常 4 ～ 5；叶柄长 2 ～ 6 cm。其余的叶呈苞片状，披针形，向上渐小，无柄或具短柄。头状花序多数，在茎端密集成复伞房状，干时宽 6 ～ 7 mm；花序梗长 5 ～ 16 mm，具数枚线形小苞片；总苞筒状，长 9 ～ 12 mm，宽 5 ～ 7 mm，基部有 3 ～ 4 小苞片；总苞片 1 层，5，长圆形，顶端钝，边缘膜质，外面无毛。小花 8 ～ 10，花冠淡粉白色，长 10 mm，管部窄，长 3.5 ～ 4 mm，檐部窄钟状，5 裂；花药变紫色，基部短箭形；花柱分枝伸长，扁，顶端钝，被笔状微毛。瘦果圆柱形，长 5 ～ 6 mm，无毛，具肋；冠毛污白色或变红色，糙毛状，长 8 ～ 10 mm。花期 6—7 月，果期 8—10 月。

图 1011　兔儿伞 *Syneilesis aconitifolia*

【拍摄地点】李庙镇刘坪村，海拔 380 m。

【生境分布】生于山坡荒地林缘或路旁。分布于南漳各乡镇。

【药用部位】全草。

【功能主治】祛风除湿，解毒消肿，活血止痛。用于腰腿疼痛，跌打损伤等。

山牛蒡属 Synurus

山牛蒡　裂叶山牛蒡（图 1012）

Synurus deltoides（Ait.）Nakai

图 1012　山牛蒡 *Synurus deltoides*

【形态特征】多年生草本，高 0.7 ～ 1.5 m。根状茎粗。茎直立，单生，粗壮，基部直径达 2 cm，上部分枝或不分枝，全部茎枝粗壮，有条棱，灰白色，被密厚茸毛或下部脱毛而至无毛。基部叶与下部茎叶有长叶柄，叶柄长达 34 cm，有狭翼；叶片心形、卵形、宽卵形、卵状三角形或戟形，不分裂，长 10 ～ 26 cm，宽 12 ～ 20 cm；基部心形或戟形或平截，边缘有三角形或斜三角形粗大锯齿，但通常半裂或深裂；向上的叶渐小，卵形、椭圆形、披针形或长椭圆状披针形，边缘有锯齿或针刺，有短叶柄至无叶柄。全部叶两面异色，上面绿色，粗糙，有多细胞节毛，下面灰白色，被密厚的茸毛。头状花序大，下垂，生枝头顶端或植株仅含 1 个头状花序而单生茎顶。总苞球形，直径 3 ～ 6 cm，被稠密而蓬松的蛛丝毛或脱毛而至稀毛。总苞片多层多数，通常 13 ～ 15 层，向内层渐长，有时变紫红色，外层与中层披针形，长 0.7 ～ 2.3 cm，宽 3 ～ 4 mm；内层茸状披针形，长 2.3 ～ 2.5 cm，宽 1.5 ～ 2 mm。全部苞片上部长渐尖，中外层平展或下弯，内层上部外面有稠密短糙毛。小花全部为两性，管状，花冠紫红色，长 2.5 cm，细管部长 9 mm，檐部长 1.4 cm，花冠裂片不等大，三角形，长达 3 mm。瘦果长椭圆形，浅褐色，长 7 mm，宽约 2 mm，顶端截形，有果缘，果缘边缘细锯齿，侧生着生面。冠毛褐色，多层，不等长，向内层渐长，长 1.5 ～ 2 cm，基部连合成环，整体脱落；冠毛糙毛状。花果期 6—10 月。

【拍摄地点】李庙镇主山寨村，海拔 1256 m。

【生境分布】生于山坡林缘、林下。分布于南漳李庙、板桥等乡镇。

【药用部位】根。

【功能主治】祛寒，散瘀，镇痛。用于感冒头痛，关节痛，劳伤。

万寿菊属 Tagetes

万寿菊　孔雀草（图 1013）

Tagetes erecta L.

【形态特征】一年生草本，高 50 ～ 150 cm。茎直立，粗壮，具纵细条棱，分枝向上平展。叶羽状分裂，长 5 ～ 10 cm，宽 4 ～ 8 cm，裂片长椭圆形或披针形，边缘具锐锯齿，上部叶裂片的齿端有长细芒；沿叶缘有少数腺体。头状花序单生，直径 5 ～ 8 cm，花序梗顶端棍棒状膨大；总苞长 1.8 ～ 2 cm，宽 1 ～ 1.5 cm，杯状，顶端具齿尖；舌状花黄色或暗橙色；长 2.9 cm，舌片倒卵形，长 1.4 cm，宽 1.2 cm，基部收缩成长爪，顶端微弯缺；管状花花冠黄色，长约 9 mm，顶端具 5 齿裂。瘦果线形，基部缩小，黑色或褐色，长 8 ～ 11 mm，被短微毛；冠毛有 1 ～ 2 个长芒和 2 ～ 3 个短而钝的鳞片。花期 7—9 月。

图 1013　万寿菊 *Tagetes erecta*

【拍摄地点】武安镇石牛坪村，海拔 136 m。

【生境分布】栽培。公园、路边可见栽培。

【药用部位】全草。

【功能主治】清热利湿，止咳。用于风热感冒，咳嗽，痢疾，牙痛等。

蒲公英属 Taraxacum

蒲公英　黄花地丁　婆婆丁（图 1014）

Taraxacum mongolicum Hand.-Mazz.

【中药名】蒲公英 *。

【形态特征】多年生草本。根圆柱状，黑褐色，粗壮。叶倒卵状披针形、倒披针形或长圆状披针形，长 4 ～ 20 cm，宽 1 ～ 5 cm，先端钝或急尖，边缘有时具波状齿或羽状深裂，有时倒向羽状深裂或大头羽状深裂，顶端裂片较大，三角形或三角状戟形，全缘或具齿，每侧裂片 3 ～ 5 片，裂片三角形或三角状披针形，通常具齿，平展或倒向，裂片间常夹生小齿，基部渐狭成叶柄，叶柄及主脉常带红紫色，疏被蛛丝状白色柔毛或几无毛。花葶 1 至数个，与叶等长或稍长，高 10 ～ 25 cm，上部紫红色，密被蛛丝状白色长柔毛；头状花序直径 30 ～ 40 mm；总苞钟状，长 12 ～ 14 mm，淡绿色；总苞片 2 ～ 3 层，外层总苞片卵状披针形或披针形，长 8 ～ 10 mm，宽 1 ～ 2 mm，边缘宽膜质，基部淡绿色，上部紫红色，先端增厚或具小到中等的角状突起；内层总苞片线状

图 1014　蒲公英 *Taraxacum mongolicum*

披针形，长 10 ～ 16 mm，宽 2 ～ 3 mm，先端紫红色，具小角状突起；舌状花黄色，舌片长约 8 mm，宽约 1.5 mm，边缘花舌片背面具紫红色条纹，花药和柱头暗绿色。瘦果倒卵状披针形，暗褐色，长 4 ～ 5 mm，宽 1 ～ 1.5 mm，上部具小刺，下部具成行排列的小瘤，顶端逐渐收缩为长约 1 mm 的圆锥至圆柱形喙基，喙长 6 ～ 10 mm，纤细；冠毛白色，长约 6 mm。花期 4—9 月，果期 5—10 月。

【拍摄地点】肖堰镇花庄村，海拔 248 m。

【生境分布】生于山坡草地、路边、田野、河滩。广泛分布于南漳各乡镇。

【采收加工】春至秋季花初开时采挖，除去杂质，洗净，晒干。

【药用部位】全草。

【性味归经】苦、甘，寒。归肝、胃经。

【功能主治】清热解毒，消肿散结，利尿通淋。用于疔疮肿毒，乳痈，瘰疬，目赤，咽痛，肺痈，肠痈，湿热黄疸，热淋涩痛。

【用法用量】10 ～ 15 g。

狗舌草属 Tephroseris

狗舌草　狗舌头草（图 1015）

Tephroseris kirilowii（Turcz. ex DC.）Holub

【形态特征】多年生草本，根状茎斜升，常覆盖以褐色宿存叶柄，具多数纤维状根。茎单生，稀 2 ～ 3，近葶状，直立，高 20 ～ 60 cm，不分枝，密被白色蛛丝状毛，有时或多或少脱毛。基生叶数个，莲座状，具短柄，在花期生存，长圆形或卵状长圆形，长 5 ～ 10 cm，宽 1.5 ～ 2.5 cm，顶端钝，具小尖，基部楔状至渐狭成具狭至宽翅叶柄，两面被密或疏白色蛛丝状茸毛；茎叶少数，向茎上部渐小，下部叶倒披针形，或倒披针状长圆形，长 4 ～ 8 cm，宽 0.5 ～ 1.5 cm，钝至尖，无柄，基部半抱茎，上部叶小，披针形，苞片状，顶端尖。头状花序直径 1.5 ～ 2 cm，3 ～ 11 个排列成顶生伞房花序；花序梗长 1.5 ～ 5 cm，密被蛛丝状茸毛，多少被黄褐色腺毛，基部具苞片，上部无小苞片。总苞近圆柱状钟形，长 6 ～ 8 mm，宽 6 ～ 9 mm，无外层苞片；总苞片 18 ～ 20 个，披针形或线状披针形，宽 1 ～ 1.5 mm，顶端渐尖或急尖，绿色或紫色，草质，具狭膜质边缘，外面被密或有时疏蛛丝状毛，或多少脱毛。舌状花 13 ～ 15，管部长 3 ～ 3.5 mm；舌片黄色，长圆形，长 6.5 ～ 7 mm，宽 2.5 ～ 3 mm，顶端钝，具 3 细齿，4 脉。管状花多数，花冠黄色，长约 8 mm，管部长 4 mm，檐部漏斗状；裂片卵状披针形，长 1.2 mm，急尖，顶端具乳头状毛。花药长 2.2 mm，基部钝，附片卵状披针形；花柱分枝长约 1 mm。瘦果圆柱形，长 2.5 mm，被硬毛。冠毛白色，长约 6 mm。花期 2—8 月。

图 1015　狗舌草 *Tephroseris kirilowii*

【拍摄地点】巡检镇巡检司村，海拔 432 m。

【生境分布】生于草地山坡或山顶阳处。分布于南漳巡检、城关、长坪等乡镇。

【药用部位】全草。

【功能主治】清热解毒，利尿。用于肺脓肿，尿路感染，小便不利，白血病，口腔炎，疖肿。

款冬属 Tussilago

款冬　冬花（图 1016）

Tussilago farfara L.

图 1016　款冬 *Tussilago farfara*

【中药名】款冬花*。

【形态特征】多年生草本。根状茎横生地下，褐色。早春花叶抽出数个花葶，高 5 ～ 10 cm，密被白色茸毛，有鳞片状互生的苞叶，苞叶淡紫色。头状花序单生顶端，直径 2.5 ～ 3 cm，初时直立，花后下垂；总苞片 1 ～ 2 层，总苞钟状，结果时长 15 ～ 18 mm，总苞片线形，顶端钝，常带紫色，被白色柔毛及脱毛，有时具黑色腺毛；边缘有多层雌花，花冠舌状，黄色，子房下位；柱头 2 裂；中央的两性花少数，花冠管状，顶端 5 裂；花药基部尾状；柱头头状，通常不结实。瘦果圆柱形，长 3 ～ 4 mm；冠毛白色，长 10 ～ 15 mm。后生出基生叶阔心形，具长叶柄，叶片长 3 ～ 12 cm，宽 4 ～ 14 cm，边缘有波状、顶端增厚的疏齿，掌状网脉，下面密被白色茸毛；叶柄长 5 ～ 15 cm，被白色绵毛。

【拍摄地点】肖堰镇峰山村，海拔 886 m。

【生境分布】生于山谷湿地或林下。南漳李庙镇、肖堰镇有零星种植。

【采收加工】12 月或地冻前当花尚未出土时采挖，除去花梗和泥沙，阴干。

【药用部位】花蕾。

【性味归经】辛、微苦，温。归肺经。

【功能主治】润肺下气，止咳化痰。用于新久咳嗽，喘咳痰多，劳嗽咯血。

【用法用量】5 ～ 10 g。

【附注】《南漳县志》记载：南漳于 1958 年引种款冬，有多年种植历史，李庙为主要产区，板桥、薛坪、长坪都有种植，“南漳冬花”一度在日本市场享有盛誉。

斑鸠菊属 Vernonia

南漳斑鸠菊（图 1017）

Vernonia nantcianensis（Pamp.）Hand.-Mazz

【形态特征】一年生草本，高 50 ～ 80 cm。茎直立或斜升，上部分枝，具明显的条纹，被疏糙短毛和

图 1017 南漳斑鸠菊 *Vernonia nantcianensis*

无柄的腺毛，少有近无毛；叶具柄，薄纸质，卵状或披针状椭圆形，长 3 ～ 10 cm，宽 1 ～ 4 cm，顶端长或短渐尖，基部楔状狭成长 0.5 ～ 1.5 cm 的叶柄，边缘中部或中部以上有疏锯齿；侧脉 5 ～ 7 对，主脉和侧脉在下面不明显或几不突起，上面被疏贴生短糙毛，下面沿叶脉被短柔毛和腺点。头状花序较大，在枝端或叶腋单生，直径 1.3 ～ 1.5 cm；花序梗粗壮，上部稍扩大，密被短柔毛和腺毛；总苞宽钟状，长 10 ～ 13 mm，宽 12 ～ 15 mm；总苞片 5 ～ 6 层，卵形至卵状长圆形，下部绿色，上部及边缘紫红色，顶端具锐尖头，常短于花盘，背面被密柔毛；花托稍凸起，有具边缘的小窝孔；花多数，全部结实，花冠管状，粉紫色，长 12 mm，管部细，长 7 ～ 8 mm，檐部钟状，裂片线状披针形，有腺点。瘦果圆柱形，暗褐色，长 4 mm，具 10 条纵肋，被短微毛；冠毛淡黄褐色，2 层，外层短，刚毛状，易脱落，内层糙毛状，长 7 ～ 8 mm。花果期 8—10 月。

【拍摄地点】巡检镇南峪沟村，海拔 317 m。

【生境分布】生于山谷、山坡、林缘。分布于南漳巡检、板桥、薛坪等乡镇。

【药用部位】全草。

【功能主治】清热凉血，止血。用于毒蛇咬伤。

苍耳属 Xanthium

苍耳（图 1018）

Xanthium sibiricum Patrin ex Widder

图 1018 苍耳 *Xanthium sibiricum*

【中药名】苍耳子 *。

【形态特征】一年生草本，高 20 ～ 90 cm。根纺锤状，分枝或不分枝。茎直立不分枝或少有分枝，下部圆柱形，直径 4 ～ 10 mm，上部有纵沟，被灰白色糙伏毛。叶三角状卵形或心形，长 4 ～ 9 cm，宽 5 ～ 10 cm，近全缘，或有 3 ～ 5 不明显浅裂，顶端尖或钝，基部稍心形或截形，与叶柄连接处成相等的楔形，边缘有不规则的粗锯齿，有三基出脉，侧脉弧形，直达叶缘，脉上密被糙伏毛，上面绿色，下面苍白色，被糙伏毛；叶柄长 3 ～ 11 cm。雄性的头状花序球形，直径 4 ～ 6 mm，有或无花序梗，总苞片长圆状披针形，长 1 ～ 1.5 mm，被短柔毛，花托柱状，托片倒披针形，长约 2 mm，顶端尖，有微毛，有多数的雄花，花冠钟形，管部上端有 5 宽裂片；花药长圆状线形；雌性的头状花序椭圆形，外层总苞片小，披针形，长约 3 mm，被短柔毛，内层总苞片结合成囊状，宽卵形或椭圆形，绿色、淡黄绿色或有时带红褐色，在瘦果成熟时变坚硬，连同喙部长 12 ～ 15 mm，宽 4 ～ 7 mm，外面有疏生的具钩状的刺，刺极细而直，基部微增粗或几不增粗，长 1 ～ 1.5 mm，基部被柔毛，常有腺点，或全部无毛；喙坚硬，锥形，上端略呈镰刀状，长 1.5 ～ 2.5 mm，常不等长，少有结合而成 1 个喙。瘦果 2，倒卵形。花期 7—8 月，果期 9—10 月。

【拍摄地点】城关镇便河村，海拔 182 m。

【生境分布】生于平原、丘陵、低山、荒野路边、田边。分布于南漳各乡镇。

【采收加工】秋季果实成熟时采收，干燥，除去梗、叶等杂质。

【药用部位】成熟带总苞的果实。

【性味归经】辛、苦，温；有毒。归肺经。

【功能主治】散风寒，通鼻窍，祛风湿。用于风寒头痛，鼻塞流涕，风疹瘙痒，湿痹拘挛。

【用法用量】3 ～ 10 g。

黄鹌菜属 Youngia

红果黄鹌菜（图 1019）

Youngia erythrocarpa（Vaniot）Babcock et Stebbins

【形态特征】一年生草本，高 50 ～ 100 cm。根细，生多数细根与须根。茎单生，直立，全茎多分枝，分枝伞房圆锥花序状或仅上部伞房圆锥花序状分枝，分枝纤细，全部茎枝无毛。基生叶倒披针形，长 6 cm，宽 3 cm，大头羽状全裂，有长达 5 cm 的叶柄，顶裂片宽卵状三角形或三角状戟形，顶端急尖或钝，边缘有锯齿，齿顶有小尖头，侧裂片 2 ～ 3 对或 1 对，顶端急尖，边缘有锯齿；茎生叶多数，与基生叶同形并等样分裂，基部有短柄；接花序分枝处的叶不裂，长椭圆形，向两端收窄，基部无柄或有短柄；全部叶两面被稀疏的皱波状多细胞节毛或脱毛。头状花序多数或极多数，在茎枝顶端排成伞房圆锥花序，花序梗纤细，含 10 ～ 13 枚舌状小花。总苞圆柱状，长 4 ～ 6 mm；总苞片 4 层，外层及最外层极小，卵形或宽卵形，顶端急尖或短渐尖，内层及最内层披针形，长 4 ～ 6 mm，宽约 1 mm，顶端急尖，边缘白色狭膜质，内面被稀疏贴伏的短糙毛；全部总苞片外面无毛。舌状小花黄色，花冠管外面有白色短柔毛。瘦果红色，纺锤形，长达 2.5 mm，向顶渐窄成粗短的喙状物，有 11 ～ 14 条粗细不等纵肋。冠毛白色，微糙毛状。花果期 4—8 月。

图 1019 红果黄鹌菜 *Youngia erythrocarpa*

【拍摄地点】长坪镇标湖村，海拔 402 m。

【生境分布】生于山坡林缘、林下及荒地。分布于南漳各乡镇。

【药用部位】全草。

【功能主治】清热解毒。用于疮痈肿毒。

异叶黄鹌菜（图 1020）

Youngia heterophylla（Hemsl.）Babc. et Stebbins

【形态特征】一年生或二年生草本，高 30～100 cm。根垂直直伸，有多数须根。茎直立，单生或簇生，上部伞房花序状分枝，全部茎枝有稀疏的多细胞节毛。基生叶或椭圆形，顶端圆或钝，边缘有凹尖齿，或倒披针状长椭圆形，大头羽状深裂或几全裂，长达 23 cm，宽 6～7 cm，顶裂片戟形、不规则戟形、卵形或披针形，长约 8 cm，宽约 5 cm，边缘全缘、几全缘或有锯齿，齿顶有小尖头，侧裂片小，1～8 对，对生或偏斜，椭圆形或耳状，基部与羽轴宽融合或基部收窄成宽短的翼柄，顶端急尖、钝或圆形，边缘有锯齿或无锯齿，向下方的侧裂片渐小，基生叶叶柄及叶两面有稀疏的短柔毛；中下部茎叶多数，与基生叶同形并等样分裂或戟形，不裂；上部茎叶通常大头羽状三全裂或戟形，不裂；最上部茎叶披针形或狭披针形，不裂；花序梗下部及花序分枝枝叉上的叶小，线钻形；全部叶或仅基生叶下面紫红色，上面绿色。头状花序多数在茎枝顶端排成伞房花序，含 11～25 枚舌状小花。总苞圆柱状，总苞片 4 层，外层及最外层小，卵形，顶端急尖，内层及最内层披针形，顶端急尖，内面多少有短糙毛，全部总苞片外面无毛。舌状小花黄色，花冠管外面有稀疏的短柔毛。瘦果黑褐紫色，纺锤形，向顶端渐窄，顶端无喙，有 14～15 条粗细不等纵肋，肋上有小刺毛。花果期 4—10 月。

图 1020 异叶黄鹌菜 *Youngia heterophylla*

【拍摄地点】城关镇殷庄村，海拔 365 m。

【生境分布】生于山坡林缘、林下及荒地。分布于南漳各乡镇。

【药用部位】全草。

【功能主治】清热解毒，止痛。用于痈肿疔毒。

黄鹌菜（图 1021）

Youngia japonica（L.）DC.

【形态特征】一年生草本，高 10～100 cm。根垂直直伸，生多数须根。茎直立，单生或少数茎成簇生，粗壮或细，顶端伞房花序状分枝或下部有长分枝，下部被稀疏的皱波状长或短柔毛。基生叶倒披针形、椭圆形、长椭圆形或宽线形，长 2.5～13 cm，宽 1～4.5 cm，大头羽状深裂或全裂，极少有不裂的，叶柄长 1～7 cm，有狭或宽翼或无翼，顶裂片卵形、倒卵形或卵状披针形，顶端圆形或急尖，边缘有锯齿或几全缘，侧裂片 3 ～ 7 对，椭圆形，向下渐小，最下方的侧裂片耳状，全部侧裂片边缘有锯齿或细锯齿或边缘有小尖头，极少边缘全缘；全部叶及叶柄被皱波状长或短柔毛。头状花序含 10 ～ 20 枚舌状小花，少数或多数在茎枝顶端排成伞房花序，花序梗细。总苞圆柱状，总苞片 4 层，外层及最外层极短，宽卵形或宽形，顶端急尖，内层及最内层长，披针形，顶端急尖，边缘白色宽膜质，内面有贴伏的短糙毛；全部总苞片外面无毛。舌状小花黄色，花冠管外面有短柔毛。瘦果纺锤形，压扁，褐色或红褐色，向顶端有收缢，顶端无喙，有 11 ～ 13 条粗细不等的纵肋，肋上有小刺毛。花果期 4—10 月。

【拍摄地点】城关镇大山村，海拔 103 m。

【生境分布】生于山坡、山谷及山沟林缘、林下、林间草地及潮湿地、河边沼泽地、田间与荒地上。分布于南漳各乡镇。

【药用部位】全草。

【功能主治】清热解毒，利尿通淋。用于疮痈肿毒，淋证。

图 1021　黄鹌菜 *Youngia japonica*

百日菊属 Zinnia

百日菊　百日草　对叶菊（图 1022）

Zinnia elegans Jacq.

【形态特征】一年生草本。茎直立，高 30 ～ 100 cm，被糙毛或长硬毛。叶宽卵圆形或长圆状椭圆形，长 5 ～ 10 cm，宽 2.5 ～ 5 cm，基部稍心形抱茎，两面粗糙，下面被密的短糙毛，基出三脉。头状花序直径 5 ～ 6.5 cm，单生枝端，无中空肥厚的花序梗。总苞宽钟状；总苞片多层，宽卵形或卵状椭圆形，边缘黑色。托片上端有延伸的附片；附片紫红色，流苏状三角形。舌状花深红色、玫瑰色、紫堇色或白色，舌片倒卵圆形，先端 2 ～ 3 齿裂或全缘，上面被短毛，下面被长柔毛。管状花黄色或橙色，先端裂片卵状披针形，上面被黄褐色密茸毛。雌花瘦果倒卵圆形，扁平，腹面正中和两侧边缘各有 1 棱，顶端截形，基部狭窄，被密毛；管状花瘦果倒卵状楔形，极扁，被疏毛，顶端有短齿。花期 6—9 月，果期 7—10 月。

图 1022　百日菊 *Zinnia elegans*

【拍摄地点】城关镇胡家营村，海拔 88 m。

【生境分布】栽培。全县各乡镇公园、庭园有栽培。

【药用部位】根皮。

【功能主治】清热，利湿，解毒。用于湿热痢疾，淋证，乳痈，疖肿。

155. 泽泻科 Alismataceae

泽泻属 Alisma

窄叶泽泻（图 1023）

Alisma canaliculatum A. Braun et Bouche.

【形态特征】多年生水生或沼生草本。块茎直径 1 ～ 3 cm。沉水叶条形，叶柄状；挺水叶披针形，稍呈镰状弯曲，长 6 ～ 45 cm，宽 1 ～ 5 cm，先端渐尖，基部楔形，或渐尖，叶脉 3 ～ 5 条，叶柄长 9 ～ 27 cm，基部较宽，边缘膜质。花葶高 40 ～ 100 cm，直立；花序长 35 ～ 65 cm，具 3 ～ 6 轮分枝，每轮分枝 3 ～ 9 枚；花两性，花梗长 2 ～ 4.5 cm；外轮花被片长圆形，长 3 ～ 3.5 mm，具 5 ～ 7 脉，边缘窄膜质，内轮花被片白色，近圆形，边缘不整齐；心皮排列整齐，花柱长约 0.5 mm，柱头很小，约为花柱的 1/3，向背部弯曲；花丝长约 1 mm，基部宽 0.4 ～ 0.5 mm，向上渐窄，花药黄色，长约 0.8 mm；花托在果期外凸，呈半球形，高约 0.7 mm。瘦果倒卵形，或近三角形，长 2 ～ 2.5 mm，宽 1.2 ～ 2 mm，背部较宽，具 1 条明显的深沟槽，两侧果皮厚纸质，不透明，果喙自顶部伸出。种子深紫色，矩圆形，长 1.5 mm，宽约 1 mm。花果期 5—10 月。

图 1023　窄叶泽泻 *Alisma canaliculatum*

【拍摄地点】板桥镇龙墒村，海拔 1246 m。

【生境分布】生于湖边、溪流、水塘、沼泽及积水湿地。分布于南漳板桥镇。

【药用部位】全草。

【功能主治】清热解毒。用于皮肤疱疹，小便不通，水肿，虫蛇咬伤等。

泽泻（图 1024）

Alisma plantago-aquatica L.

【中药名】泽泻*。

【形态特征】多年生水生或沼生草本。块茎直径 1 ～ 3.5 cm，或更大。叶通常多数；沉水叶条形或披针形；挺水叶宽披针形、椭圆形至卵形，长 2 ～ 11 cm，宽 1.3 ～ 7 cm，先端渐尖，稀急尖，基部宽楔形、浅心形，叶脉通常 5 条，叶柄长 1.5 ～ 30 cm，基部渐宽，边缘膜质。花葶高 78 ～ 100 cm，或更高；花序长

15～50 cm，或更长，具3～8轮分枝，每轮分枝3～9枚。花两性，花梗长1～3.5 cm；外轮花被片广卵形，长2.5～3.5 mm，宽2～3 mm，通常具7脉，边缘膜质，内轮花被片近圆形，远大于外轮，边缘具不规则粗齿，白色，粉红色或浅紫色；心皮17～23枚，排列整齐，花柱直立，长7～15 mm，长于心皮，柱头短，为花柱的1/9～1/5；花丝长1.5～1.7 mm，基部宽约0.5 mm，花药长约1 mm，椭圆形，黄色或淡绿色；花托平凸，高约0.3 mm，近圆形。瘦果椭圆形或近矩圆形，长约2.5 mm，宽约1.5 mm，背部具1～2条不明显浅沟，下部平，果喙自腹侧伸出，喙基部凸起，膜质。种子紫褐色，具凸起。花果期5—10月。

图1024 泽泻 *Alisma plantago-aquatica*

【拍摄地点】东巩镇信家沟村，海拔390 m。

【生境分布】生于湖泊、河湾、溪流、水塘的浅水带。分布于南漳东巩、薛坪、巡检等乡镇。

【采收加工】冬季茎叶开始枯萎时采挖，洗净，干燥，除去须根和粗皮。

【药用部位】块茎。

【性味归经】甘、淡，寒。归肾、膀胱经。

【功能主治】利水渗湿，泄热，化浊降脂。用于小便不利，水肿胀满，泄泻尿少，痰饮眩晕，热淋涩痛，高脂血症。

【用法用量】6～10 g。

慈姑属 Sagittaria

矮慈姑　鸭舌草（图1025）

Sagittaria pygmaea Miq.

【形态特征】一年生，稀多年生沼生或沉水草本。有时具短根状茎；匍匐茎短细，根状，末端的芽几乎不膨大，通常当年萌发形成新株，稀有越冬者。叶条形，稀披针形，长2～30 cm，宽0.2～1 cm，光滑，先端渐尖，或稍钝，基部鞘状，通常具横脉。花葶高5～35 cm，直立，通常挺水。花序总状，长2～10 cm，具花2～3轮；苞片长2～3 mm，宽约2 mm，椭圆形，膜质；花单性，外轮花被片绿色，倒卵形，长5～7 mm，宽3～5 mm，具条纹，宿存，内轮花被片

图1025 矮慈姑 *Sagittaria pygmaea*

白色，长 1 ～ 1.5 cm，宽 1 ～ 1.6 cm，圆形或扁圆形；雌花 1 朵，单生，或与两朵雄花组成 1 轮，心皮多数，两侧压扁，密集成球状，花柱从腹侧伸出，向上；雄花具梗，雄蕊多，花丝长短、宽窄随花期不同而异，通常长 1 ～ 2 mm，宽 0.5 ～ 1 mm，花药长椭圆形，长 1 ～ 1.5 mm。瘦果两侧压扁，具翅，近倒卵形，长 3 ～ 5 mm，宽 2.5 ～ 3.5 mm，背翅具鸡冠状齿裂；果喙自腹侧伸出，长 1 ～ 1.5 mm。花果期 5—11 月。

【拍摄地点】巡检镇南峪沟村，海拔 450 m。

【生境分布】生于池塘、沼泽、沟渠、水田等水域。分布于南漳巡检、九集、城关等乡镇。

【药用部位】全草。

【功能主治】清热解毒。用于咽喉肿痛，疮痈肿毒。

野慈姑　**慈姑（图 1026）**

Sagittaria trifolia L.

【形态特征】多年生水生或沼生草本。根状茎横走，较粗壮，末端膨大或否。挺水叶箭形，叶片长短、宽窄变异很大，通常顶裂片短于侧裂片，有时侧裂片更长，顶裂片与侧裂片之间缢缩，或否；叶柄基部渐宽，鞘状，边缘膜质，具横脉，或不明显。花葶直立，挺水，高 20 ～ 70 cm，或更高，通常粗壮。花序总状或圆锥状，长 5 ～ 20 cm，有时更长，具分枝 1 ～ 2 枚，具花多轮，每轮 2 ～ 3 花；苞片 3 枚，基部多少合生，先端尖。花单性；花被片反折，外轮花被片椭圆形或广卵形，长 3 ～ 5 mm，宽 2.5 ～ 3.5 mm；内轮花被片白色或淡黄色，长 6 ～ 10 mm，宽 5 ～ 7 mm，基部收缩，雌花通常 1 ～ 3 轮，花梗短粗，心皮多数，两侧压扁，花柱自腹侧斜上；雄花多轮，花梗斜举，长 0.5 ～ 1.5 cm，雄蕊多数，花药黄色，长 1 ～ 2 mm，花丝长短不一，为 0.5 ～ 3 mm，通常外轮短，向里渐长。瘦果两侧压扁，长约 4 mm，宽约 3 mm，倒卵形，具翅，背翅多少不整齐；果喙短，自腹侧斜上。种子褐色。花果期 5—10 月。

图 1026　野慈姑 *Sagittaria trifolia*

【拍摄地点】长坪镇赵岭村，海拔 1250 m。

【生境分布】生于湖泊、池塘、沼泽、沟渠、水田等水域。分布于南漳长坪镇。

【药用部位】球茎。

【功能主治】清热解毒，凉血消肿。用于黄疸，瘰疬，虫蛇咬伤。

华夏慈姑　**慈姑（图 1027）**

Sagittaria trifolia var. *sinensis*（Sims）Makino

【形态特征】本种为野慈姑（*Sagittaria trifolia* L.）的变种。本变种与原变种不同在于：植株高大，粗壮；叶片宽大，肥厚，顶裂片先端钝圆，卵形至宽卵形；匍匐茎末端膨大成球茎，球茎卵圆形或球形，可达（5～8）×（4～6）cm；圆锥花序高大，长 20～60 cm，有时可达 80 cm 以上，分枝 1～3，着生于下部，具 1～2 轮雌花，主轴雌花 3～4 轮，位于侧枝之上；雄花多轮，生于上部，组成大型圆锥花序，果期常斜卧水中；果期花托扁球形，直径 4～5 mm，高约 3 mm。种子褐色，具小突起。

【拍摄地点】城关镇文笔峰村，海拔 109 m。

【生境分布】生于沟渠、水塘、稻田等水域的浅水处。分布于南漳城关镇。

【药用部位】球茎。

【功能主治】行血，通淋。用于难产，产后胞衣不下，崩漏带下，尿路结石等。

图 1027 华夏慈姑 *Sagittaria trifolia* var. *sinensis*

剪刀草 野慈姑（图 1028）

Sagittaria trifolia var. *trifolia* f. *longiloba*

【形态特征】本变型与原变种不同在于：植株细弱；匍匐根状茎末端通常不膨大呈球形；叶片明显窄小，呈飞燕状，全长约 15 cm，或更长，顶裂片与侧裂片宽 0.5～1.5 cm；花序多总状，通常具雌花 2～3 轮，稀圆锥花序，仅具 1 枚分枝，无雌花，罕 1 轮雌花。

【拍摄地点】东巩镇汪家畈村，海拔 173 m。

【生境分布】生于湖泊、池塘、沼泽、沟渠、水田等水域。分布于南漳东巩、巡检等乡镇。

【药用部位】球茎。

【功能主治】清热解毒，凉血消肿。用于黄疸，瘰疬，虫蛇咬伤。

图 1028 剪刀草 *Sagittaria trifolia* var. *trifolia*

156. 眼子菜科 Potamogetonaceae

眼子菜属 Potamogeton

菹草 虾藻（图 1029）

Potamogeton crispus L.

【形态特征】多年生沉水草本，具近圆柱形的根茎。茎稍扁，多分枝，近基部常匍匐地面，于节处生出疏或稍密的须根。叶条形，无柄，长 3～8 cm，宽 3～10 mm，先端钝圆，基部约 1 mm 与托叶合生，但不形成叶鞘，叶缘多少呈浅波状，具疏或稍密的细锯齿；叶脉 3 ～ 5 条，平行，顶端连接，中脉近基部两侧伴有通气组织形成的细纹，次级叶脉疏而明显可见；托叶薄膜质，长 5 ～ 10 mm，早落；休眠芽腋生，略似松果，长 1 ～ 3 cm，革质叶左、右二列密生，基部扩张，肥厚，坚硬，边缘具有细锯齿。穗状花序顶生，具花 2 ～ 4 轮，初时每轮 2 朵对生，穗轴伸长后常稍不对称；花序梗棒状，较茎细；花小，被片 4，淡绿色，雌蕊 4 枚，基部合生。果实卵形，长约 3.5 mm，果喙长可达 2 mm，向后稍弯曲，背脊约 1/2 以下具齿。花果期 4—7 月。

图 1029　菹草 *Potamogeton crispus*

【拍摄地点】东巩镇太平村，海拔 279 m。

【生境分布】生于池塘、水沟、水稻田、灌渠及缓流河水中。分布于南漳各乡镇。

【药用部位】全草。

【功能主治】清热明目，渗湿利水，通淋，镇痛，止血消肿，驱蛔虫。用于湿热痢疾，黄疸，蛔虫病。

眼子菜　**鸭子草（图 1030）**

Potamogeton distinctus A. Benn.

【形态特征】多年生水生草本。根茎发达，白色，直径 1.5 ～ 2 mm，多分枝，常于顶端形成纺锤状休眠芽体，并在节处生有稍密的须根。茎圆柱形，直径 1.5 ～ 2 mm，通常不分枝。浮水叶革质，披针形、宽披针形至卵状披针形，长 2 ～ 10 cm，宽 1 ～ 4 cm，先端尖或钝圆，基部钝圆或有时近楔形，具 5 ～ 20 cm 长的柄；叶脉多条，顶端连接；沉水叶披针形至狭披针形，草质，具柄，常早落；托叶膜质，长 2 ～ 7 cm，顶端尖锐，呈鞘状抱茎。穗状花序顶生，具花多轮，开花时伸出水面，花后沉没水中；花序梗稍膨大，粗于茎，花时直立，花后自基部弯曲，长 3 ～ 10 cm；花小，被片 4，绿色；雌蕊 2 枚。果实宽倒卵形，长约 3.5 mm，背部明显 3 脊，中脊锐，于果实上部明显隆起，侧脊稍钝，基部及上部各具 2 突起，喙略下陷而斜伸。花果期 5—10 月。

图 1030　眼子菜 *Potamogeton distinctus*

【拍摄地点】巡检镇巡检司村，海拔 335 m。

【生境分布】生于池塘、水田和水沟等静水中。分布于南漳各乡镇。

【药用部位】全草。

【功能主治】清热利水，止血，消肿，驱蛔。用于湿热痢疾，黄疸，热淋，带下，鼻衄，蛔虫病，疮痈肿毒。

157. 百合科 Liliaceae

粉条儿菜属 Aletris

粉条儿菜　肺筋草（图 1031）

Aletris spicata（Thunb.）Franch.

【中药名】粉条儿菜*。

【形态特征】植株具多数须根，根毛局部膨大；膨大部分长 3 ～ 6 mm，宽 0.5 ～ 0.7 mm，白色。叶簇生，纸质，条形，有时下弯，长 10 ～ 25 cm，宽 3 ～ 4 mm，先端渐尖。花葶高 40 ～ 70 cm，有棱，密生柔毛，中下部有几枚长 1.5 ～ 6.5 cm 的苞片状叶；总状花序长 6 ～ 30 cm，疏生多花；苞片 2 枚，窄条形，位于花梗的基部，长 5 ～ 8 mm，短于花；花梗极短，有毛；花被黄绿色，上端粉红色，外面有柔毛，长 6 ～ 7 mm，分裂部分占 1/3 ～ 1/2；裂片条状披针形，长 3 ～ 3.5 mm，宽 0.8 ～ 1.2 mm；雄蕊着生于花被裂片的基部，花丝短，花药椭圆形；子房卵形，花柱长 1.5 mm。蒴果倒卵形或矩圆状倒卵形，有棱角，长 3 ～ 4 mm，宽 2.5 ～ 3 mm，密生柔毛。花期 4—5 月，果期 6—7 月。

图 1031　粉条儿菜 *Aletris spicata*

【拍摄地点】九集镇吴家集村，海拔 245 m。

【生境分布】生于山坡上、路边、灌丛边或草地上。分布于南漳九集、薛坪、板桥等乡镇。

【采收加工】夏、秋二季采收，除去泥沙，晒干。

【药用部位】全草。

【性味归经】甘，平。归肺、肝经。

【功能主治】清肺止咳，杀虫。用于咳嗽咯血，百日咳，气喘，肺痈，乳痈，肠风便血，妇人乳少，经闭，小儿疳积，蛔虫病。

【用法用量】6 ～ 9 g。

葱属 Allium

葱　大葱（图 1032）

Allium fistulosum L.

【中药名】葱白*。

【形态特征】鳞茎单生，圆柱状，稀为基部膨大的卵状圆柱形，粗 1 ～ 2 cm，有时可达 4.5 cm；鳞茎外皮白色，稀淡红褐色，膜质至薄革质，不破裂。叶圆筒状，中空，向顶端渐狭，约与花葶等长，粗在 0.5 cm 以上。花葶圆柱状，中空，高 30 ～ 50 cm，中部以下膨大，向顶端渐狭，约在 1/3 以下被叶鞘；总苞膜质，2 裂；伞形花序球状，多花，较疏散；小花梗纤细，与花被片等长，或为其 2 ～ 3 倍长，基部无小苞片；花白色；花被片长 6 ～ 8.5 mm，近卵形，先端渐尖，具反折的尖头，外轮的稍短；花丝为花被片长度的 1.5 ～ 2 倍，锥形，在基部合生并与花被片贴生；子房倒卵状，腹缝线基部具不明显的蜜穴；花柱细长，伸出花被外。花果期 4—7 月。

图 1032　葱 *Allium fistulosum*

【拍摄地点】城关镇榆树岭村，海拔 140 m。

【生境分布】广泛栽培。分布于南漳各乡镇。

【采收加工】常年均可采收，除去须根及杂质，洗净，鲜用。

【药用部位】鳞茎。

【性味归经】辛，温。归肺、大肠经。

【功能主治】发汗解表，散寒通阳。用于外感风寒、畏寒发热之轻证。

【用法用量】10 ～ 15 g。外用适量，捣敷或煎水洗。

薤白　小根蒜（图 1033）

Allium macrostemon Bunge

【中药名】薤白 *。

【形态特征】鳞茎近球状，粗 0.7 ～ 1.5 cm，基部常具小鳞茎；鳞茎外皮带黑色，纸质或膜质，不破裂，但在标本上多因脱落而仅存白色的内皮。叶 3 ～ 5 枚，半圆柱状，或因背部纵棱发达而为三棱状半圆柱形，中空，上面具沟槽，比花葶短。花葶圆柱状，高 30 ～ 70 cm，1/4 ～ 1/3 被叶鞘；总苞 2 裂，比花序短；伞形花序半球状至球状，具多而密集的花，或间具珠芽或有时全为珠芽；小花梗近等长，比花被片长 3 ～ 5 倍，基部具小苞片；珠芽暗紫色，基部亦具小苞片；花淡紫色或淡红色；花被片矩圆状卵形至矩圆状披针形，内轮的常较狭；花丝等长，比花被片稍长直到比其长 1/3，在基部合生并与花被片贴生，分离部分的基部呈狭三角

图 1033　薤白 *Allium macrostemon*

形扩大，向上收狭成锥形，内轮的基部约为外轮基部宽的1.5倍；子房近球状，腹缝线基部具有帘的凹陷蜜穴；花柱伸出花被外。花果期5—7月。

【拍摄地点】李庙镇刘坪村，海拔274 m。

【生境分布】生于向阳山坡、草坡或草地上。分布于南漳各乡镇。

【采收加工】夏、秋二季采挖，洗净，除去须根，蒸透或置沸水中烫透，晒干。

【药用部位】鳞茎。

【性味归经】辛、苦，温。归心、肺、胃、大肠经。

【功能主治】通阳散结，行气导滞。用于胸痹心痛，脘腹痞满胀痛，泻痢后重。

【用法用量】5～10 g。

蒜　独蒜　大蒜（图1034）

Allium sativum L.

图1034　蒜 *Allium sativum*

【中药名】大蒜*。

【形态特征】鳞茎球状至扁球状，通常由多数肉质、瓣状的小鳞茎紧密地排列而成，外面被数层白色至带紫色的膜质鳞茎外皮。叶宽条形至条状披针形，扁平，先端长渐尖，比花葶短，宽可达2.5 cm。花葶实心，圆柱状，高可达60 cm，中部以下被叶鞘；总苞具长7～20 cm的长喙，早落；伞形花序密具珠芽，间有数花；小花梗纤细；小苞片大，卵形，膜质，具短尖；花常为淡红色；花被片披针形至卵状披针形，长3～4 mm，内轮的较短；花丝比花被片短，基部合生并与花被片贴生，内轮的基部扩大，扩大部分每侧各具1齿，齿端呈长丝状，长超过花被片，外轮的锥形；子房球状；花柱不伸出花被外。花期7月。

【拍摄地点】九集镇龙门集村，海拔152 m。

【生境分布】栽培。全县各乡镇广为栽培。

【采收加工】夏季叶枯时采挖，除去须根和泥沙，通风晾晒至外皮干燥。

【药用部位】鳞茎。

【性味归经】辛，温。归脾、胃、肺经。

【功能主治】解毒消肿，杀虫，止痢。用于痈肿疮疡，疥癣，肺痨，顿咳，泄泻，痢疾。

【用法用量】9～15 g。

韭　韭菜（图1035）

Allium tuberosum Rottler ex Sprengle

【中药名】韭菜子*。

【形态特征】具倾斜的横生根状茎。鳞茎簇生，近圆柱状；鳞茎外皮暗黄色至黄褐色，破裂成纤维状，呈网状或近网状。叶条形，扁平，实心，比花葶短，宽 1.5 ～ 8 mm，边缘平滑。花葶圆柱状，常具 2 纵棱，高 25 ～ 60 cm，下部被叶鞘；总苞单侧开裂，或 2 ～ 3 裂，宿存；伞形花序半球状或近球状，具多但较稀疏的花；小花梗近等长，比花被片长 2 ～ 4 倍，基部具小苞片，且数枚小花梗的基部又为 1 枚共同的苞片所包围；花白色；花被片常具绿色或黄绿色的中脉，内轮的矩圆状倒卵形，稀为矩圆状卵形，先端具短尖头或钝圆，外轮的常较窄，矩圆状卵形至矩圆状披针形，先端具短尖头；花丝等长，为花被片长度的 2/3 ～ 4/5，基部合生并与花被片贴生；子房倒圆锥状球形，具 3 圆棱，外壁具细的疣状突起。花果期 7—9 月。

图 1035 韭 *Allium tuberosum*

【拍摄地点】城关镇榆树岭村，海拔 140 m。

【生境分布】栽培。全县各乡镇有栽培。

【采收加工】秋季果实成熟时采收果序，晒干，搓出种子，除去杂质。

【药用部位】成熟种子。

【性味归经】辛、甘，温。归肝、肾经。

【功能主治】温补肝肾，壮阳固精。

【用法用量】3 ～ 9 g。

茖葱 山葱（图 1036）

Allium victorialis L.

【形态特征】鳞茎单生或 2 ～ 3 枚聚生，近圆柱状；鳞茎外皮灰褐色至黑褐色，破裂成纤维状，呈明显的网状。叶 2 ～ 3 枚，倒披针状椭圆形至椭圆形，长 8 ～ 20 cm，宽 3 ～ 9.5 cm，基部楔形，沿叶柄稍下延，先端渐尖或短尖，叶柄长为叶片的 1/5 ～ 1/2。花葶圆柱状，高 25 ～ 80 cm，1/4 ～ 1/2 被叶鞘；总苞 2 裂，宿存；伞形花序球状，具多而密集的花；小花梗近等长，比花被片长 2 ～ 4 倍，果期伸长，基部无小苞片；花白色或带绿色，极稀带红色；内轮花被片椭圆状卵形，长 5 ～ 6 mm，宽 2 ～ 3 mm，先端

图 1036 茖葱 *Allium victorialis*

钝圆，常具小齿；外轮的狭而短，舟状，长 4 ～ 5 mm，宽 1.5 ～ 2 mm，先端钝圆；花丝比花被片长 1/4 至 1 倍，基部合生并与花被片贴生，内轮的狭长三角形，基部宽 1 ～ 1.5 mm，外轮的锥形，基部比内轮的窄；子房具 3 圆棱，基部收狭成短柄，柄长约 1 mm，每室具 1 胚珠。花果期 6—8 月。

【拍摄地点】李庙镇主山寨村，海拔 1061 m。

【生境分布】生于阴湿山坡、林下、草地或沟边。分布于南漳李庙、长坪等乡镇。

【药用部位】鳞茎。

【功能主治】散瘀，止血，解毒。用于跌打损伤，血瘀肿痛，衄血，疮痈肿痛。

知母属 Anemarrhena

知母（图 1037）

Anemarrhena asphodeloides Bunge

【中药名】知母 *。

【形态特征】根状茎粗 0.5 ～ 1.5 cm，为残存的叶鞘所覆盖。叶长 15 ～ 60 cm，宽 1.5 ～ 11 mm，向先端渐尖而成近丝状，基部渐宽而成鞘状，具多条平行脉，没有明显的中脉。花葶比叶长得多；总状花序通常较长，可达 20 ～ 50 cm；苞片小，卵形或卵圆形，先端长渐尖；花粉红色、淡紫色至白色；花被片条形，长 5 ～ 10 mm，中央具 3 脉，宿存。蒴果狭椭圆形，长 8 ～ 13 mm，宽 5 ～ 6 mm，顶端有短喙。种子长 7 ～ 10 mm。花果期 6—9 月。

图 1037 知母 *Anemarrhena asphodeloides*

【拍摄地点】城关镇花石桥村，海拔 115 m。

【生境分布】生于山坡、草地或路旁较干燥或向阳的地方。城关镇偶见栽培。

【采收加工】春、秋二季采挖，除去须根和泥沙，晒干，习称“毛知母”；或除去外皮，晒干。

【药用部位】根茎。

【性味归经】苦、甘，寒。归肺、胃、肾经。

【功能主治】清热泻火，滋阴润燥。用于外感热病，高热烦渴，肺热燥咳，骨蒸潮热，内热消渴，肠燥便秘。

【用法用量】6 ～ 12 g。

天门冬属 Asparagus

天门冬（图 1038）

Asparagus cochinchinensis（Lour.）Merr.

【中药名】天冬 *。

【形态特征】攀援植物。根在中部或近末端成纺锤状膨大，膨大部分长 3 ～ 5 cm，粗 1 ～ 2 cm。茎平滑，常弯曲或扭曲，长可达 1 ～ 2 m，分枝具棱或狭翅。叶状枝通常每 3 枚成簇，扁平或由于中脉龙骨状而略呈锐三棱形，稍镰刀状，长 0.5 ～ 8 cm，宽 1 ～ 2 mm；茎上的鳞片状叶基部延伸为长 2.5 ～ 3.5 mm 的硬刺，在分枝上的刺较短或不明显。花通常每 2 朵腋生，淡绿色；花梗长 2 ～ 6 mm，关节一般位于中部，有时位置有变化。雄花：花被长 2.5 ～ 3 mm；花丝不贴生于花被片上；雌花大小和雄花相似。浆果直径 6 ～ 7 mm，熟时红色，有 1 颗种子。花期 5—6 月，果期 8—10 月。

图 1038　天门冬 *Asparagus cochinchinensis*

【拍摄地点】薛坪镇大水泉村，海拔 756 m。

【生境分布】生于山坡、路旁、疏林下、山谷或荒地上。分布于南漳各乡镇。

【采收加工】秋、冬二季采挖，洗净，除去茎基和须根，置沸水中煮或蒸至透心，趁热除去外皮，洗净，干燥。

【药用部位】根。

【性味归经】甘、苦，寒。归肺、肾经。

【功能主治】养阴润燥，清肺生津。用于肺燥干咳，顿咳痰黏，腰膝酸痛，骨蒸潮热，内热消渴，热病津伤，咽干口渴，肠燥便秘。

【用法用量】6 ～ 12 g。

羊齿天门冬（图 1039）

Asparagus filicinus D. Don

【形态特征】直立草本，通常高 50 ～ 70 cm。根成簇，从基部开始或在距基部几厘米处成纺锤状膨大，膨大部分长短不一，一般长 2 ～ 4 cm，宽 5 ～ 10 mm。茎近平滑，分枝通常有棱，有时稍具软骨质齿。叶状枝每 5 ～ 8 枚成簇，扁平，镰刀状，长 3 ～ 15 mm，宽 0.8 ～ 2 mm，有中脉；鳞片状叶基部无刺。花每 1 ～ 2 朵腋生，淡绿色，有时稍带紫色；花梗纤细，长 12 ～ 20 mm，关节位于近中部。雄花：花被长约 2.5 mm，花丝不贴生于花被片上；花药卵形，长约 0.8 mm；雌花和雄花近等大或略小。浆果直径 5 ～ 6 mm，

图 1039　羊齿天门冬 *Asparagus filicinus*

有 2 ～ 3 颗种子。花期 5—7 月，果期 8—9 月。

【拍摄地点】板桥镇龙埫村，海拔 1254 m。

【生境分布】生于丛林下或山谷阴湿处。分布于南漳板桥镇。

【药用部位】块根。

【功能主治】清肺润燥。用于肺痨久咳，百日咳。

石刁柏　山文竹（图 1040）

Asparagus officinalis L.

【形态特征】直立草本，高可达 1 m。根粗 2 ～ 3 mm。茎平滑，上部在后期常俯垂，分枝较柔弱。叶状枝每 3 ～ 6 枚成簇，近扁的圆柱形，略有钝棱，纤细，常稍弧曲，长 5 ～ 30 mm，粗 0.3 ～ 0.5 mm；鳞片状叶基部有刺状短距或近无距。花每 1 ～ 4 朵腋生，绿黄色；花梗长 8 ～ 12 mm，关节位于上部或近中部。雄花：花被长 5 ～ 6 mm；花丝中部以下贴生于花被片上；雌花较小，花被长约 3 mm。浆果直径 7 ～ 8 mm，熟时红色，有 2 ～ 3 颗种子。花期 5—6 月，果期 9—10 月。

【拍摄地点】东巩镇信家沟村，海拔 482 m。

【生境分布】生于山坡灌丛中，或栽培。分布于南漳东巩、肖堰、巡检、板桥等乡镇。

【药用部位】块根。

【功能主治】润肺镇咳，祛痰杀虫。用于肺热咳嗽，虫积；外用治皮肤疥癣。

图 1040　石刁柏 *Asparagus officinalis*

图 1041　九龙盘 *Aspidistra lurida*

蜘蛛抱蛋属 Aspidistra

九龙盘 铁扁担（图 1041）

Aspidistra lurida Ker-Gawl.

【形态特征】根状茎圆柱形，直径 4 ～ 10 mm，具节和鳞片。叶单生，彼此相距 0.5 ～ 3.5 cm，矩圆状披针形、近椭圆形、披针形、矩圆状倒披针形或带形，长 13 ～ 46 cm，宽 2.5 ～ 11 cm，先端渐尖，基部多数近楔形，少数近圆形，两面绿色，有时多少具黄白色斑点；叶柄明显，长 10 ～ 30 cm。总花梗长 2.5 ～ 5 cm；苞片 3 ～ 6 枚，其中 1 ～ 3 枚位于花基部，宽卵形，向上渐大，长 7 ～ 9 mm，宽 6.5 ～ 8 mm，先端钝或急尖，有时带褐紫色；花被近钟状，长 8 ～ 15 mm，直径 10 ～ 15 mm；花被筒长 5 ～ 8 mm，内面褐紫色，上部 6 ～ 9 裂，裂片矩圆状三角形，长 5 ～ 7 mm，基部宽 2 ～ 4 mm，先端钝，向外扩展，内面淡橙绿色或带紫色，具 2 ～ 4 条不明显或明显的脊状隆起和多数小乳突；雄蕊 6 ～ 9 枚，生于花被筒基部，花丝不明显；花药卵形，长 2 mm，宽 1.5 mm；雌蕊长 9 mm，高于雄蕊；子房基部膨大；花柱无关节；柱头盾状膨大，圆形，直径 4 ～ 9 mm，中部微凸，上面通常有 3 ～ 4 条微凸的棱，边缘波状浅裂，裂片边缘不向上反卷。

【拍摄地点】巡检镇指山坪村，海拔 464 m。

【生境分布】生于山坡林下或沟旁。分布于南漳巡检镇。

【药用部位】根茎。

【功能主治】祛风解毒，散瘀止痛。用于跌打损伤，腰痛，产后虚弱，疟疾，虫蛇咬伤等。

大百合属 Cardiocrinum

荞麦叶大百合（图 1042）

Cardiocrinum cathayanum（Wils.）Stearn

图 1042 荞麦叶大百合 *Cardiocrinum cathayanum*

【形态特征】小鳞茎高 2.5 cm，直径 1.2 ～ 1.5 cm。茎高 50 ～ 150 cm，直径 1 ～ 2 cm。除基生叶外，约离茎基部 25 cm 处开始有茎生叶，最下面的几枚常聚集在一处，其余散生；叶纸质，具网状脉，卵状心形或卵形，先端急尖，基部近心形，长 10 ～ 22 cm，宽 6 ～ 16 cm，上面深绿色，下面淡绿色；叶柄长 6 ～ 20 cm，基部扩大。总状花序有花 3 ～ 5 朵；花梗短而粗，向上斜伸，每花具一枚苞片；苞片矩圆形，长 4 ～ 5.5 cm，宽 1.5 ～ 1.8 cm；花狭喇叭形，乳白色或淡绿色，内具紫色条纹；花被片条状倒披针形，长 13 ～ 15 cm，宽 1.5 ～ 2 cm，外轮的先端急尖，内轮的先端稍钝；花丝长 8 ～ 10 cm，长为花被片的 2/3，花药长 8 ～ 9 mm；子房圆柱形，长 3 ～ 3.5 cm，宽 5 ～ 7 mm；花柱长 6 ～ 6.5 cm，柱头膨大，微 3 裂。蒴果近球形，长 4 ～ 5 cm，宽 3 ～ 3.5 cm，红棕色。种子扁平，红棕色，周围有膜质翅。花期 7—8 月，果期 8—9 月。

【拍摄地点】长坪镇赵岭村，海拔 1242 m。

【生境分布】生于山坡林下阴湿处。分布于南漳长坪镇赵岭村及板桥镇宋家坪村等地。

【药用部位】鳞茎。

【功能主治】清热止咳，凉血消肿。用于肺结核咯血，痈疽疮毒。

大百合（图 1043）

Cardiocrinum giganteum（Wall.）Makino

【形态特征】小鳞茎卵形，高 3.5 ～ 4 cm，直径 1.2 ～ 2 cm，干时淡褐色。茎直立，中空，高 1 ～ 2 m，直径 2 ～ 3 cm，无毛。叶纸质，网状脉；基生叶卵状心形或近宽矩圆状心形，茎生叶卵状心形，下面的长 15 ～ 20 cm，宽 12 ～ 15 cm，叶柄长 15 ～ 20 cm，向上渐小，靠近花序的几枚为船形。总状花序有花 10 ～ 16 朵，无苞片；花狭喇叭形，白色，里面具淡紫红色条纹；花被片条状倒披针形，长 12 ～ 15 cm，宽 1.5 ～ 2 cm；雄蕊长 6.5 ～ 7.5 cm，长约为花被片的 1/2；花丝向下渐扩大，扁平；花药长椭圆形，长约 8 mm，宽约 2 mm；子房圆柱形，长 2.5 ～ 3 cm，宽 4 ～ 5 mm；花柱长 5 ～ 6 cm，柱头膨大，微 3 裂。蒴果近球形，长 3.5 ～ 4 cm，宽 3.5 ～ 4 cm，顶端有 1 小尖突，基部有粗短果柄，红褐色，具 6 钝棱和多数细横纹，3 瓣裂。种子呈扁钝三角形，红棕色，长 4 ～ 5 mm，宽 2 ～ 3 mm，周围具淡红棕色半透明的膜质翅。花期 6—7 月，果期 9—10 月。

图 1043　大百合 *Cardiocrinum giganteum*

【拍摄地点】李庙镇主山寨村，海拔 1064 m。

【生境分布】生于林下草丛中。分布于南漳李庙、长坪等乡镇。

【药用部位】鳞茎。

【功能主治】清热止咳，凉血消肿。用于肺结核咯血，痈疽疮毒。

万寿竹属 Disporum

万寿竹　百尾笋（图 1044）

Disporum cantoniense（Lour.）Merr.

【中药名】白龙须*。

【形态特征】根状茎横出，质地硬，呈结节状；根粗长，肉质。茎高 50 ～ 150 cm，直径约 1 cm，上部有较多的叉状分枝。叶纸质，披针形至狭椭圆状披针形，长 5 ～ 12 cm，宽 1 ～ 5 cm，先端渐尖至长渐尖，基部近圆形，有明显的 3 ～ 7 脉，下面脉上和边缘有乳头状突起，叶柄短。伞形花序有花 3 ～ 10 朵，着生在与上部叶对生的短枝顶端；花梗长 2 ～ 4 cm，稍粗糙；花紫色；花被片斜出，倒披针形，长 1.5 ～ 2.8 cm，宽 4 ～ 5 mm，先端尖，边缘有乳头状突起，基部有长 2 ～ 3 mm 的距；雄蕊内藏，花药长 3 ～ 4 mm，花丝长 8 ～ 11 mm；子房长约 3 mm，花柱连同柱头长为子房的 3 ～ 4 倍。浆果直径 8 ～ 10 mm，具 2 ～ 3 颗种子。种子暗棕色，直径约 5 mm。花期 5—7 月，果期 8—10 月。

图 1044　万寿竹 *Disporum cantoniense*

【拍摄地点】板桥镇龙埫村，海拔 1234 m。

【生境分布】生于灌丛中或林下。分布于南漳板桥、长坪等乡镇。

【采收加工】夏、秋二季采收，除去茎叶，洗净，晒干。

【药用部位】根及根茎。

【性味归经】微辛、微甘、淡，温。归肝、肾、肺经。

【功能主治】祛风湿，舒筋活血，清热祛痰，止咳。用于风湿痹痛，关节腰腿疼痛，跌打损伤，骨折，虚劳，骨蒸潮热，肺痨咯血，肺热咳嗽，烫伤。

【用法用量】9 ～ 15 g。

大花万寿竹（图 1045）

Disporum megalanthum Wang et Tang

【形态特征】根状茎短；根肉质，粗 2 ～ 3 mm。茎直立，高 30 ～ 60 cm，直径 5 ～ 6 mm，中部以上生叶，有少数分枝。叶纸质，卵形、椭圆形或宽披针形，长 6 ～ 12 cm，宽 2 ～ 5 cm，先端渐尖，基部近圆形，常稍对折抱茎，有短柄，下面平滑，边缘有乳头状突起。伞形花序有花 4 ～ 8 朵，着生在茎和分枝顶端，以及与上部叶对生的短枝顶端；花梗长 1 ～ 2 cm，有棱；花大，白色；花被片斜出，狭倒卵状披针形，长 25 ～ 38 mm，宽 5 ～ 8 mm，先端稍钝，基部有长约 1 mm 的短距；雄蕊内藏，花丝长 12 ～ 20 mm，花药长 4 ～ 6 mm；花柱长 10 ～ 15 mm；柱头 3 裂，长 6 ～ 10 mm，

图 1045　大花万寿竹 *Disporum megalanthum*

向外弯卷，连同花柱长约为子房的6倍。浆果直径6～15 mm，具4～6颗种子。种子褐色，直径2～4 mm。花期5—7月，果期8—10月。

【拍摄地点】长坪镇黄潭村，海拔387 m。

【生境分布】生于林下、林缘或草坡。分布于南漳长坪镇穿山河。

【药用部位】根及根茎。

【功能主治】清热解毒，润肺止咳。用于肺热咳嗽。

萱草属 Hemerocallis

黄花菜　金针菜（图1046）

Hemerocallis citrina Baroni

【形态特征】植株一般较高大。根近肉质，中下部常有纺锤状膨大。叶7～20枚，长50～130 cm，宽6～25 mm。花葶长短不一，一般稍长于叶，基部三棱形，上部多少圆柱形，有分枝；苞片披针形，下面的长可达3～10 cm，自下向上渐短，宽3～6 mm；花梗较短，通常长不到1 cm；花多朵，可达100朵以上；花被淡黄色，有时在花蕾顶端带黑紫色；花被管长3～5 cm，花被裂片长7～12 cm，内三片宽2～3 cm。蒴果钝三棱状椭圆形，长3～5 cm。种子为20多个，黑色，有棱，从开花到种子成熟需40～60天。花果期5—9月。

【拍摄地点】板桥镇龙垴村，海拔1250 m。

【生境分布】生于山坡、山谷、荒地或林缘。南漳板桥、巡检、薛坪等乡镇有零星栽培。

【药用部位】全草。

【功能主治】清热解毒，利尿消肿，养血平肝。用于流行性腮腺炎。

图1046　黄花菜 *Hemerocallis citrina*

萱草　忘忧草（图1047）

Hemerocallis fulva（L.）L.

【形态特征】根近肉质，中下部有纺锤状膨大；叶一般较宽；花早上开晚上凋谢，无香味，橘红色至橘黄色，内花被裂片下部一般有“∧”形彩斑；花被管较粗短，长2～3 cm；内花被裂片宽2～3 cm。花果期5—7月。

【拍摄地点】薛坪镇火石观村，海拔515 m。

【生境分布】生于山坡草丛或山谷沟旁。分布于南漳薛坪、板桥、肖堰等乡镇。

【药用部位】根。

【功能主治】清热利尿，凉血止血。用于腮腺炎，黄疸，膀胱炎，尿血，小便不利，乳汁缺乏，月经不调，衄血，便血；外用治乳腺炎。

图 1047　萱草 *Hemerocallis fulva*

图 1048　玉簪 *Hosta plantaginea*

玉簪属 Hosta

玉簪　白玉簪　玉簪花（图 1048）

Hosta plantaginea（Lam.）Aschers.

【形态特征】根状茎粗厚，粗 1.5 ~ 3 cm。叶卵状心形、卵形或卵圆形，长 14 ~ 24 cm，宽 8 ~ 16 cm，先端近渐尖，基部心形，具 6 ~ 10 对侧脉；叶柄长 20 ~ 40 cm。花葶高 40 ~ 80 cm，具几朵至十几朵花；花的外苞片卵形或披针形，长 2.5 ~ 7 cm，宽 1 ~ 1.5 cm；内苞片很小；花单生或 2 ~ 3 朵簇生，长 10 ~ 13 cm，白色，芬香；花梗长约 1 cm；雄蕊与花被近等长或略短，基部 15 ~ 20 mm 贴生于花被管上。蒴果圆柱状，有 3 棱，长约 6 cm，直径约 1 cm。花果期 8—10 月。

【拍摄地点】城关镇黄桠村，海拔 383 m。

【生境分布】生于林下、草坡或栽培。分布于南漳各乡镇。

【药用部位】全草。

【功能主治】清热解毒，散结消肿。用于乳痈，痈肿疮疡，瘰疬，毒蛇咬伤。

紫萼　紫萼玉簪（图 1049）

Hosta ventricosa（Salisb.）Stearn

【形态特征】根状茎粗 0.3 ~ 1 cm。叶卵状心形、卵形至卵圆形，长 8 ~ 19 cm，宽 4 ~ 17 cm，先端通常近短尾状或骤尖，基部心形或近截形，极少叶片基部下延而略呈楔形，具 7 ~ 11 对侧脉；叶柄长

6～30 cm。花葶高 60～100 cm，具 10～30 朵花；苞片矩圆状披针形，长 1～2 cm，白色，膜质；花单生，长 4～5.8 cm，盛开时从花被管向上骤然近漏斗状扩大，紫红色；花梗长 7～10 mm；雄蕊伸出花被之外，完全离生。蒴果圆柱状，有 3 棱，长 2.5～4.5 cm，直径 6～7 mm。花期 6—7 月，果期 7—9 月。

【拍摄地点】李庙镇主山寨村，海拔 1058 m。

【生境分布】生于林下、草坡或路旁。分布于南漳李庙、巡检等乡镇。

【药用部位】根。

【功能主治】清热解毒，散瘀止痛，止血，下骨鲠。用于咽喉肿痛，痈肿疮疡，跌打损伤，胃痛，牙痛，吐血，崩漏，骨鲠。

图 1049 紫萼 *Hosta ventricosa*

百合属 Lilium

野百合（图 1050）

Lilium brownii F. E. Brown ex Miellez

【形态特征】鳞茎球形，直径 2～4.5 cm；鳞片披针形，长 1.8～4 cm，宽 0.8～1.4 cm，无节，白色。茎高 0.7～2 m，有的有紫色条纹，有的下部有小乳头状突起。叶散生，通常自下向上渐小，披针形、窄披针形至条形，长 7～15 cm，宽 1～2 cm，先端渐尖，基部渐狭，具 5～7 脉，全缘，两面无毛。花单生或几朵排成近伞形；花梗长 3～10 cm，稍弯；苞片披针形，长 3～9 cm，宽 0.6～1.8 cm；花喇叭形，有香气，乳白色，外面稍带紫色，无斑点，向外张开或先端外弯而不卷，长 13～18 cm；外轮花被片宽 2～4.3 cm，先端尖；内轮花被片宽 3.4～5 cm，蜜腺两边具小乳头状突起；雄蕊向上弯，花丝长 10～13 cm，中部以下密被柔毛，少有具稀疏的毛或无毛；花药长椭圆形，长 1.1～1.6 cm；子房圆柱形，长 3.2～3.6 cm，宽 4 mm；花柱长 8.5～11 cm，柱头 3 裂。蒴果矩圆形，长 4.5～6 cm，宽约 3.5 cm，有棱，具多数种子。花期 5—6 月，果期 9—10 月。

图 1050 野百合 *Lilium brownii*

【拍摄地点】板桥镇茅山坪村，海拔 859 m。

【生境分布】生于山坡林下、草地或水旁。分布于南漳板桥、巡检、薛坪等乡镇。

【药用部位】鳞茎。

【功能主治】润肺止咳，宁心安神，清热利尿。用于肺结核咳嗽，痰中带血，神经衰弱，心烦不安；外用治疗疮疖。

渥丹　山丹（图 1051）

Lilium concolor Salisb.

【形态特征】鳞茎卵球形，高 2 ～ 3.5 cm，直径 2 ～ 3.5 cm；鳞片卵形或卵状披针形，长 2 ～ 2.5 cm，宽 1 ～ 1.5 cm，白色，鳞茎上方茎上有根。茎高 30 ～ 50 cm，少数近基部带紫色，有小乳头状突起。叶散生，条形，长 3.5 ～ 7 cm，宽 3 ～ 6 mm，脉 3 ～ 7 条，边缘有小乳头状突起，两面无毛。花 1 ～ 5 朵排成近伞形或总状花序；花梗长 1.2 ～ 4.5 cm；花直立，星状开展，深红色，无斑点，有光泽；花被片矩圆状披针形，长 2.2 ～ 4 cm，宽 4 ～ 7 mm，蜜腺两边具乳头状突起；雄蕊向中心靠拢；花丝长 1.8 ～ 2 cm，无毛，花药长矩圆形，长约 7 mm；子房圆柱形，长 1 ～ 1.2 cm，宽 2.5 ～ 3 mm；花柱稍短于子房，柱头稍膨大。蒴果矩圆形，长 3 ～ 3.5 cm，宽 2 ～ 2.2 cm。花期 6—7 月，果期 8—9 月。

图 1051　渥丹 *Lilium concolor*

【拍摄地点】板桥镇龙埫村，海拔 1246 m。

【生境分布】生于山坡草丛、路旁或灌木林下。分布于南漳板桥、薛坪等乡镇。

【药用部位】鳞茎。

【功能主治】润肺止咳，宁心安神。用于肺结核咳嗽，痰中带血，神经衰弱，心烦不安。

川百合（图 1052）

Lilium davidii Duchartre ex Elwes

【形态特征】鳞茎扁球形或宽卵形，高 2 ～ 4 cm，直径 2 ～ 4.5 cm；鳞片宽卵形至卵状披针形，长 2 ～ 3.5 cm，宽 1 ～ 1.5 cm，白色。茎高 50 ～ 100 cm，有的带紫色，密被小乳头状突起。叶多数，散生，在中部较密集，条形，长 7 ～ 12 cm，宽 2 ～ 3 mm，先端急尖，边缘反卷并有明显的小乳头状突起，中脉明显，往往在上面凹陷，在背面凸出，叶腋有白色绵毛。花单生或 2 ～ 8 朵排成总状花序；苞片叶状，长 4 ～ 7.5 cm，宽 3 ～ 7 mm；花梗长 4 ～ 8 cm；花下垂，橙

图 1052　川百合 *Lilium davidii*

黄色，向基部约 2/3 有紫黑色斑点；外轮花被片长 5 ～ 6 cm，宽 1.2 ～ 1.4 cm；内轮花被片比外轮花被片稍宽，蜜腺两边有乳头状突起，在其外面的两边有少数流苏状的乳突；花丝长 4 ～ 5.5 cm，无毛，花药长 1.4 ～ 1.6 cm，花粉深橘红色；子房圆柱形，长 1 ～ 1.2 cm，宽 2 ～ 3 mm；花柱长为子房的 2 倍以上，柱头膨大，3 浅裂。蒴果长矩圆形，长 3.5 cm，宽 1.6 ～ 2 cm。花期 7—8 月，果期 9 月。

【拍摄地点】长坪镇赵岭村，海拔 1244 m。

【生境分布】生于山坡草地、林下潮湿处或林缘。分布于南漳长坪镇。

【药用部位】鳞茎。

【功能主治】养阴润肺，清心安神。用于阴虚燥咳，劳嗽咯血，虚烦惊悸，失眠多梦，精神恍惚。

卷丹　卷丹百合（图 1053）

Lilium tigrinum Ker Gawler

【中药名】百合*。

【形态特征】鳞茎近宽球形，高约 3.5 cm，直径 4 ～ 8 cm；鳞片宽卵形，长 2.5 ～ 3 cm，宽 1.4 ～ 2.5 cm，白色。茎高 0.8 ～ 1.5 m，带紫色条纹，具白色绵毛。叶散生，矩圆状披针形或披针形，长 6.5 ～ 9 cm，宽 1 ～ 1.8 cm，两面近无毛，先端有白毛，边缘有乳头状突起，有 5 ～ 7 条脉，上部叶腋有珠芽。花 3 ～ 6 朵或更多；苞片叶状，卵状披针形，长 1.5 ～ 2 cm，宽 2 ～ 5 mm，先端钝，有白色绵毛；花梗长 6.5 ～ 9 cm，紫色，有白色绵毛；花下垂，花被片披针形，反卷，橙红色，有紫黑色斑点；外轮花被片长 6 ～ 10 cm，宽 1 ～ 2 cm；内轮花被片稍宽，蜜腺两边有乳头状突起，尚有流苏状突起；雄蕊四面张开；花丝长 5 ～ 7 cm，淡红色，无毛，花药矩圆形，长约 2 cm；子房圆柱形，长 1.5 ～ 2 cm，宽 2 ～ 3 mm；花柱长 4.5 ～ 6.5 cm，柱头稍膨大，3 裂。蒴果狭长卵形，长 3 ～ 4 cm。花期 7—8 月，果期 9—10 月。

图 1053　卷丹 *Lilium tigrinum*

【拍摄地点】板桥镇茅山坪村，海拔 843 m。

【生境分布】生于山坡灌木林下、草地、路边或水旁。分布于南漳板桥、薛坪等乡镇。

【采收加工】秋季采挖，洗净，剥取鳞叶，置沸水中略烫，干燥。

【药用部位】鳞茎。

【性味归经】甘，寒。归心、肺经。

【功能主治】养阴润肺，清心安神。用于阴虚燥咳，劳嗽咯血，虚烦惊悸，失眠多梦，精神恍惚。

【用法用量】6 ～ 12 g。

宜昌百合（图 1054）

Lilium leucanthum（Baker）Baker

图 1054 宜昌百合 *Lilium leucanthum*

【形态特征】鳞茎近球形，高 3.5 ～ 4 cm，直径约 3 cm；鳞片披针形，长 3.5 cm，宽约 1 cm，干时褐黄色或紫色。茎高 60 ～ 150 cm，有小乳头状突起。叶散生，披针形，长 8 ～ 17 cm，宽 6 ～ 10 mm，边缘无乳头状突起，上部叶腋间无珠芽。花单生或 2 ～ 4 朵；苞片矩圆状披针形，长 5 ～ 6 cm，稍宽于叶，宽 1.2 ～ 1.6 cm；花梗长可达 6 cm，紫色；花喇叭形，有微香，白色，里面淡黄色，背脊及近脊处淡绿黄色，长 12 ～ 15 cm；外轮花被片披针形，宽 1.6 ～ 2.8 cm；内轮花被片匙形，宽 2.6 ～ 3.8 cm，先端钝圆，蜜腺无乳头状突起；花丝长 10 ～ 12 cm，下部密被毛，花药椭圆形，长约 1 cm；子房圆柱形，长 2.6 ～ 4.5 cm，宽 4 ～ 5 mm，淡黄色；花柱长可达 10 cm，基部有毛；柱头膨大，直径 8 mm，3 裂。花期 6—7 月。

【拍摄地点】东巩镇太平村，海拔 721 m。

【生境分布】生于山坡林下、草地或水旁。分布于南漳东巩、李庙等乡镇。

【药用部位】鳞茎。

【功能主治】清热解毒，润肺止咳，宁心安神。用于阴虚久咳，虚烦惊悸，失眠多梦，精神恍惚，毒疮，中耳炎。

山麦冬属 Liriope

长梗山麦冬（图 1055）

Liriope longipedicellata Wang et Tang

图 1055 长梗山麦冬 *Liriope longipedicellata*

【形态特征】根细，有时稍粗；根状茎粗短，木质，无地下走茎。叶长 30 ～ 50 cm，宽 3 ～ 5 mm，上面绿色，脉不明显，背面粉绿色，具 5 条稍粗的脉，边缘具细锯齿；基部常被褐色、膜质的鞘。花葶稍长或等长于叶，长 30 ～ 60 cm；总状花序长 7 ～ 12 cm，具许多花；花常 2 ～ 4 朵簇生于苞片腋内，少数单生；苞片很小，长 1 ～ 2 mm，干膜质；花梗长 5 ～ 8 mm，关节位于中部以上或近中部；花被片倒卵形或倒披针形，长约 3 mm，先端急尖或稍钝，紫红色或紫色；花丝扁，长约 1.2 mm；花药卵形，开裂后近矩圆形，长约 1 mm；子房扁圆形；花柱稍粗，长约 2 mm，柱头不明显。种子近球形或稍呈椭圆形，直径 5 ～ 6 mm，初期绿色，成熟后黑紫色。花期 7 月，果期 8—9 月。

【拍摄地点】城关镇文笔峰村，海拔 163 m。

【生境分布】生于潮湿草地或阴湿的岩石缝中。分布于南漳城关镇。

【药用部位】根状茎。

【功能主治】清心润肺，养胃生津。用于肺燥干咳，津伤口渴，心烦失眠，肠燥便秘。

山麦冬　湖北麦冬（图 1056）

Liriope spicata（Thunb.）Lour.

【中药名】山麦冬 *。

【形态特征】植株有时丛生；根稍粗，直径 1 ～ 2 mm，有时分枝多，近末端处常膨大成矩圆形、椭圆形或纺锤形的肉质小块根；根状茎短，木质，具地下走茎。叶长 25 ～ 60 cm，宽 4 ～ 8 mm，先端急尖或钝，基部常包以褐色的叶鞘，上面深绿色，背面粉绿色，具 5 条脉，中脉比较明显，边缘具细锯齿。花葶通常长于或几等长于叶，少数稍短于叶，长 25 ～ 65 cm；总状花序长 6 ～ 15 cm，具多数花；花通常 3 ～ 5 朵簇生于苞片腋内；苞片小，披针形，最下面的长 4 ～ 5 mm，干膜质；花梗长约 4 mm，关节位于中部以上或近顶端；花被片矩圆形、矩圆状披针形，长 4 ～ 5 mm，先端钝圆，淡紫色或淡蓝色；花丝长约 2 mm；花药狭矩圆形，长约 2 mm；子房近球形，花柱长约 2 mm，稍弯，柱头不明显。种子近球形，直径约 5 mm。花期 5—7 月，果期 8—10 月。

图 1056　山麦冬 *Liriope spicata*

【拍摄地点】城关镇凉泉村，海拔 437 m。

【生境分布】生于山坡、山谷林下、路旁或湿地。分布于南漳各乡镇。

【采收加工】夏初采挖，洗净，反复暴晒、堆置，至近干，除去须根，干燥。

【药用部位】块根。

【性味归经】甘、微苦，微寒。归心、肺、胃经。

【功能主治】养阴生津，润肺清心。用于肺燥干咳，阴虚痨嗽，喉痹咽痛，津伤口渴，内热消渴，心烦失眠，肠燥便秘。

【用法用量】9 ～ 15 g。

沿阶草属 Ophiopogon

沿阶草（图 1057）

Ophiopogon bodinieri Levl.

【形态特征】根纤细，近末端处有时具膨大成纺锤形的小块根；地下走茎长，直径 1 ～ 2 mm，节上具膜质的鞘。茎很短。叶基生成丛，禾叶状，长 20 ～ 40 cm，宽 2 ～ 4 mm，先端渐尖，具 3 ～ 5 条脉，边缘具细锯齿。花葶较叶稍短或几等长，总状花序长 1 ～ 7 cm，具几朵至十几朵花；花常单生或 2 朵簇生于苞片腋内；苞片条形或披针形，少数呈针形，稍带黄色，半透明，最下面的长约 7 mm，少数更长些；花梗长 5 ～ 8 mm，关节位于中部；花被片卵状披针形、披针形或近矩圆形，长 4 ～ 6 mm，内轮三片宽于外轮三片，白色或稍带紫色；花丝很短，长不及 1 mm；花药狭披针形，长约 2.5 mm，常呈绿黄色；花柱细，长 4 ～ 5 mm。种子近球形或椭圆形，直径 5 ～ 6 mm。花期 6—8 月，果期 8—10 月。

【拍摄地点】东巩镇汪家畈村，海拔 214 m。

【生境分布】生于山坡、山谷潮湿处、沟边、灌丛下或林下。分布于南漳各乡镇。

【药用部位】块根。

【功能主治】润肺，止咳，生津。用于肺燥咳嗽，津伤口渴。

图 1057 沿阶草 *Ophiopogon bodinieri*

麦冬 麦门冬（图 1058）

Ophiopogon japonicus（L. f.）Ker-Gawl.

【中药名】麦冬*。

【形态特征】根较粗，中间或近末端常膨大成椭圆形或纺锤形的小块根；小块根长 1 ～ 1.5 cm，或更长些，宽 5 ～ 10 mm，淡褐黄色；地下走茎细长，直径 1 ～ 2 mm，节上具膜质的鞘。茎很短，叶基生成丛，禾叶状，长 10 ～ 50 cm，少数更长些，宽 1.5 ～ 3.5 mm，具 3 ～ 7 条脉，边缘具细锯齿。花葶长 6 ～ 15 cm，通常比叶短得多，总状花序长 2 ～ 5 cm，或有时更长些，具几朵至十几朵花；花单生或成对着生于苞片腋内；苞片披针形，先端渐尖，最下面的长可达 7 ～ 8 mm；花梗长 3 ～ 4 mm，关节位于中部以上或近中部；花被片常稍下垂而不展开，披针形，长约 5 mm，白色或淡紫色；花药三角状披针形，长 2.5 ～ 3 mm；花柱长约 4 mm，较粗，宽约 1 mm，基部宽阔，向上渐狭。种子球形，直径 7 ～ 8 mm。花期 5—8 月，果期 8—9 月。

图 1058 麦冬 *Ophiopogon japonicus*

【拍摄地点】肖堰镇伏龙川村，海拔 516 m。

【生境分布】生于山坡阴湿处、林下或溪旁。分布于南漳肖堰、东巩、九集等乡镇。

【采收加工】夏季采挖，洗净，反复暴晒、堆置，至七八成干，除去须根，干燥。

【药用部位】块根。

【性味归经】甘、微苦，微寒。归心、肺、胃经。

【功能主治】养阴生津，润肺清心。用于肺燥干咳，阴虚痨嗽，喉痹咽痛，津伤口渴，内热消渴，心烦失眠，肠燥便秘。

【用法用量】6 ～ 12 g。

重楼属 Paris

毛重楼（图 1059）

Paris mairei H. Léveillé

【形态特征】植株高可达 1 m，全株被有短柔毛；根状茎粗达 1 ～ 2 cm。叶 5 ～ 10 枚，披针形、倒披针形或椭圆形，长 5 ～ 14 cm，宽 1 ～ 2.5 cm，先端渐尖，基部宽楔形或近圆形，叶背面有短柔毛，具短柄。内轮花被片长条形，与外轮的等长或超过，有时可以宽达 2 mm；雄蕊长 1 ～ 1.5 cm，通常花丝稍短于花药，药隔凸出部分长 1 ～ 1.5 mm；子房通常为紫红色。花期 5—7 月，果期 8—9 月。

图 1059　毛重楼 *Paris mairei*

【拍摄地点】巡检镇不二坪村，海拔 1002 m。

【生境分布】生于林下。分布于南漳巡检、板桥、长坪等乡镇。

【药用部位】根茎。

【功能主治】清热解毒，消肿止痛，凉肝定惊。用于疔疮痈肿，咽喉肿痛，蛇虫咬伤，跌扑伤痛，惊风抽搐。

七叶一枝花　重楼　草河车　蚤休（图 1060）

Paris polyphylla Smith

【中药名】重楼*。

【形态特征】植株高 35 ～ 100 cm，无毛；根状茎粗厚，直径达 1 ～ 2.5 cm，外面棕褐色，密生多数环节和许多须根。茎通常带紫红色，直径 1 ～ 1.5 cm，基部有灰白色干膜质的鞘 1 ～ 3 枚。叶 7 ～ 10 枚，矩圆形、椭圆形或倒卵状披针形，长 7 ～ 15 cm，宽 2.5 ～ 5 cm，先端短尖或渐尖，基部圆形或宽楔形；叶柄明显，长 2 ～ 6 cm，带紫红色。花梗长 5 ～ 16 cm；外轮花被片绿色，4 ～ 6 枚，狭卵状披针形，长 4.5 ～ 7 cm；内轮花被片狭条形，通常比外轮长；雄蕊 8 ～ 12 枚，花药短，长 5 ～ 8 mm，与花丝近等长或稍长，药隔凸出部分长 0.5 ～ 1 mm；子房近球形，具棱，顶端具一盘状花柱基，花柱粗短，具 4 ～ 5 分枝。蒴果紫色，直径 1.5 ～ 2.5 cm，3 ～ 6 瓣裂开。种子多数，具鲜红色多浆汁的外种皮。花期 4—7 月，果期 8—11 月。

图 1060　七叶一枝花 *Paris polyphylla*

【拍摄地点】薛坪镇杜冲村，海拔 817 m。

【生境分布】生于山坡林下或栽培。分布于南漳薛坪、巡检等乡镇。

【采收加工】秋季采挖，除去须根，洗净，晒干。

【药用部位】根茎。

【性味归经】苦，微寒；有小毒。归肝经。

【功能主治】清热解毒，消肿止痛，凉肝定惊。用于疔疮痈肿，咽喉肿痛，蛇虫咬伤，跌扑伤痛，惊风抽搐。

【用法用量】3 ～ 9 g。外用适量，研末调敷。

北重楼（图 1061）

Paris verticillata M.-Bieb.

【形态特征】植株高 25 ～ 60 cm。根状茎细长，直径 3 ～ 5 mm。茎绿白色，有时带紫色。叶 5 ～ 8 枚轮生，披针形、狭矩圆形、倒披针形或倒卵状披针形，长 4 ～ 15 cm，宽 1.5 ～ 3.5 cm，先端渐尖，基部楔形，具短柄或近无柄。花梗长 4.5 ～ 12 cm；外轮花被片绿色，极少带紫色，叶状，通常 4 ～ 5 枚，纸质，平展，倒卵状披针形、矩圆状披针形或倒披针形，长 2 ～ 3.5 cm，宽 1 ～ 3 cm，先端渐尖，基部圆形或宽楔形；内轮花被片黄绿色，条形，长 1 ～ 2 cm；花药长约 1 cm，花丝基部稍扁平，长 5 ～ 7 mm；药隔凸出部分长 6 ～ 10 mm；子房近球形，紫褐色，顶端无盘状花柱基，花柱具 4 ～ 5 分枝，分枝细长，并向外反卷，比不分枝部分长 2 ～ 3 倍。蒴果浆果状，不开裂，直径约 1 cm，具几颗种子。花期 5—6 月，果期 7—9 月。

图 1061　北重楼 *Paris verticillata*

【拍摄地点】长坪镇赵岭村，海拔 1241 m。

【生境分布】生于山坡林下、草丛、阴湿地或沟边。分布于南漳长坪、巡检等乡镇。

【药用部位】根茎。

【功能主治】清热解毒，消肿止痛，凉肝定惊。用于疔疮痈肿，咽喉肿痛，蛇虫咬伤，跌扑伤痛，惊风抽搐。

黄精属 Polygonatum

卷叶黄精 老虎姜（图 1062）

Polygonatum cirrhifolium（Wall.）Royle

【形态特征】根状茎肥厚，圆柱状，直径 1 ～ 1.5 cm，或根状茎连珠状，结节直径 1 ～ 2 cm。茎高 30 ～ 90 cm。叶通常每 3 ～ 6 枚轮生，很少下部有少数散生的，细条形至条状披针形，少有矩圆状披针形，长 4 ～ 9 cm，宽 2 ～ 8 mm，先端拳卷或弯曲成钩状，边常外卷。花序轮生，通常具 2 花，总花梗长 3 ～ 10 mm，花梗长 3 ～ 8 mm，俯垂；苞片透明膜质，无脉，长 1 ～ 2 mm，位于花梗上或基部，或苞片不存在；花被淡紫色，全长 8 ～ 11 mm，花被筒中部稍缢狭，裂片长约 2 mm；花丝长约 0.8 mm，花药长 2 ～ 2.5 mm；子房长约 2.5 mm，花柱长约 2 mm。浆果红色或紫红色，直径 8 ～ 9 mm，具 4 ～ 9 颗种子。花期 5—7 月，果期 9—10 月。

图 1062 卷叶黄精 *Polygonatum cirrhifolium*

【拍摄地点】长坪镇赵岭村，海拔 1156 m。

【生境分布】生于林下、山坡或草地。分布于南漳长坪、巡检、李庙等乡镇。

【药用部位】根茎。

【功能主治】补脾润肺，养阴生津。用于脾胃气虚，胃阴不足，口干食少，肺虚燥咳。

多花黄精 山姜（图 1063）

Polygonatum cyrtonema Hua

【中药名】黄精*。

【形态特征】根状茎肥厚，通常连珠状或结节成块，少有近圆柱形，直径 1 ～ 2 cm。茎高 50 ～ 100 cm，通常具 10 ～ 15 枚叶。叶互生，椭圆形、卵状披针形至矩圆状披针形，少有稍作镰状弯曲，长 10 ～ 18 cm，宽 2 ～ 7 cm，先端尖至渐尖。花序具 2 ～ 7 花，伞形，总花梗长 1 ～ 4 cm，花梗长 0.5 ～ 1.5 cm；苞片微小，位于花梗中部以下，或不存在；花被黄绿色，全长 18 ～ 25 mm，裂片长约 3 mm；花丝长 3 ～ 4 mm，两侧扁或稍扁，具乳

图 1063 多花黄精 *Polygonatum cyrtonema*

头状突起至具短绵毛，顶端稍膨大乃至具囊状突起，花药长 3.5 ～ 4 mm；子房长 3 ～ 6 mm，花柱长 12 ～ 15 mm。浆果黑色，直径约 1 cm，具 3 ～ 9 颗种子。花期 5—6 月，果期 8—10 月。

【拍摄地点】城关镇凉泉村，海拔 474 m。

【生境分布】生于林下、灌丛或山坡阴处。分布于南漳李庙、长坪、城关等乡镇。

【采收加工】春、秋二季采挖，除去须根，洗净，置沸水中略烫或蒸至透心，干燥。

【药用部位】根茎。

【性味归经】甘，平。归脾、肺、肾经。

【功能主治】补气养阴，健脾，润肺，益肾。用于脾胃气虚，体倦乏力，胃阴不足，口干食少，肺虚燥咳，劳嗽咯血，精血不足，腰膝酸软，须发早白，内热消渴。

【用法用量】9 ～ 15 g。

玉竹　玉参（图 1064）

Polygonatum odoratum（Mill.）Druce

【中药名】玉竹 *。

【形态特征】根状茎圆柱形，直径 5 ～ 14 mm。茎高 20 ～ 50 cm，具 7 ～ 12 叶。叶互生，椭圆形至卵状矩圆形，长 5 ～ 12 cm，宽 3 ～ 16 cm，先端尖，下面带灰白色，下面脉上平滑至呈乳头状粗糙。花序具 1 ～ 4 花，总花梗长 1 ～ 1.5 cm，无苞片或有条状披针形苞片；花被黄绿色至白色，全长 13 ～ 20 mm，花被筒较直，裂片长 3 ～ 4 mm；花丝丝状，近平滑至具乳头状突起，花药长约 4 mm；子房长 3 ～ 4 mm，花柱长 10 ～ 14 mm。浆果蓝黑色，直径 7 ～ 10 mm，具 7 ～ 9 颗种子。花期 5—6 月，果期 7—9 月。

图 1064　玉竹 *Polygonatum odoratum*

【拍摄地点】城关镇大山村，海拔 110 m。

【生境分布】生于林下或山野阴坡。分布于南漳各乡镇。

【采收加工】秋季采挖，除去须根，洗净，晒至柔软后，反复揉搓、晾晒至无硬心，晒干；或蒸透后，揉至半透明，晒干。

【药用部位】根茎。

【性味归经】甘，微寒。归肺、胃经。

【功能主治】养阴润燥，生津止渴。用于肺胃阴伤，燥热咳嗽，咽干口渴，内热消渴。

【用法用量】6 ～ 12 g。

轮叶黄精　红果黄精（图 1065）

Polygonatum verticillatum（L.）All.

【形态特征】根状茎节间长 2 ～ 3 cm，一头粗，一头较细，粗的一头有短分枝，直径 7 ～ 15 mm，少有根状茎为连珠状。茎高 40 ～ 80 cm。叶通常为 3 叶轮生，或间有少数对生或互生的，少有全株为对生的，矩圆状披针形至条状披针形或条形，先端尖至渐尖。花单朵或 2 ～ 4 朵成花序，总花梗长 1 ～ 2 cm，花梗长 3 ～ 10 mm，俯垂；苞片不存在，或微小而生于花梗上；花被淡黄色或淡紫色，全长 8 ～ 12 mm，裂片长 2 ～ 3 mm；花丝长 0.5 ～ 1 mm，花药长约 2.5 mm；子房长约 3 mm，具约与之等长或稍短的花柱。浆果红色，直径 6 ～ 9 mm，具 6 ～ 12 颗种子。花期 5—6 月，果期 8—10 月。

图 1065　轮叶黄精 *Polygonatum verticillatum*

【拍摄地点】长坪镇赵岭村，海拔 1265 m。

【生境分布】生于林下或山坡草地。分布于南漳长坪、肖堰等乡镇。

【药用部位】根茎。

【功能主治】润肺养阴，健脾益气，祛痰止血，消肿解毒。用于虚痨咳嗽，头昏，食少，遗精，盗汗，崩漏带下，产后体亏，吐血，衄血，外伤出血，咽喉肿痛，疮肿，瘰疬。

湖北黄精　野山姜（图 1066）

Polygonatum zanlanscianense Pamp.

【形态特征】根状茎连珠状或姜块状，肥厚，直径 1 ～ 2.5 cm。茎直立或上部多少有些攀援，高可达 1 m 以上。叶轮生，每轮 3 ～ 6 枚，叶形变异较大，椭圆形、矩圆状披针形、披针形至条形，长 8 ～ 15 cm，宽 13 ～ 28 mm，先端拳卷至稍弯曲。花序具 2 ～ 6 花，近伞形，总花梗长 5 ～ 20 mm，花梗长 4 ～ 7 mm；苞片位于花梗基部，膜质或中间略带草质，具 1 脉，长 2 ～ 6 mm；花被白色或淡黄绿色或淡紫色，全长 6 ～ 9 mm，花被筒近喉部稍缢缩，裂片长约 1.5 mm；花丝长 0.7 ～ 1 mm，花药长 2 ～ 2.5 mm；子房长约 2.5 mm，花柱长 1.5 ～ 2 mm。浆果直径 6 ～ 7 mm，紫红色或黑色，具 2 ～ 4 颗种子。花期 6—7 月，果期 8—10 月。

图 1066　湖北黄精 *Polygonatum zanlanscianense*

【拍摄地点】李庙镇齐家岗村，海拔 228 m。

【生境分布】生于林下或山坡阴湿地。分布于南漳李庙、巡检等乡镇。

【药用部位】根茎。

【功能主治】补气养阴，健脾，润肺，益肾。用于脾胃气虚，体倦乏力，胃阴不足，肺虚燥咳，劳嗽咯血，精血不足，腰膝酸软，须发早白。

吉祥草属 Reineckia

吉祥草（图 1067）

Reineckia carnea（Andr.）Kunth

【中药名】吉祥草*。

【形态特征】茎粗 2～3 mm，蔓延于地面，逐年向前延长或发出新枝，每节上有一残存的叶鞘，顶端的叶簇由于茎连续生长，有时似长在茎的中部，两叶簇间可相距几厘米至十几厘米。叶每簇有 3～8 枚，条形至披针形，长 10～38 cm，宽 0.5～3.5 cm，先端渐尖，向下渐狭成柄，深绿色。花葶长 5～15 cm；穗状花序长 2～6.5 cm，上部的花有时仅具雄蕊；苞片长 5～7 mm；花芳香，粉红色；裂片矩圆形，长 5～7 mm，先端钝，稍肉质；雄蕊短于花柱，花丝丝状，花药近矩圆形，两端微凹，长 2～2.5 mm；子房长 3 mm，花柱丝状。浆果直径 6～10 mm，熟时鲜红色。花果期 7—11 月。

图 1067 吉祥草 *Reineckia carnea*

【拍摄地点】李庙镇胡家坪村，海拔 634 m。

【生境分布】生于阴湿山坡、山谷或密林下。分布于南漳李庙、肖堰等乡镇。

【采收加工】全年可采，除去杂质，洗净，切段，晒干。

【药用部位】全草。

【性味归经】甘，凉。归肺、肝、脾经。

【功能主治】清肺止咳，凉血止血，解毒利咽。用于肺热咳嗽，咯血，吐血，衄血，便血，咽喉肿痛，目赤翳障，痈肿疮疖。

【用法用量】6～12 g，鲜品 30～60 g。外用适量，捣敷。

万年青属 Rohdea

万年青　铁扁担（图 1068）

Rohdea japonica（Thunb.）Roth

【形态特征】根状茎粗 1.5～2.5 cm。叶 3～6 枚，厚纸质，矩圆形、披针形或倒披针形，长 15～50 cm，宽 2.5～7 cm，先端急尖，基部稍狭，绿色，纵脉明显浮凸；鞘叶披针形，长 5～12 cm。花葶短于叶，长 2.5 ～ 4 cm；穗状花序长 3 ～ 4 cm，宽 1 .2 ～ 1.7 cm；具几十朵密集的花；苞片卵形，膜质，短于花，长 2.5 ～ 6 mm，宽 2 ～ 4 mm；花被长 4 ～ 5 mm，宽 6 mm，淡黄色，裂片厚；花药卵形，长 1.4 ～ 1.5 mm。浆果直径约 8 mm，熟时红色。花期 5—6 月，果期 9—11 月。

【拍摄地点】东巩镇信家沟村，海拔 486 m。

【生境分布】生于林下潮湿处或草地上。南漳东巩镇偶见栽培。

【药用部位】根及根茎。

【功能主治】清热解毒，强心利尿，凉血止血。用于咽喉肿痛，白喉，疮疡肿毒，蛇虫咬伤，心力衰竭，水肿，咯血，吐血，崩漏。

图 1068　万年青 *Rohdea japonica*

绵枣儿属 Scilla

绵枣儿　地枣（图 1069）

Scilla scilloides（Lindl.）Druce

【形态特征】鳞茎卵形或近球形，高 2 ～ 5 cm，宽 1 ～ 3 cm，鳞茎皮黑褐色。基生叶通常 2 ～ 5 枚，狭带状，长 15 ～ 40 cm，宽 2 ～ 9 mm，柔软。花葶通常比叶长；总状花序长 2 ～ 20 cm，具多数花；花紫红色、粉红色至白色，小，直径 4 ～ 5 mm，在花梗顶端脱落；花梗长 5 ～ 12 mm，基部有 1 ～ 2 枚较小的、狭披针形苞片；花被片近椭圆形、倒卵形或狭椭圆形，长 2.5 ～ 4 mm，宽约 1.2 mm，基部稍合生而成盘状，先端钝而且增厚；雄蕊生于花被片基部，稍短于花被片；花丝近披针形，边缘和背面常多少具小乳突，基部稍合生，中部以上骤然变窄，变窄部分长约 1 mm；子房长 1.5 ～ 2 mm，基部有短柄，表面多少有小乳突，3 室，每室 1 个胚珠；花柱长为子房的 1/2 ～ 2/3。果近倒卵形，长 3 ～ 6 mm，宽 2 ～ 4 mm。种子 1 ～ 3 颗，黑色，矩圆状狭倒卵形，长 2.5 ～ 5 mm。花果期 7—11 月。

【拍摄地点】城关镇沙河村，海拔 162 m。

【生境分布】生于山坡、草地、路旁或林缘。分布于南漳城关、清河农场等地。

图 1069　绵枣儿 *Scilla scilloides*

【药用部位】鳞茎。

【功能主治】活血解毒，消肿止痛。用于乳痈，肠痈，跌打损伤，腰腿痛。

鹿药属 Smilacina

鹿药 螃蟹七（图 1070）

Smilacina japonica A. Gray

【形态特征】植株高 30 ～ 60 cm。根状茎横走，多少圆柱状，粗 6 ～ 10 mm，有时具膨大结节。茎中部以上或仅上部具粗伏毛，具 4 ～ 9 叶。叶纸质，卵状椭圆形、椭圆形或矩圆形，长 6 ～ 13 cm，宽 3 ～ 7 cm，先端近短渐尖，两面疏生粗毛或近无毛，具短柄。圆锥花序长 3 ～ 6 cm，有毛，具 10 ～ 20 朵花；花单生，白色；花梗长 2 ～ 6 mm；花被片分离或仅基部稍合生，矩圆形或矩圆状倒卵形，长约 3 mm；雄蕊长 2 ～ 2.5 mm，基部贴生于花被片上，花药小；花柱长 0.5 ～ 1 mm，与子房近等长，柱头几不裂。浆果近球形，直径 5 ～ 6 mm，熟时红色，具 1 ～ 2 颗种子。花期 5—6 月，果期 8—9 月。

【拍摄地点】李庙镇主山寨村，海拔 1070 m。

【生境分布】生于林下阴湿处或岩缝中。分布于南漳李庙镇。

【药用部位】根及根茎。

【功能主治】祛风止痛，活血消肿。用于风湿骨痛，神经性头痛；外用治乳腺炎，痈疖肿毒，跌打损伤。

图 1070 鹿药 *Smilacina japonica*

菝葜属 Smilax

菝葜 金刚藤（图 1071）

Smilax china L.

图 1071 菝葜 *Smilax china*

【中药名】菝葜 *。

【形态特征】攀援灌木。根状茎粗厚，坚硬，为不规则的块状，粗 2 ～ 3 cm。茎长 1 ～ 3 m，少数可达 5 m，疏生刺。叶薄革质或坚纸质，干后通常红褐色或近古铜色，圆形、卵形或其他形状，长 3 ～ 10 cm，宽 1.5 ～ 6 cm，下面通常淡绿色，较少苍白色；叶柄长 5 ～ 15 mm，占全长的 1/2 ～ 2/3 具宽 0.5 ～ 1 mm 的鞘，几乎都有卷须，少有例外，脱落点位于靠近卷须处。伞形花序生于叶尚幼嫩的小枝上，具十几朵或更多的花，常呈球形；总花梗长 1 ~ 2 cm；花序托稍膨大，近球形，较少稍延长，具小苞片；花绿黄色，外花被片长 3.5 ~ 4.5 mm，宽 1.5 ~ 2 mm，内花被片稍狭；雄花中花药比花丝稍宽，常弯曲；雌花与雄花大小相似，有 6 枚退化雄蕊。浆果直径 6 ~ 15 mm，熟时红色，有粉霜。花期 2—5 月，果期 9—11 月。

【拍摄地点】巡检镇沉河滩村，海拔 285 m。

【生境分布】生于林下、灌丛中、路旁、河谷或山坡上。分布于南漳各乡镇。

【采收加工】秋末至次年春采挖，除去须根，洗净，晒干或趁鲜切片，干燥。

【药用部位】根茎。

【性味归经】甘、微苦、涩，平。归肝、肾经。

【功能主治】利湿去浊，祛风除痹，解毒散瘀。用于小便淋浊，带下量多，风湿痹痛，疔疮痈肿。

【用法用量】10 ~ 15 g。

银叶菝葜（图 1072）

Smilax cocculoides Warb.

【形态特征】灌木，多少攀援，具粗短的根状茎。茎长 0.5 ~ 2 m，枝条常有不明显的钝棱，无刺。叶纸质或近革质，卵形、椭圆状卵形或近披针形，长 5 ~ 12 cm，宽 2.5 ~ 4 cm，先端骤凸或长渐尖，基部楔形，下面浅绿色，且稍有光泽；叶柄长 5 ~ 10 mm，常弯曲，基部有狭鞘，无卷须，脱落点位于近中部；鞘向前延伸，呈舌状，较小或有时不明显。伞形花序通常单生于叶腋，极少两个生于一个共同的总花梗上；总花梗长 1 ~ 2 cm，近基部有关节，着生点上方有一枚与叶柄相对的鳞片；花序托几不膨大；雄花黄绿色，外花被片长 2.5 ~ 3.5 mm，宽约 1.5 mm，内花被片较狭；雄蕊极短，长约 0.7 mm。浆果直径约 8 mm，熟时黑蓝色。花期 2—4 月，果期 11 月。

【拍摄地点】板桥镇雷坪村，海拔 593 m。

【生境分布】生于林下或灌丛中。分布于南漳板桥镇。

图 1072　银叶菝葜 *Smilax cocculoides*

【药用部位】根茎。

【功能主治】祛风湿，活血消肿。用于风湿痹痛，疮痈肿毒。

托柄菝葜（图 1073）

Smilax discotis Warb.

【形态特征】灌木，多少攀援。茎长 0.5 ~ 3 m，疏生刺或近无刺。叶纸质，通常近椭圆形，长 4 ~ 10 cm，宽 2 ~ 5 cm，基部心形，下面苍白色；叶柄长 3 ~ 5 mm，脱落点位于近顶端，有时有卷须；鞘与叶柄等长或稍长，宽 3 ~ 5 mm，近半圆形或卵形，多少呈贝壳状。伞形花序生于叶尚稍幼嫩的小枝上，通常具几朵花；

总花梗长 1 ～ 4 cm；花序托稍膨大，有时延长，具多枚小苞片；花绿黄色；雄花外花被片长约 4 mm，宽约 1.8 mm，内花被片宽约 1 mm；雌花比雄花略小，具 3 枚退化雄蕊。浆果直径 6 ～ 8 mm，熟时黑色，具粉霜。花期 4—5 月，果期 10 月。本种叶柄全部具宽鞘，叶基部心形，容易识别。

【拍摄地点】李庙镇老君店村，海拔 945 m。

【生境分布】生于林下、灌丛中或山坡阴处。分布于南漳李庙、板桥等乡镇。

【药用部位】根茎。

【功能主治】清热利湿，活血，止血。用于风湿，血崩，血尿。

图 1073　托柄菝葜 *Smilax discotis*

土茯苓　光叶菝葜（图 1074）

Smilax glabra Roxb.

【中药名】土茯苓 *。

【形态特征】攀援灌木；根状茎粗厚，块状，常由匍匐茎相连接，粗 2 ～ 5 cm。茎长 1 ～ 4 m，枝条光滑，无刺。叶薄革质，狭椭圆状披针形至狭卵状披针形，长 6 ～ 12 cm，宽 1 ～ 4 cm，先端渐尖，下面通常绿色，有时带苍白色；叶柄长 5 ～ 15 mm，占全长的 1/4 ～ 3/5 具狭鞘，有卷须，脱落点位于近顶端。伞形花序通常具 10 余朵花；总花梗长 1 ～ 5 mm，通常明显短于叶柄，极少与叶柄近等长；在总花梗与叶柄之间有一芽；花序托膨大，连同多数宿存的小苞片多少呈莲座状，宽 2 ～ 5 mm；花绿白色，六棱状球形，直径约 3 mm；雄花外花被片近扁圆形，宽约 2 mm，兜状，背面中央具纵槽；内花被片近圆形，宽约 1 mm，边缘有不规则的齿；雄蕊靠合，与内花被片近等长，花丝极短；雌花外形与雄花相似，但内花被片边缘无齿，具 3 枚退化雄蕊。浆果直径 7 ～ 10 mm，熟时紫黑色，具粉霜。花期 7—11 月，果期 11 月至翌年 4 月。

图 1074　土茯苓 *Smilax glabra*

【拍摄地点】长坪镇标湖村，海拔 1009 m。

【生境分布】生于林中、灌丛下、河岸或山谷中，也见于林缘与疏林中。分布于南漳长坪镇。

【采收加工】夏、秋二季采挖，除去须根，洗净，干燥；或趁鲜切成薄片，干燥。

【药用部位】根茎。

【性味归经】甘、淡，平。归肝、胃经。

【功能主治】解毒，除湿，通利关节。用于梅毒及汞中毒所致的肢体拘挛，筋骨疼痛，湿热淋浊，带下，痈肿，瘰疬，疥癣。

【用法用量】15 ～ 60 g。

小叶菝葜　乌鱼刺　地茯苓藤（图 1075）

Smilax microphylla C. H. Wright

【形态特征】枝条多少具刺。叶革质，披针形、卵状披针形或近条状披针形。总花梗稍扁或近圆柱形，宽约 0.5 mm，常稍粗糙，明显短于叶柄。花淡绿色，雌花比雄花稍小，具 3 枚退化雄蕊。花期 6—8 月，果期 10—11 月。

【拍摄地点】巡检镇巡检司村，海拔 495 m。

【生境分布】生于林下、灌丛中或山坡阴处。分布于南漳巡检、城关等乡镇。

【药用部位】块茎。

【功能主治】清热解毒，祛湿消肿。用于红崩，带下，颈淋巴结结核，疮疖，跌打损伤。

图 1075　小叶菝葜 *Smilax microphylla*

牛尾菜　软叶菝葜　草菝葜（图 1076）

Smilax riparia A. DC.

【中药名】大伸筋*。

【形态特征】多年生草质藤本。茎长 1 ～ 2 m，中空，有少量髓，干后凹瘪并具槽。叶的形状变化较大，长 7 ～ 15 cm，宽 2.5 ～ 11 cm，下面绿色，无毛；叶柄长 7 ～ 20 mm，通常在中部以下有卷须。伞形花序总花梗较纤细，长 3 ～ 5 cm；小苞片长 1 ～ 2 mm，在花期一般不落；雌花比雄花略小，不具或具钻形退化雄蕊。浆果直径 7 ～ 9 mm。花期 6—7 月，果期 10 月。

【拍摄地点】长坪镇赵岭村，海拔 1329 m。

【生境分布】生于林下、灌丛、山沟或山坡草丛中。分布于南漳长坪、巡检、薛坪等乡镇。

【采收加工】夏、秋二季采挖，除去泥沙，干燥。

【药用部位】根及根茎。

图 1076　牛尾菜 *Smilax riparia*

【性味归经】甘、苦，平。归肝、肺经。

【功能主治】舒筋通络，活血，止痛，健胃，利湿。用于风湿疼痛，跌打损伤，胃痛，月经不调，水肿。

【用法用量】15 ～ 30 g。

短梗菝葜　金刚刺（图 1077）

Smilax scobinicaulis C. H. Wright

【形态特征】茎和枝条通常疏生刺或近无刺，较少密生刺，刺针状，长 4 ～ 5 mm，稍黑色，茎上的刺有时较粗短。叶卵形或椭圆状卵形，干后有时变为黑褐色，长 4 ～ 12.5 cm，宽 2.5 ～ 8 cm，基部钝或浅心形；叶柄长 5 ～ 15 mm。总花梗很短，一般不到叶柄长度的一半。雌花具 3 枚退化雄蕊。浆果直径 6 ～ 9 mm。花期 5 月，果期 10 月。

【拍摄地点】薛坪镇陶沟村，海拔 694 m。

【生境分布】生于林下、灌丛下或山坡阴处。分布于南漳薛坪镇陶沟村、火石观村等地。

图 1077　短梗菝葜 *Smilax scobinicaulis*

【药用部位】根茎。

【功能主治】祛风除湿。用于腰膝疼痛，小便淋浊，瘰疬。

鞘柄菝葜（图 1078）

Smilax stans Maxim.

【形态特征】落叶灌木或半灌木，直立或披散，高 0.3 ～ 3 m。茎和枝条稍具棱，无刺。叶纸质，卵形、卵状披针形或近圆形，长 1.5 ～ 4 cm，宽 1.2 ～ 3.5 cm，下面稍苍白色或有时有粉尘状物；叶柄长 5 ～ 12 mm，向基部渐宽成鞘状，背面有多条纵槽，无卷须，脱落点位于近顶端。花序具 1 ～ 3 朵或更多的花；总花梗纤细，比叶柄长 3 ～ 5 倍；花序托不膨大；花绿黄色，有时淡红色；雄花外花被片长 2.5 ～ 3 mm，宽约 1 mm，内花被片稍狭；雌花比雄花略小，具 6 枚退化雄蕊，退化雄蕊有时具不育花药。浆果直径 6 ～ 10 mm，熟时黑色，具粉霜。花期 5—6

图 1078　鞘柄菝葜 *Smilax stans*

月，果期 10 月。

【拍摄地点】板桥镇河口村，海拔 879 m。

【生境分布】生于林下、灌丛中或山坡阴处。分布于南漳板桥镇。

【药用部位】根茎。

【功能主治】清热利湿，活血止血。用于风湿痹痛，跌打损伤，外伤出血。

油点草属 Tricyrtis

油点草　油迹草（图 1079）

Tricyrtis macropoda Miq.

【形态特征】植株高可达 1 m。茎上部疏生或密生短的糙毛。叶卵状椭圆形、矩圆形至矩圆状披针形，长 8 ~ 16 cm，宽 6 ~ 9 cm，先端渐尖或急尖，两面疏生短糙伏毛，基部心形抱茎或圆形而近无柄，边缘具短糙毛。二歧聚伞花序顶生或生于上部叶腋，花序轴和花梗生有淡褐色短糙毛，并间生有细腺毛；花梗长 1.4 ~ 2.5 cm；苞片很小；花疏散；花被片绿白色或白色，内面具多数紫红色斑点，卵状椭圆形至披针形，长 1.5 ~ 2 cm，开放后自中下部向下反折；外轮 3 片较内轮宽，在基部向下延伸而呈囊状；雄蕊约等长于花被片，花丝中上部向外弯垂，具紫色斑点；柱头稍微高出雄蕊或有时近等高，3 裂；裂片密生腺毛。蒴果直立，长 2 ~ 3 cm。花果期 7—9 月。

图 1079　油点草 *Tricyrtis macropoda*

【拍摄地点】板桥镇茅山坪村，海拔 839 m。

【生境分布】生于山地林下、草丛中或岩石缝隙中。分布于南漳板桥、长坪等乡镇。

【药用部位】根。

【功能主治】补肺止咳。用于肺虚咳嗽。

黄花油点草　黑点草（图 1080）

Tricyrtis pilosa Wallich

【形态特征】本种与油点草极相似，但本种花通常黄绿色；花被片向上斜展或近水平伸展，但决不向下反折，从而有别于上种。花果期 7—9 月。

【拍摄地点】长坪镇赵岭村，海拔 1356 m。

【生境分布】生于林下或山坡草地。分布于南漳长坪、李庙、板桥等乡镇。

【药用部位】全草。

【功能主治】补肺止咳。用于肺痨咳嗽。

图 1080 黄花油点草 *Tricyrtis pilosa*

图 1081 老鸦瓣 *Tulipa edulis*

郁金香属 Tulipa

老鸦瓣 光慈菇（图 1081）

Tulipa edulis（Miq.）Baker

【形态特征】鳞茎皮纸质，内面密被长柔毛。茎长 10 ～ 25 cm，通常不分枝，无毛。叶 2 枚，长条形，长 10 ～ 25 cm，远比花长，通常宽 5 ～ 9 mm，少数可窄到 2 mm 或宽达 12 mm，上面无毛。花单朵顶生，靠近花的基部具 2 枚对生的苞片，苞片狭条形，长 2 ～ 3 cm；花被片狭椭圆状披针形，长 20 ～ 30 mm，宽 4 ～ 7 mm，白色，背面有紫红色纵条纹；雄蕊 3 长 3 短，花丝无毛，中部稍扩大，向两端逐渐变窄或从基部向上逐渐变窄；子房长椭圆形；花柱长约 4 mm。蒴果近球形，有长喙，长 5 ～ 7 mm。花期 3—4 月，果期 4—5 月。

【拍摄地点】城关镇文笔峰村，海拔 163 m。

【生境分布】生于山坡草地及路旁。分布于南漳城关、东巩等乡镇。

【药用部位】鳞茎。

【功能主治】清热解毒，散结消肿。用于咽喉肿痛，瘰疬结核，瘀滞疼痛，痈疖肿毒，蛇虫咬伤。

开口箭属 Tupistra

开口箭 开喉箭（图 1082）

Tupistra chinensis Baker

【中药名】开口箭*。

【形态特征】根状茎长圆柱形，直径 1 ～ 1.5 cm，多节，绿色至黄色。叶基生，4 ～ 8 枚，近革质或纸质，倒披针形、条状披针形、条形或矩圆状披针形，长 15 ～ 65 cm，宽 1.5 ～ 9.5 cm，先端渐尖，基部渐狭；鞘叶 2 枚，披针形或矩圆形，长 2.5 ～ 10 cm。穗状花序直立，少有弯曲，密生多花，长 2.5 ～ 9 cm；总花梗短，长 1 ～ 6 cm；苞片绿色，卵状披针形至披针形，除每花有一枚苞片外，另有几枚无花的苞片在花序顶端聚生成丛；花短钟状，长 5 ～ 7 mm；花被筒长 2 ～ 2.5 mm；裂片卵形，先端渐尖，长 3 ～ 5 mm，宽 2 ～ 4 mm，肉质，黄色或黄绿色；花丝基部扩大，其扩大部分有的贴生于花被片上，有的加厚，肉质，边缘不贴生于花被片上，有的彼此连合，花丝上部分离，长 1 ～ 2 mm，内弯，花药卵形；子房近球形，直径 2.5 mm，花柱不明显，柱头钝三棱形，顶端 3 裂。浆果球形，熟时紫红色，直径 8 ～ 10 mm。花期 4—6 月，果期 9—11 月。

图 1082　开口箭 *Tupistra chinensis*

【拍摄地点】李庙镇主山寨村，海拔 1064 m。

【生境分布】生于林下阴湿处、溪边或路旁。分布于南漳李庙、长坪等乡镇。

【采收加工】秋、冬二季采挖，除去须根，洗净，干燥。

【药用部位】根茎。

【性味归经】辛、苦，寒。归肺、肝、大肠经。

【功能主治】清热解毒，散瘀止痛。用于咽喉肿痛，目赤肿痛，牙龈肿痛，跌打损伤，痈疖肿毒，毒蛇咬伤等。

【用法用量】煎服，1.5 ～ 3 g。外用鲜品适量，捣烂敷患处或研末敷。孕妇忌服。

藜芦属 Veratrum

藜芦（图 1083）

Veratrum nigrum L.

【中药名】藜芦*。

【形态特征】植株高可达 1 m，通常粗壮，基部的鞘枯死后残留为有网眼的黑色纤维网。叶椭圆形、宽卵状椭圆形或卵状披针形，大小常有较大变化，通常长 22 ～ 25 cm，宽约 10 cm，薄革质，先端锐尖或渐尖，基部无柄或生于茎上部的具短柄，两面无毛。圆锥花序密生黑紫色花；侧生总状花序近直立伸展，长 4 ～ 12 cm，通常具雄花；顶生总状花序常较侧生花序长 2 倍以上，几乎全部着生两性花；总轴和枝轴密生白色绵状毛；小苞片披针形，边缘和背面有毛；生于侧生花序上的花梗长约 5 mm，约等长于小苞片，密生绵状毛；花被片开展或在两性花中略反折，矩圆形，长 5 ～ 8 mm，

图 1083　藜芦 *Veratrum nigrum*

宽约 3 mm，先端钝或浑圆，基部略收狭，全缘；雄蕊长为花被片的一半；子房无毛。蒴果长 1.5 ～ 2 cm，宽 1 ～ 1.3 cm。花果期 7—9 月。

【拍摄地点】长坪镇赵岭村，海拔 1224 m。

【生境分布】生于山坡林下或草丛中。分布于南漳长坪镇。

【采收加工】初夏花未开时采挖，除去苗叶、泥沙，洗净，干燥。

【药用部位】根及根茎。

【性味归经】辛、苦，寒；有毒。归肝、肺、胃经。

【功能主治】涌吐风痰，杀虫。用于中风痰壅，癫痫，喉痹，疟疾；外用治疥癣，恶疮。

【用法用量】2 ～ 3 g。外用适量，研末，麻油调敷。内服宜慎，体虚气弱者及孕妇忌服。不宜与人参、西洋参、党参、沙参、苦参、丹参、玄参、细辛和芍药同用。

长梗藜芦（图 1084）

Veratrum oblongum Loes.

【形态特征】植株高约 1 m。茎较细，基部稍粗，直径 2 ～ 7 mm，被棕褐色的带网眼的纤维网。叶折扇状，长椭圆形或长矩圆状披针形，生于茎下部的较大，通常长 24 ～ 30 cm，宽 3 ～ 6.5 cm，背面脉上常有乳突状毛。圆锥花序长达 80 cm，疏生多数长约 15 cm 的侧生总状花序，最下部的侧生总状花序有时再次分枝；总轴和枝轴生绵状毛；花多数，疏列，紫色；花被片开展或反折，矩圆形，长 5 ～ 7 mm，宽 2 ～ 3 mm，先端钝，基部无柄，全缘，外花被片背面基部稍被短柔毛；花梗纤细，长约为花被片的 2 倍，在侧生花序上的花梗与主轴上的近等长；小苞片比花梗短得多，长 2 ～ 5 mm；雄蕊长约为花被片的一半；子房无毛。蒴果直立，长 1.5 ～ 2 cm，宽约 7 mm。花果期 8—9 月。

图 1084　长梗藜芦 *Veratrum oblongum*

【拍摄地点】李庙镇主山寨村，海拔 1070 m。

【生境分布】生于山坡灌丛下。分布于南漳李庙、板桥等乡镇。

【药用部位】根及根茎。

【功能主治】涌吐风痰，杀虫。用于中风痰壅，癫痫，喉痹，疟疾；外用治疥癣，恶疮。

丝兰属 Yucca

细叶丝兰　丝兰（图 1085）

Yucca flaccida Haw.

【形态特征】茎很短或不明显。叶近莲座状簇生，坚硬，近剑形或长条状披针形，长 25 ～ 60 cm，宽

2.5 ～ 3 cm，顶端具一硬刺，边缘有许多稍弯曲的丝状纤维。花葶高大而粗壮；花近白色，下垂，排成狭长的圆锥花序，花序轴有乳突状毛；花被片长 3 ～ 4 cm；花丝有疏柔毛；花柱长 5 ～ 6 mm。秋季开花。

【拍摄地点】肖堰镇峰山村，海拔 882 m。

【生境分布】栽培。分布于南漳肖堰、巡检、城关等乡镇。

【药用部位】花。

【功能主治】止咳平喘。用于支气管哮喘，咳嗽。

图 1085 细叶丝兰 *Yucca flaccida*

158. 百部科 Stemonaceae

百部属 Stemona

大百部 对叶百部（图 1086）

Stemona tuberosa Lour.

【中药名】百部*。

【形态特征】块根通常纺锤状，长达 30 cm。茎常具少数分枝，攀援状，下部木质化，分枝表面具纵槽。叶对生或轮生，极少兼有互生，卵状披针形、卵形或宽卵形，长 6 ～ 24 cm，宽 5 ～ 17 cm，顶端渐尖至短尖，基部心形，边缘稍波状，纸质或薄革质；叶柄长 3 ～ 10 cm。花单生或 2 ～ 3 朵排成总状花序，生于叶腋或偶而贴生于叶柄上，花柄或花序柄长 2.5 ～ 5 cm。苞片小，披针形，长 5 ～ 10 mm；花被片黄绿色带紫色脉纹，长 3.5 ～ 7.5 cm，宽 7 ～ 10 mm，顶端渐尖，内轮比外轮稍宽，具 7 ～ 10 脉；雄蕊紫红色，短于或几等长于花被；花丝粗短，长约 5 mm；花药长 1.4 cm，其顶端具短钻状附属物；药隔肥厚，向上延伸为长钻状或披针形的附属物；子房小，卵形，花柱近无。蒴果光滑，具多数种子。花期 4—7 月，果期 7—8 月。

【拍摄地点】东巩镇太平村，海拔 638 m。

【生境分布】生于山坡丛林下、溪边、路旁以及山谷和阴湿岩石中。广泛分布于南漳各乡镇。

图 1086 大百部 *Stemona tuberosa*

【采收加工】春、秋二季采挖，除去须根，洗净，置沸水中略烫或蒸至无白心，取出，晒干。

【药用部位】块根。

【性味归经】甘、苦，微温。归肺经。

【功能主治】润肺下气止咳，杀虫灭虱。用于新久咳嗽，肺痨咳嗽，顿咳；外用于头虱，体虱，蛲虫病，阴痒。蜜百部润肺止咳，用于阴虚劳嗽。

【用法用量】3 ～ 9 g。外用适量，水煎或酒浸。

159. 石蒜科 Amaryllidaceae

龙舌兰属 Agave

龙舌兰　剑兰（图 1087）

Agave americana L.

【形态特征】多年生植物。叶呈莲座式排列，通常 30 ～ 40 枚，有时 50 ～ 60 枚，大型，肉质，倒披针状线形，长 1 ～ 2 m，中部宽 15 ～ 20 cm，基部宽 10 ～ 12 cm，叶缘具有疏刺，顶端有 1 硬尖刺，刺暗褐色，长 1.5 ～ 2.5 cm。圆锥花序大型，长达 6 ～ 12 m，多分枝；花黄绿色；花被管长约 1.2 cm，花被裂片长 2.5 ～ 3 cm；雄蕊长约为花被的 2 倍。蒴果长圆形，长约 5 cm。开花后花序上生成的珠芽极少。

【拍摄地点】武安镇安集社区，海拔 98 m。

【生境分布】原产于美洲，我国引种栽培。全县各乡镇园林、庭院有栽培。

【药用部位】叶。

【功能主治】解毒拔脓，杀虫，止血。用于痈疽疮疡，疥癣，盆腔炎，子宫出血等。

图 1087　龙舌兰 *Agave americana*

图 1088　朱顶红 *Hippeastrum rutilum*

朱顶红属 Hippeastrum

朱顶红　华胄兰（图 1088）

Hippeastrum rutilum（Ker-Gawl.）Herb.

【形态特征】多年生草本。鳞茎近球形，直径 5 ～ 7.5 cm，并有匍匐枝。叶 6 ～ 8 枚，花后抽出，鲜绿色，带形，长约 30 cm，基部宽约 2.5 cm。花茎中空，稍扁，高约 40 cm，宽约 2 cm，具白粉；花 2 ～ 4 朵；

佛焰苞状总苞片披针形，长约 3.5 cm；花梗纤细，长约 3.5 cm；花被管绿色，圆筒状，长约 2 cm，花被裂片长圆形，顶端尖，长约 12 cm，宽约 5 cm，洋红色，略带绿色，喉部有小鳞片；雄蕊 6，长约 8 cm，花丝红色，花药线状长圆形，长约 6 mm，宽约 2 mm；子房长约 1.5 cm，花柱长约 10 cm，柱头 3 裂。花期夏季。

【拍摄地点】城关镇洞坪村，海拔 82 m。

【生境分布】栽培。分布于南漳各乡镇。

【药用部位】鳞茎。

【功能主治】解毒消肿。用于痈疮肿毒。

石蒜属 Lycoris

忽地笑　黄花石蒜（图 1089）

Lycoris aurea（L'Her.）Herb.

图 1089　忽地笑 *Lycoris aurea*

【形态特征】鳞茎卵形，直径约 5 cm。秋季出叶，叶剑形，长约 60 cm，最宽处达 2.5 cm，向基部渐狭，宽约 1.7 cm，顶端渐尖，中间淡色带明显。花茎高约 60 cm；总苞片 2 枚，披针形，长约 35 cm，宽约 8 cm；伞形花序有花 4 ～ 8 朵；花黄色；花被裂片背面具淡绿色中肋，倒披针形，长约 6 cm，宽约 1 cm，强烈反卷和皱缩，花被筒长 12 ～ 15 cm；雄蕊略伸出于花被外，比花被长 1/6 左右，花丝黄色；花柱上部玫瑰红色。蒴果具 3 棱，室背开裂；种子少数，近球形，直径约 0.7 cm，黑色。花期 8—9 月，果期 10 月。

【拍摄地点】板桥镇夹马河，海拔 664 m。

【生境分布】生于阴湿山坡和溪沟边。分布于南漳板桥、肖堰、薛坪、长坪等乡镇。

【药用部位】鳞茎。

【功能主治】润肺止咳，解毒消肿。用于肺热咳嗽，咯血，阴虚痨热，小便不利，痈肿疮毒，疔疮结核，烫火伤。

【附注】本种鳞茎含力可拉敏和加兰他敏，为治疗小儿麻痹后遗症的药物。

石蒜　曼珠沙华　老鸦蒜　彼岸花（图 1090）

Lycoris radiata（L'Her.）Herb.

【形态特征】鳞茎近球形，直径 1 ～ 3 cm。秋季出叶，叶狭带状，长约 15 cm，宽约 0.5 cm，顶端钝，深绿色，中间有粉绿色带。花茎高约 30 cm；总苞片 2 枚，披针形，长约 35 cm，宽约 0.5 cm；伞形花序有花 4 ～ 7 朵，花鲜红色；花被裂片狭倒披针形，长约 3 cm，宽约 0.5 cm，强烈皱缩和反卷，花被筒绿色，长约 0.5 cm；

雄蕊显著伸出于花被外，比花被长 1 倍左右。花期 8—9 月，果期 10 月。

【拍摄地点】薛坪镇八里川村，海拔 1099 m。

【生境分布】生于阴湿山坡和溪沟边，庭院也有栽培。分布于南漳薛坪、九集、长坪等乡镇。

【药用部位】鳞茎。

【功能主治】祛痰，利尿，解毒，催吐。用于咽喉肿痛，痈肿疮毒，瘰疬，肾炎水肿，毒蛇咬伤等。

【附注】本种鳞茎含有石蒜碱、伪石蒜碱、多花水仙碱、力可拉敏及加兰他敏等多种生物碱，有小毒；石蒜碱具一定抗癌活性，并能抗炎、解热、镇静及催吐；加兰他敏和力可拉敏为治疗小儿麻痹后遗症的要药。

图 1090　石蒜 *Lycoris radiata*

葱莲属 Zephyranthes

葱莲　肝风草（图 1091）

Zephyranthes candida（Lindl.）Herb.

【形态特征】多年生草本。鳞茎卵形，直径约 2.5 cm，具有明显的颈部，颈长 2.5 ～ 5 cm。叶狭线形，肥厚，亮绿色，长 20 ～ 30 cm，宽 2 ～ 4 mm。花茎中空；花单生于花茎顶端，下有带褐红色的佛焰苞状总苞，总苞片顶端 2 裂；花梗长约 1 cm；花白色，外面常带淡红色；几无花被管，花被片 6，长 3 ～ 5 cm，顶端钝或具短尖头，宽约 1 cm，近喉部常有很小的鳞片；雄蕊 6，长约为花被的 1/2；花柱细长，柱头不明显 3 裂。蒴果近球形，直径约 1.2 cm，3 瓣开裂；种子黑色，扁平。花期秋季。

【拍摄地点】城关镇玉溪山，海拔 201 m。

【生境分布】栽培。全县各乡镇园林、庭院有栽培。

【药用部位】全草。

【功能主治】平肝息风。用于小儿急惊风，癫痫。

图 1091　葱莲 *Zephyranthes candida*

韭莲　红花葱兰（图 1092）

Zephyranthes grandiflora Lindl.

【形态特征】多年生草本。鳞茎卵球形，直径 2 ～ 3 cm。基生叶常数枚簇生，线形，扁平，长

15 ～ 30 cm，宽 6 ～ 8 mm。花单生于花茎顶端，下有佛焰苞状总苞，总苞片常带淡紫红色，长 4 ～ 5 cm，下部合生成管；花梗长 2 ～ 3 cm；花玫瑰红色或粉红色；花被管长 1 ～ 2.5 cm，花被裂片 6，裂片倒卵形，顶端略尖，长 3 ～ 6 cm；雄蕊 6，长为花被的 2/3 ～ 4/5，花药“丁”字形着生；子房下位，3 室，胚珠多数，花柱细长，柱头深 3 裂。蒴果近球形；种子黑色。花期夏、秋二季。

【拍摄地点】长坪镇标湖村，海拔 280 m。

【生境分布】栽培。全县各乡镇园林、庭院有栽培。

图 1092　韭莲 *Zephyranthes grandiflora*

【药用部位】全草。

【功能主治】清热解毒，活血凉血。用于痈疮红肿。

160. 薯蓣科 Dioscoreaceae

薯蓣属 Dioscorea

参薯　脚板薯　毛薯（图 1093）

Dioscorea alata L.

【形态特征】缠绕草质藤本。野生的块茎多数为长圆柱形，栽培的变异大，有长圆柱形、圆锥形、球形、扁圆形而重叠，或有各种分枝，通常圆锥形或球形的块茎外皮为褐色或紫黑色，断面白色带紫色，其余的外皮为淡灰黄色，断面白色，有时带黄色。茎右旋，无毛，通常有 4 条狭翅，基部有时有刺。单叶，在茎下部的互生，中部以上的对生；叶片绿色或带紫红色，纸质，卵形至卵圆形，长 6 ～ 15 cm，宽 4 ～ 13 cm，顶端短渐尖、尾尖或凸尖，基部心形、深心形至箭形，有时为戟形，两耳钝，两面无毛；叶柄绿色或带紫红色，长 4 ～ 15 cm。叶腋内有大小不等的珠芽，珠芽为球形、卵形或倒卵形，有时扁平。雌雄异株。雄花序为穗状花序，长 1.5 ～ 4 cm，通常 2 至数个簇生或单生于花序轴上排列成圆锥花序，圆锥花序长可达数十厘米；花序轴明显地呈“之”字状曲折；雄花的外轮花被片为宽卵形，长 1.5 ～ 2 mm，内轮倒卵形；雄蕊 6。雌花序为穗状花序，1 ～ 3 个着生于叶腋；雌花的外轮花被片为宽卵形，内轮为倒卵状

图 1093　参薯 *Dioscorea alata*

长圆形，较小而厚；退化雄蕊 6。蒴果不反折，三棱状扁圆形，有时为三棱状倒心形，长 1.5 ～ 2.5 cm，宽 2.5 ～ 4.5 cm；种子着生于每室中轴中部，四周有膜质翅。花期 11 月至翌年 1 月，果期 12 月至翌年 1 月。

【拍摄地点】巡检镇南峪沟村，海拔 450 m。

【生境分布】栽培。分布于南漳巡检镇，偶见。

【药用部位】块茎。

【功能主治】健脾止泻，益肺滋肾，解毒敛疮。用于脾虚泄泻，肾虚遗精，带下，小便频数，虚劳咳嗽，消渴，疮疡溃烂，烫火伤。

三叶薯蓣（图 1094）

Dioscorea arachidna Prain et Burkill

【形态特征】缠绕草质藤本。地下块茎顶端通常有 4 个以上分枝，长可达 20 cm，各个分枝末端膨大成椭圆形或圆球形块茎，直径约 5 cm，新鲜时外皮黄白色，断面白色。茎基部有刺，中部以上近无刺，被棕褐色或白色短柔毛，老时变疏或近无毛，但通常在茎节上仍留有棕色短柔毛，不易脱落。掌状复叶有 3 小叶，有时茎中部以上渐成单叶；小叶片全缘，沿叶脉散生白色柔毛；中间小叶片披针形或近椭圆形，顶端渐尖，基部楔形，长 7 ～ 20 cm，宽 3 ～ 11 cm，两侧小叶片卵状椭圆形，与中间小叶片等大，顶端微尖，基部斜楔形，不对称。雄花无梗或有短梗；穗状花序排列成圆锥状，长达 20 cm；小苞片三角状阔卵形，背面及边缘有白色柔毛；3 个雄蕊发育。蒴果三棱状长椭圆形，成熟后反折下垂，长 2 ～ 3 cm，宽约 1.6 cm，顶端圆钝，基部微心形，成熟时草黄色；种子着生于每室中轴顶部，种翅向基部延伸。花期 9—10 月，果熟期 12 月至翌年 2 月。

图 1094　三叶薯蓣 *Dioscorea arachidna*

【拍摄地点】长坪镇长岭村，海拔 241 m。

【生境分布】生于常绿阔叶林和沟谷路边灌丛中。分布于南漳长坪、薛坪等乡镇。

【药用部位】块茎。

【功能主治】健脾益胃，益肺止咳。用于脾虚泄泻，虚劳咳嗽。

黄独　黄药子（图 1095）

Dioscorea bulbifera L.

【形态特征】缠绕草质藤本。块茎卵圆形或梨形，直径 4 ～ 10 cm，通常单生，每年由去年的块茎顶端抽出，很少分枝，外皮棕黑色，表面密生须根。茎左旋，浅绿色稍带红紫色，光滑无毛。叶腋内有紫棕色，球形或卵圆形珠芽，大小不一，最重者可达 300 g，表面有圆形斑点。单叶互生；叶片宽卵状心形或卵状心形，长 15 ～ 26 cm，宽 2 ～ 14 cm，顶端尾状渐尖，边缘全缘或微波状，两面无毛。雄花序穗状，下垂，常数个丛生于叶腋，有时分枝呈圆锥状；雄花单生，密集，基部有卵形苞片2枚；花被片披针形，新鲜时紫色；雄蕊6枚，着生于花被基部，花丝与花药近等长。雌花序与雄花序相似，常2至数个丛生叶腋，长20～50 cm；退化雄蕊6枚，长仅为花被片1/4。蒴果反折下垂，三棱状长圆形，长1.5～3 cm，宽0.5～1.5 cm，两端浑圆，成熟时草黄色，表面密被紫色小斑点，无毛；种子深褐色，扁卵形，通常两两着生于每室中轴顶部，种翅栗褐色，向种子基部延伸呈长圆形。花期7—10月，果期8—11月。

图1095 黄独 *Dioscorea bulbifera*

【拍摄地点】巡检镇南峪沟村，海拔261 m。

【生境分布】生于河谷边、山谷阴沟或杂木林边缘或路旁的树荫下。分布于南漳巡检、城关等乡镇。

【药用部位】块茎。

【功能主治】清热解毒，凉血，消瘿。用于疮痈肿毒，虫蛇咬伤，喉痹。

【附注】块茎含呋喃去甲基二萜类化合物及黄药子萜A、黄药子萜B、黄药子萜C，后三者均有苦味，主治甲状腺肿大、淋巴结结核等。

穿龙薯蓣　穿地龙　穿山龙（图1096）

Dioscorea nipponica Makino

【中药名】穿山龙*。

【形态特征】缠绕草质藤本。根状茎横生，圆柱形，多分枝，栓皮层显著剥离。茎左旋，近无毛，长达5 m。单叶互生，叶柄长10～20 cm；叶片掌状心形，变化较大，茎基部叶长10～15 cm，宽9～13 cm，边缘作不等大的三角状浅裂、中裂或深裂，顶端叶片小，近于全缘，叶表面黄绿色，有光泽，无毛或有稀疏的白色细柔毛，尤以脉上较密。花雌雄异株。雄花序为腋生的穗状花序，花序基部常由2～4朵集成小伞状，至花序顶端常为单花；苞片披针形，顶端渐尖，短于花被；花被碟形，6裂，裂片顶端钝圆；雄蕊6枚，着生于花被裂片的中央，花药内向。雌花序穗状，单生；雌花具有退化雄蕊，有时雄蕊退化仅留有花丝；雌蕊柱头3裂，裂片再2裂。蒴果成熟后枯黄色，三棱形，顶端凹入，基部近圆形，

图1096 穿龙薯蓣 *Dioscorea nipponica*

每棱翅状，大小不一，一般长约 2 cm，宽约 1.5 cm；种子每室 2 枚，有时仅 1 枚发育，着生于中轴基部，四周有不等的薄膜状翅，上方呈长方形，长约比宽大 2 倍。花期 6—8 月，果期 8—10 月。

【拍摄地点】李庙镇主山寨村，海拔 1156 m。

【生境分布】生于山坡灌丛、稀疏杂木林内及林缘。分布于南漳各乡镇。

【采收加工】春、秋二季采挖，洗净，除去须根和外皮，晒干。

【药用部位】根茎。

【性味归经】甘、苦，温。归肝、肾、肺经。

【功能主治】祛风除湿，舒筋通络，活血止痛，止咳平喘。用于风湿痹病，关节肿胀，疼痛麻木，跌扑损伤，闪腰岔气，咳嗽气喘。

【用法用量】9 ～ 15 g；也可制成酒剂用。

薯蓣 山药（图 1097）

Dioscorea opposita Thunb.

【中药名】山药*。

【形态特征】缠绕草质藤本。块茎长圆柱形，垂直生长，长可达 1 m 多，断面干时白色。茎通常带紫红色，右旋，无毛。单叶，在茎下部的互生，中部以上的对生，很少 3 叶轮生；叶片变异大，卵状三角形至宽卵形或戟形，长 3 ～ 9 cm，宽 2 ～ 7 cm，顶端渐尖，基部深心形、宽心形或近截形，边缘常 3 浅裂至 3 深裂，中裂片卵状椭圆形至披针形，侧裂片耳状，圆形、近方形至长圆形；幼苗时一般叶片为宽卵形或卵圆形，基部深心形。叶腋内常有珠芽。雌雄异株。雄花序为穗状花序，长 2 ～ 8 cm，近直立，2 ～ 8 个着生于叶腋，偶而呈圆锥状排列；花序轴明显地呈“之”字状曲折；苞片和花被片有紫褐色斑点；雄花的外轮花被片为宽卵形，内轮卵形，较小；雄蕊 6。雌花序为穗状花序，1 ～ 3 个着生于叶腋。蒴果不反折，三棱状扁圆形或三棱状圆形，长 1.2 ～ 2 cm，宽 1.5 ～ 3 cm，外面有白粉；种子着生于每室中轴中部，四周有膜质翅。花期 6—9 月，果期 7—11 月。

图 1097 薯蓣 *Dioscorea opposita*

【拍摄地点】九集镇吴家集村，海拔 158 m。

【生境分布】生于山坡、山谷林下，溪边、路旁的灌丛中或杂草中。广泛分布于南漳各乡镇。

【采收加工】冬季茎叶枯萎后采挖，切去根头，洗净，除去外皮和须根，干燥，习称“毛山药”；或除去外皮，趁鲜切厚片，干燥，称为“山药片”；也有选择肥大顺直的干燥山药，置清水中，浸至无干心，闷透，切齐两端，用木板搓成圆柱状，晒干，打光，习称“光山药”。

【药用部位】根茎。

【性味归经】甘，平。归脾、肺、肾经。

【功能主治】补脾养胃，生津益肺，补肾涩精。用于脾虚食少，久泻不止，肺虚喘咳，肾虚遗精，带下，尿频，虚热消渴。麸炒山药补脾健胃。用于泄泻便溏，带下。

【用法用量】15 ～ 30 g。

五叶薯蓣（图 1098）

Dioscorea pentaphylla L.

【形态特征】缠绕草质藤本。块茎形状不规则，通常为长卵形，外皮有多数细长须根，断面刚切开时白色，不久变棕色。茎疏生短柔毛，后变无毛，有皮刺。掌状复叶有 3 ～ 7 小叶；小叶片常为倒卵状椭圆形、长椭圆形或椭圆形，最外侧的小叶片通常为斜卵状椭圆形，长 6.5 ～ 24 cm，宽 2.5 ～ 9 cm，顶端短渐尖或凸尖，全缘，表面疏生贴伏短柔毛至近无毛，背面疏生短柔毛。叶腋内有珠芽。雄花无梗或梗极短，穗状花序排列成圆锥状，长可达 50 cm，花序轴密生棕褐色短柔毛；小苞片 2，近半圆形，稍有短柔毛；发育雄蕊 3 枚。雌花序为穗状花序，单一或分枝；花序轴和子房密生棕褐色短柔毛；小苞片和花被外面有短柔毛。蒴果三棱状长椭圆形，薄革质，长 2 ～ 2.5 cm，宽 1 ～ 1.3 cm，成熟时黑色，疏生短柔毛；种子通常两两着生于每室中轴顶部，种翅向蒴果基部延伸。花期 8—10 月，果期 11 月至翌年 2 月。

图 1098　五叶薯蓣 *Dioscorea pentaphylla*

【拍摄地点】李庙镇闫坪村，海拔 753 m。

【生境分布】生于林边或灌丛中。分布于南漳李庙、长坪、薛坪等乡镇。

【药用部位】块茎。

【功能主治】补脾益肾，利湿消肿。用于脾肾虚弱，水肿，泄泻，产后瘦弱，缺乳，无名肿毒。

盾叶薯蓣　黄姜（图 1099）

Dioscorea zingiberensis C. H. Wright

【中药名】盾叶薯蓣*。

【形态特征】缠绕草质藤本。根状茎横生，近圆柱形，指状或不规则分枝，新鲜时外皮棕褐色，断面黄色，干后除去须根常留有白色点状痕迹。茎左旋，光滑无毛，有时在分枝或叶柄基部两侧微凸起或有刺。单叶互生；叶片厚纸质，三角状卵形、心形或箭形，通常 3 浅裂至 3 深裂，中间裂片三角状卵形或披针形，两侧裂片圆耳状或长圆形，两面光滑无毛，表面绿色，常有不规则斑块，干时呈灰褐色；叶柄盾状着生。花单性，雌雄异株或同株。雄花无梗，常 2 ～ 3 朵簇生，再排列成穗状，花序单一或分枝，1 个或 2 ～ 3 个簇生叶腋，通常每簇花仅 1 ～ 2 朵发育，基部常有膜质苞片 3 ～ 4 枚；花被片 6，长 1.2 ～ 1.5 mm，宽 0.8 ～ 1 mm，开放时平展，紫红色，干后黑色；雄蕊 6 枚，着生于花托的边缘，花丝极短，与花药几等长。雌花序与雄花序几相似；雌花具花丝状退化雄蕊。蒴果三棱形，每棱翅状，长 1.2 ～ 2 cm，宽 1 ～ 1.5 cm，干后蓝黑色，表面常有白粉；种子通常每室 2 枚，着生于中轴中部，四周围有薄膜状翅。花期 5—8 月，果期 9—10 月。

【拍摄地点】薛坪镇陶沟村，海拔 694 m。

【生境分布】生于杂木林间、沟谷边缘的路旁，常见于腐殖质深厚的土层中。分布于南漳各乡镇。

【采收加工】春、秋二季采挖，除去泥沙及杂质，晒干。

【药用部位】根茎。

【性味归经】苦，凉。归肝、胃、膀胱经。

【功能主治】利湿通淋，清肺止咳，通络止痛，解毒消肿。用于湿热淋痛，肺热咳嗽，风湿腰痛，痈肿恶疮，跌打扭伤，蜂蜇虫咬。

图 1099　盾叶薯蓣 *Dioscorea zingiberensis*

161. 雨久花科 Pontederiaceae

雨久花属 Monochoria

鸭舌草　水玉簪（图 1100）

Monochoria vaginalis（Burm. F.）Presl ex Kunth

【形态特征】水生草本。根状茎极短，具柔软须根。茎直立或斜上，高 12 ～ 35 cm，全株光滑无毛。叶基生和茎生；叶片形状和大小变化较大，由心状宽卵形、长卵形至披针形，长 2 ～ 7 cm，宽 0.8 ～ 5 cm，顶端短凸尖或渐尖，基部圆形或浅心形，全缘，具弧状脉；叶柄长 10 ～ 20 cm，基部扩大成开裂的鞘，鞘长 2 ～ 4 cm，顶端有舌状体，长 7 ～ 10 mm。总状花序从叶柄中部抽出，该处叶柄扩大成鞘状；花序梗短，长 1 ～ 1.5 cm，基部有 1 披针形苞片；花序在花期直立，果期下弯；花通常 3 ～ 5 朵，蓝色；花被片卵状披针形或长圆形，长 10 ～ 15 mm；花梗长不及 1 cm；雄蕊 6 枚，其中 1 枚较大；花药长圆形，其余 5 枚较小；花丝丝状。蒴果卵形至长圆形，长约 1 cm。种子多数，椭圆形，长约 1 mm，灰褐色，具 8 ～ 12 纵条纹。花期 8—9 月，果期 9—10 月。

图 1100　鸭舌草 *Monochoria vaginalis*

【拍摄地点】巡检镇白鹤船村，海拔 430 m。

【生境分布】生于稻田、沟旁、浅水池塘等处。分布于南漳巡检、九集等乡镇。

【药用部位】全草。

【功能主治】清热解毒。用于肠炎，痢疾，咽喉肿痛，牙龈脓肿；外用治虫蛇咬伤，疮疖。

162. 鸢尾科 Iridaceae

射干属 Belamcanda

射干　扁竹（图 1101）

Belamcanda chinensis（L.）Redouté

图 1101　射干 *Belamcanda chinensis*

【中药名】射干*。

【形态特征】多年生草本。根状茎为不规则的块状，斜伸，黄色或黄褐色；须根多数，带黄色。茎高 1 ～ 1.5 m，实心。叶互生，嵌迭状排列，剑形，长 20 ～ 60 cm，宽 2 ～ 4 cm，基部鞘状抱茎，顶端渐尖，无中脉。花序顶生，叉状分枝，每分枝的顶端聚生有数朵花；花梗细，长约 1.5 cm；花梗及花序的分枝处均包有膜质的苞片，苞片披针形或卵圆形；花橙红色，散生紫褐色的斑点，直径 4 ～ 5 cm；花被裂片 6，2 轮排列，外轮花被裂片倒卵形或长椭圆形，长约 2.5 cm，宽约 1 cm，顶端钝圆或微凹，基部楔形，内轮较外轮花被裂片略短而狭；雄蕊 3，长 1.8 ～ 2 cm，着生于外花被裂片的基部，花药条形，外向开裂，花丝近圆柱形，基部稍扁而宽；花柱上部稍扁，顶端 3 裂，裂片边缘略向外卷，有细而短的毛，子房下位，倒卵形，3 室，中轴胎座，胚珠多数。蒴果倒卵形或长椭圆形，长 2.5 ～ 3 cm，直径 1.5 ～ 2.5 cm，顶端无喙，常残存有凋萎的花被，成熟时室背开裂，果瓣外翻，中央有直立的果轴；种子圆球形，黑紫色，有光泽，直径约 5 mm，着生在果轴上。花期 6—8 月，果期 7—9 月。

【拍摄地点】李庙镇主山寨村，海拔 1085 m。

【生境分布】生于林缘或山坡草地。分布于南漳各乡镇。

【采收加工】春初刚发芽或秋末茎叶枯萎时采挖，除去须根和泥沙，干燥。

【药用部位】根茎。

【性味归经】苦，寒。归肺经。

【功能主治】清热解毒，消痰，利咽。用于热毒痰火郁结，咽喉肿痛，痰涎壅盛，咳嗽气喘。

【用法用量】3 ～ 10 g。

鸢尾属 Iris

蝴蝶花　扁竹叶（图 1102）

Iris japonica Thunb.

【形态特征】多年生草本。根状茎可分为较粗的直立根状茎和纤细的横走根状茎，直立的根状茎扁圆形，具多数较短的节间，棕褐色，横走的根状茎节间长，黄白色；须根生于根状茎的节上，分枝多。叶基生，暗绿色，有光泽，近地面处带红紫色，剑形，长 25 ～ 60 cm，宽 1.5 ～ 3 cm，顶端渐尖，无明显的中脉。花茎直立，高于叶片，顶生稀疏总状聚伞花序，分枝 5 ～ 12 个，与苞片等长或略超出；苞片叶状，3 ～ 5 枚，宽披针形或卵圆形，长 0.8 ～ 1.5 cm，顶端钝，其中包含 2 ～ 4 朵花，花淡蓝色或蓝紫色，直径 4.5 ～ 5 cm；花梗伸出苞片之外，长 1.5 ～ 2.5 cm；花被管明显，长 1.1 ～ 1.5 cm，外花被裂片倒卵形或椭圆形，长 2.5 ～ 3 cm，宽 1.4 ～ 2 cm，顶端微凹，基部楔形，边缘波状，有细齿裂，中脉上有隆起的黄色鸡冠状附属物，内花被裂片椭圆形或狭倒卵形，长 2.8 ～ 3 cm，宽 1.5 ～ 2.1 cm，爪部楔形，顶端微凹，边缘有细齿裂，花盛开时向外展开；雄蕊长 0.8 ～ 1.2 cm，花药长椭圆形，白色；花柱分枝较内花被裂片略短，中肋处淡蓝色，顶端裂片繸状丝裂，子房纺锤形，长 0.7 ～ 1 cm。蒴果椭圆状柱形，长 2.5 ～ 3 cm，直径 1.2 ～ 1.5 cm，顶端微尖，基部钝，无喙，6 条纵肋明显，成熟时自顶端开裂至中部；种子黑褐色，为不规则的多面体，无附属物。花期 3—4 月，果期 5—6 月。

图 1102　蝴蝶花 *Iris japonica*

【拍摄地点】城关镇凉泉村，海拔 445 m。

【生境分布】生于山坡较阴蔽而湿润的草地、疏林下或林缘草地。分布于南漳城关、李庙、巡检等乡镇。

【药用部位】根茎。

【功能主治】清热解毒，消肿止痛。用于小儿发烧，肺病咯血，喉痛，外伤瘀血等。

马蔺（图 1103）

Iris lactea var. *chinensis*（Fisch.）Koidz.

【形态特征】多年生密丛草本。根状茎粗壮，木质，斜伸，外包有大量致密的红紫色折断的老叶残留叶鞘及毛发状的纤维；须根粗而长，黄白色，少分枝。叶基生，坚韧，灰绿色，条形或狭剑形，长约 50 cm，宽 4 ～ 6 mm，顶端渐尖，基部鞘状，带红紫色，无明显的中脉。花茎光滑，高 3 ～ 10 cm；苞片 3 ～ 5 枚，草质，绿色，边缘白色，披针形，长 4.5 ～ 10 cm，宽 0.8 ～ 1.6 cm，顶端渐尖或长渐尖，内包含 2 ～ 4 朵花；花浅蓝色、蓝色或蓝紫色，花被上有较深色的条纹；花梗长 4 ～ 7 cm；花被管甚短，长约

图 1103　马蔺 *Iris lactea* var. *chinensis*

3 mm，外花被裂片倒披针形，长 4.5 ～ 6.5 cm，宽 0.8 ～ 1.2 cm，顶端钝或急尖，爪部楔形，内花被裂片狭倒披针形，长 4.2 ～ 4.5 cm，宽 5 ～ 7 mm，爪部狭楔形。蒴果长椭圆状柱形，长 4 ～ 6 cm，直径 1 ～ 1.4 cm，有 6 条明显的肋，顶端有短喙；种子为不规则的多面体，棕褐色，略有光泽。花期 5—6 月，果期 6—9 月。

【拍摄地点】城关镇三道河，海拔 160 m。

【生境分布】生于荒地、路旁、山坡草地。南漳城关镇偶见栽培。

【药用部位】种子，花蕾。

【功能主治】种子：清热，利湿，止血，解毒；用于黄疸，泻痢，衄血，血崩，带下，喉痹，痈肿。花蕾：清热，解毒，止血，利尿；用于喉痹，衄血，小便不通，淋病，疝气，痈疽。

小鸢尾（图 1104）

Iris proantha Diels

图 1104 小鸢尾 *Iris proantha*

【形态特征】多年生矮小草本，植株基部淡绿色，围有 3 ～ 5 枚鞘状叶及少量的老叶残留纤维。根状茎细长，坚韧，二歧状分枝，横走，棕黄色，节处膨大；须根细弱，生于节处，棕黄色。叶狭条形，黄绿色，花期叶长 5 ～ 20 cm，宽 1 ～ 2.5 mm，果期长可达 40 cm，宽达 7 mm，顶端长渐尖，基部鞘状，有 1 ～ 2 条纵脉。花茎高 5 ～ 7 cm，中下部有 1 ～ 2 枚鞘状的茎生叶；苞片 2 枚，草质，绿色，狭披针形，长 3.5 ～ 5.5 cm，宽约 6 mm，顶端渐尖，内包含 1 朵花；花淡蓝紫色，直径 3.5 ～ 4 cm；花梗长 0.6 ～ 1 cm；花被管长 2.5 ～ 3 cm，外花被裂片倒卵形，长约 2.5 cm，宽 1 ～ 1.2 cm，盛开时上部平展，有马蹄形的斑纹，爪部楔形，中脉上有黄色的鸡冠状附属物，表面平坦似毡绒状，内花被裂片倒披针形，长 2.2 ～ 2.5 cm，宽约 7 mm，直立；雄蕊长约 1 cm，花丝及花药皆为白色；花柱分枝淡蓝紫色，长约 1.8 cm，宽约 4 mm，顶端裂片长三角形，外缘有不明显的疏齿，子房绿色，圆柱形，长 4 ～ 5 mm。蒴果圆球形，直径 1.2 ～ 1.5 cm，顶端有短喙；果梗长 1 ～ 1.3 cm，苞片宿存于果实基部。花期 3—4 月，果期 5—7 月。

【拍摄地点】城关镇便河村，海拔 294 m。

【生境分布】生于山坡、草地、林缘或疏林下。分布于南漳城关镇韩家山。

【药用部位】根茎。

【功能主治】解表，散寒，止痛。用于风寒感冒，寒性腹泻，关节疼痛。

鸢尾　蓝蝴蝶（图 1105）

Iris tectorum Maxim.

【中药名】川射干 *。

图 1105 鸢尾 *Iris tectorum*

【形态特征】多年生草本，植株基部围有老叶残留的膜质叶鞘及纤维。根状茎粗壮，二歧分枝，直径约 1 cm，斜伸；须根较细而短。叶基生，黄绿色，稍弯曲，中部略宽，宽剑形，长 15 ～ 50 cm，宽 1.5 ～ 3.5 cm，顶端渐尖或短渐尖，基部鞘状，有数条不明显的纵脉。花茎光滑，高 20 ～ 40 cm，顶部常有 1 ～ 2 个短侧枝，中、下部有 1 ～ 2 枚茎生叶；苞片 2 ～ 3 枚，绿色，草质，边缘膜质，色淡，披针形或长卵圆形，长 5 ～ 7.5 cm，宽 2 ～ 2.5 cm，顶端渐尖或长渐尖，内包含 1 ～ 2 朵花；花蓝紫色，直径约 10 cm；花梗甚短；花被管细长，长约 3 cm，上端膨大成喇叭形，外花被裂片圆形或宽卵形，长 5 ～ 6 cm，宽约 4 cm，顶端微凹，爪部狭楔形，中脉上有不规则的鸡冠状附属物，呈不整齐的缝状裂，内花被裂片椭圆形，长 4.5 ～ 5 cm，宽约 3 cm，花盛开时向外平展，爪部突然变细；雄蕊长约 2.5 cm，花药鲜黄色，花丝细长，白色；花柱分枝扁平，淡蓝色，长约 3.5 cm，顶端裂片近四方形，有疏齿，子房纺锤状圆柱形，长 1.8 ～ 2 cm。蒴果长椭圆形或倒卵形，长 4.5 ～ 6 cm，直径 2 ～ 2.5 cm，有 6 条明显的肋，成熟时自上而下 3 瓣裂；种子黑褐色，梨形，无附属物。花期 4—5 月，果期 6—8 月。

【拍摄地点】城关镇凉泉村，海拔 608 m。

【生境分布】生于向阳坡地、林缘及水边湿地。分布于南漳城关、李庙、板桥等乡镇。

【采收加工】全年均可采挖，除去须根及泥沙，干燥。

【药用部位】根茎。

【性味归经】苦，寒。归肺经。

【功能主治】清热解毒，祛痰，利咽。用于热毒痰火郁结，咽喉肿痛，痰涎壅盛，咳嗽气喘。

【用法用量】6 ～ 10 g。

163. 灯心草科 Juncaceae

灯心草属 Juncus

翅茎灯心草（图 1106）

Juncus alatus Franch. et Savat.

【形态特征】多年生草本，高 11 ～ 48 cm；根状茎短而横走，具淡褐色细弱的须根。茎丛生，直立，扁平，两侧有狭翅，宽 2 ～ 4 mm，具不明显的横隔。叶基生或茎生，前者多枚，后者 1 ～ 2 枚；叶片扁平，线形，长 5 ～ 16 cm，宽 3 ～ 4 mm，顶端尖锐，通常具不明显的横隔或几无横隔；叶鞘两侧压扁，边缘膜质，松弛抱茎；叶耳小。花序由 7 ～ 27 个头状花序排列成聚伞状，花序分枝常 3 个，具长短不等的花序梗，长者达 8 cm，上端分枝常向两侧伸展，花序长 3 ～ 12 cm；叶状总苞片长 2 ～ 9 cm；头状花序扁平，有 3 ～ 7 朵花，具 2 ～ 3 枚宽卵形的膜质苞片，长 2 ～ 2.5 mm，宽约 1.5 mm，顶端急尖；小苞片 1，卵形；花淡绿色或黄褐色；花梗极短；花被片披针形，长 3 ～ 3.5 mm，宽 1 ～ 1.3 mm，顶端渐尖，边缘膜质，外轮者背脊明显，内轮者稍长；雄蕊 6 枚；花药长圆形，长约 0.8 mm，黄色；花丝基部扁平，长约 1.7 mm；子房椭圆形，1 室；花柱短，柱头 3 分叉，长约 0.8 mm。蒴果三棱状圆柱形，长 3.5 ～ 5 mm，顶端具短钝的突尖，淡黄褐色。种子椭圆形，长约 0.5 mm，黄褐色，具纵条纹。花期 4—7 月，果期 5—10 月。

【拍摄地点】板桥镇龙垴村，海拔 1260 m。

【生境分布】生于水边、田边、湿草地和山坡林下阴湿处。分布于南漳板桥、城关等乡镇。

【药用部位】全草。

【功能主治】清热泻火，息风止痉。用于心烦口渴，口舌生疮，小便不利，淋证。

图 1106 翅茎灯心草 *Juncus alatus*

扁茎灯心草（图 1107）

Juncus compressus Jacq.

【形态特征】多年生草本，高 15 ～ 40 cm；根状茎粗壮横走，褐色，具黄褐色须根。茎丛生，直立，圆柱形或稍扁，绿色，直径 0.5 ～ 1.5 mm。叶基生和茎生；低出叶鞘状，长 1.5 ～ 3 cm，淡褐色；基生叶 2 ～ 3 枚；叶片线形，长 3 ～ 15 cm，宽 0.5 ～ 1 mm；茎生叶 1 ～ 2 枚；叶片线形，扁平，长 10 ～ 15 cm；叶鞘长 2 ～ 9 cm，松弛抱茎；叶耳圆形。顶生复聚伞花序；叶状总苞片通常 1 枚，线形，常超出花序；从总苞叶腋中发出多个花序分枝，花序分枝纤细，长短不一，长者达 4 ～ 6 cm，顶端一至二回或多回分枝，有时花序延伸长达 13 cm；花单生，彼此分离；小苞片 2 枚，宽卵形，长约 1 mm，顶端钝，膜质；花被片披针形或长圆状披针形，长 1.8 ～ 2.6 mm，宽 0.9 ～ 1.1 mm，顶端钝圆，外轮者稍长于内轮，较窄，内轮者具宽膜质边缘，背部淡绿色，顶端和边缘褐色；雄蕊 6 枚；花药长圆形，基部略成箭形，长 0.8 ～ 1 mm，黄色；花丝长 0.6 ～ 0.8 mm；子房长圆形，长约 1.5 mm；花柱很短；柱头 3 分叉，长约 1.5 mm。蒴果卵球形，长约 2.5 mm，超出花被，上端钝，具短尖头，有 3 个隔膜，成熟时褐色、光亮。种子斜卵形，长约 0.4 mm，表面具纵纹，成熟时褐色。花期 5—7 月，果期 6—8 月。

图 1107 扁茎灯心草 *Juncus compressus*

【拍摄地点】长坪镇赵岭村，海拔 1110 m。

【生境分布】生于河岸、塘边、田埂上、沼泽及草原湿地。分布于南漳长坪、城关、巡检等乡镇。

【药用部位】全草。

【功能主治】清热解毒，利水消肿，安神定惊。用于心烦失眠，尿少涩痛，口舌生疮。

灯心草（图 1108）

Juncus effusus L.

【中药名】灯心草*。

【形态特征】多年生草本，高 27～91 cm，有时更高；根状茎粗壮横走，具黄褐色稍粗的须根。茎丛生，直立，圆柱形，淡绿色，具纵条纹，直径 1.5～3 mm，茎内充满白色的髓心。叶全部为低出叶，呈鞘状或鳞片状，包围在茎的基部，长 1～22 cm，基部红褐色至黑褐色；叶片退化为刺芒状。聚伞花序假侧生，含多花，排列紧密或疏散；总苞片圆柱形，生于顶端，似茎的延伸，直立，长 5～28 cm，顶端尖锐；小苞片 2 枚，宽卵形，膜质，顶端尖；花淡绿色；花被片线状披针形，长 2～12.7 mm，宽约 0.8 mm，顶端锐尖，背脊增厚凸出，黄绿色，边缘膜质，外轮者稍长于内轮；雄蕊 3 枚（偶有 6 枚），长约为花被片的 2/3；花药长圆形，黄色，长约 0.7 mm，稍短于花丝；雌蕊具 3 室子房；花柱极短；柱头 3 分叉，长约 1 mm。蒴果长圆形或卵形，长约 2.8 mm，顶端钝或微凹，黄褐色。种子卵状长圆形，长 0.5～0.6 mm，黄褐色。花期 4—7 月，果期 6—9 月。

图 1108 灯心草 *Juncus effusus*

【拍摄地点】九集镇吴家集村，海拔 151 m。

【生境分布】生于河边、池旁、水沟、稻田旁、草地及沼泽湿处。分布于南漳九集、城关等乡镇。

【采收加工】夏末至秋季割取茎，晒干，取出茎髓，理直，扎成小把。

【药用部位】茎髓。

【性味归经】甘、淡，微寒。归心、肺、小肠经。

【功能主治】清心火，利小便。用于心烦失眠，尿少涩痛，口舌生疮。

【用法用量】1～3 g。

164. 鸭跖草科 Commelinaceae

鸭跖草属 Commelina

饭包草　竹叶菜（图 1109）

Commelina bengalensis L.

【形态特征】多年生披散草本。茎大部分匍匐，节上生根，上部及分枝上部上升，长可达 70 cm，被疏柔毛。叶有明显的叶柄；叶片卵形，长3～7 cm，宽1.5～3.5 cm，顶端钝或急尖，近无毛；叶鞘口沿有疏而长的毛。总苞片漏斗状，与叶对生，常数个集于枝顶，下部边缘合生，长8～12 mm，被疏毛，顶端短急尖或钝，柄极短；花序下面一枝具细长梗，具1～3朵不孕的花，伸出佛焰苞，上面一枝有花数朵，结实，不伸出佛焰苞；萼片膜质，披针形，长2 mm，无毛；花瓣蓝色，圆形，长3～5 mm；内面2枚具长爪。蒴果椭圆状，长4～6 mm，3室，腹面2室每室具两颗种子，开裂，后面1室仅有1颗种子，或无种子，不裂。种子长近2 mm，多皱并有不规则网纹，黑色。花期夏、秋二季。

图1109 饭包草 *Commelina bengalensis*

【拍摄地点】李庙镇齐家岗村，海拔209 m。

【生境分布】生于湿地。分布于南漳各乡镇。

【药用部位】全草。

【功能主治】清热解毒，利湿消肿。用于小便短赤涩痛，赤痢，疔疮。

鸭跖草 竹叶菜（图1110）

Commelina communis L.

【中药名】鸭跖草*。

【形态特征】一年生披散草本。茎匍匐生根，多分枝，长可达1 m，下部无毛，上部被短毛。叶披针形至卵状披针形，长3～9 cm，宽1.5～2 cm。总苞片佛焰苞状，有1.5～4 cm的柄，与叶对生，折叠状，展开后为心形，顶端短急尖，基部心形，长1.2～2.5 cm，边缘常有硬毛；聚伞花序，下面一枝仅有花1朵，具长8 mm的梗，不孕；上面一枝具花3～4朵，具短梗，几乎不伸出佛焰苞。花梗花期长仅3 mm，果期弯曲，长不过6 mm；萼片膜质，长约5 mm，内面2枚常靠近或合生；花瓣深蓝色；内面2枚具爪，长近1 cm。蒴果椭圆形，长5～7 mm，2室，2爿裂，有种子4颗。种子长2～3 mm，棕黄色，一端平截、腹面平，有不规则窝孔。

图1110 鸭跖草 *Commelina communis*

【拍摄地点】长坪镇青林村，海拔1072 m。

【生境分布】多生于较潮湿的山坡、林边、路旁。分布于南漳各乡镇。

【采收加工】夏、秋二季采收，晒干。

【药用部位】地上部分。

【性味归经】甘、淡，寒。归肺、胃、小肠经。

【功能主治】清热泻火，解毒，利水消肿。用于感冒发热，热病烦渴，咽喉肿痛，水肿尿少，热淋涩痛，痈肿疔毒。

【用法用量】15 ～ 30 g。外用适量。

水竹叶属 Murdannia

水竹叶　鸡舌草（图 1111）

Murdannia triquetra（Wall.）Bruckn.

【形态特征】多年生草本，具长而横走根状茎。根状茎具叶鞘，节间长约 6 cm，节上具细长须状根。茎肉质，下部匍匐，节上生根，上部上升，通常多分枝，长达 40 cm，节间长 8 cm，密生一列白色硬毛，这一列毛与下一个叶鞘的一列毛相连续。叶无柄，仅叶片下部有毛和叶鞘合缝处有一列毛，这一列毛与上一个节上的衔接而成一个系列，叶的他处无毛；叶片竹叶形，平展或稍折叠，长 2 ～ 6 cm，宽 5 ～ 8 mm，顶端渐尖而头钝。花序通常仅有单朵花，顶生并兼腋生，花序梗长 1 ～ 4 cm，顶生者梗长，腋生者短，花序梗中部有一个条状的苞片，有时苞片腋中生一朵花；萼片绿色，狭长圆形，浅舟状，长 4 ～ 6 mm，无毛，果期宿存；花瓣粉红色、紫红色或蓝紫色，倒卵圆形，稍长于萼片；花丝密生长须毛。蒴果卵圆状三棱形，长 5 ～ 7 mm，直径 3 ～ 4 mm，两端钝或短急尖，每室有种子 3 颗，有时仅 1 ～ 2 颗。种子短柱状，不扁，红灰色。花期 9—10 月，果期 10—11 月。

图 1111　水竹叶 *Murdannia triquetra*

【拍摄地点】巡检镇南峪沟村，海拔 330 m。

【生境分布】生于水稻田边或湿地上。分布于南漳巡检、城关、九集等乡镇。

【药用部位】全草。

【功能主治】清热解毒，利尿消肿。用于虫蛇咬伤。

杜若属 Pollia

杜若　竹叶莲　地藕（图 1112）

Pollia japonica Thunb.

【形态特征】多年生草本，根状茎长而横走。茎直立或上升，粗壮，不分枝，高 30 ～ 80 cm，被短柔毛。叶鞘无毛；叶无柄或叶基渐狭而延成带翅的柄；叶片长椭圆形，长 10 ～ 30 cm，宽 3 ～ 7 cm，基部楔形，顶端长渐尖，近无毛，上面粗糙。蝎尾状聚伞花序长 2 ～ 4 cm，常多个成轮排列，形成数个疏离的轮，也有不成轮的，一般集成圆锥花序，花序总梗长 15 ～ 30 cm，花序远远地伸出叶子，各级花序轴和花梗被相当密的钩状毛；总苞片披针形，花梗长约 5 mm；萼片 3 枚，长约 5 mm，无毛，宿存；花瓣白色，倒卵状匙形，长约 3 mm；雄蕊 6 枚全育，近相等，或有时 3 枚略小些，偶有 1 ～ 2 枚不育的。果球状，果皮黑色，直径约 5 mm，每室有种子数颗。种子灰色带紫色。花期 7—9 月，果期 9—10 月。

图 1112 杜若 *Pollia japonica*

【拍摄地点】长坪镇孔家畈村，海拔 263 m。

【生境分布】生于山谷林下。分布于南漳长坪白峪河、穿山河沿岸。

【药用部位】全草。

【功能主治】解毒消肿，活血散瘀。用于虫蛇咬伤，腰痛。

竹叶子属 Streptolirion

竹叶子 大竹叶菜（图 1113）

Streptolirion volubile Edgew.

【形态特征】多年生攀援草本，极少茎近于直立。茎长 0.5 ～ 6 m，常无毛。叶柄长 3 ～ 10 cm，叶片心状圆形，有时心状卵形，长 5 ～ 15 cm，宽 3 ～ 15 cm，顶端常尾尖，基部深心形，上面多少被柔毛。蝎尾状聚伞花序有花一至数朵，集成圆锥状，圆锥花序下面的总苞片叶状，长 2 ～ 6 cm，上部的小而卵状披针形。花无梗；萼片长 3 ～ 5 mm，顶端急尖；花瓣白色、淡紫色而后变白色，线形，略比萼长。蒴果长 4 ～ 7 mm，顶端有长达 3 mm 的芒状突尖。种子褐灰色，长约 2.5 mm。花期 7—8 月，果期 9—10 月。

【拍摄地点】李庙镇胡家坪村，海拔 243 m。

【生境分布】生于山地。分布于南漳李庙、巡检、薛坪等乡镇。

【药用部位】全草。

图 1113 竹叶子 *Streptolirion volubile*

【功能主治】清热，利水，解毒，化瘀。用于感冒发热，肺痨咳嗽，口渴心烦，水肿，热淋，带下，咽喉疼痛，痈疮肿毒，跌打劳伤，风湿骨痛。

165. 禾本科 Gramineae

看麦娘属 Alopecurus

日本看麦娘（图 1114）

Alopecurus japonicus Steud.

【形态特征】一年生。秆少数丛生，直立或基部膝曲，具 3 ～ 4 节，高 20 ～ 50 cm。叶鞘松弛；叶舌膜质，长 2 ～ 5 mm；叶片上面粗糙，下面光滑，长 3 ～ 12 mm，宽 3 ～ 7 mm。圆锥花序圆柱状，长 3 ～ 10 cm，宽 4 ～ 10 mm；小穗长圆状卵形，长 5 ～ 6 mm；颖仅基部互相连合，具 3 脉，脊上具纤毛；外稃略长于颖，厚膜质，下部边缘互相连合，芒长 8 ～ 12 mm，近稃体基部伸出，上部粗糙，中部稍膝曲；花药色淡或白色，长约 1 mm。颖果半椭圆形，长 2 ～ 2.5 mm。花果期 2—5 月。

【拍摄地点】城关镇南背村，海拔 118 m。

图 1114 日本看麦娘 *Alopecurus japonicus*

【生境分布】生于田边及潮湿之地。分布于南漳各乡镇。

【药用部位】全草。

【功能主治】利水消肿，解毒。用于水肿，水痘。

荩草属 Arthraxon

荩草 绿竹 马耳草（图 1115）

Arthraxon hispidus（Thunb.）Makino

【形态特征】一年生。秆细弱，无毛，基部倾斜，高 30 ～ 60 cm，具多节，常分枝，基部节着地易生根。叶鞘短于节间，生短硬疣毛；叶舌膜质，长 0.5 ～ 1 mm，边缘具纤毛；叶片卵状披针形，长 2 ～ 4 cm，宽 0.8 ～ 1.5 cm，基部心形，抱茎，除下部边缘生疣基毛外余均无毛。总状花序细弱，长 1.5 ～ 4 cm，2 ～ 10 枚呈指状排列或簇生于秆顶；总状花序轴节间无毛，长为小穗的 2/3 ～ 3/4。无柄小穗卵状披针形，呈两侧压扁，长 3 ～ 5 mm，灰绿色或带紫色；第一颖草质，边缘膜质，包住第二颖 2/3，具 7 ～ 9 脉，脉上粗糙至生疣基硬毛，尤以顶端及边缘为多，先端锐尖；第二颖近膜质，与第一颖等长，舟形，脊上粗糙，具 3 脉而 2 侧脉不明显，先端尖；第一外稃长圆形，透明膜质，先端尖，长为第一颖的 2/3；第二外稃与第一外稃等长，透明膜质，近基部伸出一膝曲的芒；芒长 6 ～ 9 mm，下部扭转；雄蕊 2；花药黄色或带紫色，长 0.7 ～ 1 mm。颖果长圆形，与稃体等长。有柄小穗退化仅剩针状刺，柄长 0.2 ～ 1 mm。

【拍摄地点】城关镇便河村，海拔 198 m。

【生境分布】生于山坡草地阴湿处。广泛分布于南漳各乡镇。

【药用部位】全草。

【功能主治】清热，降逆，止咳平喘，解毒，祛风湿。用于肝炎，久咳气喘，咽喉炎，口腔炎，鼻炎，淋巴腺炎，乳腺炎；外用治疥癣，皮肤瘙痒，痈疖。

图 1115 荩草 *Arthraxon hispidus*

燕麦属 Avena

野燕麦（图 1116）

Avena fatua L.

【形态特征】一年生。须根较坚韧。秆直立，光滑无毛，高 60 ～ 120 cm，具 2 ～ 4 节。叶鞘松弛，光滑或基部者被微毛；叶舌透明膜质，长 1 ～ 5 mm；叶片扁平，长 10 ～ 30 cm，宽 4 ～ 12 mm，微粗糙，或上面和边缘疏生柔毛。圆锥花序开展，金字塔形，长 10 ～ 25 cm，分枝具棱角，粗糙；小穗长 18 ～ 25 mm，含 2 ～ 3 朵小花，其柄弯曲下垂，顶端膨胀；小穗轴密生淡棕色或白色硬毛，其节脆硬易断落，第一节间长约 3 mm；颖草质，几相等，通常具 9 脉；外稃质地坚硬，第一外稃长 15 ～ 20 mm，背面中部以下具淡棕色或白色硬毛，芒自稃体中部稍下处伸出，长 2 ～ 4 cm，膝曲，芒柱棕色，扭转。颖果被淡棕色柔毛，腹面具纵沟，长 6 ～ 8 mm。花果期 4—9 月。

图 1116 野燕麦 *Avena fatua*

【拍摄地点】巡检镇巡检司村，海拔 204 m。

【生境分布】生于荒芜田野或为田间杂草。分布于南漳各乡镇。

【药用部位】全草。

【功能主治】收敛止血，固表止汗。用于吐血，血崩，带下，便血，自汗，盗汗。

簕竹属 Bambusa

凤尾竹（图 1117）

Bambusa multiplex f. *fernleaf*（R. A. Young）T. P. Yi

图 1117 凤尾竹 *Bambusa multiplex* f. *fernleaf*

【形态特征】高 3 ～ 6 m，竿中空，节间长 30 ～ 50 cm，幼时薄被白蜡粉，并于上半部被棕色至暗棕色小刺毛，后者在近节以下部分较为密集，老时则光滑无毛，竿壁稍薄；节处稍隆起，无毛；分枝自竿基部第二节或第三节即开始，数枝乃至多枝簇生，主枝稍粗长。竿箨幼时薄被白蜡粉，早落；箨鞘呈梯形，背面无毛，先端稍向外缘一侧倾斜，呈不对称的拱形；箨耳极微小以至不明显，边缘有少许繸毛；箨舌高 1 ～ 1.5 mm，边缘呈不规则的短齿裂；箨片直立，易脱落，狭三角形，背面散生暗棕色脱落性小刺毛，腹面粗糙，先端渐尖，基部宽度与箨鞘先端近相等。小枝稍下弯，具 9 ～ 13 叶；叶鞘无毛，纵肋稍隆起，背部具脊；叶耳肾形，边缘具波曲状细长繸毛；叶舌圆拱形，高 0.5 mm，边缘微齿裂；叶片线形，叶片长 3.3 ～ 6.5 cm，宽 4 ～ 7 mm，上表面无毛，下表面粉绿色而密被短柔毛，先端渐尖具粗糙细尖头，基部近圆形或宽楔形。假小穗单生或以数枝簇生于花枝各节，并在基部托有鞘状苞片，线形至线状披针形，长 3 ～ 6 cm；先出叶长 3.5 mm，具 2 脊，脊上被短纤毛；具芽苞片通常 1 ～ 2 片，卵形至狭卵形，长 4 ～ 7.5 mm，无毛，具 9 ～ 13 脉，先端钝或急尖；小穗含小花 5 ～ 13 朵，中间小花为两性；小穗轴节间形扁，长 4 ～ 4.5 mm，无毛；颖不存在；外稃两侧稍不对称，长圆状披针形，长 18 mm，无毛，具 19 ～ 21 脉，先端急尖；内稃线形，长 14 ～ 16 mm，具 2 脊，脊上被短纤毛，脊间 6 脉，脊外有一边具 4 脉，另一边具 3 脉，先端两侧各伸出 1 被毛的细长尖头，顶端近截平而边缘被短纤毛；鳞被两侧的 2 片呈半卵形，长 2.5 ～ 3 mm，后方的 1 片细长披针形，长 3 ～ 5 mm，边缘无毛；花丝长 8 ～ 10 mm，花药紫色，长 6 mm，先端具一簇白色画笔状毛；子房卵球形，长约 1 mm，顶端增粗而被短硬毛，基部具一长约 1 mm 的子房柄，柱头 3 或其数目有变化，直接从子房顶端伸出，长 5 mm，羽毛状。

【拍摄地点】城关镇文笔峰村，海拔 127 m。

【生境分布】栽培。本县园林有少量栽培。

【药用部位】全株。

【功能主治】清热利尿，除烦。用于热病心烦，伤暑口渴。

䓳草属 Beckmannia

䓳草（图 1118）

Beckmannia syzigachne（Steud.）Fern.

【形态特征】一年生。秆直立，高 15 ～ 90 cm，具 2 ～ 4 节。叶鞘无毛，多长于节间；叶舌透明膜质，长 3 ～ 8 mm；叶片扁平，长 5 ～ 20 cm，宽 3 ～ 10 mm，粗糙或下面平滑。圆锥花序长 10 ～ 30 cm，分枝稀疏，直立或斜升；小穗扁平，圆形，灰绿色，常含 1 朵小花，长约 3 mm；颖草质；边缘质薄，白色，背部灰绿色，具淡色的横纹；外稃披针形，具 5 脉，常具伸出颖外之短尖头；花药黄色，长约 1 mm。颖果黄褐色，长圆形，长约 1.5 mm，先端具丛生短毛。花果期 4—10 月。

【拍摄地点】城关镇南背村，海拔 118 m。

【生境分布】生于湿地、水沟边及浅的流水中。分布于南漳各乡镇。

【药用部位】种子。

【功能主治】益气健胃。用于气虚，呕吐。

图 1118　菵草 *Beckmannia syzigachne*

薏苡属 Coix

薏苡　草珠子（图 1119）

Coix lacryma-jobi L.

【中药名】薏苡仁 *。

【形态特征】一年生粗壮草本，须根黄白色，海绵质，直径约 3 mm。秆直立丛生，高 1 ～ 2 m，具 10 多节，节多分枝。叶鞘短于其节间，无毛；叶舌干膜质，长约 1 mm；叶片扁平宽大，开展，长 10 ～ 40 cm，宽 1.5 ～ 3 cm，基部圆形或近心形，中脉粗厚，在下面隆起，边缘粗糙，通常无毛。总状花序腋生成束，长 4 ～ 10 cm，直立或下垂，具长梗。雌小穗位于花序之下部，外面包以骨质念珠状之总苞，总苞卵圆形，长 7 ～ 10 mm，直径 6 ～ 8 mm，珐琅质，坚硬，有光泽；第一颖卵圆形，顶端渐尖呈喙状，具 10 余脉，包围着第二颖及第一外稃；第二外稃短于颖，具 3 脉，第二内稃较小；雄蕊常退化；雌蕊具细长之柱头，从总苞之顶端伸出。颖果小，含淀粉少，常不饱满。雄小穗 2 ～ 3 对，着生于总状花序上部，长 1 ～ 2 cm；无柄雄小穗长 6 ～ 7 mm，第一颖草质，边缘内折成脊，具有不等宽之翼，顶端钝，具多数脉，第二颖舟形；外稃与内稃膜质；第一及第二小花常具雄蕊 3 枚，花药橘黄色，长 4 ～ 5 mm；有柄雄小穗与无柄者相似，或较小

图 1119　薏苡 *Coix lacryma-jobi*

而呈不同程度的退化。花果期 6—12 月。

【拍摄地点】李庙镇齐家岗村，海拔 255 m。

【生境分布】生于湿润的屋旁、池塘、河沟、山谷、溪涧或易受涝的农田等地方，野生或栽培。分布于南漳李庙、城关等乡镇。

【采收加工】秋季果实成熟时采割植株，晒干，打下果实，再晒干，除去外壳、黄褐色种皮和杂质，收集种仁。

【药用部位】成熟种仁。

【性味归经】甘、淡，凉。归脾、胃、肺经。

【功能主治】利水渗湿，健脾止泻，除痹，排脓，解毒散结。用于水肿，脚气，小便不利，脾虚泄泻，湿痹拘挛，肺痈，肠痈，赘疣，癌肿。

【用法用量】9 ~ 30 g。

狗牙根属 Cynodon

狗牙根 绊根草 鞭草（图 1120）

Cynodon dactylon（L.）Pers.

【形态特征】低矮草本，具根茎。秆细而坚韧，下部匍匐地面蔓延甚长，节上常生不定根，直立部分高 10 ~ 30 cm，直径 1 ~ 1.5 mm，秆壁厚，光滑无毛，有时略两侧压扁。叶鞘微具脊，无毛或有疏柔毛，鞘口常具柔毛；叶舌仅为一轮纤毛；叶片线形，长 1 ~ 12 cm，宽 1 ~ 3 mm，通常两面无毛。穗状花序 3 ~ 5 枚，长 2 ~ 5 cm；小穗灰绿色或带紫色，长 2 ~ 2.5 mm，仅含 1 朵小花；颖长 1.5 ~ 2 mm，第二颖稍长，均具 1 脉，背部成脊而边缘膜质；外稃舟形，具 3 脉，背部明显成脊，脊上被柔毛；内稃与外稃近等长，具 2 脉。鳞被上缘近截平；花药淡紫色；子房无毛，柱头紫红色。颖果长圆柱形。花果期 5—10 月。

图 1120 狗牙根 *Cynodon dactylon*

【拍摄地点】城关镇马家嘴村，海拔 141 m。

【生境分布】生于村庄附近、道旁河岸、荒地山坡。分布于南漳各乡镇。

【药用部位】全草。

【功能主治】祛风活络，凉血止血，解毒。用于风湿痹痛，半身不遂，劳伤吐血，鼻衄，便血，跌打损伤，疮疡肿毒。

稗属 Echinochloa

稗　稗子（图 1121）

Echinochloa crusgalli（L.）Beauv.

图 1121　稗 *Echinochloa crusgalli*

【形态特征】一年生。秆高 50 ～ 150 cm，光滑无毛，基部倾斜或膝曲。叶鞘疏松裹秆，平滑无毛，下部者长于而上部者短于节间；叶舌缺；叶片扁平，线形，长 10 ～ 40 cm，宽 5 ～ 20 mm，无毛，边缘粗糙。圆锥花序直立，近尖塔形，长 6 ～ 20 cm；主轴具棱，粗糙或具疣基长刺毛；分枝斜上举或贴向主轴，有时再分小枝；穗轴粗糙或生疣基长刺毛；小穗卵形，长 3 ～ 4 mm，脉上密被疣基刺毛，具短柄或近无柄，密集在穗轴的一侧；第一颖三角形，长为小穗的 1/3 ～ 1/2，具 3 ～ 5 脉，脉上具疣基毛，基部包卷小穗，先端尖；第二颖与小穗等长，先端渐尖或具小尖头，具 5 脉，脉上具疣基毛；第一小花通常中性，其外稃草质，上部具 7 脉，脉上具疣基刺毛，顶端延伸成一粗壮的芒，芒长 0.5 ～ 1.5 cm，内稃薄膜质，狭窄，具 2 脊；第二外稃椭圆形，平滑，光亮，成熟后变硬，顶端具小尖头，尖头上有一圈细毛，边缘内卷，包着同质的内稃，但内稃顶端露出。花果期夏、秋二季。

【拍摄地点】巡检镇巡检司村，海拔 335 m。

【生境分布】生于沼泽地、沟边及水稻田中。分布于南漳各乡镇。

【药用部位】根。

【功能主治】凉血止血。用于金疮，外伤出血。

䅟属 Eleusine

牛筋草　蟋蟀草　路边草（图 1122）

Eleusine indica（L.）Gaertn.

图 1122　牛筋草 *Eleusine indica*

【形态特征】一年生草本。根系极发达。秆丛生，基部倾斜，高 10 ～ 90 cm。叶鞘两侧压扁而具脊，松弛，无毛或疏生疣毛；叶舌长约 1 mm；叶片平展，线形，长 10 ～ 15 cm，宽 3 ～ 5 mm，无毛或上面被疣基柔毛。穗状花序 2 ～ 7 个指状着生于秆顶，很少单生，长 3 ～ 10 cm，宽 3 ～ 5 mm；小穗长 4 ～ 7 mm，宽 2 ～ 3 mm，含 3 ～ 6 朵小花；颖披针形，具脊，脊粗糙；第一颖长 1.5 ～ 2 mm；第二颖长 2 ～ 3 mm；第一外稃长 3 ～ 4 mm，卵形，膜质，具脊，脊上有狭翼；内稃短于外稃，具 2 脊，脊上具狭翼。囊果卵形，长约 1.5 mm，基部下凹，具明显的波状皱纹。鳞被 2，折叠，具 5 脉。花果期 6—10 月。

【拍摄地点】城关镇文笔峰村，海拔 172 m。

【生境分布】生于山坡草地及路旁。分布于南漳各乡镇。

【药用部位】全草。

【功能主治】清热，利湿。用于伤暑发热，小儿急惊，黄疸，痢疾，淋病，小便不利；能防治乙脑。

野黍属 Eriochloa

野黍（图 1123）

Eriochloa villosa（Thunb.）Kunth

【形态特征】一年生草本。秆直立，基部分枝，稍倾斜，高 30 ~ 100 cm。叶鞘无毛或被毛或鞘缘一侧被毛，松弛包茎，节具髭毛；叶舌具长约 1 mm 纤毛；叶片扁平，长 5 ~ 25 cm，宽 5 ~ 15 mm，表面具微毛，背面光滑，边缘粗糙。圆锥花序狭长，长 7 ~ 15 cm，由 4 ~ 8 枚总状花序组成；总状花序长 1.5 ~ 4 cm，密生柔毛，常排列于主轴之一侧；小穗卵状椭圆形，长 4.5 ~ 5 mm；基盘长约 0.6 mm；小穗柄极短，密生长柔毛；第一颖微小，短于或长于基盘；第二颖与第一外稃皆为膜质，等长于小穗，均被细毛，前者具 5 ~ 7 脉，后者具 5 脉；第二外稃革质，稍短于小穗，先端钝，具细点状皱纹；鳞被 2，折叠，长约 0.8 mm，具 7 脉；雄蕊 3；花柱分离。颖果卵圆形，长约 3 mm。花果期 7—10 月。

图 1123　野黍 *Eriochloa villosa*

【拍摄地点】武安镇安集社区，海拔 112 m。

【生境分布】生于山坡和潮湿地区。分布于南漳武安、城关、九集等乡镇。

【药用部位】全草。

【功能主治】清肝泻火。用于火眼，结膜炎，视力模糊。

大麦属 Hordeum

大麦（图 1124）

Hordeum vulgare L.

【中药名】麦芽 *。

【形态特征】一年生。秆粗壮，光滑无毛，直立，高 50 ~ 100 cm。叶鞘松弛抱茎，多无毛或基部具柔毛；两侧有两披针形叶耳；叶舌膜质，长 1 ~ 2 mm；叶片长 9 ~ 20 cm，宽 6 ~ 20 mm，扁平。穗状花序长 3 ～ 8 cm，直径约 1.5 cm，小穗稠密，每节着生 3 枚发育的小穗；小穗均无柄，长 1 ～ 1.5 cm；颖线状披针形，外被短柔毛，先端常延伸为 8 ～ 14 mm 的芒；外稃具 5 脉，先端延伸成芒，芒长 8 ～ 15 cm，边棱具细刺；内稃与外稃几等长。颖果熟时粘于稃内，不脱出。

【拍摄地点】九集镇龙门集村，海拔 143 m。

【生境分布】各地均有栽培。南漳九集、城关等乡镇有少量栽培。

【采收加工】将麦粒用水浸泡后，保持适宜温度、湿度，待幼芽长至约 5 mm 时，晒干或低温干燥。

【药用部位】成熟果实经发芽干燥的炮制加工品。

【性味归经】甘，平。归脾、胃经。

【功能主治】行气消食，健脾开胃，回乳消胀。用于食积不消，脘腹胀痛，脾虚食少，乳汁郁积，乳房胀痛，妇女断乳，肝郁胁痛，肝胃气痛。生麦芽健脾和胃，疏肝行气。炒麦芽行气消食回乳。焦麦芽消食化滞。

【用法用量】10 ～ 15 g；回乳炒用 60 g。

图 1124 大麦 *Hordeum vulgare*

白茅属 Imperata

白茅 茅草 茅针（图 1125）

Imperata cylindrica（L.）Beauv.

【中药名】白茅根*。

【形态特征】多年生，具粗壮的长根状茎。秆直立，高 30 ～ 80 cm，具 1 ～ 3 节，节无毛。叶鞘聚集于秆基，甚长于其节间，质地较厚，老后破碎呈纤维状；叶舌膜质，长约 2 mm，紧贴其背部或鞘口具柔毛，分蘖叶片长约 20 cm，宽约 8 mm，扁平，质地较薄；秆生叶片长 1 ～ 3 cm，窄线形，通常内卷，顶端渐尖呈刺状，下部渐窄，或具柄，质硬，被有白粉，基部上面具柔毛。圆锥花序稠密，长 20 cm，宽达 3 cm，小穗长 4.5 ～ 5 mm，基盘具长 12 ～ 16 mm 的丝状柔毛；两颖草质及边缘膜质，近相等，具 5 ～ 9 脉，顶端渐尖或稍钝，常具纤毛，脉间疏生长丝状毛，第一外稃卵状披针形，长为颖片的 2/3，透明膜质，无脉，顶端尖或齿裂，第二外稃与其内稃近相等，长约为颖之半，卵圆形，顶端具齿裂及纤毛；雄蕊 2 枚，花药长 3 ～ 4 mm；花柱细长，基部

图 1125 白茅 *Imperata cylindrica*

多少连合，柱头 2，紫黑色，羽状，长约 4 mm，自小穗顶端伸出。颖果椭圆形，长约 1 mm，胚长为颖果之半。花果期 4—6 月。

【拍摄地点】巡检镇指山坪村，海拔 477 m。

【生境分布】生于山坡、草地及路旁。广泛分布于南漳各乡镇。

【采收加工】春、秋二季采挖，洗净，晒干，除去须根和膜质叶鞘，捆成小把。

【药用部位】根茎。

【性味归经】甘，寒。归肺、胃、膀胱经。

【功能主治】凉血止血，清热利尿。用于血热吐血，衄血，尿血，热病烦渴，湿热黄疸，水肿尿少，热淋涩痛。

【用法用量】9 ～ 30 g。

箬竹属 Indocalamus

箬竹（图 1126）

Indocalamus tessellatus（Munro）Keng f.

图 1126　箬竹 *Indocalamus tessellatus*

【形态特征】竿高 0.75 ～ 2 m，直径 4 ～ 7.5 mm；节间长约 25 cm，最长者可达 32 cm，圆筒形，在分枝一侧的基部微扁，一般为绿色，竿壁厚 2.5 ～ 4 mm；节较平坦；竿环较箨环略隆起，节下方有红棕色贴竿的毛环。箨鞘长于节间，上部宽松抱竿，无毛，下部紧密抱竿，密被紫褐色伏贴疣基刺毛，具纵肋；箨耳无；箨舌厚膜质，截形，高 1 ～ 2 mm，背部有棕色伏贴微毛；箨片大小多变化，窄披针形，竿下部者较窄，竿上部者稍宽，易落。小枝具 2 ～ 4 叶；叶鞘紧密抱竿，有纵肋，背面无毛或被微毛；无叶耳；叶舌高 1 ～ 4 mm，截形；叶片在成长植株上稍下弯，宽披针形或长圆状披针形，长 20 ～ 46 cm，宽 4 ～ 10.8 cm，先端长尖，基部楔形，下表面灰绿色，密被贴伏的短柔毛或无毛，中脉两侧或仅一侧生有一条毡毛，次脉 8 ～ 16 对，小横脉明显，形成方格状，叶缘生有细锯齿。圆锥花序长 10 ～ 14 cm，花序主轴和分枝均密被棕色短柔毛；小穗绿色带紫，长 2.3 ～ 2.5 cm，几呈圆柱形，含 5 ～ 6 朵小花；小穗柄长 5.5 ～ 5.8 mm；小穗轴节间长 1 ～ 2 mm，被白色茸毛；颖 3 片，纸质，脉上具微毛，第一颖长 5 ～ 7 mm，先端钝，有 5 脉；第二颖长 7 ～ 10.5 mm，具 7 脉；第三颖长 10 ～ 19 mm，具 9 脉；第一外稃长 11 ～ 13 mm，背部具微毛，有 11 ～ 13 脉，基盘长 0.5 ～ 1 mm，其上具白色髯毛；第一内稃长约为外稃的 1/3，背部有 2 脊，脊间生有白色微毛，先端有 2 齿和白色柔毛；花药长约 1.3 mm，黄色；子房和鳞被未见。笋期 4—5 月，花期 6—7 月。

【拍摄地点】薛坪镇陶沟村，海拔 677 m。

【生境分布】生于山坡路旁。分布于南漳薛坪、板桥、李庙等乡镇。

【药用部位】叶基部。

【功能主治】降逆和胃，解毒。用于胃热呃逆，烧烫伤。

千金子属 Leptochloa

虮子草（图 1127）

Leptochloa panicea（Retz.）Ohwi

【形态特征】一年生。秆较细弱，高 30 ～ 60 cm。叶鞘疏生有疣基的柔毛；叶舌膜质，多撕裂，或顶端作不规则齿裂，长约 2 mm；叶片质薄，扁平，长 6 ～ 18 cm，宽 3 ～ 6 mm，无毛或疏生疣毛。圆锥花序长 10 ～ 30 cm，分枝细弱，微粗糙；小穗灰绿色或带紫色，长 1 ～ 2 mm，含 2 ～ 4 朵小花；颖膜质，具 1 脉，脊上粗糙，第一颖较狭窄，顶端渐尖，长约 1 mm，第二颖较宽，长约 1.4 mm；外稃具 3 脉，脉上被细短毛，第一外稃长约 1 mm，顶端钝；内稃稍短于外稃，脊上具纤毛；花药长约 0.2 mm。颖果圆球形，长约 0.5 mm。花果期 7—10 月。

图 1127　虮子草 *Leptochloa panicea*

【拍摄地点】城关镇文笔峰村，海拔 170 m。

【生境分布】生于田野路边和园圃内。分布于南漳各乡镇。

【药用部位】全草。

【功能主治】行水破血，化痰散结。用于癥瘕积聚，久热不退。

淡竹叶属 Lophatherum

淡竹叶　碎骨草　山鸡米（图 1128）

Lophatherum gracile Brongn.

【中药名】淡竹叶*。

【形态特征】多年生，具木质根头。须根中部膨大呈纺锤形小块根。秆直立，疏丛生，高 40 ～ 80 cm，具 5 ～ 6 节。叶鞘平滑或外侧边缘具纤毛；叶舌质硬，长 0.5 ～ 1 mm，褐色，背有糙毛；叶片披针形，长 6 ～ 20 cm，宽 1.5 ～ 2.5 cm，具横脉，有时被柔毛或疣基小刺毛，基部收窄成柄状。圆锥花序长 12 ～ 25 cm，分枝斜升或开展，长 5 ～ 10 cm；小穗线状披针形，长 7 ～ 12 mm，宽 1.5 ～ 2 mm，具极短柄；颖顶端钝，具 5 脉，边缘膜质，第一颖长 3 ～ 4.5 mm，第二颖长 4.5 ～ 5 mm；第一外稃长 5 ～ 6.5 mm，宽约 3 mm，具 7 脉，顶端具尖头，内稃较短，其后具长约 3 mm 的小穗轴；不育外稃向上渐狭小，互相密集包卷，顶端具长约 1.5 mm 的短芒；雄蕊 2 枚。颖果长椭圆形。花果期 6—10 月。

【拍摄地点】东巩镇口泉村，海拔 242 m。

【生境分布】生于山坡、林地或道旁荫蔽处。分布于南漳东巩镇。

【采收加工】夏季未抽花穗前采割，晒干。

【药用部位】茎叶。

【性味归经】甘、淡，寒。归心、胃、小肠经。

【功能主治】清热泻火，除烦止渴，利尿通淋。用于热病烦渴，小便短赤涩痛，口舌生疮。

【用法用量】6 ～ 10 g。

图 1128　淡竹叶 *Lophatherum gracile*

芒属 Miscanthus

芒　芒草（图 1129）

Miscanthus sinensis Anderss.

【形态特征】多年生苇状草本。秆高 1 ～ 2 m，无毛或在花序以下疏生柔毛。叶鞘无毛，长于其节间；叶舌膜质，长 1 ～ 3 mm，顶端及其后面具纤毛；叶片线形，长 20 ～ 50 cm，宽 6 ～ 10 mm，下面疏生柔毛及被白粉，边缘粗糙。圆锥花序直立，长 15 ～ 40 cm，主轴无毛，延伸至花序的中部以下，节与分枝腋间具柔毛；分枝较粗硬，直立，不再分枝或基部分枝具第二次分枝，长 10 ～ 30 cm；小枝节间三棱形，边缘微粗糙，短柄长 2 mm，长柄长 4 ～ 6 mm；小穗披针形，长 4.5 ～ 5 mm，黄色有光泽，基盘具等长于小穗的白色或淡黄色的丝状毛；第一颖顶具 3 ～ 4 脉，边脉上部粗糙，顶端渐尖，背部无毛；第二颖常具 1 脉，粗糙，上部内折之边缘具纤毛；第一外稃长圆形，膜质，长约 4 mm，边缘具纤毛；第二外稃明显短于第一外稃，先端 2 裂，裂片间具 1 芒，芒长 9 ～ 10 mm，棕色，膝曲，芒柱稍扭曲，长约 2 mm，第二内稃长约为其外稃的 1/2；雄蕊 3 枚，花药长 2.2 ～ 2.5 mm，紫褐色，先雌蕊而成熟；柱头羽状，长约 2 mm，紫褐色，从小穗中部之两侧伸出。颖果长圆形，暗紫色。花果期 7—12 月。

图 1129　芒 *Miscanthus sinensis*

【拍摄地点】板桥镇雷坪村，海拔 886 m。

【生境分布】生于山地、丘陵或荒坡原野。分布于南漳板桥、巡检等乡镇。

【药用部位】根状茎。

【功能主治】利尿，止渴。用于小便不利，热病口渴。

稻属 Oryza

稻　水稻　稻谷（图 1130）

Oryza sativa L.

【中药名】稻芽*。

【形态特征】一年生水生草本。秆直立，高 0.5 ~ 1.5 m，随品种而异。叶鞘松弛，无毛；叶舌披针形，长 10 ~ 25 cm，两侧基部下延长成叶鞘边缘，具 2 枚镰形抱茎的叶耳；叶片线状披针形，长 40 cm 左右，宽约 1 cm，无毛，粗糙。圆锥花序大型疏展，长约 30 cm，分枝多，棱粗糙，成熟期向下弯垂；小穗含 1 成熟花，两侧甚压扁，长圆状卵形至椭圆形，长约 10 mm，宽 2 ~ 4 mm；颖极小，仅在小穗柄先端留下半月形的痕迹，退化外稃 2 枚，锥刺状，长 2 ~ 4 mm；两侧孕性花外稃质厚，具 5 脉，中脉成脊，表面有方格状小乳状突起，厚纸质，遍布细毛端毛较密，有芒或无芒；内稃与外稃同质，具 3 脉，先端尖而无喙；雄蕊 6 枚，花药长 2 ~ 3 mm。颖果长约 5 mm，宽约 2 mm，厚 1 ~ 1.5 mm；胚小，约为颖果长的 1/4。

图 1130　稻 *Oryza sativa*

【拍摄地点】李庙镇赵店村，海拔 255 m。

【生境分布】栽培。南漳李庙、城关、九集等乡镇广泛种植。

【采收加工】将稻谷用水浸泡后，保持适宜的温度、湿度，待须根长至约 1 cm 时，干燥。

【药用部位】成熟果实经发芽干燥的炮制加工品。

【性味归经】甘，温。归脾、胃经。

【功能主治】消食和中，健脾开胃。用于食积不消，腹胀口臭，脾胃虚弱，不饥食少。炒稻芽偏于消食，用于不饥食少。焦稻芽善化积滞，用于食积不消。

【用法用量】9 ~ 15 g。

狼尾草属 Pennisetum

狼尾草　大狗尾草（图 1131）

Pennisetum alopecuroides（L.）Spreng.

【形态特征】多年生。须根较粗壮。秆直立，丛生，高 30 ~ 120 cm，在花序下密生柔毛。叶鞘光滑，两侧压扁，主脉呈脊，在基部者跨生状，秆上部者长于节间；叶舌具长约 2.5 mm 的纤毛；叶片线形，长 10 ～ 80 cm，宽 3 ～ 8 mm，先端长渐尖，基部生疣毛。圆锥花序直立，长 5 ～ 25 cm，宽 1.5 ～ 3.5 cm；主轴密生柔毛；总梗长 2 ～ 5 mm；刚毛粗糙，淡绿色或紫色，长 1.5 ～ 3 cm；小穗通常单生，偶有双生，线状披针形，长 5 ～ 8 mm；第一颖微小或缺，长 1 ～ 3 mm，膜质，先端钝，脉不明显或具 1 脉；第二颖卵状披针形，先端短尖，具 3 ～ 5 脉，长为小穗 1/3 ～ 2/3；第一小花中性，第一外稃与小穗等长，具 7 ～ 11 脉；第二外稃与小穗等长，披针形，具 5 ～ 7 脉，边缘包着同质的内稃；鳞被 2，楔形；雄蕊 3，花药顶端无毫毛；花柱基部连合。颖果长圆形，长约 3.5 mm。叶片表皮细胞结构为上、下表皮不同；上表皮脉间细胞 2 ～ 4 行为长筒状、有波纹、壁薄的长细胞；下表皮脉间 5 ～ 9 行为长筒形，壁厚，有波纹长细胞与短细胞交叉排列。花果期夏、秋季。

图 1131　狼尾草 *Pennisetum alopecuroides*

【拍摄地点】李庙镇老君店村，海拔 1049 m。

【生境分布】生于田岸、荒地、道旁及小山坡上。分布于南漳李庙、城关等乡镇。

【药用部位】全草。

【功能主治】明目，散血，清热利尿。用于风热感冒，沙眼，目赤红肿，黄疸性肝炎，小便不利。

刚竹属 Phyllostachys

水竹（图 1132）

Phyllostachys heteroclada Oliver

【形态特征】竿高可达 6 m 或更高，粗达 3 cm，幼竿具白粉并疏生短柔毛；节间长达 30 cm，壁厚 3 ～ 5 mm；竿环在较粗的竿中较平坦，与箨环同高，在较细的竿中则明显隆起而高于箨环；节内长约 5 mm；分枝角度大，以至接近于水平开展。箨鞘背面深绿色带紫色，无斑点，被白粉，无毛或疏生短毛，边缘生白色或淡褐色纤毛；箨耳小，但明显可见，淡紫色，卵形或长椭圆形。末级小枝具 2 叶，稀可 1 或 3 叶；叶鞘除边缘外无毛；无叶耳，鞘口縫毛直立，易断落；叶舌短；叶片披针形或线状披针形，下表面在基部有毛。花枝呈紧密的头状，通常侧生于老枝上，基部托以 4 ～ 6 片逐渐增大的鳞

图 1132　水竹 *Phyllostachys heteroclada*

片状苞片，如生于具叶嫩枝的顶端，则仅托以 1 ～ 2 片佛焰苞，后者的顶端有卵形或长卵形的叶状缩小叶，如在老枝上的花枝则具佛焰苞 2 ～ 6 片，纸质或薄革质，广卵形或更宽，唯渐向顶端者则渐狭窄；并变为草质，先端具短柔毛，边缘生纤毛，其他部分无毛或近于无毛，顶端具小尖头，每片佛焰苞腋内有假小穗 4 ～ 7 枚，有时可少至 1 枚；假小穗下方常托以形状、大小不一的苞片。小穗含 3 ～ 7 朵小花，上部小花不孕；小穗棒状，无毛，顶端近于截形；颖大小、形状、质地与其下的苞片相同，有时上部者可与外稃相似；外稃披针形，上部或中上部被以斜开展的柔毛，9 ～ 13 脉，背脊仅在上端可见，先端锥状渐尖；内稃多少短于外稃，除基部外被短柔毛；鳞被菱状卵形，有 7 条细脉纹，边缘生纤毛；花药长 5 ～ 6 mm；花柱长约 5 mm，柱头 3，有时 2，羽毛状。笋期 5 月，花期 4—8 月。

【拍摄地点】城关镇朱家湾村，海拔 319 m。

【生境分布】生于山谷沟边、林下，或栽培。分布于南漳各乡镇。

【药用部位】叶。

【功能主治】清热解毒，利尿消肿。用于咽喉肿痛，小便不利。

狗尾草属 Setaria

皱叶狗尾草　马草　烂衣草（图 1133）

Setaria plicata（Lam.）T. Cooke

【形态特征】多年生。须根细而坚韧，少数具鳞芽。秆通常瘦弱，少数直径可达 6 mm，直立或基部倾斜，高 45 ～ 130 cm，无毛或疏生毛；节和叶鞘与叶片交接处，常具白色短毛。叶鞘背脉常呈脊，密生或疏生较细疣毛或短毛，毛易脱落，边缘常密生纤毛或基部叶鞘边缘无毛而近膜质；叶舌边缘密生长 1 ～ 2 mm 的纤毛；叶片质薄，椭圆状披针形或线状披针形，长 4 ～ 43 cm，宽 0.5 ～ 3 cm，先端渐尖，基部渐狭呈柄状，具较浅的纵向皱褶，两面或一面具疏疣毛，或具极短毛而粗糙，或光滑无毛，边缘无毛。圆锥花序狭长圆形或线形，长 15 ～ 33 cm，分枝斜向上升，长 1 ～ 13 cm，上部者排列紧密，下部者具分枝，排列疏松而开展，主轴具棱角，有极细短毛而粗糙；小穗着生小枝一侧，披针状卵形，绿色或微紫色，长 3 ～ 4 mm，部分小穗下托以 1 枚细的刚毛，长 1 ～ 2 cm 或有时不显著；颖薄纸质，第一颖宽卵形，顶端钝圆，边缘膜质，长为小穗的 1/4 ～ 1/3，具 3 或 5 脉，第二颖长为小穗的 1/2 ～ 3/4，先端钝或尖，具 5 ～ 7 脉；第一小花通常中性或具 3 雄蕊，第一外稃与小穗等长或稍长，具 5 脉，内稃膜质，狭短或稍狭于外稃，边缘稍内卷，具 2 脉；第二小花两性，第二外稃等长或稍短于第一外稃，具明显的横皱纹；鳞被 2；花柱基部连合。颖果狭长卵形，先端具硬而小的尖头。叶表皮细胞同棕叶狗尾类型。花果期 6—10 月。

图 1133　皱叶狗尾草 *Setaria plicata*

【拍摄地点】巡检镇南峪沟村，海拔 262 m。
【生境分布】生于山坡林下、沟谷地阴湿处或路边杂草地上。分布于南漳各乡镇。
【药用部位】全草。
【功能主治】解毒杀虫，驱风。用于铜钱癣，丹毒。

狗尾草 莠 光明草（图 1134）

Setaria viridis（L.）Beauv.

【形态特征】一年生。根为须状，高大植株具支持根。秆直立或基部膝曲，高 10 ～ 100 cm，基部直径达 3 ～ 7 mm。叶鞘松弛，无毛或疏具柔毛或疣毛，边缘具较长的密绵毛状纤毛；叶舌极短，边缘有长 1 ～ 2 mm 的纤毛；叶片扁平，长三角状狭披针形或线状披针形，先端长渐尖或渐尖，基部钝圆形，几呈截状或渐窄，长 4 ～ 30 cm，宽 2 ～ 18 mm，通常无毛或疏被疣毛，边缘粗糙。圆锥花序紧密呈圆柱状或基部稍疏离，直立或稍弯垂，主轴被较长柔毛，长 2 ～ 15 cm，宽 4 ～ 13 mm（刚毛除外），刚毛长 4 ～ 12 mm，粗糙或微粗糙，直或稍扭曲，通常绿色或褐黄色到紫红色或紫色；小穗 2 ～ 5 个簇生于主轴上或更多的小穗着生在短小枝上，椭圆形，先端钝，长 2 ～ 2.5 mm，铅绿色；第一颖卵形、宽卵形，长约为小穗的 1/3，先端钝或稍尖，具 3 脉；第二颖几与小穗等长，椭圆形，具 5 ～ 7 脉；第一外稃与小穗等长，具 5 ～ 7 脉，先端钝，其内稃短小狭窄；第二外稃椭圆形，顶端钝，具细点状皱纹，边缘内卷，狭窄；鳞被楔形，顶端微凹；花柱基分离；叶上、下表皮脉间均为微波纹或无波纹的、壁较薄的长细胞。颖果灰白色。花果期 5—10 月。

图 1134　狗尾草 *Setaria viridis*

【拍摄地点】东巩镇太平村，海拔 303 m。
【生境分布】生于荒野、道旁，为旱地作物常见的一种杂草。广泛分布于南漳各乡镇。
【药用部位】全草。
【功能主治】祛风明目，清热利尿。用于风热感冒，沙眼，目赤疼痛，黄疸性肝炎，小便不利；外用治颈淋巴结结核。

高粱属 Sorghum

高粱 蜀黍（图 1135）

Sorghum bicolor（L.）Moench

【形态特征】一年生草本。秆较粗壮，直立，高 3 ～ 5 m，横径 2 ～ 5 cm，基部节上具支撑根。叶鞘无毛或稍有白粉；叶舌硬膜质，先端圆，边缘有纤毛；叶片线形至线状披针形，长 40 ～ 70 cm，宽 3 ～ 8 cm，先端渐尖，基部圆形或微呈耳形，表面暗绿色，背面淡绿色或有白粉，两面无毛，边缘软骨质，具微细小刺毛，中脉较宽，白色。圆锥花序疏松，主轴裸露，长 15 ～ 45 cm，宽 4 ～ 10 cm，总梗直立或微弯曲；主轴具纵棱，疏生细柔毛，分枝 3 ～ 7 枚，轮生，粗糙或有细毛，基部较密；每一总状花序具 3 ～ 6 节，节间粗糙或稍扁；无柄小穗倒卵形或倒卵状椭圆形，长 4.5 ～ 6 mm，宽 3.5 ～ 4.5 mm，基盘钝，有髯毛；两颖均革质，上部及边缘通常具毛，初时黄绿色，成熟后为淡红色至暗棕色；第一颖背部圆凸，上部 1/3 质地较薄，边缘内折而具狭翼，向下变硬而有光泽，具 12 ～ 16 脉，仅达中部，有横脉，顶端尖或具 3 小齿；第二颖 7 ～ 9 脉，背部圆凸，近顶端具不明显的脊，略呈舟形，边缘有细毛；外稃透明膜质，第一外稃披针形，边缘有长纤毛；第二外稃披针形至长椭圆形，具 2 ～ 4 脉，顶端稍 2 裂，自裂齿间伸出一膝曲的芒，芒长约 14 mm；雄蕊 3 枚，花药长约 3 mm；子房倒卵形；花柱分离，柱头帚状。颖果两面平凸，长 3.5 ～ 4 mm，淡红色至红棕色，熟时宽 2.5 ～ 3 mm，顶端微外露。有柄小穗的柄长约 2.5 mm，小穗线形至披针形，长 3 ～ 5 mm，雄性或中性，宿存，褐色至暗红棕色；第一颖 9 ～ 12 脉，第二颖 7 ～ 10 脉。花果期 6—9 月。

图 1135　高粱 *Sorghum bicolor*

【拍摄地点】板桥镇茅山坪村，海拔 817 m。

【生境分布】各省区均有栽培。全县各乡镇有少量栽培。

【药用部位】种子。

【功能主治】燥湿祛痰，宁心安神。用于湿痰咳嗽，胃痞不舒，失眠多梦，食积。

菅属 Themeda

苞子草（图 1136）

Themeda caudata（Nees）A. Camus

【形态特征】多年生，簇生草本。秆粗壮，高 1 ～ 3 m，下部直径 0.5 ～ 1 cm 或更粗，扁圆形或圆形而有棱，黄绿色或红褐色，光滑，有光泽。叶鞘在秆基套叠，平滑，具脊；叶舌圆截形，有毛，长约 1 mm；叶片线形，长 20 ～ 80 cm，宽 0.5 ～ 1 cm，中脉明显，背面疏生柔毛，基部近圆形，顶端渐尖，边缘粗糙。大型伪圆锥花序，多回复出，由带佛焰苞的总状花序组成，佛焰苞长

图 1136　苞子草 *Themeda caudata*

2.5 ～ 5 cm。总花梗长 1 ～ 2 cm；总状花序由 9 ～ 11 小穗组成，总苞状 2 对小穗不着生在同一水平面，总苞状小穗线状披针形，长 1.2 ～ 1.5 cm，第一颖背部通常无毛。无柄小穗圆柱形，长 9 ～ 11 mm，颖背部常密被金黄色柔毛或成熟时逐渐脱落，第一颖革质。几全包被同质的第二颖；第一外稃披针形，边缘具毛或流苏状；第二外稃退化为芒基，芒长 2 ～ 8 cm，一至二回膝曲，芒柱粗壮而旋扭，其内稃长圆形，长约 2 mm。颖果长圆形，坚硬，长约 5 mm。有柄小穗形似总苞状小穗，且同为雄性或中性。花果期 7—12 月。

【拍摄地点】城关镇沙河村，海拔 200 m。

【生境分布】生于山坡、林缘等地。分布于南漳各乡镇。

【药用部位】根茎。

【功能主治】清热止咳。用于发热咳嗽。

荻属 Triarrhena

荻（图 1137）

Triarrhena sacchariflora（Maxim.）Nakai

【形态特征】多年生，具发达被鳞片的长匍匐根状茎，节处生有粗根与幼芽。秆直立，高 1 ～ 1.5 m，直径约 5 mm，具 10 多节，节生柔毛。叶鞘无毛，长于或上部者稍短于其节间；叶舌短，长 0.5 ～ 1 mm，具纤毛；叶片扁平，宽线形，长 20 ～ 50 cm，宽 5 ～ 18 mm，除上面基部密生柔毛外两面无毛，边缘锯齿状粗糙，基部常收缩成柄，顶端长渐尖，中脉白色，粗壮。圆锥花序疏展成伞房状，长 10 ～ 20 cm，宽约 10 cm；主轴无毛，具 10 ～ 20 枚较细弱的分枝，腋间生柔毛，直立而后开展；总状花序轴节间长 4 ～ 8 mm，或具短柔毛；小穗柄顶端稍膨大，基部腋间常生有柔毛，短柄长 1 ～ 2 mm，长柄长 3 ～ 5 mm；小穗线状披针形，长 5 ～ 5.5 mm，成熟后带褐色，基盘具长为小穗 2 倍的丝状柔毛；第一颖 2 脊间具 1 脉或无脉，顶端膜质长渐尖，边缘和背部具长柔毛；第二颖与第一颖近等长，顶端渐尖，与边缘皆为膜质，并具纤毛，有 3 脉，背部无毛或有少数长柔毛；第一外稃稍短于颖，先端尖，具纤毛；第二外稃狭窄披针形，短于颖片的 1/4，顶端尖，具小纤毛，无脉或具 1 脉，稀有 1 芒状尖头；第二内稃长约为外稃之半，具纤毛；雄蕊 3 枚，花药长约 2.5 mm；柱头紫黑色，自小穗中部以下的两侧伸出。颖果长圆形，长 1.5 mm。花果期 8—10 月。

图 1137　荻 *Triarrhena sacchariflora*

【拍摄地点】九集镇易家湾村，海拔 120 m。

【生境分布】生于山坡草地、平原岗地和河岸湿地。分布于南漳九集、城关等乡镇。

【药用部位】全草。

【功能主治】清热，活血。用于妇女干血痨，潮热，产后失血口渴，牙痛。

小麦属 Triticum

普通小麦　小麦（图 1138）

Triticum aestivum L.

【中药名】浮小麦、小麦*、小麦麸*。

【形态特征】秆直立，丛生，具 6 ～ 7 节，高 60 ～ 100 cm，直径 5 ～ 7 mm。叶鞘松弛包茎，下部者长于上部者短于节间；叶舌膜质，长约 1 mm；叶片长披针形。穗状花序直立，长 5 ～ 10 cm，宽 1 ～ 1.5 cm；小穗含 3 ～ 9 朵小花，上部者不发育；颖卵圆形，长 6 ～ 8 mm，主脉于背面上部具脊，于顶端延伸为长约 1 mm 的齿，侧脉的背脊及顶齿均不明显；外稃长圆状披针形，长 8 ～ 10 mm，顶端具芒或无芒；内稃与外稃几等长。

图 1138　普通小麦 *Triticum aestivum*

【拍摄地点】九集镇双泉村，海拔 144 m。

【生境分布】栽培。全县各乡镇广泛栽培。

【采收加工】浮小麦：夏、秋二季果实成熟时采收，取瘪瘦轻浮与未脱净皮的麦粒，除去杂质，筛去灰屑，用水漂洗，晒干。小麦：夏、秋二季果实成熟时采收，除去杂质，晒干。小麦麸：秋季采收果穗，干燥，取种子人工或磨面机打磨后筛取种皮。

【药用部位】浮小麦：干瘪轻浮的颖果。小麦：颖果。小麦麸：种皮。

【性味归经】浮小麦：甘，咸，凉；归心经。小麦：甘，凉；归心经。小麦麸：甘，凉；归脾、胃经。

【功能主治】浮小麦：益气，止汗，除热；用于自汗，盗汗，阴虚发热。小麦：养心安神，除烦；用于心神不宁，妇女脏燥。小麦麸：止汗，止泻，散瘀；用于自汗，盗汗，泄泻，折伤，风湿痹痛。

【用法用量】浮小麦：煎服，6 ～ 12 g。小麦：煎服，30 ～ 60 g。小麦麸：煎服，9 ～ 15 g，或研末服；外用适量，醋炒包熨或研末调敷。

玉蜀黍属 Zea

玉蜀黍　玉米　苞谷（图 1139）

Zea mays L.

【中药名】玉米花粉*。

【形态特征】一年生高大草本。秆直立，通常不分枝，高 1 ～ 4 m，基部各节具气生支柱根。叶鞘具横脉；叶舌膜质，长约 2 mm；叶片扁平宽大，线状披针形，基部圆形呈耳状，无毛或具疣柔毛，中脉粗壮，边缘微粗糙。顶生雄性圆锥花序大型，主轴与总状花序轴及其腋间均被细柔毛；雄性小穗孪生，长达 1 cm，小穗柄一长一短，分别长 1 ～ 2 mm 及 2 ～ 4 mm，被细柔毛；两颖近等长，膜质，约具 10 脉，被纤毛；外稃及内稃透明膜质，稍短于颖；花药橙黄色；长约 5 mm。雌花序被多数宽大的鞘状苞片所包藏；雌小穗孪生，成 16 ～ 30 纵行排列于粗壮之序轴上，两颖等长，宽大，无脉，具纤毛；外稃及内稃透明膜质，雌蕊具极长而细弱的线形花柱。颖果球形或扁球形，成熟后露出颖片和稃片之外，其大小随生长条件不同而异，一般长 5 ～ 10 mm，宽略过于其长，胚长为颖果的 1/2 ～ 2/3。花果期秋季。

图 1139　玉蜀黍 *Zea mays*

【拍摄地点】李庙镇齐家岗村，海拔 204 m。

【生境分布】各地均有栽培。其为本县主要粮食作物，全县各乡镇广泛栽培。

【采收加工】夏季采收雄花序，晒干后碾压，筛取花粉，除去杂质。

【药用部位】花粉。

【性味归经】淡、微甘，平。归心、肾经。

【功能主治】益气养阴，安神益智。用于气虚乏力，失眠多梦，记忆力下降等。

【用法用量】5 ～ 10 g。

166. 棕榈科 Palmae

棕榈属 Trachycarpus

棕榈　棕树（图 1140）

Trachycarpus fortunei（Hook.）H. Wendl.

【中药名】棕榈 *。

【形态特征】乔木状，高 3 ～ 10 m 或更高，树干圆柱形，被不易脱落的老叶柄基部和密集的网状纤维，除非人工剥除，否则不能自行脱落，裸露树干直径 10 ～ 15 cm 甚至更粗。叶片呈 3/4 圆形或者近圆形，深裂成 30 ～ 50 片具皱褶的线状剑形，宽 2.5 ～ 4 cm，长 60 ～ 70 cm 的裂片，裂片先端具短 2 裂或 2 齿，硬挺甚至顶端下垂；叶柄长 75 ～ 80 cm 或更长，两侧具细圆齿，顶端有明显的戟突。花序粗壮，多次分枝，从叶腋抽出，通常是雌雄异株。雄

图 1140　棕榈 *Trachycarpus fortunei*

花序长约 40 cm，具 2 ～ 3 个分枝花序，下部的分枝花序长 15 ～ 17 cm，一般只二回分枝；雄花无梗，每 2 ～ 3 朵密集着生于小穗轴上，也有单生的；黄绿色，卵球形，钝三棱；花萼 3 片，卵状急尖，几分离，花冠约 2 倍长于花萼，花瓣阔卵形，雄蕊 6 枚，花药卵状箭头形；雌花序长 80 ～ 90 cm，花序梗长约 40 cm，其上有 3 个佛焰苞包着，具 4 ～ 5 个圆锥状的分枝花序，下部的分枝花序长约 35 cm，二至三回分枝；雌花淡绿色，通常 2 ～ 3 朵聚生；花无梗，球形，着生于短瘤突上，萼片阔卵形，3 裂，基部合生，花瓣卵状近圆形，长于萼片 1/3，退化雄蕊 6 枚，心皮被银色毛。果实阔肾形，有脐，宽 11 ～ 12 mm，高 7 ～ 9 mm，成熟时由黄色变为淡蓝色，有白粉，柱头残留在侧面附近。种子胚乳均匀，角质，胚侧生。花期 4 月，果期 12 月。

【拍摄地点】李庙镇刘坪村，海拔 298 m。

【生境分布】生于疏林中。分布于全县各乡镇。

【采收加工】采棕时割取旧叶柄下延部分和鞘片，除去纤维状的棕毛，晒干。

【药用部位】叶柄。

【性味归经】苦、涩，平。归肺、肝、大肠经。

【功能主治】收敛止血。用于吐血，衄血，尿血，便血，崩漏。

【用法用量】3 ～ 9 g，一般炮制后用。

167. 天南星科 Araceae

菖蒲属 Acorus

金钱蒲　石菖蒲　随手香（图 1141）

Acorus gramineus Soland.

【中药名】石菖蒲 *。

【形态特征】多年生草本。根茎芳香，粗 2 ～ 5 mm，外部淡褐色，节间长 3 ～ 5 mm，根肉质，具多数须根，根茎上部分枝甚密，植株因而成丛生状，分枝常被纤维状宿存叶基。叶无柄，叶片薄，基部两侧膜质叶鞘宽可达 5 mm，上延几达叶片中部，渐狭，脱落；叶片暗绿色，线形，长 20 ～ 30 cm，基部对折，中部以上平展，宽 7 ～ 13 mm，先端渐狭，无中肋，平行脉多数，稍隆起。花序柄腋生，长 4 ～ 15 cm，三棱形。叶状佛焰苞长 13 ～ 25 cm，为肉穗花序长的 2 ～ 5 倍或更长，稀近等长；肉穗花序圆柱状，长 4 ～ 6.5 cm，粗 4 ～ 7 mm，上部渐尖，直立或稍弯。花白色。成熟果序长 7 ～ 8 cm，粗可达 1 cm。幼果绿色，成熟时黄绿色或黄白色。花果期 2—6 月。

图 1141　金钱蒲 *Acorus gramineus*

【拍摄地点】城关镇凉泉村，海拔 422 m。

【生境分布】常见于密林下，生于湿地或溪旁石上。分布于南漳城关、李庙、长坪等乡镇。

【采收加工】秋、冬二季采挖，除去须根和泥沙，晒干。

【药用部位】根茎。

【性味归经】辛、苦，温。归心、胃经。

【功能主治】开窍豁痰，醒神益智，化湿开胃。用于神昏癫痫，健忘失眠，耳鸣耳聋，脘痞不饥，噤口下痢。

【用法用量】3 ～ 10 g。

磨芋属 Amorphophallus

花磨芋　磨芋（图 1142）

Amorphophallus konjac K. Koch

【中药名】魔芋*。

【形态特征】块茎扁球形，直径 7.5 ～ 25 cm，顶部中央多少下凹，暗红褐色；颈部周围生多数肉质根及纤维状须根。叶柄长 45 ～ 150 cm，基部粗 3 ～ 5 cm，黄绿色，光滑，有绿褐色或白色斑块；基部膜质鳞叶 2 ～ 3，披针形，内面的渐长大，长 7.5 ～ 20 cm。叶片绿色，3 裂，一次裂片具长 50 cm 的柄，二歧分裂，二次裂片二回羽状分裂或二回二歧分裂，小裂片互生，大小不等，基部的较小，向上渐大，长 2 ～ 8 cm，长圆状椭圆形，骤狭渐尖，基部宽楔形，外侧下延成翅状；侧脉多数，纤细，平行，近边缘联结为集合脉。花序柄长 50 ～ 70 cm，粗 1.5 ～ 2 cm，色泽同叶柄。佛焰苞漏斗形，长 20 ～ 30 cm，基部席卷，管部长 6 ～ 8 cm，宽 3 ～ 4 cm，苍绿色，杂以暗绿色斑块，边缘紫红色；檐部长 15 ～ 20 cm，宽约 15 cm，心状圆形，锐尖，边缘波状，外面变绿色，内面深紫色。肉穗花序比佛焰苞长 1 倍，雌花序圆柱形，长约 6 cm，粗 3 cm，紫色；雄花序紧接，长 8 cm，粗 2 ～ 2.3 cm；附属器呈伸长的圆锥形，长 20 ～ 25 cm，中空，明显具小薄片或具棱状长圆形的不育花遗垫，深紫色。花丝长 1 mm，宽 2 mm，花药长 2 mm。子房长约 2 mm，苍绿色或紫红色，2 室，胚珠极短，无柄，花柱与子房近等长，柱头边缘 3 裂。浆果球形或扁球形，成熟时黄绿色。花期 4—6 月，果期 8—9 月。

图 1142　花磨芋 *Amorphophallus konjac*

【拍摄地点】城关镇便河村，海拔 182 m。

【生境分布】生于疏林下、林缘或溪谷两旁湿润地，或栽培。分布于南漳李庙、长坪、城关等乡镇。

【采收加工】秋、冬二季茎叶枯萎时采挖，除去地上部分和须根，洗净，干燥，或切片干燥。

【药用部位】块茎。

【性味归经】辛、苦，寒；有毒。归肺、肝、脾经。

【功能主治】化痰消积，解毒散结，化瘀止痛。用于痰嗽，积滞，疟疾，瘰疬，癥瘕，跌打损伤，痈肿，疔疮，丹毒，烫火伤，蛇咬伤。

【用法用量】9 ～ 15 g，久煎 2 h 以上。外用适量，捣敷。不宜生服，内服不宜过量。

天南星属 Arisaema

一把伞南星 天南星（图 1143）

Arisaema erubescens（Wall.）Schott

【中药名】天南星*。

【形态特征】块茎扁球形，直径可达 6 cm，表皮黄色，有时淡红紫色。鳞叶绿白色、粉红色，有紫褐色斑纹。叶 1，极稀 2，叶柄长 40 ～ 80 cm，中部以下具鞘，鞘部粉绿色，上部绿色，有时具褐色斑块；叶片放射状分裂，裂片无定数；幼株少则 3 ～ 4 枚，多年生植株有多至 20 枚的，常 1 枚上举，余放射状平展，披针形、长圆形至椭圆形，无柄，长 8 ～ 24 cm，宽 6 ～ 35 mm，长渐尖，具线形长尾或否。花序柄比叶柄短，直立，果时下弯或否。佛焰苞绿色，背面有清晰的白色条纹，或淡紫色至深紫色而无条纹，管部圆筒形，长 4 ～ 8 mm，粗 9 ～ 20 mm；喉部边缘截形或稍外卷；檐部通常颜色较深，三角状卵形至长圆状卵形，有时为倒卵形，长 4 ～ 7 cm，宽 2.2 ～ 6 cm，先端渐狭，略下弯，有长 5 ～ 15 cm 的线形尾尖或否。肉穗花序单性，雄花序长 2 ～ 2.5 cm，花密；雌花序长约 2 cm，粗 6 ～ 7 mm；各附属器棒状、圆柱形，中部稍膨大或否，直立，长 2 ～ 4.5 cm，中部粗 2.5 ～ 5 mm，先端钝，光滑，基部渐狭；雄花序的附属器下部光滑或有少数中性花；雌花序上的具多数中性花。雄花具短柄，淡绿色、紫色至暗褐色，雄蕊 2 ～ 4，药室近球形，顶孔开裂成圆形。雌花：子房卵圆形，柱头无柄。果序柄下弯或直立，浆果红色，种子 1 ～ 2，球形，淡褐色。花期 5—7 月，果期 9 月。

图 1143 一把伞南星 *Arisaema erubescens*

【拍摄地点】长坪镇赵岭村，海拔 1234 m。

【生境分布】生于林下、灌丛或草地。分布于南漳长坪、薛坪、板桥、东巩等乡镇。

【采收加工】秋、冬二季茎叶枯萎时采挖，除去须根及外皮，干燥。

【药用部位】块茎。

【性味归经】苦、辛，温；有毒。归肺、肝、脾经。

【功能主治】散结消肿。外用治痈肿，蛇虫咬伤。

【用法用量】外用生品适量，研末以醋或酒调敷患处。

全缘灯台莲 蛇包谷（图 1144）

Arisaema sikokianum Franch. et Sav.

【形态特征】块茎扁球形，直径 2 ～ 3 cm，鳞叶 2，内面的披针形，膜质。叶 2，叶柄长 20 ～ 30 cm，下面 1/2 鞘筒状，鞘筒上缘几截平；叶片鸟足状 5 裂，裂片卵形、卵状长圆形或长圆形，全缘，中裂片具 0.5 ～ 2.5 cm 的长柄，长 13 ～ 18 cm，宽 9 ～ 12 cm，锐尖，基部楔形；侧裂片与中裂片相距 1 ～ 4 cm，与中裂片近相等，具短柄或否；外侧裂片无柄，较小，不等侧，内侧基部楔形，外侧圆形或耳状；一级侧脉 8 ～ 10 对。花序柄略短于叶柄或几与叶柄等长。佛焰苞淡绿色至暗紫色，具淡紫色条纹，管部漏斗状，长 4 ～ 6 cm，上部直径 1.5 ～ 2 cm，喉部边缘近截形，无耳；檐部卵状披针形至长圆状披针形，长 6 ～ 10 cm，宽 2.5 ～ 5.5 cm，稍下弯。肉穗花序单性，雄花序圆柱形，长 2 ～ 3 cm，粗 2 mm，花疏，雄花近无柄，花药 2 ～ 3，药室卵形，外向纵裂。雌花序近圆锥形，长 2 ～ 3 cm，下部粗 1 cm，花密，子房卵圆形，柱头小，圆形，胚珠 3 ～ 4；各附属器明显具细柄，直立，粗壮，粗 4 ～ 5 mm，上部增粗成棒状或近球形。果序长 5 ～ 6 cm，圆锥状，下部粗 3 cm，浆果黄色，长圆锥状，种子 1 ～ 3，卵圆形，光滑，具柄。花期 5 月，果期 8—9 月。

图 1144 全缘灯台莲 *Arisaema sikokianum*

【拍摄地点】板桥镇宋家坪村，海拔 1203 m。

【生境分布】生于山坡林下或沟谷岩石上。分布于南漳板桥、长坪等乡镇。

【药用部位】块茎。

【功能主治】燥湿化痰，息风止痉，消肿止痛。用于痰湿咳嗽，风痰眩晕，癫痫，中风，口眼歪斜，破伤风，痈肿，毒蛇咬伤。

灯台莲 七叶灯台莲（图 1145）

Arisaema bockii Engler

【形态特征】块茎扁球形，直径 2 ～ 3 cm，鳞叶 2，内面的披针形，膜质。叶裂片 7，具粗锯齿，中裂片具长达 7 cm 的柄，长 20 cm，宽 12 cm，侧裂片较小。花序柄略短于叶柄或几与叶柄等长。佛焰苞淡绿色至暗紫色，具淡紫色条纹，管部漏斗状，长 4 ～ 6 cm，上部直径 1.5 ～ 2 cm，喉部边缘近截形，无耳；檐部卵状披针形至长圆状披针形，长 6 ～ 10 cm，宽 2.5 ～ 5.5 cm，稍下弯。肉穗花序单性，雄花序圆柱形，长 2 ～ 3 cm，粗 2 mm，花疏，雄花近无柄，花药 2 ～ 3，药室卵形，外向纵裂。雌花序近圆锥形，长 2 ～ 3 cm，下部粗 1 cm，花密，子房卵圆形，柱头小，圆形，胚珠 3 ～ 4；各附属器明显具细柄，直立，粗壮，粗 4 ～ 5 mm，上部增粗成棒状或近球形。果序长 5 ～ 6 cm，圆锥状，

图 1145 灯台莲 *Arisaema bockii*

下部粗 3 cm，浆果黄色，长圆锥状，种子 1 ～ 3，卵圆形，光滑，具柄。花期 5 月，果期 8—9 月。

【拍摄地点】巡检镇不二坪村，海拔 1043 m。

【生境分布】生于山坡林下或沟谷阴湿处。分布于南漳巡检、板桥、长坪等乡镇。

【药用部位】块茎。

【功能主治】燥湿化痰，息风止痉，消肿止痛。用于痰湿咳嗽，风痰眩晕，癫痫，中风，口眼歪斜，破伤风，痈肿，毒蛇咬伤。

芋属 Colocasia

芋　芋头（图 1146）

Colocasia esculenta（L.）Schott.

【中药名】芋头*。

【形态特征】湿生草本。块茎通常卵形，常生多数小球茎，均富含淀粉。叶 2 ～ 3 枚或更多。叶柄长于叶片，长 20 ～ 90 cm，绿色，叶片卵状，长 20 ～ 50 cm，先端短尖或短渐尖，侧脉 4 对，斜伸达叶缘，后裂片浑圆，合生长度达 1/3 ～ 1/2，弯缺较钝，深 3 ～ 5 cm，基脉相交成 30°角，外侧脉 2 ～ 3，内侧 1 ～ 2 条，不显。花序柄常单生，短于叶柄。佛焰苞长短不一，一般为 20 cm 左右；管部绿色，长约 4 cm，粗 2.2 cm，长卵形；檐部披针形或椭圆形，长约 17 cm，展开成舟状，边缘内卷，淡黄色至绿白色。肉穗花序长约 10 cm，短于佛焰苞；雌花序长圆锥状，长 3 ～ 3.5 cm，下部粗 1.2 cm；中性花序长 3 ～ 3.3 cm，细圆柱状；雄花序圆柱形，长 4 ～ 4.5 cm，粗 7 mm，顶端骤狭；附属器钻形，长约 1 cm，粗不及 1 mm。花期 4—8 月。

图 1146　芋 *Colocasia esculenta*

【拍摄地点】城关镇文笔峰村，海拔 109 m。

【生境分布】栽培。南漳城关、李庙、九集等乡镇有栽培。

【采收加工】8—10 月采挖，除去地上部分和须根，洗净，干燥。

【药用部位】块茎。

【性味归经】甘、辛，平；生品有毒。归脾、胃、大肠经。

【功能主治】固脾止泻。用于脾虚不固之久泻、久痢。

半夏属 Pinellia

虎掌　掌叶半夏（图 1147）

Pinellia pedatisecta Schott

【中药名】虎掌南星*。

【形态特征】块茎近圆球形，直径可达 4 cm，根密集，肉质，长 5～6 cm；块茎四旁常生若干小球茎。叶 1～3 枚或更多，叶柄淡绿色，长 20～70 cm，下部具鞘；叶片鸟足状分裂，裂片 6～11，披针形，渐尖，基部渐狭，楔形，中裂片长 15～18 cm，宽 3 cm，两侧裂片依次渐短小，最外的有时长仅 4～5 cm；侧脉 6～7 对，离边缘 3～4 mm 处弧曲，联结为集合脉，网脉不明显。花序柄长 20～50 cm，直立。佛焰苞淡绿色，管部长圆形，长 2～4 cm，直径约 1 cm，向下渐收缩；檐部长披针形，锐尖，长 8～15 cm，基部展平宽 1.5 cm。肉穗花序：雌花序长 1.5～3 cm；雄花序长 5～7 mm；附属器黄绿色，细线形，长 10 cm，直立或略呈"S"形弯曲。浆果卵圆形，绿色至黄白色，小，藏于宿存的佛焰苞管部内。花期 6—7 月，果期 9—11 月。

图 1147　虎掌 *Pinellia pedatisecta*

【拍摄地点】李庙镇沙坪村，海拔 970 m。

【生境分布】生于林下、山谷或河谷阴湿处。分布于南漳李庙、城关、东巩等乡镇。

【采收加工】秋、冬二季采挖，除去须根及外皮，干燥。

【药用部位】块茎。

【性味归经】苦、辛，温；有毒。归肺、肝、脾经。

【功能主治】燥湿化痰，祛风止痉，散结消肿。用于顽痰咳嗽，风痰眩晕，中风痰壅，口眼歪斜，半身不遂，癫痫，惊风，破伤风。生品外用治痈肿，虫蛇咬伤。

【用法用量】3～9 g。外用生品适量，研末以醋或酒调敷患处。

半夏　三步跳（图 1148）

Pinellia ternata（Thunb.）Breit.

【中药名】半夏*。

【形态特征】块茎圆球形，直径 1～2 cm，具须根。叶 2～5 枚，有时 1 枚。叶柄长 15～20 cm，基部具鞘，鞘内、鞘部以上或叶片基部有直径 3～5 mm 的珠芽，珠芽在母株上萌发或落地后萌发；幼苗叶片卵状心形至戟形，为全缘单叶，长 2～3 cm，宽 2～2.5 cm；老株叶片 3 全裂，裂片绿色，背淡，长圆状椭圆形或披针形，两头锐尖，中裂片长 3～10 cm，宽 1～3 cm；侧裂片稍短；全缘或具不明显的浅波状圆齿，侧脉

图 1148　半夏 *Pinellia ternata*

8～10 对，细弱，细脉网状，密集，集合脉 2 圈。花序柄长 25～30 cm，长于叶柄。佛焰苞绿色或绿白色，管部狭圆柱形，长 1.5～2 cm；檐部长圆形，绿色，有时边缘青紫色，长 4～5 cm，宽 1.5 cm，钝或锐尖。肉穗花序：雌花序长 2 cm，雄花序长 5～7 mm，其中间隔 3 mm；附属器绿色变青紫色，长 6～10 cm，直立，有时呈“S”形弯曲。浆果卵圆形，黄绿色，先端渐狭为明显的花柱。花期 5—7 月，果 8 月成熟。

【拍摄地点】李庙镇沙坪村，海拔 978 m。

【生境分布】生于草坡、荒地、玉米地、田边或疏林下。分布于南漳各乡镇。

【采收加工】夏、秋二季采挖，洗净，除去外皮和须根，晒干。

【药用部位】块茎。

【性味归经】辛、温；有毒。归脾、胃、肺经。

【功能主治】燥湿化痰，降逆止呕，消痞散结。用于湿痰寒痰，咳喘痰多，痰饮眩悸，风痰眩晕，痰厥头痛，呕吐反胃，胸脘痞闷，梅核气；外治痈肿痰核。

【用法用量】内服一般炮制后使用，3～9 g。外用适量，磨汁涂或研末以酒调敷患处。

犁头尖属 Typhonium

独角莲 禹白附 犁头尖（图 1149）

Typhonium giganteum Engl.

【中药名】白附子*。

【形态特征】块茎倒卵形、卵球形或卵状椭圆形，大小不等，直径 2～4 cm，外被暗褐色小鳞片，有 7～8 条环状节，颈部周围生多条须根。通常 1～2 年生的只有 1 叶，3～4 年生的有 3～4 叶。叶与花序同时抽出。叶柄圆柱形，长约 60 cm，密生紫色斑点，中部以下具膜质叶鞘；叶片幼时内卷如角状，后即展开，箭形，长 15～45 cm，宽 9～25 cm，先端渐尖，基部箭状，后裂片叉开成 70°的锐角，钝；中肋背面隆起，一级侧脉 7～8 对，最下部的两条基部重叠，集合脉与边缘相距 5～6 mm。花序柄长 15 cm。佛焰苞紫色，管部圆筒形或长圆状卵形，长约 6 cm，粗 3 cm；檐部卵形，展开，长达 15 cm，先端渐尖常弯曲。肉穗花序几无梗，长达 14 cm，雌花序圆柱形，长约 3 cm，粗 1.5 cm；中性花序长 3 cm，粗约 5 mm；雄花序长 2 cm，粗 8 mm；附属器紫色，长 2～6 cm，粗 5 mm，圆柱形，直立，基部无柄，先端钝。雄花无柄，药室卵圆形，顶孔开裂。雌花：子房圆柱形，顶部截平，胚珠 2；柱头无柄，圆形。花期 6—8 月，果期 7—9 月。

图 1149 独角莲 *Typhonium giganteum*

【拍摄地点】板桥镇龙埫村，海拔 1220 m。

【生境分布】生于荒地、山坡、水沟旁。分布于南漳板桥、薛坪等乡镇。

【采收加工】秋季采挖，除去须根和外皮，晒干。

【药用部位】块茎。

【性味归经】辛，温；有毒。归胃、肝经。

【功能主治】祛风痰，定惊搐，解毒散结，止痛。用于中风痰壅，口眼歪斜，语言謇涩，惊风癫痫，破伤风，痰厥头痛，偏头痛，瘰疬痰核，毒蛇咬伤。

【用法用量】3～6 g。一般炮制后用，外用生品适量捣烂，熬膏或研末以酒调敷患处。

168. 浮萍科 Lemnaceae

紫萍属 Spirodela

紫萍　浮萍（图 1150）

Spirodela polyrrhiza（L.）Schleid.

【形态特征】叶状体扁平，阔倒卵形，长 5～8 mm，宽 4～6 mm，先端钝圆，表面绿色，背面紫色，具掌状脉 5～11 条，背面中央生 5～11 条根，根长 3～5 cm，白绿色，根冠尖，脱落；根基附近的一侧囊内形成圆形新芽，萌发后，幼小叶状体渐从囊内浮出，由一细弱的柄与母体相连。花未见，据记载，肉穗花序有 2 个雄花和 1 个雌花。

【拍摄地点】城关镇文笔峰村，海拔 162 m。

【生境分布】生于水田、池塘、水沟。分布于南漳各乡镇。

【药用部位】全草。

【功能主治】发汗，利尿。用于感冒发热无汗，斑疹不透，水肿，小便不利，皮肤湿热。

图 1150　紫萍 *Spirodela polyrrhiza*

169. 香蒲科 Typhaceae

香蒲属 Typha

水烛　水烛香蒲　水蜡烛（图 1151）

Typha angustifolia L.

【中药名】蒲黄*。

【形态特征】多年生水生或沼生草本。根状茎乳白色。地上茎粗壮，向上渐细，高 1.3～2 m。叶片条形，长 40～70 cm，宽 0.4～0.9 cm，光滑无毛，上部扁平，下部腹面微凹，背面逐渐隆起呈凸形，横切面呈半圆形，细胞间隙大，海绵状；叶鞘抱茎。雌雄花序紧密连接；雄花序长 2.7～9.2 cm，花序轴具白色弯曲柔毛，自基部向上具 1～3 枚叶状苞片，花后脱落；雌花序长 4.5～15.2 cm，基部具 1 枚叶状苞片，花后脱落；雄花通常由 3 枚雄蕊组成，有时 2 枚，或 4 枚雄蕊合生，花药长约 3 mm，2 室，条形，花粉粒单体，花丝很短，基部合生成短柄；雌花无小苞片；孕性雌花柱头匙形，外弯，长 0.5～0.8 mm，花柱长

1.2 ～ 2 mm，子房纺锤形至披针形，子房柄细弱，长约 2.5 mm；不孕雌花子房长约 1.2 mm，近于圆锥形，先端呈圆形，不发育柱头宿存；白色丝状毛通常单生，有时几枚基部合生，稍长于花柱，短于柱头。小坚果椭圆形至长椭圆形；果皮具长形褐色斑点。种子褐色，微弯。花果期 5—8 月。

图 1151 水烛 *Typha angustifolia*

【拍摄地点】城关镇便河村，海拔 163 m。

【生境分布】生于湖泊、池塘、沟渠、沼泽及河流缓流带。分布于南漳城关、九集、武安等各乡镇。

【采收加工】夏季采收蒲棒上部的黄色雄花序，晒干后碾轧，筛取花粉。剪取雄花后，晒干，成为带有雄花的花粉，即为草蒲黄。

【药用部位】花粉。

【性味归经】甘，平。归肝、心包经。

【功能主治】止血，化瘀，通淋。用于吐血，衄血，咯血，崩漏，外伤出血，经闭痛经，胸腹刺痛，跌扑肿痛，血淋涩痛。

【用法用量】5 ～ 10 g，包煎。外用适量，敷患处。

170. 莎草科 Cyperaceae

薹草属 Carex

长芒薹草（图 1152）

Carex gmelinii Hook. et Arn.

【形态特征】根状茎斜升，具匍匐茎。秆密丛生，高 20 ～ 60 cm，上部稍粗糙，基部叶鞘无叶片，暗紫红色，分裂成网状。叶短于秆，宽 3 ～ 7 mm，稍硬。苞片叶状，近无鞘。小穗 3 ～ 8 个，上部 3 个接近，无柄，下部的远离，具柄，基部的柄长 2 ～ 3 cm，稍下垂或近直立；顶生 1 个雌雄顺序，少有为雄性，长圆形，长 2 ～ 3 cm；侧生小穗雌性，长圆形，长 1.5 ～ 3 cm。雌花鳞片卵形，顶端具粗糙的长芒，暗紫红色或黑紫色，背面色淡，具 1 ～ 3 条脉，具狭的白色膜质边缘。果囊长于鳞片，卵形或近倒卵形，三棱形，长 4 ～ 5 mm，膜质，淡黄绿色，后变淡褐

图 1152 长芒薹草 *Carex gmelinii*

色，密被细点，具 6 ～ 8 条脉，基部具柄，顶端急缩成短喙，喙口微凹或近全缘。小坚果疏松地包于果囊中，倒卵形，三棱形，微扁；花柱基部不增粗，柱头 3 个。

【拍摄地点】城关镇文笔峰村，海拔 142 m。

【生境分布】生于山坡、路旁。分布于南漳各乡镇。

【药用部位】全草。

【功能主治】祛风除湿。用于风湿筋骨痛，四肢麻木，腰腿痛。

日本薹草（图 1153）

Carex japonica Thunb.

【形态特征】根状茎短，具细长地下匍匐茎。秆疏丛生，高 20 ～ 40 cm，较细，扁锐三棱形，上部棱稍粗糙，基部具少数淡褐色无叶片的鞘，鞘边缘常细裂成网状。叶上面的长于秆，基部的常短于秆，宽 3 ～ 4 mm，稍坚挺，平张，具两条明显的侧脉，边缘粗糙；具鞘。苞片叶状，下面的长于小穗，上面的 1 ～ 2 个短于小穗，无鞘。小穗 3 ～ 4 个，间距较长，顶生小穗为雄小穗，雄小穗线形，长 2 ～ 4 cm，具小穗柄；侧生的小穗为雌小穗，长圆状圆柱形或长圆形，长 1.5 ～ 2.5 cm，密生多数花，下面的具短柄，上面的无柄或近无柄。雄花鳞片披针形，长约 5 mm，顶端渐尖，膜质，苍白色，具 3 条脉，脉间为淡绿色；雌花鳞片狭卵形，长 2.5 ～ 3 mm，顶端渐尖，膜质，苍白色或稍带淡褐色，具 3 条脉，脉间常呈淡绿色。果囊斜展，长于鳞片，椭圆状卵形或卵形，稍鼓胀三棱形，长 4 ～ 4.5 mm，纸质，黄绿色或麦秆黄色，无毛，稍具光泽，脉不明显，基部急狭成宽楔形，顶端急缩成中等长的喙，喙口白色膜质，具两短齿。小坚果稍疏松地包于果囊中，椭圆形或倒卵状椭圆形，三棱形，长约 2 mm，淡棕色；花柱基部稍增粗；柱头 3 个。花果期 5—8 月。

图 1153 日本薹草 *Carex japonica*

【拍摄地点】长坪镇赵岭村，海拔 1110 m。

【生境分布】生于林下或林缘阴湿处或山谷沟旁湿地。分布于南漳长坪镇。

【药用部位】全草。

【功能主治】清热利湿，解表，助消化。用于痢疾，麻疹不出，消化不良。

宽叶薹草 崖棕（图 1154）

Carex siderosticta Hance

【形态特征】根状茎长。营养茎和花茎有间距，花茎近基部的叶鞘无叶片，淡棕褐色，营养茎的叶长圆状披针形，长 10 ～ 20 cm，宽 1 ～ 3 cm，有时具白色条纹，中脉及 2 条侧脉较明显，上面无毛，下面沿脉疏生柔毛。花茎高达 30 cm，苞鞘上部膨大似佛焰苞，长 2 ～ 2.5 cm，苞片长 5 ～ 10 mm。小穗 3 ～ 6 个，单生或孪生于各节，雄雌顺序，线状圆柱形，长 1.5 ～ 3 cm，具疏生的花；小穗柄长 2 ～ 6 cm，多伸出鞘外。雄花鳞片披针状长圆形，先端尖，长 5 ～ 6 mm，两侧透明膜质，中间绿色，具 3 条脉；雌花鳞片椭圆状长圆形至披针状长圆形，先端钝，长 4 ～ 5 cm，两侧透明膜质，中间绿色，具 3 条脉，遍生稀疏锈点。果囊倒卵形或椭圆形，三棱形，长 3 ～ 4 mm，平滑，具多条明显凸起的细脉，基部渐狭，具很短的柄，先端骤狭成短喙或近无喙，喙口平截。小坚果紧包于果囊中，椭圆形或三棱形，长约 2 mm；花柱宿存，基部不膨大，顶端稍伸出果囊之外，柱头 3 个。花果期 4—5 月。

图 1154　宽叶薹草 *Carex siderosticta*

【拍摄地点】巡检镇不二坪村，海拔 1070 m。

【生境分布】生于针阔叶混交林或阔叶林下或林缘。分布于南漳巡检、长坪等乡镇。

【药用部位】根。

【功能主治】益气养血，活血调经。用于气血虚弱，倦怠无力，心悸失眠，月经不调，经闭。

莎草属 Cyperus

异型莎草（图 1155）

Cyperus difformis L.

【形态特征】一年生草本，根为须根。秆丛生，稍粗或细弱，高 2 ～ 65 cm，扁三棱形，平滑。叶短于秆，宽 2 ～ 6 mm，平张或折合；叶鞘稍长，褐色。苞片 2 枚，少 3 枚，叶状，长于花序；长侧枝聚伞花序简单，少数为复出，具 3 ～ 9 个辐射枝，辐射枝长短不等，最长达 2.5 cm，或有时近于无花梗；头状花序球形，具极多数小穗，直径 5 ～ 15 mm；小穗密聚，披针形或线形，长 2 ～ 8 mm，宽约 1 mm，具 8 ～ 28 朵花；小穗轴无翅；鳞片排列稍松，膜质，近于扁圆形，顶端圆，长不及 1 mm，中间淡黄色，两侧深红紫色或栗色边缘具白色透明的边，具 3 条不很明显的脉；雄蕊 2，有时 1 枚，花药椭圆形，药隔不凸出于花药顶端；花柱极短，柱头 3，短。小坚果倒卵状椭圆形或三棱形，几与鳞片等长，淡黄色。花果期 7—10 月。

图 1155　异型莎草 *Cyperus difformis*

【拍摄地点】巡检镇峡口村，海拔 200 m。

【生境分布】生长于稻田中或水边潮湿处。分布于南漳各乡镇。

【药用部位】全草。

【功能主治】行气，活血，通淋，利小便。用于热淋，小便不通，跌打损伤，吐血。

头状穗莎草　三轮草（图 1156）

Cyperus glomeratus L.

【形态特征】一年生草本，具须根。秆散生，粗壮，高 50 ~ 95 cm，钝三棱形，平滑，基部稍膨大，具少数叶。叶短于秆，宽 4 ~ 8 mm，边缘不粗糙；叶鞘长，红棕色。叶状苞片 3 ~ 4 枚，较花序长，边缘粗糙；复出长侧枝聚伞花序具 3 ~ 8 个辐射枝，辐射枝长短不等，最长达 12 cm；穗状花序无总花梗，近于圆形、椭圆形或长圆形，长 1 ~ 3 cm，宽 6 ~ 17 mm，具极多数小穗；小穗多列，排列极密，线状披针形或线形，稍扁平，长 5 ~ 10 mm，宽 1.5 ~ 2 mm，具 8 ~ 16 朵花；小穗轴具白色透明的翅；鳞片排列疏松，膜质，近长圆形，顶端钝，长约 2 mm，棕红色，背面无龙骨状突起，脉极不明显，边缘内卷；雄蕊 3，花药短，长圆形，暗血红色，药隔凸出于花药顶端；花柱长，柱头 3，较短。小坚果长圆形，三棱形，长为鳞片的 1/2，灰色，具明显的网纹。花果期 6—10 月。

图 1156　头状穗莎草 *Cyperus glomeratus*

【拍摄地点】城关镇文笔峰村，海拔 103 m。

【生境分布】生于水边沙土上或路旁阴湿的草丛中。分布于南漳城关镇蛮河流域。

【药用部位】全草。

【功能主治】止咳化痰。用于咳嗽痰喘，慢性支气管炎。

碎米莎草　三楞草（图 1157）

Cyperus iria L.

【形态特征】一年生草本，无根状茎，具须根。秆丛生，细弱或稍粗壮，高 8 ~ 85 cm，扁三棱形，基部具少数叶，叶短于秆，宽 2 ~ 5 mm，平张或折合，叶鞘红棕色或棕紫色。叶状苞片 3 ~ 5 枚，下面的 2 ~ 3 枚常较花序长；长侧枝聚伞花序复出，很少为简单的，具 4 ~ 9 个辐射枝，辐射枝最长达 12 cm，每个辐射枝具 5 ~ 10 个穗状花序，有时更多；穗状花序卵形或长圆状卵形，长 1 ~ 4 cm，具 5 ~ 22 个小穗；小穗排列松散，斜展开，长圆形、披针形或线状披针形，压扁，长 4 ~ 10 mm，宽约 2 mm，具 6 ~ 22 朵花；小穗轴上近于无翅；鳞片排列疏松，膜质，宽倒卵形，顶端微缺，具极短的短尖，不凸出于鳞片的顶端，背面具龙骨状突起，绿色，有 3 ~ 5 条脉，两侧呈黄色或麦秆黄色，上端具白色透明的边；雄蕊 3，花丝着生在环形的肼胝体上，花药短，椭圆形，药隔不凸出于花药顶端；花柱短，柱头 3。小坚果倒卵形、椭圆形或三棱形，与鳞片等长，褐色，具密的微凸起细点。花果期 6—10 月。

【拍摄地点】武安镇石牛坪村，海拔 149 m。

【生境分布】生长于田间、山坡、路旁阴湿处。分布于南漳各乡镇。

【药用部位】全草。

【功能主治】祛风除湿，活血调经。用于风湿筋骨疼痛，月经不调，闭经，跌打损伤。

图 1157　碎米莎草 *Cyperus iria*

旋鳞莎草（图 1158）

Cyperus michelianus（L.）Link

【形态特征】一年生草本，具许多须根。秆密丛生，高 2 ～ 25 cm，扁三棱形，平滑。叶长于或短于秆，宽 1 ～ 2.5 mm，平张或有时对折；基部叶鞘紫红色。苞片 3 ～ 6 枚，叶状，基部宽，较花序长很多；长侧枝聚伞花序呈头状，卵形或球形，直径 5 ～ 15 mm，具极多数密集的小穗；小穗卵形或披针形，长 3 ～ 4 mm，宽约 1.5 mm，具 10 余朵花；鳞片螺旋状排列，膜质，长圆状披针形，长约 2 mm，淡黄白色，稍透明，有时上部中间具黄褐色或红褐色条纹，具 3 ～ 5 条脉，中脉呈龙骨状突起，绿色，延伸出顶端呈一短尖；雄蕊 2，少 1，花药长圆形；花柱长，柱头 2，少 3，通常具黄色乳头状突起。小坚果狭长圆形，三棱形，长为鳞片的 1/3 ～ 1/2，表面包有一层白色透明疏松的细胞。花果期 6—9 月。

【拍摄地点】李庙镇刘坪村，海拔 150 m。

【生境分布】生于水边潮湿空旷的地方，路旁亦可见到。分布于南漳李庙、九集、城关等乡镇。

【药用部位】全草。

【功能主治】行气活血，调经。用于痛经，月经不调。

图 1158　旋鳞莎草 *Cyperus michelianus*

香附子　莎草　回头青（图 1159）

Cyperus rotundus L.

【中药名】香附 *。

【形态特征】匍匐根状茎长，具椭圆形块茎。秆稍细弱，高 15 ～ 95 cm，锐三棱形，平滑，基部呈块茎状。叶较多，短于秆，宽 2 ～ 5 mm，平张；鞘棕色，常裂成纤维状。叶状苞片 2 ～ 3 枚，常长于花序，或有时短于花序；长侧枝聚伞花序简单或复出，具 3 ～ 10 个辐射枝；辐射枝最长达 12 cm；穗状花序轮廓为陀螺形，稍疏松，具 3 ～ 10 个小穗；小穗斜展开，线形，长 1 ～ 3 cm，宽约 1.5 mm，具 8 ～ 28 朵花；小穗轴具较宽的、白色透明的翅；鳞片稍密地覆瓦状排列，膜质，卵形或长圆状卵形，长约 3 mm，顶端急尖或钝，无短尖，中间绿色，两侧紫红色或红棕色，具 5 ～ 7 条脉；雄蕊 3，花药长，线形，暗血红色，药隔凸出于花药顶端；花柱长，柱头 3，细长，伸出鳞片外。小坚果长圆状倒卵形或三棱形，长为鳞片的 1/3 ～ 2/5，具细点。花果期 5—11 月。

【拍摄地点】九集镇沙河村，海拔 139 m。

【生境分布】生于山坡荒地草丛中或水边潮湿处。分布于南漳城关、九集、武安等乡镇。

【采收加工】秋季采挖，燎去毛须，置沸水中略煮或蒸透后晒干，或燎后直接晒干。

图 1159　香附子 *Cyperus rotundus*

【药用部位】根茎。

【性味归经】辛、微苦、微甘，平。归肝、脾、三焦经。

【功能主治】疏肝解郁，理气宽中，调经止痛。用于肝郁气滞，胸胁胀痛，疝气疼痛，乳房胀痛，脾胃气滞，脘腹痞闷，胀满疼痛，月经不调，经闭痛经。

【用法用量】6 ～ 10 g。

飘拂草属 Fimbristylis

短尖飘拂草（图 1160）

Fimbristylis makinoana Ohwi

【形态特征】无根状茎。秆丛生，细弱，一般较矮，高 10 ～ 25 cm，扁钝三棱形，基部具少数叶。叶短于秆，极狭，宽不及 1 mm，平张或有时对折，被疏柔毛；鞘淡棕色，被较密的柔毛。苞片 3 ～ 7 枚，叶状，最下面的苞片等长或稍短于花序，其余均短于花序，基部稍扩大，被稍密的柔毛；长侧枝聚伞花序复出或多次复出，疏散，具少数至多数辐射枝；辐射枝最长达 2.5 cm，稍细；小穗单生于辐射枝顶端，披针形或长圆形，顶端急尖，长 3 ～ 7 mm，宽 1.2 ～ 2 mm，具多数花；鳞片较松地螺旋状排列，膜质，长圆形，顶端钝，长 1.5 ～ 2 mm，黄棕色，下部色常较淡，背面具 1 条中脉，脉稍隆起，顶端延伸成短芒，芒长约为

图 1160　短尖飘拂草 *Fimbristylis makinoana*

鳞片的 1/5，稍外弯；雄蕊 1，花药线形，长约 0.5 mm，药隔稍凸出；花柱长，稍扁，具疏缘毛，基部膨大，具白色下垂的丝状长柔毛，常复盖于小坚果顶部；花柱 2，具乳头状小突起。小坚果倒卵形，扁双凸状，长约 0.5 mm，黄色，具短柄，表面近于平滑或具极不明显的六角形网纹。

【拍摄地点】巡检镇巡检司村，海拔 337 m。

【生境分布】生于水边或湿地。分布于南漳各乡镇。

【药用部位】全草。

【功能主治】清热利尿，解毒。用于小便不利，水肿等。

烟台飘拂草（图 1161）

Fimbristylis stauntoni Debeaux et Franch.

【形态特征】无根状茎。秆丛生，扁三棱形，高 4 ～ 40 cm，具纵槽，无毛，直立，少有下弯，基部有少数叶。叶短于秆，平张，无毛，向上端渐狭，顶端急尖，宽 1 ～ 2.5 mm；鞘前面膜质，鞘口斜裂，淡棕色，长 0.5 ～ 7 cm，叶舌很短，截形，具绿毛。苞片 2 ～ 3 枚，叶状，稍长或稍短于花序；小苞片钻状或鳞片状，基部宽，具芒；长侧枝聚伞花序简单或复出，长 1 ～ 7 cm，宽 1.5 ～ 7 cm，具少数辐射枝；辐射枝多少张开，细，长 1 ～ 7 cm；小穗单生于辐射枝顶端，宽卵形或长圆形，顶端急尖、钝或圆，基部楔形，长 3 ～ 7 mm，宽 1.5 ～ 2.5 mm，有多数花；鳞片膜质，长圆状披针形，锈色，背面具绿色龙骨状突起，具 1 条脉，顶端具短尖，短尖不向外弯；雄蕊 1，花药长约 0.4 mm，顶端具短尖；子房狭长圆形，花柱近圆柱状，无毛，基部膨大呈球形，柱头 2 ～ 3 个，幼时长约为花柱的 1/4，成长后仅稍短于花柱。小坚果长圆形，近于圆筒状，黄白色，顶端稍膨大如盘，顶端以下缩成短颈，表面具横长圆形的网纹，长 1 mm；花柱不脱落。花果期 7—10 月。

图 1161 烟台飘拂草 *Fimbristylis stauntoni*

【拍摄地点】巡检镇南峪沟村，海拔 452 m。

【生境分布】生于耕地中、稻田埂上、砂土湿地上或杂草丛中。分布于南漳各乡镇。

【药用部位】全草。

【功能主治】清热解毒，活血散瘀，止咳。用于暑热尿少，尿赤，泄泻，跌打损伤，小腿劳伤肿痛，咳嗽痰喘。

荸荠属 Heleocharis

荸荠（图 1162）

Heleocharis dulcis（Burm. f.）Trin. ex Henschel

【形态特征】有细长的匍匐根状茎，在匍匐根状茎的顶端生块茎。秆多数，丛生，直立，圆柱状，高

15～60 cm，直径 1.5～3 mm，有多数横隔膜，干后秆表面现有节，但不明显，灰绿色，光滑无毛。叶缺如，只在秆的基部有 2～3 个叶鞘；鞘近膜质，绿黄色、紫红色或褐色，高 2～20 cm，鞘口斜，顶端急尖。小穗顶生，圆柱状，长 1.5～4 cm，直径 6～7 mm，呈淡绿色，顶端钝或近急尖，有多数花，在小穗基部有两片鳞片中空无花，抱小穗基部一周；其余鳞片有花，松散地覆瓦状排列，宽长圆形或卵状长圆形，顶端钝圆，长 3～5 mm，宽 2.5～3.5 mm，背部灰绿色，近革质，边缘为微黄色干膜质，全面有淡棕色细点，具 1 条中脉；下位刚毛 7 条；较小坚果长 1.5 倍，有倒刺；柱头 3。小坚果宽倒卵形，双凸状，顶端不缢缩，长约 2.4 mm，宽 1.8 mm，成熟时棕色，光滑，稍黄微绿色，表面细胞呈四角形至六角形；花柱基从宽的基部急骤变狭变扁而呈三角形，不为海绵质，基部具领状的环，环宽与小坚果质地相同，宽约为小坚果的 1/2。花果期 5—10 月。

图 1162 荸荠 *Heleocharis dulcis*

【拍摄地点】巡检镇南峪沟村，海拔 325 m。

【生境分布】全国各地都有栽培。分布于南漳巡检、九集、武安等乡镇。

【药用部位】球茎。

【功能主治】清热，化痰，消积。用于温病消渴，黄疸，热淋，痞积，目赤，咽喉肿痛，赘疣。

藨草属 Scirpus

水毛花（图 1163）

Scirpus triangulatus Roxb.

【形态特征】根状茎粗短，无匍匐根状茎，具细长须根。秆丛生，稍粗壮，高 50～120 cm，锐三棱形，基部具 2 个叶鞘，鞘棕色，长 7～23 cm，顶端呈斜截形，无叶片。苞片 1 枚，为秆的延长，直立或稍展开，长 2～9 cm；小穗 5～9 聚集成头状，假侧生，卵形、长圆状卵形、圆筒形或披针形，顶端钝圆或近于急尖，长 8～16 mm，宽 4～6 mm，具多数花；鳞片卵形或长圆状卵形，顶端急缩成短尖，近于革质，长 4～4.5 mm，淡棕色，具红棕色短条纹，背面具 1 条脉；下位刚毛 6 条，有倒刺，较小坚果长一半或与之等长或较小坚果稍短；雄蕊 3，花药线形，长 2 mm 或更长些，药隔稍凸出；花柱长，柱头 3。小坚果倒卵形、宽倒卵形或扁三棱形，长 2～2.5 mm，成熟时暗棕色，具光泽，稍有皱纹。花

图 1163 水毛花 *Scirpus triangulatus*

果期 5—8 月。

【拍摄地点】肖堰镇曲阳坪村，海拔 325 m。

【生境分布】生于水塘边、溪边草地、湖边等。分布于南漳城关、肖堰、九集等乡镇。

【药用部位】全草。

【功能主治】清热解表，宣肺止咳。用于感冒发热，咳嗽。

171. 芭蕉科 Musaceae

芭蕉属 Musa

芭蕉（图 1164）

Musa basjoo Sieb. et Zucc.

【形态特征】植株高 2.5 ～ 4 m。叶片长圆形，长 2 ～ 3 m，宽 25 ～ 30 cm，先端钝，基部圆形或不对称，叶面鲜绿色，有光泽；叶柄粗壮，长达 30 cm。花序顶生，下垂；苞片红褐色或紫色；雄花生于花序上部，雌花生于花序下部；雌花在每一苞片内为 10 ～ 16 朵，排成 2 列；合生花被片长 4 ～ 4.5 cm，具 5 齿裂，离生花被片几与合生花被片等长，顶端具小尖头。浆果三棱状，长圆形，长 5 ～ 7 cm，具 3 ～ 5 棱，近无柄，肉质，内具多数种子。种子黑色，具疣突及不规则棱角，宽 6 ～ 8 mm。

图 1164 芭蕉 *Musa basjoo*

【拍摄地点】板桥镇茅山坪村，海拔 871 m。

【生境分布】多栽培于庭园及农舍附近。南漳板桥、东巩等乡镇的房前屋后有零星栽培。

【药用部位】根。

【功能主治】清热解毒，利尿消肿，凉血，止痛。用于感冒咳嗽，头痛，高血压，胃痛，腹痛，肝炎，痢疾，崩漏，胎动不安，尿路感染，水肿；外用治中耳炎，创伤出血，痈疖肿毒。

172. 姜科 Zingiberaceae

姜属 Zingiber

蘘荷　元禾（图 1165）

Zingiber mioga（Thunb.）Rosc.

【形态特征】株高 0.5 ～ 1 m，根茎淡黄色。叶片披针状椭圆形或线状披针形，长 20 ～ 37 cm，宽 4 ～ 6 cm，叶面无毛，叶背无毛或被稀疏的长柔毛，顶端尾尖；叶柄长 0.5 ～ 1.7 cm 或无柄；叶舌膜质，2 裂，长

0.3 ～ 1.2 cm。穗状花序椭圆形，长 5 ～ 7 cm；总花梗从无到长达 17 cm，被长圆形鳞片状鞘；苞片覆瓦状排列，椭圆形，红绿色，具紫脉；花萼长 2.5 ～ 3 cm，一侧开裂；花冠管较萼为长，裂片披针形，长 2.7 ～ 3 cm，宽约 7 mm，淡黄色；唇瓣卵形，3 裂，中裂片长 2.5 cm，宽 1.8 cm，中部黄色，边缘白色，侧裂片长 1.3 cm，宽 4 mm；花药、药隔附属体各长 1 cm。果倒卵形，熟时裂成 3 瓣，果皮里面鲜红色；种子黑色，被白色假种皮。花期 8—10 月。

【拍摄地点】城关镇便河村，海拔 181 m。

【生境分布】生于山谷中阴湿处。南漳县各乡镇均产，野生或栽培。

【药用部位】根茎。

【功能主治】活血调经，镇咳祛痰，消肿解毒。用于妇女月经不调，老年咳嗽，疮肿，瘰疬，目赤，喉痹。

图 1165　蘘荷 *Zingiber mioga*

姜（图 1166）

Zingiber officinale Rosc.

【中药名】生姜*、干姜*、炮姜*。

【形态特征】株高 0.5 ～ 1 m。根茎肥厚，多分枝，有芳香及辛辣味。叶片披针形或线状披针形，长 15 ～ 30 cm，宽 2 ～ 2.5 cm，无毛，无柄；叶舌膜质，长 2 ～ 4 mm。总花梗长达 25 cm；穗状花序球果状，长 4 ～ 5 cm；苞片卵形，长约 2.5 cm，淡绿色或边缘淡黄色，顶端有小尖头；花萼管长约 1 cm；花冠黄绿色，管长 2 ～ 2.5 cm，裂片披针形，长不及 2 cm；唇瓣中央裂片长圆状倒卵形，短于花冠裂片，有紫色条纹及淡黄色斑点，侧裂片卵形，长约 6 mm；雄蕊暗紫色，花药长约 9 mm；药隔附属体钻状，长约 7 mm。花期为秋季。

图 1166　姜 *Zingiber officinale*

【拍摄地点】李庙镇磨坪寺村，海拔 859 m。

【生境分布】广为栽培。全县各乡镇有零星栽培。

【采收加工】生姜：秋、冬二季采挖，除去须根和泥沙。干姜：冬季采挖，除去须根和泥沙，晒干或低温干燥。趁鲜切片晒干或低温干燥者称为“干姜片”。炮姜：取干姜，照烫法用砂烫至鼓起，表面棕褐色。

【药用部位】生姜：根茎。干姜：根茎。炮姜：根茎。

【性味归经】生姜：辛，微温；归肺、脾、胃经。干姜：辛，热；归脾、胃、肾、心、肺经。炮姜：辛，热；归脾、胃、肾经。

【功能主治】生姜：解表散寒，温中止呕，化痰止咳，解鱼蟹毒；用于风寒感冒，胃寒呕吐，寒痰咳嗽，鱼蟹中毒。干姜：温中散寒，回阳通脉，温肺化饮；用于脘腹冷痛，呕吐泄泻，肢冷脉微，寒饮喘咳。炮姜：温经止血，温中止痛；用于阳虚失血，吐衄崩漏，脾胃虚寒，腹痛吐泻。

【用法用量】生姜：3 ～ 10 g。干姜：3 ～ 10 g。炮姜：3 ～ 9 g。

173. 美人蕉科 Cannaceae

美人蕉属 Canna

美人蕉 凤尾花（图 1167）

Canna indica L.

【形态特征】植株全部绿色，高可达 1.5 m。叶片卵状长圆形，长 10 ～ 30 cm，宽达 10 cm。总状花序疏花；略超出于叶片之上；花红色，单生；苞片卵形，绿色，长约 1.2 cm；萼片 3，披针形，长约 1 cm，绿色而有时染红；花冠管长不及 1 cm，花冠裂片披针形，长 3 ～ 3.5 cm，绿色或红色；外轮退化雄蕊 2 ～ 3 枚，鲜红色，其中 2 枚倒披针形，长 3.5 ～ 4 cm，宽 5 ～ 7 mm，另一枚如存在则特别小，长 1.5 cm，宽仅 1 mm；唇瓣披针形，长 3 cm，弯曲；发育雄蕊长 2.5 cm，花药室长 6 mm；花柱扁平，长 3 cm，一半和发育雄蕊的花丝连合。蒴果绿色，长卵形，有软刺，长 1.2 ～ 1.8 cm。花果期 3—12 月。

图 1167 美人蕉 *Canna indica*

【拍摄地点】城关镇榆树岭村，海拔 130 m。

【生境分布】栽培。南漳各乡镇房前屋后有栽培。

【药用部位】根茎。

【功能主治】清热利湿，安神降压。用于黄疸性肝炎，神经官能症，高血压；外用治跌打损伤，疮疡肿毒。

174. 兰科 Orchidaceae

无柱兰属 Amitostigma

无柱兰 细萼无柱兰 独叶一枝花（图 1168）

Amitostigma gracile（Bl.）Schltr.

【形态特征】植株高 7 ～ 30 cm。块茎卵形或长圆状椭圆形，长 1 ～ 2.5 cm，直径约 1 cm，肉质。

图 1168 无柱兰 *Amitostigma gracile*

茎纤细，直立或近直立，光滑，基部具 1 ~ 2 枚筒状鞘，近基部具 1 枚大叶，在叶之上具 1 ~ 2 枚苞片状小叶。叶片狭长圆形、长圆形、椭圆状长圆形或卵状披针形，直立伸展，长 5 ~ 12 cm，宽 1 ~ 3.5 cm，先端钝或急尖，基部收狭成抱茎的鞘。总状花序具 5 ~ 20 朵花，偏向一侧；花苞片小，直立伸展，卵状披针形或卵形，先端渐尖，较子房短很多；子房圆柱形，稍扭转，无毛，连花梗长 7 ~ 10 mm；花小，粉红色或紫红色；中萼片直立，卵形，长 2.5 ~ 3 mm，宽 1.5 ~ 2 mm，凹陷，舟状，先端钝，具 1 脉；侧萼片斜卵形或基部渐狭呈倒卵形，长 3 mm，宽约 2 mm，先端钝，具 1 脉；花瓣斜椭圆形或卵形，长 2.5 ~ 3 mm，宽约 2 mm，先端急尖，具 1 脉；唇瓣较萼片和花瓣大，轮廓为倒卵形，长 3.5 ~ 5 mm，具 5 ~ 7 不隆起的细脉，基部楔形，具距，中部之上 3 裂，侧裂片镰状线形、长圆形或三角形，先端钝或截形，中裂片较侧裂片大，倒卵状楔形，先端截形、圆形或圆形而中间凹缺；距纤细，圆筒状，几乎直的，下垂，长 2 ~ 3 mm，较子房短多，末端钝；蕊柱极短，直立；花药稍向后倾，先端稍凹陷，药室并行；花粉团卵球形，具花粉团柄和黏盘，黏盘小，椭圆形；蕊喙小，直立，三角形；柱头 2 个，隆起，近棒状，从蕊喙之下伸出；退化雄蕊 2 个，小，椭圆形。花期 6—7 月，果期 9—10 月。

【拍摄地点】长坪镇赵岭村，海拔 1292 m。

【生境分布】生于山坡沟谷边或林下阴湿处覆有土的岩石上或山坡灌丛下。偶见分布于南漳长坪镇。

【药用部位】全草。

【功能主治】解毒消肿，止血。用于跌打损伤，吐血；外用治疗无名肿毒，毒蛇咬伤。

白及属 Bletilla

白及（图 1169）

Bletilla striata（Thunb. ex A. Murray）Rchb. f.

【中药名】白及 *。

【形态特征】植株高 18 ~ 60 cm。假鳞茎扁球形，上面具荸荠似的环带，富黏性。茎粗壮，劲直。叶 4 ~ 6 枚，狭长圆形或披针形，长 8 ~ 29 cm，宽 1.5 ~ 4 cm，先端渐尖，基部收狭成鞘并抱茎。花序具 3 ~ 10 朵花，常不分枝或极罕分枝；花序轴或多或少呈“之”字状曲折；花苞片长圆状披针形，长 2 ~ 2.5 cm，开花时常凋落；花大，紫红色或粉红色；萼片和花瓣近等长，狭长圆形，长 25 ~ 30 mm，宽 6 ~ 8 mm，先端急尖；花瓣较萼片稍宽；唇瓣较萼片和花瓣稍短，倒卵状椭圆形，长 23 ~ 28 mm，白色带紫红色，具紫色脉；唇盘上面具 5 条纵褶片，从基部伸至中裂片近顶部，仅在中裂片上面为波状；蕊柱长 18 ~ 20 mm，柱状，具狭翅，稍弓曲。花期 4—5 月。

【拍摄地点】巡检镇甘河村，海拔 428 m。

【生境分布】生于常绿阔叶林下、栋树林或针叶林下、路边草丛或岩石缝中。分布于南漳巡检、板桥、东巩等乡镇。

【采收加工】夏、秋二季采挖，除去须根，洗净，置沸水中煮或蒸至无白心，晒至半干，除去外皮，晒干。

【药用部位】块茎。

【性味归经】苦、甘、涩，微寒。归肺、肝、胃经。

【功能主治】收敛止血，消肿生肌。用于咯血，吐血，外伤出血，疮疡肿毒，皮肤皲裂。

【用法用量】6 ～ 15 g；研末吞服 3 ～ 6 g。外用适量。

图 1169 白及 *Bletilla striata*

虾脊兰属 Calanthe

剑叶虾脊兰 马牙七（图 1170）

Calanthe davidii Franch.

图 1170 剑叶虾脊兰 *Calanthe davidii*

【形态特征】植株紧密聚生，无明显的假鳞茎和根状茎。假茎通常长 4 ～ 10 cm，具数枚鞘和 3 ～ 4 枚叶。叶在花期全部展开，剑形或带状，长达 65 cm，宽 1 ～ 2 cm，先端急尖，基部收窄，具 3 条主脉，两面无毛；叶柄不明显或长可达 20 cm。花葶出自叶腋，直立，粗壮，长达 120 cm，密被细花；花序之下疏生数枚紧贴花序柄的筒状鞘；鞘膜质，下面的长达 10 cm，无毛；总状花序长 8 ～ 20 cm，密生许多小花；花苞片宿存，草质，反折，狭披针形，近等长于花梗和子房，长 1 ～ 1.5 cm，基部宽 1.5 ～ 2 mm，先端渐尖，背面被短毛；花黄绿色、白色或有时带紫色；萼片和花瓣反折；萼片相似，近椭圆形，长 6 ～ 9 mm，中部宽约 4 mm，先端锐尖或稍钝，具 5 条脉，中央 3 条脉较明显，背面近无毛或密被短毛；花瓣狭长圆状倒披针形，与萼片等长，中部以上宽 1.8 ～ 2.2 mm，先端钝或锐尖，具 3 条脉，基部收窄为爪，无毛；唇瓣的轮廓为宽三角形，基部无爪，与整个蕊柱翅合生，3 裂；侧裂片长圆形、镰状长圆形至卵状三角形，先端斜截形或钝，两侧裂片先端之间相距达 9 mm；中裂片先端 2 裂，在裂口中央具 1 个短尖；小裂片近长圆形，较侧裂片狭，向外叉开，先端斜截形；唇盘在两侧裂片之间具 3 条等长或中间 1 条较长的鸡冠状褶片，有时褶片延伸到近中裂片的先端；距圆筒形，镰刀状弯曲，比花梗和子房短或稍长，长 5 ～ 12 mm，外面疏生毛，内面密生毛；蕊柱粗短，长约 3 mm，上端扩大，近无毛或被疏毛；蕊喙 2 裂；

裂片近方形，长约 1 mm，先端近浑圆；药帽在前端不收窄，先端圆形；花粉团近梨形或倒卵形，等大，长约 1 mm，具短的花粉团柄；黏盘小，颗粒状。蒴果卵球形，长约 13 mm，粗 7 mm。花期 6—7 月，果期 9—10 月。

【拍摄地点】板桥镇夹马河，海拔 720 m。

【生境分布】生于山谷、溪边或林下。分布于南漳板桥镇。

【药用部位】根及假鳞茎。

【功能主治】清热解毒，散瘀止痛。用于咽喉肿痛，牙痛，脘腹疼痛，腰痛，关节痛，跌打损伤，瘰疬疮疡，毒蛇咬伤。

头蕊兰属 Cephalanthera

银兰　鱼头兰花（图 1171）

Cephalanthera erecta（Thunb. ex A. Murray）Bl.

图 1171　银兰 *Cephalanthera erecta*

【形态特征】地生草本，高 10 ～ 30 cm。茎纤细，直立，下部具 2 ～ 4 枚鞘，中部以上具 2 ～ 5 枚叶。叶片椭圆形至卵状披针形，长 2 ～ 8 cm，宽 0.7 ～ 2.3 cm，先端急尖或渐尖，基部收狭并抱茎。总状花序长 2 ～ 8 cm，具 3 ～ 10 朵花；花序轴有棱；花苞片通常较小，狭三角形至披针形，长 1 ～ 3 mm，但最下面 1 枚常为叶状，有时长可达花序的一半或与花序等长；花白色；萼片长圆状椭圆形，长 8 ～ 10 mm，宽 2.5 ～ 3.5 mm，先端急尖或钝，具 5 脉；花瓣与萼片相似，但稍短；唇瓣长 5 ～ 6 mm，3 裂，基部有距；侧裂片卵状三角形或披针形，多少围抱蕊柱；中裂片近心形或宽卵形，长约 3 mm，宽 4 ～ 5 mm，上面有 3 条纵褶片，纵褶片向前方逐渐为乳突所代替；距圆锥形，长约 3 mm，末端稍锐尖，伸出侧萼片基部之外；蕊柱长 3.5 ～ 4 mm。蒴果狭椭圆形或宽圆筒形，长约 1.5 cm，宽 3.5 ～ 4.5 mm。花期 4—6 月，果期 8—9 月。

【拍摄地点】板桥镇宋家坪村，海拔 1179 m。

【生境分布】生于林下、灌丛或沟边。分布于南漳板桥、肖堰、李庙等乡镇。

【药用部位】全草。

【功能主治】清热利尿。用于高热不退，口干，小便不通。

杜鹃兰属 Cremastra

杜鹃兰（图 1172）

Cremastra appendiculata（D. Don）Makino

【中药名】山慈菇*。

图 1172 杜鹃兰 *Cremastra appendiculata*

【形态特征】假鳞茎卵球形或近球形，长 1.5 ～ 3 cm，直径 1 ～ 3 cm，密接，有关节，外被撕裂成纤维状的残存鞘。叶通常 1 枚，生于假鳞茎顶端，狭椭圆形、近椭圆形或倒披针状狭椭圆形，长 18 ～ 34 cm，宽 5 ～ 8 cm，先端渐尖，基部收狭，近楔形；叶柄长 7 ～ 17 cm，下半部常为残存的鞘所包蔽。花葶从假鳞茎上部节上发出，近直立，长 27 ～ 70 cm；总状花序长 10 ～ 25 cm，具 5 ～ 22 朵花；花苞片披针形至卵状披针形，长 5 ～ 12 mm；花梗和子房 5 ～ 9 mm；花常偏花序一侧，多少下垂，不完全开放，有香气，狭钟形，淡紫褐色；萼片倒披针形，从中部向基部骤然收狭而成近狭线形，全长 2 ～ 3 cm，上部宽 3.5 ～ 5 mm，先端急尖或渐尖；侧萼片略斜歪；花瓣倒披针形或狭披针形，向基部收狭成狭线形，长 1.8 ～ 2.6 cm，上部宽 3 ～ 3.5 mm，先端渐尖；唇瓣与花瓣近等长，线形，上部 1/4 处 3 裂；侧裂片近线形，长 4 ～ 5 mm，宽约 1 mm；中裂片卵形至狭长圆形，长 6 ～ 8 mm，宽 3 ～ 5 mm，基部在两枚侧裂片之间具 1 枚肉质突起；肉质突起大小变化甚大，上面有时有疣状小突起；蕊柱细长，长 1.8 ～ 2.5 cm，顶端略扩大，腹面有时有很狭的翅。蒴果近椭圆形，下垂，长 2.5 ～ 3 cm，宽 1 ～ 1.3 cm。花期 5—6 月，果期 9—12 月。

【拍摄地点】长坪镇赵岭村，海拔 1142 m。

【生境分布】生于林下湿地或沟边湿地上。分布于南漳长坪镇。

【采收加工】夏、秋二季采挖，除去地上部分及泥沙，分开大小置沸水锅中蒸煮至透心，干燥。

【药用部位】假鳞茎。

【性味归经】甘、微辛，凉。归肝、脾经。

【功能主治】清热解毒，化痰散结。用于痈肿疔毒，瘰疬痰核，蛇虫咬伤，癥瘕痞块。

【用法用量】3 ～ 9 g。外用适量。

兰属 Cymbidium

蕙兰　兰草　兰花（图 1173）

Cymbidium faberi Rolfe

【形态特征】地生草本，假鳞茎不明显。叶 5 ～ 8 枚，带形，直立性强，长 25 ～ 80 cm，宽 7 ～ 12 mm，基部常对折而呈“V”形，叶脉透亮，边缘常有粗锯齿。花葶从叶丛基部最外面的叶腋抽出，近直立或稍外弯，长 35 ～ 50 cm，被多枚长鞘；总状花序具 5 ～ 11 朵或更多的花；花苞片线状披针形，最下面的 1 枚长于子房，中上部的长 1 ～ 2 cm，约为花梗和子房长度的 1/2，至少超过 1/3；花梗和子房长 2 ～ 2.6 cm；花常为浅黄绿色，唇瓣有紫红色斑，有香气；萼片近披针状长圆形或狭倒卵形，长 2.5 ～ 3.5 cm，宽 6 ～ 8 mm；花瓣与萼片相似，常略短而宽；唇瓣长圆状卵形，长 2 ～ 2.5 cm，3 裂；侧裂片直立，具小乳突或细毛；中裂片较长，强烈外弯，有明显、发亮的的乳突，边缘常皱波状；唇盘上 2 条纵褶片从基部上方延伸至中裂片基部，上端向内倾斜并汇合，多少形成短管；蕊柱长 1.2 ～ 1.6 cm，稍向前弯曲，两侧有狭翅；花粉团 4 个，成 2 对，宽卵形。蒴果近狭椭圆形，长 5 ～ 5.5 cm，宽约 2 cm。花期 3—5 月。

【拍摄地点】国营七里山林场，海拔 177 m。

【生境分布】生于湿润但排水良好的透光处。分布于南漳九集、李庙、长坪等乡镇。

【药用部位】全草。

【功能主治】润肺止咳，杀虫。用于久咳，蛔虫病；外用治疗头虱。

图 1173　蕙兰 *Cymbidium faberi*

春兰　兰草　兰花（图 1174）

Cymbidium goeringii（Rchb. f.）Rchb. f.

【形态特征】地生植物。假鳞茎较小，卵球形，长 1 ～ 2.5 cm，宽 1 ～ 1.5 cm，包藏于叶基之内。叶 4 ～ 7 枚，带形，通常较短小，长 20 ～ 40 cm，宽 5 ～ 9 mm，下部常多少对折而呈“V”形，边缘无齿或具细齿。花葶从假鳞茎基部外侧叶腋中抽出，直立，长 3 ～ 15 cm，极罕更高，明显短于叶；花序具单朵花，极罕 2 朵；花苞片长而宽，一般长 4 ～ 5 cm，多少围抱子房；花梗和子房长 2 ～ 4 cm；花色泽变化较大，通常为绿色或淡褐黄色而有紫褐色脉纹，有香气；萼片近长圆形至长圆状倒卵形，长 2.5 ～ 4 cm，宽 8 ～ 12 mm；花瓣倒卵状椭圆形至长圆状卵形，长 1.7 ～ 3 cm，与萼片近等宽，展开或多少围抱蕊柱；唇瓣近卵形，长 1.4 ～ 2.8 cm，不明显 3 裂；侧裂片直立，具小乳突，在内侧靠近纵褶片处各有 1 个肥厚的皱褶状物；中裂片较大，强烈外弯，上面亦有乳突，边缘略呈波状；唇盘上 2 条纵褶片从基部上方延伸中裂片基部以上，上部向内倾斜并靠合，多少形成短管状；蕊柱长 1.2 ～ 1.8 cm，两侧有较宽的翅；花粉团 4 个，成 2 对。蒴果狭椭圆形，长 6 ～ 8 cm，宽 2 ～ 3 cm。花期 1—3 月。

图 1174　春兰 *Cymbidium goeringii*

【拍摄地点】国营七里山林场，海拔 177 m。

【生境分布】生于多石山坡、林缘、林中透光处。分布于南漳九集、李庙、肖堰等乡镇。

【药用部位】根。

【功能主治】润肺止咳，清热利湿，活血止血，解毒杀虫。用于肺结核咯血，百日咳，急性胃肠炎，热淋，带下，白浊，月经不调，崩漏，便血，跌打损伤，疮疖肿毒，痔疮，蛔虫腹痛，狂犬咬伤。

杓兰属 Cypripedium

扇脉杓兰　扇子七　扇子还阳（图 1175）

Cypripedium japonicum Thunb.

图 1175　扇脉杓兰 *Cypripedium japonicum*

【形态特征】植株高 35 ～ 55 cm，具较细长的、横走的根状茎；根状茎直径 3 ～ 4 mm，有较长的节间。茎直立，被褐色长柔毛，基部具数枚鞘，顶端生叶。叶通常 2 枚，近对生，位于植株近中部处，极罕有 3 枚叶互生的；叶片扇形，长 10 ～ 16 cm，宽 10 ～ 21 cm，上半部边缘呈钝波状，基部近楔形，具扇形辐射状脉直达边缘，两面在近基部处均被长柔毛，边缘具细缘毛。花序顶生，具 1 花；花序柄亦被褐色长柔毛；花苞片叶状，菱形或卵状披针形，长 2.5 ～ 5 cm，宽 1 ～ 3 cm，两面无毛，边缘具细缘毛；花梗和子房长 2 ～ 3 cm，密被长柔毛；花俯垂；萼片和花瓣淡黄绿色，基部多少有紫色斑点，唇瓣淡黄绿色至淡紫白色，多少有紫红色斑点和条纹；中萼片狭椭圆形或狭椭圆状披针形，长 4.5 ～ 5.5 cm，宽 1.5 ～ 2 cm，先端渐尖，无毛；合萼片与中萼片相似，长 4 ～ 5 cm，宽 1.5 ～ 2.5 cm，先端 2 浅裂；花瓣斜披针形，长 4 ～ 5 cm，宽 1 ～ 1.2 cm，先端渐尖，内表面基部具长柔毛；唇瓣下垂，囊状，近椭圆形或倒卵形，长 4 ～ 5 cm，宽 3 ～ 3.5 cm；囊口略狭长并位于前方，周围有明显凹槽并呈波浪状齿缺；退化雄蕊椭圆形，长约 1 cm，宽 6 ～ 7 mm，基部有短耳。蒴果近纺锤形，长 4.5 ～ 5 cm，宽 1.2 cm，疏被微柔毛。花期 4—5 月，果期 6—10 月。

【拍摄地点】薛坪镇八里川村，海拔 1099 m。

【生境分布】生于林下、灌木林下、林缘、溪谷旁、荫蔽山坡等湿润和腐殖质丰富的土壤上。分布于南漳薛坪镇。

【药用部位】根。

【功能主治】活血调经，祛风镇痛，截疟。用于月经不调，跌打肿痛，间日疟；外用治皮肤瘙痒。

石斛属 Dendrobium

细叶石斛　小黄草石斛（图 1176）

Dendrobium hancockii Rolfe

【形态特征】茎直立，质地较硬，圆柱形或有时基部上方有数个节间膨大而形成纺锤形，长达 80 cm，粗 2 ～ 20 mm，通常分枝，具纵槽或条棱，干后深黄色或橙黄色，有光泽，节间长达 4.7 cm。叶通常 3 ～ 6 枚，互生于主茎和分枝的上部，狭长圆形，长 3 ～ 10 cm，宽 3 ～ 6 mm，先端钝并且不等侧 2 裂，基部具革质鞘。总状花序长 1 ～ 2.5 cm，具 1 ～ 2 朵花，花序柄长 5 ～ 10 mm；花苞片膜质，卵形，长约 2 mm，先端急尖；花梗和子房淡黄绿色，长 12 ～ 15 mm，子房稍扩大；花质地厚，稍具香气，开展，金黄色，仅唇瓣侧裂片内侧具少数红色条纹；中萼片卵状椭圆形，长 1 ～ 2.4 cm，宽 5 ～ 8 mm，先端急尖，具 7 条脉；侧萼片卵状披针形，与中萼片等长，但稍较狭，先端急尖，具 7 条脉；萼囊短圆锥形，长约 5 mm；花瓣斜倒卵形或近椭圆形，与中萼片等长而较宽，先端锐尖，具 7 条脉，唇瓣长、宽相等为 1 ～ 2 cm，基部具 1 个胼胝体，中部 3 裂；侧裂片围抱蕊柱，近半圆形，先端圆形；中裂片近扁圆形或肾状圆形，先端锐尖；唇盘通常浅绿色，从两侧裂片之间到中裂片上密布短乳突状毛；蕊柱长约 5 mm，基部稍扩大，具长约 6 mm 的蕊柱足；蕊柱齿近三角形，先端短而钝；药帽斜圆锥形，表面光滑，前面具 3 条脊，前端边缘具细齿。花期 5—6 月。

图 1176　细叶石斛 *Dendrobium hancockii*

【拍摄地点】长坪镇孔家畈村，海拔 420 m。

【生境分布】生于山地林中树干上或山谷岩石上。分布于南漳长坪镇白峪河岸。

【药用部位】茎。

【功能主治】生津益胃，清热养阴。用于热病伤津，口干烦渴，病后虚热，阴伤目暗。

铁皮石斛　黑节草（图 1177）

Dendrobium officinale Kimura et Migo

【中药名】铁皮石斛 *。

【形态特征】茎直立，圆柱形，长 9 ～ 35 cm，粗 2 ～ 4 mm，不分枝，具多节，节间长 1.3 ～ 1.7 cm，常在中部以上互生 3 ～ 5 枚叶；叶二列，纸质，长圆状披针形，长 3 ～ 4 cm，宽 9 ～ 11 mm，先端钝并且多少钩转，基部下延为抱茎的鞘，边缘和中肋常带淡紫色；叶鞘常具紫斑，老时其上缘与茎松离而张开，并且与节留下 1 个环状铁青的间隙。总状花序常从落了叶的老茎上部发出，具 2 ～ 3 朵花；花序柄长 5 ～ 10 mm，基部具 2 ～ 3 枚短鞘；花序轴回折状弯曲，长

图 1177　铁皮石斛 *Dendrobium officinale*

2～4 cm；花苞片干膜质，浅白色，卵形，长 5～7 mm，先端稍钝；花梗和子房长 2～2.5 cm；萼片和花瓣黄绿色，近相似，长圆状披针形，长约 1.8 cm，宽 4～5 mm，先端锐尖，具 5 条脉；侧萼片基部较宽阔，宽约 1 cm；萼囊圆锥形，长约 5 mm，末端圆形；唇瓣白色，基部具 1 个绿色或黄色的胼胝体，卵状披针形，比萼片稍短，中部反折，先端急尖，不裂或不明显 3 裂，中部以下两侧具紫红色条纹，边缘多少波状；唇盘密布细乳突状的毛，并且在中部以上具 1 个紫红色斑块；蕊柱黄绿色，长约 3 mm，先端两侧各具 1 个紫点；蕊柱足黄绿色带紫红色条纹，疏生毛；药帽白色，长卵状三角形，长约 2.3 mm，顶端近锐尖并且 2 裂。花期 3—6 月。

【拍摄地点】巡检镇峡口村，海拔 210 m。

【生境分布】生于山地半阴湿的岩石上，或栽培。巡检镇峡口村有人工栽培。

【采收加工】11 月至翌年 3 月采收，除去杂质，剪去部分须根，边加热边扭成螺旋形或弹簧状，烘干；或切成段，干燥或低温烘干。前者习称“铁皮枫斗”（耳环石斛），后者习称“铁皮石斛”。

【药用部位】茎。

【性味归经】甘，微寒。归胃、肾经。

【功能主治】益胃生津，滋阴清热。用于热病津伤，口干烦渴，胃阴不足，食少干呕，病后虚热不退，阴虚火旺，骨蒸劳热，目暗不明，筋骨痿软。

【用法用量】6～12 g。

天麻属 Gastrodia

天麻　赤箭　定风草（图 1178）

Gastrodia elata Bl.

【中药名】天麻*。

【形态特征】植株高 30～100 cm，有时可达 2 m；根状茎肥厚，块茎状，椭圆形至近哑铃形，肉质，长 8～12 cm，直径 3～5 cm，有时更大，具较密的节，节上被许多三角状宽卵形的鞘。茎直立，橙黄色、黄色、灰棕色或蓝绿色，无绿叶，下部被数枚膜质鞘。总状花序长 5～30 cm，通常具 30～50 朵花；花苞片长圆状披针形，膜质；花梗和子房长 7～12 mm，略短于花苞片；花扭转，橙黄色、淡黄色、蓝绿色或黄白色，近直立；萼片和花瓣合生成的花被筒长约 1 cm，直径 5～7 mm，近斜卵状圆筒形，顶端具 5 枚裂片，但前方亦即两枚侧萼片合生处的裂口深达 5 mm，筒的基部向前方凸出；外轮裂片卵状三角形，先端钝；内轮裂片近长圆形，较小；唇瓣长圆状卵圆形，长 6～7 mm，宽 3～4 mm，3 裂，基部贴生于蕊柱足末端与花被筒内壁上并有一对肉质胼胝体，上部离生，上面具乳突，边缘有不规则短流苏；蕊柱长 5～7 mm，有短的蕊柱足。蒴果倒卵状

图 1178　天麻 *Gastrodia elata*

椭圆形。花果期 5—7 月。

【拍摄地点】板桥镇龙端村，海拔 1234 m。

【生境分布】生于疏林下、林中空地、林缘、灌丛边缘。野生天麻分布于南漳板桥、长坪、李庙等乡镇；薛坪、李庙等乡镇有人工栽培。

【采收加工】立冬后至翌年清明前采挖，立即洗净，蒸透，敞开低温干燥。

【药用部位】茎。

【性味归经】甘，平。归肝经。

【功能主治】息风止痉，平抑肝阳，祛风通络。用于小儿惊风，癫痫抽搐，破伤风，头痛眩晕，手足不遂，肢体麻木，风湿痹痛。

【用法用量】3 ～ 10 g。

斑叶兰属 Goodyera

小斑叶兰（图 1179）

Goodyera repens（L.）R. Br.

图 1179 小斑叶兰 *Goodyera repens*

【形态特征】植株高 10 ～ 25 cm。根状茎伸长，茎状，匍匐，具节。茎直立，绿色，具 5 ～ 6 枚叶。叶片卵形或卵状椭圆形，长 1 ～ 2 cm，宽 5 ～ 15 mm，上面深绿色具白色斑纹，背面淡绿色，先端急尖，基部钝或宽楔形，具柄，叶柄长 5 ～ 10 mm，基部扩大成抱茎的鞘。花茎直立或近直立，被白色腺状柔毛，具 3 ～ 5 枚鞘状苞片；总状花序具 1 ～ 10 朵、密生、多少偏向一侧的花，长 4 ～ 15 cm；花苞片披针形，长 5 mm，先端渐尖；子房圆柱状纺锤形，连花梗长 4 mm，被疏的腺状柔毛；花小，白色或带绿色或带粉红色，半张开；萼片背面被或多或少腺状柔毛，具 1 脉，中萼片卵形或卵状长圆形，长 3 ～ 4 mm，宽 1.2 ～ 1.5 mm，先端钝，与花瓣黏合呈兜状；侧萼片斜卵形、卵状椭圆形，长 3 ～ 4 mm，宽 1.5 ～ 2.5 mm，先端钝；花瓣斜匙形，无毛，长 3 ～ 4 mm，宽 1 ～ 1.5 mm，先端钝，具 1 脉；唇瓣卵形，长 3 ～ 3.5 mm，基部凹陷呈囊状，宽 2 ～ 2.5 mm，内面无毛，前部短的舌状，略外弯；蕊柱短，长 1 ～ 1.5 mm；蕊喙直立，长 1.5 mm，叉状 2 裂；柱头 1 个，较大，位于蕊喙之下。花期 7—8 月。

【拍摄地点】李庙镇老君店村，海拔 965 m。

【生境分布】生于山坡、沟谷林下。分布于南漳李庙、长坪、薛坪等乡镇。

【药用部位】全草。

【功能主治】润肺止咳，补肾益气，行气活血，消肿解毒。用于肺痨咳嗽，气管炎，头晕乏力，神经衰弱，阳痿，跌打损伤，关节疼痛，咽喉肿痛，乳痈，疮疖，瘰疬，毒蛇咬伤。

玉凤花属 Habenaria

毛葶玉凤花　肾经草　鸡肾草　双肾草（图 1180）

Habenaria ciliolaris Kraenzl.

图 1180　毛葶玉凤花 *Habenaria ciliolaris*

【形态特征】植株高 25 ～ 60 cm。块茎肉质，长椭圆形或长圆形，长 3 ～ 5 cm，直径 1.5 ～ 2.5 cm。茎粗，直立，圆柱形，近中部具 5 ～ 6 枚叶，向上有 5 ～ 10 枚疏生的苞片状小叶。叶片椭圆状披针形、倒卵状匙形或长椭圆形，长 5 ～ 16 cm，宽 2 ～ 5 cm，先端渐尖或急尖，基部收狭抱茎。总状花序具 6 ～ 15 朵花，长 9 ～ 23 cm，花葶具棱，棱上具长柔毛；花苞片卵形，长 13 ～ 15 mm，先端渐尖，边缘具缘毛，较子房短；子房圆柱状纺锤形，扭转，具棱，棱上有细齿，连花梗长 23 ～ 25 mm，先端弯曲，具喙；花白色或绿白色，罕带粉色，中等大；中萼片宽卵形，凹陷，兜状，长 6 ～ 9 mm，宽 5.5 ～ 8 mm，先端急尖或稍钝，近顶部边缘具毛，具 5 脉，背面具 3 条片状具细齿或近全缘的龙骨状突起，与花瓣靠合呈兜状；侧萼片反折，强烈偏斜，卵形，长 6.5 ～ 10 mm，宽 4 ～ 7 mm，具 3 ～ 4 条弯曲的脉，前部边缘鼓出，宽圆形，先端急尖；花瓣直立，斜披针形，不裂，长 6 ～ 7 mm，基部宽 2 ～ 3 mm，先端渐尖或长渐尖，具 1 脉，外侧增厚；唇瓣较萼片长，基部 3 深裂，裂片极狭窄，丝状，并行，向上弯曲，中裂片长 16 ～ 18 mm，下垂，基部无胼胝体；侧裂片长 20 ～ 22 mm；距圆筒状棒形，长 21 ～ 27 mm，向末端逐渐或突然膨大，下垂，中部明显向前弯曲或前部稍弯曲，稍长于或短于子房，末端钝；药室基部伸长的沟与蕊喙臂伸长的沟两者靠合成细的管，管前伸，长约 2 mm，稍向上弯；柱头 2 个，隆起，长圆形，长约 1.5 mm。花期 7—9 月。

【拍摄地点】国营七里山林场，海拔 211 m。

【生境分布】生于山坡或沟边林下阴处。分布于南漳各乡镇。

【药用部位】块茎。

【功能主治】壮腰补肾，清热利水，解毒。用于肾虚腰痛，遗精，阳痿，带下，热淋，毒蛇咬伤，疮疖肿毒。

舌喙兰属 Hemipilia

裂唇舌喙兰　落地还阳（图 1181）

Hemipilia henryi Rolfe

【形态特征】直立草本，高 20 ～ 32 cm。块茎椭圆状，长约 2 cm。茎在基部通常具 1 枚筒状膜质鞘，鞘上方具 1 枚叶，罕具 2 枚叶，向上还具 2 ～ 4 枚鞘状退化叶。叶片卵形，长 4 ～ 10 cm，宽 3 ～ 7 cm，先端急尖或具短尖，基部心形或近圆形，抱茎；鞘状退化叶披针形，先端长渐尖。总状花序通常长 6 ～ 11 cm，具3～9朵花；花苞片披针形，先端渐尖或长渐尖，下面的一枚长约1.2 cm，向上渐短；子房线形，连柄长2～24 cm，无毛；花紫红色，较大；中萼片卵状椭圆形，长6～7 mm，宽约3 mm，先端钝，具3脉；侧萼片明显较中萼片长，近宽卵形，斜歪，长8.5 mm，宽可达5 mm，先端钝，上面被细小的乳突，具3～5脉；花瓣斜菱状卵形，长6 mm，宽3.5～4 mm，先端钝，上面或多或少具不明显的乳突，具3脉；唇瓣宽倒卵状楔形，3裂，长12 mm，宽约10 mm，上面被细小的乳突，在基部近距口处具2枚胼胝体；侧裂片三角形或近长圆形，先端钝或具不整齐的细齿；中裂片近方形或其他形状，变化较大，先端2裂并在中央具细尖；距狭圆锥形，基部较宽，向末端渐窄，长约18 mm，通常稍短于子房，稍弯曲或几不弯曲，末端有时呈钩状；蕊喙卵形，长约2 mm，先端急尖，上面具细小的乳突。花期8月。

图1181　裂唇舌喙兰 *Hemipilia henryi*

【拍摄地点】板桥镇茅山坪村，海拔848 m。

【生境分布】生于多岩石的地方。分布于南漳板桥、肖堰等乡镇。

【药用部位】全草，块根。

【功能主治】活血散瘀，止痛，补虚。用于跌打损伤。

羊耳蒜属 Liparis

小羊耳蒜　石米　小石枣子（图1182）

Liparis fargesii Finet

【形态特征】附生草本，很小，常成丛生长。假鳞茎近圆柱形，长7～14 mm，直径约3 mm，平卧，新假鳞茎发自老假鳞茎近顶端的下方，彼此相连接而匍匐于岩石上，顶端具1叶。叶椭圆形或长圆形，坚纸质，长1～2 cm，宽5～8 mm，先端浑圆或钝，基部骤然收狭成柄，有关节；叶柄长3～6 mm。花葶长2～4 cm；花序柄扁圆柱形，两侧具狭翅，下部无不育苞片；总状花序长1～2 cm，通常具2～3朵花；花苞片很小，狭披针形，长1～1.8 mm；花梗和子房长8～9 mm；花淡绿色；萼片线状披针形，长5～6 mm，宽1.2～1.4 mm，

图1182　小羊耳蒜 *Liparis fargesii*

先端钝，边缘常外卷，具1脉；花瓣狭线形，长5～6 mm，宽约0.3 mm；唇瓣近长圆形，中部略缢缩而呈提琴形，长4～5 mm，上部宽2.5～3 mm，先端近截形并微凹，凹缺中央有时有细尖，基部无胼胝体但略增厚；蕊柱长3～3.5 mm，稍向前弯曲，上端有狭翅。蒴果倒卵形，长6～7 mm，宽3～4 mm；果梗长6～7 mm。花期9—10月，果期翌年5—6月。

【拍摄地点】长坪镇黄潭村，海拔484 m。

【生境分布】生于林中或荫蔽处的石壁或岩石上。分布于南漳长坪、板桥等乡镇。

【药用部位】全草。

【功能主治】润肺止咳，舒筋活血。用于肺结核咳嗽，风热咳嗽，百日咳，风湿麻木，劳伤身疼，跌打损伤。

羊耳蒜　鸡心七（图1183）

Liparis japonica（Miq.）Maxim.

【形态特征】地生草本。假鳞茎卵形，长5～12 mm，直径3～8 mm，外被白色的薄膜质鞘。叶2枚，卵形、卵状长圆形或近椭圆形，膜质或草质，长5～10 cm，宽2～4 cm，先端急尖或钝，边缘皱波状或近全缘，基部收狭成鞘状柄，无关节；鞘状柄长3～8 cm，初时抱花葶，果期则多少分离。花葶长12～50 cm；花序柄圆柱形，两侧在花期可见狭翅，果期则翅不明显；总状花序具1～10朵花；花苞片狭卵形，长2～3 mm；花梗和子房长8～10 mm；花通常淡绿色，有时可变为粉红色或带紫红色；萼片线状披针形，长7～9 mm，宽1.5～2 mm，先端略钝，具3脉；侧萼片稍斜歪；花瓣丝状，长7～9 mm，宽约0.5 mm，具1脉；唇瓣近倒卵形，长6～8 mm，宽4～5 mm，先端具短尖，边缘稍有不明显的细齿或近全缘，基部逐渐变狭；蕊柱长2.5～3.5 mm，上端略有翅，基部扩大。蒴果倒卵状长圆形，长8～13 mm，宽4～6 mm；果梗长5～9 mm。花期6—8月，果期9—10月。

图1183　羊耳蒜 *Liparis japonica*

【拍摄地点】巡检镇甘河村，海拔299 m。

【生境分布】生于林下、灌丛中或草地荫蔽处。分布于南漳巡检、长坪等乡镇。

【药用部位】全草。

【功能主治】活血止血，消肿止痛。用于崩漏，产后腹痛，带下，扁桃体炎，跌打损伤，烧伤。

绶草属 Spiranthes

绶草　盘龙参　红龙盘柱　一线香（图1184）

Spiranthes sinensis（Pers.）Ames

【中药名】盘龙参*。

图 1184 绶草 *Spiranthes sinensis*

【形态特征】植株高 13 ～ 30 cm。根数条，指状，肉质，簇生于茎基部。茎较短，近基部生 2 ～ 5 枚叶。叶片宽线形或宽线状披针形，极罕为狭长圆形，直立伸展，长 3 ～ 10 cm，常宽 5 ～ 10 mm，先端急尖或渐尖，基部收狭具柄状抱茎的鞘。花茎直立，长 10 ～ 25 cm，上部被腺状柔毛至无毛；总状花序具多数密生的花，长 4 ～ 10 cm，呈螺旋状扭转；花苞片卵状披针形，先端长渐尖，下部的长于子房；子房纺锤形，扭转，被腺状柔毛，连花梗长 4 ～ 5 mm；花小，紫红色、粉红色或白色，在花序轴上呈螺旋状排列；萼片的下部靠合，中萼片狭长圆形，舟状，长 4 mm，宽 1.5 mm，先端稍尖，与花瓣靠合呈兜状；侧萼片偏斜，披针形，长 5 mm，宽约 2 mm，先端稍尖；花瓣斜菱状长圆形，先端钝，与中萼片等长但较薄；唇瓣宽长圆形，凹陷，长 4 mm，宽 2.5 mm，先端极钝，前半部上面具长硬毛且边缘具强烈皱波状啮齿，唇瓣基部凹陷呈浅囊状，囊内具 2 枚胼胝体。花期 7—8 月。

【拍摄地点】城关镇大山村，海拔 162 m。

【生境分布】生于山坡、林下、草地或灌丛中。分布于南漳城关、板桥等乡镇。

【采收加工】夏、秋二季采收，除去泥沙，洗净，晒干。

【药用部位】全草。

【性味归经】甘、苦，平。归心、肺、肾经。

【功能主治】滋阴益气，凉血生津，润肺止咳。用于病后虚弱，阴虚内热，口咽干燥，咳嗽咯血，头晕，腰膝酸软，遗精，淋浊带下。

【用法用量】9 ～ 15 g。外用鲜品捣敷。

蜻蜓兰属 Tulotis

东亚舌唇兰　小花蜻蜓兰　半春莲（图 1185）

Tulotis ussuriensis（Regel et Maack）H. Hara

【形态特征】植株高 20 ～ 55 cm。根状茎指状，肉质，细长，弓曲。茎较纤细，直立，基部具 1 ～ 2 枚筒状鞘，鞘之上具叶，下部的 2 ～ 3 枚叶较大，中部至上部具一至几枚苞片状小叶。大叶片匙形或狭长圆形，直立伸展，长 6 ～ 10 cm，宽 1.5 ～ 2.5 cm，先端钝或急尖，基部收狭成抱茎的鞘。总状花序具 10 余朵较疏生的花，长 6 ～ 10 cm；花苞片直立伸展，狭披针形，最下部的稍长于子房；子房细圆柱形，扭转，稍弧曲，连花梗长 8 ～ 9 mm；花较小，淡黄绿色；中萼片直立，凹陷呈舟状，宽卵形，长 2.5 ～ 3 mm，宽 2 ～ 2.5 mm，先端钝，具 3 脉；侧萼片张开或反折，偏斜，狭椭圆形，较中萼片略长和狭多，先端钝，具 3 脉；花瓣直立，狭长圆状披针形，与中萼片相靠合且近等长和狭很多，宽仅约 1 mm，稍肉质，先端钝或近截平，具 1 脉；唇瓣向前伸展，多少向下弯曲，舌状披针形，肉质，长约 4 mm，基部两侧各具 1 枚近半圆形、前面截平、先端钝的小侧裂片，中裂片舌状披针形或舌状，宽约 1 mm，前后等宽或向先端稍渐狭，先端钝；距纤细，细圆筒状，下垂，与子房近等长，向末端几乎不增粗。花期 7—8 月，果期 9—10 月。

【拍摄地点】长坪镇赵岭村，海拔 1257 m。

【生境分布】生于山坡、林下、林缘或沟边。偶见于南漳长坪镇。

【药用部位】全草。

【功能主治】清热解毒，消肿。用于虚火牙痛，鹅口疮，无名肿毒，毒蛇咬伤，跌打损伤，风湿痹痛。

图 1185　东亚舌唇兰 *Tulotis ussuriensis*

附录A　南漳县《中国药典》收载品种目录

附录 B　南漳县《湖北省中药材质量标准》收载品种目录

附录 C　南漳县《中国珍稀濒危保护植物名录》收载品种目录

中文名索引

D

E

N

O

P

Q

拉丁名索引

A

B

C

D

E

F

G

H

P

Q

R

S

T

U

V

参 考 文 献

[1] 南漳县地方志编纂委员会 . 南漳县志 [M]. 北京 : 中国城市经济社会出版社 , 1990.

[2] 中国科学院中国植物志编辑委员会 . 中国植物志 [M]. 北京 : 科学出版社 , 1993.

[3] 湖北省中药资源普查办公室，湖北省中药材公司 . 湖北中药资源名录 [M]. 北京 : 科学出版社 , 1990.

[4] 傅书遐 . 湖北植物志 [M]. 武汉 : 湖北科学技术出版社 , 2002.

[5] 《全国中草药汇编》编写组 . 全国中草药汇编 [M]. 北京 : 人民卫生出版社 , 1975.

[6] 南京中医药大学 . 中药大辞典 [M]. 上海 : 上海科学技术出版社 , 2006.

[7] 国家中医药管理局《中华本草》编委会 . 中华本草 [M]. 上海 : 上海科学技术出版社 , 1999.

[8] 汪松 , 解焱 . 中国物种红色名录 [M]. 北京 : 高等教育出版社 , 2004.

[9] 国家林业局野生动植物保护与自然保护区管理司 , 中国科学院植物研究所 . 中国珍稀濒危植物图鉴 [M]. 北京 : 中国林业出版社 , 2013.

中药资源普查花絮

普查队员合影

湖北中医药大学詹亚华、吴和珍教授莅临指导

詹亚华教授讲解药用植物辨识

院领导参加野外调查

采集柱果铁线莲标本

采集鬼灯檠标本

采集大百合标本

压制标本

烈日之下拉样方

渴饮山泉

下天坑采标本

满载标本而归

野外简单就餐

普查队员野外露宿

南漳、保康、谷城三县交界点普查队员合影

湖北中医药大学提交中药资源普查成果